2026 전기기사
2025~2018
필기

공학박사 김상훈 편저
한빛전기수험연구회 감수

편저 **김상훈**

건국대학교 전기공학과 졸업(공학박사)
現 엔지니어랩 전기분야 대표강사
現 ㈜일렉킴에듀 대표
現 대한전기학회 이사(정회원)
前 인하공업전문대학 교수
前 NCS 전기분야 집필진
前 J, E사 전기기사 대표강사
前 김상훈전기기술학원 원장
前 EBS 전기(산업)기사/전기공사(산업)기사 교수
前 한국조명설비학회 이사(정회원)

저서 : 『2026 회로이론』 외 기본서 시리즈 7종
　　　『2026 전기기사 필기』 외 3종
　　　『2026 전기기사 실기』 외 3종
　　　『파이널 특강 – 전기기사 필기』 외 5종
　　　『2026 전기기사 필기 7개년 기출문제집』 외 1종
　　　『2026 9급 공무원 전기직 전기이론』 외 5종
　　　『2026 고등학교 교과서 전기설비』
　　　공기업 전기직 파이널 특강

감수 **한빛전기수험연구회**

동영상 강좌 수강
엔지니어랩 https://www.engineerlab.co.kr

2026 전기기사 필기(최신 8개년 기출문제)

초판 발행　　　2024년 11월 01일
25년 개정판 발행 2025년 9월 15일

편저자 김상훈
펴낸이 배용석
펴낸곳 도서출판 윤조
전화 050-5369-8829 / **팩스** 02-6716-1989
등록 2019년 4월 17일
ISBN 979-11-94702-12-2　13560
정가 26,000원

이 책에 대한 의견이나 오탈자 및 잘못된 내용에 대한 수정 정보는 아래 홈페이지와 이메일로 알려주시기 바랍니다.
홈페이지 www.yoonjo.co.kr / **이메일** customer@yoonjo.co.kr

이 책의 저작권은 김상훈과 도서출판 윤조에게 있습니다.
저작권법에 의해 보호를 받는 저작물이므로 무단 복제 및 무단 전재를 금합니다.

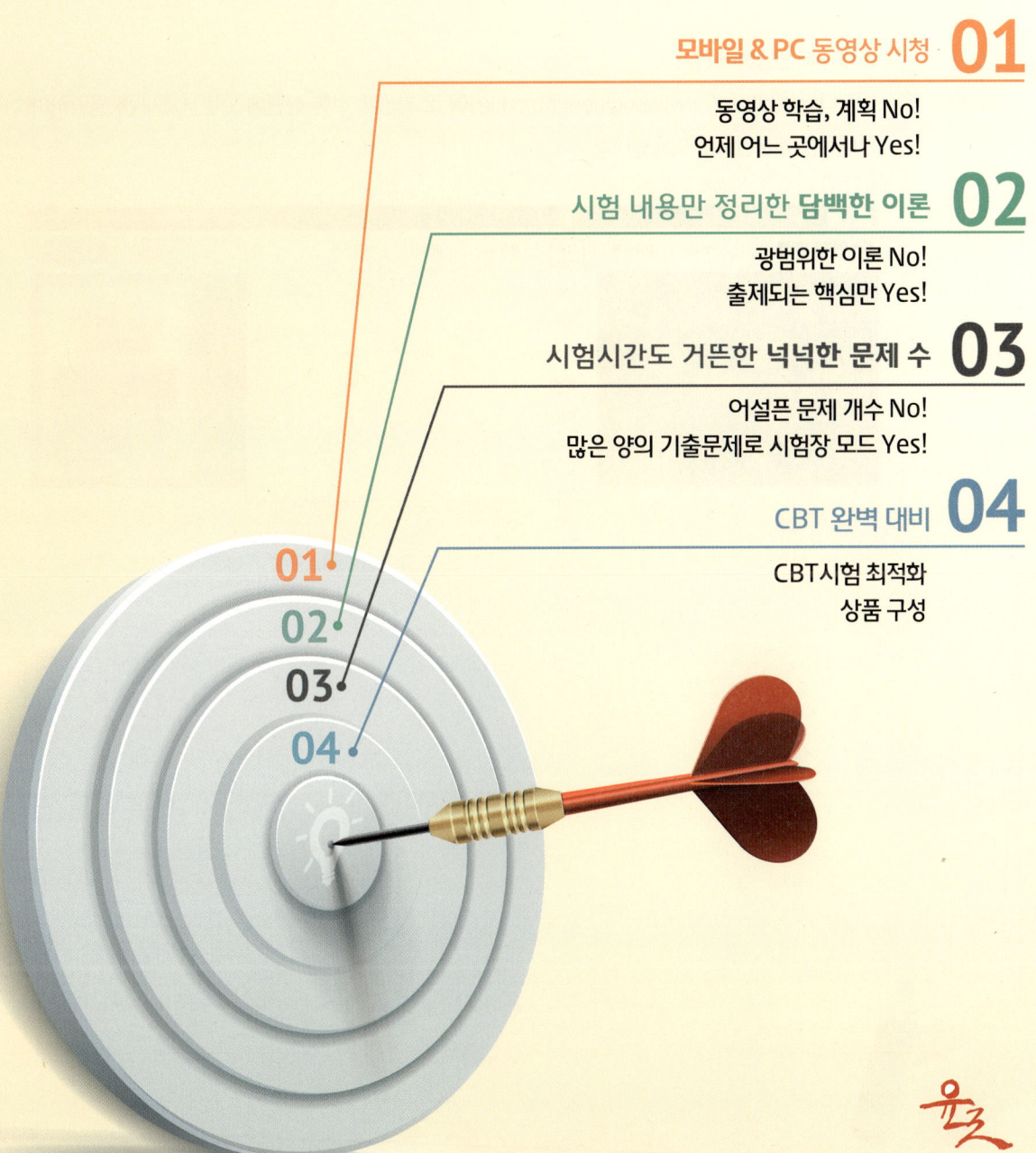

CBT 모의고사 안내

| CBT 모의고사 혜택 받는 방법 |

① 교재 구매 인증하러 가기

엔지니어랩(https://www.engineerlab.co.kr)에 로그인 후 화면 상단에 있는 「교재」를 클릭하여 구매인증 게시판으로 이동합니다.

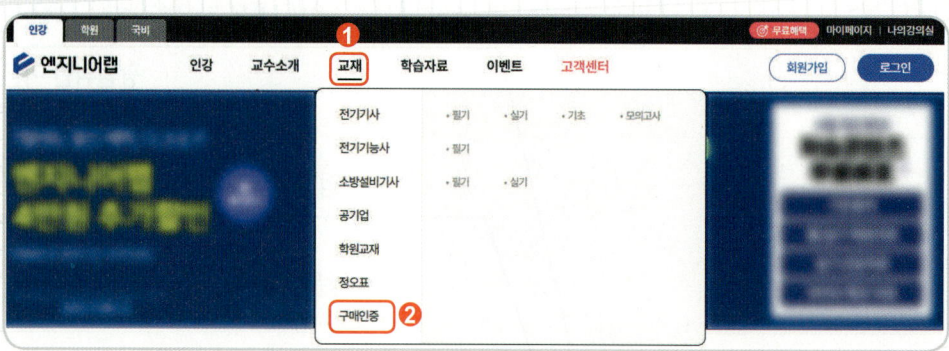

❷ 구매 인증 후 CBT 모의고사 받기

화면에 있는 「구매인증」을 클릭 후 증빙자료를 업로드합니다. 교재 구매 이력 인증 후 CBT 모의고사 2회분을 받으실 수 있습니다.

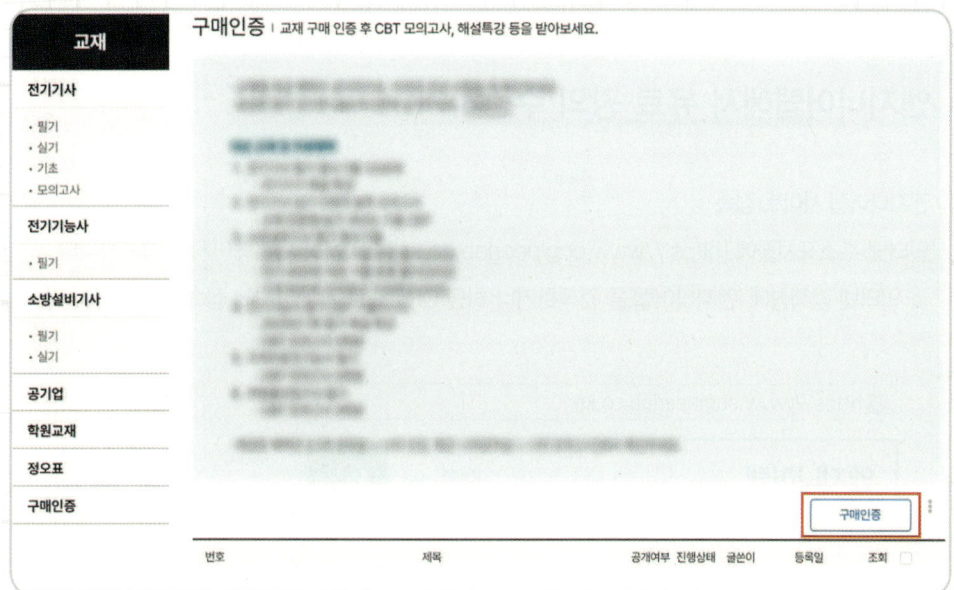

❸ 나의 강의실에서 CBT 모의고사 응시하기

CBT 모의고사는 「나의 모의고사」에서 확인 가능합니다. 화면 우측 상단에 있는 「나의 강의실」을 클릭하시면 화면 좌측에 「나의 모의고사」가 있습니다.

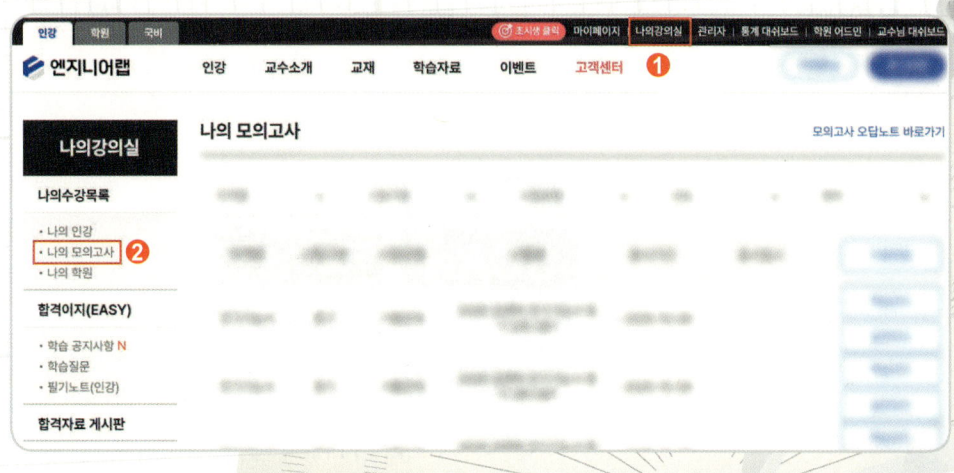

 유료 강의 수강 안내

엔지니어랩에서 유료 강의 수강하기

❶ 엔지니어랩 사이트 접속

인터넷 주소표시줄에 [https://www.engineerlab.co.kr]을 입력하여 홈페이지에 접속합니다.

※ 인터넷 검색창에 '엔지니어랩'을 검색하거나 하단 QR코드로 홈페이지에 접속할 수 있습니다.

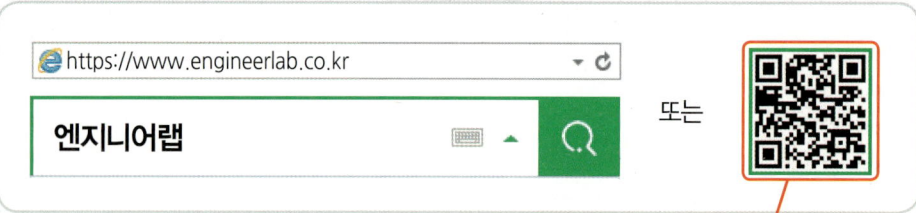

❷ 회원가입 (로그인)

화면 우측 상단에 있는 「회원가입」을 클릭하여 가입 후 「로그인」합니다.

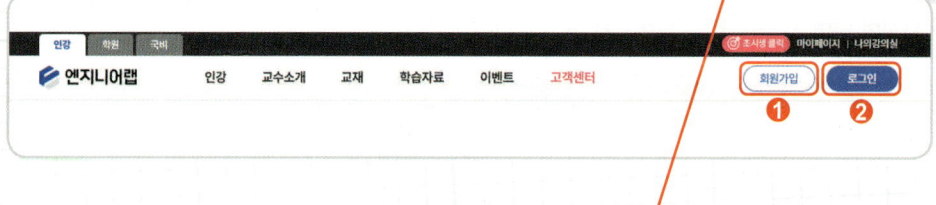

❸ 인강 수강하기

화면 좌측 상단에 있는 「인강」을 클릭 후 원하는 과정을 선택하고 나에게 맞는 상품을 선택하여 수강신청합니다.

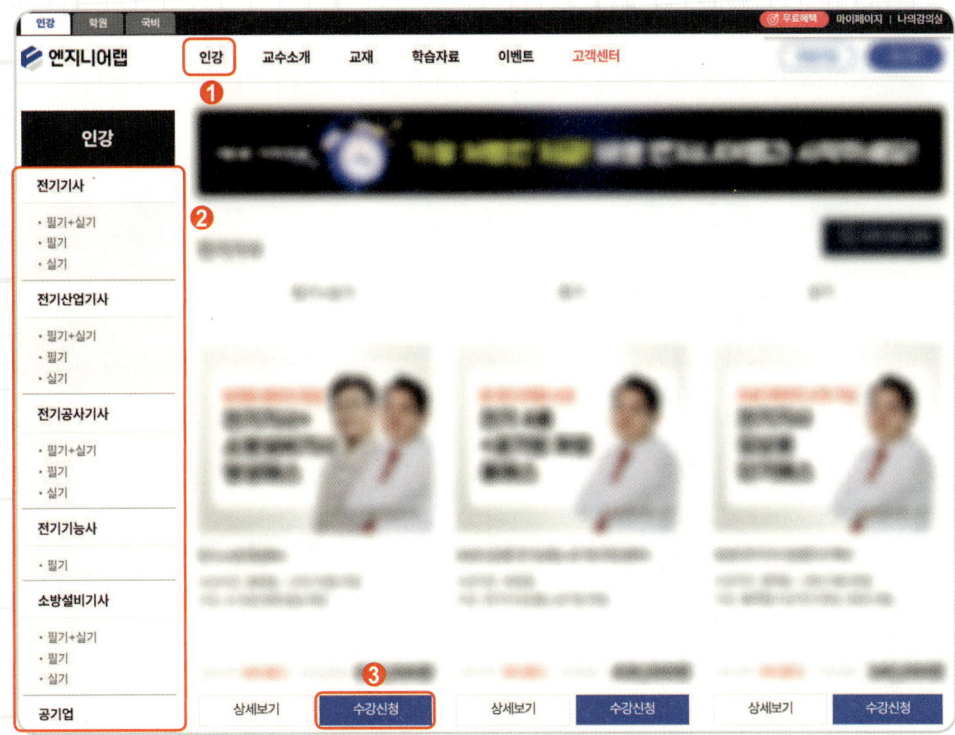

❹ 쿠폰 적용 및 결제

구매하시려는 상품과 금액을 확인하시고 최종 결제 전 잊으신 할인 혜택은 없는지 다시 한번 꼭 확인해주세요.

※ 엔지니어랩에서는 환승 할인, 대학생 할인, 내일배움카드 소지 할인 등 다양한 할인혜택을 제공하고 있으며, 자세한 내용은 「맞춤할인 혜택 확인하기」 참고 부탁드립니다.

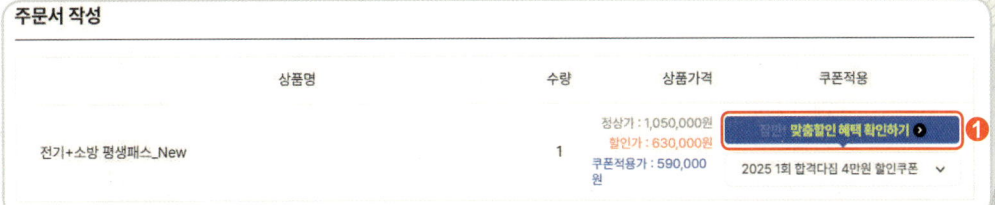

이 책의 학습 방법

1. 이해를 돕는 자세하고 친절한 해설

풀이 과정을 이해할 수 있도록 가능한 한 풀어서 해설하고, 문제를 푸는 핵심 부분은 따로 별색 처리해서 가독성을 높였습니다.

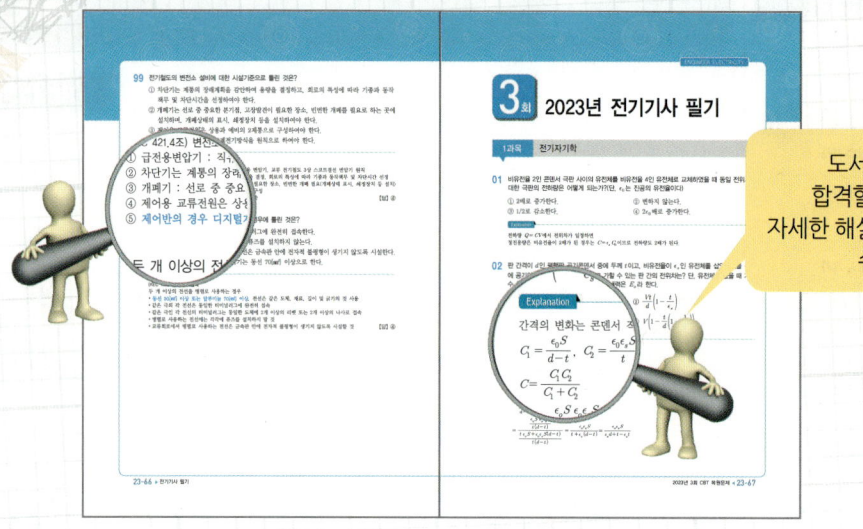

도서만으로
합격할 수 있는
자세한 해설과 부연 설명
수록

2. 새로운 CBT 시험 준비에 최적화된 최신 8개년 기출문제

- 최신 8개년 기출문제를 풀고 동영상 강좌로 복습하세요.
- 틀린 문제는 동영상 강좌를 통해 다시 한 번 정확히 이해하세요.
- 출제빈도가 높은 문제들은 다시 한 번 풀거나 출제빈도에 따라 정리하면, [파이널 특강-단기합격솔루션] 시리즈 도서를 참고합니다.
- 매번 새로 출제되는 CBT 문제를 꼭 풀어 보세요.

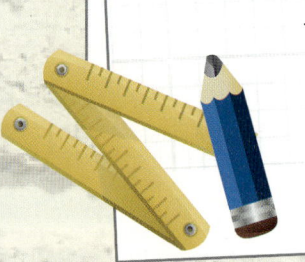

3. 너무 어려운 문제 별도 표기

풀이에 시간이 지나치게 많이 걸리거나 난이도 극상의 문제는 학습계획을 고려해서 시간이 남을 때 학습하고 자주 나오는 문제에 집중할 수 있도록 해설을 QR코드로 표시해 두었습니다. 우선 답만 암기해 놓으세요.

12 구형 단면을 가진 토로이드 코일(toroid coil)에 전류 I[A]를 흘렸을 때 이 코일에 축적된 자기에너지[J]는? 단, 토로이드의 내경은 a[m], 외경은 b[m], 두께는 h[m], 권수는 N으로서 내부는 투자율 μ[H/m]인 자성체로 채워져 있다.

① $\dfrac{\mu N^2 I^2 h}{\pi} \ln \dfrac{b}{a}$ ② $\dfrac{\mu N^2 I^2 h}{2\pi} \ln \dfrac{b}{a}$

③ $\dfrac{\mu N^2 I^2 h}{8\pi} \ln \dfrac{b}{a}$ ④ $\dfrac{\mu N^2 I^2 h}{4\pi} \ln \dfrac{b}{a}$

Explanation

【답】 ④

4. 언제, 어디서나 동영상 수강

PC는 물론! 모바일에서도 안정적이고 끊김 없는 최고의 환경으로 동영상 강의를 언제 어디서나 수강하실 수 있습니다.

N-screen(단말기 간 이어보기)

▶ 단말기 구분 없이 시청자에게 동영상 이어보기 서비스 제공
▶ PC/모바일 플레이어 데이터 통합 관리

이 책의 목차

회차별 학습 체크 리스트

문제 풀이와 동영상 학습 횟수를 체크하여 스케줄 관리도 하고, 학습 속도도 조절할 수 있습니다.

이제는 합격이다

- CBT 모의고사 안내 ·············· 4
- 유료 강의 수강 안내 ·············· 6
- 이 책의 학습 방법 ················ 8
- 회차별 학습 체크 리스트 ·········· 10
- 편저자/감수자의 말 ··············· 12

과년도 기출문제 2025~2018

		학습	동영상
2025년 전기기사 1회	25-02	☐☐☐	☐☐☐
2025년 전기기사 2회	25-31	☐☐☐	☐☐☐
2025년 전기기사 3회	25-59	☐☐☐	☐☐☐
2024년 전기기사 1회	24-02	☐☐☐	☐☐☐
2024년 전기기사 2회	24-29	☐☐☐	☐☐☐
2024년 전기기사 3회	24-55	☐☐☐	☐☐☐
2023년 전기기사 1회	23-02	☐☐☐	☐☐☐
2023년 전기기사 2회	23-30	☐☐☐	☐☐☐
2023년 전기기사 3회	23-57	☐☐☐	☐☐☐

		학습	동영상
2022년 전기기사 1회	22-02	☐☐☐	☐☐☐
2022년 전기기사 2회	22-31	☐☐☐	☐☐☐
2022년 전기기사 3회	22-62	☐☐☐	☐☐☐
2021년 전기기사 1회	21-02	☐☐☐	☐☐☐
2021년 전기기사 2회	21-32	☐☐☐	☐☐☐
2021년 전기기사 3회	21-62	☐☐☐	☐☐☐
2020년 전기기사 1,2회 통합	20-02	☐☐☐	☐☐☐
2020년 전기기사 3회	20-31	☐☐☐	☐☐☐
2020년 전기기사 4회	20-60	☐☐☐	☐☐☐
2019년 전기기사 1회	19-02	☐☐☐	☐☐☐
2019년 전기기사 2회	19-29	☐☐☐	☐☐☐
2019년 전기기사 3회	19-57	☐☐☐	☐☐☐
2018년 전기기사 1회	18-02	☐☐☐	☐☐☐
2018년 전기기사 2회	18-31	☐☐☐	☐☐☐
2018년 전기기사 3회	18-58	☐☐☐	☐☐☐

편저자의 말

1970년대 중반부터 시행된 전기 분야 국가기술자격시험은 일부 개정을 거쳐 현재에 이르고 있으며, 시험 합격을 위해서는 그에 맞는 전략과 노력이 필요합니다.

최근 5년 동안의 시험 경향을 보면 확실히 예전보다는 조금 어려워졌습니다. 예전처럼 그냥 외우는 방법으로는 어렵고, 이론을 이해해야 풀 수 있는 문제들이 많아지고 있기 때문입니다. 특히 필기시험은 출제 경향이 크게 다르지 않은데, 실기시험은 회차별로 난이도 차이가 크게 나고 예전보다 문제수도 늘어나 좀 더 세분화되었다고 볼 수 있습니다.

그러므로 합격의 전략은 새로운 경향을 찾는 것보다는 많이 출제되었던 기출문제를 공부하되 이론을 같이 공부하는 것이 빠른 합격에 유리할 수 있습니다.

또 전기기사 출제 경향을 합격자 수로 이야기하는 경우가 많지만, 작년에 합격자 수가 많았다고 해서 올해 꼭 적게 나오는 것은 아닙니다. 약간씩 출제 경향의 변화가 있지만 난이도는 거의 대동소이하며, 수급 조절은 3~5년으로 보기 때문에 수험생 스스로 섣부른 판단은 하지 않도록 해야 합니다.

필자는 10여 년 전부터 현재까지 오프라인 학원, 수많은 온라인 교육 및 EBS 강의를 진행하면서 많은 수험생을 접하며 그들이 가지고 있는 고충과 애로사항을 청취한 결과, 국가기술자격시험 합격을 위한 보다 쉽고 확실한 해법을 주기 위하여 이 교재를 집필하게 되었습니다.

본 수험서의 특징은 그간 어렵게 생각했던 문제를 쉽게 해설하여 수험생들이 혼자 공부할 수 있게 하고, 매년 출제 빈도를 반영하여 문제마다 별 표시를 해 중요 부분을 확인할 수 있게 함으로써 시험 대비 시 공부의 효율을 높이도록 한 점입니다.

아무쪼록 본 수험서로 공부하는 모든 분이 합격하시기를 기원하며, 마지막으로 본 수험서가 출간되기까지 큰 노력을 기울여주신 한빛전기수험연구회 여러분들과 도서출판 윤조 배용석 대표님께 감사의 말씀을 전합니다.

편저자 김상훈

감수자의 말

현대 사회에서 전기의 중요성은 날로 커지고 있으며, 일정한 자격을 갖춘 전문가들에 의해 여러 가지 기술의 개발과 발전이 이루어지고 있습니다. 이러한 전기 분야의 전문가를 국가기술자격시험을 통해 선발하기 때문에 이 시험의 비중이 날로 증가하고 있는 추세입니다.

우리 연구회 일동은 전기 분야 교육의 전문가이신 김상훈 박사가 책 출간 후 5년간의 노하우와 새로운 경향을 반영하는 개정 작업의 감수에 참여하게 되어 기쁜 마음으로 더욱더 좋은 책, 수험생들이 쉽게 이해할 수 있는 책이 되도록 노력하였습니다.

아무쪼록 본 수험서로 공부하는 수험생 모두가 합격하여 우리나라 전기 분야에 이바지하는 전문가들로 성장하기를 기원합니다.

한빛전기수험연구회 일동

과년도 CBT 복원문제

전기기사 필기
2025

- 2025년 제 01회
- 2025년 제 02회
- 2025년 제 03회

1회 2025년 전기기사 필기

1과목 전기자기학

01 반지름 2[mm], 길이 100[m]인 동선의 내부 인덕턴스 몇 [mH]인가?

① 2.5×10^{-3}
② 1.25×10^{-3}
③ 5×10^{-3}
④ 25×10^{-3}

Explanation

내부 인덕턴스

$$L_i = \frac{\mu}{8\pi}l[\text{H}] = \frac{4\pi \times 10^{-7}}{8\pi} \times 100 = 5 \times 10^{-6}[\text{H}] = 5 \times 10^{-3}[\text{mH}]$$

【답】③

02 하나의 철심 위에 인덕턴스가 10[H]인 두 코일을 같은 방향으로 감아서 직렬 연결하고 5[A]의 전류를 흘리면 여기에 축적되는 에너지[J]는?(단, 두 코일의 결합계수는 0.8이다)

① 50
② 250
③ 450
④ 2,250

Explanation

자속이 같은 방향(가동결합)

$$L = L_1 + L_2 + 2M = L_1 + L_2 + 2k\sqrt{L_1 L_2} = 10 + 10 + 2 \times 0.8 \times \sqrt{10 \times 10} = 36[\text{H}]$$

인덕턴스에서의 에너지

$$W = \frac{1}{2}LI^2 = \frac{1}{2} \times 36 \times 5^2 = 450[\text{J}]$$

【답】③

03 5[V]의 기전력을 유기하려면 5초간 몇 [Wb]의 자속을 끊어야 하는가?

① 20
② 25
③ 30
④ 35

Explanation

유기 기전력 $e = -\frac{d\phi}{dt}[\text{V}]$에서

자속 $d\phi = e \cdot dt = 5 \times 5 = 25[\text{Wb}]$

【답】②

04 $z=0$인 평면상에 중심이 원점에 있고 반경이 a[m]인 원형 도체에 그림과 같이 전류 I[A]가 흐를 때 $z=b$인 점에서 자계의 세기는?(단, a_z는 단위 벡터이다)

① $\dfrac{a^2 I}{2(a^2+b^2)^3} a_z$ [AT/m]

② $\dfrac{aI}{2(a^2+b^2)^{\frac{3}{2}}} a_z$ [AT/m]

③ $\dfrac{a^2 I}{2(a^2+b^2)^{\frac{3}{2}}} a_z$ [AT/m]

④ $\dfrac{a^2 I}{2(a^2+b^2)^2} a_z$ [AT/m]

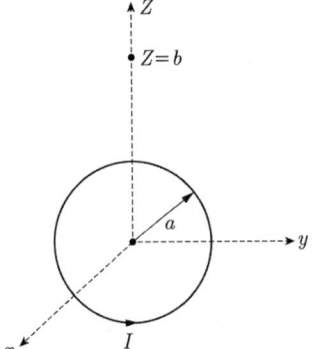

Explanation

- 자위 $U = \dfrac{P}{4\pi\mu_o}\omega = \dfrac{P}{4\pi\mu_o} \times 2\pi(1-\cos\theta)$

  $= \dfrac{P}{2\mu_o}\left(1 - \dfrac{b}{\sqrt{a^2+b^2}}\right)$ 여기서, 판자석의 세기 $P = \sigma\delta = \mu_o I$ [Wb/m]

  $= \dfrac{I}{2}\left(1 - \dfrac{b}{\sqrt{a^2+b^2}}\right)$

- 자계의 세기 $H = -\operatorname{grad} U = -\left(\dfrac{\partial U}{\partial z} a_z\right) = \dfrac{a^2 I}{2(a^2+b^2)^{\frac{3}{2}}} a_z$ [AT/m]

【답】③

05 동심 구형 콘덴서의 내외 반지름을 각각 5배로 증가시키면 정전 용량은 몇 배로 증가하는가?

① 5
② 10
③ 15
④ 20

Explanation

동심구의 정전용량 $C = \dfrac{4\pi\epsilon_0}{\dfrac{1}{a} - \dfrac{1}{b}} = \dfrac{4\pi\epsilon_0 ab}{b-a}$

내외구의 반지름을 5배로 늘린 경우의 정전 용량은

$\therefore C' = \dfrac{4\pi\epsilon_0 \, 5a \, 5b \times}{5b - 5a} = \dfrac{4\pi\epsilon_0 ab}{b-a} \times 5 = 5C$

【답】①

06 자계의 벡터 포텐셜을 A[Wb/m]라 할 때, 자계의 변화에 의하여 생기는 전계의 세기 E[V/m]는?

① $E = \operatorname{rot} A$
② $\operatorname{rot} E = A$
③ $E = -\dfrac{\partial A}{\partial t}$
④ $\operatorname{rot} E = -\dfrac{\partial A}{\partial t}$

Explanation

$\operatorname{rot} E = -\dfrac{\partial B}{\partial t}$에서 자속밀도 $B = \nabla \times A$

$\nabla \times E = -\dfrac{\partial(\nabla \times A)}{\partial t}$에서

따라서 $E = -\dfrac{\partial A}{\partial t}$

【답】③

07 영구자석에 관한 설명으로 옳지 않은 것은?
 ① 한번 자화된 다음에는 자기를 영구적으로 보존하는 자석이다.
 ② 보자력이 클수록 자계가 강한 영구자석이 된다.
 ③ 잔류 자속밀도가 클수록 자계가 강한 영구자석이 된다.
 ④ 자석재료로 폐회로를 만들면 강한 영구자석이 된다.

Explanation

영구자석 : 한번 자화된 다음에는 자기를 영구적으로 보존하는 자석
- 잔류자속과 보자력이 클 것
- 히스테리시스 루프의 면적이 클 것

강한 영구자석 : 외부에서 큰 자계를 가할 것

【답】 ④

08 비투자율이 350인 환상철심 중의 평균자계의 세기가 342[AT/m]일 때 자화의 세기는 약 몇 [Wb/m²]인가?
 ① 0.12[Wb/m²]　　　　　　　　　② 0.15[Wb/m²]
 ③ 0.18[Wb/m²]　　　　　　　　　④ 0.21[Wb/m²]

Explanation

자화의 세기 $J = \mu_0(\mu_s - 1)H$
$= 4\pi \times 10^{-7} \times (350-1) \times 342 = 0.15 [wb/m^2]$

【답】 ②

09 그림과 같이 $z=0$인 평면상에 반지름 a[m]인 원형도선이 있다. 균일한 선밀도가 λ[C/m]일 때 $z=h$인 점에서의 전위[V]는?(단, 주위 공간의 유전율은 ϵ_0이다)

① $\dfrac{\lambda a}{2\epsilon_0(a^2+h^2)}$　　　　　② $\dfrac{\lambda a}{2\epsilon_0\sqrt{a^2+h^2}}$

③ $\dfrac{\lambda h}{2\epsilon_0(a^2+h^2)}$　　　　　④ $\dfrac{\lambda h}{2\epsilon_0\sqrt{a^2+h^2}}$

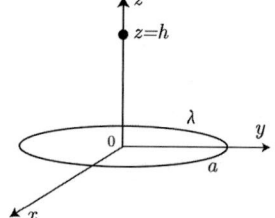

Explanation

전위 $V = \dfrac{Q}{4\pi\epsilon_o r}$ [V]

문제에서 $z=h$이므로 $r = \sqrt{a^2+h^2}$ 이고
전하 $Q = \lambda \cdot l = \lambda \cdot 2\pi a$ [C]

따라서 전위 $V = \dfrac{Q}{4\pi\epsilon_o r} = \dfrac{\lambda \cdot 2\pi a}{4\pi\epsilon_o \sqrt{a^2+h^2}} = \dfrac{\lambda a}{2\epsilon_0\sqrt{a^2+h^2}}$ [V]

【답】 ②

10 다음 설명 중 옳은 것은?
 ① 자계 내의 자속밀도는 벡터포텐셜을 폐로 선적분하여 구할 수 있다.
 ② 벡터포텐셜은 거리에 반비례하며 전류의 방향과 같다.
 ③ 자속은 벡터포텐셜의 curl을 취하면 구할 수 있다.
 ④ 스칼라 포텐셜은 정전계와 정자계에서 모두 정의되나 벡터포텐셜은 정전계에서만 정의된다.

Explanation

- 벡터 포텐셜의 정의 : $A_{21} = \dfrac{\mu}{4\pi} \int \dfrac{I}{r} dl = \dfrac{\mu I_1}{4\pi} \oint_{C_1} \dfrac{1}{r} dl_1$
- 자속밀도 $B = \nabla \times A$

【답】②

11 단면적이 $S[\text{m}^2]$이고, 단위 길이 당 권수가 $n_0[\text{회/m}]$인 무한히 긴 솔레노이드의 자기인덕턴스[H/m]는 얼마인가?(단, 비투자율은 5이다)

① $2\pi n_o S \times 10^{-7}$
② $4\pi n_o^2 S \times 10^{-6}$
③ $2\pi n_o^2 S \times 10^{-6}$
④ $4\pi n_o S \times 10^{-7}$

Explanation

무한장 솔레노이드의 인덕턴스 $L = \mu S n_0^2 = \mu \pi a^2 n_0^2 [\text{H/m}]$에서
$L = \mu S n_0^2 = \mu_o \mu_s S n_0^2 = 4\pi \times 10^{-7} \times 5 \times S n_0^2 = 2\pi S n_0^2 \times 10^{-6}$

【답】③

12 자속밀도 $B[\text{Wb/m}^2]$의 평등 자계 내에서 길이 $l[\text{m}]$인 도체 ab가 속도 $v[\text{m/s}]$로 그림과 같이 도선을 따라서 자계와 수직으로 이동할 때, 도체 ab에 의해 유기된 기전력의 크기 $e[\text{V}]$와 폐회로 abcd 내 저항 R에 흐르는 전류의 방향은?(단, 폐회로 abcd 내 도선 및 도체의 저항은 무시한다)

① $e = Blv$, 전류 방향 : c → d
② $e = Blv$, 전류 방향 : d → c
③ $e = Blv^2$, 전류 방향 : c → d
④ $e = Blv^2$, 전류 방향 : d → c

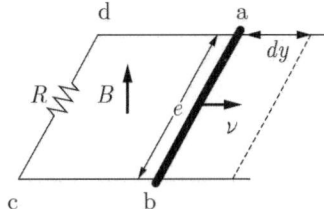

Explanation

플레밍의 오른손 법칙(유기기전력)
유기기전력 $e = (v \times B)l = vBl\sin\theta$에서
자속과 운동방향이 수직이므로 $\theta = 90°$
유기기전력 : $e = vBl$
방향 : c → d

【답】①

13 정전계에서 두 유전체의 경계조건에 대한 내용으로 옳은 것은?

① 전계는 법선성분이 같다.
② 유전체 경계면에서 전위는 서로 같다.
③ 전속은 유전율이 작은 유전체로 모인다.
④ 전속밀도는 접선성분이 같다.

Explanation

경계 조건(경계면의 전위차가 0)
- 전계의 접선 성분 : $E_1 \sin\theta_1 = E_2 \sin\theta_2$
- 전속 밀도의 법선 성분 : $D_1 \cos\theta_1 = D_2 \cos\theta_2$, $\epsilon_1 E_1 \cos\theta_1 = \epsilon_2 E_2 \cos\theta_2$
- 경계 조건 : $\dfrac{\tan\theta_1}{\tan\theta_2} = \dfrac{\epsilon_1}{\epsilon_2}$

【답】②

14 높은 주파수의 전자파가 전파될 때 일기가 좋은 날보다 비 오는 날 전자파의 감쇠가 심한 원인은?

① 도전율 관계임
② 유전율 관계임
③ 투자율 관계임
④ 분극률 관계임

Explanation

진공이 아닌 이상 일반 공기는 무시할 수 있을 정도의 도전율을 갖고 있으나 비오는 날(즉, 습도상승)은 공기 중의 도전성이 증가하며 감쇠가 더 심하게 나타난다.

【답】①

15 무한평면도체로부터 거리가 d[m]인 곳에 Q[C]의 점전하가 있다. 이 점전하와 평면도체 간의 작용력은 몇 [N]인가?

① $-0.33 \times 10^9 \dfrac{Q^2}{d^2}$
② $-9 \times 10^9 \dfrac{Q^2}{d^2}$
③ $-2.25 \times 10^9 \dfrac{Q^2}{d^2}$
④ $-4.5 \times 10^9 \dfrac{Q^2}{d^2}$

Explanation

영상법을 이용하여 아래 그림과 같은 형태로 바꾸어 생각하면

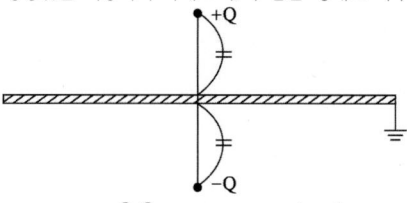

영상력 $F = \dfrac{Q_1 Q_2}{4\pi\epsilon_0 r^2} = \dfrac{1}{4\pi\epsilon_o} \times \dfrac{Q \times (-Q)}{(2d)^2} = -2.25 \times 10^9 \times \dfrac{Q^2}{d^2}$ [N]

여기서 (−)는 흡인력이다.

【답】③

16 평행판 콘덴서에 어떤 유전체를 넣었을 때 전속밀도가 4.8×10^{-7}[C/m²]이고, 단위 체적당 에너지가 5.3×10^{-3}[J/m³]이었다. 이 유전체의 유전율은 몇 [F/m]인가?

① 1.15×10^{-11} [F/m]
② 2.17×10^{-11} [F/m]
③ 3.19×10^{-11} [F/m]
④ 4.21×10^{-11} [F/m]

Explanation

체적당 에너지 $w = \dfrac{1}{2}\epsilon E^2 = \dfrac{D^2}{2\epsilon} = \dfrac{1}{2}ED$ [J/m³]에서

$\epsilon = \dfrac{D^2}{2w} = \dfrac{(4.8 \times 10^{-7})^2}{2 \times 5.3 \times 10^{-3}} = 2.17 \times 10^{-11}$ [F/m]

【답】②

17 내압 1,000[V] 정전용량 1[μF], 내압 750[V] 정전용량 2[μF], 내압 500[V] 정전용량 5[μF]인 콘덴서 3개를 직렬로 접속하고 인가전압을 서서히 높이면 최초로 파괴되는 콘덴서는?

① 내압 1,000[V], 1[μF]
② 내압 750[V], 2[μF]
③ 내압 500[V], 5[μF]
④ 동시에 파괴된다.

Explanation

콘덴서 직렬연결 시 파괴되는 콘덴서는 $Q = CV$에서 Q 값이 작은 콘덴서 먼저 파괴된다.
$Q_1 = C_1 V_1 = 1 \times 1,000 = 1,000$[C]
$Q_2 = C_2 V_2 = 2 \times 750 = 1,500$[C]
$Q_3 = C_3 V_3 = 5 \times 500 = 2,500$[C]이므로
전하량이 가장 적은 1[μF]의 콘덴서가 가장 먼저 파괴된다.

【답】①

18 사이클로트론에서 양자가 매초 3×10^{15}개의 비율로 가속되어 나오고 있다. 양자가 15[MeV]의 에너지를 가지고 있다고 할 때, 이 사이클로트론은 가속용 고주파 전계를 만들기 위해서 150[kW]의 전력을 필요로 한다면 에너지 효율[%]은?

① 2.8　　　　　　　　② 3.8
③ 4.8　　　　　　　　④ 5.8

Explanation

양자가 가지는 전하량 $Q = ne = 3\times 10^{15} \times 1.602 \times 10^{-19} = 4.806 \times 10^{-4}$[C]
양자의 에너지 $W = QV = 4.806 \times 10^{-4} \times 15 \times 10^6 = 7,209$[J]
효율 $\eta = \dfrac{7,209}{150 \times 10^3} \times 100 = 4.8$[%]

【답】③

19 반지름 a[m]인 접지 구도체 중심에서 거리 d[m]만큼 떨어진 곳에 점전하가 Q가 있을 때 구면에 유기되는 전하의 크기[C]는?

① Q　　　　　　　　② $\dfrac{Q}{d}$
③ $\dfrac{d}{a}Q$　　　　　　　　④ $\dfrac{a}{d}Q$

Explanation

접지도체구
- 위치 : $x = +\dfrac{a^2}{d}$
- 크기 : $Q' = -\dfrac{a}{d}Q$[C]

【답】④

20 정전용량이 각각 $C_1 = 1[\mu F]$, $C_2 = 2[\mu F]$인 도체에 전하 $Q_1 = -5[\mu C]$, $Q_2 = 2[\mu C]$을 각각 주고 각 도체를 가는 철사로 연결하였을 때 C_1에서 C_2로 이동하는 전하 $Q[\mu C]$는?

① -4　　　　　　　　② -3.5
③ -3　　　　　　　　④ -1.5

Explanation

두 개의 대전된 도체 구를 접속하면
중화 현상으로 인해 전체 전기량 $Q = -5 + 2 = -3[\mu C]$이 되며
전하량은 정전용량에 비례하므로
C_1에 남는 전하량은 $Q_1 = \dfrac{C_1}{C_1+C_2} \times Q = \dfrac{1}{1+2} \times -3 = -1[\mu C]$이므로
C_1에서 C_2로 이동하는 전하 $Q = -4[\mu C]$이 된다.

【답】①

2과목　전력공학

21 진상용 콘덴서 설치장소에 따른 설치효과가 가장 큰 것은?
① 부하 말단에 분산하여 설치하는 방법
② 수전 모선단에 중앙집중으로 설치하는 방법

③ 부하와 모선에 분산 배치하여 설치하는 방법
④ 부하 말단에 집중하여 설치하는 방법

Explanation

진상용 콘덴서 설치
① 고압측에 설치하는 방법
② 고압측과 부하측에 분산하여 설치하는 방법
③ **부하말단에 분산하여 설치하는 방법**(효과 가장 큼)

【답】①

22 1선 지락사고 시 지락전류가 가장 작은 중성점 접지방식은?
① 비접지식
② 저항접지식
③ 직접접지식
④ 소호리액터접지식

Explanation

지락전류 큰 순서 : 직접접지 〉 저항접지 〉 비접지 〉 소호리액터접지

【답】④

23 반지름 r[m]인 전선 A, B, C 가 그림과 같이 수평으로 D[m] 간격으로 배치되고 3선이 완전 연가된 경우 각 선의 인덕턴스는 몇 [mH/km]인가?

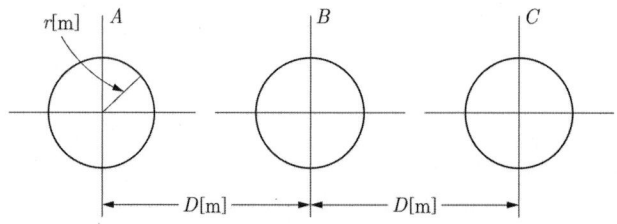

① $L = 0.05 + 0.4605\log\dfrac{D}{r}$
② $L = 0.05 + 0.4605\log\dfrac{\sqrt{2}\,D}{r}$
③ $L = 0.05 + 0.4605\log\dfrac{\sqrt{3}\,D}{r}$
④ $L = 0.05 + 0.4605\log\dfrac{\sqrt[3]{2}\,D}{r}$

Explanation

작용 인덕턴스 $L = 0.05 + 0.4605\log_{10}\dfrac{D}{r}$ [mH/km]

여기서, 일직선 배치 시 등가선간 거리 $D' = \sqrt[3]{D\cdot D\cdot 2D} = \sqrt[3]{2}\,D$이므로

따라서 인덕턴스 $L = 0.05 + 0.4605\log_{10}\dfrac{\sqrt[3]{2}\,D}{r}$

【답】④

24 직접접지방식이 초고압 송전선에 채용되는 이유 중 가장 적당한 것은?
① 지락 고장 시 병행 통신선에 유기되는 유도전압이 작기 때문에
② 지락 시의 지락전류가 적으므로
③ 계통의 절연을 낮게 할 수 있으므로
④ 송전선의 안정도가 높으므로

Explanation

직접 접지방식의 장점
• 1선 지락 시 건전상의 대지전압 상승이 낮다(절연레벨 경감).
• 중성점을 0전위로 유지 가능(단절연 가능)
• 보호계전기 동작이 확실하다.
• 정격이 낮은 피뢰기 사용 가능

【답】③

25 인터록(interlock)의 기능에 대한 설명으로 맞는 것은?
① 조작자의 의중에 따라 개폐되어야 한다.
② 차단기가 열려 있어야만 단로기를 닫을 수 있다.
③ 차단기가 닫혀 있어야만 단로기를 닫을 수 있다.
④ 차단기와 단로기를 별도로 닫고, 열 수 있어야 한다.

> **Explanation**

인터록(Interlock) : 차단기가 열려 있어야 단로기 조작 가능
- 투입 시 : DS – CB 순
- 차단 시 : CB – DS 순

【답】②

26 일정한 전력을 수전할 경우 부하 역률이 낮을수록 발생하는 현상이 아닌 것은?
① 전기요금의 증가
② 유효전력의 증가
③ 전력 손실의 증가
④ 선로의 전압강하 증가

> **Explanation**

역률 저하 시 문제점
- 전력손실 증가
- 전압강하 증가
- 설비용량의 여유분 감소
- 전기요금 증가

【답】②

27 송전전력, 선간전압, 부하역률, 전력손실 및 송전거리를 동일하게 하였을 경우 단상 2선식에 대한 3상 3선식의 총 전선량(중량)비는 얼마인가?(단, 전선은 동일한 전선이다)
① $\dfrac{2}{3}$
② $\dfrac{1}{4}$
③ $\dfrac{1}{2}$
④ $\dfrac{3}{4}$

> **Explanation**

전기 방식별 비교

	소요전선량 (중량비)
단상2선식	1
단상3선식	3/8=0.375
3상3선식	3/4=0.75
3상4선식	1/3=0.33

【답】④

28 다음 중 가스절연개폐장치(GIS)의 특징이 아닌 것은?
① 감전사고 위험 감소
② 밀폐형이므로 배기 및 소음이 없음
③ 신뢰도가 우수함
④ 전기실 면적이 증가함

> **Explanation**

GIS(Gas Insulated Switchgear) : 가스절연개폐장치
- 밀폐구조로 신뢰성 우수
- 소음이 적고 안전성 우수
- SF_6를 이용하여 절연성능 우수하고 절연거리를 적게 할 수 있다(소형화).
- 공사기간을 단축할 수 있다.

【답】④

29 3상 3선식 1회선 배전선로의 말단에 역률 80[%](늦음)의 평형 3상 부하가 있다. 변전소 인출구(송전단)의 전압이 6,600[V]일 때 부하의 단자 전압을 6,000[V]로 유지하려면 부하 전력은 몇 [kW]인가? 단, 전선 1선의 저항은 4[Ω], 리액턴스는 3[Ω]이고 기타 선로 정수는 무시한다.
① 998
② 1,728
③ 333
④ 576

Explanation

전압 강하 $e = V_s - V_r = 6,600 - 6,000 = 600 = \sqrt{3}I(R\cos\theta + X\sin\theta) = \dfrac{P}{V_r}(R + X\tan\theta)$

수전전력 $P = \dfrac{V_r e}{R + X\tan\theta} = \dfrac{6,000 \times 600}{4 + 3 \times \dfrac{0.6}{0.8}} \times 10^{-3} = 576[\text{kW}]$

【답】 ④

30 초고압 송전선로에서 코로나 발생을 방지하기 위한 대책으로 잘못된 것은?
① 굵은 전선 사용
② 복도체, 다도체 채용
③ 가선금구 개량
④ 매설지선 설치

Explanation

코로나 방지대책
- 코로나 임계전압을 크게, 전위경도를 작게
- 전선의 지름을 크게
- 복도체(다도체) 방식(가장 효과적인 방법)
- 가선금구를 개량
* 문제에서 매설지선은 역섬락 방지대책이다.

【답】 ④

31 케이블의 연피손의 원인은?
① 표피작용
② 히스테리시스 현상
③ 전자유도 작용
④ 유전체손

Explanation

케이블의 손실
- 저항손(도체손) : I^2R에 의한 손실
- 유전체손(절연체손) : $P_c = \omega CE^2 \tan\delta$
- **연피손 : 전자유도 작용**
케이블에 교류를 흘리면, 도체로부터의 전자 유도 작용으로 연피에 전압이 유기되고, 이에 따라 와전류가 흐르게 되어 손실이 발생된다.

【답】 ③

32 10,000[kVA] 기준으로 등가 임피던스가 0.4[%]인 발전소에 설치될 차단기의 차단용량은 몇 [MVA]인가?
① 1,000
② 1,500
③ 2,000
④ 2,500

Explanation

단락 용량 $P_s = \dfrac{100}{\%Z}P_n = \dfrac{100}{0.4} \times 10,000 \times 10^{-3} = 2,500[\text{MVA}]$

여기서, 차단기의 차단용량이 단락용량보다 크거나 최소한 같도록 선정한다.

【답】 ④

33 △-△ 결선의 3상 변압기를 사용하는 비접지 방식의 선로가 있다. 이 때, 1선 지락고장이 발생하는 경우 건전상의 전위 상승은 지락 전의 몇 배가 되는가?

① $\sqrt{3}$
② 3
③ $3\sqrt{2}$
④ $\dfrac{3}{2}$

Explanation

비접지 방식(△-△결선)의 특징
- 저전압 단거리 선로에 사용(3.3[kV], 6.6[kV])
- 보호 계전기 동작이 불확실하다(지락 전류가 적기 때문에).
- 1선 지락 시 건전상의 대지 전위상승이 $\sqrt{3}$ 배로 크다.
- 1상 고장 시 V-V결선 가능
- 통신 유도 장해가 적다(지락 전류가 적기 때문에).

【답】 ①

34 22.9[[kV-Y] 3상 4선식 중성선 다중 접지 계통의 특성에 대한 내용으로 틀린 것은?

① 1선 지락사고 시 1상 단락전류에 해당하는 큰 전류가 흐른다.
② 전원의 중성점과 주상변압기의 1차 및 2차를 공통의 중성선으로 연결하여 접지한다.
③ 각 상에 접속된 부하가 불평형일 때도 불완전 1선 지락고장의 검출감도가 상당히 예민하다.
④ 고저압 혼촉사고 시에는 중성선에 막대한 전위상승을 일으켜 수용가에 위험을 줄 우려가 있다.

Explanation

22.9[kV-Y] 3상 4선식 중성선 다중 접지 계통
- 배전선로의 Y결선 중성선을 여러 지점에서 접지하는 방식
- 모든 지락사고는 중성선과 단락사고로 되기 때문에 사고 시 퓨즈나 과전류 계전기로 보호할 수 있는 방식
- 합성전기저항이 매우 낮아 건전상의 대지전위 상승도 낮고 고저압 혼촉 시의 저압선의 전위상승도 낮다.
- 고장전류가 각 접지개소에 분류하기 때문에 고감도 지락보호는 곤란하므로 단락사고로 다룰 수 있도록 리클로저나 이것과 보호 협조하는 섹셔널라이저, 선로퓨즈 등을 삽입하여 보호하는 방법을 취하고 있다.

【답】 ③

35 발열량 6,000[kcal/kg]의 석탄을 사용하고 있는 기력발전소가 있다. 이 발전소의 종합효율이 36[%]라면, 18억[kWh]를 발생하는 데 필요한 석탄량은 몇 톤인가?

① 720,000
② 800,000
③ 880,000
④ 960,000

Explanation

화력발전소 열효율 $\eta = \dfrac{전기}{열} \times 100[\%]$

$\eta = \dfrac{860Pt}{mH} \times 100[\%]$

석탄량 $m = \dfrac{860W}{\eta H} = \dfrac{860 \times 18 \times 10^8}{0.36 \times 6,000} ≒ 717,000,000[kg] ≒ 720,000[t]$

【답】 ①

36 알루미늄에 극소량의 지르코늄을 추가한 내열 알루미늄 합금선으로 가공 송전선로에 사용하는 전선은?

① CNCV 전선
② TACSR 전선
③ HIV 전선
④ ACSR 전선

Explanation

- ACSR : 강심알루미늄 연선
- TACSR : 내열용 강심알루미늄 연선. 알루미늄에 극소량의 지르코늄을 추가

【답】 ②

37 보호계전기와 그 사용 목적이 잘못된 것은?
① 비율차동계전기 : 발전기 내부 단락 검출용
② 전압평형계전기 : 발전기 출력 측 PT 퓨즈 단선에 의한 오작동 방지
③ 역상과전류계전기 : 발전기 부하 불평형 회전자 과열소손
④ 과전압계전기 : 과부하 단락사고

> Explanation

보호계전기
- 비율차동계전기 : 발전기 내부 단락 검출용
- 전압평형계전기 : 발전기 출력 측 PT 퓨즈 단선에 의한 오작동 방지
- 역상과전류계전기 : 발전기 부하 불평형 회전자 과열소손
- **과전압계전기 : 과전압 시 동작**

【답】 ④

38 전력계통의 안정도 향상대책 방법이 아닌 것은?
① 직렬콘덴서를 삽입하여 선로의 리액턴스를 감소시킨다.
② 전원측 원동기용 조속기의 동작을 늦게 한다.
③ 속응여자방식을 차용하여 전압변동을 작게 한다.
④ 중간 조상 방식을 채택한다.

> Explanation

안정도 향상 대책
- 직렬 리액턴스(X)를 작게 한다.
  ① 발전기나 변압기의 리액턴스를 작게 한다.
  ② 선로의 병행 회선수를 늘리거나 복도체 또는 다도체 방식을 사용한다.
  ③ 직렬 콘덴서를 삽입하여 선로의 리액턴스를 보상한다.
- 전압 변동을 작게 한다.
  ① 속응 여자 방식의 채용
  ② 계통 연계를 한다.
- 중간 조상 방식을 채용한다.
- 고장 전류를 줄이고 고장 구간을 신속하게 차단한다.
  ① 적당한 중성점 접지 방식을 채용하여 지락 전류를 줄인다.
  ② 고속도 계전기, 고속도 차단기를 채용한다.
  ③ 고속도 재폐로 방식을 채용한다.
- 고장 시 발전기 입·출력의 불평형을 작게 한다.
  ① **조속기의 동작을 빠르게 한다.**
  ② 고장 발생과 동시에 발전기 회로의 저항을 직렬 또는 병렬로 삽입하여 발전기 입·출력의 불평형을 작게 한다.

【답】 ②

39 한류리액터를 사용하는 가장 큰 목적은?
① 충전전류의 제한   ② 접지전류의 제한
③ 누설전류의 제한   ④ 단락전류의 제한

> Explanation

- **한류리액터 : 단락사고 시 단락전류 제한**
- 소호리액터 : 지락 시 지락전류 제한
- 분로리액터 : 페란티현상 방지
- 직렬리액터 : 제 5고조파 제거

【답】 ④

40 변전소 전압의 조정 방법 중 선로 전압강하 보상기(LDC : Line Drop Compensator)에 대한 설명으로 옳은 것은?
① 승압기로 저하된 전압을 보상하는 것
② 분로리액터로 전압 상승을 억제하는 것
③ 부하 전류에 의한 배전선의 전압강하를 고려하여 모선전압을 조정
④ 직렬 콘덴서로 선로의 리액턴스를 보상하는 것

Explanation

선로 전압 강하 보상기(LDC : Line Drop Compensator)
부하 전류에 의한 선로의 전압 강하를 고려하여 모선 전압을 조정

【답】③

3과목　전기기기

41 변압기의 등가회로 작성에 필요한 시험이 아닌 것은?
① 단락시험
② 권수비 측정
③ 무부하시험
④ 저항 측정 시험

Explanation

변압기의 시험
- 무부하시험 : 여자 어드미턴스, 철손
- 단락시험 : 임피던스와트, 임피던스전압, 동손, 전압변동률
- 권선 저항 측정

【답】②

42 2방향성 3단자 사이리스터는 어느 것인가?
① SCR
② SSS
③ SCS
④ TRIAC

Explanation

반도체 소자(괄호안은 극(단자) 수)
- 단방향성 : SCR(3), GTO(3), SCS(4), LASCR(3)
- 양방향성 : SSS(2), **TRIAC(3)**, DIAC(2)

【답】④

43 동기전동기의 여자전류를 증가하면 발생하는 현상으로 맞는 것은?
① 전기자 전류의 위상이 앞선다.
② 난조가 생긴다.
③ 토크가 증가한다.
④ 뒤진 무효전류가 흐르고 유도기전력은 높아진다.

Explanation

동기 전동기의 위상 특성 곡선(V곡선)
- I_a 와 I_f 관계곡선(P는 일정)
- 계자 전류의 변화에 대한 전기자 전류의 변화를 나타낸 곡선
- **과여자 : 앞선 역률(진상)**
- **부족여자 : 늦은 역률(지상)**
역률 $\cos\theta = 1$ 일 때, 전기자 전류 최소

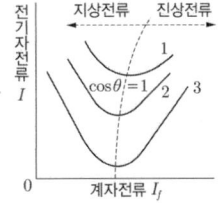

【답】①

44 변압기에 사용되는 변압기유에 구비조건으로 틀린 것은?
① 점도가 클 것
② 응고점이 낮을 것
③ 인화점이 높을 것
④ 절연 내력이 클 것

Explanation

절연유(변압기유)의 구비조건
- 절연내력이 클 것
- **점도가 적고 비열이 커서 냉각 효과가 클 것**
- 인화점은 높고, 응고점은 낮을 것
- 고온에서 산화하지 않고, 침전물이 생기지 않을 것

【답】①

45 우리나라 발전소에 설치되어 3상 교류를 발생하는 발전기는?
① 동기 발전기
② 분권 발전기
③ 직권 발전기
④ 복권 발전기

Explanation

동기발전기 : 우리나라 발전소에 설치되어 3상 교류 발전기
3상 교류의 발생 : 3개의 도체를 기하학적으로 120° 간격으로 배치하여 기전력을 발생

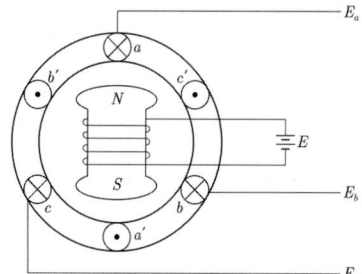

【답】①

46 공장 선로에 뒤진 역률 0.85인 부하를 연결하는 경우 이 선로에 동기조상기를 병렬로 결선하여 부족여자로 운전할 때 선로의 역률로 옳은 것은?
① 앞선역률이며 역률은 더욱 나빠진다.
② 뒤진역률이며 역률은 더욱 좋아진다.
③ 뒤진역률이며 역률은 더욱 나빠진다.
④ 앞선역률이며 역률은 더욱 좋아진다.

Explanation

동기 전동기의 위상 특성 곡선(V곡선)
- I_a 와 I_f 관계곡선(P는 일정)
- 계자 전류의 변화에 대한 전기자 전류의 변화를 나타낸 곡선
- 과여자 : 앞선 역률(진상)
- **부족여자 : 늦은 역률(지상)**

역률 $\cos\theta = 1$ 일 때, 전기자 전류 최소여기서, 부하의 역률이 뒤진(지상)이므로 부족여자로 공급하면 더욱 큰 지상이 되므로 역률은 나빠진다.

【답】③

47 3상 권선형 유도전동기의 전부하 슬립이 4[%], 2차 1상의 저항이 0.3[Ω]이다. 이 유도전동기의 기동 토크를 전부하 토크와 같도록 하기 위해 외부에서 2차에 삽입해야 할 저항의 크기는 몇 [Ω]인가?
① 2.8
② 3.5
③ 4.8
④ 7.2

Explanation

비례추이의 원리 : 권선형 유도전동기

- 최대 토크는 불변, 최대 토크의 발생 슬립은 변화
- 기동 전류는 감소하고, 기동 토크는 증가

$\dfrac{r_2}{s} = \dfrac{r_2+R}{s'}$ 에서 $\dfrac{0.3}{0.04} = \dfrac{0.3+R}{1}$

2차 외부저항 $R = 7.5 - 0.3 = 7.2[\Omega]$

【답】 ④

48 210/105[V]의 변압기를 그림과 같이 결선하고 고압측에 200[V]의 전압을 가하면 전압계의 지시는 몇 [V]인가?(단, 변압기는 가극성이다)

① 100
② 200
③ 300
④ 400

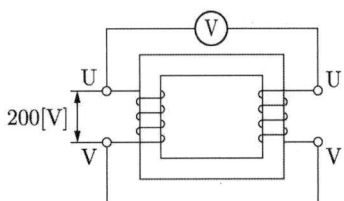

Explanation

권수비 $a = \dfrac{210}{105} = 2$

$E_1 = 200\,[V]$일 때, $E_2 = \dfrac{E_1}{a} = \dfrac{200}{2} = 100[V]$

가극성인 경우 $E_1 + E_2 = 200 + 100 = 300$
감극성인 경우 $E_1 - E_2 = 200 - 100 = 100$

【답】 ③

49 3상 동기발전기에 유기기전력보다 90° 뒤진 전기자 전류가 흐를 때 전기자 반작용은?

① 증자 작용을 한다.
② 자기여자 작용을 한다.
③ 감자 작용을 한다.
④ 교차자화 작용을 한다.

Explanation

동기기의 전기자 반작용
① 횡축 반작용(교차 자화 작용)
 - 전기자 전류가 유기기전력과 동위상
 - 크기 : $I\cos\theta$
② 직축 반작용(발전기 : 전동기는 반대)
 - 감자 작용 : 전기자 전류가 유기기전력보다 위상이 $\pi/2$ 뒤질 때
 - 증자 작용 : 전기자 전류가 유기기전력보다 위상이 $\pi/2$ 앞설 때

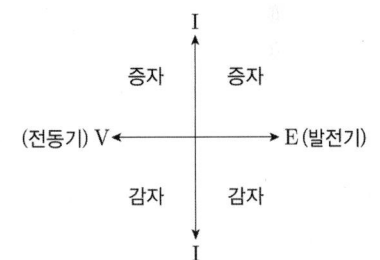

【답】 ③

50 유도전동기의 고조파 발생을 방지하는 데 적합하지 않은 것은?

① 전기자 반작용을 크게 한다.
② 전기자 슬롯을 스큐 슬롯으로
③ 전기자 권선을 단절권으로
④ 전기자 권선의 결선을 성형

Explanation

동기발전기 고조파 발생 방지법
- 전기자를 Y(성형) 결선으로 : 제3고조파의 순환전류 발생되지 않는다.
- 권선을 분포권, 단절권으로 : 고조파를 제거하여 기전력의 파형 개선
- 전기자 슬롯을 스큐 슬롯 : 고조파에 의한 크로우링 현상 방지
- **전기자 반작용 적게 할 것**

【답】 ①

51 다음 전동기 중 역률이 가장 좋은 것은?
① 농형 유도 전동기
② 반발 기동 전동기
③ 동기 전동기
④ 교류 정류자 전동기

Explanation

동기 전동기 특징
- 정속도 전동기
- 기동이 어렵다(설비비가 고가).
- **역률 1.0로 조정 가능, 진상과 지상전류를 연속 공급 가능(동기조상기)**
- 저속도 대용량의 전동기 : 대형 송풍기, 압축기, 압연기, 분쇄기

【답】③

52 무정전 전원장치(UPS)에 컨버터의 주된 사용 목적은?
① 교류 전압의 주파수를 변환하기 위함이다.
② 교류 전압의 변화를 안정화하기 위함이다.
③ 교류 전압을 다른 교류 전압으로 변환하기 위함이다.
④ 교류 전압을 직류 전압으로 변환하기 위함이다.

Explanation

- AC → DC : 정류기(컨버터, Converter)
- DC → AC : 인버터(Inverter)
- DC → DC : 초퍼(Chopper)
- AC → AC : 사이클로 컨버터

【답】④

53 극수가 24일 때, 전기각 180°에 해당되는 기계각은?
① 7.5°
② 15°
③ 22.5°
④ 30°

Explanation

전기각$(\alpha_e) = \dfrac{p}{2} \times$기하각$(\alpha)$

기하각$(\alpha) = \dfrac{2}{p} \times$전기각$(\alpha_e) = \dfrac{2}{24} \times 180 = 15°$

【답】②

54 그림과 같은 전기자 권선법을 무엇이라 하는가?

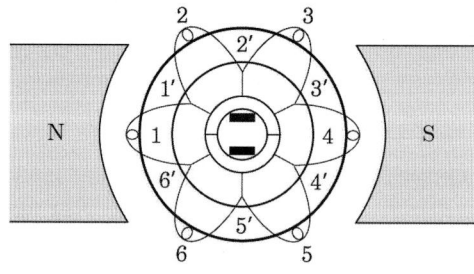

① 단층권
② 이층권
③ 고상권
④ 환상권

Explanation

환상권(ring winding)
링 모양으로 된 환상철심의 안팎에 고리 모양으로 권선을 감은 것

【답】④

55 정격 부하에서 역률 0.8(뒤짐)로 운전될 때, 전압 변동률이 12[%]인 변압기가 있다. 이 변압기에 역률 100[%]의 정격 부하를 걸고 운전할 때의 전압 변동률은 약 몇 [%]인가?(단, %저항강하는 %리액턴스 강하의 1/12이라고 한다)
① 0.909
② 1.5
③ 6.85
④ 16.18

Explanation

%저항강하는 %리액턴스강하의 $\frac{1}{12}$ 이므로

$p = \frac{1}{12}q, \quad q = 12p$

전압 변동률 $\epsilon = p\cos\theta + q\sin\theta$ (+ : 지상, − : 진상)
$= p \times 0.8 + q \times 0.6 = 12[\%]$
$= p \times 0.8 + 12p \times 0.6 = 12[\%]$

$8p = 12$에서 %저항강하 $p = \frac{12}{8} = 1.5$

%리액턴스강하 $q = 12p = 12 \times 1.5 = 18$

따라서 전압 변동률 $\epsilon = p\cos\theta + q\sin\theta$ (+ : 지상, − : 진상)에서
역률 100[%]이므로 $\epsilon = p = 1.5[\%]$

【답】②

56 4극, 중권, 총도체수 500, 1극의 자속수가 0.01[Wb]인 직류 발전기가 100[V]의 기전력을 발생시키는 데 필요한 회전수는 몇 [rpm]인가?
① 1,000
② 1,200
③ 1,600
④ 2,000

Explanation

직류발전기 유기기전력 $E = \frac{PZ\phi N}{60a}$ [V]에서

회전수 $N = E \cdot \frac{60a}{PZ\phi} = 100 \times \frac{60 \times 4}{4 \times 500 \times 0.01} = 1,200$ [rpm]

【답】②

57 정격이 5[kW], 100[V], 50[A], 1,800[rpm]인 타여자 직류 발전기가 있다. 무부하시의 단자전압은? (단, 계자전압 50[V], 계자전류 5[A], 전기자 저항 0.2[Ω] 브러시의 전압강하는 2[V]이다)
① 100[V]
② 112[V]
③ 115[V]
④ 120[V]

Explanation

타여자 직류 발전기 : $I_a = I$
유기기전력 $E = V + I_a R_a + e_b = 100 + 50 \times 0.2 + 2 = 112$ [V]이며
무부하상태에서는 단자 전압 $V_0 = E$이므로
무부하 단자 전압 $E = V_0 = 112$ [V]

【답】②

58 3상 권선형 유도전동기의 기동법은?
① 2차 저항 기동법
② 반발 기동법
③ 분상 기동법
④ 콘덴서 기동법

Explanation

3상 권선형 유도 전동기의 기동법
- 2차 저항 기동법 : 비례추이 이용
- 게르게스(Gerges)법

【답】①

59 극수 P의 3상 유도전동기가 주파수 f, 슬립 s, 토크 T[N·m]로 회전하고 있을 때 출력은 몇 [W]인가?

① $T\dfrac{4\pi f}{P}s$
② $T\dfrac{4\pi f}{P}(1-s)$
③ $T\dfrac{4Pf}{\pi}s$
④ $T\dfrac{\pi f}{2P}(1-s)$

Explanation

토크 $\tau = \dfrac{P_0}{\omega} = \dfrac{P_0}{2\pi\dfrac{N}{60}} = \dfrac{P_0}{\dfrac{2\pi}{60}(1-s)N_s} = \dfrac{P_0}{\dfrac{2\pi}{60}(1-s)\dfrac{120f}{p}} = \dfrac{P_0}{\dfrac{4\pi f(1-s)}{p}}$ [N·m]

출력 $P_0 = \dfrac{4\pi f(1-s)}{p}T$

【답】②

60 직류기의 전기자 반작용 결과가 아닌 것은?
① 주자속이 감소한다.
② 전기적 중성축이 이동한다.
③ 주자속에 영향을 미치지 않는다.
④ 정류자편 사이의 전압이 불균일하게 된다.

Explanation

전기자 반작용
전기자 전류에 의한 전기자 기자력이 계자 기자력에 영향을 미치는 현상(주자속이 감소하는 현상)
- 편자 작용
  - 감자 작용 : 전기자 기자력이 계자기자력에 반대 방향으로 작용하여 자속이 감소
  - 교차자화 작용 : 전기자 기자력이 계자 기자력에 수직방향으로 작용하여 자속분포가 일그러짐
- 전기적중성축 이동 : 보극이 없는 직류기는 brush를 이동
- 국부적으로 섬락 발생 : 공극의 자속분포 불균형으로 섬락(불꽃) 발생
- 전기자 반작용의 방지대책 : 보상권선

【답】③

4과목　회로이론 및 제어공학

61 $f(t) = e^{j\omega t}$의 라플라스 변환은?

① $\dfrac{1}{s-j\omega}$
② $\dfrac{1}{s+j\omega}$
③ $\dfrac{1}{s^2+\omega^2}$
④ $\dfrac{\omega}{s^2+\omega^2}$

Explanation

라플라스변환

	$f(t)$	$F(s)$
임펄스함수	$\delta(t)$	1
단위계단함수	$u(t)$	$\dfrac{1}{s}$
램프함수	t	$\dfrac{1}{s^2}$
지수함수	$e^{\pm at}$	$\dfrac{1}{s \mp a}$

$\mathcal{L}[f(t)] = \mathcal{L}[e^{j\omega t}] = \dfrac{1}{s-j\omega}$

【답】①

62 그림과 같은 3상 Y결선 불평형 회로가 있다. 전원은 3상 평형전압 E_1, E_2, E_3이고 부하는 Y_1, Y_2, Y_3일 때 전원의 중성점과 부하의 중성점 간의 전위차를 나타내는 것은?

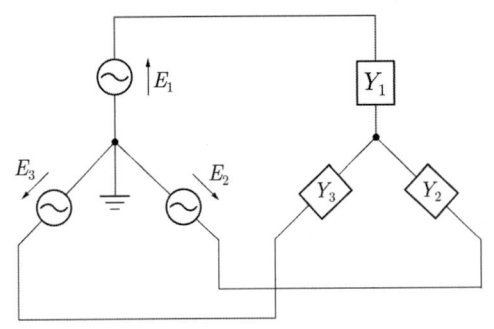

① $\dfrac{E_1Y_1 + E_2Y_2 + E_3Y_3}{Y_1Y_2Y_3}$
② $\dfrac{E_1Y_1 - E_2Y_2 - E_3Y_3}{Y_1Y_2Y_3}$
③ $\dfrac{E_1Y_1 - E_2Y_2 - E_3Y_3}{Y_1 + Y_2 + Y_3}$
④ $\dfrac{E_1Y_1 + E_2Y_2 + E_3Y_3}{Y_1 + Y_2 + Y_3}$

Explanation

밀만의 정리

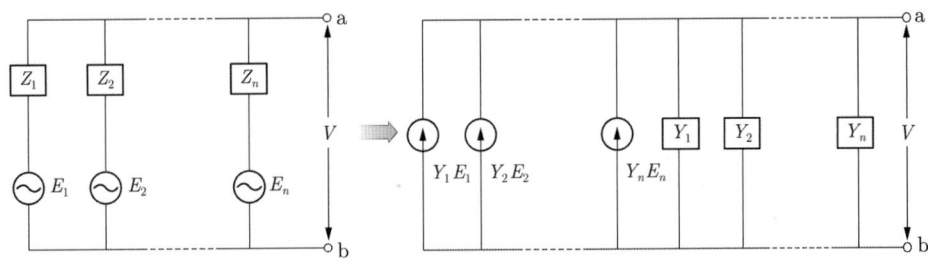

중성점 전위 $V_n = \dfrac{Y_1E_1 + Y_2E_2 + Y_3E_3}{Y_1 + Y_2 + Y_3}$ [V]

【답】④

63 구동점 임피던스 함수에 있어서 극점(pole)은?
① 개방 회로 상태를 의미한다.
② 단락 회로 상태를 의미한다.
③ 아무 상태도 아니다.
④ 전류가 많이 흐르는 상태를 의미한다.

Explanation

구동점 임피던스 $Z(s) = \dfrac{Q(s)}{P(s)} = \dfrac{(s+z_1)(s+z_2)\cdots}{(s+P_1)(s+P_2)\cdots}$ 에서

영점 $Q(s) = 0 : s = -z_1, -z_2, \cdots$ 회로의 단락상태
극점 $P(s) = 0 : s = -P_1, -P_2, \cdots$ 회로의 개방상태

【답】①

64 권수 200, 150회의 코일 A, B가 있다. A코일의 자속이 0.2[Wb]인데, 이 중 80[%]가 B코일과 쇄교한다. A코일의 전류가 4[A]일 때 상호인덕턴스는 몇 [H]인가?
① 5
② 6
③ 7
④ 8

Explanation

자기인덕턴스 $L_1 = \dfrac{N_1 \phi_1}{I_1} = \dfrac{200 \times 0.2}{4} = 10[H]$

상호인덕턴스 $M = \dfrac{N_2}{N_1} L_1$ 이므로

$M = \dfrac{N_2}{N_1} L_1 = \dfrac{150}{200} \times 10 \times 0.8 = 6[H]$

【답】②

65 최대값이 10[V]인 정현파 전압이 있다. $t=0$에서의 순시값이 5[V]이고 이 순간에 전압이 증가하고 있다. 주파수가 60[Hz]일 때, $t=2$[ms]에서의 전압의 순시값[V]은?
① $10\sin 30°$
② $10\sin 43.2°$
③ $10\sin 73.2°$
④ $10\sin 103.2°$

Explanation

순시값으로 표현하면
$v = 10\sin(\omega t + 30°)$이며

주기는 $T = \dfrac{1}{f} = \dfrac{1}{60} = 0.0167[\sec]$이므로

4등분하면 90도에서 시간은 0.00417
180도에서 시간은 0.0083
270도에서 시간은 0.0125
360도에서 시간은 0.0167

$t = 2$[ms] = 0.002이므로 약 43.2도 뒤의 시간이 되고
$v = 10\sin(\omega t + 30°) = 10\sin(43.2° + 30°) = 10\sin 73.2°$가 된다.

【답】③

66 전원의 내부 임피던스가 순저항 R과 리액턴스 X로 구성되고 외부에 부하 저항 R_L을 연결하여 최대 전력을 전달하려면 R_L의 값은?
① $R_L = \sqrt{R^2 + X^2}$
② $R_L = \sqrt{R^2 - X^2}$
③ $R_L = R$
④ $R_L = R + X$

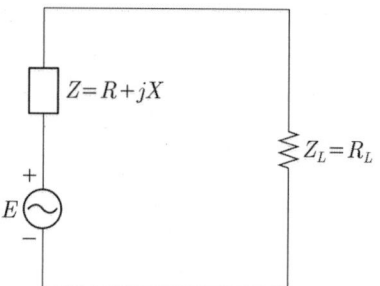

Explanation

최대 전력 전송 조건 : 내부임피던스=부하저항
$R_L = \sqrt{R^2 + X^2}$

【답】①

67 회로에서 $t=0$초 일 때 닫혀 있는 스위치 S를 열었다. 이 때 $\dfrac{dv(0^+)}{dt}$의 값은? (단, C의 초기 전압은 0[V]이다)

① $\dfrac{1}{RI}$ ② $\dfrac{C}{I}$

③ RI ④ $\dfrac{I}{C}$

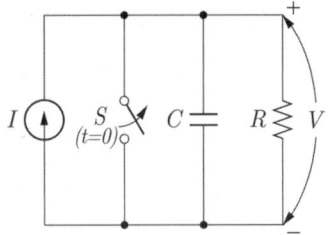

Explanation

병렬회로의 과도현상으로 보면

스위치 개방 시 회로의 전류 방정식 : $I = C\dfrac{dv(t)}{dt} + \dfrac{v(t)}{R}$

초기에는 $I = C\dfrac{dv(0+)}{dt} + \dfrac{v(0+)}{R}$ 이므로 전류 $I = C\dfrac{dv(0+)}{dt}$

따라서 $\dfrac{dv(0+)}{dt} = \dfrac{I}{C}$

【답】 ④

68 그림과 같은 파형을 푸리에 급수로 전개하면?

① $\dfrac{A}{\pi} + \dfrac{\sin 2x}{2} + \dfrac{\sin 4x}{4} + \cdots$

② $\dfrac{4A}{\pi}\left(\sin\alpha\sin x + \dfrac{1}{9}\sin 3\alpha\sin 3x + \cdots\right)$

③ $\dfrac{4A}{\pi}\left(\sin x + \dfrac{1}{3}\sin 3x + \dfrac{1}{5}\sin 5x + \cdots\right)$

④ $\dfrac{4}{\pi}\left(\dfrac{\cos 2x}{1\times 3} + \dfrac{\cos 4x}{3\times 5} + \dfrac{\cos 6x}{5\times 7} + \cdots\right)$

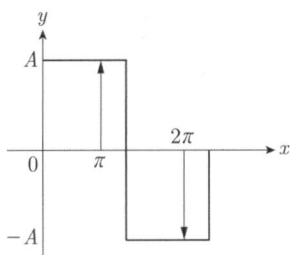

Explanation

비정현파를 푸리에 변환하면

비정현파 교류 = 직류분 + 기본파 + 고조파로 표시되며

• 정현대칭 : sin성분
• 여현대칭 : 직류분, cos성분
• 반파대칭 : 홀수항

여기서, 구형파는 정현반파대칭이므로 홀수항의 sin항만 존재하며
$f(t) = b_1\sin t + b_3\sin 3t + b_5\sin 5t + \cdots$의 형태이므로 무수히 많은 주파수 성분을 가지게 된다.

따라서 $y = \dfrac{4A}{\pi}(\sin x + \dfrac{1}{3}\sin 3x + \dfrac{1}{5}\sin 5x + \cdots)$

【답】 ③

69 저항 $R[\Omega]$ 3개를 Y로 접속한 회로에 전압 200[V]의 3상 교류전원을 인가 시 선전류가 10[A]라면 이 3개의 저항을 △로 접속하고 동일 전원을 인가 시 선전류는 몇 [A]인가?

① 10[A] ② $10\sqrt{3}$ [A]

③ 30[A] ④ $30\sqrt{3}$ [A]

Explanation

• Y결선 시

상전류 $I_p = \dfrac{V_p}{Z} = \dfrac{\frac{V}{\sqrt{3}}}{R} = \dfrac{V}{\sqrt{3}R}$ 이며 $I_p = I_l$이므로 선전류 $I_l = \dfrac{200}{\sqrt{3}R}$

• △결선 시

상전류 $I_p = \dfrac{V_p}{Z} = \dfrac{V}{R}$ 이며 $I_l = \sqrt{3} I_p$ 이므로 선전류 $I_l = \dfrac{200\sqrt{3}}{R}$

따라서 선전류비는 $\dfrac{I_{\triangle l}}{I_{Yl}} = \dfrac{\dfrac{200\sqrt{3}}{R}}{\dfrac{200}{\sqrt{3}R}} = 3$ 이므로

Y결선에 비해 △결선의 선전류가 3배이므로 $10 \times 3 = 30[A]$가 된다.

【답】③

70
단위 길이당의 저항이 같은 도선을 사용하여 그림과 같은 무한히 긴 사다리형 회로를 만든다. 각 지로의 저항을 R이라 할 때 a, b 간의 합성 저항은?

① $(\sqrt{3}+1)R$
② $(\sqrt{3}-1)R$
③ R
④ $\sqrt{3}R$

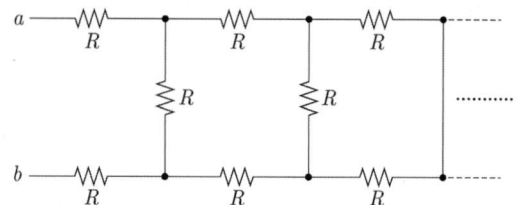

Explanation

무한대 회로의 해법 $\infty - 1 = \infty$ 이므로
등가 회로를 그리면

$R_{ab} = 2R + \dfrac{R \cdot R_x}{R + R_x}$ 이며 $R_{ab} = R_x$ 이므로

$RR_{ab} + R_{ab}^2 = 2R^2 + 2R \cdot R_{ab} + R \cdot R_{ab}$ 에서 $R=1[\Omega]$를 대입하면

$R_{ab}^2 - 2R_{ab} - 2 = 0$ 이므로 근의 공식에 대입하여 풀면

$R_{ab} = 1 + \sqrt{3}$

■ 기본 풀이

전체 합성저항은 $R_{ab} = 2r + \dfrac{r \cdot R_x}{r + R_x} = 2 + \dfrac{R_x}{1 + R_x}$ 이므로

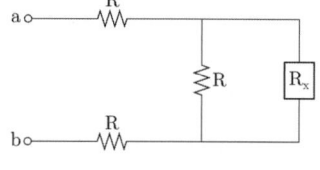

1과 R_x의 병렬저항은 작은 것보다 작으므로 1보다 작게 되어 전체 저항은 2.xxx가 된다.

【답】①

71
잔류편차(off set)가 발생하는 제어계는?
① 비례적분제어
② 비례미적분제어
③ 비례제어
④ 적분제어

Explanation

- 비례제어(P제어) : 잔류 편차(off set) 발생
- 적분제어(I제어) : 잔류편차 제거, 간헐현상
- 미분제어(D제어) : rate제어, 오차가 변화하는 속도에 비례하여 조작량을 조절하는 동작

【답】③

72
상태 방정식 $\dot{X} = AX + BU$에서 $A = \begin{bmatrix} 0 & 1 \\ -2 & -3 \end{bmatrix}$, $B = \begin{bmatrix} 0 \\ 1 \end{bmatrix}$일 때 고유값은?

① $-1, -2$
② $1, 2$
③ $-2, -3$
④ $2, 3$

Explanation

특성 방정식 $|sI - A| = 0$

$|sI - A| = \begin{bmatrix} s & 0 \\ 0 & s \end{bmatrix} - \begin{bmatrix} 0 & 1 \\ -2 & -3 \end{bmatrix} = \begin{vmatrix} s & -1 \\ s & s+3 \end{vmatrix} = s^2 + 3s + 2$

$s^2 + 3s + 2 = (s+1)(s+2) = 0$ 따라서 고유값 $s = -1, -2$

【답】①

73 Routh 안정도 판별법에 의한 방법 중 불안정한 제어계의 특성 방정식은?

① $s^3 + 2s^2 + 3s + 4 = 0$
② $s^3 + s^2 + 5s + 4 = 0$
③ $s^3 + 4s^2 + 5s + 2 = 0$
④ $s^3 + 3s^2 + 2s + 10 = 0$

Explanation

Routh의 판별식

$$\begin{array}{c|cc} s^3 & 1 & 2 \\ s^2 & 3 & 10 \\ s^1 & \frac{6-10}{3} = -\frac{4}{3} & 0 \\ s^0 & 10 & 0 \end{array}$$

Routh-Hurwitz 판별식을 이용하여 1열의 부호가 모두 양수이면 안정하며 이 경우에는 1열의 부호변화가 2번 있으므로 불안정하다.

【답】 ④

74 다음 그림의 폐루프 샘플 값 제어계의 z 변환 전달 함수는?

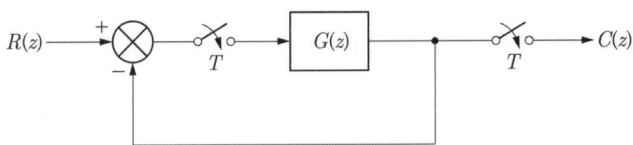

① $\dfrac{1}{1 + G(z)}$
② $\dfrac{1}{1 - G(z)}$
③ $\dfrac{G(z)}{1 + G(z)}$
④ $\dfrac{G(z)}{1 - G(z)}$

Explanation

연속치를 샘플링한 것은 이산치로 볼 수 있으며

따라서 z 변환에서의 전달 함수 $T(z) = \dfrac{G(z)}{1 + G(z)}$

【답】 ③

75 그림의 두 블록 선도가 등가인 경우 A 요소의 전달 함수는?

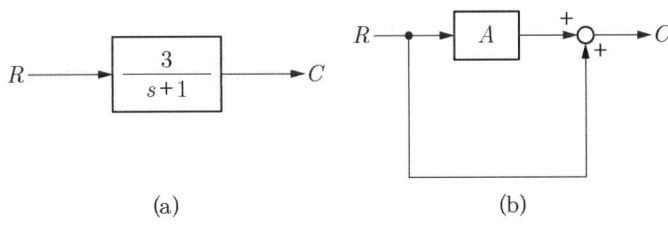

(a)   (b)

① $\dfrac{-s + 2}{s + 1}$
② $\dfrac{s + 2}{s + 1}$
③ $\dfrac{-s - 2}{s + 1}$
④ $\dfrac{s - 2}{s + 1}$

Explanation

블록선도의 전달 함수 $G(s) = \dfrac{\Sigma G}{1 - \Sigma L_1 + \Sigma L_2 + \cdots}$

여기서, L_1 : 각각의 모든 폐루프 이득의 합
L_2 : 서로 접촉하지 않는 2개의 폐루프 이득의 곱의 합

ΣG : 각각의 전향 경로의 합

전달 함수 $G(s) = \dfrac{C}{R} = A+1$

따라서 $\dfrac{3}{s+1} = A+1$에서

$A = \dfrac{3}{s+1} - 1 = \dfrac{3-s-1}{s+1} = \dfrac{-s+2}{s+1}$

【답】①

76 제어계의 과도 응답에서 감쇠비란?
① 제2오버슈트를 최대오버슈트로 나눈 값이다.   ② 최대오버슈트를 제2오버슈트로 나눈 값이다.
③ 제2오버슈트와 최대오버슈트를 곱한 값이다.   ④ 제2오버슈트와 최대오버슈트를 더한 값이다.

Explanation

감쇠비 : 과도 응답의 소멸 정도

감쇠비 = $\dfrac{\text{제2 오버슈트}}{\text{최대 오버슈트}}$

【답】①

77 그림과 같은 시퀀스 제어는 무슨 회로라고 하는가?(단, A, B는 입력 스위치이다)
① 자기유지회로
② 인터록회로
③ 배타회로
④ 변환회로

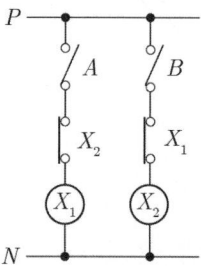

Explanation

인터록 회로 : X_1이 먼저 동작하면 X_2는 동작되지 않으며
X_2가 먼저 동작하면 X_1는 동작되지 않는다.

【답】②

78 그림의 블록선도에 대한 전달함수 $\dfrac{C}{R}$는?

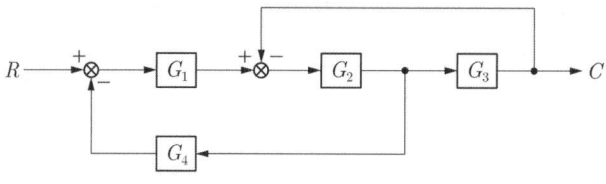

① $\dfrac{G_1 G_2 G_3}{1 + G_1 G_3 + G_1 G_2 G_4}$
② $\dfrac{G_1 G_2 G_4}{1 + G_1 G_2 + G_1 G_2 G_4}$
③ $\dfrac{G_1 G_2 G_3}{1 + G_2 G_3 + G_1 G_2 G_4}$
④ $\dfrac{G_1 G_2 G_4}{1 + G_2 G_3 + G_1 G_2 G_3}$

Explanation

블록 선도의 전달 함수

$G(s) = \dfrac{\Sigma G}{1 - \Sigma L_1 + \Sigma L_2 + \cdots}$

여기서, L_1 : 각각의 모든 폐루프 이득의 합

L_2 : 서로 접촉하지 않는 2개의 폐루프 이득의 곱의 합
ΣG : 각각의 전향 경로의 합

$$G(s) = \frac{G_1 G_2 G_3}{1-(-G_2 G_3 - G_1 G_2 G_4)} = \frac{G_1 G_2 G_3}{1+G_2 G_3 + G_1 G_2 G_4}$$

【답】③

79 전달 함수가 $G(s) = \dfrac{\omega_n^2}{s^2 + 2\zeta\omega_n s + \omega_n^2}$ 으로 표시되는 2차계에서 $\omega_n = 1$, $\zeta = 1$인 경우의 단위 임펄스 응답은?

① e^{-t}
② te^{-t}
③ $1 - te^{-t}$
④ $1 - e^{-t}$

Explanation

임펄스 응답(Impulse Response) : $r(t) = \delta(t)$
출력 $C(s) = G(s)R(s)$에서 $R(s) = 1$
$C(s) = G(s)$
$\therefore C(t) = \mathcal{L}^{-1}[C(s)] = \mathcal{L}^{-1}[G(s)]$이므로
$G(s) = \dfrac{\omega_n^2}{s^2 + 2\zeta\omega_n s + \omega_n^2} = \dfrac{1}{s^2 + 2s + 1} = \dfrac{1}{(s+1)^2}$
임펄스 응답 $c(t) = \mathcal{L}^{-1}[C(s)] = te^{-t}$

【답】②

80 제어계에 대한 설명 중 틀린 것은?
① 제어계의 제어정도를 개선하려면 이득정수를 적정수준으로 증가시키면 된다.
② 개루프 전달함수의 이득정수를 과도하게 증가시키면 계통의 안정도는 저하된다.
③ 제어계의 공진주파수와 대역폭이 고주파역으로 높이 옮겨질수록 제어계의 속응성은 향상된다.
④ 위치제어계의 종속보상법에서 지상요소를 쓰는 주된 목적은 속응성을 개선하기 위함이다.

Explanation

보상기 설계
• 진상 보상기(미분기, PD제어) : 속응성 개선, 위상 여유 증가
• 지상 보상기(적분기, PI제어) : 정상 편차 감소

【답】④

5과목　전기설비기술기준

81 전차의 급전선로의 시설에 대한 내용으로 틀린 것은?
① 가공식은 전차선의 높이 이상으로 전차선로 지지물에 병행 설치하며, 나전선의 접속은 직선접속을 원칙으로 한다.
② 신설 터널 내 급전선을 가공으로 설계할 경우 지지물의 취부는 C찬넬 또는 매입전을 이용하여 고정해야 한다.
③ 전기적 영향에 대한 최소 간격이 보장되지 않거나 지락, 불꽃 방전 등의 우려가 있을 경우에는 급전선을 케이블로 하여 안전하게 시공해야 한다.
④ 선상승강장, 인도교, 과선교 또는 다리 하부 등에 설치할 때에는 최소 절연간격 이하로 확보해야 한다.

> **Explanation**

(KEC 431.4조) 급전선로
① 급전선은 나전선을 적용하여 가공식으로 가설을 원칙으로 한다. 다만, 전기적 영향에 대한 최소 간격이 보장되지 않거나 지락, 불꽃 방전 등의 우려가 있을 경우에는 급전선을 케이블로 하여 안전하게 시공하여야 한다.
② 가공식은 전차선의 높이 이상으로 전차선로 지지물에 병행 설치하며, 나전선의 접속은 직선접속을 원칙으로 한다.
③ 신설 터널 내 급전선을 가공으로 설계할 경우 지지물의 취부는 C찬넬 또는 매입전을 이용하여 고정하여야 한다.
④ 선상승강장, 인도교, 과선교 또는 다리 하부 등에 설치할 때에는 **최소 절연간격 이상을 확보**하여야 한다. 【답】④

82
저압보안공사 시 전선은 케이블 이외에는 사용전압이 400[V] 이하인 경우 지름 몇 [mm] 이상의 경동선을 사용해야 하는가?
① 1
② 2
③ 4
④ 5

> **Explanation**

(KEC 222.10조) 저압 보안공사
전선은 케이블인 경우 이외에는 인장강도 8.01[kN] 이상의 것 또는 지름 5[mm](**사용전압이 400[V] 이하인 경우에는 인장강도 5.26[kN] 이상의 것 또는 지름 4[mm] 이상의 경동선**) 이상의 경동선이어야 한다. 【답】③

83
옥외설비의 절연유 유출방지설비에 대한 내용으로 틀린 것은?
① 집유조 및 집수탱크가 시설되는 경우 집수탱크는 최대 용량 변압기의 유량에 대한 집유능력이 있어야 한다.
② 절연유 유출 방지설비의 선정은 기기에 들어 있는 절연유의 양, 빗물 및 화재보호시스템의 용수량, 근접 수로 및 토양조건을 고려해야 한다.
③ 절연유 및 냉각액에 대한 집유조 및 집수탱크의 용량은 물의 유입으로 지나치게 감소되지 않아야 하며, 자연배수 및 강제배수가 가능해야 한다.
④ 벽, 집유조 및 집수탱크에 관련된 배관은 액체가 침투하는 것이어야 한다.

> **Explanation**

(KEC 311.7조) 절연유 누설에 대한 보호 - 옥외설비의 절연유 유출방지설비
① 절연유 유출 방지설비의 선정은 기기에 들어 있는 절연유의 양, 빗물 및 화재보호시스템의 용수량, 근접 수로 및 토양조건을 고려하여야 한다.
② 집유조 및 집수탱크가 시설되는 경우 집수탱크는 최대 용량 변압기의 유량에 대한 집유능력이 있어야 한다.
③ 벽, 집유조 및 집수탱크에 관련된 **배관은 액체가 침투하지 않는 것**이어야 한다.
④ 절연유 및 냉각액에 대한 집유조 및 집수탱크의 용량은 물의 유입으로 지나치게 감소되지 않아야 하며, 자연배수 및 강제배수가 가능하여야 한다. 【답】④

84
고압 또는 특고압의 모선을 옥외에 시설하는 변전소에서 지표면과 울타리 담 등의 하단 사이의 간격은 몇 [m] 이하로 해야 하는가?
① 0.5
② 0.75
③ 1
④ 0.15

> **Explanation**

(KEC 351.1조) 발전소 등의 울타리·담 등의 시설
고압 또는 특고압의 기계기구·모선 등을 옥외에 시설하는 발전소·변전소·개폐소 또는 이에 준하는 곳에는 울타리·담 등의 높이는 2[m] 이상으로 하고 **지표면과 울타리·담 등의 하단 사이의 간격은 0.15[m] 이하로 할 것** 【답】④

85
저압 옥내배선공사를 할 때 절연전선을 사용하지 않는 공사방법은?
① 금속관 공사
② 버스덕트 공사
③ 플로어덕트 공사
④ 합성수지관 공사

> **Explanation**

(KEC 231.4조) 나전선의 사용 제한
옥내배선공사에서 나전선을 사용할 수 있는 것은 **버스덕트공사, 라이팅덕트공사**이다. 【답】②

86 사용전압이 66[kV]인 가공전선과 사용전압이 6[kV]인 가공전선을 동일 지지물에 시설하는 경우 특고압 가공전선은 케이블인 경우를 제외하고는 단면적이 몇 [mm²] 이상인 경동연선을 사용해야 하는가?
① 50   ② 55
③ 95   ④ 150

> **Explanation**

(KEC 333.17조) 특고압 가공전선과 저고압 가공전선 등의 병행설치
사용전압 35[kV]을 초과 100[kV] 미만인 특고압 가공전선과 저압 또는 고압 가공전선을 동일 지지물에 시설하는 경우 **특고압 가공전선은 케이블인 경우를 제외하고는 인장강도 21.67[kN] 이상의 연선 또는 단면적이 50[mm²] 이상 경동연선** 【답】①

87 전기철도에서 귀선로에 대한 내용으로 옳은 것은?
① 귀선로는 절연보호도체, 매설접지도체, 레일로 구성되어 있다.
② 단권변압기 중성점과 각각 단독접지에 접속한다.
③ 귀선로는 사고 및 지락 시에도 충분한 허용전류용량을 갖도록 해야 한다.
④ 철도에 있어서 차륜을 직접지지하고 안내해서 차량을 안전하게 주행시키는 선로를 말한다.

> **Explanation**

(KEC 431.5조) 귀선로
① **귀선로는 비절연보호도체, 매설접지도체, 레일 등으로 구성**하여 **단권변압기 중성점과 공통접지에 접속**한다.
② 비절연보호도체의 위치는 통신유도장해 및 레일전위의 상승의 경감을 고려하여 결정하여야 한다.
③ 귀선로는 사고 및 지락 시에도 충분한 허용전류용량을 갖도록 하여야 한다.
④는 "레일"의 정의이다. 【답】③

88 사용전압이 22.9[kV]인 가공전선과 지지물 사이의 이격거리는 몇 [m] 이상이어야 하는가?
① 0.2   ② 0.15
③ 0.65   ④ 1.3

> **Explanation**

(KEC 333.5조) 특고압 가공전선과 지지물 등의 이격거리
특고압 가공전선과 그 지지물·완금류·지지기둥 또는 지지선 사이의 이격거리는 표에서 정한 값 이상이어야 한다. 다만, 기술상 부득이한 경우에 위험의 우려가 없도록 시설한 때에는 표에서 정한 값의 0.8배까지 감할 수 있다.

사용전압	이격거리[m]
15[kV] 미만	0.15
15[kV] 이상 25[kV] 미만	**0.2**
25[kV] 이상 35[kV] 미만	0.25
35[kV] 이상 50[kV] 미만	0.3
…	…

【답】①

89 임시 전선로의 시설에서 저압 방호구에 넣은 절연전선 등을 사용하는 저압 가공전선과 건조물의 상부 조영재 사이의 간격은 접근형태가 위쪽일 때 몇 [m]까지 감할 수 있는가?
① 0.3   ② 0.4
③ 1   ④ 2

> **Explanation**

(KEC 335.10조) 임시전선로의 시설
저압 방호구에 넣은 절연전선 등을 사용하는 저압 가공전선 또는 고압 방호구에 넣은 고압 절연전선 등을 사용하는 고압 가공전선과 조영물의 조영재 사이의 간격은 아래 표의 값까지 감할 수 있다.

조영물 조영재의 구분		접근형태	간격[m]
건조물	상부 조영재	위쪽	1
		옆쪽 또는 아래쪽	0.4
	상부 이외의 조영재		0.4

【답】③

90. 공칭전압이 750[V]인 직류시스템에서 전차선과 건조물 간의 동적 최소 절연간격은 몇 [mm] 이상을 확보해야 하는가?
① 25　　　　　　　　　　　　② 100
③ 150　　　　　　　　　　　　④ 170

Explanation

(KEC 431.2조) 전차선로의 충전부와 건조물 간의 절연이격
건조물과 전차선, 급전선 및 전기철도차량 집전장치의 공기절연 이격거리는 표에 제시되어 있는 정적 및 동적 최소 절연이격거리 이상을 확보하여야 한다. 동적 절연이격의 경우 팬터그래프가 통과하는 동안의 일시적인 전선의 움직임을 고려하여야 한다.

시스템 종류	공칭전압[V]	동적[mm]		정적[mm]	
		비오염	오염	비오염	오염
직류	750	25	25	25	25
	1,500	100	110	150	160

【답】①

91. 일반적으로 사용되며 일반인이 사용하는 콘센트는 정격전류 몇 [A] 이하일 때 누전차단기에 의한 추가적 보호를 하여야 하는가?
① 20　　　　　　　　　　　　② 32
③ 51　　　　　　　　　　　　④ 68

Explanation

(KEC 211.2.3조) 고장보호의 요구사항 – 추가적인 보호
다음에 따른 교류계통에서는 누전차단기에 의한 추가적 보호를 하여야 한다.
① 일반적으로 사용되며 일반인이 사용하는 정격전류 20[A] 이하 콘센트
② 옥외에서 사용되는 정격전류 32[A] 이하 이동용 전기기기

【답】①

92. 철도 또는 궤도를 횡단하는 저압 가공전선의 높이는 레일면상 몇 [m] 이상인가?
① 5.5　　　　　　　　　　　　② 6.5
③ 7.5　　　　　　　　　　　　④ 8.5

Explanation

(KEC 222.7조) 저압 가공전선의 높이
① 도로횡단 : 6[m] 이상
② **철도횡단 : 레일면상 6.5[m] 이상**
③ 횡단보도교 위 : 3.5[m] 이상
④ 기타 : 5[m] 이상

【답】②

93. 지중전선로의 시설방법이 아닌 것은?
① 암거식　　　　　　　　　　② 압착식
③ 관로식　　　　　　　　　　④ 직접 매설식

> **Explanation**

(KEC 334.1조) 지중 전선로의 시설
지중전선로는 전선에 케이블을 사용하고 직접 매설식, 관로식, 암거식에 의하여 시설하여야 한다. 【답】②

94 사용전압이 300[V]인 지중전선이 지중약전류 전선과 접근 또는 교차할 때 상호간에 내화성 격벽을 설치한다면 그 간격은 몇 [m] 이하인 경우인가?
① 0.3
② 0.5
③ 0.6
④ 1.0

> **Explanation**

(KEC 232.3.7조) 배선설비와 다른 공급설비와의 접근
지중 전선이 지중 약전류전선 등과 접근하거나 교차하는 경우에 **상호 간의 간격이 저압 지중 전선은 0.3[m] 이하인 때**에는 지중 전선과 지중 약전류전선 등 사이에 견고한 내화성의 격벽을 설치하거나 지중 전선을 견고한 불연성 또는 난연성의 관에 넣어 그 관이 지중 약전류전선 등과 직접 접촉하지 아니하도록 하여야 한다. 【답】①

95 저압 가공전선이 도로 등의 접근상태로 시설될 경우 전차선로 지지물과의 간격은 몇 [m] 이상인가?
① 0.3
② 3
③ 0.6
④ 6

> **Explanation**

(KEC 332.12조) 고압 가공전선과 도로 등의 접근 또는 교차
저압 또는 고압 가공전선이 도로·횡단보도교·철도·궤도·삭도 또는 저압 전차선과 접근상태로 시설되는 경우의 간격

도로 등의 구분	간격[m]
도로·횡단보도교·철도·궤도	3
삭도나 그 지지기둥 또는 저압 전차선	0.6(전선이 고압 절연전선, 특고압 절연전선 또는 케이블인 경우 0.3)
저압 전차선로의 지지물	0.3

【답】①

96 사용전압이 35[kV] 초과인 특고압용 차단기가 동작 시에 아크가 생기는 경우 목재의 벽 또는 천장 기타의 가연성 물체로부터 몇 [m] 이상 이격하여 시설해야 하는가?
① 1
② 1.5
③ 2
④ 0.5

> **Explanation**

(KEC 341.7조) 아크를 발생하는 기구의 시설
고압용 또는 특고압용의 개폐기·차단기·피뢰기 기타 이와 유사한 기구로서 동작 시에 아크가 생기는 것은 목재의 벽 또는 천장 기타의 가연성 물체로부터 고압용 1[m], **특고압용 2[m] 이상**(사용전압이 35[kV] 이하의 특고압용의 기구 등으로서 동작할 때에 생기는 아크의 방향과 길이를 화재가 발생할 우려가 없도록 제한하는 경우에는 1[m] 이상) 이격하여 시설 【답】③

97 최대 사용전압이 22,900[V]인 3상 4선식 중성선 다중접지식 전로와 대지 사이의 절연내력 시험전압은 몇 [V]인가?
① 21,068
② 25,229
③ 28,752
④ 32,510

> **Explanation**

(KEC 132조) 고압·특고압의 전로의 절연내력

접지 방식	최대 사용전압	시험전압(최대 사용 전압의 배수)	최저 시험 전압
중성점 직접 접지	60,000[V] 초과 170,000[V] 이하	0.72배	
	170,000[V] 초과	0.64배	
중성점 다중 접지	25,000[V] 이하	0.92배	

∴ 시험전압 = 22,900 × 0.92 = 21,068[V]

【답】①

98. 주택 등 저압 수용 장소에서 고정 전기설비에 TN-C-S 방식으로 접지공사 시 중성선 겸용 보호도체(PEN)를 알루미늄으로 사용할 경우 단면적은 몇 [mm²] 이상인가?

① 2.5
② 6
③ 10
④ 16

Explanation

(KEC 142.4.2조) 주택 등 저압수용장소 접지
저압수용장소에서 계통접지가 TN-C-S 방식인 경우에 중성선 겸용 보호도체(PEN)는 고정 전기설비에만 사용할 수 있고, 그 도체의 단면적이 구리는 10[mm²] 이상, **알루미늄은 16[mm²] 이상**이어야 한다.

【답】④

99. 35[kV] 이하 특고압 가공전선과 고압 가공전선이 병행설치된 경우 이격거리는 몇 [m] 이상인가? (단, 특고압 가공전선은 케이블이 아닌 경우이다)

① 1.0
② 1.2
③ 1.5
④ 2.0

Explanation

(KEC 333.17조) 특고압 가공전선과 저고압 가공전선 등의 병행설치 - 사용전압 35[kV] 이하
특고압 가공전선과 저압 또는 고압 가공전선사이의 간격은 1.2[m] 이상일 것. 다만, 특고압 가공전선이 케이블로서 저압 가공전선이 절연전선이거나 케이블인 때또는 고압 가공전선이 고압 절연전선, 특고압 절연전선 또는 케이블인 때는 0.5[m]까지로 감할 수 있다.

【답】②

100. 교통신호등 제어장치의 2차측 배선의 최대사용전압은 몇 [V] 이하여야 하는가?

① 150
② 220
③ 300
④ 500

Explanation

(KEC 234.15조) 교통신호등
교통신호등 회로[교통신호등의 제어 장치(제어기·정리기 등)로부터 교통신호등의 전구까지의 전로]의 **사용 전압은 300[V] 이하**이어야 한다.

【답】③

2025년 전기기사 필기

1과목　전기자기학

01 그림과 같이 정전용량이 C_o[F]가 되는 평행판 공기콘덴서에 판면적의 1/3 되는 공간에 비유전율이 4인 유전체를 채웠을 때 정전용량은 몇 [F]인가?

① $4C_o$　　② $3C_o$
③ $2C_o$　　④ C_o

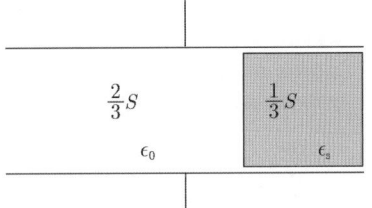

Explanation

면적의 변화 : 병렬연결
$C = C_1 + C_2 = \dfrac{2}{3}C_0 + \dfrac{1}{3}C_0\epsilon_s$
$\quad = \dfrac{1}{3}C_0(2+\epsilon_s) = \dfrac{1}{3}C_0(2+4) = 2C_o$

【답】③

02 정전계에 관한 설명으로 맞지 않는 것은?
① 정전계는 전계에너지가 최소인 계이다.
② 도체 내부의 전계의 세기는 0이다.
③ 정전계에서 선적분은 적분경로에 따라 다르다.
④ 전기력선과 등전위면은 서로 직교한다.

Explanation

정전계 : 전계에너지가 최소로 되는 전하분포의 전계를 의미

【답】③

03 자장 $B = 3a_x - 5a_y - 6a_z$[Wb/m²] 내에서 점전하 0.5[C]이 속도 $v = 4a_x - 2a_y + 3a_z$[m/s]로 움직일 때 이 점전하에 작용하는 힘의 크기는 몇 [N]이 되는가?

① 21.44　　② 22.44　　③ 33.44　　④ 40.44

Explanation

로렌츠의 힘 : 전하 q[C]이 속도 v[m/s]로 자계 B[Wb/m²] 내에서 운동할 때 받는 힘
$F = q(v \times B)$
$\quad = 0.5\begin{vmatrix} i & j & k \\ 4 & -2 & 3 \\ 3 & -5 & -6 \end{vmatrix} = 0.5(27i + 33j - 14k) = 13.5i + 16.5j - 7k$
$\quad = \sqrt{13.5^2 + 16.5^2 + 7^2} = 22.44$[N]

【답】②

04 어떤 철심이 단면적이 0.5[m²]이고, 길이가 0.8[m], 비투자율이 20이다. 이 철심의 자기 저항은 약 몇 [AT/Wb]인가?
① 2.56×10^4
② 3.63×10^4
③ 4.45×10^4
④ 6.37×10^4

Explanation

자기저항 $R_m = \dfrac{l}{\mu_0 \mu_s S} = \dfrac{0.8}{4\pi \times 10^{-7} \times 20 \times 0.5} = 6.37 \times 10^4 [\text{AT/Wb}]$ 　　【답】④

05 진공 중에 있는 구도체에 일정 전하를 대전시켰을 때 정전 에너지가 존재하는 것으로 다음 중 옳은 것은?
① 도체 내에만 존재한다.
② 도체 표면에만 존재한다.
③ 도체 내외에 모두 존재한다.
④ 도체 표면과 외부 공간에 존재한다.

Explanation

구도체에 일정 전하를 대전
전계가 발생하는 곳은 도체 표면과 외부 공간에 생기며,
따라서 정전 에너지도 도체 표면과 외부 공간에 존재한다. 　　【답】④

06 도체의 전계 에너지는 도체 전위에 대하여 어떤 상태로 증가하는가?
① 직선
② 쌍곡선
③ 포물선
④ 원형곡선

Explanation

에너지 $W = \dfrac{1}{2}QV = \dfrac{1}{2}CV^2$ [J] (충전 중) : 전위 일정

$= \dfrac{Q^2}{2C}$ [J] (충전 후) : 전하 일정

따라서 $W = \dfrac{1}{2}CV^2 \propto V^2$ 이므로 포물선의 형태이다. 　　【답】③

07 자계의 벡터 퍼텐셜을 A[Wb/m]라 할 때 도체 주위에서 자계 B[Wb/m²]가 시간적으로 변화하면 도체에 생기는 전계의 세기 E[V/m]는?
① $E = -\dfrac{\partial A}{\partial t}$
② $\text{rot} E = -\dfrac{\partial A}{\partial t}$
③ $E = \text{rot } E$
④ $\text{rot} E = \dfrac{\partial B}{\partial t}$

Explanation

$rot E = -\dfrac{\partial B}{\partial t}$ 에서 자속밀도 $B = \nabla \times A$

$\nabla \times E = -\dfrac{\partial(\nabla \times A)}{\partial t}$ 에서 $E = -\dfrac{\partial A}{\partial t}$ 　　【답】①

08 비유전율 10인 유전체를 5[V/m]인 전계 내에 놓으면 유전체의 표면전하밀도는 몇 [C/m²]인가? (단, 유전체의 표면과 전계는 수직이다)
① $0.5\epsilon_o$
② $5\epsilon_o$
③ $50\epsilon_o$
④ $500\epsilon_o$

> Explanation

도체표면에서의 전계의 세기 : $E = \dfrac{\sigma}{\epsilon}$

$\sigma = \epsilon E = \epsilon_o \epsilon_s E = 10 \times 5\epsilon_o = 50\epsilon_o \, [\text{C/m}^2]$ 여기서, ϵ 은 유전율

【답】③

09 $\phi = \phi_m \sin\omega t \, [\text{Wb}]$인 정현파로 변화하는 자속이 권수 N인 코일과 쇄교할 때의 유기기전력의 위상은 자속에 비해 어떠한가?

① $\dfrac{\pi}{2}$ 만큼 빠르다. ② $\dfrac{\pi}{2}$ 만큼 늦다.

③ π 만큼 빠르다. ④ 동위상이다.

> Explanation

유기기전력

$e = -N\dfrac{d\phi}{dt} = -N\dfrac{d}{dt}(\phi_m \sin\omega t) = -N\phi_m \omega \cos\omega t = \omega N \phi_m \sin\left(\omega t - \dfrac{\pi}{2}\right) [\text{V}]$

따라서 유기기전력은 자속보다 $\dfrac{\pi}{2}$ 만큼 늦다.

【답】②

10 N회 감긴 환상 코일의 단면적이 $S[\text{m}^2]$이고 평균 길이가 $l[\text{m}]$이다. 이 코일의 권수를 2배로 늘리고 인덕턴스를 일정하게 하려고 할 때, 다음 중 옳은 것은?

① 단면적을 1/4배로 한다. ② 길이를 2배로 한다.
③ 전류의 세기를 4배로 한다. ④ 비투자율을 1/2배로 한다.

> Explanation

인덕턴스 $L = \dfrac{\mu S N^2}{l}$ 에서 권수를 2배로 늘리면 인덕턴스는 4배가 되므로

인덕턴스를 일정하게 유지하기 위해서는 단면적을 $\dfrac{1}{4}$ 로 해야 한다.

【답】①

11 지표면에 평행으로 높이 $h[\text{m}]$에 가설된 반지름 $a[\text{m}]$인 가공 직선 도체의 대지 간 정전용량은 몇 $[\text{F/m}]$인가?(단, $h \gg a$이다.)

① $\dfrac{\pi\epsilon_o}{\ln\dfrac{2h}{a}}$ ② $\dfrac{2\pi\epsilon_o}{\ln\dfrac{2h}{a}}$

③ $\dfrac{\pi\epsilon_o}{\ln\dfrac{a}{2h}}$ ④ $\dfrac{2\pi\epsilon_o}{\ln\dfrac{a}{2h}}$

> Explanation

영상법에 의하여 풀면
지면 아래 $h[\text{m}]$ 되는 곳에 가상 전선($-\lambda$)을 생각하여
$\pm\lambda \, [\text{C/m}]$의 선전하가 거리 $2h$ 만큼 떨어져 배치된 것으로 가정하면

전위차는 $V = \dfrac{\lambda}{2\pi\epsilon_0} \ln\dfrac{2h-a}{a} [\text{V}]$

단위길이당 정전 용량 $C = \dfrac{\lambda}{V} = \dfrac{2\pi\epsilon_0}{\ln\dfrac{2h-a}{a}} [\text{F/m}]$ 여기서, $h \gg a$이므로 정전용량 $C = \dfrac{2\pi\epsilon_0}{\ln\dfrac{2h}{a}} [\text{F/m}]$

【답】②

12 0.2[Wb/m²]의 평등 자계 속에 자계와 직각 방향으로 놓인 길이 90[cm]의 도선을 자계와 30° 방향으로 50[m/s]의 속도로 이동시킬 때, 도체 양단에 유기되는 기전력은?
① 0.45[V] ② 0.9[V]
③ 4.5[V]   ④ 9.0[V]

Explanation

플레밍의 오른손 법칙(유기기전력)
$e = (v \times B)l = vBl\sin\theta = 50 \times 0.2 \times 0.9 \times \sin30° = 4.5[V]$

【답】③

13 각각 ±Q[C]로 대전된 두 개의 도체 간의 전위차를 전위계수로 표시하면?(단, $P_{12} = P_{21}$ 이다)
① $(P_{11} + P_{12} + P_{22})Q$ ② $(P_{11} + P_{12} - P_{22})Q$
③ $(P_{11} - P_{12} + P_{22})Q$ ④ $(P_{11} - 2P_{12} + P_{22})Q$

Explanation

전위 $V_1 = P_{11}Q_1 + P_{12}Q_2$, $V_2 = P_{21}Q_1 + P_{22}Q_2$ 에서
$Q_1 = Q$, $Q_2 = -Q$를 대입하면
전위차 $V = V_1 - V_2 = P_{11}Q - P_{12}Q - P_{12}Q + P_{22}Q$
$= (P_{11} - 2P_{12} + P_{22})Q$

【답】④

14 거리 r에 반비례하는 전계의 세기를 주는 대전체는?
① 점전하   ② 구전하
③ 전기쌍극자 ④ 선전하

Explanation

전계의 세기
- 점전하(구전하)에 의한 전계 $E = \dfrac{Q}{4\pi\epsilon_0 r^2}$ [V/m]
- 선전하에 의한 전계 $E = \dfrac{Q}{2\pi\epsilon_0 r}$ [V/m]
- 전기쌍극자에 의한 전계 $E = \dfrac{M}{4\pi\epsilon_0 r^3}\sqrt{1+3\cos^2\theta}$ [V/m]

【답】④

15 공기 중에 16[Wb]의 점자극으로부터 4[m]떨어진 점의 자계의 세기는 몇 [AT/m]인가?
① 1.33×10^4 ② 3.33×10^4
③ 6.33×10^4 ④ 8.33×10^4

Explanation

자계의 세기 $H = \dfrac{m}{4\pi\mu_0 r^2} = 6.33 \times 10^4 \times \dfrac{m}{r^2}$ [AT/m]
$= 6.33 \times 10^4 \times \dfrac{16}{4^2} = 6.33 \times 10^4$ [AT/m]

【답】③

16 자유공간에서 전파 $E(z,t) = 10^3 \sin(\omega t - \beta z)a_y$[V/m]일 때 자파 $H(z,t)$[A/m]는?
① $\dfrac{10^3}{120\pi}\sin(\omega t - \beta z)a_z$ ② $\dfrac{10^3}{120\pi}\sin(\omega t - \beta z)a_x$

③ $-\dfrac{10^3}{120\pi}\sin(\omega t - \beta z)a_z$ ④ $-\dfrac{10^3}{120\pi}\sin(\omega t - \beta z)a_x$

Explanation

자파 $H = \sqrt{\dfrac{\epsilon_0}{\mu_0}} \cdot E_e = \dfrac{1}{120\pi}E_e = \dfrac{1}{377}E_e$ 에서

$= -\dfrac{10^3}{120\pi}\sin(\omega t - \beta z)a_x$

여기서, $P = E \times H$에서 전파가 y방향이고 진행파는 z방향이므로 $a_y \times T = a_z$이므로
따라서 $T = -a_x$ 방향이다.

【답】 ④

17 $x > 0$인 영역에 비유전율 $\varepsilon_{r1} = 3$인 유전체, $x < 0$인 영역에 비유전율 $\varepsilon_{r2} = 5$인 유전체가 있다. $x < 0$인 영역에서 전계 $E_2 = 20a_x + 30a_y - 40a_z$ [V/m]일 때 $x > 0$인 영역에서의 전속밀도는 몇 [C/m²]인가?

① $10(10a_x + 9a_y - 12a_z)\varepsilon_0$ ② $20(5a_x - 10a_y + 6a_z)\varepsilon_0$
③ $50(2a_x + 3a_y - 4a_z)\varepsilon_0$ ④ $50(2a_x - 3a_y + 4a_z)\varepsilon_0$

Explanation

경계면이 x축이므로 x축이 법선성분이 되므로
경계 조건에 의하여 $E_{1y} = E_{2y} = 30$, $E_{1z} = E_{2z} = 40$ 이고,
$D_{1x} = D_{2x}$ 이므로 $E_{1x} = \dfrac{\epsilon_2}{\epsilon_1}E_{2x}$
$E_1 = \dfrac{100}{3}a_x + 30a_y - 40a_z$ [V/m]에서
전속밀도 $D_1 = \epsilon_0\epsilon_{R1}E_1 = \epsilon_0 \times 3 \times \left[\dfrac{100}{3}a_x + 30a_y - 40a_z\right]$
$= 10(10a_x + 9a_y - 12a_z)\epsilon_0$ [C/m²]

【답】 ①

18 히스테리시스곡선의 기울기는 다음의 어떤 값에 해당하는가?
① 투자율   ② 유전율
③ 자화율   ④ 감자율

Explanation

x축은 H, y축은 B이므로 $B = \mu H$에서 μ는 기울기
$y = ax$에서 a : 기울기

【답】 ①

19 매질이 완전 유전체인 경우의 전자 파동 방정식을 표시하는 것은?

① $\nabla^2 E = \epsilon\mu\dfrac{\partial E}{\partial t}$, $\nabla^2 H = k\mu\dfrac{\partial H}{\partial t}$ ② $\nabla^2 E = \epsilon\mu\dfrac{\partial^2 E}{\partial t^2}$, $\nabla^2 H = \epsilon\mu\dfrac{\partial^2 H}{\partial t^2}$

③ $\nabla^2 E = \epsilon\mu\dfrac{\partial^2 E}{\partial t^2}$, $\nabla^2 H = k\mu\dfrac{\partial^2 H}{\partial t^2}$ ④ $\nabla^2 E = \epsilon\mu\dfrac{\partial E}{\partial t}$, $\nabla^2 H = \epsilon\mu\dfrac{\partial H}{\partial t}$

Explanation

완전 유전체이므로 도전율 $k = 0$이며
전자파의 파동 방정식

• 전파 방정식 : $\nabla^2 E = \epsilon\mu\dfrac{\partial^2 E}{\partial t^2}$

- 자파 방정식 : $\nabla^2 H = \epsilon\mu \dfrac{\partial^2 H}{\partial t^2}$

【답】②

20 그림과 같은 원형 코일이 두 개가 있다. A의 권선수는 1회, 반지름 1[m], B의 권선수는 2회, 반지름은 2[m]이다. A와 B의 코일중심을 겹쳐 두면 중심에서의 자속이 A만 있을 때의 2배가 된다. A와 B의 전류비 I_B/I_A 는?

① $\dfrac{1}{2}$ ② 1
③ 2 ④ 4

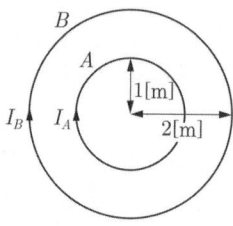

Explanation

A, B가 같은 방향으로 전류가 흐르는 경우 중심자계는 합해지므로 $H_A + H_B = 2H_A$
따라서 $H_A = H_B$ 이다.
원형 코일 중심에서의 자계는 $H = \dfrac{NI}{2a}$ 에서
$H_A = \dfrac{1 \times I_A}{2 \times 1} = H_B = \dfrac{2 \times I_B}{2 \times 2}$

$\therefore \dfrac{I_B}{I_A} = \dfrac{1}{1} = 1$

【답】②

2과목　전력공학

21 선간전압이 154[kV], 전부하 전류가 100[A]이고 1상당의 임피던스가 $j8[\Omega]$인 기기가 있을 때, 기준용량을 100[MVA]로 하면 %임피던스는 약 몇 [%]인가?

① 3.15 ② 2.75
③ 4.25 ④ 3.37

Explanation

%임피던스
$\%Z = \dfrac{PZ}{10V^2}$ (여기서, P[kVA], V[kV])

$\%Z = \dfrac{PZ}{10V^2} = \dfrac{100 \times 10^3 \times 8}{10 \times 154^2} = 3.37[\%]$

【답】④

22 저압 네트워크 방식에 대한 설명으로 옳지 않은 것은?
① 전압 변동이 적고 전력 손실이 감소된다.　② 공급 신뢰도가 높다.
③ 부하 증가에 대한 적응성이 좋다.　④ 특별한 보호장치가 필요 없다.

Explanation

저압 네트워크 방식

- 무정전 공급 방식(공급 신뢰도가 가장 우수)
- 인축의 접지 사고 증가
- **고장 시 고장전류 역류**
대책 : 네트워크 프로텍터(저압용 차단기, 저압용 퓨즈, 전력방향계전기)

【답】④

23 수력 발전소의 댐을 설계하거나 저수지의 용량 등을 결정하는 데 가장 적당한 것은?
① 유량도
② 적산 유량 곡선
③ 유황 곡선
④ 수위 유량 곡선

Explanation

적산 유량 곡선
- **수력 발전소의 댐을 설계**하거나 저수지의 용량 등을 결정하는 곡선
- 가로축에 역일을 세로축에는 매일의 유량을 적산한 곡선

【답】②

24 다음 중 송전 철탑에서 역섬락을 방지하기 위한 대책으로 옳은 것은?
① 아크혼 설치
② 가공지선 설치
③ 탑각 접지저항 감소
④ 전력선 연가

Explanation

역섬락 방지법
- **탑각 접지 저항을 줄인다.**
- 매설 지선을 설치한다.

【답】③

25 변전소에서 비접지 선로의 접지보호용으로 사용되는 계전기에 영상전류를 공급하는 것은?
① CT
② ZCT
③ PT
④ GPT

Explanation

- 영상전류 검출 : 영상 변류기(ZCT)

【답】②

26 송전선로의 중성점 접지방식 중 지락사고시 건전상의 전압상승이 $\sqrt{3}$ 배까지 올라가며, 지락전류가 최소인 접지방식은?
① 비접지
② 소호 리액터 접지
③ 고저항 접지
④ 직접 접지

Explanation

소호 리액터 접지 장·단점

장점	단점
• **지락 전류 최소** • 과도 안정도 최대 • 고장 중 운전이 가능 • 통신 유도 장해 최소	• 전위 상승 최대($\sqrt{3}$ 배 이상) • 보호 계전기 동작 불확실 • 설비비 고가

【답】②

27 다음 중 가공 송전선에 사용하는 애자련 중 전압 부담이 가장 큰 것은?
① 전선에 가장 가까운 것
② 중앙에 있는 것
③ 철탑에 가장 가까운 것
④ 철탑에서 $\frac{1}{3}$ 지점의 것

> **Explanation**

애자련의 전압 부담
- 전압 부담이 최대인 애자 : 전선에 가장 가까운 애자
- 전압 부담이 최소인 애자 : 철탑(접지측)에서 1/3 또는 전선에서 2/3되는 지점의 애자

【답】①

28 송전계통에서 회로의 정격전압을 E[V], 정격전류를 I[A]라 할 때 %임피던스를 이용하여 3상 단락 전류를 계산하는 식은?

① $\dfrac{100I}{\%Z}$ ② $\dfrac{E^2}{\%Z}$
③ $\dfrac{EI}{\%Z}$ ④ $\dfrac{\%ZI}{E}$

> **Explanation**

3상 단락전류 $I_s = \dfrac{100}{\%Z}I_n$ 여기서, I_n은 정격전류

【답】①

29 배전선의 손실계수 H와 부하율 F의 관계는?

① $0 \leq H^2 \leq F \leq H \leq 1$ ② $0 \leq H \leq F^2 \leq F \leq 1$
③ $0 \leq F^2 \leq H \leq F \leq 1$ ④ $0 \leq F \leq H^2 \leq H \leq 1$

> **Explanation**

손실계수$(H) = \dfrac{평균 전력손실}{최대 전력손실} \times 100$

부하율과 손실계수와의 관계 : $0 \leq F^2 \leq H \leq F \leq 1$

【답】③

30 3상 배전선로의 말단에 지상역률 60[%](늦음), 60[kW]인 평형 3상 부하가 있다. 부하점에 부하와 병렬로 전력용 콘덴서를 접속하여 선로손실을 최소로 하고자 할 때 콘덴서 용량 [kVA]은?

① 40 ② 60 ③ 80 ④ 100

> **Explanation**

선로손실 $P_l = 3I^2R = \left(\dfrac{P}{V\cos\theta}\right)^2 \times R = \dfrac{P^2 R}{V^2 \cos^2\theta} \propto \dfrac{1}{\cos^2\theta}$

따라서 선로손실을 최소로 하기 위해서는 역률을 1.0으로 개선해야 한다.
전력용 콘덴서의 용량 : $Q_c = P(\tan\theta_1 - \tan\theta_2)$

$\therefore Q_c = 60 \times \left(\dfrac{0.8}{0.6} - \dfrac{0}{1}\right) = 80[\text{kVA}]$

【답】③

31 파동 임피던스 Z_1가 300[Ω]인 선로의 종단에 파동 임피던스 Z_2가 1,500[Ω]인 변압기가 접속되어 있다. 선로로부터 파고 ϵ_1가 600[kV]의 전압이 진입하였을 때 접속점에서의 전압의 반사파 파고값[kV]은?

① 450 ② 500
③ 550 ④ 400

> **Explanation**

반사계수 $\rho = \dfrac{Z_2 - Z_1}{Z_2 + Z_1} = \dfrac{1,500 - 300}{1,500 + 300} = 0.67$

반사파 $= 0.67 \times 600 = 400[\text{kV}]$

【답】④

32 다음 중 33[kV] 이하의 단거리 송배전선로에 적용되는 비접지 방식에서 지락전류는?
① 누설전류
② 충전전류
③ 뒤진전류
④ 단락전류

Explanation

비접지식의 지락전류
$$I_g = \frac{E}{Z} = \frac{E}{\frac{1}{j3\omega C_s}} = j3\omega C_s E$$ 여기서, C_s : 대지정전용량

따라서 비접지식의 지락전류는 전압보다 90도 빠른 전류(진상전류, 충전전류)

【답】②

33 최근에 우리나라에서 많이 채용되고 있는 가스절연개폐설비(GIS)의 특징으로 틀린 것은?
① 대기 절연을 이용한 것에 비해 현저하게 소형화할 수 있으나 비교적 고가이다.
② 소음이 적고 충전부가 완전한 밀폐형으로 되어 있기 때문에 안전성이 높다.
③ 가스 압력에 대한 엄중 감시가 필요하며 내부 점검 및 부품 교환이 번거롭다.
④ 한랭지, 산악 지방에서도 액화 방지 및 산화 방지 대책이 필요 없다.

Explanation

GIS(Gas Insulated Switchgear) : 가스절연개폐장치
• 밀폐구조로 신뢰성 우수
• 소음이 적고 안전성 우수
• SF_6를 이용하여 절연 성능 우수, 절연거리를 적게 할 수 있다(소형화).
• 공사 기간을 단축할 수 있다.

【답】④

34 송배전 선로의 내부 이상전압의 원인이 아닌 것은?
① 고조파전압
② 아크 접지
③ 선로의 개폐
④ 유도뢰

Explanation

이상 전압(계통의 최고 전압을 넘어서는 전압) 종류
① 내부 이상 전압 : 직격뢰, 유도뢰를 제외한 나머지
 • 개폐서지 : 무부하 충전 전류 개로시 가장 크다.
 • 1선 지락 사고 시 건전상의 대지전위 상승
 • 잔류전압에 의한 전위상승
 • 경부하(무부하) 시 페란티 현상에 의한 전위 상승
② 외부 이상 전압
 • 직격뢰
 • 유도뢰

【답】④

35 단로기에 대한 설명으로 틀린 것은?
① 회로의 분리 또는 계통의 접속 변경 시 사용한다.
② 무부하 전류를 개폐하는 데 사용된다.
③ 소전류의 여자전류 및 충전전류를 개폐할 수 있다.
④ 소호장치가 있어 아크를 소멸시킨다.

Explanation

단로기(Disconnecting Switch)
• 무부하 회로 개폐
• 무부하 충전전류, 변압기 여자전류 개폐 가능
여기서, 소호장치는 차단기에만 있다.

【답】④

36 3상 3선식 송전선에서 L을 작용 인덕턴스라 하고, L_e 및 L_m은 대지를 귀로로 하는 1선의 자기 인덕턴스 및 상호 인덕턴스라 할 때 이들 사이의 관계식은?(단, 대칭3상 교류가 흘렀을 경우)

① $L = L_m - L_e$
② $L = L_e - L_m$
③ $L = L_m + L_e$
④ $L = \dfrac{L_m}{L_e}$

> **Explanation**
>
> 인덕턴스 = 자기인덕턴스 + 상호인덕턴스
> 여기서, 대지귀로이므로 상호인덕턴스는 (-)가 됨
> ∴ $L = L_e - L_m$
>
> 【답】②

37 한류리액터의 사용 목적은?

① 누설전류의 제한
② 단락전류의 제한
③ 접지전류의 제한
④ 이상전압의 제한

> **Explanation**
>
> • 한류리액터 : 단락사고 시 단락전류 제한
> • 소호리액터 : 지락 시 지락전류 제한
> • 분로리액터 : 페란티현상 방지
> • 직렬리액터 : 제5고조파 제거
>
> 【답】②

38 코로나 방지대책으로 적당하지 않은 것은?

① 가선금구를 개량한다.
② 충분한 연가를 실시한다.
③ 복도체(다도체)를 사용한다.
④ 굵은 전선을 사용한다.

> **Explanation**
>
> 코로나 방지대책
> • 코로나 임계전압을 크게, 전위경도를 작게
> • 전선의 지름을 크게
> • 복도체(다도체) 방식(가장 효과적인 방법)
> • 가선금구를 개량
>
> 【답】②

39 화력발전소에서 매일 최대 출력 100,000[kW], 부하율 90[%]로 60일간 연속 운전할 때 필요한 석탄량은 약 몇 [t]인가? 단, 사이클 효율은 40[%], 보일러 효율은 85[%], 발전기 효율은 98[%]로 하고 석탄의 발열량은 5,500[kcal/kg]이라 한다.

① 60,820
② 61,820
③ 62,820
④ 63,820

> **Explanation**
>
> 부하율 $= \dfrac{평균\ 전력}{최대\ 전력} \times 100[\%]$ 에서
> 평균전력 = 최대전력 × 부하율 $= 100,000 \times 0.9 = 90,000[kW]$
> 여기서, 화력발전소 열효율 $\eta = \dfrac{전기}{열} \times 100[\%]$
> $\eta = \dfrac{860P\ t}{mH} \times 100[\%]$
> 따라서 $m = \dfrac{860P\ t}{\eta H} = \dfrac{860 \times 90,000 \times 60 \times 24}{0.4 \times 0.85 \times 0.98 \times 5,500} \times 10^{-3} = 60,819[t]$
>
> 【답】①

40 사고, 정전 등의 중대한 영향을 받는 지역에서 정전과 동시에 자동적으로 예비전원용 배전선로로 전환하는 장치는?
① 차단기
② 리클로저(Recloser)
③ 섹셔널라이저(Sectionalizer)
④ 자동 부하 전환 개폐기(Auto Load Transfer Switch)

> Explanation

자동 부하 전환개폐기(Auto Load Transfer Switch)
정전과 동시에 자동적으로 예비전원용 배전선로로 전환하는 장치

【답】 ④

3과목 전기기기

41 동기발전기의 단락비를 개선하는 데 필요한 시험은?
① 무부하시험과 3상 단락시험
② 부하시험과 온도상승시험
③ 구속시험과 3상 단락시험
④ 정상, 역상, 영상 임피던스의 측정시험

> Explanation

단락비 $K_s = \dfrac{I_s}{I_n} = \dfrac{I_{fo}}{I_{fs}} = \dfrac{\text{무부하에서 정격 전압을 유기하는데 필요한 계자 전류}}{\text{정격전류와 같은 3상 단락 전류를 흘리는데 필요한 계자 전류}}$

단락비 계산 : 무부하 포화 시험, 3상 단락시험

【답】 ①

42 유도전동기의 원선도에 대한 설명으로 옳은 것은?
① 원선도 상에서 직접 기계적 출력을 얻을 수 있다.
② 원선도를 작성하기 위해서는 부하시험을 하여야 한다.
③ 원선도를 작성하기 위해서는 슬립을 측정하여야 한다.
④ 원선도의 지름은 전압에 비례하고 리액턴스에 반비례한다.

> Explanation

유도전동기 원선도
- 원선도에서 구할 수 있는 것 : 1차 입력, 1차 동손, 동기 와트
- 원선도에서 구할 수 없는 것 : 기계적 출력, 기계손

유도전동기 원선도 : 전류에 의한 궤적 $I_{2s} = \dfrac{E_{2s}}{Z_{2s}} = \dfrac{sE_2}{r_2 + jsx_2} = \dfrac{E_2}{\sqrt{(\dfrac{r_2}{s})^2 + x_2^2}} \fallingdotseq \dfrac{E_2}{x_2}$

∴ 반경 $r \propto \dfrac{E}{x}$

【답】 ④

43 일반적인 농형 유도전동기에 비하여 2중 농형 유도전동기의 특징으로 가장 옳은 것은?
① 최대 토크가 크다.
② 손실이 적다.
③ 기동 토크가 크다.
④ 슬립이 크다.

> Explanation

2중 농형전동기
기동토크가 크고, 기동 전류가 작다. 열이 많이 발생하여 효율은 낮다.

【답】 ③

44 정격용량 100[kVA]인 단상 변압기 3대를 △-△결선하여 300[kVA]의 3상 출력을 얻고 있다. 한 상에 고장이 발생하여 결선을 V결선으로 하는 경우 각 변압기의 출력[kVA]은?

① 75.6　　　　　　　　　　　② 86.6
③ 100　　　　　　　　　　　 ④ 126.5

Explanation

V결선 : $P_V = \sqrt{3}\,K = \sqrt{3} \times 100 = 173.2$[kVA]
여기서, K는 변압기 1대 용량

V결선은 변압기 2대이므로 1대의 출력은 $\dfrac{173.2}{2} = 86.6$[kVA]　　　【답】②

45 3권선(Y-Y-△) 변압기의 3차 권선에 대한 설명으로 틀린 것은?
① 3차 권선에서 발전소내용 전력 등 별개의 방식으로 전력을 공급한다.
② 3차 권선에 조상기를 접속하여 송전선의 전압조정에 사용된다.
③ 고압배전선의 전압을 승압하는 용도로 사용된다.
④ 제3고조파 전압이 생겨서 파형 변형을 방지하기 위해 제3의 권선을 별도로 설치한다.

Explanation

초고압 송전용 3권선 변압기(Y-Y-△)결선
3차권선(안정권선)의 용도
- 제3고조파 제거
- 소내전력공급용
- 조상설비 채용　　　【답】③

46 리액터 기동방식에 리액터 대신에 저항기를 사용한 것으로서 전동기의 전원측에 직렬로 저항을 접속하고, 전원전압을 낮게 감압하여 기동한 후 서서히 저항을 감소시켜 가속하며, 전속도에 도달하면 이를 단락하는 기동방식은?

① 1차 저항 기동방식　　　　　② 직입 기동방식
③ Y-△ 기동방식　　　　　　　④ 기동보상기에 의한 기동방식

Explanation

1차 저항 기동방식
리액터 기동방식에 리액터 대신에 저항기를 사용한 것으로서 전동기의 전원측에 직렬로 저항을 접속하고, 전원 전압을 낮게 감압하여 기동한 후 서서히 저항을 감소시켜 가속하고, 전속도에 도달하면 이를 단락 하는 방법　　　【답】①

47 변압기의 내부고장 보호에 사용되지 않는 계전기는?
① 과전압 계전기　　　　　　　② 비율차동 계전기
③ 차동전류 계전기　　　　　　④ 부흐홀쯔 계전기

Explanation

변압기 내부 고장 보호용
- 전기적인 보호 : 차동 계전기(단상), 비율 차동 계전기(3상)
- 기계적인 보호 : 부흐홀쯔계전기, 유온계(온도계전기), 유위계, 서든프레서(압력계전기)　　　【답】①

48 직류기의 전기자 반작용 결과가 아닌 것은?
① 주자속에 영향을 미치지 않는다.　　② 전기적 중성축이 이동한다.
③ 국부적 섬락이 발생한다.　　　　　④ 정류자편 사이의 전압이 불균일하게 된다.

> **Explanation**

전기자 반작용 : 전기자 전류에 의한 전기자 기자력이 계자 기자력에 영향을 미치는 현상(주자속이 감소하는 현상)
- 편자 작용
  - 감자 작용 : 전기자 기자력이 계자기자력에 반대 방향으로 작용하여 자속이 감소
  - 교차자화 작용 : 전기자 기자력이 계자 기자력에 수직방향으로 작용하여 자속분포가 일그러짐
- 전기적 중성축 이동 : 보극이 없는 직류기는 브러시를 이동
- 국부적으로 섬락 발생 : 공극의 자속분포 불균형으로 섬락(불꽃) 발생
- 전기자 반작용의 방지대책 : 보상권선

【답】①

49 외분권 차동복권발전기의 단자 전압 V는? 단, Φ_s[Wb] : 직권 계자 권선에 의한 자속, Φ_f[Wb] : 분권계자의 자속, R_a[Ω] : 전기자의 저항, R_s[Ω] : 직권계자저항, I_a[A] : 전기자의 전류, I[A] : 부하전류, n[rps] : 속도, $k = \dfrac{PZ}{a}$ 이며 자기회로의 포화현상과 전기자 반작용은 무시한다.

① $V = k(\Phi_f + \Phi_s)n - I_a R_a - IR_s$ [V]
② $V = k(\Phi_f - \Phi_s)n - I_a R_a - IR_s$ [V]
③ $V = k(\Phi_f + \Phi_s)n - I_a (R_a + R_s)$ [V]
④ $V = k(\Phi_f - \Phi_s)n - I_a (R_a + R_s)$ [V]

> **Explanation**

외분권 차동 복권 발전기($\Phi = \Phi_f - \Phi_s$)
유기기전력 $E = V + I_a(R_a + R_s) = k(\Phi_f - \Phi_s)n$
단자전압 $V = k(\Phi_f - \Phi_s)n - I_a(R_a + R_s)$ [V]

【답】④

50 100[HP], 단자전압 600[V], 회전속도 1,200[rpm]인 직류 분권전동기가 있다. 계자저항이 400[Ω], 전기자 저항이 0.22[Ω]이고 부하에서의 효율이 90[%]일 때 전부하시의 역기전력은 약 몇 [V]인가?

① 550
② 570
③ 590
④ 610

> **Explanation**

직류분권전동기

$\eta = \dfrac{출력}{입력} \times 100 = \dfrac{P_o}{P_i} \times 100$에서 입력 $P_i = \dfrac{P_o}{\eta} = \dfrac{100 \times 746}{0.9} = 82,889$ [W]

입력 $P_i = VI$에서 부하 전류 $I = \dfrac{P_i}{V} = \dfrac{82,888}{600} = 138$ [A]

전기자 전류 $I_a = I - I_f = 138 - \dfrac{V}{R_f} = 138 - \dfrac{600}{400} = 136.5$

따라서 역기전력 $E_c = V - I_a R_a = 600 - 136.5 \times 0.22 = 570$ [V]

【답】②

51 전부하에 있어서 2차 전압이 120[V]이고, 전압변동률이 2[%]인 단상변압기가 있을 때 1차 단자 전압 [V]은?(단, 1차 권선과 2차 권선의 권선비는 20:1이다)

① 1,200
② 1,224
③ 2,400
④ 2,448

> **Explanation**

전압 변동률 $\epsilon = \dfrac{V_{20} - V_{2n}}{V_{2n}} \times 100 = \dfrac{aV_{20} - aV_{2n}}{aV_{2n}} \times 100 = \dfrac{V_{10} - V_{1n}}{V_{1n}} \times 100$

따라서 무부하 1차 전압 $V_{10} = V_{1n}\left(1 + \dfrac{\epsilon}{100}\right) = aV_{2n}\left(1 + \dfrac{\epsilon}{100}\right) = 20 \times 120 \times \left(1 + \dfrac{2}{100}\right) = 2,448$ [V]

【답】④

52 단상유도전압조정기의 1차 전압 100[V], 2차 전압 100±50[V], 2차 전류는 50[A]이다. 이 유도전압 조정기의 정격용량은 몇 [kVA]인가?
① 2.5
② 3.5
③ 5.0
④ 6.5

Explanation

단상 유도전압조정기
- 단권변압기 원리 이용
- 단상 유도전압조정기 용량 $W = E_2 I_2 \times 10^{-3}$ [KVA]
$$= 50 \times 50 \times 10^{-3} = 2.5 \text{[kVA]}$$
여기서, E_2 : 조정전압 　【답】①

53 변압기의 전일효율을 최대로 하기 위한 조건은?
① 전부하 시간과 관계없이 전부하 철손과 동손을 같게 한다.
② 전부하 시간이 길수록 철손을 적게 한다.
③ 전부하 시간이 짧을수록 무부하 손을 적게 한다.
④ 전부하 시간이 짧을수록 철손을 크게 한다.

Explanation

전일효율 $\eta_{day} = \dfrac{T \times \dfrac{1}{m} P_n \cos\theta}{T \times P_n \cos\theta + 24 P_i + T \times (\dfrac{1}{m})^2 P_c} \times 100\,[\%]$

즉, 전부하 시간이 길수록 철손 P_i를 크게 하고 짧을수록 철손 P_i를 작게 한다. 　【답】③

54 직류 직권 전동기가 벨트를 걸고 운전하지 않도록 되어 있는 이유는?
① 벨트는 쉽게 고장나고 보수가 어려우므로
② 손실을 적게 하기 위하여
③ 벨트가 벗겨지면 위험속도에 도달하므로
④ 속도제어를 위해서

Explanation

직류 직권 전동기의 속도 $n = K \dfrac{V - I_a(R_a + R_s)}{\phi} = K' \cdot \dfrac{V - I(R_a + R_s)}{I}$

따라서 I(부하전류)가 변하면 속도가 크게 변하며 무부하 시에는 위험속도에 이를 수 있으므로 벨트 운전을 하다가 벨트가 벗겨지면 무부하가 되므로 위험속도가 된다. 　【답】③

55 사이리스터를 이용한 교류전압 제어방식은?
① 초퍼 방식
② 정지레오나드 방식
③ 위상제어 방식
④ 일그너제어 방식

Explanation

사이리스터(SCR)에 의한 제어 : 위상제어 　【답】③

56 동기발전기에서 제 5고조파를 제거하기 위해서는 (β=코일피치/자극피치)가 얼마되는 단절권으로 해야 하는가?
① 0.9
② 0.8
③ 0.7
④ 0.6

Explanation

제 n고조파에 대한 단절권 계수 : $K_{pn} = \sin\dfrac{n\beta\pi}{2}$

제 5고조파를 제거 : $K_{pn} = \sin\dfrac{5\beta\pi}{2} = 0$

$\beta = 0, 0.4, 0.8, 1.2, \cdots$가 구해지나 이 중에서 1보다 작고 1에 가장 가까운 $\beta = 0.8$이 적당하다. 【답】 ②

57 동기전동기 중 반작용 전동기의 용도로 맞지 않는 것은?
① 전기화학용 전원
② 공업계기
③ 전기시계
④ 수차발전기의 조속기 구동용

Explanation

반작용 전동기(reaction motor), 릴럭턴스 모터(reluctance motor)
원리 : 고정자 회전자계의 자기유도에 의해 돌극 부분에서 발생하는 회전자계를 이용하는 동기전동기
- 회전자 : 알루미늄 또는 구리의 농형권선을 감아 유도전동기로서 기동
- 고정자 : 3상권선, 또는 콘덴서부착의 단상권선을 설치하여 회전자계 발생
- 무여자(無勵磁)의 경우 돌극기의 직축릴럭턴스와 횡축릴럭턴스가 다르기 때문에 발생하는 토크(일명 반작용 토크) 성분에 의해 동기속도로 회전
- 특징 : 토크가 작고 역률이나 효율이 나쁘지만 구조가 간단하고 직류여자가 필요하지 않다
- 응용분야 : 전기시계, 공업계기, 수차발전기의 조속기 구동 등

【답】 ①

58 A, B 2대의 동기 발전기를 병렬 운전 중 계통 주파수를 바꾸지 않고 B기의 역률을 좋게 하는 것은?
① A기의 여자 전류를 증대
② A기의 원동기 출력을 증대
③ B기의 여자 전류를 증대
④ B기의 원동기 출력을 증대

Explanation

병렬운전 시
- A발전기 여자전류 증가
  - A발전기에는 지상전류가 흘러 A발전기의 역률이 저하되며
  - B발전기에는 진상전류가 흘러 B발전기의 역률은 좋아지게 된다.
- B발전기 여자전류 증가
  - B발전기에는 지상전류가 흘러 B발전기의 역률이 저하되며
  - A발전기에는 진상전류가 흘러 A발전기의 역률은 좋아지게 된다.

【답】 ①

59 2[kW], 4극, 200[V], 60[Hz]의 정류자 주파수 변환기가 회전자계 방향과 반대방향으로 1,750[rpm]으로 회전할 때의 브러시의 전압과 주파수는 몇 [Hz]인가?
① 16.7[Hz]
② 167[Hz]
③ 1.67[Hz]
④ 3.67[Hz]

Explanation

정류자 주파수 변환기

고정자 속도 $N_s = \dfrac{120f}{P} = \dfrac{120 \times 60}{4} = 1,800[\text{rpm}]$

슬립 $s = \dfrac{N_s - N}{N_s} = \dfrac{1,800 - 1,750}{1,800} = 0.028$

회전 시 2차 주파수 $f_{2s} = sf_1 = 0.028 \times 60 = 1.67[\text{Hz}]$

【답】 ③

60 단상 반파의 정류 효율은?

① $\dfrac{4}{\pi^2} \times 100 [\%]$

② $\dfrac{\pi^2}{4} \times 100 [\%]$

③ $\dfrac{8}{\pi^2} \times 100 [\%]$

④ $\dfrac{\pi^2}{8} \times 100 [\%]$

Explanation

정류 효율

$$\eta = \dfrac{P_{dc}}{P_{ac}} \times 100 = \dfrac{I_{dc}^2 R}{I_{ac}^2 R} \times 100 = \dfrac{(I_m/\pi)^2 R}{(I_m/2)^2 R} \times 100 = \dfrac{4}{\pi^2} \times 100 = 40.6 [\%]$$

【답】①

4과목 회로이론 및 제어공학

61 그림과 같이 결선된 회로의 단자(a, b, c)에 선간전압이 V[V]인 평형 3상 전압을 인가할 때 상전류 I[A]의 크기는?

① $\dfrac{V}{4R}$

② $\dfrac{3V}{4R}$

③ $\dfrac{\sqrt{3}\,V}{4R}$

④ $\dfrac{V}{4\sqrt{3}\,R}$

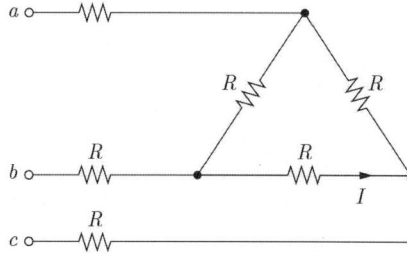

Explanation

I : △결선의 상전류

따라서, 우선 회로를 Y결선으로 전환하면

△→Y로 변환 : 저항은 $\dfrac{1}{3}$ 이 되므로 $\dfrac{R}{3}$

따라서 전체 1상의 저항은 $R_T = R + \dfrac{R}{3} = \dfrac{4}{3} R$

$I_p = \dfrac{V_p}{R_T} = \dfrac{\dfrac{V}{\sqrt{3}}}{\dfrac{4}{3}R} = \dfrac{3V}{4\sqrt{3}R} = \dfrac{\sqrt{3}\,V}{4R}$ 이므로 선전류도 $I_l = \dfrac{\sqrt{3}\,V}{4r}$

문제에서 I는 △결선의 상전류이므로 선전류를 $\sqrt{3}$ 으로 나누어야 하며

$I = \dfrac{\sqrt{3}\,V}{4R} \times \dfrac{1}{\sqrt{3}} = \dfrac{V}{4R}$

【답】①

62 다음 T형 회로의 ABCD파라미터 중 C의 값은?

① Z_3 ② $1+\dfrac{Z_2}{Z_3}$

③ $\dfrac{1}{Z_3}$ ④ $1+\dfrac{Z_1}{Z_3}$

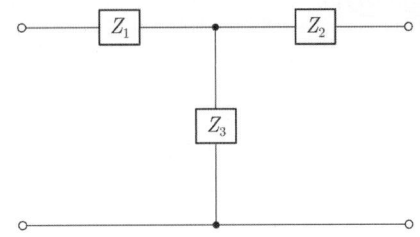

Explanation

$$\begin{bmatrix} A & B \\ C & D \end{bmatrix} = \begin{bmatrix} 1 & Z_1 \\ 0 & 1 \end{bmatrix} \begin{bmatrix} 1 & 0 \\ \frac{1}{Z_3} & 1 \end{bmatrix} \begin{bmatrix} 1 & Z_2 \\ 0 & 1 \end{bmatrix}$$

$$= \begin{bmatrix} 1+\dfrac{Z_1}{Z_3} & Z_1+Z_2+\dfrac{Z_1 Z_2}{Z_3} \\ \dfrac{1}{Z_3} & 1+\dfrac{Z_2}{Z_3} \end{bmatrix}$$

【답】③

63 $t=0$에서 스위치(S)를 닫았을 때 $t=0^+$ 에서의 $i(t)$는 몇 [A]인가? 단, 커패시터에 초기 전하는 없다.

① 0.1
② 0.2
③ 0.4
④ 1.0

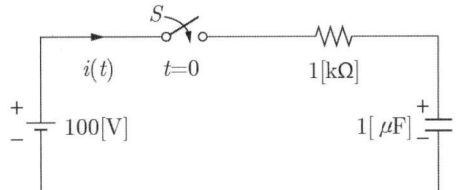

Explanation

$R-C$ 직렬회로
커패시터의 직류인가 특성 : 초기 단락, 최종 개방
따라서 초기상태 단락이므로 $i(0^+) = \dfrac{E}{R} = \dfrac{100}{1\times 10^3} = 0.1[A]$

【답】①

64 상순이 a-b-c인 3상 회로에 있어서 대칭분 전압이 각각 $V_0 = 8.54\angle 159°$, $V_1 = 10\angle -53°$, $V_2 = 14.42\angle 56°$ 일 때 b상의 전압은? 단, V_0은 영상분 전압이고 V_1은 정상분 전압, V_2는 역상분 전압이다.)

① $2.43\angle -17°$ ② $32.41\angle 175°$
③ $3.07\angle 49°$ ④ $9.22\angle 49°$

Explanation

대칭좌표법을 이용하면
$$\begin{bmatrix} V_a \\ V_b \\ V_c \end{bmatrix} = \begin{bmatrix} 1 & 1 & 1 \\ 1 & a^2 & a \\ 1 & a & a^2 \end{bmatrix} \begin{bmatrix} V_0 \\ V_1 \\ V_2 \end{bmatrix}$$ 에서

b상 전압 $V_a = V_0 + a^2 V_1 + a V_2 = 32.41\angle 175°$ [V]

【답】②

65 다음과 같은 비정현파 교류전압 $v(t)$와 전류 $i(t)$에 의한 평균전력 P[W]와 피상전력 P_a[VA]는 약 얼마인가?

$$v(t) = 150\sin\left(\omega t + \frac{\pi}{6}\right) - 50\sin\left(3\omega t + \frac{\pi}{3}\right) + 25\sin 5\omega t \, [\text{V}]$$

$$i(t) = 20\sin\left(\omega t - \frac{\pi}{6}\right) + 15\sin\left(3\omega t + \frac{\pi}{6}\right) + 10\cos\left(5\omega t - \frac{\pi}{3}\right) [\text{A}]$$

① $P = 283.5$[W], $P_a = 1,542$[VA]
② $P = 533.5$[W], $P_a = 1,542$[VA]
③ $P = 283.5$[W], $P_a = 2,155$[VA]
④ $P = 533.5$[W], $P_a = 2,155$[VA]

Explanation

유효전력
$P = \frac{150}{\sqrt{2}} \times \frac{20}{\sqrt{2}} \times \cos 60° - \frac{50}{\sqrt{2}} \times \frac{15}{\sqrt{2}} \times \cos 30° + \frac{25}{\sqrt{2}} \times \frac{10}{\sqrt{2}} \times \cos 30° = 533.5[\text{W}]$

$V = \sqrt{\left(\frac{150}{\sqrt{2}}\right)^2 + \left(\frac{50}{\sqrt{2}}\right)^2 + \left(\frac{25}{\sqrt{2}}\right)^2} = 113.19[\text{V}]$

$I = \sqrt{\left(\frac{20}{\sqrt{2}}\right)^2 + \left(\frac{15}{\sqrt{2}}\right)^2 + \left(\frac{10}{\sqrt{2}}\right)^2} = 19.04[\text{A}]$

피상전력 $P_a = VI = 113.19 \times 19.04 = 2,155[\text{VA}]$

【답】④

66 선로의 임피던스 $Z = R + j\omega L[\Omega]$, 병렬 어드미턴스가 $Y = G + j\omega C[\mho]$일 때 선로의 저항 R과 콘덕턴스 G가 동시에 0이 되었을 때 전파정수는?

① $j\omega\sqrt{LC}$
② $j\omega\sqrt{\dfrac{C}{L}}$
③ $j\omega\sqrt{L^2C}$
④ $j\omega\sqrt{\dfrac{L}{C^2}}$

Explanation

$R = G = 0$(무손실 회로)
$\dot{\gamma}$ (전파정수) $= \alpha + j\beta = \sqrt{ZY}$
$= \sqrt{(R+j\omega L)(G+j\omega C)} = j\omega\sqrt{LC}$
감쇠정수 $\alpha = 0$, 위상정수 $\beta = \omega\sqrt{LC}$

【답】①

67 $R = 2[\Omega]$, $L = 10[\text{mH}]$, $C = 4[\mu\text{F}]$의 직렬 공진 회로의 양호도 Q는?
① 25
② 45
③ 65
④ 85

Explanation

양호도(선택도, 첨예도, 전압확대율) : 저항 대 리액턴스 비

양호도 $Q = \dfrac{1}{R}\sqrt{\dfrac{L}{C}} = \dfrac{1}{2}\sqrt{\dfrac{10 \times 10^{-3}}{4 \times 10^{-6}}} = 25$

【답】①

68 그림 (a)를 그림 (b)와 같은 등가 전류원으로 변환할 때 $I[A]$와 $R[\Omega]$은?

① $I=6$, $R=2$
② $I=3$, $R=5$
③ $I=4$, $R=0.5$
④ $I=3$, $R=2$

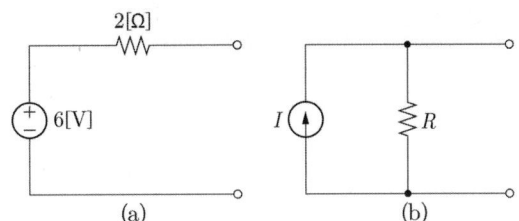

Explanation

전압원을 전류원으로 변경하면
$I = \dfrac{V}{R} = \dfrac{6}{2} = 3[A]$ $R = R' = 2[\Omega]$

【답】 ④

69 $f(t) = t^n$ 의 라플라스 변환은?

① $\dfrac{n+1}{s^n}$
② $\dfrac{n}{s^n}$
③ $\dfrac{n!}{s^{n+1}}$
④ $\dfrac{n+1}{s^{n+1}}$

Explanation

램프함수의 라플라스 변환 식 $\mathcal{L}[t^n] = \dfrac{n!}{s^{n+1}}$

【답】 ③

70 그림과 같은 부하에 선간전압이 $V_{ab} = 100 \angle 30°[V]$인 평형 3상 전압을 가했을 때 선전류 $I_a[A]$는?

① $\dfrac{100}{\sqrt{3}}\left(\dfrac{1}{R} + j3\omega C\right)$
② $100\left(\dfrac{1}{R} + j\sqrt{3}\,\omega C\right)$
③ $\dfrac{100}{\sqrt{3}}\left(\dfrac{1}{R} + j\omega C\right)$
④ $100\left(\dfrac{1}{R} + j\omega C\right)$

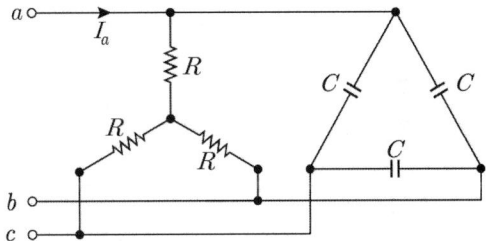

Explanation

△결선 된 콘덴서를 Y로 바꾸면 $C \to 3C$가 되며

각 상의 어드미턴스 $Y = \dfrac{1}{R} + j3\omega C$

상전류 $I_p = \dfrac{V_p}{Z} = YV_p = \left(\dfrac{1}{R} + j3\omega C\right) \times \dfrac{V}{\sqrt{3}} = \dfrac{100}{\sqrt{3}}\left(\dfrac{1}{R} + j3\omega C\right)$

따라서 Y결선은 $I_l = I_p = \dfrac{100}{\sqrt{3}}\left(\dfrac{1}{R} + j3\omega C\right)$

【답】 ①

71 특성 방정식 $(s+1)(s+2) + K(s+3) = 0$의 완전 근궤적의 이탈점(breakaway point)은 각각 얼마인가?

① $s = -1.5$, $s = -3.5$인 점
② $s = -1.6$, $s = -2.6$인 점
③ $s = -3 + \sqrt{2}$, $s = -3 - 2\sqrt{2}$인 점
④ $s = -3 + \sqrt{2}$, $s = -3 - \sqrt{2}$인 점

> **Explanation**
>
> $K = -\dfrac{(s+1)(s+2)}{s+3} = -\dfrac{s^2+3s+2}{s+3} = 0$
>
> $K(\sigma) = -\dfrac{\sigma^2+3\sigma+2}{\sigma+3} = 0$
>
> $\dfrac{dK(\sigma)}{d\sigma} = -\dfrac{(2\sigma+3)(\sigma+3)-(\sigma^2+3\sigma+2)}{(\sigma+3)^2} = 0$
>
> $\sigma^2+6s+7=0$의 근은 $\sigma = -3 \pm \sqrt{2}$
>
> 【답】 ④

72 특성방정식이 $s^5 + 3s^4 + 2s^3 + 2s^2 + 3s + 1 = 0$인 경우 우반면에 존재하는 근의 수는?

① 0 ② 1
③ 2 ④ 3

> **Explanation**
>
> Routh-Hurwitz판별식을 이용하여 1열의 부호가 모두 양수이면 안정하며
>
> | s^5 | 1 | 2 | 3 |
> |---|---|---|---|
> | s^4 | 3 | 2 | 1 |
> | s^3 | $\dfrac{6-2}{3}=\dfrac{4}{3}$ | $\dfrac{9-1}{3}=\dfrac{8}{3}$ | 0 |
> | s^2 | -4 | 1 | |
> | s^1 | $\dfrac{9}{4}$ | | |
> | s^0 | 1 | | |
>
> 제1열의 부호가 2번 바뀌었으므로 불안정하며 s평면의 우반면에 근 2개를 갖는다.
>
> 【답】 ③

73 다음 중 $G(s)H(s) = \dfrac{K}{Ts+1}$ 일 때 이 계통은 어떤 형 제어계인가?

① 0형 ② 1형
③ 2형 ④ 3형

> **Explanation**
>
> 시스템의 형(Type) : $G(s)H(s) = k\dfrac{s^n(s+Z_1)(s+Z_2)\cdots(s+Z_{n-a})}{s^\ell(s+P_1)(s+P_2)\cdots(s+P_{n-b})}$
>
> $G(s)H(s) = k\dfrac{s^n}{s^\ell}$ $\ell-n=0 \to$ 0형 제어계
>
> $\ell-n=1 \to$ 1형 제어계
> $\ell-n=2 \to$ 2형 제어계 이며
>
> $G(s)H(s) = \dfrac{K}{Ts+1}$ 이므로 0형 제어계
>
> 【답】 ①

74 그림과 같은 RLC 회로에서 입력전압 $e_i(t)$, 출력전류가 $i(t)$인 경우 이 회로의 전달함수 $I(s)/E_i(s)$는? (단, 모든 초기조건은 0이다.)

① $\dfrac{C_s}{RCs^2 + LCs + 1}$

② $\dfrac{1}{RCs^2 + LCs + 1}$

③ $\dfrac{Cs}{LCs^2 + RCs + 1}$

④ $\dfrac{1}{LCs^2 + RCs + 1}$

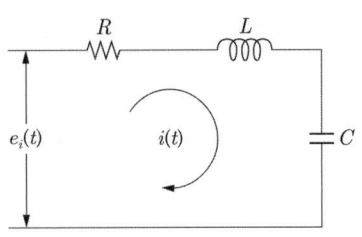

Explanation

전달 함수 $G(s) = \dfrac{I(s)}{E_i(s)} = \dfrac{1}{Z(s)} = Y(s)$

$G(s) = \dfrac{I(s)}{E_i(s)} = \dfrac{1}{Z(s)} = \dfrac{1}{R + Ls + \dfrac{1}{Cs}} = \dfrac{Cs}{LCs^2 + RCs + 1}$

【답】 ③

75 계단 응답이 입력 신호와 같은 파형이고 시간만이 뒤졌을 때 이 계의 요소는?
① 미분 요소
② 부동작 시간 요소
③ 1차 지연 요소
④ 2차 지연 요소

Explanation

부동작시간요소 : 입력 신호와 같은 파형이고 시간만이 뒤졌을 때
여기서, T는 부동작시간(dead time)

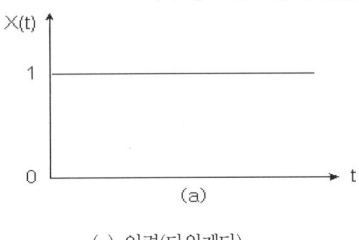
(a) 입력(단위계단)

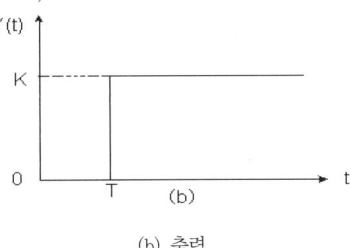
(b) 출력

【답】 ②

76 그림의 회로와 동일한 논리 소자는?

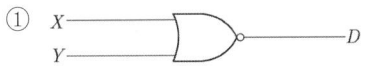

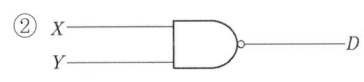

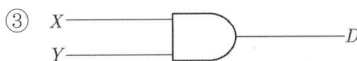

Explanation

NOR 회로
- 동작사항 : OR 회로의 반대 기능을 갖는 회로
- OR + NOT로 구성

논리 기호와 논리식
- 논리식 : $X = \overline{A+B}$
- 논리기호

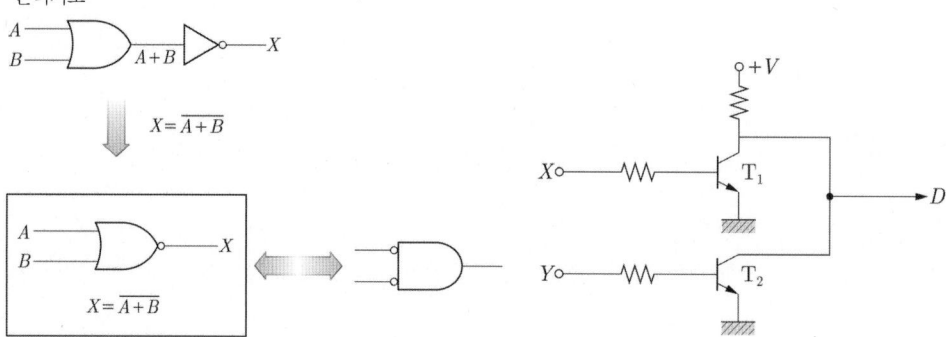

【답】 ①

77 다음 블록선도의 전달함수는?

① $\dfrac{G_1 G_2}{1 - G_1 G_2 G_3}$

② $\dfrac{G_1 G_2}{1 + G_1 G_2 G_3}$

③ $\dfrac{G_1}{1 - G_1 G_2 G_3}$

④ $\dfrac{G_2}{1 + G_1 G_2 G_3}$

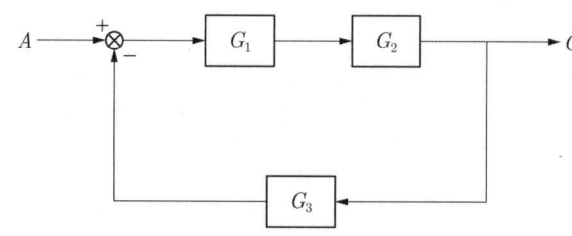

Explanation

블록선도의 전달함수 $G(s) = \dfrac{\Sigma G}{1 - \Sigma L_1 + \Sigma L_2 + \cdots}$

여기서, L_1 : 각각의 모든 폐루프 이득의 합
L_2 : 서로 접촉하지 않는 2개의 폐루프 이득의 곱의 합
ΣG : 각각의 전향 경로의 합

$G(s) = \dfrac{G_1 G_2}{1 - (-G_1 G_2 G_3)} = \dfrac{G_1 G_2}{1 + G_1 G_2 G_3}$

【답】 ②

78 다음 중 물체의 위치, 방위, 각도 등의 기계적 변위량으로 임의의 목표 값에 추종하는 제어장치는?
① 프로세서 제어
② 서보기구
③ 자동 조정
④ 프로그램 제어

Explanation

제어량에 의한 분류
- 서보 기구(servo mechanism) : 기계적인 변위량. 위치, 방향, 자세, 거리, 각도 등
- 프로세서 제어(process control) : 공업 공정의 상태량. 밀도, 농도, 온도, 압력, 유량, 습도 등
- 자동 조정(auto regulating) : 전기적, 기계적 신호. 회전수, 전압, 주파수 등

【답】 ②

79 단위 피드백 제어계에서 개루프 전달 함수 $G(s)$가 다음과 같이 주어지는 계의 단위 램프 입력에 대한 정상 편차는?

$$G(s) = \frac{s+5}{s(s+4)(s+2)}$$

① 0
② 무한대
③ $\frac{5}{8}$
④ $\frac{8}{5}$

Explanation

속도편차 상수 $K_v = \lim_{s \to 0} sG(s)$에서 $K_v = \lim_{s \to 0} s \frac{s+5}{s(s+4)(s+2)} = \frac{5}{8}$

따라서 정상상태오차 $e_{ss} = \frac{R}{K_v} = \frac{1}{\frac{5}{8}} = \frac{8}{5}$ (여기서, 단위 램프 입력이므로 $R=1$)

【답】④

80 특성 방정식 $s^3 + 2s^2 + 3s + K = 0$로 주어지는 제어시스템이 안정하기 위한 K의 범위는?
① $K > 0$
② $K > 6$
③ $K < 0$
④ $0 < K < 6$

Explanation

Routh-Hurwitz 판별식을 이용하여 1열의 부호가 모두 양수이면 안정하며

s^3	1	3
s^2	2	K
s^1	$\frac{6-K}{2}$	0
s^0	K	

제1열의 부호 변화가 없어야 안정하므로 $K > 0$, $6-K > 0$, $K < 6$
따라서 $0 < K < 6$

【답】④

5과목 전기설비기술기준

81 사용전압 400[V] 이하 건조한 장소의 진열장 내부에 배선을 직접 조영재에 밀착할 때 캡타이어케이블 단면적은 몇 [mm²] 이상인가?
① 0.5
② 1
③ 0.75
④ 1.25

Explanation

(KEC 234.8조) 진열장 또는 이와 유사한 것의 내부 배선
건조한 곳에 시설하고 내부를 건조한 상태로 사용하는 진열장 또는 진열장 안의 사용 전압이 400[V] 이하인 저압 옥내 배선은 외부에서 보기 쉬운 곳에 한하여 **단면적 0.75[mm²] 이상의 코드 또는 캡타이어 케이블** 1[m] 이하마다 지지하여 시설 할 수 있다.

【답】③

82 "제2차 접근상태"라 함은 가공 전선이 다른 시설물과 접근하는 경우에 그 가공전선이 다른 시설물의 위쪽 또는 옆쪽에서 수평 거리로 몇 [m] 미만인가?
① 1.2
② 2
③ 2.5
④ 3

Explanation

(KEC 112조) 용어 정의
"제2차 접근상태"란 가공 전선이 다른 시설물과 접근하는 경우에 그 가공 전선이 다른 시설물의 **위쪽 또는 옆쪽에서 수평 거리로 3[m] 미만인 곳**에 시설되는 상태를 말한다. 【답】 ④

83 사용전압이 22.9[kV]인 특고압 가공전선로를 시가지에 경동연선으로 시설할 경우 전선의 단면적은 몇 [㎟] 이상인가?
① 55
② 100
③ 150
④ 200

Explanation

(KEC 333.1조) 시가지 등에서 특고압 가공 전선로의 시설

사용전압의 구분	전선의 단면적
100[kV] 미만	인장강도 21.67[kN] 이상의 연선 또는 단면적 55[㎟] 이상의 경동연선
100[kV] 이상	인장강도 58.84[kN] 이상의 연선 또는 단면적 150[㎟] 이상의 경동연선

【답】 ①

84 고압 가공전선의 높이에 대한 설명으로 틀린 것은?
① 고압가공전선로를 빙설이 많은 지방에 시설하는 경우에는 전선의 적설상의 높이를 사람 또는 차량의 통행 등에 위험을 주지 않도록 유지해야 한다.
② 횡단보도교의 위에 시설하는 경우에는 그 노면상 5[m] 이상이다.
③ 철도 또는 궤도를 횡단하는 경우에는 레일면상 6.5[m] 이상이다.
④ 고압 가공전선을 수면 상에 시설하는 경우에는 전선의 수면 상의 높이를 선박의 항해 등에 위험을 주지 않도록 유지해야 한다.

Explanation

(KEC 332.5조) 고압 가공전선의 높이
① 도로를 횡단하는 경우에는 지표상 6[m] 이상
② 철도 또는 궤도를 횡단하는 경우에는 레일면상 6.5[m] 이상
③ **횡단보도교의 위에 시설하는 경우에는 저압 가공전선은 그 노면상 3.5[m] 이상**
④ ①부터 ③까지 이외의 경우에는 지표상 5[m] 이상
⑤ 수면 상에 시설하는 경우에는 전선의 수면 상의 높이를 선박의 항해 등에 위험을 주지 않도록 유지 【답】 ②

85 특고압 가공전선과 지지물, 완금류, 지지기둥 또는 지지선 사이의 이격거리는 사용전압 15[kV] 미만인 경우 일반적으로 몇 [m] 이상이어야 하는가?(단, 주어지지 않은 조건은 고려하지 않는다)
① 0.2
② 0.3
③ 0.35
④ 0.15

Explanation

(KEC 333.5조) 특고압 가공전선과 지지물 등의 이격거리
특고압 가공전선과 그 지지물·완금류·지지기둥 또는 지지선 사이의 이격거리는 표에서 정한 값 이상이어야 한다. 다만, 기술상 부득이한 경우에 위험의 우려가 없도록 시설한 때에는 표에서 정한 값의 0.8배까지 감할 수 있다.

사용전압	이격거리[m]
15[kV] 미만	0.15
15[kV] 이상 25[kV] 미만	0.2
…	…

【답】 ④

86 저압 옥내간선 분기회로의 분기점에서 몇 [m] 이하인 곳에 과부하 보호장치를 시설하여야 하는가? (단, 보호장치 전원측에서 분기점 사이에 다른 분기회로 또는 콘센트 접속이 없고, 단락의 위험과 화재 및 인체에 대한 위험성이 최소화 되도록 시설되었다)

① 3
② 4
③ 5
④ 8

Explanation

(KEC 212.4.2조) 과부하 보호장치의 설치 위치
분기회로(S_2)의 분기점(O)에서 3[m] 이내에 설치된 과부하 보호장치(P_2)
분기회로(S_2)의 보호장치(P_2)는 (P_2)의 전원 측에서 분기점(O) 사이에 다른 분기회로 또는 콘센트의 접속이 없고, 단락의 위험과 화재 및 인체에 대한 위험성이 최소화 되도록 시설된 경우, 분기회로의 보호장치(P_2)는 분기회로의 분기점(O)으로부터 **3[m]까지 이동하여 설치**할 수 있다.

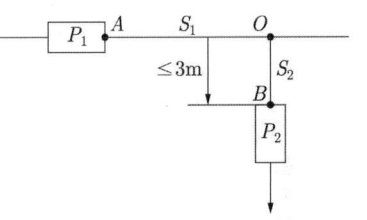

【답】 ①

87 고압 및 특고압 가공전선로와 지중전선로가 접속되는 곳에 반드시 시설하여야 하는 것은?

① 피뢰기
② 동기조상기
③ 직렬리액터
④ 방전코일

Explanation

(KEC 341.13조) 피뢰기의 시설
고압 및 특고압의 전로 중 다음에 열거하는 곳 또는 이에 근접한 곳에는 피뢰기를 시설하여야 한다.
① 발전소·변전소 또는 이에 준하는 장소의 가공전선 인입구 및 인출구
② 특고압 가공전선로에 접속하는 341.2의 배전용 변압기의 고압측 및 특고압측
③ 고압 및 특고압 가공전선로로부터 공급을 받는 수용장소의 인입구
④ 가공전선로와 지중전선로가 접속되는 곳

【답】 ①

88 저압 옥상전선로를 전개된 장소에 시설하는 내용으로 틀린 것은?

① 전선은 절연전선일 것
② 전선은 지름 2[mm] 이상의 경동선을 사용할 것
③ 전선은 조영재에 내수성이 있는 애자를 사용하여 지지하고 그 지지점 사이의 거리는 15[m] 이하일 것
④ 전선과 그 저압 옥상전선로를 시설하는 조영재와의 이격거리는 2[m] 이상일 것

Explanation

(KEC 221.3조) 옥상 전선로
① 전선은 절연전선(OW전선 포함)일 것
② 전선은 인장강도 2.30[kN] 이상의 것 또는 **지름 2.6[mm] 이상**의 경동선의 것
③ 전선은 조영재에 견고하게 붙인 지지기둥 또는 지지대에 절연성·난연성 및 내수성이 있는 애자를 사용하여 지지하고 또한 그 지지점간의 거리는 15[m] 이하일 것
④ 전선과 그 저압 옥상 전선로를 시설하는 조영재와의 이격거리는 2[m] (전선이 고압절연전선, 특고압 절연전선 또는 케이블인 경우에는 1[m]) 이상일 것

【답】 ②

89 발전소 변전소 개폐소 이에 준하는 곳, 전기사용장소 상호간의 전선 및 이를 지지하거나 수용하는 시설물을 무엇이라 하는가?
① 개폐소
② 전선로
③ 급전소
④ 송전선로

> **Explanation**

(기술기준 3조) 정의
"전선로"란 발전소·변전소·개폐소, 이에 준하는 곳, 전기사용장소 상호간의 전선(전차선을 제외한다) 및 이를 지지하거나 수용하는 시설물을 말한다. 【답】②

90 전기저장장치를 옥외에 시설할 경우 배선설비 공사에 해당하지 않는 것은?
① 금속제 가요전선관공사
② 합성수지관공사
③ 금속관공사
④ 애자공사

> **Explanation**

(KEC 511.2조) 전기저장장치의 시설
옥측 또는 옥외에 시설할 경우 배선설비 공사는 **합성수지관공사, 금속관공사, 금속제 가요전선관공사 또는 케이블공사**(수직 케이블의 포설 제외)의 규정에 준하여 시설할 것 【답】④

91 전기철도차량이 전차선로와 접촉한 상태에서 견인력을 끄고 보조전력을 가동한 상태로 정지해 있다면 가공 전차선로의 유효전력이 200[kW] 이상일 경우 총 역률은 얼마보다 커야 하는가?
① 0.6
② 0.7
③ 0.8
④ 0.9

> **Explanation**

(KEC 441.4조) 전기철도차량의 역률
전기철도차량이 전차선로와 접촉한 상태에서 견인력을 끄고 보조전력을 가동한 상태로 정지해 있는 경우 : 가공 전차선로의 유효전력이 200[kW] 이상일 경우 총 역률은 **0.8보다 클 것** 【답】③

92 발전소에서 계측하는 장치를 시설하여야 하는 사항에 해당되지 않는 것은?
① 발전기의 회전수 및 주파수
② 주요 변압기의 전압 및 전류 또는 전력
③ 발전기의 베어링(수중 메탈을 제외한다) 및 고정자의 온도
④ 특고압용 변압기의 온도

> **Explanation**

(KEC 351.6조) 계측 장치
발전소 또는 이에 준하는 장소에는 다음 각 호에 해당하는 계측장치를 시설하여야 한다.
① 발전기의 전압 및 전류 또는 전력
② 발전기의 베어링 및 고정자의 온도
③ 주요 변압기의 전압 및 전류 또는 전력
④ 특고압용 변압기의 온도 【답】①

93 가공전선로의 지지물에 하중이 가해지는 경우 그 하중을 받는 지지물의 기초 안전율은 얼마 이상이어야 하는가?(단, 이상 시 상정하중은 무관하다)
① 1.5
② 2.0
③ 2.5
④ 3.0

> **Explanation**

(KEC 331.7조) 가공 전선로 지지물의 기초의 안전율
가공전선로의 지지물에 하중이 가하여지는 경우에 그 하중을 받는 지지물의 기초의 안전율은 2 이상(단, 이상 시 상정하중이 가하여지는 경우의 그 이상 시 상정하중에 대한 철탑의 기초에 대하여는 1.33) 이상이어야 한다. 【답】②

94. 조상설비에 내부고장, 과전류 또는 과전압이 생긴 경우 자동적으로 전로로부터 차단되는 장치를 시설해야 하는 분로리액터의 최소 뱅크용량은 몇 [kVA]이상인가?

① 500
② 1,000
③ 10,000
④ 15,000

Explanation

(KEC 351.5조) 조상설비의 보호장치

설비종별	뱅크용량의 구분	자동적으로 전로로부터 차단하는 장치
전력용 커패시터 및 분로 리액터	500[kVA] 초과 15,000[kVA] 미만	내부에 고장이 생긴 경우에 동작하는 장치 또는 과전류가 생긴 경우에 동작하는 장치
	15,000[kVA] 이상	내부에 고장이 생긴 경우에 동작하는 장치 및 과전류가 생긴 경우에 동작하는 장치 과전압이 생긴 경우에 동작하는 장치

【답】④

95. 전차선로의 직류방식의 급전전압에 대한 종류를 각 전압별 최고, 최저전압 직류(DC) 평균값의 기준을 나타낸 것으로 틀린 것은?

① 지속성 최저전압[V] : 500, 900
② 지속성 최고전압[V] : 900, 1,800
③ 공칭전압[V] : 750, 1,500
④ 장기 과전압[V] : 950, 1,950

Explanation

(KEC 411.2조) 전차선로의 전압
전차선로의 전압은 전원측 도체와 전류귀환 도체 사이에서 측정된 집전장치의 전위로서 전원공급시스템이 정상 동작상태에서의 값이며 직류방식은 사용전압과 각 전압별 최고, 최저전압은 표의 규정에 따라 선정하여야 한다.

구분	최저 영구 전압[V]	공칭전압[V]	최고 영구 전압[V]	최고 비영구 전압[V]	장기 과전압[V]
DC (평균값)	500	750	900	950	1,269
	900	1,500	1,800	1,950	2,538

【답】④

96. 가공전선로가 사용전압 60[kV] 이하인 경우에는 전화선로의 길이 12[km] 마다 유도전류가 몇 [μA]를 넘지 않도록 하여야 하는가?

① 1
② 2
③ 3
④ 4

Explanation

(KEC 333.2조) 유도장해의 방지
① 사용전압이 60[kV] 이하인 경우에는 전화 선로의 길이 12[km]마다 유도전류가 2[μA]를 넘지 아니할 것
② 사용전압이 60[kV]를 넘는 경우에는 전화 선로의 길이 40[km]마다 유도전류가 3[μA]를 넘지 아니할 것

【답】②

97. 특고압의 기계기구 모선 등을 옥외에 시설하는 변전소의 구내에 취급자 이외의 자가 들어가지 못하도록 시설하는 울타리 담 등의 높이는 몇 [m] 이상으로 하여야 하는가?

① 2
② 2.2
③ 2.5
④ 3

Explanation

(KEC 351.1조) 발전소 등의 울타리·담 등의 시설
고압 또는 특고압의 기계기구·모선 등을 옥외에 시설하는 발전소·변전소·개폐소 또는 이에 준하는 곳에는 **울타리·담 등의 높이는 2[m] 이상**으로 하고 지표면과 울타리·담 등의 하단 사이의 간격은 **0.15[m] 이하**로 할 것 　【답】①

98 금속덕트에 넣은 전선의 단면적(절연피복의 단면적을 포함)의 합계는 덕트의 내부 단면적의 몇 [%] 이하이어야 하는가?(단, 전광표시장치 기타 이와 유사한 장치 또는 제어회로 등의 배선만 넣은 경우가 아니다)
① 10
② 20
③ 32
④ 48

Explanation

(KEC 232.31조) 금속덕트공사
① 전선은 절연전선(옥외용 비닐절연전선은 제외)일 것
② 금속덕트에 넣은 전선의 단면적(절연피복의 단면적을 포함)의 합계는 덕트의 내부 단면적의 20[%](전광표시 장치 기타 이와 유사한 장치 또는 제어회로 등의 배선만을 넣는 경우에는 50[%]) 이하일 것 　【답】②

99 화약류 저장소의 전기설비 시설에 있어서 틀린 것은?
① 전로의 대지 전압은 300[V] 이하로 한다.
② 전기기계기구는 전폐형으로 시설한다.
③ 케이블을 전기기계기구에 인입할 때에는 인입구에서 케이블이 손상될 우려가 없도록 시설한다.
④ 전용개폐기 및 과전류 차단기는 화약류 저장소 안에 둔다.

Explanation

(KEC 242.5조) 화약류 저장소 등의 위험장소
① 대지전압은 300[V] 이하
② 전기기계기구는 전폐형
③ 인입구에서 케이블이 손상될 우려가 없도록 시설할 것
④ **화약류 저장소 이외의 곳에 전용 개폐기 및 과전류 차단기를 시설** 　【답】④

100 제2종 특고압 보안공사의 기준으로 틀린 것은?
① 지지물이 A종 철주일 경우 그 경간은 150[m] 이하일 것
② 지지물이 목주일 경우 그 경간은 100[m] 이하일 것
③ 지지물로 사용하는 목주의 풍압하중에 대한 안전율은 2 이상일 것
④ 특고압 가공전선은 연선일 것

Explanation

(KEC 333.22조) 특고압 보안공사
제2종 특고압 보안공사는 다음 각 호에 따라야 한다.
1. 특고압 가공전선은 연선일 것.
2. 지지물로 사용하는 목주의 풍압하중에 대한 안전율은 2 이상일 것.
3. 경간은 표에서 정한 값 이하일 것. 다만, 전선에 안장강도 38.05[kN] 이상의 연선 또는 단면적이 95[mm²] 이상인 경동연선을 사용하고 지지물에 B종 철주·B종 철근 콘크리트주 또는 철탑을 사용하는 경우에는 그러하지 아니하다.

지지물의 종류	경간
목주·A종 철주 또는 A종 철근 콘크리트주	100[m]
B종 철주 또는 B종 철근 콘크리트주	200[m]
철탑	400[m](단주인 경우 300[m])

　【답】①

2025년 전기기사 필기

1과목 전기자기학

01 평행판 커패시터에 채워진 폴리에틸렌의 비유전율이 ϵ_r, 평행판 간의 거리가 2.0[mm]일 때, 평행판 내의 전계의 세기가 20[kV/m]라면 폴리에틸렌 표면에 나타나는 분극전하밀도[C/m²]는?

① $\dfrac{\epsilon_r - 1}{18\pi} \times 10^{-5}$
② $\dfrac{\epsilon_r - 1}{36\pi} \times 10^{-5}$
③ $\dfrac{\epsilon_r - 1}{18\pi} \times 10^{-6}$
④ $\dfrac{\epsilon_r - 1}{36\pi} \times 10^{-6}$

Explanation

분극의 세기

$P = D - \epsilon_0 E = D - \epsilon_0 \left(\dfrac{D}{\epsilon}\right) = \left(1 - \dfrac{1}{\epsilon_r}\right) D = \epsilon_0 (\epsilon_r - 1) E$

$= \epsilon_o (\epsilon_r - 1) E = \dfrac{\epsilon_r - 1}{36\pi} \times 10^{-9} \times 20 \times 10^3$ 여기서, $\epsilon_o = \dfrac{1}{4\pi \times 9 \times 10^9} = \dfrac{1}{36\pi} \times 10^{-9}$ [F/m]

$= \dfrac{\epsilon_r - 1}{18\pi} \times 10^{-5}$ [C/m²]

【답】①

02 유전율이 $\epsilon = \epsilon_0 \epsilon_r$인 유전체 내에 있는 점전하 Q에서 발산되는 전기력선의 수는 총 몇 개인가?

① Q
② $\dfrac{Q}{\epsilon_0 \epsilon_r}$
③ $\dfrac{Q}{\epsilon_r}$
④ $\dfrac{Q}{\epsilon_0}$

Explanation

유전체에서의 전기력선수 $N = \displaystyle\int_s E\, ds = \dfrac{Q}{\epsilon} = \dfrac{Q}{\epsilon_o \epsilon_r}$

【답】②

03 진공 중 반지름이 a[m]이고 선간거리가 d[m]인 두 평행 전선 간의 단위 길이당 정전용량은 몇 [F/m]인가?

① $\dfrac{2\pi\epsilon_0}{\ln \dfrac{d-a}{a}}$
② $\dfrac{2\pi\epsilon_0}{\ln \dfrac{a}{d-a}}$
③ $\dfrac{\pi\epsilon_0}{\ln \dfrac{d-a}{a}}$
④ $\dfrac{\pi\epsilon_0}{\ln \dfrac{a}{d-a}}$

Explanation

평행왕복도선의 단위 길이당 정전용량

$$C = \frac{\pi\epsilon_0}{\ln\frac{d-a}{a}} = \frac{\pi\epsilon_o}{\ln\frac{d}{a}}[\text{F/m}]$$

【답】③

04 반지름이 $a > b$[m]인 동심 도체구의 정전용량은?(단, 내구는 절연, 외구는 접지인 때이다)

① $4\pi\epsilon_0 a$
② $\frac{1}{4\pi\epsilon_0} \times \frac{a-b}{ab}$
③ $\frac{4\pi\epsilon_0 ab}{a-b}$
④ $\frac{1}{4\pi\epsilon_0} \times \frac{ab}{a-b}$

Explanation

동심구의 정전용량 $C = \frac{4\pi\epsilon_0}{\frac{1}{a}-\frac{1}{b}} = \frac{4\pi\epsilon_0 ab}{b-a} (a<b)$ 에서

$C = \frac{4\pi\epsilon_0}{\frac{1}{b}-\frac{1}{a}} = \frac{4\pi\epsilon_0 ab}{a-b} (a>b)$

【답】③

05 평균 반지름 r이 20[cm], 단면적 S가 6[cm²]인 환상 철심에서 권선수 N이 500회인 코일에 흐르는 전류 I가 4[A]일 때 철심 내부에서의 자계의 세기 H는 약 몇 [AT/m]인가?

① 1,590
② 1,700
③ 1,870
④ 2,120

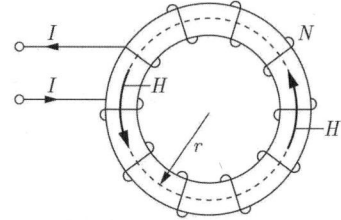

Explanation

환상 솔레노이드 내부의 자계의 세기 $H = \frac{NI}{2\pi r}$[AT/m] : 내부는 평등자장

$H = \frac{NI}{2\pi r} = \frac{500 \times 4}{2 \times \pi \times 0.2} = 1,592$[AT/m]

【답】①

06 회로에서 처음에 스위치를 A에 연결하여 일정한 전류 I[A]를 흘린 후 스위치를 B로 전환했을 때 저항 R[Ω]에서 발생되는 열량은 약 몇 [cal]인가?

① LI^2
② $\frac{1}{2}LI^2$
③ $\frac{1}{4.2}LI^2$
④ $\frac{1}{8.4}LI^2$

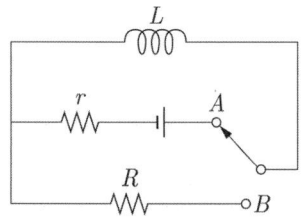

Explanation

인덕턴스에 저장된 에너지만큼 저항에서 에너지를 소비한다.

인덕터에 축척된 에너지 $W = \frac{1}{2}LI^2$[J]이고

1[J]=0.24[cal], 1[cal]=4.2[J] 이므로

$\frac{1}{2}LI^2 = 4.2Q$에서

열량 $Q = \frac{1}{8.4}LI^2$ [cal]

【답】 ④

07 공기 중에서 전계의 진행파 진폭이 10[mV/m]일 때 자계의 진행파 진폭은 약 몇 [mA/m]인가?

① 26.5×10^{-1}
② 26.5×10^{-3}
③ 26.5×10^{-5}
④ 26.5×10^{-6}

Explanation

특성임피던스 $Z_0 = \frac{E}{H} = \sqrt{\frac{\mu_0}{\epsilon_0}} = 377$에서 $E = 377H$, $H = \frac{1}{377}E$

자계의 실효값 $H = \frac{1}{377}E = 2.65 \times 10^{-3}E = 2.65 \times 10^{-3} \times 10$
$= 26.5 \times 10^{-3}$[mA/m]

【답】 ②

08 자기 인덕턴스(L)의 단위로 옳은 것은?

① $J \cdot A^2$
② $J/A \cdot s$
③ Ω/s
④ Wb/A

Explanation

(1) 인덕턴스의 정의식 : $L = \frac{N\phi}{I}$[H]

$[H] = [\frac{Wb \cdot T}{A}]$에서 권수를 1이라 하면 $H = [\frac{Wb}{A}]$

(2) 인덕턴스의 전압식 : $V_L = L\frac{di}{dt}$ 여기서, 인덕턴스 $L = \frac{dt}{di}V_L$[H]

$[H] = [\frac{\sec \cdot V}{A}] = [\sec \cdot \frac{V}{A}] = [\sec \cdot \Omega]$

(3) 자계에서의 에너지 $W = I\phi$[J]에서 $\phi = [\frac{J}{A}]$ 따라서 $[H] = [\frac{J}{A^2}]$

【답】 ④

09 내부 원통의 반지름이 a, 외부 원통의 반지름이 b인 동축 원통 콘덴서의 내외 원통 사이에 공기를 넣었을 때 정전용량이 C_1이었다. 내외 반지름을 모두 3배로 증가시키고 공기 대신 비유전율이 3인 유전체를 넣었을 경우의 정전용량 C_2는?

① $C_2 = \frac{C_1}{9}$
② $C_2 = \frac{C_1}{3}$
③ $C_2 = 3C_1$
④ $C_2 = 9C_1$

Explanation

공기 중에서 동축 케이블의 단위 길이당 정전 용량

$C_1 = \frac{2\pi\epsilon_0}{\ln\frac{b}{a}}$ [F/m]

$C_2 = \frac{2\pi\epsilon_0 \times 3}{\ln\frac{3b}{3a}} = \frac{3 \times 2\pi\epsilon_0}{\ln\frac{b}{a}} = 3C_1$

【답】 ③

10 진공 내에 있는 도체 표면에서의 전계의 세기가 $E = 3\hat{x} + 4\hat{y}$[V/m]일 때 도체 표면상의 면전하밀도 (σ)는 약 몇 [C/m²]인가?(단, $\hat{x}, \hat{y}$는 단위벡터이다)

① 0.266×10^{-10}　　　　　　　　② 0.354×10^{-10}
③ 0.442×10^{-10}　　　　　　　　④ 0.620×10^{-10}

> Explanation

도체 표면에서의 전계의 세기 $E = \dfrac{\sigma}{\epsilon_0}$ 에서

표면전하밀도 $\sigma = \epsilon_0 E = 8.855 \times 10^{-12} \times \sqrt{3^2 + 4^2} = 0.442 \times 10^{-10}$ [C/m²]　　【답】③

11 접지된 구도체와 점전하 간에 작용하는 힘은?
① 항상 흡인력이다.　　　　　　　　② 항상 반발력이다.
③ 조건적 흡인력이다.　　　　　　　④ 조건적 반발력이다.

> Explanation

접지 도체구 유도전하 $Q' = -\dfrac{a}{d}Q$

∴ 점전하와 반대 극성의 전하가 유도되므로 **항상 흡인력**이 작용한다.　　【답】①

12 공극의 표면적이 $S_a = 4.26 \times 10^{-2}$[m²]이고, 길이가 $l_a = 5.6$[mm]인 직류기에서 공극의 자기저항은 약 몇 [AT/Wb]인가?

① 1.05×10^5　　　　　　　　② 3.10×10^5
③ 4.26×10^5　　　　　　　　④ 8.52×10^5

> Explanation

공극의 자기저항

$R_m = \dfrac{l}{\mu_o S} = \dfrac{5.6 \times 10^{-3}}{4\pi \times 10^{-7} \times 4.26 \times 10^{-2}} = 1.05 \times 10^5$ [AT/Wb]　　【답】①

13 간격 d[m]인 2개의 평행판 전극 사이에 유전율이 ϵ인 유전체가 있다. 전극 사이에 $V_m \cos\omega t$[V]의 전압을 가했을 때 변위 전류밀도는 몇 [A/m²]인가?

① $\dfrac{\epsilon}{d} V_m \cos\omega t$　　　　　　　　② $\dfrac{\epsilon}{d} V_m \sin\omega t$
③ $-\dfrac{\epsilon}{d}\omega V_m \cos\omega t$　　　　　　④ $-\dfrac{\epsilon}{d}\omega V_m \sin\omega t$

> Explanation

변위전류밀도

$i_d = \dfrac{\partial D}{\partial t} = \dfrac{\partial \epsilon E}{\partial t} = \dfrac{\partial \epsilon}{\partial t}\left(\dfrac{V}{d}\right) = \dfrac{\epsilon}{d}\dfrac{\partial}{\partial t} V_m \cos\omega t = -\dfrac{\omega\epsilon}{d} V_m \sin\omega t$ [A/m²]　　【답】④

14 다음 중 기자력(Magnetomotive Force)에 대한 설명으로 옳지 않은 것은?
① SI단위는 암페어[A]이다.
② 전기회로의 기전력에 대응한다.
③ 자기회로의 자기저항과 자속의 곱과 동일하다.
④ 코일에 전류를 흘렸을 때 전류밀도와 코일의 권수의 곱의 크기와 같다.

> **Explanation**

기자력(Magnetomotive Force)
- 전기회로의 기전력에 대응
- 기자력 $F = NI = R_m \phi$ [AT]
- 전류와 코일 권수의 곱과 같다.
- 자기회로의 자기저항과 자속의 곱과 동일하다.

【답】④

15 유전율이 ϵ_1과 ϵ_2인 두 유전체가 경계를 이루어 평행하게 접하고 있는 경우 유전율이 ϵ_1인 영역에 전하 Q가 존재할 때 이 전하와 ϵ_2인 유전체 사이에 작용하는 힘에 대한 설명으로 옳은 것은?
① $\epsilon_1 > \epsilon_2$인 경우 반발력이 작용한다.
② $\epsilon_1 > \epsilon_2$인 경우 흡인력이 작용한다.
③ ϵ_1과 ϵ_2에 상관없이 반발력이 작용한다.
④ ϵ_1과 ϵ_2에 상관없이 흡인력이 작용한다.

> **Explanation**

경계면에 작용하는 힘
① $\epsilon_1 > \epsilon_2$인 경우 반발력이 작용
② $\epsilon_1 < \epsilon_2$인 경우 흡인력이 작용

【답】①

16 유전체의 경계조건에 대한 설명으로 틀린 것은?
① 경계면에 외부 전하가 있으면, 유전체의 내부와 외부의 전하는 평형되지 않는다.
② 특수한 경우를 제외하고 경계면에서 표면전하 밀도는 0(zero)이다.
③ 표면전하 밀도란 구속전하의 표면밀도를 말하는 것이다.
④ 완전 유전체 내에서는 자유전하는 존재하지 않는다.

> **Explanation**

- 표면전하밀도 : 자유전하의 표면밀도
- 완전 유전체 내 : 구속전하만 존재
- 완전경계조건 : 경계면에서 표면전하 밀도 $\sigma = 0$

【답】③

17 그림과 같은 직사각형의 평면 코일이 $B = \dfrac{0.05}{\sqrt{2}}(\hat{x} + \hat{y})$ [Wb/m²]인 자계에 위치하고 있다. 이 코일에 흐르는 전류가 5[A]일 때 z축에 있는 코일에서의 토크는 약 몇 [N·m]인가?(단, 는 단위벡터이다)

① $2.66 \times 10^{-4} \hat{x}$
② $5.66 \times 10^{-4} \hat{x}$
③ $2.66 \times 10^{-4} \hat{z}$
④ $5.66 \times 10^{-4} \hat{z}$

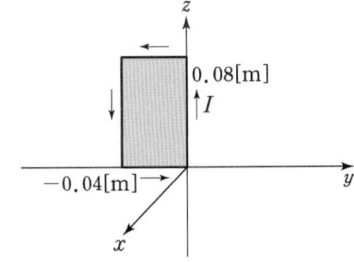

> **Explanation**

자성체에 의한 토크 $T = NIBS\cos\theta$에서
코일의 위치가 $B = \dfrac{0.05}{\sqrt{2}}(\hat{x} + \hat{y})$에서 $\hat{x} + \hat{y}$이므로 $\theta = \tan^{-1}\dfrac{1}{1} = 45°$
자속밀도의 크기 $B = \dfrac{0.05}{\sqrt{2}}\sqrt{1^2 + 1^2} = 0.05$
$T = NIBS\cos\theta = 1 \times 5 \times 0.05 \times 0.08 \times 0.04 \times \cos 45° = 5.66 \times 10^{-4}$ [N·m]
도체가 x, y축에 있으므로 토크는 z축에서 발생하여
$T = 5.66 \times 10^{-4}\hat{z}$ [N·m]

【답】④

18 그림과 같이 평행한 무한장 직선의 두 도선에 I[A], $4I$[A]인 전류가 각각 흐른다. 두 도선 사이 점 P에서의 자계의 세기가 0이라면 $\frac{a}{b}$는?

① 2
② 4
③ $\frac{1}{2}$
④ $\frac{1}{4}$

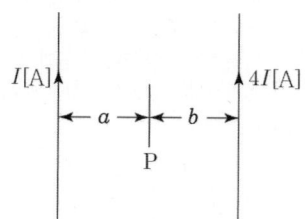

Explanation

무한장 직선의 자계의 세기 $H = \frac{I}{2\pi r}$

오른나사법칙에서 자계의 방향이 서로 반대방향이므로 $H_T = H_2 - H_1 = 0$

따라서 $H_1 = H_2$에서 $\frac{I}{2\pi a} = \frac{4I}{2\pi b}$

$\therefore \frac{a}{b} = \frac{1}{4}$

【답】④

19 진공 중 점 (1, 2, 3)에 $Q_1 = 3 \times 10^{-4}$[C], 점 (2, 0, 5)에 $Q_2 = -10^{-4}$[C]인 전하가 놓여 있다. Q_1에 의해 Q_2에 작용하는 힘[N]은?(단, $\hat{x}, \hat{y}, \hat{z}$는 단위벡터이다)

① $-10(\hat{x} - 2\hat{y} + \hat{z})$
② $-10(\hat{x} - 2\hat{y} + 2\hat{z})$
③ $10(\hat{x} - 2\hat{y} + \hat{z})$
④ $10(\hat{x} - 2\hat{y} + 2\hat{z})$

Explanation

힘을 벡터로 구하므로 $F = |F|a_0$에서

거리 $r = (2, 0, 5) - (1, 2, 3) = (1, -2, 2)$

거리의 벡터 $r = i - 2j + 2k$

크기 $r = \sqrt{1^2 + (-2)^2 + 2^2} = 3$ [m]

방향 $r_0 = \frac{r}{r} = \frac{1}{3}(i - 2j + 2k)$

따라서 힘을 벡터로 표시하면

$F = |F|a_0 = 9 \times 10^9 \times \frac{3 \times 10^{-4} \times -10^{-4}}{3^2} \times \frac{1}{3}(i - 2j + 2k)$

$= -10(i - 2j + 2k) = -10(\hat{x} - 2\hat{y} + 2\hat{z})$ [N]

【답】②

20 평균 지름 d[m], 권수 N회의 환상 솔레노이드에 I[A]의 전류를 흘릴 때 이 솔레노이드의 내부 자계의 세기는 몇 [AT/m]인가?

① $\frac{NI}{\pi d}$
② $\frac{NI}{2\pi d}$
③ $\frac{NI}{4\pi d}$
④ $\frac{NI}{8\pi d}$

Explanation

환상 솔레노이드 내부의 자계의 세기

$H = \frac{NI}{2\pi r} = \frac{NI}{2\pi \frac{d}{2}} = \frac{NI}{\pi d}$ [AT/m]

【답】①

2과목 전력공학

21 초고압 송전계통에 단권변압기가 사용되는 이유로 볼 수 없는 것은?
① 자로가 단축되어 재료를 절약할 수 있다. ② 효율이 높다.
③ 단락전류가 적다. ④ 전압변동률이 적다.

> **Explanation**
>
> 단권변압기 특징
> - 1, 2차 권선을 하나로 사용하여 절연이 용이하지 않다.
> - 1, 2차 권선을 하나로 사용하여 동량이 감소되어 동손이 적고 효율이 우수하다.
> - 누설리액턴스가 적어서 단락 시 대전류가 흐를 수 있다.
> - 부하용량은 변압기 고유용량보다 크다.
>
> 【답】③

22 수용률을 표현하는 식으로 옳은 것은?

① 수용률 = $\dfrac{평균전력}{최대수용전력} \times 100 [\%]$

② 수용률 = $\dfrac{최대수용전력}{수용설비용량} \times 100 [\%]$

③ 수용률 = $\dfrac{개개의 최대수용전력의 합}{합성최대수용전력} \times 100 [\%]$

④ 수용률 = $\dfrac{설비전력}{합성최대수용전력} \times 100 [\%]$

> **Explanation**
>
> 전력수용의 수용률 = $\dfrac{최대수용\ 전력[kW]}{부하설비\ 용량[kW]} \times 100 [\%]$
>
> 【답】②

23 과도안정도 향상 대책이 아닌 것은?
① 큰 임피던스의 변압기 사용 ② 속응 여자 시스템 사용
③ 빠른 고장 제거 ④ 송전선로에 직렬 커패시터 사용

> **Explanation**
>
> 안정도 향상 대책
> ① 직렬 리액턴스(X)를 작게 한다.
>   - 발전기나 변압기의 리액턴스를 작게 한다.
>   - 선로의 병행 회선수를 늘리거나 복도체 또는 다도체 방식을 사용한다.
>   - 직렬 콘덴서를 삽입하여 선로의 리액턴스를 보상한다.
> ② 전압변동을 작게 한다.
>   - 속응 여자 방식의 채용
>   - 계통 연계를 한다.
> ③ 중간 조상 방식을 채용한다.
> ④ 고장전류를 줄이고 고장 구간을 신속하게 차단한다.
>
> 【답】①

24 출력 185,000[kW]의 화력발전소에서 매시간 140[t]의 석탄을 사용한다고 한다. 이 발전소의 열효율은 약 몇 [%]인가? (단, 사용하는 석탄의 발열량은 4,000[kcal/kg]이다)
① 34.5 ② 28.4
③ 32.6 ④ 30.7

> **Explanation**

화력발전소 열효율 $\eta = \dfrac{전기}{열} \times 100[\%]$

$\eta = \dfrac{860Pt}{mH} \times 100[\%]$

따라서 $\eta = \dfrac{860W}{mH} \times 100 = \dfrac{860 \times 185,000}{140 \times 10^3 \times 4,000} \times 100 = 28.4[\%]$

【답】 ②

25 송전선로의 고장전류 계산에 영상 임피던스가 필요한 경우는?
① 1선 지락 ② 3상 단락
③ 3선 단선 ④ 선간 단락

> **Explanation**

대칭 좌표법으로 해석할 경우 필요한 임피던스

	영상분	정상분	역상분
1선 지락	○	○	○
2선 단락(선간 단락)		○	○
3선 단락			○

【답】 ①

26 구내선로에서 발생하는 개폐서지나 순간과도전압이 2차 기기에 미치는 악영향을 방지하기 위해 설치하는 기기는 무엇인가?
① 차단기 ② 서지흡수기
③ 리액터 ④ 단로기

> **Explanation**

- 단로기 : 무부하시 전로개폐
- 차단기 : 사고전류차단
- 리액터 : 한류리액터 – 단락전류제한, 분로리액터 – 페란티현상 방지
- 서지흡수기 : **개폐서지 방지**

【답】 ②

27 송전 선로의 보호 계전 방식이 아닌 것은?
① 전압 균형 방식 ② 전류 위상 비교 방식
③ 방향 비교 방식 ④ 전류 차동 보호 계전 방식

> **Explanation**

모선(Bus) 보호 계전 방식
- 전류 차동 보호 방식
- 전압 차동 보호 방식
- 방향 거리 계전 방식
- 위상 비교 방식

【답】 ①

28 부하전력 및 역률이 같을 때 전압을 2배 승압하면 승압 전에 비해 전압강하(㉮)와 전력손실(㉯)은 각각 몇 배가 되는가?

① ㉮ 1, ㉯ 2
② ㉮ $\dfrac{1}{4}$, ㉯ $\dfrac{1}{2}$
③ ㉮ $\dfrac{1}{2}$, ㉯ $\dfrac{1}{4}$
④ ㉮ $\dfrac{1}{2}$, ㉯ 1

> **Explanation**

전압과의 관계

- 전압 강하 $e = \dfrac{P}{V}(R+X\tan\theta)$ $\quad \therefore e \propto \dfrac{1}{V}$
- 전력 손실 $P_l = 3I^2 R = \dfrac{P^2 R}{V^2 \cos^2\theta}$ $\quad \therefore P_l \propto \dfrac{1}{V^2}$

【답】③

29 한류리액터를 사용하는 주된 목적은?
① 코로나 방지
② 단락전류 제한
③ 피뢰기 대용
④ 역률 개선

> **Explanation**

- 한류리액터 : 단락 사고 시 단락전류 제한

【답】②

30 전력선 a의 충전전압을 E, 통신선 b의 대지 정전 용량을 C_o, $a-b$ 사이의 상호 정전 용량을 C_{ab}라고 하면 통신선 b의 정전 유도 전압 E_s는?

① $\dfrac{C_{ab}+C_b}{C_b} \times E$
② $\dfrac{C_{ab}+C_b}{C_{ab}} \times E$
③ $\dfrac{C_b}{C_{ab}+C_b} \times E$
④ $\dfrac{C_{ab}}{C_{ab}+C_b} \times E$

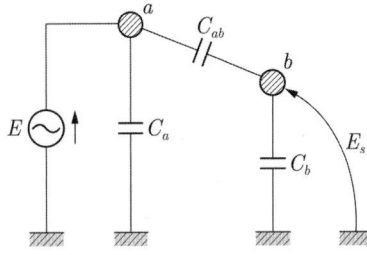

> **Explanation**

정전 유도 전압 $E_s = \dfrac{C_{ab}}{C_{ab}+C_b} \times E$

【답】④

31 그림과 같은 전력계통의 154[kV] 송전선로에서 고장 지락 저항 Z_{gf}를 통해서 1선 지락고장이 발생되었을 때 고장 점에서 본 영상 임피던스[%]는? 단, 그림에 표시한 임피던스는 모두 동일 용량 즉, 100[MVA] 기준으로 환산한 %임피던스임

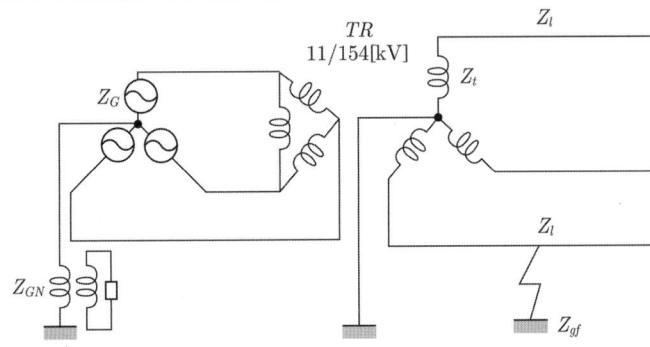

① $Z_0 = Z_l + Z_t + Z_G$
② $Z_0 = Z_l + Z_t + Z_{gf}$
③ $Z_0 = Z_l + Z_t + 3Z_{gf}$
④ $Z_0 = Z_l + Z_t + Z_{gf} + Z_G + Z_{GN}$

> **Explanation**

영상회로로 전환하면

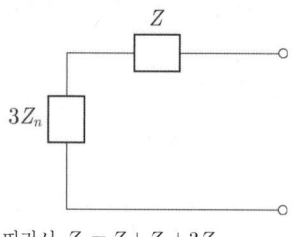

따라서 $Z_0 = Z_1 + Z_t + 3Z_{gf}$

【답】③

32 송전단전압 154[kV], 수전단 전압 138[kV], 전력상차각 60°, 리액턴스 36[Ω]일 때 선로손실을 무시하면 전송전력은 약 몇 [MW]가 되겠는가?

① 538
② 462
③ 552
④ 511

Explanation

송전전력 $P_s = \dfrac{V_s V_r}{X} \sin\delta = \dfrac{154 \times 138}{36} \times \sin 60° = 511.24 [\text{MW}]$

【답】④

33 154[kV] 3상 3선식 전선로에서 각 선의 정전용량이 각각 $C_a = 0.031[\mu F]$, $C_b = 0.030[\mu F]$, $C_c = 0.032[\mu F]$일 때 변압기의 중성점 잔류전압은 계통 상전압의 약 몇 [%] 정도 되는가?

① 1.9
② 2.8
③ 3.7
④ 5.5

Explanation

【답】①

34 장거리 송선전로의 수전단을 개방할 경우, 송전단 전류 I_s를 나타내는 식은? (단, 송전단 전압을 V_s, 선로의 임피던스를 Z, 선로의 어드미턴스를 Y라 한다)

① $I_s = \sqrt{\dfrac{Y}{Z}} \tanh \sqrt{ZY} \, V_s$
② $I_s = \sqrt{\dfrac{Y}{Z}} \coth \sqrt{ZY} \, V_s$
③ $I_s = \sqrt{\dfrac{Z}{Y}} \tanh \sqrt{ZY} \, V_s$
④ $I_s = \sqrt{\dfrac{Z}{Y}} \coth \sqrt{ZY} \, V_s$

Explanation

【답】①

35 화력발전에서 재열기의 사용 목적은?

① 급수를 가열한다.
② 공기를 가열한다.
③ 석탄을 건조한다.
④ 증기를 가열한다.

Explanation

• 재열기 : 터빈 내에서의 증기를 다시 가열하는 장치

【답】 ④

36 전력 퓨즈는 고압, 특고압기기 주로 어떤 전류의 차단을 목적으로 설치하는가?
① 영상전류
② 충전전류
③ 단락전류
④ 부하전류

Explanation

전력 퓨즈(PF. Power Fuse) : 단락전류 차단

【답】 ③

37 전력선측의 유도장해 방지대책이 아닌 것은?
① 전력선과 통신선의 이격거리를 크게한다.
② 차폐선을 설치한다.
③ 배류코일을 사용한다.
④ 전력선의 연가를 충분히 한다.

Explanation

유도장해 방지대책

전력선측	통신선측
• 이격 거리를 크게 • 소호 리액터 접지방식 → 지락 전류 소멸 • 고속도 차단기 설치 • 연가 • 차폐선을 설치(30~50[%] 경감) • 지중전선로 설치	• 전력선과 교차 시 수직 교차 • 연피케이블 • 절연변압기 • **배류 코일**(쵸크 코일) 설치 • 특성이 양호한 피뢰기 시설 • 소호 리액터접지

【답】 ③

38 피뢰기에서 속류를 끊을 수 있는 최고의 교류전압은?
① 피뢰기의 차단전압
② 피뢰기의 정격전압
③ 피뢰기의 제한전압
④ 피뢰기의 방전개시전압

Explanation

피뢰기의 정격 전압 : 속류를 차단할 수 있는 최고의 교류 전압

【답】 ②

39 유효낙차가 30[%] 저하하고 수차효율이 10[%] 저하되었을 때 출력은 약 몇 [%]가 되는가?
(단, 개도 및 이외의 조건은 불변이다)
① 44
② 53
③ 47
④ 50

Explanation

속도 $v = \sqrt{2gH}$
유량 $Q[\text{m}^3/\text{sec}] = A[\text{m}^2] \times v[\text{m/sec}] \propto \sqrt{H}$
출력 $P = 9.8\, QH\eta$ 에서
$P \propto H^{\frac{3}{2}} \eta = (0.7)^{\frac{3}{2}} \times 0.9 \times 100 = 53[\%]$

【답】 ②

40 직접 접지 방식에 대한 설명으로 틀린 것은?
① 지락고장 시의 중성점 전위가 높다.
② 변압기 절연이 낮아진다.
③ 통신선의 유도장해가 크다.
④ 지락전류가 커진다.

Explanation

직접 접지방식의 장점
- 1선 지락 시 건전상의 대지전압 상승이 낮다(절연레벨 경감).
- 중성점을 0전위로 유지 가능(단절연 가능)
- 보호계전기 동작이 확실하다.
- 정격이 낮은 피뢰기 사용 가능

【답】①

3과목 전기기기

41 1차 전압 V_1, 2차 전압 V_2인 단권변압기를 Y결선했을 때, 부하용량에 대한 자기용량의 비는? (단, $V_1 > V_2$이다)

① $\dfrac{V_1 - V_2}{\sqrt{3}\, V_1}$
② $\dfrac{\sqrt{3}\,(V_1 - V_2)}{2\, V_1}$
③ $\dfrac{V_1 - V_2}{V_1}$
④ $\dfrac{V_1^2 - V_2^2}{\sqrt{3}\, V_1 V_2}$

Explanation

단권변압기 Y결선

$\dfrac{\text{자기 용량}}{\text{부하 용량}} = \dfrac{V_h - V_l}{V_h} = \dfrac{V_1 - V_2}{V_1}$ (승압용)

【답】③

42 3상 권선형 유도전동기의 토크 비례추이곡선에서 비례추이 제량은 무엇인가?
① 2차 저항
② 회전수
③ 슬립
④ 공급전압의 크기

Explanation

비례추이의 원리 : 권선형 유도 전동기에서 2차 저항이 증가하면 토크 곡선 등이 슬립이 증가하는 방향으로 2차 저항에 비례하며 이동

【답】①

43 유도전동기의 슬립에 대한 설명으로 옳은 것은?
① 2차 효율 η_2는 슬립이 클수록 커진다.
② 회전 시 2차 유도기전력 주파수는 정지 시 2차 유도기전력 주파수의 $\dfrac{1}{s}$ 배이다.
③ 정지 상태에서 $s = 0$이다.
④ 슬립이 작을수록 동기속도에 가깝게 회전한다.

Explanation

① 슬립

$s = \dfrac{N_s - N}{N_s}$ (여기서, 고정자속도 $N_s = \dfrac{120f}{p}$ [rpm])

유도전동기 : $0 < s < 1$ 여기서, $N = 0$ 즉, 정지 시 슬립은 1
$N = N_s$ 슬립이 0이면 동기속도와 같은 속도로 회전

② 운전 시 2차 유도기전력 $E_{2s} = sE_2$

③ 2차 효율 $\eta_2 = \dfrac{P_0}{P_2} = \dfrac{(1-s)P_2}{P_2} = 1 - s$ 즉, 슬립이 커지면 2차 효율은 감소

【답】④

44
직류 직권 전동기를 교류 단상 정류자 전동기로 사용하기 위하여 교류를 가했을 때 발생하는 문제점이 아닌 것은?
① 계자 권선이 필요 없다.
② 정류가 불량하다
③ 역률이 떨어진다.
④ 효율이 나빠진다.

Explanation

직류 직권 전동기는 교류 전원 사용이 가능하나 교류의 경우에는 주파수가 있기 때문에 철손을 비롯한 손실이 증가하고 효율이 저하되며, 역률이 저하되어 정류 불량으로 이어진다.

【답】①

45
3상 유도전동기의 슬립이 s일 때 2차 효율[%]은?
① $(2-s) \times 100$
② $(s-1) \times 100$
③ $(s-2) \times 100$
④ $(1-s) \times 100$

Explanation

2차 효율 $\eta_2 = \dfrac{P_0}{P_2} = \dfrac{(1-s)P_2}{P_2} = 1-s = \dfrac{N}{N_s} = \dfrac{\omega}{\omega_0}$

【답】④

46
정격출력 10[MVA], 정격전압 6,600[V], 동기 임피던스가 매상 3.6[Ω]인 3상 동기 발전기의 단락비는 약 얼마인가?
① 0.7
② 0.83
③ 2.1
④ 1.21

Explanation

%동기임피던스
- $Z_s' = \dfrac{I_n Z_s}{E} \times 100 = \dfrac{P_n Z_s}{V^2} \times 100 = \dfrac{I_n}{I_s} \times 100$

- %동기 임피던스[PU] $Z_s' = \dfrac{1}{K_s} = \dfrac{P_n Z_s}{V^2}$

- 단락비 $K_s = \dfrac{1}{Z_s'[PU]} = \dfrac{V^2}{P_n Z_s} = \dfrac{6,600^2}{10 \times 10^6 \times 3.6} = 1.21$

【답】④

47
단상 변압기에 있어서 부하역률 80[%]의 지상 역률에서 전압변동률 4[%]이고, 부하역률 100[%]에서 전압변동률 3[%]라고 한다. 이 변압기의 퍼센트 리액턴스 약 몇 [%]인가?
① 2.7
② 3.0
③ 3.3
④ 3.6

Explanation

전압변동률 $\epsilon = p\cos\theta + q\sin\theta$ (+ : 지상, − : 진상)
부하역률 100(%)에서는 저항강하 $\epsilon = p = 3$
따라서 전압변동률 $\epsilon = p\cos\theta + q\sin\theta$ 에서
$4 = 3 \times 0.8 + q \times 0.6$ ∴ $q = 2.7$

【답】①

48
직류 복권발전기를 안정적으로 병렬 운전하기 위해 필요한 것은?
① 기동보상기
② 보상권선
③ 균압선
④ 제동권선

Explanation

균압선 : 병렬 운전을 안정하게하기 위하여 설치하는 것
• 직권 및 복권 발전기

【답】③

49 전기자 도체수 360, 극당 자속수 0.05[Wb]인 6극 중권 직류 전동기의 전기자전류가 50[A]일 때의 발생 토크는 약 몇 [N · m]인가?
① 43.8
② 429.6
③ 14.6
④ 143.2

Explanation

토크 $\tau = \dfrac{P}{\omega} = \dfrac{EI_a}{2\pi\dfrac{N}{60}} = \dfrac{\dfrac{p}{a}Z\phi\dfrac{N}{60}}{2\pi\dfrac{N}{60}} = \dfrac{pz}{2\pi a}\phi I_a [\text{N} \cdot \text{m}]$

$= \dfrac{6 \times 360}{2\pi \times 6} \times 0.05 \times 50 = 143.2 [\text{N} \cdot \text{m}]$

【답】④

50 직류 분권전동기의 속도를 제어하는 방식 중 정지 레오나드 방식이 속하는 속도 제어법은?
① 전압 제어법
② 병렬 저항 제어법
③ 직렬 저항 제어법
④ 계자 제어법

Explanation

직류전동기 속도제어 $n = K'\dfrac{V - I_a R_a}{\phi}$ (K' : 기계정수)

종류	특징
전압 제어	• 광범위 속도제어 가능 • 워드 레오너드 방식 : 소형부하(엘리베이터에 사용) • 일그너 방식(부하가 급변, 대용량 부하-제철, 제강, 압연) : 플라이 휠 효과(관성 모멘트 증가) • 정토크 제어
계자 제어	• 세밀하고 안정된 속도 제어 • 정출력 제어
저항 제어	• 속도 조정 범위 좁다. • 효율이 저하

【답】①

51 철심의 단면적이 100[cm²]이고, 최대 자속밀도가 1.4[wb/m²]인 변압기가 있다. 60[Hz]의 정현파로서 1차에 6,300[V] 2차에 210[V]를 유도시키려면 각 권선의 권수는 약 얼마인가?(단, 철심의 점적률은 90[%]이다)
① 1차 : 1,877   2차 : 63
② 1차 : 1,523   2차 : 54
③ 1차 : 1,954   2차 : 67
④ 1차 : 1,780   2차 : 58

Explanation

점적률 : 철심을 자기회로로 사용하기 때문에 철심 내를 흐르는 자속의 양이 철심 단면에 대해서 어느 정도 유효하게 사용되는 가의 정도. 문제에서 주어진 철심의 점적률이 90[%]이므로 단면적 100[cm²]에 점적률을 곱하여 90[cm²]을 실제 단면적으로 보고 계산한다.

기전력 $E = 4.44 f B_m SN$에서 $N = \dfrac{E}{4.44 f B_m S}$ 이므로,

1차 권수 $N_1 = \dfrac{6,300}{4.44 \times 60 \times 1.4 \times 90 \times 10^{-4}} = 1,876.88$

2차 권수 $N_2 = \dfrac{210}{4.44 \times 60 \times 1.4 \times 90 \times 10^{-4}} = 62.56$

【답】①

52 중부하에서도 기동할 수 있도록 제작된 동기전동기 중 고정자인 전기자 부분이 회전자의 주위를 회전할 수 있도록 베어링부를 2중으로 하고 있는 것은?
① 유도자형 전동기
② 유도 동기 전동기
③ 초동기 전동기
④ 반작용 전동기

Explanation

초동기 전동기(자기기동 동기전동기)
기동 토크가 크고 기동 전류가 적은 것이 특징이며, 단점으로는 2중 베어링 장치와 브레이크 밴드 등의 특수 구조가 있어 고속 운전에는 부적당하다.
【답】③

53 단상 변압기를 병렬 운전하는 경우 부하 전류의 분담은 어떻게 되는가?
① 용량에 비례하고 누설 임피던스에 비례한다.
② 용량에 비례하고 %임피던스 강하에 역비례한다.
③ 용량에 역비례하고 %임피던스 강하에 비례한다.
④ 용량에 역비례하고 누설 임피던스에 역비례한다.

Explanation

변압기의 병렬 운전 시 부하분담
- $\dfrac{P_a}{P_b} = \dfrac{P_A}{P_B} \times \dfrac{\%Z_b}{\%Z_a}$: 분담용량은 정격용량에 비례하고 누설임피던스에 반비례

여기서, P_a : A기 분담용량, P_A : A기 정격용량,
P_b : B기 분담용량, P_B : B기 정격용량
【답】②

54 전기자저항 0.1[Ω], 직권계자 저항 0.2[Ω]의 직권 직류전동기에 200[V]를 가했더니 부하전류가 20[A]일 때 전동기의 속도는 약 몇 [rpm]인가?(단, 기계정수는 2.61이다)
① 1,519
② 1,613
③ 1,550
④ 1,488

Explanation

직류 직권전동기 : $I = I_a = I_f$

속도 $n = k\dfrac{V - I(R_a + R_s)}{I}$ [rps] (여기서, k는 기계정수)

$= 2.61 \times \dfrac{200 - 20(0.1 + 0.2)}{20} = 25.32$ [rps]

따라서 $N = 25.32 \times 60 = 1,519$ [rpm]
【답】①

55 동기전동기의 전기자 전류가 최소일 때 역률은?
① 0.866
② 0
③ 0.707
④ 1

Explanation

동기 전동기의 위상 특성 곡선(V곡선)
- I_a 와 I_f 관계곡선 (P는 일정)
- 계자전류의 변화에 대한 전기자 전류의 변화를 나타낸 곡선
- 과여자 : 앞선 역률(진상)
- 부족여자 : 늦은 역률(지상)
- 역률 $\cos\theta = 1$ 일 때, 전기자 전류 최소
【답】④

56 반도체 사이리스터로 속도제어를 할 수 없는 것은?
① 초퍼 제어
② 일그너 제어
③ 인버터 제어
④ 정지형 레오너드 제어

> **Explanation**
>
> - 사이리스터에 의한 제어 : 위상 제어, 인버터 제어, 정지형 레오너드 제어, 초퍼 제어
> - 일그너 제어 : 플라이휠을 이용하여 관성모멘트를 크게 하여 부하가 급변되어도 일정한 속도로 제어가 가능
>
> 【답】②

57 동기발전기 제동권선의 역할은?
① 자려 작용
② 제동 작용
③ 난조 방지
④ 시동권선

> **Explanation**
>
> 제동 권선의 역할
> - 난조 방지
> - 기동 토크 발생(동기전동기)
> - 파형개선과 이상전압 방지
>
> 【답】③

58 농형 유도전동기의 기동 특성상의 결함은?
① 기동 [kVA]가 작고 기동토크가 적다.
② 기동 [kVA]가 작고 기동토크가 크다.
③ 기동 [kVA]가 크고 기동토크가 크다.
④ 기동 [kVA]가 크고 기동토크가 적다.

> **Explanation**
>
> 농형유도전동기 : 기동용량이 크고 기동토크가 적고 기동전류가 크므로 대용량에는 사용하기 어렵다.
>
> 【답】④

59 단상 반파 정류로 직류전압 100[V]을 얻으려고 할 때, 최대 역전압은 몇 [V] 이상의 다이오드를 사용하여야 하는가?
① 223
② 156
③ 100
④ 314

> **Explanation**
>
> 단상 반파 직류 전압 $E_d = 0.45E$에서 $E = \dfrac{E_d}{0.45} = \dfrac{100}{0.45} = 222.22[V]$
> 최대 역전압 $PIV = \sqrt{2}\,E = \pi E_d = \sqrt{2} \times 222.22 = 314.2[V]$
>
> 【답】④

60 변압기 2차를 단락할 경우 1차 단락전류는? (단, 여자전류에 의한 전압 강하는 무시하고, a는 권수비, 각각의 1차, 2차 전압, 전류 및 임피던스는 $V_1, I_1, Z_1, V_2, I_2, Z_2$이다)
① $(Y_1 + a^2 Y_2)V_2$
② $\dfrac{V_1}{Z_1 + a^2 Z_2}$
③ $\dfrac{V_1}{a^2 Z_1 + Z_2}$
④ $\dfrac{V_2}{Z_1 + a^2 Z_2}$

> **Explanation**
>
> 1차 단락전류
> $I_{s1} = \dfrac{E_1}{Z_{21}} = \dfrac{E_1}{Z_1 + Z_2'} = \dfrac{E_1}{Z_1 + a^2 Z_2} = \dfrac{E_1}{\sqrt{(r_1 + a^2 r_2)^2 + (x_1 + a^2 x_2)^2}}$
>
> 【답】②

4과목　회로이론 및 제어공학

61 그림과 같은 3상 평형회로에서 전원 전압이 $V_{ab}=220[V]$이고 부하 한 상의 임피던스가 $Z=2.0-j2.0[\Omega]$인 경우 전원과 부하 사이 선전류 I_a는 약 몇 [A]인가? 단, 3상 전압의 상순은 $a-b-c$이다.

① $134.72\angle-45°$
② $134.72\angle-15°$
③ $134.72\angle 15°$
④ $134.72\angle 45°$

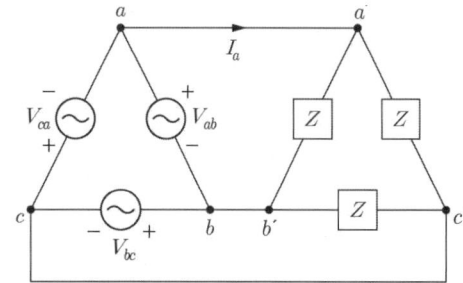

Explanation

△결선은 $V_l=V_p$이므로

부하의 상전류 $I_p=\dfrac{V_p}{Z}=\dfrac{220}{2-j2}=\dfrac{220}{\sqrt{2^2+2^2}}=\dfrac{220}{2.82\angle-\tan^{-1}\frac{2}{2}}=\dfrac{220}{2.82\angle-45°}=77.78\angle 45°$

△결선은 $I_l=\sqrt{3}\,I_p\angle-30°[A]$이므로

선전류 $I_l=77.78\sqrt{3}\angle 45°-30°=134.72\angle 15°$

【답】③

62 $R-C$ 직렬회로에 $t=0[s]$일 때 직류전압 100[V]를 인가하면, 0.2초에 흐르는 전류[mA]는? (단, $R=1{,}000[\Omega]$, $C=50[\mu F]$이고, 커패시터의 초기충전 전하는 없다)

① 1.37　　② 1.83
③ 2.98　　④ 3.25

Explanation

R-C직렬회로 직류인가 시

$i=\dfrac{E}{R}e^{-\frac{1}{RC}t}=\dfrac{100}{1{,}000}e^{-\frac{1}{1{,}000\times 50\times 10^{-6}}\times 0.2}\times 10^3=1.83[mA]$

【답】②

63 분포 정수회로에서 선로정수가 R, L, C, G이고 무왜형 조건이 $RC=GL$과 같은 관계가 성립될 때 선로의 특성 임피던스 Z_0는? (단, 선로의 단위길이당 저항을 R, 인덕턴스를 L, 정전용량을 C, 누설컨덕턴스를 G라 한다.)

① $Z_0=\dfrac{1}{\sqrt{CL}}$　　② $Z_0=\sqrt{\dfrac{L}{C}}$
③ $Z_0=\sqrt{CL}$　　　④ $Z_0=\sqrt{RG}$

Explanation

무왜형 조건($RC=GL$)

특성임피던스 $Z_0=\sqrt{\dfrac{Z}{Y}}=\sqrt{\dfrac{R+j\omega L}{G+j\omega C}}=\sqrt{\dfrac{R+j\omega L}{RC/L+j\omega C}}=\sqrt{\dfrac{R+j\omega L}{C/L\,(R+j\omega L)}}=\sqrt{\dfrac{L}{C}}$

【답】②

64 △결선된 대칭 3상 부하가 0.5[Ω]인 저항만의 선로를 통해 평형 3상 전압원에 연결되어 있다. 이 부하의 소비전력이 1,800[W]이고 역률이 0.8(지상)일 때, 선로에서 발생하는 손실이 50[W]이면 부하의 단자전압[V]의 크기는?

① 627　　　　　　　　　　　　　② 525
③ 326　　　　　　　　　　　　　④ 225

Explanation

전선로의 선로 손실 $P_l = 3I_l^2 R$　여기서, I_l은 선로전류(선전류)

$I_l^2 = \dfrac{P_l}{3R} = \dfrac{50}{3 \times 0.5} = \dfrac{100}{3}$에서

선전류　$I_l = \dfrac{10}{\sqrt{3}} = 5.77[A]$

소비전력　$P = \sqrt{3}\, V_l I_l \cos\theta$

부하의 단자전압(선간전압) $V_l = \dfrac{P}{\sqrt{3}\, I_l \cos\theta} = \dfrac{1,800}{\sqrt{3} \times 5.77 \times 0.8} = 225[V]$

【답】 ④

65 $F(s) = \dfrac{2s+4}{s^2+2s+5}$의 라플라스 역변환은?

① $2e^{-t}(\cos 2t - \sin 2t)$　　　　② $2e^{-t}(\cos 2t + \sin 2t)$
③ $e^{-t}(\cos 2t - \sin 2t)$　　　　④ $e^{-t}(2\cos 2t + \sin 2t)$

Explanation

완전제곱의 형태로 역변환하면

$F(s) = \dfrac{2s+4}{s^2+2s+5} = \dfrac{2(s+1)}{(s+1)^2+2^2} + \dfrac{2}{(s+1)^2+2^2}$

　　　$= 2e^{-t}\cos 2t + e^{-t}\sin 2t = e^{-t}(2\cos 2t + \sin 2t)$

【답】 ④

66 상의 순서가 $a-b-c$인 불평형 3상 교류회로에서 각 상의 전류가 $I_a = 7.28\angle 15.95°[A]$, $I_b = 12.81\angle -128.66°[A]$, $I_c = 7.21\angle 123.69°[A]$일 때 역상분 전류는 약 몇 [A]인가?

① $8.95\angle -1.14°$　　　　　　② $8.95\angle 1.14°$
③ $2.51\angle -96.55°$　　　　　　④ $2.51\angle 96.55°$

Explanation

역상분 $I_2 = \dfrac{1}{3}(I_a + a^2 I_b + a I_c)$

　　　　$= \dfrac{1}{3}\{(7.28\angle 15.95°) + (1\angle 240° \times 12.81\angle -128.66°) + (1\angle 120° \times 7.21\angle 123.69°)\}$

　　　　$= 2.51\angle 96.55°$

【답】 ④

67 다음과 같은 비정현파 교류 전압 $v(t)$와 전류 $i(t)$에 의한 평균전력은 약 몇 [W]인가?

$$v(t) = 100 + 50\sin 377t\,[V]$$
$$i(t) = 10 + 3.54\sin(377t - 45°)\,[A]$$

① 562.5　　　　　　　　　　　② 1,062.6
③ 1,250.5　　　　　　　　　　④ 1,385.5

Explanation

유효전력(평균전력)은 주파수가 같을 때만 발생되므로
$P = V_0 I_0 + V_1 I_1 \cos\theta_1$ 에서
$P = 100 \times 10 + \dfrac{50}{\sqrt{2}} \times \dfrac{3.54}{\sqrt{2}} \cos 45° = 1,062.6 [\text{W}]$

【답】②

68 그림과 같은 회로의 4단자 정수 중 A는?

① $1 + \dfrac{R}{j\omega L}$ ② R

③ 1 ④ $\dfrac{1}{j\omega L}$

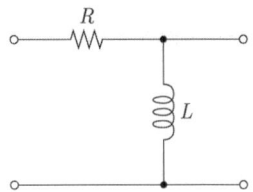

> Explanation

여기서, $j\omega = s$로 치환하면 $j\omega L = sL$이 되며

$\begin{bmatrix} A & B \\ C & D \end{bmatrix} = \begin{bmatrix} 1 & R \\ 0 & 1 \end{bmatrix} \begin{bmatrix} 1 & 0 \\ \dfrac{1}{sL} & 1 \end{bmatrix} = \begin{bmatrix} 1 + \dfrac{R}{sL} & R \\ \dfrac{1}{sL} & 1 \end{bmatrix}$ 이므로 $A = 1 + \dfrac{R}{sL} = 1 + \dfrac{R}{j\omega L}$

【답】①

69 회로에서 $I_1 = 2e^{-j\frac{\pi}{6}}$[A], $I_2 = 5e^{j\frac{\pi}{6}}$[A], $I_3 = 5.0$[A], $Z_3 = 1.0$[Ω]일 때 부하(Z_1, Z_2, Z_3) 전체에 대한 복소 전력은 약 몇 [VA]인가?

① $55.3 - j7.5$
② $55.3 + j7.5$
③ $45 - j26$
④ $45 + j26$

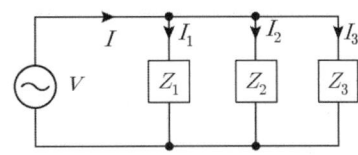

> Explanation

전체 전류 $I = I_1 + I_2 + I_3 = 2e^{-j\frac{\pi}{6}} + 5e^{j\frac{\pi}{6}} + 5$
$= 2\left(\cos\dfrac{\pi}{6} - j\sin\dfrac{\pi}{6}\right) + 5\left(\cos\dfrac{\pi}{6} + j\sin\dfrac{\pi}{6}\right) + 5 = 11.06 + j1.5$ [A]
병렬회로이므로 전압은 같으므로 1[Ω]에 걸리는 전압은
$E = I_3 Z_3 = 5 \times 1 = 5$[V]에서
복소전력으로 구하면
$P_a = V\overline{I} = 5(11.06 - j1.5) = 55.3 - j7.5$[VA]

【답】①

70 회로에서 6[Ω]에 흐르는 전류[A]는?

① 2.5
② 5
③ 7.5
④ 10

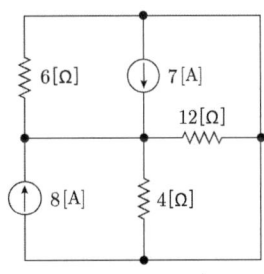

Explanation

【답】②

71 제어시스템의 전달함수가 $G(s) = \dfrac{10}{s+10}$ 로 주어지는 시스템의 절점주파수는 몇 [rad/sec]인가?

① 0.1
② 0.5
③ 1
④ 10

Explanation

절점주파수 : 이득이 -3[dB] 되는 주파수
　　　　　보드선도의 굴곡점
　　　　　주파수전달함수의 실수부=허수부 되는 주파수

$G(s) = \dfrac{10}{s+10}$ 에서 주파수 전달함수 $G(j\omega) = \dfrac{10}{j\omega+10}$ 에서
$\omega = 10$[rad/sec]

【답】④

72 제어시스템의 특성방정식이 $s^3 - 2s^2 + 2s - 40 = 0$인 경우, 양의 실수부를 갖는 근은 몇 개인가?

① 0
② 1
③ 2
④ 3

Explanation

Routh-Hurwitz판별식을 이용하여 1열의 부호가 모두 양수이면 안정하며

s^3	1	2	0
s^2	-2	-40	0
s^1	$\dfrac{-4+40}{-2} = -18$	0	0
s^0	-40		

1열의 부호변화가 1번 있으므로 불안정하며 우반면에 극점(양의 실수부)이 1개 존재한다.

【답】②

73 제어계의 과도 응답에서 감쇠비란?

① 제2오버슈트를 최대오버슈트로 나눈 값이다.
② 최대오버슈트를 제2오버슈트로 나눈 값이다.
③ 제2오버슈트와 최대오버슈트를 곱한 값이다.
④ 제2오버슈트와 최대오버슈트를 더한 값이다.

Explanation

감쇠비 : 과도 응답의 소멸 정도

감쇠비 = $\dfrac{\text{제2 오버슈트}}{\text{최대 오버슈트}}$

【답】①

74 그림의 신호 흐름 선도에서 전달함수 $\dfrac{y_2}{y_1}$ 은?

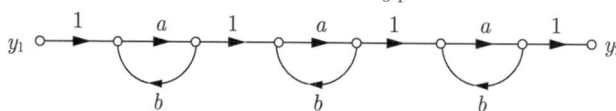

① $\dfrac{a^3}{1-3ab}$ ② $\dfrac{a^3}{(1-ab)^3}$
③ $\dfrac{a^3}{1-3ab+a^2b^2}$ ④ $\dfrac{a^3}{1-3ab+2ab}$

Explanation

신호흐름선도

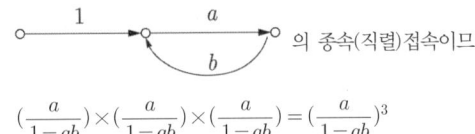

의 종속(직렬)접속이므로

$(\dfrac{a}{1-ab}) \times (\dfrac{a}{1-ab}) \times (\dfrac{a}{1-ab}) = (\dfrac{a}{1-ab})^3$

【답】②

75 다음과 같은 블록선도의 전달함수는?

① $\dfrac{G(s)}{1+H(s)}$ ② $\dfrac{G(s)}{1+G(s)H(s)}$
③ $\dfrac{1}{1+H(s)}$ ④ $\dfrac{1}{1+G(s)H(s)}$

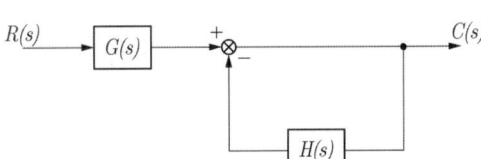

Explanation

블록선도의 전달 함수 $G(s) = \dfrac{\Sigma G}{1-\Sigma L_1 + \Sigma L_2 + \cdots}$

여기서, L_1 : 각각의 모든 폐루프 이득의 합
L_2 : 서로 접촉하지 않는 2개의 폐루프 이득의 곱의 합
ΣG : 각각의 전향 경로의 합

따라서 전달 함수 $G(s) = \dfrac{C}{R} = \dfrac{G(s)}{1-(-H(s))} = \dfrac{G(s)}{1+H(s)}$

【답】①

76 $F(z) = \dfrac{(1-e^{-aT})z}{(z-1)(z-e^{-aT})}$ 의 역 z변환은?

① $1-e^{-at}$ ② $1+e^{-at}$
③ $t \cdot e^{-at}$ ④ $t \cdot e^{at}$

Explanation

역z변환은 $\dfrac{R(z)}{z}$ 의 형태를 이용하여 부분분수 전개하면

$R(z) = \dfrac{(1-e^{-aT})z}{(z-1)(z-e^{-aT})}$ 에서

$\dfrac{R(z)}{z} = \dfrac{(1-e^{-aT})}{(z-1)(z-e^{-aT})} = \dfrac{k_1}{z-1} + \dfrac{k_2}{z-e^{-aT}}$

여기서, $k_1 = \lim_{z \to 1} \dfrac{1-e^{-aT}}{z-e^{-aT}} = 1$, $k_2 = \lim_{z \to e^{-aT}} \dfrac{1-e^{-aT}}{z-1} = -1$ 에서

$\dfrac{R(z)}{z} = \dfrac{1}{z-1} - \dfrac{1}{z-e^{-aT}}$ 이므로

$R(z) = \dfrac{z}{z-1} - \dfrac{z}{z-e^{-aT}}$ 따라서 $r(t) = 1-e^{-aT}$ 가 된다.

【답】①

77 다음의 상태방정식으로 표현되는 시스템의 상태천이행렬은?

$$\begin{bmatrix} \dfrac{d}{dt}x_1 \\ \dfrac{d}{dt}x_2 \end{bmatrix} = \begin{bmatrix} 0 & 1 \\ -3 & -4 \end{bmatrix} \begin{bmatrix} x_1 \\ x_2 \end{bmatrix}$$

① $\begin{bmatrix} 1.5e^{-t} - 0.5e^{-3t} & -1.5e^{-t} + 1.5e^{-3t} \\ 0.5e^{-t} - 0.5e^{-3t} & -0.5e^{-t} + 1.5e^{-3t} \end{bmatrix}$

② $\begin{bmatrix} 1.5e^{-t} - 0.5e^{-3t} & 0.5e^{-t} - 0.5e^{-3t} \\ -1.5e^{-t} + 1.5e^{-3t} & -0.5e^{-t} + 1.5e^{-3t} \end{bmatrix}$

③ $\begin{bmatrix} 1.5e^{-t} - 0.5e^{-4t} & 0.5e^{-t} - 0.5e^{-4t} \\ -1.5e^{-t} + 1.5e^{-4t} & -0.5e^{-t} + 1.5e^{-4t} \end{bmatrix}$

④ $\begin{bmatrix} 1.5e^{-t} - 0.5e^{-4t} & -1.5e^{-t} + 1.5e^{-4t} \\ 0.5e^{-t} - 0.5e^{-4t} & -0.5e^{-t} + 1.5e^{-4t} \end{bmatrix}$

Explanation

【답】②

78 논리식 $L = \overline{A} \cdot \overline{B} + \overline{A} \cdot B + A \cdot B$를 간략화한 것은?

① $A + B$ ② $\overline{A} + B$
③ $A + \overline{B}$ ④ $\overline{A} + \overline{B}$

Explanation

부울대수를 이용하면 $A + BC = (A+B)(A+C)$
$L = \overline{A} \cdot \overline{B} + \overline{A} \cdot B + A \cdot B$
$= \overline{A}(\overline{B} + B) + AB = \overline{A} + AB = (\overline{A} + A)(\overline{A} + B) = \overline{A} + B$

【답】②

79 다음 중 물체의 위치, 방위, 각도 등의 기계적 변위량으로 임의의 목표 값에 추종하는 제어장치는?

① 프로세서 제어   ② 서보기구
③ 자동 조정   ④ 프로그램 제어

Explanation

제어량에 의한 분류
• 서보 기구(servo mechanism) : 기계적인 변위량. 위치, 방향, 자세, 거리, 각도 등
• 프로세서 제어(process control) : 공업 공정의 상태량. 밀도, 농도, 온도, 압력, 유량, 습도 등
• 자동 조정(auto regulating) : 전기적, 기계적 신호. 회전수, 전압, 주파수 등

【답】②

80 개루프 전달함수가 다음과 같은 제어시스템의 근궤적이 jw(허수)측과 교차하는 점은 얼마인가?

$$G(s)H(s) = \dfrac{K}{s(s+3)(s+2)}$$

① $\omega = 2.45$ ② $\omega = 2.65$
③ $\omega = 2.85$ ④ $\omega = 3.45$

> **Explanation**

근궤적의 허수축과 교차하는 점은 Routh의 판별식에서 한 행이 모두 0인 경우이므로
Routh의 판별식을 수행하기 위한 특성 방정식은
$s(s+3)(s+2)+K = s^3+5s^2+6s+K = 0$
Routh의 판별식

s^3	1	6
s^2	5	K
s^1	$\dfrac{30-K}{5}$	0
s^0	K	0

한 행이 모두 0이려면 $\dfrac{30-K}{5}=0$ ∴ $K=30$

보조방정식을 사용하면 $5s^2+30=0$에서
$s^2=-6$, $s=j\sqrt{6}=j2.45$이므로
따라서 $\omega=2.45$

【답】①

5과목 전기설비기술기준

81 최대 사용전압이 22,900[V]인 3상 4선식 중성선 다중접지식 전로와 대지 사이의 절연내력 시험전압은 몇 [V]인가?

① 21,068
② 25,229
③ 28,752
④ 32,510

> **Explanation**

(KEC 132조) 고압·특고압의 전로의 절연내력

접지 방식	최대 사용전압	시험전압(최대 사용 전압의 배수)	최저 시험 전압
중성점 접지	60,000[V] 초과	1.1배	75,000[V]
중성점 직접 접지	60,000[V] 초과 170,000[V] 이하	0.72배	
	170,000[V] 초과	0.64배	
중성점 다중 접지	25,000[V] 이하	0.92배	

∴ 시험전압 = 22,900 × 0.92 = 21,068[V]

【답】①

82 철도 또는 궤도를 횡단하는 저압 가공전선의 높이는 레일면상 몇 [m] 이상인가?

① 5.5
② 6.5
③ 7.5
④ 8.5

> **Explanation**

(KEC 222.7조) 저압 가공전선의 높이
① 도로횡단 : 6[m] 이상
② **철도횡단 : 레일면상 6.5[m] 이상**
③ 횡단보도교 위 : 3.5[m] 이상
④ 기타 : 5[m] 이상

【답】②

83 일반적으로 사용되며 일반인이 사용하는 콘센트는 정격전류 몇 [A] 이하일 때 누전차단기에 의한 추가적 보호를 하여야 하는가?
① 20
② 32
③ 51
④ 68

> **Explanation**

(KEC 211.2.3조) 고장보호의 요구사항 – 추가적인 보호
다음에 따른 교류계통에서는 누전차단기에 의한 추가적 보호를 하여야 한다.
① **일반적으로 사용되며 일반인이 사용하는 정격전류 20[A] 이하 콘센트**
② 옥외에서 사용되는 정격전류 32[A] 이하 이동용 전기기기

【답】①

84 공칭전압이 750[V]인 직류시스템에서 전차선과 건조물 간의 동적 최소 절연간격은 몇 [mm] 이상을 확보해야 하는가?
① 25
② 100
③ 150
④ 170

> **Explanation**

(KEC 431.2조) 전차선로의 충전부와 건조물 간의 절연이격

시스템 종류	공칭전압[V]	동적[mm]		정적[mm]	
		비오염	오염	비오염	오염
직류	750	25	25	25	25
	1,500	100	110	150	160

【답】①

85 옥외설비의 절연유 유출방지설비에 대한 내용으로 틀린 것은?
① 집유조 및 집수탱크가 시설되는 경우 집수탱크는 최대 용량 변압기의 유량에 대한 집유능력이 있어야 한다.
② 절연유 유출 방지설비의 선정은 기기에 들어 있는 절연유의 양, 빗물 및 화재보호시스템의 용수량, 근접 수로 및 토양조건을 고려해야 한다.
③ 절연유 및 냉각액에 대한 집유조 및 집수탱크의 용량은 물의 유입으로 지나치게 감소되지 않아야 하며, 자연배수 및 강제배수가 가능해야 한다.
④ 벽, 집유조 및 집수탱크에 관련된 배관은 액체가 침투하는 것이어야 한다.

> **Explanation**

(KEC 311.7조) 절연유 누설에 대한 보호 – 옥외설비의 절연유 유출방지설비
① 절연유 유출 방지설비의 선정은 기기에 들어 있는 절연유의 양, 빗물 및 화재보호시스템의 용수량, 근접 수로 및 토양조건을 고려하여야 한다.
② 집유조 및 집수탱크가 시설되는 경우 집수탱크는 최대 용량 변압기의 유량에 대한 집유능력이 있어야 한다.
③ 벽, 집유조 및 집수탱크에 관련된 **배관은 액체가 침투하지 않는 것**이어야 한다.
④ 절연유 및 냉각액에 대한 집유조 및 집수탱크의 용량은 물의 유입으로 지나치게 감소되지 않아야 하며, 자연배수 및 강제배수가 가능하여야 한다.

【답】④

86 전기철도에서 귀선로에 대한 내용으로 옳은 것은?
① 귀선로는 절연보호도체, 매설접지도체, 레일로 구성되어 있다.
② 단권변압기 중성점과 각각 단독접지에 접속한다.
③ 귀선로는 사고 및 지락 시에도 충분한 허용전류용량을 갖도록 해야 한다.
④ 철도에 있어서 차륜을 직접지지하고 안내해서 차량을 안전하게 주행시키는 선로를 말한다.

> **Explanation**

(KEC 431.5조) 귀선로
① 귀선로는 비절연보호도체, 매설접지도체, 레일 등으로 구성하여 단권변압기 중성점과 공통접지에 접속한다.
② 비절연보호도체의 위치는 통신유도장해 및 레일전위의 상승의 경감을 고려하여 결정하여야 한다.
③ 귀선로는 사고 및 지락 시에도 충분한 허용전류용량을 갖도록 하여야 한다.
④는 "레일"의 정의이다.

【답】 ③

87 임시 전선로의 시설에서 저압 방호구에 넣은 절연전선 등을 사용하는 저압 가공전선과 건조물의 상부 조영재 사이의 간격은 접근형태가 위쪽일 때 몇 [m]까지 감할 수 있는가?
① 0.3
② 0.4
③ 1
④ 2

> **Explanation**

(KEC 335.10조) 임시전선로의 시설
저압 방호구에 넣은 절연전선 등을 사용하는 저압 가공전선 또는 고압 방호구에 넣은 고압 절연전선 등을 사용하는 고압 가공전선과 조영물의 조영재 사이의 간격은 아래 표의 값까지 감할 수 있다.

조영물	조영재의 구분	접근형태	간격[m]
건조물	상부 조영재	위쪽	1
		옆쪽 또는 아래쪽	0.4
	상부 이외의 조영재		0.4

【답】 ③

88 사용전압이 35[kV] 초과인 특고압용 차단기가 동작 시에 아크가 생기는 경우 목재의 벽 또는 천장 기타의 가연성 물체로부터 몇 [m] 이상 이격하여 시설해야 하는가?
① 1
② 1.5
③ 2
④ 0.5

> **Explanation**

(KEC 341.7조) 아크를 발생하는 기구의 시설
고압용 또는 특고압용의 개폐기·차단기·피뢰기 기타 이와 유사한 기구로서 동작 시에 아크가 생기는 것은 목재의 벽 또는 천장 기타의 가연성 물체로부터 고압용 1[m], **특고압용 2[m] 이상**(사용전압이 35[kV] 이하의 특고압용의 기구 등으로서 동작할 때에 생기는 아크의 방향과 길이를 화재가 발생할 우려가 없도록 제한하는 경우에는 1[m] 이상) 이격하여 시설

【답】 ③

89 저압 가공전선이 도로 등의 접근상태로 시설될 경우 전차선로 지지물과의 간격은 몇 [m] 이상인가?
① 0.3
② 3
③ 0.6
④ 6

> **Explanation**

(KEC 332.12조) 고압 가공전선과 도로 등의 접근 또는 교차
저압 또는 고압 가공전선이 도로·횡단보도교·철도·궤도·삭도 또는 저압 전차선과 접근상태로 시설되는 경우의 간격

도로 등의 구분	간격[m]
도로·횡단보도교·철도·궤도	3
삭도나 그 지지기둥 또는 저압 전차선	0.6(전선이 고압 절연전선, 특고압 절연전선 또는 케이블인 경우 0.3)
저압 전차선로의 지지물	0.3

【답】 ①

90 지중전선로의 시설방법이 아닌 것은?
① 암거식
② 압착식
③ 관로식
④ 직접 매설식

> Explanation

(KEC 334.1조) 지중 전선로의 시설
지중전선로는 전선에 케이블을 사용하고 **직접 매설식, 관로식, 암거식**에 의하여 시설하여야 한다. 【답】②

91 저압보안공사 시 전선은 케이블 이외에는 사용전압이 400[V] 이하인 경우 지름 몇 [mm] 이상의 경동선을 사용해야 하는가?
① 1
② 2
③ 4
④ 5

> Explanation

(KEC 222.10조) 저압 보안공사
전선은 케이블인 경우 이외에는 인장강도 8.01[kN] 이상의 것 또는 지름 5[mm](**사용전압이 400[V] 이하인 경우에는 인장강도 5.26[kN] 이상의 것 또는 지름 4[mm] 이상의 경동선**) 이상의 경동선이어야 한다. 【답】③

92 교통신호등 제어장치의 2차측 배선의 최대사용전압은 몇 [V] 이하여야 하는가?
① 150
② 220
③ 300
④ 500

> Explanation

(KEC 234.15조) 교통신호등
교통신호등 회로의 사용 전압 : 300[V] 이하 【답】③

93 사용전압이 22.9[kV]인 가공전선과 지지물 사이의 이격거리는 몇 [m] 이상이어야 하는가?
① 0.2
② 0.15
③ 0.65
④ 1.3

> Explanation

(KEC 333.5조) 특고압 가공전선과 지지물 등의 이격거리
특고압 가공전선과 그 지지물·완금류·지지기둥 또는 지지선 사이의 이격거리는 표에서 정한 값 이상이어야 한다. 다만, 기술상 부득이한 경우에 위험의 우려가 없도록 시설한 때에는 표에서 정한 값의 0.8배까지 감할 수 있다.

사용전압	이격거리[m]
15[kV] 미만	0.15
15[kV] 이상 25[kV] 미만	0.2
25[kV] 이상 35[kV] 미만	0.25
35[kV] 이상 50[kV] 미만	0.3
…	…

【답】①

94 고압 또는 특고압의 모선을 옥외에 시설하는 변전소에서 지표면과 울타리 담 등의 하단 사이의 간격은 몇 [m] 이하로 해야 하는가?
① 0.5
② 0.75
③ 1
④ 0.15

> Explanation

(KEC 351.1조) 발전소 등의 울타리·담 등의 시설

고압 또는 특고압의 기계기구·모선 등을 옥외에 시설하는 발전소·변전소·개폐소 또는 이에 준하는 곳에는 울타리·담 등의 높이는 2[m] 이상으로 하고 **지표면과 울타리·담 등의 하단 사이의 간격은 0.15[m] 이하로 할 것** 【답】④

95 저압 옥내배선공사를 할 때 절연전선을 사용하지 않는 공사방법은?
① 금속관 공사　　　　　　　　　　② 버스덕트 공사
③ 플로어덕트 공사　　　　　　　　④ 합성수지관 공사

Explanation

(KEC 231.4조) 나전선의 사용 제한
옥내배선공사에서 나전선을 사용할 수 있는 것은 **버스덕트공사, 라이팅덕트공사**이다.　　　　【답】②

96 사용전압이 66[kV]인 가공전선과 사용전압이 6[kV]인 가공전선을 동일 지지물에 시설하는 경우 특고압 가공전선은 케이블인 경우를 제외하고는 단면적이 몇 [㎟] 이상인 경동연선을 사용해야 하는가?
① 50　　　　　　　　　　　　　　② 55
③ 95　　　　　　　　　　　　　　④ 150

Explanation

(KEC 333.17조) 특고압 가공전선과 저고압 가공전선 등의 병행설치
사용전압이 35[kV]을 초과하고 100[kV] 미만인 특고압 가공전선과 저압 또는 고압 가공전선을 동일 지지물에 시설하는 경우 **특고압 가공전선은 케이블인 경우를 제외하고는** 인장강도 21.67[kN] 이상의 연선 또는 **단면적이 50[㎟] 이상 경동연선**
【답】①

97 35[kV] 이하 특고압 가공전선과 고압 가공전선이 병행설치된 경우 이격거리는 몇 [m] 이상인가? (단, 특고압 가공전선은 케이블이 아닌 경우이다)
① 1.0　　　　　　　　　　　　　　② 1.2
③ 1.5　　　　　　　　　　　　　　④ 2.0

Explanation

(KEC 333.17조) 특고압 가공전선과 저고압 가공전선 등의 병행설치 - 사용전압 35[kV] 이하
특고압 가공전선과 저압 또는 고압 가공전선사이의 간격은 1.2[m] 이상일 것. 다만, 특고압 가공전선이 케이블로서 저압 가공전선이 절연전선이거나 케이블인 때또는 고압 가공전선이 고압 절연전선, 특고압 절연전선 또는 케이블인 때는 0.5[m]까지로 감할 수 있다.　　　　【답】②

98 전차의 급전선로의 시설에 대한 내용으로 틀린 것은?
① 가공식은 전차선의 높이 이상으로 전차선로 지지물에 병행 설치하며, 나전선의 접속은 직선접속을 원칙으로 한다.
② 신설 터널 내 급전선을 가공으로 설계할 경우 지지물의 취부는 C찬넬 또는 매입전을 이용하여 고정해야 한다.
③ 전기적 영향에 대한 최소 간격이 보장되지 않거나 지락, 불꽃 방전 등의 우려가 있을 경우에는 급전선을 케이블로 하여 안전하게 시공해야 한다.
④ 선상승강장, 인도교, 과선교 또는 다리 하부 등에 설치할 때에는 최소 절연간격 이하로 확보해야 한다.

Explanation

(KEC 431.4조) 급전선로
① 급전선은 나전선을 적용하여 가공식으로 가설을 원칙으로 한다. 다만, 전기적 영향에 대한 최소 간격이 보장되지 않거나 지락, 불꽃 방전 등의 우려가 있을 경우에는 급전선을 케이블로 하여 안전하게 시공하여야 한다.
② 가공식은 전차선의 높이 이상으로 전차선로 지지물에 병행 설치하며, 나전선의 접속은 직선접속을 원칙으로 한다.
③ 신설 터널 내 급전선을 가공으로 설계할 경우 지지물의 취부는 C찬넬 또는 매입전을 이용하여 고정하여야 한다.
④ 선상승강장, 인도교, 과선교 또는 다리 하부 등에 설치할 때에는 **최소 절연간격 이상을 확보**하여야 한다. 【답】④

99 사용전압이 300[V]인 지중전선이 지중약전류 전선과 접근 또는 교차할 때 상호간에 내화성 격벽을 설치한다면 그 간격은 몇 [m] 이하인 경우인가?

① 0.3　　　　　　　　　　　　　② 0.5
③ 0.6　　　　　　　　　　　　　④ 1.0

Explanation

(KEC 232.3.7조) 배선설비와 다른 공급설비와의 접근
지중 전선이 지중 약전류전선 등과 접근하거나 교차하는 경우에 **상호 간의 간격이 저압 지중 전선은 0.3[m] 이하인 때**에는 지중 전선과 지중 약전류전선 등 사이에 견고한 **내화성의 격벽을 설치**하거나 지중 전선을 견고한 불연성 또는 난연성의 관에 넣어 그 관이 지중 약전류전선 등과 직접 접촉하지 아니하도록 하여야 한다. 【답】①

100 주택 등 저압 수용 장소에서 고정 전기설비에 TN-C-S 방식으로 접지공사 시 중성선 겸용 보호도체(PEN)를 알루미늄으로 사용할 경우 단면적은 몇 [㎟] 이상인가?

① 2.5　　　　　　　　　　　　　② 6
③ 10　　　　　　　　　　　　　 ④ 16

Explanation

(KEC 142.4.2조) 주택 등 저압수용장소 접지
저압수용장소에서 계통접지가 TN-C-S 방식인 경우에 중성선 겸용 보호도체(PEN)는 고정 전기설비에만 사용할 수 있고, 그 도체의 단면적이 구리는 10[㎟] 이상, **알루미늄은 16[㎟] 이상**이어야 한다. 【답】④

전기기사 필기 2024

과년도 CBT 복원문제

- 2024년 제 01회
- 2024년 제 02회
- 2024년 제 03회

2024년 전기기사 필기

1과목 전기자기학

01 맥스웰(Maxwell)의 전자방정식이 아닌 것은?
① $\text{div} B = i$
② $\text{div} D = \rho$
③ $\text{curl} H = i + \dfrac{\partial D}{\partial t}$
④ $\text{curl} E = -\dfrac{\partial B}{\partial t}$

Explanation

전자계 기초 방정식
- $\text{rot} E = -\dfrac{\partial B}{\partial t}$ (패러데이 법칙의 미분형)
- $\text{rot} H = i + \dfrac{\partial D}{\partial t}$ (암페어 주회법칙의 미분형)
- $\text{div} D = \rho$
- $\text{div} B = 0$

【답】①

02 도체 내에서 변위전류의 영향을 무시할 수 있는 조건은?(단, σ는 도전율, ϵ은 유전율, f는 교번 전자계의 주파수이다)
① $\dfrac{\sigma}{2\pi\epsilon} \ll f$
② $\dfrac{\epsilon}{2\pi\sigma} \ll f$
③ $\dfrac{\epsilon}{2\pi\sigma} \gg f$
④ $\dfrac{\sigma}{2\pi\epsilon} \gg f$

Explanation

임계주파수 $|i_c| = |i_d|$ 에서
$\sigma = \omega\epsilon = 2\pi f_c \epsilon$ 에서 $f_c = \dfrac{\sigma}{2\pi\epsilon}$ [Hz]
변위전류를 무시하려면 전도전류로 동작해야 하므로 $|i_c| \gg |i_d|$
$\sigma \gg \omega\epsilon = 2\pi f \epsilon$ 에서 $f \ll \dfrac{\sigma}{2\pi\epsilon}$ [Hz]

【답】④

03 대지면 높이 h[m]로 평행하게 가설된 매우 긴 선전하(선전하 밀도 λ[C/m])가 지면으로부터 받는 힘[N/m]은?
① h에 비례한다.
② h에 반비례한다.
③ h^2에 비례한다.
④ h^2에 반비례한다.

Explanation

전기영상법을 이용하여
전계의 세기 $E = \dfrac{\lambda}{2\pi\epsilon_0 (2h)} = \dfrac{\lambda}{4\pi\epsilon_0 h}$
힘 $F = -\lambda E = -\dfrac{\lambda^2}{4\pi\epsilon_0 h}$ [N/m] ∴ h에 반비례한다.

【답】②

04 막대자석의 회전력[N·m/rad]을 나타내는 식으로 옳은 것은? 단, 막대자석의 자기모멘트 M [Wb·m]와 균등자계 H[A/m]와의 이루는 각 θ는 0° < θ < 90°라 한다.
① $M \times H$
② $H \times M$
③ $\mu_0 H \times M$
④ $M \times \mu_0 H$

> Explanation

토크
- 자성체에 의한 토크 : $T = M \times H = MH\sin\theta$
- 도체에 의한 토크 : $T = NIBS\cos\theta$

【답】 ①

05 패러데이 법칙에서 회로와 쇄교하는 자속수를 ϕ[Wb], 회로의 권선수를 N이라 할 때 유도기전력은?
① $e = 2\pi\mu N\phi$
② $e = -N\dfrac{d\phi}{dt}$
③ $e = 4\pi\mu N\phi$
④ $e = -\dfrac{1}{N}\dfrac{d\phi}{dt}$

> Explanation

패러데이의 법칙
어떤 폐회로와 쇄교하는 자속의 시간에 따른 변화량으로 인해 자속수가 감소하는 비율에 비례하여 기전력이 발생한다는 법칙
유도기전력 $e = -\dfrac{d\phi}{dt} = -N\dfrac{d\phi}{dt}$ [V]

【답】 ②

06 그림과 같이 $z = 0$인 평면상에 반지름 a[m]인 원형도선이 있다. 균일한 선밀도가 λ[C/m]일 때 $z = h$인 점에서의 전위[V]는?(단, 주위공간의 유전율은 ϵ_0이다)

① $\dfrac{\lambda a}{2\epsilon_0(a^2 + h^2)}$
② $\dfrac{\lambda a}{2\epsilon_0\sqrt{a^2 + h^2}}$
③ $\dfrac{\lambda h}{2\epsilon_0(a^2 + h^2)}$
④ $\dfrac{\lambda h}{2\epsilon_0\sqrt{a^2 + h^2}}$

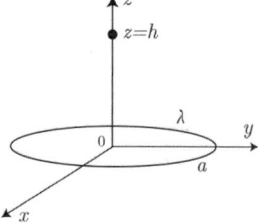

> Explanation

전위 $V = \dfrac{Q}{4\pi\epsilon_o r}$ [V]

문제에서 $z = h$이므로 $r = \sqrt{a^2 + h^2}$ 이고
전하 $Q = \lambda \cdot l = \lambda \cdot 2\pi a$

따라서 전위 $V = \dfrac{Q}{4\pi\epsilon_o r} = \dfrac{\lambda \cdot 2\pi a}{4\pi\epsilon_o\sqrt{a^2 + h^2}} = \dfrac{\lambda a}{2\epsilon_0\sqrt{a^2 + h^2}}$ [V]

【답】 ②

07 매질이 완전 유전체인 경우의 전자 파동 방정식을 표시하는 것은?
① $\nabla^2 E = \epsilon\mu\dfrac{\partial E}{\partial t}, \nabla^2 H = k\mu\dfrac{\partial H}{\partial t}$
② $\nabla^2 E = \epsilon\mu\dfrac{\partial^2 E}{\partial t^2}, \nabla^2 H = \epsilon\mu\dfrac{\partial^2 H}{\partial t^2}$
③ $\nabla^2 E = \epsilon\mu\dfrac{\partial^2 E}{\partial t^2}, \nabla^2 H = k\mu\dfrac{\partial^2 H}{\partial t^2}$
④ $\nabla^2 E = \epsilon\mu\dfrac{\partial E}{\partial t}, \nabla^2 H = \epsilon\mu\dfrac{\partial H}{\partial t}$

> Explanation

완전 유전체이므로 도전율 $k=0$이며
전자파의 파동 방정식

- 전파 방정식 : $\nabla^2 E = \epsilon\mu \dfrac{\partial^2 E}{\partial t^2}$
- 자파 방정식 : $\nabla^2 H = \epsilon\mu \dfrac{\partial^2 H}{\partial t^2}$

【답】②

08 자계가 $H = K\sin x\, a_y$ [A/m]일 때, 이 자계를 발생시키는 전류밀도 i [A/m²]는?

① $K\cos x\, a_x$
② $-K\cos x\, a_z$
③ $K\cos x\, a_z$
④ $K\sin x\, a_x$

Explanation

맥스웰 전자파 방정식
$rot H = i$에서

전류밀도 : $i = \text{rot}\, H = \nabla \times H = \begin{vmatrix} i & j & k \\ \dfrac{\partial}{\partial x} & \dfrac{\partial}{\partial y} & \dfrac{\partial}{\partial z} \\ 0 & K\sin x & 0 \end{vmatrix} = K\cos x\, a_z$

【답】③

09 무한 평면도체로부터 거리 a[m]인 곳에 점전하 Q [C]이 있을 때 도체 표면에 유도되는 최대전하 밀도는 몇 [C/m²]인가?

① $\dfrac{Q}{2\pi\epsilon_o a^2}$
② $\dfrac{Q}{4\pi a^2}$
③ $-\dfrac{Q}{2\pi a^2}$
④ $\dfrac{Q}{4\pi\epsilon_o a^2}$

Explanation

무한 평면도체 표면에 유도되는 면밀도 $\sigma = -\dfrac{aQ}{2\pi(a^2+y^2)^{3/2}}$ [C/m²]

면밀도의 최대인 점은 ∴ $\sigma_{\max} = [\sigma]_{y=0} = -\dfrac{Q}{2\pi a^2}$ [C/m²]

【답】③

10 반자성체에서 비투자율(μ_r)은 어느 값을 갖는가?

① $\mu_r = 1$
② $\mu_r < 1$
③ $\mu_r > 1$
④ $\mu_r = 0$

Explanation

자화율 $\chi = \mu_0(\mu_r - 1)$이므로
- 강자성체(철, 니켈, 코발트) : $\mu_r \gg 1$이고 자화율 $\chi > 0$
- 상자성체(공기, 진공, 알루미늄) : $\mu_r \geq 1$이고 자화율 $\chi > 0$
- 역(반)자성체(구리, 창연, 금) : $\mu_r < 1$이고 자화율 $\chi < 0$

【답】②

11 공기 중에서 반지름이 a[m]의 반원형 코일에 λ[C/m]의 선전하 밀도가 주어졌을 때 중심에서의 전계의 세기는 몇 [V/m]인가?

① $\dfrac{\lambda}{2\pi\epsilon_o a}$
② $\dfrac{\lambda}{4\pi\epsilon_o a^2}$
③ $\dfrac{\lambda}{2\pi\epsilon_o a^2}$
④ $\dfrac{\lambda}{4\pi\epsilon_o a}$

Explanation

반원형코일은 무한장 직선으로 볼수 있다.

∴ 전계의 세기 $E = \dfrac{\lambda}{2\pi\epsilon_0 a}$ [V/m]

【답】①

12 40[V/m]인 전계 내 50[V] 되는 점에서 1[C]의 전하를 전계 방향으로 80[cm] 이동하였을 때, 그 점의 전위는 몇 [V]인가?

① 18
② 22
③ 35
④ 65

Explanation

전계의 세기 40[V/m]의 의미 : 1[m]당 40[V]의 전압이 감소되는 방향으로 진행
따라서 80[cm] 이동한 경우에는 40×0.8=32[V]의 전압이 감소되므로
전위 V=50-32=18[V]가 된다.

【답】①

13 정전계에서 두 유전체의 경계조건에 대한 내용으로 옳은 것은?

① 전계는 법선성분이 같다.
② 유전체 경계면에서 전위는 서로 같다.
③ 전속은 유전율이 작은 유전체로 모인다.
④ 전속밀도는 접선성분이 같다.

Explanation

경계 조건(경계면의 전위차가 0)
• 전계의 접선 성분 : $E_1 \sin\theta_1 = E_2 \sin\theta_2$
• 전속 밀도의 법선 성분 : $D_1 \cos\theta_1 = D_2 \cos\theta_2$, $\epsilon_1 E_1 \cos\theta_1 = \epsilon_2 E_2 \cos\theta_2$
• 경계 조건 : $\dfrac{\tan\theta_1}{\tan\theta_2} = \dfrac{\epsilon_1}{\epsilon_2}$

【답】②

14 직류기 공극의 단면적 $S = 4.26 \times 10^{-2}$[m²]이고 공극의 길이가 5.6[mm]일 때 공극의 자기저항은 약 몇 [AT/Wb]인가?

① 1.05×10^6
② 3.05×10^6
③ 1.05×10^5
④ 3.05×10^5

Explanation

공극의 자기저항

$R_m = \dfrac{l}{\mu_o S} = \dfrac{5.6 \times 10^{-3}}{4\pi \times 10^{-7} \times 4.26 \times 10^{-2}} = 1.05 \times 10^5$ [AT/Wb]

【답】③

15 자성체의 종류에 대한 설명으로 옳은 것은?(단, χ_m는 자화율이고, μ_r은 비투자율이다)

① $\chi_m > 0$이면, 역자성체이다.
② $\chi_m < 0$이면, 상자성체이다.
③ $\mu_r > 1$이면, 비자성체이다.
④ $\mu_r < 1$이면, 역자성체이다.

Explanation

자화율 $\chi = \mu_0(\mu_r - 1)$이므로
• 강자성체(철, 니켈, 코발트) : $\mu_r \gg 1$이고 자화율 $\chi > 0$
• 상자성체(공기, 진공, 알루미늄) : $\mu_r \geq 1$이고 자화율 $\chi > 0$
• 역자성체(구리, 창연, 금) : $\mu_r < 1$이고 자화율 $\chi < 0$

【답】④

16 전기력선의 설명 중 틀린 것은?
① 전기력선은 부전하에서 시작하여 정전하에서 끝난다.
② 단위 전하에서는 $1/\varepsilon_0$개의 전기력선이 출입한다.
③ 전기력선은 전위가 높은 점에서 낮은 점으로 향한다.
④ 전기력선의 방향은 그 점의 전계의 방향과 일치하며 밀도는 그 점에서의 전계의 크기와 같다.

Explanation

전기력선의 성질
- 전기력선의 밀도는 전계의 세기이다(전기력선의 총수 $N = \int_s E\,ds = \dfrac{Q}{\varepsilon}$).
- 전기력선의 접선 방향은 전계의 방향이다.
- 전기력선은 등전위면과 수직이다.
- **전기력선은 정전하에서 시작하여 부전하로 도착한다.**
- 전기력선(전계)은 전위가 높은 점에서 낮은 점으로 향한다.
- 그 자신만으로 폐곡선이 되지 않는다.
- 전기력선은 교차하지 않는다.
- 도체 내부에는 전기력선이 없다(전계도 없다).
- 전하가 없는 곳에서는 전기력선의 발생과 소멸이 없고 연속적이다.

【답】①

17 쌍극자 모멘트가 M[C·m]인 전기쌍극자에 의한 임의의 점 P에서의 전계의 크기는 전기쌍극자의 중심에서 축방향과 점 P를 잇는 선분사이의 각이 얼마일 때 최대가 되는가?

① 0　　　　　　　　　　　　② $\dfrac{\pi}{2}$

③ $\dfrac{\pi}{3}$　　　　　　　　　　　④ $\dfrac{\pi}{4}$

Explanation

- 전기쌍극자 전위 : $V = \dfrac{M\cos\theta}{4\pi\varepsilon_0 r^2}$ [V]　　　　$\therefore V \propto \dfrac{1}{r^2}$
- 전기쌍극자 전계의 세기 : $E = \dfrac{M\sqrt{1+3\cos^2\theta}}{4\pi\varepsilon_0 r^3}$ [V/m]　　$\therefore E \propto \dfrac{1}{r^3}$

따라서 전계의 세기나 전위 모두
- $\theta = 0°$ 일 때 최대
- $\theta = 90°$ 일 때 최소

【답】①

18 어떤 공간의 비유전율은 2이고, 전위 $V(x,y) = \dfrac{1}{x} + 2xy^2$이라고 할 때 점 $\left(\dfrac{1}{2},\ 2\right)$에서의 전하밀도 ρ는 약 몇 [pC/m³]인가?

① -20　　　　　　　　　　② -40
③ -160　　　　　　　　　 ④ -320

Explanation

공간 전하 밀도를 구하기 위하여 푸아송의 방정식 $\nabla^2 V = -\dfrac{\rho}{\varepsilon}$ 을 이용하여

$\nabla^2 V = -\dfrac{\rho}{\varepsilon} = \dfrac{\partial^2 V}{\partial x^2} + \dfrac{\partial^2 V}{\partial y^2} = \dfrac{\partial^2}{\partial x^2}\left(\dfrac{1}{x} + 2xy^2\right) + \dfrac{\partial^2}{\partial y^2}\left(\dfrac{1}{x} + 2xy^2\right) = \dfrac{2}{x^3} + 4x = 16 + 2 = 18$

공간 전하밀도 $\rho = -\varepsilon \times \nabla^2 V = -18 \times 2 \times 8.855 \times 10^{-12}$
　　　　　　　　$= -3.19 \times 10^{-10}$ [C/m³] $= -320$ [pC/m³]

【답】④

19 정전용량이 각각 C_1, C_2, 그 사이의 상호유도계수가 M인 절연된 두 도체가 있다. 두 도체를 가는 선으로 연결할 경우, 정전용량은 어떻게 표현되는가?
① $C_1 + C_2 - M$
② $C_1 + C_2 + M$
③ $C_1 + C_2 + 2M$
④ $2C_1 + 2C_2 + M$

Explanation

두 도선을 연결하면 등전위($V_1 = V_2 = V$)가 되며
이 경우의 용량계수를 각각 C_1', C_2' 유도계수를 각각 M이라 하면
$Q_1 = q_{11}V_1 + q_{12}V_2 = C_1'V + MV = (C_1' + M)V$
$Q_2 = q_{21}V_1 + q_{22}V_2 = MV + C_2'V = (C_2' + M)V$
전체 전하량 $Q = Q_1 + Q_2 = CV = (C_1' + C_2' + 2M)V$
따라서 정전용량 $C = C_1 + C_2 + 2M$

【답】③

20 평등 전계 내에 수직으로 비유전율 $\epsilon_r = 3$인 유전체판을 놓았을 경우 판 내의 전속 밀도 $D = 4 \times 10^{-6}$[C/m²]이었다. 이 유전체의 비분극률은?
① 2
② 3
③ 1×10^{-6}
④ 2×10^{-6}

Explanation

분극률 : $\chi = \epsilon_0(\epsilon_s - 1)$
비분극률 : $(\epsilon_s - 1) = 3 - 1 = 2$

【답】①

2과목 전력공학

21 파동 임피던스가 300[Ω]인 가공 송전선 1[km]당의 인덕턴스[mH/km]는?
① 1.0
② 1.2
③ 1.5
④ 1.8

Explanation

특성 임피던스 $Z_0 = \sqrt{\dfrac{L}{C}} = \sqrt{\dfrac{0.4605 \log_{10}\dfrac{D}{r}}{\dfrac{0.02413}{\log_{10}\dfrac{D}{r}}}} \fallingdotseq 138\log_{10}\dfrac{D}{r}$[Ω]

따라서 작용 인덕턴스 $L = 0.05 + 0.4605\log_{10}\dfrac{D}{r}$[mH/km] $= 0.05 + 0.4605 \times \dfrac{Z_0}{138}$

∴ $L = 0.05 + 0.4605\log_{10}\dfrac{D}{r} = 0.05 + 0.4605 \times \dfrac{300}{138} = 1.05$[mH/km]

【답】①

22 비접지 계통의 지락사고 시 계전기에 영상전류를 공급하기 위하여 설치하는 기기는?
① PT
② CT
③ ZCT
④ GPT

Explanation

- ZCT(영상변류기) : 영상(지락)전류 검출
- GPT(접지형 계기용 변압기) : 영상전압 검출

【답】③

23 화력발전소에서 가장 큰 손실은?
① 소내용 동력
② 송풍기 손실
③ 복수기에서의 손실
④ 연도 배출가스 손실

Explanation

복수기
- 터빈에서 배기되는 증기를 용기 내로 도입하여 물로 냉각
- 열손실이 가장 크다(복수기에서의 열손실은 기력발전소 손실의 약 47[%]에 이른다).

【답】③

24 송전전력, 부하역률, 송전거리, 전력손실, 선간전압이 동일할 때 3상 3선식에 의한 소요 전선량은 단상 2선식의 몇 [%]인가?
① 50
② 67
③ 75
④ 87

Explanation

전기 방식별 비교(부하기준)

종별	소요 전선량
$1\phi 2W$	1
$1\phi 3W$	3/8 = 0.375
$3\phi 3W$	3/4 = 0.75
$3\phi 4W$	1/3 = 0.33

【답】③

25 영상전류와 영상전압에 의해서 동작하는 계전기는 어떤 목적으로 사용되는가?
① 지락선로의 선택차단
② 중성점 소호리액터 접지계통의 충전전류 차단
③ 변압기의 층간단락 차단
④ 계통의 과전압 차단

Explanation

- ZCT(영상변류기) : 영상(지락)전류 검출
- GPT(접지형 계기용변압기) : 영상전압 검출

영상변류기와 접지형 계기용 변압기를 이용하여 지락계전기(선택지락계전기)를 이용하여 지락사고 시 동작하여 지락 차단에 사용된다.

【답】①

26 유황곡선이 비교적 수평이라는 것은 무엇을 의미하는가?
① 하천 유량이 비교적 많다는 것이다.
② 하천 유량의 변동이 비교적 많다는 것이다.
③ 하천 유량이 비교적 적다는 것이다.
④ 하천 유량의 변동이 적다는 것이다.

Explanation

유황곡선 : 하천의 유량상태를 파악하기 위한 곡선.
　　　　　가로축에 365일수를, 세로축에는 유량을 취하여 배열
문제에서 유황곡선이 비교적 수평이라는 것은 하천 유량의 변동이 적다는 것을 나타낸다.

【답】④

27 1상의 대지정전용량 C[F], 주파수 f[Hz]인 3상 송전선의 소호리액터 공진 탭의 리액턴스는 몇 [Ω]인가? (단, 소호리액터를 접속시키는 변압기의 리액턴스는 X_t[Ω]이다)

① $\dfrac{1}{3\omega C} + \dfrac{X_t}{3}$
② $\dfrac{1}{3\omega C} - \dfrac{X_t}{3}$
③ $\dfrac{1}{3\omega C} + 3X_t$
④ $\dfrac{1}{3\omega C} - 3X_t$

Explanation

소호리액터 접지
$\omega L + \dfrac{1}{3}X_t = \dfrac{1}{3\omega C}$ 에서   여기서, X_t : 소호리액터를 접속시키는 변압기의 리액턴스
$\omega L = \dfrac{1}{3\omega C} - \dfrac{X_t}{3}$ [Ω]

【답】②

28 전력원선도에서 구할 수 없는 것은?
① 송수전할 수 있는 최대 전력
② 필요한 전력을 보내기 위한 송수전단 전압간의 상차각
③ 선로 손실과 송전 효율
④ 과도극한전력

Explanation

전력 원선도에서 구할 수 없는 것(사고 값)
• 과도 안정 극한 전력
• 코로나 손실

【답】④

29 다중접지 3상 4선식 배전선로에서 고압측(1차측) 중성선과 저압측(2차측) 중성선을 전기적으로 연결하는 목적은?
① 저압측의 단락 사고를 검출하기 위함
② 저압측의 접지 사고를 검출하기 위함
③ 주상 변압기의 중성선측 부싱을 생략하기 위함
④ 고저압 혼촉 시 수용가에 침입하는 상승전압을 억제하기 위함

Explanation

고압 측(1차 측)중성선과 저압 측(2차 측) 중성선을 전기적으로 연결하는 이유는 고저압 혼촉 시 저압 측 수용가에 침입하는 상승전압을 억제하기 위해서

【답】④

30 3상용 차단기의 정격전압은 25.8[kV]이고 정격차단용량이 500[MVA]일 때 차단기의 정격차단전류는 약 몇 [kA]인가?
① 33.6
② 25.4
③ 11.2
④ 51.6

Explanation

3상용 차단기의 정격 용량 $P_s = \sqrt{3} \times$ 정격전압 $\times$ 정격차단전류 [MVA]
정격 차단 전류 : $I_s = \dfrac{P_s}{\sqrt{3}\,V} = \dfrac{500 \times 10^6}{\sqrt{3} \times 25.8 \times 10^3} \times 10^{-3} = 11.2$ [kA]

【답】③

31 최소 동작 전류값 이상이면 일정한 시간에 동작하는 한시 특성을 갖는 계전기는?
① 정한시 계전기　　　　　　② 반한시 계전기
③ 순한시 계전기　　　　　　④ 반한시성 정한시 계전기

> Explanation

보호 계전기의 시한특성
- 순한시 : 최소 동작 전류 이상의 전류가 흐르면 즉시 동작
- **정한시 : 동작 전류의 크기에 관계없이 일정한 시간에 동작**
- 반한시 : 동작 전류가 커질수록 동작 시간이 짧게 되는 특성
- 반한시 정한시 특성 : 동작 전류가 적은 동안에는 반한시 동작
  　　　　　　　　　어떤 전류 이상이면 정한시 동작

【답】①

32 케이블의 전력 손실과 관계가 없는 것은?
① 철손　　　　　　　　　　② 유전체손
③ 시스손　　　　　　　　　④ 도체의 저항손

> Explanation

케이블의 손실
- 저항손(도체손) : I^2R에 의한 손실
- 유전체손(절연체손) : $P_c = \omega CE^2 \tan\delta$
- 연피손 : 전자유도 작용

【답】①

33 송전선에서 재폐로 방식을 사용하는 목적은?
① 역률 개선　　　　　　　　② 안정도 증진
③ 유도장해의 경감　　　　　④ 코로나 발생 방지

> Explanation

안정도 향상 대책
- 직렬 리액턴스(X)를 작게 한다.
  - 발전기나 변압기의 리액턴스를 작게 한다.
  - 선로의 병행 회선수를 늘리거나 복도체 또는 다도체 방식을 사용한다.
  - 직렬 콘덴서를 삽입하여 선로의 리액턴스를 보상한다.
- 전압 변동을 작게 한다.
  - 속응 여자 방식의 채용
  - 계통 연계를 한다.
- 중간 조상 방식을 채용한다.
- 고장전류를 줄이고 고장 구간을 신속하게 차단한다.
  - 적당한 중성점 접지 방식을 채용하여 지락전류를 줄인다.
  - 고속도 계전기, 고속도 차단기를 채용한다.
  - **고속도 재폐로 방식을 채용한다(과도 안정도 증진).**

【답】②

34 1년 365일 중 185일은 이 양 이하로 내려가지 않는 유량은?
① 평수량　　　　　　　　　② 풍수량
③ 고수량　　　　　　　　　④ 저수량

> Explanation

유황곡선 : 하천의 유량 상태를 파악하기 위한 곡선. 가로축에 365일수를, 세로축에는 유량을 취하여 배열
- 풍수량 : 1년 95일 중 이보다 내려가지 않는 유량
- **평수량 : 1년 185일 중 이보다 내려가지 않는 유량**
- 저수량 : 1년 275일 중 이보다 내려가지 않는 유량
- 갈수량 : 1년 355일 중 이보다 내려가지 않는 유량

【답】①

35 3상 송전 선로와 통신선이 병행되어 있는 경우에 통신 유도 장해로서 통신선에 유도되는 정전 유도 전압은?
① 통신선의 길이와는 무관하고 전력선의 대지전압에 반비례 한다.
② 통신선의 길이와 전력선의 대지전압에 비례한다.
③ 통신선의 길이와 전력선의 대지전압에 반비례 한다
④ 통신선의 길이와는 무관하고 전력선의 대지전압에 비례 한다.

> **Explanation**
>
> 정전 유도 전압 $E = \dfrac{\sqrt{C_a(C_a-C_b)+C_b(C_b-C_c)+C_c(C_c-C_a)}}{C_a+C_b+C_c+C_s} \times \dfrac{V}{\sqrt{3}}$
> ∴ 통신선의 대지전압에 비례하고 길이에 관계없다.
【답】④

36 수전용 변전설비의 1차 측 차단기의 차단용량은 주로 어느 것에 의하여 정해지는가?
① 수전 계약용량
② 부하설비의 단락용량
③ 공급 측 전원의 단락용량
④ 수전전력의 역률과 부하율

> **Explanation**
>
> 차단기의 차단용량은 단락용량보다 크거나 최소한 같게 선정한다.
> 수전용 변전설비의 1차 측 차단기의 차단용량은 공급측 전원의 단락용량이 적용된다.
【답】③

37 망상(Network) 배전방식에 대한 설명으로 옳은 것은?
① 전압 변동이 대체로 크다.
② 부하 증가에 대한 융통성이 적다.
③ 방사상 방식보다 무정전 공급의 신뢰도가 더 높다.
④ 인축에 대한 감전사고가 적어서 농촌에 적합하다.

> **Explanation**
>
> 저압 네트워크 방식
> • 무정전 공급 방식(공급 신뢰도가 가장 우수)
> • 전압강하, 전력손실이 적다.
> • 부하 증가 대응 우수
> • 인축의 접지 사고
> • 고장 시 고장전류 역류
【답】③

38 예비전원설비의 발전설비는 시동방식에 따라 분류하면 전기시동방식과 공기시동방식이 있다. 공기시동방식의 특징으로 틀린 것은?
① 사계절 관리가 편리하다.
② 1회 시동으로 가능하다.
③ 저장된 압축공기로 구동한다.
④ 연속으로 구동할 수 있다.

> **Explanation**
>
> 발전기 시동방식의 분류
> • 공기 시동방식
>   – 압축공기 이용
>   – 보수가 거의 필요 없음
>   – 5회 이상 연속 기동이 가능
>   – 설치면적과 설치비용이 많이 소요되므로 잘 사용하지 않음
>   – 기동 가능한 위치가 정해져 있으므로 1회 시동으로 가능하지 않을 수 있음
> • 전기 시동방식
>   – 축전지 사용

- 저온 시 기동 곤란
- 어떤 위치에서든지 시동 가능
- 비상용

【답】②

39 중성점이 직접 접지된 3상 발전기의 중성점에 CT 1,000/5[A]가 설치되어 있고 CT 2차측에 전류보호계전기가 설치되어 있다. 3상 발전기 단자의 1상에서 지락사고가 발생하였을 때 1선 지락전류의 10[%]에 보호계전기가 동작하도록 하려면 이 보호계전기의 정정치는 얼마인가?(단, 발전기의 임피던스는 100[MVA]기준으로 $Z_1 = Z_2 = 0.6$[PU], $Z_0 = 0.8$[PU]이며, 발전기의 정격전압은 10[kV]이고 정격전압에 운전 중이다)

① 43.3[A]
② 0.433[A]
③ 4.33[A]
④ 8.66[A]

Explanation

1선 지락고장 $I_0 = I_1 = I_2$

$$I_g = 3I_0 = \frac{3E_a}{Z_0 + Z_1 + Z_2} = \frac{3 \times \frac{10 \times 10^3}{\sqrt{3}}}{0.8 + 0.6 + 0.6} = 8,660.25[A]$$

보호계전기 정정값 $I = 8,660.25 \times \frac{5}{1,000} \times 0.1 = 4.33[A]$

【답】③

40 송전선의 특성 임피던스는 저항과 누설 컨덕턴스를 무시하면 어떻게 표현되는가?(단, L은 선로의 인덕턴스, C는 선로의 정전용량이다)

① $\sqrt{\frac{L}{C}}$
② $\sqrt{\frac{C}{L}}$
③ $\frac{L}{C}$
④ $\frac{C}{L}$

Explanation

무손실 선로($R = G = 0$)

특성임피던스 $Z_0 = \sqrt{\frac{Z}{Y}} = \sqrt{\frac{R + j\omega L}{G + j\omega C}} = \sqrt{\frac{L}{C}}$

【답】①

3과목 전기기기

41 동기발전기에 회전계자형을 사용하는 경우에 대한 이유로 틀린 것은?
① 기전력의 파형을 개선한다.
② 전기자가 고정자이므로 고압 대전류용에 좋고, 절연하기 쉽다.
③ 계자가 회전자지만 저압 소용량의 직류이므로 구조가 간단하다.
④ 전기자보다 계자극을 회전자로 하는 것이 기계적으로 튼튼하다.

Explanation

동기 발전기 : 회전 계자형
• 계자는 기계적으로 튼튼하고 구조가 간단하여 회전 유리
• 계자회로는 직류로 소요 전력이 적다.

- 절연이 용이
- 전기자는 Y결선으로 복잡하다.

【답】①

42. 자속밀도를 0.6[Wb/m²], 도체의 길이를 0.3[m], 속도를 10[m/s]라 할 때, 도체 양단에 유기되는 기전력은?

① 0.9[V]
② 1.8[V]
③ 9[V]
④ 18[V]

Explanation

플레밍의 오른손 법칙
- 발전기의 원리
- 평등자장이 있는 공간에서 도체를 회전하면 기전력이 유기

$e = (v \times B)l = vBl\sin\theta = 10 \times 0.6 \times 0.3 \times \sin 90° = 1.8\,[V]$

【답】②

43. 정격 1차 전압을 일정하게 하고 정격주파수 60[Hz]로 설계된 3상 유도전동기를 50[Hz]에 사용하는 경우 감소하는 것은?

① 온도
② 최대토크
③ 역률
④ 여자전류

Explanation

전압이 일정하므로
- 여자 전류 $I_\phi = \dfrac{E}{\omega L} = \dfrac{E}{2\pi f L} \propto \dfrac{1}{f}$, $I_\phi' = \dfrac{f}{f'}I_\phi = \dfrac{60}{50} \times I_\phi = \dfrac{6}{5}I_\phi$ 이므로 여자 전류 증가
- 리액턴스는 주파수에 비례하므로
$X = \omega L = 2\pi f L \propto f$ 이므로 $\dfrac{50}{60} = \dfrac{5}{6}$ 로 감소하므로 역률은 좋아지게 된다.
- 철손 $P_h = K'\dfrac{V^2}{f}$ 이므로 $\dfrac{60}{50} = \dfrac{6}{5}$ 이므로 철손 증가

손실이 증가하고 회전 속도가 감소하여 냉각 fan의 속도가 감소, 전체적으로 온도 상승

【답】②

44. 반도체 정류기에 적용된 소자 중 첨두 역방향 내전압이 가장 큰 것은?

① 셀렌 정류기
② 실리콘 정류기
③ 게르마늄 정류기
④ 아산화동 정류기

Explanation

SCR(Silicon Controlled Rectifier) : 실리콘 제어 정류기
- 실리콘 정류 소자, 역저지 3단자
- 동작 최고 온도가 가장 높다(200[℃]).
- 정류기능의 단일 방향성 3단자 소자
- 위상 제어, 인버터, 초퍼 등에 사용
- 역방향 내전압 : 약 500~1,000[V](**역방향 내전압이 가장 크다**)

【답】②

45. 전기기기에서 자장의 세기를 증가시키기 위해서 철심을 사용한다. 이 때에 철심에서 발생되는 손실을 저감하는 방법은?

① 철심의 전기도전도를 감소한다.
② 철심의 두께를 두껍게 한다.
③ 철심의 투자율을 감소시킨다.
④ 철심 대신 알루미늄을 사용한다.

Explanation

철심 : 자로로 사용. 규소강판 성층철심(히스테리시스손이나 와류손을 감소시키기 위해 투자율 감소)

【답】③

46 어떤 직류발전기의 유기기전력은 206[V]이다. 이 발전기에 1.25[Ω]의 부하저항을 연결하였을 때 단자전압은 195[V]였다. 전기자 저항은 약 몇 [Ω]인가?
① 0.0705
② 0.0321
③ 0.0424
④ 0.0894

Explanation

직류발전기 유기기전력 $E = V + I_a R_a$
타여자발전기라면 $I_a = I$
부하전류 $I = \dfrac{V}{R} = \dfrac{195}{1.25} = 156[A]$
전기자저항 $R_a = \dfrac{E-V}{I_a} = \dfrac{206-195}{156} = 0.0705[\Omega]$

【답】①

47 3상 동기발전기의 전기자 권선을 2중 성형결선으로 했을 때 발전기의 용량은?
① $2\sqrt{3}\,EI$
② $\sqrt{3}\,EI$
③ $3EI$
④ $6EI$

Explanation

2개의 권선 병렬연결
• 전압은 동일
• 임피던스는 $\dfrac{1}{2}$

Y결선
$V_l = \sqrt{3}\,V_p$ 에서 선간전압 $V_l = \sqrt{3}\,E$
$I_p = I_l = \dfrac{V_p}{Z}$ 에서 $I_l = \dfrac{E}{\dfrac{Z}{2}} = 2I$
피상전력 $P_a = \sqrt{3}\,V_l I_l = \sqrt{3} \times \sqrt{3}\,E \times 2I = 6EI$

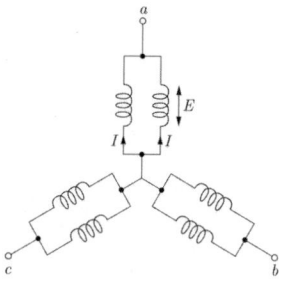

【답】④

48 직류기의 전기자에 사용되는 권선법은?
① 단층권
② 2층권
③ 환상권
④ 개로권

Explanation

직류기 전기자 권선법
• 고상권, 폐로권, 이층권
• 중권(병렬권), 파권(직렬권)

【답】②

49 변압기의 1차측을 Y결선, 2차측을 △결선으로 한 경우 1차와 2차 간의 전압의 위상차는?
① 0°
② 30°
③ 45°
④ 60°

Explanation

Y결선과 △결선과는 30°의 위상차가 존재한다.

【답】②

50 동기 조상기의 여자 전류를 줄이면?
① 콘덴서로 작용
② 리액터로 사용
③ 진상전류 공급
④ 저항손의 보상

> Explanation

동기 전동기의 위상 특성 곡선(V곡선)
- I_a 와 I_f 관계곡선 (P는 일정)
- 계자전류의 변화에 대한 전기자 전류의 변화를 나타낸 곡선
- 과여자 : 앞선 역률(진상), 콘덴서
- **부족여자 : 늦은 역률(지상), 리액터**
역률 $\cos\theta = 1$ 일 때, 전기자 전류 최소

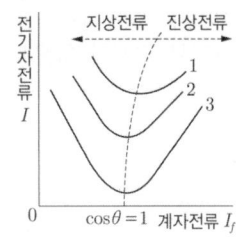

【답】②

51 단상 직권 전동기의 종류가 아닌 것은?
① 직권형　　　　　　　　　② 아트킨손형
③ 보상직권형　　　　　　　④ 유도보상직권형

> Explanation

단상 직권 정류자 전동기=만능 전동기(직·교류 양용)
- **종류 : 직권형, 보상형, 유도보상형**
- 특징 : 성층 철심, 역률 및 정류 개선을 위해 약계자, 강전기자형으로 함
　　　　역률 개선을 위해 보상 권선 설치
　　　　회전 속도를 증가시킬수록 역률이 개선됨

【답】②

52 다음 중 가변 릴럭턴스 스텝 모터의 특성에 해당되지 않는 것은?
① 여자 없이는 토크가 발생하지 않는다.
② 고속 회전에서는 큰 토크가 발생되며 속도 변동이 크다.
③ 낮은 회전 관성과 빠른 기계적 응답을 갖는다.
④ 높은 인덕턴스 및 늦은 전기적인 응답을 갖는다.

> Explanation

가변 릴럭턴스 스텝 모터
- 무여자일 때 토크 발생하지 않음
- 회전자의 관성이 적고, 고속응답이 요구되는 분야에 적합
- 토크가 상대적으로 작다.

【답】②

53 전원주파수와 다른 주파수의 전력으로 변환시키는 장치는?
① 초퍼　　　　　　　　　　② 정류기
③ 인버터　　　　　　　　　④ 사이클로컨버터

> Explanation

사이클로 컨버터 : AC전력을 증폭(제어 정류기를 사용한 주파수 변환기)
- AC → DC : 정류기(컨버터, Converter)
- DC → AC : 인버터(Inverter)
- DC → DC : 초퍼(Chopper)

【답】④

54 3상 유도 전동기에서 2차측 저항을 2배로 하면 그 최대 토크는 어떻게 되는가?
① 2배로 커진다.　　　　　② 3배로 커진다.
③ 변하지 않는다.　　　　　④ $\sqrt{2}$ 배로 커진다.

> Explanation

비례추이의 원리 : 권선형 유도 전동기
- **최대 토크는 불변**, 최대 토크의 발생 슬립은 변화

- 기동 전류는 감소하고, 기동 토크는 증가

【답】③

55 유도 전동기에서 권선형 회전자에 비해 농형 회전자의 특성이 아닌 것은?
① 구조가 간단하고 효율이 좋다.
② 견고하고 보수가 용이하다.
③ 중, 소형 전동기에 사용된다.
④ 대용량에서 기동이 용이하다.

Explanation

권선형과 농형의 비교

구분	비교
농형	① 구조가 간단, 보수용이 ② 효율이 좋다. ③ 속도 조정이 곤란하다. ④ **기동 토크가 작아 대형이 되면 기동이 곤란하다.**
권선형	① 중형과 대형에 많이 사용 ② 기동이 쉽고 속도 조정 용이

【답】④

56 유도 전동기에 게르게스(Gorges) 현상이 생기는 슬립은 대략 얼마인가?
① 0.25
② 0.50
③ 0.70
④ 0.80

Explanation

게르게스(Gorges) 현상 : 3상 권선형 유도 전동기의 2차회로 중 1선이 단선된 경우에 약간의 과부하 상태에서 슬립 $s = 0.5$ 부근에서 가속되지 않는 현상

【답】②

57 동기 조상기의 계자를 과여자로 해서 운전할 경우 틀린 것은?
① 콘덴서로 작용한다.
② 위상이 뒤진 전류가 흐른다.
③ 송전선의 역률을 좋게 한다.
④ 송전선의 전압 강하를 감소시킨다.

Explanation

동기 전동기의 위상 특성 곡선(V곡선)
- I_a 와 I_f 관계곡선(P는 일정)
- 계자 전류의 변화에 대한 전기자 전류의 변화를 나타낸 곡선
- **과여자 : 앞선 역률(진상)**
- 부족 여자 : 늦은 역률(지상)

역률 $\cos\theta = 1$ 일 때, 전기자 전류 최소

【답】②

58 직류전동기의 역기전력이 200[V], 매분회전수가 1,500[rpm], 전기자전류 100[A]로 운전하고 있을 때 발생토크는 몇 [kg·m]인가?
① 5.5
② 16.2
③ 10
④ 13

Explanation

직류 전동기 토크 $T = 0.975 \times \dfrac{P}{N} = 0.975 \times \dfrac{E_c I_a}{N}$ [kg·m]

$T = 0.975 \times \dfrac{E_c I_a}{N} = 0.975 \times \dfrac{200 \times 100}{1,500} = 13$ [kg·m]

【답】④

59 권수비가 30인 변압기의 2차측 부하임피던스가 10[Ω]일 때 1차측에서 본 임피던스는 몇 [kΩ]인가?
① 0.9
② 3
③ 0.3
④ 9

Explanation

변압기의 권수비 $a = \dfrac{N_1}{N_2} = \dfrac{E_1}{E_2} = \dfrac{V_1}{V_2} = \dfrac{I_2}{I_1} = \sqrt{\dfrac{Z_1}{Z_2}}$

$a^2 = \dfrac{Z_1}{Z_2} = \dfrac{Z_1}{10}$ 에서 $Z_1 = a^2 Z_2 = 30^2 \times 10 = 9,000[\Omega] = 9[\mathrm{k}\Omega]$

【답】④

60 변압기의 임피던스 전압이란?
① 정격전류가 흐를 때 2차측 전압
② 정격전류가 흐를 때 변압기 내의 전압강하
③ 여자전류가 흐를 때의 2차측 전압
④ 여자전류가 흐를 때의 1차측 전압

Explanation

임피던스 전압
- 단락전류가 1차 정격전류와 같게 조정했을 때의 1차 전압
- 정격 전류가 흐를 때의 변압기 내의 전압 강하

【답】②

4과목 회로이론 및 제어공학

61 불평형 3상전류가 $I_a = 16 + j2[\mathrm{A}]$, $I_b = -20 - j9[\mathrm{A}]$, $I_c = -2 + j10[\mathrm{A}]$일 때 영상분 전류는?
① $-2 + j[\mathrm{A}]$
② $-6 + j3[\mathrm{A}]$
③ $-9 + j6[\mathrm{A}]$
④ $-18 + j9[\mathrm{A}]$

Explanation

영상분 전류 $I_0 = \dfrac{1}{3}(I_a + I_b + I_c) = \dfrac{1}{3}(16 + j2 - 20 - j9 - 2 + j10) = -2 + j[\mathrm{A}]$

【답】①

62 회로망 함수의 라플라스 변환이 $\dfrac{1}{s+a}$ 로 주어지는 경우 이의 시간영역에서 동작을 나타낸 것으로 옳은 것은?(단, a는 양의 정수이다)

①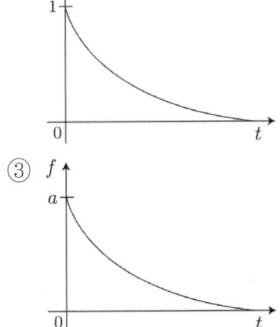
②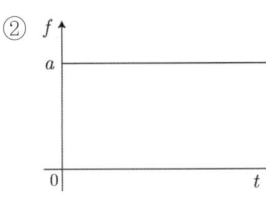
③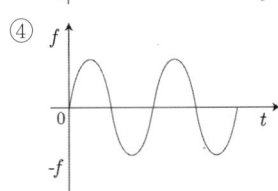
④

> **Explanation**

$\frac{1}{s+a}$ 를 라플라스 역변환하면 $\mathcal{L}^{-1}\left(\frac{1}{s+a}\right)=e^{-at}$ 이므로
$t=0$ 에서는 1이 되며 지수감쇠함수이다.

【답】①

63 그림과 같은 부하에 선간전압이 $V_a=100\angle 0°[V]$ 인 평형 3상 전압을 가했을 때 선전류 $I_a[A]$ 는?

① $\frac{100}{\sqrt{3}}\left(\frac{1}{R}+j3\omega C\right)$

② $100\left(\frac{1}{R}+j\omega C\right)$

③ $\frac{100}{\sqrt{3}}\left(\frac{1}{R}+j\omega C\right)$

④ $100\left(\frac{1}{R}+j3\omega C\right)$

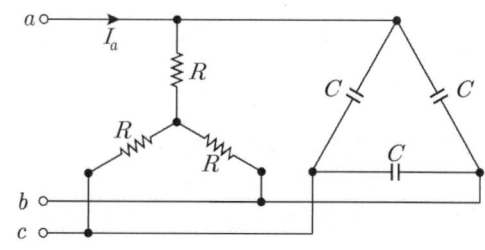

> **Explanation**

△결선 된 콘덴서를 Y로 바꾸면 $C \rightarrow 3C$ 가 되며

각 상의 어드미턴스 $Y=\frac{1}{R}+j3\omega C$

상전류 $I_p=\frac{V_p}{Z}=YV_p=\left(\frac{1}{R}+j3\omega C\right)\times\frac{V_p}{\sqrt{3}}=\frac{100}{\sqrt{3}}\left(\frac{1}{R}+j3\omega C\right)$

따라서 Y결선은 $I_l=I_p=\frac{100}{\sqrt{3}}\left(\frac{1}{R}+j3\omega C\right)$

【답】①

64 다음 중 여파기(filter)의 종류가 아닌 것은?
① 정K형 고역 여파기
② 정K형 저역 여파기
③ 정K형 전역 여파기
④ 정K형 대역 여파기

> **Explanation**

여파기(필터)의 종류
• 저역 필터 : 차단 주파수 이하만 통과
• 고역 필터 : 차단 주파수 이상만 통과
• 대역 필터 : 두 차단 주파수 차이의 범위만 통과

【답】③

65 송전 선로에서 전압이 3×10^8 [m/s]인 광속으로 전파할 때 200[MHz]인 주파수에 대한 위상 정수는 몇 [rad/m]인가?

① $\frac{4}{3}\pi$

② $\frac{2}{3}\pi$

③ $\frac{\pi}{3}$

④ π

> **Explanation**

파장 $\lambda=\frac{v}{f}=\frac{3\times 10^8}{200\times 10^6}=1.5[m]$

위상 정수 β 의 단위는 [rad/m]이므로 $\beta=\frac{2\pi}{\lambda}=\frac{2\pi\times 2}{3}=\frac{4\pi}{3}[rad/m]$

【답】①

66 그림과 같은 회로는 전류 제어 전압원, 독립 전류원 및 전류원을 포함한다. i_x는 몇 [A]인가?

① 2
② -0.6
③ 0.6
④ 1.4

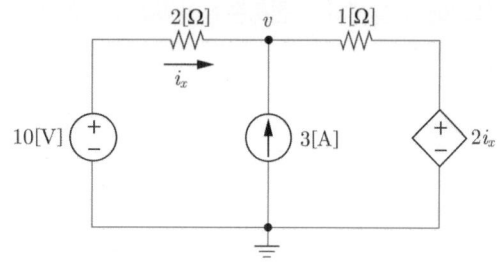

Explanation

중첩의 원리에 의해
- 전압원과 전류원이 단독 직렬 : 전압원 단락
- 전압원과 전류원이 단독 병렬 : 전류원 개방

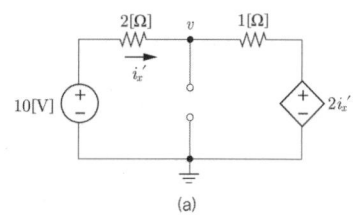
(a)

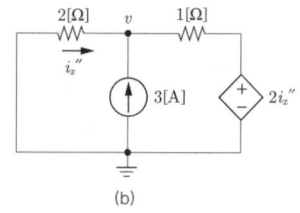
(b)

(a) 전류원을 개방한 상태에서 $i_x{}'$를 구하면

$$i_x{}' = \frac{10 - 2i_x{}'}{2+1} \qquad \therefore i_x{}' = 2 \text{ [A]}$$

(b) 전압원을 단락시킨 상태에서 $i_x{}''$

$$i_x{}'' + 3 = \frac{v - 2i_x{}''}{1} \quad \cdots\cdots ①$$

$$i_x{}'' = -\frac{v}{2} \quad \cdots\cdots ②$$

식 ①, ②를 이용하여 $i_x{}''$를 구하면,
$i_x{}'' = -0.6$ [A] $\therefore i_x = i_x{}' + i_x{}'' = 2 - 0.6 = 1.4$ [A]

【답】 ④

67 그림과 같은 회로에서 스위치 S를 $t=0$에서 닫았을 때 $v_{L(t)}|_{t=0} = 90$[V], $\frac{di(t)}{dt}|_{t=0} = 30$ [A/s]이다. L[H]의 값은?

① 20
② 2
③ 3
④ 10

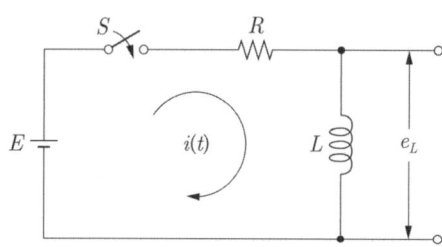

Explanation

인덕터의 단자전압 $V_L = L\frac{di}{dt}$ 에서 $90 = L \times 30$

인덕턴스 $L = \frac{90}{30} = 3$[H]

【답】 ③

68 △결선된 대칭 3상부하가 있다. 역률이 0.8(지상)이고 소비전력이 1,800[W]이다. 선로의 저항 0.5 [Ω]에서 발생하는 선로손실이 50[W]이면 부하단자 전압[V]은?

① 627
② 525
③ 326
④ 225

Explanation

전선로의 선로손실 $P_l = 3I^2 R$ 여기서, I는 선로전류(선전류)

$I^2 = \dfrac{P_l}{3R} = \dfrac{50}{3 \times 0.5} = \dfrac{100}{3}$ 에서 선전류 $I = \dfrac{10}{\sqrt{3}}$ [A]

소비전력 $P = \sqrt{3} VI\cos\theta$

부하의 단자전압(선간전압) $V = \dfrac{P}{\sqrt{3} I\cos\theta} = \dfrac{1,800}{\sqrt{3} \times \dfrac{10}{\sqrt{3}} \times 0.8} = 225$ [V]

【답】④

69 $R = 4$ [Ω], $\omega L = 3$ [Ω]인 $R-L$ 직렬회로에 $e = 100\sqrt{2}\sin\omega t + 50\sqrt{2}\sin 3\omega t$ [V] 전압을 인가 시 저항에서 소비되는 전력은 약 몇 [W]인가?

① 2,128
② 2,000
③ 1,703
④ 1,600

Explanation

전압이 기본파와 제3고조파이므로 전류도 기본파와 제3고조파로 이루어진다.

기본파 임피던스 $Z_1 = R + j\omega L = 4 + j3$ [Ω]

기본파 전류 $I_1 = \dfrac{V_1}{Z} = \dfrac{100}{\sqrt{3^2 + 4^2}} = 20$ [A]

제3고조파 임피던스 $Z_3 = R + j3\omega L = 4 + j3 \times 3 = 4 + j9$ [Ω]

제3고조파전류 $I_3 = \dfrac{V_3}{Z} = \dfrac{V_3}{\sqrt{R^2 + (3wL)^2}} = \dfrac{50}{\sqrt{4^2 + 9^2}} = 5.08$ [A]

저항에서의 소비전력 $P = I_1^2 R + I_2^2 R = 20^2 \times 4 + 5.08^2 \times 4 = 1,703$ [W]

【답】③

70 직렬공진회로에서 공진주파수 f_r[Hz]는?

① $f_r = \dfrac{1}{2\sqrt{LC}}$
② $f_r = \dfrac{1}{2\pi LC}$
③ $f_r = \dfrac{1}{\pi\sqrt{LC}}$
④ $f_r = \dfrac{1}{2\pi\sqrt{LC}}$

Explanation

직렬공진회로 공진주파수 $f_r = \dfrac{1}{2\pi\sqrt{LC}}$ [Hz]

【답】④

71 그림과 같은 제어시스템에서 k에 대한 폐루프 전달함수 $\left(T(s) = \dfrac{C(s)}{R(s)}\right)$의 감도 S_k^T는?

① $\dfrac{k}{1 - G(s)H(s)}$
② $\dfrac{-G(s)H(s)}{1 + G(s)H(s)}$
③ $\dfrac{1}{1 + kG(s)H(s)}$
④ $\dfrac{1}{1 - kG(s)H(s)}$

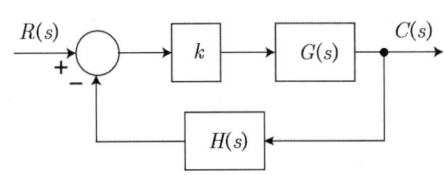

> **Explanation**

감도(Sensitivity)
시스템의 한 개의 파라미터가 전체 시스템에 미치는 영향
$S_k^T = \frac{k}{T}\frac{dT}{dk}$

- 전체 시스템 $T = \frac{C(s)}{R(s)} = \frac{kG}{1+kGH}$

$\therefore S_k^T = \frac{k}{T} \cdot \frac{dT}{dk} = \frac{k}{\frac{kG}{1+kGH}} \cdot \frac{d}{dk}\left(\frac{kG}{1+kGH}\right) = \frac{1+kGH}{G} \cdot \frac{G(1+kGH)-kG(GH)}{(1+kGH)^2} = \frac{1}{1+kGH}$

【답】③

72 논리식 $L = \overline{x} \cdot \overline{y} + \overline{x} \cdot y + x \cdot y$를 간략화한 것은?
① $x+y$
② $\overline{x}+y$
③ $x+\overline{y}$
④ $\overline{x}+\overline{y}$

> **Explanation**

부울대수를 이용하면 $A+BC=(A+B)(A+C)$
$L = \overline{x}\cdot\overline{y} + \overline{x}\cdot y + x\cdot y$
$= \overline{x}(\overline{y}+y) + xy = \overline{x} + xy = (\overline{x}+x)(\overline{x}+y) = \overline{x}+y$

【답】②

73 $GH(j\omega) = \frac{10}{(j\omega+1)(j\omega+T)}$에서 이득여유를 20[dB]보다 크게 하기 위한 T의 범위는?
① $T>0$
② $T>10$
③ $T<0$
④ $T>100$

> **Explanation**

이득여유 $g\cdot m = 20\log_{10}\left|\frac{1}{GH}\right|$[dB]이므로
$|GH| = \left|\frac{10}{T-\omega^2+j(\omega+T)}\right|_{\omega=0}$ 여기서, 허수부가 0이되는 주파수는 $\omega=0$

대입하면 $|GH| = \frac{10}{T}$

이득여유는 $g\cdot m = 20\log_{10}\left|\frac{1}{\frac{10}{T}}\right| = 20\log_{10}\frac{T}{10} > 20$[dB]

따라서 $\frac{T}{10} > 10$에서 $T>100$

【답】④

74 다음과 같은 상태방정식으로 표현되는 제어시스템에 대한 특성 방정식의 근(s_1, s_2)은?

$$\begin{bmatrix}\dot{x_1}\\\dot{x_2}\end{bmatrix} = \begin{bmatrix}2 & 2\\0.5 & 2\end{bmatrix}\begin{bmatrix}x_1\\x_2\end{bmatrix} + \begin{bmatrix}1\\0\end{bmatrix}u$$

① 2, 2
② 2, 0.5
③ 2, 1
④ 3, 1

> **Explanation**

특성방정식 $|sI-A|=0$
$|sI-A| = \begin{bmatrix}s & 0\\0 & s\end{bmatrix} - \begin{bmatrix}2 & 2\\0.5 & 2\end{bmatrix} = \begin{vmatrix}s-2 & -2\\-0.5 & s-2\end{vmatrix} = (s-2)^2 - 1$

$(s-2)^2 - 1 = s^2 - 4s + 3 = (s-1)(s-3) = 0$
따라서 특성방정식의 근(고유값) $s = 1, 3$ 【답】④

75 적분시간 2[sec], 비례감도가 2인 비례적분 동작을 하는 제어요소가 있다. 이 제어요소에 동작신호 $x(t) = 2t$를 주었을 때 조작량은 얼마인가? (단, 초기 조작량 $y(t)$는 0이다)
① $t^2 + 2t$
② $t^2 + 4t$
③ $t^2 + 6t$
④ $t^2 + 8t$

Explanation

조작량 $y(t) = 2[x(t) + \frac{1}{2}\int x(t)dt] = 2[(2t) + \frac{1}{2}\int 2t\,dt] = 4t + t^2$ 【답】②

76 그림의 신호흐름선도를 미분방정식으로 표현한 것으로 옳은 것은?(단, 모든 초기 값은 0)

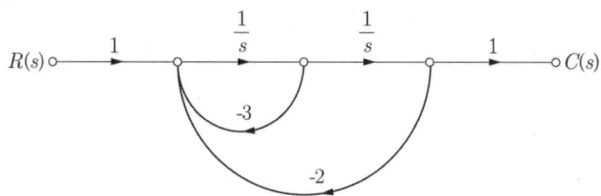

① $\dfrac{d^2c(t)}{dt^2} + 3\dfrac{dc(t)}{dt} + 2c(t) = r(t)$ ② $\dfrac{d^2c(t)}{dt^2} + 2\dfrac{dc(t)}{dt} + 3c(t) = r(t)$

③ $\dfrac{d^2c(t)}{dt^2} - 3\dfrac{dc(t)}{dt} - 2c(t) = r(t)$ ④ $\dfrac{d^2c(t)}{dt^2} - 2\dfrac{dc(t)}{dt} - 3c(t) = r(t)$

Explanation

메이슨의 이득공식을 적용하면
$G = \dfrac{\sum G_i \Delta_i}{\Delta}$ 에서 $G_i : \dfrac{1}{s} \times \dfrac{1}{s} = \dfrac{1}{s^2}$ $\Delta_i : 1 - 0 = 1$

$\Delta = 1 - \left(-\dfrac{3}{s} - \dfrac{2}{s^2}\right) = 1 + \dfrac{3}{s} + \dfrac{2}{s^2}$

전체이득 $G(s) = \dfrac{C(s)}{R(s)} = \dfrac{\dfrac{1}{s^2}}{1 + \dfrac{3}{s} + \dfrac{2}{s^2}} = \dfrac{1}{s^2 + 3s + 2}$

$(s^2 + 3s + 2)C(s) = R(s)$
$s^2 C(s) + 3sC(s) + 2C(s) = R(s)$
$\dfrac{d^2c(t)}{dt^2} + 3\dfrac{dc(t)}{dt} + 2c(t) = r(t)$ 【답】①

77 개루프 전달함수 $G(s)H(s)$로부터 근궤적을 작성할 때 실수축에서의 점근선의 교차점은?

$$G(s)H(s) = \dfrac{K(s-1)}{s^2(s+1)(s+4)}$$

① -2
② -3
③ -5
④ -6

Explanation

근궤적의 점근선의 교차점 $\sigma = \dfrac{\Sigma G(s)H(s)\text{의 극점} - \Sigma G(s)H(s)\text{의 영점}}{P-Z}$

$= \dfrac{(0-1-4)-1}{4-1} = -2$

【답】①

78 $f(t)$의 z변환이 $F(z)$일 때 $f(t)$의 최종값은?

$$F(z) = \dfrac{9z}{(z-1)(z+0.5)}$$

① 6
② 0
③ ∞
④ −6

Explanation

z변환의 최종값 정리

$x(\infty) = \lim\limits_{z \to 1}(1-z^{-1})X(z) = \lim\limits_{z \to 1}(1-z^{-1})X(z)$

$= \lim\limits_{z \to 1}(1-z^{-1}) \times \dfrac{9z}{(z-1)(z+0.5)} = \lim\limits_{z \to 1}\dfrac{z-1}{z} \times \dfrac{9z}{(z-1)(z+0.5)} = \dfrac{9}{1.5} = 6$

【답】①

79 다음 블록선도의 전달함수 $\left(\dfrac{C(s)}{R(s)}\right)$는?

① $\dfrac{5}{11}$
② $\dfrac{6}{17}$
③ $\dfrac{5}{17}$
④ $\dfrac{6}{11}$

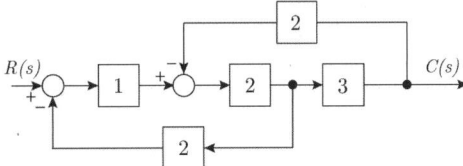

Explanation

블록선도의 전달 함수 $G(s) = \dfrac{\Sigma G}{1 - \Sigma L_1 + \Sigma L_2 + \cdots}$

여기서, L_1 : 각각의 모든 폐루프 이득의 합
L_2 : 서로 접촉하지 않는 2개의 폐루프 이득의 곱의 합
ΣG : 각각의 전향 경로의 합

따라서 전달함수 $G(s) = \dfrac{C(s)}{R(s)} = \dfrac{1 \times 2 \times 3}{1 - [(-2 \times 3 \times 2) + (-1 \times 2 \times 2)]} = \dfrac{6}{17}$

【답】②

80 자동제어계를 주파수 영역에서 관찰할 때 필요없는 요소는?

① 분리도
② 오차
③ 공진정점
④ 대역폭

Explanation

주파수 영역 해석 : 분리도, 공진정점, 대역폭

【답】②

5과목 전기설비기술기준

81
공칭전압이 750[V]인 직류시스템에서 전차선과 건조물 간의 동적 최소 절연간격은 몇 [mm] 이상을 확보해야 하는가?

① 25
② 100
③ 150
④ 170

Explanation

(KEC 431.2조) 전차선로의 충전부와 건조물 간의 절연이격
건조물과 전차선, 급전선 및 전기철도차량 집전장치의 공기절연 이격거리는 표에 제시되어 있는 정적 및 동적 최소 절연이격거리 이상을 확보하여야 한다. 동적 절연이격의 경우 팬터그래프가 통과하는 동안의 일시적인 전선의 움직임을 고려하여야 한다.

시스템 종류	공칭전압[V]	동적[mm]		정적[mm]	
		비오염	오염	비오염	오염
직류	750	25	25	25	25
	1,500	100	110	150	160

【답】①

82
일반적으로 사용되며 일반인이 사용하는 콘센트는 정격전류 몇 [A] 이하일 때 누전차단기에 의한 추가적 보호를 하여야 하는가?

① 20
② 32
③ 51
④ 68

Explanation

(KEC 211.2.3조) 고장보호의 요구사항 - 추가적인 보호
다음에 따른 교류계통에서는 누전차단기에 의한 추가적 보호를 하여야 한다.
① **일반적으로 사용되며 일반인이 사용하는 정격전류 20[A] 이하 콘센트**
② 옥외에서 사용되는 정격전류 32[A] 이하 이동용 전기기기

【답】①

83
저압보안공사 시 전선은 케이블 이외에는 사용전압이 400[V] 이하인 경우 지름 몇 [mm] 이상의 경동선을 사용해야 하는가?

① 1
② 2
③ 4
④ 5

Explanation

(KEC 222.10조) 저압 보안공사
전선은 케이블인 경우 이외에는 인장강도 8.01[kN] 이상의 것 또는 지름 5[mm](사용전압이 400[V] 이하인 경우에는 인장강도 5.26[kN] 이상의 것 또는 지름 4[mm] 이상의 경동선) 이상의 경동선이어야 한다.

【답】③

84
교통신호등 제어장치의 2차측 배선의 최대사용전압은 몇 [V] 이하여야 하는가?

① 150
② 220
③ 300
④ 500

Explanation

(KEC 234.15조) 교통신호등
교통신호등 회로의 사용 전압 : 300[V] 이하

【답】③

85
옥외설비의 절연유 유출방지설비에 대한 내용으로 틀린 것은?

① 집유조 및 집수탱크가 시설되는 경우 집수탱크는 최대 용량 변압기의 유량에 대한 집유능력이 있어야 한다.

② 절연유 유출 방지설비의 선정은 기기에 들어 있는 절연유의 양, 빗물 및 화재보호시스템의 용수량, 근접 수로 및 토양조건을 고려해야 한다.
③ 절연유 및 냉각액에 대한 집유조 및 집수탱크의 용량은 물의 유입으로 지나치게 감소되지 않아야 하며, 자연배수 및 강제배수가 가능해야 한다.
④ 벽, 집유조 및 집수탱크에 관련된 배관은 액체가 침투하는 것이어야 한다.

> **Explanation**

(KEC 311.7조) 절연유 누설에 대한 보호 – 옥외설비의 절연유 유출방지설비
① 절연유 유출 방지설비의 선정은 기기에 들어 있는 절연유의 양, 빗물 및 화재보호시스템의 용수량, 근접 수로 및 토양조건을 고려하여야 한다.
② 집유조 및 집수탱크가 시설되는 경우 집수탱크는 최대 용량 변압기의 유량에 대한 집유능력이 있어야 한다.
③ 벽, 집유조 및 집수탱크에 관련된 배관은 액체가 침투하지 않는 것이어야 한다.
④ 절연유 및 냉각액에 대한 집유조 및 집수탱크의 용량은 물의 유입으로 지나치게 감소되지 않아야 하며, 자연배수 및 강제배수가 가능하여야 한다.

【답】 ④

86 사용전압이 35[kV] 초과인 특고압용 차단기가 동작 시에 아크가 생기는 경우 목재의 벽 또는 천장 기타의 가연성 물체로부터 몇 [m] 이상 이격하여 시설해야 하는가?
① 1
② 1.5
③ 2
④ 0.5

> **Explanation**

(KEC 341.7조) 아크를 발생하는 기구의 시설
고압용 또는 특고압용의 개폐기·차단기·피뢰기 기타 이와 유사한 기구로서 동작 시에 아크가 생기는 것은 목재의 벽 또는 천장 기타의 가연성 물체로부터 고압용 1[m], **특고압용 2[m] 이상**(사용전압이 35[kV] 이하의 특고압용의 기구 등으로서 동작할 때에 생기는 아크의 방향과 길이를 화재가 발생할 우려가 없도록 제한하는 경우에는 1[m] 이상) 이격하여 시설

【답】 ③

87 저압 가공전선이 도로 등의 접근상태로 시설될 경우 전차선로 지지물과의 간격은 몇 [m] 이상인가?
① 0.3
② 3
③ 0.6
④ 6

> **Explanation**

(KEC 332.12조) 고압 가공전선과 도로 등의 접근 또는 교차
저압 또는 고압 가공전선이 도로·횡단보도교·철도·궤도·삭도 또는 저압 전차선과 접근상태로 시설되는 경우의 간격

도로 등의 구분	간격[m]
도로·횡단보도교·철도·궤도	3
삭도나 그 지지기둥 또는 저압 전차선	0.6(전선이 고압 절연전선, 특고압 절연전선 또는 케이블인 경우 0.3)
저압 전차선로의 지지물	0.3

【답】 ①

88 지중전선로의 시설방법이 아닌 것은?
① 암거식
② 압착식
③ 관로식
④ 직접 매설식

> **Explanation**

(KEC 334.1조) 지중 전선로의 시설
지중전선로는 전선에 케이블을 사용하고 **직접 매설식, 관로식, 암거식**에 의하여 시설하여야 한다.

【답】 ②

89 사용전압이 22.9[kV]인 가공전선과 지지물 사이의 이격거리는 몇 [m] 이상이어야 하는가?
① 0.2
② 0.15
③ 0.65
④ 1.3

> **Explanation**

(KEC 333.5조) 특고압 가공전선과 지지물 등의 이격거리
특고압 가공전선과 그 지지물·완금류·지지기둥 또는 지지선 사이의 이격거리는 표에서 정한 값 이상이어야 한다. 다만, 기술상 부득이한 경우에 위험의 우려가 없도록 시설한 때에는 표에서 정한 값의 0.8배까지 감할 수 있다.

사용전압	이격거리[m]
15[kV] 미만	0.15
15[kV] 이상 25[kV] 미만	0.2
25[kV] 이상 35[kV] 미만	0.3
…	…

【답】①

90 고압 또는 특고압의 모선을 옥외에 시설하는 변전소에서 지표면과 울타리 담 등의 하단 사이의 간격은 몇 [m] 이하로 해야 하는가?
① 0.5
② 0.75
③ 1
④ 0.15

> **Explanation**

(KEC 351.1조) 발전소 등의 울타리·담 등의 시설
고압 또는 특고압의 기계기구·모선 등을 옥외에 시설하는 발전소·변전소·개폐소 또는 이에 준하는 곳에는 울타리·담 등의 높이는 2[m] 이상으로 하고 **지표면과 울타리·담 등의 하단 사이의 간격은 0.15[m] 이하로 할 것**

【답】④

91 저압 옥내배선공사를 할 때 절연전선을 사용하지 않는 공사방법은?
① 금속관 공사
② 버스덕트 공사
③ 플로어덕트 공사
④ 합성수지관 공사

> **Explanation**

(KEC 231.4조) 나전선의 사용 제한
옥내배선공사에서 나전선을 사용할 수 있는 것은 **버스덕트공사, 라이팅덕트공사**이다.

【답】②

92 사용전압이 66[kV]인 가공전선과 사용전압이 6[kV]인 가공전선을 동일 지지물에 시설하는 경우 특고압 가공전선은 케이블인 경우를 제외하고는 단면적이 몇 [mm²] 이상인 경동연선을 사용해야 하는가?
① 50
② 55
③ 95
④ 150

> **Explanation**

(KEC 333.17조) 특고압 가공전선과 저고압 가공전선 등의 병행설치
사용전압이 35[kV]을 초과하고 100[kV] 미만인 특고압 가공전선과 저압 또는 고압 가공전선을 동일 지지물에 시설하는 경우 **특고압 가공전선은 케이블인 경우를 제외하고는 인장강도 21.67[kN] 이상의 연선 또는 단면적이 50[mm²] 이상 경동연선**

【답】①

93 전기철도에서 귀선로에 대한 내용으로 옳은 것은?
① 귀선로는 절연보호도체, 매설접지도체, 레일로 구성되어 있다.
② 단권변압기 중성점과 각각 단독접지에 접속한다.
③ 귀선로는 사고 및 지락 시에도 충분한 허용전류용량을 갖도록 해야 한다.
④ 철도에 있어서 차륜을 직접지지하고 안내해서 차량을 안전하게 주행시키는 선로를 말한다.

> Explanation

(KEC 431.5조) 귀선로
① 귀선로는 비절연보호도체, 매설접지도체, 레일 등으로 구성하여 단권변압기 중성점과 공통접지에 접속한다.
② 비절연보호도체의 위치는 통신유도장해 및 레일전위의 상승의 경감을 고려하여 결정하여야 한다.
③ 귀선로는 사고 및 지락 시에도 충분한 허용전류용량을 갖도록 하여야 한다.
④는 "레일"의 정의이다.   【답】③

94 임시 전선로의 시설에서 저압 방호구에 넣은 절연전선 등을 사용하는 저압 가공전선과 건조물의 상부 조영재 사이의 간격은 접근형태가 위쪽일 때 몇 [m]까지 감할 수 있는가?
① 0.3　　　　　　　　　② 0.4
③ 1　　　　　　　　　　④ 2

> Explanation

(KEC 335.10조) 임시전선로의 시설
저압 방호구에 넣은 절연전선 등을 사용하는 저압 가공전선 또는 고압 방호구에 넣은 고압 절연전선 등을 사용하는 고압 가공전선과 조영물의 조영재 사이의 간격은 아래 표의 값까지 감할 수 있다.

조영물 조영재의 구분		접근형태	간격[m]
건조물	상부 조영재	위쪽	1
		옆쪽 또는 아래쪽	0.4
	상부 이외의 조영재		0.4

【답】③

95 사용전압이 300[V]인 지중전선이 지중약전류 전선과 접근 또는 교차할 때 상호간에 내화성 격벽을 설치한다면 그 간격은 몇 [m] 이하인 경우인가?
① 0.3　　　　　　　　　② 0.5
③ 0.6　　　　　　　　　④ 1.0

> Explanation

(KEC 232.3.7조) 배선설비와 다른 공급설비와의 접근
지중 전선이 지중 약전류전선 등과 접근하거나 교차하는 경우에 **상호 간의 간격이 저압 지중 전선은 0.3[m] 이하인 때**에는 지중 전선과 지중 약전류전선 등 사이에 견고한 **내화성의 격벽을 설치**하거나 지중 전선을 견고한 불연성 또는 난연성의 관에 넣어 그 관이 지중 약전류전선 등과 직접 접촉하지 아니하도록 하여야 한다.   【답】①

96 주택 등 저압 수용 장소에서 고정 전기설비에 TN-C-S 방식으로 접지공사 시 중성선 겸용 보호도체(PEN)를 알루미늄으로 사용할 경우 단면적은 몇 [㎟] 이상인가?
① 2.5　　　　　　　　　② 6
③ 10　　　　　　　　　　④ 16

> Explanation

(KEC 142.4.2조) 주택 등 저압수용장소 접지
저압수용장소에서 계통접지가 TN-C-S 방식인 경우에 중성선 겸용 보호도체(PEN)는 고정 전기설비에만 사용할 수 있고, 그 도체의 단면적이 구리는 10[㎟] 이상, **알루미늄은 16[㎟] 이상**이어야 한다.   【답】④

97 철도 또는 궤도를 횡단하는 저압 가공전선의 높이는 레일면상 몇 [m] 이상인가?
① 5.5　　　　　　　　　② 6.5
③ 7.5　　　　　　　　　④ 8.5

> Explanation

(KEC 222.7조) 저압 가공전선의 높이

① 도로횡단 : 6[m] 이상
② **철도횡단 : 레일면상 6.5[m] 이상**
③ 횡단보도교 위 : 3.5[m] 이상
④ 기타 : 5[m] 이상

【답】②

98 전력보안통신설비의 전원공급기 시설에 대한 설명으로 틀린 것은?
① 전원공급기의 시설방향은 인도측으로 시설하며 외함은 접지를 시행하여야 한다.
② 전원공급기는 지상에서 4[m] 이상 유지하여야 한다.
③ 전원공급기 시설 시 통신사업자는 기기 전면에 명판을 부착하여야 한다.
④ 기기주, 변압기 전주 및 분기주 등 설비 복잡개소에는 전원공급기를 시설하여야 한다.

Explanation

(KEC 362.9조) 전력보안통신설비의 전원공급기 시설
① 전원공급기는 다음에 따라 시설하여야 한다.
 - 지상에서 4[m] 이상 유지할 것.
 - 누전차단기를 내장할 것.
 - 시설방향은 인도측으로 시설하며 외함은 접지를 시행할 것.
② **기기주, 변주 및 분기주 등 설비 복잡개소에는 전원공급기를 시설할 수 없다.** 다만, 현장 여건상 부득이한 경우에는 예외적으로 전원공급기를 시설할 수 있다.
③ 전원공급기 시설시 통신사업자는 기기 전면에 명판을 부착하여야 한다.

【답】④

99 최대 사용전압이 22,900[V]인 3상 4선식 중성선 다중접지식 전로와 대지 사이의 절연내력 시험전압은 몇 [V]인가?
① 21,068
② 25,229
③ 28,752
④ 32,510

Explanation

(KEC 132조) 고압·특고압의 전로의 절연내력

접지 방식	최대 사용전압	시험전압(최대 사용 전압의 배수)	최저 시험 전압
중성점 다중 접지	25,000[V] 이하	0.92배	

∴ 시험전압 = 22,900 × 0.92 = 21,068[V]

【답】①

100 전차의 급전선로의 시설에 대한 내용으로 틀린 것은?
① 가공식은 전차선의 높이 이상으로 전차선로 지지물에 병행 설치하며, 나전선의 접속은 직선접속을 원칙으로 한다.
② 신설 터널 내 급전선을 가공으로 설계할 경우 지지물의 취부는 C차넬 또는 매입전을 이용하여 고정해야 한다.
③ 전기적 영향에 대한 최소 간격이 보장되지 않거나 지락, 불꽃 방전 등의 우려가 있을 경우에는 급전선을 케이블로 하여 안전하게 시공해야 한다.
④ 선상승강장, 인도교, 과선교 또는 다리 하부 등에 설치할 때에는 최소 절연간격 이하로 확보해야 한다.

Explanation

(KEC 431.4조) 급전선로
① 급전선은 나전선을 적용하여 가공식으로 가설을 원칙으로 한다. 다만, 전기적 영향에 대한 최소 간격이 보장되지 않거나 지락, 불꽃 방전 등의 우려가 있을 경우에는 급전선을 케이블로 하여 안전하게 시공하여야 한다.
② 가공식은 전차선의 높이 이상으로 전차선로 지지물에 병행 설치하며, 나전선의 접속은 직선접속을 원칙으로 한다.
③ 신설 터널 내 급전선을 가공으로 설계할 경우 지지물의 취부는 C차넬 또는 매입전을 이용하여 고정하여야 한다.
④ 선상승강장, 인도교, 과선교 또는 다리 하부 등에 설치할 때에는 **최소 절연간격 이상을 확보**하여야 한다.

【답】④

2024년 전기기사 필기

1과목 전기자기학

01 전속밀도 $D = x^2 i + y^2 j + z^2 k [C/m^2]$를 발생시키는 점(1, 2, 3)에서의 체적 전하밀도는 몇 $[C/m^3]$인가?
① 12
② 13
③ 14
④ 15

Explanation

체적 전하밀도를 구하기 위하여 가우스의 정리를 이용하면 $\text{div } D = \rho [C/m^3]$

$\text{div } D = \nabla \cdot D = \frac{\partial Dx}{\partial x} + \frac{\partial Dy}{\partial y} + \frac{\partial Dz}{\partial z}$

$= \frac{\partial}{\partial x}(x^2) + \frac{\partial}{\partial y}(y^2) + \frac{\partial}{\partial z}(z^2)$

$= 2x + 2y + 2z$

여기서, 점(1, 2, 3)을 대입하면 체적 전하밀도 $\rho = 2 \times 1 + 2 \times 2 + 2 \times 3 = 12 [C/m^3]$

【답】①

02 자유 공간에서 점 P(5, -2, 4)가 도체면상에 있으며, 이 점에서의 전계 $E = 6a_x + 2a_y - 3a_z [V/m]$이다. 점 P에서의 면전하 밀도 $\rho_s [C/m^2]$은?
① $-2\epsilon_o [C/m^2]$
② $3\epsilon_o [C/m^2]$
③ $6\epsilon_o [C/m^2]$
④ $7\epsilon_o [C/m^2]$

Explanation

도체 표면에서의 전계의 세기 : $E = \frac{\sigma}{\epsilon_0}$

면전하 밀도 $\sigma = \epsilon_0 E = \sqrt{6^2 + 2^2 + (-3)^2} \epsilon_0 = 7\epsilon_0$

【답】④

03 영구 자석에 관한 설명으로 옳지 않은 것은?
① 한번 자화된 다음에는 자기를 영구적으로 보존하는 자석이다.
② 보자력이 클수록 자계가 강한 영구 자석이 된다.
③ 잔류 자속 밀도가 클수록 자계가 강한 영구 자석이 된다.
④ 자석 재료로 폐회로를 만들면 강한 영구 자석이 된다.

Explanation

영구 자석
• 잔류자속과 보자력이 클 것
• 히스테리시스 루프의 면적이 클 것
• 한번 자화된 다음에는 자기를 영구적으로 보존하는 자석
• 강한 영구 자석 : 외부에서 큰 자계를 가할 것

【답】④

04

한 변이 L[m]되는 정사각형의 도선회로에 전류 I[A]가 흐르고 있을 때 회로중심에서의 자속밀도는 몇 [Wb/m²]인가?

① $\dfrac{2\sqrt{2}}{\pi}\mu_o\dfrac{L}{I}$ ② $\dfrac{\sqrt{2}}{\pi}\mu_o\dfrac{I}{L}$

③ $\dfrac{2\sqrt{2}}{\pi}\mu_o\dfrac{I}{L}$ ④ $\dfrac{4\sqrt{2}}{\pi}\mu_o\dfrac{L}{I}$

Explanation

정사각형 중심의 자계의 세기 $H=\dfrac{2\sqrt{2}\,I}{\pi L}$ [AT/m]

자속밀도 $B=\mu H=\mu_o\dfrac{2\sqrt{2}}{\pi}\dfrac{I}{L}$

【답】③

05

정현파 자속의 주파수를 2배로 높이면 유기기전력은?

① 변하지 않는다.   ② 2배로 증가한다.
③ 4배로 증가한다.   ④ $\dfrac{1}{2}$이 된다.

Explanation

정현파 자속을 $\phi=\phi_m \sin\omega t$라 하면

유기기전력 $e=-N\dfrac{d\phi}{dt}=-N\dfrac{d}{dt}(\phi_m \sin\omega t)=\omega N\phi_m \sin\left(\omega t-\dfrac{\pi}{2}\right)$[V]

따라서 유기기전력은 주파수에 비례한다.

【답】②

06

전위 함수가 $V=2x+5yz+3$일 때, 점 (2, 1, 0)에서의 전계의 세기는?

① $-2i-5j-3k$ ② $i+2j+3k$
③ $-2i-5k$ ④ $4i+3k$

Explanation

$E=-\operatorname{grad} V=-\left(\dfrac{\partial}{\partial x}i+\dfrac{\partial}{\partial y}j+\dfrac{\partial}{\partial z}k\right)V=-2i-5zj-5yk$에서

점(2, 1, 0)을 대입하면
$E=-2i-5k$

【답】③

07

그림과 같이 $z=0$인 평면상에 반지름 a[m]인 원형도선이 있다. 균일한 선밀도가 λ[C/m]일 때 $z=h$인 점에서의 전위[V]는?(단, 주위공간의 유전율은 ϵ_0이다)

① $\dfrac{\lambda a}{2\epsilon_0(a^2+h^2)}$ ② $\dfrac{\lambda a}{2\epsilon_0\sqrt{a^2+h^2}}$

③ $\dfrac{\lambda h}{2\epsilon_0(a^2+h^2)}$ ④ $\dfrac{\lambda h}{2\epsilon_0\sqrt{a^2+h^2}}$

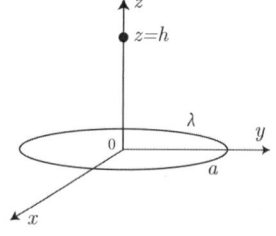

Explanation

전위 $V=\dfrac{Q}{4\pi\epsilon_o r}$ [V]

문제에서 $z=h$이므로 $r=\sqrt{a^2+h^2}$이고

전하 $Q = \lambda \cdot l = \lambda \cdot 2\pi a$

따라서 전위 $V = \dfrac{Q}{4\pi\epsilon_o r} = \dfrac{\lambda \cdot 2\pi a}{4\pi\epsilon_o \sqrt{a^2+h^2}} = \dfrac{\lambda a}{2\epsilon_0 \sqrt{a^2+h^2}}$ [V]

【답】②

08 자속밀도가 0.3[Wb/m²]인 평등자계 내에 5[A]의 전류가 흐르는 길이 2[m]인 직선도체가 있다. 이 도체를 자계 방향에 대하여 60°의 각도로 놓았을 때 이 도체가 받는 힘은 약 몇 [N]인가?

① 1.3　　　　　　　　　　　② 2.6
③ 4.7　　　　　　　　　　　④ 5.2

Explanation

플레밍의 왼손법칙 : 평등자장 내에 전류가 흐르고 있는 도체가 받는 힘
$F = (I \times B)l = IBl\sin\theta$
$\quad = 5 \times 0.3 \times 2 \times \sin 60° = 2.6$[N]

【답】②

09 반지름 a[m]이고, $N = 1$회의 원형 코일에 I[A]의 전류가 흐를 때 그 코일의 중심점에서의 자계의 세기 [AT/m]는?

① $\dfrac{I}{2\pi a}$　　　　　　　　　② $\dfrac{I}{4\pi a}$
③ $\dfrac{I}{2a}$　　　　　　　　　　④ $\dfrac{I}{4a}$

Explanation

원형 코일 중심에서의 자계의 세기 $H = \dfrac{I}{2a} \times N = \dfrac{I}{2a}$

【답】③

10 동일한 금속 도선의 두 점 사이에 온도차를 주고 전류를 흘렸을 때 열의 발생 또는 흡수가 일어나는 현상은?

① 펠티에(Peltier)효과　　　　② 볼타(Volta)효과
③ 제벡(Seebeck)효과　　　　④ 톰슨(Thomson)효과

Explanation

- 제벡효과 : 두 종류의 다른 금속을 접합하여 폐회로를 만들고 두 접합점 사이에 온도차를 주었을 때 이 폐회로에 기전력이 생겨서 전류가 흐르는 현상
- 펠티에효과 : 두 종류의 금속 도선의 두 점 간에 온도차를 주고 고온 쪽에서 저온 쪽으로 전류를 흘리면 도선에서 열이 흡수 또는 발생하는 현상
- **톰슨효과 : 동일한 금속 도선의 두 점 간에 온도차를 주고 고온 쪽에서 저온 쪽으로 전류를 흘리면 도선에서 열이 흡수 또는 발생하는 현상**
- 볼타효과 : 서로 다른 두 종류의 금속을 접촉시킨 다음 얼마 후에 떼어서 각각을 측정해 보면 + 및 −로 대전하는 현상

【답】④

11 내경의 반지름이 1[mm], 외경의 반지름이 3[mm]인 동축 케이블의 단위 길이당 인덕턴스는 약 몇 [μH/m]인가? 단, 이 때 $\mu_r = 1$이며, 내부 인덕턴스는 무시한다.

① 0.1[μH/m]　　　　　　　② 0.2[μH/m]
③ 0.3[μH/m]　　　　　　　④ 0.4[μH/m]

Explanation

동축 케이블의 인덕턴스 $L = \dfrac{\mu_0}{2\pi} \ln \dfrac{b}{a}$ [H/m]

$= \dfrac{4\pi \times 10^{-7}}{2\pi} \ln \dfrac{3}{1} = 0.2 \times 10^{-6}$

$= 0.2 [\mu \text{H/m}]$

【답】②

12 평행판 콘덴서에 어떤 유전체를 넣었을 때 전속 밀도가 4.8×10^{-7}[C/m²]이고, 단위 체적당 에너지가 5.3×10^{-3}[J/m³]이었다. 이 유전체의 유전율은 몇 [F/m]인가?

① 1.15×10^{-11} [F/m]　　　　② 2.17×10^{-11} [F/m]
③ 3.19×10^{-11} [F/m]　　　　④ 4.21×10^{-11} [F/m]

Explanation

체적당 에너지 $w = \dfrac{1}{2} \epsilon E^2 = \dfrac{D^2}{2\epsilon} = \dfrac{1}{2} ED$ [J/m³]에서

$\epsilon = \dfrac{D^2}{2w} = \dfrac{(4.8 \times 10^{-7})^2}{2 \times 5.3 \times 10^{-3}} = 2.17 \times 10^{-11}$ [F/m]

【답】②

13 내압 1,000[V] 정전용량 1[μF], 내압 750[V] 정전용량 2[μF], 내압 500[V] 정전용량 5[μF]인 콘덴서 3개를 직렬로 접속하고 인가전압을 서서히 높이면 최초로 파괴되는 콘덴서는?

① 1[μF]　　　　② 2[μF]
③ 5[μF]　　　　④ 동시에 파괴된다.

Explanation

콘덴서 직렬연결 시 파괴되는 콘덴서는 $Q = CV$에서 Q 값이 작은 콘덴서가 먼저 파괴된다.

$Q_1 = C_1 V_1 = 1 \times 1,000 = 1,000$[C]
$Q_2 = C_2 V_2 = 2 \times 750 = 1,500$[C]
$Q_3 = C_3 V_3 = 5 \times 500 = 2,500$[C]이므로
전하량이 가장 적은 1[μF]의 콘덴서가 가장 먼저 파괴된다.

【답】①

14 다음 중 유전체에서 전자 분극이 나타나는 이유를 설명한 것으로 가장 알맞은 것은?

① 단결정 매질에서 전자운과 핵의 상대적인 변위에 의한다.
② 화합물에서 (+)이온과 (-)이온 간의 상대적인 변위에 의한다.
③ 단결정에서 (+)이온과 (-)이온 간의 상대적인 변위에 의한다.
④ 영구 전기 쌍극자의 전계 방향의 배열에 의한다.

Explanation

• 전자 분극 : 단결정 매질에서 전자운과 핵의 상대적인 변위

【답】①

15 높은 주파수의 전자파가 전파될 때 일기가 좋은 날보다 비오는 날 전자파의 감쇠가 심한 원인은?

① 도전율 관계임　　　　② 유전율 관계임
③ 투자율 관계임　　　　④ 분극률 관계임

Explanation

진공이 아닌 이상 일반 공기는 무시할 수 있을 정도의 도전율을 갖고 있으나 비오는 날(즉, 습도상승)은 공기 중의 도전성이 증가하며 감쇠가 더 심하게 나타난다.

【답】①

16 반자성체에서 비투자율(μ_r)은 어느 값을 갖는가?

① $\mu_r = 1$
② $\mu_r < 1$
③ $\mu_r > 1$
④ $\mu_r = 0$

Explanation

자화율 $\chi = \mu_0(\mu_r - 1)$ 이므로
- 강자성체(철, 니켈, 코발트) : $\mu_r \gg 1$ 이고 자화율 $\chi > 0$
- 상자성체(공기, 진공, 알루미늄) : $\mu_r \geq 1$ 이고 자화율 $\chi > 0$
- 역(반)자성체(구리, 창연, 금) : $\mu_r < 1$ 이고 자화율 $\chi < 0$

【답】②

17 환상철심에 권수 3,000회 A코일과 권수 200회 B코일이 감겨져 있다. A코일의 자기 인덕턴스가 360[mH]일 때 A, B 두 코일의 상호 인덕턴스는 몇 [mH]인가? (단, 결합계수는 1이다)

① 16
② 24
③ 36
④ 72

Explanation

자기 인덕턴스와 상호 인덕턴스

- 자기 인덕턴스 : $L_1 = \dfrac{N_1^2}{R_m}$ $L_2 = \dfrac{N_2^2}{R_m}$
- 상호 인덕턴스 : $M = \dfrac{N_1 N_2}{R_m} = \dfrac{N_2}{N_1} L_1 = \dfrac{200}{3,000} \times 360 = 24[mH]$

【답】②

18 임의의 방향으로 배열되었던 강자성체의 자구가 외부 자기장의 힘이 일정치 이상이 되는 순간에 급격히 회전하여 자기장의 방향으로 배열되고 자속밀도가 증가하는 현상을 무엇이라 하는가?

① 자기여효(magnetic aftereffect)
② 바크하우젠 효과(Barkhausen effect)
③ 자기왜현상(magneto-striction effect)
④ 핀치 효과(Pinch effect)

Explanation

바크하우젠 효과(Barkhausen effect)
$B - H$ 곡선에서 B가 계단적으로 증감하는 것
자성체 내에서 임의의 방향으로 배열되었던 자구가 외부자장의 힘이 일정치 이상이 되면 순간적으로 회전하여 자장의 방향으로 배열되기 때문에 자속 밀도가 증가하는 현상

【답】②

19 투자율이 μ[H/m], 단면적이 S[m²], 길이가 l[m]인 자성체에 권선을 N회 감아서 I[A]의 전류를 흘렸을 때 이 자성체의 단면적 S[m²]를 통과하는 자속[Wb]은?

① $\mu \dfrac{I}{Nl} S$
② $\mu \dfrac{NI}{Sl}$
③ $\dfrac{NI}{\mu S} l$
④ $\mu \dfrac{NI}{l} S$

Explanation

기자력 $F_m = NI = R_m \phi$ 에서

자속 $\phi = \dfrac{F_m}{R_m} = \dfrac{NI}{R_m} = \dfrac{NI}{\dfrac{l}{\mu S}} = \dfrac{\mu S NI}{l}$ [Wb] : 자기회로의 옴의 법칙

【답】④

20 대지면에 높이 h[m]로 평행하게 가설된 매우 긴 선전하가 지면으로부터 받는 힘은?
① h에 비례
② h에 반비례
③ h^2에 비례
④ h^2에 반비례

> **Explanation**
>
> 전기영상법을 이용하여
> 전계의 세기 $E = \dfrac{\lambda}{2\pi\epsilon_0(2h)} = \dfrac{\lambda}{4\pi\epsilon_0 h}$
> 힘 $f = -\lambda E = -\dfrac{\lambda^2}{4\pi\epsilon_0 h}$ [N/m]
> ∴ h에 반비례한다.
>
> 【답】②

2과목 전력공학

21 조압수조의 설치 목적은?
① 조속기의 보호
② 수차의 보호
③ 여수의 처리
④ 수압관의 보호

> **Explanation**
>
> 조압 수조(surge tank)
> 부하 변동 시 수압(수격작용)을 완화시켜 수압 철관을 보호하기 위한 장치
>
> 【답】④

22 10,000[kVA] 기준으로 등가 임피던스가 0.4[%]인 발전소에 설치될 차단기의 차단용량은 몇 [MVA]인가?
① 1,000
② 1,500
③ 2,000
④ 2,500

> **Explanation**
>
> 단락 용량 $P_s = \dfrac{100}{\%Z} P_n = \dfrac{100}{0.4} \times 10{,}000 \times 10^{-3} = 2{,}500$ [MVA]
> 여기서, 차단기의 차단용량이 단락용량보다 크거나 최소한 같게 선정한다.
>
> 【답】④

23 비접지식 송전선로에 있어서 1선 지락고장이 생겼을 경우 지락점에 흐르는 전류는?
① 직류 전류
② 고장상의 영상전압과 동상의 전류
③ 고장상의 영상전압보다 90° 빠른 전류
④ 고장상의 영상전압보다 90° 늦은 전류

> **Explanation**
>
> 비접지식의 지락전류
> $I_g = \dfrac{E}{Z} = j3\omega C_s E$
> 따라서 1선 지락 시 지락전류는 고장상의 영상전압보다 90° 빠른 전류가 된다.
>
> 【답】③

24 송전선에서 재폐로 방식을 사용하는 목적은?
① 역률 개선
② 안정도 증진
③ 유도장해의 경감
④ 코로나 발생 방지

Explanation

안정성 향상 대책
- 직렬 리액턴스(X)를 작게 한다.
- 전압 변동을 작게 한다.
- 중간 조상 방식을 채용한다.
- 고장전류를 줄이고 고장 구간을 신속하게 차단한다.
  - 적당한 중성점 접지 방식을 채용하여 지락전류를 줄인다.
  - 고속도 계전기, 고속도 차단기를 채용한다.
  - **고속도 재폐로 방식을 채용한다(과도 안정도 증진).**

【답】②

25 가스절연 개폐장치(GIS)의 구성으로 옳지 않은 것은?
① 단로기
② 주변압기
③ 계기용 변압기
④ 차단기

Explanation

GIS의 구성
① 가스 차단기(CB)
② 단로기(DS)
③ 접지 개폐기(ES)
④ 피뢰기(LA)
⑤ 계기용 변압기, 변류기 등

【답】②

26 특유속도가 가장 낮은 수차는?
① 프로펠러수차
② 프란시스수차
③ 사류수차
④ 펠튼수차

Explanation

특유 속도(비속도)
기하학적으로 같은 러너를 가정하여 이것을 단위낙차 1[m]에서 단위출력 1[kW]를 발생하였을 때의 회전수[m·kW].
수차의 낙차가 클수록 특유 속도가 낮으며, 낙차가 가장 큰 것은 펠튼 수차이다.

【답】④

27 전력케이블의 연피손의 원인으로 옳은 것은?
① 히스테리시스손
② 표피효과
③ 와류손
④ 유전체손

Explanation

케이블의 손실
- 저항손(도체손) : I^2R에 의한 손실
- 유전체손(절연체손) : $P_c = \omega CE^2 \tan\delta$
- 연피손 : 전자유도 작용

케이블에 교류를 흘리면, 도체로부터의 전자 유도 작용으로 연피에 전압이 유기되고, 이에 따라 와전류가 흐르게 되어 손실이 발생된다.

【답】③

28 인터록(interlock)의 기능에 대한 설명으로 맞는 것은?
① 조작자의 의중에 따라 개폐되어야 한다.
② 차단기가 열려 있어야만 단로기를 닫을 수 있다.
③ 차단기가 닫혀 있어야만 단로기를 닫을 수 있다.
④ 차단기와 단로기를 별도로 닫고, 열 수 있어야 한다.

> **Explanation**
>
> 인터록(Interlock) : 차단기가 열려 있어야 단로기 조작 가능
> - 투입 시 : DS – CB 순
> - 차단 시 : CB – DS 순

【답】②

29 페란티(ferranti) 효과의 발생 원인은?
① 선로의 저항
② 선로의 인덕턴스
③ 선로의 정전 용량
④ 전로의 누설 컨덕턴스

> **Explanation**
>
> 페란티 현상
> - 무부하시 송전단 전압보다 수전단 전압이 커지는 현상
> - 선로의 정전 용량에 의해서
> - 방지법 : 분로 리액터(Sh.R)

【답】③

30 초고압 송전선로에서 코로나 발생을 방지하기 위한 대책으로 잘못된 것은?
① 굵은 전선 사용
② 복도체, 다도체 채용
③ 가선금구 개량
④ 매설지선 설치

> **Explanation**
>
> 코로나 방지대책
> - 코로나 임계전압을 크게, 전위경도를 작게
> - 전선의 지름을 크게
> - 복도체(다도체) 방식(가장 효과적인 방법)
> - 가선금구를 개량
> * 문제에서 매설지선은 역섬락 방지대책이다.

【답】④

31 연가에 의한 효과가 아닌 것은?
① 직렬공진의 방지
② 대지정전용량의 감소
③ 통신선의 유도장해 감소
④ 선로정수의 평형

> **Explanation**
>
> 연가 : 선로정수를 평형 시키기 위하여 3상 3선식 선로를 3배수 등분하여 실시
> - 선로정수 평형(각 상의 전압, 전류 평형)
> - 정전유도장해 감소
> - 소호리액터 접지 시의 직렬공진 방지

【답】②

32 차단은 쉽게 가능하나 재점호가 발생하기 쉬운 차단은 어느 것인가?
① $R-L$ 회로 차단
② 단락 전류 차단
③ L 회로 차단
④ C 회로 차단

> **Explanation**
>
> 재점호는 콘덴서에 의한 진상 전류 차단 시 발생하기 쉽다.

【답】④

33 한류리액터의 사용 목적은?
① 누설전류의 제한　　　　　　② 단락전류의 제한
③ 접지전류의 제한　　　　　　④ 이상전압 발생의 방지

Explanation

- 한류리액터 : 단락사고 시 단락전류 제한　　　　　　　　　　　　　　　　【답】②

34 송전선로의 중성점 접지방식 중 지락사고시 건전상의 전압상승이 $\sqrt{3}$ 배까지 올라가며, 지락전류가 최소인 접지방식은?
① 비접지　　　　　　　　　　② 소호 리액터 접지
③ 고저항 접지　　　　　　　　④ 직접 접지

Explanation

소호 리액터 접지 장·단점

장점	단점
• 지락 전류 최소 • 과도 안정도 최대 • 고장 중 운전이 가능 • 통신 유도 장해 최소	• 전위 상승 최대($\sqrt{3}$ 배 이상) • 보호 계전기 동작 불확실 • 설비비 고가

【답】②

35 변압기 권선의 상간 단락보호에 가장 적합한 계전기는?
① 충격유압 계전기　　　　　　② 온도 계전기
③ 비율차동 계전기　　　　　　④ 지락 계전기

Explanation

비율차동 계전기 : 발전기 및 변압기의 층간 단락 등 내부 고장 검출　　　　　　【답】③

36 직류 송전방식에 관한 설명으로 틀린 것은?
① 교류 송전방식보다 안정도가 낮다.
② 직류계통과 연계 운전 시 교류계통의 차단 용량은 작아진다.
③ 교류 송전방식에 비해 절연계급을 낮출 수 있다.
④ 비동기 연계가 가능하다.

Explanation

직류송전의 특징
• 선로의 리액턴스가 없으므로 안정도가 높다.
• 비동기연계가 가능하다.(주파수가 다른 선로의 연계 가능)
• 도체의 표피효과가 없다.
• 충전전류와 유전체손을 고려하지 않아도 된다.
• 변압이 어렵다.
• 고조파 억제 대책이 필요하다.　　　　　　　　　　　　　　　　　　　【답】①

37 전원이 양단에 있는 환상 선로의 단락 보호에 사용되는 계전기는?
① 방향 거리 계전기　　　　　　② 부족 전압 계전기
③ 선택 접지 계전기　　　　　　④ 부족 전류 계전기

Explanation

환상 선로 단락 보호
- 전원 1군데 : 방향 단락 계전 방식
- 전원 2군데 : 방향 거리 계전 방식

【답】①

38 변압기 결선에서 제3고조파 전압이 발생하는 결선은?
① Y-Y
② △-△
③ △-Y
④ Y-△

Explanation

Y-Y결선 특징
- 1, 2차 전압에 위상차가 없다.
- 중성점을 접지할 수 있으므로 이상 전압으로부터 변압기를 보호할 수 있다.
- 상전압이 선간 전압의 $\frac{1}{\sqrt{3}}$ 배이므로 절연이 용이하여 고전압에 유리하다.
- **중성점 접지 시 접지도체를 통해 제3고조파가 흐르므로 통신선에 유도 장해가 발생한다.**
- 보호 계전기 동작이 확실하다.
- 역 V결선 운전이 가능하다.

【답】①

39 다음 중 외부 이상전압에 대한 대책으로 관계가 없는 것은?
① 가공지선
② 매설지선
③ 피뢰기
④ 서지흡수기

Explanation

외부 이상전압에 대한 방호대책
① **가공지선** : 직격뢰(유도뢰) 차폐
② **매설지선** : 탑각 접지저항 값의 감소 → 역섬락 방지
③ **아킹혼, 아킹링** : 섬락 시 애자련 보호
④ **피뢰기** : 이상전압에 대해 전력기기 보호

【답】④

40 화력발전소에서 매일 최대 출력 100,000[kW], 부하율 90[%]로 60일간 연속 운전할 때 필요한 중유량은 약 몇 [t]인가? 단, 사이클 효율은 40[%], 보일러 효율은 85[%], 발전기 효율은 98[%]로 하고 중유의 발열량은 9,500[kcal/kg]이라 한다.
① 35,210
② 36,210
③ 37,210
④ 38,210

Explanation

부하율 $= \frac{평균\ 전력}{최대\ 전력} \times 100[\%]$ 에서 평균전력 = 최대전력 × 부하율 = 100,000 × 0.9 = 90,000[kW]

여기서, 화력발전소 열효율 $\eta = \frac{전기}{열} \times 100[\%]$

$\eta = \frac{860P\ t}{mH} \times 100[\%]$ 따라서 $m = \frac{860P\ t}{\eta H} = \frac{860 \times 90,000 \times 60 \times 24}{0.4 \times 0.85 \times 0.98 \times 9,500} \times 10^{-3} = 35,210[t]$

【답】①

3과목 전기기기

41 3상 반작용 전동기(reaction motor)의 특성으로 가장 옳은 것은?
① 역률이 좋다.
② 기동용 전동기가 필요하다.
③ 여자권선 없이 동기속도로 회전한다.
④ 토크가 비교적 크다.

Explanation

반작용 전동기(reaction motor), 릴럭턴스 모터(reluctance motor)
원리 : 고정자 회전자계의 자기유도에 의해 돌극 부분에서 발생하는 회전자계를 이용하는 동기전동기
• 특징 : 토크가 작고 역률이나 효율이 나쁘지만 구조가 간단하고 직류여자가 필요하지 않다
• 응용분야 : 팩시밀리의 드럼구동용, 공업계기의 차트지 발송용의 소용량 모터

【답】 ③

42 외분권 차동 복권 발전기의 단자 전압 V는? 단, Φ_s[Wb] : 직권 계자 권선에 의한 자속, Φ_f[Wb] : 분권 계자의 자속, R_a[Ω] : 전기자의 저항, R_s[Ω] : 직권 계자 저항, I_a[A] : 전기자의 전류, I[A] : 부하 전류, n[rps] : 속도, $k = \dfrac{PZ}{a}$이며 자기 회로의 포화현상과 전기자 반작용은 무시한다.

① $V = k(\Phi_f + \Phi_s)n - I_a R_a - IR_s$ [V]
② $V = k(\Phi_f - \Phi_s)n - I_a R_a - IR_s$ [V]
③ $V = k(\Phi_f + \Phi_s)n - I_a(R_a + R_s)$ [V]
④ $V = k(\Phi_f - \Phi_s)n - I_a(R_a + R_s)$ [V]

Explanation

외분권 차동 복권 발전기($\Phi = \Phi_f - \Phi_s$)
유기기전력 $E = V + I_a(R_a + R_s) = k(\Phi_f - \Phi_s)n$
단자전압 $V = k(\Phi_f - \Phi_s)n - I_a(R_a + R_s)$ [V]

【답】 ④

43 1상의 유도기전력이 6,000[V]인 동기발전기에서 1분간 회전수를 900[rpm]에서 1,800[rpm]으로 하면 유도기전력은 약 몇 [V]인가?
① 6,000
② 12,000
③ 24,000
④ 36,000

Explanation

동기속도 $N_s = \dfrac{120f}{p}$에서 $N_s = \dfrac{120f}{p} \propto f = \dfrac{1,800}{900} = 2$배
주파수가 2배이므로 유기기전력 $E = 4.44 f \omega k_w \Phi$에서 주파수가 2배가 되면 유기기전력도 2배가 된다.
∴ $E' = 6,000 \times 2 = 12,000$ [V]

【답】 ②

44 직류 전동기의 속도 제어법에서 워드 레오나드법은 다음 중 어떤 방식에 해당하는가?
① 계자 제어법
② 전기자 저항 제어법
③ 전압 제어법
④ 직병렬 제어법

Explanation

직류 전동기 속도 제어 $n = K' \dfrac{V - I_a R_a}{\phi}$ (K' : 기계정수)

종류	특징
전압 제어	• 광범위 속도 제어 가능 • 워드 레오나드 방식 : 소형부하(엘리베이터에 사용) • 일그너 방식(부하가 급변, 대용량 부하- 제철,제강,압연) : 플라이 휠 효과(관성 모멘트 증가) • 정토크 제어
계자 제어	• 세밀하고 안정된 속도 제어 • 정출력 제어
저항 제어	• 속도 조정 범위 좁다. • 효율이 저하

【답】 ③

45 동기발전기의 전기자 권선법 중 분포권의 장점이 아닌 것은?
① 기전력의 파형이 개선된다.
② 집중권에 비해 합성 유기기전력이 크다.
③ 집중권에 비해 기전력의 고조파가 감소한다.
④ 집중권에 비해 권선의 리액턴스가 감소한다.

> **Explanation**

분포권 : 매극 매상의 도체를 각각의 슬롯에 분포시켜 감아주는 권선법
- 고조파 제거에 의한 기전력의 파형을 개선
- 누설 리액턴스를 감소
- **집중권에 비해 유기기전력이 K_d배로 감소**

【답】②

46 단상 유도전동기의 기동방법 중 기동토크가 가장 큰 것은?
① 반발기동형
② 분상기동형
③ 셰이딩 코일형
④ 콘덴서 분상 기동형

> **Explanation**

단상유도전동기(기동 토크가 큰 순서)
반발기동형 > 반발유도형 > 콘덴서기동형 > 분상기동형 > 셰이딩코일형 > 모노사이클릭형

【답】①

47 2방향성 3단자 사이리스터는?
① SCR
② SSS
③ SCS
④ TRIAC

> **Explanation**

반도체 소재(괄호안은 극(단자) 수)
- 단방향성 : SCR(3), GTO(3), SCS(4), LASCR(3)
- **양방향성 : SSS(2), TRIAC(3), DIAC(2)**

【답】④

48 3상 권선형 유도전동기에서 2차측 저항을 2배로 하면 다음 중 2배가 되는 것은?
① 슬립
② 토크
③ 전류
④ 전압

> **Explanation**

비례추이의 원리 : 권선형 유도전동기
- 슬립이 2차 합성저항에 비례
- 최대 토크는 불변, 최대 토크의 발생 슬립은 변화
- 기동 전류는 감소하고, 기동 토크는 증가

【답】①

49 A, B 2대의 동기 발전기를 병렬 운전할 때 B발전기의 여자 전류를 증가시키면?
① B발전기의 역률 저하
② B발전기의 전류 감소
③ B발전기의 무효 전력 감소
④ B발전기의 전력 증가

> **Explanation**

동기 발전기 병렬 운전 시
 B발전기 여자 전류 증가하면
- **B발전기에는 지상 전류가 흘러 B발전기의 역률이 저하되며**
- A발전기에는 진상 전류가 흘러 A발전기의 역률은 좋아지게 된다.

【답】①

50 변압기의 보호에 사용되지 않는 것은?
① 온도 계전기
② 과전류 계전기
③ 임피던스 계전기
④ 비율 차동 계전기

Explanation

변압기 보호 : 비율차동 계전기, 차동 계전기, 부흐홀쯔 계전기, 압력 계전기, 온도 계전기

【답】③

51 단상 변압기에서 전부하의 2차 전압은 100[V]이고, 전압변동률은 4[%]이다. 1차 단자 전압[V]은? 단, 1차, 2차 권선비는 20:1이다.
① 1,920
② 2,080
③ 2,160
④ 2,260

Explanation

전압 변동률 $\epsilon = \dfrac{V_{20} - V_{2n}}{V_{2n}} \times 100 = \dfrac{aV_{20} - aV_{2n}}{aV_{2n}} \times 100 = \dfrac{V_{10} - V_{1n}}{V_{1n}} \times 100$

따라서 무부하 1차 전압 $V_{10} = V_{1n}\left(1 + \dfrac{\epsilon}{100}\right) = aV_{2n}\left(1 + \dfrac{\epsilon}{100}\right) = 20 \times 100 \times \left(1 + \dfrac{4}{100}\right) = 2,080$ [V]

【답】②

52 단락비가 큰 동기기에 대한 설명으로 옳은 것은?
① 안정도가 높다.
② 기계가 소형이다.
③ 전압변동률이 크다.
④ 전기자 반작용이 크다.

Explanation

단락비가 큰 동기기
• 전기자 반작용이 작다(동기 임피던스가 작다).
• 과부하 내량이 크다.
• 기기가 대형. 손실이 많고 효율이 감소
• 전압 변동률이 작다.
• 송전 선로의 충전 용량이 크다.
• **안정도가 우수**하다.
• 극수가 적은 저속기(수차형)

【답】①

53 스텝 모터에 대한 설명 중 틀린 것은?
① 가속과 감속이 용이하다.
② 정·역 및 변속이 용이하다.
③ 위치제어 시 각도 오차가 작다.
④ 브러시 등 부품수가 많아 유지보수 필요성이 크다.

Explanation

스텝 모터
• 피드백 루프가 필요 없이 오픈 루프로 손쉽게 속도 및 위치제어를 할 수 있다.
• 디지털 신호를 직접 제어할 수 있으므로 컴퓨터 등 다른 디지털 기기와 인터페이스가 쉽다.
• 가속, 감속이 용이하며 정·역전 및 변속이 쉽다.
• 위치제어를 할 때 각도오차가 적다.

【답】④

54 400[kVA] 단상변압기 3대를 $\triangle - \triangle$ 결선으로 사용하다가 1대의 고장으로 $V-V$ 결선을 하여 사용하면 약 몇 [kVA] 부하까지 걸 수 있겠는가?
① 400
② 566
③ 693
④ 800

> **Explanation**

V결선 : $P_V = \sqrt{3}\,K = \sqrt{3} \times 400 = 693 \,[\text{kVA}]$
여기서, K는 변압기 1대 용량

【답】③

55 단상 반파의 정류 효율은?

① $\dfrac{4}{\pi^2} \times 100\,[\%]$
② $\dfrac{\pi^2}{4} \times 100\,[\%]$
③ $\dfrac{8}{\pi^2} \times 100\,[\%]$
④ $\dfrac{\pi^2}{8} \times 100\,[\%]$

> **Explanation**

정류 효율
$\eta = \dfrac{P_{dc}}{P_{ac}} \times 100 = \dfrac{I_{dc}^2 R}{I_{ac}^2 R} \times 100 = \dfrac{(I_m/\pi)^2 R}{(I_m/2)^2 R} \times 100 = \dfrac{4}{\pi^2} \times 100 = 40.6\,[\%]$

【답】①

56 어떤 직류발전기의 유기기전력은 206[V]이다. 이 발전기에 1.25[Ω]의 부하저항을 연결하였을 때 단자전압은 195[V]였다. 전기자 저항은 약 몇 [Ω]인가?

① 0.0705
② 0.0321
③ 0.0424
④ 0.0894

> **Explanation**

직류발전기 유기기전력 $E = V + I_a R_a$
타여자발전기라면 $I_a = I$
부하전류 $I = \dfrac{V}{R} = \dfrac{195}{1.25} = 156\,[\text{A}]$
전기자저항 $R_a = \dfrac{E - V}{I_a} = \dfrac{206 - 195}{156} = 0.0705\,[\Omega]$

【답】①

57 3상 유도 전동기에서 2차측 저항을 2배로 하면 그 최대 토크는 어떻게 되는가?

① 2배로 커진다.
② 3배로 커진다.
③ 변하지 않는다.
④ $\sqrt{2}$ 배로 커진다.

> **Explanation**

비례추이의 원리 : 권선형 유도 전동기
- **최대 토크는 불변**, 최대 토크의 발생 슬립은 변화
- 기동 전류는 감소하고, 기동 토크는 증가

【답】③

58 유도 전동기에 게르게스(Gorges) 현상이 생기는 슬립은 대략 얼마인가?

① 0.25
② 0.50
③ 0.70
④ 0.80

> **Explanation**

게르게스(Gorges) 현상 : 3상 권선형 유도 전동기의 2차회로 중 1선이 단선된 경우에 약간의 과부하 상태에서 슬립 $s = 0.5$ 부근에서 가속되지 않는 현상

【답】②

59 유도전동기의 2차 회로에 2차 주파수와 같은 주파수로 적당한 크기와 적당한 위상의 전압을 외부에서 가해주는 속도제어법은?

① 1차 전압 제어
② 2차 저항 제어
③ 2차 여자 제어
④ 극수 변환 제어

Explanation

2차 여자법(슬립 제어)
- 유도전동기 회전자의 외부에서 슬립링을 통해 슬립 주파수 전압을 인가하여 회전자 슬립에 의한 속도를 제어하는 방식
- E_c(슬립 주파수 전압)를 sE_2와 같은 방향으로 인가 : 속도 증가
- E_c(슬립 주파수 전압)를 sE_2와 반대 방향으로 인가 : 속도 감소

【답】③

60 변압기에 대한 설명으로 틀린 것은? (단, N_1, N_2은 1, 2차 권수 E_1, E_2는 1, 2차 유도기전력, I_1, I_2는 1, 2차 부하전류, f는 주파수, Φ_m는 자속이다)

① 3상 변압기의 권수비 $\dfrac{N_1}{N_2} = \dfrac{E_1}{E_2}$로 나타낸다.

② 전자유도작용에 의해 그 권선에 비례하여 유도기전력이 발생한다.

③ 1차 부하전류 $I_1 = \dfrac{N_1}{N_2} I_2$로 나타낸다.

④ 2차 유도기전력 $E_2 = 4.44 f N_2 \Phi_m$ [V]으로 나타낸다.

Explanation

① 변압기의 권수비 $a = \dfrac{N_1}{N_2} = \dfrac{E_1}{E_2} = \dfrac{V_1}{V_2} = \dfrac{I_2}{I_1} = \sqrt{\dfrac{Z_1}{Z_2}}$

② 1차 유기기전력 $E_1 = 4.44 f N_1 \Phi_m$ [V]
　2차 유기기전력 $E_2 = 4.44 f N_2 \Phi_m$ [V]

【답】③

4과목　회로이론 및 제어공학

61 그림과 같이 3상 평형의 순저항 부하에 단상 전력계를 연결하였을 때 전력계가 W[W]를 지시하였다. 이 3상 부하에서 소모하는 전체 전력[W]은?

① $2W$
② $3W$
③ $\sqrt{2}\,W$
④ $\sqrt{3}\,W$

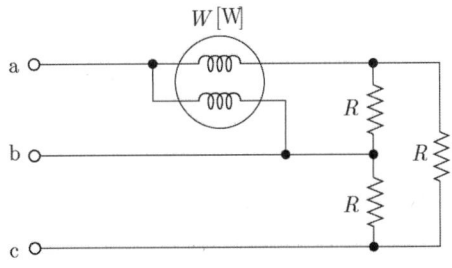

Explanation

2전력계법

유효전력 $P = P_1 + P_2$
무효전력 $P_r = \sqrt{3}(P_1 - P_2)$
피상전력 $P_a = 2\sqrt{P_1^2 + P_2^2 - P_1 P_2}$
$\cos\theta = \dfrac{P}{P_a} = \dfrac{P_1 + P_2}{2\sqrt{P_1^2 + P_2^2 - P_1 P_2}}$
따라서 유효전력 $P = W + W = 2W$

【답】①

62
불평형 3상전류가 $I_a = 16 + j2$[A], $I_b = -20 - j9$[A], $I_c = -2 + j10$[A]일 때 영상분 전류는?
① $-2 + j$[A]
② $-6 + j3$[A]
③ $-9 + j6$[A]
④ $-18 + j9$[A]

Explanation

영상분 전류 $I_0 = \dfrac{1}{3}(I_a + I_b + I_c)$
$= \dfrac{1}{3}(16 + j2 - 20 - j9 - 2 + j10)$
$= -2 + j$

【답】①

63
1[km]당 인덕턴스 25[mH], 정전용량 0.005[μF]의 선로가 있다. 무손실 선로라고 가정한 경우 진행파의 위상(전파) 속도는 약 몇 [km/s]인가?
① 8.95×10^4
② 9.95×10^4
③ 89.5×10^4
④ 99.5×10^4

Explanation

무손실 선로
• 무손실 선로 조건 : $R = G = 0$
• 위상속도 : $v = \dfrac{\omega}{\beta} = \dfrac{1}{\sqrt{LC}}$ (일정)

따라서 $v = \dfrac{\omega}{\beta} = \dfrac{1}{\sqrt{LC}} = \dfrac{1}{\sqrt{25 \times 10^{-3} \times 0.005 \times 10^{-6}}} = 8.95 \times 10^4$[km/sec]

【답】①

64
어떤 회로에서 전압과 전류가 각각 $e = 50\sin(\omega t + \theta)$[V], $i = 4\sin(\omega t + \theta - 30°)$[A]일 때 무효전력[Var]은 얼마인가?
① 100
② 86.6
③ 70.7
④ 50

Explanation

무효 전력 $P_r = VI\sin\theta = I^2 X$[Var]
$= \dfrac{V_m}{\sqrt{2}} \times \dfrac{I_m}{\sqrt{2}} \sin\theta = \dfrac{50 \times 4}{2} \sin 30° = 50$[Var]

【답】④

65
다음 중 여파기(filter)의 종류가 아닌 것은?
① 정K형 고역 여파기
② 정K형 저역 여파기
③ 정K형 전역 여파기
④ 정K형 대역 여파기

Explanation

여파기(필터)의 종류
• 저역 필터 : 차단 주파수 이하만 통과

- 고역 필터 : 차단 주파수 이상만 통과
- 대역 필터 : 두 차단 주파수 차이의 범위만 통과

【답】③

66 $e = 100\sqrt{2}\sin\omega t + 75\sqrt{2}\sin 3\omega t + 20\sqrt{2}\sin 5\omega t$[V]인 전압을 $R-L$ 직렬 회로에 가할 때 제3고조파 전류의 실효치는? 단, $R = 4[\Omega]$, $\omega L = 1[\Omega]$이다.

① 15[A]　　　　　　　　② $15\sqrt{2}$ [A]
③ 20[A]　　　　　　　　④ $20\sqrt{2}$ [A]

Explanation

제3고조파에 의하여 흐르는 전류의 실효값 $I_3 = \dfrac{V_3}{Z_3}$

여기서, 제3고조파에 대한 임피던스는 $Z_3 = R + j3\omega L = 4 + j3 = 5[\Omega]$이므로

$I_3 = \dfrac{V_3}{Z_3} = \dfrac{75}{5} = 15[A]$

【답】①

67 △ 결선된 대칭 3상 부하가 0.5[Ω]인 저항만의 선로를 통해 평형 3상 전압원에 연결되어 있다. 이 부하의 소비전력이 1,800[W]이고 역률이 0.8(지상)일 때, 선로에서 발생하는 손실이 50[W]이면 부하의 단자전압[V]의 크기는?

① 627　　　　　　　　② 525
③ 326　　　　　　　　④ 225

Explanation

전선로의 선로 손실 $P_l = 3I_l^2 R$　여기서, I_l 은 선로전류(선전류)

$I_l^2 = \dfrac{P_l}{3R} = \dfrac{50}{3 \times 0.5} = \dfrac{100}{3}$에서

선전류 $I_l = \dfrac{10}{\sqrt{3}} = 5.77[A]$

소비전력 $P = \sqrt{3}\, V_l I_l \cos\theta$

부하의 단자전압(선간전압) $V_l = \dfrac{P}{\sqrt{3}\, I_l \cos\theta} = \dfrac{1,800}{\sqrt{3} \times 5.77 \times 0.8} = 225[V]$

【답】④

68 $t = 0$에서 스위치(S)를 닫았을 때 $t = 0^+$에서의 $i(t)$는 몇 [A]인가? 단, 커패시터에 초기 전하는 없다.

① 0.1
② 0.2
③ 0.4
④ 1.0

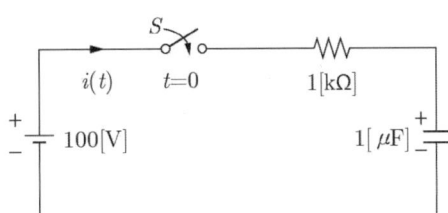

Explanation

$R-C$ 직렬회로
캐패시터의 직류인가 특성
- 초기 : 단락
- 최종 : 개방

따라서 초기상태 단락이므로 $i(0^+) = \dfrac{E}{R} = \dfrac{100}{1 \times 10^3} = 0.1[A]$

【답】①

69 그림과 같은 회로의 구동점 임피던스 Z_{ab}는?

① $\dfrac{2(2s+1)}{2s^2+s+2}$ ② $\dfrac{2s+1}{2s^2+s+2}$

③ $\dfrac{2(2s-1)}{2s^2+s+2}$ ④ $\dfrac{2s^2+s+2}{2(2s+1)}$

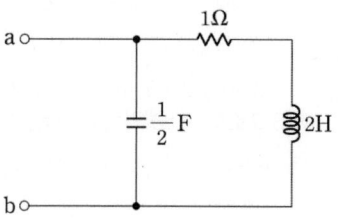

Explanation

구동점 임피던스
① $R \to Z_R(s) = R$
② $L \to Z_L(s) = j\omega L = sL$
③ $C \to Z_c(s) = \dfrac{1}{j\omega C} = \dfrac{1}{sC}$

$Z_{ab}(s) = \dfrac{(1+2s)\cdot \dfrac{2}{s}}{1+2s+\dfrac{2}{s}} = \dfrac{2(2s+1)}{2s^2+s+2}$

【답】①

70 회로에서 노드 a와 b사이에 나타나는 전압[V]의 크기는?

① 60
② 20
③ 80
④ 100

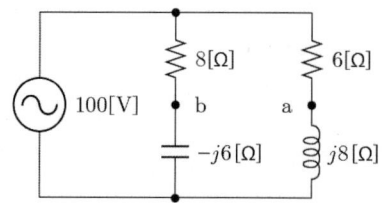

Explanation

각 지로의 전류
$I_1 = \dfrac{V}{Z_1} = \dfrac{100}{8-j6} = \dfrac{100(8+j6)}{(8-j6)(8+j6)} = 8+j6 = \sqrt{8^2+6^2} = 10[\text{A}]$
$I_2 = \dfrac{V}{Z_2} = \dfrac{100}{6+j8} = \dfrac{100(6-j8)}{(6+j8)(6-j8)} = 6-j8 = \sqrt{6^2+8^2} = 10[\text{A}]$
$V_{ab} = 8\times 10 - 6\times 10 = 20[\text{V}]$

【답】②

71 시정수가 커지면 과도현상은 어떻게 되는가?
① 짧아진다.   ② 짧아진 후 길어진다.
③ 길어진다.   ④ 변함 없다.

Explanation

시정수(Time constant) : 목표값에 63.2[%]에 도달하는 시간
• 시정수가 크면 과도현상이 길어진다.

【답】③

72 다음 논리회로의 출력 X는?
① A ② B
③ $A+B$ ④ $A \cdot B$

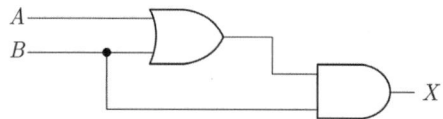

> **Explanation**

$X = (A+B) \cdot B = AB + BB = AB + B$
$= B(A+1) = B$

【답】②

73 $G(j\omega) = \dfrac{K}{j\omega(j\omega+1)}$ 의 나이퀴스트 선도를 도시한 것은? 단, $K > 0$ 이다.

①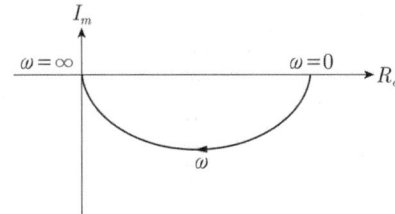

②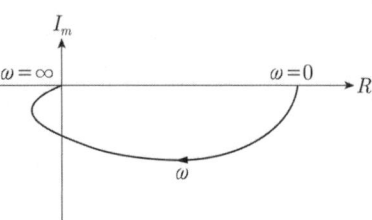

③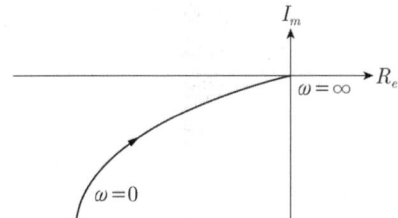

④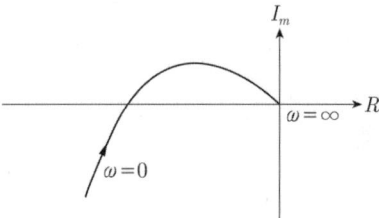

> **Explanation**

주파수 전달 함수
$G(j\omega) = \dfrac{K}{j\omega(j\omega+1)}$ 인 경우는 1형 시스템 이므로 $-90°$ 에서 시작하여(분모차수-분자차수)=1 이므로 한 개 사분면을 더 지나가게 되므로 $-180°$ 에서 종착하는 궤적이다.

① $G(j\omega) = \dfrac{K}{j\omega+1}$

② $G(j\omega) = \dfrac{K}{(j\omega+2)(j\omega+1)}$

③ $G(j\omega) = \dfrac{K}{j\omega(j\omega+1)}$

④ $G(j\omega) = \dfrac{K}{j\omega(j\omega+1)(j\omega+2)}$

【답】③

74 적분시간 3[sec], 비례감도가 3인 비례적분 동작을 하는 제어요소가 있다. 이 제어요소에 동작 신호 $x(t) = 2t$를 주었을 때 조작량은 얼마인가? (단, 초기 조작량 $y(t)$는 0이다)

① $t^2 + 2t$
② $t^2 + 4t$
③ $t^2 + 6t$
④ $t^2 + 8t$

> **Explanation**

조작량 $y(t) = 3[x(t) + \dfrac{1}{3}\int x(t)dt]$
$= 3[(2t) + \dfrac{1}{3}\int 2t\,dt] = 6t + t^2$

【답】③

75 자동 제어의 분류에서 대공포의 제어에 해당하는 제어는?

① 추종 제어
② 프로그램 제어
③ 정치 제어
④ 비율 제어

Explanation

목표값에 의한 분류 : 입력에 의한 분류
① 정치 제어 : 시간에 관계없이 값이 일정한 제어
② 추치 제어 : 시간에 따라 값이 변화하는 제어
- **추종 제어 : 목표값이 임의의 시간적 변화(대공포, 레이더)**
- 프로그램 제어 : 미리 정해진 신호에 따라 동작(무인 열차, 무인 엘리베이터, 무인 자판기)
- 비율 제어 : 시간에 비례하여 변화(배터리, 공기량)

【답】①

76 $G(j\omega) = K(j\omega)^2$인 보드 선도의 기울기는 몇 [dB/dec]인가?

① -40
② -20
③ 20
④ 40

Explanation

미분 요소

크기	$g = 20\log \omega [\text{dB}]$
위상	$\theta = 90°$

- 이득 $g = 20\log|G(j\omega)| = 20\log|K(j\omega)^2|$
  $= 20\log K\omega^2 = 20\log K + 40\log \omega$
  $\omega = 0.1$일 때 $g = 20\log K - 40[\text{dB}]$
  $\omega = 1$일 때 $g = 20\log K[\text{dB}]$
  $\omega = 10$일 때 $g = 20\log K + 40[\text{dB}]$
  따라서 40[dB/decade]의 경사
- 위상각 θ는 $90° \times 2 = 180°$
  $\theta = \angle G(j\omega) = \angle K(j\omega)^2 = 180°$

【답】④

77 다음 블록선도의 전달함수 $\left(\dfrac{C(s)}{R(s)}\right)$는?

① $\dfrac{5}{11}$
② $\dfrac{6}{17}$
③ $\dfrac{5}{17}$
④ $\dfrac{6}{11}$

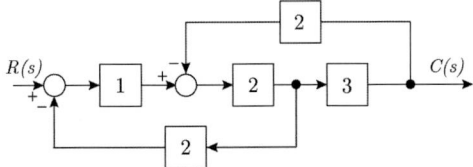

Explanation

블록선도의 전달 함수 $G(s) = \dfrac{\Sigma G}{1 - \Sigma L_1 + \Sigma L_2 + \cdots}$

여기서, L_1 : 각각의 모든 폐루프 이득의 합
L_2 : 서로 접촉하지 않는 2개의 폐루프 이득의 곱의 합
ΣG : 각각의 전향 경로의 합

따라서 전달함수
$G(s) = \dfrac{C(s)}{R(s)} = \dfrac{1 \times 2 \times 3}{1 - [(-2 \times 3 \times 2) + (-1 \times 2 \times 2)]} = \dfrac{6}{17}$

【답】②

78 $G(s)H(s) = \dfrac{(2s+6)}{s(s^2+3s+2)}$ 에서 근궤적의 수는?

① 1
② 2
③ 3
④ 4

Explanation

근궤적의 개수
- $Z > P : N = Z$
- $Z < P : N = P$

영점 $Z = 1$, 극점 $P = 3$이므로
$Z < P : N = P$
따라서 근궤적 수 $N = 3$

【답】③

79 $G(s) = \dfrac{1}{1+Ts}$ 와 같이 주어진 제어 시스템에서 절점 주파수의 이득은 약 얼마인가?

① -2[dB]
② -3[dB]
③ -4[dB]
④ -5[dB]

Explanation

절점 주파수 : 이득이 -3[dB] 되는 주파수
　　　　　　보드 선도의 굴곡점
　　　　　　주파수 전달 함수의 실수부=허수부되는 주파수

■ 기본 풀이

$G(s) = \dfrac{1}{1+Ts}$ 에서 $G(j\omega) = \dfrac{1}{1+j\omega T}$

$\omega T = 1$에서 절점 주파수 $\omega = \dfrac{1}{T}$

이득 $g = 20\log|G(j\omega)| = 20\log\left|\dfrac{1}{1+j}\right| = 20\log_{10}\left(\dfrac{1}{\sqrt{2}}\right) \fallingdotseq -3$[dB]

【답】②

80 다음과 같은 상태 방정식으로 표시되는 제어시스템의 특성방정식의 근(s_1, s_2)은?

$$\begin{bmatrix} \dot{x}_1 \\ \dot{x}_2 \end{bmatrix} = \begin{bmatrix} 0 & 1 \\ -2 & -3 \end{bmatrix} \begin{bmatrix} x_1 \\ x_2 \end{bmatrix} + \begin{bmatrix} 1 \\ 0 \end{bmatrix} u$$

① 1, -3
② -1, -2
③ -2, -3
④ -1, -3

Explanation

특성방정식 $|sI - A| = 0$

$|sI - A| = \begin{bmatrix} s & 0 \\ 0 & s \end{bmatrix} - \begin{bmatrix} 0 & 1 \\ -2 & -3 \end{bmatrix} = \begin{vmatrix} s & -1 \\ 2 & s+3 \end{vmatrix} = s^2 + 3s + 2$

$s^2 + 3s + 2 = (s+1)(s+2) = 0$
따라서 특성방정식의 근(고유값) $s = -1, -2$

【답】②

5과목　전기설비기술기준

81 풍력터빈의 피뢰설비의 시설기준으로 옳지 않은 것은?
① 풍향·풍속계가 보호범위에 들도록 나셀 상부에 피뢰침을 시설하고 피뢰도선은 나셀프레임에 접속하지 말 것
② 수뢰부를 풍력터빈 선단부분 및 가장자리 부분에 배치할 것
③ 풍력터빈에 설치하는 인하도선은 쉽게 부식되지 않는 금속선으로서 뇌격전류를 안전하게 흘릴 수 있는 충분한 굵기여야 하며, 가능한 직선으로 시설할 것
④ 접지설비는 풍력발전설비 타워기초를 이용한 통합접지공사를 하여야 하며, 설비 사이의 전위차가 없도록 등전위본딩을 할 것

> Explanation

(KEC 532.3.5조) 풍력발전설비 피뢰설비
접지설비는 풍력발전설비 타워기초를 이용한 통합접지공사를 하여야 하며, 설비 사이의 전위차가 없도록 등전위본딩을 하여야 한다.
① 수뢰부를 풍력터빈 선단부분 및 가장자리 부분에 배치하되 뇌격전류에 의한 발열에 의해 녹아서 손상되지 않도록 재질, 크기, 두께 및 형상 등을 고려할 것
② 풍력터빈에 설치하는 인하도선은 쉽게 부식되지 않는 금속선으로서 뇌격전류를 안전하게 흘릴 수 있는 충분한 굵기여야 하며, 가능한 직선으로 시설할 것
③ 풍력터빈 내부의 계측 센서용 케이블은 금속관 또는 차폐케이블 등을 사용하여 뇌유도과전압으로부터 보호할 것
④ 풍력터빈에 설치한 피뢰설비(리셉터, 인하도선 등)의 기능저하로 인해 다른 기능에 영향을 미치지 않을 것
⑤ 풍향·풍속계가 보호범위에 들도록 나셀 상부에 피뢰침을 시설하고 **피뢰도선은 나셀프레임에 접속할 것**   【답】①

82 발전소·변전소·개폐소의 부지조성을 위해 산지를 전용할 경우에는 산지의 평균 경사도가 몇 도 이하여야 하는가?
① 15   ② 20
③ 25   ④ 30

> Explanation

(기술기준 21조의 2) 발전소 등의 부지 시설조건
부지조성을 위해 산지를 전용할 경우에는 전용하고자 하는 산지의 **평균 경사도가 25도 이하**여야 한다.   【답】③

83 가공전선로의 지지물로서 도로를 횡단하여 시설하는 지지선의 높이는 지표상 몇 [m] 이상으로 하여야 하는가?(단, 기술상 부득이한 경우로서 교통에 지장을 초래할 우려가 없는 경우가 아니다)
① 3   ② 5
③ 6   ④ 6.5

> Explanation

(KEC 331.11조) 지지선의 시설
도로를 횡단하여 시설하는 지지선의 높이는 지표상 5[m] 이상으로 하여야 한다. 다만, 기술상 부득이한 경우로서 교통에 지장을 초래할 우려가 없는 경우에는 지표상 4.5[m] 이상, 보도의 경우에는 2.5[m] 이상으로 할 수 있다.   【답】②

84 전차선과 건조물 간의 최소 절연거리에 대한 표이다. 다음 (   )안에 들어갈 내용으로 옳은 것은? (단, 제시되어 있는 동적 최소 이격거리 이상을 확보하여야 한다)

시스템 종류	공칭전압[V]	동적[mm]	
		비오염	오염
단상교류	25,000	( )	220

① 170   ② 200
③ 150   ④ 220

> Explanation

(KEC 431.2조) 전차선로의 충전부와 건조물 간의 절연이격

시스템 종류	공칭전압[V]	동적[mm]		정적[mm]	
		비오염	오염	비오염	오염
단상교류	25,000	170	220	270	320

【답】①

85 고압 옥내배선의 시설 방법으로 할 수 없는 것은?(단, 전개된 건조한 장소이다)
① 케이블공사
② 케이블트레이공사
③ 애자사용공사
④ 가요전선관공사

> Explanation

(KEC 342.1조) 고압 옥내배선 등의 시설
① 애자사용공사(건조한 장소로서 전개된 장소에 한한다)
② 케이블공사
③ 케이블트레이공사

【답】④

86 주택용 배선차단기의 B형은 순시트립범위가 차단기 정격전류(I_n)의 몇 배인가?
① 3 초과 5이하
② 1 초과 3이하
③ 5 초과 10 이하
④ 10 초과 20 이하

> Explanation

(KEC 212.3.4조) 보호장치의 특성
과전류차단기로 저압전로에 사용하는 주택용 배선차단기는 아래 표에 적합한 것이어야 한다.

형	순시트립범위(I_n: 차단기 정격전류)
B	$3I_n$ 초과 $5I_n$ 이하
C	$5I_n$ 초과 $10I_n$ 이하
D	$10I_n$ 초과 $20I_n$ 이하

【답】①

87 수력발전소의 발전기 내부에 고장이 발생하였을 때 자동적으로 전로로부터 차단하는 장치를 시설하여야 하는 발전기 용량은 몇 [kVA] 이상인가?
① 3,000
② 5,000
③ 8,000
④ 10,000

> Explanation

(KEC 351.3조) 발전기 등의 보호 장치
발전기에는 다음과 같은 경우에 자동적으로 전로로부터 차단하는 장치를 시설하여야 한다.
① 발전기에 과전류나 과전압이 생긴 경우
② 용량이 500[kVA] 이상인 발전기를 구동하는 수차 압유장치의 유압이 현저히 저하한 경우
③ 용량이 10,000[kVA] 이상인 발전기를 구동하는 수차 압유장치의 유압이 현저히 저하한 경우
④ 용량이 2,000[kVA] 이상인 수차 발전기의 스러스트 베어링의 온도가 현저히 상승한 경우
⑤ **용량이 10,000[kVA] 이상인 발전기의 내부에 고장이 생긴 경우**
⑥ 정격 출력이 10,000[kW]를 넘는 증기 터빈에 있어서 그의 스러스트 베어링이 현저하게 마모되거나 그의 온도가 현저히 상승한 경우

【답】④

88 사용전압이 22[kV]인 특고압 가공전선로의 중성점 접지용 접지도체는 공칭단면적 몇 [mm²] 이상의 연동선 또는 동등 이상의 단면적 및 세기를 가져야 하는가?(단, 중성점 다중 접지 방식의 것으로 전로에 지락이 생겼을 때 2초 이내에 자동적으로 차단하는 장치가 되어 있다)
① 2　　　　　　　　　　　　　② 6
③ 10　　　　　　　　　　　　 ④ 16

Explanation

(KEC 142.3.1조) 접지도체
중성점 접지용 접지도체 : 공칭단면적 16[mm²] 이상의 연동선 또는 동등 이상. 다음의 경우 공칭단면적 6[mm²] 이상
① 7[kV] 이하의 전로
② 사용전압이 25[kV] 이하인 특고압 가공전선로. 다만, 중성선 다중접지 방식의 것으로서 전로에 지락이 생겼을 때 2초 이내에 자동적으로 이를 전로로부터 차단하는 장치가 되어 있는 것. 【답】②

89 전기욕기에 전기를 공급하기 위한 전원장치에 내장되어 있는 전원변압기의 2차측 전로의 사용전압은 몇 [V] 이하인가?
① 5　　　　　　　　　　　　　② 10
③ 25　　　　　　　　　　　　 ④ 35

Explanation

(KEC 241.2조) 전기욕기
전기욕기용 전원장치(내장되어 있는 전원 변압기의 2차측 전로의 사용 전압이 10[V] 이하인 것에 한한다)는 「전기용품안전 관리법」에 의한 안전기준에 적합한 것 【답】②

90 수영장 기타 이와 유사한 장소에 사용되는 수중조명등에 전기를 공급하기 위해서 사용되는 절연 변압기의 1차측 전로와 2차측 전로의 사용전압으로 옳은 것은?
① 1차 400[V] 이하 2차 150[V] 이하　　② 1차 750[V] 이하 2차 450[V] 이하
③ 1차 300[V] 이하 2차 300[V] 이하　　④ 1차 450[V] 이하 2차 300[V] 이하

Explanation

(KEC 234.14.1조) 수중조명등 사용전압 – 절연변압기 사용
① 1차측 전로의 사용전압 : 400[V] 이하
② 2차측 전로의 사용전압 : 150[V] 이하 【답】①

91 과전류 차단기로 시설하는 퓨즈 중 고압전로에 사용하는 포장 퓨즈의 특성에 해당되는 것은?
① 정격 전류의 1.3배의 전류에 견디고, 2배의 전류로 120분 안에 용단되는 것이어야 한다.
② 정격 전류의 1.25배의 전류에 견디고, 2배의 전류로 120분 안에 용단되는 것이어야 한다.
③ 정격 전류의 1.3배의 전류에 견디고, 2배의 전류로 2분 안에 용단되는 것이어야 한다.
④ 정격 전류의 1.25배의 전류에 견디고, 2배의 전류로 2분 안에 용단되는 것이어야 한다.

Explanation

(KEC 341.10조) 고압 및 특고압 전로 중의 과전류 차단기의 시설
① 포장 퓨즈 : 1.3배의 전류에 견디고 또한 2배의 전류로 120분 안에 용단
② 비포장 퓨즈 : 1.25배의 전류에 견디고 또한 2배의 전류로 2분 안에 용단 【답】①

92 무선용 안테나 등을 지지하는 철탑의 기초 안전율은 얼마 이상이어야 하는가?
① 1.0　　　　　　　　　　　　② 1.5
③ 2.0　　　　　　　　　　　　④ 2.5

Explanation

(KEC 364.1조) 무선용 안테나 등을 지지하는 철탑 등의 시설
철주·철근 콘크리트주 또는 철탑의 기초의 안전율은 1.5 이상이어야 한다 【답】②

93 저압 보안공사 시 사용전압이 400[V] 이하인 경우에는 지름 몇 [mm] 이상의 경동선을 사용하여야 하는가?
① 2.6
② 4
③ 6
④ 5

Explanation

(KEC 222.10조) 저압 보안공사
케이블이 아닌 경우 인장강도 8.01[kN] 이상의 것 또는 지름 5[mm](사용전압이 400[V] 이하인 경우에는 인장강도 5.26[kN] 이상의 것 또는 지름 4[mm] 이상의 경동선) 이상의 경동선일 것 【답】②

94 저압 옥상전선로 전선은 조영재에 견고하게 붙인 지지기둥 또는 지지대에 절연성 난연성 및 내수성이 있는 애자를 사용하여 지지하고 또한 그 지지점 간의 거리는 몇 [m] 이하로 시설하여야 하는가? 단, 전개된 장소에 위험의 우려가 없도록 시설한 경우이다.
① 3
② 10
③ 5
④ 15

Explanation

(KEC 221.3조) 저압 옥상 전선로
① 전선은 절연전선(OW전선 포함)일 것
② 전선은 인장강도 2.30[kN] 이상의 것 또는 지름 2.6[mm] 이상의 경동선의 것
③ 전선은 조영재에 견고하게 붙인 지지기둥 또는 지지대에 절연성·난연성 및 내수성이 있는 애자를 사용하여 지지하고 또한 그 지지점간의 거리는 15[m] 이하일 것
④ 전선과 그 저압 옥상 전선로를 시설하는 조영재와의 이격거리는 2[m] (전선이 고압절연전선, 특고압 절연전선 또는 케이블인 경우에는 1[m]) 이상일 것
⑤ 저압 옥상전선로의 전선은 상시 부는 바람 등에 의하여 식물에 접촉하지 아니하도록 시설하여야 한다. 【답】④

95 사용전압이 170[kV]를 초과하는 특고압 가공전선로를 시가지에 시설하는 경우, 전선의 단면적은 몇 [mm²] 이상의 강심알루미늄선을 사용하여야 하는가?
① 22
② 55
③ 150
④ 240

Explanation

(KEC 333.1조) 시가지 등에서 특고압 가공전선로의 시설
사용전압이 170[kV] 초과하는 전선로를 시설하는 경우, 전선은 단면적 240[mm²] 이상의 강심알루미늄선 또는 이와 동등 이상의 인장강도 및 내(耐)아크 성능을 가지는 연선(撚線)을 사용할 것 【답】④

96 지중 전선로를 직접 매설식에 의하여 시설할 때, 중량물의 압력을 받을 우려가 있는 장소에 저압 또는 고압의 지중전선을 견고한 트라프 기타 방호물에 넣지 않고도 부설할 수 있는 케이블은?
① PVC 외장 케이블
② 콤바인덕트 케이블
③ 염화비닐 절연 케이블
④ 폴리에틸렌 외장 케이블

Explanation

(KEC 334.1조) 지중전선로의 시설
지중전선로를 직접 매설식에 의하여 시설하는 경우에는 매설 깊이를 차량 기타 중량물의 압력을 받을 우려가 있는 장소에는 1.0[m] 이상, 기타 장소에는 0.6[m] 이상으로 하고 또한 지중전선을 견고한 트라프 기타 방호물에 넣어 시설하여야 한다(다만, 저압 또는 고압의 지중전선에 콤바인덕트 케이블을 사용하여 시설하는 경우 지중전선을 견고한 트라프 기타 방호물에 넣지 아니하여도 된다). 【답】②

97 가공전선로의 지지물 중 지지선을 사용하여 그 강도를 분담시켜서는 안 되는 것은?
① 철탑
② 목주
③ 철주
④ 철근 콘크리트주

> Explanation

(KEC 331.11조) 지지선의 시설
가공전선로의 지지물로 사용하는 철탑은 지지선을 사용하여 그 강도를 분담시켜서는 아니 된다.

【답】①

98 고압 보안공사에서 지지물이 철탑인 경우 경간은 몇 [m] 이하인가?
① 100
② 150
③ 250
④ 400

> Explanation

(KEC 332.10조) 고압 보안공사

지지물 종류	표준 경간	저·고압 보안공사
목주, A종	150	100
B종	250	150
철탑	600	400

【답】④

99 사용전압 35[kV] 변전소의 울타리를 높이 2.5[m]인 것으로 설치할 때 울타리 높이와 충전부까지의 거리의 합계는 최소 몇 [m] 이상으로 하여야 하는가?
① 5.78
② 5
③ 5.66
④ 6

> Explanation

(KEC 351.1조) 발전소 등의 울타리·담 등의 시설

사용 전압의 구분	울타리·담등의 높이와 울타리·담등으로부터 충전 부분까지의 거리 합계
35[kV] 이하	5[m]
35[kV] 초과 160[kV] 이하	6[m]
160[kV] 초과	• 거리의 합계 = 6+단수×0.12[m] • 단수 = $\dfrac{\text{사용전압[kV]} - 160}{10}$ 단수 계산에서 소수점 이하는 절상

【답】②

100 빙설의 경도에 따라 풍압하중을 적용하도록 규정하고 있는 내용 중 옳은 것은? (단, 빙설이 많은 지방 이외의 지방이다)
① 고온계절에는 갑종 풍압하중, 저온계절에는 을종 풍압하중을 적용한다.
② 고온계절에는 을종 풍압하중, 저온계절에는 갑종 풍압하중을 적용한다.
③ 고온계절에는 갑종 풍압하중, 저온계절에는 병종 풍압하중을 적용한다.
④ 고온계절에는 을종 풍압하중, 저온계절에는 병종 풍압하중을 적용한다.

> Explanation

(KEC 331.6조) 풍압 하중의 종별과 적용
• 빙설이 많은 지방 이외의 지방에서는 고온계절에는 갑종 풍압하중, 저온계절에 병종 풍압하중
• 빙설이 많은 지방에서는 고온계절에는 갑종 풍압하중, 저온계절에는 을종 풍압하중

【답】③

3회 2024년 전기기사 필기

1과목 전기자기학

01 전류 4π[A]가 흐르고 있는 무한 직선도체에 의해 자계가 4[A/m]인 점은 도체로부터 거리가 몇 [m]인가?

① 0.5　　② 1　　③ 3　　④ 4

Explanation

무한장 직선 전류에 의한 자계의 세기 $H = \dfrac{I}{2\pi r}$ [AT/m]에서

$r = \dfrac{I}{2\pi H} = \dfrac{4\pi}{2\pi \times 4} = \dfrac{1}{2} = 0.5$[m]　　【답】①

02 그림과 같이 공기 중에서 무한 평면도체의 표면으로부터 1[m] 떨어진 곳에 4[C]의 점전하가 있다. 이 전하가 받는 힘은 몇 [N]인가?

① 3.6×10^{10}　　② 3×10^9
③ 1.2×10^{10}　　④ 9×10^9

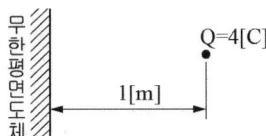

Explanation

영상법을 이용하여 아래 그림과 같은 형태로 바꾸어 생각하면

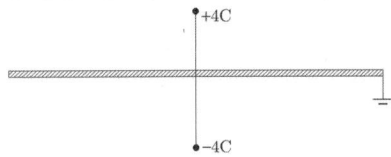

영상력 $F = \dfrac{Q_1 Q_2}{4\pi\epsilon_0 r^2} = 9 \times 10^9 \times \dfrac{4 \times (-4)}{2^2} = 3.6 \times 10^{10}$[N]　(여기서 (−)는 흡인력)　【답】①

03 그림과 같이 비투자율이 μ_{s1}, μ_{s2}인 각각 다른 자성체를 접하여 놓고 θ_1을 입사각이라 하고, θ_2를 굴절각이라 한다. 경계면에 자하가 없는 미소 폐곡면을 취하여 이곳에 출입하는 자속수를 구하면?

① $\displaystyle\int_l B \cdot n \, dl = 0$　　② $\displaystyle\int_S B \cdot n \, dS = 0$
③ $\displaystyle\int_S B \cdot dS = 0$　　④ $\displaystyle\int_S B \cdot n \sin\theta \, dS = 0$

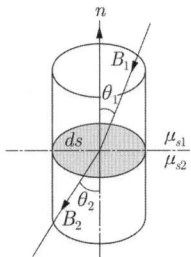

> **Explanation**
>
> - 자계 세기의 접선 성분의 연속성 : $H_1\sin\theta_1 = H_2\sin\theta_2 \Rightarrow H_{1t} = H_{2t}$
> - 자속 밀도의 법선 성분의 연속성 : $B_1\cos\theta_1 = B_2\cos\theta_2 \Rightarrow B_{1n} = B_{2n}$
>
> 따라서 자속 밀도의 법선이 연속이므로 $\int_S B \cdot n\, dS = 0$
>
> 【답】②

04 반지름 2[mm]의 두 개의 무한히 긴 원통 도체가 중심 간격 2[m]로 진공 중에 평행하게 놓여 있을 때 1[km]당의 정전용량은 약 몇 [μF]인가?

① 6×10^{-3}
② 1×10^{-3}
③ 2×10^{-3}
④ 4×10^{-3}

> **Explanation**
>
> 평행왕복도선의 정전용량 $C = \dfrac{\pi\epsilon_0}{\ln\dfrac{d}{r}}$ [F/m]에서
>
> $C = \dfrac{\pi\epsilon_0}{\ln\dfrac{d}{r}} = \dfrac{\pi \times 8.855 \times 10^{-12}}{\ln\dfrac{2}{2 \times 10^{-3}}} \times 1,000 = 4 \times 10^{-3}[\mu F]$
>
> 【답】④

05 상이한 매질의 경계면에서 전자파가 만족해야 할 조건이 아닌 것은? (단, 경계면은 두 개의 무손실 매질 사이이다.)

① 경계면의 양측에서 전계의 접선성분은 서로 같다.
② 경계면의 양측에서 자계의 접선성분은 서로 같다.
③ 경계면의 양측에서 자속밀도의 접선성분은 서로 같다.
④ 경계면의 양측에서 전속밀도의 법선성분은 서로 같다.

> **Explanation**
>
> 전계의 경계조건
> - 전계의 접선성분이 연속 : $E_1\sin\theta_1 = E_2\sin\theta_2$
> - 전속밀도의 법선성분이 연속 : $D_1\cos\theta_1 = D_2\cos\theta_2$
>
> 자계의 경계조건
> - 자계의 접선성분이 연속 : $H_1\sin\theta_1 = H_2\sin\theta_2$
> - 자속밀도의 법선성분이 연속 : $B_1\cos\theta_1 = B_2\cos\theta_2$
>
> 【답】③

06 점전하 Q[C]에 의한 무한 평면도체에서의 영상전하는?

① $-Q$[C]보다 작다.
② Q[C]보다 같다.
③ Q[C]보다 크다.
④ $-Q$[C]와 같다.

> **Explanation**
>
> 영상법을 이용하여 아래 그림과 같은 형태로 바꾸어 생각하면
>
>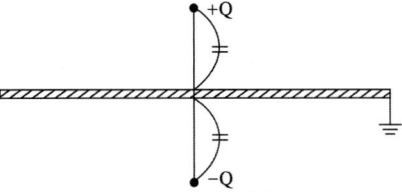
>
> 무한 평면 도체에서 점전하 Q[C]에 의한 영상전하는 **크기는 같고 부호는 반대**인 전하이다.
>
> 【답】④

07 반지름 a[m]인 접지 구형도체의 점전하가 유전율이 ϵ인 구간에서 각각 원점과 $(d, 0, 0)$[m]인 점에 있다. 구형도체를 제외한 공간의 자계를 구할 수 있도록 구형도체를 영상전하로 대기할 때 영상 점전하의 위치[m]는?(단, $d > a$)

① $\left(0, \dfrac{a^2}{d}, 0\right)$
② $\left(\dfrac{a^2}{d}, 0, 0\right)$
③ $\left(\dfrac{d^2}{4a}, 0, 0\right)$
④ $\left(-\dfrac{a^2}{d}, 0, 0\right)$

Explanation

접지도체구
- 위치 : $x = +\dfrac{a^2}{d}$
- 크기 : $Q' = -\dfrac{a}{d}Q$

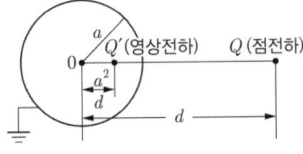

【답】②

08 인덕턴스(H)의 단위가 아닌 것은?
① J/A^2
② $\Omega \cdot s$
③ $J/A \cdot s$
④ Wb/A

Explanation

인덕턴스의 정의식 : $L = \dfrac{N\phi}{I}[H]$

$H = \left[\dfrac{Wb \cdot T}{A}\right]$에서 권수를 1이라 하면 $H = \left[\dfrac{Wb}{A}\right]$

인덕턴스의 전압식 : $V_L = L\dfrac{di}{dt}$ 여기서, 인덕턴스 $L = \dfrac{dt}{di}V_L[H]$

$H = \left[\dfrac{\sec \cdot V}{A}\right] = [\sec \cdot \dfrac{V}{A}] = [\sec \cdot \Omega]$

$W = I\phi[J]$에서 $\phi = [\dfrac{J}{A}]$ ∴ $H = [\dfrac{J}{A^2}]$

【답】③

09 분극의 세기(P)를 나타낸 것으로 옳은 것은?(단, 전계의 세기는 E, 전속밀도는 D, 공기 중의 유전율은 ϵ_0이다)

① $P = D - \epsilon_0 E$
② $P = D + \epsilon_0 E$
③ $\epsilon_0 P = D + E$
④ $\epsilon_0 P = D - E$

Explanation

분극의 세기 $P = D - \epsilon_0 E = D - \epsilon_0 \left(\dfrac{D}{\epsilon}\right) = \left(1 - \dfrac{1}{\epsilon_s}\right)D = \epsilon_0(\epsilon_s - 1)E$

【답】①

10 진공 중 4[m] 간격으로 평행한 두 개의 무한 평판 도체에 각각 $+4[C/m^2]$, $-4[C/m^2]$의 전하를 주었을 때, 두 도체 간의 전위차는 약 몇 [V]인가?

① 1.36×10^{11}
② 1.8×10^{12}
③ 1.36×10^{12}
④ 1.8×10^{11}

Explanation

두 도체 사이의 전계의 세기
: 무한평면 2장

: 무한평면에 $\pm\sigma[C/m^2]$이 존재

$$A \xrightarrow{+\ +\ +\ +\ +\ +\ +\ +\ +} \sigma[C/m^2]$$
$$\epsilon_0 \quad \downarrow E \downarrow \quad d[m]$$
$$B \xrightarrow{-\ -\ -\ -\ -\ -\ -\ -\ -} -\sigma[C/m^2]$$
평등자계

전계의 세기를 구하기 위해 가우스의 법칙을 이용하면

$$E = \frac{\sigma}{2\epsilon_0} + \frac{\sigma}{2\epsilon_0} = \frac{\sigma}{\epsilon_0}$$

전위 $V = Ed = \frac{\sigma}{\epsilon_0}d = \frac{4}{8.855 \times 10^{-12}} \times 4 = 1.8 \times 10^{12} \, [V]$

【답】②

11 상자성체의 자화율(χ)을 나타낸 것으로 옳은 것은?

① $\chi = 1$
② $\chi < 0$
③ $\chi > 0$
④ $\chi = 0$

Explanation

자화율 $\chi = \mu_0(\mu_s - 1)$이므로
- 강자성체(철, 니켈, 코발트) : $\mu_s \gg 1$이고 자화율 $\chi > 0$
- **상자성체(공기, 진공, 알루미늄)** : $\mu_s \geq 1$이고 **자화율 $\chi > 0$**
- 역자성체(구리, 창연, 금) : $\mu_s < 1$이고 자화율 $\chi < 0$

【답】③

12 자극의 세기가 $8 \times 10^{-6}[Wb]$ 길이가 3[cm]인 막대자석을 120[AT/m]의 평등 자계 내에 자력선과 30°의 각도로 놓으면 이 막대자석이 받은 회전력은 몇 [N·m]인가?

① $1.44 \times 10^{-4}[N \cdot m]$
② $1.44 \times 10^{-5}[N \cdot m]$
③ $3.02 \times 10^{-4}[N \cdot m]$
④ $3.02 \times 10^{-5}[N \cdot m]$

Explanation

토크
- 자성체에 의한 토크 $T = MH\sin\theta = mlH\sin\theta = 8 \times 10^{-6} \times 3 \times 10^{-2} \times 120 \times \sin30°$
  $= 1.44 \times 10^{-5}[N \cdot m]$

【답】②

13 그림과 같이 내도체의 반지름이 a, 외도체의 내측 반지름이 b인 동축 케이블이 있다. 이 동축 케이블에 흐르는 전류는 표면(내도체는 외측 표면, 외도체는 내측 표면)에만 흐른다고 하면 이 동축 케이블 단위 길이당 자기 인덕턴스는?(단, 동축 케이블 자체의 내부 인덕턴스는 무시한다)

① $4 \times 10^{-7} \times \ln\frac{b}{a}$
② $2\pi \times 10^{-7} \times \ln\frac{b}{a}$
③ $1 \times 10^{-7} \times \ln\frac{b}{a}$
④ $2 \times 10^{-7} \times \ln\frac{b}{a}$

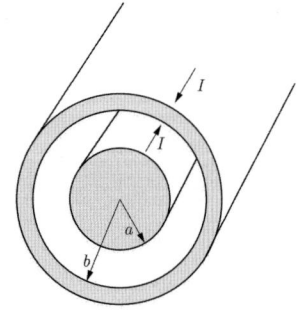

Explanation

동축케이블의 인덕턴스 $L = \frac{\mu_0}{2\pi}\ln\frac{b}{a} = \frac{4\pi \times 10^{-7}}{2\pi}\ln\frac{b}{a} = 2 \times 10^{-7} \times \ln\frac{b}{a}$ [H/m]

【답】④

14 평등 전계 중에 유전체 구에 의한 전속분포가 그림과 같이 되었을 때 ϵ_1과 ϵ_2의 크기 관계는?

① 무관하다.
② $\epsilon_1 = \epsilon_2$
③ $\epsilon_1 > \epsilon_2$
④ $\epsilon_1 < \epsilon_2$

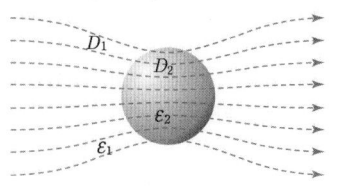

Explanation

전속은 유전율이 큰 쪽에 모인다.
$\epsilon_1 < \epsilon_2$ 일 경우 $E_1 > E_2$, $D_1 < D_2$

【답】④

15 자계의 벡터포텐셜을 A라 할 때 자계의 변화에 의하여 생기는 전계의 세기 E는?

① $E = \nabla \times A$
② $\text{rot}E = A$
③ $\nabla \times E = -\frac{\partial A}{\partial t}$
④ $E = -\frac{\partial A}{\partial t}$

Explanation

벡터 포텐셜의 정의 : $B = \nabla \times A$

$\nabla \times E = -\frac{\partial B}{\partial t} = -\frac{\partial}{\partial t}(\nabla \times A)$

$\int (\nabla \times E)\,ds = = -\int \frac{\partial}{\partial t}(\nabla \times A)\,ds$ 에서 스토크스의 정리를 이용하면

$E = -\frac{\partial A}{\partial t}$

【답】④

16 속도 v의 전자가 평등자계 내에 수직으로 들어갈 때, 이 전자에 대한 설명으로 옳은 것은?

① 원운동을 하고 원의 반지름은 전자의 처음 속도의 제곱에 비례한다.
② 원운동을 하고 원의 반지름은 자계의 세기에 비례한다.
③ 원운동을 하고 원의 반지름은 자계의 세기에 반비례한다.
④ 구면위에서 회전하고 구의 반지름은 자계의 세기에 비례한다.

Explanation

로렌쯔의 힘 $F = e[E + (v \times B)]$이며

전자가 자계내로 진입하면 원심력 $\frac{mv^2}{r}$과 구심력 $e(v \times B)$가 같아지며 전자는 원운동 하게 된다.

• $\frac{mv^2}{r} = evB$에서 원운동 반경 : $r = \frac{mv}{eB}$

따라서 원운동의 반지름은 자속밀도(자계의 세기)에 반비례

【답】③

17 환상철심에 권수 3,000회 A코일과 권수 200회 B코일이 감겨져 있다. A코일의 자기 인덕턴스가 360[mH]일 때 A, B 두 코일의 상호 인덕턴스는 몇 [mH]인가? (단, 결합계수는 1이다)

① 16
② 24
③ 36
④ 72

Explanation

자기 인덕턴스와 상호 인덕턴스
- 자기 인덕턴스 : $L_1 = \dfrac{N_1^2}{R_m} \quad L_2 = \dfrac{N_2^2}{R_m}$
- 상호 인덕턴스 : $M = \dfrac{N_1 N_2}{R_m} = \dfrac{N_2}{N_1} L_1 = \dfrac{200}{3,000} \times 360 = 24 \text{[mH]}$

【답】②

18 유전률 ϵ인 유전체를 넣은 무한장 동축 케이블의 중심 도체에 $q\text{[C/m]}$의 전하를 줄 때 중심축에서 $r\text{[m]}$(내외반지름의 중간점)의 전속밀도는 몇 $\text{[C/m}^2\text{]}$인가?

① $\dfrac{q}{4\pi r^2}$ ② $\dfrac{q}{4\pi \epsilon r^2}$

③ $\dfrac{q}{2\pi r}$ ④ $\dfrac{q}{2\pi \epsilon r}$

> Explanation

무한장 동축 케이블의 전계의 세기 $E = \dfrac{q}{2\pi\epsilon r}$

전속밀도 $D = \epsilon E = \epsilon \times \dfrac{q}{2\pi\epsilon r} = \dfrac{q}{2\pi r} \text{[C/m}^2\text{]}$

【답】③

19 전위가 $V = 2x + y \text{[V]}$일 때 자유공간 중의 $0 \leq x \leq 1$, $0 \leq y \leq 1$, $0 \leq z \leq 1$의 공간에 저장되는 전계에너지는 약 몇 [J]인가?

① 2.214×10^{-11} ② 4.428×10^{-11}

③ 2.214×10^{-12} ④ 4.428×10^{-12}

> Explanation

【답】①

20 $x > 0$인 영역에 비유전율 $\epsilon_1 = 3$인 유전체, $x < 0$인 영역에 비유전율 $\epsilon_2 = 5$인 유전체가 있다. $x < 0$인 영역에서 전계가 $E_2 = 20a_x + 30a_y - 40a_z \text{[V/m]}$일 때 $x > 0$인 영역에서의 전속밀도 $\text{[C/m}^2\text{]}$는?

① $10(10a_x + 9a_y - 12a_z)\epsilon_0$ ② $20(5a_x - 10a_y + 6a_z)\epsilon_0$

③ $50(2a_x - 3a_y + 4a_z)\epsilon_0$ ④ $50(2a_x + 3a_y - 4a_z)\epsilon_0$

> Explanation

【답】①

2과목 전력공학

21 계통의 안정도 증진대책이 아닌 것은?
① 선로의 회선수를 감소시킨다.
② 중간 조상 방식을 채용한다.
③ 발전기나 변압기의 리액턴스를 작게 한다.
④ 고속도 재폐로 방식을 채용한다.

> **Explanation**

안정도 향상 대책
• 직렬 리액턴스(X)를 작게 한다.
　① 발전기나 변압기의 리액턴스를 작게 한다.
　② **선로의 병행 회선수를 늘리거나 복도체 또는 다도체 방식을 사용한다.**
　③ 직렬 콘덴서를 삽입하여 선로의 리액턴스를 보상한다.
• 전압 변동을 작게 한다.
　① 속응 여자 방식의 채용
　② 계통 연계를 한다.
• 중간 조상 방식을 채용한다.
• 고장 전류를 줄이고 고장 구간을 신속하게 차단한다.
　① 적당한 중성점 접지 방식을 채용하여 지락 전류를 줄인다.
　② 고속도 계전기, 고속도 차단기를 채용한다.
　③ 고속도 재폐로 방식을 채용한다.(과도안정도 증진)

【답】①

22 4단자 정수가 A, B, C, D인 선로에 임피던스가 Z_T인 변압기를 수전단 측에 접속한 계통의 일반 회로정수를 A_1, B_1, C_1, D_1라 할 때 D_1는?
① $D + CZ_r$
② $D + AZ_r$
③ $D + BZ_r$
④ D

> **Explanation**

$$\begin{bmatrix} A_1 & B_1 \\ C_1 & D_1 \end{bmatrix} = \begin{bmatrix} A & B \\ C & D \end{bmatrix} \begin{bmatrix} 1 & Z_r \\ 0 & 1 \end{bmatrix} = \begin{bmatrix} A & AZ_r + B \\ C & CZ_r + D \end{bmatrix}$$
$\therefore D_1 = D + CZ_r$

【답】①

23 3상 전원에 접속된 △결선의 콘덴서를 Y결선으로 바꾸면 진상용량은 △결선 시의 몇 배로 되는가?
① $\dfrac{1}{3}$
② 3
③ $\sqrt{3}$
④ $\dfrac{1}{\sqrt{3}}$

> **Explanation**

△결선의 콘덴서를 Y 결선으로 바꾸면
$C_\triangle = 3C_Y$ 이므로
$C_Y = \dfrac{1}{3} C_\triangle$ 가 된다.

【답】①

24 화력발전소에서 재열기의 목적은?
① 공기 예열
② 석탄 건조
③ 급수 예열
④ 증기 가열

> **Explanation**

재열기 : 터빈 내에서의 증기를 다시 가열하는 장치

【답】④

25 소호리액터 접지의 합조도가 정(+)인 경우에는 어느 것과 관련이 있는가?
① 과보상
② 공진
③ 접지저항
④ 아크전압

Explanation

합조도(공진점을 벗어난 정도) : 일반적으로 과보상

구 분	공진 식	공진 정도	합조도
$I_L > I_c$	$\omega L < \dfrac{1}{3\omega C_s}$	과보상	+
$I_L = I_c$	$\omega L = \dfrac{1}{3\omega C_s}$	완전 공진	0
$I_L < I_c$	$\omega L > \dfrac{1}{3\omega C_s}$	부족 보상	−

【답】 ①

26 선로 정수 중 저항 R과 관련 없는 것은?
① A : 전선의 단면적
② l : 전선의 길이
③ ρ : 전선의 저항률
④ μ : 전선의 투자율

Explanation

선로저항 : $R = \rho \dfrac{l}{A} [\Omega]$

여기서, A : 전선의 단면적, l : 전선의 길이, ρ : 전선의 저항률

【답】 ④

27 그림과 같은 유황곡선을 가진 수력발전에서 최대사용수량 OC로 1년간 계속 발전하는 데 추가로 필요한 저수지의 용량은?
① 면적 DEB
② 면적 PCD
③ 면적 OCDBA
④ 면적 OCPBA

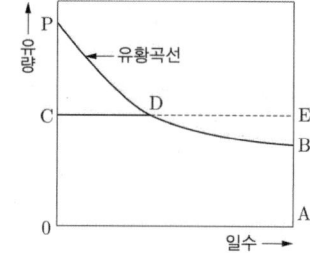

Explanation

최대사용수량 OC로 1년간 계속 발전하는 데 필요한 저수지의 용량(부족수량)은 면적 DEB에 해당하므로 이 면적만큼 저수해 두면 된다.

【답】 ①

28 전력용 콘덴서 보호와 파형 개선의 목적으로 사용되는 직렬리액터가 제거하는 고조파는?
① 제2고조파
② 제3고조파
③ 제5고조파
④ 제7고조파

Explanation

직렬리액터는 제5고조파를 제거하기 위하여 전력용 콘덴서 전단에 시설

직렬 리액터의 용량은 $5\omega L = \dfrac{1}{5\omega C}$

이론적 : 4[%], 실제적 : 6[%]

【답】 ③

29 3,000[kW], 역률 75[%](늦음)의 부하에 전력을 공급하고 있는 변전소에 콘덴서를 설치하여 역률을 93[%]로 향상시키고자 한다. 필요한 전력용 콘덴서의 용량은 약 몇 [kVA]인가?
① 1,460
② 1,540
③ 1,620
④ 1,730

Explanation

역률개선용 콘덴서의 용량 $Q = P(\tan\theta_1 - \tan\theta_2)$ [kVA]

$P = \left(\dfrac{\sin\theta_1}{\cos\theta_1} - \dfrac{\sin\theta_2}{\cos\theta_2}\right) = 3,000 \times \left(\dfrac{\sqrt{1-0.75^2}}{0.75} - \dfrac{\sqrt{1-0.93^2}}{0.93}\right) = 1,460.08$ [kVA]

【답】①

30 가공 전선로에서 경간을 S[m], 이도를 D[m]라고 할 때 전선 실제 길이 L[m]은?
① $L = S + \dfrac{8D^2}{3S}$
② $L = S + \dfrac{8D^2}{3S^2}$
③ $L = S + \dfrac{8D^3}{3S^2}$
④ $L = S + \dfrac{3D^2}{8S}$

Explanation

이도 $D = \dfrac{WS^2}{8T}$ [m]

실제 길이 $L = S + \dfrac{8D^2}{3S}$ [m]

【답】①

31 발전기 또는 주변압기의 내부고장 보호용으로 가장 널리 사용되는 것은?
① 거리 계전기
② 과전류 계전기
③ 방향단락 계전기
④ 비율차동 계전기

Explanation

비율차동 계전기
• 발전기, 변압기 내부고장 보호
• 외부 단락 시 오동작을 방지하고 내부 고장 시에만 예민하게 동작

【답】④

32 송전전력, 송전거리, 전선로의 전력손실이 일정하고, 같은 재료의 전선을 사용한 경우 단상 2선식에 대한 3상 4선식의 1선당 전력비는 약 얼마인가?(단, 중성선은 외선과 같은 굵기이다)
① 0.7
② 0.87
③ 0.94
④ 1.15

Explanation

1선당 송전전력

	공급전력	전선 1가닥당 송전 전력
단상 2선식	$VI\cos\theta$	$P_{12} = \dfrac{P}{2} = 0.5P \rightarrow 2P_{12}$
단상 3선식	$VI\cos\theta$	$P_{13} = \dfrac{2P_{12}}{3} = 0.67P_{12}$
3상 3선식	$\sqrt{3}VI\cos\theta$	$P_{33} = \dfrac{\sqrt{3}\,2P_{12}}{3} = 1.12P_{12}$
3상 4선식	$\sqrt{3}VI\cos\theta$	$P_{34} = \dfrac{\sqrt{3}\,2P_{12}}{4} = 0.87P_{12}$

【답】②

33 선택지락 계전기의 용도는?
① 단일 회선에서 지락고장 회선의 선택 차단
② 병행 2회선에서 지락고장 회선의 선택 차단
③ 단일 회선에서 지락전류의 방향 선택 차단
④ 병행 2회선에서 지락고장의 지속시간 선택 차단

> Explanation

지락사고 보호용 계전기
- 지락 계전기(GR) : 1회선 송전선로의 지락보호
- 선택지락 계전기(SGR) : 2회선 이상의 송전선로의 지락 시 선택차단

【답】②

34 가공지선의 설치 목적이 아닌 것은?
① 전압강하의 방지
② 직격뢰에 대한 차폐
③ 유도뢰에 대한 정전차폐
④ 통신선에 대한 전자유도 장해 경감

> Explanation

가공 지선의 설치 목적
- 직격뢰 차폐
- 유도뢰에 대한 정전 차폐
- 통신선에 대한 전자유도장해 경감(지락전류의 일부가 가공지선에 흐르므로)

【답】①

35 차단은 쉽게 가능하나 재점호가 발생하기 쉬운 차단은 무엇인가?
① RL회로 차단
② 단락전류 차단
③ L회로 차단
④ C회로 차단

> Explanation

재점호는 충전 전류(진상 전류)를 차단할 때 전류파의 제로 위치에서 일단 소멸된 아크가 재기 전압 때문에 극간에 다시 발생하는 것이다. 이것은 아크전류와 전압이 90°에 가까울수록 크게 된다.

【답】④

36 전력 퓨즈는 고압, 특고압기기의 주로 어떤 전류의 차단을 목적으로 하는가?
① 영상전류
② 충전전류
③ 단락전류
④ 부하전류

> Explanation

전력 퓨즈(PF : Power Fuse) : 단락전류 차단

【답】③

37 유효낙차가 100[m], 최대 사용수량이 20[m³/sec], 수차 효율이 70[%]인 수력발전소의 연간 발전량은 약 몇 [kWh]인가?(단, 발전기의 효율은 85[%]라고 한다)
① 2.5×10^7
② 5×10^7
③ 10×10^7
④ 20×10^7

> Explanation

연간 발전 전력량 $W = Pt = 9.8QH\eta \times t$
$= 9.8 \times 20 \times 100 \times 0.7 \times 0.85 \times 365 \times 24 = 10 \times 10^7 [\text{kWh}]$

【답】③

38 저압 네트워크 방식에 대한 설명으로 옳지 않은 것은?
① 전압 변동이 적고 전력 손실이 감소된다.　② 공급 신뢰도가 높다.
③ 부하 증가에 대한 적응성이 좋다.　　　　　④ 감전사고의 확률이 낮아진다.

Explanation

저압 네트워크 방식
- 무정전 공급 방식(공급 신뢰도가 가장 우수)
- 변전소의 수를 줄일 수 있다.
- 전압 강하, 전력손실이 적다.
- 부하 증가 대응 우수
- 설비비 고가
- **인축의 접지 사고 증가**
- 고장 시 고장전류 역류

대책 : 네트워크 프로텍터(저압용 차단기, 저압용 퓨즈, 전력방향 계전기)　　【답】④

39 고압 배전선로의 구성의 순서로 옳은 것은?
① 배전변전소 → 간선 → 분기선 → 급선　　② 배전변전소 → 간선 → 급전선 → 분기선
③ 배전변전소 → 급전선 → 분기선 → 간선　④ 배전변전소 → 급전선 → 간선 → 분기선

Explanation

고압 배전계통의 구성순서는 배전변전소 → 급전선 → 간선 → 분기선 순이다.
- 급전선 : 배전 변전소 또는 발전소로부터 배전선간에 이르기까지 도중에 부하가 접속되어 있지 않은 선로
- 간선 : 급전선에 접속된 수용 지역에서의 배전선로 가운데에서 부하의 분포 상태에 따라서 배전하거나 분기선을 내어서 배전 하는 부분
- 분기선 : 간선으로부터 분기한 배전 선로 부분　　【답】④

40 전력용 콘덴서에 비해 동기조상기의 이점으로 옳은 것은?
① 소음이 적다.　　　　　　　　　　　② 진상전류 이외에 지상전류를 취할 수 있다.
③ 전력손실이 적다.　　　　　　　　　④ 유지보수가 쉽다.

Explanation

조상설비 비교

	진 상	지 상	시충전(시송전)	조 정	전력손실	증설
전력용 콘덴서	O	×	×	단계적	적다	가능
분로 리액터	×	O	×	단계적	적다	가능
동기 조상기	O	O	O	**연속적**	**크다**	**불가능**

【답】②

3과목　전기기기

41 단상 유도전동기 중 기동토크가 가장 작은 것은?
① 반발 기동형　　　　　　　　　　　② 분상 기동형
③ 쉐이딩 코일형　　　　　　　　　　④ 커패시터 기동형

Explanation

기동 토크의 크기

단상유도전동기(기동 토크가 큰 순서)
반발 기동형 > 반발 유도형 > 콘덴서 기동형 > 분상 기동형 > 셰이딩코일형 > 모노사이클릭형

【답】③

42 동기발전기에서 제동권선을 사용하는 주된 목적은?
① 난조 방지
② 속도변동 방지
③ 제동 작용
④ 전기자반작용 방지

> **Explanation**
>
> 제동 권선의 역할
> • 난조 방지
> • 기동 토크 발생(동기전동기)

【답】①

43 변압기의 1차측을 Y결선, 2차측을 △결선으로 한 경우 1차와 2차 간의 전압의 위상차는?
① 0°
② 30°
③ 45°
④ 60°

> **Explanation**
>
> Y결선과 △결선과는 30°의 위상차가 존재한다.

【답】②

44 동기전동기의 용도가 아닌 것은?
① 크레인
② 압축기
③ 송풍기
④ 분쇄기

> **Explanation**
>
> 동기 전동기 특징
> • 정속도 전동기
> • 기동이 어렵다. (설비비가 고가)
> • 역률 1.0로 조정 가능, 진상과 지상전류를 연속 공급 가능(동기조상기)
> • 저속도 대용량의 전동기 : 대형 송풍기, 압축기, 압연기, 분쇄기

【답】①

45 스테핑모터에 대한 설명으로 틀린 것은?
① 총 회전각도는 스텝각과 스텝수의 곱이다.
② 회전속도는 스테핑 주파수에 반비례한다.
③ 가속, 감속이 용이하다.
④ 펄스구동방식의 전동기이다.

> **Explanation**
>
> 스테핑 모터(Stepping Motor)
> • 피드백 루프가 필요 없이 오픈 루프로 손쉽게 속도 및 위치제어
> • 디지털 신호를 직접 제어 할 수 있으므로 컴퓨터 등 다른 디지털 기기와 인터페이스가 용이
> • 가속, 감속이 용이하며 정·역전 및 변속이 쉽다.
> • 위치제어를 할 때 각도오차가 적다.
> • 회전각과 속도는 펄스 수에 비례

【답】②

46 권선형 유도전동기 저항제어법의 단점 중 틀린 것은?
① 제어용 저항기는 가격이 고가이다.
② 부하가 적을 때는 광범위한 속도 조정이 곤란하다.
③ 운전효율이 낮다.
④ 부하에 대한 속도 변동이 작다.

> **Explanation**

권선형 유도 전동기의 2차 저항 제어법
- 토크의 비례추이를 이용한 것
- 2차 회로에 저항을 삽입 토크에 대한 슬립 s를 바꾸어 속도 제어
- 구조가 간단하고 제어가 용이
- 효율이 낮다.
- 제어용저항기는 고가
- 부하에 대한 속도 변동이 크다.

【답】④

47 어떤 변압기의 전부하운전 시 전압변동률이 부하역률 100[%]에서 2[%], 부하역률 80[%]에서 3[%]이다. 이 변압기의 전부하운전 시 최대 전압변동률[%]은 약 얼마인가?

① 4.2
② 5.1
③ 6.2
④ 3.1

> **Explanation**

전압 변동률 $\epsilon = \dfrac{V_{20} - V_{2n}}{V_{2n}} \times 100 = p\cos\theta \pm q\sin\theta$ (지상 : +, 진상 : −)

문제에서
- 부하역률 100[%]일 때 $\epsilon = p = 2[\%]$
- 부하역률 80[%]일 때 $3 = 2 \times 0.8 + q \times 0.6$에서 $q = 2.3[\%]$

따라서 최대 전압변동률 $\epsilon_m = \sqrt{p^2 + q^2} = \sqrt{2^2 + 2.3^2} = 3.1[\%]$

【답】④

48 3상 유도전동기의 기계적 출력 P[W], 회전수 N[rpm]인 전동기의 토크는 약 몇 [kg·m]인가?

① $0.46 \dfrac{P}{N}$
② $0.55 \dfrac{P}{N}$
③ $0.855 \dfrac{P}{N}$
④ $0.975 \dfrac{P}{N}$

> **Explanation**

전동기 토크 $\tau = 0.975 \times \dfrac{P[\text{W}]}{N} = 975 \times \dfrac{P[\text{kW}]}{N}$ [kg·m]

【답】④

49 전기자 저항이 $R_a[\Omega]$인 직류 분권전동기가 단자전압 V[V]일 때 정격부하에서 N[rpm]으로 회전하며 I_a[A]의 전기자 전류가 흐른다. 이 전동기를 동일한 전압으로 무부하 운전하는 경우 회전속도 [rpm]는?

① $\dfrac{VN}{V - I_a R_a}$
② $\dfrac{V + I_a R_a}{VN}$
③ $\dfrac{VN}{V + I_a R_a}$
④ $\dfrac{V - I_a R_a}{VN}$

> **Explanation**

전동기 역기전력 $E = V - I_a R_a = K\phi N$[V]
$E = K\phi N$에서 $E \propto N$
따라서 무부하 운전 시의 무부하 시 $E' = V$

무부하 속도 $N' = N\dfrac{E'}{E} = \left(\dfrac{V}{V - I_a R_a}\right)N$

【답】①

50 3상 변압기 병렬운전 조건으로 틀린 것은?
① 각 변압기의 권수비가 같을 것
② 각 변압기의 절연저항이 같을 것
③ 각 변압기의 %임피던스 강하가 같을 것
④ 각 변압기의 극성이 같을 것

Explanation

변압기 병렬운전 조건
- 극성, 권수비, 1,2차 정격전압이 같을 것
- %임피던스 강하가 같을 것
- 저항과 임피던스의 비가 같을 것
- 상회전 방향과 각 변위가 같을 것(3φ 변압기)

【답】②

51 부하 전류가 100[A]일 때 회전 속도 1,000[rpm]으로 10[kg·m]의 토크를 발생하는 직류 직권 전동기가 80[A]의 부하 전류로 감소되었을 때의 토크는 몇 [kg·m]인가?
① 2.5
② 3.6
③ 4.9
④ 6.4

Explanation

직류 직권 전동기 토크 $\tau \propto I^2 \propto \dfrac{1}{N^2}$ 이므로, $\tau = 10 \times \left(\dfrac{80}{100}\right)^2 = 6.4[\text{kg}\cdot\text{m}]$이 된다.

【답】④

52 누설변압기의 특성은 어떤 것인가?
① 정전압 특성
② 저 임피던스 특성
③ 정전류 특성
④ 저 저항 특성

Explanation

누설 변압기
- 2차 전류가 증가하면 1, 2차 누설 자속이 증가하게 되어 2차 유기기전력이 감소되어 2차 전류도 감소
- **수하 특성 : 정전류 특성**
- 용접용 변압기 등에 사용

【답】③

53 직류 분권전동기의 기동 시에 정격전압을 공급하면 전기자 전류가 많이 흐르다가 회전속도가 점점 증가함에 따라 전기자 전류가 감소하는 원인은?
① 전기자 반작용의 증가
② 전기자권선의 저항 증가
③ 브러시의 접촉저항 증가
④ 전동기의 역기전력 상승

Explanation

분권전동기 역기전력 $E = V - R_a I_a = \dfrac{p}{a} Z\phi \dfrac{N}{60} [\text{V}]$에서
속도가 증가하면 역기전력이 증대되며 정격전압이 일정하면 전기자 전류가 감소하게 된다.

【답】④

54 비례추이와 관계있는 전동기로 옳은 것은?
① 동기전동기
② 농형 유도전동기
③ 단상정류자전동기
④ 권선형 유도전동기

Explanation

비례추이의 원리 : 권선형 유도전동기
- 최대 토크는 불변, 최대 토크의 발생 슬립은 변화
- 기동 전류는 감소하고, 기동 토크는 증가

【답】④

55 반도체 소자 중 3단자 사이리스터가 아닌 것은?
① SCS
② SCR
③ GTO
④ TRIAC

> **Explanation**

반도체 소자(괄호 안은 극(단자) 수)
- 단방향성 : SCR(3), GTO(3), SCS(4), LASCR(3)
- 양방향성 : SSS(2), TRIAC(3), DIAC(2)

【답】①

56 직류전동기 속도제어 방법이 아닌 것은?
① 1차 저항 제어
② 극수 제어
③ 전압 제어
④ 계자 제어

> **Explanation**

직류전동기 속도제어 $n = K'\dfrac{V-I_a R_a}{\phi}$ (K' : 기계정수)

종류	특징
전압 제어	• 광범위 속도제어 가능 • 워드 레오너드 방식 : 소형부하(엘리베이터에 사용) • 일그너 방식(부하가 급변, 대용량 부하-제철, 제강, 압연) : 플라이휠 효과(관성 모멘트 증가) • 정토크 제어
계자 제어	• 세밀하고 안정된 속도 제어 • 정출력 제어
저항 제어	• 속도 조정 범위 좁다. • 효율이 저하

【답】②

57 변압기의 %저항강하는 1.75, %리액턴스는 2라고 할 때 최대 전압변동률을 발생하는 역률각은 얼마인가?
① 30.24
② 36.34
③ 42.31
④ 46.64

> **Explanation**

전압 변동률 $\epsilon = \dfrac{V_{20}-V_{2n}}{V_{2n}}\times 100 = p\cos\theta \pm q\sin\theta$ (지상 : +, 진상 : -)

여기서, 최대 전압변동률 일 때
역률 $\cos\theta_m = \dfrac{p}{\%z} = \dfrac{1.75}{\sqrt{1.75^2 + 2^2}} = 0.6585$

역률각 $\theta = \cos^{-1}0.6865 = 46.64°$

【답】④

58 50[kVA], 50[Hz], 6.3[kV]/210[V], 지상역률 0.8의 단상 변압기가 있다. 이 변압기의 무부하손은 0.65[kW]이고 %저항강하는 1.4[%]라고 할 때 변압기의 전부하 효율은 약 몇 [%]인가?
① 95.7
② 96.7
③ 97.7
④ 98.7

> **Explanation**

%저항 강하 $p = \dfrac{I_{1n}r_{21}}{V_{1n}}\times 100 = \dfrac{I_{1n}^2 r_{21}}{V_{1n}I_{1n}}\times 100 = \dfrac{P_c}{P_n}\times 100 [\%]$

여기서, P_n은 정격용량, P_c는 동손

따라서 동손(임피던스 와트) $P_c = \dfrac{p \times P_n}{100p} = \dfrac{50 \times 10^3 \times 1.4}{100} = 700[\text{W}]$

변압기의 전부하 효율 $\eta = \dfrac{P\cos\theta}{P\cos\theta + P_i + P_c} \times 100 = \dfrac{50 \times 10^3 \times 0.8}{50 \times 10^3 \times 0.8 + 650 + 700} \times 100 = 96.7[\%]$ 【답】②

59 전동차에 적합한 직류 전동기의 종류는?
① 분권 전동기 ② 직권 전동기
③ 복권 전동기 ④ 타여자 전동기

Explanation

직권 전동기
- 변속도 전동기(**전기철도용 전동차에 적합**)
- 부하에 따라 속도가 심하게 변한다.
- +, - 극성을 반대로 하면 ⇨ 회전 방향이 불변
- 위험 상태 ⇨ 정격 전압, 무부하 상태
- $T \propto I^2 \propto \dfrac{1}{N^2}$

【답】②

60 다음 ( ) 안에 옳은 내용을 순서대로 나열한 것은?

> SCR에서는 게이트 전류가 흐르면 순방향의 저지상태에서 (   )상태로 된다. 게이트 전류를 가하여 도통 완료까지의 시간을 (   )시간이라 하고 이 시간이 길면 (   )시의 (   )이 많고 소자가 파괴된다.

① 온(On), 턴온(Turn on), 스위칭, 전력손실
② 온(On), 턴온(Turn on), 전력손실, 스위칭
③ 스위칭, 온(On), 턴온(Turn on), 전력손실
④ 턴온(Turn on), 스위칭, 온(On), 전력손실

Explanation

사이리스터(Thyrister)
- 턴온 : 게이트에 전류가 흐르기 시작
- 턴온 시간 : 게이트 전류를 가하여 도통 완료까지의 시간

【답】①

4과목　회로이론 및 제어공학

61 회로에서 노드 a와 b사이에 나타나는 전압[V]의 크기는?

① 60
② 20
③ 80
④ 100

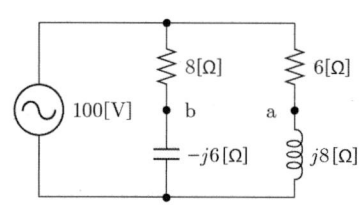

Explanation

각 지로의 전류
$I_1 = \dfrac{V}{Z_1} = \dfrac{100}{8 - j6} = \dfrac{100(8 + j6)}{(8 - j6)(8 + j6)} = 8 + j6 = \sqrt{8^2 + 6^2} = 10[\text{A}]$

$$I_2 = \frac{V}{Z_2} = \frac{100}{6+j8} = \frac{100(6-j8)}{(6+j8)(6-j8)} = 6-j8 = \sqrt{6^2+8^2} = 10[A]$$
$$V_{ab} = 8 \times 10 - 6 \times 10 = 20[V]$$

【답】②

62
그림의 회로에서 $t=0[s]$에 스위치(S)를 닫은 후 $t=3[s]$일 때 이 회로에 흐르는 전류는 약 몇 [A]인가?

① 1.52
② 2.02
③ 2.52
④ 3.80

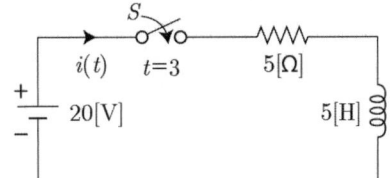

Explanation

$R-L$ 직렬 회로

전류 $i = \frac{E}{R}\left(1-e^{-\frac{R}{L}t}\right) = \frac{20}{5}\left(1-e^{-\frac{5}{5}\times 3}\right) = 4(1-e^{-3}) = 3.80[A]$

【답】④

63
그림의 성형 불평형 회로에 각 상전압이 E_a, E_b, E_c [V]이고, 부하는 Z_a, Z_b, Z_c [Ω]이라면 중성선 임피던스가 Z_n [Ω]일 때 중성점간의 전위는 어떻게 되는가?

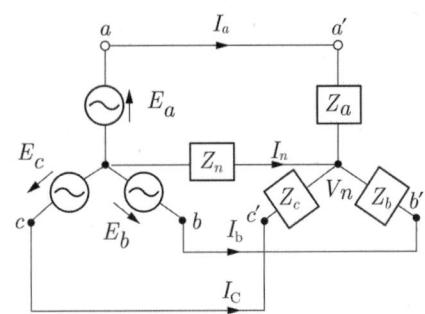

① $V_n = \dfrac{E_a+E_b+E_c}{Z_a+Z_b+Z_c}$

② $V_n = \dfrac{E_a+E_b+E_c}{Z_a+Z_b+Z_c+Z_n}$

③ $V_n = \dfrac{\dfrac{E_a}{Z_a}+\dfrac{E_b}{Z_b}+\dfrac{E_c}{Z_c}}{\dfrac{1}{Z_a}+\dfrac{1}{Z_b}+\dfrac{1}{Z_c}+\dfrac{1}{Z_n}}$

④ $V_n = \dfrac{\dfrac{E_a}{Z_a}+\dfrac{E_b}{Z_b}+\dfrac{E_c}{Z_c}}{\dfrac{1}{Z_a}+\dfrac{1}{Z_b}+\dfrac{1}{Z_c}}$

Explanation

밀만의 정리를 적용하면 $V_n = \dfrac{\dfrac{E_a}{Z_a}+\dfrac{E_b}{Z_b}+\dfrac{E_c}{Z_c}}{\dfrac{1}{Z_a}+\dfrac{1}{Z_b}+\dfrac{1}{Z_c}+\dfrac{1}{Z_n}}$

【답】③

64 선간 전압이 V_{ab}[V]인 3상 평형 전원에 대칭 부하 $R[\Omega]$이 그림과 같이 접속되어 있을 때, a, b 두 상 간에 접속된 전력계의 지시 값이 W[W]라면 회로 전체의 소비전력[W]은?

① $2W$
② $3W$
③ $\sqrt{2}\,W$
④ $\sqrt{3}\,W$

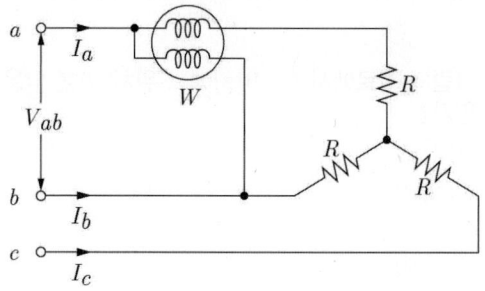

Explanation

2전력계법
유효전력 $P = P_1 + P_2 = 2W$
피상전력 $P_a = 2\sqrt{P_1^2 + P_2^2 - P_1 P_2} = \sqrt{3}\,V_l I_l$

【답】①

65 4단자 회로망에서 4단자 정수가 A, B, C, D일 때, 영상 임피던스 $\dfrac{Z_{01}}{Z_{02}}$은?

① $\dfrac{D}{A}$ ② $\dfrac{B}{C}$
③ $\dfrac{C}{B}$ ④ $\dfrac{A}{D}$

Explanation

영상임피던스와 4단자 정수와의 관계

$Z_{01} Z_{02} = \dfrac{B}{C}$, $\dfrac{Z_{01}}{Z_{02}} = \dfrac{A}{D}$

$Z_{01} = \sqrt{\dfrac{AB}{CD}}$, $Z_{02} = \sqrt{\dfrac{DB}{CA}}$

【답】④

66 다음 시퀀스 회로를 논리회로로 옳게 표시한 것은?

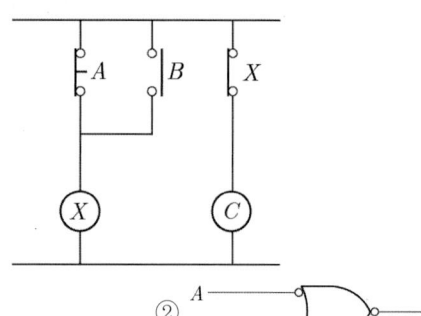

①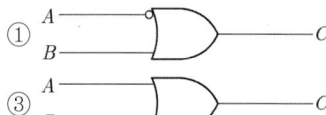
②
③ A B ─▷∘─ C
④ A B ─▷∘─ C

Explanation

논리식 $X = \overline{A} + B$
$C = \overline{X}$

【답】②

67 다음의 신호 흐름 선도에서 C/R는?

① $\dfrac{G_1 + G_2}{1 - G_1 H_1}$ ② $\dfrac{G_1 G_2}{1 - G_1 H_1}$

③ $\dfrac{G_1 + G_2}{1 + G_1 H_1}$ ④ $\dfrac{G_1 G_2}{1 + G_1 H_1}$

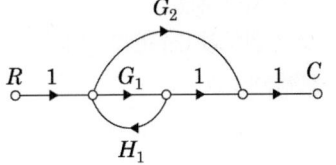

Explanation

메이슨의 이득공식을 적용하면

$G = \dfrac{\sum G_i \Delta_i}{\Delta}$ 에서

$G_i : G_1 \quad \Delta_i : 1-0 = 1$
$ G_2 1-0 = 1$

$\Delta = 1 - G_1 H_1$

전체이득 $G = \dfrac{C}{R} = \dfrac{G_1 + G_2}{1 - G_1 H_1}$

【답】①

68 $F(s) = \dfrac{1}{s(s+a)}$ 의 라플라스 역변환은?

① e^{-at} ② $1 - e^{-at}$

③ $a(1 - e^{-at})$ ④ $\dfrac{1}{a}(1 - e^{-at})$

Explanation

라플라스 변환된 함수가 유리수인 경우
분모가 인수분해 되는 경우 : 부분분수 전개
따라서 부분분수 전개로 역라플라스 변환하면

$F(s) = \dfrac{1}{s(s+a)} = \dfrac{k_1}{s} + \dfrac{k_2}{s+a}$

여기서, $k_1 = \lim\limits_{s \to 0} \dfrac{1}{(s+a)} = \dfrac{1}{a}$, $k_2 = \lim\limits_{s \to -a} \dfrac{1}{s} = -\dfrac{1}{a}$

따라서 $\mathcal{L}^{-1}\left[\dfrac{1}{a}\dfrac{1}{s} - \dfrac{1}{a}\dfrac{1}{s+a}\right] = \dfrac{1}{a} - \dfrac{1}{a}e^{-at} = \dfrac{1}{a}(1-e^{-at})$

【답】④

69 다음과 같은 비정현파 기전력 및 전류에 의한 평균전력을 구하면 몇 [W]인가?

| e=100sinωt −50sin(3ωt+30°)+20sin(5ωt+45°)[V] |
| I=20sinωt+10sin(3ωt−30°)+5sin(5ωt−45°)[A] |

① 825 ② 875
③ 925 ④ 1,175

Explanation

유효전력(평균전력)은 주파수가 같을 때만 발생되므로
$P = V_1 I_1 \cos\theta_1 + V_3 I_3 \cos\theta_3 + V_5 I_5 \cos\theta_5$

$\therefore P = \dfrac{100}{\sqrt{2}} \times \dfrac{20}{\sqrt{2}} \cos 0° - \dfrac{50}{\sqrt{2}} \times \dfrac{10}{\sqrt{2}} \cos 60° + \dfrac{20}{\sqrt{2}} \times \dfrac{5}{\sqrt{2}} \cos 90°$
$= 875 [W]$

【답】②

70 다음 중 이진 값 신호가 아닌 것은?
① 디지털 신호
② 아날로그 신호
③ 스위치의 On-Off 신호
④ 반도체 소자의 동작, 부동작 상태

Explanation

이진 값 신호(동작이 0과 1인 상태)
- 디지털 신호
- 스위치의 On-Off 신호
- 반도체 소자의 동작, 부동작 상태

【답】②

71 $R(z) = \dfrac{(1-e^{-aT})z}{(z-1)(z-e^{-aT})}$ 의 역변환은?

① te^{aT}
② te^{-aT}
③ $1 - e^{-aT}$
④ $1 + e^{-aT}$

Explanation

역z변환은 $\dfrac{R(z)}{z}$의 형태를 이용하여 부분분수 전개하면

$R(z) = \dfrac{(1-e^{-aT})z}{(z-1)(z-e^{-aT})}$ 에서

$\dfrac{R(z)}{z} = \dfrac{(1-e^{-aT})}{(z-1)(z-e^{-aT})} = \dfrac{k_1}{z-1} + \dfrac{k_2}{z-e^{-aT}}$

여기서, $k_1 = \lim\limits_{z \to 1} \dfrac{1-e^{-aT}}{z-e^{-aT}} = 1$

$k_2 = \lim\limits_{z \to e^{-aT}} \dfrac{1-e^{-aT}}{z-1} = -1$ 에서

$\dfrac{R(z)}{z} = \dfrac{1}{z-1} - \dfrac{1}{z-e^{-aT}}$ 이므로

$R(z) = \dfrac{z}{z-1} - \dfrac{z}{z-e^{-aT}}$

따라서 $r(t) = 1 - e^{-aT}$가 된다.

【답】③

72 2단자 임피던스 함수 $Z(s)$가 $Z(s) = \dfrac{(s+3)}{(s+4)(s+5)}$일 때의 영점은?

① -4, -5
② 4, 5
③ 3
④ -3

Explanation

전달함수 $G(s) = \dfrac{Q(s)}{P(s)}$ 에서
- $Q(s) = 0$이 되는 s값을 영점이라 하며 회로단락
- $P(s) = 0$이 되는 s값을 극점이라 하며 회로개방

따라서 영점은 $s = -3$, 극점은 $s = -4$, $s = -5$

【답】④

73 분포정수 선로에서 무왜형 조건이 성립하면 어떻게 되는가?
① 감쇠량이 최소로 된다.
② 전파속도가 최대로 된다.
③ 감쇠량은 주파수에 비례한다.
④ 위상정수가 주파수에 관계없이 일정하다.

Explanation

	무왜형 선로
조건	$\dfrac{R}{L} = \dfrac{G}{C}$
특성임피던스	$Z_0 = \sqrt{\dfrac{Z}{Y}} = \sqrt{\dfrac{L}{C}}$
전파정수	$\gamma = \sqrt{ZY},\ \alpha = \sqrt{RG},\ \beta = \omega\sqrt{LC}$
위상속도	$v = \dfrac{\omega}{\beta} = \dfrac{\omega}{\omega\sqrt{LC}} = \dfrac{1}{\sqrt{LC}}$

무왜형 선로에서는 감쇠량 $\alpha = \sqrt{RG}$ 로 일반적인 선로와 비교해 감쇠량이 최소로 된다.

【답】 ①

74 전달함수가 $G_C(s) = \dfrac{s^2 + 3s + 5}{2s}$ 인 제어기가 있다. 이 제어기는 어떤 제어기인가?

① 비례 적분 미분 제어기
② 비례 적분 제어기
③ 적분 제어기
④ 비례 미분 제어기

Explanation

PID 제어기 $y(t) = K\left[z(t) + \dfrac{1}{T_i}\int z(t)dt + T_d \dfrac{d}{dt}z(t)\right]$ (여기서, K는 비례감도, T_i는 적분시간, T_d는 미분시간)

제어기의 전달함수 $G_c(s) = \dfrac{s^2 + 3s + 5}{2s} = \dfrac{1}{2}s + \dfrac{3}{2} + \dfrac{5}{2s} = \dfrac{3}{2}\left[1 + \dfrac{1}{3}s + \dfrac{5}{3s}\right]$

따라서 비례감도 $\dfrac{3}{2}$, 적분시간 $\dfrac{3}{5}$, 미분시간 $\dfrac{1}{3}$ 인 비례 미분 적분 제어기이다.

【답】 ①

75 그림에서 ①에 알맞은 신호 이름은?

① 조작량
② 제어량
③ 기준입력
④ 동작신호

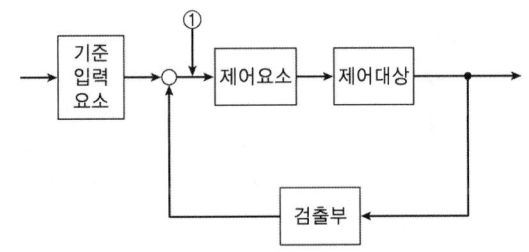

Explanation

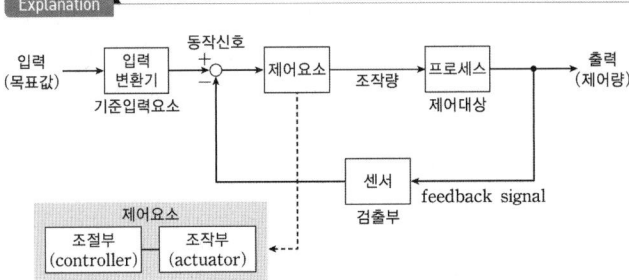

【답】 ④

76 $F(s) = \dfrac{(2s+6)}{s(s^2+3s+2)}$ 일 때 $f(t)$의 최종값은?

① 2
② 3
③ 5
④ 8

> **Explanation**
>
> 최종값 정리 $f(\infty) = \lim\limits_{t \to \infty} f(t) = \lim\limits_{s \to 0} sF(s) = \lim\limits_{s \to 0} s \dfrac{2s+6}{s(s^2+3s+2)} = \dfrac{6}{2} = 3$

【답】②

77 2차 시스템의 감쇠율(damping ratio, ζ)이 $\zeta < 0$인 경우 제어시스템의 과도응답 특성은?

① 발산
② 무제동
③ 임계제동
④ 과제동

> **Explanation**
>
> 감쇠계수(ζ)와의 관계
> - $\zeta > 1$ (과제동)
> - $\zeta = 1$ (임계제동)
> - $0 < \zeta < 1$ (부족제동)
> - $\zeta = 0$ (무제동)
> - $\zeta < 0$ (불안정, 발산)

【답】①

78 $G(s) = \dfrac{1}{s(s+10)}$ 인 선형 제어계에서 $\omega = 0.1$일 때 주파수 전달함수의 이득은 약 몇 [dB]인가?

① -40[dB]
② -20[dB]
③ 0[dB]
④ 20[dB]

> **Explanation**
>
> 보드 선도에서의 이득 $g = 20\log|G(j\omega)| = 20\log\left|\dfrac{1}{j\omega(j\omega+10)}\right| = 20\log\dfrac{1}{\omega\sqrt{\omega^2+10^2}}$
>
> $= 20\log\dfrac{1}{0.1\sqrt{0.1^2+10^2}} \fallingdotseq 20\log 1 = 0[\text{dB}]$

【답】③

79 다음 중 $f(t) = e^{-at}$의 z변환은?

① $\dfrac{1}{z - e^{-at}}$
② $\dfrac{1}{z + e^{-at}}$
③ $\dfrac{z}{z - e^{-at}}$
④ $\dfrac{z}{z + e^{-at}}$

> **Explanation**
>
> 라플라스변환과 z변환
>
> | $f(t)$ | | $F(s)$ | $F(z)$ |
> |---|---|---|---|
> | 임펄스 함수 | $\delta(t)$ | 1 | 1 |
> | 단위 계단 함수 | $u(t)$ | $\dfrac{1}{s}$ | $\dfrac{z}{z-1}$ |
> | 램프 함수 | t | $\dfrac{1}{s^2}$ | $\dfrac{Tz}{(z-1)^2}$ |
> | 지수 함수 | e^{-at} | $\dfrac{1}{s+a}$ | $\dfrac{z}{z-e^{-at}}$ |

【답】③

80 다음 블록선도의 전달함수 $\left(\dfrac{C(s)}{R(s)}\right)$ 는?

① $\dfrac{5}{11}$ ② $\dfrac{6}{17}$

③ $\dfrac{5}{17}$ ④ $\dfrac{6}{11}$

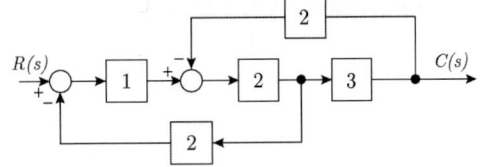

Explanation

블록선도의 전달 함수 $G(s) = \dfrac{\Sigma G}{1 - \Sigma L_1 + \Sigma L_2 + \cdots}$

여기서, L_1 : 각각의 모든 폐루프 이득의 합
L_2 : 서로 접촉하지 않는 2개의 폐루프 이득의 곱의 합
ΣG : 각각의 전향 경로의 합

따라서 전달함수 $G(s) = \dfrac{C(s)}{R(s)} = \dfrac{1 \times 2 \times 3}{1 - [(-2 \times 3 \times 2) + (-1 \times 2 \times 2)]} = \dfrac{6}{17}$

【답】②

5과목 전기설비기술기준

81 100[kV] 미만의 특고압 가공전선로를 시가지에 경동연선으로 시설할 경우 단면적은 몇 [mm²] 이상을 사용하여야 하는가?

① 35 ② 55
③ 100 ④ 150

Explanation

(KEC 333.1조) 시가지 등에서 특고압 가공 전선로의 시설

사용 전압의 구분	전선의 단면적
100[kV] 미만	인장강도 21.67[kN] 이상의 연선 또는 단면적 55[mm²] 이상의 경동연선
100[kV] 이상	인장강도 58.84[kN] 이상의 연선 또는 단면적 150[mm²] 이상의 경동연선

【답】②

82 진열장 또는 이와 유사한 것의 내부에 사용전압이 400[V] 이하의 배선을 외부에서 잘 보이는 장소에 캡타이어 케이블로 배선하려 한다. 단면적은 몇 [mm²] 이상이어야 하는가?

① 0.25 ② 0.55
③ 0.75 ④ 1.0

Explanation

(KEC 234.8조) 진열장 또는 이와 유사한 것의 내부 배선
① 건조한 곳에 시설하고 또한 내부를 건조한 상태로 사용하는 진열장 또는 이와 유사한 것의 내부에 **사용전압이 400[V] 이하의 배선**을 외부에서 잘 보이는 장소에 한하여 코드 또는 캡타이어케이블로 직접 조영재에 밀착하여 배선할 수 있다.
② 전선은 단면적이 0.75[mm²] 이상인 코드 또는 캡타이어 케이블일 것

【답】③

83 수상전선로의 시설에 대한 설명으로 맞는 것은?

① 사용전압이 고압인 경우에 클로로프렌 캡타이어 케이블을 사용한다.
② 가공전선로의 전선과 접속하는 경우, 접속점이 육상에 있는 경우에는 지표상 5[m] 이상의 높이로 지지물에 견고하게 붙인다.
③ 가공전선로의 전선과 접속하는 경우, 접속점이 수면상에 있는 경우 사용전압이 고압인 경우에는 수면상 4[m] 높이로 지지물에 견고하게 붙인다.
④ 고압 수상전선로에 지락이 생길 때를 대비하여 전로를 수동으로 차단하는 장치를 시설한다.

Explanation

(KEC 335.3조) 수상전선로의 시설
① 전선 : 저압인 경우 - 클로로프렌 캡타이어 케이블이, 고압인 경우 - 캡타이어 케이블
② 수상전선로의 전선을 가공전선로의 전선과 접속하는 경우에는 그 부분의 전선은 접속점으로부터 전선의 절연 피복 안에 물이 스며들지 아니하도록 시설하고 또한 전선의 접속점은 다음의 높이로 지지물에 견고하게 붙일 것
 • 접속점이 육상에 있는 경우에는 지표상 5[m] 이상. 다만, 수상전선로의 사용 전압이 저압인 경우에 도로상 이외의 곳에 있을 때에는 지표상 4[m]까지로 감할 수 있다.
 • 접속점이 수면상에 있는 경우에는 수상전선로의 사용 전압이 저압인 경우에는 수면상 4[m] 이상, 고압인 경우에는 수면상 5[m] 이상
③ 수상전선로에 사용하는 부대(浮臺)는 쇠사슬 등으로 견고하게 연결한 것일 것
④ 수상전선로의 전선은 부대의 위에 지지하여 시설하고 또한 그 절연피복을 손상하지 아니하도록 시설할 것 【답】②

84 금속덕트 공사에 대한 시설기준으로 틀린 것은?

① 전선을 분기하는 경우 그 접속점을 쉽게 점검할 수 있는 때에는 금속덕트 안의 전선에 접속점을 만들 수 있다.
② 금속덕트 안에는 전선의 피복을 손상할 우려가 있는 것을 넣지 않아야 한다.
③ 덕트는 물이 고이는 낮은 부분을 만들지 않도록 시설하여야 한다.
④ 덕트의 끝은 막지 말아야 한다.

Explanation

(KEC 232.31조) 금속덕트공사
① 덕트 상호 간은 견고하고 또한 전기적으로 완전하게 접속할 것
② 덕트를 조영재에 붙이는 경우에는 덕트의 지지점 간의 거리를 3[m] 취급자 이외의 자가 출입할 수 없도록 설비한 곳에서 수직으로 붙이는 경우에는 6[m] 이하로 하고 또한 견고하게 붙일 것
③ 덕트의 뚜껑은 쉽게 열리지 아니하도록 시설할 것
④ **덕트의 끝부분은 막을 것**
⑤ 덕트 안에 먼지가 침입하지 아니하도록 할 것
⑥ 덕트는 물이 고이는 낮은 부분을 만들지 않도록 시설할 것
⑦ 접지 공사를 할 것 【답】④

85 송·배전계통과 연계지점의 연결상태를 감시 또는 유효전력, 무효전력 및 전압을 측정할 수 있는 장치를 시설해야 하는 경우는 분산형전원설비 사업자의 한 사업장의 설비 용량 합계가 몇 [kVA] 이상일 때인가?

① 150
② 200
③ 250
④ 300

Explanation

(KEC 503.2.1조) 전기 공급방식 등
분산형전원설비 사업자의 한 사업장의 설비용량 합계가 250[kVA] 이상일 경우에는 송·배전계통과 연계지점의 연결상태를 감시 또는 유효전력 무효전력 및 전압을 측정할 수 있는 장치를 시설할 것 【답】③

86 시가지 내에 시설하는 154[kV] 가공전선로에 지락 또는 단락이 생겼을 때 몇 초 안에 자동적으로 이를 전로로부터 차단하는 장치를 시설하여야 하는가?
① 1
② 3
③ 5
④ 10

> **Explanation**

(KEC 333.1조) 시가지 등에서 특고압 가공 전선로의 시설
전로에 지기가 생긴 경우 1초 이내 자동적으로 이를 전로로부터 차단하는 장치를 설치한다.   【답】①

87 저압 옥측전선로를 애자공사에 의할 때의 시설기준으로 틀린 것은?
① 전선의 지지점 간 거리는 15[m] 이하일 것
② 전선은 공칭단면적 4[mm²] 이상의 연동 절연전선일 것
③ 애자는 절연성난연성 및 내수성이 있는 것일 것
④ 비나 이슬에 젖지 않는 장소이고 사용전압이 400[V] 이하인 경우, 전선 상호 간의 간격은 0.06[m] 이상일 것

> **Explanation**

(KEC 221.2조) 옥측전선로
애자공사에 의한 저압 옥측전선로는 다음에 의하고 또한 사람이 쉽게 접촉될 우려가 없도록 시설할 것.
① 전선은 공칭단면적 4[mm²] 이상의 연동 절연전선(옥외용 비닐절연전선 및 인입용절연전선은 제외한다)일 것
② **전선의 지지점 간의 거리는 2[m] 이하일 것**
③ 전선에 인장강도 1.38[kN] 이상의 것 또는 지름 2[mm] 이상의 경동선을 사용하고 또한 전선 상호 간의 간격을 0.2[m] 이상, 전선과 저압 옥측전선로를 시설한조영재 사이의 이격거리를 0.3[m] 이상으로 하여 시설하는 경우에 한하여 옥외용 비닐절연전선을 사용하거나 지지점 간의 거리를 2[m]를 초과하고 15[m] 이하로 할 수 있다.   【답】①

88 전력보안통신설비의 시설 장소 중 배전선로에 대해 잘못된 것은?
① 154[kV] 계통 배전선로(가공, 지중 해저)
② 폐회로 배전 등 신 배전방식 도입 개소
③ 배전자동화, 원격검침, 부하감시 등 지능형전력망 구현을 위해 필요한 구간
④ 22.9[kV] 계통에 연결되는 분산전원형 발전소

> **Explanation**

(KEC 362.1조) 전력보안통신설비의 시설 요구사항 중 배전선로
① 22.9[kV] 계통 배전선로 구간(가공, 지중, 해저)
② 22.9[kV] 계통에 연결되는 분산전원형 발전소
③ 폐회로 배전 등 신 배전방식 도입 개소
④ 배전자동화, 원격검침, 부하감시 등 지능형전력망 구현을 위해 필요한 구간   【답】①

89 고압 가공전선이 가공약전류전선 등과 접근하는 경우는 고압 가공전선과 가공약전류전선 등 사이의 이격거리는 몇 [m] 이상이어야 하는가?(단, 케이블이 아닌 경우이다)
① 0.4
② 0.5
③ 0.8
④ 1.0

> **Explanation**

(KEC 332.13조) 고압 가공전선과 가공약전류전선 등의 접근 또는 교차
고압 가공전선이 가공약전류전선 등과 접근하는 경우는 고압 가공전선과 가공약전류전선 등 사이의 간격은 0.8[m] (전선이 케이블인 경우에는 0.4[m]) 이상일 것   【답】③

90 급전용 변압기는 교류 전기철도의 경우 어떤 것을 원칙으로 하는가?
① 단상 정류기용 변압기
② 단상 스코트결선 변압기
③ 3상 정류기용 변압기
④ 3상 스코트결선 변압기

> Explanation

(KEC 421.4조) 변전소의 설비
급전용변압기는 직류 전기철도의 경우 3상 정류기용 변압기, **교류 전기철도의 경우 3상 스코트결선 변압기**의 적용을 원칙으로 하고, 급전계통에 적합하게 선정하여야 한다. 【답】④

91 고압 가공전선로의 지지물 간 거리제한에 대한 내용이다. 옳은 것은?
① 목주 : 100[m] 이하
② A종 철주 : 150[m] 이하
③ B종 철주 : 200[m] 이하
④ 철탑 : 400[m] 이하

> Explanation

(KEC 332.9조) 고압 가공전선로 지지물 간 거리의 제한

지지물의 종류	경간[m]
목주·**A종 철주** 또는 A종 철근 콘크리트주	150
B종 철주 또는 B종 철근 콘크리트주	250
철 탑	600

【답】②

92 전력 계통의 운용에 관한 지시를 하는 곳은?
① 발전소
② 변전소
③ 개폐소
④ 급전소

> Explanation

(KEC 112조) 용어 정의
"급전소"란 전력 계통의 운용에 관한 지시 및 급전조작을 하는 곳을 말한다. 【답】④

93 특고압의 기계기구·모선 등을 옥외에 시설하는 변전소의 구내에 취급자 이외의 자가 들어가지 못하도록 시설하는 울타리·담 등의 높이는 몇 [m] 이상으로 하여야 하는가?
① 2
② 2.2
③ 2.5
④ 3

> Explanation

(KEC 351.1조) 발전소 등의 울타리·담 등의 시설
고압 또는 특고압의 기계기구·모선 등을 옥외에 시설하는 발전소·변전소·개폐소 또는 이에 준하는 곳에는 **울타리·담 등의 높이는 2[m] 이상**으로 하고 지표면과 울타리·담 등의 하단 사이의 간격은 0.15[m] 이하로 할 것 【답】①

94 가공전선로의 지지물에 하중이 가해지는 경우 그 하중을 받는 지지물의 기초 안전율은 얼마 이상이어야 하는가?
① 1.5
② 2.0
③ 2.5
④ 3.0

> Explanation

(KEC 331.7조) 가공전선로 지지물의 기초의 안전율
가공전선로의 지지물에 하중이 가하여지는 경우에 그 하중을 받는 지지물의 기초의 안전율은 2(이상 시 상정하중이 가하여지는 철탑의 기초에 대하여는 1.33) 이상이어야 한다. 【답】②

95 전기철도의 전기방식에서 전차선로의 전압을 직류방식의 각 급전전압에 대한 내용이 바르게 된 것은?(단, 각 수치의 단위는 [V]이다)
① 최저 영구전압 : 500, 공칭전압 : 750, 최고 영구전압 : 1,000, 장기과전압 : 1,269
② 최저 영구전압 : 500, 공칭전압 : 750, 최고 영구전압 : 900, 장기과전압 : 1,269
③ 최저 영구전압 : 1,000, 공칭전압 : 1,500, 최고 영구전압 : 1,800, 장기과전압 : 2,538
④ 최저 영구전압 : 900, 공칭전압 : 1,500, 최고 영구전압 : 2,000, 장기과전압 : 2,538

> **Explanation**

(KEC 411.2조) 전차선로의 전압

구분	최저 영구 전압[V]	공칭 전압[V]	최고 영구 전압[V]	최고 비영구 전압[V]	장기 과전압[V]
직류 (평균값)	500 / 900	750 / 1,500	900 / 1,800	950 / 1,950	1,269 / 2,538

【답】②

96 사용전압이 60[kV] 이하인 특고압 가공전선로는 상시정전유도작용에 의한 통신상의 장해가 없도록 시설해야 한다. 12[km]마다의 유도전류가 몇 [μA]를 넘지 아니하여야 하는가?(단, 가공전화선이 케이블이 아닌 경우이다)
① 1   ② 2
③ 3   ④ 4

> **Explanation**

(KEC 333.2조) 유도장해의 방지 특고압 가공 전선로
① 사용전압이 60[kV] 이하 : 전화선로의 길이 12[km] 마다 유도전류가 2[μA] 이하
② 사용전압이 60[kV] 초과 : 전화선로의 길이 40[km] 마다 유도전류가 3[μA] 이하

【답】②

97 사용전압이 170[kV]을 초과하는 특고압 가공전선로를 시가지에 시설하는 경우, 전선은 단면적 몇 [㎟] 이상의 강심알루미늄선 또는 이와 동등 이상의 인장강도 및 내(耐)아크 성능을 가지는 연선(撚線)을 사용하여야 하는가?
① 22   ② 55
③ 150   ④ 240

> **Explanation**

(KEC 333.1조) 시가지 등에서 특고압 가공전선로의 시설
사용전압이 170[kV] 초과하는 전선로를 시설하는 경우, 전선은 단면적 240[㎟] 이상의 강심알루미늄선 또는 이와 동등 이상의 인장강도 및 내(耐)아크 성능을 가지는 연선(撚線)을 사용할 것

【답】④

98 35[kV]의 특고압 가공전선이 도로를 횡단하는 경우 그 높이는 몇 [m] 이상으로 하여야 하는가?(단, 중성선으로서 다중 접지를 한 경우가 아니다)
① 3   ② 4
③ 5   ④ 6

> **Explanation**

(KEC 333.7조) 특고압 가공전선의 높이(다중 접지를 한 것 제외)

사용전압의 구분	지표상의 높이
35[kV] 이하	5[m] (철도 또는 궤도를 횡단하는 경우에는 6.5[m], **도로를 횡단하는 경우에는 6[m]**, 횡단보도교의 위에 시설하는 경우로서 전선이 특고압 절연전선 또는 케이블인 경우에는 4[m])

【답】④

99 전기저장장치의 시설기준에서 전기배선을 옥외에 시설하는 경우 사용할 수 없는 것은?
① 합성수지관공사
② 금속관공사
③ 금속제 가요전선관공사
④ 케이블공사(수직케이블로 하는 경우)

Explanation

(KEC 511.2조) 전기저장장치의 시설 - 전기배선
① 옥내에 시설 : 합성수지관공사, 금속관공사, 금속제 가요전선관공사, 케이블공사
② 옥측 또는 **옥외**에 시설 : 합성수지관공사, 금속관공사, 금속제 가요전선관공사, **케이블공사(수직 케이블 제외)** 【답】④

100 저압 옥측전선로에서 목조의 조영물에 시설할 수 있는 공사 방법은?
① 금속관공사
② 버스덕트공사
③ 합성수지관공사
④ 케이블공사(무기물절연(MI) 케이블을 사용하는 경우)

Explanation

(KEC 221.2조) 옥측전선로 공사방법
① 애자공사(전개된 장소에 한함)
② 합성수지관공사
③ 금속관공사(목조 이외의 조영물)
④ 버스덕트공사(목조 이외의 조영물)
⑤ 케이블공사(MI케이블 사용할 경우 목조 이외의 조영물) 【답】③

과년도 CBT 복원문제

전기기사 필기
2023

- 2023년 제01회
- 2023년 제02회
- 2023년 제03회

1회 2023년 전기기사 필기

1과목 전기자기학

01 질량(m)이 10^{-10}[kg]이고, 전하량(Q)이 10^{-8}[C]인 전하가 전기장에 의해 가속되어 운동하고 있다. 가속도가 $a = 10^2\hat{x} + 10^2\hat{y}$[m/s²]일 때 전기장의 세기 E[V/m]는? 단, $\hat{x}, \hat{y}$는 단위벡터이다.

① $E = 10^4\hat{x} + 10^5\hat{y}$
② $E = \hat{x} + 10\hat{y}$
③ $E = \hat{x} + \hat{y}$
④ $E = 10^{-6}\hat{x} + 10^{-4}\hat{y}$

Explanation

$F = qE = ma$[N]

전계의 세기 $E = \dfrac{m}{q}a = \dfrac{10^{-10}}{10^{-8}} \times (10^2 i + 10^2 j) = i + j$[V/m] 【답】③

02 정상 전류계에서 J는 전류밀도, σ는 도전율, ρ는 고유저항, E는 전계의 세기일 때, 옴의 법칙에 대한 미분형은?

① $J = \sigma E$
② $J = \dfrac{E}{\sigma}$
③ $J = \rho E$
④ $J = \rho\sigma E$

Explanation

옴의 법칙의 미분형 $i = \dfrac{1}{\rho}E = kE$[A/m²] 【답】①

03 간격 d[m]의 평행판 도체에 V[kV]의 전위차를 주었을 때 음극 도체판을 초속도 0으로 출발한 전자 e[C]이 양극 도체판에 도달할 때의 속도는 몇 [m/s]인가? (단, m[kg]은 전자의 질량이다)

① $\sqrt{\dfrac{eV}{m}}$
② $\sqrt{\dfrac{2eV}{m}}$
③ $\sqrt{\dfrac{eV}{2m}}$
④ $\dfrac{2eV}{m}$

Explanation

전자의 운동에너지 $W = \dfrac{1}{2}mv^2$[J], 전자가 가진 전기 에너지 $W = QV = eV$[J]

$\dfrac{1}{2}mv^2 = eV$에서 $v^2 = \dfrac{eV}{m}$

전자의 속도 $v = \sqrt{\dfrac{2eV}{m}}$ 【답】②

04 동일한 금속 도선의 두 점 사이에 온도차를 주고 전류를 흘렸을 때 열의 발생 또는 흡수가 일어나는 현상은?
① 펠티에(Peltier)효과　　　　　　　　② 볼타(Volta)효과
③ 제벡(Seebeck)효과　　　　　　　　④ 톰슨(Thomson)효과

> **Explanation**

- 제벡효과 : 두 종류의 다른 금속을 접합하여 폐회로를 만들고 두 접합점 사이에 온도차를 주었을 때 이 폐회로에 기전력이 생겨서 전류가 흐르는 현상
- 펠티에효과 : 두 종류의 금속 도선의 두 점 간에 온도차를 주고 고온 쪽에서 저온 쪽으로 전류를 흘리면 도선에서 열이 흡수 또는 발생하는 현상
- **톰슨효과 : 동일한 금속 도선의 두 점 간에 온도차를 주고 고온 쪽에서 저온 쪽으로 전류를 흘리면 도선에서 열이 흡수 또는 발생하는 현상**
- 볼타효과 : 서로 다른 두 종류의 금속을 접촉시킨 다음 얼마 후에 떼어서 각각을 측정해 보면 + 및 −로 대전하는 현상

【답】④

05 정전용량이 C인 커패시터를 전압 V로 충전한 후 정전용량이 $4C$인 커패시터를 병렬로 연결하였을 때 커패시터의 단자전압은?
① $\dfrac{V}{5}$　　　　　　　　　　　　② $\dfrac{V}{3}$
③ $4V$　　　　　　　　　　　　　　④ $5V$

> **Explanation**

콘덴서의 연결
- 전체 정전용량 : $C_T = C + 4C = 5C$
- 전체 전하량 : $Q_T = Q = CV$
- 공통전위 : $V_T = \dfrac{Q_T}{C_T} = \dfrac{CV}{5C} = \dfrac{V}{5}$

【답】①

06 전위경도 V와 전계 E의 관계식은?
① $E = \operatorname{grad} V$　　　　　　　　② $E = \operatorname{div} V$
③ $E = -\operatorname{grad} V$　　　　　　　④ $E = -\operatorname{div} V$

> **Explanation**

전위 경도 V와 전계 E의 관계식 $E = -\operatorname{grad} V = -\left(\dfrac{\partial V}{\partial x}i + \dfrac{\partial V}{\partial y}j + \dfrac{\partial V}{\partial z}k\right)$

【답】③

07 맥스웰의 전자방정식이 아닌 것은? 단 i_c는 전도전류밀도, ρ는 공간전하밀도이다.
① $\nabla \cdot D = \rho$　　　　　　　　　② $\nabla \times H = i_c + \dfrac{\partial D}{\partial t}$
③ $\nabla \times E = -\dfrac{\partial B}{\partial t}$　　　　　　　④ $\nabla \cdot i_c = -\dfrac{\partial \rho}{\partial t}$

> **Explanation**

맥스웰 전자방정식
- $\operatorname{rot} E = -\dfrac{\partial B}{\partial t}$: 패러데이 법칙
- $\operatorname{rot} H = i_c + \dfrac{\partial D}{\partial t}$: 암페어의 주회적분 정리
- $\operatorname{div} D = \rho$: 가우스 법칙
- $\operatorname{div} B = 0$

【답】④

08 권수가 200회이고, 자기 인덕턴스가 10[mH]인 코일에 5[A]의 전류를 흘릴 때 자속은 몇 [Wb]인가? 단, 누설자속은 없는 것으로 한다.

① 2.5×10^{-4}
② 5×10^{-3}
③ 10×10^{-3}
④ 1×10^{-4}

Explanation

인덕턴스 $L = \dfrac{N\phi}{I}$ [H]에서 자속 $\phi = \dfrac{LI}{N} = \dfrac{10 \times 10^{-3} \times 5}{200} = 2.5 \times 10^{-4}$ [Wb]

【답】①

09 유전율이 각각 다른 두 유전체의 경계면에서 전속 및 전기력선이 입사각 $\theta(\neq 0)$로 입사하는 경우에 대한 설명으로 틀린 것은? 단, 경계면에는 진전하분포가 없다.

① 경계면에서 전계의 접선 성분은 연속이다.
② 경계면에서 전속 밀도의 법선 성분은 연속이다.
③ 경계면에서 전계와 전속 밀도는 굴절한다.
④ 경계면에서 전속 밀도는 불변이다.

Explanation

경계 조건
- 전계의 접선 성분이 연속 : $E_1 \sin\theta_1 = E_2 \sin\theta_2$
- 전속 밀도의 법선 성분이 연속 : $D_1 \cos\theta_1 = D_2 \cos\theta_2$
$$\epsilon_1 E_1 \cos\theta_1 = \epsilon_2 E_2 \cos\theta_2$$
- 경계 조건 : $\dfrac{\tan\theta_1}{\tan\theta_2} = \dfrac{\epsilon_1}{\epsilon_2}$

【답】④

10 히스테리시스 곡선에서 히스테리시스 손실에 해당하는 것은?

① 보자력의 크기
② 잔류자기의 크기
③ 보자력과 잔류자기의 곱
④ 히스테리시스 곡선의 면적

Explanation

히스테리시스 루프의 면적 : 강자성체의 단위 체적당의 필요한 에너지
　　　　　　　　　　 히스테리시스 손실

【답】④

11 반지름 r[m]인 반원형 전류 I[A]에 의한 반원의 중심에서의 자계의 세기[AT/m]는?

① $\dfrac{2I}{r}$
② $\dfrac{I}{r}$
③ $\dfrac{I}{2r}$
④ $\dfrac{I}{4r}$

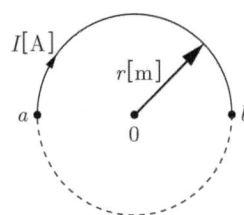

Explanation

원형코일의 중심(원형코일에 전류가 흐를 때) : $H = \dfrac{I}{2r}$ (여기서 r는 반지름)

따라서 반원형 전류에 의한 자계 $H = \dfrac{I}{2r} \times \dfrac{1}{2} = \dfrac{I}{4r}$ [AT/m]

【답】④

12 구형 단면을 가진 토로이드 코일(toroid coil)에 전류 $I[A]$를 흘렸을 때 이 코일에 축적된 자기에너지[J]는? 단, 토로이드의 내경은 $a[m]$, 외경은 $b[m]$, 두께는 $h[m]$, 권수는 N으로서 내부는 투자율 $\mu[H/m]$인 자성체로 채워져 있다.

① $\dfrac{\mu N^2 I^2 h}{\pi} \ln \dfrac{b}{a}$ ② $\dfrac{\mu N^2 I^2 h}{2\pi} \ln \dfrac{b}{a}$

③ $\dfrac{\mu N^2 I^2 h}{8\pi} \ln \dfrac{b}{a}$ ④ $\dfrac{\mu N^2 I^2 h}{4\pi} \ln \dfrac{b}{a}$

> **Explanation**

【답】 ④

13 $C_A = 2[\mu F]$, $C_B = 4[\mu F]$인 두 개의 공기 커패시터를 직렬로 연결했을 때 합성 정전용량이 $C_1[\mu F]$이었다. 공기 커패시터 C_A에만 $\epsilon_s = 2$인 종이를 채웠을 때, C_A와 C_B의 직렬 합성 정전용량 C_2 $[\mu F]$는?

① $C_2 = 1.2 C_1$ ② $C_2 = 2.5 C_1$

③ $C_2 = 2 C_1$ ④ $C_2 = 1.5 C_1$

> **Explanation**

직렬연결 $C_1 = \dfrac{C_A C_B}{C_A + C_B} = \dfrac{2 \times 4}{2+4} = \dfrac{4}{3}[\mu F]$

C_A에만 $\epsilon_s = 2[\mu F]$인 종이를 채웠을 때 정전용량이 증가하며

$C_A' = \dfrac{\epsilon_o \epsilon_s S}{d} = 2 C_A = 2 \times 2 = 4[\mu F]$

직렬연결 $C_2 = \dfrac{C_A' C_B}{C_A' + C_B} = \dfrac{4 \times 4}{4+4} = 2[\mu F]$

따라서 $\dfrac{C_2}{C_1} = \dfrac{2}{\frac{4}{3}} = \dfrac{6}{4} = 1.5$ ∴ $C_2 = 1.5 C_1$

【답】 ④

14 다음 정전계에 관한 식 중에서 틀린 것은? 단, D는 전속밀도, V는 전위, ρ는 공간전하밀도, ϵ은 유전율이다.

① 가우스의 정리 : $\text{div } D = \rho$ ② 포아송의 방정식 : $\nabla^2 V = \dfrac{\rho}{\epsilon}$

③ 라플라스의 방정식 : $\nabla^2 V = 0$ ④ 발산의 정리 : $\oint_s A \cdot ds = \int_v div\, A\, dv$

> **Explanation**

• 발산의 정리 : $\int_s E \cdot ds = \int_v div\, E\, dv$

• 프와송의 방정식 : $\nabla^2 V = -\dfrac{\rho}{\epsilon}$

• 가우스의 정리 : $\text{div } D = \rho$

• 라플라스의 방정식 : $\nabla^2 V = 0$

【답】 ②

15 공기 중에 있는 반지름 a[m]의 독립 금속구의 정전용량은 몇 [F]인가?

① $2\pi\epsilon_0 a$
② $4\pi\epsilon_0 a$
③ $\dfrac{1}{2\pi\epsilon_0 a}$
④ $\dfrac{1}{4\pi\epsilon_0 a}$

Explanation

구도체 정전용량 $C = 4\pi\epsilon_0 a$

【답】②

16 반지름 a[m]인 자성체구의 자기모멘트[Wb·m]는?

① $\dfrac{4}{3}\pi a^3 J$
② $2aJ$
③ $4\pi a^3 J$
④ $\dfrac{J}{4\pi\mu_0 a^3}$

Explanation

자화의 세기 $J = \dfrac{M}{V}$[Wb/m³] : 체적당 모멘트

자기모멘트 $M = J \cdot V = J \cdot \dfrac{4}{3}\pi a^3$[Wb·m]

【답】①

17 1[C]의 점전하가 $v = 5\hat{x} + 2\hat{y} - 3\hat{z}$[m/s]의 속도로 자속밀도가 $B = -4\hat{x} + 4\hat{y} + 3\hat{z}$[Wb/m²]인 자계 내에서 운동하고 있다면 전하에 작용하는 힘은 몇 [N]인가? 단, $\hat{x}, \hat{y}, \hat{z}$는 단위벡터이다.

① $-21.6\hat{x} + 3.6\hat{y} - 33.6\hat{z}$
② $21.6\hat{x} - 3.6\hat{y} + 33.6\hat{z}$
③ $-18\hat{x} + 3\hat{y} - 28\hat{z}$
④ $18\hat{x} - 3\hat{y} + 28\hat{z}$

Explanation

로렌츠의 힘 : 전하 q[C]가 속도 v[m/s]로 자계 B[Wb/m²] 내에서 운동할 때 전계 및 자계에서 받는 힘

$F = q(v \times B) = 1 \times \begin{vmatrix} a_x & a_y & a_z \\ 5 & 2 & -3 \\ -4 & 4 & 3 \end{vmatrix}$

$= 18a_x - 3a_y + 28a_z$

【답】④

18 자기 인덕턴스가 L[H]인 코일에 I[A]의 전류를 흘렸을 때, 자계의 세기가 H[AT/m]이었다. 코일에 $\dfrac{I}{2}$[A]의 전류를 흘릴 때 이 코일에 저장되는 자기 에너지 밀도[J/m³]를 나타낸 것으로 옳은 것은?

① $\dfrac{1}{8}LI^2$
② $\dfrac{1}{2}LI^2$
③ $\dfrac{1}{8}\mu_0 H^2$
④ $\dfrac{1}{2}\mu_0 H^2$

Explanation

자기 에너지 밀도 $w = \dfrac{1}{2}\mu_0 H^2 = \dfrac{B^2}{2\mu_0} = \dfrac{1}{2}BH$[J/m³]

자계의 세기 $H \propto I$ 이므로 전류 $\dfrac{I}{2}$[A]가 흘렀을 때 자계의 세기는 $\dfrac{1}{2}H$가 된다.

따라서 $w' = \dfrac{1}{2}\mu_0 \left(\dfrac{1}{2}H\right)^2 = \dfrac{1}{8}\mu_0 H^2$ [J/m³]

【답】③

19 그림과 같이 비투자율이 μ_{s1}, μ_{s2}인 각각 다른 자성체를 접하여 놓고 θ_1을 입사각이라 하고, θ_2를 굴절각이라 한다. 경계면에 자하가 없는 미소 폐곡면을 취하여 이곳에 출입하는 자속수를 구하면?

① $\int_l B \cdot n\, dl = 0$
② $\int_S B \cdot n\, dS = 0$
③ $\int_S B \cdot dS = 0$
④ $\int_S B \cdot n \sin\theta\, dS = 0$

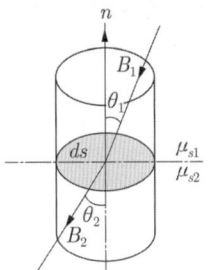

> **Explanation**
> - 자계 세기의 접선 성분의 연속성 : $H_1 \sin\theta_1 = H_2 \sin\theta_2 \Rightarrow H_{1t} = H_{2t}$
> - 자속 밀도의 법선 성분의 연속성 : $B_1 \cos\theta_1 = B_2 \cos\theta_2 \Rightarrow B_{1n} = B_{2n}$
> 따라서 자속 밀도의 법선이 연속이므로 $\int_S B \cdot n\, dS = 0$
>
> 【답】②

20 진공 중에 서로 떨어져 있는 두 도체 A, B가 있다. 도체 A에만 1[C]의 전하를 줄 때 도체 A, B의 전위가 각각 3[V], 2[V]이었다. 지금 도체 A, B에 각각 3[C], 1[C]의 전하를 주면 도체 A의 전위는 몇 [V]인가?

① 9
② 10
③ 11
④ 8

> **Explanation**
> $V_A = P_{AA}Q_A + P_{AB}Q_B$
> $V_B = P_{BA}Q_A + P_{BB}Q_B$ 여기서, $P_{AB} = P_{BA}$ 이므로
> 여기서, $Q_A = 1[C]$, $Q_B = 0$일 때
> $V_A = P_{AA}Q_A$ 에서 $P_{AA} = 3$이 되며
> $V_B = P_{BA}Q_A$ 에서 $P_{BA} = 2$가 되며
> 도체 A, B에 각각 3[C], 1[C]의 전하를 주면
> 도체 A의 전위는 $V_A = P_{AA}Q_A + P_{AB}Q_B = 3 \times 3 + 2 \times 1 = 11[V]$
>
> 【답】③

2과목 전력공학

21 수차의 유효낙차와 안내날개, 그리고 노즐의 열린 정도를 일정하게 하여 놓은 상태에서 조속기가 동작하지 않게 하고, 전부하 정격속도로 운전 중에 무부하로 하였을 경우에 도달하는 최고 속도를 무엇이라 하는가?

① 임펄스 속도
② 무구속 속도
③ 특유 속도
④ 동기 속도

> **Explanation**
> 무구속 속도
> 지정된 유효 낙차에서 발전기의 부하를 차단하였을 때, 수차의 회전수의 상승 한도
>
> 【답】②

22 전력계통에서 내부 이상전압의 크기가 가장 큰 경우는?
① 유도성 소전류 차단 시 ② 수차발전기의 부하 차단 시
③ 무부하 선로 충전전류 차단 시 ④ 송전선로의 부하 차단기 투입 시

Explanation

내부 이상 전압 : 직격뢰, 유도뢰를 제외한 나머지
- 개폐서지 : 무부하 충전전류 개로 시 가장 크다.(송전선 Y전압의 4 ~ 6배)
- 1선 지락 사고 시 건전상의 대지전위 상승
- 잔류전압에 의한 전위상승
- 경부하(무부하)시 페란티 현상에 의한 전위 상승

【답】③

23 송전계통의 안정도를 향상시키는 방법이 아닌 것은?
① 직렬리액턴스를 증가시킨다.
② 전압변동을 적게 한다.
③ 중간 조상방식을 채용한다.
④ 고장전류를 줄이고, 고장구간을 신속히 차단한다.

Explanation

안정도 향상 대책
① 직렬 리액턴스(X)를 작게 한다.
② 전압 변동을 작게 한다.
③ 중간 조상 방식을 채용한다.
④ 고장 전류를 줄이고 고장 구간을 신속하게 차단한다.

【답】①

24 송전단전압 160[kV], 수전단전압 150[kV], 상차각 45°, 리액턴스 50[Ω]일 때, 선로 손실을 무시하면 전송전력은 약 몇 [MW]인가?
① 139.4[MW] ② 439.4[MW]
③ 239.4[MW] ④ 339.4[MW]

Explanation

송전 전력 $P_s = \dfrac{V_s V_r}{X} \sin\delta \text{[MW]} = \dfrac{160 \times 150}{50} \times \sin 45° = 339.41 \text{[MW]}$

【답】④

25 선로고장 발생 시 고장전류를 차단 할 수 없어 리클로저와 같이 차단기능이 있는 후비보호장치와 함께 설치되어야 하는 장치는?
① 배전용 차단기 ② 유입 개폐기
③ 컷아웃 스위치 ④ 섹셔널라이저

Explanation

섹셔널라이저(Sectionalizer)
선로 고장 발생 시 타 보호기기와의 협조에 의해 고장 구간을 신속히 개방하는 자동구간 개폐기로서 고장전류를 차단할 수 없어 차단 기능이 있는 후비보호장치와 직렬로 설치
보호협조 : R(Recloser) - S(Sectionalizer) - F(Fuse) 순으로 설치

【답】④

26 전력 계통의 주파수 변동의 원인 중 가장 큰 영향을 미치는 것은?
① 무효전력 ② 유효전력
③ 계통 임피던스 ④ 계통 전압

Explanation

- P-f(유효 전력 - 주파수 제어)
- Q-V(무효 전력 - 전압 제어)

즉, 주파수를 조절하는 것은 유효 전력이다. 【답】②

27 전력 계통의 전압 조정과 무관한 것은?
① 발전기의 조속기
② 발전기의 전압 조정 장치
③ 전력용 콘덴서
④ 전력용 분로 리액터

Explanation

전력 계통 전압 조정
- 동기조상기, **발전기의 전압 조정 장치(AVR)**, 전력용 콘덴서, 분로 리액터
- 유효 전력은 전압이 아닌 주파수 제어이며, 거버너(조속기) 밸브를 통해 유효 전력을 조정한다. 【답】①

28 다중접지 3상 4선식 배전선로에서 고압측(1차측) 중성선과 저압측(2차측) 중성선을 전기적으로 연결하는 목적은?
① 저압측의 단락 사고를 검출하기 위함
② 저압측의 접지 사고를 검출하기 위함
③ 주상 변압기의 중성선측 부싱을 생략하기 위함
④ 고저압 혼촉 시 수용가에 침입하는 상승전압을 억제하기 위함

Explanation

고압 측(1차 측)중성선과 저압 측(2차 측) 중성선을 전기적으로 연결하는 이유는 고저압 혼촉 시 저압 측 수용가에 침입하는 상승전압을 억제하기 위해서이다. 【답】④

29 3상 3선식 고압선로에 800[kW], 역률 0.9의 부하가 접속되어 있다. 부하단의 전압을 6,000[V]라 하면 송전단 전압은 약 몇 [V]인가? 단, 선로의 임피던스는 1선당 $0.5+j1[\Omega]$이다.
① 6,110
② 6,150
③ 6,090
④ 6,130

Explanation

송전단 전압 $V_s = V_r + e = V_r + \dfrac{P}{V_r}(R + X\tan\theta)$

$= 6{,}000 + \dfrac{800 \times 10^3}{6{,}000} \times (0.5 + 1 \times \dfrac{\sqrt{1-0.9^2}}{0.9}) = 6{,}131.24[V]$ 【답】④

30 모선 보호에 사용되는 계전방식이 아닌 것은?
① 위상 비교 계전방식
② 선택접지 계전방식
③ 방향 비교 계전방식
④ 전류차동 계전방식

Explanation

모선(Bus) 보호 계전방식
- 전류차동 보호방식
- 전압차동 보호방식
- 방향 비교 계전방식
- 위상 비교방식 【답】②

31 정격 전압 7.2[kV], 차단 용량 100[MVA]인 3상 차단기의 정격 차단 전류는 약 몇 [kA]인가?
① 4　　　　② 6
③ 7　　　　④ 8

Explanation

3상용 차단기의 정격 용량 $P_s = \sqrt{3} \times$ 정격전압 $\times$ 정격차단전류[MVA]

정격 차단 전류 : $I_s = \dfrac{P_s}{\sqrt{3}\,V} = \dfrac{100 \times 10^6}{\sqrt{3} \times 7.2 \times 10^3} \times 10^{-3} = 8[kA]$

【답】④

32 1[m]의 하중이 0.37[kg]인 전선을 지지점이 수평인 경간 80[m]에 가설하여 이도를 0.8[m]로 하면 전선의 수평장력은 몇 [kg]인가?
① 360　　　　② 350
③ 380　　　　④ 370

Explanation

수평장력 $T = \dfrac{WS^2}{8D} = \dfrac{0.37 \times 80^2}{8 \times 0.8} = 370[kg]$

【답】④

33 어느 변전소의 공급 구역 내의 총 설비부하용량은 전등 600[kW], 동력 800[kW]이다. 각 수용가의 수용률을 전등 60[%], 동력 80[%], 각 수용가 간의 부등률을 전등 1.2, 동력 1.6, 변전소에 있어서의 전등과 동력 부하간의 부등률을 1.4라고 하면 이 변전소에서 공급하는 최대 전력은 약 몇 [kW]인가? 단, 전력손실은 10[%]로 한다.
① 500　　　　② 450
③ 600　　　　④ 550

Explanation

전등 부하의 최대 전력 = $\dfrac{수용률}{부등률} \times$ 설비용량 $= \dfrac{0.6}{1.2} \times 600 = 300[kW]$

동력 부하 최대 전력 = $\dfrac{수용률}{부등률} \times$ 설비용량 $= \dfrac{0.8}{1.6} \times 800 = 400[kW]$

합성 최대 전력 = $\dfrac{전등최대전력 + 동력최대전력}{부등률} = \dfrac{300 + 400}{1.4} = 500[kW]$

전력 손실이 10[%]이므로 변전소 공급 최대 전력 $P = 500 \times 1.1 = 550[kW]$

【답】④

34 특유속도가 가장 낮은 수차는?
① 프로펠러수차　　　　② 프란시스수차
③ 사류수차　　　　④ 펠튼수차

Explanation

특유 속도(비속도)
기하학적으로 같은 러너를 가정하여 이것을 단위낙차 1[m]에서 단위출력 1[kW]를 발생하였을 때의 회전수[m·kW]
수차의 낙차가 클수록 특유 속도가 낮으며, 낙차가 가장 큰 것은 펠튼 수차이다.

【답】④

35 통신선과 평행된 주파수 60[Hz]의 3상 1회선 송전선에서 1선 지락으로 영상전류 110[A]가 흐르고 있을 때 통신선에 유기되는 전자유도전압은 약 몇 [V]인가? (단, 영상전류는 송전선 전체에 걸쳐 같으며, 통신선과 송전선의 상호 인덕턴스는 0.05[mH/km]이고, 양 선로의 병행 길이는 55[km]이다)
① 293　　　　② 365
③ 342　　　　④ 252

> **Explanation**

전자 유도 전압
$E_m = j\omega Ml(3I_0) = j2\pi \times 60 \times 0.05 \times 10^{-3} \times 55 \times 3 \times 110 = 342.12[V]$

【답】③

36 전력계통에서 지상 무효 전력 공급 부족 시의 대책으로 틀린 것은?
① 수용가의 역률 개선용 콘덴서를 계통으로부터 개방한다.
② 전력용 콘덴서를 계통에 투입한다.
③ 동기 조상기를 지상 운전한다.
④ 발전기를 지상 저역률에서 운전한다.

> **Explanation**

지상 무효 전력 공급 부족
• 수용가의 역률 개선용 콘덴서를 계통으로부터 개방
• 동기 조상기를 지상 운전한다.
• 발전기를 지상 저역률에서 운전
• 분로리액터 투입

【답】②

37 다음 중 선로정수에 영향을 가장 많이 주는 것은?
① 역률
② 송전전압
③ 송전전류
④ 전선의 배치

> **Explanation**

선로정수
• R(선로저항), L(작용인덕턴스), G(누설컨덕턴스), C(작용정전용량)
• 전선의 종류, 굵기, 배치에 따라 정해짐
• 송전전압, 주파수, 전류, 역률 및 기상 등에 영향 받지 않는다.

【답】④

38 증기의 엔탈피란?
① 증기 1[kg]의 잠열
② 증기 1[kg]의 현열
③ 증기 1[kg]의 보유열량
④ 증기 1[kg]의 증발열을 그 온도로 나눈 것

> **Explanation**

• 엔탈피 : 증기 1[kg]이 보유한 열량[kcal/kg](액체열과 증발열의 합)

【답】③

39 선간거리가 D[m]이고 전선의 반지름이 r[m]인 선로의 인덕턴스 L[mH/km]은?
① $L = 0.5 + 0.4605 \log_{10} \dfrac{r}{D}$
② $L = 0.05 + 0.4605 \log_{10} \dfrac{r}{D}$
③ $L = 0.05 + 0.4605 \log_{10} \dfrac{D}{r}$
④ $L = 0.5 + 0.4605 \log_{10} \dfrac{D}{r}$

> **Explanation**

• 작용 인덕턴스 $L = 0.05 + 0.4605 \log_{10} \dfrac{D}{r}$ [mH/km]

【답】③

40 케이블의 단선사고에 의한 고장점까지의 거리를 정전용량법으로 구하는 경우, 건전상의 정전용량이 C, 고장점까지의 정전용량이 C_x, 케이블의 길이가 l일 때 고장점까지의 거리를 나타내는 식으로 알맞은 것은?

① $\dfrac{C}{C_x}l$ ② $\dfrac{2C_x}{C}l$

③ $\dfrac{C_x}{C}l$ ④ $\dfrac{C_x}{2C}l$

Explanation

케이블 고장점의 측정에서 정전용량법 : 정전용량은 길이에 비례한다는 원리를 이용

따라서 $C : l = C_x : l_x$ 라면 고장점까지의 거리 $l_x = \dfrac{C_x}{C}l$

【답】③

3과목 전기기기

41 장거리 고압송전선이나 케이블 송전선을 무부하에서 충전하는 동기발전기의 자기여자현상 방지법으로 틀린 것은?

① 발전기에 콘덴서를 병렬로 접속한다.
② 단락비가 큰 발전기를 사용한다.
③ 발전기 여러 대를 모선에 병렬로 접속한다.
④ 수전단에 리액턴스를 병렬로 접속한다.

Explanation

동기발전기 자기여자 현상
발전기 단자에 장거리 선로가 연결되어 있을 때 무부하 시 선로의 충전전류에 의해 단자 전압이 상승하여 절연이 파괴되는 현상
• 동기발전기 자기여자 방지책
 - 수전단에 리액턴스가 큰 변압기 사용
 - 발전기를 2 대 이상 병렬 운전
 - 동기 조상기를 부족여자(분로리엑터 채용)
 - 단락비가 큰 기계 사용

【답】①

42 3상 직권 정류자 전동기에서 중간변압기를 사용하는 주된 이유가 아닌 것은?

① 고정자 권선과 병렬로 접속해서 사용하며 동기 속도 이상에서 역률을 100[%]로 할 수 있다.
② 전원 전압의 크기에 관계없이 회전자 전압을 정류작용에 알맞은 값으로 선정할 수 있다.
③ 중간변압기의 권수비를 바꾸어 전동기 특성을 조정할 수 있다.
④ 중간변압기의 철심을 포화하면 경부하 시 속도상승을 억제할 수 있다.

Explanation

3상 직권 정류자 전동기에서 중간 변압기를 사용하는 목적
• 전원 전압의 크기에 관계없이 정류자 전압 조정
• 중간 변압기의 권수비를 조정하여 전동기 특성을 조정
• 경부하 시 직권 특성($T \propto I^2 \propto \dfrac{1}{N^2}$)이므로 속도가 크게 상승할 수 있어 중간변압기를 사용하여 속도 상승 억제
• 실효권수비 조정

【답】①

43 10[kW], 3상 380[V] 유도전동기의 전부하 전류는 약 몇 [A]인가? (단, 전동기의 효율은 85[%], 역률은 85[%]이다)

① 15   ② 21
③ 26   ④ 36

Explanation

3상 유도전동기의 효율 $\eta = \dfrac{P_o}{P_i} \times 100 = \dfrac{P_o}{\sqrt{3}\,VI\cos\theta} \times 100[\%]$ 에서

전부하 전류 $I = \dfrac{P_o}{\sqrt{3}\,V\cos\theta\,\eta} = \dfrac{10 \times 10^3}{\sqrt{3} \times 380 \times 0.85 \times 0.85} = 21[A]$

【답】②

44 누설변압기의 특성은 어떤 것인가?

① 정전압 특성   ② 저 임피던스 특성
③ 정전류 특성   ④ 저 저항 특성

Explanation

누설 변압기
- 2차 전류가 증가하면 1, 2차 누설 자속이 증가하게 되어 2차 유기기전력이 감소되어 2차 전류도 감소
- **수하 특성 : 정전류 특성**
- 용접용 변압기 등에 사용

【답】③

45 직류기에서 전기자 반작용 중 감자 기자력 AT_d(AT/pole)는 어떻게 표시되는가? 단, α : 브러시의 이동각, Z : 전기자 도체수, p : 극수, I_a : 전기자 전류, a : 전기자 병렬회로수 이다.

① $AT_d = \dfrac{\alpha}{180} \cdot \dfrac{Z}{p} \cdot \dfrac{I_a}{a}$ ② $AT_d = \dfrac{90-\alpha}{180} \cdot \dfrac{Z}{p} \cdot \dfrac{I_a}{a}$

③ $AT_d = \dfrac{180}{90-\alpha} \cdot \dfrac{Z}{p} \cdot \dfrac{I_a}{a}$ ④ $AT_d = \dfrac{180}{\alpha} \cdot \dfrac{Z}{p} \cdot \dfrac{I_a}{a}$

Explanation

직류기에서 전기자 반작용 매극당 감자 기자력
$AT_d = \dfrac{I_a}{2a} \times \dfrac{z}{p} \times \dfrac{2\alpha}{180}\,[\text{AT}/극]$

【답】①

46 1차 전압 100[V], 2차 전압 200[V], 선로 출력 60[kVA]인 단권 변압기의 자기 용량은 몇 [kVA]인가?

① 15   ② 20
③ 25   ④ 30

Explanation

$\dfrac{\text{자기 용량}}{\text{부하 용량}} = \dfrac{e_2 I_2}{V_h I_2} = \dfrac{e_2}{V_h} \fallingdotseq \dfrac{V_h - V_l}{V_h}$

자기 용량 $= \dfrac{V_h - V_l}{V_h} \times 부하 용량 = \dfrac{200-100}{200} \times 60 = 30[\text{kVA}]$

【답】④

47 어떤 변압기의 전부하운전 시 전압변동률이 부하역률 100[%]에서 2[%], 부하역률 80[%]에서 3[%]이다. 이 변압기의 전부하운전 시 최대 전압변동률[%]은 약 얼마인가?

① 4.2   ② 5.1   ③ 6.2   ④ 3.1

> **Explanation**

전압 변동률 $\epsilon = \dfrac{V_{20} - V_{2n}}{V_{2n}} \times 100 = p\cos\theta \pm q\sin\theta$ (지상 : +, 진상 : -)

문제에서
- 부하역률 100[%]일 때 $\epsilon = p = 2[\%]$
- 부하역률 80[%]일 때 $3 = 2 \times 0.8 + q \times 0.6$ 에서 $q = 2.3[\%]$

따라서 최대 전압변동률 $\epsilon_m = \sqrt{p^2 + q^2} = \sqrt{2^2 + 2.3^2} = 3.1[\%]$

【답】④

48 일반적인 DC 서보모터의 제어에 속하지 않는 것은?
① 역률제어　　　　　　　　② 토크제어
③ 속도제어　　　　　　　　④ 위치제어

> **Explanation**

서보모터 : 위치, 방향, 자세, 각도, 토크 등을 제어량으로 하는 전동기
- 토크 – 속도곡선이 수하특성을 가질 것
- 제어 권선 전압이 0일 때 정지

【답】①

49 직류발전기의 정류 초기에 전류 변화가 크며 이때 발생되는 불꽃정류로 옳은 것은?
① 과정류　　　　　　　　② 직선정류
③ 부족정류　　　　　　　　④ 정현파정류

> **Explanation**

정류의 종류
① 직선정류(이상적인 정류) : 불꽃 없는 정류
② 정현파 정류 : 불꽃 없는 정류
③ 부족 정류 : 브러시 뒤편에 불꽃(정류말기)
④ 과 정류 : 브러시 앞면에 불꽃(정류초기)
여기서, 직선정류와 정현파 정류를 양호한 정류라고 한다.

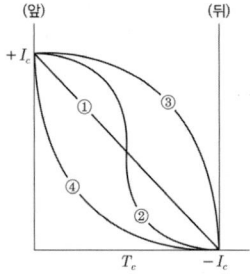

【답】①

50 15[kW] 3상 유도 전동기의 기계손이 350[W], 전부하 시의 슬립이 2[%]이다. 전부하 시의 2차 동손은 약 몇 [W]인가?
① 313　　　　　　　　② 365
③ 411　　　　　　　　④ 475

> **Explanation**

출력 $P_0 = (1-s)P_2$ 에서

2차 입력 $P_2 = \dfrac{1}{1-s}P_0$ 이며

2차 동손 $P_{c2} = sP_2 = \dfrac{s}{1-s}P_o = \dfrac{s}{1-s}(P_k + P_m) = \dfrac{0.02}{1-0.02} \times (15,000 + 350) = 313.27[W]$

단, P_k : 전동기 출력, P_m : 기계손

【답】①

51 3상 동기발전기의 매극 매상의 슬롯수를 3이라 할 때 분포권 계수는?

① $6\sin\dfrac{\pi}{18}$
② $3\sin\dfrac{\pi}{9}$
③ $\dfrac{1}{6\sin\dfrac{\pi}{18}}$
④ $\dfrac{1}{3\sin\dfrac{\pi}{18}}$

Explanation

분포권 계수 $K_d = \dfrac{\sin\dfrac{\pi}{2m}}{q\sin\dfrac{\pi}{2mq}} = \dfrac{\sin\dfrac{\pi}{2\times3}}{3\sin\dfrac{\pi}{2\times3\times3}} = \dfrac{1}{6\sin\dfrac{\pi}{18}}$

【답】③

52 그림과 같은 브리지 정류기는 어느 점에 교류 입력을 연결하여야 하는가?

① A-C점
② A-B점
③ B-C점
④ B-D점

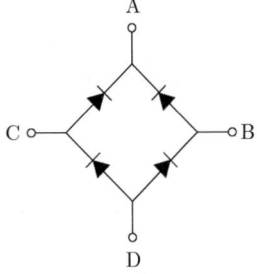

Explanation

두 다이오드의 애노드와 캐소드가 만나는 지점 두 곳에 교류전원을 입력한다(아래 그림에서 B, C 지점).

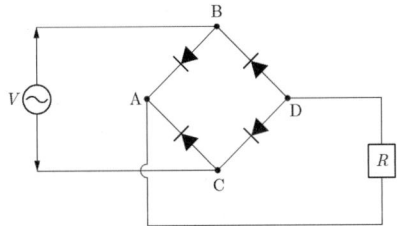

【답】③

53 다음 중 동기 전동기에서 동기 와트로 표시되는 것은?

① 출력
② 토크
③ 1차 입력
④ 동기 속도

Explanation

동기 전동기 토크 $\tau = 0.975 \times \dfrac{P_2}{N_s}$ [kg·m]

동기 와트 $P_2 = 1.026 N_s T$ [W]

【답】②

54 3상 배전선에 접속된 V결선의 변압기에서 전부하 시의 출력을 100[kVA]라 하면 같은 용량의 변압기 한 대를 증설하여 △결선하였을 때의 정격출력은 몇 [kVA]인가?

① 50
② $100\sqrt{3}$
③ 100
④ $50\sqrt{3}$

Explanation

V결선 $P_V = \sqrt{3}K$ (여기서, K는 변압기 1대 용량)
△결선 $P_\triangle = 3K = \sqrt{3}P_V = \sqrt{3} \times 100 = 100\sqrt{3}$

【답】②

55 75[kW], 6극, 200[V]인 3상 유도전동기가 있다. 정격전압으로 기동하면 기동전류는 정격전류의 615[%]이고, 기동토크는 전부하 토크의 225[%]이다. 기동토크를 전부하 토크의 150[%]로 하기 위해서는 기동전압을 약 몇 [V]로 하면 되는가?
① 163
② 153
③ 143
④ 133

Explanation

유도전동기의 토크는 전압의 제곱에 비례 : $T \propto V^2$

따라서 기동전압 $V' = \sqrt{\dfrac{T'}{T}}V = \sqrt{\dfrac{150}{225}} \times 200 = 163[\text{V}]$

【답】①

56 타여자 직류전동기에서 부하의 변동이 심할 때 광범위하고 안정되게 속도를 제어하는 가장 적당한 방식은?
① 계자 제어 방식
② 승압기 방식
③ 저항제어 방식
④ 일그너 방식

Explanation

직류 전동기 속도 제어 $n = K' \dfrac{V - I_a R_a}{\phi}$ (K' : 기계정수)

종류	특징
전압제어	• 광범위 속도 제어 가능, 운전 효율 우수 • 워드 레오너드 방식(광범위한 속도 조정(1 : 20), 효율 양호) • **일그너 방식(부하가 급변하는 곳, 플라이휠 효과 이용, 제철용 압연기)** • 정토크 제어
계자제어	• 세밀하고 안정된 속도 제어 • 정출력 제어
저항제어	• 속도 조정 범위 좁다. • 효율이 저하

【답】④

57 일반적인 농형 유도전동기에 비하여 2중 농형 유도전동기의 특징으로 옳은 것은?
① 손실이 적다.
② 슬립이 크다.
③ 최대 토크가 적다.
④ 기동 토크가 크다.

Explanation

2중 농형전동기
• 기동 토크가 크고, 기동 전류가 작다. 열이 많이 발생하여 효율은 낮다.

【답】④

58 단자전압 120[V], 전기자 전류 100[A], 전기자 저항 0.2[Ω]인 직류 분권전동기의 발생 동력은 약 몇 [kW]인가?
① 1
② 5
③ 10
④ 3

Explanation

분권전동기 발생 동력 $P = EI_a$[W]에서
역기전력 $E = V - R_a I_a = 120 - 0.2 \times 100 = 100$[V]
따라서 발생 동력 $P = EI_a = 100 \times 100 \times 10^{-3} = 10$[kW]

【답】③

59 게이트 조작에 의해 부하전류 이상으로 유지전류를 높일 수 있어 게이트의 턴온, 턴오프가 가능한 사이리스터는?

① GTO
② TRIAC
③ SCR
④ LASCR

Explanation

GTO
게이트 조작에 의해 부하전류 이상으로 유지 전류를 높일 수 있어 게이트의 턴 온, 턴 오프가 가능한 사이리스터로 단방향 소자임.

【답】①

60 1상의 유도기전력이 6,000[V]인 동기발전기에서 1분간 회전수를 900[rpm]에서 1,800[rpm]으로 하면 유도기전력은 약 몇 [V]인가?

① 6,000
② 12,000
③ 24,000
④ 36,000

Explanation

동기속도 $N_s = \dfrac{120f}{p}$에서 $N_s = \dfrac{120f}{p} \propto f = \dfrac{1,800}{900} = 2$배
주파수가 2배이므로
유기기전력 $E = 4.44 f w k_w \Phi$에서 주파수가 2배가 되면 유기기전력도 2배가 된다.
∴ $E' = 6,000 \times 2 = 12,000$[V]

【답】②

4과목 회로이론 및 제어공학

61 회로에서 노드 a와 b사이에 나타나는 전압[V]의 크기는?

① 60
② 20
③ 80
④ 100

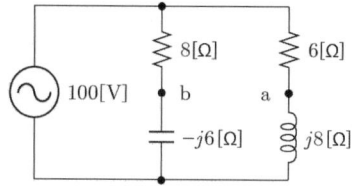

Explanation

각 지로의 전류
$I_1 = \dfrac{V}{Z_1} = \dfrac{100}{8-j6} = \dfrac{100(8+j6)}{(8-j6)(8+j6)} = 8+j6 = \sqrt{8^2+6^2} = 10$[A]
$I_2 = \dfrac{V}{Z_2} = \dfrac{100}{6+j8} = \dfrac{100(6-j8)}{(6+j8)(6-j8)} = 6-j8 = \sqrt{6^2+8^2} = 10$[A]
$V_{ab} = 8 \times 10 - 6 \times 10 = 20$[V]

【답】②

62 전류의 대칭분을 I_0, I_1, I_2, 유기기전력을 E_a, E_b, E_c, 단자전압의 대칭분을 V_0, V_1, V_2라 할 때 3상 교류발전기의 기본식 중 정상분 V_1 값은? 단, Z_0, Z_1, Z_2는 영상, 정상, 역상 임피던스이다.

① $-Z_0 I_0$
② $-Z_2 I_2$
③ $E_a - Z_1 I_1$
④ $E_b - Z_2 I_2$

Explanation

3상 교류 발전기 기본식
$V_0 = -Z_0 I_0$
$V_1 = E_a - Z_1 I_1$
$V_2 = -Z_2 I_2$

【답】③

63 그림과 같은 H형의 4단자 회로망에서 4단자 정수(전송 파라미터) A는? (단, V_1은 입력전압이고, V_2는 출력전압이고, A는 출력 개방 시 회로망의 전압 이득 $\left(\dfrac{V_1}{V_2}\right)$이다)

① $\dfrac{Z_1 + Z_2 + Z_3}{Z_3}$
② $\dfrac{Z_1 + Z_3 + Z_4}{Z_3}$
③ $\dfrac{Z_2 + Z_3 + Z_5}{Z_3}$
④ $\dfrac{Z_3 + Z_4 + Z_5}{Z_3}$

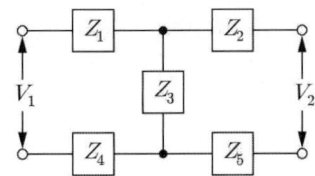

Explanation

전압이득 $A = \left.\dfrac{V_1}{V_2}\right|_{I_2=0} = \dfrac{Z_1 + Z_3 + Z_4}{Z_3}$

【답】②

64 분포정수 회로가 무왜선로로 되는 조건은? 단, 선로의 단위 길이당 저항은 R, 인덕턴스는 L, 정전용량은 C, 누설 컨덕턴스는 G이다.

① $RC = CG$
② $RC = LG$
③ $R = \sqrt{L/C}$
④ $R = \sqrt{LC}$

Explanation

무왜형선로(일그러짐이 없는 선로) : $RC = LG$

【답】②

65 그림의 성형 불평형 회로에 각 상전압이 E_a, E_b, E_c [V]이고, 부하는 Z_a, Z_b, Z_c [Ω]이라면 중성선 임피던스가 Z_n [Ω]일 때 중성점간의 전위는 어떻게 되는가?

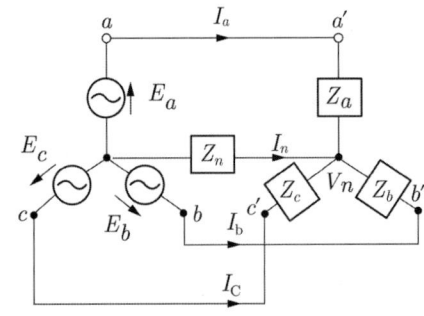

① $V_n = \dfrac{E_a + E_b + E_c}{Z_a + Z_b + Z_c}$ ② $V_n = \dfrac{E_a + E_b + E_c}{Z_a + Z_b + Z_c + Z_n}$

③ $V_n = \dfrac{\dfrac{E_a}{Z_a} + \dfrac{E_b}{Z_b} + \dfrac{E_c}{Z_c}}{\dfrac{1}{Z_a} + \dfrac{1}{Z_b} + \dfrac{1}{Z_c} + \dfrac{1}{Z_n}}$ ④ $V_n = \dfrac{\dfrac{E_a}{Z_a} + \dfrac{E_b}{Z_b} + \dfrac{E_c}{Z_c}}{\dfrac{1}{Z_a} + \dfrac{1}{Z_b} + \dfrac{1}{Z_c}}$

Explanation

밀만의 정리를 적용하면

$V_n = \dfrac{\dfrac{E_a}{Z_a} + \dfrac{E_b}{Z_b} + \dfrac{E_c}{Z_c}}{\dfrac{1}{Z_a} + \dfrac{1}{Z_b} + \dfrac{1}{Z_c} + \dfrac{1}{Z_n}}$

【답】③

66 다음과 같은 비정현파 기전력 및 전류에 의한 평균전력을 구하면 몇 [W]인가?

$e = 100\sin\omega t - 50\sin(3\omega t + 30°) + 20\sin(5\omega t + 45°)$ [V]
$I = 20\sin\omega t + 10\sin(3\omega t - 30°) + 5\sin(5\omega t - 45°)$ [A]

① 825 ② 875
③ 925 ④ 1,175

Explanation

유효전력(평균전력)은 주파수가 같을 때만 발생되므로
$P = V_1 I_1 \cos\theta_1 + V_3 I_3 \cos\theta_3 + V_5 I_5 \cos\theta_5$

$\therefore P = \dfrac{100}{\sqrt{2}} \times \dfrac{20}{\sqrt{2}} \cos 0° - \dfrac{50}{\sqrt{2}} \times \dfrac{10}{\sqrt{2}} \cos 60° + \dfrac{20}{\sqrt{2}} \times \dfrac{5}{\sqrt{2}} \cos 90° = 875 [\text{W}]$

【답】②

67 그림과 같은 3상 평형회로에서 전원 전압이 $V_{ab} = 200$ [V]이고 부하 한 상의 임피던스가 $Z = 5.0 - j2.4$ [Ω]인 경우 전원과 부하 사이 선전류 I_a는 약 몇 [A]인가? 단, 3상 전압의 상순은 $a - b - c$이다.

① $62.42 \angle -55.64°$
② $62.42 \angle 4.36°$
③ $62.42 \angle 55.64°$
④ $62.42 \angle -4.36°$

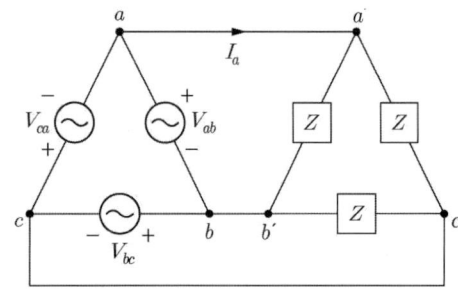

Explanation

△결선은 $V_l = V_p$이므로

부하의 상전류 $I_p = \dfrac{V_p}{Z} = \dfrac{200}{5 - j2.4} = \dfrac{200}{\sqrt{5^2 + 2.4^2}} = \dfrac{200}{5.55 \angle -\tan^{-1}\dfrac{2.4}{5}} = \dfrac{200}{5.55 \angle -25.64°} = 36.04 \angle 25.64°$

△결선은 $I_l = \sqrt{3} I_p \angle -30°$ [A]이므로
선전류 $I_l = 36.04\sqrt{3} \angle 25.64° - 30° = 62.42 \angle -4.36°$

【답】④

68 $F(s) = \dfrac{2s+3}{(s+1)(s+2)}$ 의 라플라스 역변환은?

① $e^{-t} - e^{-2t}$
② $e^t - e^{-2t}$
③ $e^{-t} + e^{-2t}$
④ $e^t + e^{-2t}$

> **Explanation**
>
> 부분분수 전개로 역라플라스 변환하면
> $F(s) = \dfrac{2s+3}{s^2+3s+2} = \dfrac{2s+3}{(s+2)(s+1)} = \dfrac{k_1}{s+2} + \dfrac{k_2}{s+1}$
> 여기서, $k_1 = \lim\limits_{s \to -2} \dfrac{(2s+3)}{(s+1)} = 1$, $k_2 = \lim\limits_{s \to -1} \dfrac{(2s+3)}{(s+2)} = 1$
> 따라서 $\mathcal{L}^{-1}\left[\dfrac{1}{s+2} + \dfrac{1}{s+1}\right] = e^{-t} + e^{-2t}$
>
> 【답】③

69 $t=0$ 에서 스위치(S)를 닫았을 때 $t=0^+$에서의 $i(t)$는 몇 [A]인가? 단, 커패시터에 초기 전하는 없다.

① 0.1
② 0.2
③ 0.4
④ 1.0

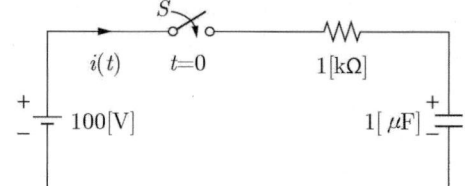

> **Explanation**
>
> $R-C$ 직렬회로
> 커패시터의 직류인가 특성
> • 초기 : 단락
> • 최종 : 개방
> 따라서 초기상태 단락이므로 $i(0^+) = \dfrac{E}{R} = \dfrac{100}{1 \times 10^3} = 0.1[A]$
>
> 【답】①

70 그림의 교류 브리지 회로가 평형이 되는 조건은?

① $L = \dfrac{R_1 R_2}{C}$

② $L = \dfrac{C}{R_1 R_2}$

③ $L = R_1 R_2 C$

④ $L = \dfrac{R_2}{R_1} C$

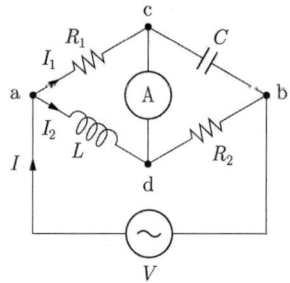

> **Explanation**
>
> 브리지평형 조건 : $R_1 R_2 = j\omega L \cdot \dfrac{1}{j\omega C}$
> $\therefore R_1 R_2 = \dfrac{L}{C}$ 에서 $L = R_1 R_2 C$
>
> 【답】③

71 다음과 같은 상태 방정식의 고유값 λ_1과 λ_2는?

$$\begin{bmatrix} \dot{x}_1 \\ \dot{x}_2 \end{bmatrix} = \begin{bmatrix} 1 & -2 \\ -3 & 2 \end{bmatrix} \begin{bmatrix} x_1 \\ x_2 \end{bmatrix} + \begin{bmatrix} 2 & -3 \\ -4 & 3 \end{bmatrix} \begin{bmatrix} r_1 \\ r_2 \end{bmatrix}$$

① 4, -1
② -4, 1
③ 6, -1
④ -6, 1

Explanation

특성방정식 $|sI-A|=0$
$|sI-A| = \begin{bmatrix} s & 0 \\ 0 & s \end{bmatrix} - \begin{bmatrix} 1 & -2 \\ -3 & 2 \end{bmatrix} = \begin{bmatrix} s-1 & 2 \\ 3 & s-2 \end{bmatrix} = (s-1)(s-2)-6$
$= s^2 - 3s - 4 = (s-4)(s+1) = 0$
따라서 고유값 $s = 4, -1$

【답】①

72 다음과 같은 시스템에 단위계단입력 신호가 가해졌을 때 지연시간에 가장 가까운 값[sec]은?

$$\frac{C(s)}{R(s)} = \frac{1}{s+1}$$

① 0.5
② 0.7
③ 0.9
④ 1.2

Explanation

단위계단 응답 $C(s) = G(s)R(s) = \frac{1}{s(s+1)} = \frac{1}{s} - \frac{1}{s+1}$ 에서 $c(t) = 1 - e^{-t}$
응답의 최종값 $\lim_{t \to \infty} c(t) = \lim_{t \to \infty}(1 - e^{-t}) = 1$
지연시간(T_d)은 응답의 최종값의 50[%]에 도달하는 시간이므로
$0.5 = 1 - e^{-T_d}$에서 $\frac{1}{e^{T_d}} = 1 - 0.5$
$\therefore T_d = \ln 2 = 0.693$

【답】②

73 다음은 타이머의 논리심벌이다. 이와 같은 기능을 하는 계전기 접점 심벌로 옳은 것은?

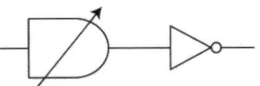

① —o △ o—
② —o △ o—
③ —o ◆ o—
④ —o ▽ o—

Explanation

시한 회로(On delay timer : Ton)
(1) 기능 : 입력을 주면 설정 시간(t)이 지난 후 출력이 동작한다.
(2) 기호
 ① a 접점 : 한시동작 순시복귀 a접점
 ② b 접점 : 한시동작 순시 복귀 b접점
 ③ 접점의 동작설명 : 타이머 여자 시에 설정시간 후, a 접점은 폐로되고 b접점은 개로되며 무여자 시 즉시 복귀

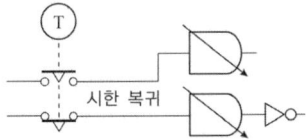

【답】②

74 다음의 신호 흐름 선도에서 C/R는?

① $\dfrac{G_1 + G_2}{1 - G_1 H_1}$ ② $\dfrac{G_1 G_2}{1 - G_1 H_1}$

③ $\dfrac{G_1 + G_2}{1 + G_1 H_1}$ ④ $\dfrac{G_1 G_2}{1 + G_1 H_1}$

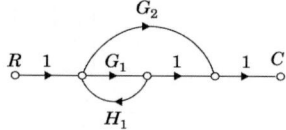

Explanation

메이슨의 이득공식을 적용하면

$G = \dfrac{\sum G_i \Delta_i}{\Delta}$ 에서

$G_i : G_1 \quad \Delta_i : 1 - 0 = 1$
$\quad\ \ G_2 \qquad\quad 1 - 0 = 1$

$\Delta = 1 - G_1 H_1$

전체이득 $G = \dfrac{C}{R} = \dfrac{G_1 + G_2}{1 - G_1 H_1}$

【답】①

75 $G(s) = \dfrac{1}{s(s+10)}$ 인 선형 제어계에서 $\omega = 0.1$일 때 주파수 전달함수의 이득은 약 몇 [dB]인가?

① -40[dB] ② -20[dB]
③ 0[dB] ④ 20[dB]

Explanation

보드 선도에서의 이득 $g = 20\log|G(j\omega)| = 20\log\left|\dfrac{1}{j\omega(j\omega + 10)}\right| = 20\log\dfrac{1}{\omega\sqrt{\omega^2 + 10^2}}$

$= 20\log\dfrac{1}{0.1\sqrt{0.1^2 + 10^2}} \fallingdotseq 20\log 1 = 0$[dB]

【답】③

76 물체의 위치, 방위, 각도 등의 기계적 변위량으로 임의의 목표 값에 추종하는 제어장치는?
① 프로세서 제어 ② 서보기구
③ 자동 조정 ④ 프로그램 제어

Explanation

제어량에 의한 분류
- 서보 기구(servo mechanism) : 기계적인 변위량. 위치, 방향, 자세, 거리, 각도 등
- 프로세서 제어(process control) : 공업 공정의 상태량. 밀도, 농도, 온도, 압력, 유량, 습도 등
- 자동 조정(auto regulating) : 전기적, 기계적 신호. 회전수, 전압, 주파수 등

【답】②

77 안정한 보드 선도에서 이득여유에 대한 정보를 얻을 수 있는 것은?
① 위상곡선 0°에서의 이득과 0[db]과의 차이
② 위상곡선 -90°에서의 이득과 0[db]과의 차이
③ 위상곡선 90°에서의 이득과 0[db]과의 차이
④ 위상곡선 -180°에서의 이득과 0[db]과의 차이

Explanation

- 이득여유 : 위상 곡선이 -180°에서의 이득값
- 위상여유 : 이득 곡선이 0[dB]인 점에서의 위상값

【답】④

78 그림의 블록선도에 대한 전달함수 $\dfrac{C}{R}$ 는?

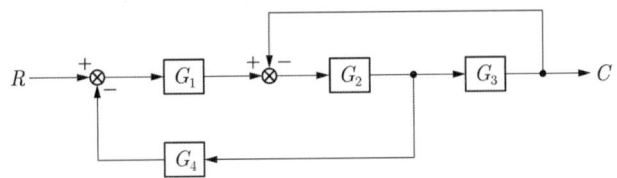

① $\dfrac{G_1 G_2 G_3}{1+G_1 G_3 + G_1 G_2 G_4}$
② $\dfrac{G_1 G_2 G_4}{1+G_1 G_2 + G_1 G_2 G_4}$
③ $\dfrac{G_1 G_2 G_3}{1+G_2 G_3 + G_1 G_2 G_4}$
④ $\dfrac{G_1 G_2 G_4}{1+G_2 G_3 + G_1 G_2 G_3}$

> **Explanation**
>
> 블록 선도의 전달 함수 $G(s) = \dfrac{\Sigma G}{1-\Sigma L_1 + \Sigma L_2 + \cdots}$
>
> 여기서, L_1 : 각각의 모든 폐루프 이득의 합
> L_2 : 서로 접촉하지 않는 2개의 폐루프 이득의 곱의 합
> ΣG : 각각의 전향 경로의 합
>
> $G(s) = \dfrac{G_1 G_2 G_3}{1-(-G_2 G_3 - G_1 G_2 G_4)} = \dfrac{G_1 G_2 G_3}{1+G_2 G_3 + G_1 G_2 G_4}$
>
> 【답】③

79 z변환법을 사용한 샘플치 제어계의 안정을 옳게 설명한 것은?
① 폐루프 전달함수의 모든 극이 z평면상의 원점에 중심을 둔 단위 원 안쪽에 위치하여야 한다.
② 폐루프 전달함수의 모든 극이 z평면상의 원점에 중심을 둔 단위 원 외부에 존재하고 특성근의 절대값은 1보다 적어야 한다.
③ 특성방정식의 모든 특성근의 절대값이 1보다 커야 한다.
④ 폐루프 전달함수의 모든 극이 z평면상의 원점에 중심을 둔 단위 원 외부에 위치하고 특성근의 절대값이 1보다 커야 한다.

> **Explanation**
>
> • s평면의 좌반면 : z평면상에서는 단위원의 내부에 사상(안정)
> • s평면의 우반면 : z평면상에서는 단위원의 외부에 사상(불안정)
> • s평면의 허수축 : z평면상에서는 단위원의 원주 상에 사상(임계)
>
> 【답】①

80 $G(s)H(s)$가 다음과 같이 주어지는 부궤환계에서 근궤적 점근선의 실수측과의 교차점은?

$$G(s)H(s) = \dfrac{K}{s(s+2)(s+4)}$$

① 0
② -3
③ -1
④ -2

> **Explanation**
>
> 근궤적의 점근선의 교차점 $\sigma = \dfrac{\Sigma G(s)H(s)\text{의 극점} - \Sigma G(s)H(s)\text{의 영점}}{P-Z}$
>
> $= \dfrac{(0-2-4)-0}{3-0} = -2$
>
> 【답】④

5과목 전기설비기술기준

81 애자사용공사에 의한 고압 옥내배선에 사용되는 연동선의 공칭단면적은 몇 [mm²]인가?
① 6 ② 4 ③ 8 ④ 2.5

Explanation

(KEC 342.1조) 고압 옥내배선 등의 시설 – 애자사용공사
전선은 공칭단면적 6[mm²] 이상의 연동선 또는 이와 동등 이상의 세기 및 굵기의 고압 절연전선이나 특고압 절연전선 또는 인하용 고압 절연전선

【답】①

82 전력보안통신설비의 조가선 시설기준에 대한 설명으로 틀린 것은?
① 조가선은 부식되지 않는 별도의 금구를 사용하고 조가선 끝단은 날카롭지 않게 할 것
② 조가선은 설비 안전을 위하여 전주와 전주 경간 중에 접속할 것
③ 조가선은 2조까지만 시설할 것
④ 말단 배전주와 말단 1경간 전에 있는 배전주에 시설하는 조가선은 장력에 견기는 형태로 시설할 것

Explanation

(KEC 362.3조) 조가선 시설기준
① 조가선은 설비 안전을 위하여 전주와 전주 경간 중에 접속하지 말 것
② 조가선은 부식되지 않는 별도의 금구를 사용하고 조가선 끝단은 날카롭지 않게 할 것.
③ 말단 배전주와 말단 1경간 전에 있는 배전주에 시설하는 조가선은 장력에 견디는 형태로 시설할 것.
④ 조가선은 2조까지만 시설할 것.

【답】②

83 전로의 중성점 접지의 목적에 해당하지 않는 것은?
① 대지전압의 저하
② 손실전력의 감소
③ 보호장치의 확실한 동작의 확보
④ 이상전압의 억제

Explanation

(KEC 322.5조) 전로의 중성점의 접지
전로의 보호 장치의 확실한 동작의 확보, 이상 전압의 억제 및 대지 전압의 저하를 위하여 특히 필요한 경우에 전로의 중성점에 접지한다.

【답】②

84 최대사용전압이 6,600[V]인 변압기 전로의 절연내력시험은 최대사용전압의 몇 배의 시험전압에서 10분간 견디어야 하는가?
① 0.72 ② 1.5 ③ 1.25 ④ 0.92

Explanation

(KEC 135조) 변압기 전로의 절연내력

구분		배율	최저 전압
중성점 직접 접지식이 아닌 경우	7[kV] 이하	1.5	500[V]
	7[kV] 초과 ~ 60[kV] 이하	1.25	10.5[kV]
	60[kV] 초과(비접지식)	1.25	
	60[kV] 초과(중성점 접지식) (성형결선, 또는 스콧결선의 것에 한한다)	1.1	75[kV]

【답】②

85 사용전압이 170[kV] 이하의 변압기를 시설하고 변전소로서 기술원이 수시로 순회하거나 그 변전소를 원격감시 제어하는 제어소에서 상시 감시하는 경우 변전소를 원격감시 제어하는 제어소 또는 기술원이 상주하는 장소에 경보장치를 시설하여야 하는 경우로 틀린 것은?
① 옥내 및 옥외변전소에 화재가 발생한 경우
② 특고압용 타냉식변압기는 그 냉각장치가 고장난 경우
③ 주요 변압기의 전원측 전로가 과전압으로 된 경우
④ 무효 전력 보상 장치는 내부에 고장이 생긴 경우

> Explanation

(KEC 351.9조) 상주 감시를 하지 않는 변전소의 시설
사용-전압이 170[kV] 이하의 변압기를 시설하는 변전소로서 기술원이 수시로 순회하거나 그 변전소를 원격감시 제어하는 제어소(이하에서 "변전제어소"라 한다)에서 상시 감시하는 경우 다음의 경우에는 변전제어소 또는 기술원이 상주하는 장소에 경보장치를 시설할 것.
① 운전조작에 필요한 차단기가 자동적으로 차단한 경우(차단기가 재폐로한 경우를 제외한다)
② 주요 변압기의 전원측 전로가 무전압으로 된 경우
③ 제어 회로의 전압이 현저히 저하한 경우
④ 옥내 및 옥외변전소에 화재가 발생한 경우
⑤ 특고압용 타냉식변압기는 그 냉각장치가 고장난 경우
⑥ 무효 전력 보상 장치는 내부에 고장이 생긴 경우   【답】③

86 가공전선로의 지지물로 사용하는 철주 또는 철근 콘크리트주는 지지선을 사용하지 않는 상태에서 얼마 이상의 풍압하중에 견디는 강도를 가지는 경우 이외에는 지지선을 사용하여 그 강도를 분담시켜서는 안 되는가?
① 1/10
② 1/5
③ 1/2
④ 1/3

> Explanation

(KEC 331.11조) 지지선의 시설
① 가공 전선로의 지지물로 사용하는 철탑은 지지선을 사용하여 그 강도를 분담시켜서는 아니 된다.
② 가공 전선로의 지지물로 사용하는 철주 또는 철근 콘크리트주는 지지선을 사용하지 아니하는 상태에서 2분의 1이상의 풍압하중에 견디는 강도를 가지는 경우 이외에는 지지선을 사용하여 그 강도를 분담시켜서는 아니 된다.   【답】③

87 저압 옥상전선로 전선은 조영재에 견고하게 붙인 지지기둥 또는 지지대에 절연성 난연성 및 내수성이 있는 애자를 사용하여 지지하고 또한 그 지지점 간의 거리는 몇 [m] 이하로 시설하여야 하는가? 단, 전개된 장소에 위험의 우려가 없도록 시설한 경우이다.
① 3
② 10
③ 5
④ 15

> Explanation

(KEC 221.3조) 옥상 전선로
전선은 조영재에 견고하게 붙인 지지기둥 또는 지지대에 절연성·난연성 및 내수성이 있는 애자를 사용하여 지지하고 또한 그 지지점간의 거리는 15[m] 이하일 것   【답】④

88 가공전선로의 지지물에 시설하는 지지선의 시설기준에 대한 설명으로 옳은 것은?
① 도로를 횡단하여 시설하는 지지선의 높이는 지표상 4[m] 이상으로 할 것
② 지지선의 안전율은 2.5 이상으로 할 것
③ 지중부분 및 지표상 100[cm]까지의 부분은 철봉을 사용할 것
④ 연선을 사용하는 경우 소선 2가닥 이상의 연선일 것

> Explanation

(KEC 331.11조) 지지선의 시설
- 지지선의 안전율은 2.5 이상일 것. 이 경우에 허용 인장하중의 최저는 4.31[kN]으로 한다.
- 연선을 사용할 경우
  - 소선(素線)은 3가닥 이상의 연선일 것
  - 소선의 지름이 2.6[mm] 이상의 금속선 또는 지름이 2[mm] 이상인 아연도강연선의 인장강도 0.68[kN/mm²] 이상
- 지중 부분 및 지표상 0.3[m]까지의 부분에는 내식성이 있는 것 또는 아연도금을 한 철봉을 사용
- 도로를 횡단하여 시설하는 지지선의 높이는 지표상 5[m] 이상.
  - 교통에 지장을 초래할 우려가 없는 경우에는 지표상 4.5[m] 이상
  - 보도의 경우에는 2.5[m] 이상

【답】②

89
단상전동기[KS C 4204(2013)의 표준정격의 것을 말한다]로써 그 전원측 전로에 시설하는 배선차단기의 차단 전류가 몇 [A] 이하인 경우 전동기에 전동기가 손상될 우려가 있는 과전류가 생겼을 때에 자동적으로 이를 서시하거나 이를 경보하는 장치의 시설을 생략할 수 있는가? 단, 전동기의 정격 출력이 0.2[kW] 이하인 것은 제외한다.

① 50　　　　　　　　　　　　　② 20
③ 15　　　　　　　　　　　　　④ 30

Explanation

(KEC 212.6.3조) 저압전로 중의 전동기 보호용 과전류보호장치의 시설
옥내에 시설하는 전동기(정격 출력이 0.2[kW] 이하인 것을 제외한다. 이하 여기에서 같다)에는 전동기가 손상될 우려가 있는 과전류가 생겼을 때에 자동적으로 이를 저지하거나 이를 경보하는 장치를 하여야 한다. 다만, 다음의 어느 하나에 해당하는 경우에는 그러하지 아니하다.
① 운전 중 상시 취급자가 감시할 수 있는 위치에 시설하는 경우
② 전동기가 손상될 수 있는 과전류가 생길 우려가 없는 경우
③ 단상전동기[KS C 4204(2013)의 표준정격의 것을 말한다]로써 그 전원측 전로에 시설하는 과전류 차단기의 정격전류가 16[A](배선차단기는 20[A]) 이하인 경우

【답】②

90
전기철도의 설비보호를 위한 보호협조에 대한 설명으로 틀린 것은?
① 전차선로용 애자를 섬락사고로부터 보호하고 접지전위 상승을 억제하기 위하여 적정한 보호설비를 구비하여야 한다.
② 가공 선로측에서 발생한 지락 및 사고전류의 파급을 방지하기 위하여 피뢰기를 설치하여야 한다.
③ 급전선로는 안정도 향상, 자동복구, 정전시간 감소를 위하여 보호계전방식에 수동재폐로 기능을 구비하여야 한다.
④ 보호계전방식은 신뢰성, 선택성, 협조성, 적절한 동작, 양호한 강도, 취급 및 보수점검이 용이하도록 구성하여야 한다.

Explanation

(KEC 451.1소) 전기철도설비 보호협조
① 보호계전방식은 신뢰성, 선택성, 협조성, 적절한 동작, 양호한 감도, 취급 및 보수 점검이 용이하도록 구성하여야 한다.
② 급전선로는 안정도 향상, 자동복구, 정전시간 감소를 위하여 보호계전방식에 자동재폐로 기능을 구비하여야 한다.
③ 전차선로용 애자를 섬락사고로부터 보호하고 접지전위 상승을 억제하기 위하여 적정한 보호설비를 구비하여야 한다.
④ 가공 선로측에서 발생한 지락 및 사고전류의 파급을 방지하기 위하여 피뢰기를 설치하여야 한다.

【답】③

91
공칭전압이 25,000[V]인 단상교류 전차선과 차량 간의 정적 최소 절연이격거리는 몇 [mm] 이상을 확보하여야 하는가?

① 170　　　　　　　　　　　　② 100
③ 150　　　　　　　　　　　　④ 270

Explanation

(KEC 431.3조) 전차선로의 충전부와 차량 간의 절연이격

시스템 종류	공칭전압[V]	동적[mm]	정적[mm]
단상교류	25,000	170	270

【답】 ④

92 주택용 배선차단기의 B형은 순시트립범위가 차단기 정격전류(I_n)의 몇 배인가?
① 3 초과 5이하
② 1 초과 3이하
③ 5 초과 10 이하
④ 10 초과 20 이하

> **Explanation**

(KEC 212.3.4조) 보호장치의 특성
과전류차단기로 저압전로에 사용하는 주택용 배선차단기는 아래 표에 적합한 것이어야 한다.

형	순시트립범위(I_n: 차단기 정격전류)
B	$3I_n$ 초과 $5I_n$ 이하
C	$5I_n$ 초과 $10I_n$ 이하
D	$10I_n$ 초과 $20I_n$ 이하

【답】 ①

93 전기철도차량에 전력을 공급하는 전차선의 가선방식에 포함되지 않는 것은?
① 강체방식
② 가공방식
③ 지중조가선방식
④ 제3레일방식

> **Explanation**

(KEC 402조) 전기철도의 용어 정의
가선방식 : 가공식, 강체식, 제3레일방식

【답】 ③

94 케이블트렌치의 구조에 대한 설명으로 틀린 것은?
① 케이블트렌치 굴곡부 안쪽의 반경은 통과하는 전선의 허용곡률반경 이하로 시설할 것
② 케이블트렌치의 바닥 및 측면에는 방수처리하고 물이 고이지 않도록 할 것
③ 케이블트렌치의 뚜껑, 받침대 등 금속제는 내식성의 재료이거나 방식처리를 할 것
④ 케이블트렌치는 외부에서 고형물이 들어가지 않도록 IP2X 이상으로 시설할 것

> **Explanation**

(KEC 232.24조) 케이블트렌치공사
① 케이블트렌치의 뚜껑, 받침대 등 금속재는 내식성의 재료이거나 방식처리를 할 것
② **케이블트렌치 굴곡부 안쪽의 반경은 통과하는 전선의 허용곡률반경 이상**이어야 하고 배선의 절연피복을 손상시킬 수 있는 돌기가 없는 구조일 것
③ 케이블트렌치의 바닥 및 측면에는 방수처리하고 물이 고이지 않도록 할 것
④ 케이블트렌치는 외부에서 고형물이 들어가지 않도록 IP2X 이상으로 시설할 것

【답】 ①

95 직류자계(DC Magnetic Fields)란 몇 [Hz]인 직류전로에서 형성되는 정자계(Static Magnetic Fields)를 말하는가?
① 0
② 60
③ 50
④ 120

> **Explanation**

(기술기준 3조) 정의
직류자계(DC Magnetic Fields)란 0[Hz]인 직류전로에서 형성되는 정자계(Static Magnetic Fields)를 말한다.

【답】 ①

96 전주외등에서 조명기구 및 부착금구에 대한 시설기준으로 틀린 것은? 단, 대지전압 300[V] 이하의 형광등, 고압방전등, LED등 등을 배전선로의 지지물에 등에 시설하는 경우이다.
① 기구의 인출선은 도체단면적이 0.75[㎟] 이상일 것
② 기구는 전기안전관리법 또는 산업안전보건법에 적합한 것
③ 기구는 광원의 손상을 방지하기 위하여 원칙적으로 갓 또는 글로브가 붙은 것
④ 기구는 전구를 쉽게 갈아 끼울 수 있는 구조일 것

> **Explanation**

(KEC 234.10조) 전주외등
① 「전기용품 및 생활용품 안전관리법」 또는 「산업표준화법」에 적합한 것.
② 원칙적으로 갓 또는 글로브가 붙은 것
③ 전구를 쉽게 갈아 끼울 수 있는 구조
④ 인출선은 도체단면적이 0.75[㎟] 이상

【답】 ②

97 2차측 개방전압이 7[kV] 이하인 절연변압기를 사용하고 보호격자에 사람이 접촉될 경우 절연변압기의 1차측 전로를 자동적으로 차단하는 보호장치를 시설할 경우, 전격살충기의 전격격자는 지표 또는 바닥에서 몇 [m] 이상의 높이에 시설하여야 하는가?
① 2.5
② 1.8
③ 1.5
④ 3.5

> **Explanation**

(KEC 241.7.1조) 전격살충기의 시설
전격격자(電擊格子)는 지표 또는 바닥에서 3.5[m] 이상. 다만, 2차측 개방 전압이 7[kV] 이하의 절연변압기를 사용하고 또한 절연변압기의 1차측 전로를 자동적으로 차단하는 보호장치 시설하면 지표 또는 바닥에서 1.8[m]까지 감할 수 있다.

【답】 ②

98 철도 궤도 또는 자동차도 전용터널 안의 전선로에 사용되는 저압 전선으로 경동선을 사용하는 경우 지름 몇 [mm] 이상을 사용하여야 하는가?
① 4
② 6
③ 2.6
④ 4.5

> **Explanation**

(KEC 335.1조) 터널 안 전선로의 시설
① 저압전선 – 지름 2.6[mm] 이상 경동선.
② 고압전선 – 지름 4[mm] 이상 경동선

【답】 ③

99 발전기의 최대사용전압이 10[kV]인 경우 절연내력 시험전압은 몇 [kV]인가?
① 1.5
② 12.5
③ 11
④ 10

> **Explanation**

(KEC 133조) 회전기 및 정류기의 절연내력

종류		시험전압	시험방법
회전기	발전기·전동기·무효 전력 보상 장치·기타 회전기(회전 변류기 제외)	최대 사용전압 7[kV] 이하	최대 사용전압의 1.5배의 전압(500[V] 미만으로 되는 경우에는 500[V])	권선과 대지 사이에 연속하여 10분간 가한다.
		최대 사용전압 7[kV] 초과	최대 사용전압의 1.25배의 전압(10,500[V] 미만으로 되는 경우에는 10,500[V])	

∴ 시험전압 $= 10 \times 1.25 = 12.5$[kV]

【답】 ②

100 수영장 기타 이와 유사한 장소에 사용되는 수중조명등에 전기를 공급하기 위해서 사용되는 절연 변압기의 1차측 전로와 2차측 전로의 사용전압으로 옳은 것은?
① 1차 400[V] 이하 2차 150[V] 이하
② 1차 750[V] 이하 2차 450[V] 이하
③ 1차 300[V] 이하 2차 300[V] 이하
④ 1차 450[V] 이하 2차 300[V] 이하

Explanation

(KEC 234.14.1조) 수중조명등 사용전압 - 절연변압기 사용
① 1차측 전로의 사용전압 : 400[V] 이하
② 2차측 전로의 사용전압 : 150[V] 이하

【답】①

2회 2023년 전기기사 필기

1과목 전기자기학

01 상자성체의 자화율(χ)을 나타낸 것으로 옳은 것은?
① $\chi > 0$
② $\chi = 1$
③ $\chi = 0$
④ $\chi < 0$

Explanation

자화율 $\chi = \mu_0(\mu_s - 1)$이므로
- 강자성체(철, 니켈, 코발트) : $\mu_s \gg 1$이고 자화율 $\chi > 0$
- **상자성체(공기, 진공, 알루미늄)** : $\mu_s \geq 1$이고 **자화율 $\chi > 0$**
- 역자성체(구리, 창연, 금) : $\mu_s < 1$이고 자화율 $\chi < 0$

【답】①

02 와전류손에 대한 설명 중 틀린 것은?
① 단위체적당 와류손의 단위는 [W/m³]이다.
② 와전류는 교번자속의 주파수와 최대자속밀도에 비례한다.
③ 와전류손은 히스테리시스손과 함께 철손이다.
④ 와전류손을 감소시키기 위하여 성층철심을 사용한다.

Explanation

- 와전류손 $P_e = \sigma_e(tfk_fB)^2$에서 $P_e \propto f^2$
- 성층철심사용 : 와전류손 감소
- 철손 : 히스테리시스손과 와류손

【답】②

03 두 개의 콘덴서를 직렬접속하고 직류전압을 인가할 때의 설명으로 옳지 않은 것은?
① 정전용량이 작은 콘덴서에 전압이 많이 걸린다.
② 합성 정전용량은 각 콘덴서의 정전용량의 합과 같다.
③ 합성 정전용량은 각 콘덴서의 정전용량보다 작아진다.
④ 각 콘덴서의 두 전극에 정전유도에 의하여 정·부의 동일한 전하가 나타나고 전하량은 일정하다.

Explanation

콘덴서 직렬연결 시의 특성
① 전하량 : $Q_1 = Q_2 = Q$ [C]
② 전체전압 $V = V_1 + V_2 = \left(\dfrac{1}{C_1} + \dfrac{1}{C_2}\right)Q$
③ 합성정전용량 $C = \dfrac{Q}{V} = \dfrac{Q}{\left(\dfrac{1}{C_1} + \dfrac{1}{C_2}\right)Q} = \dfrac{1}{\dfrac{1}{C_1} + \dfrac{1}{C_2}} = \dfrac{C_1 C_2}{C_1 + C_2}$ [F]
④ 분배 전압

$$V_1 = \frac{Q}{C_1} = \frac{C_2}{C_1+C_2}V$$
$$V_2 = \frac{Q}{C_2} = \frac{C_1}{C_1+C_2}V$$

【답】②

04 전계 E[V/m], 전속밀도 D[C/m²], 유전율 $\epsilon = \epsilon_o \epsilon_s$ [F/m], 분극의 세기 P[C/m²] 사이의 관계는?

① $P = D + \epsilon_0 E$
② $P = D - \epsilon_0 E$
③ $P = \dfrac{D+E}{\epsilon_o}$
④ $P = \dfrac{D-E}{\epsilon_o}$

Explanation

분극의 세기 $P = D - \epsilon_0 E = D - \epsilon_0 \left(\dfrac{D}{\epsilon}\right) = \left(1 - \dfrac{1}{\epsilon_s}\right)D = \epsilon_0(\epsilon_s - 1)E$ [C/m²]

【답】②

05 평행판 콘덴서의 극판 사이에 유전율이 각각 ϵ_1, ϵ_2인 두 유전체를 반씩 채우고 극판 사이에 일정한 전압을 걸어 줄 때 각각의 전계의 세기 E_1, E_2사이에 성립하는 관계로 옳은 것은?

① $E_2 = \dfrac{E_1}{8}$
② $E_2 = \dfrac{E_1}{4}$
③ $E_2 = \dfrac{E_1}{2}$
④ $E_2 = E_1$

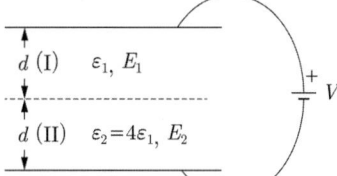

Explanation

비유전율(ϵ_s)과의 관계에서 일정전압을 걸어서 충전하면

전계는 $E = \dfrac{1}{\epsilon_s}E_0$이면 $\dfrac{E_1}{E_2} = \dfrac{\epsilon_2}{\epsilon_1} = \dfrac{1}{4}$

∴ $E_2 = \dfrac{1}{4}E_1$

【답】②

06 진공 중에서 점(0,1)[m]의 위치에 -2×10^{-9}[C]의 점전하가 있을 때, 점(2,0)[m]에 있는 1[C]의 점전하에 작용하는 힘은 몇 [N]인가?(단, $\hat{x}, \hat{y}$는 단위벡터이다)

① $-\dfrac{18}{3\sqrt{5}}\hat{x} + \dfrac{36}{3\sqrt{5}}\hat{y}$
② $\dfrac{36}{5\sqrt{5}}\hat{x} + \dfrac{18}{5\sqrt{5}}\hat{y}$
③ $-\dfrac{36}{3\sqrt{5}}\hat{x} + \dfrac{18}{3\sqrt{5}}\hat{y}$
④ $-\dfrac{36}{5\sqrt{5}}\hat{x} + \dfrac{18}{5\sqrt{5}}\hat{y}$

Explanation

힘을 벡터로 구하므로 $F = |F|a_0$에서

거리 $r = (2-0)a_x + (0-1)a_y = 2a_x - a_y$
크기 $r = \sqrt{2^2 + (-1)^2} = \sqrt{5}$ [m]
방향 $r_0 = \dfrac{F}{|F|} = \dfrac{1}{\sqrt{5}}(2a_x - a_y)$

따라서 힘을 벡터로 표시하면
$F = 9 \times 10^9 \times \dfrac{-2 \times 10^{-9} \times 1}{(\sqrt{5})^2} \times \dfrac{1}{\sqrt{5}}(2a_x - a_y) = -\dfrac{36}{5\sqrt{5}}a_x + \dfrac{18}{5\sqrt{5}}a_y$ [N]

【답】④

07 공기 중에서 1[V/m]의 전계의 세기에 의한 변위전류밀도의 크기를 2[A/m^2]으로 하려면 전계의 주파수는 몇 [MHz]가 되어야 하는가?

① 36,000
② 9,000
③ 72,000
④ 18,000

> **Explanation**
>
> 변위 전류밀도 $i_d = j\omega \epsilon E = j2\pi f \epsilon E$ [A/m^2]
>
> 주파수 $f = \dfrac{i_d}{2\pi \epsilon E} = \dfrac{2}{2\pi \times 8.855 \times 10^{-12} \times 1} \times 10^{-6} ≒ 36,000$ [MHz]

【답】①

08 진공 중에 4[m]의 간격으로 놓여 있는 평행 도선에 같은 크기의 왕복 전류가 흐를 때 단위 길이당 2.0×10^{-7}[N]의 힘이 작용하였다. 이때 평행 도선에 흐르는 전류는 몇 [A]인가?

① 1
② 2
③ 4
④ 8

> **Explanation**
>
> 평행도선(무한장 평행도선) 사이의 힘
>
> $F = \dfrac{\mu_0 I_1 I_2}{2\pi r} = \dfrac{2 I_1 I_2}{r} \times 10^{-7}$ [N/m]
>
> $2 \times 10^{-7} = \dfrac{2 \times I^2}{4} \times 10^{-7}$ ∴ $I = 2$[A]

【답】②

09 σ[C/m^2]의 면전하분포를 가진 구도체가 진공 중에 놓여 있을 때 표면에 작용하는 정전응력의 크기와 방향은?

① $\dfrac{\sigma^2}{2\epsilon_0}$, 도체 외부 방향
② $\dfrac{\sigma^2}{\epsilon_0}$, 도체 외부 방향
③ $\dfrac{\sigma^2}{2\epsilon_0}$, 도체 내부 방향
④ $\dfrac{\sigma^2}{\epsilon_0}$, 도체 내부 방향

> **Explanation**
>
> - 정전 응력 $f = \dfrac{\sigma^2}{2\epsilon_0} = \dfrac{1}{2}\epsilon_0 E^2 = \dfrac{D^2}{2\epsilon_0} = \dfrac{1}{2}ED$ [N/m^2]
> - 전계는 도체 표면에서 공간으로 수직 발산한다.

【답】①

10 두 유전체의 경계면에 대한 설명 중 옳지 않은 것은?

① 전계가 경계면에 수직으로 입사하면 두 유전체 내의 전계의 세기가 같다.
② 경계면에 작용하는 맥스웰 응력은 유전율이 큰 쪽에서 작은 쪽으로 끌려가는 힘을 받는다.
③ 유전율이 작은 쪽에서 전계가 입사할 때 입사각은 굴절각보다 작다.
④ 전계나 전속 밀도가 경계면에 수직으로 입사하면 굴절하지 않는다.

> **Explanation**
>
> - 전계가 경계면에 수직($\theta = 0°$)이면 전계는 불연속($E_1 \neq E_2$)
> - 전속밀도는 불변이므로 $D_1 \cos\theta = D_2 \cos\theta$에서 $D_1 = D_2$이고 $\epsilon_1 E_1 = \epsilon_2 E_2$
>
>   따라서 $\dfrac{E_2}{E_1} = \dfrac{\epsilon_1}{\epsilon_2}$이 된다.
> - 전기력선과 전속은 굴절하지 않는다.
> - Maxwell 응력 : 유전체에 작용하는 힘의 방향은 유전율이 큰 쪽에서 작은 쪽으로 향한다.

【답】①

11 z축 상에 놓인 길이가 긴 직선 도체에 10[A]의 전류가 $+z$ 방향으로 흐르고 있다. 이 도체 주위의 자속밀도가 $3\hat{x} - 4\hat{y}$[Wb/m²]일 때 도체가 받는 단위 길이당 힘[N/m]은? (단, $\hat{x}$, $\hat{y}$는 단위 벡터이다)

① $-40\hat{x} + 30\hat{y}$
② $-30\hat{x} + 40\hat{y}$
③ $30\hat{x} + 40\hat{y}$
④ $40\hat{x} + 30\hat{y}$

Explanation

플레밍의 왼손법칙
• 평등자장 내에 전류가 흐르고 있는 도체가 받는 힘
• $F = (I \times B)l = IBl\sin\theta$
여기서, 전류 $I = 10k$이므로

길이당 힘 $F = I \times B = \begin{bmatrix} i & j & k \\ 0 & 0 & 10 \\ 3 & -4 & 0 \end{bmatrix} = 40i + 30j$ [N/m]

【답】 ④

12 무한 솔레노이드에 전류가 흐를 때의 설명으로 옳은 것은?
① 내부 자계는 위치에 상관없이 일정하다.
② 내부 자계와 외부 자계는 그 값이 같다.
③ 외부 자계는 솔레노이드 근처에서 멀어질수록 그 값이 작아진다.
④ 내부 자계의 크기는 0이다.

Explanation

무한장 솔레노이드
• 내부 자계의 세기 : 평등자장, $H = n_0 I$ [AT/m] (n_0 : 단위 길이당 코일 권수[회/m])
• 외부 자계의 세기 : $H = 0$ [AT/m]

【답】 ①

13 구리의 고유저항은 20[℃]에서 1.69×10^{-8}[Ω·m]이고 온도계수는 0.003393이다. 단면적이 2[mm²]이고 100[m]인 구리선의 저항값은 40[℃]에서 약 몇 [Ω]인가?

① 0.91×10^{-3}
② 1.89×10^{-3}
③ 0.91
④ 1.89

Explanation

【답】 ③

14 액체의 유전체로 채워진 커패시터의 정전용량이 C[F]이고, 이 커패시터에 전압을 가했을 경우에 흐르는 누설전류는 몇 [A]인가? (단, 유전체의 유전율은 ϵ[F/m]이고, 고유저항은 ρ[Ω·m]이다)

① $\dfrac{1}{\epsilon\rho}\dfrac{C}{V}$
② $\epsilon\rho\dfrac{V}{C}$
③ $\dfrac{1}{\epsilon\rho}CV$
④ $\epsilon\rho\dfrac{1}{CV}$

Explanation

$RC = \rho\epsilon$ 에서 $R = \dfrac{\rho\epsilon}{C}$ 이므로 누설전류 $I = \dfrac{V}{R} = \dfrac{V}{\frac{\rho\epsilon}{C}} = \dfrac{CV}{\rho\epsilon}$

【답】 ③

15 자기회로에서 자기저항의 크기에 대한 설명으로 옳은 것은?
  ① 자기회로의 길이에 비례
  ② 자성체의 비투자율에 비례
  ③ 자기회로의 단면적에 비례
  ④ 자성체의 비투자율의 제곱에 비례

> **Explanation**

자기저항 : $R_m = \dfrac{l}{\mu S}$ [AT/Wb] (∴ 길이에 비례, 투자율과 면적에 반비례)

【답】①

16 자기회로에서 전기회로의 도전율에 대응되는 것은?
  ① 자기저항
  ② 기자력
  ③ 투자율
  ④ 자속

> **Explanation**

전기회로와 자기회로와의 관계

전기회로	자기회로
전류 I	자속 ϕ
전기저항 R	자기저항 R_m
기전력 E	기자력 F_m
도전율 k	**투자율 μ**

【답】③

17 콘덴서의 내압 및 정전용량이 각각 1,000[V]-2[μF], 700[V]-3[μF], 600[V]-4[μF], 300[V]-8[μF]이다. 이 콘덴서를 직렬로 연결할 때 양단에 인가되는 전압을 상승시키면 제일 먼저 절연이 파괴되는 콘덴서는?
  ① 1,000[V]-2[μF]
  ② 700[V]-3[μF]
  ③ 600[V]-4[μF]
  ④ 300[V]-8[μF]

> **Explanation**

콘덴서 직렬연결 시 파괴되는 콘덴서는 $Q = CV$에서 Q값이 작은 콘덴서가 먼저 파괴된다.
$Q_1 = C_1 V_1 = 2 \times 1,000 = 2,000$[C]
$Q_2 = C_2 V_2 = 3 \times 700 = 2,100$[C]
$Q_3 = C_3 V_3 = 4 \times 600 = 2,400$[C]
$Q_4 = C_4 V_4 = 8 \times 300 = 2,400$[C]이므로 전하량이 가장 적은 1,000[V]-2[μF]의 콘덴서가 가장 먼저 파괴됨

【답】①

18 비유전율 2, 비투자율 2인 매질 내에서 전자파의 진행속도 v[m/s]와 진공 중의 빛의 속도 v_0[m/s] 사이의 관계는?
  ① $v = \dfrac{1}{2}v_0$
  ② $v = \dfrac{1}{4}v_0$
  ③ $v = \dfrac{1}{6}v_0$
  ④ $v = \dfrac{1}{8}v_0$

> **Explanation**

진공에서의 전자파의 속도 $v_o = \dfrac{1}{\sqrt{\epsilon\mu}} = \dfrac{1}{\sqrt{\epsilon_0\mu_0}} = \dfrac{1}{\sqrt{\epsilon_0}\sqrt{\mu_0}} = 3 \times 10^8$ [m/s]

매질에서의 전파 속도 $v = \dfrac{1}{\sqrt{\mu\epsilon}} = \dfrac{1}{\sqrt{\mu_0\epsilon_0}}\dfrac{1}{\sqrt{\epsilon_s\mu_s}} = \dfrac{3\times 10^8}{\sqrt{\mu_s\epsilon_s}} = \dfrac{3\times 10^8}{\sqrt{2\times 2}} = \dfrac{3\times 10^8}{2}$ [m/s]

따라서 $v = \dfrac{1}{2}v_0$

【답】①

19 진공 중 한 변의 길이가 0.1[m]인 정삼각형의 3정점 A, B, C에 각각 2.0×10^{-6}[C]의 점전하가 있을 때, 점 A의 전하가 작용하는 힘은 몇 [N]인가?

① $1.8\sqrt{2}$
② $1.8\sqrt{3}$
③ $3.6\sqrt{2}$
④ $3.6\sqrt{3}$

Explanation

$F_1 = F_2 = \dfrac{Q^2}{4\pi\epsilon_0 a^2}$

F점에서의 힘은 $F = 2F_1 \cos 30° = \sqrt{3}\,F_1$

따라서 $F = \sqrt{3}\,F_1 = \dfrac{\sqrt{3}\,Q^2}{4\pi\epsilon_0 a^2} = 9 \times 10^9 \times \dfrac{\sqrt{3} \times (2 \times 10^{-6})^2}{0.1^2} = 3.6\sqrt{3}$ [N]

【답】④

20 환상철심에 권선수가 각각 N_1, N_2 두 코일이 완전 유도결합 상태이다. 이때 권선수가 N_1인 코일의 자기 인덕턴스를 L_1이라 하면 상호 인덕턴스 M은?

① $\dfrac{N_1}{L_1 N_2}$
② $\dfrac{L_1 N_2}{N_1}$
③ $\dfrac{L_1 N_1}{N_2}$
④ $\dfrac{N_2}{L_1 N_1}$

Explanation

자기 인덕턴스와 상호 인덕턴스

- 자기 인덕턴스 : $L_1 = \dfrac{N_1^2}{R_m}$ $L_2 = \dfrac{N_2^2}{R_m}$
- 상호 인덕턴스 : $M = \dfrac{N_1 N_2}{R_m}$

【답】②

2과목 전력공학

21 화력발전에서 재열기의 사용 목적은?
① 급수를 가열한다.
② 공기를 가열한다.
③ 석탄을 건조한다.
④ 증기를 가열한다.

Explanation

- 재열기 : 터빈 내에서의 증기를 다시 가열하는 장치

【답】④

22 그림과 같은 전력계통의 154[kV] 송전선로에서 고장 지락 저항 Z_{gf}를 통해서 1선 지락고장이 발생되었을 때 고장 점에서 본 영상 임피던스[%]는? 단, 그림에 표시한 임피던스는 모두 동일 용량 즉, 100[MVA] 기준으로 환산한 %임피던스임

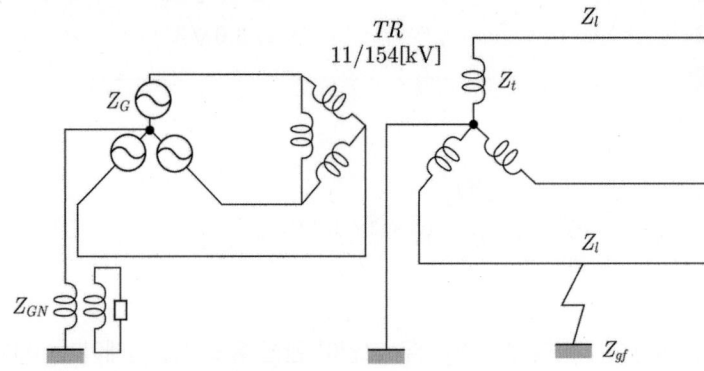

① $Z_0 = Z_l + Z_t + Z_G$
② $Z_0 = Z_l + Z_t + Z_{gf}$
③ $Z_0 = Z_l + Z_t + 3Z_{gf}$
④ $Z_0 = Z_l + Z_t + Z_{gf} + Z_G + Z_{GN}$

Explanation

영상회로로 전환하면

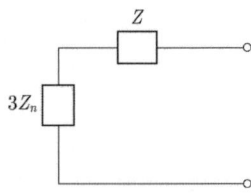

따라서 $Z_0 = Z_l + Z_t + 3Z_{gf}$

【답】③

23 부하전력 및 역률이 같을 때 전압을 2배 승압하면 승압 전에 비해 전압강하(㉮)와 전력손실(㉯)은 각각 몇 배가 되는가?

① ㉮ 1, ㉯ 2
② ㉮ $\frac{1}{4}$, ㉯ $\frac{1}{2}$
③ ㉮ $\frac{1}{2}$, ㉯ $\frac{1}{4}$
④ ㉮ $\frac{1}{2}$, ㉯ 1

Explanation

전압과의 관계

• 전압 강하 $e = \frac{P}{V}(R + X\tan\theta)$ ∴ $e \propto \frac{1}{V}$

• 전력 손실 $P_l = 3I^2 R = \frac{P^2 R}{V^2 \cos^2\theta}$ ∴ $P_l \propto \frac{1}{V^2}$

【답】③

24 과도안정도 향상 대책이 아닌 것은?
① 큰 임피던스의 변압기 사용
② 속응 여자 시스템 사용
③ 빠른 고장 제거
④ 송전선로에 직렬 커패시터 사용

Explanation

안정도 향상 대책
① 직렬 리액턴스(X)를 작게 한다.
- **발전기나 변압기의 리액턴스를 작게 한다.**
- 선로의 병행 회선수를 늘리거나 복도체 또는 다도체 방식을 사용한다.
- 직렬 콘덴서를 삽입하여 선로의 리액턴스를 보상한다.
② 전압변동을 작게 한다.
- 속응 여자 방식의 채용
- 계통 연계를 한다.
③ 중간 조상 방식을 채용한다.
④ 고장전류를 줄이고 고장 구간을 신속하게 차단한다.

【답】①

25 전력 퓨즈는 고압, 특고압기기 주로 어떤 전류의 차단을 목적으로 설치하는가?
① 영상전류 ② 충전전류
③ 단락전류 ④ 부하전류

Explanation

전력 퓨즈(PF : Power Fuse) : 단락전류 차단

【답】③

26 피뢰기에서 속류를 끊을 수 있는 최고의 교류전압은?
① 피뢰기의 차단전압 ② 피뢰기의 정격전압
③ 피뢰기의 제한전압 ④ 피뢰기의 방전개시전압

Explanation

피뢰기의 정격 전압 : 속류를 차단할 수 있는 최고의 교류 전압

【답】②

27 한류리액터를 사용하는 주된 목적은?
① 코로나 방지 ② 단락전류 제한
③ 피뢰기 대응 ④ 역률 개선

Explanation

- 한류리액터 : 단락 사고 시 단락전류 제한

【답】②

28 154[kV] 3상 3선식 전선로에서 각 선의 정전용량이 각각 $C_a = 0.031[\mu F]$, $C_b = 0.030[\mu F]$, $C_c = 0.032[\mu F]$일 때 변압기의 중성점 잔류전압은 계통 상전압의 약 몇 [%]정도 되는가?
① 1.9 ② 2.8
③ 3.7 ④ 5.5

Explanation

【답】①

29 전력선 a의 충전전압을 E, 통신선 b의 대지 정전 용량을 C_o, $a-b$ 사이의 상호 정전 용량을 C_{ab}라고 하면 통신선 b의 정전 유도 전압 E_s는?

① $\dfrac{C_{ab}+C_b}{C_b} \times E$ ② $\dfrac{C_{ab}+C_b}{C_{ab}} \times E$

③ $\dfrac{C_b}{C_{ab}+C_b} \times E$ ④ $\dfrac{C_{ab}}{C_{ab}+C_b} \times E$

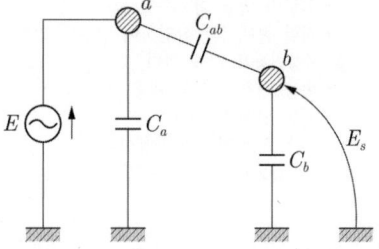

Explanation

정전 유도 전압 $E_s = \dfrac{C_{ab}}{C_{ab}+C_b} \times E$

【답】 ④

30 전력선측의 유도장해 방지대책이 아닌 것은?
① 전력선과 통신선의 이격거리를 크게한다.
② 차폐선을 설치한다.
③ 배류코일을 사용한다.
④ 전력선의 연가를 충분히 한다.

Explanation

유도장해 방지대책

전력선측	통신선측
• 이격 거리를 크게 • 소호 리액터 접지방식 → 지락 전류 소멸 • 고속도 차단기 설치 • 연가 • 차폐선을 설치(30~50[%] 경감) • 지중전선로 설치	• 전력선과 교차 시 수직 교차 • 연피케이블 • 절연변압기 • 배류 코일(쵸크 코일) 설치 • 특성이 양호한 피뢰기 시설 • 소호 리액터접지

【답】 ③

31 유효낙차가 30[%] 저하하고 수차효율이 10[%] 저하되었을 때 출력은 약 몇 [%]가 되는가?
(단, 개도 및 이외의 조건은 불변이다)
① 44   ② 53
③ 47   ④ 50

Explanation

속도 $v = \sqrt{2gH}$
유량 $Q[\text{m}^3/\text{sec}] = A[\text{m}^2] \times v[\text{m/sec}] \propto \sqrt{H}$
출력 $P = 9.8 QH\eta$에서
$P \propto H^{\frac{3}{2}} \eta = (0.7)^{\frac{3}{2}} \times 0.9 \times 100 = 53[\%]$

【답】 ②

32 초고압 송전계통에 단권변압기가 사용되는 이유로 볼 수 없는 것은?
① 자로가 단축되어 재료를 절약할 수 있다.
② 효율이 높다.
③ 단락전류가 적다.
④ 전압변동률이 적다.

Explanation

단권변압기 특징
- 1, 2차 권선을 하나로 사용하여 절연이 용이하지 않다.
- 1, 2차 권선을 하나로 사용하여 동량이 감소되어 동손이 적고 효율이 우수하다.
- **누설리액턴스가 적어서 단락 시 대전류가 흐를 수 있다.**
- 부하용량은 변압기 고유용량보다 크다.

【답】③

33 송전선로의 고장전류 계산에 영상 임피던스가 필요한 경우는?
① 1선 지락
② 3상 단락
③ 3선 단선
④ 선간 단락

Explanation

대칭 좌표법으로 해석할 경우 필요한 임피던스

	영상분	정상분	역상분
1선 지락	○	○	○
2선 단락(선간 단락)		○	○
3선 단락			○

【답】①

34 출력 185,000[kW]의 화력발전소에서 매시간 140[t]의 석탄을 사용한다고 한다. 이 발전소의 열효율은 약 몇 [%]인가? (단, 사용하는 석탄의 발열량은 4,000[kcal/kg]이다)
① 34.5
② 28.4
③ 32.6
④ 30.7

Explanation

화력발전소 열효율 $\eta = \dfrac{전기}{열} \times 100[\%]$

$\eta = \dfrac{860P\,t}{mH} \times 100[\%]$

따라서 $\eta = \dfrac{860\,W}{mH} \times 100 = \dfrac{860 \times 185,000}{140 \times 10^3 \times 4,000} \times 100 = 28.4[\%]$

【답】②

35 수용률을 표현하는 식으로 옳은 것은?

① 수용률 $= \dfrac{평균전력}{최대수용전력} \times 100$

② 수용률 $= \dfrac{최대수용전력}{수용설비용량} \times 100$

③ 수용률 $= \dfrac{개개의 \ 최대수용전력의 \ 합}{합성최대수용전력} \times 100$

④ 수용률 $= \dfrac{설비전력}{합성최대수용전력} \times 100$

Explanation

전력수용의 수용률

수용률 $= \dfrac{최대수용\ 전력[kW]}{부하설비\ 용량[kW]} \times 100[\%]$

【답】②

36 장거리 송선전로의 수전단을 개방할 경우, 송전단 전류 I_s를 나타내는 식은? (단, 송전단 전압을 V_s, 선로의 임피던스를 Z, 선로의 어드미턴스를 Y라 한다)

① $I_s = \sqrt{\dfrac{Y}{Z}}\tanh\sqrt{ZY}\,V_s$ ② $I_s = \sqrt{\dfrac{Y}{Z}}\coth\sqrt{ZY}\,V_s$

③ $I_s = \sqrt{\dfrac{Z}{Y}}\tanh\sqrt{ZY}\,V_s$ ④ $I_s = \sqrt{\dfrac{Z}{Y}}\coth\sqrt{ZY}\,V_s$

Explanation

【답】①

37 개폐서지의 이상전압을 감쇄할 목적으로 설치하는 것은?
① 차단기   ② 개폐저항기
③ 리액터   ④ 단로기

Explanation

- 단로기 : 무부하시 전로개폐
- 차단기 : 사고전류차단
- 리액터 : 한류리액터 – 단락전류제한, 분로리액터 – 페란티현상 방지
- 개폐저항기(SOV) : 개폐서지 방지

【답】②

38 송전단전압 154[kV], 수전단 전압 138[kV], 전력상차각 60°, 리액턴스 36[Ω]일 때 선로손실을 무시하면 전송전력은 약 몇 [MW]가 되겠는가?
① 538   ② 462
③ 552   ④ 511

Explanation

송전전력 : $P_s = \dfrac{V_s V_r}{X}\sin\delta = \dfrac{154 \times 138}{36} \times \sin 60° = 511.24\,[\text{MW}]$

【답】④

39 직접 접지 방식에 대한 설명으로 틀린 것은?
① 지락고장 시의 중성점 전위가 높다.   ② 변압기 절연이 낮아진다.
③ 통신선의 유도장해가 크다   ④ 지락전류가 커진다.

Explanation

직접 접지방식의 장점
- 1선 지락 시 건전상의 대지전압 상승이 낮다(절연레벨 경감).
- 중성점을 0전위로 유지 가능(단절연 가능)
- 보호계전기 동작이 확실하다.
- 정격이 낮은 피뢰기 사용 가능

【답】①

40 송전 선로의 보호 계전 방식이 아닌 것은?
① 전압 균형 방식   ② 전류 위상 비교 방식
③ 방향 비교 방식   ④ 전류 차동 보호 계전 방식

Explanation

모선(Bus) 보호 계전 방식
- 전류 차동 보호 방식
- 방향 거리 계전 방식
- 전압 차동 보호 방식
- 위상 비교 방식

【답】①

3과목 전기기기

41 변압기 2차를 단락할 경우 1차 단락전류는? (단, 여자전류에 의한 전압 강하는 무시하고, a는 권수비, 각각의 1차, 2차 전압, 전류 및 임피던스는 $V_1, I_1, Z_1, V_2, I_2, Z_2$이다)

① $(Y_1 + a^2 Y_2)V_2$
② $\dfrac{V_1}{Z_1 + a^2 Z_2}$
③ $\dfrac{V_1}{a^2 Z_1 + Z_2}$
④ $\dfrac{V_2}{Z_1 + a^2 Z_2}$

Explanation

1차 단락전류 $I_{s1} = \dfrac{E_1}{Z_{21}} = \dfrac{E_1}{Z_1 + Z_2'} = \dfrac{E_1}{Z_1 + a^2 Z_2} = \dfrac{E_1}{\sqrt{(r_1 + a^2 r_2)^2 + (x_1 + a^2 x_2)^2}}$

【답】②

42 동기발전기 제동권선의 역할은?
① 자려 작용
② 제동 작용
③ 난조 방지
④ 시동권선

Explanation

제동 권선의 역할
- 난조 방지
- 기동 토크 발생(동기전동기)
- 파형개선과 이상전압 방지

【답】③

43 단상 반파 정류로 직류전압 100[V]을 얻으려고 할 때, 최대 역전압은 몇 [V] 이상의 다이오드를 사용하여야 하는가?
① 223
② 156
③ 100
④ 314

Explanation

최대 역전압 $PIV = \sqrt{2}\,E = \pi E_d = \pi \times 100 = 314[V]$

【답】④

44 3상 유도전동기의 슬립이 s일 때 2차 효율[%]은?
① $(2-s) \times 100$
② $(s-1) \times 100$
③ $(s-2) \times 100$
④ $(1-s) \times 100$

Explanation

2차 효율 $\eta_2 = \dfrac{P_0}{P_2} = \dfrac{(1-s)P_2}{P_2} = 1-s = \dfrac{N}{N_s} = \dfrac{\omega}{\omega_0}$

【답】④

45 직류 복권발전기를 안정적으로 병렬 운전하기 위해 필요한 것은?
① 기동보상기
② 보상권선
③ 균압선
④ 제동권선

Explanation

균압선 : 병렬 운전을 안정하게하기 위하여 설치하는 것
• 직권 및 복권 발전기

【답】③

46 중부하에서도 기동할 수 있도록 제작된 동기전동기 중 고정자인 전기자 부분이 회전자의 주위를 회전할 수 있도록 베어링부를 2중으로 하고 있는 것은?
① 유도자형 전동기
② 유도 동기 전동기
③ 초동기 전동기
④ 반작용 전동기

Explanation

초동기 전동기(자기기동 동기전동기)
기동 토크가 크고 기동 전류가 적은 것이 특징이며, 단점으로는 2중 베어링 장치와 브레이크 밴드 등의 특수 구조가 있어 고속 운전에는 부적당하다.

【답】③

47 단상 변압기를 병렬 운전하는 경우 부하 전류의 분담은 어떻게 되는가?
① 용량에 비례하고 누설 임피던스에 비례한다.
② 용량에 비례하고 %임피던스 강하에 역비례한다.
③ 용량에 역비례하고 %임피던스 강하에 비례한다.
④ 용량에 역비례하고 누설 임피던스에 역비례한다.

Explanation

변압기의 병렬 운전 시 부하분담
• $\dfrac{P_a}{P_b} = \dfrac{P_A}{P_B} \times \dfrac{\%Z_b}{\%Z_a}$: 분담용량은 정격용량에 비례하고 누설임피던스에 반비례

여기서, P_a : A기 분담용량, P_A : A기 정격용량, P_b : B기 분담용량, P_B : B기 정격용량

【답】②

48 3상 권선형 유도전동기의 토크 속도 곡선이 비례 추이(proportional shifting)한다는 것은 그 곡선이 무엇에 비례해서 이동하는 것을 말하는가?
① 슬립
② 2차 저항
③ 회전수
④ 공급 전압의 크기

Explanation

비례추이의 원리 : 권선형 유도 전동기에서 2차 저항이 증가하면 토크 곡선 등이 슬립이 증가하는 방향으로 2차 저항에 비례하며 이동

【답】②

49 직류 직권 전동기를 교류 단상 정류자 전동기로 사용하기 위하여 교류를 가했을 때 발생하는 문제점이 아닌 것은?
① 계자 권선이 필요 없다.
② 정류가 불량하다
③ 역률이 떨어진다.
④ 효율이 나빠진다.

Explanation

직류 직권 전동기는 교류 전원 사용이 가능하나 교류의 경우에는 주파수가 있기 때문에 철손을 비롯한 손실이 증가하고 효율이 저하되며, 역률이 저하되어 정류 불량으로 이어진다.

【답】①

50 철심의 단면적이 100[cm²]이고, 최대 자속밀도가 1.4[wb/m²]인 변압기가 있다. 60[Hz]의 정현파로서 1차에 6,300[V] 2차에 210[V]를 유도시키려면 각 권선의 권수는 약 얼마인가?(단, 철심의 점적률은 90[%]이다)

① 1차 : 1,877   2차 : 63
② 1차 : 1,523   2차 : 54
③ 1차 : 1,954   2차 : 67
④ 1차 : 1,780   2차 : 58

Explanation

점적률 : 철심을 자기회로로 사용하기 때문에 철심 내를 흐르는 자속의 양이 철심 단면에 대해서 어느 정도 유효하게 사용되는가의 정도. 문제에서 주어진 철심의 점적률이 90[%]이므로 단면적 100[cm²]에 점적률을 곱하여 90[cm²]을 실제 단면적으로 보고 계산한다.

기전력 $E = 4.44 f B_m S N$에서 $N = \dfrac{E}{4.44 f B_m S}$ 이므로,

1차 권수 $N_1 = \dfrac{6{,}300}{4.44 \times 60 \times 1.4 \times 90 \times 10^{-4}} = 1{,}876.88$

2차 권수 $N_2 = \dfrac{210}{4.44 \times 60 \times 1.4 \times 90 \times 10^{-4}} = 62.56$

【답】 ①

51 1차 전압 V_1, 2차 전압 V_2인 단권변압기를 Y결선했을 때, 부하용량에 대한 자기용량의 비는? (단, $V_1 > V_2$이다)

① $\dfrac{V_1 - V_2}{\sqrt{3}\, V_1}$
② $\dfrac{\sqrt{3}\,(V_1 - V_2)}{2\, V_1}$
③ $\dfrac{V_1 - V_2}{V_1}$
④ $\dfrac{V_1^2 - V_2^2}{\sqrt{3}\, V_1 V_2}$

Explanation

단권변압기 Y결선
$\dfrac{\text{자기 용량}}{\text{부하 용량}} = \dfrac{V_h - V_l}{V_h} = \dfrac{V_1 - V_2}{V_1}$ (승압용)

【답】 ③

52 직류 분권전동기의 속도를 제어하는 방식 중 정지 레오나드 방식이 속하는 속도 제어법은?
① 전압 제어법
② 병렬 저항 제어법
③ 직렬 저항 제어법
④ 계자 제어법

Explanation

직류전동기 속도제어 $n = K' \dfrac{V - I_a R_a}{\phi}$ (K' : 기계정수)

종류	특징
전압 제어	• 광범위 속도제어 가능 • 워드 레오너드 방식 : 소형부하(엘리베이터에 사용) • 일그너 방식(부하가 급변, 대용량 부하-제철, 제강, 압연) : 플라이 휠 효과(관성 모멘트 증가) • 정토크 제어
계자 제어	• 세밀하고 안정된 속도 제어 • 정출력 제어
저항 제어	• 속도 조정 범위 좁다. • 효율이 저하

【답】 ①

53 농형 유도전동기의 기동 특성상의 결함은?
① 기동 [kVA]가 작고 기동토크가 적다.
② 기동 [kVA]가 작고 기동토크가 크다.
③ 기동 [kVA]가 크고 기동토크가 크다.
④ 기동 [kVA]가 크고 기동토크가 적다.

Explanation

농형유도전동기 : 기동용량이 크고 기동토크가 적고 기동전류가 크므로 대용량에는 사용하기 어렵다. 【답】④

54 반도체 사이리스터로 속도제어를 할 수 없는 것은?
① 초퍼 제어
② 일그너 제어
③ 인버터 제어
④ 정지형 레오너드 제어

Explanation

사이리스터에 의한 제어 : 위상제어, 인버터제어, 정지형 레오너드 제어
일그너 제어 : 플라이휠을 이용하여 관성모멘트를 크게 하여 부하가 급변되어도 일정한 속도로 제어가 가능 【답】②

55 전기자 도체수 360, 극당 자속수 0.05[Wb]인 6극 중권 직류 전동기의 전기자 전류가 50[A]일 때의 발생 토크는 약 몇 [N·m]인가?
① 43.8
② 429.6
③ 14.6
④ 143.2

Explanation

토크 $\tau = \dfrac{P}{\omega} = \dfrac{EI_a}{2\pi\dfrac{N}{60}} = \dfrac{\dfrac{p}{a}Z\phi\dfrac{N}{60}}{2\pi\dfrac{N}{60}} = \dfrac{pz}{2\pi a}\phi I_a [\text{N}\cdot\text{m}]$

$= \dfrac{6\times 360}{2\pi\times 6}\times 0.05\times 50 = 143.2[\text{N}\cdot\text{m}]$ 【답】④

56 동기전동기의 전기자 전류가 최소일 때 역률은?
① 0.866
② 0
③ 0.707
④ 1

Explanation

동기 전동기의 위상 특성 곡선(V곡선)
• I_a 와 I_f 관계곡선 (P는 일정)
• 계자전류의 변화에 대한 전기자 전류의 변화를 나타낸 곡선
• 과여자 : 앞선 역률(진상)
• 부족여자 : 늦은 역률(지상)
• 역률 $\cos\theta = 1$ 일 때, 전기자 전류 최소 【답】④

57 유도전동기의 슬립에 대한 설명으로 옳은 것은?
① 2차 효율 η_2는 슬립이 클수록 커진다.
② 회전 시 2차 유도기전력 주파수는 정지 시 2차 유도기전력 주파수의 $\dfrac{1}{s}$ 배이다.
③ 정지 상태에서 $s = 0$이다.
④ 슬립이 작을수록 동기속도에 가깝게 회전한다.

Explanation

① 슬립

$s = \dfrac{N_s - N}{N_s}$ (여기서, 고정자속도 $N_s = \dfrac{120f}{p}$ [rpm])

유도전동기 : $0 < s < 1$ 여기서, $N = 0$ 즉, 정지 시 슬립은 1
$N = N_s$ 슬립이 0이면 동기속도와 같은 속도로 회전

② 운전 시 2차 유도기전력 $E_{2s} = sE_2$

③ 2차 효율 $\eta_2 = \dfrac{P_0}{P_2} = \dfrac{(1-s)P_2}{P_2} = 1-s$ 즉, 슬립이 커지면 2차 효율은 감소

【답】④

58 전기자저항 0.1[Ω], 직권계자 저항 0.2[Ω]의 직권 직류전동기에 200[V]를 가했더니 부하전류가 20[A]일 때 전동기의 속도는 약 몇 [rpm]인가?(단, 기계정수는 2.61이다)

① 1,519 ② 1,613
③ 1,550 ④ 1,488

Explanation

직류 직권전동기 : $I = I_a = I_f$

속도 $n = k\dfrac{V - I(R_a + R_s)}{I}$ [rps] (여기서, k는 기계정수)

$= 2.61 \times \dfrac{200 - 20(0.1 + 0.2)}{20} = 25.32$ [rps]

따라서 $N = 25.32 \times 60 = 1,519$ [rpm]

【답】①

59 단상 변압기에 있어서 부하역률 80[%]의 지상 역률에서 전압변동률 4[%]이고, 부하역률 100[%]에서 전압변동률 3[%]라고 한다. 이 변압기의 퍼센트 리액턴스 약 몇 [%]인가?

① 2.7 ② 3.0
③ 3.3 ④ 3.6

Explanation

전압변동률 $\epsilon = p\cos\theta + q\sin\theta$ (+ : 지상, − : 진상)
부하역률 100(%)에서는 저항강하 $\epsilon = p = 3$
따라서 전압변동률 $\epsilon = p\cos\theta + q\sin\theta$ 에서
$4 = 3 \times 0.8 + q \times 0.6$ ∴ $q = 2.7$

【답】①

60 정격출력 10[MVA], 정격전압 6,600[V], 동기 임피던스가 매상 3.6[Ω]인 3상 동기 발전기의 단락비는 약 얼마인가?

① 0.7 ② 0.83
③ 2.1 ④ 1.21

Explanation

%동기임피던스

• $Z_s' = \dfrac{I_n Z_s}{E} \times 100 = \dfrac{P_n Z_s}{V^2} \times 100 = \dfrac{I_n}{I_s} \times 100$

• % 동기 임피던스[PU] $Z_s' = \dfrac{1}{K_s} = \dfrac{P_n Z_s}{V^2}$

• 단락비 $K_s = \dfrac{1}{Z_s'[PU]} = \dfrac{V^2}{P_n Z_s} = \dfrac{6,600^2}{10 \times 10^6 \times 3.6} = 1.21$

【답】④

4과목 회로이론 및 제어공학

61 2전력계법을 이용한 평형 3상 회로의 전력이 각각 500[W] 및 300[W]로 측정되었을 때, 부하의 역률은 약 몇 [%]인가?

① 70.7
② 87.7
③ 89.2
④ 91.8

Explanation

2전력계법
유효전력 $P = P_1 + P_2$
무효전력 $P_r = \sqrt{3}(P_1 - P_2)$
피상전력 $P_a = 2\sqrt{P_1^2 + P_2^2 - P_1 P_2}$

$\cos\theta = \dfrac{P}{P_a} = \dfrac{P_1 + P_2}{2\sqrt{P_1^2 + P_2^2 - P_1 P_2}} = \dfrac{500 + 300}{2\sqrt{500^2 + 300^2 - 500 \times 300}} \times 100 = 91.8[\%]$

【답】④

62 다음과 같은 전류의 초기값 $i(0_+)$은?

$$I(s) = \dfrac{12}{2s(s+6)}$$

① 0
② 6
③ 1
④ 2

Explanation

초기값 정리
$i(0^+) = \lim\limits_{t \to 0} i(t) = \lim\limits_{s \to \infty} s\, I(s)$

$= \lim\limits_{s \to \infty} s \cdot \dfrac{12}{2s(s+6)} = \lim\limits_{s \to \infty} \dfrac{12}{2s+12} = \lim\limits_{s \to \infty} \dfrac{\dfrac{6}{s}}{s + \dfrac{6}{s}} = 0$

【답】①

63 2단자 임피던스 함수 $Z(s)$가 $Z(s) = \dfrac{(s+3)}{(s+4)(s+5)}$일 때의 영점은?

① -4, -5
② 4, 5
③ 3
④ -3

Explanation

전달함수 $G(s) = \dfrac{Q(s)}{P(s)}$에서

- $Q(s) = 0$가 되는 s값을 영점이라 하며 회로단락
- $P(s) = 0$가 되는 s값을 극점이라 하며 회로개방

따라서 영점은 $s = -3$, 극점은 $s = -4$, $s = -5$

【답】④

64 어떤 회로에 전압 $v(t) = V_m \cos \omega t$를 가했더니 이 회로에 $i(t) = I_m \sin \omega t$의 전류가 흘렀다. 이 회로가 한 개의 회로 소자로 구성되어 있다면 이 소자의 종류는?(단, $V_m > 0$, $I_m > 0$이다)

① 정전 용량
② 인덕턴스
③ 콘덕턴스
④ 저항

Explanation

전압 $v(t) = V_m \cos \omega t = V_m \sin(\omega t + 90°)$
전류 $i(t) = I_m \sin \omega t$
전압의 위상이 전류의 위상보다 90° 앞서므로 소자는 인덕턴스이다.

【답】②

65 대칭좌표법에서 불평형률을 나타내는 것은?

① $\dfrac{영상분}{정상분} \times 100$　　② $\dfrac{정상분}{역상분} \times 100$

③ $\dfrac{정상분}{영상분} \times 100$　　④ $\dfrac{역상분}{정상분} \times 100$

Explanation

불평형률 $= \dfrac{역상분}{정상분} \times 100 [\%]$

【답】④

66 무손실 선로에 있어서 감쇠 정수를 α, 위상정수를 β라 하면 β값은?

① $\beta = \omega\sqrt{LC}$　　② $\beta = \dfrac{\omega}{\sqrt{LC}}$

③ $\beta = \dfrac{\omega}{LC}$　　④ $\beta = \sqrt{LC}$

Explanation

무손실 선로 조건 $R = G = 0$
전파정수 $\gamma = \sqrt{ZY} = \sqrt{(R+j\omega L)(G+j\omega C)} = j\omega\sqrt{LC}$
$= \alpha + j\beta$　여기서, α는 감쇠정수, β는 위상정수
$\alpha = 0, \ \beta = \omega\sqrt{LC}$

【답】①

67 그림과 같은 회로의 역률은 얼마인가?

① $\dfrac{1}{1+(\omega RC)^2}$　　② $1+(\omega RC)^2$

③ $\sqrt{1+(\omega RC)^2}$　　④ $\dfrac{1}{\sqrt{1+(\omega RC)^2}}$

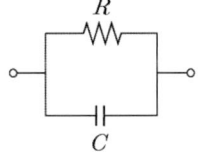

Explanation

역률 $\cos\theta = \dfrac{\frac{1}{R}}{Y} = \dfrac{X_C}{\sqrt{R^2+X_C^2}} = \dfrac{1}{\sqrt{1+\dfrac{R^2}{X_C^2}}} = \dfrac{1}{\sqrt{1+(\omega CR)^2}}$

【답】④

68 대칭 n 상에서 선전류와 상전류 사이의 위상차(rad)는?

① $\dfrac{n}{2}\left(1-\dfrac{\pi}{2}\right)$[rad]　　② $\dfrac{\pi}{2}\left(1-\dfrac{n}{2}\right)$[rad]

③ $2\left(1-\dfrac{2}{n}\right)$[rad]　　④ $\dfrac{\pi}{2}\left(1-\dfrac{2}{n}\right)$[rad]

Explanation

대칭 n상 △결선인 경우
선전류과 상전류간의 위상차는 $\theta = \dfrac{\pi}{2}\left(1-\dfrac{2}{n}\right)$

【답】 ④

69 그림에서 2[Ω]에 흐르는 전류 i는 몇 [A]인가?

① $\dfrac{28}{31}$
② $\dfrac{4}{13}$
③ $\dfrac{4}{7}$
④ $-\dfrac{8}{35}$

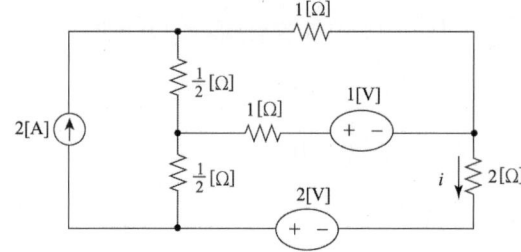

Explanation

【답】 ①

70 $R-L$ 직렬회로에 직류전압 5[V]를 $t=0$에서 인가하였더니 $i(t) = 50(1-e^{-20\times 10^{-3}t})$[mA] $(t \geq 0)$이었다. 이 회로의 저항을 처음 값의 2배로 하면 시정수는 얼마가 되겠는가?

① 10[msec]
② 40[msec]
③ 5[sec]
④ 25[sec]

Explanation

$R-L$ 직렬회로에서의 시정수 $\tau = \dfrac{L}{R} = \dfrac{1}{20\times 10^{-3}} = 50$[sec]이며

저항이 2배가 되면 시정수가 $\dfrac{1}{2}$이 된다. ∴ 시정수는 25[sec]

【답】 ④

71 어떤 제어계의 전달함수가 $G(s) = \dfrac{2s+1}{s^2+s+1}$로 표시될 때, 이 계에 입력 $x(t)$를 가했을 경우 출력 $y(t)$를 구하는 미분방정식으로 알맞은 것은?

① $\dfrac{d^2y}{dt^2} + \dfrac{dy}{dt} + y = 2\dfrac{dy}{dx} + x$
② $\dfrac{d^2y}{dt^2} + \dfrac{dy}{dt} + y = 2\dfrac{dx}{dt} + x$
③ $\dfrac{d^2x}{dt} + \dfrac{dy}{dt} + y = 2\dfrac{dx}{dt} + x$
④ $\dfrac{d^2x}{dt} + \dfrac{dy}{dx} + y = 2\dfrac{dx}{dt} + x$

Explanation

전달함수 $G(s) = \dfrac{Y(s)}{X(s)} = \dfrac{2s+1}{s^2+s+1}$

$(s^2+s+1)Y(s) = (2s+1)X(s)$

따라서 $\dfrac{d^2y(t)}{dt^2} + \dfrac{dy(t)}{dt} + y(t) = 2\dfrac{dx(t)}{dt} + x(t)$

【답】 ②

72 그림의 게이트(gate) 명칭은 어떻게 되는가?
① AND gate
② OR gate
③ NAND gate
④ NOR gate

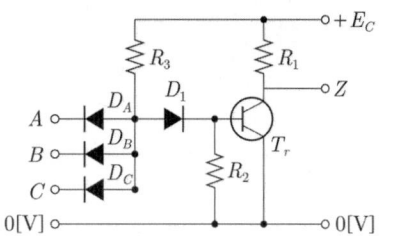

Explanation

AND와 NOT gate를 결합하면 NAND gate이며, $X = \overline{AB}$
진리표

A	B	X
0	0	1
0	1	1
1	0	1
1	1	0

【답】③

73 선형 자동제어계에서 특성 방정식이란?
① 폐루프 전달함수의 분자를 0으로 놓은 방정식
② 폐루프 전달함수의 절대치를 1로 놓은 방정식
③ 개루프 전달함수의 절대치를 1로 놓은 방정식
④ 폐루프 전달함수의 분모를 0으로 놓은 방정식

Explanation

특성방정식 : 폐루프 전달함수의 분모를 0으로 놓은 방정식

【답】④

74 전달함수가 $G(s) = \dfrac{10}{s^2 + 3s + 2}$ 으로 표현되는 제어시스템에서 직류에 대한 이득은 얼마인가?
① 5
② 2
③ 1
④ 3

Explanation

직류는 주파수가 0이므로 $j\omega = 0$
따라서 $s=0$이므로, $G(s) = \dfrac{10}{s^2+3s+2}|s \to 0$ 대입 $= \dfrac{10}{2} = 5$ ∴ $G(s) = 5$

【답】①

75 그림과 같은 $R-L-C$ 회로에서 입력전압 $e_i(t)$, 출력전류가 $i(t)$인 경우 이 회로의 전달 함수 $\dfrac{I(s)}{E_i(s)}$ 는?(단, 모든 초기조건은 0)

① $\dfrac{C_s}{RCs^2 + LCs + 1}$
② $\dfrac{1}{RCs^2 + LCs + 1}$
③ $\dfrac{Cs}{LCs^2 + RCs + 1}$
④ $\dfrac{1}{LCs^2 + RCs + 1}$

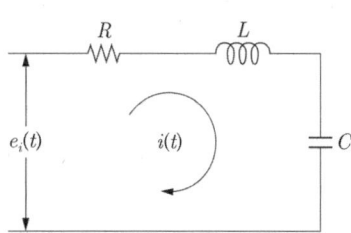

> **Explanation**

전달 함수

$$G(s) = \frac{I(s)}{E_i(s)} = \frac{1}{Z(s)} = Y(s)$$

$$G(s) = \frac{I(s)}{E_i(s)} = \frac{1}{Z(s)} = \frac{1}{R + Ls + \frac{1}{Cs}} = \frac{Cs}{LCs^2 + RCs + 1}$$

【답】 ③

76 추치제어가 아닌 것은?
① 프로세스 제어
② 비율제어
③ 추종제어
④ 프로그램제어

> **Explanation**

목표 값에 의한 분류 : 목표 값의 시간변화에 의한 분류
• 정치 제어 : 시간에 관계 없이 목표 값이 일정한 제어
• **추치 제어 : 시간에 따라 목표 값이 변화하는 제어**
 – 추종 제어 : 목표 값이 임의의 시간적 변화(대공포, 레이더)
 – 프로그램 제어 : 미리 정해진 신호에 따라 동작(무인열차, 무인엘리베이터, 무인자판기)
 – 비율 제어 : 시간에 비례하여 변화 (배터리, 공기량)

【답】 ①

77 2차 지연요소의 보드 선도에서 이득 곡선의 두 점근선이 만나는 점의 주파수는?
① 고유 주파수
② 차단 주파수
③ 영 주파수
④ 공진 주파수

> **Explanation**

고유주파수 : 보드 선도에서 이득 곡선의 두 점근선이 만나는 점의 주파수

【답】 ①

78 $G(s)H(s) = \dfrac{K}{s^2(s+1)^2}$ 에서 근궤적의 수는?
① 0
② 1
③ 2
④ 4

> **Explanation**

근궤적의 개수
• $Z > P$: $N = Z$
• $Z < P$: $N = P$
영점 $Z = 0$, 극점 $P = 4$이므로 $Z < P$ 에 해당
$N = P$ 이므로 근궤적 수 $N = 4$

【답】 ④

79 다음의 신호 흐름 선도에서 $\dfrac{C}{R}$ 는?

① $\dfrac{G_1 + G_2}{1 - G_1 H_1}$
② $\dfrac{G_1 G_2}{1 - G_1 H_1}$
③ $\dfrac{G_1 + G_2}{1 + G_1 H_1}$
④ $\dfrac{G_1 G_2}{1 + G_1 H_1}$

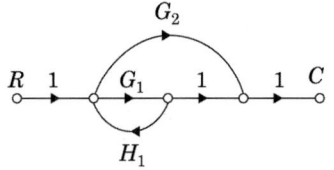

> **Explanation**

메이슨의 이득공식을 적용하면

$$G = \frac{\sum G_i \triangle_i}{\triangle} \text{에서}$$

$G_i : G_1 \qquad \triangle_i : 1-0 = 1$
$\qquad G_2 \qquad \qquad 1-0 = 1$
$\triangle = 1 - G_1 H_1$

전체이득 $G = \dfrac{C}{R} = \dfrac{G_1 + G_2}{1 - G_1 H_1}$

【답】①

80 전달함수 $\dfrac{C(s)}{R(s)} = \dfrac{1}{4s^2 + 3s + 1}$ 인 제어계는 다음 중 어느 경우인가?

① 무제동
② 부족제동
③ 임계제동
④ 과제동

Explanation

$$G(s) = \frac{\omega_n^2}{s^2 + 2\zeta\omega_n s + \omega_n^2} = \frac{1}{4s^2 + 3s + 1} = \frac{\frac{1}{4}}{\frac{1}{4}s^2 + \frac{3}{4}s + \frac{1}{4}}$$

$\omega_n^2 = \dfrac{1}{4}, \omega_n = \dfrac{1}{2}$

$2\zeta\omega_n = \dfrac{3}{4}, \quad \zeta = 0.375$

따라서 부족제동이다.

【답】②

5과목 전기설비기술기준

81 1차측 3,300[V], 2차측 220[V]인 변압기 전로의 절연내력 시험전압은 각각 몇 [V]에서 10분간 견디어야 하는가?

① 1차측 4,500[V], 2차측 400[V]
② 1차측 4,125[V], 2차측 500[V]
③ 1차측 4,950[V], 2차측 500[V]
④ 1차측 3,300[V], 2차측 400[V]

Explanation

(KEC 135조) 변압기 전로의 절연내력

접지방식	최대 사용전압	시험전압(최대 사용 전압 배수)	최저 시험전압
비접지	7[kV] 이하	1.5배	500[V]
	7[kV] 초과	1.25배	10,500[V]

1차측 절연내력 시험전압 : $3,300 \times 1.5 = 4,950[V]$
2차측은 $220 \times 1.5 = 330[V]$가 되나 최저 시험전압인 500[V]를 적용해야 한다.

【답】③

82 옥내배선의 사용전압이 400[V] 이하일 때 전광표시장치 기타 이와 유사한 장치 또는 제어회로 등의 배선에 다심케이블을 시설하는 경우 배선의 단면적은 몇 [㎟] 이상인가? (단, 과전류가 생겼을 때에 자동적으로 전로에서 차단하는 장치를 시설하는 경우이다)

① 0.75
② 1
③ 2.5
④ 1.5

> **Explanation**

(KEC 231.3조) 저압 옥내배선의 사용전선
저압 옥내배선의 전선은 단면적 2.5[mm²] 이상의 연동선 사용해야 하나, 아래의 경우도 가능함.
옥내배선의 사용 전압이 400[V] 이하인 경우 전광표시 장치 기타 이와 유사한 장치 또는 제어회로 등의 배선
① 단면적 1.5[mm²] 이상의 연동선
② 단면적 0.75[mm²] 이상인 다심케이블 또는 다심 캡타이어 케이블 사용하고 과전류가 생겼을 때 자동적으로 전로에서 차단하는 장치 시설
③ 단면적 0.75[mm²] 이상의 코드 또는 캡타이어케이블 사용 【답】①

83 배전선로에서의 전력보안통신설비 시설장소로 틀린 것은?
① 154[kV] 계통 배전선로 구간(가공, 지중, 해저)
② 22.9[kV] 계통에 연결되는 분산전원형 발전소
③ 배전자동화, 원격검침, 부하감시 등 지능형전력망 구현을 위해 필요한 구간
④ 폐회로 배전 등 신 배전방식 도입 개소

> **Explanation**

(KEC 362.1조) 전력보안통신설비의 시설 요구사항 – 배전선로
① **22.9[kV] 계통 배전선로 구간(가공, 지중, 해저)**
② 22.9[kV] 계통에 연결되는 분산전원형 발전소
③ 폐회로 배전 등 신 배전방식 도입 개소
④ 배전자동화, 원격검침, 부하감시 등 지능형전력망 구현을 위해 필요한 구간 【답】①

84 기계적 손상에 대해 보호가 되지 않는 경우, 보호도체로 구리를 사용한다면 단면적은 몇 [mm²] 이상으로 하여야 하는가?(단, 보호도체가 케이블의 일부가 아니거나 선도체와 동일 외함에 설치되지 않은 경우이다)
① 6 ② 4
③ 2.5 ④ 10

> **Explanation**

(KEC 142.3.2조) 보호도체
보호도체가 케이블의 일부가 아니거나 선도체와 동일 외함에 설치되지 않는 경우
(1) 기계적 손상에 대해 보호가 되는 경우는 구리 2.5[mm²], 알루미늄 16[mm²] 이상
(2) 기계적 손상에 대해 보호가 되지 않는 경우는 구리 4[mm²], 알루미늄 16[mm²] 이상 【답】②

85 특고압 가공전선로 중 지지물로서 직선형의 철탑을 연속하여 10기 이상 사용하는 부분에는 몇 기 이하마다 장력에 견디는 애자장치가 되어 있는 철탑 또는 이와 동등 이상의 강도를 가지는 철탑 1기를 시설하여야 하는가?
① 15 ② 5
③ 20 ④ 10

> **Explanation**

(KEC 333.16조) 특고압 가공전선로의 내장형 등의 지지물 시설
특고압 가공 전선로 중 지지물로서 직선형의 철탑을 연속하여 10기 이상 사용하는 부분에는 10기 이하마다 내장 애자장치가 되어있는 철탑 1기를 시설하여야 한다. 【답】④

86 전용건물 이외의 장소에 시설하는 경우 이차전지랙과 랙 사이 및 랙과 벽면 사이 전면부는 몇 [m] 이상 이격하여야 하는가?(단, 예외사항은 고려하지 않는다)

① 1   ② 3
③ 5   ④ 10

Explanation

(KEC 515.2.2조) 전용건물 이외의 장소에 시설하는 경우
이차전지랙과 랙 사이 및 랙과 벽면 사이는 각각 1[m] 이상 이격하여야 한다. 【답】①

87 저압 옥상전로를 전개된 장소에 시설하는 경우 전선은 인장강도 2.30[kN] 이상의 것 또는 지름이 몇 [mm] 이상의 경동선이어야 하는가?
① 2.0   ② 2.6
③ 3.2   ④ 1.6

Explanation

(KEC 221.3조) 옥상 전선로
전선은 인장강도 2.30[kN] 이상의 것 또는 지름 2.6[mm] 이상의 경동선 【답】②

88 전기철도차량의 회생제동에 대한 기준으로 틀린 것은?
① 전기철도 전력공급시스템은 회생제동이 비상용제동으로 사용이 가능하고 독립적으로 전력을 운영할 수 있도록 설계되어야 한다.
② 회생전력을 다른 전기장치에서 흡수할 수 없는 경우 전기철도차량은 다른 제동시스템으로 전환되어야 한다.
③ 전차선로에서 전력을 받을 수 있는 경우 회생제동의 사용을 중단해야 한다.
④ 전차선로 지락이 발생한 경우 회생제동의 사용을 중단해야 한다.

Explanation

(KEC 441.5조) 회생제동
① 다음과 같은 경우 **회생제동 사용 중단**
 - 전차선로 지락 발생
 - **전차선로에서 전력을 받을 수 없는 경우**
② 다른 전기장치에서 흡수할 수 없는 경우 전기철도차량은 다른 제동시스템으로 전환
③ 회생제동이 비상용제동으로 사용이 가능하고 독립적으로 전력을 운영할 수 있도록 설계 【답】③

89 사용전압이 22.9[kV]인 특고압 가공전선(다중접지를 한 중성선을 제외)이 건조물의 위쪽에서 접근상태로 시설하는 경우, 특고압 가공전선과 건조물의 조영재 사이의 최소 이격거리는 몇 [m] 이상인가?(단, 특고압 가공전선은 나전선이고, 중성선 다중접지 방식의 것으로서 전로에 지락이 생겼을 때에 2초 이내에 자동적으로 이를 전로로부터 차단하는 장치가 되어 있다)
① 3.0   ② 2.0
③ 2.5   ④ 1.2

Explanation

(KEC 333.32조) 25[kV] 이하인 특고압 가공전선로의 시설
사용전압이 15[kV]를 초과하고 25[kV] 이하인 특고압 가공전선로(중성선 다중접지 방식의 것으로서 전로에 지락이 생겼을 때에 2초 이내에 자동적으로 이를 전로로부터 차단하는 장치가 되어 있는 것으로 건조물의 위쪽에서 접근)

전선의 종류	이격거리
나전선	3.0[m]
특고압 절연전선	2.5[m]
케이블	1.2[m]

【답】①

90 사용 중 예상치 못한 회로의 개방이 위험 또는 큰 손상을 초래할 수 있어 과부하 보호장치를 생략할 수 있는 부하에 전원을 공급하는 회로가 아닌 것은?
① 전자석 크레인의 전원회로
② 전류변성기의 2차회로
③ 전압변성기의 2차회로
④ 소방설비의 전원회로

Explanation

(KEC 212.4.3조) 과부하보호장치의 생략
① 회전기의 여자회로
② 전자석 크레인의 전원회로
③ **전류변성기의 2차회로**
④ 소방설비의 전원회로
⑤ 안전설비(주거침입경보, 가스누출경보 등)의 전원회로

【답】③

91 전기욕기에 전기를 공급하기 위한 전원장치에 내장되어 있는 전원변압기의 2차측 전로의 사용전압은 몇 [V] 이하인가?
① 5
② 10
③ 25
④ 35

Explanation

(KEC 241.2조) 전기욕기
전기욕기용 전원장치(내장되어 있는 전원 변압기의 2차측 전로의 사용 전압이 10[V] 이하인 것에 한한다)는 「전기용품안전 관리법」에 의한 안전기준에 적합한 것

【답】②

92 전력보안통신설비의 조가선 시설기준에 대한 설명으로 틀린 것은?
① 조가선은 2조까지만 시설할 것
② 말단 배전주와 말단 1경간 전에 있는 배전주에 시설하는 조가선은 장력에 견디는 형태로 시설할 것
③ 조가선은 설비 안전을 위하여 전주와 전주 경간 중에 접속할 것
④ 조가선은 부식되지 않는 별도의 금구를 사용하고 조가선 끝단은 날카롭지 않게 할 것

Explanation

(KEC 362.3조) 전력보안통신선의 조가선 시설기준
① 설비 안전을 위하여 **전주와 전주 경간 중에 접속하지 말 것**
② 부식되지 않는 별도의 금구를 사용하고 조가선 끝단은 날카롭지 않게 할 것
③ 말단 배전주와 말단 1경간 전에 있는 배전주에 시설하는 조가선은 장력에 견디는 형태로 시설할 것
④ 조가선은 2조까지만 시설할 것

【답】③

93 고압 및 특고압 가공전선로로부터 공급을 받는 수용장소의 인입구에 반드시 시설하여야 하는 것은?
① 조상기
② 분로리액터
③ 방전코일
④ 피뢰기

Explanation

(KEC 341.13조) 피뢰기의 시설
고압 및 특고압의 전로 중 다음에 열거하는 곳 또는 이에 근접한 곳에는 피뢰기를 시설하여야 한다.
① 발전소·변전소 또는 이에 준하는 장소의 가공전선 인입구 및 인출구
② 특고압 가공전선로에 접속하는 341.2의 배전용 변압기의 고압측 및 특고압측
③ **고압 및 특고압 가공전선로로부터 공급을 받는 수용장소의 인입구**
④ 가공전선로와 지중전선로가 접속되는 곳

【답】④

94 특고압 가공전선로에 사용하는 철탑 중 전선로의 지지물 양쪽의 경간의 차가 큰 곳에 사용하는 철탑은?
① 보강형 ② 각도형
③ 내장형 ④ 잡아당김형

Explanation

(KEC 333.12조) 특고압 가공전선로의 철주·철근 콘크리트주 또는 철탑의 종류
특고압 가공전선로의 지지물로 사용하는 B종 철근·B종 콘크리트주 또는 철탑의 종류는 다음과 같다.
① 직선형 : 전선로의 직선 부분(3도 이하인 수평 각도를 이루는 곳을 포함한다.)에 사용하는 것
② 각도형 : 전선로 중 3도를 초과하는 수평 각도를 이루는 곳에 사용하는 것
③ 잡아 당김형 : 전가섭선을 잡아당기는 곳에 사용하는 것
④ **내장형 : 전선로의 지지물 양쪽의 경간의 차가 큰 곳에 사용**하는 것
⑤ 보강형 : 전선로의 직선 부분에 그 보강을 위하여 사용하는 것

【답】③

95 전시회, 쇼 및 공연장 기타 이들과 유사한 장소에 시설하는 배선용 케이블은 구리 도체로 최소 단면적은 몇 [㎟]인가?
① 0.75 ② 1.5
③ 2.5   ④ 4

Explanation

(KEC 242.6조) 전시회, 쇼 및 공연장의 전기설비
배선용 케이블은 구리 도체로 최소 단면적이 1.5[㎟]

【답】②

96 과전류 차단기로 저압전로에 사용하는 주택용 배선차단기의 순시트립범위 $10I_n$ 초과 ~ $20I_n$ 이하인 주택용 배선차단기는?(단, I_n은 차단기 정격전류이다)
① A형 ② B형
③ C형 ④ D형

Explanation

(KEC 212.3.4조) 보호장치의 특성
주택용 배선차단기의 순시트립 범위

형	순시트립범위(I_n : 차단기 정격전류)
B	$3I_n$ 초과 $5I_n$ 이하
C	$5I_n$ 초과 $10I_n$ 이하
D	$10I_n$ 초과 $20I_n$ 이하

【답】④

97 가공전선로의 지지물에 지지선을 시설하려는 경우 이 지지선의 최저 기준으로 옳은 것은?(단, 고압 가공전선로 또는 특고압 전선로의 지지물로 사용하는 목주 A종 철주 또는 A종 철근 콘크리트주에 시설하는 지지선을 제외한다)
① 허용 인장하중 : 4.31[kN], 소선지름 : 2.6[mm], 안전율 2.5
② 허용 인장하중 : 4.31[kN], 소선지름 : 1.6[mm], 안전율 2.0
③ 허용 인장하중 : 2.11[kN], 소선지름 : 2.0[mm], 안전율 3.0
④ 허용 인장하중 : 3.21[kN], 소선지름 : 2.6[mm], 안전율 1.5

Explanation

(KEC 331.11조) 지지선의 시설
① 지지선의 안전율은 2.5 이상, 허용 인장하중의 최저는 4.31[kN]
② 소선은 3가닥 이상의 연선
③ 소선은 지름 2.6[mm] 이상의 금속선 사용 【답】①

98 전기울타리의 접지전극과 다른 접지 계통의 접지전극의 거리는 몇 [m] 이상이어야 하는가? (단, 충분한 접지망을 가지지 못한 경우이다)
① 1 ② 2
③ 3 ④ 4

Explanation

(KEC 241.1조) 전기울타리
전기 울타리의 접지전극과 다른 접지 계통의 접지전극의 거리는 2[m] 이상일 것 【답】②

99 전기철도의 변전소 설비에 대한 시설기준으로 틀린 것은?
① 차단기는 계통의 장래계획을 감안하여 용량을 결정하고, 회로의 특성에 따라 기종과 동작 책무 및 차단시간을 선정하여야 한다.
② 개폐기는 선로 중 중요한 분기점, 고장발견이 필요한 장소, 빈번한 개폐를 필요로 하는 곳에 설치하며, 개폐상태의 표시, 쇄정장치 등을 설치하여야 한다.
③ 제어용 교류전원은 상용과 예비의 2계통으로 구성하여야 한다.
④ 제어반의 경우 아날로그계전기방식을 원칙으로 하여야 한다.

Explanation

(KEC 421.4조) 변전소의 설비
① 급전용변압기 : 직류 전기철도 3상 정류기용 변압기, 교류 전기철도 3상 스코트결선 변압기 원칙
② 차단기는 계통의 장래계획을 감안하여 용량을 결정, 회로의 특성에 따라 기종과 동작책무 및 차단시간 선정
③ 개폐기 : 선로 중 중요한 분기점, 고장발견이 필요한 장소, 빈번한 개폐 필요(개폐상태 표시, 쇄정장치 등 설치)
④ 제어용 교류전원은 상용과 예비의 2계통으로 구성
⑤ 제어반의 경우 디지털계전기방식을 원칙으로 함 【답】④

100 두 개 이상의 전선을 병렬로 사용하는 경우에 틀린 것은?
① 같은 극의 각 전선은 동일한 터미널러그에 완전히 접속한다.
② 병렬로 사용하는 전선에는 각각에 퓨즈를 설치하지 않는다.
③ 교류회로에서 병렬로 사용하는 전선은 금속관 안에 전자적 불평형이 생기지 않도록 시설한다.
④ 병렬로 사용하는 각 전선의 굵기는 동선 70[mm²] 이상으로 한다.

Explanation

(KEC 123조) 전선의 접속
두 개 이상의 전선을 병렬로 사용하는 경우
• 동선 50[mm²] 이상 또는 알루미늄 70[mm²] 이상, 전선은 같은 도체, 재료, 길이 및 굵기의 것 사용
• 같은 극의 각 전선은 동일한 터미널러그에 완전히 접속
• 같은 극인 각 전선의 터미널러그는 동일한 도체에 2개 이상의 리벳 또는 2개 이상의 나사로 접속
• 병렬로 사용하는 전선에는 각각에 퓨즈를 설치하지 말 것
• 교류회로에서 병렬로 사용하는 전선은 금속관 안에 전자적 불평형이 생기지 않도록 시설할 것 【답】④

2023년 전기기사 필기

1과목 전기자기학

01 비유전율 2인 콘덴서 극판 사이의 유전체를 비유전율 4인 유전체로 교체하였을 때 동일 전위차에 대한 극판의 전하량은 어떻게 되는가?(단, ϵ_0는 진공의 유전율이다)

① 2배로 증가한다.
② 변하지 않는다.
③ 1/2로 감소한다.
④ $2\epsilon_0$배로 증가한다.

Explanation

전하량 $Q = CV$에서 전위차가 일정하면
정전용량은 비유전율이 2배가 된 경우는 $C = \epsilon_s C_0$이므로 전하량도 2배가 된다.

【답】①

02 판 간격이 d인 평행판 공기콘덴서 중에 두께 t이고, 비유전율이 ϵ_s인 유전체를 삽입하였을 경우에 공기의 절연파괴를 발생하지 않고 가할 수 있는 판 간의 전위차는? 단, 유전체가 없을 때 가할 수 있는 전압을 V라 하고 공기의 절연내력은 E_o라 한다.

① $V\left(1 - \dfrac{t}{\epsilon_s d}\right)$
② $\dfrac{Vt}{d}\left(1 - \dfrac{t}{\epsilon_s}\right)$
③ $V\left(1 + \dfrac{t}{\epsilon_s d}\right)$
④ $V\left(1 - \dfrac{t}{d}\left(1 - \dfrac{1}{\epsilon_s}\right)\right)$

Explanation

【답】④

03 반지름 a[m], 선간 거리 d[m]인 평행 도선 간의 정전용량[F/m]은? (단, $d \gg a$)

① $\dfrac{2\pi\epsilon_0}{\ln\dfrac{d}{a}}$
② $\dfrac{\pi\epsilon_0}{\ln\dfrac{d}{a}}$
③ $\dfrac{1}{2\epsilon_0 \ln\dfrac{a}{d}}$
④ $\dfrac{1}{2\epsilon_0 \ln\dfrac{d}{a}}$

Explanation

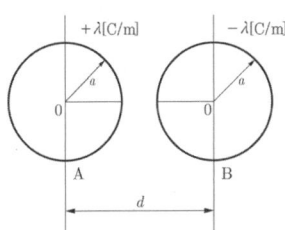

평행왕복도선의 단위 길이당 정전용량 $C = \dfrac{\pi\epsilon_0}{\ln\dfrac{d}{a}}$ [F/m]

【답】②

04 철심이 들어 있는 환상 코일이 있다. 1차 코일의 권수 $N_1 = 100$회일 때 자기 인덕턴스는 0.01[H]였다. 이 철심에 2차 코일 $N_2 = 200$회를 감았을 때 1, 2차 코일의 상호 인덕턴스는 몇 [H]인가? (단, 결합 계수 $k = 1$)
① 0.01
② 0.02
③ 0.03
④ 0.04

> **Explanation**

자기 인덕턴스와 상호 인덕턴스
- 자기 인덕턴스 : $L_1 = \dfrac{N_1^2}{R_m}$ $L_2 = \dfrac{N_2^2}{R_m}$
- 상호 인덕턴스 : $M = \dfrac{N_1 N_2}{R_m} = \dfrac{N_2}{N_1} L_1 = \dfrac{N_1}{N_2} L_2$

따라서 상호인덕턴스 : $M = \dfrac{N_1 N_2}{R_m} = \dfrac{N_2}{N_1} L_1 = \dfrac{200}{100} \times 0.01 = 0.02$[H]

【답】 ②

05 영구 자석에 관한 설명 중 옳지 않은 것은?
① 히스테리시스 현상을 가진 재료만이 영구 자석이 될 수 있다.
② 보자력이 클수록 자계가 강한 영구 자석이 된다.
③ 잔류 자속 밀도가 높을수록 자계가 강한 영구 자석이 된다.
④ 자석 재료로 폐회로를 만들면 강한 영구 자석이 된다.

> **Explanation**

영구자석
- 잔류자속과 보자력이 클 것
- 히스테리시스 루프의 면적이 클 것
강한 영구자석 : 외부에서 큰 자계를 가할 것

【답】 ④

06 반지름 a[m]이고, 두께 t[m]인 원판도체의 정면에 전하밀도 $+\sigma$[C/m²], $-\sigma$[C/m²]의 전하가 균일하게 분포되어 있다. 원판의 중심축 상에서 중심으로부터 d[m]의 자리에 있는 점 P의 전위는 몇 [V]인가?

① $\dfrac{\sigma t}{2\epsilon_0} \cdot \dfrac{a^2}{(a^2+d^2)^{\frac{3}{2}}}$

② $\dfrac{\sigma t}{4\pi\epsilon_0} \cdot \dfrac{d^2}{(a^2+d^2)^{\frac{3}{2}}}$

③ $\dfrac{\sigma t}{4\pi\epsilon_0} \cdot \left(1 - \dfrac{d}{\sqrt{a^2+d^2}}\right)$

④ $\dfrac{\sigma t}{2\epsilon_0} \cdot \left(1 - \dfrac{d}{\sqrt{a^2+d^2}}\right)$

> **Explanation**

P점의 전위 $V_P = \dfrac{M}{4\pi\epsilon_0} \omega$[V]

점 P에서 원판 도체를 본 입체각 $\omega = 2\pi(1-\cos\theta) = 2\pi\left(1 - \dfrac{x}{\sqrt{a^2+x^2}}\right)$

$\therefore V_P = \dfrac{M}{4\pi\epsilon_0} \cdot 2\pi\left(1 - \dfrac{x}{\sqrt{a^2+x^2}}\right)$
$= \dfrac{M}{2\epsilon_0}\left(1 - \dfrac{x}{\sqrt{a^2+x^2}}\right) = \dfrac{\sigma t}{2\epsilon_0}\left(1 - \dfrac{d}{\sqrt{a^2+d^2}}\right)$[V]

【답】 ④

07 비투자율 800, 원형단면적 10[cm²], 평균자로의 길이 30[cm]인 환상철심에 600회의 권선을 감은 코일이 있다. 여기에 1[A]의 전류가 흐를 때 코일 내에 생기는 자속은 약 몇 [Wb]인가?

① 1×10^{-3}
② 1×10^{-4}
③ 2×10^{-3}
④ 2×10^{-4}

Explanation

자기회로의 옴의 법칙

자속 $\phi = \dfrac{\mu S N I}{l} = \dfrac{4\pi \times 10^{7} \times 800 \times 10 \times 10^{-4} \times 600 \times 1}{0.3} = 2 \times 10^{-3}$ [Wb]

【답】③

08 평행판 콘덴서의 극판 사이에 유전율 ε, 저항률 ρ인 유전체를 삽입하였을 때, 두 전극 간의 저항 R과 정전용량 C의 관계는?

① $R = \rho \varepsilon C$
② $RC = \dfrac{\varepsilon}{\rho}$
③ $RC = \rho \varepsilon$
④ $RC \rho \varepsilon = 1$

Explanation

저항과 정전 용량의 관계

$RC = \rho \epsilon = \dfrac{\epsilon}{k}$

∴ $RC = \rho \epsilon$

【답】③

09 자기 쌍극자에서 자기 쌍극자 모멘트의 거리벡터 방향은?
① 양전하에서 음전하로
② N극에서 S극으로
③ S극에서 N극으로
④ 음전하에서 양전하로

Explanation

자기쌍극자 모멘트 : 항상 N극에서 S극으로 향한다.

【답】②

10 그림에서 축전기를 $\pm Q$로 대전한 후 스위치 k를 닫고 도선에 전류 i를 흘리는 순간의 축전기 두 판 사이의 변위 전류는?

① $+Q$ 판에서 $-Q$ 판 쪽으로 흐른다.
② $-Q$ 판에서 $+Q$ 판 쪽으로 흐른다.
③ 왼쪽에서 오른쪽으로 흐른다.
④ 오른쪽에서 왼쪽으로 흐른다.

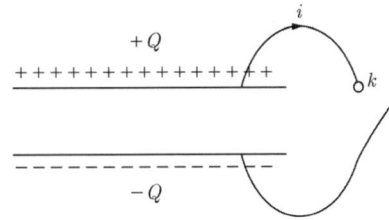

Explanation

전도 전류와 변위 전류의 방향은 같으므로 $-Q$ 판에서 $+Q$ 판 쪽으로 흐른다.

【답】②

11 균일한 전류가 흐르고 있는 무한히 긴 원주도체의 내부 인덕턴스 크기는 어떻게 결정되는가?
① 도체의 재질에 따라 결정된다.
② 주위의 자계의 세기에 따라 결정된다.
③ 도체의 기하학적 모양에 따라 결정된다.
④ 도체의 인덕턴스는 0으로 결정된다.

Explanation

내부인덕턴스 $L_i = \dfrac{\mu}{8\pi}l$ [H]

단위 길이 당 인덕턴스 $L_i' = \dfrac{\mu}{8\pi}$ [H/m]

따라서 내부 인덕턴스는 도체의 재질(투자율)에 따라 결정된다.

【답】①

12 무한 평면 도체 한 점 P에 있는 점전하 $+Q$[C]의 평면 도체에 대한 영상점과 영상전하[C]는?
① 영상점은 P의 대칭점이고, 영상전하는 $-2Q$이다.
② 영상점은 평면 도체면이고, 영상전하는 $-2Q$이다.
③ 영상점은 P의 대칭점이고, 영상전하는 $-Q$이다.
④ 영상점은 평면 도체면이고, 영상전하는 $-Q$이다.

Explanation

영상 전하 위치 : P의 대칭점에 존재
영상 전하의 크기 : 점전하와 같고 부호는 반대로 $Q' = -Q$[C]

【답】③

13 다음 정전계에 관한 식 중에서 틀린 것은?(단, D는 전속밀도, V는 전위, ρ는 공간전하밀도, ϵ은 유전율이다)
① 라플라스의 방정식 $\nabla^2 V = 0$
② 가우스의 정리 $\text{div} D = \rho$
③ 포아송의 방정식 $\nabla^2 V = \dfrac{\rho}{\epsilon}$
④ 발산의 정리 $\oint_s A \cdot ds = \int_v div A\, dv$

Explanation

- 발산의 정리 : $\int_s E \cdot ds = \int_v div E\, dv$
- 프와송의 방정식 : $\nabla^2 V = -\dfrac{\rho}{\epsilon}$
- 가우스의 정리 : $\text{div } D = \rho$
- 라플라스의 방정식 : $\nabla^2 V = 0$

【답】③

14 높은 주파수의 전자파가 전파될 때 일기가 좋은 날보다 비오는 날 전자파의 감쇠가 심한 원인은?
① 도전율 관계임
② 유전율 관계임
③ 투자율 관계임
④ 분극률 관계임

Explanation

진공이 아닌 이상 일반 공기는 무시할 수 있을 정도의 도전율을 갖고 있으나 비오는 날(즉, 습도상승)은 공기 중의 도전성이 증가하며 감쇠가 더 심하게 나타난다.

【답】①

15 전류 10[A]가 흐르는 도체에 10초 동안에 흘러간 전자의 수[개]는?(단, 전자의 전기량은 1.6×10^{-19}[C]이다)
① 5×10^{20}
② 2.25×10^{20}
③ 7×10^{20}
④ 6.25×10^{20}

Explanation

전하량 $Q = It = 10 \times 10 = 100$ [C]
전자의 수 $N = \dfrac{Q}{q} = \dfrac{100}{1.6 \times 10^{-19}} = 6.25 \times 10^{20}$ [개]

【답】④

16 공기 중에 고립된 지름 1[m]의 반구도체를 10^6[V]로 충전한 다음 이 에너지를 10^{-5}초 사이에 방전한 경우의 평균 전력은?
① 700[kW]
② 1,389[kW]
③ 2,780[kW]
④ 5,560[kW]

Explanation

반구도체의 정전용량 $C = \dfrac{4\pi\epsilon_0 a}{2} = 2\pi\epsilon_0 a$ [F]

정전에너지 $W = \dfrac{1}{2}CV^2$ [J]에서

평균 전력 $P = \dfrac{W}{t} = \dfrac{\frac{1}{2}CV^2}{t} = \dfrac{\frac{1}{2} \times 2\pi \times 8.855 \times 10^{-12} \times 0.5 \times (10^6)^2}{10^{-5}} \times 10^{-3} = 1,389$ [kW]

【답】②

17 무한장 직선 도선에 흐르는 직류전류 I에 의해, 무한장 직선 도선의 전류 상하에 존재하는 자침이, 그림과 같이 자침중심축을 중심으로 회전하여 정지하였다. (ㄱ)(ㄴ)(ㄷ)(ㄹ)의 극을 순서적으로 잘 배열한 것은?
① S, N, S, N
② S, N, N, S
③ N, S, N, S
④ N, S, S, N

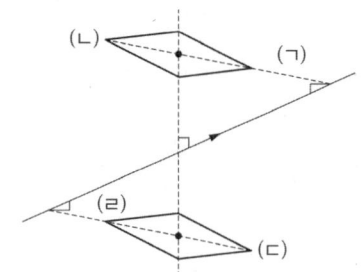

Explanation

암페어의 오른나사법칙
전류가 흐르고 있는 도체에 의한 자계의 방향
• 오른나사의 진행방향 : 전류의 방향, 오른나사의 회전방향 : 자계의 방향
• 오른나사의 진행방향 : 자계의 방향, 오른나사의 회전방향 : 전류의 방향
따라서 그림의 경우 (ㄱ)(ㄴ)(ㄷ)(ㄹ)은 N, S, S, N의 형태로 된다.

【답】④

18 그림 (b)의 인덕터에 전류 I_L[A]가 그림과 같이 흐를 때 2초에서 6초 사이의 인덕터 전압 V_L[V]는 몇 [V]인가?
① 0
② 5
③ 10
④ 20

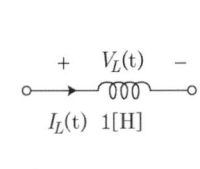

(a)

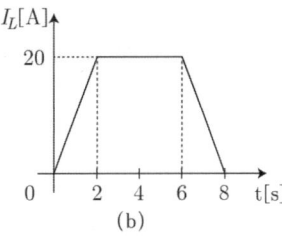

(b)

Explanation

인덕턴스에서의 유기기전력 $e_L = -L\dfrac{di}{dt}$ 에서

2초에서 6초 사이는 전류의 변화가 없으므로 기전력은 발생되지 않는다.

【답】①

19 철심부의 평균길이가 l_2, 공극의 길이가 l_1, 단면적이 S인 자기회로이다. 자속밀도를 $B[\text{Wb/m}^2]$로 하기 위한 기자력[AT]은?

① $\dfrac{\mu_o}{B}(l_1 + \dfrac{\mu_s}{l_2})$

② $\dfrac{B}{\mu_o}(l_2 + \dfrac{l_1}{\mu_s})$

③ $\dfrac{\mu_o}{B}(l_2 + \dfrac{\mu_s}{l_1})$

④ $\dfrac{B}{\mu_o}(l_1 + \dfrac{l_2}{\mu_s})$

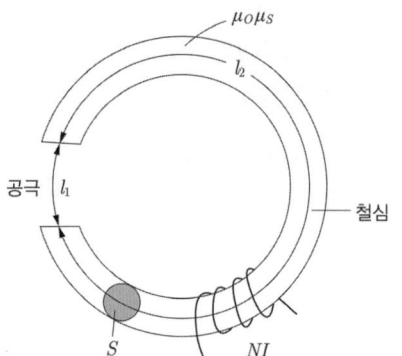

Explanation

자기저항 $R_m = R_1 + R_2 = \dfrac{l_1}{\mu_0 S} + \dfrac{l_2}{\mu S}$ [AT/Wb]

기자력 $F_m = NI = R_m \phi = R_m BS = \left(\dfrac{l_1}{\mu_0 S} + \dfrac{l_2}{\mu S}\right) BS = \dfrac{B}{\mu_0}\left(l_1 + \dfrac{l_2}{\mu_s}\right)$ [AT]

【답】④

20 맥스웰의 전자 방정식 중 패러데이 법칙에서 유도된 식은? 단, D : 전속 밀도, ρ_v : 공간 전하 밀도, B : 자속 밀도, E : 전계의 세기, J : 전류 밀도, H : 자계의 세기

① $\text{div} D = \rho$

② $\text{div} B = 0$

③ $\nabla \times H = J + \dfrac{\partial D}{\partial t}$

④ $\nabla \times E = -\dfrac{\partial B}{\partial t}$

Explanation

맥스웰 전자 방정식

- $\nabla \times E = -\dfrac{\partial B}{\partial t}$: 패러데이 법칙
- $\nabla \times H = J + \dfrac{\partial D}{\partial t}$: 암페어의 주회적분 정리
- $\text{div} D = \rho$, $\text{div} B = 0$

【답】④

2과목　전력공학

21 화력발전소에서 매일 최대 출력 100,000[kW], 부하율 90[%]로 60일간 연속 운전할 때 필요한 석탄량은 약 몇 [t]인가? 단, 사이클 효율은 40[%], 보일러 효율은 85[%], 발전기 효율은 98[%]로 하고 석탄의 발열량은 5,500[kcal/kg]이라 한다.

① 60,820

② 61,820

③ 62,820

④ 63,820

Explanation

부하율 = $\dfrac{평균\ 전력}{최대\ 전력} \times 100[\%]$에서 평균전력 = 최대전력 × 부하율 = $100,000 \times 0.9 = 90,000[kW]$

여기서, 화력발전소 열효율 $\eta = \dfrac{전기}{열} \times 100[\%]$

$\eta = \dfrac{860P\ t}{mH} \times 100[\%]$

따라서 $m = \dfrac{860P\ t}{\eta H} = \dfrac{860 \times 90,000 \times 60 \times 24}{0.4 \times 0.85 \times 0.98 \times 5,500} \times 10^{-3} = 60,818[t]$

【답】①

22 파동 임피던스 $Z_1 = 600[\Omega]$인 선로 종단에 파동 임피던스 $Z_2 = 1,300[\Omega]$의 변압기가 접속되어 있다. 지금 선로에서 파고 $e_1 = 900[kV]$의 전압이 진입하였다면 접속점에서의 전압의 반사파는 약 몇 [kV]인가?

① 530
② 430
③ 330
④ 230

Explanation

반사계수 $\rho = \dfrac{Z_2 - Z_1}{Z_2 + Z_1} = \dfrac{1,300 - 600}{1,300 + 600} = 0.368$

반사파 $= 0.368 \times 900 = 331[kV]$

【답】③

23 사고, 정전 등의 중대한 영향을 받는 지역에서 정전과 동시에 자동적으로 예비전원용 배전선로로 전환하는 장치는?

① 차단기
② 리클로저(Recloser)
③ 섹셔널라이저(Sectionalizer)
④ 자동 부하 전환개폐기(Auto Load Transfer Switch)

Explanation

자동 부하 전환개폐기(Auto Load Transfer Switch)
정전과 동시에 자동적으로 예비전원용 배전선로로 전환하는 장치

【답】④

24 한류리액터를 사용하는 가장 큰 목적은?

① 충전전류의 제한
② 접지전류의 제한
③ 누설전류의 제한
④ 단락전류의 제한

Explanation

• 한류리액터 : 단락 사고 시 단락전류 제한

【답】④

25 수력 발전소의 댐을 설계하거나 저수지의 용량 등을 결정하는데 가장 적당한 것은?

① 유량도
② 적산 유량 곡선
③ 유황 곡선
④ 수위 유량 곡선

Explanation

적산 유량 곡선
• 수력 발전소의 댐을 설계하거나 저수지의 용량 등을 결정하는 곡선
• 가로축에 역일을 세로축에는 매일의 유량을 적산한 곡선

【답】②

26 선간전압이 154[kV], 전부하 전류가 100[A]이고 1상당의 임피던스가 $j8[\Omega]$인 기기가 있을 때, 기준용량을 100[MVA]로 하면 %임피던스는 약 몇 [%]인가?

① 3.15　　　　　　　　　　　② 2.75
③ 4.25　　　　　　　　　　　④ 3.37

Explanation

%임피던스

$\%Z = \dfrac{PZ}{10V^2}$ (여기서, P[kVA], V[kV])

$\%Z = \dfrac{PZ}{10V^2} = \dfrac{100 \times 10^3 \times 8}{10 \times 154^2} = 3.37[\%]$

【답】④

27 3상 배전선로의 말단에 지상역률 60[%](늦음), 60[kW]인 평형 3상 부하가 있다. 부하점에 부하와 병렬로 전력용 콘덴서를 접속하여 선로손실을 최소로 하고자 할 때 콘덴서 용량[kVA]은?

① 40　　　　　　　　　　　② 60
③ 80　　　　　　　　　　　④ 100

Explanation

선로손실 $P_l = 3I^2 R = (\dfrac{P}{V\cos\theta})^2 \times R = \dfrac{P^2 R}{V^2 \cos^2\theta} \propto \dfrac{1}{\cos^2\theta}$

따라서 선로손실을 최소로 하기 위해서는 역률을 1.0으로 개선해야 한다.
전력용 콘덴서의 용량 : $Q_c = P(\tan\theta_1 - \tan\theta_2)$

$Q_c = 60 \times \left(\dfrac{0.8}{0.6} - \dfrac{0}{1}\right) = 80[\text{kVA}]$

【답】③

28 다음 중 가공 송전선에 사용하는 애자련 중 전압 부담이 가장 큰 것은?

① 전선에 가장 가까운 것　　　　② 중앙에 있는 것
③ 철탑에 가장 가까운 것　　　　④ 철탑에서 $\dfrac{1}{3}$ 지점의 것

Explanation

애자련의 전압 부담
- 전압 부담이 최대인 애자 : 전선에 가장 가까운 애자
- 전압 부담이 최소인 애자 : 철탑(접지측)에서 1/3 또는 전선에서 2/3되는 지점의 애자

【답】①

29 송배전 선로의 내부 이상전압의 원인이 아닌 것은?

① 고조파전압　　　　　　　　② 아크 접지
③ 전로의 개폐　　　　　　　　④ 유도뢰

Explanation

이상 전압(계통의 최고 전압을 넘어서는 전압) 종류
① 내부 이상 전압 : 직격뢰, 유도뢰를 제외한 나머지
  - 개폐서지 : 무부하 충전 전류 개로시 가장 크다.
  - 1선 지락 사고 시 건전상의 대지전위 상승
  - 잔류전압에 의한 전위상승
  - 경부하(무부하) 시 페란티 현상에 의한 전위 상승
② 외부 이상 전압
  - 직격뢰
  - 유도뢰

【답】④

30 33[kV] 이하의 단거리 송배전선로에 적용되는 비접지 방식에서 지락전류는 다음 중 어느 것을 말하는가?
① 누설전류 ② 충전전류
③ 뒤진전류 ④ 단락전류

Explanation

비접지식의 지락전류

$$I_g = \frac{E}{Z} = \frac{E}{\frac{1}{j3\omega C_s}} = j3\omega C_s E$$ 여기서, C_s : 대지정전용량

따라서 비접지식의 지락전류는 전압보다 90도 빠른 전류(진상전류, 충전전류)

【답】②

31 송전선로의 중성점 접지방식 중 지락사고시 건전상의 전압상승이 $\sqrt{3}$ 배까지 올라가며, 지락 전류가 최소인 접지방식은?
① 비접지 ② 소호 리액터 접지
③ 고저항 접지 ④ 직접 접지

Explanation

소호 리액터 접지 장·단점

장점	단점
• 지락 전류 최소 • 과도 안정도 최대 • 고장 중 운전이 가능 • 통신 유도 장해 최소	• 전위 상승 최대($\sqrt{3}$ 배 이상) • 보호 계전기 동작 불확실 • 설비비 고가

【답】②

32 단로기에 대한 설명으로 틀린 것은?
① 회로의 분리 또는 계통의 접속 변경 시 사용한다.
② 소전류의 여자전류 및 충전전류를 개폐할 수 있다.
③ 소호장치가 있어 아크를 소멸시킨다.
④ 무부하 전류를 개폐하는 데 사용된다.

Explanation

단로기(Disconnecting Switch)
• 무부하 회로 개폐
• 무부하 충전전류, 변압기 여자전류 개폐 가능

【답】③

33 배전선의 손실계수 H와 부하율 F의 관계는?
① $0 \leq H^2 \leq F \leq H \leq 1$ ② $0 \leq H \leq F^2 \leq F \leq 1$
③ $0 \leq F^2 \leq H \leq F \leq 1$ ④ $0 \leq F \leq H^2 \leq H \leq 1$

Explanation

손실계수$(H) = \frac{\text{평균 전력손실}}{\text{최대 전력 손실}} \times 100$

부하율과 손실계수와의 관계
$0 \leq F^2 \leq H \leq F \leq 1$

【답】③

34 저압 네트워크 방식에 대한 설명으로 옳지 않은 것은?
① 전압 변동이 적고 전력 손실이 감소된다.
② 공급 신뢰도가 높다.
③ 부하 증가에 대한 적응성이 좋다.
④ 특별한 보호장치가 필요 없다.

> Explanation

저압 네트워크 방식
• 무정전 공급 방식(공급 신뢰도가 가장 우수)
• 인축의 접지 사고 증가
• **고장 시 고장전류 역류**
대책 : 네트워크 프로텍터(저압용 차단기, 저압용 퓨즈, 전력방향계전기)

【답】 ④

35 코로나 방지대책으로 적당하지 않은 것은?
① 충분한 연가를 실시한다.
② 굵은 전선을 사용한다.
③ 복도체+다도체를 사용한다.
④ 가선금구를 개량한다.

> Explanation

코로나 방지대책
• 굵은 전선을 사용
• 복도체(다도체) 방식(가장 효과적인 방법)
• 가선금구를 개량
* 문제에서 충분한 연가는 유도장해 방지대책이다.

【답】 ①

36 최근에 우리나라에서 많이 채용되고 있는 가스절연개폐설비(GIS)의 특징으로 틀린 것은?
① 대기 절연을 이용한 것에 비해 현저하게 소형화할 수 있으나 비교적 고가이다.
② 소음이 적고 충전부가 완전한 밀폐형으로 되어 있기 때문에 안전성이 높다.
③ 가스 압력에 대한 엄중 감시가 필요하며 내부 점검 및 부품 교환이 번거롭다.
④ 한랭지, 산악 지방에서도 액화 방지 및 산화 방지 대책이 필요 없다.

> Explanation

GIS(Gas Insulated Switchgear) : 가스절연개폐장치
• 밀폐구조로 신뢰성 우수
• 소음이 적고 안전성 우수
• SF_6를 이용하여 절연 성능 우수, 절연거리를 적게 할 수 있다(소형화).
• 공사 기간을 단축할 수 있다.

【답】 ④

37 3상 3선식 송전선에서 L을 작용 인덕턴스라 하고, L_e 및 L_m은 대지를 귀로로 하는 1선의 자기 인덕턴스 및 상호 인덕턴스라 할 때 이들 사이의 관계식은?(단, 대칭3상 교류가 흘렀을 경우)
① $L = L_m - L_e$
② $L = L_e - L_m$
③ $L = L_m + L_e$
④ $L = \dfrac{L_m}{L_e}$

> Explanation

인덕턴스 = 자기인덕턴스 + 상호인덕턴스
여기서, 대지귀로이므로 상호인덕턴스는 (−)가 됨
∴ $L = L_e - L_m$

【답】 ②

38 송전계통에서 회로의 정격전압을 E[V], 정격전류를 I[A]라 할 때 %임피던스를 이용하여 3상 단락전류를 계산하는 식은?

① $\dfrac{100I}{\%Z}$
② $\dfrac{E^2}{\%Z}$
③ $\dfrac{EI}{\%Z}$
④ $\dfrac{\%ZI}{E}$

Explanation

3상 단락전류 $I_s = \dfrac{100}{\%Z}I_n = \dfrac{100}{Z_p}I_n$

【답】①

---

39 변전소에서 비접지 선로의 접지보호용으로 사용되는 계전기에 영상전류를 공급하는 것은?
① CT ② ZCT
③ PT ④ GPT

Explanation

• 영상전류 검출 : 영상 변류기(ZCT)

【답】②

---

40 다음 중 송전 철탑에서 역섬락을 방지하기 위한 대책으로 옳은 것은?
① 아크혼 설치 ② 가공지선 설치
③ 탑각 접지저항 감소 ④ 전력선 연가

Explanation

역섬락 방지법
• 탑각 접지 저항을 줄인다.
• 매설 지선을 설치한다.

【답】③

3과목　전기기기

41 브러시의 위치를 이동시켜 회전방향을 역회전 시킬 수 있는 단상 유도전동기는?
① 반발기동형 전동기 ② 콘덴서 전동기
③ 분상기동형 전동기 ④ 세이딩코일형 전동기

Explanation

반발 기동형 유도 전동기
• 회전자 권선의 전부 혹은 일부를 브러시를 통해 단락시켜 기동하는 방식
• 브러시의 위치를 이동 시켜 회전 방향 변경
• 단상 유도 전동기 중에서 기동 토크가 가장 크다.

【답】①

---

42 포화되지 않은 직류발전기의 회전수가 4배로 증가되었을 때 기전력을 전과 같은 값으로 하려면 자속을 속도 변화 전에 비해 얼마로 하여야 하는가?

① $\dfrac{1}{2}$　② $\dfrac{1}{3}$　③ $\dfrac{1}{4}$　④ $\dfrac{1}{8}$

Explanation

직류발전기 유기기전력 $E = \frac{p}{a}Z\phi\frac{N}{60} = k\phi N$에서 여자(자속) $\phi \propto \frac{1}{N}$

따라서 기전력을 그대로 유지하기 위해서는 속도가 4배가 되면 여자는 $\frac{1}{4}$이 되어야 한다.

【답】③

43 변압기에 대한 설명으로 틀린 것은? (단, N_1, N_2은 1, 2차 권수 E_1, E_2는 1, 2차 유도기전력, I_1, I_2는 1, 2차 부하전류, f는 주파수, Φ_m는 자속이다)

① 3상 변압기의 권수비 $\frac{N_1}{N_2} = \frac{E_1}{E_2}$로 나타낸다.
② 전자유도작용에 의해 그 권선에 비례하여 유도기전력이 발생한다.
③ 1차 부하전류 $I_1 = \frac{N_1}{N_2}I_2$로 나타낸다.
④ 2차 유도기전력 $E_2 = 4.44fN_2\Phi_m$ [V]으로 나타낸다.

Explanation

1) 변압기의 권수비 $a = \frac{N_1}{N_2} = \frac{E_1}{E_2} = \frac{V_1}{V_2} = \frac{I_2}{I_1} = \sqrt{\frac{Z_1}{Z_2}}$
2) 1차 유기기전력 $E_1 = 4.44fN_1\Phi_m$ [V]
   2차 유기기전력 $E_2 = 4.44fN_2\Phi_m$ [V]

【답】③

44 직류 직권전동기에서 단자전압이 일정할 때 부하토크가 1/4이 되면 부하전류는?(단, 계자 회로는 포화되지 않았다)

① 2배로 증가
② $\frac{1}{2}$로 감소
③ $\frac{1}{\sqrt{2}}$로 감소
④ $\sqrt{2}$배로 증가

Explanation

직류 직권전동기의 특성($I = I_a = I_f$)

$T \propto I^2 \propto \frac{1}{N^2}$

$I \propto \sqrt{T} \propto \sqrt{\frac{1}{4}} = \frac{1}{2}$ 배

【답】②

45 60[Hz] 6극 10[kW]인 유도전동기가 슬립 5[%]로 운전할 때 2차 동손이 500[W]이다. 이 전동기의 전부하시의 토크는 약 몇 [N·m]인가?(단, 기계적 손실은 무시)

① 41.8
② 83.6
③ 4.18
④ 8.36

Explanation

고정자 속도 $N_s = \frac{120f}{P} = \frac{120 \times 60}{6} = 1{,}200$ [rpm]

2차 입력 $P_2 = P_0 + P_{c2} = 10{,}000 + 500 = 10{,}500$ [W]

토크 $T = 9.8 \times 0.975 \times \frac{P_2}{N_s} = 9.8 \times 0.975 \times \frac{10{,}500}{1{,}200} \fallingdotseq 83.6$ [N·m]

【답】②

46 단상 직권 정류자 전동기에서 주자속의 최대치를 ϕ_m, 자극수를 P, 전기자 병렬 회로수를 a, 전기자 전 도체수를 Z, 전기자의 속도를 N[rpm]이라 하면 속도 기전력의 실효값 E_r[V]은? (단, 주자속은 정현파임)

① $E_r = \sqrt{2}\dfrac{P}{a}Z\dfrac{N}{60}\phi_m$
② $E_r = \dfrac{1}{\sqrt{2}}\dfrac{P}{a}ZN\phi_m$
③ $E_r = \dfrac{P}{a}Z\dfrac{N}{60}\phi_m$
④ $E_r = \dfrac{1}{\sqrt{2}}\dfrac{P}{a}Z\dfrac{N}{60}\phi_m$

> **Explanation**
>
> - 속도 기전력 최대값 $E_m = \dfrac{z}{a}p\phi_m\dfrac{N}{60}$
> - 속도 기전력 실효값 $E = \dfrac{1}{\sqrt{2}}\dfrac{p}{a}z\phi_m\dfrac{N}{60}$
>
> 【답】 ④

47 6극 60[Hz]로 운전되는 3상 유도전동기의 2차 측 측정전압이 회전자 정지 시 200[V]이며, 운전 시 6[V]로 나타난다. 이때 전동기의 회전수는 몇 [rpm]인가?

① 1,064 ② 1,164
③ 1,364 ④ 964

> **Explanation**
>
> 운전시 2차 유도기전력 $E_{2s} = sE_2$에서
> 슬립 $s = \dfrac{E_{2s}}{E_2} = \dfrac{6}{200} = 0.03$
> 고정자 속도 $N_s = \dfrac{120f}{p} = \dfrac{120 \times 60}{6} = 1,200$[rpm]
> 유도전동기 회전자 속도 $N = (1-s)N_s = (1-0.03) \times 1,200 = 1,164$[rpm]
>
> 【답】 ②

48 동기전동기에 대한 설명으로 옳은 것은?
① 기동 토크가 크다.
② 역률조정을 할 수 있다.
③ 가변속 전동기로서 다양하게 응용된다.
④ 공극이 매우 작아 설치 및 보수가 어렵다.

> **Explanation**
>
> 동기전동기의 특징
>
> | 장점 | 단점 |
> | --- | --- |
> | ① 속도가 N_s로 일정(정속도) | ① 기동토크가 작다. |
> | ② 역률 1로 조정 가능 | ② 속도 제어가 어렵다. |
> | ③ 효율이 좋다. | ③ 직류 여자가 필요 |
> | ④ 공극이 크고 기계적으로 튼튼하다 | ④ 난조가 일어나기 쉽다. |
>
> 【답】 ②

49 3상 반파 위상제어 정류회로에서 3상 전원전압은 220[V], 부하저항 10[Ω], 지연각 10°인 경우 출력전압의 평균값은 약 몇 [V]인가?

① 253 ② 507
③ 293 ④ 146

> **Explanation**

SCR의 위상 제어

• 3상 반파 정류 회로 $E_d = \dfrac{3\sqrt{6}}{2\pi} E\cos\alpha = 1.17 E\cos\alpha$

$E_d = \dfrac{3\sqrt{6}}{2\pi} V\cos\theta = \dfrac{3\sqrt{6}}{2\pi} \times 220 \times \cos 10° = 253.39 [V]$

문제에서는 전원전압이라 하였고 실제는 상전압으로 되어야 하므로 오류이며, 상전압 220[V]으로 문제를 수정하면 답은 1번이 된다.

【답】전항정답

50 변압기의 여자 어드미턴스 $Y_o [\mho]$를 표현하는 식은?(단, I_o는 여자전류, I_i는 철손전류, I_ϕ는 자화전류, g_o는 콘덕턴스, V_1는 인가전압이다)

① $Y_o = \dfrac{I_o}{V_1}$
② $Y_o = \dfrac{I_i}{V_1}$
③ $Y_o = \dfrac{I_\phi}{V_1}$
④ $Y_o = \dfrac{g_o}{V_1}$

Explanation

• 무부하 전류(여자전류) $I_o = Y_0 V_1$ [A]   (여기서, Y_o는 여자 어드미턴스)
• 여자 어드미턴스 $Y_o = \dfrac{I_o}{V_1} [\mho]$
• $I_o = Y_0 V_1 = (G_0 + jB_0) V_1 = I_i + jI_\phi [A]$ 여기서, I_i : 철손전류[A], I_ϕ : 자화전류[A]

【답】①

51 동기발전기의 안정도를 증진시키기 위한 대책이 아닌 것은?
① 정상 임피던스를 작게 한다.
② 속응 여자 방식을 사용한다.
③ 역상+영상 임피던스를 작게 한다.
④ 회전자의 플라이 휠 효과를 크게 한다.

Explanation

동기발전기 안정도 증진법
• 단락비를 크게 한다.
• 관성모멘트를 크게(플라이휠 효과 크게) 한다.
• 조속기의 동작을 신속하게 한다.
• 속응 여자 방식을 선택한다.
• 정상 임피던스는 작게 하고 영상 및 역상 임피던스는 크게 한다.

【답】③

52 단상 전파정류회로의 정류효율로 옳은 것은? (단, 다이오드를 이용한 정류회로이고 저항부하인 경우이다)

① $\dfrac{8}{\pi^2}$
② $\dfrac{\pi^2}{8}$
③ $\dfrac{\pi^2}{4}$
④ $\dfrac{4}{\pi^2}$

Explanation

단상 전파정류의 정류효율

$\eta = \dfrac{P_{dc}}{P_{ac}} \times 100 = \dfrac{I_{av}^2 R}{I^2 R} \times 100 = \dfrac{\left(\dfrac{2I_m}{\pi}\right)^2 R}{\left(\dfrac{I_m}{\sqrt{2}}\right)^2 R} \times 100 = \dfrac{\dfrac{4}{\pi^2}}{\dfrac{1}{2}} \times 100 = \dfrac{8}{\pi^2} \times 100 = 81.2 [\%]$

【답】①

53 5[kVA] 5,000/210[V]인 단상변압기의 단락시험에서 임피던스 전압 120[V], 동손 150[W]라 하면 %저항강하는 몇 [%]인가?
① 2 ② 3
③ 4 ④ 5

Explanation

%저항 강하 $p = \dfrac{I_{1n} r_{21}}{V_{1n}} \times 100 = \dfrac{I_{1n}^2 r_{21}}{V_{1n} I_{1n}} \times 100 = \dfrac{P_c}{P_n} \times 100 = \dfrac{150}{5,000} \times 100 = 3[\%]$

여기서, P_n은 정격용량, P_c는 동손

【답】②

54 직류발전기의 병렬 운전에 필요한 것은?
① 브러시의 이동 ② 보상권선
③ 견조선 ④ 균압선

Explanation

균압선(균압모선)
• 병렬 운전을 안정하게 하기 위하여 설치하는 것
• 직렬계자 권선을 가지는 발전기에 필요
• 직권 및 복권 발전기

【답】④

55 60[Hz], 600[rpm]의 동기전동기에 유도전동기를 직결하여 기동하는 경우 유도전동기의 적당한 극수는?
① 12극 ② 10극
③ 6극 ④ 4극

Explanation

동기전동기의 극수 : 동기속도 $N_s = \dfrac{120f}{p}$ 에서 $p = \dfrac{120f}{N_s} = \dfrac{120 \times 60}{600} = 12[극]$

동기기의 회전속도 : N_s
유도기의 회전속도 : $N = (1-s)N_s = N_s - sN_s$
같은 극수로는 유도기는 동기속도보다 sN_s만큼 늦기 때문에 2극 적은 것을 사용하므로
유도전동기의 극수는 10극이 된다.

【답】②

56 직류발전기에서 정류 초기에 큰 전류 변화에 의해 발생하는 불꽃정류로 옳은 것은?
① 과정류 ② 부족정류
③ 정현파정류 ④ 직선정류

Explanation

정류의 종류
• 직선정류(이상적인 정류) : 불꽃 없는 정류
• 정현파 정류 : 불꽃 없는 정류
• 부족 정류 : 브러시 뒤편에 불꽃(정류말기)
• **과정류 : 브러시 앞면에 불꽃(정류초기)**

【답】①

57 발전용량 10,000[kVA], 정격전압 6,000[V], 극수 12, 주파수 60[Hz], 1상의 동기 임피던스 2[Ω]인 3상 동기발전기가 있다. 이 발전기의 단락비는 얼마인가?
① 1.0 ② 1.2
③ 1.4 ④ 1.8

> **Explanation**

%동기 임피던스

- $Z_s' = \dfrac{I_n Z_s}{E} \times 100 = \dfrac{P_n Z_s}{V^2} \times 100 = \dfrac{I_n}{I_s} \times 100$

- %동기 임피던스[PU] $Z_s' = \dfrac{1}{K_s} = \dfrac{P_n Z_s}{V^2}$

- 단락비 $K_s = \dfrac{1}{Z_s'[PU]} = \dfrac{V^2}{P_n Z_s} = \dfrac{6,000^2}{10,000 \times 10^3 \times 2} = 1.8$

【답】 ④

58 변압기 권선의 상간 단락보호에 가장 적합한 계전기는?
① 충격유압 계전기
② 온도 계전기
③ 비율차동 계전기
④ 지락 계전기

> **Explanation**

비율차동 계전기 : 발전기 및 변압기의 층간 단락 등 내부 고장 검출

【답】 ③

59 2대의 3상 동기 발전기가 무부하로 운전하고 있을 때 대응하는 기전력 사이의 상차각이 30°라면 한 쪽 발전기에서 다른 쪽 발전기로 공급하는 1상당 전력은 몇 [kW]인가?(단, 발전기 1상의 기전력은 2,000[V], 동기 임피던스 5[Ω]이고 전기자 저항은 무시한다)
① 100
② 200
③ 300
④ 400

> **Explanation**

수수전력
동기 발전기를 무부하로 병렬 운전시킬 때 대응하는 기전력 사이에 δ_s의 위상차가 있으면 한 쪽 발전기에서 다른 쪽 발전기에 공급되는 전력

$P = \dfrac{E^2}{2Z_s}\sin\delta = \dfrac{2,000^2}{2 \times 5}\sin 30° = \dfrac{2,000^2}{10} \times \dfrac{1}{2} \times 10^{-3} = 200[\text{kW}]$

【답】 ②

60 %임피던스가 5[%]인 변압기가 운전 중 단락되었을 때 단락전류는 정격전류의 몇 배가 되는가?
① 2
② 5
③ 10
④ 20

> **Explanation**

단락 전류 $I_s = \dfrac{100}{\%Z}I_n = \dfrac{100}{5} \times I_n = 20I_n$

따라서 단락 전류는 정격 전류의 20배가 된다.

【답】 ④

4과목 회로이론 및 제어공학

61 4단자 정수 A, B, C, D로 출력 측을 개방시켰을 때 입력 측에서 구동점 임피던스 $Z_{11} = \dfrac{V_1}{I_1}\bigg|_{I_2=0}$를 표시한 것 중 옳은 것은?

① $Z_{11} = \dfrac{A}{C}$ ② $Z_{11} = \dfrac{B}{D}$

③ $Z_{11} = \dfrac{A}{B}$ ④ $Z_{11} = \dfrac{B}{C}$

Explanation

4단자 정수

$A = \dfrac{V_1}{V_2}\bigg|_{I_2=0}$ 전압비 $B = \dfrac{V_1}{I_2}\bigg|_{V_2=0}$ 임피던스[Ω]

$C = \dfrac{I_1}{V_2}\bigg|_{I_2=0}$ 어드미턴스[℧] $D = \dfrac{I_1}{I_2}\bigg|_{V_2=0}$ 전류비

따라서 $Z_{11} = \dfrac{V_1}{I_1}\bigg|_{I_2=0} = \dfrac{A}{C}$

【답】①

62 상의 순서가 a-b-c인 불평형 3상전류가 $I_a = 15 + j2$[A], $I_b = -20 - j14$[A], $I_c = -3 + j10$[A]일 때 영상분 전류 I_0는 약 몇 [A]인가?

① $-2.67 + j0.38$ ② $2.02 + j6.98$

③ $15.5 - j3.56$ ④ $-2.67 - j0.67$[A]

Explanation

영상분 전류 $I_0 = \dfrac{1}{3}(I_a + I_b + I_c)$

$= \dfrac{1}{3}(15 + j2 - 20 - j14 - 3 + j10)$

$= -2.67 - j0.67$

【답】④

63 그림과 같은 $R-C$ 병렬회로에서 전원전압이 $e_s(t) = 3e^{-5t}$인 경우 이 회로의 임피던스는?

① $\dfrac{j\omega RC}{1 + j\omega RC}$ ② $\dfrac{R}{1 - 5RC}$

③ $\dfrac{1}{1 + RCs}$ ④ $\dfrac{1 + j\omega RC}{R}$

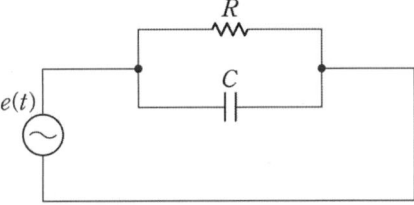

Explanation

병렬회로에서의 임피던스 $Z = \dfrac{\dfrac{R}{j\omega C}}{R + \dfrac{1}{j\omega C}} = \dfrac{R}{1 + j\omega CR}$

여기서, 전압을 페이저로 나타내면
$V = V\angle \omega t = V(\cos\omega t + j\sin\omega t) = Ve^{j\theta} = Ve^{j\omega t}$

$e_s(t) = 3e^{-5t}$에서 $j\omega = -5$이므로

$Z = \dfrac{R}{1 + j\omega CR} = \dfrac{R}{1 - 5CR}$

【답】②

64 $f(t) = \mathcal{L}^{-1}\left[\dfrac{1}{s^2+a^2}\right]$을 나타낸 것으로 옳은 것은?

① $\dfrac{1}{a}\sin at$
② $\dfrac{1}{a}\cos at$
③ $\cos at$
④ $\sin at$

> **Explanation**
>
> 라플라스 변환 식 $\mathcal{L}[\sin \omega t] = \dfrac{\omega}{s^2+\omega^2}$
>
> $f(t) = \mathcal{L}^{-1}\left[\dfrac{1}{s^2+a^2}\right] = \mathcal{L}^{-1}\left[\dfrac{1}{a}\dfrac{a}{s^2+a^2}\right] = \dfrac{1}{a}\sin at$
>
> 【답】 ①

65 한 상의 임피던스 $6+j8\,[\Omega]$인 △ 부하에 대칭 선간전압 200[V]를 인가할 때 3상 전력은 몇 [W]인가?

① 2,400
② 3,600
③ 7,200
④ 10,800

> **Explanation**
>
> 3상 전력은 $P = 3V_pI_p\cos\theta = 3I_p^2R\,[\text{W}]$
> △결선이므로 $V_l = V_p$
>
> 여기서, 상전류는 $I_p = \dfrac{V_p}{Z} = \dfrac{200}{6+j8} = \dfrac{200}{\sqrt{6^2+8^2}} = 20\,[\text{A}]$
>
> 3상 전력은 $P = 3I_p^2R = 3 \times 20^2 \times 6 = 7{,}200\,[\text{W}]$
>
> 【답】 ③

66 위상정수가 $\dfrac{\pi}{8}\,[\text{rad/m}]$인 선로의 1[MHz]에 대한 전파속도는 몇 [m/s]인가?

① 1.6×10^7
② 3.2×10^7
③ 5.0×10^7
④ 8.0×10^7

> **Explanation**
>
> 전파속도 $v = f\lambda$
> 위상정수 $\beta = \dfrac{2\pi}{\lambda}$ 에서
> 파장 $\lambda = \dfrac{2\pi}{\beta} = \dfrac{2\pi}{\dfrac{\pi}{8}} = 16$
> 전파속도 $v = f\lambda = 1\times 10^6 \times 16 = 1.6\times 10^7\,[\text{m/s}]$
>
> 【답】 ①

67 A, B 2개의 코일이 있다. 각 코일의 저항과 유도 리액턴스는 A가 3[Ω]과 5[Ω], B가 5[Ω]과 1[Ω]일 때, 두 코일을 직렬로 접속하고 100[V]를 가한다면 I[A]는 약 얼마인가?

① $10\angle 53°$
② $10\angle 37°$
③ $10\angle -53°$
④ $10\angle -37°$

> **Explanation**
>
> 임피던스 $Z = 3+j5+5+j = 8+j6\,[\Omega]$
> 임피던스 $Z = 8+j6 = \sqrt{8^2+6^2}\angle \tan^{-1}\dfrac{6}{8} = 10\angle 37°$
> 전류 $I = \dfrac{V}{Z} = \dfrac{100}{10\angle 37°} = 10\angle -37°$
>
> 【답】 ④

68 선간 전압이 V_{ab}[V]인 3상 평형 전원에 대칭 부하 $R[\Omega]$이 그림과 같이 접속되어 있을 때, a, b 두 상 간에 접속된 전력계의 지시 값이 W[W]라면 상전류의 크기[A]는?

① $\dfrac{W}{3\,V_{ab}}$

② $\dfrac{2W}{3\,V_{ab}}$

③ $\dfrac{2W}{\sqrt{3}\,V_{ab}}$

④ $\dfrac{\sqrt{3}\,W}{V_{ab}}$

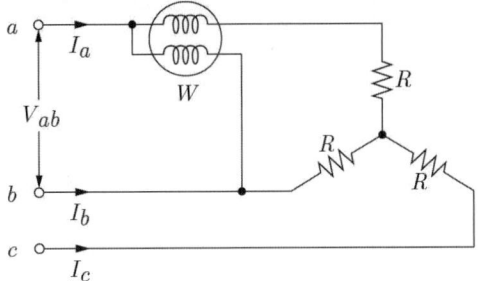

Explanation

2전력계법
유효전력 $P = P_1 + P_2 = 2W$
피상전력 $P_a = 2\sqrt{P_1^2 + P_2^2 - P_1 P_2} = \sqrt{3}\,V_l I_l$
Y결선 피상전력 $P = \sqrt{3}\,V_l I_l \cos$에서 저항부하이므로 역률은 1이 되며
따라서 $2W = \sqrt{3}\,V_l I_l$에서
선전류 $I_l = \dfrac{2W}{\sqrt{3}\,V_l} = \dfrac{2W}{\sqrt{3}\,V_{ab}}$

【답】③

69 $R - L$ 직렬회로에서 $R = 20[\Omega]$, $L = 40[mH]$이다. 이 회로의 시정수[sec]는?

① 2×10^3

② 2×10^{-3}

③ $\dfrac{1}{2} \times 10^3$

④ $\dfrac{1}{2} \times 10^{-3}$

Explanation

시정수(Time constant) : 목표치의 63.2[%]에 도달하는 시간으로 정의
$R - L$ 직렬회로에서 시정수는 $\tau = \dfrac{L}{R} = \dfrac{40 \times 10^{-3}}{20} = 2 \times 10^{-3}$[sec]

【답】②

70 회로에서 전압 V_{ab}[V]는?

① 2
② 3
③ 6
④ 9

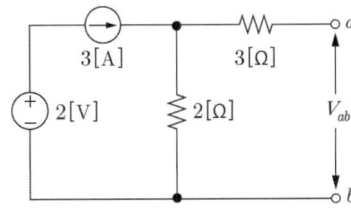

Explanation

전압원 단락 시 : $V_{ab} = 6$[V]　　전류원 개방 시 : $V_{ab} = 0$[V]

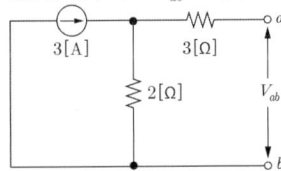 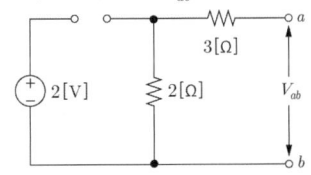

【답】③

71 블록선도 변환이 틀린 것은?

【답】④

72 다음과 같은 상태 방정식으로 표시되는 제어시스템의 특성방정식의 근(s_1, s_2)은?

$$\begin{bmatrix} \dot{x_1} \\ \dot{x_2} \end{bmatrix} = \begin{bmatrix} 0 & 1 \\ -2 & -3 \end{bmatrix} \begin{bmatrix} x_1 \\ x_2 \end{bmatrix} + \begin{bmatrix} 1 \\ 0 \end{bmatrix} u$$

① 1, −3
② −1, −2
③ −2, −3
④ −1, −3

Explanation

특성방정식 $|sI-A|=0$

$|sI-A| = \begin{bmatrix} s & 0 \\ 0 & s \end{bmatrix} - \begin{bmatrix} 0 & 1 \\ -2 & -3 \end{bmatrix} = \begin{vmatrix} s & -1 \\ 2 & s+3 \end{vmatrix} = s^2 + 3s + 2$

$s^2 + 3s + 2 = (s+1)(s+2) = 0$

따라서 특성방정식의 근(고유값) $s = -1, -2$

【답】②

73 전달함수가 $\dfrac{C(s)}{R(s)} = \dfrac{25}{s^2 + 6s + 25}$ 인 2차 제어시스템의 감쇠 진동주파수(ω_d)는 몇 [rad/sec]인가?

① 3
② 4
③ 5
④ 6

Explanation

2차계의 전달 함수 $G(s) = \dfrac{\omega_n^2}{s^2 + 2\zeta\omega_n s + \omega_n^2}$ 과 비교하면 $\omega_n^2 = 25$ 에서 $\omega_n = 5$ 이며

여기서, $2\zeta\omega_n = 6$ 이므로 감쇠비(제동비) $\zeta = \dfrac{1}{2\omega_n} = \dfrac{6}{2 \times 5} = \dfrac{3}{5}$

• 과도 진동주파수 $\omega_d = \omega_n \sqrt{1 - \zeta^2} = 5\sqrt{1 - \left(\dfrac{3}{5}\right)^2} = 4$ [rad/sec]

【답】②

74 다음과 같은 계전기회로와 같은 기능을 하는 회로는?
① NOT
② EX-OR
③ NOR
④ OR

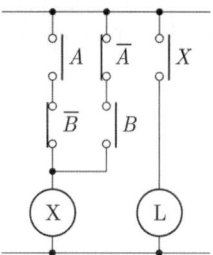

> **Explanation**

EOR(Exclusive OR)
① 동작사항 : 두 입력의 상태가 다를 때에만 출력이 생기는 판단 기능을 갖는 회로
② 논리식 : $X = \overline{A}B + A\overline{B} = A \oplus B$
③ 회로와 타임 차트

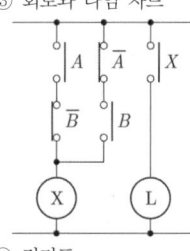 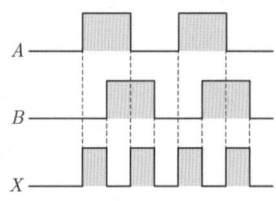

④ 진리표

A	B	X
0	0	0
0	1	1
1	0	1
1	1	0

【답】②

75 적분시간 3[sec], 비례감도가 3인 비례적분 동작을 하는 제어요소가 있다. 이 제어요소에 동작신호 $x(t) = 2t$를 주었을 때 조작량은 얼마인가? (단, 초기 조작량 $y(t)$는 0이다)
① $t^2 + 2t$
② $t^2 + 4t$
③ $t^2 + 6t$
④ $t^2 + 8t$

> **Explanation**

조작량 $y(t) = 3[x(t) + \dfrac{1}{3}\int x(t)dt]$에서
$= 3[(2t) + \dfrac{1}{3}\int 2t\,dt] = 6t + t^2$

【답】③

76 $G(j\omega)H(j\omega) = \dfrac{K}{(1+2j\omega)(1+j\omega)}$의 이득 여유가 20[dB]일 때 K값은? 단, $\omega = 0$이다.
① $K = 0$
② $K = \dfrac{1}{10}$
③ $K = 1$
④ $K = 10$

> **Explanation**

이득 여유 $g \cdot m = 20\log_{10}\left|\dfrac{1}{GH(j\omega)}\right|$[dB]이므로

$$|GH| = \left| \frac{K}{1-2\omega^2 + j3\omega} \right|_{\omega=0}$$

여기서, 허수부가 0이 되는 주파수는 $\omega = 0$이므로 대입하면 $|GH| = K$

이득 여유는 $g \cdot m = 20\log_{10}\left|\frac{1}{K}\right| = 20[\text{dB}]$ 따라서, $\frac{1}{K} = 10$이며 $K = \frac{1}{10}$

【답】②

77 이산 시스템(discrete data system)에서의 안정도 해석에 대한 설명 중 옳은 것은?
① 특성방정식의 모든 근이 z 평면의 음의 반평면에 있으면 안정하다.
② 특성방정식의 모든 근이 z 평면의 양의 반평면에 있으면 안정하다.
③ 특성방정식의 모든 근이 z 평면의 단위원 내부에 있으면 안정하다.
④ 특성방정식의 모든 근이 z 평면의 단위원 외부에 있으면 안정하다.

Explanation

- s 평면의 좌반면 : z 평면상에서는 단위원의 내부에 사상(안정)
- s 평면의 우반면 : z 평면상에서는 단위원의 외부에 사상(불안정)
- s 평면의 허수축 : z 평면상에서는 단위원의 원주상에 사상(임계)

【답】③

78 그림과 같은 제어시스템에서 k에 대한 폐루프 전달함수 $\left(T(s) = \frac{C(s)}{R(s)}\right)$의 감도 S_k^T는?

① $\dfrac{k}{1-G(s)H(s)}$
② $\dfrac{-G(s)H(s)}{1+G(s)H(s)}$
③ $\dfrac{1}{1+kG(s)H(s)}$
④ $\dfrac{1}{1-kG(s)H(s)}$

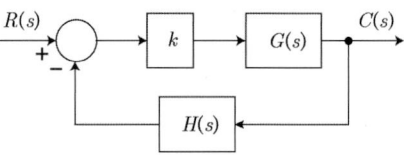

Explanation

감도(Sensitivity) : 시스템의 한 개의 파라미터가 전체 시스템에 미치는 영향
$S_k^T = \dfrac{k}{T}\dfrac{dT}{dk}$

- 전체 시스템 $T = \dfrac{C(s)}{R(s)} = \dfrac{kG}{1+kGH}$

$\therefore S_k^T = \dfrac{k}{T} \cdot \dfrac{dT}{dk} = \dfrac{k}{\frac{kG}{1+kGH}} \cdot \dfrac{d}{dk}\left(\dfrac{kG}{1+kGH}\right) = \dfrac{1+kGH}{G} \cdot \dfrac{G(1+kGH) - kG(GH)}{(1+kGH)^2} = \dfrac{1}{1+kGH}$

【답】③

79 개루프 전달함수 $G(s)H(s)$로부터 근궤적을 작성할 때 실수축에서의 점근선의 교차점은?

$$G(s)H(s) = \frac{K(s-1)}{s^2(s+1)(s+4)}$$

① -2
② -3
③ -5
④ -6

Explanation

근궤적의 점근선의 교차점
$\sigma = \dfrac{\Sigma G(s)H(s)\text{의 극점} - \Sigma G(s)H(s)\text{의 영점}}{P-Z} = \dfrac{(0-1-4)-1}{4-1} = -2$

【답】①

80 그림의 신호흐름선도를 미분방정식으로 표현한 것으로 옳은 것은?(단, 모든 초기 값은 0)

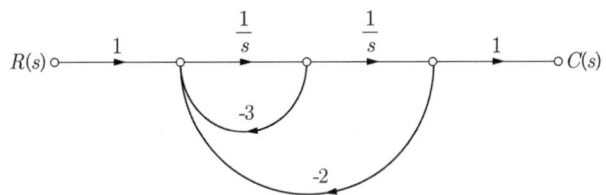

① $\dfrac{d^2c(t)}{dt^2}+3\dfrac{dc(t)}{dt}+2c(t)=r(t)$ ② $\dfrac{d^2c(t)}{dt^2}+2\dfrac{dc(t)}{dt}+3c(t)=r(t)$

③ $\dfrac{d^2c(t)}{dt^2}-3\dfrac{dc(t)}{dt}-2c(t)=r(t)$ ④ $\dfrac{d^2c(t)}{dt^2}-2\dfrac{dc(t)}{dt}-3c(t)=r(t)$

Explanation

메이슨의 이득공식을 적용하면

$G=\dfrac{\sum G_i \Delta_i}{\Delta}$ 에서

$G_i : \dfrac{1}{s}\times\dfrac{1}{s}=\dfrac{1}{s^2}$ $\Delta_i : 1-0=1$

$\Delta=1-\left(-\dfrac{3}{s}-\dfrac{2}{s^2}\right)=1+\dfrac{3}{s}+\dfrac{2}{s^2}$

전체이득 $G(s)=\dfrac{C(s)}{R(s)}=\dfrac{\dfrac{1}{s^2}}{1+\dfrac{3}{s}+\dfrac{2}{s^2}}=\dfrac{1}{s^2+3s+2}$

$(s^2+3s+2)C(s)=R(s)$
$s^2C(s)+3sC(s)+2C(s)=R(s)$
$\dfrac{d^2c(t)}{dt^2}+3\dfrac{dc(t)}{dt}+2c(t)=r(t)$

【답】 ①

5과목 전기설비기술기준

81 전기부식방지 시설에서 전기부식방지 회로의 사용전압은 직류 몇 [V] 이하이어야 하는가?(단, 전기부식방지 회로는 전기부식방지용 전원 장치로부터 양극 및 피방식체까지의 전로를 말한다)

① 20 ② 40
③ 60 ④ 80

Explanation

(KEC 241.16조) 전기부식방지 시설
전기부식방지 회로의 **사용전압** : 직류 60[V] 이하

【답】 ③

82 주택의 전기저장장치 축전지에 접속하는 부하 측 옥내배선에서 전로에 지락이 생겼을 때 자동적으로 전로를 차단하는 장치를 시설한 경우에 주택의 옥내전로의 대지전압은 직류 몇 [V]까지 적용할 수 있는가?

① 100   ② 300
③ 500   ④ 600

> **Explanation**
>
> (KEC 511.3조) 전기저장장치 옥내전로의 대지전압 제한
> 주택의 전기저장장치의 축전지에 접속하는 부하 측 옥내배선을 다음에 따라 시설하는 경우에 주택의 옥내전로의 대지전압은 **직류 600[V]까지 적용할 수 있다.** 【답】④

83 사용전압이 22.9[kV]인 특고압 가공전선이 도로를 횡단하는 경우, 지표상 높이는 몇 [m] 이상인가?
① 4.5   ② 5
③ 5.5   ④ 6

> **Explanation**
>
> (KEC 333.7조) 특고압 가공전선의 높이
>
> | 사용전압의 구분 | 지표상의 높이 |
> |---|---|
> | 35[kV] 이하 | 5[m]
(철도 또는 궤도를 횡단하는 경우에는 6.5[m], **도로를 횡단하는 경우에는 6[m]**, 횡단보도교의 위에 시설하는 경우로서 전선이 특고압절연전선 또는 케이블인 경우에는 4[m]) |
>
> 【답】④

84 사용전압이 25,000[V]인 단상 교류시스템의 전차선과 차량 간의 정적 최소 절연이격거리는 몇 [mm] 이상을 확보하여야 하는가?
① 150   ② 170
③ 100   ④ 270

> **Explanation**
>
> (KEC 431.3조) 전차선로의 충전부와 차량 간의 절연이격
>
> | 시스템 종류 | 공칭전압[V] | 동적[mm] | 정적[mm] |
> |---|---|---|---|
> | 단상교류 | 25,000 | 170 | 270 |
>
> 【답】④

85 수소냉각식 발전기 내부 또는 무효 전력 보상 장치 내부의 수소의 순도가 몇 [%] 이하로 저하한 경우에 이를 경보하는 장치를 시설하여야 하는가?
① 85   ② 95
③ 98   ④ 65

> **Explanation**
>
> (KEC 351.10조) 수소냉각식 발전기 등의 시설
> 수소의 순도가 85[%] 이하로 저하한 경우에 **경보** 【답】①

86 통신설비의 식별표시에 대한 설명으로 틀린 것은?
① 모든 통신기기에는 식별이 용이하도록 인식용 표찰을 부착하여야 한다.
② 통신사업자의 설비표시명판은 플라스틱 및 금속판 등 견고하고 가벼운 재질로 하고 글씨는 각인하거나 지워지지 않도록 제작된 것을 사용하여야 한다.
③ 배전주에 시설하는 통신설비의 설비표시명판은 분기주 및 잡아당기는 용도의 전주는 매 전주에 시설하여야 한다.
④ 배전주에 시설하는 통신설비의 설비표시명판은 직선주인 경우 전주 10경간마다 시설하여야 한다.

> Explanation

(KEC 365.1조) 통신설비의 식별표시
① 모든 통신기기에는 식별이 용이하도록 인식용 표찰을 부착하여야 한다.
② 통신사업자의 설비표시명판은 플라스틱 및 금속판 등 견고하고 가벼운 재질로 하고 글씨는 각인하거나 지워지지 않도록 제작된 것을 사용하여야 한다.
③ 배전주에 시설하는 통신설비의 설비표시명판
 - 분기주 및 잡아당기는 용도의 전주는 매 전주에 시설
 - 직선주인 경우 전주 5경간마다 시설   【답】④

87 두 개 이상의 전선을 병렬로 접속하는 경우 각 전선은 동선의 경우 단면적이 몇 [㎟] 이상이어야 하는가?(단, 같은 도체, 같은 재료, 같은 길이 및 같은 굵기의 선을 사용한다)
① 50
② 70
③ 95
④ 55

> Explanation

(KEC 123조) 전선의 접속
두 개 이상의 전선을 병렬로 사용하는 경우 **동선 50[㎟] 이상** 또는 알루미늄 70[㎟] 이상으로 할 것   【답】①

88 고압 가공전선이 가공약전류전선 등과 접근하는 경우에 고압 가공전선과 가공약전류전선 사이의 이격거리는 몇 [m] 이상이어야 하는가?(단, 전선이 케이블이 아닌 경우임)
① 0.4
② 0.6
③ 0.8
④ 1.0

> Explanation

(KEC 332.13조) 고압 가공전선과 가공약전류전선 등의 접근 또는 교차
고압 가공전선이 가공약전류전선 등과 접근하는 경우는 고압 가공전선과 가공약전류전선 등 사이의 이격거리는 0.8[m](전선이 케이블인 경우에는 0.4[m]) 이상일 것   【답】③

89 아파트 세대 욕실에 "비데용 콘센트"를 시설하려 한다. 다음의 시설방법 중 틀린 것은?
① 콘센트는 방적형 콘센트를 사용한다.
② 인체감전보호용 누전차단기(정격감도전류 15[mA] 이하, 동작시간 0.03초 이하의 전류동작형의 것에 한한다)를 보호된 전로에 접속한다.
③ 절연변압기(정격용량 3[kVA] 이하인 것에 한한다)로 보호된 전로에 접속한다.
④ 콘센트는 접지극이 없는 것을 사용한다.

> Explanation

(KEC 234.5조) 콘센트의 시설
• 「전기용품 및 생활용품 안전관리법」의 적용을 받는 인체감전보호용 누전차단기(정격감도전류 15[mA] 이하, 동작시간 0.03초 이하의 전류동작형의 것에 한한다) 또는 절연변압기(정격용량 3[kVA] 이하인 것에 한한다)로 보호된 전로에 접속하거나, 인체감전보호용 누전차단기가 부착된 콘센트를 시설하여야 한다.
• 콘센트는 접지극이 있는 방적형 콘센트를 사용하여 규정에 준하여 접지하여야 한다.   【답】④

90 한국전기설비 규정에 따라 저압 절연전선으로 사용이 가능한 전선이 아닌 것은?(단, 소세력 회로에 적용되는 것이 아니다)
① 450/750[V] 저독성 난연 가교폴리올레핀 절연전선
② 450/750[V] 저독성 캡타이어 절연전선
③ 450/750[V] 저독성 난연 폴리올레핀 절연전선
④ 450/750[V] 비닐 절연전선

> Explanation

(KEC 122조) 전선의 종류 - 저압 절연전선
- 450/750[V] 비닐절연전선
- 450/750[V] 저독성 난연 폴리올레핀 절연전선
- 450/750[V] 저독성 난연 가교폴리올레핀 절연전선
- 450/750[V] 고무절연전선

【답】②

91 지중 전선로를 직접 매설식에 의하여 시설하는 경우에는 매설 깊이를 차량 기타 중량물의 압력을 받을 우려가 있는 장소에서는 몇 [m] 이상으로 하여야 하는가?
① 0.6
② 1.0
③ 1.2
④ 1.5

> Explanation

(KEC 334.1조) 지중전선로의 시설 - 직접 매설식
매설 깊이 : 차량 기타 중량물의 압력을 받을 우려가 있는 장소 1.0[m] 이상, 기타 장소 0.6[m] 이상

【답】②

92 백열전등 또는 방전등 및 이에 부속하는 전선을 사람이 접촉할 우려가 없도록 시설한 경우 백열전등 또는 방전등에 전기를 공급하는 옥내전로의 대지전압은 몇 [V] 이하이어야 하는가?(단, 주택의 옥내전로 제외)
① 750
② 300
③ 400
④ 600

> Explanation

(KEC 234.11조) 1[kV] 이하 방전등
방전등에 전기를 공급하는 전로의 대지전압은 300[V] 이하로 하여야 한다.

【답】②

93 특고압 전로의 다중접지 지중 배전계통에 사용하는 동심중성선 전력케이블에 대한 설명으로 틀린 것은?
① 도체는 연동선 또는 알루미늄선을 소선으로 구성한 원형 압축연선으로 할 것
② 중성선은 반도전성 부품을 테이프 위에 형성하여야 하며, 꼬임방향은 Z 또는 S-Z 꼬임으로 할 것
③ 최대사용전압은 25.8[kV] 이하일 것
④ 절연체는 동심원상으로 동시압출(3중 동시압출)와 내부 반도전층, 절연층 및 외부 반도전층으로 구성하여야 하며, 습식 방식으로 가교할 것

> Explanation

(KEC 122.5조) 고압 및 특고압케이블
① 도체는 연동선 또는 알루미늄선을 소선으로 구성한 원형 압축연선
② 중성선은 반도전성 부품을 테이프 위에 형성하여야 하며, 꼬임방향은 Z 또는 S-Z 꼬임
③ 최대사용전압은 25.8[kV] 이하
④ 절연체는 동심원상으로 동시압출(3중 동시압출)와 내부 반도전층, 절연층 및 외부 반도전층으로 구성하여야 하며, **건식 방식으로 가교할 것**

【답】④

94 옥내에 시설하는 관등회로의 사용전압이 1[kV] 이하인 방전등 공사에 대한 설명으로 틀린 것은?
① 방전등용 안정기를 물기 등이 유입될 수 있는 곳에 시설할 경우는 방수형이나 이와 동등한 성능이 있는 것을 사용하여야 한다.
② 관등회로의 사용전압이 대지전압 150[V] 이하의 것을 건조한 장소에 시공할 경우 접지공사를 생략할 수 있다.

③ 관등회로의 사용전압이 400[V] 초과인 경우에는 방전등용 변압기를 사용하여야 한다.
④ 관등회로의 사용전압이 400[V] 초과이고, 1[kV] 이하인 배선을 애자공사에 의하여 시설할 경우 전선 상호 간의 거리는 50[mm] 이상이어야 한다.

> **Explanation**

(KEC 234.11조) 1[kV] 이하 방전등 - 애자공사의 시설
① **전선 상호 간의 거리 : 60[mm] 이상**
② 전선과 조영재 거리 : 25[mm] 이상(습기가 많은 장소 45[mm] 이상)
③ 전선 지지점 간의 거리
  - 관등회로 전압 400[V] 초과 600[V] 이하 : 2[m] 이하
  - 관등회로 전압 600[V] 초과 1[kV] 이하 : 1[m] 이하

【답】④

95 사용전압 35[kV] 변전소의 울타리를 높이 2.5[m]인 것으로 설치할 때 울타리 높이와 충전부까지의 거리의 합계는 최소 몇 [m] 이상으로 하여야 하는가?
① 5.78   ② 5   ③ 5.66   ④ 6

> **Explanation**

(KEC 351.1조) 발전소 등의 울타리·담 등의 시설

사용 전압의 구분	울타리·담등의 높이와 울타리·담등으로부터 충전 부분까지의 거리 합계
35[kV] 이하	**5[m]**
35[kV] 초과 160[kV] 이하	6[m]
160[kV] 초과	• 거리의 합계=6+단수×0.12[m] • 단수= $\frac{\text{사용전압[kV]} - 160}{10}$ (단수 계산에서 소수점 이하는 절상)

【답】②

96 태양전지 발전소에 시설하는 태양전지 모듈, 전선 및 개폐기의 시설에 대한 설명으로 틀린 것은?
① 옥측에 시설하는 경우 금속관공사, 합성수지관공사, 애자공사로 배선할 것
② 어레이 출력개폐기는 점검이나 조작이 가능한 곳에 시설할 것
③ 모듈을 병렬로 접속하는 전로에는 그 전로에 단락전류가 발생할 경우에 전로를 자동으로 차단하는 과전류차단기를 시설할 것
④ 전선은 공칭단면적 2.5[mm²] 이상의 연동선을 사용할 것

> **Explanation**

(KEC 522조) 태양광설비의 시설
옥측 또는 옥외에 가능한 배선방법 : 금속관공사, 합성수지관공사, 금속제 가요전선관공사, 케이블공사

【답】①

97 철도, 궤도 또는 자동차로 전용터널 안의 전선로에 사용되는 저압 전선으로 경동선을 사용하는 경우 지름 몇 [mm] 이상을 사용하여야 하는가?
① 4.5   ② 4
③ 2.6   ④ 6

> **Explanation**

(KEC 335.1조) 터널 안 전선로의 시설
① **저압전선 - 지름 2.6[mm] 경동선 이상**, 애자공사에 의해 시설할 때 레일면상 또는 노면상 2.5[m] 이상의 높이, 합성수지관 공사, 금속관 공사, 가요전선관 공사, 케이블 공사에 의해 시설
② 고압전선 - 지름 4[mm] 경동선 이상, 애자공사 시 레일면상 또는 노면상 3[m] 이상의 높이, 케이블 공사에 의한 시설

【답】③

98 사용전압이 170[kV]를 초과하는 특고압 가공전선로를 시가지에 시설하는 경우, 전선의 단면적은 몇 [mm²] 이상의 강심알루미늄선을 사용하여야 하는가?
① 22
② 55
③ 150
④ 240

Explanation

(KEC 333.1조) 시가지 등에서 특고압 가공전선로의 시설
사용전압이 170[kV] 초과하는 경우 : 전선은 단면적 240[mm²] 이상의 강심알루미늄선 【답】④

99 저압 옥측전선로를 목조의 조영물에 시설할 때 가능한 공사방법은?
① 케이블공사(연피 케이블을 사용하는 경우)
② 버스덕트공사
③ 금속관공사
④ 합성수지관공사

Explanation

(KEC 221.2조) 옥측전선로
• 애자공사(전개된 장소만)
• 합성수지관공사
• 금속관공사(**목조 제외**)
• 버스덕트공사(**목조 제외**)
• 케이블공사(연피 케이블, 알루미늄피 케이블, MI케이블 사용하면 **목조 제외**) 【답】④

100 저압 보안공사 시 사용전압이 400[V] 이하인 경우에는 지름 몇 [mm] 이상의 경동선을 사용하여야 하는가?
① 2.6
② 4
③ 6
④ 5

Explanation

(KEC 222.10조) 저압 보안공사
케이블이 아닌 경우 인장강도 8.01[kN] 이상의 것 또는 지름 5[mm](**사용전압이 400[V] 이하인 경우에는 인장강도 5.26[kN] 이상의 것 또는 지름 4[mm] 이상의 경동선**) 이상의 경동선일 것 【답】②

전기기사 필기 2022

과년도 기출문제

- 2022년 제 01회
- 2022년 제 02회
- 2022년 제 03회(CBT)

2022년 과년도 기출문제에 대한 출제 빈도 분석 차트입니다.
각 회차별로 별의 개수를 확인하고 학습에 참고하기 바랍니다.

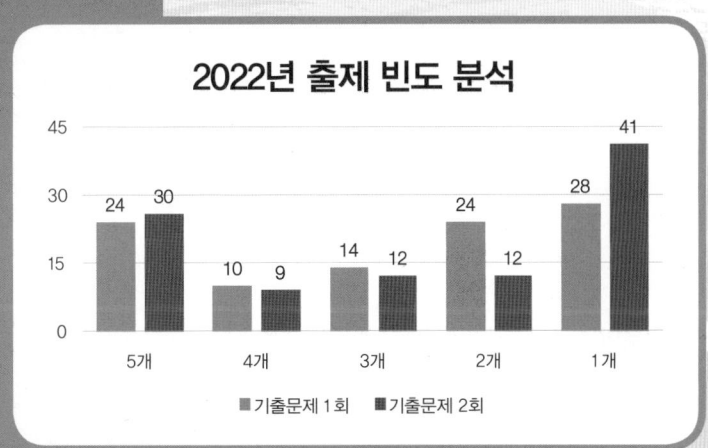

2022년 전기기사 필기

1과목 전기자기학

01 ★☆☆☆☆
면적이 0.02[m²], 간격이 0.03[m]이고, 공기로 채워진 평행평판의 커패시터에 1.0×10^{-6}[C]의 전하를 충전시킬 때, 두 판 사이에 작용하는 힘의 크기는 약 몇 [N]인가?
① 1.13
② 1.41
③ 1.89
④ 2.83

Explanation

【답】④

02 ★★★★☆
자극의 세기가 7.4×10^{-5}[Wb], 길이가 10[cm]인 막대자석이 100[AT/m]의 평등자계 내에 자계의 방향과 30°로 놓여 있을 때 이 자석에 작용하는 회전력[N·m]은?
① 2.5×10^{-3}
② 3.7×10^{-4}
③ 5.3×10^{-5}
④ 6.2×10^{-6}

Explanation

자성체에 의한 토크
$T = M \times H = MH\sin\theta = mlH\sin\theta$
따라서 $T = MH\sin\theta = mlH\sin\theta = 7.4 \times 10^{-5} \times 10 \times 10^{-2} \times 100 \times \sin 30° = 3.7 \times 10^{-4}$[N·m]

【답】②

03 ★★☆☆☆
유전율이 $\epsilon = 2\epsilon_0$이고 투자율이 μ_0인 비도전성 유전체에서 전자파의 전계의 세기가 $E(z,t) = 120\pi \cos(10^9 t - \beta z)\hat{y}$[V/m]일 때, 자계의 세기 H[A/m]는? (단, $\hat{x}$, $\hat{y}$는 단위벡터이다)
① $-\sqrt{2} \cos(10^9 t - \beta z)\hat{x}$
② $\sqrt{2} \cos(10^9 t - \beta z)\hat{x}$
③ $-2\cos(10^9 t - \beta z)\hat{x}$
④ $2\cos(10^9 t - \beta z)\hat{x}$

Explanation

【답】①

04 ★★★★★
자기회로에서 전기회로의 도전율 σ[℧/m]에 대응되는 것은?
① 자속
② 기자력
③ 투자율
④ 자기저항

> Explanation

전기회로와 자기회로와의 관계

전기회로	자기회로
전류 I	자속 ϕ
전기저항 R	자기저항 R_m
기전력 $E(V)$	기자력 F_m
도전율 k	투자율 μ

【답】③

05 ★★★★★ 단면적이 균일한 환상철심에 권수 1,000회인 A 코일과 권수 N_B회인 B 코일이 감겨져 있다. A 코일의 자기 인덕턴스가 100[mH]이고, 두 코일 사이의 상호 인덕턴스가 20[mH]이고, 결합계수가 1일 때, B 코일의 권수(N_B)는 몇 회인가?

① 100　　　　　　　　　　② 200
③ 300　　　　　　　　　　④ 400

> Explanation

자기인덕턴스와 상호인덕턴스

- 자기인덕턴스 : $L_1 = \dfrac{N_1^2}{R_m}$　$L_2 = \dfrac{N_2^2}{R_m}$

- 상호인덕턴스 : $M = \dfrac{N_1 N_2}{R_m} = \dfrac{N_2}{N_1} L_1$

따라서 상호인덕턴스 $M = \dfrac{N_2}{N_1} L_1$ 에서 $N_2 = \dfrac{N_1}{L_1} \times M = \dfrac{1,000}{100} \times 20 = 200$[회]

【답】②

06 ★★☆☆☆ 공기 중에서 1[V/m]의 전계의 세기에 의한 변위전류밀도의 크기를 2[A/m²]으로 흐르게 하려면 전계의 주파수는 몇 [MHz]가 되어야 하는가?

① 9,000　　　　　　　　　　② 18,000
③ 36,000　　　　　　　　　　④ 72,000

> Explanation

변위 전류밀도 $i_d = j\omega\epsilon E = j2\pi f \epsilon E$ [A/m²]

주파수 $f = \dfrac{i_d}{2\pi\epsilon E} = \dfrac{2}{2\pi \times 8.855 \times 10^{-12} \times 1} \times 10^{-6} \fallingdotseq 36,000$ [MHz]

【답】③

07 ★★☆☆☆ 내부 원통 도체의 반지름이 a[m], 외부 원통 도체의 반지름이 b[m]인 동축 원통 도체에서 내외 도체 간 물질의 도전율이 σ[℧/m]일 때 내외 도체 간의 단위 길이당 컨덕턴스[℧/m]는?

① $\dfrac{2\pi\sigma}{\ln\dfrac{b}{a}}$　　　　　　　② $\dfrac{2\pi\sigma}{\ln\dfrac{a}{b}}$

③ $\dfrac{4\pi\sigma}{\ln\dfrac{b}{a}}$　　　　　　　④ $\dfrac{4\pi\sigma}{\ln\dfrac{a}{b}}$

> Explanation

$RC = \rho\epsilon$에서 $R = \dfrac{\rho\epsilon}{C}$이고

컨덕턴스 $G = \dfrac{1}{R} = \dfrac{C}{\rho\epsilon}$

동축케이블의 정전용량 $C = \dfrac{2\pi\epsilon}{\ln\dfrac{b}{a}}$ [F/m]이므로

$G = \dfrac{2\pi\epsilon}{\rho\epsilon \ln\dfrac{b}{a}} = \dfrac{2\pi}{\rho \ln\dfrac{b}{a}} = \dfrac{2\pi\sigma}{\ln\dfrac{b}{a}}$ [℧/m] (여기서, 저항률 $\rho = \dfrac{1}{\sigma}$) 【답】①

08 ★☆☆☆☆

z축 상에 놓인 길이가 긴 직선 도체에 10[A]의 전류가 $+z$ 방향으로 흐르고 있다. 이 도체 주위의 자속밀도가 $3\hat{x} - 4\hat{y}$[Wb/m²]일 때 도체가 받는 단위 길이당 힘[N/m]은? (단, $\hat{x}$, $\hat{y}$는 단위 벡터이다)

① $-40\hat{x} + 30\hat{y}$
② $-30\hat{x} + 40\hat{y}$
③ $30\hat{x} + 40\hat{y}$
④ $40\hat{x} + 30\hat{y}$

Explanation

플레밍의 왼손법칙
• 평등자장 내에 전류가 흐르고 있는 도체가 받는 힘
• $F = (I \times B)l = IBl \sin\theta$

여기서, 전류 $I = 10k$이므로

길이당 힘 $F = I \times B = \begin{bmatrix} i & j & k \\ 0 & 0 & 10 \\ 3 & -4 & 0 \end{bmatrix} = 40i + 30j$[N/m]

【답】④

09 ★★☆☆☆

진공 중 한 변의 길이가 0.1[m]인 정삼각형의 3정점 A, B, C에 각각 2.0×10^{-6}[C]의 점전하가 있을 때, 점 A의 전하에 작용하는 힘은 몇 [N]인가?

① $1.8\sqrt{2}$
② $1.8\sqrt{3}$
③ $3.6\sqrt{2}$
④ $3.6\sqrt{3}$

Explanation

$F_1 = F_2 = \dfrac{Q^2}{4\pi\epsilon_0 a^2}$

F점에서의 힘 $F = 2F_1 \cos 30° = \sqrt{3} F_1$

따라서 $F = \sqrt{3} F_1 = \dfrac{\sqrt{3} Q^2}{4\pi\epsilon_0 a^2} = 9 \times 10^9 \times \dfrac{\sqrt{3} \times (2 \times 10^{-6})^2}{0.1^2} = 3.6\sqrt{3}$ [N]

【답】④

10 ★★★★★

투자율이 μ[H/m], 자계의 세기가 H[AT/m], 자속밀도가 B[Wb/m²]인 곳에서의 자계 에너지 밀도 [J/m³]는?

① $\dfrac{B^2}{2\mu}$
② $\dfrac{H^2}{2\mu}$
③ $\dfrac{1}{2}\mu H$
④ BH

Explanation

자성체 단위 체적당 저장되는 에너지 $\omega = \dfrac{1}{2}\mu H^2 = \dfrac{B^2}{2\mu} = \dfrac{1}{2} BH$[J/m³][N/m²]

【답】①

11 진공 내 전위함수가 $V = x^2 + y^2$ [V]로 주어졌을 때, $0 \leq x \leq 1$, $0 \leq y \leq 1$, $0 \leq z \leq 1$인 공간에 저장되는 정전에너지는[J]는?

① $\dfrac{4}{3}\epsilon_0$ ② $\dfrac{2}{3}\epsilon_0$
③ $4\epsilon_0$ ④ $2\epsilon_0$

Explanation

【답】①

12 전계가 유리에서 공기로 입사할 때 입사각 θ_1과 굴절각 θ_2의 관계와 유리에서의 전계 E_1과 공기에서의 전계 E_2의 관계는?

① $\theta_1 > \theta_2$, $E_1 > E_2$ ② $\theta_1 < \theta_2$, $E_1 > E_2$
③ $\theta_1 > \theta_2$, $E_1 < E_2$ ④ $\theta_1 < \theta_2$, $E_1 < E_2$

Explanation

유전체의 경계조건
유리에서 공기로 입사하면 $\epsilon_1 > \epsilon_2$ 이므로 $\theta_1 > \theta_2$, $\boldsymbol{E_1 < E_2}$

【답】③

13 진공 중 4[m] 간격으로 평행한 두 개의 무한 평판 도체에 각각 $+4[C/m^2]$, $-4[C/m^2]$의 전하를 주었을 때, 두 도체 간의 전위차는 약 몇 [V]인가?

① 1.36×10^{11} ② 1.36×10^{12}
③ 1.8×10^{11} ④ 1.8×10^{12}

Explanation

두 도체 사이의 전계의 세기
: 무한평면 2장
: 무한평면에 $\pm \sigma [C/m^2]$이 존재

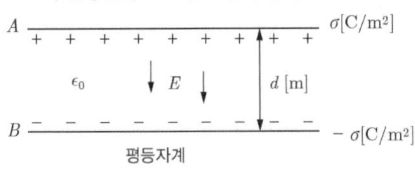

평등자계

전계의 세기를 구하기 위해 가우스의 법칙을 이용하면
$$E = \dfrac{\sigma}{2\epsilon_0} + \dfrac{\sigma}{2\epsilon_0} = \dfrac{\sigma}{\epsilon_0}$$
전위 $V = Ed = \dfrac{\sigma}{\epsilon_0}d = \dfrac{4}{8.855 \times 10^{-12}} \times 4 = 1.8 \times 10^{12}$ [V]

【답】④

14 인덕턴스(H)의 단위를 나타낸 것으로 틀린 것은?

① $\Omega \cdot s$ ② Wb/A
③ J/A^2 ④ $N/A \cdot m$

Explanation

인덕턴스의 정의식 : $L = \frac{N\phi}{I}[H]$,

$H = [\frac{Wb \cdot T}{A}]$에서 권수를 1이라 하면 $H = [\frac{Wb}{A}]$

인덕턴스의 전압식 : $V_L = L\frac{di}{dt}$ 여기서, 인덕턴스 $L = \frac{dt}{di}V_L[H]$

$H = \left[\frac{\sec \cdot V}{A}\right] = [\sec \cdot \frac{V}{A}] = [\sec \cdot \Omega]$

$W = I\phi[J]$에서 $\phi = [\frac{J}{A}]$

따라서 $H = [\frac{J}{A^2}]$

【답】④

15 ★☆☆☆☆
진공 중 반지름이 a[m]인 무한길이의 원통 도체 2개가 간격 d[m]로 평행하게 배치되어 있다. 두 도체 사이의 정전용량[C]을 나타낸 것으로 옳은 것은?

① $\pi\epsilon_0 \ln\frac{d-a}{a}$

② $\frac{\pi\epsilon_0}{\ln\frac{d-a}{a}}$

③ $\pi\epsilon_0 \ln\frac{a}{d-a}$

④ $\frac{\pi\epsilon_0}{\ln\frac{a}{d-a}}$

Explanation

평행왕복도선의 단위 길이당 정전용량 $C = \frac{\pi\epsilon_0}{\ln\frac{d-a}{a}} = \frac{\pi\epsilon_o}{\ln\frac{d}{a}}$ [F/m] (여기서, $d \gg a$이므로 $d-a \geq d$)

【답】②

16 ★★★★★
진공 중에 4[m]의 간격으로 놓여진 평행 도선에 같은 크기의 왕복 전류가 흐를 때 단위 길이당 2.0×10^{-7}[N]의 힘이 작용하였다. 이 때 평행 도선에 흐르는 전류는 몇 [A]인가?

① 1

② 2

③ 4

④ 8

Explanation

평행도선(무한장 평행도선) 사이의 힘 $F = \frac{\mu_0 I_1 I_2}{2\pi r} = \frac{2I_1 I_2}{r} \times 10^{-7}$[N/m]

$2 \times 10^{-7} = \frac{2 \times I^2}{4} \times 10^{-7}$ ∴ $I = 2$[A]

【답】②

17 ★★★★★
평행 극판 사이 간격이 d[m]이고 정전용량이 0.3[μF]인 공기 커패시터가 있다. 그림과 같이 두 극판 사이에 비유전율이 5인 유전체를 절반 두께만큼 넣었을 때 이 커패시터의 정전용량은 몇 [μF]이 되는가?

① 0.01

② 0.05

③ 0.1

④ 0.5

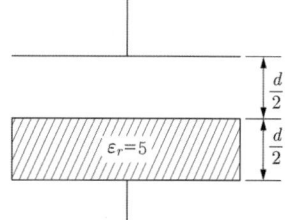

> Explanation

극판간격의 $\frac{1}{2}$ 간격에 물질을 채운 경우

정전용량 $C = \frac{2C_0}{1+\frac{1}{\epsilon_s}} = \frac{2\times 0.3}{1+\frac{1}{5}} = 0.5[\mu F]$

【답】 ④

18 반지름이 $a[m]$인 접지된 구도체와 구도체의 중심에서 거리 $d[m]$ 떨어진 곳에 점전하가 존재할 때, 점전하에 의한 접지된 구도체에서의 영상전하에 대한 설명으로 틀린 것은?
① 영상전하는 구도체 내부에 존재한다.
② 영상전하는 점전하와 구도체 중심을 이은 직선상에 존재한다.
③ 영상전하의 전하량과 점전하의 전하량은 크기는 같고 부호는 반대이다.
④ 영상전하의 위치는 구도체의 중심과 점전하 사이 거리($d[m]$)와 구도체의 반지름($a[m]$)에 의해 결정된다.

> Explanation

접지도체구
- 위치 : $x = +\frac{a^2}{d}$ (구 내부에 존재)
- 크기 : $Q' = -\frac{a}{d}Q$

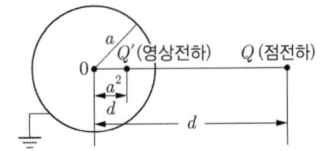

【답】 ③

19 평등 전계 중에 유전체 구에 의한 전속 분포가 그림과 같이 되었을 때 ϵ_1과 ϵ_2의 크기 관계는?
① $\epsilon_1 > \epsilon_2$
② $\epsilon_1 < \epsilon_2$
③ $\epsilon_1 = \epsilon_2$
④ 무관하다.

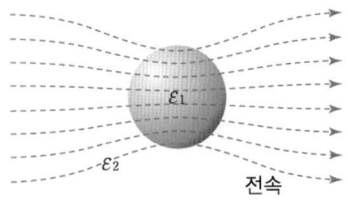

> Explanation

전속은 유전율이 큰 쪽에 모인다.
$\epsilon_1 > \epsilon_2$ 일 경우 $E_1 < E_2$, $D_1 > D_2$, $\theta_1 > \theta_2$

【답】 ①

20 어떤 도체에 교류 전류가 흐를 때 도체에서 나타나는 표피 효과에 대한 설명으로 틀린 것은?
① 도체 중심부보다 도체 표면부에 더 많은 전류가 흐르는 것을 표피 효과라 한다.
② 전류의 주파수가 높을수록 표피 효과는 작아진다.
③ 도체의 도전율이 클수록 표피 효과는 커진다.
④ 도체의 투자율이 클수록 표피 효과는 커진다.

> Explanation

표피효과 : 도선의 중심부로 갈수록 전류밀도가 적어지는 현상
- 침투깊이 : $\delta = \sqrt{\frac{2}{\omega\mu k}} = \sqrt{\frac{2}{\omega\mu k}}$

따라서 주파수, 투자율, 도전율이 클수록 침투깊이가 작아진다(표피효과가 커진다).

【답】 ②

2과목 전력공학

21 ★★☆☆☆ 소호리액터를 송전계통에 사용하면 리액터의 인덕턴스와 선로의 정전용량이 어떤 상태로 되어 지락전류를 소멸시키는가?

① 병렬공진
② 직렬공진
③ 고임피던스
④ 저임피던스

Explanation

소호리액터 접지 : $L-C$ 병렬공진(지락전류가 최소)

【답】①

22 ★★★★★ 어느 발전소에서 40,000[kWh]를 발전하는데 발열량 5,000[kcal/kg]의 석탄을 20톤 사용하였다. 이 화력발전소의 열효율[%]은 약 얼마인가?

① 27.5
② 30.4
③ 34.4
④ 38.5

Explanation

화력발전소 열효율 $\eta = \dfrac{전기}{열} \times 100[\%]$ 이므로 $\eta = \dfrac{860Pt}{mH} \times 100[\%]$

따라서 $\eta = \dfrac{860W}{mH} \times 100 = \dfrac{860 \times 40,000}{20 \times 10^3 \times 5,000} \times 100 = 34.4[\%]$

【답】③

23 ★★★★★ 송전전력, 선간전압, 부하역률, 전력손실 및 송전거리를 동일하게 하였을 경우 단상 2선식에 대한 3상 3선식의 총 전선량(중량)비는 얼마인가? (단, 전선은 동일한 전선이다)

① 0.75
② 0.94
③ 1.15
④ 1.33

Explanation

전기 방식별 비교

	소요전선량(중량비)
단상2선식	1
단상3선식	3/8=0.375
3상3선식	3/4=0.75
3상4선식	1/3=0.33

【답】①

24 ★★★★★ 3상 송전선로가 선간단락(2선 단락)이 되었을 때 나타나는 현상으로 옳은 것은?

① 역상전류만 흐른다.
② 정상전류와 역상전류가 흐른다.
③ 역상전류와 영상전류가 흐른다.
④ 정상전류와 영상전류가 흐른다.

Explanation

• 1선 지락 : $I_0 = I_1 = I_2$ ∴ $I_g = 3I_0 = \dfrac{3E_a}{Z_0 + Z_1 + Z_2}$

• 선간 단락 : $I_0 = 0$, $V_0 = 0$ $I_1 = -I_2$, $V_1 = V_2$

【답】②

25 중거리 송전선로의 4단자 정수가 $A = 1.0$, $B = j190$, $D = 1.0$ 일 때 C의 값은 얼마인가?
① 0
② $-j120$
③ j
④ $j190$

Explanation

전송 파라미터($ABCD$ 파라미터) 선형조건 $AD - BC = 1$에서
$$C = \frac{AD-1}{B} = \frac{1 \times 1 - 1}{j190} = 0$$
【답】①

26 배전전압을 $\sqrt{2}$ 배로 하였을 때 같은 손실률로 보낼 수 있는 전력은 몇 배가 되는가?
① $\sqrt{2}$
② $\sqrt{3}$
③ 2
④ 3

Explanation

전력 손실률 $K = \dfrac{P_l}{P_r} \times 100\,[\%]$

$$K = \frac{P_l}{P_r} \times 100 = \frac{\dfrac{P^2 \rho l}{V^2 \cos^2\theta A}}{P_r} \times 100 = \frac{P \rho l}{V^2 \cos^2\theta A} \times 100 \quad \therefore P = KV^2$$

따라서 전력 손실률이 일정하면 공급전력 $P \propto V^2 = (\sqrt{2})^2 = 2$배
【답】③

27 다음 중 재점호가 가장 일어나기 쉬운 차단전류는?
① 동상전류
② 지상전류
③ 진상전류
④ 단락전류

Explanation

재점호는 충전 전류(진상 전류)를 차단할 때 전류파의 제로 위치에서 일단 소멸된 아크가 재기 전압 때문에 극간에 다시 발생하는 것이다. 이것은 아크전류와 전압이 90°에 가까울수록 커지게 된다.
【답】③

28 현수애자에 대한 설명이 아닌 것은?
① 애자를 연결하는 방법에 따라 클레비스(Clevis)형과 볼 소켓형이 있다.
② 애자를 표시하는 기호는 P이며 구조는 2~5층의 갓 모양의 자기편을 시멘트로 접착하고 그 자기를 주철재 base로 지지한다.
③ 애자의 연결개수를 가감함으로써 임의의 송전전압에 사용할 수 있다.
④ 큰 하중에 대하여는 2련 또는 3련으로 하여 사용할 수 있다.

Explanation

현수애자
• 애자를 연결하는 방법에 따라 클레비스형과 볼 소켓형(활선작업의 편의)
• 애자의 연결개수를 가감함으로써 임의의 송전 전압에 사용 가능
• 큰 하중에 대하여는 2련 또는 3련으로 하여 사용할 수 있다.
【답】②

29 교류발전기의 전압조정 장치로 속응 여자방식을 채택하는 이유로 틀린 것은?

① 전력계통에 고장이 발생할 때 발전기의 동기화력을 증가시킨다.
② 송전계통의 안정도를 높인다.
③ 여자기의 전압 상승률을 크게 한다.
④ 전압조정용 탭의 수동변환을 원활히 하기 위함이다.

> **Explanation**
>
> 안정도 향상 대책
> - 직렬 리액턴스(X)를 작게 한다.
>   ① 발전기나 변압기의 리액턴스를 작게 한다.
>   ② 선로의 병행 회선수를 늘리거나 복도체 또는 다도체 방식을 사용한다.
>   ③ 직렬 콘덴서를 삽입하여 선로의 리액턴스를 보상한다.
> - 전압 변동을 작게 한다.
>   ① 속응 여자 방식을 채용한다(AVR 채용).
>   ② 계통 연계를 한다.

【답】 ④

30 차단기의 정격차단시간에 대한 설명으로 옳은 것은?

① 고장 발생부터 소호까지의 시간
② 트립코일 여자로부터 소호까지의 시간
③ 가동 접촉자의 개극부터 소호까지의 시간
④ 가동 접촉자의 동작 시간부터 소호까지의 시간

> **Explanation**
>
> 차단기의 정격 차단 시간
> - 트립코일 여자로부터 소호까지의 시간
> - 개극 시간과 아크 시간의 합

【답】 ②

31 3상 1회선 송전선을 정삼각형으로 배치한 3상 선로의 자기인덕턴스를 구하는 식은? (단, D는 전선의 선간 거리[m], r은 전선의 반지름[m]이다)

① $L = 0.5 + 0.4605\log_{10}\dfrac{D}{r}$
② $L = 0.5 + 0.4605\log_{10}\dfrac{D}{r^2}$
③ $L = 0.05 + 0.4605\log_{10}\dfrac{D}{r}$
④ $L = 0.05 + 0.4605\log_{10}\dfrac{D}{r^2}$

> **Explanation**
>
> 작용 인덕턴스 $L = 0.05 + 0.4605\log_{10}\dfrac{D}{r}$ [mH/km]

【답】 ③

32 불평형 부하에서 역률[%]은?

① $\dfrac{유효전력}{각 상의 피상전력의 산술합} \times 100$
② $\dfrac{무효전력}{각 상의 피상전력의 산술합} \times 100$
③ $\dfrac{무효전력}{각 상의 피상전력의 벡터합} \times 100$
④ $\dfrac{유효전력}{각 상의 피상전력의 벡터합} \times 100$

> **Explanation**
>
> 불평형 부하에서 역률 = $\dfrac{유효전력}{각 상의 피상전력의 벡터합}$

【답】 ④

33 다음 중 동작속도가 가장 느린 계전 방식은?
① 전류 차동 보호 계전 방식
② 거리 보호 계전 방식
③ 전류 위상 비교 보호 계전 방식
④ 방향 비교 보호 계전 방식

Explanation

거리계전기
전압과 전류를 입력량으로 하여 전압과 전류의 비가 일정값 이하로 될 경우 동작하는 계전기이다. 계전기의 설치점으로부터 단락 또는 지락점의 방향과 고장발생점까지의 전기적 거리(임피던스)를 판별하여 동작하는 것으로, 거리가 가까울 경우에는 고장전류가 커서 빨리 동작하게 되며 거리가 멀어지면 고장전류가 작아서 느리게 동작하게 된다.

【답】②

34 부하회로에서 공진 현상으로 발생하는 고조파 장해가 있을 경우 공진 현상을 회피하기 위하여 설치하는 것은?
① 진상용 콘덴서
② 직렬 리액터
③ 방전코일
④ 진공 차단기

Explanation

직렬리액터 : 제5고조파를 제거하기 위하여 전력용 콘덴서 전단에 시설

직렬 리액터의 용량은 $5\omega L = \dfrac{1}{5\omega C}$

이론적 : 4[%], 실제적 : 6[%]

【답】②

35 경간이 200[m]인 가공 전선로가 있다. 사용전선의 길이는 경간보다 몇 [m] 더 길게 하면 되는가? (단, 사용전선의 1[m] 당 무게는 2[kg], 인장하중은 4,000[kg], 전선의 안전율은 2로 하고 풍압하중은 무시한다)
① $\dfrac{1}{2}$
② $\sqrt{2}$
③ $\dfrac{1}{3}$
④ $\sqrt{3}$

Explanation

이도 $D = \dfrac{WS^2}{8T} = \dfrac{2 \times 200^2}{8 \times \dfrac{4,000}{2}} = 5$ 여기서, 수평장력 $T = \dfrac{인장하중}{안전율} = \dfrac{4,000}{2} = 2,000$

실제 길이 $L = S + \dfrac{8D^2}{3S} = 200 + \dfrac{8 \times 5^2}{3 \times 200} = 200.33$[m]

∴ 200.33−200=0.33[m]

【답】③

36 송전단 전압이 100[V], 수전단 전압이 90[V]인 단거리 배전선로의 전압강하율[%]은 약 얼마인가?
① 5
② 11
③ 15
④ 20

Explanation

전압 강하율 $\delta = \dfrac{V_s - V_r}{V_r} \times 100 = \dfrac{100-90}{90} \times 100 = 11.11$ [%]

【답】②

37 다음 중 환상(루프) 방식과 비교할 때 방사상 배전선로 구성 방식에 해당되는 사항은?
① 전력 수요 증가 시 간선이나 분기선을 연장하여 쉽게 공급이 가능하다.
② 전압 변동 및 전력손실이 작다.
③ 사고 발생 시 다른 간선으로의 전환이 쉽다.
④ 환상방식 보다 신뢰도가 높은 방식이다.

> **Explanation**
>
> 가지식(수지상식) 배전은 인출된 배전선로가 부하의 분포에 따라 나뭇가지 형태로 수용가에 공급되는 방식으로 농·어촌 지역 등의 부하가 적은 지역에 주로 사용된다.
> ① 장점
> • 설비가 간단하다.
> • 부하 증설이 용이하다.
> • 경제적이다.
> ② 단점
> • 전압 강하가 크다.
> • 플리커 현상이 심하다.
> • 전력 손실이 크다.
> • 고장 파급이 크다.

【답】①

38 초호각(Arcing horn)의 역할은?
① 풍압을 조절한다. ② 송전 효율을 높인다.
③ 선로의 섬락 시 애자의 파손을 방지한다. ④ 고주파수의 섬락전압을 높인다.

> **Explanation**
>
> 아킹혼(초호각), 아킹링(초호환)
> • 섬락 시 애자련 보호
> • 애자련에 걸리는 전압분포 균일

【답】③

39 유효낙차 90[m], 출력 104,500[kW], 비속도(특유속도) 210[m·kW]인 수차의 회전속도는 약 몇 [rpm]인가?
① 150 ② 180
③ 210 ④ 240

> **Explanation**
>
> 특유속도(비속도)
> 기하학적으로 같은 러너를 가정하여 이것을 단위낙차 1[m]에서 단위출력 1[kW]를 발생하였을 때의 회전수[m·kW]
>
> 특유속도 $N_s = N\dfrac{P^{\frac{1}{2}}}{H^{\frac{5}{4}}}$ 에서 수차 회전 속도 $N = N_s\dfrac{H^{\frac{5}{4}}}{P^{\frac{1}{2}}} = 210 \times \dfrac{90^{\frac{5}{4}}}{\sqrt{104,500}} \fallingdotseq 180[\text{rpm}]$

【답】②

40 발전기 또는 주변압기의 내부고장 보호용으로 가장 널리 쓰이는 것은?
① 거리 계전기 ② 과전류 계전기
③ 비율차동 계전기 ④ 방향단락 계전기

> **Explanation**
>
> 비율차동 계전기
> • 보호구간에 유입하는 전류와 유출하는 전류의 벡터 차와 출입하는 전류의 관계비로 동작
> • 발전기, 변압기 내부 고장 보호

【답】③

3과목 전기기기

41 SCR을 이용한 단상 전파 위상제어 정류회로에서 전원전압은 실효값이 220[V], 60[Hz]인 정현파이며, 부하는 순저항으로 10[Ω]이다. SCR의 점호각 α를 60°라 할 때 출력전류의 평균값[A]은?

① 7.54
② 9.73
③ 11.43
④ 14.86

Explanation

SCR의 위상 제어 – 단상 전파 정류 회로

$$E_d = \frac{2\sqrt{2}E}{\pi} \times \frac{(1+\cos\alpha)}{2} = \frac{\sqrt{2}E}{\pi}(1+\cos\alpha) = 0.45E(1+\cos\alpha)$$ 여기서, $1+\cos\alpha$: 제어율

$= 0.45 \times 220 \times (1+\cos 60°) = 148.5[V]$

따라서 출력전류 $I_d = \frac{E_d}{R} = \frac{148.5}{10} = 14.86[A]$

【답】④

42 직류발전기가 90[%] 부하에서 최대효율이 된다면 이 발전기의 전부하에 있어서 고정손과 부하손의 비는?

① 0.81
② 0.9
③ 1.0
④ 1.1

Explanation

최대효율조건 : 고정손 $= (\frac{1}{m})^2$ 부하손

따라서 고정손 $= (0.9)^2 \times$ 부하손 $= 0.81 \times$ 부하손이므로

$\frac{고정손}{부하손} = \frac{부하손 \times 0.81}{부하손} = 0.81$

【답】①

43 정류기의 직류측 평균전압이 2,000[V]이고 리플률이 3[%]일 경우, 리플전압의 실효값[V]은?

① 20
② 30
③ 50
④ 60

Explanation

맥동률 $= \frac{교류분}{직류분} \times 100 = \sqrt{\frac{실효값^2 - 평균값^2}{평균값^2}} \times 100[\%]$

교류분 $=$ 직류분(부하전압) $\times$ 맥동률 $= 2,000 \times 0.03 = 60[V]$

【답】④

44 단상 직권 정류자전동기에서 보상권선과 저항도선의 작용에 대한 설명으로 틀린 것은?

① 보상권선은 역률을 좋게 한다.
② 보상권선은 변압기의 기전력을 크게 한다.
③ 보상권선은 전기자 반작용을 제거해 준다.
④ 저항도선은 변압기 기전력에 의한 단락 전류를 작게 한다.

Explanation

단상 직권 정류자 전동기=만능 전동기(직교류 양용)
• 종류 : 직권형, 보상형, 유도보상형
• 특징 : 성층 철심, 역률 및 정류 개선을 위해 약계자, 강전기자형으로 함.

역률 개선을 위해 보상권선 설치(전기자반작용 제거)
저항 도선 : 단락 전류를 적게
회전속도를 증가시킬수록 역률이 개선됨

【답】 ②

45 3상 동기발전기에서 그림과 같이 1상의 권선을 서로 똑같은 2조로 나누어 그 1조의 권선전압을 E [V], 각 권선의 전류를 I[A]라 하고 지그재그 Y형(Zigzag Star)으로 결선하는 경우 선간전압[V], 선전류[A] 및 피상전력[VA]은?

① $3E$, I, $\sqrt{3} \times 3E \times I = 5.2EI$
② $\sqrt{3}E$, $2I$, $\sqrt{3} \times \sqrt{3}E \times 2I = 6EI$
③ E, $2\sqrt{3}I$, $\sqrt{3} \times E \times 2\sqrt{3}I = 6EI$
④ $\sqrt{3}E$, $\sqrt{3}I$, $\sqrt{3} \times \sqrt{3}E \times \sqrt{3}I = 5.2EI$

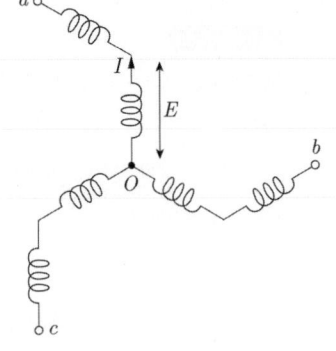

Explanation

• Y결선의 선간전압 = $\sqrt{3} \times$상전압이므로 선간전압 : $\sqrt{3}E$
  여기서, 지그재그 결선이므로 $\sqrt{3}E \times \sqrt{3}$배 = $3E$
• Y결선의 상전류=선전류 이므로 선전류 : I
• 피상전력 : $P_a = \sqrt{3}VI$ 여기서, V : 선간전압, I 는 선전류
  $= \sqrt{3} \times 3E \times I = 5.2EI$

【답】 ①

46 비돌극형 동기발전기 한 상의 단자전압을 V, 유도기전력을 E, 동기리액턴스를 X_s, 부하각이 δ이고, 전기자저항을 무시할 때 한 상의 최대출력[W]은?

① $\dfrac{EV}{X_s}$
② $\dfrac{3EV}{X_s}$
③ $\dfrac{E^2V}{X_s}$
④ $\dfrac{EV^2}{X_s}$

Explanation

비돌극형 발전기 1상 출력식 $P = \dfrac{EV}{x_s}\sin\delta$ (최대출력 $\delta = 90°$ 에서 $P = \dfrac{EV}{X_s}$)

【답】 ①

47 다음 중 비례추이를 하는 전동기는?

① 동기 전동기
② 정류자 전동기
③ 단상 유도전동기
④ 권선형 유도전동기

Explanation

비례추이의 원리 : 권선형 유도전동기
• 최대 토크는 불변, 최대 토크의 발생 슬립은 변화
• 기동 전류는 감소하고, 기동 토크는 증가

【답】 ④

48 단자전압 200[V], 계자저항 50[Ω], 부하전류 50[A], 전기자저항 0.15[Ω], 전기자 반작용에 의한 전압강하 3[V]인 직류 분권발전기가 정격속도로 회전하고 있다. 이때 발전기의 유도기전력은 약 몇 [V]인가?
① 211.1
② 215.1
③ 225.1
④ 230.1

Explanation

분권 직류 발전기 : $I_a = I + I_f = \dfrac{P}{V} + \dfrac{V}{R_f} = 50 + \dfrac{200}{50} = 54[A]$

유기기전력 $E = V + I_a R_a + e_a = 200 + 54 \times 0.15 + 3 = 211.1[V]$

【답】 ①

49 동기기의 권선법 중 기전력의 파형을 좋게하는 권선법은?
① 전절권, 2층권
② 단절권, 집중권
③ 단절권, 분포권
④ 전절권, 집중권

Explanation

동기기 전기자 권선법
• 분포권
 - 고조파를 제거하여 기전력의 파형을 개선
 - 누설 리액턴스 감소
• 단절권
 - 고조파를 제거하여 기전력의 파형을 개선
 - 코일의 길이, 동량이 절약됨

【답】 ③

50 변압기에 임피던스전압을 인가할 때의 입력은?
① 철손
② 와류손
③ 정격용량
④ 임피던스와트

Explanation

임피던스전압
• 변압기 2차 측을 단락한 상태에서 1차 측에 정격전류(I_{1n})가 흐르도록 1차 측에 인가하는 전압
• 정격전류가 흐를 때 변압기 내의 전압강하(이 때의 입력이 임피던스 와트)

【답】 ④

51 불꽃 없는 정류를 하기 위해 평균 리액턴스 전압(A)과 브러시 접촉면 전압강하(B) 사이에 필요한 조건은?
① A > B
② A < B
③ A = B
④ A, B에 관계없다.

Explanation

양호한 정류
① 저항정류 : 접촉 저항이 큰 탄소 브러시를 사용
  브러시 접촉 전압 강하 > 평균 리액턴스 전압
② 전압정류 : 보극을 설치하여 평균 리액턴스 전압을 상쇄시킨다.
③ 평균 리액턴스 전압을 작게 한다.

【답】 ②

52 유도전동기 1극의 자속 Φ, 2차 유효전류 $I_2\cos\theta_2$, 토크 τ의 관계로 옳은 것은?

① $\tau \propto \Phi \times I_2\cos\theta_2$
② $\tau \propto \Phi \times (I_2\cos\theta_2)^2$
③ $\tau \propto \dfrac{1}{\Phi \times I_2\cos\theta_2}$
④ $\tau \propto \dfrac{1}{\Phi \times (I_2\cos\theta_2)^2}$

Explanation

【답】①

53 회전자가 슬립 s로 회전하고 있을 때 고정자와 회전자의 실효 권수비를 α라 하면 고정자 기전력 E_1과 회전자 기전력 E_{2s}의 비는?

① $s\alpha$ ② $(1-s)\alpha$ ③ $\dfrac{\alpha}{s}$ ④ $\dfrac{\alpha}{1-s}$

Explanation

정지시: $\alpha = \dfrac{E_1}{E_2}$ 에서 $E_2 = \dfrac{E_1}{\alpha}$

운전시: $E_{2s} = sE_2 = \dfrac{sE_1}{\alpha}$

따라서 $\dfrac{E_1}{E_{2s}} = \dfrac{E_1}{sE_2} = \dfrac{E_1}{s\dfrac{E_1}{\alpha}} = \dfrac{\alpha}{s}$

【답】③

54 직류 직권전동기의 발생 토크는 전기자 전류를 변화시킬 때 어떻게 변하는가? (단, 자기포화는 무시한다)

① 전류에 비례한다.
② 전류에 반비례한다.
③ 전류의 제곱에 비례한다.
④ 전류의 제곱에 반비례한다.

Explanation

직류 직권전동기의 특성
$I = I_a = I_f$, $T \propto I^2 \propto \dfrac{1}{N^2}$ 따라서 토크는 전기자 전류의 제곱에 비례

【답】③

55 동기발전기의 병렬운전 중 유도기전력의 위상차로 인하여 발생하는 현상으로 옳은 것은?

① 무효전력이 생긴다.
② 동기화전류가 흐른다.
③ 고조파 무효순환전류가 흐른다.
④ 출력이 요동하고 권선이 가열된다.

Explanation

동기 발전기의 병렬 운전 조건

기전력의 크기가 같을 것	무효순환전류(무효횡류)
기전력의 위상이 같을 것	**동기화 전류(유효횡류)**
기전력의 주파수가 같을 것	난조발생
기전력의 파형이 같을 것	고조파 무효순환전류
상회전 방향이 같을 것(3상)	

【답】②

56 3상 유도기의 기계적 출력(P_o)에 대한 변환식으로 옳은 것은? (단, 2차 입력은 P_2, 2차 동손은 P_{2c}, 동기속도는 N_s, 회전자속도는 N, 슬립은 s 이다)

① $P_o = P_2 + P_{2c} = \dfrac{N}{N_s}P_2 = (2-s)P_2$

② $(1-s)P_2 = \dfrac{N}{N_s}P_2 = P_o - P_{2c} = P_0 - sP_2$

③ $P_o = P_2 - P_{2c} = P_2 - sP_2 = \dfrac{N}{N_s}P_2 = (1-s)P_2$

④ $P_o = P_2 + P_{2c} = P_2 + sP_2 = \dfrac{N}{N_s}P_2 = (1+s)P_2$

> **Explanation**
> 출력 $P_o = P_2 - P_{2c} = P_2 - sP_2 = \dfrac{N}{N_s}P_2 = (1-s)P_2$ (여기서, 2차 동손 $P_{c2} = sP_2$)
>
> 【답】③

57 변압기의 등가회로 구성에 필요한 시험이 아닌 것은?

① 단락시험　　　　　　　　② 부하시험
③ 무부하시험　　　　　　　④ 권선저항 측정

> **Explanation**
> 변압기의 시험
> • 무부하시험 : 여자 어드미턴스, 철손
> • 단락시험 : 임피던스와트, 임피던스전압, 동손, 전압변동률
> • 권선 저항 측정
>
> 【답】②

58 단권변압기 두 대를 V결선하여 전압을 2,000[V]에서 2,200[V]로 승압한 후 200[kVA]의 3상 부하에 전력을 공급하려고 한다. 이 때 단권변압기 1대의 용량은 약 몇 [kVA]인가?

① 4.2　　　　　　　　　　② 10.5
③ 18.2　　　　　　　　　　④ 21

> **Explanation**
> 단상 단권변압기 2대를 V결선
> $\dfrac{\text{자기용량}}{\text{부하용량}} = \dfrac{2}{\sqrt{3}} \times \dfrac{V_h - V_l}{V_h}$ 에서
> 자기용량 $= \dfrac{2}{\sqrt{3}} \times \dfrac{V_h - V_l}{V_h} \times$ 부하용량 $= \dfrac{2}{\sqrt{3}} \times \dfrac{2,200 - 2,000}{2,200} \times 200 = 20.99[\text{kVA}]$
> 따라서 1대의 용량은 $\dfrac{20.99}{2} = 10.5[\text{kVA}]$
>
> 【답】②

59 권수비 $a = \dfrac{6,600}{220}$, 주파수 60[Hz], 변압기의 철심 단면적 0.02[m²], 최대자속밀도 1.2[Wb/m²]일 때 변압기의 1차측 유도기전력은 약 몇 [V]인가?

① 1,407　　　　　　　　　② 3,521
③ 42,198　　　　　　　　　④ 49,814

> **Explanation**
> 1차 유기기전력 $E_1 = 4.44 f \phi_m N_1 = 4.44 f B_m S N_1$　(자속밀도 $B_m = \Phi_m S$)
> 　　　　　　　　$= 4.44 \times 60 \times 1.2 \times 0.02 \times 6,600 ≒ 42,198$
>
> 【답】③

60 회전형전동기와 선형전동기(Linear Motor)를 비교한 설명으로 틀린 것은?

① 선형의 경우 회전형에 비해 공극의 크기가 작다.
② 선형의 경우 직접적으로 직선운동을 얻을 수 있다.
③ 선형의 경우 회전형에 비해 부하관성의 영향이 크다.
④ 선형의 경우 전원의 상 순서를 바꾸어 이동 방향을 변경한다.

Explanation

선형전동기(Linear Motor)
일반적인 회전형 전동기를 축방향으로 잘라서 수평으로 펼쳐 놓은 구조로, 회전하는 대신 직선운동을 하는 전동기
① **구조적으로 회전형에 비해 공극이 크다.**
② 직접적으로 직선운동을 얻을 수 있다.
③ 부하관성의 영향이 크다.
④ 전원의 상 순서를 바꾸어 이동 방향을 변경할 수 있다.
⑤ 접촉되는 부분이 거의 없어 마모되지 않고(부품 교체 거의 없음), 에너지 손실도 없다.

【답】①

4과목 회로이론 및 제어공학

61 $F(z) = \dfrac{(1-e^{-aT})z}{(z-1)(z-e^{-aT})}$ 의 역 z변환은?

① $1-e^{-at}$
② $1+e^{-at}$
③ $t \cdot e^{-at}$
④ $t \cdot e^{at}$

Explanation

역 z변환은 $\dfrac{R(z)}{z}$ 의 형태를 이용하여 부분분수 전개하면

$R(z) = \dfrac{(1-e^{-aT})z}{(z-1)(z-e^{-aT})}$ 에서

$\dfrac{R(z)}{z} = \dfrac{(1-e^{-aT})}{(z-1)(z-e^{-aT})} = \dfrac{k_1}{z-1} + \dfrac{k_2}{z-e^{-aT}}$ (여기서, $k_1 = \lim\limits_{z \to 1} \dfrac{1-e^{-aT}}{z-e^{-aT}} = 1$)

$k_2 = \lim\limits_{z \to e^{-aT}} \dfrac{1-e^{-aT}}{z-1} = -1$ 에서

$\dfrac{R(z)}{z} = \dfrac{1}{z-1} - \dfrac{1}{z-e^{-aT}}$ 이므로

$R(z) = \dfrac{z}{z-1} - \dfrac{z}{z-e^{-aT}}$ ∴ $r(t) = 1-e^{-aT}$

【답】①

62 다음의 특성 방정식 중 안정한 제어시스템은?

① $s^3 + 3s^2 + 4s + 5 = 0$
② $s^4 + 3s^3 - s^2 + s + 10 = 0$
③ $s^5 + s^3 + 2s^2 + 4s + 3 = 0$
④ $s^4 - 2s^3 - 3s^2 + 4s + 5 = 0$

Explanation

Routh-Hurwitz 판별법의 전제조건(전제조건이 성립하지 않으면 무조건 불안정)
• 특성방정식의 모든 계수의 부호가 같을 것
• 특성방정식의 모든 차수가 존재할 것

【답】①

63 그림의 신호흐름선도에서 전달함수 $\dfrac{C(s)}{R(s)}$ 는?

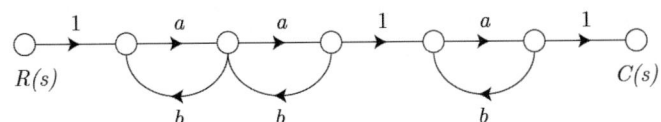

① $\dfrac{a^3}{(1-ab)^3}$ ② $\dfrac{a^3}{1-3ab+a^2b^2}$

③ $\dfrac{a^3}{1-3ab}$ ④ $\dfrac{a^3}{1-3ab+2a^2b^2}$

Explanation

메이슨의 이득공식

$G = \dfrac{\sum G_i \triangle_i}{\triangle}$ 에서

$G_i : a \times a \times a = a^3 \quad \triangle_i : 1-0 = 1$

$\triangle = 1-(3ab-(a^2b^2+a^2b^2)) = 1-3ab+2a^2b^2$

전체이득 $G = \dfrac{a^3}{1-3ab+2a^2b^2}$

【답】④

64 그림과 같은 블록선도의 제어시스템에 단위계단 함수가 입력되었을 때 정상상태 오차가 0.01이 되는 a의 값은?

① 0.2
② 0.6
③ 0.8
④ 1.0

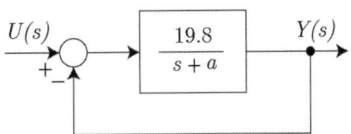

Explanation

단위계단입력 시 정상상태오차 : $e_{ss} = \dfrac{1}{1+K_p}$ (여기서, 정상위치편차상수 : $K_p = \lim_{s \to 0} G(s) = \lim_{s \to 0} \dfrac{19.8}{(s+a)} = \dfrac{19.8}{a}$)

따라서 정상상태오차 $e_{ss} = \dfrac{1}{1+K_p} = \dfrac{1}{1+\dfrac{19.8}{a}} = 0.01$

$\dfrac{19.8}{a} = 99$ 에서 $a = \dfrac{19.8}{99} = 0.2$

【답】①

65 그림과 같은 보드선도의 이득선도를 갖는 제어시스템의 전달함수는?

① $G(s) = \dfrac{10}{(s+1)(s+10)}$

② $G(s) = \dfrac{10}{(s+1)(10s+1)}$

③ $G(s) = \dfrac{20}{(s+1)(s+10)}$

④ $G(s) = \dfrac{20}{(s+1)(10s+1)}$

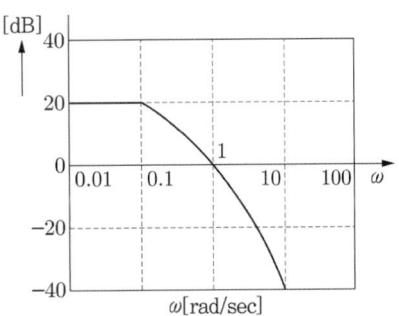

Explanation

【답】②

66 그림과 같은 블록선도의 전달함수 $\dfrac{C(s)}{R(s)}$ 는?

① $\dfrac{G(s)H_1(s)H_2(s)}{1+G(s)H_1(s)H_2(s)}$

② $\dfrac{G(s)}{1+G(s)H_1(s)H_2(s)}$

③ $\dfrac{G(s)}{1-G(s)(H_1(s)+H_2(s))}$

④ $\dfrac{G(s)}{1+G(s)(H_1(s)+H_2(s))}$

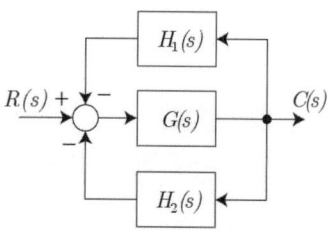

Explanation

블록선도의 전달 함수

$G(s) = \dfrac{\Sigma G}{1-\Sigma L_1 + \Sigma L_2 + \cdots}$

여기서, L_1 : 각각의 모든 폐루프 이득의 합,
L_2 : 서로 접촉하지 않는 2개의 폐루프 이득의 곱의 합,
ΣG : 각각의 전향 경로의 합

따라서 전달 함수 $G(s) = \dfrac{C}{R} = \dfrac{G}{1-(-H_1G-H_2G)} = \dfrac{G}{1+H_1G+H_2G} = \dfrac{G}{1+G(H_1+H_2)}$

【답】④

67 그림과 같은 논리회로와 등가인 것은?

① A B —[AND]— Y ② A B —[OR]— Y

③ A B —[NAND]— Y ④ A B —[NOR]— Y

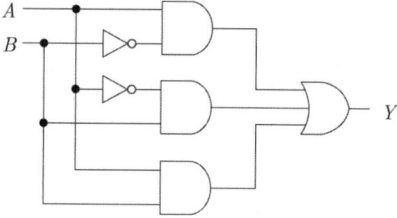

Explanation

부울대수를 이용하면
$Y = A\overline{B} + \overline{A}B + AB = A\overline{B} + B(\overline{A}+A)$
$= A\overline{B} + B = (A+B)(B+\overline{B}) = A+B$

【답】②

68 다음의 개루프 전달함수에 대한 근궤적의 점근선이 실수축과 만나는 교차점은?

$$G(s)H(s) = \dfrac{K(s+3)}{s^2(s+1)(s+3)(s+4)}$$

① $\dfrac{5}{3}$ ② $-\dfrac{5}{3}$

③ $\dfrac{5}{4}$ ④ $-\dfrac{5}{4}$

Explanation

근궤적의 점근선의 교차점 $\sigma = \dfrac{\Sigma G(s)H(s)\text{의 극점} - \Sigma G(s)H(s)\text{의 영점}}{P-Z}$

$= \dfrac{(0+0-1-3-4)-(-3)}{5-1} = -\dfrac{5}{4}$

【답】 ④

69 블록선도에서 ⓐ에 해당하는 신호는?

① 조작량
② 제어량
③ 기준입력
④ 동작신호

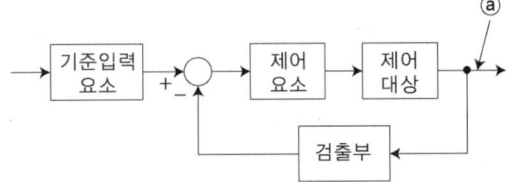

Explanation

피드백 제어 시스템의 기본구성

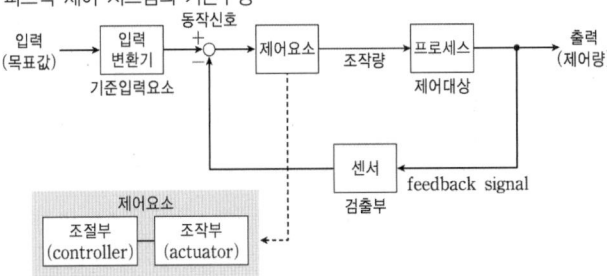

【답】 ②

70 다음의 미분방정식과 같이 표현되는 제어시스템이 있다. 이 제어시스템을 상태 방정식 $\dot{x}= Ax + Bu$로 나타내었을 때 시스템 행렬 A는?

$$\dfrac{d^3 c(t)}{dt^3} + 5\dfrac{d^2 c(t)}{dt^2} + \dfrac{dc(t)}{dt} + 2c(t) = r(t)$$

① $\begin{bmatrix} 0 & 1 & 0 \\ 0 & 0 & 1 \\ -2 & -1 & -5 \end{bmatrix}$ ② $\begin{bmatrix} 1 & 0 & 0 \\ 0 & 1 & 0 \\ -2 & -1 & -5 \end{bmatrix}$

③ $\begin{bmatrix} 0 & 1 & 0 \\ 0 & 0 & 1 \\ 2 & 1 & 5 \end{bmatrix}$ ④ $\begin{bmatrix} 1 & 0 & 0 \\ 0 & 1 & 0 \\ 2 & 1 & 5 \end{bmatrix}$

Explanation

$x_1(t) = c(t)$
$x_2(t) = \dot{c}(t) = \dot{x}_1(t)$
$x_3(t) = \ddot{c}(t) = \dot{x}_2(t)$ 라 놓으면
$\dot{x}_3(t) = -2x_1(t) - x_2(t) - 5x_3(t) + r(t)$

$$\begin{bmatrix} \dot{x}_1(t) \\ \dot{x}_2(t) \\ \dot{x}_3(t) \end{bmatrix} = \begin{bmatrix} 0 & 1 & 0 \\ 0 & 0 & 1 \\ -2 & -1 & -5 \end{bmatrix} \begin{bmatrix} x_1(t) \\ x_2(t) \\ x_3(t) \end{bmatrix} + \begin{bmatrix} 0 \\ 0 \\ 1 \end{bmatrix} r(t)$$

【답】①

71 ★★★☆☆ $f_e(t)$가 우함수이고 $f_o(t)$가 기함수일 때 주기함수 $f(t)=f_e(t)+f_o(t)$에 대한 다음 식 중 틀린 것은?

① $f_e(t)=f_e(-t)$
② $f_o(t)=-f_o(-t)$
③ $f_o(t)=\dfrac{1}{2}[f(t)-f(-t)]$
④ $f_e(t)=\dfrac{1}{2}[f(t)-f(-t)]$

Explanation

• 우함수 : $f_o(t)=-f_o(-t)$
• 기함수 : $f_e(t)=f_e(-t)$
여기서, $f(t)=f_e(t)+f_o(t)$이므로

$$\dfrac{1}{2}[f(t)+f(-t)]=\dfrac{1}{2}[f_e(t)+f_o(t)+f_e(-t)+f_o(-t)]$$
$$=\dfrac{1}{2}[f_e(t)+f_o(t)+f_e(t)-f_o(t)]=f_e(t)$$

$$\dfrac{1}{2}[f(t)-f(-t)]=\dfrac{1}{2}[f_e(t)+f_o(t)+f_e(-t)-f_o(-t)]$$
$$=\dfrac{1}{2}[f_e(t)+f_o(t)-f_e(t)+f_o(t)]=f_o(t)$$

【답】④

72 ★★☆☆☆ 3상 평형회로에 Y결선의 부하가 연결되어 있고, 부하에서의 선간전압이 $V_{ab}=100\sqrt{3}\angle 0°[V]$일 때 선전류가 $I_a=20\angle -60°[A]$이었다. 이 부하의 한 상의 임피던스[Ω]는? (단, 3상 전압의 상순은 a-b-c이다)

① $5\angle 30°$
② $5\sqrt{3}\angle 30°$
③ $5\angle 60°$
④ $5\sqrt{3}\angle 60°$

Explanation

Y결선 시 : $I_l=I_p$, $V_l=\sqrt{3}\,V_p\angle 30°$

상전류 $I_p=\dfrac{V_p}{Z}$에서

임피던스 $Z=\dfrac{V_p}{I_p}=\dfrac{\dfrac{100\sqrt{3}\angle -30°}{\sqrt{3}}}{20\angle -60°}=5\angle 30°$

【답】①

73 ★☆☆☆☆ 그림의 회로에서 120[V]와 30[V]의 전압원(능동소자)에서의 전력은 각각 몇 [W]인가? 단, 전압원(능동소자)에서 공급 또는 발생하는 전력은 양수(+)이고, 소비 또는 흡수하는 전력은 음수(-)이다.

① 240[W], 60[W]
② 240[W], -60[W]
③ -240[W], 60[W]
④ -240[W], -60[W]

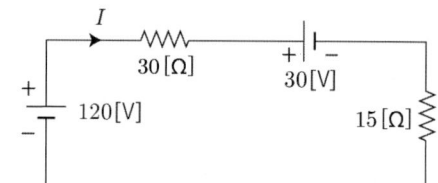

Explanation

회로의 전류 $I = \dfrac{V}{R} = \dfrac{120-30}{30+15} = \dfrac{90}{45} = 2[A]$

따라서 120[V]전압원의 공급전력 $P = VI = 120 \times 2 = 240[W]$
　　　30[V]전압원의 공급전력 $P = VI = 30 \times 2 = 60[W]$
여기서, 큰 전력이 공급원이고 적은 전력이 소비원임

【답】②

74 ★★★☆

각 상의 전압이 다음과 같을 때 영상분 전압[V]의 순시치는? (단, 3상 전압의 상순은 a-b-c이다)

$$v_a(t) = 40\sin\omega t[V]$$
$$v_b(t) = 40\sin\left(\omega t - \dfrac{\pi}{2}\right)[V]$$
$$v_c(t) = 40\sin\left(\omega t + \dfrac{\pi}{2}\right)[V]$$

① $40\sin\omega t$　　　　　　　　　　② $\dfrac{40}{3}\sin\omega t$

③ $\dfrac{40}{3}\sin\left(\omega t - \dfrac{\pi}{2}\right)$　　　　　④ $\dfrac{40}{3}\sin\left(\omega t + \dfrac{\pi}{2}\right)$

Explanation

각 상의 전류를 페이저로 표현하면
$I_a = 40\angle 0° = 40$
$I_b = 40\angle -90° = 40(\cos 90° - j\sin 90°) = -j40$
$I_c = 40\angle 90° = 40(\cos 90° + j\sin 90°) = j40$

영상전류는 $I_0 = \dfrac{1}{3}(I_a + I_b + I_c) = \dfrac{1}{3}(40 - j40 + j40) = \dfrac{40}{3}\angle 0°$

영상전류를 순시값으로 나타내면 $I_0 = \dfrac{40}{3}\sin\omega t$

【답】②

75 ★☆☆☆

그림과 같이 3상 평형의 순저항 부하에 단상 전력계를 연결하였을 때 전력계가 $W[W]$를 지시하였다. 이 3상 부하에서 소모하는 전체 전력[W]은?

① $2W$
② $3W$
③ $\sqrt{2}\,W$
④ $\sqrt{3}\,W$

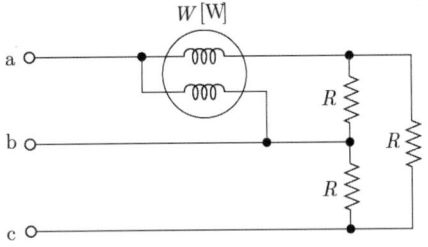

Explanation

2전력계법
유효전력 $P = P_1 + P_2 = W + W = 2W$

【답】①

76 ★★☆☆

정전용량이 $C[F]$인 커패시터에 단위 임펄스의 전류원이 연결되어 있다. 이 커패시터의 전압 $v_C(t)$는? (단, $u(t)$는 단위 계단함수이다)

① $v_C(t) = C$　　　　　　　　　　② $v_C(t) = Cu(t)$

③ $v_C(t) = \dfrac{1}{C}$　　　　　　　　④ $v_C(t) = \dfrac{1}{C}u(t)$

> **Explanation**

콘덴서에서의 전압 $v_c(t) = \frac{1}{C}\int i(t)\,dt$ 이므로

라플라스변환하면 $V_c(s) = \frac{1}{Cs}I(s)$ 이며

여기서 임펄스의 전류를 인가하면 $I(s) = 1$ 이므로 $V_c(s) = \frac{1}{Cs}$

라플라스 역변환하면 $V_c(t) = \frac{1}{C}u(t)$

【답】 ④

77 ★★☆☆☆
그림의 회로에서 $t = 0[s]$에 스위치(S)를 닫은 후 $t = 1[s]$일 때 이 회로에 흐르는 전류는 약 몇 [A]인가?

① 2.52
② 3.16
③ 4.21
④ 6.32

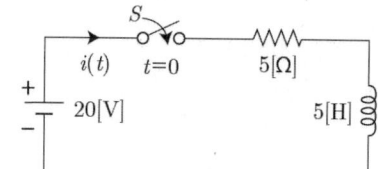

> **Explanation**

$R-L$ 직렬 회로

전류 $i = \frac{E}{R}\left(1-e^{-\frac{R}{L}t}\right) = \frac{20}{5}\left(1-e^{-\frac{5}{5}t}\right) = 4(1-e^{-1}) \fallingdotseq 2.52[A]$

【답】 ①

78 ★☆☆☆☆
순시치 전류 $i(t) = I_m \sin(\omega t + \theta_I)[A]$의 파고율은 약 얼마인가?

① 0.577
② 0.707
③ 1.414
④ 1.732

> **Explanation**

	파형	실효값	평균값
정현파		$\frac{I_m}{\sqrt{2}}$	$\frac{2}{\pi}I_m$

파고율 = $\frac{\text{최대값}}{\text{실효값}} = \frac{I_m}{\frac{I_m}{\sqrt{2}}} = \sqrt{2} = 1.414$

【답】 ③

79 ★☆☆☆☆
그림의 회로가 정저항 회로로 되기 위한 L[mH]은? (단, $R = 10[\Omega]$, $C = 1,000[\mu F]$이다)

① 1
② 10
③ 100
④ 1,000

> **Explanation**

정저항 회로
- $Z = R$이 되는 회로

- 주파수에 무관한 회로

위의 회로의 정저항 회로의 조건은 $R^2 = \dfrac{L}{C}$이다.

인덕턴스 $L = R^2 C = 10^2 \times 1{,}000 \times 10^{-6} \times 10^3 = 100 [\text{mH}]$

【답】③

80 분포정수 회로에 있어서 선로의 단위 길이당 저항이 100[Ω/m], 인덕턴스가 200[mH/m], 누설 컨덕턴스가 0.5[℧/m]일 때 일그러짐이 없는 조건(무왜형 조건)을 만족하기 위한 단위 길이당 커패시턴스는 몇 [μF/m]인가?

① 0.001
② 0.1
③ 10
④ 1,000

Explanation

무왜형선로(일그러짐이 없는 선로) : $RC = LG$

$C = \dfrac{LG}{R} = \dfrac{200 \times 10^{-3} \times 0.5}{100}$
$= 1 \times 10^{-3} = 1{,}000 [\mu\text{F}]$

【답】④

5과목 전기설비기술기준

81 저압 가공전선이 안테나와 접근상태로 시설될 때 상호 간의 이격거리는 몇 [cm] 이상이어야 하는가?(단, 전선이 고압 절연전선, 특고압 절연전선 또는 케이블이 아닌 경우이다)

① 60
② 80
③ 100
④ 120

Explanation

(KEC 332.14조) 저·고압 가공전선과 안테나의 접근 또는 교차
가공전선과 안테나 사이의 이격거리는 저압은 0.6[m](전선이 고압 절연전선, 특고압 절연전선 또는 케이블인 경우에는 0.3[m]) 이상, 고압은 0.8[m](전선이 케이블인 경우에는 0.4[m]) 이상일 것

【답】①

82 고압 가공전선으로 사용한 경동선은 안전율이 얼마 이상인 처짐정도(이도)로 시설하여야 하는가?

① 2.0
② 2.2
③ 2.5
④ 3.0

Explanation

(KEC 332.4조) 고압 가공전선의 안전율
고압 가공전선은 케이블인 경우 이외에는 그 **안전율이 경동선 또는 내열 동합금선은 2.2 이상**, 그 밖의 전선은 2.5 이상이 되는 처짐정도(이도)로 시설하여야 한다.

【답】②

83 사용전압이 22.9[kV]인 특고압 가공전선과 그 지지물·완금류·지지기둥 또는 지지선 사이의 이격거리는 몇 [cm] 이상이어야 하는가?

① 15
② 20
③ 25
④ 30

Explanation

(KEC 333.5조) 특고압 가공전선과 지지물 등의 이격거리

사용전압	이격거리[m]
15[kV] 미만	0.15
15[kV] 이상 25[kV] 미만	0.2
...	...

【답】②

84. 급전선에 대한 설명으로 틀린 것은?

① 급전선은 비절연보호도체, 매설접지도체, 레일 등으로 구성하여 단권변압기 중성점과 공통접지에 접속한다.
② 가공식은 전차선의 높이 이상으로 전차선로 지지물에 병가하며, 나전선의 접속은 직선접속을 원칙으로 한다.
③ 선상승강장, 인도교, 과선교 또는 교량 하부 등에 설치할 때에는 최소 절연이격거리 이상을 확보하여야 한다.
④ 신설 터널 내 급전선을 가공으로 설계할 경우 지지물의 취부는 C찬넬 또는 매입전을 이용하여 고정하여야 한다.

Explanation

(KEC 431.4조) 급전선로
① 급전선은 나전선을 적용하여 가공식으로 가설을 원칙으로 한다. 다만, 전기적 이격거리가 충분하지 않거나 지락, 섬락 등의 우려가 있을 경우에는 급전선을 케이블로하여 안전하게 시공하여야 한다.
② 가공식은 전차선의 높이 이상으로 전차선로 지지물에 병가하며, 나전선의 접속은 직선접속을 원칙으로 한다.
③ 신설 터널 내 급전선을 가공으로 설계할 경우 지지물의 취부는 C찬넬 또는 매입전을 이용하여 고정하여야한다.
④ 선상승강장, 인도교, 과선교 또는 교량 하부 등에 설치할 때에는 최소 절연이격거리이상을 확보하여야 한다.
※ 1번 문항은 급전선로가 아니라 KEC 431.5조 귀선로에 대한 설명이다.

【답】①

85. 진열장 내의 배선으로 사용전압 400[V] 이하에 사용하는 코드 또는 캡타이어 케이블의 최소 단면적은 몇 [mm²]인가?

① 1.25   ② 1.0   ③ 0.75   ④ 0.5

Explanation

(KEC 234.8조) 진열장 또는 이와 유사한 것의 내부 배선
사용 전압 400[V] 이하인 저압 옥내 배선 **단면적 0.75[mm²] 이상의 코드 또는 캡타이어 케이블**

【답】③

86. 최대사용전압이 23,000[V]인 중성점 비접지식 전로의 절연내력 시험전압은 몇 [V]인가?

① 16,560   ② 21,160
③ 25,300   ④ 28,750

Explanation

(KEC 135조) 변압기 전로의 절연내력

구분		배율	최저 전압
중성점 직접 접지식이 아닌 경우	7[kV] 이하	1.5	500[V]
	7[kV] 초과 ~ 60[kV] 이하	1.25	10.5[kV]
	60[kV] 초과(비접지식)	1.25	
	60[kV] 초과(중성점 접지식) (성형결선, 또는 스콧결선의 것에 한한다)	1.1	75[kV]

절연내력 시험전압 : 23,000 × 1.25 = 28,750[V]

【답】④

87 지중 전선로를 직접 매설식에 의하여 시설할 때, 차량 기타 중량물의 압력을 받을 우려가 있는 장소인 경우 매설깊이는 몇 [m] 이상으로 시설하여야 하는가?
① 0.6
② 1.0
③ 1.2
④ 1.5

Explanation

(KEC 334.1조) 지중전선로의 시설
직접 매설식에 의하여 시설하는 경우에는 매설 깊이를 **차량 기타 중량물의 압력을 받을 우려가 있는 장소**에는 1[m] 이상, 기타 장소에는 0.6[m] 이상으로 하고 또한 지중전선을 견고한 트라프 기타 방호물에 넣지 아니하여도 된다. 【답】②

88 플로어덕트 공사에 의한 저압 옥내배선 공사 시 시설기준으로 틀린 것은?
① 덕트의 끝부분은 막을 것
② 옥외용 비닐절연전선을 사용할 것
③ 덕트 안에는 전선에 접속점이 없도록 할 것
④ 덕트 및 박스 기타의 부속품은 물이 고이는 부분이 없도록 시설하여야 한다.

Explanation

(KEC 232.32조) 플로어덕트공사
① 전선은 절연전선(옥외용 비닐 절연전선을 제외한다)일 것
② 전선은 연선일 것 다만, 단면적 10[㎟](알루미늄선은 단면적 16[㎟]) 이하인 것은 그러하지 아니하다.
③ 플로어 덕트 안에는 전선에 접속점이 없도록 할 것 다만, 전선을 분기하는 경우에 접속점을 쉽게 점검할 수 있을 때에는 그러하지 아니하다.
④ 덕트 및 박스 기타의 부속품은 물이 고이는 부분이 없도록 시설하여야 한다. 【답】②

89 중앙급전 전원과 구분되는 것으로서 전력소비지역 부근에 분산하여 배치 가능한 신·재생에너지 발전설비 등의 전원으로 정의되는 용어는?
① 임시전력원
② 분전반전원
③ 분산형전원
④ 계통연계전원

Explanation

(KEC 112조) 용어 정의
분산형 전원 : 중앙급전 전원과 구분되는 것으로서 전력소비지역 부근에 분산하여 배치 가능한 전원 【답】③

90 애자공사에 의한 저압 옥측전선로는 사람이 쉽게 접촉될 우려가 없도록 시설하고, 전선의 지지점 간의 거리는 몇 [m] 이하이어야 하는가?
① 1
② 1.5
③ 2
④ 3

Explanation

(KEC 221.2조) 옥측전선로
애자공사에 의한 저압 옥측전선로는 다음에 의하고 또한 사람이 쉽게 접촉될 우려가 없도록 시설할 것.
① 전선 : 공칭단면적 4[㎟] 이상의 연동 절연전선(옥외용 비닐절연전선 및 인입용절연전선은 제외)
② 전선의 지지점 간의 거리 : 2[m] 이하 【답】③

91 저압 가공전선로의 지지물이 목주인 경우 풍압하중의 몇 배의 하중에 견디는 강도를 가지는 것이어야 하는가?
① 1.2　　② 1.5
③ 2　　④ 3

> **Explanation**
>
> (KEC 222.8조) 저압 가공전선로의 지지물의 강도
> 저압 가공전선로의 지지물 : **목주는 풍압하중의 1.2배의 하중**, 기타의 경우 풍압하중에 견디는 강도　　【답】①

92 교류 전차선 등 충전부와 식물 사이의 이격거리는 몇 [m] 이상이어야 하는가? (단, 현장여건을 고려한 방호벽 등의 안전조치를 하지 않은 경우이다)
① 1　　② 3
③ 5　　④ 10

> **Explanation**
>
> (KEC 431.11조) 전차선 등과 식물사이의 이격거리
> 교류 전차선 등 **충전부와 식물사이의 이격거리는 5[m] 이상**　　【답】③

93 무효전력 보상장치 내부 고장이 생긴 경우, 무효전력 보상장치의 뱅크용량이 몇 [kVA] 이상일 때 전로로부터 자동 차단하는 장치를 시설하여야 하는가?
① 5,000　　② 10,000
③ 15,000　　④ 20,000

> **Explanation**
>
> (KEC 351.5조) 조상설비의 보호장치
>
> | 설비종별 | 뱅크용량의 구분 | 자동적으로 전로로부터 차단하는 장치 |
> |---|---|---|
> | 전력용 커패시터 및 분로 리액터 | 500[kVA] 초과 15,000[kVA] 미만 | 내부에 고장이 생긴 경우에 동작하는 장치 또는 과전류가 생긴 경우에 동작하는 장치 |
> | | 15,000[kVA] 이상 | 내부에 고장이 생긴 경우에 동작하는 장치 및 과전류가 생긴 경우에 동작하는 장치
과전압이 생긴 경우에 동작하는 장치 |
> | 무효전력 보상장치 | 15,000[kVA] 이상 | 내부에 고장이 생긴 경우에 동작하는 장치 |
>
> 【답】③

94 고장보호에 대한 설명으로 틀린 것은?
① 고장보호는 일반적으로 직접접촉을 방지하는 것이다.
② 고장보호는 인축의 몸을 통해 고장전류가 흐르는 것을 방지하여야 한다.
③ 고장보호는 인축의 몸에 흐르는 고장전류를 위험하지 않은 값 이하로 제한하여야 한다.
④ 고장보호는 인축의 몸에 흐르는 고장전류의 지속시간을 위험하지 않은 시간까지로 제한하여야 한다.

> **Explanation**
>
> (KEC 113.2조) 감전에 대한 보호
> 고장 보호는 일반적으로 기본절연의 고장에 의한 간접접촉을 방지하는 것이다.
> ① 인축의 몸을 통해 고장전류가 흐르는 것을 방지
> ② 인축의 몸에 흐르는 고장전류를 위험하지 않은 값 이하로 제한
> ③ 인축의 몸에 흐르는 고장전류의 지속시간을 위험하지 않은 시간까지로 제한　　【답】①

95 네온방전등의 관등회로의 전선을 애자공사에 의해 자기 또는 유리제 등의 애자로 견고하게 지지하여 조영재의 아랫면 또는 옆면에 부착한 경우 전선 상호 간의 이격거리는 몇 [mm] 이상이어야 하는가?
① 30
② 60
③ 80
④ 100

Explanation

(KEC 234.12조) 네온방전등
네온방전등을 옥내, 옥측 또는 옥외에 시설하는 경우 배선은 애자공사에 의할 것
① 전선은 네온관용 전선
② 전선은 조영재의 옆면 또는 아랫면에 붙일 것(전개된 장소+기술상 부득이한 경우 예외)
③ 전선 지지점간의 거리는 1[m] 이하
④ **전선 상호간의 간격은 60[mm] 이상**

【답】②

96 수소냉각식 발전기에서 사용하는 수소 냉각 장치에 대한 시설기준으로 틀린 것은?
① 수소를 통하는 관으로 동관을 사용할 수 있다.
② 수소를 통하는 관은 이음매가 있는 강판이어야 한다.
③ 발전기 내부의 수소의 온도를 계측하는 장치를 시설하여야 한다.
④ 발전기 내부의 수소의 순도가 85[%] 이하로 저하한 경우에 이를 경보하는 장치를 시설하여야 한다.

Explanation

(KEC 351.10조) 수소냉각식 발전기 등의 시설
① 발전기 내부 또는 무효 전력 보상 장치 내부의 수소의 순도가 85[%] 이하로 저하한 경우에 이를 경보하는 장치를 시설
② 발전기 내부 또는 무효 전력 보상 장치 내부의 수소의 압력을 계측하는 장치 및 그 압력이 현저히 변동한 경우에 이를 경보하는 장치를 시설할 것
③ 발전기 내부 또는 무효 전력 보상 장치 내부의 수소의 온도를 계측하는 장치를 시설할 것
④ **수소를 통하는 관은 동관 또는 이음매 없는 강판**이어야 하며 또한 수소가 대기압에서 폭발하는 경우에 생기는 압력에 견디는 강도의 것일 것

【답】②

97 전력보안통신설비인 무선통신용 안테나 등을 지지하는 철주의 기초 안전율은 얼마 이상이어야 하는가? (단, 무선용 안테나 등이 전선로의 주위상태를 감시할 목적으로 시설되는 것이 아닌 경우이다)
① 1.3
② 1.5
③ 1.8
④ 2.0

Explanation

(KEC 364.1조) 무선용 안테나 등을 지지하는 철탑 등의 시설
① 목주 : 풍압 하중에 대한 안전율 1.5 이상
② 철주·철근 콘크리트주 또는 철탑의 기초 안전율 : 1.5 이상

【답】②

98 특고압 가공전선로의 지지물 양측의 경간의 차가 큰 곳에 사용하는 철탑의 종류는?
① 내장형
② 보강형
③ 직선형
④ 잡아당김형

Explanation

(KEC 333.12조) 특고압 가공전선로의 철주·철근 콘크리트주 또는 철탑의 종류
특고압 가공전선로의 지지물로 사용하는 B종 철근·B종 콘크리트주 또는 철탑의 종류는 다음과 같다.
① 직선형 : 전선로의 직선 부분(3도 이하인 수평 각도를 이루는 곳을 포함한다.)에 사용하는 것
② 각도형 : 전선로 중 3도를 초과하는 수평 각도를 이루는 곳에 사용하는 것
③ 잡아당김형 : 전가섭선을 잡아당기는 곳에 사용하는 것

④ 내장형 : 전선로의 지지물 양쪽의 경간의 차가 큰 곳에 사용하는 것
⑤ 보강형 : 전선로의 직선 부분에 그 보강을 위하여 사용하는 것 【답】①

99 사무실 건물의 조명설비에 사용되는 백열전등 또는 방전등에 공기를 공급하는 옥내전로의 대지전압은 몇 [V] 이하인가?

① 250
② 300
③ 350
④ 400

Explanation

(KEC 231.6조) 옥내전로의 대지전압의 제한
백열전등 또는 방전등 옥내 전로 대지전압 : 300[V] 이하 【답】②

100 전기저장장치를 전용건물에 시설하는 경우에 대한 설명이다. 다음 ( )에 들어갈 내용으로 옳은 것은?

> 전기저장장치 시설장소는 주변 시설(도로, 건물, 가연물질 등)로부터 (㉠)[m] 이상 이격하고 다른 건물의 출입구나 피난계단 등 이와 유사한 장소로부터는 (㉡)[m] 이상 이격하여야 한다.

① ㉠ 3, ㉡ 1
② ㉠ 2.0, ㉡ 1.5
③ ㉠ 1, ㉡ 2
④ ㉠ 1.5, ㉡ 3

Explanation

(KEC 512.1.5조) 전용건물에 시설하는 경우
전기저장장치 시설장소는 주변 시설(도로, 건물, 가연물질 등)로부터 1.5[m] 이상 이격하고 다른 건물의 출입구나 피난계단 등 이와 유사한 장소로부터는 3[m] 이상 이격하여야 한다. 【답】④

2022년 전기기사 필기

1과목 전기자기학

01 ★★★★★
$\epsilon_r = 81$, $\mu_r = 1$인 매질의 고유 임피던스는 약 몇 [Ω]인가? (단, ϵ_r은 비유전율이고, μ_r은 비투자율이다)

① 13.9
② 21.9
③ 33.9
④ 41.9

Explanation

고유 임피던스 $Z_0 = \dfrac{E}{H} = \sqrt{\dfrac{\mu}{\epsilon}} = \sqrt{\dfrac{\mu_0}{\epsilon_0}} \cdot \sqrt{\dfrac{\mu_s}{\epsilon_s}} = 377\sqrt{\dfrac{\mu_s}{\epsilon_s}}$

$= 377 \times \sqrt{\dfrac{1}{81}} = 41.89 [\Omega]$

【답】 ④

02 ★★★★☆
강자성체의 $B-H$곡선을 자세히 관찰하면 매끈한 곡선이 아니라 자속밀도가 어느 순간 급격히 계단적으로 증가 또는 감소하는 것을 알 수 있다. 이러한 현상을 무엇이라 하는가?

① 퀴리점(Curie point)
② 자왜현상(Magneto-striction)
③ 바크하우젠 효과(Barkhausen effect)
④ 자기여자 효과(Magnetic after effect)

Explanation

바크하우젠 효과(Barkhausen effect)
$B-H$ 곡선에서 자속밀도 B가 계단적으로 증감하는 것
자성체 내에서 임의의 방향으로 배열되었던 자구가 외부자장의 힘이 일정치 이상이 되면 순간적으로 회전하여 자장의 방향으로 배열되기 때문에 자속 밀도가 증가하는 현상

【답】 ③

03 ★★☆☆☆
진공 중에 무한 평면도체와 $d[m]$ 만큼 떨어진 곳에 선전하밀도 $\lambda[C/m]$의 무한 직선도체가 평행하게 놓여 있는 경우 직선 도체의 단위 길이당 받는 힘은 몇 [N/m]인가?

① $\dfrac{\lambda^2}{\pi\epsilon_0 d}$
② $\dfrac{\lambda^2}{2\pi\epsilon_0 d}$
③ $\dfrac{\lambda^2}{4\pi\epsilon_0 d}$
④ $\dfrac{\lambda^2}{16\pi\epsilon_0 d}$

Explanation

전기영상법 이용

전계의 세기 $E = \dfrac{\lambda}{2\pi\epsilon_0 (2d)} = \dfrac{\lambda}{4\pi\epsilon_0 d}$

힘 $F = -\lambda E = -\dfrac{\lambda^2}{4\pi\epsilon_0 d}$ [N/m] (여기서, $-$는 흡인력임을 의미)

【답】 ③

04 평행 극판 사이에 유전율이 각각 ϵ_1, ϵ_2인 유전체를 그림과 같이 채우고, 극판 사이에 일정한 전압을 걸었을 때 두 유전체 사이에 작용하는 힘은? (단, $\epsilon_1 > \epsilon_2$)

① ⓐ의 방향
② ⓑ의 방향
③ ⓒ의 방향
④ ⓓ의 방향

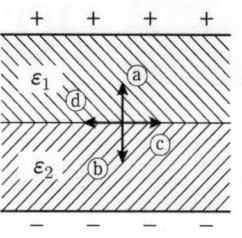

Explanation

Maxwell 응력
유전체 경계면에 작용하는 힘의 방향은 유전율이 큰 쪽에서 작은 쪽으로 향한다.
여기서, $\epsilon_1 > \epsilon_2$이므로 힘은 ⓑ방향이 된다.

【답】②

05 정전용량이 20[μF]인 공기의 평행판 커패시터에 0.1[C]의 전하량을 충전하였다. 두 평행판 사이에 비유전율이 10인 유전체를 채웠을 때 유전체 표면에 나타나는 분극 전하량[C]은?

① 0.009
② 0.01
③ 0.09
④ 0.1

Explanation

【답】③

06 유전율이 ϵ_1과 ϵ_2인 두 유전체가 경계를 이루어 평행하게 접하고 있는 경우 유전율이 ϵ_1인 영역에 전하 Q가 존재할 때 이 전하와 ϵ_2인 유전체 사이에 작용하는 힘에 대한 설명으로 옳은 것은?

① $\epsilon_1 > \epsilon_2$인 경우 반발력이 작용한다.
② $\epsilon_1 > \epsilon_2$인 경우 흡인력이 작용한다.
③ ϵ_1과 ϵ_2에 상관없이 반발력이 작용한다.
④ ϵ_1과 ϵ_2에 상관없이 흡인력이 작용한다.

Explanation

경계면에 작용하는 힘
① $\epsilon_1 > \epsilon_2$인 경우 반발력이 작용
② $\epsilon_1 < \epsilon_2$인 경우 흡인력이 작용

【답】①

07 단면적이 균일한 환상철심에 권수 100회인 A 코일과 권수 400회인 B 코일이 있을 때 A 코일의 자기 인덕턴스가 4[H]라면 두 코일의 상호 인덕턴스는 몇 [H]인가? (단, 누설자속은 0이다)

① 4
② 8
③ 12
④ 16

Explanation

자기인덕턴스와 상호인덕턴스

• 자기인덕턴스 : $L_1 = \dfrac{N_1^2}{R_m}$ $L_2 = \dfrac{N_2^2}{R_m}$

- 상호인덕턴스 : $M = \dfrac{N_1 N_2}{R_m} = \dfrac{N_2}{N_1} L_1$ 이 된다.

$\therefore M = L_1 \times \dfrac{N_2}{N_1} = 4 \times \dfrac{400}{100} = 16[\text{H}]$

【답】④

08 ★☆☆☆☆ 평균 자로의 길이가 10[cm], 평균 단면적이 2[cm²]인 환상 솔레노이드의 자기 인덕턴스를 5.4[mH] 정도로 하고자 한다. 이 때 필요한 코일의 권선수는 약 몇 회인가? (단, 철심의 비투자율은 15,000이다)

① 6
② 12
③ 24
④ 29

Explanation

환상솔레노이드의 인덕턴스 $L = \dfrac{\mu S N^2}{l}$ [H]

$N^2 = \dfrac{Ll}{\mu S}$ 에서 권선수 $N = \sqrt{\dfrac{Ll}{\mu S}} = \sqrt{\dfrac{5.4 \times 10^{-3} \times 0.1}{4\pi \times 10^{-7} \times 15,000 \times 2 \times 10^{-4}}} \fallingdotseq 12[\text{회}]$

【답】②

09 ★★★★★ 투자율이 μ[H/m], 단면적이 S[m²], 길이가 l[m]인 자성체에 권선을 N회 감아서 I[A]의 전류를 흘렸을 때 이 자성체의 단면적 S[m²]를 통과하는 자속[Wb]은?

① $\mu \dfrac{I}{Nl} S$
② $\mu \dfrac{NI}{Sl}$
③ $\dfrac{NI}{\mu S} l$
④ $\mu \dfrac{NI}{l} S$

Explanation

기자력 $F_m = NI = R_m \phi$ 에서

자속 $\phi = \dfrac{F_m}{R_m} = \dfrac{NI}{R_m} = \dfrac{NI}{\dfrac{l}{\mu S}} = \dfrac{\mu SNI}{l}$ [Wb] : 자기회로의 옴의 법칙

【답】④

10 ★★☆☆☆ 그림은 커패시터의 유전체 내에 흐르는 변위전류를 보여준다. 커패시터의 전극 면적을 S[m²], 전극에 축적된 전하를 q[C], 전극의 표면전하 밀도를 σ[C/m²], 전극 사이의 전속밀도를 D[C/m²]라 하면 변위전류밀도 i_d[A/m²]는?

① $\dfrac{\partial D}{\partial t}$
② $\dfrac{\partial q}{\partial t}$
③ $S \dfrac{\partial D}{\partial t}$
④ $\dfrac{1}{S} \dfrac{\partial D}{\partial t}$

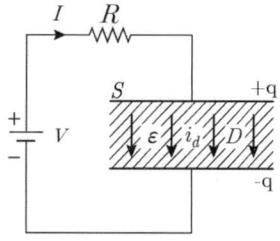

Explanation

변위 전류 밀도 $i_d = \dfrac{\partial D}{\partial t}$: 전속밀도의 시간적 변화

【답】①

11 진공 중에서 점(1, 3)[m]의 위치에 -2×10^{-9}[C]의 점전하가 있을 때 점(2, 1)[m]에 있는 1[C]의 점전하에 작용하는 힘은 몇 [N]인가? (단, $\hat{x}$, $\hat{y}$는 단위벡터이다)

① $-\dfrac{18}{5\sqrt{5}}\hat{x}+\dfrac{36}{5\sqrt{5}}\hat{y}$ ② $-\dfrac{36}{5\sqrt{5}}\hat{x}+\dfrac{18}{5\sqrt{5}}\hat{y}$

③ $-\dfrac{36}{5\sqrt{5}}\hat{x}-\dfrac{18}{5\sqrt{5}}\hat{y}$ ④ $\dfrac{18}{5\sqrt{5}}\hat{x}+\dfrac{36}{5\sqrt{5}}\hat{y}$

Explanation

힘을 벡터로 구하므로
$F=|F|a_0$ 에서
거리 $r=(2-1)a_x+(1-3)a_y=a_x-2a_y$
크기 $r=\sqrt{1^2+(-2)^2}=\sqrt{5}$ [m]
방향 $r_0=\dfrac{F}{|F|}=\dfrac{1}{\sqrt{5}}(a_x-2a_y)$
따라서 힘을 벡터로 표시하면
$F=9\times 10^9 \times \dfrac{-2\times 10^{-9}\times 1}{(\sqrt{5})^2}\times \dfrac{1}{\sqrt{5}}(a_x-2a_y)=-\dfrac{18}{5\sqrt{5}}a_x+\dfrac{36}{5\sqrt{5}}a_y$ [N]

【답】①

12 정전용량이 C_0[μF]인 평행판 공기 커패시터가 있다. 두 극판 사이에 극판과 평행하게 절반을 비유전율이 ϵ_r 인 유전체로 채우면 커패시터의 정전용량은[μF]은?

① $\dfrac{C_0}{2\left(1+\dfrac{1}{\epsilon_r}\right)}$ ② $\dfrac{C_0}{1+\dfrac{1}{\epsilon_r}}$

③ $\dfrac{2C_0}{1+\dfrac{1}{\epsilon_r}}$ ④ $\dfrac{4C_0}{1+\dfrac{1}{\epsilon_r}}$

Explanation

극판간격의 $\dfrac{1}{2}$ 간격에 물질을 채운 경우의 정전용량 $C=\dfrac{2C_0}{1+\dfrac{1}{\epsilon_s}}$ [F]

【답】③

13 그림과 같이 점 O를 중심으로 반지름이 a[m]인 구도체 1과 안쪽 반지름이 b[m]이고 바깥쪽 반지름이 c[m]인 구도체 2가 있다. 이 도체계에서 전위계수 P_{11}[1/F]에 해당되는 것은?

① $\dfrac{1}{4\pi\epsilon}\dfrac{1}{a}$

② $\dfrac{1}{4\pi\epsilon}\left(\dfrac{1}{a}-\dfrac{1}{b}\right)$

③ $\dfrac{1}{4\pi\epsilon}\left(\dfrac{1}{b}-\dfrac{1}{c}\right)$

④ $\dfrac{1}{4\pi\epsilon}\left(\dfrac{1}{a}-\dfrac{1}{b}+\dfrac{1}{c}\right)$

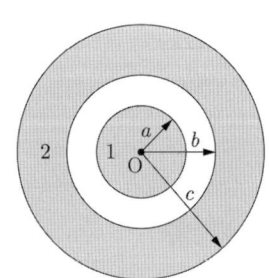

Explanation

【답】④

14 자계의 세기를 나타내는 단위가 아닌 것은?

① A/m
② N/Wb
③ $(H \cdot A)/m^2$
④ $Wb/(H \cdot m)$

Explanation

$F = mH$ 에서

자계의 세기 $H = \dfrac{F}{m}$ [N/Wb]에서

$\left[\dfrac{N}{Wb}\right] = \left[\dfrac{N \cdot m}{Wb \cdot m}\right] = \left[\dfrac{J/Wb}{m}\right] = \left[\dfrac{A}{m}\right] = \left[\dfrac{Wb}{H \cdot m}\right]$

【답】③

15 그림과 같이 평행한 무한장 직선의 두 도선에 I[A], $4I$[A]인 전류가 각각 흐른다. 두 도선 사이 점 P에서의 자계의 세기가 0이라면 $\dfrac{a}{b}$는?

① 2
② 4
③ $\dfrac{1}{2}$
④ $\dfrac{1}{4}$

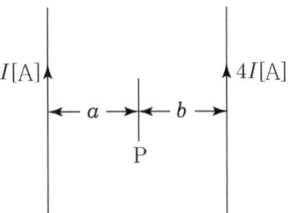

Explanation

무한장 직선의 자계의 세기 $H = \dfrac{I}{2\pi r}$

오른나사법칙에서 자계의 방향이 서로 반대방향이므로 $H_T = H_2 - H_1 = 0$

따라서 $H_1 = H_2$ 에서 $\dfrac{I}{2\pi a} = \dfrac{4I}{2\pi b}$

$\therefore \dfrac{a}{b} = \dfrac{1}{4}$

【답】④

16 내압 및 정전용량이 각각 1,000[V]-2[μF], 700[V]-3[μF], 600[V]-4[μF], 300[V]-8[μF]인 4개의 커패시터가 있다. 이 커패시터들을 직렬로 연결하여 양단에 전압을 인가한 후 전압을 상승시키면 가장 먼저 절연이 파괴되는 커패시터는? (단, 커패시터의 재질이나 형태는 동일하다)

① 1,000[V]-2[μF]
② 700[V]-3[μF]
③ 600[V]-4[μF]
④ 300[V]-8[μF]

Explanation

콘덴서 직렬연결 시 파괴되는 콘덴서는 $Q = CV$에서 Q값이 작은 콘덴서가 먼저 파괴된다.
$Q_1 = C_1 V_1 = 2 \times 1,000 = 2,000[C]$
$Q_2 = C_2 V_2 = 3 \times 700 = 2,100[C]$
$Q_3 = C_3 V_3 = 4 \times 600 = 2,400[C]$
$Q_4 = C_4 V_4 = 8 \times 300 = 2,400[C]$이므로
따라서 전하량이 가장 적은 1,000[V]-2[μF]의 콘덴서가 가장 먼저 파괴된다.

【답】①

17 반지름이 2[m]이고 권수가 120회인 원형코일 중심에서의 자계의 세기를 30[AT/m]로 하려면 원형코일에 몇 [A]의 전류를 흘려야 하는가?

① 1　　　　　　　　　　② 2
③ 3　　　　　　　　　　④ 4

Explanation

원형코일 중심의 자계의 세기 $H = \dfrac{NI}{2a}$ [AT/m]이므로

$I = \dfrac{2aH}{N} = \dfrac{2 \times 2 \times 30}{120} = 1[A]$

【답】①

18 내구의 반지름이 $a = 5$[cm], 외구의 반지름이 $b = 10$[cm]이고, 공기로 채워진 동심구형 커패시터의 정전용량은 약 몇 [pF]인가?

① 11.1　　　　　　　　② 22.2
③ 33.3　　　　　　　　④ 44.4

Explanation

동심구의 정전용량 $C = \dfrac{4\pi\epsilon_0}{\dfrac{1}{a} - \dfrac{1}{b}} = \dfrac{4\pi\epsilon_0 ab}{b-a}$

$= \dfrac{\dfrac{1}{9 \times 10^9} \times 5 \times 10^{-2} \times 10 \times 10^{-2}}{(10-5) \times 10^{-2}} \times 10^{12} = 11.11[\text{pF}]$

【답】①

19 자성체의 종류에 대한 설명으로 옳은 것은? (단, χ_m는 자화율이고, μ_r은 비투자율이다)

① $\chi_m > 0$이면, 역자성체이다.　　② $\chi_m < 0$이면, 상자성체이다.
③ $\mu_r > 1$이면, 비자성체이다.　　④ $\mu_r < 1$이면, 역자성체이다.

Explanation

자화율 $\chi = \mu_0(\mu_s - 1)$이므로
- 강자성체(철, 니켈, 코발트) : $\mu_s \gg 1$이고 자화율 $\chi > 0$
- 상자성체(공기, 진공, 알루미늄) : $\mu_s \geq 1$이고 자화율 $\chi > 0$
- 역자성체(구리, 창연, 금) : $\mu_s < 1$이고 자화율 $\chi < 0$

【답】④

20 구좌표계에서 $\nabla^2 r$의 값은 얼마인가? (단, $r = \sqrt{x^2 + y^2 + z^2}$)

① $\dfrac{1}{r}$　　　　　　　　　　② $\dfrac{2}{r}$
③ r　　　　　　　　　　　④ $2r$

Explanation

【답】②

2과목 전력공학

21 피뢰기의 충격방전 개시전압은 무엇으로 표시하는가?
① 직류전압의 크기
② 충격파의 평균치
③ 충격파의 최대치
④ 충격파의 실효치

Explanation

피뢰기 단자에 충격전압을 인가하였을 경우 방전을 개시하는 전압을 충격방전 개시전압이라 하며, **충격파의 최대치**로 나타낸다.

【답】③

22 전력용 콘덴서에 비해 동기조상기의 이점으로 옳은 것은?
① 소음이 적다.
② 진상전류 이외에 지상전류를 취할 수 있다.
③ 전력손실이 적다.
④ 유지보수가 쉽다.

Explanation

조상설비 비교

	진 상	지 상	시충전(시송전)	조 정	전력손실	증설
전력용 콘덴서	○	×	×	단계적	적다	가능
분로 리액터	×	○	×	단계적	적다	가능
동기 조상기	○	○	○	연속적	크다	불가능

【답】②

23 단락보호방식에 관한 설명으로 틀린 것은?
① 방사상 선로의 단락 보호방식에서 전원이 양단에 있을 경우 방향 단락 계전기와 과전류 계전기를 조합시켜서 사용한다.
② 전원이 1단에만 있는 방사상 송전 선로에서의 고장 전류는 모두 발전소로부터 방사상으로 흘러나간다.
③ 환상 선로의 단락 보호방식에서 전원이 두 군데 이상 있는 경우에는 방향 거리 계전기를 사용한다.
④ 환상 선로의 단락 보호방식에서 전원이 1단에만 있을 경우 선택 단락 계전기를 사용한다.

Explanation

환상 선로의 단락 보호
• 전원이 1군데 존재 : 방향 단락 계전기
• 전원이 양단에 존재 : 방향 거리 계전기

【답】④

24 밸런서의 설치가 가장 필요한 배전방식은?
① 단상 2선식
② 단상 3선식
③ 3상 3선식
④ 3상 4선식

Explanation

저압밸런서
단상 3선식에서 중성선 단선 시 전압 불평형이 발생하므로 저압밸런서를 설치

【답】②

25 ★★★★★ 부하전류가 흐르는 전로는 개폐할 수 없으나 기기의 점검이나 수리를 위하여 회로를 분리하거나, 계통의 접속을 바꾸는 데 사용하는 것은?

① 차단기
② 단로기
③ 전력용 퓨즈
④ 부하 개폐기

Explanation

단로기(Disconnecting Switch)
- 무부하 회로 개폐
- 무부하 충전전류, 변압기 여자전류 개폐 가능

【답】②

26 ★★★★★ 정전용량 0.01[μF/km], 길이 173.2[km], 선간전압 60[kV], 주파수 60[Hz]인 3상 송전선로의 충전전류는 약 몇 [A]인가?

① 6.3
② 12.5
③ 22.6
④ 37.2

Explanation

충전전류 $I_c = \dfrac{E}{X_c} = \omega CE = 2\pi f C \dfrac{V}{\sqrt{3}}$

$= 2\pi \times 60 \times 0.01 \times 10^{-6} \times 173.2 \times \dfrac{60,000}{\sqrt{3}} = 22.62[A]$

【답】③

27 ★★★☆☆ 보호계전기의 반한시 · 정한시 특성은?

① 동작전류가 커질수록 동작시간이 짧게 되는 특성
② 최소 동작전류 이상의 전류가 흐르면 즉시 동작하는 특성
③ 동작전류의 크기에 관계없이 일정한 시간에 동작하는 특성
④ 동작전류가 커질수록 동작시간이 짧아지며, 어떤 전류 이상이 되면 동작전류의 크기에 관계없이 일정한 시간에서 동작하는 특성

Explanation

계전기 시한 특성
① 순한시 특성 : 최소 동작 전류 이상의 전류가 흐르면 즉시 동작. 고속도 계전기
② 반한시 특성 : 동작 전류가 커질수록 동작 시간이 짧게 되는 특성
③ 정한시 특성 : 동작 전류의 크기에 관계없이 일정한 시간에 동작하는 특성
④ 반한시 정한시 특성 : 동작 전류가 적은 동안에는 동작 전류가 커질수록 동작 시간이 짧게 되고, 어떤 전류 이상이면 동작 전류의 크기에 관계없이 일정한 시간에 동작하는 특성

【답】④

28 ★☆☆☆☆ 전력계통의 안정도에서 안정도의 종류에 해당하지 않는 것은?

① 정태 안정도
② 상태 안정도
③ 과도 안정도
④ 동태 안정도

Explanation

안정도의 종류
- 정태 안정도 : 송전 계통이 불변 부하 또는 극히 서서히 증가하는 부하에 대하여 계속적으로 송전할 수 있는 능력
- 과도 안정도 : 부하의 급변 또는 사고가 발생해서 계통에 큰 충격을 주었을 경우에도 탈조하지 않고 새로운 평형 상태를 회복하여 송전을 계속할 수 있는 능력
- 동태 안정도 : AVR이나 조속기 등이 갖는 제어효과까지도 고려한 안정도

【답】②

29 배전선로의 역률 개선에 따른 효과로 적합하지 않은 것은?
① 선로의 전력손실 경감
② 선로의 전압강하의 감소
③ 전원측 설비의 이용률 향상
④ 선로 절연의 비용 절감

> **Explanation**
>
> 전력용 콘덴서 설치 → 역률 개선
> ※ 역률 개선의 장점
> - 전력 손실 경감($P_l \propto \dfrac{1}{\cos^2\theta}$)
> - 전기 요금 절감
> - 설비 용량 여유분
> - 전압 강하 경감
>
> 【답】 ④

30 저압뱅킹 배전방식에서 캐스케이딩현상을 방지하기 위하여 인접 변압기를 연락하는 저압선의 중간에 설치하는 것으로 알맞은 것은?
① 구분퓨즈
② 리클로저
③ 섹셔널라이저
④ 구분개폐기

> **Explanation**
>
> 저압 뱅킹 방식 : 부하가 밀집된 시가지
> 장점 : 전압 강하와 전력 손실이 적다.
>   변압기의 동량 및 저압선 동량 감소
>   플리커 현상 감소
> 단점 : 캐스케이딩 현상 발생(저압선의 일부 고장으로 건전한 변압기의 일부 또는 전부가 차단되는 현상)
>   → 대책 : 뱅킹퓨즈(구분퓨즈) 사용
>
> 【답】 ①

31 승압기에 의하여 전압 V_e에서 V_h로 승압할 때, 2차 정격전압 e, 자기용량 W인 단상 승압기가 공급할 수 있는 부하용량은?
① $\dfrac{V_h}{e} \times W$
② $\dfrac{V_e}{e} \times W$
③ $\dfrac{V_e}{V_h - V_e} \times W$
④ $\dfrac{V_h - V_e}{V_e} \times W$

> **Explanation**
>
> $\dfrac{\text{자기용량}}{\text{부하용량}} = \dfrac{e}{V_h} = \dfrac{V_h - V_e}{V_h}$
>
> ∴ 부하용량 $= \dfrac{V_h}{e} \times \text{자기용량} = \dfrac{V_h}{e} \times W$
>
> 【답】 ①

32 배기가스의 여열을 이용해서 보일러에 공급되는 급수를 예열함으로써 연료 소비량을 줄이거나 증발량을 증가시키기 위해서 설치하는 여열회수 장치는?
① 과열기
② 공기 예열기
③ 절탄기
④ 재열기

> **Explanation**
>
> 절탄기 : 보일러 배기가스의 여열을 이용하여 급수가열에 사용
>
> 【답】 ③

33 직렬콘덴서를 선로에 삽입할 때의 이점이 아닌 것은?

① 선로의 인덕턴스를 보상한다. ② 수전단의 전압강하를 줄인다.
③ 정태안정도를 증가한다. ④ 송전단의 역률을 개선한다.

Explanation

직렬콘덴서(직렬축전지)
유도 리액턴스에 의한 선로의 전압 강하 보상용으로 전압변동을 줄이고 정태안정도 개선하기 위해 사용한다. 따라서 역률개선에는 큰 영향을 주지 않는다.

【답】 ④

34 전선의 굵기가 균일하고 부하가 균등하게 분산되어 있는 배전선로의 전력손실은 전체 부하가 선로 말단에 집중되어 있는 경우에 비하여 어느 정도가 되는가?

① $\frac{1}{2}$ ② $\frac{1}{3}$
③ $\frac{2}{3}$ ④ $\frac{3}{4}$

Explanation

	전압 강하($e=IR$)	전력 손실($P_l = I^2 R$)
말단 집중 부하	e	P_l
균등 분산 부하	$\frac{1}{2}e$	$\frac{1}{3}P_l$

【답】 ②

35 송전단 전압 161[kV], 수전단 전압 154[kV], 상차각 35°, 리액턴스 60[Ω]일 때 선로 손실을 무시하면 전송전력[MW]은 약 얼마인가?

① 356 ② 307
③ 237 ④ 161

Explanation

송전전력 : $P_s = \dfrac{V_s V_r}{X} \sin\delta$ [MW]

$= \dfrac{161 \times 154}{60} \times \sin 35° = 237.02$ [MW]

【답】 ③

36 직접접지방식에 대한 설명으로 틀린 것은?

① 1선 지락 사고시 건전상의 대지 전압이 거의 상승하지 않는다.
② 계통의 절연수준이 낮아지므로 경제적이다.
③ 변압기의 단절연이 가능하다.
④ 보호계전기가 신속히 동작하므로 과도안정도가 좋다.

Explanation

직접 접지방식의 특징
• 1선 지락 시 건전상의 대지전압 상승이 낮다(절연레벨 경감).
• 중성점을 0전위로 유지 가능(단절연 가능)
• 보호계전기 동작이 확실하다.
• 정격이 낮은 피뢰기 사용 가능
• **과도안정도가 낮다(최저)**.

【답】 ④

37 그림과 같이 지지점 A, B, C에는 고저차가 없으며, 경간 AB와 BC사이에 전선이 가설되어 그 이도가 각각 12[cm]이다. 지지점 B에서 전선이 떨어져 전선의 이도가 D로 되었다면 D의 길이[cm]는? (단, 지지점 B는 A와 C의 중점이며, 지지점 B에서 전선이 떨어지기 전, 후의 길이는 같다)

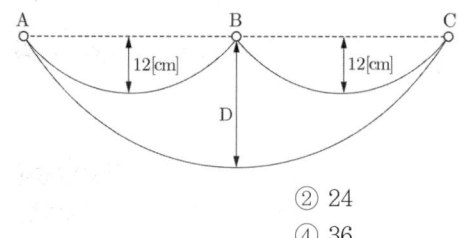

① 17
② 24
③ 30
④ 36

Explanation

전선이 지지점에서 떨어졌다고 하여도 전선의 실제 길이는 바뀌지 않으므로
이도가 D_1인 경우의 실제 길이를 L_1이라 하고 이도가 D_2인 경우의 실제 길이를 L_2라 하면
$2L_1 = L_2$가 되며

$$2\left(S + \frac{8D_1^2}{3S}\right) = 2S + \frac{8D_2^2}{3 \times 2S}$$

$$2s + 2 \times \frac{8D_1^2}{3S} = \left(2S + \frac{8D_2^2}{3 \times 2S}\right)$$

따라서 $D_2^2 = 4D_1^2$이므로 $D_2 = 2D_1$이므로
$D_2 = 2 \times 12 = 24[cm]$

【답】②

38 수차의 캐비테이션 방지책으로 틀린 것은?

① 흡출수두를 증대시킨다.
② 과부하 운전을 가능한 한 피한다.
③ 수차의 비속도를 너무 크게 잡지 않는다.
④ 침식에 강한 금속재료로 러너를 제작한다.

Explanation

공동현상 (캐비테이션) : 유체가 빠른 속도로 흐를 때 러너 날개 등의 면에 저압력이나 진공부분이 발생하는 현상
• 영향
  – 수차의 금속부분이 부식
  – 진동과 소음 발생
  – 출력과 효율의 저하
• 방지대책
  – 수차의 특유속도를 너무 높게 취하지 말 것
  – 흡출관을 사용하지 말 것
  – 침식에 강한 재료를 사용할 것
  – 수차를 과도한 부분부하에서 운전하지 말 것

【답】①

39 송전선로에 매설지선을 설치하는 목적은?

① 철탑 기초의 강도를 보강하기 위하여
② 직격뇌로부터 송전선을 차폐보호하기 위하여
③ 현수애자 1연의 전압 분담을 균일화하기 위하여
④ 철탑으로부터 송전선로로의 역섬락을 방지하기 위하여

Explanation

역섬락 방지법
• 탑각 접지저항을 줄인다.
• 매설지선을 설치한다.

【답】④

40 1회선 송전선과 변압기의 조합에서 변압기의 여자 어드미턴스를 무시하였을 경우 송수전단의 관계를 나타내는 4단자 정수 C_0는? (단, $A_0 = A + CZ_{ts}$, $B_0 = B + AZ_{tr} + DZ_{ts} + CZ_{tr}Z_{ts}$, $D_0 = D + CZ_{tr}$ 여기서 Z_{ts}는 송전단변압기의 임피던스이며, Z_{tr}은 수전단변압기의 임피던스)

① C
② $C + DZ_{ts}$
③ $C + AZ_{ts}$
④ $CD + CA$

Explanation

문제의 내용을 그려보면 다음과 같다.

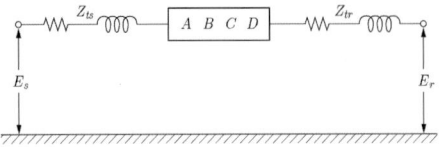

$$\begin{bmatrix} A & B \\ C & D \end{bmatrix} = \begin{bmatrix} 1 & Z_{ts} \\ 0 & 1 \end{bmatrix}\begin{bmatrix} A_1 & B_1 \\ C_1 & D_1 \end{bmatrix}\begin{bmatrix} 1 & Z_{tr} \\ 0 & 1 \end{bmatrix} = \begin{bmatrix} A_1 + C_1Z_{ts} & B_1 + D_1Z_{ts} \\ C_1 & D_1 \end{bmatrix}\begin{bmatrix} 1 & Z_{tr} \\ 0 & 1 \end{bmatrix}$$
$$= \begin{bmatrix} A_1 + C_1Z_{ts} & (A_1 + C_1Z_{ts})Z_{tr} + (B_1 + D_1Z_{ts}) \\ C_1 & C_1Z_{tr} + D_1 \end{bmatrix}$$

따라서 $C_o = C_1$

【답】①

3과목 전기기기

41 단상 변압기의 무부하 상태에서 $V_1 = 200\sin(\omega t + 30°)$[V]의 전압이 인가되었을 때 $I_o = 3\sin(\omega t + 60°) + 0.7\sin(3\omega t + 180°)$[A]의 전류가 흘렀다. 이 때 무부하손은 약 몇 [W]인가?

① 150
② 259.8
③ 415.2
④ 512

Explanation

무부하손 $P_o = V_1 I_o \cos\theta = \dfrac{200}{\sqrt{2}} \times \dfrac{3}{\sqrt{2}} \cos 30° = 259.8$[W] (여기서 유효전력은 주파수가 같을 때만 발생)

【답】②

42 단상 직권 정류자 전동기의 전기자 권선과 계자 권선에 대한 설명으로 틀린 것은?

① 계자권선의 권수를 적게 한다.
② 전기자 권선의 권수를 크게 한다.
③ 변압기 기전력을 적게 하여 역률 저하를 방지한다.
④ 브러시로 단락되는 코일 중의 단락전류를 크게 한다.

Explanation

단상 직권 정류자 전동기=만능 전동기(직·교류 양용)
• 종류 : 직권형, 보상형, 유도보상형
• 특징 : 성층 철심, 역률 및 정류 개선을 위해 **약계자, 강전기자형**

【답】④

43. 전부하시의 단자전압이 무부하시의 단자전압보다 높은 직류발전기는?

① 분권발전기　　　　　② 평복권발전기
③ 과복권발전기　　　　④ 차동복권발전기

Explanation

전압변동률 $\epsilon = \dfrac{V_0 - V}{V} \times 100 = \dfrac{E - V}{V} \times 100 = \dfrac{I_a R_a}{V} \times 100[\%]$ 에서

- $\epsilon(+)$: 분권, 타여자 발전기($V_0 > V$)
- $\epsilon(0)$: 평복권 ($V_0 = V$: 무부하 전압=정격전압)
- $\epsilon(-)$: 과복권 발전기($V_0 < V$)

【답】③

44. 직류기의 다중 중권 권선법에서 전기자 병렬 회로 수 a와 극수 P 사이의 관계로 옳은 것은? (단, m은 다중도이다)

① a=2　　　　　　　② a=2m
③ a=P　　　　　　　④ a=mP

Explanation

중권과 파권 비교

비교항목	단중 중권	단중 파권
전기자의 병렬 회로수 (다중도 m)	a=P(mP)	a=2(2m)
브러시 수	a=P=b	b=2
용도	저전압, 대전류	고전압, 소전류
균압접속	균압환 필요	불필요

【답】④

45. 슬립 s_t에서 최대 토크를 발생하는 3상 유도전동기에 2차측 한 상의 저항을 r_2라 하면 최대 토크로 기동하기 위한 2차측 한 상에 외부로부터 가해 주어야 할 저항[Ω]은?

① $\dfrac{1 - s_t}{s_t} r_2$　　　　② $\dfrac{1 + s_t}{s_t} r_2$

③ $\dfrac{r_2}{1 - s_t}$　　　　　④ $\dfrac{r_2}{s_t}$

Explanation

기동 시 최대토크와 같은 토크로 기동하기 위한 외부저항

$R = \dfrac{1 - s_t}{s_t} r_2 = \sqrt{r_1^2 + (x_1 + x_2')^2} - r_2' \fallingdotseq (x_1 + x_2') - r_2'$

【답】①

46. 단상 변압기를 병렬 운전할 경우 부하전류의 분담은?

① 용량에 비례하고 누설 임피던스에 비례
② 용량에 비례하고 누설 임피던스에 반비례
③ 용량에 반비례하고 누설 임피던스에 비례
④ 용량에 반비례하고 누설 리액턴스의 제곱에 비례

Explanation

변압기의 병렬 운전 시 부하분담

- $\dfrac{I_a}{I_b} = \dfrac{I_A}{I_B} \times \dfrac{\%Z_b}{\%Z_a}$: 분담전류는 정격전류에 비례하고 누설 임피던스에 반비례

- $\dfrac{P_a}{P_b} = \dfrac{P_A}{P_B} \times \dfrac{\%Z_b}{\%Z_a}$: **분담용량은 정격용량에 비례하고 누설 임피던스에 반비례**

여기서, I_a : A기 분담전류, I_A : A기 정격전류, P_a : A기 분담용량, P_A : A기 정격용량,
I_b : B기 분담전류, I_B : B기 정격전류, P_b : B기 분담용량, P_B : B기 정격용량

【답】②

47 ★★★★★ 스텝 모터(step motor)의 장점으로 틀린 것은?

① 회전각과 속도는 펄스 수에 비례한다.
② 위치제어를 할 때 각도 오차가 적고 누적된다.
③ 가속, 감속이 용이하며 정·역전 및 변속이 쉽다.
④ 피드백 없이 오픈 루프로 손쉽게 속도 및 위치제어를 할 수 있다.

Explanation

스텝 모터
- 피드백 루프가 필요 없이 오픈 루프로 손쉽게 속도 및 위치제어를 할 수 있다.
- 디지털 신호를 직접 제어할 수 있으므로 컴퓨터 등 다른 디지털 기기와 인터페이스가 쉽다.
- 가속, 감속이 용이하며 정·역전 및 변속이 쉽다.
- **위치제어를 할 때 각도오차가 적다.**

【답】②

48 ★☆☆☆☆ 380[V], 60[Hz], 4극, 10[kW]인 3상 유도전동기의 전부하 슬립이 4[%]이다. 전원 전압을 10[%] 낮추는 경우 전부하 슬립은 약 몇 [%]인가?

① 3.3
② 3.6
③ 4.4
④ 4.9

Explanation

최대 토크 발생 슬립 $s \propto \dfrac{1}{V^2}$

$s' = s \times \left(\dfrac{V}{V'}\right)^2 = 0.04 \times \left(\dfrac{380}{380 \times 0.9}\right)^2 = 0.049$ 이므로 슬립은 $0.049 \times 100 = 4.9[\%]$

【답】④

49 ★★★★★ 3상 권선형 유도전동기의 기동 시 2차측 저항을 2배로 하면 최대토크 값은 어떻게 되는가?

① 3배로 된다.
② 2배로 된다.
③ 1/2로 된다.
④ 변하지 않는다.

Explanation

비례추이의 원리 : 권선형 유도전동기
- **최대 토크는 불변, 최대 토크의 발생 슬립은 변화**
- 기동 전류는 감소하고, 기동 토크는 증가

【답】④

50 ★★★★★ 직류 분권전동기에서 정출력 가변속도의 용도에 적합한 속도제어법은?

① 계자제어
② 저항제어
③ 전압제어
④ 극수제어

Explanation

직류전동기 속도제어 $n = K' \dfrac{V - I_a R_a}{\phi}$ (K' : 기계정수)

종류	특징
전압 제어	• 광범위 속도제어 가능 • 워드 레오너드 방식 : 소형부하(엘리베이터에 사용) • 일그너 방식(부하가 급변, 대용량 부하–제철, 제강, 압연) : 플라이 휠 효과(관성 모멘트 증가) • 정토크 제어
계자 제어	• 정출력 제어
저항 제어	• 속도 조정 범위 좁다. • 효율이 저하

【답】①

51 직류 분권전동기의 전기자전류가 10[A]일 때 5[N·m]의 토크가 발생하였다. 이 전동기의 계자의 자속이 80[%]로 감소되고, 전기자전류가 12[A]로 되면 토크는 약 몇 [N·m]인가?
① 3.9
② 4.3
③ 4.8
④ 5.2

Explanation

직류 분권전동기 토크 $T = k\phi I_a [\text{N} \cdot \text{m}]$

전기자전류가 10[A]라면 $5 = k\phi \times 10$에서 $k\phi = \dfrac{5}{10} = 0.5$

따라서 $T = k\phi I_a = 0.5 \times 0.8 \times 12 = 4.8 [\text{N} \cdot \text{m}]$

【답】③

52 권수비가 a인 단상변압기 3대가 있다. 이것을 1차에 △, 2차에 Y로 결선하여 3상 교류평형회로에 접속할 때 2차측의 단자전압을 V[V], 전류를 I[A]라고 하면 1차측의 단자전압 및 선전류는 얼마인가? (단, 변압기의 저항, 누설리액턴스, 여자전류는 무시한다)

① $\dfrac{aV}{\sqrt{3}}$[V], $\dfrac{\sqrt{3}I}{a}$[A]
② $\sqrt{3}\,aV$[V], $\dfrac{I}{\sqrt{3}a}$[A]
③ $\dfrac{\sqrt{3}V}{a}$[V], $\dfrac{aI}{\sqrt{3}}$[A]
④ $\dfrac{V}{\sqrt{3}a}$[V], $\sqrt{3}\,aI$[A]

Explanation

에너지 변환은 상:상으로 하며

• 1차 → 2차 : 전압은 권수비로 나누고 전류는 권수비로 곱한다.
• 2차 → 1차 : 전압은 권수비로 곱하고 전류는 권수비로 나눈다.

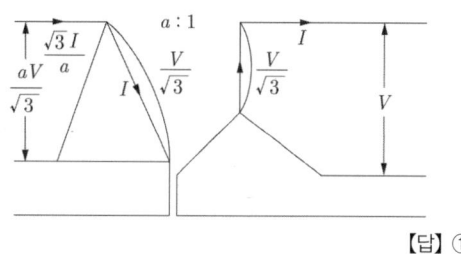

【답】①

53 3상 전원전압 220[V]를 3상 반파정류회로의 각 상에 SCR을 사용하여 정류제어 할 때 위상각을 60°로 하면 순 저항부하에서 얻을 수 있는 출력전압 평균값은 약 몇 [V]인가?
① 128.65
② 148.55
③ 257.3
④ 297.1

> **Explanation**

SCR의 위상 제어

• 3상 반파 정류 회로 $E_d = \dfrac{3\sqrt{6}}{2\pi} E\cos\alpha = 1.17 E\cos\alpha$

$E_d = \dfrac{3\sqrt{6}}{2\pi} V\cos\theta = \dfrac{3\sqrt{6}}{2\pi} \times 220 \times \cos 60° = 128.65[\text{V}]$

문제에서는 전원전압이라 하였고 실제는 상전압으로 되어야 하므로 오류이며, 상전압 220[V]으로 문제를 수정하면 답은 1번이 된다. 【답】 전항정답

54 ★★★★★ 유도자형 동기발전기의 설명으로 옳은 것은?

① 전기자만 고정되어 있다.
② 계자극만 고정되어 있다.
③ 회전자가 없는 특수 발전기이다.
④ 계자극과 전기자가 고정되어 있다.

> **Explanation**

• 회전 전기자형 : 직류발전기(전기자가 회전자이며 계자가 고정자)
• 회전 계자형 : 동기발전기(전기자가 고정자이며 계자가 회전자)
• 유도자형 : 계자극과 전기자를 함께 고정시키고 그 중앙에 유도자라고 하는 권선이 없는 회전자를 갖춘 것으로 수백~
  수만[Hz] 정도의 고주파 발전기로 사용 【답】 ④

55 ★★★☆☆ 3상 동기발전기의 여자전류 10[A]에 대한 단자전압이 $1,000\sqrt{3}$ [V], 3상 단락전류가 50[A]인 경우 동기임피던스는 몇 [Ω]인가?

① 5
② 11
③ 20
④ 34

> **Explanation**

단락 전류 $I_s = \dfrac{E}{Z_s}$ 이므로

동기 임피던스 $Z_s = \dfrac{E}{I_s} = \dfrac{\frac{V}{\sqrt{3}}}{Z_s} = \dfrac{\frac{1,000\sqrt{3}}{\sqrt{3}}}{50} = 20[\Omega]$ 【답】 ③

56 ★★★★☆ 동기발전기에서 무부하 정격전압일 때의 여자전류를 I_{fo}, 정격부하 정격전압일 때의 여자전류를 I_{f1}, 3상 단락 정격전류에 대한 여자전류를 I_{fs}라 하면 정격속도에서의 단락비 K는?

① $K = \dfrac{I_{fs}}{I_{fo}}$
② $K = \dfrac{I_{fo}}{I_{fs}}$
③ $K = \dfrac{I_{fs}}{I_{f1}}$
④ $K = \dfrac{I_{f1}}{I_{fs}}$

> **Explanation**

단락비 $K_s = \dfrac{I_s}{I_n} = \dfrac{I_{fo}}{I_{fs}} = \dfrac{\text{무부하에서 정격 전압을유기하는데 필요한 계자 전류}}{\text{정격전류와 같은 3상 단락 전류를 흘리는데 필요한 계자 전류}}$ 【답】 ②

57 ★★☆☆☆ 변압기의 습기를 제거하여 절연을 향상시키는 건조법이 아닌 것은?

① 열풍법
② 단락법
③ 진공법
④ 건식법

Explanation

변압기권선 건조법
진공법, 단락법, 열풍법 등이 있다. 【답】 ④

58 극수 20, 주파수 60[Hz]인 3상 동기발전기의 전기자권선이 2층 중권, 전기자 전 슬롯 수 180, 각 슬롯 내의 도체 수 10, 코일피치 7 슬롯인 2중 성형결선으로 되어 있다. 선간전압 3,300[V]를 유도하는 데 필요한 기본파 유효자속은 약 몇 [Wb]인가? (단, 코일피치와 자극피치의 비 $\beta = \dfrac{7}{9}$ 이다)

① 0.004   ② 0.062
③ 0.053   ④ 0.07

Explanation

【답】 ③

59 2방향성 3단자 사이리스터는 어느 것인가?

① SCR   ② SSS
③ SCS   ④ TRIAC

Explanation

반도체 소자(괄호안은 극(단자) 수)
• 단방향성 : SCR(3), GTO(3), SCS(4), LASCR(3)
• 양방향성 : SSS(2), TRIAC(3), DIAC(2) 【답】 ④

60 일반적인 3상 유도전동기에 대한 설명으로 틀린 것은?

① 불평형 전압으로 운전하는 경우 전류는 증가하나 토크는 감소한다.
② 원선도 작성을 위해서는 무부하시험, 구속시험, 1차 권선저항 측정을 하여야 한다.
③ 농형은 권선형에 비해 구조가 견고하며 권선형에 비해 대형전동기로 널리 사용된다.
④ 권선형 회전자의 3선 중 1선이 단선되면 동기속도의 50[%]에서 더 이상 가속되지 못하는 현상을 게르게스현상이라 한다.

Explanation

3상 유도전동기
• 불평형 전압으로 운전 : 전류는 증가하나 토크는 감소
• 원선도 작성 : 무부하시험, 구속시험, 1차 권선저항 측정
• 게르게스 현상 : 권선형 회전자의 3선중 1선이 단선되면 동기속도의 50[%]에서 더 이상 가속되지 못하는 현상
• 농형 : 기동조건이 나빠 중소형 전동기로 사용 【답】 ③

4과목 회로이론 및 제어공학

61 다음 블록선도의 전달함수 $\left(\dfrac{C(s)}{R(s)}\right)$는?

① $\dfrac{10}{9}$ ② $\dfrac{10}{13}$

③ $\dfrac{12}{9}$ ④ $\dfrac{12}{13}$

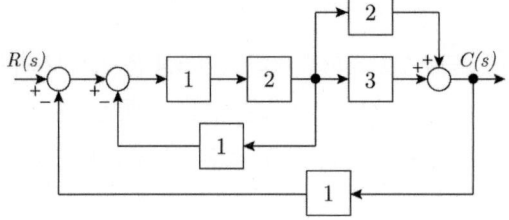

Explanation

블록선도의 전달 함수 $G(s) = \dfrac{\Sigma G}{1 - \Sigma L_1 + \Sigma L_2 + \cdots}$

여기서, L_1 : 각각의 모든 폐루프 이득의 합
L_2 : 서로 접촉하지 않는 2개의 폐루프 이득의 곱의 합
ΣG : 각각의 전향 경로의 합

따라서 전달함수
$G(s) = \dfrac{C(s)}{R(s)} = \dfrac{(1\times 2\times 3)+(1\times 2\times 2)}{1-[(-1\times 2\times 1)+(-1\times 2\times 3\times 1)+(-1\times 2\times 2\times 1)]} = \dfrac{10}{13}$

【답】②

62 전달함수가 $G(s) = \dfrac{1}{0.1s(0.01s+1)}$ 과 같은 제어시스템에서 $\omega = 0.1[\text{rad/s}]$일 때의 이득[dB]과 위상각[°]은 약 얼마인가?

① 40[dB], −90[°] ② −40[dB], 90[°]
③ 40[dB], −180[°] ④ −40[dB], −180[°]

Explanation

【답】①

63 다음의 논리식과 등가인 것은?

$$Y = (A+B)(\overline{A}+B)$$

① $Y = A$ ② $Y = B$
③ $Y = \overline{A}$ ④ $Y = \overline{B}$

Explanation

부울대수를 이용하여
$Y = (A+B)(\overline{A}+B)$
$\quad = A\overline{A} + AB + \overline{A}B + BB$
$\quad = 0 + AB + \overline{A}B + B$
$\quad = B(A + \overline{A} + 1)$
$\quad = B$

【답】②

64 다음의 개루프 전달함수에 대한 근궤적이 실수축에서 이탈하게 되는 분리점은 약 얼마인가?

$$G(s)H(s) = \frac{K}{s(s+3)(s+8)}, \ K \geq 0$$

① -0.93
② -5.74
③ -6.0
④ -1.33

Explanation

근궤적의 실축상에서의 이탈점 : $\dfrac{dK(s)}{ds} = 0$

이 계의 특성 방정식은 $G(s)H(s) = \dfrac{K}{s(s+3)(s+8)}$ 이므로

$1 + G(s)H(s) = 1 + \dfrac{K}{s(s+3)(s+8)} = 0$

$K(s) = -s(s+3)(s+8) = -s^3 - 11s^2 - 24s$

$\dfrac{dK(s)}{ds} = -3s^2 - 22s - 24 = 0$ 이므로 $s_1 = -1.33, \ s_2 = -6$

그러나, 근궤적의 범위가 0~-3, -8~-∞이므로
따라서 실수축 이탈점(분지점)은 $s_1 = -1.33$

【답】 ④

---

65 $F(z) = \dfrac{(1 - e^{-aT})z}{(z-1)(z - e^{-aT})}$ 의 역z변환은?

① $t \cdot e^{-at}$
② $a^t \cdot e^{-at}$
③ $1 + e^{-at}$
④ $1 - e^{-at}$

Explanation

역z변환은 $\dfrac{R(z)}{z}$의 형태를 이용하여 부분분수 전개하면

$R(z) = \dfrac{(1 - e^{-aT})z}{(z-1)(z - e^{-aT})}$ 에서

$\dfrac{R(z)}{z} = \dfrac{(1 - e^{-aT})}{(z-1)(z - e^{-aT})} = \dfrac{k_1}{z-1} + \dfrac{k_2}{z - e^{-aT}}$

여기서, $k_1 = \lim\limits_{z \to 1} \dfrac{1 - e^{-aT}}{z - e^{-aT}} = 1$

$k_2 = \lim\limits_{z \to e^{-aT}} \dfrac{1 - e^{-aT}}{z - 1} = -1$ 에서

$\dfrac{R(z)}{z} = \dfrac{1}{z-1} - \dfrac{1}{z - e^{-aT}}$ 이므로

$R(z) = \dfrac{z}{z-1} - \dfrac{z}{z - e^{-aT}}$

따라서 $r(t) = 1 - e^{-aT}$ 가 된다.

【답】 ④

---

66 기본 제어요소인 비례요소의 전달함수는? (단, K는 상수이다)

① $G(s) = K$
② $G(s) = Ks$
③ $G(s) = \dfrac{K}{s}$
④ $G(s) = \dfrac{K}{s + K}$

Explanation

비례 요소	$G(s) = K$
적분 요소	$G(s) = \dfrac{K}{s}$
미분 요소	$G(s) = Ks$

【답】①

67 ★★★★☆ 다음의 상태방정식으로 표현되는 시스템의 상태천이행렬은?

$$\begin{bmatrix} \dfrac{d}{dt}x_1 \\ \dfrac{d}{dt}x_2 \end{bmatrix} = \begin{bmatrix} 0 & 1 \\ -3 & -4 \end{bmatrix} \begin{bmatrix} x_1 \\ x_2 \end{bmatrix}$$

① $\begin{bmatrix} 1.5e^{-t} - 0.5e^{-3t} & -1.5e^{-t} + 1.5e^{-3t} \\ 0.5e^{-t} - 0.5e^{-3t} & -0.5e^{-t} + 1.5e^{-3t} \end{bmatrix}$

② $\begin{bmatrix} 1.5e^{-t} - 0.5e^{-3t} & 0.5e^{-t} - 0.5e^{-3t} \\ -1.5e^{-t} + 1.5e^{-3t} & -0.5e^{-t} + 1.5e^{-3t} \end{bmatrix}$

③ $\begin{bmatrix} 1.5e^{-t} - 0.5e^{-4t} & 0.5e^{-t} - 0.5e^{-4t} \\ -1.5e^{-t} + 1.5e^{-4t} & -0.5e^{-t} + 1.5e^{-4t} \end{bmatrix}$

④ $\begin{bmatrix} 1.5e^{-t} - 0.5e^{-4t} & -1.5e^{-t} + 1.5e^{-4t} \\ 0.5e^{-t} - 0.5e^{-4t} & -0.5e^{-t} + 1.5e^{-4t} \end{bmatrix}$

Explanation

【답】②

68 ★☆☆☆☆ 제어시스템의 전달함수가 $T(s) = \dfrac{1}{4s^2 + s + 1}$ 과 같이 표현될 때 이 시스템의 고유주파수(ω_n [rad/s])와 감쇠율(ζ)은?

① $\omega_n = 0.25,\ \zeta = 1.0$
② $\omega_n = 0.5,\ \zeta = 0.25$
③ $\omega_n = 0.5,\ \zeta = 0.5$
④ $\omega_n = 1.0,\ \zeta = 0.5$

Explanation

전달 함수 $G(s) = \dfrac{1}{4s^2 + s + 1} = \dfrac{\frac{1}{4}}{s^2 + \frac{1}{4}s + \frac{1}{4}}$

2차 방정식 $G(s) = \dfrac{\omega_n^2}{s^2 + 2\zeta\omega_n s + \omega_n^2}$ 과 비교하면

$\omega_n^2 = \dfrac{1}{4}$ 에서 $\omega_n = \dfrac{1}{2} = 0.5$ 이며

$2\zeta\omega_n = \dfrac{1}{4}$ 에서 감쇠비(제동비) $\zeta = \dfrac{\frac{1}{4}}{2\omega_n} = \dfrac{\frac{1}{4}}{2 \times \frac{1}{2}} = \dfrac{1}{4} = 0.25$

【답】②

69 그림의 신호흐름선도를 미분방정식으로 표현한 것으로 옳은 것은? (단, 모든 초기 값은 0이다)

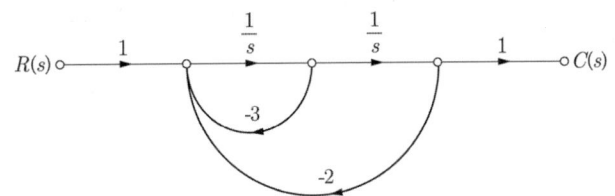

① $\dfrac{d^2c(t)}{dt^2}+3\dfrac{dc(t)}{dt}+2c(t)=r(t)$ ② $\dfrac{d^2c(t)}{dt^2}+2\dfrac{dc(t)}{dt}+3c(t)=r(t)$

③ $\dfrac{d^2c(t)}{dt^2}-3\dfrac{dc(t)}{dt}-2c(t)=r(t)$ ④ $\dfrac{d^2c(t)}{dt^2}-2\dfrac{dc(t)}{dt}-3c(t)=r(t)$

Explanation

메이슨의 이득공식을 적용하면

$G=\dfrac{\sum G_i \Delta_i}{\Delta}$ 에서

$G_i : \dfrac{1}{s}\times\dfrac{1}{s}=\dfrac{1}{s^2}$ $\Delta_i : 1-0=1$

$\Delta=1-\left(-\dfrac{3}{s}-\dfrac{2}{s^2}\right)=1+\dfrac{3}{s}+\dfrac{2}{s^2}$

전체이득 $G(s)=\dfrac{C(s)}{R(s)}=\dfrac{\dfrac{1}{s^2}}{1+\dfrac{3}{s}+\dfrac{2}{s^2}}=\dfrac{1}{s^2+3s+2}$

$(s^2+3s+2)C(s)=R(s)$
$s^2C(s)+3sC(s)+2C(s)=R(s)$
$\dfrac{d^2c(t)}{dt^2}+3\dfrac{dc(t)}{dt}+2c(t)=r(t)$

【답】 ①

70 제어시스템의 특성방정식이 $s^4+s^3-3s^2-s+2=0$와 같을 때, 이 특성방정식에서 s 평면의 오른쪽에 위치하는 근은 몇 개인가?

① 0   ② 1
③ 2   ④ 3

Explanation

Routh-Hurwitz판별식을 이용하여 1열의 부호가 모두 양수이면 안정하며

s^4	1	-3	2
s^3	1	-1	0
s^2	$\dfrac{-3-(-1)}{1}=-2$	2	
s^1	$\dfrac{2-2}{-2}=0$	0	
	-4를 대입		
s^0	2		

제 1열의 부호가 0이 되므로 보조방정식을 대입하면 $\dfrac{d}{ds}(-2s^2+2)=-4s$

따라서 부호 변화가 2번 있으므로 우반면의 극점은 2개가 된다.

【답】 ③

71 회로에서 6[Ω]에 흐르는 전류[A]는?

① 2.5
② 5
③ 7.5
④ 10

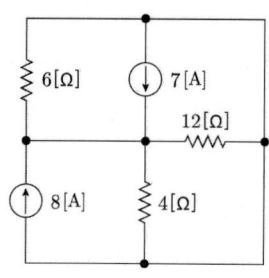

Explanation

【답】②

72 $R-L$ 직렬회로에서 시정수가 0.03[s], 저항이 14.7[Ω]일 때 이 회로의 인덕턴스[mH]는?

① 441
② 362
③ 17.6
④ 2.53

Explanation

$R-L$ 직렬회로의 시정수 $\tau = \dfrac{L}{R}$ [sec]

코일의 인덕턴스 L은
$L = \tau \cdot R = 0.03 \times 14.7 \times 10^3 = 441$ [mH]

【답】①

73 상의 순서가 $a-b-c$인 불평형 3상 교류회로에서 각 상의 전류가 $I_a = 7.28\angle 15.95°$[A], $I_b = 12.81\angle -128.66°$[A], $I_c = 7.21\angle 123.69°$[A]일 때 역상분 전류는 약 몇 [A]인가?

① $8.95\angle -1.14°$
② $8.95\angle 1.14°$
③ $2.51\angle -96.55°$
④ $2.51\angle 96.55°$

Explanation

$I_2 = \dfrac{1}{3}(I_a + a^2 I_b + a I_c)$

$= \dfrac{1}{3}\{(7.28\angle 15.95°) + (1\angle 240° \times 12.81\angle -128.66) + (1\angle 120° \times 7.21\angle 123.69°)\}$

$= 2.51\angle 96.55°$

【답】④

74 그림과 같은 T형 4단자 회로의 임피던스 파라미터 Z_{22}는?

① Z_3
② $Z_1 + Z_2$
③ $Z_1 + Z_3$
④ $Z_2 + Z_3$

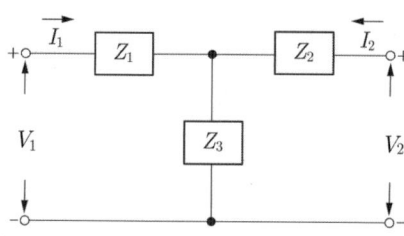

> **Explanation**

$Z_{11} = Z_1 + Z_3$, $Z_{12} = Z_{21} = Z_3$, $Z_{22} = Z_2 + Z_3$

〈기본풀이〉

임피던스 파라미터 $Z_{22} = \dfrac{V_2}{I_2}\bigg|_{I_1=0} = Z_2 + Z_3$

【답】④

75 ★☆☆☆☆ 그림과 같은 부하에 선간전압이 $V_{ab} = 100\angle 30°[V]$인 평형 3상 전압을 가했을 때 선전류 I_a[A]는?

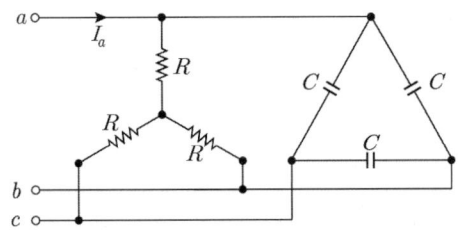

① $\dfrac{100}{\sqrt{3}}\left(\dfrac{1}{R} + j3\omega C\right)$

② $100\left(\dfrac{1}{R} + j\sqrt{3}\,\omega C\right)$

③ $\dfrac{100}{\sqrt{3}}\left(\dfrac{1}{R} + j\omega C\right)$

④ $100\left(\dfrac{1}{R} + j\omega C\right)$

> **Explanation**

△결선 된 콘덴서를 Y결선으로 바꾸면 $C \rightarrow 3C$가 되며

각 상의 어드미턴스 $Y = \dfrac{1}{R} + j3\omega C$

상전류 $I_p = \dfrac{V_p}{Z} = YV_p = \left(\dfrac{1}{R} + j3\omega C\right) \times \dfrac{V}{\sqrt{3}} = \dfrac{100}{\sqrt{3}}\left(\dfrac{1}{R} + j3\omega C\right)$

따라서 Y결선은 $I_l = I_p = \dfrac{100}{\sqrt{3}}\left(\dfrac{1}{R} + j3\omega C\right)$

【답】①

76 ★★★★☆ 분포정수로 표현된 선로의 단위 길이당 저항이 $0.5[\Omega/km]$, 인덕턴스가 $1[\mu H/km]$, 커패시턴스가 $6[\mu F/km]$일 때 일그러짐이 없는 조건(무왜형 조건)을 만족하기 위한 단위 길이당 컨덕턴스[℧/km]는?

① 1
② 2
③ 3
④ 4

> **Explanation**

무왜형 선로의 조건 $RC = LG$

컨덕턴스 $G = \dfrac{RC}{L} = \dfrac{0.5 \times 6 \times 10^{-6}}{1 \times 10^{-6}} = 3$

【답】③

77

그림 (a)의 Y결선 회로를 그림 (b)의 △ 결선회로로 등가 변환했을 때 R_{ab}, R_{bc}, R_{ca} 는 각각 몇 [Ω]인가? (단, $R_a = 2[\Omega]$, $R_b = 3[\Omega]$, $R_c = 4[\Omega]$)

① $R_{ab} = \dfrac{6}{9}$, $R_{bc} = \dfrac{12}{9}$, $R_{ca} = \dfrac{8}{9}$

② $R_{ab} = \dfrac{1}{3}$, $R_{bc} = 1$, $R_{ca} = \dfrac{1}{2}$

③ $R_{ab} = \dfrac{13}{2}$, $R_{bc} = 13$, $R_{ca} = \dfrac{26}{3}$

④ $R_{ab} = \dfrac{11}{3}$, $R_{bc} = 11$, $R_{ca} = \dfrac{11}{2}$

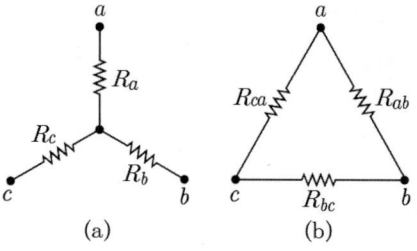

(a)   (b)

Explanation

Y ↔ △ 회로의 상호 변환

Y → △ 변환

$Z_{ab} = \dfrac{Z_a Z_b + Z_b Z_c + Z_c Z_a}{Z_c}$ [Ω]

$Z_{bc} = \dfrac{Z_a Z_b + Z_b Z_c + Z_c Z_a}{Z_a}$ [Ω]

$Z_{ca} = \dfrac{Z_a Z_b + Z_b Z_c + Z_c Z_a}{Z_b}$ [Ω]

※ 3상평형시 임피던스 3배
어드미턴스 1/3배

$Z_{ab} = \dfrac{Z_a Z_b + Z_b Z_c + Z_c Z_a}{Z_c} = \dfrac{2 \times 3 + 3 \times 4 + 4 \times 2}{4} = \dfrac{26}{4} = \dfrac{13}{2}$ [Ω]

$Z_{bc} = \dfrac{Z_a Z_b + Z_b Z_c + Z_c Z_a}{Z_a} = \dfrac{2 \times 3 + 3 \times 4 + 4 \times 2}{2} = \dfrac{26}{2} = 13$ [Ω]

$Z_{ca} = \dfrac{Z_a Z_b + Z_b Z_c + Z_c Z_a}{Z_b} = \dfrac{2 \times 3 + 3 \times 4 + 4 \times 2}{3} = \dfrac{26}{3}$ [Ω]

【답】 ③

78

다음과 같은 비정현파 교류 전압 $v(t)$와 전류 $i(t)$에 의한 평균전력은 약 몇 [W]인가?

$$v(t) = 200\sin 100\pi t + 80\sin\left(300\pi t - \dfrac{\pi}{2}\right) \text{[V]}$$

$$i(t) = \dfrac{1}{5}\sin\left(100\pi t - \dfrac{\pi}{3}\right) + \dfrac{1}{10}\sin\left(300\pi t - \dfrac{\pi}{4}\right) \text{[A]}$$

① 6.414
② 8.586
③ 12.828
④ 24.212

Explanation

유효전력(평균전력)은 주파수가 같을 때만 발생되므로
$P = V_1 I_1 \cos\theta_1 + V_3 I_3 \cos\theta_3$ 에서

$P = \dfrac{200}{\sqrt{2}} \times \dfrac{\frac{1}{5}}{\sqrt{2}} \cos\dfrac{\pi}{3} + \dfrac{80}{\sqrt{2}} \times \dfrac{\frac{1}{10}}{\sqrt{2}} \cos\dfrac{\pi}{4} = 12.828 \text{[W]}$

【답】 ③

79 회로에서 $I_1 = 2e^{-j\frac{\pi}{6}}$ [A], $I_2 = 5e^{j\frac{\pi}{6}}$ [A], $I_3 = 5.0$ [A], $Z_3 = 1.0$ [Ω]일 때 부하(Z_1, Z_2, Z_3) 전체에 대한 복소 전력은 약 몇 [VA]인가?

① $55.3 - j7.5$
② $55.3 + j7.5$
③ $45 - j26$
④ $45 + j26$

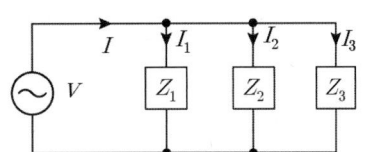

Explanation

전체 전류 $I = I_1 + I_2 + I_3 = 2e^{-j\frac{\pi}{6}} + 5e^{j\frac{\pi}{6}} + 5$
$= 2\left(\cos\frac{\pi}{6} - j\sin\frac{\pi}{6}\right) + 5\left(\cos\frac{\pi}{6} + j\sin\frac{\pi}{6}\right) + 5 = 11.06 + j1.5$ [A]

병렬회로이므로 전압은 같으므로 1[Ω]에 걸리는 전압은
$E = I_3 Z_3 = 5 \times 1 = 5$ [V]에서
복소전력으로 구하면 $P_a = VI^* = 5(11.06 - j1.5) = 55.3 - j7.5$ [VA]

【답】①

80 $f(t) = \mathcal{L}^{-1}\left[\dfrac{s^2 + 3s + 2}{s^2 + 2s + 5}\right]$는?

① $\delta(t) + e^{-t}(\cos 2t - \sin 2t)$
② $\delta(t) + e^{-t}(\cos 2t + 2\sin 2t)$
③ $\delta(t) + e^{-t}(\cos 2t - 2\sin 2t)$
④ $\delta(t) + e^{-t}(\cos 2t + \sin 2t)$

Explanation

$F(s) = \dfrac{s^2 + 3s + 2}{s^2 + 2s + 5}$ 에서 분모, 분자의 차수가 같으므로 나누어서 정리하면

$F(s) = \dfrac{s^2 + 3s + 2}{s^2 + 2s + 5} = 1 + \dfrac{s-3}{s^2 + 2s + 5} = 1 + \dfrac{s-3}{(s+1)^2 + 2^2} = 1 + \dfrac{s+1}{(s+1)^2 + 2^2} - 2\dfrac{2}{(s+1)^2 + 2^2}$

따라서 라플라스 역변환하면
∴ $\mathcal{L}^{-1}[F(s)] = \delta(t) + e^{-t}\cos 2t - 2e^{-t}\sin 2t = \delta(t) + e^{-t}(\cos 2t - 2\sin 2t)$

【답】③

5과목 전기설비기술기준

81 풍력터빈의 피뢰설비 시설기준에 대한 설명으로 틀린 것은?
① 풍력터빈에 설치한 피뢰설비(리셉터, 인하도선 등)의 기능저하로 인해 다른 기능에 영향을 미치지 않을 것
② 풍력터빈 내부의 계측 센서용 케이블은 금속관 또는 차폐케이블 등을 사용하여 뇌유도과전압으로부터 보호할 것
③ 풍력터빈에 설치하는 인하도선은 쉽게 부식되지 않는 금속선으로서 뇌격전류를 안전하게 흘릴 수 있는 충분한 굵기여야 하며, 가능한 직선으로 시설할 것
④ 수뢰부를 풍력터빈 중앙부분에 배치하되 뇌격전류에 의한 발열에 용손(溶損)되지 않도록 재질, 크기, 두께 및 형상 등을 고려할 것

Explanation

(KEC 532.3.5조) 풍력발전설비 피뢰설비
풍력터빈의 피뢰설비는 다음에 따라 시설하여야 한다.
① **수뢰부를 풍력터빈 선단부분 및 가장자리 부분에 배치**하되 뇌격전류에 의한 발열에 용손(溶損)되지 않도록 재질, 크기, 두께 및 형상 등을 고려할 것
② 풍력터빈에 설치하는 인하도선은 쉽게 부식되지 않는 금속선으로서 뇌격전류를 안전하게 흘릴 수 있는 충분한 굵기여야 하며, 가능한 직선으로 시설할 것
③ 풍력터빈 내부의 계측 센서용 케이블은 금속관 또는 차폐케이블 등을 사용하여 뇌유도과전압으로부터 보호할 것

【답】④

82

샤워시설이 있는 욕실 등 인체가 물에 젖어있는 상태에서 전기를 사용하는 장소에 콘센트를 시설할 경우 인체감전보호용 누전차단기의 정격감도전류는 몇 [mA]이하인가?

① 5
② 10
③ 15
④ 30

Explanation

(KEC 234.5조) 콘센트의 시설
욕조나 샤워시설이 있는 욕실 또는 화장실 등 인체가 물에 젖어있는 상태에서 전기를 사용하는 장소의 콘센트
① 「전기용품 및 생활용품 안전관리법」의 적용을 받는 인체감전보호용 누전차단기(**정격감도전류 15[mA] 이하**, 동작시간 0.03초 이하의 전류동작형의 것에 한한다) 또는 절연변압기(정격용량 3[kVA] 이하인 것에 한한다)로 보호된 전로에 접속하거나, 인체감전보호용 누전차단기가 부착된 콘센트를 시설
② 접지극이 있는 방적형 콘센트 사용하여 접지

【답】③

83

강관으로 구성된 철탑의 갑종 풍압하중은 수직 투영면적 1[m²]에 대한 풍압을 기초로하여 계산한 값이 몇 [Pa]인가? (단, 단주는 제외한다)

① 1,255
② 1,412
③ 1,627
④ 2,157

Explanation

(KEC 331.6조) 풍압 하중의 종별과 적용
갑종 풍압 하중은 구성재의 수직 투영면적 1[m²]에 대한 풍압을 기초로 하여 계산한 것

풍압을 받는 구분			구성재의 수직 투영면적 1[m²]에 대한 풍압
목주			588[Pa]
지지물	철주	원형의 것	588[Pa]
		삼각형 또는 마름모형의 것	1,412[Pa]
		강관에 의하여 구성되는 4각형의 것	1,117[Pa]
	철근 콘크리트주	원형의 것	588[Pa]
	철탑	단주 (완철류는 제외함) 원형의 것	588[Pa]
		단주 (완철류는 제외함) 기타의 것	1,117[Pa]
		강관으로 구성되는 것(단주는 제외함)	1,255[Pa]

【답】①

84

한국전기설비규정에 따른 용어의 정의에서 감전에 대한 보호 등 안전을 위해 제공되는 도체를 말하는 것은?

① 접지도체
② 보호도체
③ 수평도체
④ 접지극도체

> Explanation

(KEC 112조) 용어 정리
"보호도체(PE, Protective Conductor)"란 감전에 대한 보호 등 안전을 위해 제공되는 도체를 말한다. 【답】②

85 통신상의 유도 장해방지 시설에 대한 설명이다. 다음 ( )에 들어갈 내용으로 옳은 것은?

> 교류식 전기철도용 전차선로는 기설 가공약전류 전선로에 대하여 ( )에 의한 통신상의 장해가 생기지 않도록 시설하여야 한다.

① 정전작용
② 유도작용
③ 가열작용
④ 산화작용

> Explanation

(KEC 461.7조) 전기철도의 통신상의 유도 장해방지 시설
교류식 전기철도용 전차선로는 기설 가공약전류 전선로에 대하여 유도작용에 의한 통신상의 장해가 생기지 않도록 시설하여야 한다. 【답】②

86 주택의 전기저장장치의 축전지에 접속하는 부하 측 옥내배선을 사람이 접촉할 우려가 없도록 케이블배선에 의하여 시설하고 전선에 적당한 방호장치를 시설한 경우 주택의 옥내전로의 대지전압은 직류 몇 [V]까지 적용할 수 있는가? (단, 전로에 지락이 생겼을 때 자동적으로 전로를 차단하는 장치를 시설한 경우이다)

① 150
② 300
③ 400
④ 600

> Explanation

(KEC 511.3조) 전기저장장치 옥내전로의 대지전압 제한
주택의 전기저장장치의 축전지에 접속하는 부하 측 옥내배선을 다음에 따라 시설하는 경우에 주택의 옥내전로의 대지전압은 직류 600[V]까지 적용할 수 있다.
① 전로에 지락이 생겼을 때 자동적으로 전로를 차단하는 장치를 시설할 것
② 사람이 접촉할 우려가 없는 은폐된 장소에 합성수지관배선, 금속관배선 및 케이블 배선에 의하여 시설하거나, 사람이 접촉할 우려가 없도록 케이블배선에 의하여 시설하고 전선에 적당한 방호장치를 시설할 것 【답】④

87 전압의 구분에 대한 설명으로 옳은 것은?
① 직류에서의 저압은 1,000[V] 이하의 전압을 말한다.
② 교류에서의 저압은 1,500[V] 이하의 전압을 말한다.
③ 직류에서의 고압은 3,500[V]를 초과하고 7,000[V] 이하인 전압을 말한다.
④ 특고압은 7,000[V]를 초과하는 전압을 말한다.

> Explanation

(KEC 111.1조) 적용범위 – 전압의 구분
① 저압 : 교류는 1[kV] 이하, 직류는 1.5[kV] 이하인 것
② 고압 : 교류는 1[kV]를, 직류는 1.5[kV]를 초과하고, 7[kV] 이하인 것
③ 특고압 : 7[kV]를 초과하는 것 【답】④

88 고압 가공전선로의 가공지선으로 나경동선을 사용할 때의 최소 굵기는 지름 몇 [mm] 이상인가?
① 3.2
② 3.5
③ 4.0
④ 5.0

> **Explanation**

(KEC 332.6조) 고압 가공전선로의 가공지선
고압 가공전선로에 사용하는 가공지선은 인장강도 5.26[kN] 이상의 것 또는 지름 4[mm] 이상의 나경동선을 사용하여야 한다. 【답】③

89. 특고압용 변압기의 내부에 고장이 생겼을 경우에 자동차단장치 또는 경보장치를 하여야 하는 최소 뱅크용량은 몇 [kVA]인가?

① 1,000　　　　　　　　　　② 3,000
③ 5,000　　　　　　　　　　④ 10,000

> **Explanation**

(KEC 351.4조) 특고압용 변압기의 보호 장치
특고압용의 변압기에는 그 내부에 고장이 생겼을 경우에 보호하는 장치를 표와 같이 시설하여야 한다. 다만, 변압기의 내부에 고장이 생겼을 경우에 그 변압기의 전원인 발전기를 자동적으로 정지하도록 시설한 경우에는 그 발전기의 전로로부터 차단하는 장치를 하지 아니하여도 된다.

뱅크용량의 구분	동작 조건	장치의 종류
5,000[kVA] 이상 10,000[kVA] 미만	변압기 내부 고장	자동 차단 장치 또는 경보 장치
10,000[kVA] 이상	변압기 내부 고장	자동 차단 장치

【답】③

90. 합성수지관 및 부속품의 시설에 대한 설명으로 틀린 것은?

① 관의 지지점 간의 거리는 1.5[m] 이하로 할 것
② 합성수지제 가요전선관 상호 간은 직접 접속할 것
③ 접착제를 사용하여 관 상호 간을 삽입하는 깊이는 관의 바깥지름의 0.8배 이상으로 할 것
④ 접착제를 사용하지 않고 관 상호 간을 삽입하는 깊이는 관의 바깥지름 1.2배 이상으로 할 것

> **Explanation**

(KEC 232.11조) 합성수지관공사
① 전선은 절연전선(옥외용 비닐 절연전선을 제외)일 것
② 전선은 연선일 것 다만, 다음의 것은 적용하지 않는다.
　- 짧고 가는 합성수지관에 넣은 것
　- 단면적 10[mm²](알루미늄선은 단면적 16[mm²]) 이하의 것
③ 전선은 합성수지관 안에서 접속점이 없도록 할 것
④ 합성수지관 및 박스 기타의 부속품은 다음 각 호에 따라 시설하여야 한다.
　- 관 상호 간 및 박스와는 관을 삽입하는 깊이를 관의 바깥지름의 1.2배(접착제를 사용하는 경우에는 0.8배) 이상으로 하고 또한 꽂음 접속에 의하여 견고하게 접속할 것
　- 관의 지지점 간의 거리는 1.5[m] 이하로 하고, 또한 그 지지점은 관의 끝·관과 박스의 접속점 및 관 상호 간의 접속점 등에 가까운 곳에 시설할 것

【답】②

91. 사용전압이 22.9[kV]인 가공전선이 철도를 횡단하는 경우, 전선의 레일면상의 높이는 몇 [m] 이상인가?

① 5　　　　　　　　　　② 5.5
③ 6　　　　　　　　　　④ 6.5

> **Explanation**

(KEC 333.7조) 특고압 가공전선의 높이

사용전압의 구분	지표상의 높이
35[kV] 이하	5[m] (철도 또는 궤도를 횡단하는 경우에는 6.5[m], 도로를 횡단하는 경우에는 6[m], 횡단보도교의 위에 시설하는 경우로서 전선이 특고압 절연전선 또는 케이블인 경우에는 4[m])

【답】④

92
가공전선로의 지지물에 시설하는 통신선 또는 이에 직접 접속하는 가공 통신선이 철도 또는 궤도를 횡단하는 경우 그 높이는 레일면상 몇 [m] 이상으로 하여야 하는가?

① 3
② 3.5
③ 5
④ 6.5

Explanation

(KEC 362.2조) 전력보안통신선의 시설 높이와 이격거리
① 도로 횡단 : 지표상 6[m] 이상. 저압이나 고압의 가공전선로의 지지물에 시설하는 통신선 또는 이에 직접 접속하는 가공통신선을 시설하는 경우 교통에 지장을 줄 우려가 없을 때 : 지표상 5[m]까지로 감할 수 있다.
② **철도의 궤도를 횡단 : 레일면상 6.5[m] 이상**
③ 횡단보도교 위에 시설 : 그 노면상 5[m] 이상
④ 이외의 경우 : 지표상 5[m] 이상

【답】④

93
전력보안통신설비의 조가선은 단면적 몇 [mm²] 이상의 아연도강연선을 사용하여야 하는가?

① 16
② 38
③ 50
④ 55

Explanation

(KEC 362.3조) 조가선 시설
단면적 38[mm²] 이상의 아연도강연선일 것

【답】②

94
가요전선관 및 부속품의 시설에 대한 내용이다. 다음 ( )에 들어갈 내용으로 옳은 것은?

> 1종 금속제 가요전선관에는 단면적 ( )[mm²] 이상의 나연동선을 전체 길이에 걸쳐 삽입 또는 첨가하여 그 나연동선과 1종 금속제가요전선관을 양쪽 끝에서 전기적으로 완전하게 접속할 것. 다만, 관의 길이가 4[m] 이하인 것을 시설하는 경우에는 그러하지 아니하다.

① 0.75
② 1.5
③ 2.5
④ 4

Explanation

(KEC 232.13조) 금속제 가요전선관공사
1종 금속제 가요 전선관은 단면적 2.5[mm²] 이상의 나연동선을 전체 길이에 걸쳐 삽입 또는 첨가하여 그 나연동선과 1종 금속제 가요 전선관을 양쪽 끝에서 전기적으로 완전하게 접속할 것. 다만, 관의 길이가 4[m] 이하인 것을 시설하는 경우에는 그러하지 아니하다.

【답】③

95
사용전압이 154[kV]인 전선로를 제1종 특고압 보안공사로 시설할 경우, 여기에 사용되는 경동연선의 단면적은 몇 [mm²] 이상이어야 하는가?

① 100
② 125
③ 150
④ 200

Explanation

(KEC 333.22조) 특고압 보안공사 - 제1종 특고압 보안공사
전선은 케이블인 경우 이외에는 단면적이 표에서 정한 값 이상

사용전압	전선
100[kV] 미만	인장강도 21.67[kN] 이상의 연선 또는 단면적 55[mm²] 이상의 경동연선
100[kV] 이상 300[kV] 미만	**인장강도 58.84[kN] 이상의 연선 또는 단면적 150[mm²] 이상의 경동연선**
300[kV] 이상	인장강도 77.47[kN] 이상의 연선 또는 단면적 200[mm²] 이상의 경동연선

【답】③

96
사용전압이 400[V] 이하인 저압 옥측전선로를 애자공사에 의해 시설하는 경우 전선 상호 간의 간격은 몇 [m] 이상이어야 하는가? (단, 비나 이슬에 젖지 않는 장소에 사람이 쉽게 접촉될 우려가 없도록 시설한 경우이다)
① 0.025
② 0.045
③ 0.06
④ 0.12

Explanation

(KEC 221.2조) 옥측전선로
애자공사에 의한 저압 옥측전선로는 다음에 의하고 또한 사람이 쉽게 접촉될 우려가 없도록 시설할 것
① 전선은 공칭단면적 4[mm²] 이상의 연동 절연전선(옥외용 비닐절연전선 및 인입용절연전선은 제외)일 것
② 전선 상호 간의 간격 및 조영재 사이의 이격거리는 아래 표에서 정한 값 이상일 것

시설장소	전선 상호 간의 간격		전선과 조영재 사이의 이격거리	
	사용전압이 400[V] 이하인 경우	사용전압이 400[V] 초과인 경우	사용전압이 400[V] 이하인 경우	사용전압이 400[V] 초과인 경우
비나 이슬에 젖지 않는 장소	0.06[m]	0.06[m]	0.025[m]	0.025[m]
비나 이슬에 젖는 장소	0.06[m]	0.12[m]	0.025[m]	0.045[m]

【답】③

97
지중전선로는 기설 지중약전류전선로에 대하여 통신상의 장해를 주지 않도록 기설 약전류전선로로부터 충분히 이격시키거나 기타 적당한 방법으로 시설하여야 한다. 이때 통신상의 장해가 발생하는 원인으로 옳은 것은?
① 충전전류 또는 표피작용
② 충전전류 또는 유도작용
③ 누설전류 또는 표피작용
④ 누설전류 또는 유도작용

Explanation

(KEC 334.5조) 지중약전류전선의 유도장해 방지(誘導障害防止)
지중전선로는 기설 지중약전류전선로에 대하여 누설전류 또는 유도작용에 의하여 통신상의 장해를 주지 않도록 기설 약전류전선로로부터 충분히 이격시키거나 기타 적당한 방법으로 시설하여야 한다.

【답】④

98
최대사용전압이 10.5[kV]를 초과 하는 교류의 회전기 절연내력을 시험하고자 한다. 이때 시험전압은 최대사용전압의 몇 배의 전압으로 하여야 하는가? (단, 회전변류기는 제외한다)
① 1
② 1.1
③ 1.25
④ 1.5

Explanation

(KEC 133조) 회전기 및 정류기의 절연내력

종류			시험 전압	시험 방법
회전기	발전기·전동기· 무효 전력 보상 장치·기타 회전기 (회전 변류기를 제외)	최대사용전압 7[kV] 이하	최대사용전압의 1.5배의 전압(500[V] 미만으로 되는 경우에는 500[V])	권선과 대지 사이에 연속하여 10분간 가한다.
		최대사용전압 7[kV] 초과	최대사용전압의 1.25배의 전압 (10.5[kV] 미만으로 되는 경우에는 10.5[kV])	
	회전변류기		직류측의 최대사용전압의 1배의 교류전압(500[V] 미만으로 되는 경우에는 500[V])	

【답】③

99 ★★★★★
폭연성 분진 또는 화약류의 분말에 전기설비가 발화원이 되어 폭발할 우려가 있는 곳에 시설하는 저압 옥내배선의 공사방법으로 옳은 것은? (단, 사용전압이 400[V] 초과인 방전등을 제외한 경우이다)
① 금속관공사
② 애자공사
③ 합성수지관공사
④ 캡타이어 케이블공사

Explanation

(KEC 242.2.1조) 폭연성 분진 위험장소
폭연성 분진 또는 화약류의 분말이 전기설비가 발화원이 되어 폭발할 우려가 있는 곳에 시설하는 저압 옥내 전기설비(사용전압이 400[V] 초과인 방전등을 제외)의 **저압 옥내배선, 저압 관등 회로 배선, 소세력 회로의 전선은 금속관공사 또는 케이블공사(캡타이어 케이블을 사용하는 것을 제외)에 의할 것**

【답】①

100 ★☆☆☆☆
과전류차단기로 저압전로에 사용하는 범용의 퓨즈(「전기용품 및 생활용품 안전관리법」에서 규정하는 것을 제외한다)의 정격전류가 16[A]인 경우 용단전류는 정격전류의 몇 배인가? (단, 퓨즈(gG)인 경우이다)
① 1.25
② 1.5
③ 1.6
④ 1.9

Explanation

(KEC 212.3.4조) 보호장치의 특성
과전류 차단기로 저압 전로에 사용하는 퓨즈(「전기용품 및 생활용품 안전관리법」에서 규정하는 것을 제외)

정격 전류의 구분	시간	정격전류의 배수	
		부동작 전류	동작 전류
4[A] 이하	60분	1.5배	2.1배
4[A] 초과 16[A] 미만	60분	1.5배	1.9배
16[A] 이상 63[A] 이하	60분	1.25배	**1.6배**
…	…	…	…

【답】③

3회 2022년 전기기사 필기

1과목 전기자기학

01 그림의 콘덴서는 정전용량이 1[μF]이고 판의 간격이 d이다. 여기서, 두께의 절반에 비유전율 $\varepsilon_s = 2$인 유전체를 그 콘덴서의 한 전극면에 접촉하여 넣었을 때 전체의 정전용량[μF]은?

① 2
② $\frac{1}{2}$
③ $\frac{4}{3}$
④ $\frac{7}{3}$

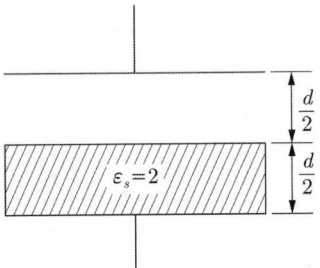

Explanation

극판 간격의 $\frac{1}{2}$ 간격에 물질을 채운 경우의 정전 용량

$C = \dfrac{2C_0}{1+\dfrac{1}{\epsilon_s}} = \dfrac{2 \times 1}{1+\dfrac{1}{2}} = \dfrac{4}{3}\,[\mu F]$

【답】③

02 진공 중에서 한 변이 L[m]인 정사각형 코일이 있다. 이 코일에 I[A]의 전류를 흘릴 때 정사각형 중심에서 자계의 세기는 몇 [AT/m]인가?

① $\dfrac{2\sqrt{2}\,I}{\pi L}$
② $\dfrac{\sqrt{2}\,I}{\pi L}$
③ $\dfrac{\sqrt{3}\,I}{2\pi L}$
④ $\dfrac{\sqrt{3}\,I}{\pi L}$

Explanation

정사각형 중심의 자계 $H = \dfrac{2\sqrt{2}\,I}{\pi L}$[AT/m]

【답】①

03 내부 장치 또는 공간을 물질로 포위시켜 외부 자계의 영향을 차폐시키는 방식을 자기차폐라 한다. 다음 중 자기차폐에 가장 좋은 것은?

① 비투자율이 1보다 작은 역자성체
② 강자성체 중에서 비투자율이 큰 물질
③ 강자성체 중에서 비투자율이 작은 물질
④ 비투자율에 관계없이 물질의 두께에만 관계되므로 되도록이면 두꺼운 물질

> Explanation

자기차폐
어떤 물체를 투자율이 큰 강자성체로 둘러쌈으로써 외부로부터의 자기적 영향을 감소시키는 차폐법이다.
따라서 강자성체 중에서 비투자율이 큰 물질이 적당하다.

【답】②

04 환상철심에 권수 3,000회 A코일과 권수 200회 B코일이 감겨져 있다. A코일의 자기 인덕턴스가 360[mH]일 때 A, B 두 코일의 상호 인덕턴스는 몇 [mH]인가? (단, 결합계수는 1이다)
① 16　　　　　　　　　　　② 24
③ 36　　　　　　　　　　　④ 72

> Explanation

자기 인덕턴스와 상호 인덕턴스
- 자기 인덕턴스 : $L_1 = \dfrac{N_1^2}{R_m}$　$L_2 = \dfrac{N_2^2}{R_m}$
- 상호 인덕턴스 : $M = \dfrac{N_1 N_2}{R_m} = \dfrac{N_2}{N_1} L_1 = \dfrac{200}{3,000} \times 360 = 24[\mathrm{mH}]$

【답】②

05 내압 1,000[V] 정전용량 1[μF], 내압 750[V], 정전용량 2[μF], 내압 500[V] 정전용량 5[μF]인 콘덴서 3개를 직렬로 접속하고 인가전압을 서서히 높이면 최초로 파괴되는 콘덴서는?
① 1[μF]　　　　　　　　　　② 2[μF]
③ 5[μF]　　　　　　　　　　④ 동시에 파괴된다.

> Explanation

콘덴서 직렬연결 시 파괴되는 콘덴서는 $Q=CV$에서 Q 값이 작은 콘덴서가 먼저 파괴된다.
$Q_1 = C_1 V_1 = 1 \times 1,000 = 1,000[\mathrm{C}]$
$Q_2 = C_2 V_2 = 2 \times 750 = 1,500[\mathrm{C}]$
$Q_3 = C_3 V_3 = 5 \times 500 = 2,500[\mathrm{C}]$이므로
전하량이 가장 적은 1[μF]의 콘덴서가 가장 먼저 파괴된다.

【답】①

06 대지면에 높이 h[m]로 평행하게 가설된 매우 긴 선전하가 지면으로부터 받는 힘은?
① h에 비례　　　　　　　　② h에 반비례
③ h^2에 비례　　　　　　　④ h^2에 반비례

> Explanation

전기영상법을 이용하여
- 전계의 세기 $E = \dfrac{\lambda}{2\pi\epsilon_0 (2h)} = \dfrac{\lambda}{4\pi\epsilon_0 h}$
- 힘 $f = -\lambda E = -\dfrac{\lambda^2}{4\pi\epsilon_0 h}[\mathrm{N/m}]$

【답】②

07 자속밀도가 0.3[Wb/m²]인 평등자계 내에 5[A]의 전류가 흐르는 길이 2[m]인 직선도체가 있다. 이 도체를 자계 방향에 대하여 60°의 각도로 놓았을 때 이 도체가 받는 힘은 약 몇 [N]인가?
① 1.3　　　　　　　　　　　② 2.6
③ 4.7　　　　　　　　　　　④ 5.2

> Explanation

플레밍의 왼손법칙
평등자장 내에 전류가 흐르고 있는 도체가 받는 힘
$F = (I \times B)l = IBl\sin\theta$
$= 5 \times 0.3 \times 2 \times \sin 60° = 2.6 [N]$

【답】②

08 진공 중의 점전하로부터 거리 $r[m]$ 떨어진 점의 전계의 세기[V/m]는?

① $E = \dfrac{Q}{4\pi\epsilon_0 r^2}$
② $E = \dfrac{3Q}{2\pi\epsilon_0 r^2}$
③ $E = \dfrac{Q}{2\pi\epsilon_0 r}$
④ $E = \dfrac{M}{4\pi\epsilon_0 r^3}\sqrt{1+3\cos^2\theta}$

Explanation

전계의 세기
- 점전하(구전하)에 의한 전계 $E = \dfrac{Q}{4\pi\epsilon_0 r^2}$ [V/m]
- 선전하에 의한 전계 $E = \dfrac{Q}{2\pi\epsilon_0 r}$ [V/m]
- 전기쌍극자에 의한 전계 $E = \dfrac{M}{4\pi\epsilon_0 r^3}\sqrt{1+3\cos^2\theta}$ [V/m]

【답】①

09 유전율이 ϵ_1, ϵ_2[F/m]인 유전체 경계면에 단위 면적당 작용하는 힘은 몇 [N/m²]인가? 단, 전계가 경계면에 수직인 경우이며, 두 유전체의 전속밀도 $D_1 = D_2 = D$이다.

① $2\left(\dfrac{1}{\epsilon_1} - \dfrac{1}{\epsilon_2}\right)D^2$
② $2\left(\dfrac{1}{\epsilon_1} + \dfrac{1}{\epsilon_2}\right)D^2$
③ $\dfrac{1}{2}\left(\dfrac{1}{\epsilon_1} + \dfrac{1}{\epsilon_2}\right)D^2$
④ $\dfrac{1}{2}\left(\dfrac{1}{\epsilon_2} - \dfrac{1}{\epsilon_1}\right)D^2$

Explanation

전계가 수직으로 작용
$f = \dfrac{1}{2}\left(\dfrac{1}{\epsilon_2} - \dfrac{1}{\epsilon_1}\right)D^2 [N/m^2]$

【답】④

10 진공 내에서 전위함수가 $V = x^2 + y^2$과 같이 주어질 때 점 (2, 2, 0)[m]에서 체적전하밀도 ρ는 몇 [C/m³]인가? (단, ϵ_0는 자유공간의 유전율이다)

① $-4\epsilon_0$
② $-2\epsilon_0$
③ $4\epsilon_0$
④ $2\epsilon_0$

Explanation

프와송의 방정식 $\nabla^2 V = -\dfrac{\rho}{\epsilon_0}$

$\nabla^2 V = \dfrac{\partial V^2}{\partial x^2} + \dfrac{\partial V^2}{\partial y^2} + \dfrac{\partial V^2}{\partial z^2} = 4$이므로

체적전하밀도 $\rho = -4\epsilon_0 [C/m^3]$이다.

【답】①

11 자극의 세기가 8×10⁻⁶[Wb], 길이가 3[cm]인 막대자석을 120[AT/m]의 평등자계 내에 자력선과 30°의 각도로 놓으면 이 막대자석이 받는 회전력은 몇 [N·m]인가?

① 1.44×10^{-4}
② 1.44×10^{-5}
③ 3.02×10^{-4}
④ 3.02×10^{-5}

Explanation

자성체에 의한 토크
$$T = MH\sin\theta = mlH\sin\theta$$
$$= 8 \times 10^{-6} \times 3 \times 10^{-2} \times 120 \times \sin 30°$$
$$= 1.44 \times 10^{-5} [\text{N} \cdot \text{m}]$$

【답】②

12 자기회로에서 철심의 투자율을 μ라 하고 회로의 길이를 l이라 할 때 그 회로의 일부에 미소공극 l_g를 만들면 회로의 자기저항은 처음의 몇 배인가? 단, $l_g \ll l$ 즉 $l - l_g \fallingdotseq l$이다.

① $1 + \dfrac{\mu l_g}{\mu_0 l}$
② $1 + \dfrac{\mu l}{\mu_0 l_g}$
③ $1 + \dfrac{\mu_0 l_g}{\mu l}$
④ $1 + \dfrac{\mu_0 l}{\mu l_g}$

Explanation

공극(air gap)이 있는 경우 : 자기저항 증가
$$\dfrac{R_m{'}}{R_m} = 1 + \dfrac{l_g}{l}\mu_s = 1 + \dfrac{l_g \mu_s \mu_0}{l \mu_0} = 1 + \dfrac{l_g \mu}{l \mu_0}$$
여기서, l_g : 공극의 길이

【답】①

13 무한장 직선도체가 있다. 이 도체로부터 수직으로 0.1[m] 떨어진 점의 자계의 세기가 180[AT/m]이다. 이 도체로부터 수직으로 0.3[m] 떨어진 점의 자계의 세기[AT/m]는?

① 20
② 60
③ 180
④ 540

Explanation

무한장 직선의 자계의 세기 $H = \dfrac{I}{2\pi r}$ [AT/m]에서

$H \propto \dfrac{1}{r}$ 이므로 $H' = 180 \times \dfrac{0.1}{0.3} = 60 [\text{AT/m}]$

【답】②

14 진공 중에서 빛의 속도와 일치하는 전자파의 전파속도를 얻기 위한 조건으로 옳은 것은?

① $\varepsilon_r = 0, \mu_r = 0$
② $\varepsilon_r = 1, \mu_r = 1$
③ $\varepsilon_r = 0, \mu_r = 1$
④ $\varepsilon_r = 1, \mu_r = 0$

Explanation

전파속도 $v = \dfrac{1}{\sqrt{\epsilon\mu}} = \dfrac{3 \times 10^8}{\sqrt{\epsilon_s \mu_s}}$ 에서

$\epsilon_s = \mu_s = 1$ 인 경우 $v = C_o = 3 \times 10^8 [\text{m/sec}]$

【답】②

15 도전율 $k = 6 \times 10^{17}[\mho/m]$, 투자율 $\mu = \dfrac{6}{\pi} \times 10^{-7}[H/m]$인 평면도체 표면에 10[kHz]의 전류가 흐를 때, 침투깊이 $\delta[m]$는 얼마인가?

① $\dfrac{1}{6} \times 10^{-7}$
② $\dfrac{1}{8.5} \times 10^{-7}$
③ $\dfrac{36}{\pi} \times 10^{-6}$
④ $\dfrac{36}{\pi} \times 10^{-10}$

Explanation

침투깊이 $\delta = \sqrt{\dfrac{2}{\omega \mu k}} = \sqrt{\dfrac{1}{\pi f \mu k}} = \sqrt{\dfrac{1}{\pi \times 10 \times 10^3 \times \dfrac{6}{\pi} \times 10^{-7} \times 6 \times 10^{17}}} = \dfrac{1}{6} \times 10^{-7}[m]$

【답】 ①

16 강자성체에서 비투자율(μ_r)은 어느 값을 갖는가?

① $\mu_r = 1$
② $\mu_r < 1$
③ $\mu_r > 1$
④ $\mu_r = 0$

Explanation

자화율 $\chi = \mu_0(\mu_r - 1)$ 이므로
- **강자성체**(철, 니켈, 코발트) : $\mu_r \gg 1$ 이고 자화율 $\chi > 0$
- **상자성체**(공기, 진공, 알루미늄) : $\mu_r \geq 1$ 이고 자화율 $\chi > 0$
- **역(반)자성체**(구리, 창연, 금) : $\mu_r < 1$ 이고 자화율 $\chi < 0$

【답】 ③

17 평균길이 1[m], 권수 1,000회의 솔레노이드 코일에 비투자율 1,000의 철심을 넣고 자속밀도 1[Wb/m²]을 얻기 위해 코일에 흘려야 할 전류는 몇 [A]인가?

① $\dfrac{10}{4\pi}$
② $\dfrac{100}{8\pi}$
③ $\dfrac{6\pi}{100}$
④ $\dfrac{4\pi}{10}$

Explanation

자속밀도 $B = \mu H$

솔레노이드의 자계의 세기 $H = \dfrac{NI}{l}$ [AT/m]

따라서 $B = \mu H = \mu \dfrac{NI}{l}$ 에서

전류 $I = \dfrac{lB}{N\mu} = \dfrac{1 \times 1}{1,000 \times 4\pi \times 10^{-7} \times 1,000} = \dfrac{10}{4\pi}$ [A]

【답】 ①

18 도체계에서 임의의 도체를 일정 전위(영전위)의 도체로 완전 포위하면 내외 공간의 전계를 완전히 차단할 수 있다. 이것을 무엇이라 하는가?

① 표피 효과
② 핀치 효과
③ 전자 차폐
④ 정전 차폐

Explanation

- **정전차폐** : 임의의 도체를 일정 전위(영전위)의 도체로 완전 포위하여 내외 공간의 전계를 완전히 차단하는 현상
- **전자차폐** : 표피효과에 의해서 전계, 자계가 도체 내부에까지 들어가는 못하는 현상

【답】 ④

19 그림과 같이 균일하게 도선을 감은 권수 N, 단면적 $S[\text{m}^2]$, 평균길이 $l[\text{m}]$인 공심의 환상솔레노이드에 I의 전류를 흘렸을 때 자기인덕턴스 $L[\text{H}]$의 값은?

① $L = \dfrac{4\pi N^2 S}{l} \times 10^{-5}$

② $L = \dfrac{4\pi N^2 S}{l} \times 10^{-6}$

③ $L = \dfrac{4\pi N^2 S}{l} \times 10^{-7}$

④ $L = \dfrac{4\pi N^2 S}{l} \times 10^{-8}$

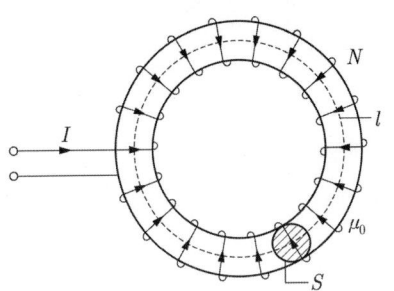

Explanation

환상솔레노이드의 인덕턴스 : $L = \dfrac{\mu S N^2}{l} = \dfrac{4\pi S N^2}{l} \times 10^{-7} [\text{H}]$

인덕턴스는 투자율, 단면적, 권수의 제곱에 비례하고 길이에 반비례한다.

【답】 ③

20 진공 중에서 점(0, 1)[m] 되는 곳에 $-2 \times 10^{-9}[\text{C}]$ 점전하가 있을 때 점(2, 0)[m]에 있는 +1[C]에 작용하는 힘[N]은?

① $-\dfrac{36}{5\sqrt{5}}a_x + \dfrac{18}{5\sqrt{5}}a_y$

② $-\dfrac{18}{5\sqrt{5}}a_x + \dfrac{36}{5\sqrt{5}}a_y$

③ $-\dfrac{36}{3\sqrt{5}}a_x + \dfrac{18}{3\sqrt{5}}a_y$

④ $\dfrac{36}{5\sqrt{5}}a_x + \dfrac{18}{5\sqrt{5}}a_y$

Explanation

힘을 벡터로 구하므로
$F = |F| a_0$ 에서
거리 $r = (2-0)a_x + (0-1)a_y = 2a_x - a_y$
크기 $r = \sqrt{2^2 + (-1)^2} = \sqrt{5}$ [m]
방향 $r_0 = \dfrac{F}{|F|} = \dfrac{1}{\sqrt{5}}(2a_x - a_y)$
따라서 힘을 벡터로 표시하면
$F = 9 \times 10^9 \times \dfrac{-2 \times 10^{-9} \times 1}{(\sqrt{5})^2} \times \dfrac{1}{\sqrt{5}}(2a_x - a_y) = -\dfrac{36}{5\sqrt{5}}a_x + \dfrac{18}{5\sqrt{5}}a_y$ [N]

【답】 ①

2과목　전력공학

21 송전선로의 건설비와 전압과의 관계를 나타낸 그래프는 다음 중 어느 것인가?

①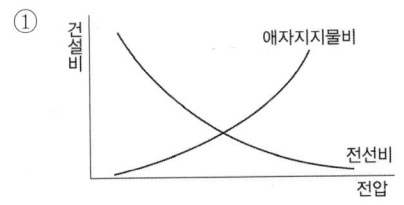

②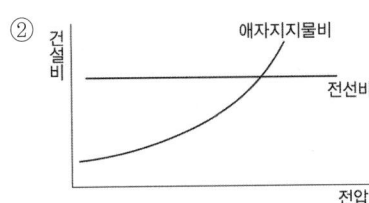

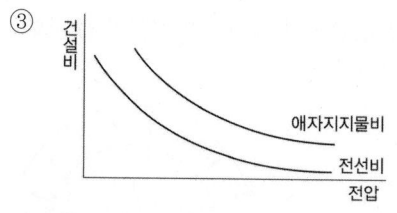
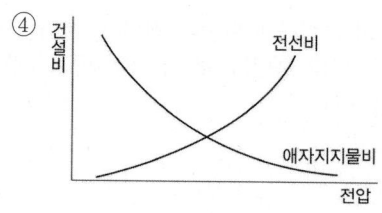

> **Explanation**

일반적으로 전압이 높아지면 절연 레벨이 올라가므로 애자 및 지지물비는 상승하고 전류밀도의 크기는 감소하므로 전선비는 낮아진다.

【답】①

22 중성점 직접 접지방식에 대한 설명으로 틀린 것은?

① 1선 지락고장 시 정상송전이 어려우므로 계통의 과도 안정도가 나쁘다.
② 중성점이 0전위로 유지되므로 변압기의 단절연이 가능하다.
③ 1선 지락 시 건전상의 전압은 거의 상승하지 않아 절연비용이 감소된다.
④ 1선 지락전류가 적어 차단기의 차단능력이 감소된다.

> **Explanation**

직접 접지방식의 특징
- 1선 지락 시 건전상의 대지전압 상승이 낮다.(절연레벨 경감)
- 중성점을 0전위로 유지 가능(단절연 가능)
- 보호계전기 동작이 확실하다.
- 정격이 낮은 피뢰기 사용 가능
- **지락전류가 커서 통신유도장해가 크다(단점).**
- 과도안정도가 낮다(단점).

【답】④

23 고장 즉시 동작하는 특성을 갖는 계전기는?

① 순시 계전기　　　　　　　　② 정한시 계전기
③ 반한시 계전기　　　　　　　④ 반한시성 정한시 계전기

> **Explanation**

보호 계전기의 시한특성
- **순한시 : 최소 동작 전류 이상의 전류가 흐르면 즉시 동작**
- 정한시 : 동작 전류의 크기에 관계없이 일정한 시간에 동작
- 반한시 : 동작 전류가 커질수록 동작 시간이 짧게 되는 특성
- 반한시 정한시 특성 : 동작 전류가 적은 동안에는 반한시 동작, 어떤 전류 이상이면 정한시 동작

【답】①

24 경간이 200[m]인 가공전선로가 있다. 사용 전선의 길이는 경간보다 약 몇 [m] 더 길어야 하는가? 단, 전선의 1[m] 당 하중은 2[kg], 인장하중은 4,000[kg]이고, 풍압하중은 무시하며, 전선의 안전율은 2라 한다.

① 0.33　　　　　　　　　　　② 0.61
③ 1.41　　　　　　　　　　　④ 1.73

> **Explanation**

이도 $D = \dfrac{WS^2}{8T} = \dfrac{2 \times 200^2}{8 \times \dfrac{4,000}{2}} = 5$　　여기서, 수평장력 $T = \dfrac{인장하중}{안전율} = \dfrac{4,000}{2} = 2,000$

실제 길이 $L = S + \dfrac{8D^2}{3S} = 200 + \dfrac{8 \times 5^2}{3 \times 200} = 200.33[m]$

【답】①

25 어떤 공장의 수용설비 용량이 1,800[kW], 수용률은 55[%] 평균 부하 역률은 90[%]라 한다. 이 공장의 수전설비는 몇 [kVA]로 하면 되는가?
① 900[kVA] ② 990[kVA]
③ 1,100[kVA] ④ 1,800[kVA]

Explanation

변압기 용량[kVA] = $\dfrac{설비\ 용량 \times 수용률}{부등률 \times 역률} = \dfrac{1,800 \times 0.55}{1 \times 0.9} = 1,100[kVA]$

【답】③

26 그림과 같은 열사이클은?
① 재열사이클
② 재생사이클
③ 재열재생사이클
④ 기본 열사이클

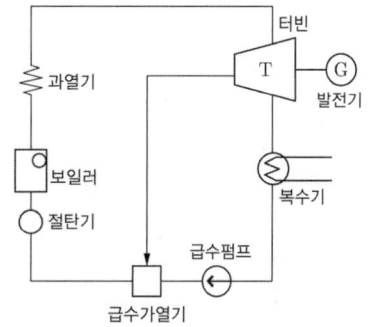

Explanation

- 재생 사이클 : 단열 팽창도중 증기의 일부를 추기하여 보일러 급수를 가열하여 복수 열손실을 회수하는 사이클로서 급수가열기가 있는 시스템
- 재열사이클 : 고압 터빈을 돌리고 나온 증기를 전부 추출해서 보일러의 재열기로 증기를 다시 최초의 과열 증기 온도 부근까지 가열시켜서 터빈 저압단에 공급하는 것으로 재열기가 있는 시스템
- 재열재생사이클 : 재생사이클과 재열사이클의 결합(재열기+급수가열기)

【답】②

27 피뢰기의 직렬 갭(gap)의 작용으로 가장 옳은 것은?
① 이상전압의 진행파를 증가시킨다.
② 상용주파수의 전류를 방전시킨다.
③ 이상전압이 내습하면 뇌전류를 방전하고, 상용주파수의 속류를 차단하는 역할을 한다.
④ 뇌전류 방전 시의 전위상승을 억제하여 절연파괴를 방지한다.

Explanation

피뢰기의 구성 : 특성 요소, 직렬 갭, 쉴드링
- **직렬갭** : 이상전압 내습 시 대지로 방전, 속류차단
- **특성요소** : 임피던스 성분이용, 방전전류 크기제한

【답】③

28 플리커 경감을 위한 전력공급 측의 대책이 아닌 것은?
① 공급 전압을 낮춘다. ② 전용 변압기로 공급한다.
③ 단독 공급 계통을 구성한다. ④ 단락용량이 큰 계통에서 공급한다.

Explanation

플리커 경감 대책(전력 공급 측의 방법)
- 단락 용량이 큰 계통에서 공급
- 전용 변압기로 공급
- 공급 전압을 승압
- 전압 강하를 보상

【답】①

29 4단자 정수가 A, B, C, D인 선로에 임피던스가 $\dfrac{1}{Z_T}$ 인 변압기가 수전단에 접속된 경우 계통의 4단자 정수 중 D_o 는?

① $D_o = \dfrac{C + DZ_T}{Z_T}$ 　　　② $D_o = \dfrac{C + AZ_T}{Z_T}$
③ $D_o = \dfrac{D + CZ_T}{Z_T}$ 　　　④ $D_o = \dfrac{B + AZ_T}{Z_T}$

Explanation

$\begin{bmatrix} A_0 & B_0 \\ C_0 & D_0 \end{bmatrix} = \begin{bmatrix} A & B \\ C & D \end{bmatrix} \begin{bmatrix} 1 & \dfrac{1}{Z_T} \\ 0 & 1 \end{bmatrix} = \begin{bmatrix} A & \dfrac{A}{Z_T} + B \\ C & \dfrac{C}{Z_T} + D \end{bmatrix}$

$D_0 = \dfrac{C + DZ_T}{Z_T}$ 　　　【답】①

30 그림과 같은 전력계통의 154[kV] 송전선로에서 고장 지락 저항 Z_{gf}를 통해서 1선 지락고장이 발생되었을 때 고장 점에서 본 영상 임피던스[%]는? (단, 그림에 표시한 임피던스는 모두 동일 용량 즉, 100[MVA] 기준으로 환산한 %임피던스임)

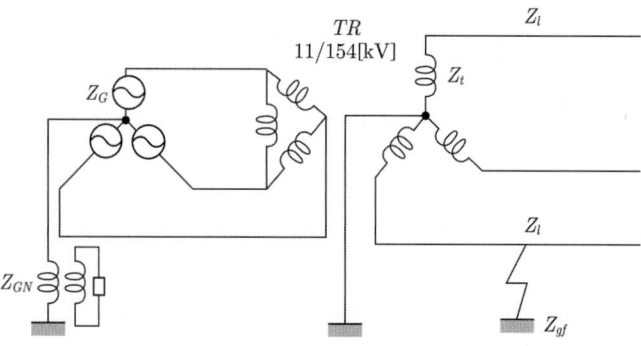

① $Z_0 = Z_l + Z_t + Z_G$ 　　　② $Z_0 = Z_l + Z_t + Z_{gf}$
③ $Z_0 = Z_l + Z_t + 3Z_{gf}$ 　　　④ $Z_0 = Z_l + Z_t + Z_{gf} + Z_G + Z_{GN}$

Explanation

영상회로로 전환하면

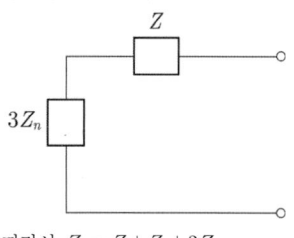

따라서 $Z_0 = Z_l + Z_t + 3Z_{gf}$ 　　　【답】③

31 송전전력, 선간전압, 부하역률, 전력손실 및 송전거리를 동일하게 하였을 경우 단상 3선식에 대한 3상 4선식의 총 전선량(중량)비는 얼마인가? (단, 전선은 동일한 전선이다)

① $\dfrac{1}{3}$ 　　　② $\dfrac{3}{4}$ 　　　③ $\dfrac{4}{9}$ 　　　④ $\dfrac{8}{9}$

> **Explanation**

전기 방식별 비교

	소요 전선량(중량비)
단상2선식	1
단상3선식	3/8=0.375
3상3선식	3/4=0.75
3상4선식	1/3=0.33

소요전선량 비교 : $\dfrac{3상4선식}{단상3선식} = \dfrac{\frac{1}{3}}{\frac{3}{8}} = \dfrac{8}{9}$

【답】④

32 부하의 불평형으로 인하여 발생하는 각 상별 불평형 전압을 평형되게 하고 선로 손실을 경감시킬 목적으로 밸런서가 사용된다. 다음 중 이 밸런서의 설치가 가장 필요한 배전 방식은?
① 단상 2선식
② 3상 3선식
③ 단상 3선식
④ 3상 4선식

> **Explanation**

단상 3선식에서 중성선 단선 시 전압 불평형이 발생하므로 저압 밸런서를 설치

【답】③

33 발전기 또는 주변압기의 내부고장 보호용으로 가장 널리 쓰이는 것은?
① 거리계전기
② 과전류계전기
③ 비율차동계전기
④ 방향단락계전기

> **Explanation**

비율차동 계전기 : 발전기, 변압기 내부고장 보호

【답】③

34 전력계통을 연계시켜서 얻는 이득이 아닌 것은?
① 배후 전력이 커져서 단락용량이 작아진다.
② 부하 증가 시 종합첨두부하가 저감된다.
③ 공급 예비력이 절감된다.
④ 공급 신뢰도가 향상된다.

> **Explanation**

계통연계 시에는 설비용량이 저감되며 배후전력이 커지며 안정된 전압, 주파수 유지가 가능하나 병렬 회로 수가 많아지므로 사고 시 단락 전류가 증대되고 단락 용량이 커지는 단점이 있다.

【답】①

35 가공송전선로에서 선간거리를 도체 반지름으로 나눈 값($\dfrac{D}{r}$)이 클수록 인덕턴스와 정전용량은 어떻게 되는가?
① 인덕턴스와 정전용량이 모두 작아진다.
② 인덕턴스와 정전용량이 모두 커진다.
③ 인덕턴스는 커지나, 정전용량은 작아진다.
④ 인덕턴스는 작아지나, 정전용량은 커진다.

> **Explanation**

인덕턴스 $L = 0.05 + 0.4605 \log_{10} \dfrac{D}{r}$ [mH/km]

정전용량 $C = \dfrac{0.02413}{\log_{10}\dfrac{D}{r}} [\mu\text{F/km}]$ 이므로

$L \propto \left(\dfrac{D}{r}\right)$, $C \propto \dfrac{1}{\dfrac{D}{r}}$ 가 되므로 인덕턴스는 커지고 정전용량은 작아진다.

【답】③

36 특유 속도가 높다고 할 때 그 의미는?
① 수차의 실제의 회전수가 높다는 것이다.
② 유수에 대한 수차 러너의 상대 속도가 빠르다는 것이다.
③ 유수의 유속이 빠르다는 것이다.
④ 속도 변동률이 높다는 것이다.

Explanation

특유속도(비속도)
기하학적으로 같은 러너를 가정하여 이것을 단위낙차 1[m]에서 단위출력 1[kW]를 발생하였을 때의 회전수[m·kW]
• 특유속도가 크다는 것은 러너에 대한 상대속도가 크다는 것
• 특유 속도가 크면 경부하시의 효율 저하가 극심해 진다.

【답】②

37 다음 중 고압 배전계통의 구성 순서로 알맞은 것은?
① 배전변전소 → 간선 → 분기선 → 급전선
② 배전변전소 → 급전선 → 간선 → 분기선
③ 배전변전소 → 간선 → 급전선 → 분기선
④ 배전변전소 → 급전선 → 분기선 → 간선

Explanation

고압 배전계통의 구성순서는 배전변전소 → 급전선 → 간선 → 분기선 순이다.
• 급전선 : 배전 변전소 또는 발전소로부터 배전간선에 이르기까지 도중에 부하가 접속되어 있지 않은 선로
• 간선 : 급전선에 접속된 수용 지역에서의 배전선로 가운데에서 부하의 분포 상태에 따라서 배전하거나 분기선을 내어서 배전하는 부분
• 분기선 : 간선으로부터 분기한 배전 선로 부분

【답】②

38 화력발전소의 위치 선정 시에 고려하지 않아도 좋은 것은?
① 전력 수요지에 가까울 것
② 값싸고 풍부한 용수와 냉각수가 얻어질 것
③ 연료의 운반과 저장이 편리하며 지반이 견고할 것
④ 바람이 불지 않도록 산으로 둘러쌓일 것

Explanation

화력발전소 위치 선정
• 전력 수요지에 가까울 것
• 풍부한 용수와 냉각수가 얻어질 것
• 연료의 운반과 저장이 편리할 것
• 지반이 견고할 것

【답】④

39 진공차단기(VCB)의 특징에 속하지 않는 것은?
① 진공 중에 차단동작을 하는 개폐기로 화재 위험이 거의 없다.
② 소형 경량이고 조작 기구가 간편하다.

③ 동작시 소음은 크지만 소호실의 보수가 거의 필요치 않다.
④ 차단 시간이 짧고 차단 성능이 우수하나 개폐 시 개폐서지 발생의 우려가 있다.

> **Explanation**

진공 차단기(VCB)의 특징
• 소형 경량
• 화재 위험이 없고 소음이 적다.
• 차단 시간이 짧고 차단 성능이 우수하나 개폐 시 개폐서지 발생의 우려가 있다.

【답】③

40 송전선로의 송전특성이 아닌 것은?
① 단거리 송전선로에서는 누설 컨덕턴스, 정전용량을 무시해도 된다.
② 중거리 송전선로는 T회로, π회로 해석을 사용한다.
③ 100[km]가 넘는 송전선로는 근사계산식을 사용한다.
④ 장거리 송전선로의 해석은 특성임피던스와 전파정수를 사용한다.

> **Explanation**

송전선로 구성

송전선로	송전거리	파라미터	해 석
단거리	수십[km]	Z	집중정수회로
중거리	100[km] 이하	Z, Y	
장거리	**100[km] 초과**	**Z, Y……**	**분포정수회로**

【답】③

3과목 전기기기

41 3상 동기발전기를 병렬 운전시키는 경우 고려하지 않아도 되는 조건은?
① 기전력의 파형이 같을 것   ② 기전력의 주파수가 같을 것
③ 회전수가 같을 것   ④ 기전력의 크기가 같을 것

> **Explanation**

동기 발전기의 병렬 운전 조건

기전력의 크기가 같을 것	무효 순환 전류(무효 횡류)
기전력의 위상이 같을 것	동기화 전류(유효 횡류)
기전력의 주파수가 같을 것	난조 발생
기전력의 파형이 같을 것	고조파 무효 순환 전류
상회전 방향이 같을 것(3상)	

【답】③

42 변압기 단락시험에서 변압기의 임피던스 전압이란?
① 여자 전류가 흐를 때의 2차측 단자 전압
② 정격 전류가 흐를 때의 2차측 단자 전압
③ 2차 단락 전류가 흐를 때의 변압기 내의 전압 강하
④ 정격 전류가 흐를 때의 변압기 내의 전압 강하

> **Explanation**

임피던스 전압
- 단락전류가 1차 정격전류와 같게 조정했을 때의 1차 전압
- 정격 전류가 흐를 때의 변압기 내의 전압 강하

【답】④

43 60[Hz] 6극 10[kW]인 유도 전동기가 슬립 5[%]로 운전할 때 2차의 동손이 500[W]이다. 이 전동기의 전부하 시의 토크 [kg·m]는?

① 약 4.3
② 약 8.5
③ 약 41.8
④ 약 83.5

> **Explanation**

동기 속도 $N_s = \dfrac{120f}{P} = \dfrac{120 \times 60}{6} = 1{,}200 [\text{rpm}]$

2차 입력 $P_2 = P_0 + P_{c2} = 10{,}000 + 500 = 10{,}500 [\text{W}]$

토크 $T = 0.975 \times \dfrac{P_2}{N_s} = 0.975 \times \dfrac{10{,}500}{1{,}200} \fallingdotseq 8.5 [\text{kg} \cdot \text{m}]$

【답】②

44 3상 농형 유도전동기의 기동방법으로 틀린 것은?

① Y-△ 기동
② 전전압 기동
③ 리액터 기동
④ 2차 저항에 의한 기동

> **Explanation**

3상 유도전동기 기동법

농형 유도전동기	① 전전압 기동(직입기동) : 5[HP] 이하(3.7[kW]) ② Y-△ 기동(5~15[kW])급 : 전류 1/3배, 전압 $1/\sqrt{3}$ 배 ③ 기동 보상기법 : 단권변압기 사용하여 감전압기동 ④ 리액터 기동법
권선형 유도전동기	① **2차 저항 기동법** ⇨ 비례 추이 이용 ② 게르게스법

【답】④

45 정격출력 5,000[kVA], 정격전압 3.3[kV], 동기임피던스가 매상 1.8[Ω]인 3상 동기발전기의 단락비는 약 얼마인가?

① 1.1
② 1.2
③ 1.3
④ 1.4

> **Explanation**

%동기임피던스

- $Z_s' = \dfrac{I_n Z_s}{E} \times 100 = \dfrac{P_n Z_s}{V^2} \times 100 = \dfrac{I_n}{I_s} \times 100 [\%]$

- %동기임피던스[PU] $Z_s' = \dfrac{1}{K_s} = \dfrac{P_n Z_s}{V^2}$

- 단락비 $K_s = \dfrac{1}{Z_s'[\text{PU}]} = \dfrac{V^2}{P_n Z_s} = \dfrac{3{,}300^2}{5{,}000 \times 10^3 \times 1.8} = 1.21$

【답】②

46 3상 전원을 이용하여 2상 전압을 얻고자 할 때 사용하는 결선 방법은?

① Scott 결선
② Fork 결선
③ 환상 결선
④ 2중 3각 결선

> **Explanation**

변압기 상수 변환법
- 3상에서 2상 변환 : scott 결선(=T결선), Meyer 결선, wood bridge 결선

【답】①

47 유도전동기의 2차 여자제어법에 대한 설명으로 틀린 것은?
① 역률을 개선할 수 있다.
② 권선형 전동기에 한하여 이용된다.
③ 동기속도의 이하로 광범위하게 제어할 수 있다.
④ 2차 저항손이 매우 커지며 효율이 저하된다.

> **Explanation**

2차 여자법 : 권선형 유도전동기 속도 제어
- 유도 전동기 회전자의 외부에서 슬립링을 통하여 슬립주파수 전압을 인가하여 회전자 슬립에 의한 속도를 제어하는 방식
- E_c(슬립 주파수 전압)를 sE_2와 같은 방향으로 인가 : 속도 증가
- E_c(슬립 주파수 전압)를 sE_2와 반대 방향으로 인가 : 속도 감소

【답】④

48 직류발전기의 부하 특성곡선에서 나타내는 관계로 옳은 것은?
① 계자전류와 단자전압
② 계자전류와 부하전류
③ 부하전류와 단자전압
④ 부하전류와 유기기전력

> **Explanation**

직류발전기의 특성곡선
- 무부하포화곡선 : 계자전류와 유기기전력
- 외부특성곡선 : 부하전류와 단자전압
- 부하특성곡선 : 계자전류와 단자전압

【답】①

49 돌극형 동기발전기에서 직축 동기 리액턴스를 X_d, 횡축 동기 리액턴스를 X_q라 할 때의 관계는?
① $X_d > X_q$
② $X_d < X_q$
③ $X_d = X_q$
④ $X_d \ll X_q$

> **Explanation**

- 돌극(수차)형 동기 발전기 : $X_d > X_q$
- 터빈(원통)형 동기 발전기 : $X_d = X_q$

【답】①

50 3,000[V]의 단상 배전선 전압을 3,300[V]로 승압하는 단권 변압기의 자기용량은 약 몇 [kVA]인가? 단, 여기서 부하용량은 100[kVA]이다.
① 2.1
② 5.3
③ 7.4
④ 9.1

> **Explanation**

$$\frac{자기용량}{부하용량} = \frac{e_2 I_2}{V_h I_2} = \frac{e_2}{V_h} = \frac{V_h - V_l}{V_h}$$

$$자기용량 = \frac{V_h - V_l}{V_h} \times 부하용량 = \frac{3,300 - 3,000}{3,300} \times 100 = 9.09[kVA]$$

【답】④

51 어떤 3상 농형 유도 전동기의 전전압 기동 토크는 전부하의 1.8배이다. 이 전동기에 기동보상기를 써서 전전압의 $\frac{2}{3}$로 낮추어 기동하면, 기동 토크는 전부하 T와 어떤 관계인가?

① $3.0T$
② $0.8T$
③ $0.6T$
④ $0.3T$

> **Explanation**
>
> 유도 전동기의 토크는 전압의 제곱에 비례 : $T \propto V^2$
>
> 기동토크 $T_s = 1.8T \times \left(\frac{2}{3}\right)^2 = 0.8T$ 【답】②

52 다이오드를 사용한 정류회로에서 다이오드를 여러 개 직렬로 연결하면 어떻게 되는가?

① 전력공급의 증대
② 출력전압의 맥동률 감소
③ 다이오드를 과전류로부터 보호
④ 다이오드를 과전압으로부터 보호

> **Explanation**
>
> • **직렬연결** : 과전압 방지
> • **병렬연결** : 과전류 방지 【답】④

53 상전압 200[V]의 3상 반파정류회로의 각 상에 SCR을 사용하여 정류제어 할 때 위상각을 $\frac{\pi}{6}$로 하면 순 저항부하에서 얻을 수 있는 직류전압[V]은?

① 90
② 180
③ 203
④ 234

> **Explanation**
>
> SCR의 위상 제어
> • 3상 반파 정류 회로 $E_d = \frac{3\sqrt{6}}{2\pi}E\cos\alpha = 1.17E\cos\alpha = 1.17 \times 200 \times \cos\frac{\pi}{6} = 202.6[V]$ 【답】③

54 전부하시에 전류가 0.88[A], 역률89[%], 속도 7,000[rpm], 60[Hz], 115[V]인 2극 단상 직권 전동기가 있다. 회전자와 직권계자 권선의 실효저항의 합은 58[Ω]이다. 이 전동기의 기계손을 10[W]라고 하면 전부하시에 부하에 전달되는 토크는 약 얼마인가? (단, 여기서 계자의 자속은 정현파 변화를 한다고 하고 브러시는 중성축에 놓여 있다)

① 49[g·m]
② 4.9[g·m]
③ 48[N·m]
④ 4.8[N·m]

> **Explanation**
>
> 출력=입력-손실(동손+기계손)
> $P = VI\cos\theta - I^2R - P_i = 115 \times 0.88 \times 0.89 - (0.88)^2 \times 58 - 10 = 35.2[W]$
>
> 토크 $\tau = 0.975 \times \frac{P}{N} = 0.975 \times \frac{35.2}{7,000} = 0.004896[kg \cdot m] = 4.9[g \cdot m]$ 【답】②

55 다음 ( ) 안에 알맞은 내용은?

> "직류전동기의 회전속도가 위험한 상태가 되지 않으려면 직권 전동기는 (㉠) 상태로, 분권전동기는 (㉡) 상태가 되지 않도록 하여야 한다."

① ㉠ 무부하, ㉡ 무여자
② ㉠ 무여자, ㉡ 무부하

③ ㉠ 무여자, ㉡ 경부하   ④ ㉠ 무부하, ㉡ 경부하

Explanation

직류전동기의 특성

분권	• 정속도 특성의 전동기 • 위험 상태 ⇨ 정격 전압, 무여자 상태 • +, - 극성을 반대로 하면 ⇨ 회전 방향이 불변 • $T \propto I \propto \dfrac{1}{N}$
직권	• 변속도 전동기 • 부하에 따라 속도가 심하게 변한다. • +, - 극성을 반대로 하면 ⇨ 회전 방향이 불변 • 위험 상태 ⇨ 정격 전압, 무부하 상태 • $T \propto I^2 \propto \dfrac{1}{N^2}$

【답】①

56 3상 농형 유도전동기의 기동법 중 1차 각 상의 권선에 정격전압의 $1/\sqrt{3}$ 전압이 가해지고, 기동전류는 전전압기동을 한 경우보다 1/3이 되는 기동법은?

① 전전압 기동법
② Y-△ 기동법
③ 기동보상기법
④ 기동저항기 기동법

Explanation

농형 유도 전동기의 기동법
• Y-△기동 : 기동전류 제한을 위해 (5~15[kW]정도)
  기동전류 : 1/3
  기동전압 : $1/\sqrt{3}$

【답】②

57 단자전압 220[V]에서 전기자전류 30[A]가 흐르는 직권전동기의 회전수는 500[rpm]이다. 전기자전류 20[A]일 때의 회전수는 약 몇 [rpm]인가? (단, 전기자 저항과 계자 권선의 저항의 합은 0.8[Ω]이고 자기포화와 전기자 반작용은 무시한다)

① 620
② 680
③ 720
④ 780

Explanation

전동기의 역기전력 $E = K\phi N$ 으로 $E \propto N$
전기자전류가 30[A]인 경우 $E = V - I_a(R_a + R_s) = 220 - 30 \times 0.8 = 196$ [V]
전기자전류가 20[A]인 경우 $E' = V - I_a'(R_a + R_s) = 220 - 20 \times 0.8 = 204$ [V]
• 직류 직권전동기의 특성
$T \propto I^2 \propto \dfrac{1}{N^2}$ 여기서, $I \propto \dfrac{1}{N}$
$\phi = I_f = I_a = 30$ [A] , $\phi' = I_f' = I_a' = 20$ [A]
따라서 회전속도는 $N' = N \times \dfrac{E'}{E} \times \dfrac{\phi}{\phi'} = 500 \times \dfrac{204}{196} \times \dfrac{30}{20} = 780$ [rpm]

【답】④

58 단상 직권 정류자전동기에 있어서의 보상권선의 효과로 틀린 것은?

① 전동기의 역률을 개선하기 위한 것이다.
② 전기자(電機子) 기자력을 상쇄시킨다.
③ 누설(leakage) 리액턴스가 적어진다.
④ 제동효과가 있다.

Explanation

단상 직권정류자 전동기(만능전동기)
- 교류, 직류 양용에 사용
- 가정용 미싱, 소형 공구, 영사기, 믹서, 치과 의료용 엔진 등에 사용
- 보상권선 : 역률을 좋게 할 수 있고 전기자반작용 제거 및 변압기 기전력을 작게 해서 정류 작용을 개선 【답】④

59 3상 유도전동기의 제동법 중 3선 중 2선의 접속을 변경하여 역토크에 의해 제동하는 것으로 비상시 제동하는 방법은?

① 발전제동 ② 회생제동
③ 역상제동 ④ 단상제동

Explanation

- 발전제동 : 전동기를 발전기로 적용하여 생긴 유기기전력을 저항을 통하여 열로 소비하는 제동법
- 회생제동 : 유도전동기를 유도발전기로 적용하여 생긴 유기기전력을 전원으로 궤환 시키는 제동법
- 역상제동(플러깅) : 3선 중 2선의 접속을 변경하여 역토크에 의해 제동하는 것, 비상시 사용 【답】③

60 다음 그림의 소자의 명칭은?

① Diode
② FET
③ IGBT
④ Transistor

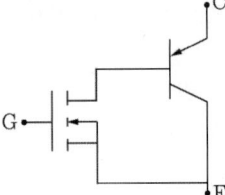

Explanation

IGBT(insulated gate bipolar transistor)
- 트랜지스터와 MOSFET를 조합한 것
- 고속 스위칭 소자
- 전력용 반도체 소자 【답】③

4과목 회로이론 및 제어공학

61 $\dfrac{d^2}{dt^2}c(t)+5\dfrac{d}{dt}c(t)+4c(t)=r(t)$와 같은 함수를 상태함수로 변환하였다. 벡터 A, B의 값으로 적당한 것은?

$$\frac{d}{dt}X(t) = AX(t) + Br(t)$$

① $A = \begin{bmatrix} 0 & 1 \\ -5 & -4 \end{bmatrix}$, $B = \begin{bmatrix} 0 \\ 1 \end{bmatrix}$ ② $A = \begin{bmatrix} 0 & 1 \\ 5 & 4 \end{bmatrix}$, $B = \begin{bmatrix} 0 \\ 1 \end{bmatrix}$

③ $A = \begin{bmatrix} 0 & 1 \\ -4 & -5 \end{bmatrix}$, $B = \begin{bmatrix} 0 \\ 1 \end{bmatrix}$ ④ $A = \begin{bmatrix} 0 & 1 \\ 4 & 5 \end{bmatrix}$, $B = \begin{bmatrix} 0 \\ 1 \end{bmatrix}$

Explanation

상태방정식

$x(t) = x_1(t)$로 선정하면
$\dot{x}_1(t) = x_2(t)$
$\dot{x}_2(t) = -4x_1(t) - 5x_2(t) + r(t)$
따라서, 상태방정식으로 계산하면
$\begin{bmatrix} \dot{x}_1(t) \\ \dot{x}_2(t) \end{bmatrix} = \begin{bmatrix} 0 & 1 \\ -4 & -5 \end{bmatrix} \begin{bmatrix} x_1(t) \\ x_2(t) \end{bmatrix} + \begin{bmatrix} 0 \\ 1 \end{bmatrix} r(t)$

【답】③

62 어떤 시스템을 표시하는 미분 방정식이 $2\dfrac{d^2 y(t)}{dt^2} + 3\dfrac{dy(t)}{dt} + 4y(t) = \dfrac{dx(t)}{dt} + 3x(t)$인 경우 $x(t)$를 입력, $y(t)$를 출력이라면 이 시스템의 전달 함수는? 단, 모든 초기조건은 0이다.

① $G(s) = \dfrac{s+3}{2s^2 + 3s + 4}$
② $G(s) = \dfrac{s-3}{2s^2 - 3s + 4}$
③ $G(s) = \dfrac{s+3}{2s^2 + 3s - 4}$
④ $G(s) = \dfrac{s-3}{2s^2 - 3s - 4}$

Explanation

미분 방정식을 라플라스 변환하면
$2s^2 Y(s) + 3s Y(s) + 4 Y(s) = s X(s) + X(s)$
$Y(s)(2s^2 + 3s + 4) = (s+3)X(s)$
$G(s) = \dfrac{Y(s)}{X(s)} = \dfrac{s+3}{2s^2 + 3s + 4}$

【답】①

63 다음과 같은 궤환 제어계가 안정하기 위한 K의 범위는?
① $K > 0$
② $K > 1$
③ $0 < K < 1$
④ $0 < K < 2$

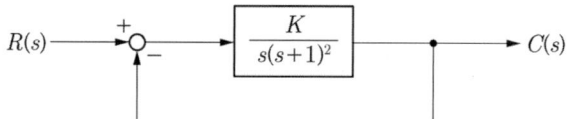

Explanation

Routh-Hurwitz 판별식을 이용하여 안정도를 구하기 위하여 폐루프 특성 방정식을 구하면
폐루프의 특성 방정식은 개루프 전달 함수의(분모+분자) $s(s+1)^2 + K = s^3 + 2s^2 + s + K = 0$
Routh-Hurwitz 판별식을 이용하여 1열의 부호가 모두 양수이면 안정하며

s^3	1	1
s^2	2	K
s^1	$\dfrac{2-K}{2}$	0
s^0	K	

제1열의 부호 변화가 없어야 안정하므로 $2-K>0$, $2>K$, $K>0$
∴ $0 < K < 2$

【답】④

64 $G(j\omega)H(j\omega) = \dfrac{K}{(1+2j\omega)(1+j\omega)}$의 이득 여유가 20[dB]일 때 K값은? 단, $\omega = 0$이다.

① $K = 0$
② $K = \dfrac{1}{10}$
③ $K = 1$
④ $K = 10$

Explanation

이득 여유 $g \cdot m = 20\log_{10}\left|\dfrac{1}{GH(j\omega)}\right|$ [dB]이므로

$|GH| = \left|\dfrac{K}{1-2\omega^2+j3\omega}\right|_{\omega=0}$ 여기서, 허수부가 0이 되는

주파수는 $\omega = 0$이므로 대입하면 $|GH| = K$

이득 여유는 $g \cdot m = 20\log_{10}\left|\dfrac{1}{K}\right| = 20$[dB] 따라서, $\dfrac{1}{K} = 10$이며 $K = \dfrac{1}{10}$

【답】②

65 다음 그림과 등가인 게이트는?

① $Y = \overline{A} + B$　　② $Y = \overline{A \cdot B}$
③ $Y = A + B$　　④ $Y = A + \overline{B}$

Explanation

부울대수에 의하면
주어진 회로의 논리식 $Y = \overline{A} + B$

【답】①

66 그림과 같은 신호흐름선도에서 $C(s)/R(s)$의 값은?

① $-\dfrac{24}{159}$　　② $-\dfrac{12}{79}$
③ $\dfrac{24}{65}$　　④ $\dfrac{24}{159}$

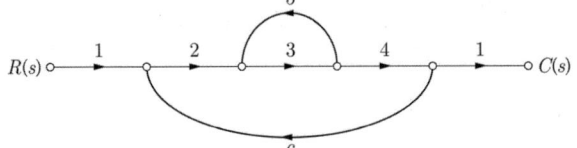

Explanation

$G(s) = \dfrac{2 \times 3 \times 4}{1-(3\times 5 + 2\times 3\times 4\times 6)} = -\dfrac{24}{158} = -\dfrac{12}{79}$

【답】②

67 블록선도에서 ⓐ에 해당하는 신호는?

① 조작량
② 제어량
③ 기준입력
④ 동작신호

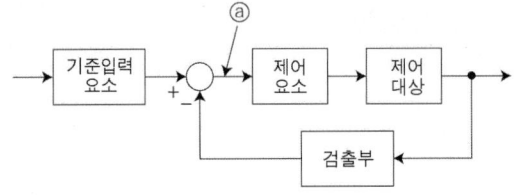

Explanation

피드백 제어 시스템의 기본구성
• 구성요소 용어 정리

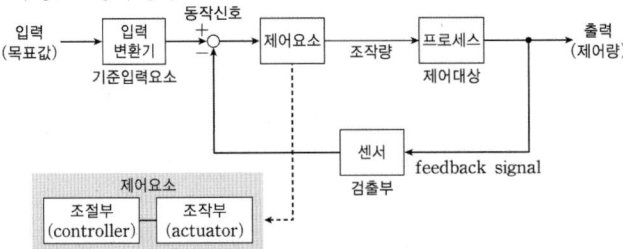

【답】④

68 $e^{-2t}\cos 3t$의 라플라스 변환은?

① $\dfrac{s+2}{(s+2)^2+3^2}$ ② $\dfrac{s-2}{(s-2)^2+3^2}$

③ $\dfrac{s}{(s+2)^2+3^2}$ ④ $\dfrac{s}{(s-2)^2+3^2}$

Explanation

라플라스 변환 복소추이 $\mathcal{L}[e^{-at}f(t)]=F(s+a)$에서

$\mathcal{L}[e^{-at}\cos\omega t]=\dfrac{s+a}{(s+a)^2+\omega^2}$ 이므로

$\mathcal{L}[e^{-2t}\cos 3t]=\dfrac{s+2}{(s+2)^2+3^2}$

【답】①

69 그림의 블록선도에서 K에 대한 폐루프 전달함수 $T=\dfrac{C(s)}{R(s)}$의 감도 S_K^T는?

① -1
② -0.5
③ 0.5
④ 1

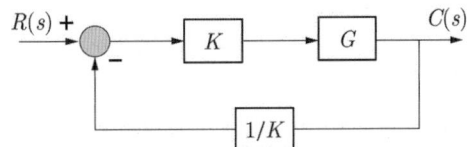

Explanation

$S_K^T = \dfrac{K}{T}\cdot\dfrac{dT}{dK}$

여기서, $T=\dfrac{KG}{1+G\cdot K\cdot\dfrac{1}{K}}=\dfrac{KG}{1+G}$

$S_K^T = \dfrac{K}{T}\cdot\dfrac{dT}{dK} = \dfrac{K}{\dfrac{GK}{1+G}}\cdot\dfrac{d}{dK}\left(\dfrac{GK}{1+G}\right)$

$= \dfrac{1+G}{G}\cdot\dfrac{G}{1+G} = 1$

【답】④

70 전달함수가 $G(s)H(s)=\dfrac{K}{s(s+2)(s+8)}$인 $K\geqq 0$의 근궤적에서 분지점은?

① -0.93 ② -5.74
③ -1.25 ④ -9.5

Explanation

근궤적의 실축상에서의 이탈점 : $\dfrac{dK(s)}{ds}=0$

이 계의 특성 방정식은 $G(s)H(s)=\dfrac{K}{s(s+2)(s+8)}$ 이므로

$1+G(s)H(s)=1+\dfrac{K}{s(s+2)(s+8)}=0$

$K(s)=-s(s+2)(s+8)=-s^3-10s^2-16s$

$\dfrac{dK(s)}{ds}=-3s^2-20s-16=0$

따라서 $s_1=-0.93$, $s_2=-5.74$

그러나, 근궤적의 범위가 $0\sim-2$, $-8\sim-\infty$ 이므로
따라서 실수축 이탈점(분지점)은 $s_1=-0.93$

【답】①

71 다음에서 입력이 $r(t) = 5t$일 때 정상 상태 편차는 얼마인가?

① $e_{ss} = 2$
② $e_{ss} = 4$
③ $e_{ss} = 6$
④ $e_{ss} = \infty$

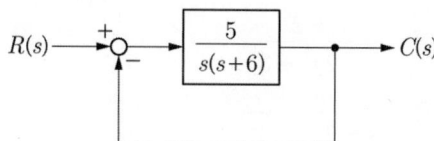

Explanation

입력이 $r(t) = 5t$에서 $R(s) = \dfrac{5}{s^2}$이므로

속도 편차 상수 $K_v = \lim\limits_{s \to 0} s G(s)$에서

$K_v = \lim\limits_{s \to 0} s \dfrac{5}{s(s+6)} = \dfrac{5}{6}$

따라서 정상상태오차 $e_{ss} = \dfrac{R}{K_v}$ 여기서, 입력 $R(s) = \dfrac{5}{s^2}$이므로 $R = 5$

$= \dfrac{5}{\frac{5}{6}} = 6$

【답】③

72 회로에서 단자 a, b 사이에 교류전압 200[V]를 가하였을 때 c, d 사이의 전위차는 몇 [V]인가?

① 46[V]
② 96[V]
③ 56[V]
④ 76[V]

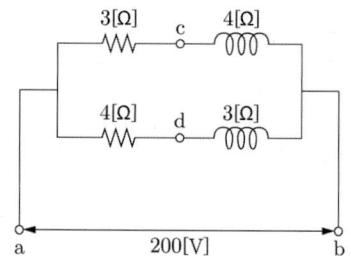

Explanation

저항 3[Ω]의 전류를 I_1이라하고 저항 4[Ω]의 전류를 I_2라 하면

$I_1 = \dfrac{200}{3+j4} = \dfrac{200(3-j4)}{25} = \dfrac{600-j800}{25} = 24-j32$

$I_2 = \dfrac{200}{4+j3} = \dfrac{200(4-j3)}{25} = \dfrac{800-j600}{25} = 32-j24$

따라서 c, d 사이의 전위차
$V_{cd} = 4(32-j24) - 3(24-j32) = 128-j96-72+j96 = 56[V]$

【답】③

73 그림과 같은 회로의 a, b 단자간의 전압은?

① 2[V]
② 3[V]
③ 6[V]
④ 9[V]

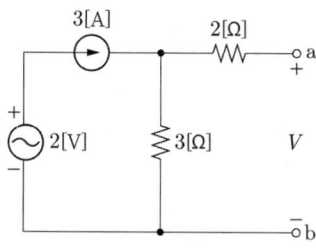

Explanation

• 전압원과 전류원이 단독으로 직렬접속 전압원을 제거

- 전압원과 전류원이 단독으로 병렬접속 전류원을 제거

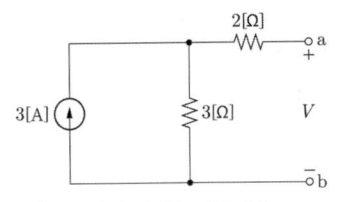 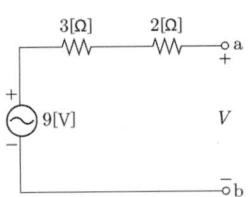

따라서 a, b 간의 전압은 9[V]이다.

【답】 ④

74 역률각이 45°인 3상 평형 부하 상순이 a-b-c이고 Y결선된 회로에 $V_a = 220[V]$인 상전압을 가하니 $I_a = 10[A]$의 전류가 흘렀다. 전력계의 지시값 [W]은?

① 1,555.63[W]
② 2,694.44[W]
③ 3,047.19[W]
④ 3,680.67[W]

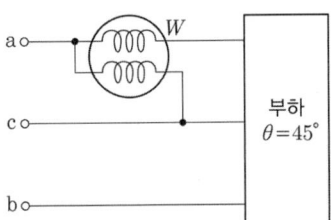

> **Explanation**

$P = V_{ac} \cdot I_a \cdot \cos\theta = \sqrt{3}\, V_a I_a \cos\theta [W]$이므로
$P = \sqrt{3} \times 220 \times 10 \times \cos15° = 3,680.67[W]$
여기서 선간 전압 V_{ac}와 전류 I_a와의 위상차는 45-30=15°이다.

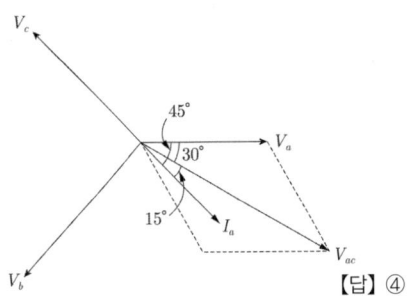

【답】 ④

75 분포정수 회로에서 선로의 특성임피던스를 Z_o, 전파정수를 γ라 할 때 무한장 선로에 있어서 송전단에서 본 직렬임피던스는?

① $\dfrac{Z_o}{\gamma}$ ② $\sqrt{\gamma Z_o}$ ③ γZ_o ④ $\dfrac{\gamma}{Z_o}$

> **Explanation**

- 특성임피던스 $Z_0 = \sqrt{\dfrac{Z}{Y}}$
- 전파정수 $\gamma = \sqrt{ZY}$
- 직렬임피던스 $Z = \gamma Z_o = \sqrt{ZY} \cdot \sqrt{\dfrac{Z}{Y}}$

【답】 ③

76 2단자 임피던스 함수 $Z(s) = \dfrac{(s+1)(s+2)}{s(s+3)(s+4)}$ 일 때 극점(pole)은?

① -1, -2
② 0, -3, -4
③ 0, -1, -2
④ -3, -4

> **Explanation**

극점(pole) : 2단자 임피던스의 분모=0인 경우
$Z = \infty$ (회로 개방)
극점 : $s = 0, -3, -4$

【답】②

77 비정현파 전류 $i(t) = 56\sin\omega t + 25\sin 2\omega t + 30\sin(3\omega t + 30°) + 40\sin(4\omega t + 60°)$로 주어질 때 왜형률은 약 얼마인가?

① 1.4
② 1
③ 0.5
④ 0.1

Explanation

왜형률 = $\dfrac{\text{전 고조파의 실효값}}{\text{기본파의 실효값}} = \dfrac{\sqrt{I_2^2 + I_3^2 + I_4^2 + \cdots}}{I_1}$

$= \dfrac{\sqrt{I_2^2 + I_3^2 + I_4^2}}{I_1} = \dfrac{\sqrt{\left(\dfrac{25}{\sqrt{2}}\right)^2 + \left(\dfrac{30}{\sqrt{2}}\right)^2 + \left(\dfrac{40}{\sqrt{2}}\right)^2}}{\dfrac{56}{\sqrt{2}}} = \dfrac{\sqrt{25^2 + 30^2 + 40^2}}{56} = 1$

【답】②

78 $R-L$ 직렬회로에 직류전압 5[V]를 $t=0$에서 인가하였더니 $i(t) = 50(1 - e^{-20 \times 10^{-3}t})$[mA] $(t \geq 0)$이었다. 이 회로의 저항을 처음 값의 2배로 하면 시정수는 얼마가 되겠는가?

① 10[msec]
② 40[msec]
③ 5[sec]
④ 25[sec]

Explanation

$R-L$ 직렬회로에서의 시정수 $\tau = \dfrac{L}{R} = \dfrac{1}{20 \times 10^{-3}} = 50$[sec]이며

저항이 2배가 되면 시정수가 $\dfrac{1}{2}$이 되며, 시정수는 25[sec]가 된다.

【답】④

79 3상 불평형 전압이 $V_a = 80$ [V], $V_b = -40 - j30$[V], $V_c = -40 + j30$[V]라고 할 때 대칭분 전압 중 역상 전압 V_2[V]는?

① 0
② 22.7
③ 57.3
④ 68.1

Explanation

$\begin{bmatrix} V_0 \\ V_1 \\ V_2 \end{bmatrix} = \dfrac{1}{3} \begin{bmatrix} 1 & 1 & 1 \\ 1 & a & a^2 \\ 1 & a^2 & a \end{bmatrix} \begin{bmatrix} V_a \\ V_b \\ V_c \end{bmatrix}$

역상전압 $V_2 = \dfrac{1}{3}(V_a + a^2 V_b + a V_c) = \dfrac{1}{3}\left\{80 + \left(-\dfrac{1}{2} - j\dfrac{\sqrt{3}}{2}\right)(-40 - j30) + \left(-\dfrac{1}{2} + j\dfrac{\sqrt{3}}{2}\right)(-40 + j30)\right\}$
$= 22.7$[V]

【답】②

80 다음과 같은 비정현파 기전력 및 전류에 의한 평균전력을 구하면 몇 [W]인가?

$e = 100\sin\omega t - 50\sin(3\omega t + 30°) + 20\sin(5\omega t + 45°)$[V]
$I = 20\sin\omega t + 10\sin(3\omega t - 30°) + 5\sin(5\omega t - 45°)$[A]

① 825
② 875
③ 925
④ 1,175

> Explanation

유효전력(평균전력)은 주파수가 같을 때만 발생되므로
$P = V_1 I_1 \cos\theta_1 + V_3 I_3 \cos\theta_3 + V_5 I_5 \cos\theta_5$
$\therefore P = \frac{100}{\sqrt{2}} \times \frac{20}{\sqrt{2}} \cos 0° - \frac{50}{\sqrt{2}} \times \frac{10}{\sqrt{2}} \cos 60° + \frac{20}{\sqrt{2}} \times \frac{5}{\sqrt{2}} \cos 90° = 875[W]$

【답】②

5과목 전기설비기술기준

81 의료장소의 안전을 위한 보호 설비 중에서 의료 IT 계통에 설치하고 이상이 생겼을 때 표시설비 및 음향설비로 경보를 발하도록 시설해야 하는 장치는?
① 누전차단기
② 절연변압기
③ 절연감시장치
④ 전원공급장치

> Explanation

(KEC 242.10.3조) 의료장소의 안전을 위한 보호 설비
의료 IT 계통의 절연상태를 지속적으로 계측, 감시하는 장치를 설치하고 절연저항이 50[kΩ]까지 감소하면 표시설비 및 음향설비로 경보를 발하도록 할 것

【답】③

82 제1종 특고압 보안 공사에서 지지물로 B종 철주를 사용하고 단면적이 55[㎟]인 경동연선을 사용할 때 경간은 몇 [m] 이하이어야 하는가?
① 150
② 200
③ 300
④ 400

> Explanation

(KEC 333.22조) 특고압 보안공사
경간은 아래 표에서 정한 값 이하일 것. 다만, 전선의 인장강도 58.84[kN] 이상의 연선 또는 단면적이 150[㎟] 이상인 경동연선을 사용하는 경우에는 그러하지 아니하다.

지지물의 종류	경간
B종 철주 또는 B종 철근 콘크리트주	150[m]
철탑	400[m] (단주인 경우에는 300[m])

【답】①

83 금속덕트공사에 대한 다음 설명 중 잘못된 것은?
① 금속덕트에 의한 저압 옥내배선이 건축물의 방화 구획을 관통하지 않도록 할 것
② 덕트 끝부분은 막고 내부에 먼지가 침입하지 않도록 할 것
③ 덕트를 조영재에 붙이는 경우 덕트 지지점간의 거리를 3미터 이하로 견고하게 붙일 것
④ 금속덕트에 넣은 전선의 단면적은 전광표시장치 기타 이와 유사한 장치 또는 제어회로 등의 배선만을 넣는 경우에는 50[%] 이하일 것

> Explanation

(KEC 232.31조) 금속덕트공사
① 금속덕트에 넣은 전선의 단면적(절연피복의 단면적을 포함)의 합계는 덕트의 내부 단면적의 20[%](전광표시장치 기타 이와 유사한 장치 또는 제어회로 등의 배선만을 넣는 경우에는 50[%]) 이하일 것
② 금속덕트에 의하여 저압 옥내배선이 건축물의 방화 구획을 관통하거나 인접 조영물로 연장되는 경우에는 그 방화벽 또는 조영물 벽면의 덕트 내부는 불연성의 물질로 차폐하여야 함

③ 덕트를 조영재에 붙이는 경우에는 덕트의 지지점 간의 거리를 3[m](취급자 이외의 자가 출입할 수 없도록 설비한 곳에서 수직으로 붙이는 경우에는 6[m]) 이하로 하고 또한 견고하게 붙일 것
④ 덕트의 끝부분은 막을 것
⑤ 덕트 안에 먼지가 침입하지 아니하도록 할 것

【답】①

84 전기철도 매설금속체측의 누설전류에 의한 전식의 피해가 예상되는 곳에서 고려하여야 할 방법으로 잘못된 것은?
① 배류장치 설치
② 레일본드의 양호한 시공 또는 변전소 간 간격 축소
③ 매설금속체 접속부 절연
④ 저준위 금속체를 접속

Explanation

(KEC 461.4조) 전식방지대책
전기철도측의 전식방식 또는 전식예방을 위해서는 다음 방법을 고려하여야 한다.
① 변전소 간 간격 축소
② 레일본드의 양호한 시공
③ 장대레일채택
④ 절연도상 및 레일과 침목사이에 **절연층의 설치**

【답】②

85 수상전선로의 시설에 대한 설명으로 맞는 것은?
① 사용전압이 고압인 경우에 클로로프렌 캡타이어 케이블을 사용한다.
② 가공전선로의 전선과 접속하는 경우, 접속점이 육상에 있는 경우에는 지표상 5[m] 이상의 높이로 지지물에 견고하게 붙인다.
③ 가공전선로의 전선과 접속하는 경우, 접속점이 수면상에 있는 경우 사용전압이 고압인 경우에는 수면상 4[m] 높이로 지지물에 견고하게 붙인다.
④ 고압 수상전선로에 지락이 생길 때를 대비하여 전로를 수동으로 차단하는 장치를 시설한다.

Explanation

(KEC 335.3조) 수상전선로의 시설
① 사용 전압이 저압 : 클로로프렌 캡타이어 케이블, 고압 : 캡타이어 케이블
② 수상전선로의 전선을 가공전선로의 전선과 접속하는 경우에는 그 부분의 전선은 접속점으로부터 전선의 절연 피복 안에 물이 스며들지 아니하도록 시설하고 또한 전선의 접속점은 다음의 높이로 지지물에 견고하게 붙일 것
• **접속점이 육상** : 지표상 5[m] 이상(저압인 경우에 도로상 이외의 곳 : 지표상 4[m]까지 가능)
• 접속점이 수면상 : 저압 수면상 4[m] 이상, 고압 수면상 5[m] 이상

【답】②

86 전기온상에 전기를 공급하는 전로의 대지전압은 몇 [V] 이하이어야 하는가?
① 100
② 200
③ 300
④ 400

Explanation

(KEC 241.5조) 전기온상 등
전로의 대지전압은 300[V] 이하

【답】③

87 다음 중 피뢰기를 반드시 시설하여야 할 곳은?
① 전기 수용장소 내의 차단기 2차측
② 가공전선로와 지중전선로가 접속되는 곳
③ 수전용변압기의 2차측
④ 경간이 긴 가공전선로

Explanation

(KEC 341.13조) 피뢰기의 시설
고압 및 특고압의 전로 중 다음 각 호에 열거하는 곳 또는 이에 근접한 곳에는 피뢰기를 시설하여야 한다.
① 발전소, 변전소 또는 이에 준하는 장소의 가공전선 인입구 및 인출구
② 가공전선로에 접속하는 배전용 변압기의 고압측 및 특고압측
③ 고압 및 특고압 가공전선로로부터 공급을 받는 수용장소의 인입구
④ 가공전선로와 지중전선로가 접속되는 곳
【답】②

88. 고압 가공전선이 가공약전류 전선과 접근하여 시설될 때 상호 간의 이격거리는 몇 [m] 이상이어야 하는가? (단, 전선은 케이블이 아닌 경우이다)
① 0.4
② 0.6
③ 0.8
④ 1.0

Explanation

(KEC 332.13조) 고압 가공전선과 가공약전류전선 등의 접근 또는 교차
이격거리 0.8[m](전선이 케이블인 경우 0.4[m]) 이상
【답】③

89. 전기저장장치를 시설하는 곳에 필요한 계측장치가 아닌 것은?
① 축전지 출력 단자의 전압, 전류, 전력
② 축전지 출력 단자의 충방전 상태
③ 축전지 출력 단자의 주파수
④ 주요 변압기의 전압, 전류 및 전력

Explanation

(KEC 512.2.3조) 전기저장장치 계측장치
① 축전지 출력 단자의 전압, 전류, 전력 및 충방전 상태
② 주요변압기의 전압, 전류 및 전력
【답】③

90. 지중전선 상호 간에 접근 또는 교차하는 경우, 사용전압이 25[kV]인 다중접지방식 지중전선로를 관로식 또는 직접매설식으로 시설한다면 그 이격거리는 몇 [m] 이상이어야 하는가?
① 0.1
② 0.2
③ 0.3
④ 0.4

Explanation

(KEC 334.7조) 지중전선 상호 간의 접근 또는 교차
사용전압이 25[kV] 이하인 다중접지방식 지중전선로를 관로식 또는 직접매설식으로 시설하는 경우, 그 이격거리가 0.1[m] 이상이 되도록 시설하여야 한다.
【답】①

91. 다음 전기저장장치 시설 기준에 대한 설명 중 잘못된 것은?
① 전선은 공칭단면적 2.5[㎟] 이상의 연동선 또는 이와 동등 이상의 세기 및 굵기의 것일 것
② 단자를 체결 또는 잠글 때 너트나 나사는 풀림방지 기능이 있는 것일 것
③ 이차전지의 지지물은 부식성 가스 또는 용액에 의하여 부식되지 아니할 것
④ 옥측 또는 옥외에 시설하는 경우에는 금속몰드공사에 의할 것

Explanation

(KEC 512.1조) 전기저장장치의 시설기준
(1) 전기배선
① 전선은 공칭단면적 2.5[㎟] 이상의 연동선 또는 이와 동등 이상의 세기 및 굵기의 것일 것
② 옥내 : 합성수지관공사, 금속관공사, 금속제 가요전선관공사, 케이블공사
③ **옥측 또는 옥외 : 합성수지관공사, 금속관공사, 금속제 가요전선관공사, 케이블공사**
(2) 단자와 접속
① 단자를 체결 또는 잠글 때 너트나 나사는 풀림방지 기능이 있는 것을 사용하여야 한다.
② 외부터미널과 접속하기 위해 필요한 접점의 압력이 사용기간 동안 유지되어야 한다.
【답】④

92 지중전선로에 사용하는 지중함의 시설에 대한 다음 설명 중 잘못된 것은?
① 지중함의 뚜껑은 시설자 이외의 자가 쉽게 열 수 없도록 시설할 것
② 폭발성 또는 연소성의 가스가 침입할 우려가 없도록 밀폐된 구조일 것
③ 지중함은 견고하고 차량 기타 중량물의 압력에 견디는 구조일 것
④ 지중함은 그 안의 고인 물을 제거할 수 있는 구조로 되어 있을 것

Explanation

(KEC 334.2조) 지중함의 시설
① 지중함은 견고하고 차량 기타 중량물의 압력에 견디는 구조일 것
② 지중함은 그 안의 고인 물을 제거할 수 있는 구조로 되어 있을 것
③ 폭발성 또는 연소성의 가스가 침입할 우려가 있는 것에 시설하는 지중함으로서 그 크기가 1[㎥] 이상인 것에는 통풍장치 기타 가스를 방산시키기 위한 적당한 장치를 시설할 것
④ 지중함의 뚜껑은 시설자 이외의 자가 쉽게 열 수 없도록 시설할 것   【답】②

93 고압가공전선로의 지지물에 시설하는 통신선이 도로를 횡단하고 교통에 지장을 줄 우려가 없을 경우 그 높이는 몇 [m] 이상이어야 하는가?
① 3
② 4
③ 5
④ 6

Explanation

(KEC 362.2조) 전력보안통신선의 시설 높이와 이격거리
가공전선로의 지지물에 시설하는 통신선 또는 이에 직접 접속하는 가공 통신선의 높이
① 도로 횡단 : 지표상 6[m] 이상. 다만, 저압이나 고압의 가공전선로의 지지물에 시설하는 통신선 또는 이에 직접 접속하는 가공통신선을 시설하는 경우에 교통에 지장을 줄 우려가 없을 때 지표상 5[m]까지 가능
② 철도 또는 궤도를 횡단 : 레일면상 6.5[m] 이상
③ 횡단보도교 위 : 노면상 5[m] 이상
④ 이외의 경우 : 지표상 5[m] 이상   【답】③

94 저압 옥상전선로에 사용할 수 있는 전선은 인장강도 몇 [kN] 이상 또는 지름 몇 [mm] 이상의 경동선이어야 하는가?
① 인장강도 2.0[kN], 지름 2.3[mm]
② 인장강도 2.0[kN], 지름 2.6[mm]
③ 인장강도 2.3[kN], 지름 2.3[mm]
④ 인장강도 2.3[kN], 지름 2.6[mm]

Explanation

(KEC 221.3조) 옥상 전선로
전선은 인장강도 2.30[kN] 이상의 것 또는 지름 2.6[mm] 이상의 경동선의 것   【답】④

95 연료전지를 자동으로 전로로부터 차단하는 장치가 동작해야 하는 경우가 아닌 것은?
① 연료전지에 과전류가 생긴 경우
② 연료전지의 온도가 현저하게 상승한 경우
③ 발전전압에 이상이 생겼을 경우
④ 연료가스 출구에서의 산소농도가 현저히 저하되는 경우

Explanation

(KEC 542.2.1조) 연료전지설비의 보호장치
자동적으로 이를 전로에서 차단하고 연료전지에 연료가스 공급을 자동적으로 차단하며 연료전지내의 연료가스를 자동적으로 배제하는 장치를 시설
① 연료전지에 과전류가 생긴 경우
② 발전요소의 발전전압에 이상이 생겼을 경우 또는 **연료가스 출구에서의 산소농도 또는 공기 출구에서의 연료가스 농도가**

현저히 상승한 경우
③ 연료전지의 온도가 현저하게 상승한 경우
④ 개질기를 사용하는 연료전지에서 개질기 버너에 이상이 발생한 경우
⑤ 연료전지의 화재나 폭발 방지를 위한 환기장치에 이상이 발생한 경우

【답】④

96 고압 가공인입선이 케이블 이외의 것으로서 그 아래에 위험표시를 하였다면 전선의 지표상 높이는 몇 [m]까지로 감할 수 있는가?
① 2.5[m]
② 3.5[m]
③ 4.5[m]
④ 5.5[m]

Explanation

(KEC 331.12.1조) 고압 가공인입선의 시설
고압 가공인입선의 높이는 전선 아래쪽에 위험표시를 한 경우 지표상 3.5[m]까지로 감할 수 있다.

【답】②

97 다음의 전차선 및 급전선의 최소 높이 중 직류 1,500[V]이고 동적인 경우 몇 [mm]의 높이를 유지해야 하는가?
① 4,400
② 4,500
③ 4,800
④ 5,000

Explanation

(KEC 431.6조) 전차선 및 급전선의 높이

시스템 종류	공칭전압[V]	동적[mm]	정적[mm]
직류	750	4,800	4,400
	1,500	4,800	4,400

【답】③

98 다음 중 전로에 대한 정의로 옳은 것은?
① 통상의 사용 상태에서 전기를 절연한 곳
② 통상의 사용 상태에서 전기를 접지한 곳
③ 통상의 사용 상태에서 전기가 통하고 있는 곳
④ 통상의 사용 상태에서 전기가 통하고 있지 않은 곳

Explanation

(기술기준 제3조) 정의
"전로"란 보통의 사용 상태에서 전기를 통하는 회로의 일부나 전부를 말한다.

【답】③

99 전차선에 대한 다음 설명 중 잘못된 것은?
① 분기구간에서는 전차선에 기울기를 주지 않아야 한다.
② 궤도면상으로부터 전차선 높이는 터널 등 특정 구간에서 변화가 필요한 경우 가능한 한 작은 기울기로 한다.
③ 전차선의 편위는 레일면에 수직인 궤도 중심선으로부터 좌우로 각각 100[mm]를 표준으로 한다.
④ 교류 전차선 등 충전부와 식물사이의 이격거리는 5[m] 이상이어야 한다.

Explanation

(KEC 431조) 전차선로의 일반사항
① 전차선의 기울기는 해당 구간의 열차 통과 속도에 따르나, 구분장치 또는 분기 구간에서는 전차선에 기울기를 주지 않아야 한다.

② 궤도면상으로부터 전차선 높이는 같은 높이로 가선하는 것을 원칙으로 하되 터널, 과선교 등 특정 구간에서 높이 변화가 필요한 경우에는 가능한 한 작은 기울기로 이루어져야 한다.
③ 전차선의 편위는 오버랩이나 분기 구간 등 특수 구간을 제외하고 레일면에 수직인 궤도 중심선으로부터 좌우로 각각 200[mm]를 표준으로 한다.
④ 교류 전차선 등 충전부와 식물사이의 이격거리는 5[m] 이상이어야 한다.

【답】③

100 무선용 안테나 등을 지지하는 철탑의 기초 안전율은 얼마 이상이어야 하는가?
① 1.0
② 1.5
③ 2.0
④ 2.5

Explanation

(KEC 364.1조) 무선용 안테나 등을 지지하는 철탑 등의 시설
철주·철근 콘크리트주 또는 철탑의 기초의 안전율은 1.5 이상이어야 한다.

【답】②

전기기사 필기

2021 과년도 기출문제

- 2021년 제 01회
- 2021년 제 02회
- 2021년 제 03회

2021년 과년도 기출문제에 대한 출제 빈도 분석 차트입니다.
각 회차별로 별의 개수를 확인하고 학습에 참고하기 바랍니다.

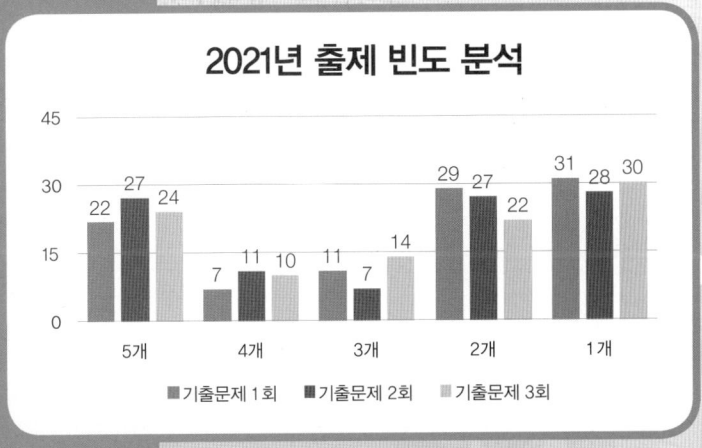

2021년 전기기사 필기

1과목 전기자기학

01 ★★★☆☆
그림과 같은 유전속 분포가 이루어질 때 ϵ_1과 ϵ_2의 크기 관계는?

① $\epsilon_1 > \epsilon_2$
② $\epsilon_1 < \epsilon_2$
③ $\epsilon_1 = \epsilon_2$
④ $\epsilon_1 > 0,\ \epsilon_2 > 0$

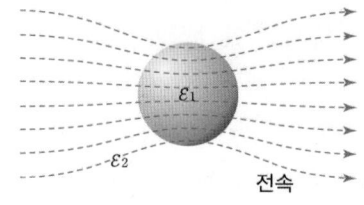
전속

Explanation

전속은 유전율이 큰 쪽에 모인다.
$\epsilon_1 > \epsilon_2$ 일 경우 $E_1 < E_2,\ D_1 > D_2,\ \theta_1 > \theta_2$

【답】①

02 ★★★☆☆
커패시터를 제조하는데 4가지 A, B, C, D의 유전재료가 있다. 커패시터 내의 전계를 일정하게 하였을 때, 단위체적당 가장 큰 에너지 밀도를 나타내는 재료부터 순서대로 나열한 것은? (단, 유전재료 A, B, C, D의 비유전율은 각각 $\varepsilon_{rA} = 8,\ \varepsilon_{rB} = 10,\ \varepsilon_{rC} = 2,\ \varepsilon_{rD} = 4$ 이다)

① C > D > A > B
② B > A > D > C
③ D > A > C > B
④ A > B > D > C

Explanation

유전체 내에 저장되는 에너지 밀도(정전응력)
$w = \dfrac{1}{2}\epsilon E^2 = \dfrac{D^2}{2\epsilon} = \dfrac{1}{2}ED\,[\text{J/m}^3][\text{N/m}^2]$이고,

동일한 전계 내에서는 $w = \dfrac{1}{2}\epsilon E^2\,[\text{J/m}^3]$이므로, 에너지밀도는 비유전율에 비례한다.
따라서 $B > A > D > C$

【답】②

03 ★★☆☆☆
정상전류계에서 $\nabla \cdot i = 0$에 대한 설명으로 틀린 것은?

① 도체 내에 흐르는 전류는 연속이다.
② 도체 내에 흐르는 전류는 일정하다.
③ 단위시간당 전하의 변화가 없다.
④ 도체 내에 전류가 흐르지 않는다.

Explanation

전류의 연속성
$\nabla \cdot i = 0$: 도체 내에 흐르는 전류는 연속

【답】④

04 진공 내의 점(2, 2, 2)에 10^{-9}[C]의 전하가 놓여 있다. 점(2, 5, 6)에서의 전계 E는 약 몇 [V/m]인가? (단, a_y, a_z는 단위벡터이다)

① $0.278a_y + 2.888a_z$
② $0.216a_y + 0.288a_z$
③ $0.288a_y + 0.216a_z$
④ $0.291a_y + 0.288a_z$

Explanation

거리의 벡터 $(2, 5, 6)-(2, 2, 2) = (2-2)i + (5-2)j + (6-2)k = 3j + 4k$
$r = 3j + 4k$
크기 : $|r| = \sqrt{3^2 + 4^2} = 5$[m]
방향벡터 $a_0 = \dfrac{r}{|r|} = \dfrac{3j+4k}{5} = \dfrac{1}{5}(3j+4k)$
P점의 전계의 세기
$E = \dfrac{Q}{4\pi\epsilon_0 r^2} a_o = 9 \times 10^9 \times \dfrac{10^{-9}}{5^2} \times \dfrac{1}{5}(3j+4k) = 0.216j + 0.288k$
$= 0.216a_y + 0.288a_z$ [V/m]

【답】②

05 방송국 안테나 출력이 W[W]이고 이로부터 진공 중에 r[m] 떨어진 점에서 자계의 세기의 실효치 H는 몇 [A/m]인가?

① $\dfrac{1}{r}\sqrt{\dfrac{W}{377\pi}}$
② $\dfrac{1}{2r}\sqrt{\dfrac{W}{377\pi}}$
③ $\dfrac{1}{2r}\sqrt{\dfrac{W}{188\pi}}$
④ $\dfrac{1}{r}\sqrt{\dfrac{2W}{377\pi}}$

Explanation

특성 임피던스 $Z_0 = \dfrac{E}{H} = \sqrt{\dfrac{\mu_0}{\epsilon_0}} = 377$에서 $E = 377H$, $H = \dfrac{1}{377}E$
포인팅 벡터 $S = E \times H = EH = 377H^2 = \dfrac{W}{4\pi r^2}$에서 $H^2 = \dfrac{W}{4\pi r^2 \cdot 377}$ 이므로
자계의 세기 $H = \dfrac{1}{2r}\sqrt{\dfrac{W}{377\pi}}$

【답】②

06 반지름이 a[m]인 원형 도선 2개의 루프가 z축상에 그림과 같이 놓인 경우 I[A]의 전류가 흐를 때 원형 전류 중심 축 상의 자계의 세기 H[A/m]는? (단, a_ϕ, a_z는 단위벡터이다)

① $H = \dfrac{a^2 I}{(a^2+z^2)^{\frac{3}{2}}} a_\phi$

② $H = \dfrac{a^2 I}{(a^2+z^2)^{\frac{3}{2}}} a_z$

③ $H = \dfrac{a^2 I}{2(a^2+z^2)^{\frac{3}{2}}} a_\phi$

④ $H = \dfrac{a^2 I}{2(a^2+z^2)^{\frac{3}{2}}} a_z$

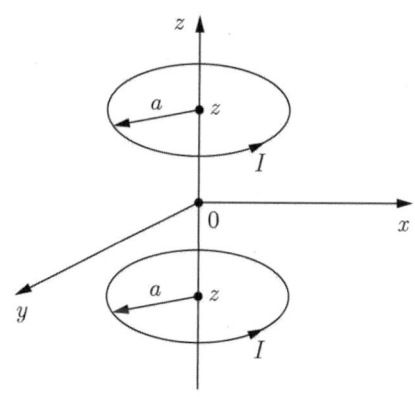

> Explanation

【답】②

07 직교하는 무한 평판도체와 점전하에 의한 영상전하는 몇 개 존재하는가?
① 2
② 3
③ 4
④ 5

> Explanation

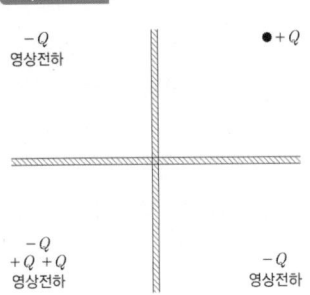

그림에서 보면 영상 전하는 3개이다.
■ 기본 풀이
영상 전하 개수는 $n = \dfrac{360°}{\theta} - 1$ (개)
직교이면 $\theta = 90°$ 이므로
$\therefore n = \dfrac{360°}{90°} - 1 = 3$ (개)이다.

【답】②

08 전하 e[C], 질량 m[kg]인 전자가 전계 E[V/m] 내에 놓여 있을 때 최초에 정지하고 있었다고 한다면 t[s] 후에 전자의 속도[m/s]는?
① $\dfrac{meE}{t}$
② $\dfrac{me}{E}t$
③ $\dfrac{mE}{e}t$
④ $\dfrac{Ee}{m}t$

> Explanation

$F = qE = eE = ma = m\dfrac{v}{t}$ [N]   여기서, a는 가속도

속도 $v = \dfrac{eE}{m}t$

【답】④

09 그림과 같은 환상 솔레노이드 내의 철심 중심에서의 자계의 세기는 몇 [AT/m]인가? 단, 환상 철심의 평균 반지름 R[m], 코일의 권수 N[회], 코일에 흐르는 전류 I[A]라 한다.
① $\dfrac{NI}{\pi R}$
② $\dfrac{NI}{2\pi R}$
③ $\dfrac{NI}{4\pi R}$
④ $\dfrac{NI}{2R}$

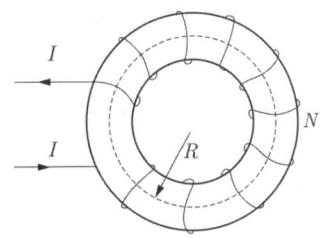

> Explanation

환상(무단) 솔레노이드의 자계의 세기

$$\oint_c H dl = H \cdot 2\pi R = NI$$
$$H = \frac{NI}{2\pi R} [\text{AT/m}]$$

【답】②

10 ★★★★★ 환상솔레노이드의 단면적이 S, 평균 반지름 r, 권선수가 N이고 누설자속이 없는 경우 자기인덕턴스의 크기는?
① 권선수 및 단면적에 비례한다.
② 권선수의 제곱 및 단면적에 비례한다.
③ 권선수의 제곱 및 평균 반지름에 비례한다.
④ 권선수의 제곱에 비례하고 단면적에 반비례한다.

Explanation

환상솔레노이드의 인덕턴스 : $L = \frac{\mu S N^2}{l}$

인덕턴스는 투자율, 단면적 및 권수의 제곱에 비례하고 길이에 반비례한다.

【답】②

11 ★★★☆☆ 다음 중 비투자율(μ_r)이 가장 큰 것은?
① 금   ② 은
③ 구리   ④ 니켈

Explanation

- 강자성체(철, 니켈, 코발트) : $\mu_r \gg 1$
- 상자성체(공기, 진공, 알루미늄) : $\mu_r \geq 1$
- 역자성체(구리, 창연, 금) : $\mu_r < 1$

따라서 강자성체가 비투자율이 가장 크다.

【답】④

12 ★★★★★ 한 변의 길이가 $l[\text{m}]$인 정사각형 도체에 전류 $I[\text{A}]$가 흐르고 있을 때 중심점 P에서의 자계의 세기는 몇 $[\text{AT/m}]$인가?
① $16\pi l I$ ② $4\pi l I$
③ $\frac{\sqrt{3}\pi}{2l} I$ ④ $\frac{2\sqrt{2}}{\pi l} I$

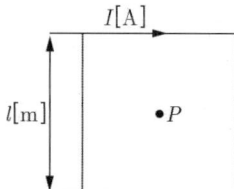

Explanation

정사각형 중심의 자계 $H = \frac{2\sqrt{2} I}{\pi l} [\text{AT/m}]$

【답】④

13 ★★★★☆ 간격 3[cm]이고 면적이 30[cm²]인 평판의 공기콘덴서에 220[V]의 전압을 가하면 두 판 사이에 작용하는 힘은 약 몇 [N]인가?
① $6.3 \times 10^{-6} [\text{N}]$ ② $7.14 \times 10^{-7} [\text{N}]$
② $8 \times 10^{-5} [\text{N}]$ ④ $5.75 \times 10^{-4} [\text{N}]$

Explanation

정전응력 $f = \frac{1}{2}\epsilon E^2 = \frac{D^2}{2\epsilon} = \frac{1}{2}ED\ [N/m^2]$

힘 $F = fS = \frac{1}{2}\epsilon(\frac{V}{d})^2 \times S[N]$

$= \frac{1}{2} \times 8.855 \times 10^{-12} \times (\frac{220}{3 \times 10^{-2}})^2 \times 30 \times 10^{-4} = 7.14 \times 10^{-7}\ [N]$

【답】②

14 ★★☆☆☆ 비유전율 2, 비투자율 2인 매질 내에서 전자파의 진행속도 v[m/s]와 진공 중의 빛의 속도 v_0[m/s] 사이의 관계는?

① $v = \frac{1}{2}v_0$
② $v = \frac{1}{4}v_0$
③ $v = \frac{1}{6}v_0$
④ $v = \frac{1}{8}v_0$

Explanation

진공에서의 전자파의 속도 $v_o = \frac{1}{\sqrt{\epsilon\mu}} = \frac{1}{\sqrt{\epsilon_0\mu_0}} = \frac{1}{\sqrt{\epsilon_0}\sqrt{\mu_0}} = 3 \times 10^8\ [m/s]$

매질에서의 전파 속도 $v = \frac{1}{\sqrt{\mu\epsilon}} = \frac{1}{\sqrt{\mu_0\epsilon_0}}\frac{1}{\sqrt{\epsilon_s\mu_s}} = \frac{3 \times 10^8}{\sqrt{\mu_s\epsilon_s}} = \frac{3 \times 10^8}{\sqrt{2 \times 2}} = \frac{3 \times 10^8}{2}\ [m/s]$

따라서 $v = \frac{1}{2}v_0$

【답】①

15 ★★★★★ 영구자석의 재료로 적합한 것은?

① 잔류 자속밀도(B_r)가 크고 보자력(H_c)이 작아야 한다.
② 잔류 자속밀도(B_r)가 작고 보자력(H_c)이 커야 한다.
③ 잔류 자속밀도(B_r)와 보자력(H_c)이 모두 작아야 한다.
④ 잔류 자속밀도(B_r)와 보자력(H_c)이 모두 커야 한다.

Explanation

영구자석
- 잔류자속과 보자력이 클 것
- 히스테리시스 루프의 면적이 클 것
- 한번 자화된 다음에는 자기를 영구적으로 보존하는 자석
- 강한 영구자석 : 외부에서 큰 자계를 가할 것

【답】④

16 ★★★★★ 전계 E[V/m], 전속밀도 D[C/m²], 유전율 $\epsilon = \epsilon_0\epsilon_r$ [F/m], 분극의 세기 P[C/m²] 사이의 관계를 나타낸 것으로 옳은 것은?

① $P = D + \epsilon_0 E$
② $P = D - \epsilon_0 E$
③ $P = \frac{D+E}{\epsilon_o}$
④ $P = \frac{D-E}{\epsilon_o}$

Explanation

분극의 세기
$P = D - \epsilon_0 E = D - \epsilon_0\left(\frac{D}{\epsilon}\right) = \left(1 - \frac{1}{\epsilon_r}\right)D = \epsilon_0(\epsilon_r - 1)E\ [C/m^2]$

【답】②

17 동일한 금속 도선의 두 점 사이에 온도차를 주고 전류를 흘렸을 때 열의 발생 또는 흡수가 일어나는 현상은?

① 펠티에(Peltier)효과 ② 볼타(Volta)효과
③ 제벡(Seebeck)효과 ④ 톰슨(Thomson)효과

Explanation

- 제벡효과 : 두 종류의 다른 금속을 접합하여 폐회로를 만들고 두 접합점 사이에 온도차를 주었을 때 이 폐회로에 기전력이 생겨서 전류가 흐르는 현상
- 펠티에효과 : 두 종류의 금속 도선의 두 점 간에 온도차를 주고 고온 쪽에서 저온 쪽으로 전류를 흘리면 도선에서 열의 흡수 또는 발생하는 현상
- 톰슨효과 : 동일한 금속 도선의 두 점 간에 온도차를 주고 고온 쪽에서 저온 쪽으로 전류를 흘리면 도선에서 열의 흡수 또는 발생하는 현상

【답】 ④

18 강자성체가 아닌 것은?

① 코발트 ② 니켈
③ 철 ④ 구리

Explanation

- 강자성체 : 철(Fe), 니켈(Ni), 코발트(Co)
- 상자성체 : 알루미늄(Al), 백금(Pt), 주석(Sn), 산소(O), 질소(N)
- 반자성체 : 구리(Cu), 은(Ag), 납(Pb)

【답】 ④

19 내구의 반지름이 2[cm], 외구의 반지름이 3[cm]인 동심 구도체간에 고유 저항이 1.884×10^2 [Ω·m]인 저항 물질로 채워져 있는 경우, 내외구 간의 합성 저항은 약 몇 [Ω]인가?

① 2.5 ② 5
③ 250 ④ 500

Explanation

동심구의 정전용량 $C = \dfrac{4\pi\epsilon ab}{b-a} = \dfrac{\dfrac{1}{9\times 10^9} \times 2 \times 3 \times 10^{-4}}{(3-2)\times 10^{-2}} = 6.677 \times 10^{-12}$ [F]

$RC = \rho\epsilon$ 에서

$R = \dfrac{\rho\epsilon}{C} = \dfrac{1.884 \times 10^2 \times 8.855 \times 10^{-12}}{6.677 \times 10^{-12}} = 250$ [Ω]

【답】 ③

20 비투자율 $\mu_s = 800$, 원형 단면적이 $S = 10$[cm²], 평균 자로 길이 $l = 16\pi \times 10^{-2}$[m]의 환상 철심에 600회의 코일을 감고 이것에 1[A]의 전류를 흘리면 철심 내부의 자속은 몇 [Wb]인가?

① 1.2×10^{-3} ② 1.2×10^{-5}
③ 2.4×10^{-3} ④ 2.4×10^{-5}

Explanation

기자력 $F_m = NI = R_m\phi$ 에서

자속 $\phi = \dfrac{NI}{R_m} = \dfrac{NI}{\dfrac{l}{\mu S}} = \dfrac{\mu SNI}{l}$

$= \dfrac{4\pi \times 10^{-7} \times 800 \times 10 \times 10^{-4} \times 600 \times 1}{16\pi \times 10^{-2}} = 1.2 \times 10^{-3}$ [Wb]

【답】 ①

2과목 전력공학

21 그림과 같은 유황 곡선을 가진 수력지점에서 최대 사용수량 0C로 1년간 계속 발전하는 데 필요한 저수지의 용량은?

① 면적 0CPBA
② 면적 0CDBA
③ 면적 DEB
④ 면적 PCD

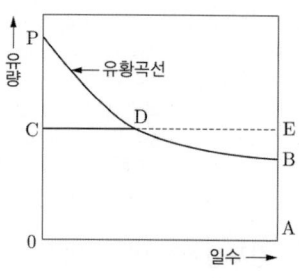

Explanation

최대 사용 수량 0C로 1년간 계속 발전하는 데 필요한 저수지의 용량(부족수량)은 면적 DEB에 해당하므로 이 면적만큼 저수해 두면 된다. 【답】③

22 고장전류의 크기가 커질수록 동작시간이 짧게 되는 특성을 가진 계전기는?

① 순한시 계전기
② 정한시 계전기
③ 반한시 계전기
④ 반한시 정한시 계전기

Explanation

- 순한시 특성 : 최소 동작 전류 이상의 전류가 흐르면 즉시 동작, 고속도 계전기
- **반한시 특성 : 동작 전류가 커질수록 동작 시간이 짧게 되는 특성**
- 정한시 특성 : 동작 전류의 크기에 관계없이 일정한 시간에 동작하는 특성
- 반한시 정한시 특성 : 동작 전류가 적은 동안에는 동작 전류가 커질수록 동작 시간이 짧게되고 어떤 전류 이상이면 동작 전류의 크기에 관계없이 일정한 시간에 동작하는 특성 【답】③

23 접지봉으로 탑각의 접지저항 값을 희망하는 접지 저항 값까지 줄일 수 없을 때 사용하는 것은?

① 가공지선
② 매설지선
③ 크로스본드선
④ 차폐선

Explanation

역섬락 방지법
- 탑각 접지저항을 줄인다.
- 매설지선을 설치한다. 【답】②

24 3상 3선식 송전선에서 한 선의 저항이 10[Ω], 리액턴스가 20[Ω]이며 수전단 선간 전압은 60[kV], 부하역률이 0.8인 경우, 전압강하율이 10[%]라 하면 이 송전선로로는 몇 [kW]까지 수전 할 수 있는가?

① 10,000
② 12,000
③ 14,400
④ 18,000

Explanation

전압강하율 $\delta = \dfrac{V_s - V_r}{V_r} \times 100 = \dfrac{e}{V_r} \times 100 = \dfrac{\dfrac{P}{V_r}(R + X\tan\theta)}{V_r} \times 100$

$= \dfrac{P}{V_r^2}(R + X\tan\theta) \times 100$

송전전력 $P = \dfrac{\delta \times V_r^2}{(R + X\tan\theta)} \times 10^{-3} = \dfrac{0.1 \times (60 \times 10^3)^2}{10 + 20 \times \dfrac{0.6}{0.8}} \times 10^{-3} = 14,400 \text{[kW]}$

【답】③

25. 배전선로의 주상변압기에서 고압측-저압측에 주로 사용되는 보호장치의 조합으로 적합한 것은?

① 고압측 : 컷아웃 스위치, 저압측 : 캐치홀더
② 고압측 : 캐치홀더, 저압측 : 컷아웃 스위치
③ 고압측 : 리클로저, 저압측 : 라인퓨즈
④ 고압측 : 라인퓨즈 , 저압측 : 리클로저

Explanation

주상 변압기의 보호장치
1차측 : COS(Cut Out Switch) 또는 PC(Primary Cut Out Switch)
2차측 : Catch Holder(캐치홀더)

【답】①

26. %임피던스에 대한 설명으로 틀린 것은?

① 단위를 갖지 않는다.
② 절대량이 아닌 기준량에 대한 비를 나타낸 것이다.
③ 기기 용량의 크기와 관계없이 일정한 범위의 값을 갖는다.
④ 변압기나 동기기의 내부 임피던스에만 사용 할 수 있다.

Explanation

%임피던스 : 기준전압(상전압)에 대한 임피던스 전압강하의 비를 백분율로 나타낸 것

① $\%Z = \dfrac{IZ}{E} \times 100 [\%]$

② %임피던스의 특징
- 단위를 갖지 않는다.(무명수)
- 절대양이 아닌 기준량에 대한 비
- 기기 용량의 크기와 관계없이 일정한 범위의 값
- 선로뿐만 아니라 변압기나 동기기의 내부 임피던스에도 사용 가능

【답】④

27. 연료의 발열량 430[kcal/kg]일 때, 화력발전의 열효율은 몇 [%]인가? (단, 발전기 출력 P_G[kW], 시간 당 연료 소비량 B[kg/h]이다)

① $\dfrac{P_G}{B} \times 100$

② $\sqrt{2} \times \dfrac{P_G}{B} \times 100$

③ $\sqrt{3} \times \dfrac{P_G}{B} \times 100$

④ $2 \times \dfrac{P_G}{B} \times 100$

Explanation

화력 발전소 열효율 $\eta = \dfrac{전기}{열} \times 100 [\%]$

$\eta_G = \dfrac{860Pt}{MH} \times 100 [\%] = \dfrac{860 P_G}{B \times 430} \times 100 = 2 \times \dfrac{P_G}{B} \times 100 [\%]$

여기서, H : 발열량[kcal/kg]
M : 연료량[kg]

【답】 ④

28 ★★★★★ 수용가의 수용률을 나타내는 식은?

① 수용률 = $\dfrac{\text{합성최대수용전력 [kW]}}{\text{평균전력 [kW]}} \times 100[\%]$

② 수용률 = $\dfrac{\text{평균전력 [kW]}}{\text{합성최대수용전력 [kW]}} \times 100[\%]$

③ 수용률 = $\dfrac{\text{부하설비합계 [kW]}}{\text{최대수용전력 [kW]}} \times 100[\%]$

④ 수용률 = $\dfrac{\text{최대수용전력 [kW]}}{\text{부하설비합계 [kW]}} \times 100[\%]$

Explanation

수용률 = $\dfrac{\text{최대수용전력 [kW]}}{\text{부하설비합계 [kW]}} \times 100[\%]$

최대수용전력 = 부하설비용량 × 수용률

【답】 ④

29 ★★☆☆☆ 화력 발전소에서 증기 및 급수가 흐르는 순서는?

① 절탄기 → 보일러 → 과열기 → 터빈 → 복수기
② 보일러 → 절탄기 → 과열기 → 터빈 → 복수기
③ 보일러 → 과열기 → 절탄기 → 터빈 → 복수기
④ 절탄기 → 과열기 → 보일러 → 터빈 → 복수기

Explanation

증기 및 급수가 흐르는 순서
절탄기 → 보일러 → 과열기 → 터빈 → 복수기

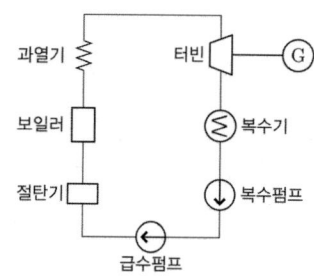

【답】 ①

30 ★★☆☆☆ 역률 0.8, 출력 320[kW]인 부하에 전력을 공급하는 변전소에 역률 개선을 위해 전력용 콘덴서 140[kVA]를 설치했을 때 합성역률은?

① 0.93 ② 0.95
③ 0.97 ④ 0.99

Explanation

유효전력 $P = 320[\text{kW}]$

무효전력 $Q = 320 \times \dfrac{0.6}{0.8} = 240[\text{kVar}]$

콘덴서 설치 후 무효전력 $Q' = 240 - 140 = 100[\text{kVar}]$

합성역률 $\cos\theta = \dfrac{P}{\sqrt{P^2 + Q'^2}} = \dfrac{320}{\sqrt{320^2 + 100^2}} = 0.95$

【답】 ②

31 용량 20[kVA]인 단상 주상변압기에 걸리는 하루 동안의 부하가 처음 14시간 동안은 20[kW], 다음 10시간 동안은 10[kW]일 때, 이 변압기에 의한 하루 동안의 손실량[Wh]은? (단, 부하의 역률은 1로 가정하고 변압기의 전부하 동손은 300[W], 철손은 100[W]이다)

① 6,850
② 7,200
③ 7,350
④ 7,800

Explanation

철손량 $W_i = P_i \times T = 100 \times 24 = 2,400 [\text{Wh}]$

동손량 $W_c = \left(\dfrac{1}{m}\right)^2 P_c \times T = \left(\dfrac{20}{20}\right)^2 \times 300 \times 14 + \left(\dfrac{10}{20}\right)^2 \times 300 \times 10 = 4,950 [\text{Wh}]$

1일 동안 전체 손실량 $W = W_i + W_c = 2,400 + 4,950 = 7,350 [\text{Wh}]$

【답】③

32 통신선과 평행된 주파수 60[Hz]의 3상 1회선 송전선에서 1선 지락으로 영상전류가 100[A] 흐르고 있을 때 통신선에 유기되는 전자유도전압은 약 몇 [V]인가? (단, 영상전류는 송전선 전체에 걸쳐 같으며, 통신선과 송전선의 상호 인덕턴스는 0.06[mH/km]이고, 양 선로의 병행 길이는 40[km]이다)

① 156.6
② 162.8
③ 230.2
④ 271.4

Explanation

전자 유도 전압 $E_m = j\omega Ml(3I_0) = j2\pi \times 60 \times 0.06 \times 10^{-3} \times 40 \times 3 \times 100 = 271.4 [\text{V}]$

【답】④

33 케이블의 단선사고에 의한 고장점까지의 거리를 정전용량법으로 구하는 경우, 건전상의 정전용량이 C, 고장점까지의 정전용량이 C_x, 케이블의 길이가 l일 때 고장점까지의 거리를 나타내는 식으로 알맞은 것은?

① $\dfrac{C}{C_x}l$
② $\dfrac{2C_x}{C}l$
③ $\dfrac{C_x}{C}l$
④ $\dfrac{C_x}{2C}l$

Explanation

케이블 고장점의 측정에서 정전용량법 : 정전용량은 길이에 비례한다는 원리를 이용

따라서 $C : l = C_x : l_x$ 라면 고장점까지의 거리 $l_x = \dfrac{C_x}{C}l$

【답】③

34 전력 퓨즈(Power fuse)는 고압, 특고압기기의 주로 어떤 전류의 차단을 목적으로 설치하는가?

① 충전 전류
② 부하 전류
③ 단락 전류
④ 영상 전류

Explanation

전력 퓨즈(PF : Power Fuse) : 단락전류 차단

【답】③

35 송전선로에서 1선 지락 시에 건전상의 전압 상승이 가장 적은 접지방식은?

① 비접지방식
② 직접접지방식
③ 저항접지방식
④ 소호리액터접지방식

> **Explanation**

직접 접지방식의 특징
- 1선 지락 시 건전상의 대지전압 상승이 낮다.(절연레벨 경감)
- 중성점을 0전위로 유지 가능(단절연 가능)
- 보호계전기 동작이 확실하다.
- 정격이 낮은 피뢰기 사용 가능
- 지락전류가 커서 통신유도장해가 크다.
- 과도안정도가 낮다.

【답】②

36 ★★★★★ 기준 선간전압 23[kV], 기준 3상 용량 5,000[kVA], 1선의 유도 리액턴스가 15[Ω]일 때 %리액턴스는?
① 28.36[%]
② 14.18[%]
③ 7.09[%]
④ 3.55[%]

> **Explanation**

%리액턴스 $\%X = \dfrac{PX}{10V^2}$ 여기서, P [kVA], V [kV]

$= \dfrac{5,000 \times 15}{10 \times 23^2} = 14.18[\%]$

【답】②

37 ★★☆☆☆ 전력원선도의 가로축과 세로축을 나타내는 것은?
① 전압과 전류
② 전압과 전력
③ 전류와 전력
④ 유효전력과 무효전력

> **Explanation**

전력원선도(송·수전단 전압, 일반회로 정수(A, B, C, D))
가로축 : 유효전력, 세로축 : 무효전력

【답】④

38 ★☆☆☆☆ 송전선로에서의 고장, 발전기 탈락과 같은 큰 외란에 대하여 계통에 연결된 각 동기기가 동기를 유지하면서 계속 안정적으로 운전할 수 있는지를 판별하는 안정도는?
① 동태안정도(dynamic stability)
② 정태안정도(Steady-state stability)
③ 전압안정도(Voltage stability)
④ 과도안정도(Transient stability)

> **Explanation**

- 정태 안정도 : 송전 계통이 불변 부하 또는 극히 서서히 증가하는 부하에 대하여 계속적으로 송전할 수 있는 능력
- 과도 안정도 : 부하의 급변 또는 사고가 발생해서 계통에 큰 충격을 주었을 경우에도 탈조하지 않고 새로운 평형 상태를 회복하여 송전을 계속할 수 있는 능력
- 동태 안정도 : AVR이나 조속기 등이 갖는 제어효과까지도 고려한 안정도

【답】④

39 ★☆☆☆☆ 정전용량이 C_1이고 V_1의 전압에서 Q_r의 무효전력을 발생하는 콘덴서가 있다. 정전용량을 변화시켜 2배로 승압된 전압($2V_1$)에서도 동일한 무효전력 Q_r을 발생시키고자 할 때, 필요한 콘덴서의 정전용량 C_2는?
① $C_2 = 4C_1$
② $C_2 = 2C_1$
③ $C_2 = \dfrac{1}{2}C_1$
④ $C_2 = \dfrac{1}{4}C_1$

> **Explanation**

△결선 시라고 가정하면 콘덴서를 이용한 무효전력
$Q_1 = 3\omega C_1 E^2 = 3\omega C_1 V_1^2$ 에서
전압이 2배가 되면
$Q_2 = 3\omega C_2 (2V_1)^2 = 3\omega C_2 4V_1^2$ 이므로
무효전력이 일정 $Q_1 = Q_2$ 이므로 $3\omega C_1 V_1^2 = 3\omega C_2 4V_1^2$
따라서 콘덴서 용량 $C_2 = \dfrac{1}{4} C_1$ 로 하여야 한다.

【답】 ④

40 ★★★★★ 송전선로의 고장전류의 계산에 영상 임피던스가 필요한 경우는?
① 1선 지락
② 3상 단락
③ 3선 단선
④ 선간 단락

Explanation

대칭 좌표법으로 해석할 경우 필요한 임피던스

	정상분	역상분	영상분
1선 지락	○	○	○
2선 단락(선간 단락)	○	○	
3상 단락	○		

【답】 ①

3과목 전기기기

41 ★★☆☆☆ 3,300/220[V]의 단상 변압기 3대를 △ − Y로 결선하여 2차측 선간에 15[kW]의 단상 전열기를 접속하여 사용하고 있다. 결선을 △ − △로 변경하는 경우 이 전열기의 소비전력은 몇 [kW]로 되는가?
① 5
② 12
③ 15
④ 21

Explanation

△-Y결선을 △-△결선으로 하면 상전압(2차측 전압)은 $\dfrac{1}{\sqrt{3}}$ 배

전력 $P = \dfrac{V^2}{R}$ 이므로 전력은 $\left(\dfrac{1}{\sqrt{3}}\right)^2$ 배가 되므로

따라서 전열기 소비전력 $P = 15 \times \left(\dfrac{1}{\sqrt{3}}\right)^2 = 5 \, [\text{kW}]$

【답】 ①

42 ★☆☆☆☆ 히스테리시스 전동기에 대한 설명으로 틀린 것은?
① 유도전동기와 거의 같은 고정자이다.
② 회전자의 극은 고정자 극에 비하여 항상 각도 δ_h 만큼 앞선다.
③ 회전자가 부드러운 외면을 가지므로 소음이 적으며 순조롭게 회전할 수 있다.
④ 구속 시부터 동기속도를 제외한 모든 속도범위에서 일정한 히스테리시스 토크를 발생한다.

> **Explanation**

히스테리시스 전동기
① 고정자 : 유도 전동기의 고정자와 거의 유사
  전동기의 고정자는 단일 전원 또는 3상 전원에 연결
② 회전자 : 알루미늄 또는 다른 비자성 재료
  매끄러운 원통형이며 권선이 없어 소음이 적고 순조롭게 회전
③ 운전
  • 고정자에 전원을 공급하면 회전자장이 생성
  • 이 자기장은 회전자 링을 자화시키고 그 내부에 극을 유도한다. 회전자의 히스테리시스 손실로 인해 유도된 회전자 자속은 회전하는 고정자 자속보다 늦게 된다.

【답】②

43 ★☆☆☆☆
직류기에서 계자자속을 만들기 위하여 전자석의 권선에 전류를 흘리는 것을 무엇이라 하는가?
① 보극
② 여자
③ 보상권선
④ 자화작용

> **Explanation**

• 여자 : 계자자속을 만들기 위하여 전자석의 권선에 전류를 흘리는 것
• 자화 : 자성체가 자석이 되는 것

【답】②

44 ★☆☆☆☆
사이클로 컨버터(Cyclo Converter)에 대한 설명으로 틀린 것은?
① DC-DC buck 컨버터와 동일한 구조이다.
② 출력주파수가 낮은 영역에서 많은 장점이 있다.
③ 시멘트 공장의 분쇄기 등과 같이 대용량 저속 교류전동기 구동에 주로 사용된다.
④ 교류를 교류로 직접변환하면서 전압과 주파수를 동시에 가변하는 전력변환기이다.

> **Explanation**

사이클로 컨버터(Cyclo Converter) : 입력된 교류의 주파수와 위상을 제어하는 회로
• 단상 또는 3상 AC 전원을 가변 주파수 및 크기의 단상 또는 3 상 전원으로 변환
• AC 전원의 출력 주파수는 입력 주파수보다 낮다.
• 사용처 : 시멘트 밀 드라이브, 광산 와인 더 및 광석 분쇄기

【답】①

45 ★★★★★
1차 전압은 3,300[V]이고 1차측 무부하 전류는 0.15[A], 철손은 330[W]인 단상 변압기의 자화전류는 약 몇 [A]인가?
① 0.112
② 0.145
③ 0.181
④ 0.231

> **Explanation**

• 무부하전류 $I_0 = \sqrt{I_i^2 + I_\phi^2}$
• 철손전류 $I_i = \dfrac{P_i}{V_i} = \dfrac{330}{3,300} = 0.1[A]$ 이고
• 무부하전류 $0.15 = \sqrt{0.1^2 + I_\phi^2}$ 에서
• 자화전류 $I_\phi = \sqrt{0.15^2 - 0.1^2} = 0.112[A]$

【답】①

46 유도 전동기의 안정 운전 조건은? (단, T_m : 전동기 토크, T_L : 부하토크, n : 회전수)

① $\dfrac{dT_m}{dn} < \dfrac{dT_L}{dn}$ ② $\dfrac{dT_m}{dn} = \dfrac{dT_L^2}{dn}$

③ $\dfrac{dT_m}{dn} > \dfrac{dT_L}{dn}$ ④ $\dfrac{dT_m}{dn} \neq \dfrac{dT_L}{dn}$

Explanation

- 유도전동기의 안정 운전 조건 : $\dfrac{dT_m}{dn} < \dfrac{dT_L}{dn}$

【답】①

47 3상 권선형 유도전동기 기동 시 2차 측에 외부 가변저항을 넣는 이유는?
① 회전수 감소
② 기동전류 증가
③ 기동 토크 감소
④ 기동전류 감소와 기동 토크 증대

Explanation

비례추이의 원리 : 권선형 유도전동기
- 최대 토크는 불변, 최대 토크의 발생 슬립은 변화
- 기동 전류는 감소하고, 기동 토크는 증가

【답】④

48 극수 4이며 전기자 권선은 파권, 전기자 도체수 250인 직류발전기가 있다. 이 발전기가 1,200[rpm]으로 회전할 때 600[V]의 기전력을 유기하려면 1극 당 자속은 몇 [Wb]인가?
① 0.04
② 0.05
③ 0.06
④ 0.077

Explanation

직류 분권발전기 유기기전력 $E = \dfrac{p}{a} Z\phi \dfrac{N}{60}$ 에서

$\phi = \dfrac{60aE}{pZN} = \dfrac{60 \times 2 \times 600}{4 \times 250 \times 1,200} = 0.06\,[\text{Wb}]$

【답】③

49 발전기의 회전자에 유도자를 주로 사용하는 발전기는?
① 수차발전기
② 엔진발전기
③ 터빈발전기
④ 고주파 발전기

Explanation

- 회전전기자형 : 직류발전기(전기자가 회전자이며 계자가 고정자)
- 회전계자형 : 동기발전기(전기자가 고정자이며 계자가 회전자)
- 유도자형 : 계자극과 전기자를 함께 고정시키고 그 중앙에 유도자라고 하는 권선이 없는 회전자를 갖춘 것으로 수백~수만 [Hz] 정도의 고주파 발전기로 사용

【답】④

50 BJT에 대한 설명으로 틀린 것은?
① Bipolar junction Thyristor의 약자이다.
② 베이스 전류로 컬렉터 전류를 제어하는 전류제어 스위치이다.
③ MOSFET, IGBT 등의 전압제어 스위치보다 훨씬 큰 구동전력이 필요하다.
④ 회로의 기호 B, C, E는 각각 베이스(Base), 컬렉터(Collector), 이미터(Emitter)이다.

> **Explanation**

BJT(Bipolar junction Transistor)
① 트랜지스터는 그 구성에 따라 npn과 pnp형의 두 가지가 있다.
② 전압-전류 특성은 베이스 전류의 크기에 따라 달라진다.
③ 도통 상태를 유지하기 위해서는 계속 베이스 전류를 흐르게 하고 있어야 한다. 【답】①

51 3상 유도전동기에서 회전자가 슬립 s로 회전하고 있을 때 2차 유기전압 E_{2s} 및 2차 주파수 f_{2s}와 s와의 관계는? (단, E_2는 회전자가 정지하고 있을 때 2차 유기기전력이며, f_1은 1차 주파수이다)

① $E_{2s} = sE_2, f_{2s} = sf_1$
② $E_{2s} = sE_2, f_{2s} = \dfrac{f_1}{s}$
③ $E_{2s} = \dfrac{E_2}{s}, f_{2s} = \dfrac{f_1}{s}$
④ $E_{2s} = (1-s)E_2, f_{2s} = (1-s)f_1$

> **Explanation**

• 회전 시 2차 유도기전력 $E_{2s} = sE_2$
• 회전 시 2차 주파수 $f_2 = sf_1$ 【답】①

52 전류계를 교체하기 위해 우선 변류기 2차 측을 단락시켜야 하는 이유는?

① 측정오차 방지
② 2차측 절연 보호
③ 2차측 과전류 보호
④ 1차측 과전류 방지

> **Explanation**

점검 시
• PT : 2차측 개방(2차측 과전류 보호)
• CT : 2차측 단락(2차측 과전압 보호, 2차측 절연보호) 【답】②

53 단자 전압 220[V], 부하전류 50[A]인 분권 발전기의 유기기전력은? (단, 여기서 전기자 저항은 0.2[Ω]이며 계자전류 및 전기자 반작용은 무시한다)

① 200[V]
② 210[V]
③ 220[V]
④ 230[V]

> **Explanation**

직류 분권발전기 $I_a = I + I_f = 50 + 0 = 50$
유기 기전력 $E = V + I_a R_a = 220 + 50 \times 0.2 = 230[V]$ 【답】④

54 기전력(1상)이 E_0이고 동기 임피던스(1상)가 Z_s인 2대의 3상 동기 발전기를 무부하로 병렬 운전시킬 때 대응하는 기전력 사이에 δ_s의 위상차가 있으면 한쪽 발전기에서 다른 쪽 발전기에 공급되는 1상의 전력[W]는?

① $\dfrac{E_0}{Z_s}\sin\delta_s$
② $\dfrac{E_0}{Z_s}\cos\delta_s$
③ $\dfrac{E_0^2}{2Z_s}\sin\delta_s$
④ $\dfrac{E_0^2}{2Z_s}\cos\delta_s$

> **Explanation**

수수전력
동기 발전기를 무부하로 병렬 운전시킬 때 대응하는 기전력 사이에 δ_s의 위상차가 있으면 위상이 앞서는 발전기에서 다른 쪽 발전기에 공급되는 전력

$$P = E_0 I_s \cos\frac{\delta_s}{2} = E_0 \cdot \frac{E_0}{Z_s} \sin\frac{\delta_s}{2} \cdot \cos\frac{\delta_s}{2} = \frac{E_0^2}{2Z_s} \cdot 2\sin\frac{\delta_s}{2} \cdot \cos\frac{\delta_s}{2} = \frac{E_0^2}{2Z_s} \cdot \sin\delta_s$$

【답】③

55 ★★☆☆☆
전압이 일정한 모선에 접속되어 역률 1로 운전하고 있는 동기전동기를 동기조상기로 사용하는 경우 여자전류를 증가시키면 이 전동기는 어떻게 되는가?

① 역률은 앞서고, 전기자 전류는 증가한다.
② 역률은 앞서고, 전기자 전류는 감소한다.
③ 역률은 뒤지고, 전기자 전류는 증가한다.
④ 역률은 뒤지고, 전기자 전류는 감소한다.

Explanation

동기 전동기의 위상 특성 곡선(V곡선)
- I_a와 I_f 관계곡선(P는 일정)
- 계자 전류의 변화에 대한 전기자 전류의 변화를 나타낸 곡선
- 과여자 : 앞선 역률(진상)
- 부족여자 : 늦은 역률(지상)
역률 $\cos\theta = 1$ 일 때, 전기자 전류 최소

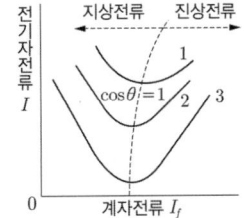

【답】①

56 ★★★★★
직류발전기의 전기자 반작용에 대한 설명으로 틀린 것은?

① 전기자 반작용으로 인하여 전기적 중성축을 이동시킨다.
② 정류자 편간의 전압이 불균일하게 되어 섬락의 원인이 된다.
③ 전기자 반작용이 생기면 주자속이 왜곡되고 증가하게 된다.
④ 전기자 반작용 이란 전기자 전류에 의해서 생긴 자속이 계자에 의해 발생되는 주자속에 영향을 주는 현상을 말한다.

Explanation

전기자 반작용
전기자 전류에 의한 전기자 기자력이 계자 기자력에 영향을 미치는 현상(주자속이 감소하는 현상)
- 편자 작용
  감자 작용 : 전기자 기자력이 계자기자력에 반대 방향으로 작용하여 자속이 감소
  교차자화 작용 : 전기자 기자력이 계자 기자력에 수직 방향으로 작용하여 자속분포가 일그러짐
- 중성축 이동 : 보극이 없는 직류기는 brush를 이동
- 국부적으로 섬락 발생 : 공극의 자속분포 불균형으로 섬락(불꽃) 발생

【답】③

57 ★☆☆☆☆
단상 변압기 2대를 병렬 운전할 경우, 각 변압기의 부하전류를 I_a, I_b, 1차 측으로 환산한 임피던스를 Z_a, Z_b, 백분율 임피던스 강하를 z_a, z_b, 정격용량을 P_{an}, P_{bn}이라 한다. 이 때 부하분담에 대한 관계로 옳은 것은?

① $\dfrac{I_a}{I_b} = \dfrac{Z_b}{Z_a}$

② $\dfrac{I_a}{I_b} = \dfrac{P_{bn}}{P_{an}}$

③ $\dfrac{I_a}{I_b} = \dfrac{z_b}{z_a} \times \dfrac{P_{an}}{P_{bn}}$

④ $\dfrac{I_a}{I_b} = \dfrac{Z_a}{Z_b} \times \dfrac{P_{an}}{P_{bn}}$

> **Explanation**

병렬운전 시 부하 분담
- $\dfrac{I_a}{I_b} = \dfrac{I_A}{I_B} \times \dfrac{\%Z_b}{\%Z_a}$ 분담전류는 정격전류에 비례하고 누설 임피던스에 반비례
- $\dfrac{P_a}{P_b} = \dfrac{P_A}{P_B} \times \dfrac{\%Z_b}{\%Z_a}$ 분담용량은 정격용량에 비례하고 누설 임피던스에 반비례

여기서, I_a : A기 분담전류[A], I_A : A기 정격전류[A], I_b : B기 분담전류[A], I_B : B기 정격전류[A]
P_a : A기 분담용량[kVA], P_A : A기 정격용량[kVA], P_b : B기 분담용량[kVA], P_B : B기 정격용량[kVA] 【답】③

58 ★★★☆☆ 단상 유도전압 조정기에서 단락 권선의 역할은?

① 철손경감
② 절연보호
③ 전압강하 경감
④ 전압조정 용이

> **Explanation**

단상 유도전압조정기
- 단권변압기 원리 이용
- 단락권선의 역할 : 누설 리액턴스에 의한 2차 전압 강하 방지

【답】③

59 ★★★★☆ 동기 리액턴스 $x_s = 10[\Omega]$, 전기자 권선저항 $r_a = 0.1[\Omega]$, 3상 중 1상의 유도 기전력 $E = 6,400$ [V], 단자전압은 $V = 4,000$[V], 부하각 $\delta = 30°$ 이다. 비철극기인 3상 동기발전기의 출력은 약 몇 [kW]인가?

① 1,280
② 3,840
③ 5,560
④ 6,650

> **Explanation**

3상 동기발전기의 출력(원통형 회전자(비철극기))
$P = 3\dfrac{EV}{x_s}\sin\delta = 3 \times \dfrac{6,400 \times 4,000}{10} \times \sin 30° \times 10^{-3} = 3,840[kW]$

【답】②

60 ★☆☆☆☆ 60[Hz], 6극의 3상 권선형 유도전동기가 있다. 이 전동기의 정격부하 시 회전수는 1,140[rpm] 이다. 이 전동기를 같은 공급전압에서 전부하 토크로 기동하기 위한 외부 저항은 몇 [Ω]인가? (단, 회전자 권선은 Y결선이고 슬립링간의 저항은 0.1[Ω]이다)

① 0.5
② 0.85
③ 0.95
④ 1

> **Explanation**

비례추이의 원리 : 권선형 유도전동기
고정자 속도
$N_s = \dfrac{120f}{p} = \dfrac{120 \times 60}{6} = 1,200[rpm]$

슬립 $s_1 = \dfrac{N_s - N}{N_s} = \dfrac{1,200 - 1,140}{1,200} = 0.05$

2차 저항 $r_2 = \dfrac{0.1}{2} = 0.05[\Omega]$

$\dfrac{r_2}{s_1} = \dfrac{r_2 + R}{s_2}$ 에서 $\dfrac{0.05}{0.05} = \dfrac{0.05 + R}{1}$

따라서 2차 외부저항 $R = 1 - 0.05 = 0.95[\Omega]$

【답】③

4과목 회로이론 및 제어공학

61 개루프 전달함수 $G(s)H(s)$로부터 근궤적을 작성할 때 실수축에서의 점근선의 교차점은?

$$G(s)H(s) = \frac{K(s-2)(s-3)}{s(s+1)(s+2)(s+4)}$$

① 2　　② 5
③ -4　　④ -6

Explanation

근궤적의 점근선의 교차점
$$\sigma = \frac{\Sigma G(s)H(s)\text{의 극점} - \Sigma G(s)H(s)\text{의 영점}}{P-Z} = \frac{(0-1-2-4)-(2+3)}{4-2} = -6$$

【답】④

62 특성방정식이 $2s^4 + 10s^3 + 11s^2 + 5s + K = 0$으로 주어진 제어시스템이 안정하기 위한 조건은?

① $0 < K < 2$　　② $0 < K < 5$
③ $0 < K < 6$　　④ $0 < K < 10$

Explanation

Routh-Hurwitz 판별식을 이용하여 1열의 부호가 모두 양수이면 안정하며

s^4	2	11	K
s^3	10	5	0
s^2	$\frac{110-10}{10}=10$	$\frac{10K}{10}=K$	
s^1	$\frac{50-10K}{10}$	0	
s^0	K		

제1열의 요소가 모두 양수가 되기 위해서는
$50 - 10K > 0$에서　$K < 5, K > 0$
∴ $0 < K < 5$

【답】②

63 다음 신호흐름선도에서 전달 함수 $\frac{C}{R}$를 구하면?

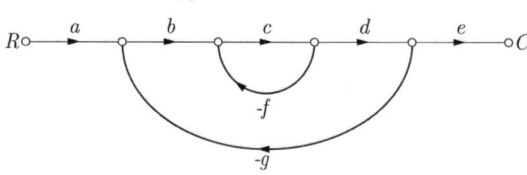

① $\dfrac{abcde}{1-cg-bcdg}$　　② $\dfrac{abcde}{1-cf+bcdg}$

③ $\dfrac{abcde}{1+cf-bcdg}$　　④ $\dfrac{abcde}{1+cf+bcdg}$

Explanation

메이슨의 이득공식을 적용하면
$G = \dfrac{\sum G_i \Delta_i}{\Delta}$ 에서 $G_i : abcde$ $\Delta_i : 1-0 = 1$
$\Delta = 1 + cf + bcdg$
전체 이득 $G = \dfrac{abcde}{1 + cf + bcdg}$

【답】 ④

64. ★★★☆☆

적분시간 3[sec], 비례감도가 3인 비례적분 동작을 하는 제어요소가 있다. 이 제어요소에 동작신호 $x(t) = 2t$를 주었을 때 조작량은 얼마인가? (단, 초기 조작량 $y(t)$는 0으로 한다)

① $t^2 + 2t$
② $t^2 + 4t$
③ $t^2 + 6t$
④ $t^2 + 8t$

Explanation

조작량 $y(t) = 3[x(t) + \dfrac{1}{3}\int x(t)dt]$ 에서
$= 3[(2t) + \dfrac{1}{3}\int 2t\,dt] = 6t + t^2$

【답】 ③

65. ★★☆☆☆

$\overline{A} + \overline{B} \cdot \overline{C}$ 와 등가인 논리식은?

① $\overline{A \cdot (B+C)}$
② $\overline{A + B \cdot C}$
③ $\overline{A \cdot B + C}$
④ $\overline{A \cdot B} + C$

Explanation

부울대수를 이용하면
$\overline{A+B} = \overline{A}\,\overline{B}$
$\overline{AB} = \overline{A} + \overline{B}$
여기서, $\overline{A} + \overline{B} \cdot \overline{C} = \overline{A} + \overline{B+C} = \overline{A \cdot (B+C)}$

【답】 ①

66. ★☆☆☆☆

블록선도와 같은 단위 피드백 제어시스템의 상태방정식은? (단, 상태변수는 $x_1(t) = c(t)$, $x_2(t) = \dfrac{d}{dt}c(t)$로 한다)

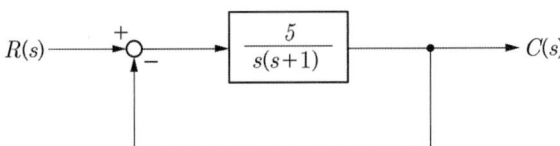

① $\dot{x}_1(t) = x_2(t)$ $\dot{x}_2(t) = -5x_1(t) - x_2(t) + 5r(t)$
② $\dot{x}_1(t) = x_2(t)$ $\dot{x}_2(t) = -5x_1(t) - x_2(t) - 5r(t)$
③ $\dot{x}_1(t) = -x_2(t)$ $\dot{x}_2(t) = 5x_1(t) + x_2(t) - 5r(t)$
④ $\dot{x}_1(t) = -x_2(t)$ $\dot{x}_2(t) = -5x_1(t) - x_2(t) + 5r(t)$

Explanation

【답】 ①

67 2차 시스템의 감쇠율(damping ratio, ζ)이 ζ < 0인 경우 제어시스템의 과도응답 특성은?

① 발산 ② 무제동
③ 임계제동 ④ 과제동

Explanation

감쇠계수(ζ)와의 관계
- ζ > 1 (과제동)
- ζ = 1 (임계제동)
- 0 < ζ < 1 (부족제동)
- ζ = 0 (무제동)
- ζ < 0 (불안정, 발산)

【답】①

68 $e(t)$의 z변환을 $E(z)$라면 $e(t)$의 최종값 $e(\infty)$은?

① $\lim_{z \to 1} E(z)$ ② $\lim_{z \to \infty} E(z)$
③ $\lim_{z \to 1} (1-z^{-1})E(z)$ ④ $\lim_{z \to \infty} (1-z^{-1})E(z)$

Explanation

z 변환의 최종값 정리 $e(\infty) = \lim_{z \to 1}(1-z^{-1})E(z)$

【답】③

69 블록선도의 제어시스템은 단위램프 입력에 대한 정상상태 오차(정상편차)가 0.01이다. 이 제어시스템의 제어요소인 $G_{C1}(s)$의 K는?

$$G_{C1}(s) = K, \quad G_{C2}(s) = \frac{1+0.1s}{1+0.2s}, \quad G_p(s) = \frac{200}{s(s+1)(s+2)}$$

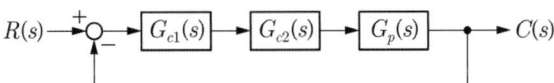

① 0.1 ② 1
③ 10 ④ 100

Explanation

【답】②

70 블록선도의 전달함수 $\left(\frac{C(s)}{R(s)}\right)$는?

① $\frac{G(s)}{1+H(s)}$ ② $\frac{G(s)}{1+G(s)H(s)}$
③ $\frac{1}{1+H(s)}$ ④ $\frac{1}{1+G(s)H(s)}$

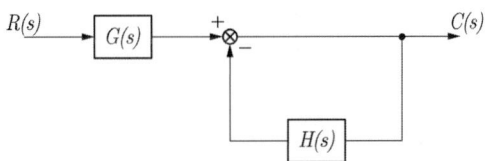

> **Explanation**

블록선도의 전달 함수 $G(s) = \dfrac{\Sigma G}{1 - \Sigma L_1 + \Sigma L_2 + \cdots}$

여기서, L_1 : 각각의 모든 폐루프 이득의 합
L_2 : 서로 접촉하지 않는 2개의 폐루프 이득의 곱의 합
ΣG : 각각의 전향 경로의 합

따라서 전달 함수 $G(s) = \dfrac{C}{R} = \dfrac{G(s)}{1-(-H(s))} = \dfrac{G(s)}{1+H(s)}$

【답】 ①

71 ★☆☆☆☆ 특성 임피던스 400[Ω]의 회로 말단에 1,200[Ω]의 부하가 연결되어 있다. 전원 측에 20[kV]의 전압을 인가할 때 반사파의 크기[kV]는? (단, 선로에서의 전압 감쇠는 없는 것으로 간주한다)
① 3.3
② 5
③ 10
④ 33

> **Explanation**

반사계수 $\rho = \dfrac{Z_2 - Z_1}{Z_2 + Z_1} = \dfrac{Z_L - Z_0}{Z_L + Z_0} = \dfrac{1,200 - 400}{1,200 + 400} = 0.5$

따라서 반사파는 입사전압과 반사계수의 곱이므로 $20 \times 0.5 = 10$ [kV]

【답】 ③

72 ★☆☆☆☆ 그림과 같은 H형의 4단자 회로망에서 4단자 정수(전송 파라미터) A 는?(단, V_1 은 입력전압이고, V_2 는 출력전압이고, A 는 출력 개방 시 회로망의 전압 이득 $\left(\dfrac{V_1}{V_2}\right)$ 이다)

① $\dfrac{Z_1 + Z_2 + Z_3}{Z_3}$
② $\dfrac{Z_1 + Z_3 + Z_4}{Z_3}$
③ $\dfrac{Z_2 + Z_3 + Z_5}{Z_3}$
④ $\dfrac{Z_3 + Z_4 + Z_5}{Z_3}$

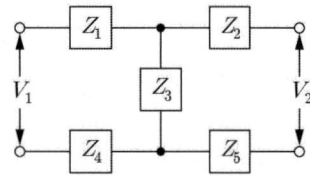

> **Explanation**

전압이득 $A = \dfrac{V_1}{V_2}\bigg|_{I_2=0} = \dfrac{Z_1 + Z_3 + Z_4}{Z_3}$

【답】 ②

73 ★☆☆☆☆ $F(s) = \dfrac{2s^2 + s - 3}{s(s^2 + 4s + 3)}$ 의 라플라스 역변환은?

① $1 - e^{-t} + 2e^{-3t}$
② $1 - e^{-t} - 2e^{-3t}$
③ $-1 - e^{-t} - 2e^{-3t}$
④ $-1 + e^{-t} + 2e^{-3t}$

> **Explanation**

라플라스 역변환
분모가 인수분해가 가능하므로 부분분수 전개하면

$F(s) = \dfrac{2s^2 + s - 3}{s(s^2 + 4s + 3)} = \dfrac{2s^2 + s - 3}{s(s+1)(s+3)} = \dfrac{K_1}{s} + \dfrac{K_2}{s+1} + \dfrac{K_3}{s+3}$

$K_1 = \lim\limits_{s \to 0} sF(s) = \left[\dfrac{2s^2 + s - 3}{(s+1)(s+3)}\right]_{s=0} = -1$

$$K_2 = \lim_{s \to -1}(s+1)F(s) = \left[\frac{2s^2+s-3}{s(s+3)}\right]_{s=-1} = 1$$

$$K_3 = \lim_{s \to -3}(s+3)F(s) = \left[\frac{2s^2+s-3}{s(s+1)}\right]_{s=-3} = 2$$

$$F(s) = -\frac{1}{s} + \frac{1}{s+1} + \frac{2}{s+3}$$

$$\therefore f(t) = \mathcal{L}^{-1}[F(s)] = \mathcal{L}^{-1}\left[-\frac{1}{s} + \frac{1}{s+1} + \frac{2}{s+3}\right] = -1 + e^{-t} + 2e^{-3t}$$

【답】④

74 ★★★★☆ △ 결선된 평형 3상 부하로 흐르는 선전류가 I_a, I_b, I_c일 때 이 부하로 흐르는 전류의 영상분 I_0[A]는?

① $3I_a$
② I_a
③ $\frac{1}{3}I_a$
④ 0

Explanation

△부하 : 비접지식
영상분은 접지식 회로에서만 발생하므로
$I_0 = \frac{1}{3}(I_a + I_b + I_c) = 0$

【답】④

75 ★☆☆☆☆ 저항 $R=15[\Omega]$과 인덕턴스 3[mH]를 병렬로 접속한 회로의 서셉턴스의 크기는 약 몇 [℧]인가? (단, $\omega = 2\pi \times 10^5$)

① 3.3×10^{-2}
② 8.6×10^{-3}
③ 5.3×10^{-4}
④ 4.9×10^{-5}

Explanation

임피던스의 역수를 어드미턴스라 하며
$$\dot{Y} = \frac{1}{Z} = \frac{1}{R+jX} = \frac{R-jX}{(R+jX)(R-jX)} = \frac{R}{R^2+X^2} + j\frac{-X}{R^2+X^2} = G+jB$$
유도성 리액턴스 $X = \omega L = 2\pi \times 10^5 \times 3 \times 10^{-3} = 1,884[\Omega]$
서셉턴스 $B = \frac{-X}{R^2+X^2} = \frac{-1,884}{15^2 + 1,884^2} = 5.3 \times 10^{-4}[℧]$

【답】③

76 ★☆☆☆☆ 그림과 같이 △회로를 Y회로로 등가 변환하였을 때 임피던스 $Z_a[\Omega]$는?

① 12
② $-3 + j6$
③ $4 - j8$
④ $6 + j8$

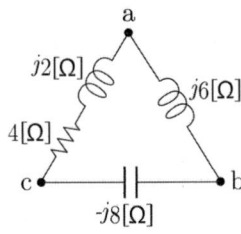
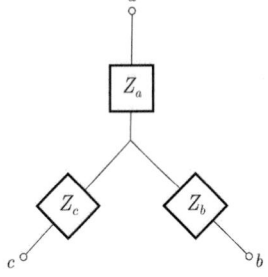

Explanation

△ → Y 변환

$$Z_a = \frac{Z_{ab}Z_{ca}}{Z_{ab}+Z_{bc}+Z_{ca}}[\Omega]$$

$$Z_b = \frac{Z_{ab}Z_{bc}}{Z_{ab}+Z_{bc}+Z_{ca}}[\Omega]$$

$$Z_c = \frac{Z_{bc}Z_{ca}}{Z_{ab}+Z_{bc}+Z_{ca}}[\Omega]$$

※ 3상평형 시 어드미턴스 3배
  임피던스 1/3배

$$Z_a = \frac{Z_{ab}Z_{ca}}{Z_{ab}+Z_{bc}+Z_{ca}}$$

$$= \frac{(4+j2)j6}{4+j2+j6-j8} = \frac{-12+j24}{4} = -3+j6[\Omega]$$

【답】②

77

★★☆☆☆

회로에서 $t=0$초 일 때 닫혀 있는 스위치 S를 열었다. 이 때 $\frac{dv(0^+)}{dt}$의 값은? (단, C의 초기 전압은 0[V]이다)

① $\frac{1}{RI}$ ② $\frac{C}{I}$

③ RI ④ $\frac{I}{C}$

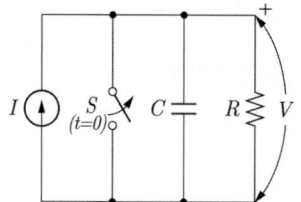

Explanation

병렬회로의 과도현상으로 보면

스위치 개방 시 회로의 전류 방정식 : $I = C\frac{dv(t)}{dt} + \frac{v(t)}{R}$

초기에는 $I = C\frac{dv(0+)}{dt} + \frac{v(0+)}{R}$ 이므로 전류 $I = C\frac{dv(0+)}{dt}$

따라서 $\frac{dv(0+)}{dt} = \frac{I}{C}$

【답】④

78

★☆☆☆☆

회로에서 전압 V_{ab}[V]는?

① 2 ② 3
③ 6 ④ 9

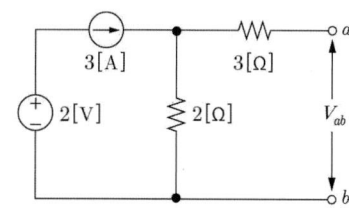

Explanation

전압원 단락 시 : $V_{ab} = 6[V]$

전류원 개방 시 : $V_{ab} = 0[V]$

【답】③

79 전압 및 전류가 다음과 같을 때 유효전력[W] 및 역률[%]은 각각 약 얼마인가?

$$v(t) = 100\sin\omega t - 50\sin(3\omega t + 30°) + 20\sin(5\omega t + 45°)[V]$$
$$i(t) = 20\sin(\omega t + 30°) + 10\sin(3\omega t - 30°) + 5\cos 5\omega t[A]$$

① 825[W], 48.6[%]
② 776.4[W], 59.7[%]
③ 1120[W], 77.4[%]
④ 1850[W], 89.6[%]

Explanation

【답】 ②

80 △ 결선된 대칭 3상 부하가 0.5[Ω]인 저항만의 선로를 통해 평형 3상 전압원에 연결되어 있다. 이 부하의 소비전력이 1,800[W]이고 역률이 0.8(지상)일 때, 선로에서 발생하는 손실이 50[W]이면 부하의 단자전압[V]의 크기는?

① 627
② 525
③ 326
④ 225

Explanation

전선로의 선로 손실 $P_l = 3I_l^2 R$ 여기서, I_l은 선로전류(선전류)

$I_l^2 = \dfrac{P_l}{3R} = \dfrac{50}{3 \times 0.5} = \dfrac{100}{3}$ 에서 선전류 $I_l = \dfrac{10}{\sqrt{3}} = 5.77[A]$

소비전력 $P = \sqrt{3} V_l I_l \cos\theta$

부하의 단자전압(선간전압) $V_l = \dfrac{P}{\sqrt{3} I_l \cos\theta} = \dfrac{1,800}{\sqrt{3} \times 5.77 \times 0.8} = 225[V]$

【답】 ④

5과목 전기설비기술기준

81 사용전압이 22.9[kV]인 가공전선로의 다중접지한 중성선과 첨가 통신선의 이격거리는 몇 [cm] 이상이어야 하는가? (단, 특고압 가공전선로는 중성선 다중접지식의 것으로 전로에 지락이 생긴 경우 2초 이내에 자동적으로 이를 전로로부터 차단하는 장치가 되어 있는 것으로 한다)

① 60
② 75
③ 100
④ 120

Explanation

(KEC 362.2조) 전력보안통신선의 시설 높이와 이격거리
- 통신선과 저압 가공전선 또는 특고압 가공전선로의 다중 접지를 한 중성선 사이의 이격거리는 0.6[m] 이상일 것.
- 통신선과 특고압 가공전선 사이의 이격거리는 1.2[m](특고압 가공전선로의 다중 접지를 한 경우 0.75[m] 이상)

【답】 ①

82 다음 ( )에 들어갈 내용으로 옳은 것은?

> 지중전선로는 기설 지중약전류전선로에 대하여 (ⓐ) 또는 (ⓑ)에 의하여 통신상의 장해를 주지 않도록 기설 약전류전선로로부터 충분히 이격시키거나 기타 적당한 방법으로 시설하여야 한다.

① ⓐ누설전류, ⓑ유도작용
② ⓐ단락전류, ⓑ유도작용
③ ⓐ단락전류, ⓑ정전작용
④ ⓐ누설전류, ⓑ정전작용

Explanation

(KEC 334.5조) 지중약전류전선의 유도장해 방지(誘導障害防止)
지중전선로는 기설 지중약전류전선로에 대하여 **누설전류** 또는 **유도작용**에 의하여 통신상의 장해를 주지 않도록 기설 약전류전선로로부터 충분히 이격시키거나 기타 적당한 방법으로 시설하여야 한다. 【답】①

83 전격살충기의 전격격자는 지표 또는 바닥에서 몇 [m] 이상의 높은 곳에 시설하여야 하는가?

① 1.5
② 2
③ 2.8
④ 3.5

Explanation

(KEC 241.7.1조) 전격살충기의 시설
전격살충기의 전격격자(電擊格子)는 지표 또는 바닥에서 3.5[m] 이상의 높은 곳에 시설할 것 【답】④

84 사용전압이 154[kV]인 모선에 접속되는 전력용 커패시터에 울타리를 시설하는 경우 울타리의 높이와 울타리로부터 충전부분까지 거리의 합계는 몇 [m] 이상 되어야 하는가?

① 2
② 3
③ 5
④ 6

Explanation

(KEC 341.4조) 특고압용 기계기구의 시설

사용전압의 구분	울타리·담 등의 높이와 울타리·담 등으로부터 충전부분까지의 거리의 합계
35[kV] 이하	5[m]
35[kV] 초과 160[kV] 이하	6[m]
160[kV] 초과	6[m]에 160[kV]를 초과하는 10[kV] 또는 그 단수마다 0.12[m]를 더한 값

【답】④

85 사용전압이 22.9[kV]인 가공전선이 삭도와 제1차 접근상태로 시설되는 경우, 가공전선과 삭도 또는 삭도용 지주 사이의 이격거리는 몇 [m] 이상으로 하여야 하는가? (단, 전선으로는 특고압 절연전선을 사용한다)

① 0.5
② 1
③ 2
④ 2.12

Explanation

(KEC 333.25조) 특고압 가공전선과 삭도의 접근 또는 교차
특고압 가공 전선과 삭도 또는 삭도용 지주 사이의 이격거리는 표에서 정한 값 이상일 것

사용전압의 구분	이격거리
35[kV] 이하	2[m](전선이 특고압 절연전선인 경우는 1[m], 케이블인 경우는 0.5[m])

【답】②

86
사용전압이 22.9[kV]인 가공전선로를 시가지에 시설하는 경우 전선의 지표상 높이는 몇 [m] 이상인가? (단, 전선은 특고압 절연전선을 사용한다)
① 6
② 7
③ 8
④ 10

Explanation

(KEC 333.1조) 시가지 등에서 특고압 가공 전선로의 시설

사용전압의 구분	지표상의 높이
35[kV] 이하	10[m](전선이 특고압 절연전선인 경우에는 8[m])
35[kV] 초과	10[m]에 35[kV]를 초과하는 10[kV] 또는 그 단수마다 0.12[m]를 더한 값

【답】③

87
저압 옥내배선에 사용하는 연동선의 최소 굵기는 몇 [mm²]인가?
① 1.5
② 2.5
③ 4.0
④ 6.0

Explanation

(KEC 231.3조) 저압 옥내배선의 사용전선
저압 옥내배선의 전선은 단면적 2.5[mm²] 이상의 연동선 또는 이와 동등 이상의 강도 및 굵기의 것.

【답】②

88
"리플프리(Ripple-free)직류"란 교류를 직류로 변환할 때 리플성분의 실효값이 몇 [%] 이하로 포함된 직류를 말하는가?
① 3
② 5
③ 10
④ 15

Explanation

(KEC 112조) 용어 정의
"리플프리직류"란 교류를 직류로 변환할 때 리플성분의 **실효값**이 10[%] 이하로 포함된 직류

【답】③

89
저압 전로에서 정전이 어려운 경우 등 절연저항 측정이 곤란한 경우 저항성분의 누설전류가 몇 [mA] 이하이면 그 전로의 절연성능은 적합한 것으로 보는가?
① 1
② 2
③ 2
④ 4

Explanation

(KEC 132조) 전로의 절연저항 및 절연내력
저압인 전로에서 **절연저항 측정이 곤란한 경우**에는 누설전류를 1[mA] 이하로 유지

【답】①

90
수소냉각식 발전기 및 이에 부속하는 수소냉각장치에 대한 시설기준으로 틀린 것은?
① 발전기 내부의 수소의 온도를 계측하는 장치를 시설할 것
② 발전기 내부의 수소의 순도가 70[%] 이하로 저하한 경우에 경보를 하는 장치를 시설할 것
③ 발전기는 기밀구조의 것이고 또한 수소가 대기압에서 폭발하는 경우에 생기는 압력에 견디는 강도를 가지는 것일 것
④ 발전기 내부의 수소의 압력을 계측하는 장치 및 그 압력이 현저히 변동한 경우에 이를 경보하는 장

> **Explanation**

(KEC 351.10조) 수소냉각식 발전기 등의 시설
① 발전기 또는 무효 전력 보상 장치는 기밀구조(氣密構造)의 것이고 또한 수소가 대기압에서 폭발하는 경우에 생기는 압력에 견디는 강도를 가지는 것일 것.
② **발전기 내부 또는 무효 전력 보상 장치 내부의 수소의 순도가 85[%] 이하로 저하한 경우 경보하는 장치 시설**
③ 발전기 내부 또는 무효 전력 보상 장치 내부의 수소의 압력을 계측하는 장치 및 그 압력이 현저히 변동한 경우 경보하는 장치 시설
④ 발전기 내부 또는 무효 전력 보상 장치 내부의 수소의 온도를 계측하는 장치를 시설 【답】②

91 저압 절연전선으로 「전기용품 및 생활용품 안전관리법」의 적용을 받는 것 이외에 KS에 적합한 것으로서 사용할 수 없는 것은?
① 450/750[V] 고무절연전선
② 450/750[V] 비닐절연전선
③ 450/750[V] 알루미늄절연전선
④ 450/750[V] 저독성 난연 폴리올레핀절연전선

> **Explanation**

(KEC 122조) 전선의 종류
저압 절연전선 : 450/750[V] 비닐절연전선 · 450/750[V] 저독난연 폴리올레핀 절연전선 · 450/750[V] 고무절연전선 【답】③

92 전기철도차량에 전력을 공급하는 전차선의 가선방식에 포함되지 않는 것은?
① 가공방식
② 강체방식
③ 제3레일방식
④ 지중조가선방식

> **Explanation**

(KEC 402조) 전기철도의 용어 정의
전기철도 가선방식 : 가공식, 강체식, 제3레일방식 【답】④

93 금속제 가요전선관 공사에 의한 저압 옥내배선의 시설기준으로 틀린 것은?
① 가요전선관 안에는 전선에 접속점이 없도록 한다.
② 옥외용 비닐절연전선을 제외한 절연전선을 사용한다.
③ 점검할 수 없는 은폐된 장소에는 1종 가요전선관을 사용할 수 있다.
④ 2종 금속제 가요전선관을 사용하는 경우에 습기 많은 장소에 시설하는 때에는 비닐 · 피복 2종 가요전선관으로 한다.

> **Explanation**

(KEC 232.13조) 금속제 가요전선관공사
① 전선은 절연전선(옥외용 비닐 절연전선을 제외한다.)일 것
② 전선은 연선일 것 다만, 단면적 10[㎟](알루미늄선은 단면적 16[㎟]) 이하인 것은 그러하지 아니하다.
③ 가요 전선관 안에는 전선에 접속점이 없도록 할 것
④ 가요 전선관은 2종 금속제 가요 전선관일 것(1종 금속제 가요전선관 : 전개된 장소 또는 점검할 수 있는 은폐된 장소에 한함) 【답】③

94 터널 안의 전선로의 저압전선이 그 터널 안의 다른 저압전선(관등회로의 배선은 제외한다)·약전류전선 등 또는 수관·가스관이나 이와 유사한 것과 접근하거나 교차하는 경우, 저압전선을 애자공사에 의하여 시설하는 때에는 이격거리가 몇 [cm] 이상이어야 하는가? (단, 전선이 나전선이 아닌 경우이다)

① 10
② 15
③ 20
④ 25

Explanation

(KEC 335.2조) 터널 안 전선로의 전선과 약전류전선 등 또는 관 사이의 이격거리
터널 안의 전선로의 저압전선이 그 터널 안의 다른 저압전선(관등회로의 배선은 제외한다.)·약전류전선 등 또는 수관·가스관이나 이와 유사한 것과 접근하거나 교차하는 경우에는 0.1[m](애자공사에 의하여 시설하는 저압옥내배선이 나전선인 경우에는 0.3[m]) 이상이어야 한다. 【답】①

95 전기철도의 설비를 보호하기 위해 시설하는 피뢰기의 시설기준으로 틀린 것은?

① 피뢰기는 변전소 인입측 및 급전선 인출측에 설치하여야 한다.
② 피뢰기는 가능한 한 보호하는 기기와 가깝게 시설하되 누설전류 측정이 용이하도록 지지대와 절연하여 설치한다.
③ 피뢰기는 개방형을 사용하고 유효 보호거리를 증가시키기 위하여 방전개시전압 및 제한전압이 낮은 것을 사용한다.
④ 피뢰기는 가공전선과 직접 접속하는 지중케이블에서 낙뢰에 의해 절연파괴의 우려가 있는 케이블 단말에 설치하여야 한다.

Explanation

(KEC 451.3조) 전기철도 설비보호를 위한 피뢰기 설치장소
① 다음의 장소에 피뢰기를 설치하여야 한다.
   가. 변전소 인입측 및 급전선 인출측
   나. 가공전선과 직접 접속하는 지중케이블에서 낙뢰에 의해 절연파괴의 우려가 있는 케이블 단말
② 피뢰기는 가능한 한 보호하는 기기와 가깝게 시설하되 누설전류 측정이 용이하도록 지지대와 절연하여 설치한다.

(KEC 451.4조) 피뢰기의 선정
피뢰기는 다음의 조건을 고려하여 선정한다.
① 피뢰기는 밀봉형을 사용하고 유효 보호거리를 증가시키기 위하여 방전개시전압 및 제한전압이 낮은 것을 사용한다.
② 유도뢰서지에 대하여 2선 또는 3선의 피뢰기 동시동작이 우려되는 변전소 근처의 단락 전류가 큰 장소에는 속류차단능력이 크고 또한 차단성능이 회로조건의 영향을 받을 우려가 적은 것을 사용한다. 【답】③

96 전선의 단면적이 38[mm²]인 경동연선을 사용하고 지지물로는 B종 철주 또는 B종 철근 콘크리트주를 사용하는 특고압 가공전선로를 제3종 특고압 보안공사에 의하여 시설하는 경우 경간은 몇 [m] 이하이어야 하는가?

① 100
② 150
③ 200
④ 250

Explanation

(KEC 333.22조) 특고압 보안공사
제3종 특고압 보안공사의 경간은 표에서 정한 값 이하. 다만, 전선의 인장강도 38.05[kN] 이상의 연선 또는 단면적이 95[mm²] 이상인 경동연선을 사용하고 지지물에 B종 철주·B종 철근 콘크리트주 또는 철탑을 사용하는 경우에는 그러하지 아니하다.

지지물 종류	경간
목주·A종 철주 또는 A종 철근 콘크리트주	100[m] (전선의 인장강도 14.51[kN] 이상의 연선 또는 단면적이 38[mm²] 이상인 경동연선을 사용하는 경우에는 150[m])
B종 철주 또는 B종 철근 콘크리트주	200[m] (전선의 인장강도 21.67[kN] 이상의 연선 또는 단면적이 55[mm²] 이상인 경동연선을 사용하는 경우에는 250[m])
철탑	400[m] (전선의 인장강도 21.67[kN] 이상의 연선 또는 단면적이 55[mm²] 이상인 경동연선을 사용하는 경우에는 600[m]) 다만, 단주의 경우에는 300[m](전선의 인장강도 21.67[kN] 이상의 연선 또는 단면적이 55[mm²] 이상인 경동연선을 사용하는 경우에는 400[m])

【답】③

97 태양광설비에 시설하여야 하는 계측기의 계측대상에 해당하는 것은?

① 전압과 전류
② 전력과 역률
③ 전류와 역률
④ 역률과 주파수

> Explanation

(KEC 522.3.6조) 태양광설비의 계측장치
전압과 전류 또는 전압과 전력을 계측하는 장치를 시설

【답】①

98 교통신호등 회로의 사용전압이 몇 [V]를 넘는 경우는 전로에 지락이 생겼을 경우 자동적으로 전로를 차단하는 누전차단기를 시설하는가?

① 60
② 150
③ 300
④ 450

> Explanation

(KEC 234.15조) 교통신호등 누전차단기
교통신호등 회로의 사용전압이 150[V]를 넘는 경우는 전로에 지락이 생겼을 경우 자동적으로 전로를 차단하는 누전차단기를 시설할 것.

【답】②

99 가공전선로의 지지물에 시설하는 지지선으로 연선을 사용할 경우, 소선(素線)은 몇 가닥 이상이어야 하는가?

① 2
② 3
③ 5
④ 9

> Explanation

(KEC 331.11조) 지지선의 시설
가공 전선로의 지지물에 시설하는 지지선
• 지지선의 안전율은 2.5 이상. 허용 인장하중의 최저는 4.31[kN]
• 지지선에 연선을 사용할 경우에는 다음에 의할 것
  – 소선(素線)은 3가닥 이상의 연선일 것
  – 소선의 지름이 2.6[mm] 이상의 금속선. 다만, 소선의 지름이 2[mm] 이상인 아연도강연선(亞鉛鍍鋼撚線)으로서 소선의 인장강도가 0.68[kN/mm²] 이상인 것을 사용하는 경우에는 그러하지 아니하다.

【답】②

100 ★☆☆☆☆ 저압전로의 보호도체 및 중성선의 접속 방식에 따른 접지계통의 분류가 아닌 것은?
① IT 계통
② TN 계통
③ TT 계통
④ TC 계통

Explanation

(KEC 203.1조) 계통접지 구성
저압전로의 보호도체 및 중성선의 접속 방식에 따른 분류
TN 계통, TT 계통, IT 계통

【답】④

2회 2021년 전기기사 필기

1과목 전기자기학

01 ★★☆☆☆
두 종류의 유전율(ϵ_1, ϵ_2)을 가진 유전체 경계면에 진전하가 존재하지 않을 때 성립하는 경계조건을 옳게 나타낸 것은? (단, E_1, E_2는 각 유전체에서의 전계이고 D_1, D_2는 각 유전체에서의 전속밀도이고 θ_1, θ_2는 각각 경계면의 법선벡터와 E_1, E_2가 이루는 각이다)

① $E_1 \cos\theta_1 = E_2 \cos\theta_2$, $D_1 \sin\theta_1 = D_2 \sin\theta_2$, $\dfrac{\tan\theta_1}{\tan\theta_2} = \dfrac{\epsilon_2}{\epsilon_1}$

② $E_1 \cos\theta_1 = E_2 \cos\theta_2$, $D_1 \sin\theta_1 = D_2 \sin\theta_2$, $\dfrac{\tan\theta_1}{\tan\theta_2} = \dfrac{\epsilon_1}{\epsilon_2}$

③ $E_1 \sin\theta_1 = E_2 \sin\theta_2$, $D_1 \cos\theta_1 = D_2 \cos\theta_2$, $\dfrac{\tan\theta_1}{\tan\theta_2} = \dfrac{\epsilon_2}{\epsilon_1}$

④ $E_1 \sin\theta_1 = E_2 \sin\theta_2$, $D_1 \cos\theta_1 = D_2 \cos\theta_2$, $\dfrac{\tan\theta_1}{\tan\theta_2} = \dfrac{\epsilon_1}{\epsilon_2}$

Explanation

경계조건
- 전계의 접선성분이 연속 : $E_1 \sin\theta_1 = E_2 \sin\theta_2$
- 전속밀도의 법선성분이 연속 : $D_1 \cos\theta_1 = D_2 \cos\theta_2$
- 경계조건 : $\dfrac{\tan\theta_1}{\tan\theta_2} = \dfrac{\epsilon_1}{\epsilon_2}$

【답】 ④

02 ★★★★★
공기 중에서 반지름 0.03[m]의 구도체에 줄 수 있는 최대전하는 약 몇 [C]인가? (단, 이 구도체의 주위 공기에 대한 절연내력은 5×10^6[V/m]이다)

① 5×10^{-7}
② 2×10^{-6}
③ 5×10^{-5}
④ 2×10^{-4}

Explanation

전계의 세기(절연내력) $E = \dfrac{Q}{4\pi\epsilon_0 r^2} = 5 \times 10^6$ [V/m]에서

최대전하 $Q = 4\pi\epsilon_0 r^2 \times E$
$= \dfrac{1}{9 \times 10^9} \times 0.03^2 \times 5 \times 10^6 = 5 \times 10^{-7}$ [C]

【답】 ①

03 진공 중의 평등자계 H_0 중에 반지름이 a[m]이고, 투자율이 μ인 구 자성체가 있다. 이 구 자성체의 감자율은? (단, 구 자성체 내부의 자계는 $H = \dfrac{3\mu_0}{2\mu_0 + \mu}H_0$ 이다)

① 1
② $\dfrac{1}{2}$
③ $\dfrac{1}{3}$
④ $\dfrac{1}{4}$

Explanation

자기감자력 $H' = \dfrac{N}{\mu_o}J$: 자화의 세기(J)에 비례

여기서, N은 감자율이며 구자성체는 $\dfrac{1}{3}$ 이고 환상솔레노이드는 0이다. 【답】③

04 유전율 ϵ, 전계의 세기 E인 유전체의 단위 체적당 축적되는 정전에너지는?

① $\dfrac{E}{2\epsilon}$
② $\dfrac{\epsilon E}{2}$
③ $\dfrac{\epsilon E^2}{2}$
④ $\dfrac{\epsilon^2 E^2}{2}$

Explanation

전계의 체적당 에너지밀도 $w = \dfrac{1}{2}ED = \dfrac{\epsilon E^2}{2} = \dfrac{D^2}{2\epsilon}$ [J/m³] 【답】③

05 단면적이 균일한 환상철심에 권수 N_A인 A코일과 권수 N_B인 B코일이 있을 때 코일 B의 자기 인덕턴스가 L_A[H]라면 두 코일간의 상호 인덕턴스는 몇 [H/m]인가? (단, 누설자속은 0이다)

① $\dfrac{L_A N_A}{N_B}$
② $\dfrac{L_A N_B}{N_A}$
③ $\dfrac{N_A}{L_A N_B}$
④ $\dfrac{N_B}{L_A N_A}$

Explanation

자기인덕턴스와 상호인덕턴스

- 자기인덕턴스 : $L_1 = \dfrac{N_1^2}{R_m}$ $L_2 = \dfrac{N_2^2}{R_m}$
- 상호인덕턴스 : $M = \dfrac{N_1 N_2}{R_m} = \dfrac{N_2}{N_1}L_1$, $M = \dfrac{N_A}{N_B}L_A$

【답】①

06 비투자율이 350인 환상철심 내부의 평균자계의 세기가 342[AT/m]일 때 자화의 세기는 약 몇 [Wb/m²]인가?

① 0.12
② 0.15
③ 0.18
④ 0.21

Explanation

자화의 세기 $J = \mu_0(\mu_s - 1)H = (1 - \dfrac{1}{\mu_s})B$
$= 4\pi \times 10^{-7} \times (350-1) \times 342 = 0.15 [\text{wb/m}^2]$

【답】②

07 ★★☆☆☆ 진공 중에 놓인 $Q[C]$의 전하에서 발산되는 전기력선의 수는?

① Q
② ϵ_0
③ $\dfrac{Q}{\epsilon_0}$
④ $\dfrac{\epsilon_0}{Q}$

Explanation

전기력선수 $N = \displaystyle\int_s E\, ds = \dfrac{Q}{\epsilon_0}$

【답】③

08 ★★★★☆ 비투자율이 50인 환상철심을 이용하여 100[cm] 길이의 자기회로를 구성할 때 자기저항을 2.0×10^7 [AT/Wb]이하로 하기 위해서는 철심의 단면적을 약 몇 [m²] 이상으로 하여야 하는가?

① 3.6×10^{-4}
② 6.4×10^{-4}
③ 8.0×10^{-4}
④ 9.2×10^{-4}

Explanation

자기저항 $R_m = \dfrac{l}{\mu_0 \mu_s S}$ [AT/Wb]에서

철심의 단면적 $S = \dfrac{l}{\mu_0 \mu_s R_m} = \dfrac{1}{4\pi \times 10^{-7} \times 50 \times 2 \times 10^7} = 8 \times 10^{-4} [\text{m}^2]$

【답】③

09 ★★★★★ 자속밀도가 10[Wb/m²]의 자계 중에 10[cm] 도체를 자계와 60°의 각도로 30[m/s]로 움직일 때, 이 도체에 유기되는 기전력은 몇 [V]인가?

① 15
② $15\sqrt{3}$
③ 1,500
④ $1,500\sqrt{3}$

Explanation

플레밍의 오른손 법칙(유기기전력)
$e = (v \times B)l = vBl\sin\theta = 30 \times 10 \times 0.1 \times \sin 60° = 15\sqrt{3}$ [V]

【답】②

10 ★★★★★ 전기력선의 성질에 대한 설명 중 옳은 것은?

① 전기력선은 등전위면과 평행한다.
② 전기력선은 도체 표면과 직교한다.
③ 전기력선은 도체 내부에 존재할 수 있다.
④ 전기력선은 전위가 낮은 점에서 높은 점으로 향한다.

Explanation

전기력선의 성질

- 전기력선의 밀도는 전계의 세기이다.(전기력선의 총수 $N = \displaystyle\int_S E\, ds = \dfrac{Q}{\epsilon}$)
- 전기력선의 접선 방향은 전계의 방향이다.
- 전기력선은 등전위면과 수직이다(등전위면=도체표면).

- 전기력선은 정전하에서 시작하여 부전하로 도착한다.
- 전기력선(전계)은 전위가 높은 점에서 낮은 점으로 향한다.
- 그 자신만으로 폐곡선이 되지 않는다.
- 전기력선은 교차하지 않는다.
- 도체 내부에는 전기력선이 없다.
- 전하가 없는 곳에서는 전기력선의 발생, 소멸이 없고 연속적이다.

【답】②

11 평등자계와 직각방향으로 일정한 속도로 발사된 전자의 원운동에 관한 설명으로 옳은 것은?

① 플레밍의 오른손법칙에 의한 로렌츠의 힘과 원심력의 평형 원운동이다.
② 원의 반지름은 전자의 발사속도와 전계의 세기의 곱에 반비례한다.
③ 전자의 원운동 주기는 전자의 발사 속도와 무관하다.
④ 전자의 원운동 주파수는 전자의 질량에 비례한다.

Explanation

로렌츠의 힘 $F = e[E + (v \times B)]$ 이며

전자가 자계내로 진입하면 원심력 $\frac{mv^2}{r}$ 과 구심력 $e(v \times B)$ 가 같아지며 전자는 원운동 하게 된다.

$\frac{mv^2}{r} = evB$ 에서 원운동 반경 : $r = \frac{mv}{eB}$

- 각주파수 $\omega = \frac{v}{r} = \frac{eB}{m}$
- 주파수 $f = \frac{eB}{2\pi m}$

【답】③

12 전계 E[V/m]가 두 유전체의 경계면에 평행으로 작용하는 경우 경계면의 단위면적당 작용하는 힘의 크기는 몇 [N/m²]은? (단, ϵ_1, ϵ_2는 각 유전체의 유전율이다)

① $f = E^2(\epsilon_1 - \epsilon_2)$
② $f = \frac{1}{E^2}(\epsilon_1 - \epsilon_2)$
③ $f = \frac{1}{2}E^2(\epsilon_1 - \epsilon_2)$
④ $f = \frac{1}{2E^2}(\epsilon_1 - \epsilon_2)$

Explanation

전계가 경계면에 평행($\theta_1 = 90°$)

$f = f_1 - f_2 = \frac{1}{2}E_1D_1 - \frac{1}{2}E_2D_2$

$= \frac{1}{2}\epsilon_1 E_1^2 - \frac{1}{2}\epsilon_2 E_2^2$

$= \frac{1}{2}(\epsilon_1 - \epsilon_2)E^2$ [N/m²] 여기서, $E = E_1 = E_2$

【답】③

13 공기 중에 있는 반지름 a[m]의 독립 금속구의 정전용량은 몇 [F]인가?

① $2\pi\epsilon_0 a$
② $4\pi\epsilon_0 a$
③ $\frac{1}{2\pi\epsilon_0 a}$
④ $\frac{1}{4\pi\epsilon_0 a}$

Explanation

구도체 정전용량 $C = 4\pi\epsilon_0 a$

【답】②

14 와전류가 이용되고 있는 것은?
① 수중 음파 탐지기 ② 레이더
③ 자기 브레이크(magnetic brake) ④ 사이클로트론(cyclotron)

Explanation

와전류 : 도체에 자속이 흐를 때, 이 자속에 수직되는 면을 회전. 자기 브레이크(magnetic brake) 등에 사용 【답】③

15 전계 $E = \dfrac{2}{x}\hat{x} + \dfrac{2}{y}\hat{y}$ [V/m]에서 점 (3, 5)[m]를 통과하는 전기력선의 방정식은? (단, $\hat{x}$, $\hat{y}$는 단위벡터이다)

① $x^2 + y^2 = 12$
② $y^2 - x^2 = 12$
③ $x^2 + y^2 = 16$
④ $y^2 - x^2 = 16$

Explanation

전기력선의 방정식 $\dfrac{dx}{E_x} = \dfrac{dy}{E_y}$ 에서

$\dfrac{dx}{\frac{2}{x}} = \dfrac{dy}{\frac{2}{y}}$ 가 되어 $xdx = ydy$이며 $\int x\,dx = \int y\,dy$

$\dfrac{1}{2}x^2 = \dfrac{1}{2}y^2 + k$ 여기서, $x=3$, $y=5$를 대입하면 $k=-8$이므로

∴ $y^2 - x^2 = 16$ 【답】④

16 전계 $E = \sqrt{2}\,E_e \sin\omega\left(t - \dfrac{x}{c}\right)$[V/m]인 평면 전자파가 있다. 진공 중에서 자계의 실효값은 몇 [A/m]인가?

① $\dfrac{1}{4\pi}E_e$ ② $\dfrac{1}{36\pi}E_e$ ③ $\dfrac{1}{120\pi}E_e$ ④ $\dfrac{1}{360\pi}E_e$

Explanation

특성임피던스 $Z_0 = \dfrac{E}{H} = \sqrt{\dfrac{\mu_0}{\epsilon_0}} = 377$에서 $E = 377H$, $H = \dfrac{1}{377}E$

따라서 자계의 실효값 $H = \dfrac{1}{377}E = \dfrac{1}{120\pi}E = 2.65 \times 10^{-3}E$[A/m] 【답】③

17 진공 중에 시로 떨어져 있는 두 도체 A, B가 있다. 도체 A에만 1[C]의 전하를 줄 때 도체 A, B의 전위가 각각 3[V], 2[V]이었다. 지금 도체 A, B에 각각 1[C], 2[C]의 전하를 주면 도체 A의 전위는 몇 [V]인가?

① 6 ② 7
③ 8 ④ 9

Explanation

$V_A = P_{AA}Q_A + P_{AB}Q_B$
$V_B = P_{BA}Q_A + P_{BB}Q_B$ 여기서, $P_{AB} = P_{BA}$이므로
여기서, $Q_A = 1$[C], $Q_B = 0$일 때
$V_A = P_{AA}Q_A$에서 $P_{AA} = 3$이 되며
$V_B = P_{BA}Q_A$에서 $P_{BA} = 2$가 되면
도체 A, B에 각각 1[C], 2[C]의 전하를 주면

도체 A의 전위는 $V_A = P_{AA}Q_A + P_{AB}Q_B = 3 \times 1 + 2 \times 2 = 7$[V]

【답】②

18 ★☆☆☆☆ 한 변의 길이가 4[m]인 정사각형의 루프에 1[A]의 전류가 흐를 때, 중심점에서의 자속밀도 B는 약 몇 [Wb/m²]인가?

① 2.83×10^{-7}
② 5.65×10^{-7}
③ 11.31×10^{-7}
④ 14.14×10^{-7}

> Explanation

정사각형 회로 중심점의 자계의 세기 $H = \dfrac{2\sqrt{2}I}{\pi l}$ [A/m]

자속밀도 $B = \mu H = 4\pi \times 10^{-7} \times \dfrac{2\sqrt{2} \times 1}{\pi \times 4} = 2.83 \times 10^{-7}$ [Wb/m²]

【답】①

19 ★★☆☆☆ 원점에 1[μC]의 점전하가 있을 때 점 $P(2, -2, 4)$[m]에서의 전계의 세기에 대한 단위벡터는 약 얼마인가?

① $0.41a_x - 0.41a_y + 0.82a_z$
② $-0.33a_x + 0.33a_y - 0.66a_z$
③ $-0.41a_x + 0.41a_y - 0.82a_z$
④ $0.33a_x - 0.33a_y + 0.66a_z$

> Explanation

거리의 벡터 $(2, -2, 4) - (0, 0, 0) = (2-0)a_x + (-2-0)a_y + (4-0)a_z = 2a_x - 2a_y + 4a_z$
$r = 2a_x - 2a_y + 4a_z$
크기 : $|r| = \sqrt{2^2 + (-2)^2 + 4^2} = \sqrt{24}$ [m]
단위 벡터 $a_0 = \dfrac{r}{|r|} = \dfrac{2a_x - 2a_y + 4a_z}{\sqrt{24}} = 0.41a_x - 0.41a_y + 0.82a_z$

【답】①

20 ★☆☆☆☆ 공기 중에서 전자기파의 파장이 3[m]라면 그 주파수는 몇 [MHz]인가?

① 100
② 300
③ 1,000
④ 3,000

> Explanation

전파속도 $v = f\lambda$에서
주파수 $f = \dfrac{v}{\lambda} = \dfrac{3 \times 10^8}{3} = 10^8 = 100 \times 10^6 = 100$[MHz]

【답】①

2과목 전력공학

21 ★★★★★ 비등수형 원자로의 특징에 대한 설명으로 틀린 것은?
① 증기발생기가 필요하다.
② 저농축 우라늄을 연료로 사용한다.
③ 노심에서 비등을 일으킨 증기가 직접 터빈에 공급되는 방식이다.
④ 가압수형 원자로에 비해 출력밀도가 낮다.

> **Explanation**

비등수형 원자로(BWR : Boiled Water Reactor) : 물을 원자로 내에서 직접 비등
- 연료 : 저농축 우라늄
- 감속재, 냉각재 : 경수
- 열교환기(증기발생기)가 필요 없다.

【답】①

22 ★★☆☆☆ 전력계통에서 내부 이상전압의 크기가 가장 큰 경우는?
① 유도성 소전류 차단 시
② 수차발전기의 부하 차단 시
③ 무부하 선로 충전전류 차단 시
④ 송전선로의 부하 차단기 투입 시

> **Explanation**

내부 이상 전압 : 직격뢰, 유도뢰를 제외한 나머지
- 개폐서지 : 무부하 충전전류 개로(차단) 시 가장 크다.(송전선 Y전압의 4.5 ~ 6배)

【답】③

23 ★★☆☆☆ 송전단 전압을 V_s, 수전단 전압을 V_r, 선로의 리액턴스를 X라 할 때 정상 시의 최대 송전전력의 개략적인 값은?

① $\dfrac{V_s - V_r}{X}$
② $\dfrac{V_s^2 - V_r^2}{X}$
③ $\dfrac{V_s(V_s - V_r)}{X}$
④ $\dfrac{V_s V_r}{X}$

> **Explanation**

송전전력 $P = \dfrac{V_s V_r}{X} \sin\delta$ [MW]에서 최대송전전력은 $\delta = 90°$일 때이므로

$P_{\max} = \dfrac{V_s V_r}{X}$

【답】④

24 ★★★★★ 망상(network) 배전방식의 장점이 아닌 것은?
① 전압변동이 적다.
② 인축의 접지사고가 적어진다.
③ 부하의 증가에 대한 융통성이 크다.
④ 무정전 공급이 가능하다.

> **Explanation**

저압 네트워크 방식
- 무정전 공급 방식(공급 신뢰도가 가장 우수)
- 변전소의 수를 줄일 수 있다.
- 전압 강하, 전력손실이 적다.
- 부하 증가 대응 우수
- 설비비 고가
- 인축의 접지 사고 증가
- 고장 시 고장전류 역류
  대책: 네트워크 프로텍터(저압용 차단기, 저압용 퓨즈, 전력방향계전기)

【답】②

25 ★★☆☆☆ 500[kVA]의 단상 변압기 상용 3대(결선 △-△), 예비 1대를 갖는 변전소가 있다. 부하의 증가로 인하여 예비변압기까지 동원해서 사용한다면 응할 수 있는 최대부하 [kVA]는?
① 약 2,000[kVA]
② 약 1,730[kVA]
③ 약 1,500[kVA]
④ 약 830[kVA]

> **Explanation**

V 결선 시 출력 $P_V = \sqrt{3}\,K$ (여기서, K는 변압기 1대 용량)
따라서 V 결선 2-Bank로 결선하면
3상 최대출력은 $P = 2\sqrt{3}\,K = 2 \times \sqrt{3} \times 500 = 1,732\,[\text{kVA}]$

【답】②

26 ★★★★★ 배전용 변전소의 주변압기로 주로 사용되는 것은?
① 강압 변압기 ② 체승 변압기
③ 단권 변압기 ④ 3권선 변압기

> **Explanation**

- 체승 변압기(승압용) : 송전용
- 체강 변압기(강압용) : 배전용

【답】①

27 ★★★★★ 3상용 차단기의 정격 차단용량은?
① $\sqrt{3} \times$ 정격전압 $\times$ 정격차단전류
② $\sqrt{3} \times$ 정격전압 $\times$ 정격전류
③ $3 \times$ 정격전압 $\times$ 정격차단전류
④ $3 \times$ 정격전압 $\times$ 정격전류

> **Explanation**

3상용 차단기의 정격용량
$P_s = \sqrt{3} \times$ 정격전압 $\times$ 정격차단전류 [MVA]

【답】①

28 ★★★☆☆ 3상 3선식 송전선로에 있어서 각선의 대지정전용량이 0.5096 [μF]이고, 선간정전용량이 0.1295 [μF]일 때 1선이 작용 정전용량은 몇 [μF]인가?
① 0.6 ② 0.9
③ 1.2 ④ 1.8

> **Explanation**

3상 선로의 작용정전용량
$C = C_s + 3C_m = 0.5096 + 3 \times 0.1295 = 0.8981 \fallingdotseq 0.9\,[\mu\text{F}]$

【답】②

29 ★★☆☆☆ 그림과 같은 송전계통에서 S점에 있어서 3상 단락사고가 발생하였을 때 단락전류[A]는 약 얼마인가? (단, 선로의 길이와 리액턴스는 각각 50[km], 0.6[Ω/km])

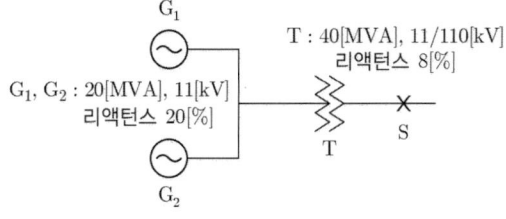

① 224 ② 324
③ 454 ④ 554

> **Explanation**

기준용량을 40[MVA]로 하면
발전기 G_1, G_2 : $\%Z_G = 20 \times \dfrac{40}{20} = 40\,[\%]$

변압기 $T : \%Z_T = 8[\%]$

선로 : $\%Z_L = \dfrac{ZP}{10\,V^2} = \dfrac{0.6 \times 50 \times 40 \times 10^3}{10 \times 110^2} = 9.92[\%]$

발전기에서 단락 점까지의 전체 %임피던스는

$\%Z = \dfrac{40 \times 40}{40+40} + 8 + 9.92 = 37.92[\%]$

단락전류 $I_s = \dfrac{100}{\%Z}I_n = \dfrac{100}{\%Z} \times \dfrac{P}{\sqrt{3}\,V_2} = \dfrac{100}{37.92} \times \dfrac{40 \times 10^6}{\sqrt{3} \times 110 \times 10^3} = 554[A]$

【답】 ④

30 전력계통의 전압을 조정하는 가장 보편적인 방법은?
① 발전기의 유효전력 조정
② 부하의 유효전력 소성
③ 계통의 주파수 조정
④ 계통의 무효전력 조정

Explanation

P-f (유효전력 - 주파수 제어)
Q-V(계통의 무효전력 - 전압제어)

【답】 ④

31 역률 0.8(지상)의 2,800[kW] 부하에 전력용 콘덴서를 병렬로 접속하여 합성역률을 0.9로 개선 하고자 할 경우 필요한 전력용 콘덴서의 용량은 약 몇 [kVA]인가?
① 372
② 558
③ 744
④ 1,116

Explanation

전력용 콘덴서 용량 $Q_c = P(\tan\theta_1 - \tan\theta_2) = P\left(\dfrac{\sqrt{1-\cos^2\theta_1}}{\cos_1\theta} - \dfrac{\sqrt{1-\cos^2\theta_2}}{\cos_2\theta}\right)$

$= 2,800 \times \left(\dfrac{0.6}{0.8} - \dfrac{\sqrt{1-0.9^2}}{0.9}\right) = 744[kVA]$

【답】 ③

32 컴퓨터에 의한 전력조류 계산에서 슬랙(slack)모선의 초기치로 지정하는 값은? 단, 슬랙모선을 기준모선으로 한다.
① 유효전력과 무효전력
② 전압의 크기와 유효전력
③ 전압의 크기와 위상각
④ 전압의 크기와 무효전력

Explanation

종류	기지량	미지량
슬랙모선	모선전압의 크기와 위상각	유효전력, 무효전력

【답】 ③

33 직격뢰에 대한 방호설비로 가장 적당한 것은?
① 복도체
② 가공지선
③ 서지흡수기
④ 정전방전기

Explanation

이상전압 방호설비
- 피뢰기 : 이상전압에 대한 기계기구 보호(변압기 보호)
- 서지흡수기(SA) : 이상전압에 대한발전기 보호
- **가공지선 : 직격뢰, 유도뢰 차폐효과**

【답】 ②

34 저압배전선로에 대한 설명으로 틀린 것은?

① 저압 뱅킹 방식은 전압변동을 경감할 수 있다.
② 밸런서(balancer)는 단상 2선식에 필요하다.
③ 부하율(F)과 손실계수(H)사이에는 $1 \geq F \geq H \geq F^2 \geq 0$의 관계가 있다.
④ 수용률이란 최대수용전력을 설비용량으로 나눈 값을 퍼센트로 나타낸 것이다.

Explanation

- 저압뱅킹방식 : 전압강하 및 전력손실이 적고 플리커현상 경감
- 밸런서 : 단상 3선식에서 중성선 단선 시 전압 불평형 해소
- 수용률 = $\dfrac{\text{최대 전력}}{\text{설비 용량}} \times 100[\%]$
- 배전선의 손실 계수(H)와 부하율(F)의 관계 : $0 \leq F^2 \leq H \leq F \leq 1$

【답】②

35 증기터빈 내에서 팽창 도중의 증기를 일부 추기하여 그것이 갖는 열을 급수가열에 이용하는 열사이클은?

① 랭킨사이클
② 카르노사이클
③ 재생사이클
④ 재열사이클

Explanation

- 재생 사이클 : 단열 팽창도중 증기의 일부를 추기하여 보일러 급수를 가열하여 복수 열손실을 회수하는 사이클로서 급수가열기가 있는 시스템
- 재열사이클 : 고압 터빈을 돌리고 나온 증기를 전부 추출해서 보일러의 재열기로 증기를 다시 최초의 과열 증기 온도 부근까지 가열시켜서 터빈 저압단에 공급하는 것으로 재열기가 있는 시스템
- 재열재생사이클 : 재생사이클과 재열사이클의 결합(재열기+급수가열기)

【답】③

36 단상 2선식 배전선로의 말단에 지상 역률 $\cos\theta$인 부하 P[kW]가 접속되어 있고, 선로 말단의 전압은 V[V]이다. 선로 1가닥당의 저항을 $R[\Omega]$이라 할 때 송전단 공급 전력[kW]은?

① $P + \dfrac{P^2 R}{V\cos\theta} \times 10^3$
② $P + \dfrac{2P^2 R}{V\cos\theta} \times 10^3$
③ $P + \dfrac{P^2 R}{V^2\cos^2\theta} \times 10^3$
④ $P + \dfrac{2P^2 R}{V^2\cos^2\theta} \times 10^3$

Explanation

송전단 공급 전력 = 수전단 전력 + 선로 손실

$P_s = P_r + 2I^2 R = P_r + 2 \times \dfrac{P_r^2 R}{V^2 \cos^2\theta} \times 10^3 [\text{kW}]$ 여기서, R : 선로 1가닥당의 저항

따라서 수전단 전력을 P라 하면

송전단 전력 $P_s = P + 2I^2 R = P + 2 \times \dfrac{(P \times 10^3)^2}{V^2 \cos^2\theta} \times 10^{-3} = P + 2 \dfrac{P^2 R}{V^2 \cos^2\theta} \times 10^3 [\text{kW}]$

【답】④

37 선로, 기기 등의 절연 수준 저감 및 전력용 변압기의 단절연을 모두 행할 수 있는 중성점 접지 방식은?

① 직접접지 방식
② 소호리액터접지 방식
③ 고저항접지 방식
④ 비접지 방식

Explanation

직접 접지방식의 장점
- 1선 지락 시 건전상의 대지전압 상승이 낮다.(절연레벨 경감)
- 중성점을 0전위로 유지 가능(단절연 가능)
- 보호계전기 동작이 확실하다.
- 정격이 낮은 피뢰기 사용 가능

【답】①

38 ★★★★★
최대 수용 전력이 3[kW]인 수용가가 3세대, 5[kW]인 수용가가 6세대라고 할 때, 이 수용가군이 전력을 공급할 수 있는 주상 변압기의 용량은 최소 몇 [kVA]가 필요한가? (단, 역률은 1, 수용가 간의 부등률은 1.3이라고 한다)

① 25
② 30
③ 35
④ 40

Explanation

변압기 용량 $= \dfrac{\text{설비 용량} \times \text{수용률}}{\text{역률} \times \text{부등률}}$ [kVA]

$= \dfrac{3 \times 3 + 5 \times 6}{1 \times 1.3} = 30$ [kVA]

【답】②

39 ★★★★★
부하전류 차단이 불가능한 전력개폐 장치는?

① 진공차단기
② 유입차단기
③ 단로기
④ 가스차단기

Explanation

전력용 개폐장치
- **단로기 : 무부하 회로 개폐**
- 개폐기 : 부하전류 개폐
- 차단기 : 부하전류 개폐 및 고장전류 차단

【답】③

40 ★★★★★
가공송전선로에서 총 단면적이 같은 경우 단도체와 비교하여 복도체의 장점이 아닌 것은?

① 안정도를 증대시킬 수 있다.
② 공사비가 저렴하고 시공이 간편하다.
③ 전선 표면의 전위 경도가 저감되어 코로나 임계전압이 높아진다.
④ 선로의 인덕턴스가 감소되고 정전용량이 증가해서 송전용량이 증대된다.

Explanation

복도체(다도체) 방식 → 주목적 : 코로나 방지
- 인덕턴스는 감소, 정전 용량은 증가
- 같은 단면적의 단도체에 비해 전류 용량의 증대
- 코로나의 방지, 코로나 임계 전압의 상승
- 송전 용량의 증대
- 소도체 충돌 현상(대책 : 스페이서의 설치)
- 단락 시 대전류 등이 흐를 때 정전 흡인력이 발생
  단도체 방식에 비해 공사기간이 길고 비용이 많이 소요된다.

【답】②

3과목 전기기기

41 부하전류가 크지 않을 때 직류 직권전동기의 발생 토크는? (단, 자기회로가 불포화인 경우이다)
① 전류에 비례한다.
② 전류의 반비례한다.
③ 전류의 제곱에 비례한다.
④ 전류의 제곱에 반비례한다.

Explanation

직류 직권전동기의 특성
$I = I_a = I_f$
$T \propto I^2 \propto \dfrac{1}{N^2}$

따라서 토크는 전기자 전류의 제곱에 비례한다.

【답】③

42 동기전동기에 대한 설명으로 틀린 것은?
① 동기전동기는 주로 회전계자형이다.
② 동기전동기는 무효전력을 공급할 수 있다.
③ 동기전동기는 제동권선을 이용한 기동법이 일반적으로 많이 사용된다.
④ 3상 동기 전동기의 회전방향을 바꾸려면 계자권선 전류의 방향을 반대로 한다.

Explanation

동기전동기의 특징

장점	단점
① 속도가 N_s로 일정	① 기동토크가 작다.
② 역률 1로 조정 가능	② 속도 제어가 어렵다.
③ 효율이 좋다.	③ 직류 여자가 필요
④ 공극이 크고 기계적으로 튼튼하다.	④ 난조가 일어나기 쉽다.

여기서 동기전동기를 역회전하려면 주 전원의 2선의 접속을 반대로 한다.

【답】④

43 동기발전기에서 동기속도와 극수와의 관계를 표시한 것은? (단, N : 동기속도, P : 극수이다)

①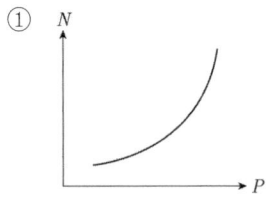
②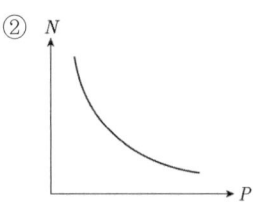
③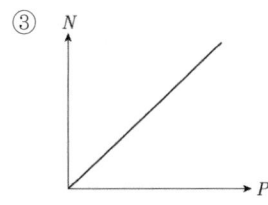
④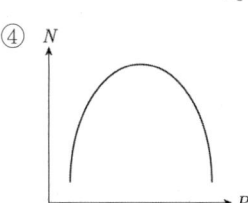

Explanation

동기속도 $N_s = \dfrac{120f}{P}$

$N_s \propto \dfrac{1}{P}$: 동기속도는 극수에 반비례 한다.

【답】②

44 어떤 직류전동기가 역기전력이 200[V], 매분 1,200회전으로 토크 158.76[N·m]를 발생하고 있을 때의 전기자전류는 약 몇 [A]인가? (단, 기계손 및 철손은 무시한다)
① 90
② 95
③ 100
④ 105

Explanation

토크 $\tau = \dfrac{P}{\omega} = \dfrac{EI_a}{2\pi \dfrac{N}{60}}$ [N·m]에서

전기자 전류 $I_a = \dfrac{\tau \times 2\pi \dfrac{N}{60}}{E} = \dfrac{158.76 \times 2\pi \times \dfrac{1,200}{60}}{200} = 99.7$ [A]

【답】 ③

45 일반적인 DC 서보모터의 제어에 속하지 않는 것은?
① 역률제어
② 토크제어
③ 속도제어
④ 위치제어

Explanation

서보모터 : 위치, 방향, 자세, 각도 토크 등을 제어 량으로 하는 전동기

【답】 ①

46 극수가 4극이고 전기자권선이 단중 중권인 직류발전기의 전기자전류가 40[A]이면 전기자권선의 각 병렬회로에 흐르는 전류[A]는?
① 4
② 6
③ 8
④ 10

Explanation

중권과 파권 비교

비교항목	단중 중권	단중 파권
전기자의 병렬회로수	a=P(mP)	a=2(2m)
브러시 수	a=P=b	b=2
용도	저전압, 대전류	고전압, 소전류
균압접속	균압환 필요	불필요

중권이므로 전기자 병렬회로수가 극수와 같으므로 $a = p = 4$이므로
각 병렬회로에 흐르는 전류는 $i_a = \dfrac{I_a}{a} = \dfrac{40}{4} = 10$[A]

【답】 ④

47 부스트(Boost) 컨버터의 입력전압이 45[V]로 일정하고 스위칭 주기가 20[kHz], 듀티비 0.6, 부하저항이 10[Ω]일 때 출력전압은 몇 [V]인가? (단, 인덕터에는 일정한 전류가 흐르고 커패시터 출력전압의 리플성분은 무시한다)
① 27
② 67.5
③ 75
④ 112.5

Explanation

Boost Converter의 출력 전압 $V_o = \dfrac{1}{1-D}V_i = \dfrac{1}{1-0.6} \times 45 = 112.5$[V]

【답】 ④

48 8극, 900[rpm] 동기발전기와 병렬 운전하는 6극 동기발전기의 회전수는 몇 [rpm]인가?

① 900
② 1,000
③ 1,200
④ 1,400

Explanation

병렬 운전 시에 두 발전기는 주파수가 일치하여야 하므로

동기속도 $N_s = \dfrac{120f}{p}$ 에서

주파수 $f = \dfrac{pN_s}{120}$ $f = \dfrac{900 \times 8}{120} = 60[\text{Hz}]$

따라서 병렬 운전하는 동기발전기의 회전수

$N_s = \dfrac{120f}{p} = \dfrac{120 \times 60}{6} = 1,200[\text{rpm}]$

【답】③

49 변압기 단락시험에서 변압기의 임피던스 전압이란?

① 1차 전류가 여자 전류에 도달했을 때의 2차 측 단자 전압
② 1차 전류가 정격 전류에 도달했을 때의 2차 측 단자 전압
③ 1차 전류가 정격 전류에 도달했을 때의 변압기 내의 전압강하
④ 1차 전류가 2차 단락전류에 도달했을 때의 변압기 내의 전압강하

Explanation

임피던스전압
• 변압기 2차 측을 단락한 상태에서 1차 측에 정격전류(I_{1n})가 흐르도록 1차 측에 인가하는 전압
• 정격전류가 흐를 때 변압기내의 전압강하

【답】③

50 단상 정류자 전동기의 일종인 단상 반발 전동기에 해당되는 것은?

① 시라게 전동기
② 반발 유도전동기
③ 아트킨손형 전동기
④ 단상 직권 정류가전동기

Explanation

단상 정류자 전동기
• 직권형-반발 전동기(브러시를 단락시켜 브러시 이동으로 기동 토크, 속도 제어)
  종류 : 아트킨손형, 톰슨형, 데리형

【답】③

51 와전류 손실을 패러데이 법칙으로 설명한 과정 중 틀린 것은?

① 와전류가 철심 내에 흘러 발열 발생
② 유도기전력 발생으로 철심에 와전류가 흐름
③ 와전류 에너지 손실량은 전류밀도에 반비례
④ 시변 자속으로 강자성체 철심에 유도기전력 발생

Explanation

• 와전류 : 자속이 도체의 단면을 통과할 때 도체의 표면에 수직방향으로 회전하는 전류
• 와류손 $P_e = \sigma_e(tfk_fB_m)^2[\text{W}]$
  여기서, σ_e는 와류손 상수, t는 두께, k_f는 파형률, B_m은 최대자속밀도

【답】③

52 ★☆☆☆☆ 10[kW], 3상 380[V] 유도전동기의 전부하 전류는 약 몇 [A]인가? (단, 전동기의 효율은 85[%], 역률은 85[%]이다)

① 15   ② 21
③ 26   ④ 36

Explanation

3상 유도전동기의 효율 $\eta = \dfrac{P_o}{P_i} \times 100 = \dfrac{P_o}{\sqrt{3}\,VI\cos\theta} \times 100[\%]$ 에서

전부하 전류 $I = \dfrac{P_o}{\sqrt{3}\,V\cos\theta\,\eta} = \dfrac{10 \times 10^3}{\sqrt{3} \times 380 \times 0.85 \times 0.85} = 21[\text{A}]$

【답】 ②

53 ★★☆☆☆ 변압기의 주요 시험 항목 중 전압변동률 계산에 필요한 수치를 얻기 위한 필수적인 시험은?

① 단락시험   ② 내전압시험
③ 변압비시험   ④ 온도상승시험

Explanation

변압기의 시험
- 무부하시험 : 여자 어드미턴스, 철손
- 단락시험 : 임피던스와트, 임피던스전압, 동손, 전압변동률

【답】 ①

54 ★★☆☆☆ 2전동기설에 의하여 단상 유도전동기의 가상적 2개의 회전자 중 정방향에 회전하는 회전자 슬립이 s이면 역방향에 회전하는 가상적 회전자의 슬립은 어떻게 표시되는가?

① $1+s$ ② $1-s$
③ $2-s$ ④ $3-s$

Explanation

단상 유도전동기 : 2전동기설(two motor theory)
- 시계방향 회전자계와 반시계방향 회전자계
- 1차 권선에는 교번자계가 발생
- 2차권선 중에는 정방향 회전 시 sf_1과 역방향 회전 시 $(2-s)f_1$ 주파수가 존재

【답】 ③

55 ★★★☆☆ 3상 농형 유도전동기의 전전압 기동토크는 전부하토크의 1.8배이다. 이 전동기에 기동보상기를 사용하여 기동전압을 전전압의 2/3로 낮추어 기동하면, 기동 토크는 전부하노크 T와 어떤 관계인가?

① 3.0T   ② 0.8T
③ 0.6T   ④ 0.3T

Explanation

유도전동기의 토크는 전압의 제곱에 비례 : $T \propto V^2$

기동토크 $T_s = 1.8T \times \left(\dfrac{2}{3}\right)^2 = 0.8T$

【답】 ②

56 ★☆☆☆☆ 변압기에서 생기는 철손 중 와류손(Eddy Current Loss)은 철심의 규소강판 두께와 어떤 관계에 있는가?

① 두께에 비례   ② 두께의 2승에 비례
③ 두께의 3승에 비례   ④ 두께의 $\dfrac{1}{2}$승에 비례

> Explanation

와류손 : $P_e = \sigma_e(tfk_fB_m)^2$ [W]
여기서, σ_e는 와류손 상수, t는 두께, k_f는 파형률, B_m은 최대자속밀도
따라서 와류손은 두께의 제곱에 비례한다.

【답】 ②

57 ★☆☆☆☆
50[Hz], 12극 3상 유도전동기가 10[HP]의 정격 출력을 내고 있을 때 회전수는 약 몇 [rpm]인가? (단, 회전자 동손은 350[W]이고, 회전자 입력은 회전자 동손과 정격 출력의 합이다)
① 468　　　　　　　　　　　② 478
③ 488　　　　　　　　　　　④ 500

> Explanation

2차 입력(회전자 입력) $P_2 = P_o + P_{c2} = 10 \times 746 + 350 = 7,810$ [W]

회전자 동손(2차 동손) $P_{c2} = sP_2$에서 슬립 $s = \dfrac{P_{c2}}{P_2} = \dfrac{350}{7,810} = 0.045$

회전속도 $N = (1-s)N_s = (1-0.045) \times \dfrac{120 \times 50}{12} = 478$ [rpm]

【답】 ②

58 ★★☆☆☆
변압기의 권수를 N이라고 할 때 누설리액턴스는?
① N에 비례한다.　　　　　　② N^2에 비례한다.
③ N에 반비례한다.　　　　　④ N^2에 반비례한다.

> Explanation

누설 리액턴스 $X_L = \omega L = 2\pi f L \propto L$이고

$L = \dfrac{\mu S N^2}{l} \propto N^2$이므로 권선을 분할 조립하여 누설 리액턴스를 줄인다.

【답】 ②

59 ★★★★★
동기발전기의 병렬운전 조건에서 같지 않아도 되는 것은?
① 기전력의 용량　　　　　　② 기전력의 위상
③ 기전력의 크기　　　　　　④ 기전력의 주파수

> Explanation

동기발전기의 병렬운전 조건

기전력의 크기가 같을 것	무효순환전력 (무효횡류)
기전력의 위상이 같을 것	동기화 전류 (유효횡류)
기전력의 주파수가 같을 것	난조발생
기전력의 파형이 같을 것	고조파 무효순환전류

【답】 ①

60 ★★☆☆☆
다이오드를 사용하는 정류회로에서 과대한 부하전류로 인하여 다이오드가 소손될 우려가 있을 때 가장 적절한 조치는 어느 것인가?
① 다이오드를 병렬로 추가한다.
② 다이오드를 직렬로 추가한다.
③ 다이오드 양단에 적당한 값의 저항을 추가한다.
④ 다이오드 양단에 적당한 값의 커패시터를 추가한다.

> **Explanation**
>
> - 직렬연결 : 과전압 방지(입력전압을 증대)
> - 병렬연결 : 과전류 방지

【답】 ①

4과목   회로이론 및 제어공학

61 전달함수가 $G_C(s) = \dfrac{s^2 + 3s + 5}{2s}$ 인 제어기가 있다. 이 제어기는 어떤 제어기인가?

① 비례 미분 제어기   ② 적분 제어기
③ 비례 적분 제어기   ④ 비례 미분 적분 제어기

> **Explanation**
>
> PID 제어기 $y(t) = K\left[z(t) + \dfrac{1}{T_i}\int z(t)dt + T_d \dfrac{d}{dt}z(t)\right]$
>
> 여기서, K는 비례감도, T_i는 적분시간, T_d는 미분시간
>
> 제어기의 전달함수 $G_c(s) = \dfrac{s^2+3s+5}{2s} = \dfrac{1}{2}s + \dfrac{3}{2} + \dfrac{5}{2s} = \dfrac{3}{2}\left[1 + \dfrac{1}{3}s + \dfrac{5}{3s}\right]$
>
> 따라서 비례감도 $\dfrac{3}{2}$, 적분시간 $\dfrac{3}{5}$, 미분시간 $\dfrac{1}{3}$인 비례 미분 적분 제어기이다.

【답】 ④

62 다음 논리회로의 출력 Y는?

① A ② B
③ $A+B$ ④ $A \cdot B$

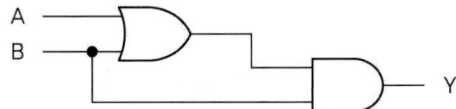

> **Explanation**
>
> 부울 대수를 이용하여
> $Y = (A+B) \cdot B = AB + BB = AB + B = B(A+1) = B$

【답】 ②

63 다음과 같은 궤한 제어계가 안정하기 위한 K의 범위는?

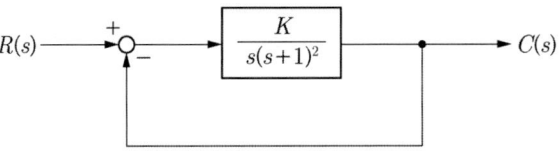

① $K > 0$ ② $K > 1$
③ $0 < K < 1$ ④ $0 < K < 2$

> **Explanation**
>
> Routh-Hurwitz 판별식을 이용하여 안정도를 구하기 위하여 폐루프 특성방정식을 구하면
> 폐루프의 특성 방정식은 개루프 전달함수의 (분모+분자)
> $s(s+1)^2 + K = s^3 + 2s^2 + s + K = 0$

Routh-Hurwitz판별식을 이용하여 1열의 부호가 모두 양수이면 안정하며

s^3	1	1
s^2	2	K
s^1	$\dfrac{2-K}{2}$	0
s^0	K	

제1열의 부호 변화가 없어야 안정하므로 $2-K>0$, $2>K$ $K>0$
$\therefore 0<K<2$

【답】④

64 ★★★★★ 다음과 같은 상태 방정식으로 표시되는 제어시스템의 특성방정식의 근(s_1, s_2)은?

$$\begin{bmatrix} \dot{x}_1 \\ \dot{x}_2 \end{bmatrix} = \begin{bmatrix} 0 & 1 \\ -2 & -3 \end{bmatrix} \begin{bmatrix} x_1 \\ x_2 \end{bmatrix} + \begin{bmatrix} 1 \\ 0 \end{bmatrix} u$$

① 1, −3
② −1, −2
③ −2, −3
④ −1, −3

Explanation

특성방정식 $|sI-A|=0$
$|sI-A| = \begin{bmatrix} s & 0 \\ 0 & s \end{bmatrix} - \begin{bmatrix} 0 & 1 \\ -2 & -3 \end{bmatrix} = \begin{vmatrix} s & -1 \\ s & s+3 \end{vmatrix} = s^2+3s+2$
$s^2+3s+2 = (s+1)(s+2) = 0$
따라서 특성방정식의 근(고유값) $s=-1, -2$

【답】②

65 ★☆☆☆☆ 그림의 블록선도와 같이 표현되는 제어시스템에서 $A=1$, $B=1$일 때, 블록선도의 출력 C는 얼마인가?

① 0.22
② 0.33
③ 1.22
④ 3.1

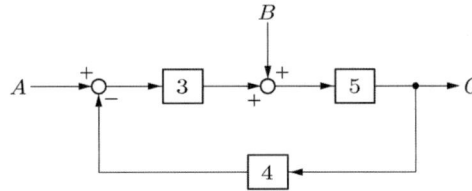

Explanation

블록선도의 전달함수 $G(s) = \dfrac{\Sigma G}{1-\Sigma L_1 + \Sigma L_2 + \cdots}$
여기서, L_1 : 각각의 모든 폐루프 이득의 합
L_2 : 서로 접촉하지 않는 2개의 폐루프 이득의 곱의 합
ΣG : 각각의 전향 경로의 합
입력(A)과 외란입력(B)을 이용한 출력을 구하면
$C = \dfrac{3\times 5}{1+3\times 4\times 5}A + \dfrac{5}{1+3\times 4\times 5}B = \dfrac{15}{61}\times 1 + \dfrac{5}{61}\times 1 = \dfrac{15+5}{61} = 0.33$

【답】②

66 ★★☆☆☆ 제어요소가 제어대상에 주는 양은?

① 동작신호
② 조작량
③ 제어량
④ 궤환량

> **Explanation**

피드백 제어 시스템의 기본구성

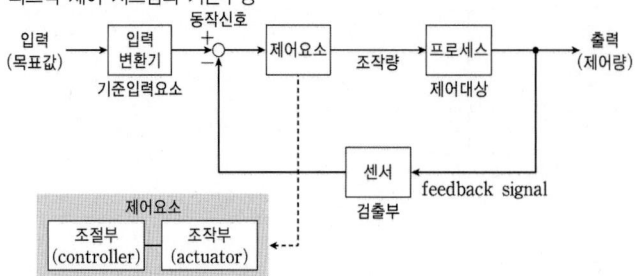

【답】②

67 전달함수 $\dfrac{C(s)}{R(s)} = \dfrac{1}{3s^2+4s+1}$ 인 제어계는 다음 중 어느 경우인가?

① 무제동
② 부족제동
③ 임계제동
④ 과제동

> **Explanation**

$$G(s) = \dfrac{\omega_n^2}{s^2+2\zeta\omega_n s+\omega_n^2} = \dfrac{1}{3s^2+4s+1} = \dfrac{\frac{1}{3}}{s^2+\frac{4}{3}s+\frac{1}{3}}$$

$\omega_n^2 = \dfrac{1}{3},\ \omega_n = \dfrac{1}{\sqrt{3}}$

$2\zeta\omega_n = \dfrac{4}{3},\quad \zeta = 1.15$

따라서 과제동이다.

【답】④

68 함수 $f(t) = e^{-at}$의 z 변환 함수 $F(z)$는?

① $\dfrac{2z}{z-e^{aT}}$
② $\dfrac{1}{z+e^{-aT}}$
③ $\dfrac{z}{z+e^{-aT}}$
④ $\dfrac{z}{z-e^{-aT}}$

> **Explanation**

라플라스 변환과 z 변환과의 관계

$f(t)$		$F(s)$	$F(z)$
임펄스 함수	$\delta(t)$	1	1
단위 계단 함수	$u(t)$	$\dfrac{1}{s}$	$\dfrac{z}{z-1}$
램프 함수	t	$\dfrac{1}{s^2}$	$\dfrac{Tz}{(z-1)^2}$
지수 함수	e^{-at}	$\dfrac{1}{s+a}$	$\dfrac{z}{z-e^{-aT}}$

【답】④

69 제어시스템의 주파수 전달함수가 $G(j\omega) = j5\omega$ 이고, 주파수가 $\omega = 0.02[\text{rad/sec}]$일 때, 이 제어시스템의 이득[dB]은?

① 20
② 10
③ -10
④ -20

Explanation

이득 $g = 20\log_{10}|G(j\omega)| = 20\log_{10}|j5\omega| = 20\log_{10}|j0.1|$
$= 20\log_{10}|10^{-1}| = -20[\text{dB}]$

【답】④

70 그림과 같은 제어시스템의 폐루프 전달함수 $T(s) = \dfrac{C(s)}{R(s)}$에 대한 감도 S_K^T는?

① -1
② 0
③ 0.5
④ 1

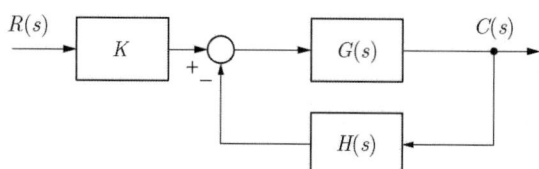

Explanation

감도(Sensitivity)

시스템의 한 개의 파라미터가 전체시스템에 미치는 영향 $S_K^T = \dfrac{K}{T}\dfrac{dT}{dK}$

• 전체 시스템 $T = \dfrac{C(s)}{R(s)} = \dfrac{GK}{1+GH}$

$\therefore S_K^T = \dfrac{K}{T} \cdot \dfrac{dT}{dK} = \dfrac{K}{\dfrac{KG}{1+GH}} \cdot \dfrac{d}{dK}\left(\dfrac{GK}{1+GH}\right) = \dfrac{1+GH}{G} \cdot \dfrac{G}{1+GH} = 1$

【답】④

71 그림 (a)와 같은 회로에 대한 구동점 임피던스의 극점과 영점이 각각 그림(b)에 나타낸 것과 같고 $Z(0) = 1$일 때, 이 회로에서의 R[Ω], L[H], C[F]의 값은?

① $R = 1.0[\Omega]$, $L = 0.1[\text{H}]$, $C = 0.0235[\text{F}]$
② $R = 1.0[\Omega]$, $L = 0.2[\text{H}]$, $C = 1.0[\text{F}]$
③ $R = 2.0[\Omega]$, $L = 0.1[\text{H}]$, $C = 0.0235[\text{F}]$
④ $R = 2.0[\Omega]$, $L = 0.2[\text{H}]$, $C = 1.0[\text{F}]$

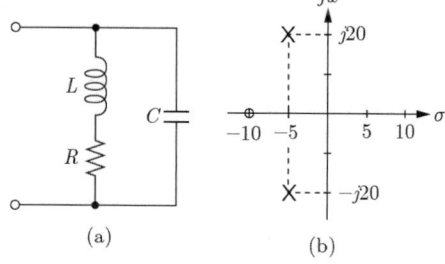

Explanation

【답】①

72. 회로에서 저항 1[Ω]에 흐르는 전류 I[A]는?

① 3
② 2
③ 1
④ -1

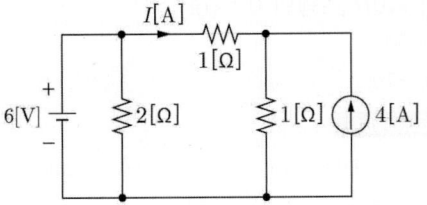

Explanation

중첩의 원리를 이용하면
① 전류원 개방 시

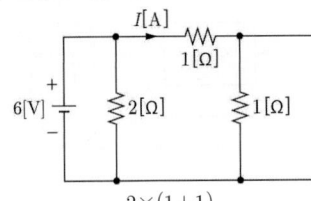

전체저항 $R_T = \dfrac{2\times(1+1)}{2+(1+1)} = 1[\Omega]$

전체전류 $I_T = \dfrac{V}{R_T} = \dfrac{6}{1} = 6[A]$

1[Ω]에 흐르는 전류 $I' = 6 \times \dfrac{2}{2+2} = 3[A]$

② 전압원 단락 시

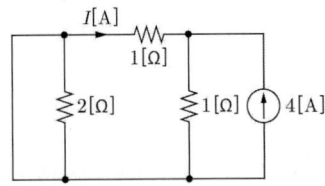

1[Ω]에 흐르는 전류 $I'' = -4 \times \dfrac{1}{1+1} = -2[A]$

따라서 1[Ω]에 흐르는 전체 전류 $I = I' + I'' = 3 + (-2) = 1[A]$

【답】③

73. 파형이 톱니파일 경우 파형률은?

① 1.155
② 1.732
③ 1.414
④ 0.577

Explanation

삼각파
- 실효값 $V = \dfrac{V_m}{\sqrt{3}}$
- 평균값 $V_{av} = \dfrac{V_m}{2}$ 이므로

따라서 파형률 $= \dfrac{\text{실효값}}{\text{평균값}} = \dfrac{\dfrac{V_m}{\sqrt{3}}}{\dfrac{V_m}{2}} = \dfrac{2}{\sqrt{3}} = 1.155$

【답】①

74

무한장 무손실 전송선로의 임의의 위치에서 전압이 100[V]였다. 이 선로의 인덕턴스가 7.5[μH/m]이고, 커패시턴스가 0.012[μF/m]일 때 이 점에서 전류[A]는?

① 2
② 4
③ 6
④ 8

Explanation

무손실 선로 조건 $R = G = 0$

특성임피던스 $Z_0 = \sqrt{\dfrac{Z}{Y}} = \sqrt{\dfrac{R+j\omega L}{G+j\omega C}} = \sqrt{\dfrac{L}{C}}$

따라서 전류는 $I = \dfrac{V}{Z_0} = \dfrac{V}{\sqrt{\dfrac{L}{C}}} = \dfrac{100}{\sqrt{\dfrac{7.5 \times 10^{-6}}{0.012 \times 10^{-6}}}} = 4[A]$

【답】②

75

전압 $v(t) = 14.14 \sin \omega t + 7.07 \sin\left(3\omega t + \dfrac{\pi}{6}\right)$[V]의 실효값은 약 몇 [V]인가?

① 3.87
② 11.2
③ 15.8
④ 21.2

Explanation

비정현파의 실효값 : 각 고조파 실효값의 제곱의 합의 제곱근

$V = \sqrt{V_0^2 + V_1^2 + V_2^2 + \cdots + V_n^2}$

$V = \sqrt{V_1^2 + V_3^2} = \sqrt{\left(\dfrac{14.14}{\sqrt{2}}\right)^2 + \left(\dfrac{7.07}{\sqrt{2}}\right)^2} = 11.2[V]$

【답】②

76

그림과 같은 평형 3상 회로에서 전원전압이 $V_{ab} = 200$[V]이고 부하 1상의 임피던스가 $Z = 4 + j3$[Ω]인 경우 전원과 부하 사이 선전류 I_a는 약 몇 [A]인가?

① $40\sqrt{3} \angle 36.87°$
② $40\sqrt{3} \angle -36.87°$
③ $40\sqrt{3} \angle 66.87°$
④ $40\sqrt{3} \angle -66.87°$

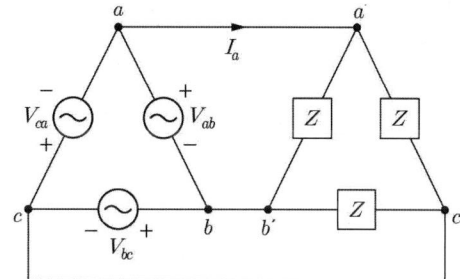

Explanation

△결선이므로 $V_l = V_p$이므로

부하의 상전류 $I_p = \dfrac{V_p}{Z} = \dfrac{200}{6+j8} = \dfrac{200}{\sqrt{4^2+3^2}} = \dfrac{200}{5 \angle tan^{-1}\dfrac{3}{4}} = \dfrac{200}{5 \angle 36.87°} = 40 \angle -36.87°$

△결선이므로 $I_l = \sqrt{3} I_p \angle -30°$[A]이므로

선전류 $I_l = 40\sqrt{3} \angle -36.87° - 30° = 40\sqrt{3} \angle -66.87°$

【답】④

77
정상 상태일 때 $t=0$초인 순간에 스위치 S를 열었다. 이 때 흐르는 전류 $i(t)$는?

① $\dfrac{V}{R}e^{-\frac{R+r}{L}t}$ ② $\dfrac{V}{r}e^{-\frac{R+r}{L}t}$

③ $\dfrac{V}{R}e^{-\frac{L}{R+r}t}$ ④ $\dfrac{V}{r}e^{-\frac{L}{R+r}t}$

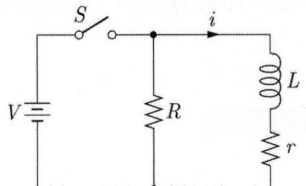

Explanation

S를 열었을 때 회로의 전압방정식은
$L\dfrac{di}{dt}+(R+r)i=0$, $\dfrac{di}{dt}=-\dfrac{R+r}{L}i$

$\therefore i(t)=Ke^{-\frac{R+r}{L}t}$

여기서, K값을 구하기 위하여 초기 값을 대입하면
$t=0$일 때 회로의 전류는 $i=\dfrac{V}{r}$이므로 $K=\dfrac{V}{r}$

$i(t)=\dfrac{V}{r}e^{-\frac{R+r}{L}t}$

【답】②

78
선간전압이 150[V], 선전류가 $10\sqrt{3}$[A], 역률이 80[%]인 평형 3상 유도성 부하로 공급되는 무효전력[Var]은?

① 3,600   ② 3,000
③ 2,700   ④ 1,800

Explanation

3상 무효전력 $P_r=\sqrt{3}\,V_l I_l\sin\theta=\sqrt{3}\times150\times10\sqrt{3}\times0.6=2,700$[Var]

여기서, 무효율 $\sin\theta=\sqrt{1-\cos^2\theta}=\sqrt{1-0.8^2}=0.6$

【답】③

79
그림과 같은 함수의 라플라스 변환은?

① $\dfrac{1}{s}(e^s-e^{2s})$ ② $\dfrac{1}{s}(e^{-s}-e^{-2s})$

③ $\dfrac{1}{s}(e^{-2s}-e^{-s})$ ④ $\dfrac{1}{s}(e^{-s}+e^{-2s})$

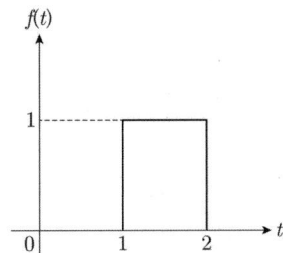

Explanation

함수 $f(t)=u(t-1)-u(t-2)$이므로
$\mathcal{L}[f(t)]=\mathcal{L}[u(t-1)-u(t-2)]=\left\{\dfrac{e^{-s}}{s}-\dfrac{e^{-2s}}{s}\right\}=\dfrac{1}{s}(e^{-s}-e^{-2s})$

【답】②

80 상의 순서가 a-b-c인 불평형 3상전류가 $I_a = 15 + j2$[A], $I_b = -20 - j14$[A], $I_c = -3 + j10$ [A]일 때 영상분 전류 I_0는 약 몇 [A]인가?

① $-2.67 + j0.38$
② $2.02 + j6.98$
③ $15.5 - j3.56$
④ $-2.67 - j0.67$[A]

Explanation

영상분 전류 $I_0 = \dfrac{1}{3}(I_a + I_b + I_c)$
$= \dfrac{1}{3}(15 + j2 - 20 - j14 - 3 + j10)$
$= -2.67 - j0.67$

【답】 ④

5과목 전기설비기술기준

81 지중 전선로를 직접 매설식에 의하여 차량 기타 중량물의 압력을 받을 우려가 있는 장소에 시설하는 경우 매설 깊이는 몇 [m] 이상으로 하여야 하는가?

① 0.6
② 1
③ 1.5
④ 2

Explanation

(KEC 334.1조) 지중전선로의 시설
① 지중 전선로는 전선에 케이블을 사용하고 또한 관로식·암거식(暗渠式) 또는 직접 매설식에 의하여 시설하여야 한다.
② 지중 전선로를 직접 매설식에 의하여 시설하는 경우에는 매설 깊이를 차량 기타 중량물의 압력을 받을 우려가 있는 장소에는 1.0[m] 이상, 기타 장소에는 0.6[m] 이상으로 하고 또한 지중 전선을 견고한 트라프 기타 방호물에 넣어 시설하여야 한다.

【답】 ②

82 돌침, 수평도체, 그물망도체의 요소 중에 한 가지 또는 이를 조합한 형식으로 시설하는 것은?

① 접지극시스템
② 수뢰부시스템
③ 내부피뢰시스템
④ 인하도선시스템

Explanation

(KEC 152.1조) 수뢰부시스템
수뢰부시스템의 선정은 돌침, 수평도체, 그물망도체의 요소 중에 한 가지 또는 이를 조합한 형식으로 시설

【답】 ②

83 지중 전선로에 사용하는 지중함의 시설기준으로 틀린 것은?

① 조명 및 세척이 가능한 장치를 하도록 할 것
② 견고하고 차량 기타 중량물의 압력에 견디는 구조일 것
③ 그 안의 고인 물을 제거할 수 있는 구조로 되어 있을 것
④ 뚜껑은 시설자 이외의 자가 쉽게 열 수 없도록 시설할 것

Explanation

(KEC 334.2조) 지중함의 시설
지중전선로에 사용하는 지중함은 다음에 따라 시설하여야 한다.
① 지중함은 견고하고 차량 기타 중량물의 압력에 견디는 구조일 것.

② 지중함은 그 안의 고인 물을 제거할 수 있는 구조로 되어 있을 것.
③ 폭발성 또는 연소성의 가스가 침입할 우려가 있는 것에 시설하는 지중함으로서 그 크기가 1[m³] 이상인 것에는 통풍장치 기타 가스를 방산시키기 위한 적당한 장치를 시설할 것.
④ 지중함의 뚜껑은 시설자이외의 자가 쉽게 열 수 없도록 시설할 것.

【답】①

84. 전식방지대책에서 매설금속체측의 누설전류에 의한 전식의 피해가 예상되는 곳에 고려하여야 하는 방법으로 틀린 것은?

① 절연코팅
② 배류장치 설치
③ 변전소 간 간격 축소
④ 저준위 금속체를 접속

Explanation

(KEC 461.4조) 전식방지대책
매설금속체측의 누설전류에 의한 전식의 피해가 예상되는 곳은 다음 방법을 고려하여야 한다.
가. 배류장치 설치
나. 절연코팅
다. 매설금속체 접속부 절연
라. 저준위 금속체를 접속
마. 궤도와의 이격거리 증대
바. 금속판 등의 도체로 차폐

【답】③

85. 일반 주택의 저압 옥내배선을 점검하였더니 다음과 같이 시설되어 있었을 경우 시설기준에 적합하지 않은 것은?

① 합성수지관의 지지점 간의 거리를 2[m]로 하였다.
② 합성수지관 안에서 전선의 접속점이 없도록 하였다.
③ 금속관공사에 옥외용 비닐절연전선을 제외한 절연전선을 사용하였다.
④ 인입구에 가까운 곳으로서 쉽게 개폐할 수 있는 곳에 개폐기를 각 극에 시설하였다.

Explanation

(KEC 232.11조) 합성수지관 공사
① 전선은 절연전선(옥외용 비닐절연전선을 제외한다)일 것
② 전선은 연선일 것. 다만, 다음의 것은 적용하지 않는다.
  가. 짧고 가는 합성수지관에 넣은 것
  나. 단면적 10[mm²](알루미늄선은 단면적 16[mm²]) 이하의 것
③ 전선은 합성수지관 안에서 접속점이 없도록 할 것
④ 관 상호 간 및 박스와는 관을 삽입하는 깊이를 관의 바깥지름의 1.2배(접착제를 사용하는 경우에는 0.8배) 이상으로 하고 또한 꽂음 접속에 의하여 견고하게 접속할 것
⑤ **관의 지지점 간의 거리는 1.5[m] 이하로 하고**, 또한 그 지지점은 관의 끝관과 박스의 접속점 및 관 상호 간의 접속점 등에 가까운 곳에 시설할 것
⑥ 습기가 많은 장소 또는 물기가 있는 장소에 시설하는 경우에는 방습 장치를 할 것

【답】①

86. 하나 또는 복합하여 시설하여야 하는 접지극의 방법으로 틀린 것은?

① 지중 금속구조물
② 토양에 매설된 기초 접지극
③ 케이블의 금속외장 및 그 밖에 금속피복
④ 대지에 매설된 강화콘크리트의 용접된 금속 보강재

Explanation

(KEC 142.2조) 접지극의 시설
접지극은 다음의 방법 중 하나 또는 복합하여 시설하여야 한다.
① 콘크리트에 매입 된 기초 접지극

② 토양에 매설된 기초 접지극
③ 토양에 수직 또는 수평으로 직접 매설된 금속전극(봉, 전선, 테이프, 배관, 판 등)
④ 케이블의 금속외장 및 그 밖에 금속피복
⑤ 지중 금속구조물(배관 등)
⑥ 대지에 매설된 철근콘크리트의 용접된 금속 보강재(다만, 강화콘크리트는 제외)

【답】④

87 사용전압이 154[kV]인 전선로를 제1종 특고압 보안공사로 시설할 때 경동연선의 굵기를 몇 [㎟]이상이어야 하는가?

① 55
② 100
③ 150
④ 200

Explanation

(KEC 333.22조) 특고압 보안공사
제1종 특고압 보안공사의 전선은 케이블인 경우 이외에는 단면적이 표에서 정한 값 이상일 것.

사용전압	전선
100[kV] 미만	인장강도 21.67[kN] 이상의 연선 또는 단면적 55[㎟] 이상의 경동연선 또는 동등이상의 인장강도를 갖는 알루미늄 전선이나 절연전선
100[kV] 이상 300[kV] 미만	인장강도 58.84[kN] 이상의 연선 또는 단면적 150[㎟] 이상의 경동연선 또는 동등이상의 인장강도를 갖는 알루미늄 전선이나 절연전선
300[kV] 이상	인장강도 77.47[kN] 이상의 연선 또는 단면적 200[㎟] 이상의 경동연선 또는 동등이상의 인장강도를 갖는 알루미늄 전선이나 절연전선

【답】③

88 다음 ( )에 들어갈 내용으로 옳은 것은?

"동일 지지물에 저압 가공전선(다중접지된 중성선은 제외한다.)과 고압 가공전선을 시설하는 경우 고압 가공전선을 저압 가공선선의 (㉠)로 하고, 별개의 완금류에 시설해야 하며, 고압 가공전선과 저압 가공전선 사이의 이격거리는 (㉡)[m] 이상으로 한다."

① ㉠ 아래 ㉡ 0.5
② ㉠ 아래 ㉡ 1
③ ㉠ 위 ㉡ 0.5
④ ㉠ 위 ㉡ 1

Explanation

(KEC 222.9조) 저고압 가공전선의 등의 병행설치
저압 가공전선(다중접지된 중성선은 제외한다)과 고압 가공전선을 동일지지물에 시설하는 경우
① 저압 가공전선을 고압 가공전선의 아래로 하고 별개의 완금류에 시설할 것.
② 저압 가공전선과 고압 가공전선 사이의 이격거리는 0.5[m] 이상일 것. 다만, 각도주(角度柱)·분기주(分岐柱) 등에서 혼촉(混觸)의 우려가 없도록 시설하는 경우에는 그러하지 아니하다.

【답】③

89 전기설비기술기준에서 정하는 안전원칙에 대한 내용으로 틀린 것은?

① 전기설비는 감전, 화재 그 밖에 사람에게 위해를 주거나 물건에 손상을 줄 우려가 없도록 시설하여야 한다.
② 전기설비는 다른 전기설비, 그 밖의 물건의 기능에 전기적 또는 자기적인 장해를 주지 않도록 시설하여야 한다.
③ 전기설비는 경쟁과 새로운 기술 및 사업의 도입을 촉진함으로써 전기사업의 건전한 발전을 도모하도록 시설하여야 한다.
④ 전기설비는 사용목적에 적절하고 안전하게 작동하여야 하며, 그 손상으로 인하여 전기 공급에 지장을 주지 않도록 시설하여야 한다.

> **Explanation**

(전기설비기술기준 제2조) 안전원칙
① 전기설비는 감전, 화재 그 밖에 사람에게 위해(危害)를 주거나 물건에 손상을 줄 우려가 없도록 시설하여야 한다.
② 전기설비는 사용목적에 적절하고 안전하게 작동하여야 하며, 그 손상으로 인하여 전기 공급에 지장을 주지 않도록 시설하여야 한다.
③ 전기설비는 다른 전기설비, 그 밖의 물건의 기능에 전기적 또는 자기적인 장해를 주지 않도록 시설하여야 한다. 【답】③

90 ★★☆☆☆
플로어덕트공사에 의한 저압 옥내배선에서 연선을 사용하지 않도록 되는 전선(동선)의 단면적은 최대 몇 [mm²]인가?
① 2
② 4
③ 6
④ 10

> **Explanation**

(KEC 232.32조) 플로어덕트공사
① 전선은 절연전선(옥외용 비닐절연전선을 제외한다)일 것.
② **전선은 연선일 것. 다만, 단면적 10[mm²](알루미늄선은 단면적 16[mm²]) 이하인 것은 그러하지 아니하다.** 【답】④

91 ★☆☆☆☆
풍력터빈에 설비의 손상을 방지하기 위하여 시설하는 운전상태를 계측하는 계측장치로 틀린 것은?
① 조도계
② 압력계
③ 온도계
④ 풍속계

> **Explanation**

(KEC 532.3.7조) 풍력설비의 계측장치 시설
① 회전속도계
② 나셀(nacelle) 내의 진동을 감시하기 위한 진동계
③ **풍속계**
④ **압력계**
⑤ **온도계** 【답】①

92 ★★☆☆☆
전압의 종별에서 교류 600[V]는 무엇으로 분류하는가?
① 저압
② 고압
③ 특고압
④ 초고압

> **Explanation**

(KEC 111.1조) 전압의 구분
① 저압 : 교류는 1[kV] 이하, 직류는 1.5[kV] 이하인 것.
② 고압 : 교류는 1[kV]를, 직류는 1.5[kV]를 초과하고, 7[kV] 이하인 것.
③ 특고압 : 7[kV]를 초과하는 것. 【답】①

93 ★★★★☆
옥내 배선공사 중 반드시 절연전선을 사용하지 않아도 되는 공사방법은? (단, 옥외용 비닐절연전선은 제외한다)
① 금속관공사
② 버스덕트공사
③ 합성수지관공사
④ 플로어덕트공사

> **Explanation**

(KEC 231.4조) 나전선의 사용 제한
옥내배선공사에서 나전선을 사용할 수 있는 것은 **버스덕트공사, 라이팅덕트공사**이다. 【답】②

94 시가지에 시설하는 사용전압 170[kV] 이하인 특고압 가공전선로의 지지물이 철탑이고 전선이 수평으로 2 이상 있는 경우에 전선 상호 간의 간격이 4[m] 미만인 때에는 특고압 가공전선로의 경간은 몇 [m] 이하이어야 하는가?

① 100
② 150
③ 200
④ 250

Explanation

(KEC 333.1조) 시가지 등에서 특고압 가공전선로의 시설(170[kV] 이하의 전선로)
경간 및 지지물(목주 사용 금지)

지지물의 종류	경간
A종 철주 또는 A종 철근 콘크리트주	75[m]
B종 철주 또는 B종 철근 콘크리트주	150[m]
철탑	400[m] (단주인 경우에는 300[m]) 다만, 전선이 수평으로 2 이상 있는 경우에 전선 상호 간의 간격이 4[m] 미만인 때에는 250[m]

【답】④

95 사용전압이 170[kV] 이하의 변압기를 시설하는 변전소로서 기술원이 상주하여 감시하지는 않으나 수시로 순회하는 경우, 기술원이 상주하는 장소에 경보장치를 시설하지 않아도 되는 경우는?

① 옥내변전소에 화재가 발생한 경우
② 제어회로의 전압이 현저히 저하한 경우
③ 운전조작에 필요한 차단기가 자동적으로 차단한 후 재폐로한 경우
④ 수소냉각식 무효전력 보상장치는 그 무효전력 보상장치 내부의 수소의 순도가 90[%] 이하로 저하한 경우

Explanation

(KEC 351.9조) 상주 감시를 하지 않는 변전소의 시설
사용전압이 170[kV] 이하의 변압기를 시설하는 변전소로서 기술원이 상주하여 감시하지는 않으나 수시로 순회하는 경우, 기술원이 상주하는 장소에 경보장치를 시설해야 하는 경우 중,
③에서 운전조작에 필요한 차단기가 자동적으로 차단한 경우 **차단기가 재폐로한 경우는 제외**이다.

【답】③

96 특고압용 타냉식 변압기의 냉각장치에 고장이 생긴 경우를 대비하여 어떤 보호장치를 하여야 하는가?

① 경보장치
② 속도조정장치
③ 온도시험장치
④ 냉매흐름장치

Explanation

(KEC 351.4조) 특고압 변압기의 보호장치

뱅크용량의 구분	동작 조건	장치의 종류
타냉식 변압기(변압기의 권선 및 철심을 직접 냉각시키기 위하여 봉입한 냉매를 강제 순환시키는 냉각방식을 말한다.)	냉각 장치에 고장이 생긴 경우 또는 변압기의 온도가 현저히 상승한 경우	경보 장치

【답】①

97
특고압 가공전선로의 지지물로 사용하는 B종 철주, B종 철근콘크리트주 또는 철탑의 종류에서 전선로의 지지물 양쪽의 경간의 차가 큰 곳에 사용하는 것은?
① 각도형 ② 잡아당김형
③ 내장형 ④ 보강형

Explanation

(KEC 333.11조) 특고압 가공전선로의 철주, 철근콘크리트주, 철탑의 종류
특고압 가공전선로의 지지물로 사용하는 B종 철근·B종 콘크리트주 또는 철탑의 종류는 다음과 같다.
① 직선형 : 전선로의 직선부분(3° 이하인 수평각도를 이루는 곳을 포함한다. 이하 같다)에 사용하는 것. 다만, 내장형 및 보강형에 속하는 것을 제외한다.
② 각도형 : 전선로중 3°를 초과하는 수평각도를 이루는 곳에 사용하는 것
③ 잡아당김형 : 전가섭선을 잡아당기는 곳에 사용하는 것
④ **내장형 : 전선로의 지지물 양쪽의 경간의 차가 큰 곳에 사용하는 것**
⑤ 보강형 : 전선로의 직선부분에 그 보강을 위하여 사용하는 것

【답】③

98
아파트 세대 욕실에 "비데용 콘센트"를 시설하고자 한다. 다음의 시설방법 중 적합하지 않은 것은?
① 콘센트는 접지극이 없는 것을 사용한다.
② 습기가 많은 장소에 시설하는 콘센트는 방습장치를 하여야 한다.
③ 콘센트를 시설하는 경우에는 절연변압기(정격용량 3[kVA] 이하인 것에 한한다.)로 보호된 전로에 접속하여야 한다.
④ 콘센트를 시설하는 경우에는 인체감전보호용 누전차단기(정격감도전류 15[mA] 이하, 동작시간 0.03초 이하의 전류동작형의 것에 한한다.)로 보호된 전로에 접속하여야 한다.

Explanation

(KEC 234.5조) 콘센트의 시설
① 욕조나 샤워시설이 있는 욕실 또는 화장실 등 인체가 물에 젖어있는 상태에서 전기를 사용하는 장소에 콘센트를 시설하는 경우에는 다음에 따라 시설하여야한다.
  • '전기용품 및 생활용품 안전관리법'의 적용을 받는 인체감전보호용 누전차단기(정격감도전류 15[mA] 이하, 동작시간 0.03초 이하의 전류동작형의 것에 한한다) 또는 절연변압기(정격용량 3[kVA] 이하인 것에 한한다)로 보호된 전로에 접속하거나, 인체감전보호용 누전차단기가 부착된 콘센트를 시설하여야 한다.
  • **콘센트는 접지극이 있는 방적형 콘센트를 사용**하여 규정에 준하여 접지하여야 한다.
② 습기가 많은 장소 또는 수분이 있는 장소에 시설하는 콘센트 및 기계기구용 콘센트는 접지용 단자가 있는 것을 사용하여 접지하여야 한다.

【답】①

99
고압 가공전선로의 가공지선에 나경동선을 사용하려면 지름 몇 [mm] 이상의 것을 사용하여야 하는가?
① 2.0 ② 3.0
③ 4.0 ④ 5.0

Explanation

(KEC 332.6조) 고압 가공전선로의 가공지선
고압 가공전선로에 사용하는 가공지선은 인장강도 5.26[kN] 이상의 것 또는 지름 4[mm] 이상의 나경동선을 사용하여야 한다.

【답】③

100
변전소의 주요 변압기에 계측장치를 시설하여 측정하여야 하는 것이 아닌 것은?
① 역률 ② 전압
③ 전력 ④ 전류

Explanation

(KEC 351.6조) 변전소의 계측장치
변전소 또는 이에 준하는 곳에는 다음의 사항을 계측하는 장치를 시설하여야 한다. 다만, 전기철도용 변전소는 주요 변압기의 전압을 계측하는 장치를 시설하지 아니할 수 있다.
① 주요 변압기의 전압 및 전류 또는 전력
② 특고압용 변압기의 온도

【답】①

3회 2021년 전기기사 필기

1과목 전기자기학

01 그림과 같이 단면적 $S[m^2]$가 균일한 환상철심에 권수 N_1인 A 코일과 권수 N_2인 B코일이 있을 때, 코일 A의 자기 인덕턴스가 $L_1[H]$이라면 두 코일의 상호 인덕턴스 $M[H]$는? (단, 누설자속은 0이다)

① $\dfrac{L_1 N_2}{N_1}$ ② $\dfrac{N_2}{L_1 N_1}$

③ $\dfrac{L_1 N_1}{N_2}$ ④ $\dfrac{N_1}{L_1 N_2}$

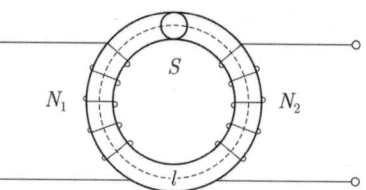

Explanation

자기인덕턴스와 상호인덕턴스

• 자기인덕턴스 : $L_1 = \dfrac{N_1^2}{R_m}$ $L_2 = \dfrac{N_2^2}{R_m}$

• 상호인덕턴스 : $M = \dfrac{N_1 N_2}{R_m} = \dfrac{N_2}{N_1} L_1$

【답】①

02 평행판 커패시터에 어떤 유전체를 넣었을 때 전속밀도가 $4.8 \times 10^{-7}[C/m^2]$이고, 단위 체적당 정전에너지가 $5.3 \times 10^{-3}[J/m^3]$이었다. 이 유전체의 유전율은 약 몇 $[F/m]$인가?

① 1.15×10^{-11} ② 2.17×10^{-11}

③ 3.19×10^{-11} ④ 4.21×10^{-11}

Explanation

체적당 에너지 $\omega = \dfrac{1}{2}\epsilon E^2 = \dfrac{D^2}{2\epsilon} = \dfrac{1}{2}ED[J/m^3]$에서

유전율 $\epsilon = \dfrac{D^2}{2w} = \dfrac{(4.8 \times 10^{-7})^2}{2 \times 5.3 \times 10^{-3}} = 2.17 \times 10^{-11}[F/m]$

【답】②

03 진공 중에서 점(0, 1)[m] 되는 곳에 $-2 \times 10^{-9}[C]$ 점전하가 있을 때 점(2,0)[m]에 있는 1[C]의 점전하에 작용하는 힘은 몇 [N]인가?

① $-\dfrac{18}{3\sqrt{5}}a_x + \dfrac{36}{3\sqrt{5}}a_y$ ② $-\dfrac{36}{5\sqrt{5}}a_x + \dfrac{18}{5\sqrt{5}}a_y$

③ $-\dfrac{36}{3\sqrt{5}}a_x + \dfrac{18}{3\sqrt{5}}a_y$ ④ $\dfrac{36}{5\sqrt{5}}a_x + \dfrac{18}{5\sqrt{5}}a_y$

Explanation

힘을 벡터로 구하므로
$F = |F|a_0$ 에서
거리 $r = (2-0)a_x + (0-1)a_y = 2a_x - a_y$
크기 $r = \sqrt{2^2 + (-1)^2} = \sqrt{5}$ [m]
방향 $r_0 = \dfrac{F}{|F|} = \dfrac{1}{\sqrt{5}}(2a_x - a_y)$

따라서 힘을 벡터로 표시하면 $F = 9 \times 10^9 \times \dfrac{-2 \times 10^{-9} \times 1}{(\sqrt{5})^2} \times \dfrac{1}{\sqrt{5}}(2a_x - a_y) = -\dfrac{36}{5\sqrt{5}}a_x + \dfrac{18}{5\sqrt{5}}a_y$ [N] 【답】②

04 ★★★☆☆ 다음 중 기자력(Magnetomotive Force)에 대한 설명으로 옳지 않은 것은?

① SI단위는 암페어[A]이다.
② 전기회로의 기전력에 대응한다.
③ 자기회로의 자기저항과 자속의 곱과 동일하다.
④ 코일에 전류를 흘렸을 때 전류밀도와 코일의 권수의 곱의 크기와 같다.

Explanation

- 전기회로의 기전력에 대응
- 기자력 $F = NI = R_m \phi$ [AT]
- 전류와 코일권수의 곱과 같다.
- 자기회로의 자기저항과 자속의 곱과 동일하다. 【답】④

05 ★★★★★ 쌍극자 모멘트가 M[C·m]인 전기쌍극자에 의한 임의의 점 P에서의 전계의 크기는 전기쌍극자의 중심에서 축방향과 점 P를 잇는 선분의 사이의 각이 얼마일 때 최대가 되는가?

① 0
② $\dfrac{\pi}{2}$
③ $\dfrac{\pi}{3}$
④ $\dfrac{\pi}{4}$

Explanation

전기쌍극자 전위 : $V = \dfrac{M\cos\theta}{4\pi\epsilon_0 r^2}$ [V] ∴ $V \propto \dfrac{1}{r^2}$

전기쌍극자 전계의 세기 : $E = \dfrac{M\sqrt{1 + 3\cos^2\theta}}{4\pi\epsilon_0 r^3}$ [V/m] ∴ $E \propto \dfrac{1}{r^3}$

따라서 전기쌍극자의 전계의 세기와 전위는 $\theta = 0°$ 일 때 최대이고, $\theta = 90°$ 일 때 최소가 된다. 【답】①

06 ★★★★★ 정상 전류계에서 J는 전류밀도, σ는 도전율, ρ는 고유저항, E는 전계의 세기일 때, 옴의 법칙에 대한 미분형은?

① $J = \sigma E$
② $J = \dfrac{E}{\sigma}$
③ $J = \rho E$
④ $J = \rho \sigma E$

Explanation

옴의 법칙의 미분형 $i = \dfrac{1}{\rho}E = kE$ [A/m²] 【답】①

07 그림과 같은 극판의 면적이 $S[\text{m}^2]$인 평행판 커패시터에 유전율이 각각 $\epsilon_1 = 4$, $\epsilon_2 = 2$인 유전체를 채우고 a, b 양단에 $V[\text{V}]$의 전압을 인가할 때, ϵ_1, ϵ_2인 유전체 내부의 전계의 세기 E_1, E_2의 관계식은? (단, $\sigma[\text{C/m}^2]$는 면전하밀도이다)

① $E_1 = 2E_2$
② $E_1 = 4E_2$
③ $2E_1 = E_2$
④ $E_1 = E_2$

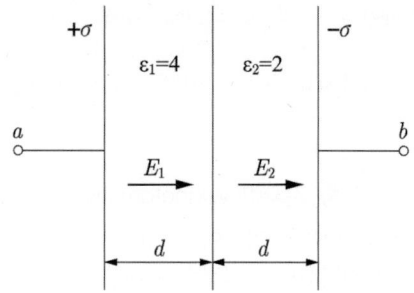

Explanation

비유전율(ϵ_s)과의 관계에서 일정전압을 걸어서 충전하면 시간이 지나면서 전하량이 일정해지므로

전계는 $E = \dfrac{1}{\epsilon_s}E_0$이면 $\dfrac{E_1}{E_2} = \dfrac{\epsilon_2}{\epsilon_1} = \dfrac{2}{4} = \dfrac{1}{2}$

∴ $2E_1 = E_2$

【답】③

08 반지름 $r[\text{m}]$인 반원형 전류 $I[\text{A}]$에 의한 반원의 중심에서의 자계의 세기[AT/m]는?

① $\dfrac{2I}{r}$
② $\dfrac{I}{r}$
③ $\dfrac{I}{2r}$
④ $\dfrac{I}{4r}$

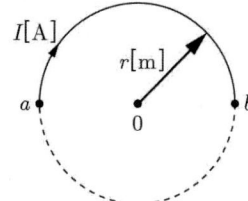

Explanation

원형코일의 중심 (원형코일에 전류가 흐를 때) : $H = \dfrac{I}{2r}$, 여기서 r는 반지름

따라서 반원형 전류에 의한 자계

$H = \dfrac{I}{2r} \times \dfrac{1}{2} = \dfrac{I}{4r}$ [AT/m]

【답】④

09 평균 반지름 r이 20[cm], 단면적 S가 6[cm²]인 환상 철심에서 권선수 N이 500회인 코일에 흐르는 전류 I가 4[A]일 때 철심 내부에서의 자계의 세기 H는 약 몇 [AT/m]인가?

① 1,590
② 1,700
③ 1,870
④ 2,120

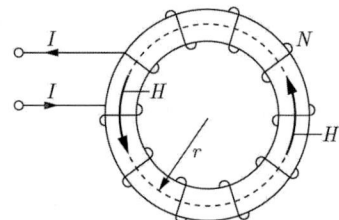

Explanation

환상 솔레노이드 내부의 자계의 세기 $H=\dfrac{NI}{2\pi r}$ [AT/m] : 내부는 평등자장

$H=\dfrac{NI}{2\pi r}=\dfrac{500\times 4}{2\times \pi \times 0.2}=1,592$ [AT/m]

【답】①

10 ★☆☆☆☆
속도 v의 전자가 평등자계 내에 수직으로 들어갈 때, 이 전자에 대한 설명으로 옳은 것은?
① 구면위에서 회전하고 구의 반지름은 자계의 세기에 비례한다.
② 원운동을 하고 원의 반지름은 자계의 세기에 비례한다.
③ 원운동을 하고 원의 반지름은 자계의 세기에 반비례한다.
④ 원운동을 하고 원의 반지름은 전자의 처음 속도의 제곱에 비례한다.

Explanation

로렌츠의 힘 $F=e[E+(v\times B)]$ 이며

전자가 자계내로 진입하면 원심력 $\dfrac{mv^2}{r}$ 과 구심력 $e(v\times B)$ 가 같아지며 전자는 원운동 하게 된다.

$\dfrac{mv^2}{r}=evB$ 에서

원운동 반경 : $r=\dfrac{mv}{eB}$: 원의 반지름은 전자의 처음 속도에 비례하고 자속밀도(자계의 세기)에 반비례

【답】③

11 ★☆☆☆☆
길이가 10[cm]이고 단면의 반지름이 1[cm]인 원통형 자성체가 길이 방향으로 균일하게 자화되어 있을 때 자화의 세기가 0.5[Wb/m²]이라면 이 자성체의 자기모멘트[Wb·m]는?

① 1.57×10^{-5}
② 1.57×10^{-4}
③ 1.57×10^{-3}
④ 1.57×10^{-2}

Explanation

자화의 세기 $J=\dfrac{M}{V}$ [Wb/m²] : 체적당 모멘트

자기모멘트 $M=J\cdot V=J\cdot \pi a^2 \times l=0.5\times \pi \times 0.01^2 \times 0.1=1.57\times 10^{-5}$ [Wb·m]

【답】①

12 ★★★★★
자기 인덕턴스가 각각 L_1, L_2인 두 코일의 상호 인덕턴스가 M일 때 결합 계수는?

① $\dfrac{M}{L_1 L_2}$
② $\dfrac{L_1 L_2}{M}$
③ $\dfrac{M}{\sqrt{L_1 L_2}}$
④ $\dfrac{\sqrt{L_1 L_2}}{M}$

Explanation

상호 인덕턴스 $M=k\sqrt{L_1 L_2}$ 에서

결합 계수 : 누설자속에 관한 항 $k=\dfrac{M}{\sqrt{L_1 L_2}}$

【답】③

13 ★★☆☆☆
간격 d[m], 면적 S[m²]인 평행판 전극 사이에 유전율이 ϵ인 유전체가 있다. 전극 간에 $v(t)=v_m \sin\omega t$[V]의 전압을 가했을 때, 유전체 속의 변위전류밀도[A/m²]는?

① $\dfrac{\epsilon \omega V_m}{d}\cos\omega t$
② $\dfrac{\epsilon \omega V_m}{d}\sin\omega t$
③ $\dfrac{\epsilon V_m}{\omega d}\cos\omega t$
④ $\dfrac{\epsilon V_m}{\omega d}\sin\omega t$

> **Explanation**

변위전류 밀도 $i_d = \frac{\partial D}{\partial t} = \epsilon \frac{\partial E}{\partial t} = \epsilon \frac{\partial}{\partial t}\left(\frac{V}{d}\right)$

$= \frac{\epsilon}{d}\frac{\partial}{\partial t}(V_m \sin\omega t) = \frac{\omega\epsilon}{d}V_m \cos\omega t$ [A/m²]

【답】①

14 ★☆☆☆☆ 그림과 같이 공기 중 2개의 동심 구도체에서 내구 A에만 전하 Q[C]를 주고 외구 B를 접지하였을 때 내구 A의 전위는?

① $\frac{Q}{4\pi\epsilon_0}\left(\frac{1}{a} - \frac{1}{b} + \frac{1}{c}\right)$
② $\frac{Q}{4\pi\epsilon_0}\left(\frac{1}{a} - \frac{1}{b}\right)$
③ $\frac{Q}{4\pi\epsilon_0}\frac{1}{c}$
④ 0

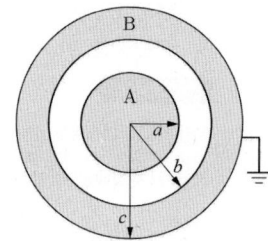

> **Explanation**

전계가 형성되는 경로는 $a < r < b$이므로
$V_A = -\int_b^a E dr = \frac{Q}{4\pi\epsilon_0}\left(\frac{1}{a} - \frac{1}{b}\right)$ [V]

【답】②

15 ★★★★☆ 간격이 d[m]이고 면적이 S[m²]인 평행판 커패시터의 전극 사이에 유전률 ϵ를 갖는 유전체를 넣고 전극 간에 V[V]의 전압을 가했을 때, 이 커패시터의 전극판을 떼어내는 데 필요한 힘의 크기[N]는?

① $\frac{1}{2\epsilon}\frac{V^2}{d^2 S}$
② $\frac{1}{2\epsilon}\frac{d V^2}{S}$
③ $\frac{1}{2}\epsilon\frac{V}{d}S$
④ $\frac{1}{2}\epsilon\frac{V^2}{d^2}S$

> **Explanation**

정전응력 $f = \frac{\sigma^2}{2\epsilon_0} = \frac{1}{2}\epsilon_0 E^2 = \frac{D^2}{2\epsilon_0} = \frac{1}{2}ED$ [N/m²]

$f = \frac{1}{2}\epsilon_0 E^2 = \frac{1}{2}\epsilon_0\left(\frac{V}{d}\right)^2$

힘 $F = f \cdot S = \frac{1}{2}\epsilon E^2 \cdot S = \frac{1}{2}\epsilon\left(\frac{V}{d}\right)^2 \cdot S$ [N]

【답】④

16 ★★★★★ 페러데이관(Faraday tube)의 성질에 대한 설명으로 틀린 것은?

① 페러데이관 중에 있는 전속수는 그 관속에 진전하가 없으면 일정하며 연속적이다.
② 페러데이관의 양단에는 양 또는 음의 단위 진전하가 존재하고 있다.
③ 페러데이관 한 개의 단위 전위차 당 보유에너지는 1/2[J]이다.
④ 패러데이관의 밀도는 전속밀도와 같지 않다.

> **Explanation**

패러데이관의 양단에는 양 또는 음의 단위 진전하가 존재
- 패러데이관의 밀도 = 전속밀도
- $W = \frac{1}{2}QV = \frac{1}{2}\times 1 \times 1 = \frac{1}{2}$[J]

【답】④

17 유전율 ϵ, 투자율 μ인 매질 내에서 전자파의 전파속도[m/s]는?

① $\sqrt{\dfrac{\mu}{\epsilon}}$　　② $\sqrt{\mu\epsilon}$

③ $\sqrt{\dfrac{\epsilon}{\mu}}$　　④ $\dfrac{1}{\sqrt{\mu\epsilon}}$

> Explanation
>
> 전파 속도 $v = \dfrac{1}{\sqrt{\mu\epsilon}} = \dfrac{1}{\sqrt{\mu_0\epsilon_0}}\dfrac{1}{\sqrt{\mu_s\epsilon_s}} = \dfrac{3\times 10^8}{\sqrt{\mu_s\epsilon_s}}$

【답】④

18 히스테리시스 곡선에서 히스테리시스 손실에 해당하는 것은?

① 보자력의 크기　　② 잔류자기의 크기
③ 보자력과 잔류자기의 곱　　④ 히스테리시스 곡선의 면적

> Explanation
>
> 히스테리시스 루프의 면적 : 강자성체의 단위 체적당의 필요한 에너지
> 　　　　　　　　　　히스테리시스 손실

【답】④

19 공기 중 무한 평면도체의 표면으로부터 2[m]인 곳에 4[C]의 점전하가 있다. 이 점전하가 받는 힘은 몇 [N]인가?

① $\dfrac{1}{\pi\epsilon_0}$　　② $\dfrac{1}{4\pi\epsilon_0}$

③ $\dfrac{1}{8\pi\epsilon_0}$　　④ $\dfrac{1}{16\pi\epsilon_0}$

> Explanation
>
> 영상법을 이용하여 아래 그림과 같은 형태로 바꾸어 생각하면
>
>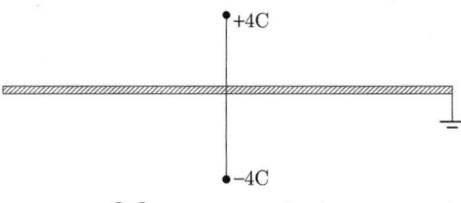
>
> 영상력 $F = \dfrac{Q_1 Q_2}{4\pi\epsilon_0 r^2} = \dfrac{1}{4\pi\epsilon_0} \times \dfrac{4\times(-4)}{4^2} = -\dfrac{1}{4\pi\epsilon_0}$ [N]
>
> 여기서 (-)는 흡인력이다.

【답】②

20 내압이 2.0[kV]이고 정전용량이 각각 0.01[μF], 0.02[μF], 0.04[μF]인 3개의 콘덴서를 직렬로 연결하였을 때 전체 내압은 몇 [V]가 되는가?

① 1,750　　② 2,000
③ 3,500　　④ 4,000

> Explanation
>
> 콘덴서 직렬연결 시 $Q = Q_1 = Q_2 = Q_3$ 이므로
> $V = \dfrac{Q}{C}$에서 $V \propto \dfrac{1}{C}$이므로 전압은 정전용량에 반비례하므로 내압이 각각 2,000[V]이다.

- 정전용량이 제일 적은 0.01[μF]에 2,000[V]가 걸리고
- 그 다음 0.02[μF]인 콘덴서에는 절반인 1,000[V]가 걸리고
- 마지막으로 0.04[μF]에 500[V]가 걸리므로

전체적으로 3,500[V]가 걸리게 된다.

〈기본풀이〉
콘덴서 직렬연결 시 $Q=Q_1=Q_2=Q_3$ 이므로
용량이 제일 적은 0.01[μF] 콘덴서에 제일 높은 전압이 걸리게 되므로
0.01[μF]에 걸리는 전압을 기준하여 전체 내압을 구하면

$$V_1:V_2:V_3=\frac{1}{0.01}:\frac{1}{0.02}:\frac{1}{0.04}=4:2:1$$

따라서 $V_1=\frac{4}{7}V$ ∴ $V=\frac{7}{4}\times 2,000=3,500[V]$

【답】③

2과목 전력공학

21 환상선로의 단락보호에 사용하는 계전방식은?
① 비율 차동 계전방식
② 방향 거리 계전방식
③ 과전류 계전 방식
④ 선택 접지 계전방식

Explanation

환상선로 단락보호
- 전원 1군데 : 방향 단락 계전 방식
- 전원 2군데 : 방향 거리 계전 방식

【답】②

22 변압기 보호용 비율차동계전기를 사용하여 △-Y 결선의 변압기를 보호하려고 한다. 이 때 변압기 1, 2차 측에 설치하는 변류기의 결선 방식은? (단, 위상 보정 기능이 없는 경우이다)
① △-△
② △-Y
③ Y-△
④ Y-Y

Explanation

변압기가 △-Y결선 된 경우에는 1,2차간의 위상차가 30° 발생하므로 이를 보상하기 위하여 차동계전기를 Y-△로 결선한다.

변압기 결선	비율차동계전기 결선
△-Y	Y-△
Y-△	△-Y

【답】③

23 전력계통의 전압조정 설비에 대한 특징으로 틀린 것은?
① 병렬 콘덴서는 진상능력만을 가지며 병렬 리액터는 진상능력이 없다.
② 동기조상기는 조정의 단계가 불연속적이나 직렬 콘덴서 및 병렬 리액터는 연속적이다.
③ 동기조상기는 무효전력의 공급과 흡수가 모두 가능하여 진상 및 지상용량을 갖는다.
④ 병렬 리액터는 경부하시에 계통 전압이 상승하는 것을 억제하기 위하여 초고압 송전선 등에 설치된다.

Explanation

조상설비 비교

	진 상	지 상	시충전(시송전)	조 정	전력손실	증설
전력용 콘덴서	O	×	×	단계적	적다	가능
분로 리액터	×	O	×	단계적	적다	가능
동기 조상기	**O**	**O**	**O**	**연속적**	**크다**	**불가능**

【답】②

24 ★☆☆☆☆ 전력계통의 중성점 다중 접지방식의 특징으로 옳은 것은?
① 통신선의 유도장해가 적다.
② 합성 접지 저항이 매우 높다.
③ 건전상의 전위 상승이 매우 높다.
④ 지락보호 계전기의 동작이 확실하다.

Explanation

중성점 다중접지방식의 특징(직접접지와 거의 유사)
• 1선 지락 시 건전상의 대지전압 상승이 낮다.(절연레벨 경감)
• 중성점을 0전위로 유지 가능(단절연 가능)
• 보호계전기 동작이 확실하다.
• 정격이 낮은 피뢰기 사용 가능
• 과도안정도가 낮다.
• 통신 유도장해가 크다.

【답】④

25 ★★★★★ 경간이 200[m]인 가공 전선로가 있다. 사용 전선의 길이는 경간보다 약 몇 [m] 더 길어야 하는가? (단, 전선의 1[m]당 하중은 2[kg], 인장하중은 4,000[kg]이고, 풍압하중은 무시하며, 전선의 안전율은 2라 한다)
① 0.33
② 0.61
③ 1.41
④ 1.73

Explanation

이도 $D = \dfrac{WS^2}{8T} = \dfrac{2 \times 200^2}{8 \times \dfrac{4,000}{2}} = 5$ 여기서, 수평장력 $T = \dfrac{인장하중}{안전율} = \dfrac{4,000}{2} = 2,000$

실제길이 $L = S + \dfrac{8D^2}{3S} = 200 + \dfrac{8 \times 5^2}{3 \times 200} = 200.33[m]$

∴ 200.33 − 200 = 0.33[m]

【답】①

26 ★★★★★ 송전선로에 단도체 대신 복도체를 사용하는 경우에 나타나는 현상으로 틀린 것은?
① 전선의 작용인덕턴스를 감소시킨다.
② 선로의 작용정전용량을 증가시킨다.
③ 전선 표면의 전위경도를 저감시킨다.
④ 전선의 코로나 임계전압을 저감시킨다.

Explanation

복도체(다도체) 방식(주목적 : 코로나 방지)
• 인덕턴스는 감소, 정전 용량은 증가
• 코로나 임계 전압의 상승
• 송전 용량의 증대
• 전선 표면의 전위경도 감소

【답】④

27 옥내 배선을 단상 2선식에서 단상 3선식으로 변경하였을 때 전선 1선당 공급전력은 약 몇 배 증가하는가? (단, 선간전압(단상 3선식의 경우는 중성선과 타선과의 전압), 선로전류(중성선의 전류 제외) 및 역률은 같다)

① 0.71
② 1.33
③ 1.41
④ 1.73

Explanation

전기 방식별 비교

종 별	1선당 공급전력비교
$1\phi 2W$	1
$1\phi 3W$	1.33
$3\phi 3W$	1.15
$3\phi 4W$	1.5

【답】②

28 3상용 차단기의 정격차단용량은 그 차단기의 정격전압과 정격차단전류와의 곱을 몇 배한 것인가?

① $\dfrac{1}{\sqrt{2}}$
② $\dfrac{1}{\sqrt{3}}$
③ $\sqrt{2}$
④ $\sqrt{3}$

Explanation

3상용 차단기의 정격용량 $P_s = \sqrt{3} \times$ 정격전압 $\times$ 정격차단전류 [MVA]

【답】④

29 송전선에 직렬 콘덴서를 설치하였을 때의 특징으로 틀린 것은?

① 선로 중에서 일어나는 전압강하를 감소시킨다.
② 송전전력의 증가를 꾀할 수 있다.
③ 부하역률이 좋을수록 설치 효과가 크다.
④ 단락사고가 발생하는 경우 사고 전류에 의해 과전압이 발생한다.

Explanation

직렬콘덴서(직렬축전지)는 유도 리액턴스에 의한 선로의 전압 강하 보상용으로 전압변동을 줄이고 정태안정도 개선용으로 사용한다. 따라서 역률개선에는 큰 영향이 없다.

【답】③

30 송전선로의 특성임피던스의 특징으로 옳은 것은?

① 선로의 길이가 길어질수록 값이 커진다.
② 선로의 길이가 길어질수록 값이 작아진다.
③ 선로의 길이에 따라 값이 변하지 않는다.
④ 부하용량에 따라 값이 변한다.

Explanation

특성임피던스 $Z_0 = \sqrt{\dfrac{Z}{Y}} = \sqrt{\dfrac{R+j\omega L}{G+j\omega C}} \fallingdotseq \sqrt{\dfrac{L}{C}}$: 선로의 길이에 무관

【답】③

31 어느 화력발전소에서 40,000[kWh]를 발전하는 데 발열량 860[kcal/kg]의 석탄이 60톤 사용된다. 이 발전소의 열효율은 약 몇 [%]인가?

① 56.7 ② 66.7
③ 76.7 ④ 86.7

Explanation

화력발전소 열효율 $\eta = \dfrac{전기}{열} \times 100[\%]$

$\eta = \dfrac{860\,P\,t}{mH} \times 100[\%]$

따라서 $\eta = \dfrac{860\,W}{mH} \times 100 = \dfrac{860 \times 40,000}{860 \times 60 \times 10^3} \times 100 = 66.7[\%]$

【답】②

32 유효 낙차 100[m], 최대 유량 20[m³/sec]의 수차에서 낙차가 81[m]로 감소하면 유량은 몇 [m³/sec]가 되겠는가? (단, 수차에서 발생되는 손실 등은 무시하며 수차 효율은 일정하다)

① 15 ② 18
③ 24 ④ 30

Explanation

유량 $Q = Av = A\sqrt{2gH}$ [m³/sec]에서 유량 $Q \propto \sqrt{H} \propto H^{\frac{1}{2}}$

$\dfrac{Q_2}{Q_1} = \left(\dfrac{H_2}{H_1}\right)^{\frac{1}{2}} = \sqrt{\dfrac{H_2}{H_1}}$

따라서 $Q_2 = Q_1 \times \sqrt{\dfrac{H_2}{H_1}} = 20 \times \sqrt{\dfrac{81}{100}} = 18$ [m³/sec]

【답】②

33 단락용량 3,000[MVA]인 모선의 전압이 154[kV]라면 등가 모선 임피던스는 약 몇 [Ω]인가?

① 5.81 ② 6.21
③ 7.91 ④ 8.71

Explanation

단락용량 $P_s = \dfrac{V^2}{Z}$ 에서

임피던스 $Z = \dfrac{V^2}{P_s} = \dfrac{(154 \times 10^3)^2}{3,000 \times 10^6} = 7.91[\Omega]$

【답】③

34 중성점 접지 방식 중 직접 접지 송전방식에 대한 설명으로 틀린 것은?

① 1선 지락 사고 시 지락전류는 타접지방식에 비하여 최대가 된다.
② 1선 지락 사고 시 지락계전기의 동작이 확실하고 선택차단이 가능하다.
③ 통신선에서의 유도장해는 비접지방식에 비하여 크다.
④ 기기의 절연레벨을 상승시킬 수 있다.

Explanation

직접 접지방식의 장점
• 1선 지락 시 건전상의 대지전압 상승이 낮다(절연레벨 경감).
• 중성점을 0전위로 유지 가능(단절연 가능)
• 보호계전기 동작이 확실하다.

- 정격이 낮은 피뢰기 사용 가능
(단점)
- 지락전류가 커서 통신유도장해가 크다.
- 과도안정도가 낮다.

【답】 ④

35 ★★★★★
선로고장 발생 시 고장전류를 차단 할 수 없어 리클로저와 같이 차단기능이 있는 후비보호장치와 함께 설치되어야 하는 장치는?

① 배전용 차단기
② 유입 개폐기
③ 컷아웃 스위치
④ 섹셔널라이저

Explanation

섹셔널라이저(Sectionalizer)
선로 고장 발생 시 타 보호기기와의 협조에 의해 고장 구간을 신속히 개방하는 자동구간 개폐기로서 고장전류를 차단할 수 없어 차단 기능이 있는 후비보호장치와 직렬로 설치
보호협조 : R(Recloser) – S(Sectionalizer) – F(Fuse) 순으로 설치

【답】 ④

36 ★★★★★
송전 선로 보호 계전방식이 아닌 것은?

① 전류 위상 비교 방식
② 전류 차동 보호 계전 방식
③ 방향 비교 방식
④ 전압 균형 방식

Explanation

모선(Bus)보호 계전 방식
- 전류 차동 보호 방식
- 전압 차동 보호 방식
- 방향 비교 방식
- 위상 비교 방식

【답】 ④

37 ★★★★☆
가공송전선의 코로나 임계전압에 대한 영향을 미치는 여러 가지 인자에 대한 설명으로 틀린 것은?

① 전선표면이 매끈할수록 임계전압이 낮아진다.
② 날씨가 흐릴수록 임계전압은 낮아진다.
③ 기압이 낮을수록, 온도가 높을수록 임계전압은 낮아진다.
④ 전선의 반지름이 클수록 임계전압은 높아진다.

Explanation

코로나 임계 전압 $E = 24.3 m_0 m_1 \delta d \log_{10} \dfrac{D}{r}$ [kV]

m_0 : 전선의 표면 상태, m_1 : 천후 계수

δ : 상대 공기 밀도 $= \dfrac{0.386b}{273+t}$ (b : 기압, t : 온도)

d : 전선의 지름

따라서 코로나 임계전압이 높아지는 경우
- 상대 공기밀도가 높고, 전선의 직경이 커고 전선 표면이 매끄러워야 한다.
- 맑은 날, 기압이 높고, 온도가 낮은 경우 높다.

【답】 ①

38 ★★★☆☆
동작 시간에 따른 보호 계전기의 분류와 그 설명으로 틀린 것은?

① 순한시 계전기는 설정된 최소 동작 전류 이상의 전류가 흐르면 즉시 동작한다.
② 반한시 계전기는 동작시간이 전류 값의 크기에 따라 변하는 것으로 전류 값이 클수록 느리게 동작하고 반대로 전류 값이 작아질수록 빠르게 작동하는 계전기이다.

③ 정한시 계전기는 설정된 값 이상의 전류가 흘렀을 때 동작 전류의 크기와는 관계없이 항상 일정한 시간 후에 동작하는 계전기이다.
④ 반한시·정한시 계전기는 어느 전류 값까지는 반한시성이지만 그 이상이 되면 정한시로 동작하는 계전기이다.

> **Explanation**

계전기 시한 특성(보호 계전기 특징)
• 순한시 특성 : 최소 동작 전류 이상의 전류가 흐르면 즉시 동작, 고속도 계전기
• 반한시 특성 : 동작 전류가 커질수록 동작 시간이 짧게 되는 특성
• 정한시 특성 : 동작 전류의 크기에 관계없이 일정한 시간에 동작하는 특성
• 반한시 정한시 특성 : 동작 전류가 적은 동안에는 동작 전류가 커질수록 동작 시간이 짧게 되고 어떤 전류 이상이면 동작 전류의 크기에 관계없이 일정한 시간에 동작하는 특성

【답】②

39 ★★★☆☆ 송전선 현수 애자련의 연면 섬락과 가장 관계가 먼 것은?
① 댐퍼
② 철탑 접지 저항
③ 현수 애자련의 개수
④ 현수 애자련의 소손

> **Explanation**

현수 애자련의 연면 섬락
절연체의 연면에서 발생하는 섬락으로 연면거리는 누설거리를 말한다.
연면 섬락의 원인 : 현수애자의 개수 및 현수 애자련의 오손 등이며, 철탑의 접지저항이 큰 경우에도 발생
문제에서, 댐퍼는 전선의 진동을 방지하기 위하여 사용한다.

【답】①

40 ★★☆☆☆ 수압철관의 안지름이 4[m]인 곳에서의 유속이 4[m/s]이었다. 안지름이 3.5[m]인 곳에서의 유속은 약 몇 [m/s]인가?
① 4.2
② 5.2
③ 6.2
④ 7.2

> **Explanation**

연속의 정리 : 어느 지점에서나 유량은 같다.
유량 $Q[\text{m}^3/\text{sec}] = A[\text{m}^2] \times v[\text{m/sec}]$
따라서 $Q = v_1 A_1 = v_2 A_2 [\text{m}^3/\text{sec}] = $일정

$v_1 A_1 = v_2 A_2$ 에서 $v_2 = \dfrac{v_1 A_1}{A_2} = \dfrac{v_1 \frac{1}{4}\pi d_1^2}{\frac{1}{4}\pi d_1^2} = \dfrac{4 \times 4^2}{3.5^2} \fallingdotseq 5.22 [\text{m/sec}]$

【답】②

3과목 　 전기기기

41 ★★★★★ 4극, 60[Hz]인 3상 유도전동기가 있다. 1,725[rpm]으로 회전하고 있을 때, 2차 기전력의 주파수[Hz]는?
① 2.5
② 5
③ 7.5
④ 10

> **Explanation**

동기속도 $N_s = \dfrac{120f}{p} = \dfrac{120 \times 60}{4} = 1,800\,[\text{rpm}]$

슬립 $s = \dfrac{N_s - N}{N_s} = \dfrac{1,800 - 1,725}{1,800} = 0.0417$

회전 시 2차 주파수 $f_{2s} = sf_1 = 0.0417 \times 60 = 2.5\,[\text{Hz}]$ 【답】 ①

42 ★☆☆☆☆
변압기의 내부고장 검출을 위해 사용하는 계전기가 아닌 것은?
① 과전압 계전기
② 비율차동 계전기
③ 부흐홀쯔 계전기
④ 충격 압력 계전기

Explanation

변압기 내부 고장 보호용
• 전기적인 보호 : 비율 차동 계전기
• 기계적인 보호 : 부흐홀쯔 계전기, 충격압력 계전기 【답】 ①

43 ★☆☆☆☆
단상 반파 정류회로의 직류전압의 평균값 210[V]를 얻는 데 필요한 변압기 2차 전압의 실효값은 몇 [V]인가? (단, 부하는 순저항이고 정류기의 전압강하 평균값은 15[V]로 한다)
① 400
② 433
③ 500
④ 566

Explanation

단상 반파 직류 전압 $E_d = 0.45E - e$ 에서(여기서, e는 정류기 전압강하)

직류전압 $E = \dfrac{E_d + e}{0.45} = \dfrac{210 + 15}{0.45} = 500\,[\text{V}]$ 【답】 ③

44 ★★☆☆☆
동기조상기의 구조상 특이점이 아닌 것은?
① 고정자는 수차발전기와 같다.
② 안정 운전용 제동 권선이 설치된다.
③ 계자 코일이나 자극이 대단히 크다.
④ 전동기 축은 동력을 전달하는 관계로 비교적 굵다.

Explanation

동기조상기
무부하로 운전되는 동기전동기의 위상조정 곡선을 이용
진·지상으로 위상을 조정하기 위해서는 관성모멘트가 적어야 하며
관성모멘트가 적으려면 축은 가늘고 길어야 한다. 【답】 ④

45 ★★☆☆☆
정격출력 10,000[kVA], 정격전압 6,600[V], 정격역률 0.8인 3상 비돌극 동기발전기가 있다. 여자를 정격상태로 유지할 때 이 발전기의 최대출력은 약 몇 [kW] 인가? (단, 1상의 동기 리액턴스는 0.9[PU]이며 저항은 무시한다)
① 17,089
② 18,889
③ 21,259
④ 23,619

Explanation

PU(단위)법을 이용하면

유기기전력 $E = \sqrt{\cos^2\theta + (\sin\theta + X_s[PU])^2} = \sqrt{0.8^2 + (0.6 + 0.9)^2} = 1.7$

동기발전기 출력 $P = \dfrac{EV}{X_s}\sin\delta$ 에서

최대출력($\delta = 90°$) $P_{\max} = \dfrac{1.7 \times 1}{0.9} = 1.8889 \text{[PU]}$

따라서 $P' = P_{\max} \times P = 1.8889 \times 10{,}000 = 18{,}889 \text{[kW]}$

【답】②

46 75[W] 이하의 소출력 단상 직권 정류자 전동기의 용도로 적합하지 않은 것은?
① 믹서
② 소형공구
③ 공작기계
④ 치과 의료용

Explanation

단상 직권정류자 전동기(만능전동기)
• 교류, 직류 양용에 사용
• 75[W] 정도 이하 가정용 미싱, 소형 공구, 영사기, 믹서, 치과 의료용 엔진 등에 사용

【답】③

47 권선형 유도전동기의 2차 여자법 중 2차 단자에서 나오는 전력을 동력으로 바꿔서 직류전동기에 가하는 방법은?
① 회생방식
② 크레머방식
③ 플러깅방식
④ 세르비우스방식

Explanation

크레머 방식
유도 전동기와 분권 정류자 전동기(SM)를 직결하여 유도 전동기의 2차 전력을 SM에서 기계적 에너지로 변환해서 주전동기에 공급하여 정출력 특성을 나타내는 속도 제어 방식

【답】②

48 직류 발전기의 특성곡선에서 각 축에 해당하는 항목으로 틀린 것은?
① 외부특성곡선 : 부하전류와 단자전압
② 부하특성곡선 : 계자전류와 단자전압
③ 내부특성곡선 : 무부하전류와 단자전압
④ 무부하특성곡선 : 계자전류와 유도기전력

Explanation

직류 발전기의 특성
• 무부하 포화 곡선 : $E - I_f$(유기기전력과 계자전류) 관계 곡선
• 부하포화곡선 : $V - I_f$(단자전압과 계자전류) 관계 곡선
• 외부특성곡선 : $V - I$(단자전압과 부하전류) 관계 곡선

【답】③

49 변압기의 전압 변동률에 대한 설명 중 잘못된 것은?
① 일반적으로 부하변동에 대하여 2차 단자전압의 변동이 작을수록 좋다.
② 전부하시와 무부하시의 2차 단자전압이 서로 다른 정도를 표시하는 것이다.
③ 인가전압이 일정한 상태에서 무부하 2차 단자전압에 반비례한다.
④ 전압 변동률은 전등의 광도, 수명, 전동기의 출력 등에 영향을 미친다.

Explanation

• 전압변동률 $\epsilon = \dfrac{V_{20} - V_{2n}}{V_{2n}} \times 100 [\%]$

• 변압기의 전압 변동률 : 인가전압이 일정한 상태에서 무부하 2차 단자 전압에 비례
• 전등의 광도, 수명, 전동기의 출력 등에 영향

【답】③

50 3상 유도전동기에서 고조파 회전자계가 기본파 회전방향과 역방향인 고조파는?

① 제3고조파　　　　　　　　　② 제5고조파
③ 제7고조파　　　　　　　　　④ 제13고조파

Explanation

고조파

$h = 2nm+1$: 기본파와 동일한 방향의 회전자계 발생, 속도는 $\frac{1}{h}$. 7차, 13차, ...

$h = 2nm-1$: 기본파와 반대 방향의 회전자계 발생, 속도는 $\frac{1}{h}$. 5, 11차, ...

$h = 2nm$: 회전자계 발생 하지 않는다. 3, 6차, 9차, ...

【답】②

51 직류 직권전동기에서 분류 저항기를 직권권선에 병렬로 접속해 여자전류를 가감시켜 속도를 제어하는 방법은?

① 저항 제어　　　　　　　　　② 전압 제어
③ 계자 제어　　　　　　　　　④ 직·병렬제어

Explanation

직류전동기 속도제어 $n = K'\dfrac{V-I_a R_a}{\phi}$ (K' : 기계정수)

종류	특징
전압 제어	• 광범위 속도제어 가능 • 워드 레오너드 방식 : 소형부하(엘리베이터에 사용) • 일그너 방식(부하가 급변, 대용량 부하-제철, 제강, 압연) : 플라이 휠 효과(관성 모멘트 증가) • 정토크 제어
계자 제어	• 세밀하고 안정된 속도 제어 • **정출력 제어**
저항 제어	• 속도 조정 범위 좁다. • 효율이 저하

【답】③

52 100[kVA], 2,300/115[V], 철손 1[kW], 전부하 동손 1.25[kW]의 변압기가 있다. 이 변압기는 매일 무부하로 10시간, $\frac{1}{2}$ 정격 부하 역률 1에서 8시간, 전부하 역률 0.8(지상)에서 6시간 운전하고 있다. 전일 효율은 약 몇 [%]인가?

① 93.3 [%]　　　　　　　　　② 94.3 [%]
③ 95.3 [%]　　　　　　　　　④ 96.3 [%]

Explanation

전일효율 $\eta_{day} = \dfrac{T \times \frac{1}{m} P_n \cos\theta}{T \times \frac{1}{m} P_n \cos\theta + 24 P_i + T \times (\frac{1}{m})^2 P_c} \times 100$ [%]

$= \dfrac{\left(\frac{1}{2} \times 8 + 0.8 \times 6\right) \times 100}{\left(\frac{1}{2} \times 8 + 0.8 \times 6\right) \times 100 + 24 \times 1 + \left(\frac{1}{2}\right)^2 \times 1.25 \times 8 + 1.25 \times 6} = 96.3$ [%]

【답】④

53
유도 전동기의 슬립(slip)을 측정하려고 한다. 다음 중 슬립의 측정법이 아닌 것은?
① 수화기법
② 직류 밀리볼트계법
③ 스트로보스코프법
④ 프로니 브레이크법

Explanation

슬립 측정법
- DC 밀리볼트계법
- 수화기법
- 스트로보스코프법

문제에서, 프로니 브레이크법은 토크 측정 방법

【답】 ④

54
60[Hz], 600[rpm]의 동기전동기에 직결된 기동용 유도전동기의 극수는?
① 6
② 8
③ 10
④ 12

Explanation

동기전동기의 극수 : 동기속도 $N_s = \dfrac{120f}{p}$ 에서 $p = \dfrac{120f}{N_s} = \dfrac{120 \times 60}{600} = 12$[극]

동기기의 회전속도 : N_s

유도기의 회전속도 : $N = (1-s)N_s = N_s - sN_s$

같은 극수로는 유도기는 동기속도보다 sN_s 만큼 늦기 때문에 2극 적은 것을 사용하므로 유도전동기의 극수는 10극이 된다.

【답】 ③

55
1상의 유도기전력이 6,000[V]인 동기발전기에서 1분간 회전수를 900[rpm]에서 1,800[rpm]으로 하면 유도기전력은 약 몇 [V]인가?
① 6,000
② 12,000
③ 24,000
④ 36,000

Explanation

동기속도 $N_s = \dfrac{120f}{p}$ 에서 $N_s = \dfrac{120f}{p} \propto f = \dfrac{1,800}{900} = 2$배

주파수가 2배이므로
유기기전력 $E = 4.44f\omega k_w \Phi$ 에서 주파수가 2배가 되면 유기기전력도 2배가 되므로
$E' = 6,000 \times 2 = 12,000$[V]

【답】 ②

56
3상 변압기를 병렬 운전하는 조건으로 틀린 것은?
① 각 변압기의 극성이 같을 것
② 각 변압기의 %임피던스 강하가 같을 것
③ 각 변압기의 1차와 2차 정격전압과 변압비가 같을 것
④ 각 변압기의 1차와 2차 선간전압의 위상 변위가 다를 것

Explanation

변압기 병렬운전 조건
- 극성, 권수비, 1,2차 정격전압이 같을 것
- %임피던스 강하가 같을 것
- 내부 저항과 리액턴스의 비가 같을 것
- 상회전 방향과 각 변위가 같을 것 (3φ 변압기)

【답】 ④

57 직류 분권전동기의 전압이 일정할 때 부하의 토크가 2배로 증가하면 부하전류는 약 몇 배가 되는가?
① 1
② 2
③ 3
④ 4

> **Explanation**
> 직류분권전동기 토크 $\tau \propto I_a \propto \dfrac{1}{N}$ 이므로
> $\tau \propto I(I_a) = 2$배

【답】②

58 변압기유에 요구되는 특성으로 틀린 것은?
① 점도가 클 것
② 응고점이 낮을 것
③ 인화점이 높을 것
④ 절연 내력이 클 것

> **Explanation**
> 절연유(변압기유)의 구비조건
> • **절연내력이 클 것**
> • **점도가 적고** 비열이 커서 냉각 효과가 클 것
> • 인화점은 높고, 응고점은 낮을 것
> • 고온에서 산화하지 않고, 침전물이 생기지 않을 것

【답】①

59 다이오드를 사용한 정류회로에서 다이오드를 여러 개 직렬로 연결하면 어떻게 되는가?
① 전력공급의 증대
② 출력전압의 맥동률 감소
③ 다이오드를 과전류로부터 보호
④ 다이오드를 과전압으로부터 보호

> **Explanation**
> • **직렬연결** : 과전압 방지
> • **병렬연결** : 과전류 방지

【답】④

60 직류 분권전동기의 기동 시에 정격전압을 공급하면 전기자 전류가 많이 흐르다가 회전속도가 점점 증가함에 따라 전기자 전류가 감소하는 원인은?
① 전기자 반작용의 증가
② 전기자권선의 저항 증가
③ 브러시의 접촉저항 증가
④ 전동기의 역기전력 상승

> **Explanation**
> 분권전동기역기전력 $E = V - R_a I_a = \dfrac{p}{a} Z \phi \dfrac{N}{60}$ [V]에서
> 속도가 증가하면 역기전력이 증대되며 정격전압이 일정하면 전기자 전류가 감소하게 된다.

【답】④

4과목 회로이론 및 제어공학

61 블록선도의 전달함수가 $\dfrac{C(s)}{R(s)} = 10$과 같이 되기 위한 조건은?

① $G(s) = \dfrac{1}{1 - H_1(s) - H_2(s)}$

② $G(s) = \dfrac{10}{1 - H_1(s) - H_2(s)}$

③ $G(s) = \dfrac{1}{1 - 10H_1(s) - 10H_2(s)}$

④ $G(s) = \dfrac{10}{1 - 10H_1(s) - 10H_2(s)}$

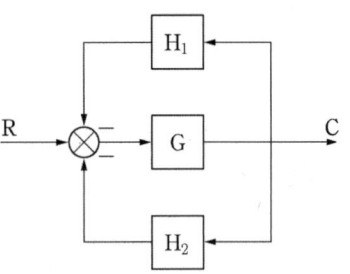

Explanation

블록선도의 전달 함수 $G(s) = \dfrac{\Sigma G}{1 - \Sigma L_1 + \Sigma L_2 + \cdots}$

여기서, L_1 : 각각의 모든 폐루프 이득의 합
L_2 : 서로 접촉하지 않는 2개의 폐루프 이득의 곱의 합
ΣG : 각각의 전향 경로의 합

따라서 전달 함수 $T(s) = \dfrac{C(s)}{R(s)} = \dfrac{G(s)}{1 - (-H_1(s)G(s) - H_2(s)G(s))} = \dfrac{G(s)}{1 + H_1(s)G(s) + H_2(s)G(s)} = 10$

$G(s) = 10 + 10H_1(s)G(s) + 10H_2(s)G(s)$
$G(s)[1 - 10H_1(s) - 10H_2(s)] = 10$

따라서 $G(s) = \dfrac{10}{1 - 10H_1(s) - 10H_2(s)}$

【답】④

62 그림의 제어시스템이 안정하기 위한 K의 범위는?

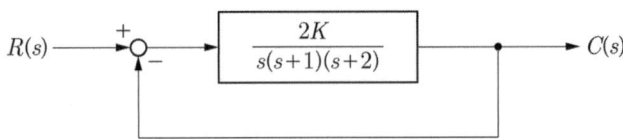

① $0 < K < 3$ 　　　　　　　　② $0 < K < 4$
③ $0 < K < 5$ 　　　　　　　　④ $0 < K < 6$

Explanation

Routh-Hurwitz 판별식을 이용하여 안정도를 구하기 위하여 폐루프 특성 방정식을 구하면
폐루프의 특성 방정식은 개루프 전달 함수의(분모+분자)
$s(s+1)(s+2) + 2K = s^3 + 3s^2 + 2s + 2K = 0$
Routh-Hurwitz 판별식을 이용하여 1열의 부호가 모두 양수이면 안정하며

s^3	1	2
s^2	3	$2K$
s^1	$\dfrac{6-2K}{3}$	0
s^0	$2K$	

제1열의 부호 변화가 없어야 안정하므로 $6 - 2K > 0$, $3 > K$이며 $2K > 0$에서 $K > 0$
$\therefore\ 0 < K < 3$

【답】①

63. ★☆☆☆☆
개루프 전달함수가 다음과 같은 제어시스템의 근궤적이 jw(허수)측과 교차할 때 K는 얼마인가?

$$G(s)H(s) = \frac{K}{s(s+3)(s+4)}$$

① 30 ② 48
③ 84 ④ 180

Explanation

근궤적의 허수축과 교차하는 점은 Routh의 판별식에서 한 행이 모두 0인 경우이므로
Routh의 판별식을 수행하기 위한 특성 방정식은
$s(s+3)(s+4) + K = s^3 + 7s^2 + 12s + K = 0$
Routh의 판별식

s^3	1	12
s^2	7	K
s^1	$\frac{84-K}{7}$	0
s^0	K	0

한행이 모두 0이려면 $\frac{84-K}{7} = 0$ ∴ $K = 84$

【답】③

64. ★☆☆☆☆
제어요소의 표준 형식인 적분요소에 대한 전달함수는? (단, K는 상수이다)

① Ks ② $\frac{K}{s}$ ③ K ④ $\frac{K}{1+Ts}$

Explanation

비례 요소	$G(s) = K$
적분 요소	$G(s) = \frac{K}{s}$
미분 요소	$G(s) = Ks$
1차 지연 요소	$G(s) = \frac{K}{1+Ts}$ T : 시정수

【답】②

65. ★★☆☆☆
블록선도의 제어시스템은 단위 램프 입력에 대한 정상상태 오차(정상편차)가 0.01이다. 이 제어시스템의 제어요소인 $G_{C1}(s)$의 k는?

$$G_{C1}(s) = k, \quad G_{C2}(s) = \frac{1+0.1s}{1+0.2s}$$

$$G_P(s) = \frac{20}{s(s+1)(s+2)}$$

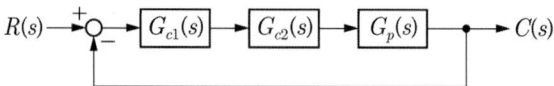

① 0.1 ② 1
③ 10 ④ 100

> **Explanation**

전체 개루프 전달 함수 $G(s) = G_{c1}(s) \cdot G_{c2}(s) \cdot G_p(s) = \dfrac{20k(1+0.1s)}{s(s+1)(s+2)(1+0.2s)}$ 에서

속도 편차 상수 $K_v = \lim\limits_{s \to 0} s \cdot \dfrac{20k(1+0.1s)}{s(s+1)(s+2)(1+0.2s)} = 10k$

정상상태오차 $e_{ss} = \dfrac{1}{K_v} = \dfrac{1}{10k} = 0.01$ 이므로

∴ $k = 10$

【답】③

66 ★★☆☆☆ 그림과 같은 신호흐름선도에서 $\dfrac{C(s)}{R(s)}$ 는?

① $-\dfrac{6}{38}$ ② $\dfrac{6}{38}$

③ $-\dfrac{6}{41}$ ④ $\dfrac{6}{41}$

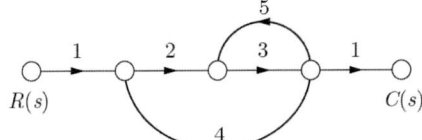

> **Explanation**

메이슨의 이득공식을 적용하면

$G = \dfrac{\sum G_i \Delta_i}{\Delta}$ 에서

$G_i : 1 \times 2 \times 3 \times 1 = 6 \quad \Delta_i : 1 - 0 = 1$

$\Delta = 1 - ((5 \times 3) + (4 \times 2 \times 3)) = 1 - (15 + 24) = -38$

$G(\text{전체이득}) = \dfrac{C}{R} = \dfrac{2 \times 3}{-38} = -\dfrac{6}{38}$

【답】①

67 ★★★★☆ 단위계단 함수 $u(t)$ 를 z 변환하면?

① $\dfrac{1}{z-1}$ ② $\dfrac{z}{z-1}$

③ $\dfrac{1}{Tz-1}$ ④ $\dfrac{Tz}{Tz-1}$

> **Explanation**

라플라스변환과 z 변환

$f(t)$		$F(s)$	$F(z)$
임펄스 함수	$\delta(t)$	1	1
단위 계단 함수	$u(t)$	$\dfrac{1}{s}$	$\dfrac{z}{z-1}$

【답】②

68 ★☆☆☆☆ 그림의 논리회로와 등가인 논리식은?

① $Y = A \cdot B \cdot C \cdot D$
② $Y = A \cdot B + C \cdot D$
③ $Y = \overline{A \cdot B} + \overline{C \cdot D}$
④ $Y = (\overline{A} + \overline{B}) \cdot (\overline{C} + \overline{D})$

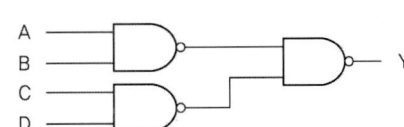

> **Explanation**

부울대수를 이용하면
$\overline{A+B} = \overline{A}\,\overline{B}$
$\overline{AB} = \overline{A}+\overline{B}$
따라서 $\overline{\overline{AB} \cdot \overline{CD}} = \overline{\overline{AB}} + \overline{\overline{CD}} = AB + CD$

【답】②

69 ★★★★★ 다음과 같은 상태방정식으로 표현되는 제어시스템에 대한 특성방정식의 근(s_1, s_2)은?

$$\begin{bmatrix} \dot{x_1} \\ \dot{x_2} \end{bmatrix} = \begin{bmatrix} 0 & -3 \\ 2 & -5 \end{bmatrix} \begin{bmatrix} x_1 \\ x_2 \end{bmatrix} + \begin{bmatrix} 1 \\ 0 \end{bmatrix} u$$

① 1, -3
② -1, -2
③ -2, -3
④ -1, -3

Explanation

시스템의 특성방정식 $|sI-A|=0$

$|sI-A| = \begin{bmatrix} s & 0 \\ 0 & s \end{bmatrix} - \begin{bmatrix} 0 & -3 \\ 2 & -5 \end{bmatrix} = \begin{vmatrix} s & 3 \\ -2 & s+5 \end{vmatrix} = s(s+5)+6$

$s^2+5s+6=0$ ∴ $s=-2, -3$

따라서 특성방정식의 근(고유값) $s=-2, -3$

【답】③

70 ★★★☆☆ 주파수 전달함수가 $G(jw) = \dfrac{1}{j100\omega}$ 인 제어시스템에서 $\omega = 1.0$[rad/s]일 때의 이득[dB]과 위상각[°]은 각각 얼마인가?

① 20[dB], 90[°]
② 40[dB], 90[°]
③ -20[dB], -90[°]
④ -40[dB], -90[°]

Explanation

이득 $g = 20\log|G(j\omega)| = 20\log\left|\dfrac{1}{j100\omega}\right|$ 에서 $\omega=1$을 적용하면

$= 20\log\left|\dfrac{1}{j100}\right| = 20\log\dfrac{1}{10^2} = -40\,[\text{dB}]$

$\theta = \angle G(j\omega) = \angle \dfrac{1}{j100\omega} = \angle \dfrac{1}{j100} = -90°$

【답】④

71 ★★☆☆☆ 그림과 같은 파형의 라플라스 변환은?

① $\dfrac{1}{s^2}(1-2e^s)$
② $\dfrac{1}{s^2}(1-2e^{-s})$
③ $\dfrac{1}{s^2}(1-2e^s+e^{2s})$
④ $\dfrac{1}{s^2}(1-2e^{-s}+e^{-2s})$

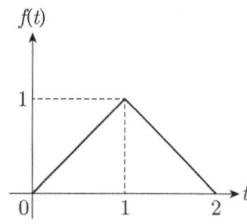

Explanation

$f(t) = tu(t) - 2tu(t-1) + tu(t-2)$

라플라스 변환하면 $F(s) = \dfrac{1}{s^2} - \dfrac{2}{s^2}e^{-s} + \dfrac{1}{s^2}e^{-2s} = \dfrac{1}{s^2}(1-2e^{-s}+e^{-2s})$

기본풀이 : 램프함수의 형태이므로 $\dfrac{1}{s^2}$ 의 타입이어야 한다.

【답】④

72

단위 길이당 인덕턴스 및 커패시턴스가 각각 L 및 C일 때 전송선로의 특성 임피던스는? (단, 전송선로는 무손실 선로이다)

① $\sqrt{\dfrac{L}{C}}$ ② $\sqrt{\dfrac{C}{L}}$ ③ $\dfrac{L}{C}$ ④ $\dfrac{C}{L}$

Explanation

무손실 선로 조건 : $R=G=0$

특성임피던스 $Z_0 = \sqrt{\dfrac{Z}{Y}} = \sqrt{\dfrac{R+j\omega L}{G+j\omega C}} = \sqrt{\dfrac{L}{C}}$

【답】①

73

전압 $v(t)$를 RL 직렬회로에 인가했을 때 제3고조파 전류의 실효값[A]의 크기는? (단, $R=8[\Omega]$, $\omega L=2[\Omega]$, $v(t)=100\sqrt{2}\sin\omega t + 200\sqrt{2}\sin 3\omega t + 50\sqrt{2}\sin 5\omega t[V]$이다)

① 10   ② 14
③ 20   ④ 28

Explanation

제3고조파에 의하여 흐르는 전류의 실효값

여기서, 제3고조파에 대한 임피던스 $Z_3 = R+j3\omega L = 8+j3\times 2 = 8+j6 = \sqrt{8^2+6^2} = 10[\Omega]$이므로

제3고조파의 전류 $I_3 = \dfrac{V_3}{Z_3} = \dfrac{200}{10} = 20[A]$

【답】③

74

내부 임피던스가 $0.3+j2[\Omega]$인 발전기에 임피던스가 $1.1+j3[\Omega]$인 선로를 연결하여 어떤 부하에 전력을 공급하고 있다. 이 부하의 임피던스가 몇 $[\Omega]$일 때 발전기로부터 부하로 전달되는 전력이 최대가 되는가?

① $1.4-j5$ ② $1.4+j5$
③ 1.4 ④ $j5$

Explanation

전체 내부 임피던스 $Z_g = 0.3+j2+1.1+j3 = 1.4+j5[\Omega]$

• 최대전력 전달조건은 부하 임피던스 $Z_o = \overline{Z_g}$이므로
$Z_0 = 1.4-j5[\Omega]$

【답】①

75

회로에서 $t=0$초에 전압 $v_1(t)=e^{-4t}[V]$를 인가하였을 때 $v_2(t)$는 몇 [V]인가?
(단, $R=2[\Omega]$, $L=1[H]$이다)

① $e^{-2t}-e^{-4t}$
② $2e^{-2t}-2e^{-4t}$
③ $-2e^{-2t}+2e^{-4t}$
④ $-2e^{-2t}-2e^{-4t}$

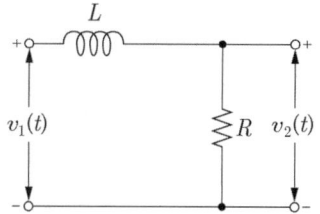

Explanation

【답】①

76 동일한 저항 $R[\Omega]$ 6개를 그림과 같이 결선하고 대칭 3상 전압 $V[V]$를 가하였을 때 전류 $I[A]$의 크기는?

① $\dfrac{V}{R}$

② $\dfrac{V}{2R}$

③ $\dfrac{V}{4R}$

④ $\dfrac{V}{5R}$

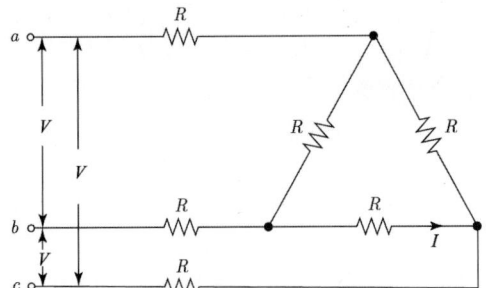

Explanation

【답】③

---

77 각상의 전류가 $i_a(t) = 90\sin\omega t[A]$, $i_b(t) = 90\sin(\omega t - 90°)[A]$, $i_c(t) = 90\sin(\omega t + 90°)[A]$ 일 때 영상분 전류[A]의 순시치는?

① $30\cos\omega t$

② $30\sin\omega t$

③ $90\sin\omega t$

④ $90\cos\omega t$

Explanation

각 상의 전류를 페이저로 표현하면
$I_a = 90\angle 0° = 90$
$I_b = 90\angle -90° = 90(\cos 90° - j\sin 90°) = -j90$
$I_c = 90\angle 90° = 90(\cos 90° + j\sin 90°) = j90$

영상전류는 $I_o = \dfrac{1}{3}(I_a + I_b + I_c) = \dfrac{1}{3}(90 - j90 + j90) = 30\angle 0°$

영상전류를 순시값으로 나타내면 $I_o = 30\sin\omega t$

【답】②

---

78 어떤 선형 회로망의 4단자 정수가 $A = 8$, $B = j2$, $D = 1.625 + j$일 때, 이 회로망의 4단자 정수 C는?

① $24 - j14$

② $8 - j11.5$

③ $4 - j6$

④ $3 - j4$

Explanation

ABCD(전송파라미터) 선형조건 : $AD - BC = 1$

$C = \dfrac{AD - 1}{B} = \dfrac{8(1.625 + j) - 1}{j2} = \dfrac{12 + j8}{j2} = 4 - j6$

【답】③

---

79 평형 3상 부하에 선간전압의 크기가 200[V]인 평형 3상 전압을 인가했을 때 흐르는 선전류의 크기가 8.6[A]이고 무효전력이 1,298[var]이었다. 이때 이 부하의 역률은 약 얼마인가?

① 0.6

② 0.7

③ 0.8

④ 0.9

> **Explanation**

3상 무효전력 $P_r = \sqrt{3}\,V_l I_l \sin\theta\,[\text{Var}]$

무효율 $\sin\theta = \dfrac{P_r}{\sqrt{3}\,V_l I_l} = \dfrac{1{,}298}{\sqrt{3}\times 200\times 8.6} = 0.436$

역률 $\cos\theta = \sqrt{1-\sin^2\theta} = \sqrt{1-0.436^2} = 0.9$

【답】 ④

80 ★★☆☆☆ 어떤 회로에서 $t=0$ 초에 스위치를 닫은 후 $i = 2t + 3t^2$[A]의 전류가 흘렀다. 30초까지 스위치를 통과한 총 전기량[Ah]은?

① 4.25   ② 6.75
③ 7.75   ④ 8.25

> **Explanation**

전류 $i = \dfrac{dq}{dt}$ 에서 전하량 $q = \displaystyle\int_0^t i\,dt = \int_0^{30}(3t^2 + 2t)\,dt$

$= \left[(t^3 + t^2)\right]_0^{30} = 27{,}900\,[\text{A·sec}] = \dfrac{27{,}900}{3{,}600} = 7.75\,[\text{Ah}]$

【답】 ③

5과목　전기설비기술기준

81 ★★★★★ 뱅크용량이 몇 [kVA] 이상인 무효 전력 보상 장치에는 그 내부에 고장이 생긴 경우에 자동적으로 이를 전로로부터 차단하는 보호장치를 하여야 하는가?

① 10,000   ② 15,000
③ 20,000   ④ 20,000

> **Explanation**

(KEC 351.5조) 조상설비의 보호장치

설비 종별	뱅크 용량의 구분	자동적으로 전로로부터 차단하는 장치
무효 전력 보상 장치	15,000[kVA] 이상	• 내부에 고장이 생긴 경우

【답】 ②

82 ★★☆☆☆ 시가지에 시설하는 154[V] 가공전선로를 도로와 제1차 접근상태로 시설하는 경우, 전선과 도로와의 이격거리는 몇 [m] 이상이어야 하는가?

① 4.4   ② 4.8   ③ 5.2   ④ 5.6

> **Explanation**

(KEC 333.24조) 특고압 가공전선과 도로 등의 접근 또는 교차
특고압 가공전선이 도로·횡단보도교·철도 또는 궤도(이하 "도로 등")와 제1차 접근 상태로 시설되는 경우의 이격거리는 다음 표에 따른다.

사용전압의 구분	이격거리
35[kV] 이하	3[m]
35[kV] 초과	3[m]에 35[kV]를 초과하는 10[kV] 또는 그 단수마다 0.15[m]를 더한 값

* $(154-35)/10 = 11.9 \rightarrow$ 12단이므로, $3 + (12\times 0.15) = 4.8$[m]

【답】 ②

83 가공전선로의 지지물로 볼 수 없는 것은?
① 철주
② 지지선
③ 철탑
④ 철근 콘크리트주

> Explanation

(KEC 333.17조) 특고압 가공전선과 저고압 가공전선 등의 병행설치
특고압 가공전선로의 지지물은 철주·철근 콘크리트주 또는 철탑일 것 【답】②

84 전주외등의 시설 시 사용하는 공사방법으로 틀린 것은?
① 애자공사
② 케이블공사
③ 금속관공사
④ 합성수지관공사

> Explanation

(KEC 234.10조) 전주외등
① 대지전압 : 300[V] 이하
② 기구 인출선 : 0.75[㎟] 이상
③ 배선 : 2.5[㎟] 이상의 절연전선. **금속관공사, 합성수지관공사, 케이블공사**
④ 누전차단기 : 가로등, 보안등, 조경등 등으로 시설하는 방전등에 공급하는 전로의 사용 전압이 150[V]를 초과하는 경우
【답】①

85 점멸기의 시설에서 센서등(타임스위치 포함)을 시설하여야 하는 곳은?
① 공장
② 상점
③ 사무실
④ 아파트 현관

> Explanation

(KEC 234.6조) 점멸기의 시설
관광숙박업 또는 관광업인 호텔이나 여관 객실 입구등은 1분, 일반 주택 및 아파트 현관등은 3분 이내에 소등 【답】④

86 최대사용전압이 1차 22,000[V], 2차 6,600[V]의 권선으로서 중성점 비접지식 전로에 접속하는 변압기의 특고압측 절연내력 시험전압은?
① 24,000[V]
② 27,500[V]
③ 33,000[V]
④ 44,000[V]

> Explanation

(KEC 135조) 변압기 전로의 절연내력

접지방식	최대 사용전압	시험전압(최대 사용 전압 배수)	최저 시험전압
비접지	7[kV] 이하	1.5배	500[V]
	7[kV] 초과	1.25배	10,500[V]

특고압측 절연내력 시험전압 : 22,000×1.25=27,500[V] 【답】②

87 순시조건($t \leq 0.5$초)에서 교류 전기철도 급전시스템에서의 레일 전위의 최대 허용 접촉전압(실효값)으로 옳은 것은?
① 60[V]
② 65[V]
③ 440[V]
④ 670[V]

> Explanation

(KEC 461.2조) 레일 전위의 위험에 대한 보호
교류 전기철도 급전시스템에서의 레일 전위의 최대 허용 접촉전압

시간조건[초]	최대 허용 접촉전압(실효값)
순시조건($t \leq 0.5$)	670[V]
일시적 조건($0.5 < t \leq 300$)	65[V]
영구적 조건($t > 300$)	60[V]

【답】④

88. 전기저장장치의 이차전지에 자동으로 전로로부터 차단하는 장치를 시설하여야 하는 경우로 틀린 것은?

① 과저항이 발생한 경우
② 과전압이 발생한 경우
③ 제어장치에 이상이 발생한 경우
④ 이차전지 모듈의 내부 온도가 급격히 상승할 경우

Explanation

(KEC 512.2.2조) 제어 및 보호장치
전기저장장치의 이차전지는 다음에 따라 자동으로 전로로부터 차단하는 장치를 시설하여야 한다.
① 과전압 또는 과전류가 발생한 경우
② 제어장치에 이상이 발생한 경우
③ 이차전지 모듈의 내부 온도가 급격히 상승할 경우

【답】①

89. 이동형의 용접 전극을 사용하는 아크 용접장치의 시설기준으로 틀린 것은?

① 용접변압기는 절연변압기일 것
② 용접변압기의 1차측 전로의 대지전압은 300[V] 이하일 것
③ 용접변압기의 2차측 전로에는 용접변압기에 가까운 곳에 쉽게 개폐할 수 있는 개폐기를 시설할 것
④ 용접변압기의 2차측 전로 중 용접변압기로부터 용접전극에 이르는 부분의 전로는 용접 시 흐르는 전류를 안전하게 통할 수 있는 것일 것

Explanation

(KEC 241.10조) 아크 용접기
이동형(가반형) 용접 전극을 사용하는 아크 용접장치는 다음에 의하여 시설한다.
① 변압기는 1차 대지전압 300[V] 이하의 절연 변압기일 것
② **용접변압기의 1차측 전로에는 용접 변압기에 가까운 곳에 쉽게 개폐할 수 있는 개폐기를 시설할 것**
③ 용접 변압기로부터 용접 접극에 이르는 부분 및 용접 변압기로부터 피용접재에 이르는 부분의 전선은 용접용 케이블이나 1종 이외의 캡타이어 케이블을 사용한다.
④ 피용접재 또는 이에 전기적으로 접속하는 부분은 접지공사를 한다.

【답】③

90. 귀선로에 대한 설명으로 틀린 것은?

① 나전선을 적용하여 가공식으로 가설을 원칙으로 한다.
② 사고 및 지락 시에도 충분한 허용전류용량을 갖도록 하여야 한다.
③ 비절연보호도체, 매설접지도체, 레일 등으로 구성하여 단권변압기 중성점과 공통접지에 접속한다.
④ 비절연보호도체의 위치는 통신유도장해 및 레일전위의 상승의 경감을 고려하여 결정하여야 한다.

Explanation

(KEC 431.5조) 귀선로
① 귀선로는 비절연보호도체, 매설접지도체, 레일 등으로 구성하여 단권변압기 중성점과 공통접지에 접속
② 비절연보호도체의 위치는 통신유도장해 및 레일전위의 상승의 경감을 고려하여 결정
③ 귀선로는 사고 및 지락 시에도 충분한 허용전류용량을 가져야 함

【답】①

91 단면적 55[mm²]인 경동연선을 사용하는 특고압 가공전선로의 지지물로 장력에 견디는 형태의 B종 철근 콘크리트주를 사용하는 경우, 허용 최대 경간은 몇 [m]인가?
① 150
② 250
③ 300
④ 500

> **Explanation**
>
> (KEC 333.21조) 특고압 가공전선로의 경간 제한
> ① 일반적인 경우
>
> | 지지물의 종류 | 경간 |
> |---|---|
> | 목주, A종 철주 또는 A종 철근 콘크리트 | 150[m] |
> | B종 철주 또는 B종 철근 콘크리트주 | 250[m] |
> | 철탑 | 600[m] (단주인 경우에는 400[m]) |
>
> ② 특고압 가공전선로의 전선에 인장강도 21.67[kN] 이상의 것 또는 **단면적이 50[mm²] 이상인 경동연선을 사용하는 경우** 전선로의 경간은 그 지지물에 목주·A종 철주 또는 A종 철근 콘크리트주를 사용하는 경우에는 300[m] 이하, **B종 철주 또는 B종 철근 콘크리트주를 사용하는 경우에는 500[m] 이하**이어야 한다.   【답】④

92 저압 옥상전선로의 시설기준으로 틀린 것은?
① 전개된 장소에 위험의 우려가 없도록 시설할 것
② 전선은 지름 2.6[mm] 이상의 경동선을 사용할 것
③ 전선은 절연전선(옥외용 비닐절연전선은 제외)을 사용할 것
④ 전선은 상시 부는 바람 등에 의하여 식물에 접촉하지 아니하도록 시설하여야 한다.

> **Explanation**
>
> (KEC 221.3조) 옥상 전선로
> ① **전선은 절연전선(OW전선 포함)일 것**
> ② 전선은 인장강도 2.30[kN] 이상 또는 지름 2.6[mm] 이상의 경동선
> ③ 전선 지지점간의 거리는 15[m] 이하
> ④ 전선과 조영재와의 이격거리 : 2[m] (전선이 고압절연전선, 특고압 절연전선 또는 케이블인 경우에는 1[m]) 이상
> ⑤ 저압 옥상전선로의 전선은 상시 부는 바람 등에 의하여 식물에 접촉하지 아니하도록 시설하여야 한다.   【답】③

93 저압 옥측전선로에서 목조의 조영물에 시설할 수 있는 공사 방법은?
① 금속관공사
② 버스덕트공사
③ 합성수지관공사
④ 케이블공사(무기물절연(MI) 케이블을 사용하는 경우)

> **Explanation**
>
> (KEC 221.2조) 옥측전선로
> **저압 옥측전선로는 다음 각 목의 어느 하나에 의할 것**
> 가. 애자공사(전개된 장소에 한한다)
> 나. **합성수지관 공사**
> 다. 금속관 공사(목조 이외의 조영물에 시설하는 경우에 한한다.)
> 라. 버스덕트 공사[목조 이외의 조영물(점검할 수 없는 은폐된 장소를 제외한다)에 시설하는 경우에 한한다]
> 마. 케이블 공사(연피 케이블·알루미늄 피 케이블 또는 미네럴인슈레이션 케이블을 사용하는 경우에는 목조 이외의 조영물에 시설하는 경우에 한한다)   【답】③

94 특고압 가공전선로에서 발생하는 극저주파 전계는 지표상 1[m]에서 몇 [kV/m] 이하이어야 하는가?
① 2.0
② 2.5
③ 3.0
④ 3.5

Explanation

(기술기준 제17조) 유도장해 방지
특고압 가공전선로에서 발생하는 극저주파 전자계는 지표상 1[m]에서 전계가 3.5[kV/m] 이하, 자계가 83.3[μT] 이하가 되도록 시설 【답】④

95 케이블트레이공사에 사용할 수 없는 케이블은?
① 연피 케이블
② 난연성 케이블
③ 캡타이어 케이블
④ 알루미늄피 케이블

Explanation

(KEC 232.41조) 케이블트레이공사
전선은 연피 케이블, 알루미늄피 케이블 등 난연성 케이블, 기타 케이블 또는 금속관 혹은 합성수지관 등에 넣은 절연전선을 사용 【답】③

96 농사용 저압 가공전선로의 지지점 간 거리는 몇 [m] 이하이어야 하는가?
① 30
② 50
③ 60
④ 100

Explanation

(KEC 222.22조) 농사용 저압 가공 전선로의 시설
경간은 30[m] 이하일 것 【답】①

97 변전소에 울타리 담 등을 시설할 때, 사용전압이 345[kV]이면 울타리·담 등의 높이와 울타리·담 등으로부터 충전부분까지의 거리의 합계는 몇 [m] 이상으로 하여야 하는가?
① 8.16
② 8.28
③ 8.40
④ 9.72

Explanation

(KEC 351.1조) 발전소 등의 울타리·담 등의 시설

사용 전압의 구분	울타리·담등의 높이와 울타리·담등으로부터 충전 부분까지의 거리 합계
35[kV] 이하	5[m]
35[kV] 초과 160[kV] 이하	6[m]
160[kV] 초과	• 거리의 합계 = 6+단수×0.12[m] • 단수 = $\frac{\text{사용전압}[kV]-160}{10}$ (단수 계산에서 소수점 이하는 절상)

* (345−160)/10=18.5 → 19단이므로, 6+(19×0.12)=8.28[m] 【답】②

98 전력보안 가공통신선을 횡단보도교 위에 시설하는 경우 그 노면상 높이는 몇 [m] 이상인가? (단, 가공전선로의 지지물에 시설하는 통신선 또는 이에 직접 접속하는 가공통신선은 제외한다)
① 3
② 4
③ 5
④ 6

Explanation

(KEC 362.2조) 전력보안통신선의 시설 높이와 이격거리

구분	지상고	비고
도로(차도와 인도의 구별이 없는 도로)에 시설 시	5.0[m] 이상	경간 중 지상고
교통에 지장을 줄 우려가 없는 경우	4.5[m] 이상	
철도 궤도 횡단 시	6.5[m] 이상	레일면상
횡단보도교 위	**3.0[m] 이상**	**그 노면상**
기타	3.5[m] 이상	

【답】①

99 큰 고장전류가 구리 소재의 접지도체를 통하여 흐르지 않을 경우 접지도체의 최소 단면적은 몇 [mm²] 이상이어야 하는가? (단, 접지도체에 피뢰시스템이 접속되지 않는 경우이다)
① 0.75
② 2.5
③ 6
④ 16

Explanation

(KEC 142.3.1.1조) 접지도체의 선정
큰 고장전류가 접지도체를 통하여 흐르지 않을 경우 접지도체의 최소 단면적은 구리 6[mm²] 이상, 철제 50[mm²] 이상 【답】③

100 사용전압이 15[kV] 초과 25[kV] 이하인 특고압 가공전선로가 상호 간 접근 또는 교차하는 경우 사용전선이 양쪽 모두 나전선이라면 이격거리는 몇 [m] 이상이어야 하는가? (단, 중성선 다중접지 방식의 것으로서 전로에 지락이 생겼을 때에 2초 이내에 자동적으로 이를 전로로부터 차단하는 장치가 되어 있다)
① 1.0
② 1.2
③ 1.5
④ 1.75

Explanation

(KEC 333.32조) 25[kV] 이하인 특고압 가공 전선로의 시설
사용전압이 15[kV] 초과 25[kV] 이하인 특고압 가공전선로(중성선 다중접지 방식의 것으로서 전로에 지락이 생겼을 때에 2초 이내에 자동적으로 이를 전로로부터 차단하는 장치가 되어 있는 경우)가 도로 등의 아래쪽에서 접근하여 시설될 때에는 상호 간의 이격거리는 표에서 정한 값 이상으로 하고 또한 위험의 우려가 없도록 시설할 것

전선의 종류	이격거리
나전선	**1.5[m]**
특고압 절연전선	1.0[m]
케이블	0.5[m]

【답】③

전기기사 필기 2020

과년도 기출문제

- 2020년 통합 01, 02회
- 2020년 제 03회
- 2020년 제 04회

2020년 과년도 기출문제에 대한 출제 빈도 분석 차트입니다.
각 회차별로 별의 개수를 확인하고 학습에 참고하기 바랍니다.

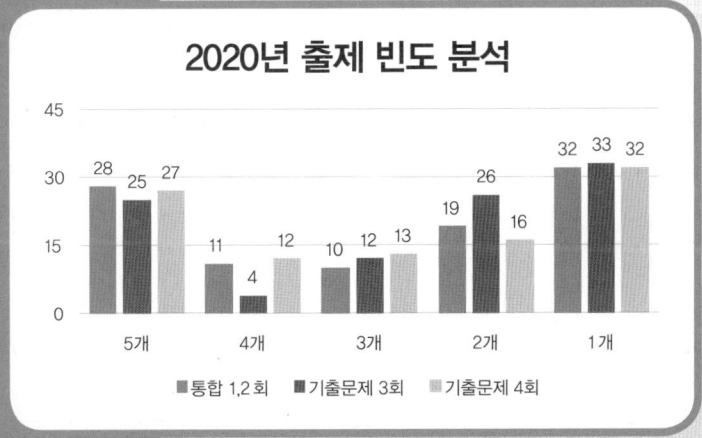

2020년 전기기사 필기

1, 2회 통합

1과목 전기자기학

01 ★☆☆☆☆ 면적이 매우 넓은 두 개의 도체 판을 d[m]간격으로 수평하게 평행 배치하고, 이 평행도체 판 사이에 놓인 전자가 정지하고 있기 위해서 그 도체 판 사이에 가하여야 할 전위차[V]는? (단, g는 중력 가속도이고, m은 전자의 질량이고, e는 전자의 전하량이다)

① $mged$
② $\dfrac{ed}{mg}$
③ $\dfrac{mgd}{e}$
④ $\dfrac{mge}{d}$

Explanation

에너지 $W = QV = eV = mgh$ [J]   (여기서, 위치에너지 $W = mgh = mgd$)

전위 $V = \dfrac{mgd}{e}$ [V]

【답】③

02 ★★★★★ 자기회로에서 자기 저항의 크기에 대한 설명으로 옳은 것은?

① 자기회로의 길이에 비례
② 자기회로의 단면적에 비례
③ 자성체의 비투자율에 비례
④ 자성체의 비투자율의 제곱에 비례

Explanation

자기 저항 : $R_m = \dfrac{l}{\mu S}$ [AT/Wb]

- 길이에 비례
- 투자율과 단면적에 반비례

【답】①

03 ★☆☆☆☆ 전위함수 $V = x^2 + y^2$ [V]일 때 점 (3, 4)[m]에서의 등전위선의 반지름은 몇 [m]이며, 전기력선 방정식은 어떻게 되는가?

① 등전위선의 반지름 : 3, 전기력선 방정식 : $y = \dfrac{3}{4}x$

② 등전위선의 반지름 : 4, 전기력선 방정식 : $y = \dfrac{4}{3}x$

③ 등전위선의 반지름 : 5, 전기력선 방정식 : $x = \dfrac{4}{3}y$

④ 등전위선의 반지름 : 5, 전기력선 방정식 : $x = \dfrac{3}{4}y$

Explanation

전계는 $E = xi + yj$의 형태

$\dfrac{dx}{x} = \dfrac{dy}{y}$, $\int \dfrac{dx}{x} + \ln A = \int \dfrac{dy}{y}$, $\ln x + \ln A = \ln y$ ∴ $y = Ax$

(3, 4)를 대입하면 $4 = A \times 3$에서 $A = \dfrac{4}{3}$ ∴ $y = \dfrac{4}{3}x$ 또는 $x = \dfrac{3}{4}y$

$V = x^2 + y^2$에서 (3, 4)를 대입하면 $3^2 + 4^2 = 5^2$에서 반지름은 5이다.

【답】④

04 ★★☆☆☆

10[mm]의 지름을 가진 동선에 50[A]의 전류가 흐르고 있을 때 단위 시간 동안 동선의 단면을 통과하는 전자의 수는 약 몇 개인가?

① 7.85×10^{16}
② 20.45×10^{15}
③ 31.21×10^{19}
④ 50×10^{19}

Explanation

전하량 $Q = It = 50 \times 1 = 50$ [C]

전자의 수 $N = \dfrac{Q}{q} = \dfrac{50}{1.602 \times 10^{-19}} = 31.21 \times 10^{19}$ [개]

【답】③

05 ★★★☆☆

자기 인덕턴스와 상호 인덕턴스와의 관계에서 결합 계수 k의 범위는?

① $0 \leq k \leq \dfrac{1}{2}$
② $0 \leq k \leq 1$
③ $0 \leq k \leq 2$
④ $0 \leq k \leq 10$

Explanation

상호 인덕턴스 $M = k\sqrt{L_1 L_2}$ (여기서, 결합 계수 k)
결합 계수의 범위는 $0 \leq k \leq 1$이 된다.

【답】②

06 ★★★☆☆

면적이 S [m²]이고 극간의 거리가 d[m]인 평행판 콘덴서에 비유전율 ϵ_r의 유전체를 채울 때 정전 용량[F]은? (단, ϵ_0는 진공의 유전율이다.)

① $\dfrac{2\epsilon_0 \epsilon_r S}{d}$
② $\dfrac{\epsilon_0 \epsilon_r S}{\pi d}$
③ $\dfrac{\epsilon_0 \epsilon_r S}{d}$
④ $\dfrac{2\pi \epsilon_0 \epsilon_r S}{d}$

Explanation

• 유전체에서 정전 용량 $C = \dfrac{\epsilon_0 \epsilon_r S}{d}$ [F]

【답】③

07 ★★★★☆

반자성체에서 비투자율(μ_r)은 어느 값을 갖는가?

① $\mu_r = 1$
② $\mu_r < 1$
③ $\mu_r > 1$
④ $\mu_r = 0$

Explanation

자화율 $\chi = \mu_0(\mu_s - 1)$이므로
• 강자성체(철, 니켈, 코발트) : $\mu_s \gg 1$이고 자화율 $\chi > 0$
• 상자성체(공기, 진공, 알루미늄) : $\mu_s \geq 1$이고 자화율 $\chi > 0$
• 역(반)자성체(구리, 창연, 금) : $\mu_s < 1$이고 자화율 $\chi < 0$

【답】②

08 반지름 r[m]인 무한장 원통형 도체에 전류가 균일하게 흐를 때 도체 내부에서 자계의 세기[AT/m]는?
① 원통 중심축으로부터 거리에 비례한다.
② 원통 중심축으로부터 거리에 반비례한다.
③ 원통 중심축으로부터 거리의 제곱에 비례한다.
④ 원통 중심축으로부터 거리의 제곱에 반비례한다.

Explanation

원통상 도선의 자계 강제조항(내부균일하게 전류가 흐를 때) : 직류인가 시
- 외부($r > a$) : $H = \dfrac{I}{2\pi r}$
- 내부($r < a$) : $H = \dfrac{rI}{2\pi a^2}$: 자계의 세기는 거리에 비례

【답】 ①

09 정전계 해석에 관한 설명으로 틀린 것은?
① 포아송의 방정식은 가우스 정리의 미분형으로 구할 수 있다.
② 도체 표면에서의 전계의 세기는 표면에 대해 법선 방향을 갖는다.
③ 라플라스 방정식은 전극이나 도체의 형태에 관계없이 체적전하밀도가 0인 모든 점에서 $\nabla^2 V = 0$을 만족한다.
④ 라플라스 방정식은 비선형 방정식이다.

Explanation

- $\text{div} E = \dfrac{\rho}{\epsilon}$: 가우스의 미분형

따라서 $\nabla^2 V = -\dfrac{\rho}{\epsilon_0}$: 프아송의 방정식

$\nabla^2 V = 0$: 라플라스의 방정식

- 도체 표면에서의 전계의 세기 : $E = \dfrac{\sigma}{\epsilon_o}$

도체표면(등전위면)에서의 전계는 수직방향(법선방향)

【답】 ④

10 비유전율 ϵ_r이 4인 유전체의 분극률은 진공의 유전율 ϵ_0의 몇 배인가?
① 1
② 3
③ 9
④ 12

Explanation

분극률 $\chi = \epsilon_0(\epsilon_s - 1) = \epsilon_0(4-1) = 3\epsilon_0$
따라서 분극률은 3배가 된다.

【답】 ②

11 공기 중에 있는 무한히 긴 직선 도선에 10[A]의 전류가 흐르고 있을 때 도선으로부터 2[m] 떨어진 점에서의 자속밀도는 몇 [Wb/m²]인가?
① 10^{-5}
② 0.5×10^{-6}
③ 10^{-6}
④ 2×10^{-6}

Explanation

무한장 직선 전류로부터 r[m] 떨어진 자계의 세기 : $H = \dfrac{I}{2\pi r}$ [A/m]

자속 밀도 $B = \mu H$

$B = \mu H = \dfrac{\mu I}{2\pi r} = \dfrac{4\pi \times 10^{-7} \times 10}{2\pi \times 2} = 10^{-6} [\text{Wb/m}^2]$

【답】③

12
그림에서 $N = 1,000$[회], $l = 100$[cm], $S = 10$[cm²]인 환상 철심의 자기 회로에 전류 $I = 10$[A]를 흘렸을 때 축적되는 자계 에너지는 몇 [J]인가? (단, 비투자율 $\mu_r = 100$이다)

① $2\pi \times 10^{-3}$
② $2\pi \times 10^{-2}$
③ $2\pi \times 10^{-1}$
④ 2π

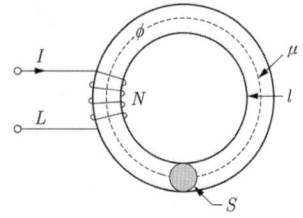

Explanation

환상 솔레노이드 $L = \dfrac{\mu S N^2}{l} = \dfrac{4\pi \times 10^{-7} \times 100 \times 10 \times 10^{-4} \times (1,000)^2}{100 \times 10^{-2}} = 4\pi \times 10^{-2}$[H]

평균 자기에너지 $W = \dfrac{1}{2} L I^2 = \dfrac{1}{2} \times 4\pi \times 10^{-2} \times 10^2 = 2\pi$[J]

【답】④

13
자기유도계수 L의 계산 방법이 아닌 것은? (단, N : 권수, ϕ : 자속[Wb], I : 전류[A], A : 벡터 퍼텐셜[Wb/m], i : 전류밀도[A/m²], B : 자속밀도[Wb/m²], H : 자계의 세기[AT/m]이다)

① $L = \dfrac{N\phi}{I}$
② $L = \dfrac{\int_v A i \, dv}{I^2}$
③ $L = \dfrac{\int_v B H \, dv}{I^2}$
④ $L = \dfrac{\int_v A i \, dv}{I}$

Explanation

【답】④

14
20[℃]에서 저항의 온도계수가 0.002인 니크롬선의 저항이 100[Ω]이다. 온도가 60[℃]로 상승되면 저항은 몇 [Ω]이 되겠는가?

① 108
② 112
③ 115
④ 120

Explanation

저항온도계수 : 도체의 온도가 상승하면 저항 값이 증가
  t[℃] → T[℃]로 온도가 상승하는 경우의 저항 값
  t[℃]에서의 저항값을 R_t[Ω], T[℃]에서의 저항 값을 R_T[Ω]라고 하면
  $R_T = R_t \{1 + \alpha_t (T - t)\}$ [Ω]
  따라서 $R_{60} = R_{20} \{1 + \alpha_{20}(60 - 20)\}$
      $= 100 \times (1 + 0.002 \times (60 - 20)) = 108$[Ω]

【답】①

15 ★★★★★ 전계 및 자계의 세기가 각각 E[V/m], H[AT/m]일 때, 포인팅 벡터 P[W/m²]의 표현으로 옳은 것은?

① $P = \dfrac{1}{2} E \times H$ ② $P = E\, rot\, H$

③ $P = E \times H$ ④ $P = H\, rot\, E$

Explanation

포인팅벡터 : 면적당 방사에너지[W/m²]
$$P = E \times H = EH\sin\theta = EH$$

【답】③

16 ★☆☆☆☆ 평등자계 내에 전자가 수직으로 입사하였을 때 전자의 운동에 대한 설명으로 옳은 것은?

① 원심력은 전자속도에 반비례한다.
② 구심력은 자계의 세기에 반비례한다.
③ 원운동을 하고, 반지름은 자계의 세기에 비례한다.
④ 원운동을 하고, 반지름은 전자의 회전속도에 비례한다.

Explanation

로렌쯔의 힘 $F = e[E + (v \times B)]$이며

전자가 자계 내로 진입하면 원심력 $\dfrac{mv^2}{r}$ 과 구심력 $e(v \times B)$가 같아지며 전자는 원운동 하게 된다.

• $\dfrac{mv^2}{r} = evB$에서 원운동 반경 : $r = \dfrac{mv}{eB}$

【답】④

17 ★★★☆☆ 진공 중 3[m] 간격으로 두 개의 평행한 무한 평판 도체에 각각 +4[C/m²], -4[C/m²]의 전하를 주었을 때, 두 도체 간의 전위차는 약 몇 [V]인가?

① 1.5×10^{11} ② 1.5×10^{12}
③ 1.36×10^{11} ④ 1.36×10^{12}

Explanation

두 도체 사이의 전계의 세기
 : 무한평면 2장
 : 무한평면에 $\pm\sigma$[C/m²]이 존재

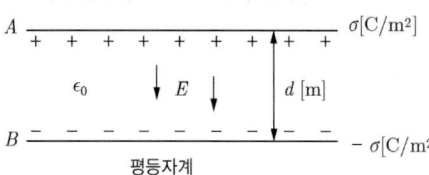

평등자계

전계의 세기를 구하기 위해 가우스의 법칙을 이용하면

$$E = \dfrac{\sigma}{2\epsilon_0} + \dfrac{\sigma}{2\epsilon_0} = \dfrac{\sigma}{\epsilon_0}$$

전위 $V = Ed = \dfrac{\sigma}{\epsilon_0}d = \dfrac{4}{8.855 \times 10^{-12}} \times 3 = 1.36 \times 10^{12}$ [V]

【답】④

18 자속밀도 B[Wb/m²]의 평등 자계 내에서 길이 l[m]인 도체 ab가 속도 v[m/s]로 그림과 같이 도선을 따라서 자계와 수직으로 이동할 때, 도체 ab에 의해 유기된 기전력의 크기 e[V]와 폐회로 abcd 내 저항 R에 흐르는 전류의 방향은? (단, 폐회로 abcd 내 도선 및 도체의 저항은 무시한다.)

① $e = Blv$, 전류 방향 : c → d
② $e = Blv$, 전류 방향 : d → c
③ $e = Blv^2$, 전류 방향 : c → d
④ $e = Blv^2$, 전류 방향 : d → c

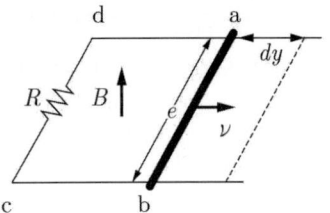

Explanation

플레밍의 오른손 법칙(유기기전력)
유기기전력 $e = (v \times B)l = vBl\sin\theta$에서
자속과 운동방향이 수직이므로 $\theta = 90°$
유기기전력 : $e = vBl$
방향 : c → d

【답】①

19 그림과 같이 내부 도체구 A에 $+Q$[C], 외부 도체구 B에 $-Q$[C]를 부여한 동심 도체구 사이의 정전용량 C[F]는?

① $4\pi\epsilon_0 (b-a)$
② $\dfrac{4\pi\epsilon_0 ab}{b-a}$
③ $\dfrac{ab}{4\pi\epsilon_0 (b-a)}$
④ $4\pi\epsilon_0 \left(\dfrac{1}{a} - \dfrac{1}{b}\right)$

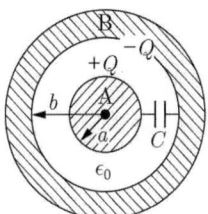

Explanation

동심구의 정전용량
$C = \dfrac{4\pi\epsilon_0}{\dfrac{1}{a} - \dfrac{1}{b}} = \dfrac{4\pi\epsilon_0 ab}{b-a}$ [F]

【답】②

20 유전율이 ϵ_1, ϵ_2[F/m]인 유전체 경계면에 단위 면적당 작용하는 힘의 크기는 몇 [N/m²]인가? (단, 전계가 경계면에 수직인 경우이며, 두 유전체에서의 전속밀도는 $D_1 = D_2 = D$[C/m²]이다.)

① $2\left(\dfrac{1}{\epsilon_1} - \dfrac{1}{\epsilon_2}\right)D^2$
② $2\left(\dfrac{1}{\epsilon_1} + \dfrac{1}{\epsilon_2}\right)D^2$
③ $\dfrac{1}{2}\left(\dfrac{1}{\epsilon_1} + \dfrac{1}{\epsilon_2}\right)D^2$
④ $\dfrac{1}{2}\left(\dfrac{1}{\epsilon_2} - \dfrac{1}{\epsilon_1}\right)D^2$

Explanation

경계면에 수직으로 입사하면($\theta = 0°$)
- $E = 0$, $D = D_1 = D_2$
- Maxwell 응력 $f = \dfrac{1}{2}\left(\dfrac{1}{\epsilon_2} - \dfrac{1}{\epsilon_1}\right)D^2$ [N/m²]
- 힘은 유전율이 큰 쪽에서 작은 쪽으로 작용한다.(힘이 ϵ_1에서 ϵ_2로 작용)

【답】④

2과목 전력공학

21 중성점 직접접지 방식의 발전기가 있다. 1선 지락 사고 시 지락전류는? (단, Z_1, Z_2, Z_0는 각각 정상, 역상, 영상 임피던스이며, E_a는 지락된 상의 무부하 기전력이다)

① $\dfrac{E_a}{Z_0+Z_1+Z_2}$
② $\dfrac{Z_1 E_a}{Z_0+Z_1+Z_2}$
③ $\dfrac{3E_a}{Z_0+Z_1+Z_2}$
④ $\dfrac{Z_0 E_a}{Z_0+Z_1+Z_2}$

Explanation

1선 지락 시 지락전류
$I_0 = I_1 = I_2$
$I_g = 3I_0 = \dfrac{3E_a}{Z_0+Z_1+Z_2}$

【답】③

22 송전계통의 절연협조에 있어서 절연레벨을 가장 낮게 잡고 있는 기기는?

① 피뢰기 ② 단로기
③ 변압기 ④ 차단기

Explanation

- 피뢰기의 제한전압은 절연협조의 기본이 되는 부분으로 가장 낮게 잡으며 피뢰기의 제1보호대상은 변압기이다.   【답】①

23 화력 발전소에서 절탄기의 용도는?

① 보일러에 공급되는 급수를 예열한다. ② 포화증기를 가열한다.
③ 연소용 공기를 예열한다. ④ 석탄을 건조한다.

Explanation

절탄기 : 보일러의 여열을 이용하여 급수가열에 사용   【답】①

24 3상 배전선로의 말단에 지상역률 60[%](늦음), 60[kW]인 평형 3상 부하가 있다. 부하점에 부하와 병렬로 전력용 콘덴서를 접속하여 선로손실을 최소로 하고자 할 때 콘덴서 용량[kVA]은?

① 40 ② 60
③ 80 ④ 100

Explanation

선로손실 $P_l = 3I^2 R = (\dfrac{P}{V\cos\theta})^2 \times R = \dfrac{P^2 R}{V^2 \cos^2\theta} \propto \dfrac{1}{\cos^2\theta}$
따라서 선로손실을 최소로 하기 위해서는 역률을 1.0으로 개선해야 한다.
전력용 콘덴서의 용량 : $Q_c = P(\tan\theta_1 - \tan\theta_2)$
$Q_c = 60 \times \left(\dfrac{0.8}{0.6} - \dfrac{0}{1}\right) = 80[\text{kVA}]$

【답】③

25 ★★★★★ 송배전 선로에서 선택지락계전기(SGR)의 용도는?
① 다회선에서 접지 고장 회선의 선택
② 단일 회선에서 접지 전류의 대소 선택
③ 단일 회선에서 접지 전류의 방향 선택
④ 단일 회선에서 접지 사고의 지속 시간 선택

Explanation

지락사고 보호용 계전기
- 지락계전기(GR) : 1회선 송전선로의 지락보호
- 선택지락계전기(SGR) : 2회선 이상의 송전선로의 지락 시 선택차단

【답】①

26 ★★☆☆☆ 정격 전압 7.2[kV], 차단 용량 100[MVA]인 3상 차단기의 정격 차단 전류는 약 몇 [kA]인가?
① 4
② 6
③ 7
④ 8

Explanation

3상용 차단기의 정격 용량 $P_s = \sqrt{3} \times$정격전압$\times$정격차단전류[MVA]

정격 차단 전류 : $I_s = \dfrac{P_s}{\sqrt{3}\,V} = \dfrac{100\times 10^6}{\sqrt{3}\times 7.2\times 10^3}\times 10^{-3} = 8$[kA]

【답】④

27 ★★★★★ 고장 즉시 동작하는 특성을 갖는 계전기는?
① 순시 계전기
② 정한시 계전기
③ 반한시 계전기
④ 반한시성 정한시 계전기

Explanation

보호 계전기의 시한특성
- 순한시 : 최소 동작 전류 이상의 전류가 흐르면 즉시 동작
- 정한시 : 동작 전류의 크기에 관계없이 일정한 시간에 동작
- 반한시 : 동작 전류가 커질수록 동작 시간이 짧게 되는 특성
- 반한시 정한시 특성 : 동작 전류가 적은 동안에는 반한시 동작, 어떤 전류 이상이면 정한시 동작

【답】①

28 ★★☆☆☆ 30,000[kW]의 전력을 51[km] 떨어진 지점에 송전하는 데 필요한 전압은 약 몇 [kV]인가? 단, still 의 식에 의하여 산정한다.
① 22
② 33
③ 66
④ 100

Explanation

경제적인 송전 전압 결정(still식)

$V_s = 5.5\sqrt{0.6l + \dfrac{P}{100}}$ [kV]   여기서, l : 송전 거리[km], P : 송전 전력[kW]

$= 5.5 \times \sqrt{0.6\times 51 + \dfrac{30,000}{100}} = 100$[kV]

【답】④

29 댐의 부속설비가 아닌 것은?

① 수로   ② 수조
③ 취수구   ④ 흡출관

Explanation

흡출관 : 반동수차에서 낙차를 늘리기 위한 설비

【답】 ④

30 3상3선식에서 전선 한 가닥에 흐르는 전류는 단상2선식의 경우의 몇 배가 되는가? (단, 송전전력, 부하역률, 송전거리, 전력손실 및 선간전압이 같다)

① $\dfrac{1}{\sqrt{3}}$ ② $\dfrac{2}{3}$
③ $\dfrac{3}{4}$ ④ $\dfrac{4}{9}$

Explanation

송전전력이 동일 $VI_1\cos\theta = \sqrt{3}\,VI_3\cos\theta$

선간전압과 역률이 동일 $\therefore I_3 = \dfrac{1}{\sqrt{3}} I_1$

【답】 ①

31 사고, 정전 등의 중대한 영향을 받는 지역에서 정전과 동시에 자동적으로 예비전원용 배전선로로 전환하는 장치는?

① 차단기
② 리클로저(Recloser)
③ 섹셔널라이저(Sectionalizer)
④ 자동 부하 전환개폐기(Auto Load Transfer Switch)

Explanation

자동 부하 전환개폐기(Auto Load Transfer Switch)
정전과 동시에 자동적으로 예비전원용 배전선로로 전환하는 장치

【답】 ④

32 전선의 표피 효과에 대한 설명으로 알맞은 것은?

① 전선이 굵을수록, 주파수가 높을수록 커진다.
② 전선이 굵을수록, 주파수가 낮을수록 커진다.
③ 전선이 가늘수록, 주파수가 높을수록 커진다.
④ 전선이 가늘수록, 주파수가 낮을수록 커진다.

Explanation

표피효과 : 도선의 중심부로 갈수록 전류밀도가 적어지는 현상
따라서 전선이 굵을수록, 주파수가 높을수록, 도전율이 높을수록, 투자율이 클수록
표피 효과는 증대된다.

【답】 ①

33 일반회로정수가 같은 평행 2회선에서 A, B, C, D 는 각각 1회선의 경우의 몇 배로 되는가?

① A : 2배, B : 2배, C : $\dfrac{1}{2}$ 배, D : 1배

② A : 1배, B : 2배, C : $\frac{1}{2}$배, D : 1배

③ A : 1배, B : $\frac{1}{2}$배, C : 2배, D : 1배

④ A : 1배, B : $\frac{1}{2}$배, C : 2배, D : 2배

Explanation

평행 2회선 선로(임피던스 감소, 어드미턴스 증가)
$A \to A$, $B \to \frac{B}{2}$, $C \to 2C$, $D \to D$

【답】③

34 ★★★★★ 변전소에서 비접지 선로의 접지 보호용으로 사용되는 계전기에 영상 전류를 공급하는 것은?

① CT
② GPT
③ ZCT
④ PT

Explanation

• ZCT(영상 변류기) : 영상(지락)전류 검출. 지락계전기 사용

【답】③

35 ★★★★★ 단로기에 대한 설명으로 틀린 것은?

① 소호장치가 있어 아크를 소멸시킨다.
② 무부하 및 여자전류의 개폐에 사용된다.
③ 사용 회로 수에 의해 분류하면 단투형과 쌍투형이 있다.
④ 회로의 분리 또는 계통의 접속 변경 시 사용한다.

Explanation

단로기(Disconnecting Switch)
• 무부하 회로 개폐
• 무부하 충전전류, 변압기 여자전류 개폐 가능

【답】①

36 ★☆☆☆☆ 4단자 정수 $A = 0.9918 + j0.0042$, $B = 34.17 + j50.38$, $C = (-0.006 + j3247) \times 10^{-4}$인 송전 선로의 송전단에 66[kV]를 인가하고 수전단을 개방하였을 때 수전단 선간전압은 약 몇 [kV]인가?

① $\frac{66.55}{\sqrt{3}}$
② 62.5
③ $\frac{62.5}{\sqrt{3}}$
④ 66.55

Explanation

4단자 정수 $\begin{bmatrix} E_s \\ I_s \end{bmatrix} = \begin{bmatrix} A & B \\ C & D \end{bmatrix} \begin{bmatrix} E_R \\ I_R \end{bmatrix}$ 에서

$E_s = AE_R + BI_R$, $I_s = CE_R + DI_R$

여기서, 수전단을 개방하면 $I_R = 0$이 되므로

$E_s = AE_R + BI_R$에서 $E_s = AE_R$

수전단 전압 $E_R = \frac{1}{A}E_s = \frac{1}{0.9918 + j0.0042} \times 66 = \frac{(0.9918 - j0.0042)}{(0.9918 + j0.0042)(0.9918 - j0.0042)} \times 66$

$= 66.55 - j0.28 = \sqrt{66.55^2 + 0.28^2} = 66.55[kV]$

【답】④

37 ★☆☆☆☆
증기터빈 출력을 P[kW], 증기량을 W[t/h], 초압 및 배기의 증기 엔탈피를 각각 i_0, i_1[kcal/kg]이라 하면 터빈의 효율 η_T[%]는?

① $\dfrac{860P \times 10^3}{W(i_0 - i_1)} \times 100$ ② $\dfrac{860P \times 10^3}{W(i_1 - i_0)} \times 100$

③ $\dfrac{860P}{W(i_0 - i_1) \times 10^3} \times 100$ ④ $\dfrac{860P}{W(i_1 - i_0) \times 10^3} \times 100$

Explanation

터빈 효율 $\eta_T = \dfrac{860P}{G(i - i_e)\eta_g} \times 100$ [%]

여기서, P : 터빈 축단 출력 [kW], G : 유입 증기량[kg/h]
        I : 터빈 입구에서의 증기 엔탈피[kcal/kg]
        i_e : 복수기 진공까지 팽창한 상태에서의 증기 엔탈피 [kcal/kg]
        η_T : 터빈 효율, η_g : 발전기 효율

【답】 ③

38 ★★★★★
송전선로에서 가공지선을 설치하는 목적이 아닌 것은?
① 뇌(雷)의 직격을 받을 경우 송전선 보호   ② 유도뢰에 의한 송전선의 고전위 방지
③ 통신선에 대한 전자유도장해 경감   ④ 철탑의 접지저항 경감

Explanation

가공 지선의 설치 목적
- 직격뢰 차폐
- 유도뢰에 대한 정전 차폐
- 통신선에 대한 전자유도장해 경감(지락전류의 일부가 가공지선에 흐르므로)

【답】 ④

39 ★☆☆☆☆
수전단의 전력원 방정식이 $P_r^2 + (Q_r + 400)^2 = 250,000$으로 표현되는 전력계통에서 조상설비 없이 전압을 일정하게 유지하면서 공급할 수 있는 부하전력은? (단, 부하는 무유도성이다)
① 200   ② 250   ③ 300   ④ 350

Explanation

조상설비가 없으므로 무효전력은 400[kVar]
$P_r^2 + 400^2 = 250,000$ 이므로 송전전력(P_r^2)은 300[kW]

【답】 ③

40 ★★★★★
전력설비의 수용률을 나타낸 것은?

① 수용률 $= \dfrac{\text{평균 전력[kW]}}{\text{부하 설비 용량[kW]}} \times 100[\%]$

② 수용률 $= \dfrac{\text{부하 설비 용량[kW]}}{\text{평균 전력[kW]}} \times 100[\%]$

③ 수용률 $= \dfrac{\text{최대 수용 전력[kW]}}{\text{부하 설비 용량[kW]}} \times 100[\%]$

④ 수용률 $= \dfrac{\text{부하 설비 용량[kW]}}{\text{최대 수용 전력[kW]}} \times 100[\%]$

Explanation

전력수용의 수용률 $= \dfrac{\text{최대 수용 전력[kW]}}{\text{부하 설비 합계[kW]}} \times 100[\%]$

【답】 ③

3과목 전기기기

41. 전원전압이 100[V]인 단상 전파정류제어에서 점호각이 30°일 때 직류 평균전압은 약 몇 [V]인가?
① 54
② 64
③ 84
④ 94

Explanation

SCR의 위상 제어
- 단상 전파 정류 회로

$$E_d = \frac{2\sqrt{2}E}{\pi}\frac{(1+\cos\alpha)}{2} = \frac{\sqrt{2}E}{\pi}(1+\cos\alpha) = 0.45E(1+\cos\alpha)$$

여기서, $1+\cos\alpha$: 제어율

$$= 0.45 \times 100 \times (1+\cos 30°) = 83.97[V]$$

【답】③

42. 단상 유도 전동기의 기동 시 브러시를 필요로 하는 것은?
① 분상 기동형
② 반발 기동형
③ 콘덴서 분상 기동형
④ 셰이딩 코일 기동형

Explanation

반발 기동 유도 전동기
- 회전자 권선의 전부 혹은 일부를 브러시를 통해 단락시켜 기동하는 방식
- 브러시의 위치를 이동시켜 회전방향 변경
- 단상 유도 전동기 중 기동 토크가 가장 크다.

【답】②

43. 3선 중 2선의 전원 단자를 서로 바꾸어서 결선하면 회전방향이 바뀌는 기기가 아닌 것은?
① 회전변류기
② 유도전동기
③ 동기전동기
④ 정류자형 주파수 변환기

Explanation

3상 교류전동기
- 3선 중 2선의 전원 단자를 서로 바꾸어서 결선하면 회전방향이 바뀌는 특성
- 유도전동기, 동기전동기, 회전변류기(동기전동기 사용)

【답】④

44. 단상 유도전동기의 분상 기동형에 대한 설명으로 틀린 것은?
① 보조권선은 높은 저항과 낮은 리액턴스를 갖는다.
② 주권선은 비교적 낮은 저항과 높은 리액턴스를 갖는다.
③ 높은 토크를 발생시키려면 보조권선에 병렬로 저항을 삽입한다.
④ 전동기가 기동하여 속도가 어느 정도 상승하면 보조권선을 전원에서 분리해야 한다.

Explanation

분상기동형
- 주권선과 90° 위상차가 있는 보조 권선을 설치하여 주권선과 위상차에 의해 기동하는 방식
- 주권선과 보조권선의 특징
  - $R > X$(보조권선)
  - $R < X$(주권선)

전동기가 기동하여 속도가 동기속도의 60~80[%] 정도에 이르면 원심개폐기를 사용하여 보조권선을 전원에서 분리해야 한다.

【답】③

45 변압기의 %Z가 커지면 단락전류는 어떻게 변화하는가?
① 커진다.
② 변동 없다.
③ 작아진다.
④ 무한대로 커진다.

Explanation

단락전류 $I_s = \dfrac{100}{\%Z} I_n$

따라서 단락전류는 %Z가 커지면 감소한다.

【답】③

46 정격전압 6,600[V]인 3상 동기발전기가 정격출력(역률=1)으로 운전할 때 전압 변동률이 12[%]이었다. 여자전류와 회전수를 조정하지 않은 상태로 무부하 운전하는 경우 단자전압[V]은?
① 6,433
② 6,943
③ 7,392
④ 7,842

Explanation

전압변동률 $\epsilon = \dfrac{V_o - V}{V} \times 100 [\%]$

$\epsilon V = V_o - V$에서 무부하 단자전압 $V_o = (\epsilon + 1) V = (1 + 0.12) \times 6,600 = 7,392 [V]$

【답】③

47 계자권선이 전기자에 병렬로만 연결된 직류기는?
① 분권기
② 직권기
③ 복권기
④ 타여자기

Explanation

직류발전기의 종류
- 타여자 발전기 : 계자권선이 외부에 있는 경우
- 직권 발전기 : 계자 권선이 전기자에 직렬로 있는 경우
- **분권 발전기 : 계자 권선이 전기자에 병렬로 있는 경우**
- 복권 발전기 : 계자 권선이 전기자에 직렬 및 병렬로 있는 경우

【답】①

48 3상 20,000[kVA]인 동기발전기가 있다. 이 발전기는 60[Hz]일 때 200[rpm], 50[Hz]일 때는 약 167[rpm]으로 회전한다. 이 동기발전기의 극수는?
① 18극
② 36극
③ 54극
④ 72극

Explanation

- 동기속도 $N_s = \dfrac{120f}{p}$ 에서

  주파수가 60[Hz], 회전속도가 200[rpm]인 경우 극수 $p = \dfrac{120f}{N_s} = \dfrac{120 \times 60}{200} = 36 [극]$

- 동기속도 $N_s = \dfrac{120f}{p}$ 에서

  주파수가 50[Hz], 회전속도가 167[rpm]인 경우 극수 $p = \dfrac{120f}{N_s} = \dfrac{120 \times 50}{167} = 35.9 [극] ≒ 36 [극]$

【답】②

49 1차 전압 6,600[V], 권수비 30인 단상 변압기로 전등부하에 30[A]를 공급할 때 입력[kW]은? 단, 변압기의 손실은 무시한다.

① 4.4
② 5.5
③ 6.6
④ 7.7

Explanation

변압기의 권수비 $a = \dfrac{N_1}{N_2} = \dfrac{E_1}{E_2} = \dfrac{V_1}{V_2} = \dfrac{I_2}{I_1} = \sqrt{\dfrac{Z_1}{Z_2}}$ 에서

1차 전류 $I_1 = \dfrac{I_2}{a} = \dfrac{30}{30} = 1[A]$

전등 부하는 역률 $\cos\theta = 1$

입력 $P_1 = V_1 I_1 \cos\theta = 6{,}600 \times 1 \times 1 \times 10^{-3} = 6.6[kW]$

【답】③

50 스텝 모터에 대한 설명 중 틀린 것은?

① 가속과 감속이 용이하다.
② 정·역 및 변속이 용이하다.
③ 위치제어 시 각도 오차가 작다.
④ 브러시 등 부품수가 많아 유지보수 필요성이 크다.

Explanation

스텝 모터
- 피드백 루프가 필요 없이 오픈 루프로 손쉽게 속도 및 위치제어를 할 수 있다.
- 디지털 신호를 직접 제어할 수 있으므로 컴퓨터 등 다른 디지털 기기와 인터페이스가 쉽다.
- 가속, 감속이 용이하며 정·역전 및 변속이 쉽다.
- 위치제어를 할 때 각도오차가 적다.

【답】④

51 출력이 20[kW]인 직류발전기의 효율이 80[%]이면 전 손실은 약 몇 [kW]인가?

① 0.8
② 1.25
③ 5
④ 45

Explanation

효율 $\eta = \dfrac{출력}{입력} \times 100[\%]$

$= \dfrac{출력}{출력 + 손실}$

따라서 손실 $= \dfrac{출력}{\eta} - 출력 = \dfrac{20}{0.8} - 20 = 5[kW]$

【답】③

52 동기전동기의 공급 전압과 부하를 일정하게 유지하면서 역률을 1로 운전하고 있는 상태에서 여자전류를 증가시키면 전기자 전류는?

① 앞선 무효전류가 증가
② 앞선 무효전류가 감소
③ 뒤진 무효전류가 증가
④ 뒤진 무효전류가 감소

Explanation

동기 전동기의 위상 특성 곡선(V곡선)
- I_a 와 I_f 관계곡선 (P는 일정)
- 계자전류의 변화에 대한 전기자 전류의 변화를 나타낸 곡선
- 과여자 : 앞선 역률(진상)
- 부족여자 : 늦은 역률(지상)
역률 $\cos\theta = 1$ 일 때, 전기자 전류 최소

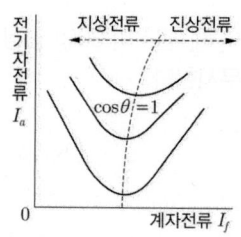

【답】①

53. 전압변동률이 작은 동기발전기의 특성으로 옳은 것은?
① 단락비가 크다.
② 속도변동률이 크다.
③ 동기 리액턴스가 크다.
④ 전기자 반작용이 크다.

Explanation

단락비가 큰 동기기
- 전기자 반작용이 작다(동기 임피던스가 작다).
- 과부하 내량이 크다.
- 기계의 중량이 무겁고 고가이다.
- 전압 변동률이 양호하다.
- 안정도가 우수하다.
- 극수가 적은 저속기(수차형)

【답】①

54. 직류발전기에 $P[N \cdot m/s]$의 기계적 동력을 주면 전력은 몇 [W]로 변환되는가? (단, 손실은 없으며, i_a는 전기자 도체의 전류, e는 전기자 도체의 유도기전력, Z는 총 도체수이다)

① $P = i_a e Z$
② $P = \dfrac{i_a e}{Z}$
③ $P = \dfrac{i_a Z}{e}$
④ $P = \dfrac{e Z}{i_a}$

Explanation

직류발전기
유기기전력 $E = e \times \dfrac{Z}{a} = Blv \times \dfrac{Z}{a}$
전력 $p = e \cdot i_a$이며 도체수가 Z이므로
총 전력은 $p = e \cdot i_a \cdot Z$ [W]

【답】①

55. 도통(on)상태에 있는 SCR을 차단(off) 상태로 만들기 위해서는 어떻게 하여야 하는가?
① 게이트 펄스전압을 가한다.
② 게이트 전류를 증가시킨다.
③ 게이트 전압이 부(-)가 되도록 한다.
④ 전원전압의 극성이 반대가 되도록 한다.

Explanation

SCR(Silicon Controlled Rectifier) : 실리콘 제어 정류기
- 실리콘 정류 소자, 역저지 3단자
- 정류기능의 단일 방향성 3단자 소자
- 게이트에 펄스를 인가하여 ON
- OFF시 : 애노드(전원)를 (0) 또는 (-)로 한다.

【답】④

56 직류전동기의 워드 레오나드 속도제어 방식으로 옳은 것은?

① 전압제어
② 저항제어
③ 계자제어
④ 직병렬제어

Explanation

직류전동기 속도제어 $n = K' \dfrac{V - I_a R_a}{\phi}$ (K' : 기계정수)

종류	특징
전압 제어	• 광범위 속도제어 가능 • 워드 레오너드 방식 : 소형부하(엘리베이터에 사용) • 일그너 방식(부하가 급변, 대용량 부하-제철, 제강, 압연) : 플라이 휠 효과(관성 모멘트 증가) • 정토크 제어
계자 제어	• 세밀하고 안정된 속도 제어 • 정출력 제어
저항 제어	• 속도 조정 범위 좁다. • 효율이 저하

【답】①

57 단권 변압기의 설명으로 틀린 것은?

① 분로권선과 직렬권선으로 구분된다.
② 1차 권선과 2차 권선의 일부가 공통으로 사용된다.
③ 3상에는 사용할 수 없고 단상으로만 사용한다.
④ 분로권선에서 누설자속이 없기 때문에 전압변동률이 적다.

Explanation

단권 변압기의 특징
• 1, 2차 권선이 하나이므로 동량과 철량이 감소되어 손실이 적고 효율이 우수
• 누설 리액턴스가 적어 전압 변동이 적다.
• 단락 시 대전류가 흐를 수 있다.
• 자기 용량 보다 큰 부하 용량 사용 가능
• 단상 및 3상에서 사용이 가능

【답】③

58 유도전동기를 정격상태로 사용 중, 전압이 10[%] 상승할 때 특성변화로 틀린 것은? 단, 부하는 일정 토크라고 가정한다.

① 슬립이 작아진다.
② 역률이 떨어진다.
③ 속도가 감소한다.
④ 히스테리시스손과 와류손이 증가한다.

Explanation

• 철손 : $P_i \propto \dfrac{E^2}{f}$, $P_i' = 1.1^2 P_i = 1.21 P_i$ 이므로 철손은 증가

• 슬립 $s \propto \dfrac{1}{V^2} = \dfrac{1}{(1.1V)^2} = \dfrac{1}{1.21} \dfrac{1}{V^2} = 0.83 \dfrac{1}{V^2}$ 슬립은 감소

• 속도 $N = (1-s)N_s$ 에서 슬립이 감소하면 속도는 증가

【답】③

59 단자전압 110[V], 전기자 전류 15[A], 전기자 회로의 저항 2[Ω], 정격속도 1,800[rpm]으로 전부하에서 운전하고 있는 직류 분권전동기의 토크는 약 몇 [N·m]인가?

① 6.0
② 6.4
③ 10.08
④ 11.14

Explanation

역기전력 $E = V - I_a R_a = 110 - 15 \times 2 = 80[V]$

토크 $\tau = \dfrac{P}{\omega} = \dfrac{EI_a}{2\pi \dfrac{N}{60}} = \dfrac{80 \times 15}{2\pi \times \dfrac{1,800}{60}} = 6.36 [\text{N} \cdot \text{m}]$

【답】②

60 용량 1[kVA], 3,000/200[V]의 단상 변압기를 단권 변압기로 결선해서 3,000/3,200[V]의 승압기로 사용할 때 그 부하 용량 [kVA]은?

① $\dfrac{1}{16}$
② 1
③ 15
④ 16

Explanation

$\dfrac{\text{자기 용량}}{\text{부하 용량}} = \dfrac{e_2 I_2}{V_h I_2} = \dfrac{e_2}{V_h} ≒ \dfrac{V_h - V_l}{V_h}$

부하 용량 $= \dfrac{V_h}{e_2} \times$ 자기 용량 $= \dfrac{3,200}{200} \times 1 = 16[\text{kVA}]$

【답】④

4과목 회로이론 및 제어공학

61 특성 방정식 $s^3 + 2s^2 + Ks + 10 = 0$으로 주어지는 제어시스템이 안정하기 위한 K의 범위는?

① $K > 0$
② $K > 5$
③ $K < 0$
④ $0 < K < 5$

Explanation

Routh-Hurwitz 판별식을 이용하여 1열의 부호가 모두 양수이면 안정하며

s^3	1	K
s^2	2	10
s^1	$\dfrac{2K-10}{2}$	0
s^0	10	

제1열의 부호 변화가 없어야 안정하므로 $2K - 10 > 0$, $K > \dfrac{10}{2}$

따라서 $K > 5$

【답】②

62 제어시스템의 개루프 전달함수가 $G(s)H(s) = \dfrac{K(s+30)}{s^4+s^3+2s^2+s+7}$로 주어질 때, 다음 중 $K>0$인 경우 근궤적의 점근선이 실수축과 이루는 각(°)은?

① 20°
② 60°
③ 90°
④ 120°

Explanation

근궤적의 점근선의 각도 $\theta = \dfrac{(2k+1)}{P-Z}\pi = \dfrac{(2k+1)}{4-1}\pi = \dfrac{(2k+1)}{3}\pi$

$k=0, \quad \theta = \dfrac{\pi}{3} = 60°$

$k=1, \quad \theta = \dfrac{3\pi}{3} = 180°$

$k=2, \quad \theta = \dfrac{5\pi}{3} = 300°$

【답】 ②

63 다음 중 z변환 함수 $F(z) = \dfrac{3z}{(z-e^{-3T})}$에 대응되는 라플라스 변환 함수는?

① $\dfrac{1}{(s+3)}$
② $\dfrac{3}{(s-3)}$
③ $\dfrac{1}{(s-3)}$
④ $\dfrac{3}{(s+3)}$

Explanation

라플라스와 z변환의 관계

$f(t)$		$F(s)$	$F(z)$
임펄스 함수	$\delta(t)$	1	1
단위 계단 함수	$u(t)$	$\dfrac{1}{s}$	$\dfrac{z}{z-1}$
램프 함수	t	$\dfrac{1}{s^2}$	$\dfrac{Tz}{(z-1)^2}$
지수 함수	e^{-at}	$\dfrac{1}{s+a}$	$\dfrac{z}{z-e^{-at}}$

따라서 $\dfrac{3z}{(z-e^{-3t})} = 3\dfrac{z}{z-e^{-3t}}$ 이므로 역변환하면 $f(t) = 3e^{-3t}$이며,

라플라스 변환하면 $F(s) = \dfrac{3}{s+3}$

【답】 ④

64 그림과 같은 제어시스템의 전달함수 $\dfrac{C(s)}{R(s)}$는?

① $\dfrac{1}{15}$
② $\dfrac{2}{15}$
③ $\dfrac{3}{15}$
④ $\dfrac{4}{15}$

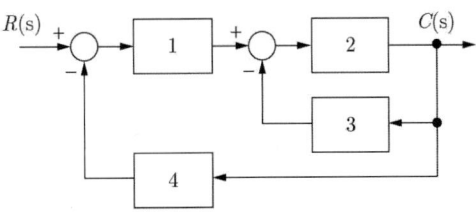

Explanation

블록선도의 전달함수 $G(s) = \dfrac{\Sigma G}{1 - \Sigma L_1 + \Sigma L_2 + \cdots}$

여기서, L_1 : 각각의 모든 폐루프 이득의 합
L_2 : 서로 접촉하지 않는 2개의 폐루프 이득의 곱의 합
ΣG : 각각의 전향 경로의 합

$G(s) = \dfrac{C(s)}{R(s)} = \dfrac{1 \times 2}{1 - (-2 \times 3) - (-1 \times 2 \times 4)} = \dfrac{2}{15}$

【답】②

65 ★☆☆☆☆ 전달함수가 $G_C(s) = \dfrac{2s+5}{7s}$ 인 제어기가 있다. 이 제어기는 어떤 제어기인가?

① 비례 미분 제어기
② 적분 제어기
③ 비례 적분 제어기
④ 비례 적분 미분 제어기

Explanation

PI (비례 적분 제어)

$y(t) = K_p [z(t) + \dfrac{1}{T_i} z(t) dt]$ 여기서, K는 비례감도, T_i는 적분시간.

$Y(s) = K_p (1 + \dfrac{1}{T_i s}) Z(s)$

$\therefore \ G(s) = \dfrac{Y(s)}{Z(s)} = K_p \left(1 + \dfrac{1}{T_i s}\right)$

$G_C(s) = \dfrac{2s+5}{7s} = \dfrac{2}{7}\left(1 + \dfrac{5}{7s}\right) = \dfrac{2}{7}\left(1 + \dfrac{1}{\dfrac{7}{5}s}\right)$

【답】③

66 ★☆☆☆☆ 단위 피드백 제어계의 개루프 전달함수가 $G(s) = \dfrac{5}{s(s+1)(s+2)}$ 일 때 단위계단 입력에 대한 정상상태 편차는?

① 0
② 1
③ 2
④ 3

Explanation

$e_{ss} = \dfrac{1}{1+K_p}$
여기서, K_p는 위치편차상수

$K_p = \lim\limits_{s \to 0} G(s) = \lim\limits_{s \to 0} G(s) = \lim\limits_{s \to 0} \dfrac{5}{s(s+1)(s+2)} = \infty$

$e_{ss} = \dfrac{1}{1+K_p} = \dfrac{1}{1+\infty} = 0$

【답】①

67 ★★★★☆ 그림과 같은 회로의 출력 Z는 어떻게 표현되는가?

① $ABCDE + \overline{F}$
② $\overline{A}\ \overline{B}\ \overline{C}\ \overline{D}\ \overline{E} + F$
③ $\overline{A} + \overline{B} + \overline{C} + \overline{D} + \overline{E} + F$
④ $A + B + C + D + E + F$

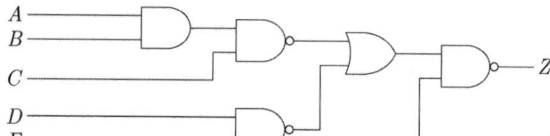

> **Explanation**

드모르간의 정리를 이용하여
$Z = \overline{\overline{(ABC + \overline{DE})}\,\overline{F}} = \overline{\overline{(ABC + \overline{DE})}} + \overline{\overline{F}}$
$= \overline{\overline{ABC}}\,\overline{\overline{DE}} + \overline{F} = ABCDE + \overline{F}$

【답】①

68 ★☆☆☆☆ 그림의 신호흐름선도에서 전달함수 $\dfrac{C(s)}{R(s)}$ 는?

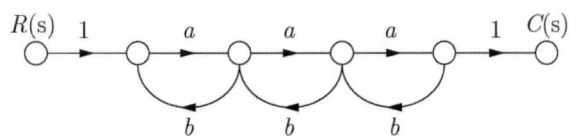

① $\dfrac{a^3}{(1-ab)^3}$ ② $\dfrac{a^3}{(1-3ab+a^2b^2)}$

③ $\dfrac{a^3}{1-3ab}$ ④ $\dfrac{a^3}{1-3ab+2a^2b^2}$

> **Explanation**

메이슨의 이득공식을 적용하면
$G = \dfrac{\sum G_i \triangle_i}{\triangle}$ 에서
$G_i : a^3 \quad \triangle_i : 1 - 0 = 1$
$\triangle = 1 - 3ab + a^2b^2$
전체이득 $G = \dfrac{C(s)}{R(s)} = \dfrac{a^3}{1 - 3ab + a^2b^2}$

【답】②

69 ★★★★★ 다음과 같은 미분방정식으로 표현되는 제어시스템의 시스템 행렬 A는?

$$\dfrac{d^2c(t)}{dt^2} + 5\dfrac{dc(t)}{dt} + 3c(t) = r(t)$$

① $\begin{bmatrix} -5 & -3 \\ 0 & 1 \end{bmatrix}$ ② $\begin{bmatrix} -3 & -5 \\ 0 & 1 \end{bmatrix}$

③ $\begin{bmatrix} 0 & 1 \\ -3 & -5 \end{bmatrix}$ ④ $\begin{bmatrix} 0 & 1 \\ -5 & -3 \end{bmatrix}$

> **Explanation**

상태방정식
$x(t) = x_1(t)$로 선정하면
$\dot{x}_1(t) = x_2(t)$
$\dot{x}_2(t) = -3x_1(t) - 5x_2(t) + r(t)$
따라서 상태방정식으로 계산하면
$\begin{bmatrix} \dot{x}_1(t) \\ \dot{x}_2(t) \end{bmatrix} = \begin{bmatrix} 0 & 1 \\ -3 & -5 \end{bmatrix} \begin{bmatrix} x_1(t) \\ x_2(t) \end{bmatrix} + \begin{bmatrix} 0 \\ 1 \end{bmatrix} r(t)$

【답】③

70 안정한 제어시스템의 보드 선도에서 이득 여유는?

① -20~20[dB] 사이에 있는 크기[dB] 값이다.
② 0~20[dB] 사이에 있는 크기 선도의 길이이다.
③ 위상이 0°가 되는 주파수에서 이득의 크기[dB]이다.
④ 위상이 -180°가 되는 주파수에서 이득의 크기[dB]이다.

Explanation

• 이득여유 : 위상 곡선이 -180°에서의 이득값
• 위상여유 : 이득 곡선이 0[dB]인 점에서의 위상값

【답】④

71 3상전류가 $I_a = 10 + j3$[A], $I_b = -5 - j2$[A], $I_c = -3 + j4$[A]일 때 정상분 전류의 크기는 약 몇 [A]인가?

① 5
② 6.4
③ 10.5
④ 13.34

Explanation

대칭좌표법을 이용하면

$$\begin{bmatrix} I_0 \\ I_1 \\ I_2 \end{bmatrix} = \frac{1}{3} \begin{bmatrix} 1 & 1 & 1 \\ 1 & a & a^2 \\ 1 & a^2 & a \end{bmatrix} \begin{bmatrix} I_a \\ I_b \\ I_c \end{bmatrix}$$ 에서 (여기서, 정상분 : $I_1 = \frac{1}{3}(I_a + aI_b + a^2 I_c)$)

$= \frac{1}{3}(10 + j3 + \left(-\frac{1}{2} + j\frac{\sqrt{3}}{2}\right)(-5 - j2) + \left(-\frac{1}{2} - j\frac{\sqrt{3}}{2}\right)(-3 + j4)) = 6.4$

【답】②

72 그림의 회로에서 영상 임피던스 Z_{01}이 6[Ω]일 때, 저항 R의 값은 몇 [Ω]인가?

① 2
② 4
③ 6
④ 9

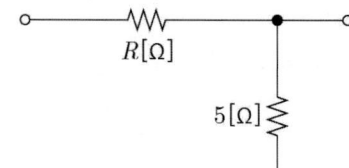

Explanation

T형 4단자 정수

$\begin{bmatrix} A & B \\ C & D \end{bmatrix} = \begin{bmatrix} 1 & R \\ 0 & 1 \end{bmatrix} \begin{bmatrix} 1 & 0 \\ \frac{1}{5} & 1 \end{bmatrix} = \begin{bmatrix} 1 + \frac{R}{5} & R \\ \frac{1}{5} & 1 \end{bmatrix}$

영상 임피던스 $Z_{01} = \sqrt{\frac{AB}{CD}} = \sqrt{\frac{\left(1 + \frac{R}{5}\right) \cdot R}{\frac{1}{5} \times 1}} = \sqrt{5R + R^2} = 6$에서 $R^2 + 5R - 36 = 0$

∴ $R^2 + 5R - 36 = (R - 4)(R + 9)$에서 $R = 4$[Ω]

【답】②

73 Y 결선의 평형 3상 회로에서 선간전압 V_{ab}와 상전압 V_{an}의 관계로 옳은 것은?
(단, $V_{bn} = V_{an} e^{-j(2\pi/3)}$, $V_{cn} = V_{bn} e^{-j(2\pi/3)}$)

① $V_{ab} = \frac{1}{\sqrt{3}} e^{j(\pi/6)} V_{an}$ ② $V_{ab} = \sqrt{3} e^{j(\pi/6)} V_{an}$

③ $V_{ab} = \frac{1}{\sqrt{3}} e^{-j(\pi/6)} V_{an}$ ④ $V_{ab} = \sqrt{3} e^{-j(\pi/6)} V_{an}$

Explanation

Y결선 회로의 전압, 전류

선간전압 $V_l = 2\sin\frac{\pi}{3} V_P \angle \frac{\pi}{2}\left(1-\frac{2}{3}\right) = \sqrt{3} V_P \angle \frac{\pi}{6}$

따라서 $V_{ab} = \sqrt{3} e^{j(\pi/6)} V_{an}$

【답】②

74 ★★★☆☆ $f(t) = t^2 e^{-at}$를 라플라스 변환하면?

① $\frac{2}{(s+\alpha)^2}$ ② $\frac{3}{(s+\alpha)^2}$

③ $\frac{2}{(s+\alpha)^3}$ ④ $\frac{3}{(s+\alpha)^3}$

Explanation

$F(s) = \mathcal{L}[t^n] = \frac{n!}{s^{n+1}}$ 에서

$F(s) = \mathcal{L}[t^2] = \frac{2!}{s^{2+1}} = \frac{2 \times 1}{s^3} = \frac{2}{s^3}$ 이므로 복소추이를 적용하면

$F(s) = \frac{2}{s^3}\bigg|_{s=s+a} = \frac{2}{(s+a)^3}$

【답】③

75 ★★★☆☆ 선로의 단위 길이 당 인덕턴스, 저항, 정전용량, 누설 컨덕턴스를 각각 L, R, C, G라 하면 전파정수는?

① $\frac{\sqrt{(R+j\omega L)}}{(G+j\omega C)}$ ② $\sqrt{(R+j\omega L)(G+j\omega C)}$

③ $\sqrt{\frac{(R+j\omega C)}{(G+j\omega L)}}$ ④ $\sqrt{\frac{(G+j\omega C)}{(R+j\omega L)}}$

Explanation

- 특성임피던스 $Z_0 = \sqrt{\frac{Z}{Y}} = \sqrt{\frac{R+j\omega L}{G+j\omega C}}$
- 전파정수 $\gamma = \sqrt{ZY} = \sqrt{(R+j\omega L)(G+j\omega C)}$

【답】②

76 ★☆☆☆☆ 회로에서 0.5[Ω] 양단 전압(V)은 약 몇 [V]인가?

① 0.6
② 0.93
③ 1.47
④ 1.5

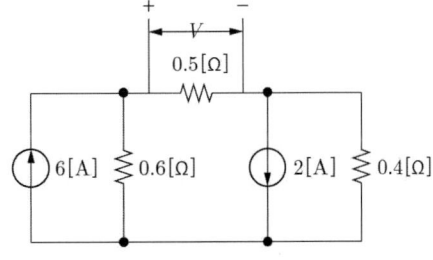

> **Explanation**

중첩의 원리를 적용하여

6[A]의 전류원에 의한 전류 $I_1 = 6 \times \dfrac{0.6}{0.6+0.9} = 2.4[A]$

2[A]의 전류원에 의한 전류 $I_2 = 2 \times \dfrac{0.4}{1.1+0.4} = 0.53[A]$

따라서 0.5[Ω]에 흐르는 전류 $I = I_1 + I_2 = 2.4 + 0.53 = 2.93$

0.5[Ω]에 걸리는 전압 $v = RI = 2.93 \times 0.5 ≒ 1.47[V]$

【답】③

77 ★★☆☆☆ $R-L-C$ 직렬회로의 파라미터가 $R^2 = \dfrac{4L}{C}$ 의 관계를 가진다면, 이 회로에 직류 전압을 인가하는 경우 과도 응답특성은?

① 무제동
② 과제동
③ 부족제동
④ 임계제동

> **Explanation**

$R-L-C$ 직렬회로에서 직류전압 인가

- 비진동 조건 : $R^2 > \dfrac{4L}{C}$ → 과제동
- 임계적 조건 : $R^2 = \dfrac{4L}{C}$ → 임계제동
- 진동적 조건 : $R^2 < \dfrac{4L}{C}$ → 부족제동

【답】④

78 ★★★★★ $v = 3 + 5\sqrt{2}\sin\omega t + 10\sqrt{2}\sin\left(3\omega t - \dfrac{\pi}{3}\right)$[V]의 실효값 크기는 약 몇 [V]인가?

① 9.6
② 10.6
③ 11.6
④ 12.6

> **Explanation**

비정현파의 실효값 : 각파의 제곱의 합의 제곱근

$V = \sqrt{V_0^2 + V_1^2 + V_2^2 + \cdots + V_n^2} = \sqrt{3^2 + 10^2 + 5^2} = 11.6[V]$

【답】③

79 ★★☆☆☆ 그림과 같이 결선된 회로의 단자(a, b, c)에 선간전압이 V[V]인 평형 3상 전압을 인가할 때 상전류 I[A]의 크기는?

① $\dfrac{V}{4R}$
② $\dfrac{3V}{4R}$
③ $\dfrac{\sqrt{3}\,V}{4R}$
④ $\dfrac{V}{4\sqrt{3}\,R}$

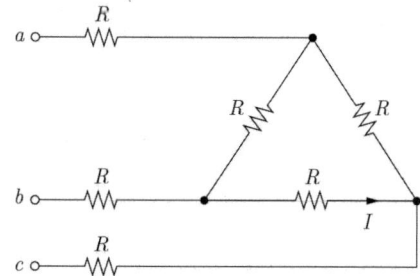

> **Explanation**

I : △결선의 상전류
따라서 우선 회로를 Y결선으로 전환하면

△→Y로 변환 : 저항은 $\frac{1}{3}$이 되므로 $\frac{R}{3}$

따라서 전체 1상의 저항은 $R_T = R + \frac{R}{3} = \frac{4}{3}R$

$I_p = \frac{V_p}{R_T} = \frac{\frac{V}{\sqrt{3}}}{\frac{4}{3}R} = \frac{3V}{4\sqrt{3}R} = \frac{\sqrt{3}V}{4R}$ 이므로 선전류도 $I_l = \frac{\sqrt{3}V}{4r}$

문제에서 I는 △결선의 상전류이므로 선전류를 $\sqrt{3}$으로 나누어야 하며

$I = \frac{\sqrt{3}V}{4R} \times \frac{1}{\sqrt{3}} = \frac{V}{4R}$

【답】①

80

★☆☆☆☆

$8+j6[\Omega]$인 임피던스에 $13+j20[V]$의 전압을 인가할 때 복소전력은 약 몇 [VA]인가?

① $12.7+j34.1$
② $12.7+j55.5$
③ $45.5+j34.1$
④ $45.5+j55.5$

Explanation

전압, 전류가 복소수이므로 복소전력을 구하면

전류 $I = \frac{V}{Z} = \frac{13+j20}{8+j6} = \frac{(13+j20)(8-j6)}{(8+j6)(8-j6)} = \frac{224+j82}{100} = 2.24+j0.82$

$P_a = V\bar{I} = (13+j20)(2.24-j0.82)$
   $= 45.5+j34.1[VA]$

【답】③

5과목 전기설비기술기준

81

★★★★★

지중 전선로를 직접 매설식에 의하여 시설할 때, 중량물의 압력을 받을 우려가 있는 장소에 저압 또는 고압의 지중전선을 견고한 트라프 기타 방호물에 넣지 않고도 부설할 수 있는 케이블은?

① PVC 외장 케이블
② 콤바인덕트 케이블
③ 염화비닐 절연 케이블
④ 폴리에틸렌 외장 케이블

Explanation

(KEC 334.1조) 지중 전선로의 시설
지중전선로를 직접 매설식에 의하여 시설하는 경우에는 매설 깊이를 차량 기타 중량물의 압력을 받을 우려가 있는 장소에는 1[m] 이상, 기타 장소에는 0.6[m] 이상으로 하고 또한 지중전선을 견고한 트라프 기타 방호물에 넣어 시설하여야 한다(다만, 저압 또는 고압의 지중전선에 **콤바인덕트 케이블을 사용하여 시설하는 경우** 지중전선을 견고한 트라프 기타 방호물에 넣지 아니하여도 된다).

【답】②

82

★★☆☆☆

수소냉각식 발전기 등의 시설기준으로 틀린 것은?

① 발전기 내부 또는 무효전력 보상장치 내부의 수소의 온도를 계측하는 장치를 시설할 것
② 발전기축의 밀봉부로부터 수소가 누설될 때 누설된 수소를 외부로 방출하지 않을 것
③ 발전기 내부 또는 무효전력 보상장치 내부의 수소의 순도가 85[%] 이하로 저하한 경우에 이를 경보하는 장치를 시설할 것
④ 발전기 또는 무효전력 보상장치는 수소가 대기압에서 폭발하는 경우에 생기는 압력에 견디는 강도를 가지는 것일 것

> **Explanation**

(KEC 351.10조) 수소냉각식 발전기 등의 시설
② 발전기축의 밀봉부에는 질소 가스를 봉입할 수 있는 장치 또는 누설된 수소 가스를 **안전하게 외부에 방출할 수 있는** 장치를 설치할 것 【답】②

83 KEC 적용으로 인하여 삭제되었습니다.

84 ★☆☆☆☆ 어느 유원지의 어린이 놀이기구인 유희용 전차에 전기를 공급하는 전로의 사용전압은 교류인 경우 몇 [V] 이하이어야 하는가?
① 20
② 40
③ 60
④ 100

> **Explanation**

(KEC 241.8조) 유희용 전차
① **전기를 공급하는 전로의 사용전압 : 직류 60[V] 이하, 교류 40[V] 이하**
② 접촉전선 : 제3레일 방식
③ 변압기의 1차 전압 400[V] 이하, 승압용 변압기를 시설하는 경우 변압기의 2차 전압 150[V] 이하 【답】②

85 ★★☆☆☆ 연료전지 및 태양전지 모듈의 절연내력시험을 하는 경우 충전부분과 대지 사이에 인가하는 시험전압은 얼마인가? (단, 연속하여 10분간 가하여 견디는 것이어야 한다)
① 최대사용전압의 1.25배의 직류전압 또는 1배의 교류전압(500[V] 미만으로 되는 경우에는 500[V])
② 최대사용전압의 1.25배의 직류전압 또는 1.25배의 교류전압(500[V] 미만으로 되는 경우에는 500[V])
③ 최대사용전압의 1.5배의 직류전압 또는 1배의 교류전압(500[V] 미만으로 되는 경우에는 500[V])
④ 최대사용전압의 1.5배의 직류전압 또는 1.25배의 교류전압(500[V] 미만으로 되는 경우에는 500[V])

> **Explanation**

(KEC 134조) 연료전지 및 태양전지 모듈의 절연내력
연료전지 및 태양전지 모듈은 최대 사용 전압의 **1.5배의 직류 전압 또는 1배의 교류 전압**(500[V] 미만으로 되는 경우에는 500[V])을 충전부분과 대지 사이에 연속하여 10분간 가하여 절연 내력을 시험하였을 때에 이에 견딜 것 【답】③

86 ★★★★★ 전개된 장소에서 저압 옥상전선로의 시설기준으로 적합하지 않은 것은?
① 전선은 절연전선을 사용하였다.
② 전선 지지점 간의 거리를 20[m]로 하였다.
③ 전선은 지름 2.6[mm]의 경동선을 사용하였다.
④ 저압 절연전선과 그 저압 옥상 전선로를 시설하는 조영재와의 이격거리를 2[m]로 하였다.

> **Explanation**

(KEC 221.3조) 옥상 전선로
① 전선 : 인장강도 2.30[kN] 이상 또는 지름 2.6[mm] 이상 경동선
② 전선은 절연전선일 것
③ **절연성·난연성 및 내수성**이 있는 애자 사용하여 지지, 지지점 간 거리 15[m] 이하
④ 전선과 조영재와의 이격거리 2[m](전선이 고압 절연전선, 특고압 절연전선 또는 케이블인 경우에는 1[m]) 이상 【답】②

87
KEC 적용으로 인하여 삭제되었습니다.

88
★★☆☆☆
사용전압이 400[V] 초과인 저압 가공전선을 시가지 외에 시설할 때 사용되는 경동선의 굵기는 지름 몇 [mm] 이상인가?
① 2.6
② 3.2
③ 4.0
④ 5.0

Explanation

(KEC 222.5조) 저압 가공전선의 굵기 및 종류
① 400[V] 이하 저압 가공 전선 : 케이블인 경우를 제외하고는 지름 3.2[mm](절연전선인 경우는 2.6[mm])의 경동선 또는 이와 동등 이상의 세기 및 굵기
② 400[V] 초과 저압 가공 전선 : 케이블인 경우 이외에는 시가지에 시설하는 것은 인장강도 8.01[kN] 이상의 것 또는 지름 5[mm] 이상의 경동선, 시가지 외에 시설하는 것은 인장강도 5.26[kN] 이상의 것 또는 지름 4[mm] 이상의 경동선이어야 한다.
【답】③

89
★★☆☆☆
저압 수상전선로에 사용되는 전선은?
① 옥외 비닐케이블
② 600[V] 비닐절연전선
③ 600[V] 고무절연전선
④ 클로로프렌 캡타이어 케이블

Explanation

(KEC 335.3조) 수상전선로의 시설
사용 전압이 저압 : 클로로프렌 캡타이어 케이블, 고압 : 캡타이어 케이블
【답】④

90
★★★★★
440[V] 옥내 배선에 연결된 전동기 회로의 절연저항 최소값은 몇 [MΩ] 인가?
① 0.1
② 0.2
③ 0.4
④ 1

Explanation

(기술기준 제52조) 저압전로의 절연저항

전로의 사용전압[V]	DC 시험전압[V]	절연저항[MΩ]
SELV 및 PELV	250	0.5
FELV, 500[V] 이하	500	1.0
500[V] 초과	1,000	1.0

【답】④

91
★☆☆☆☆
케이블 트레이 공사에 사용하는 케이블 트레이에 적합하지 않은 것은?
① 비금속제 케이블 트레이는 난연성 재료가 아니어도 된다.
② 금속재의 것은 적절한 방식처리를 한 것이거나 내식성 재료의 것이어야 한다.
③ 금속제 케이블 트레이 계통은 기계적 및 전기적으로 완전하게 접속하여야 한다.
④ 케이블 트레이가 방화구획의 벽 등을 관통하는 경우에 관통부는 불연성의 물질로 충전하여야 한다.

Explanation

(KEC 232.41조) 케이블트레이공사
① 전선은 연피 케이블, 알루미늄피 케이블 등 난연성 케이블, 기타 케이블 또는 금속관 혹은 합성수지관 등에 넣은 절연전선
② 수용된 모든 전선을 지지할 수 있는 적합한 강도의 것. 이 경우 케이블 트레이의 안전율은 1.5 이상

③ 비금속제 케이블 트레이는 난연성 재료의 것
④ 금속제 케이블 트레이 계통은 기계적 및 전기적으로 완전하게 접속하여야 하며 접지공사를 할 것 【답】①

92
KEC 적용으로 인하여 삭제되었습니다.

93
★☆☆☆☆
가공전선로의 지지물의 강도 계산에 적용하는 풍압하중은 빙설이 많은 지방 이외의 지방에서 저온계절에는 어떤 풍압하중을 적용하는가? (단, 인가가 이웃 연결되어 있지 않다고 한다)
① 갑종풍압하중 　　　　　　　　　　② 을종풍압하중
③ 병종풍압하중 　　　　　　　　　　④ 을종과 병종풍압하중을 혼용

Explanation

(KEC 331.6조) 풍압 하중의 종별과 적용
- 빙설이 많은 지방 이외 : 고온계절 갑종 풍압하중, 저온계절 병종 풍압하중
- 빙설이 많은 지방(제3호의 지방은 제외한다)에서는 고온계절에는 갑종 풍압하중, 저온계절에는 을종 풍압하중
- 빙설이 많은 지방 중 해안지방 기타 저온계절에 최대풍압이 생기는 지방에서는 고온 계절에는 갑종 풍압하중, 저온계절에는 갑종 풍압하중과 을종 풍압하중 중 큰 것
- 인가가 많이 이웃 연결된 장소 : 병종 풍압하중 적용 가능 【답】③

94
★★★★★
백열전등 또는 방전등에 전기를 공급하는 옥내전로의 대지전압은 몇 [V] 이하이어야 하는가? (단, 백열전등 또는 방전등 및 이에 부속하는 전선은 사람이 접촉할 우려가 없도록 시설한 경우이다)
① 60 　　　　　　　　　　　　　　② 110
③ 220 　　　　　　　　　　　　　　④ 300

Explanation

(KEC 231.6조) 옥내전로의 대지 전압의 제한
백열전등 또는 방전등에 전기를 공급하는 옥내의 전로(주택의 옥내 전로 제외)의 대지전압은 300[V] 이하 【답】④

95
★★☆☆☆
특고압 가공전선로의 지지물에 첨가하는 통신선 보안장치에 사용되는 피뢰기의 동작전압은 교류 몇 [V] 이하인가?
① 300 　　　　　　　　　　　　　　② 600
③ 1,000 　　　　　　　　　　　　　④ 1,500

Explanation

(KEC 362.5조) 특고압 가공전선로 첨가설치 통신선의 시가지 인입 제한
- RP_1 : 교류 300[V] 이하에서 동작하고, 최소 감도 전류가 3[A] 이하로서 최소 감도전류 때의 운동시간이 1사이클 이하이고 또한 전류 용량이 50[A], 20초 이상인 자복성(自復性)이 있는 릴레이 보안기
- L_1 : 교류 1[kV] 이하에서 동작하는 피뢰기

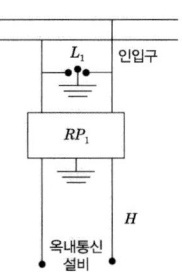

【답】③

96 태양전지 발전소에 시설하는 태양전지 모듈, 전선 및 개폐기 기타 기구의 시설기준에 대한 내용으로 틀린 것은?
① 충전부분은 노출되지 아니하도록 시설할 것
② 옥내에 시설하는 경우에는 전선을 케이블공사로 시설할 수 있다.
③ 태양전지 모듈의 프레임은 지지물과 전기적으로 완전하게 접속하여야 한다.
④ 태양전지 모듈을 병렬로 접속하는 전로에는 과전류차단기를 시설하지 않아도 된다.

Explanation

(KEC 522조) 태양광설비의 시설
① 충전 부분은 노출되지 아니하도록 시설할 것
② 태양전지 모듈에 접속하는 부하 측의 전로(복수의 태양전지 모듈을 시설한 경우에는 그 집합체에 접속하는 부하 측의 전로)에는 그 접속점에 근접하여 개폐기 기타 이와 유사한 기구(부하전류를 개폐할 수 있는 것에 한한다)를 시설할 것
③ 태양전지 모듈을 병렬로 접속하는 전로에는 그 전로에 단락이 생긴 경우에 전로를 보호하는 과전류차단기 기타의 기구를 시설할 것   【답】 ④

97 가공전선로의 지지물에 시설하는 지지선으로 연선을 사용할 경우 소선은 최소 몇 가닥 이상이어야 하는가?
① 3   ② 5
③ 7   ④ 9

Explanation

(KEC 331.11조) 지지선의 시설
① 지지선의 안전율 2.5 이상, 허용 인장 하중 최저는 4.31[kN]
② 2.6[mm] 이상의 금속선을 3가닥 이상 꼬아서 사용   【답】 ①

98 저압 가공전선로 또는 고압 가공전선로와 기설 가공 약전류 전선로가 병행하는 경우에는 유도작용에 의한 통신상의 장해가 생기지 아니하도록 전선과 기설 약전류 전선간의 이격거리는 몇 [m] 이상이어야 하는가? (단, 전기철도용 급전선로는 제외한다)
① 2   ② 4
③ 6   ④ 8

Explanation

(KEC 332.1조) 가공약전류전선로의 유도장해 방지
① 가공전선과 약전류 전선의 이격 거리 증대(2[m] 이상)
② 적당한 거리에서 연가한다.
③ 경동선 2가닥 이상을 차폐선으로 시설하고 접지 공사를 한다.   【답】 ①

99 KEC 적용으로 인하여 삭제되었습니다.

100 중성점 직접 접지식 전로에 접속되는 최대 사용전압 161[kV]인 3상 변압기 권선(성형결선)의 절연내력시험을 할 때 접지시켜서는 안 되는 것은?
① 철심 및 외함
② 시험되는 변압기의 부싱
③ 시험되는 권선의 중성점 단자
④ 시험되지 않는 각 권선(다른 권선이 2개 이상 있는 경우에는 각 권선)의 임의의 1단자

Explanation

(KEC 135조) 변압기 전로의 절연내력

권선의 종류	시험전압	시험방법
6. 최대 사용전압이 60[kV]를 초과하는 권선(성형결선의 것에 한한다. 8란의 것을 제외한다)으로서 중성점 직접접지식전로에 접속하는 것. 다만, 170[kV]를 초과하는 권선에는 그 중성점에 피뢰기를 시설하는 것에 한한다.	최대 사용전압의 0.72배의 전압	시험되는 권선의 중성점단자, 다른 권선(다른 권선이 2개 이상 있는 경우에는 각 권선)의 임의의 1단자, 철심 및 외함을 접지하고 시험되는 권선의 중성점 단자이외의 임의의 1단자와 대지 사이에 시험전압을 연속하여 10분간 가한다. 이 경우에 중성점에 피뢰기를 시설하는 것에 있어서는 다시 중성점 단자의 대지 간에 최대사용전압의 0.3배의 전압을 연속하여 10분간 가한다.

【답】②

2020년 전기기사 필기

1과목 전기자기학

01 ★★★★★
분극의 세기 P, 전계 E, 전속밀도 D의 관계를 나타낸 것으로 옳은 것은? 단, ϵ_0는 진공의 유전율이고, ϵ_r은 유전체의 비유전율이고, ϵ은 유전체의 유전율이다.

① $P = \epsilon_0(\epsilon+1)E$
② $E = \dfrac{D+P}{\epsilon_0}$
③ $P = D - \epsilon_0 E$
④ $\epsilon_0 = D - E$

Explanation

- 유전체에서의 전계의 세기 $E = \dfrac{\sigma - \sigma'}{\epsilon_o} = \dfrac{D-P}{\epsilon_o}$
- 분극의 세기 $P = D - \epsilon_0 E = \epsilon_0 \epsilon_s E - \epsilon_0 E = \epsilon_0(\epsilon_s - 1)E$ [C/m²]

【답】 ③

02 ★★★☆☆
그림과 같은 직사각형의 평면 코일이 $B = \dfrac{0.05}{\sqrt{2}}(a_x + a_y)$ [Wb/m²]인 자계에 위치하고 있다. 이 코일에 흐르는 전류가 5[A]일 때 z축에 있는 코일에서의 토크는 약 몇 [N·m]인가?

① $2.66 \times 10^{-4} a_x$
② $5.66 \times 10^{-4} a_x$
③ $2.66 \times 10^{-4} a_z$
④ $5.66 \times 10^{-4} a_z$

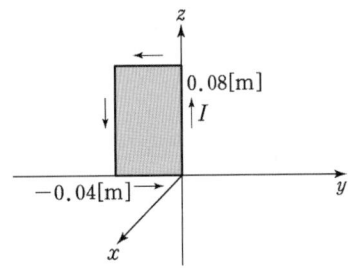

Explanation

자성체에 의한 토크 $T = NIBS\cos\theta$ 에서

코일의 위치가 $B = 0.05 \dfrac{a_x + a_y}{\sqrt{2}}$ 에서 $a_x + a_y$ 이므로 $\theta = \tan^{-1}\dfrac{1}{1} = 45°$

자속밀도의 크기 $B = \dfrac{0.05}{\sqrt{2}}\sqrt{1^2 + 1^2} = 0.05$

$T = NIBS\cos\theta = 1 \times 5 \times 0.05 \times 0.08 \times 0.04 \times \cos 45°$
$\quad = 5.66 \times 10^{-4}$ [N·m]

도체가 x, y축에 있으므로 토크는 z축에서 발생하여
$T = 5.66 \times 10^{-4} a_z$ [N·m]

【답】 ④

03 내부 장치 또는 공간을 물질로 포위시켜 외부 자계의 영향을 차폐시키는 방식을 자기차폐라 한다. 다음 중 자기차폐에 가장 적합한 것은?

① 비투자율이 1보다 작은 역자성체
② 강자성체 중에서 비투자율이 큰 물질
③ 강자성체 중에서 비투자율이 작은 물질
④ 비투자율에 관계없이 물질의 두께에만 관계되므로 되도록이면 두꺼운 물질

Explanation

자기차폐
어떤 물체를 투자율이 큰 강자성체로 둘러쌈으로서 외부로부터의 자기적 영향을 감소시키는 차폐법이다.
따라서 강자성체 중에서 비투자율이 큰 물질이 적당하다.

【답】②

04 주파수가 100[MHz]일 때 구리의 표피두께(skin depth)는 약 몇 [mm]인가? 단, 구리의 도전율은 5.9×10^7[℧/m]이고, 비투자율은 0.99이다.

① 3.3×10^{-2}
② 6.6×10^{-2}
③ 3.3×10^{-3}
④ 6.6×10^{-3}

Explanation

침투깊이 $\delta = \sqrt{\dfrac{2}{\omega\mu k}} = \sqrt{\dfrac{1}{\pi f \mu k}}$

$= \sqrt{\dfrac{1}{\pi \times 100 \times 10^6 \times 4\pi \times 10^{-7} \times 0.99 \times 5.9 \times 10^7}}$

$= 6.6 \times 10^{-6} = 6.66 \times 10^{-3}$ [mm]

【답】④

05 압전기 현상에서 전기 분극이 기계적 응력에 수직한 방향으로 발생하는 현상은?

① 종효과
② 횡효과
③ 역효과
④ 직접효과

Explanation

압전 현상 : 압력을 가하면 분극이 발생
• 응력과 분극이 동일방향으로 발생할 때 : 종효과
• **응력과 분극이 수직 방향으로 발생할 때 : 횡효과**

【답】②

06 구리의 고유저항은 20[℃]에서 1.69×10^{-8}[Ω·m]이고 온도계수는 0.00393이다. 단면적이 2[mm²]이고 100[m]인 구리선의 저항값은 40[℃]에서 약 몇 [Ω]인가?

① 0.91×10^{-3}
② 1.89×10^{-3}
③ 0.91
④ 1.89

Explanation

【답】③

07 전위경도 V와 전계 E의 관계식은?

① $E = grad\,V$
② $E = div\,V$
③ $E = -grad\,V$
④ $E = -div\,V$

Explanation

전위 경도 V와 전계 E의 관계식
$E = -grad\,V = -\left(\dfrac{\partial V}{\partial x}i + \dfrac{\partial V}{\partial y}j + \dfrac{\partial V}{\partial z}k\right)$

【답】③

08 정전계에서 도체에 정(+)의 전하를 주었을 때의 설명으로 틀린 것은?

① 도체 표면의 곡률 반지름이 작은 곳에 전하가 많이 분포한다.
② 도체 외측의 표면에만 전하가 분포한다.
③ 도체 표면에서 수직으로 전기력선이 출입한다.
④ 도체 내에 있는 공동면에도 전하가 골고루 분포한다.

Explanation

도체(등전위체적)
• 전도체의 전하는 도체표면에만 분포
• 도체표면 : 등전위면
• 기력선은 등전위면에 수직이므로 도체표면에 수직(법선방향)으로 발산

【답】④

09 평행 도선에 같은 크기의 왕복 전류가 흐를 때 두 도선 사이에 작용하는 힘에 대한 설명으로 옳은 것은?

① 흡인력이다.
② 전류의 제곱에 비례한다.
③ 주위 매질의 투자율에 반비례한다.
④ 두 도선 사이 간격의 제곱에 반비례한다.

Explanation

평행도선 단위 길이 당 작용하는 힘 $F = \dfrac{\mu_0 I_1 I_2}{2\pi r} = \dfrac{2 I_1 I_2}{r} \times 10^{-7}\,[\text{N/m}]$

힘은 거리에 반비례하고 전류의 곱에 비례한다.
• 같은 방향(평행도선) : 흡인력
• 다른 방향(왕복도선) : 반발력

【답】②

10 비유전율 3, 비투자율 3인 매질에서 전자기파의 진행속도 $v\,[\text{m/s}]$와 진공에서의 속도 $v_0\,[\text{m/s}]$의 관계는?

① $v = \dfrac{1}{9}v_0$
② $v = \dfrac{1}{3}v_0$
③ $v = 3v_0$
④ $v = 9v_0$

Explanation

매질에서 전파 속도 $v = \dfrac{1}{\sqrt{\mu\epsilon}} = \dfrac{1}{\sqrt{\mu_0 \epsilon_0}}\dfrac{1}{\sqrt{\epsilon_s \mu_s}} = \dfrac{3\times 10^8}{\sqrt{\mu_s \epsilon_s}} = \dfrac{3\times 10^8}{\sqrt{3\times 3}} = 10^8\,[\text{m/s}]$

따라서 $v = \dfrac{1}{3}v_0$

【답】②

11 대지의 고유 저항이 $\rho[\Omega \cdot m]$일 때 반지름 $a[m]$인 그림과 같은 반구 접지극의 접지 저항 $[\Omega]$은?

① $\dfrac{\rho}{4\pi a}$ ② $\dfrac{\rho}{2\pi a}$

③ $\dfrac{2\pi\rho}{a}$ ④ $2\pi\rho a$

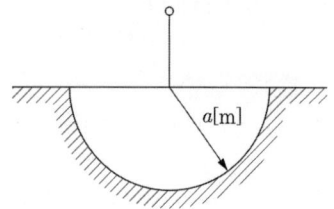

Explanation

반구의 정전 용량 $C = \dfrac{4\pi\epsilon_o a}{2} = 2\pi\epsilon_o a[F]$

$RC = \rho\epsilon$에서 $R = \dfrac{\rho\epsilon}{C} = \dfrac{\rho\epsilon}{2\pi\epsilon a} = \dfrac{\rho}{2\pi a}[\Omega]$

【답】②

12 공기 중에서 2[V/m]의 전계의 세기에 의한 변위전류밀도의 크기를 2[A/m²]으로 흐르게 하려면 전계의 주파수는 약 몇 [MHz]가 되어야 하는가?

① 9,000 ② 18,000
③ 36,000 ④ 72,000

Explanation

변위 전류밀도 $i_d = \dfrac{I_d}{S} = j\omega\epsilon E = j2\pi f\epsilon E[A/m^2]$

주파수 $f = \dfrac{i_d}{2\pi\epsilon E} = \dfrac{2}{2\pi \times 8.855 \times 10^{-12} \times 2} \times 10^{-6} = 17,973 \fallingdotseq 18,000[MHz]$

【답】②

13 2장의 무한 평판 도체를 4[cm]의 간격으로 놓은 후 평판 도체 간에 일정한 전계를 인가하였더니 평판 도체 표면에 2[μC/m²]의 전하 밀도가 생겼다. 이 때 평행 도체 표면에 작용하는 정전응력은 약 몇 [N/m²]인가?

① 0.057 ② 0.226
③ 0.57 ④ 2.26

Explanation

정전응력(단위 면적당 힘) $f = \dfrac{1}{2}\epsilon E^2 = \dfrac{D^2}{2\epsilon} = \dfrac{1}{2}ED[N/m^2]$에서

$f = \dfrac{D^2}{2\epsilon_o} = \dfrac{(2 \times 10^{-6})^2}{2 \times 8.855 \times 10^{-12}} = 2.26 \times 10^{-1} = 0.226[N/m^2]$

【답】②

14 자성체 내의 자계의 세기가 $H[AT/m]$이고 자속밀도가 $B[Wb/m^2]$일 때, 자계 에너지 밀도$[J/m^3]$는?

① HB ② $\dfrac{1}{2\mu}H^2$

③ $\dfrac{\mu}{2}B^2$ ④ $\dfrac{1}{2\mu}B^2$

Explanation

자성체 단위 체적당 저장되는 에너지 $\omega = \dfrac{1}{2}\mu H^2 = \dfrac{B^2}{2\mu} = \dfrac{1}{2}BH[J/m^3]$

【답】④

15 임의의 방향으로 배열되었던 강자성체의 자구가 외부 자기장의 힘이 일정치 이상이 되는 순간에 급격히 회전하여 자기장의 방향으로 배열되고 자속밀도가 증가하는 현상을 무엇이라 하는가?
① 자기여효(magnetic aftereffect)
② 바크하우젠 효과(Barkhausen effect)
③ 자기왜현상(magneto-striction effect)
④ 핀치 효과(Pinch effect)

Explanation

바크하우젠 효과(Barkhausen effect)
$B-H$ 곡선에서 B가 계단적으로 증감하는 것
자성체 내에서 임의의 방향으로 배열되었던 자구가 외부자장의 힘이 일정치 이상이 되면 순간적으로 회전하여 자장의 방향으로 배열되기 때문에 자속 밀도가 증가하는 현상   【답】②

16 반지름이 5[mm], 길이가 15[mm], 비투자율이 50인 자성체 막대에 코일을 감고 전류를 흘려서 자성체 내의 자속밀도를 50[Wb/m²]으로 하였을 때 자성체 내에서의 자계의 세기는 몇 [A/m]인가?
① $\dfrac{10^7}{\pi}$
② $\dfrac{10^7}{2\pi}$
③ $\dfrac{10^7}{4\pi}$
④ $\dfrac{10^7}{8\pi}$

Explanation

자속밀도 $B=\mu H=\mu_o\mu_s H$에서
자계의 세기 $H=\dfrac{B}{\mu_o\mu_s}=\dfrac{50}{4\pi\times10^{-7}\times50}=\dfrac{10^7}{4\pi}$ 【답】③

17 반지름이 30[cm]인 원판 전극의 평행판 콘덴서가 있다. 전극의 간격이 0.1[cm]이며 전극 사이 유전체의 비유전율이 4.0이라 한다. 이 콘덴서의 정전용량은 약 몇 [μF]인가?
① 0.01
② 0.02
③ 0.03
④ 0.04

Explanation

- 진공에서의 정전 용량 $C=\dfrac{\epsilon_0 S}{d}$ [F]
- 유전체에서 정전 용량 $C=\dfrac{\epsilon_0\epsilon_r S}{d}=\dfrac{8.855\times10^{-12}\times4\times\pi\times0.3^2}{0.1\times10^{-2}}\times10^6=0.01\,[\mu F]$ 【답】①

18 한 변의 길이가 l[m]인 정사각형 도체 회로에 전류 I[A]를 흘릴 때 회로의 중심점에서의 자계의 세기는 몇 [AT/m]인가?
① $\dfrac{2I}{\pi l}$
② $\dfrac{I}{\sqrt{2}\,\pi l}$
③ $\dfrac{\sqrt{2}\,I}{\pi l}$
④ $\dfrac{2\sqrt{2}\,I}{\pi l}$

Explanation

정사각형 중심점의 자계의 세기
$H=\dfrac{2\sqrt{2}\,I}{\pi l}$ [AT/m]   【답】④

19 ★☆☆☆☆ 정전용량이 각각 $C_1 = 1[\mu F]$, $C_2 = 2[\mu F]$인 도체에 전하 $Q_1 = -5[\mu C]$, $Q_2 = 2[\mu C]$을 각각 주고 각 도체를 가는 철사로 연결하였을 때 C_1에서 C_2로 이동하는 전하 $Q[\mu C]$는?

① -4
② -3.5
③ -3
④ -1.5

Explanation

두 개의 대전된 도체 구를 접속하면
중화 현상으로 인해 전체 전기량 $Q = -5 + 2 = -3[\mu C]$이 되며
전하량은 정전용량에 비례한다.

Q_1에 남는 전하량은 $Q_1 = \dfrac{C_1}{C_1 + C_2} \times Q = \dfrac{1}{1+2} \times -3 = -1[\mu C]$이므로

C_1에서 C_2로 이동하는 전하 $Q = -4[\mu C]$이 된다.   【답】①

20 ★★★★★ 정전용량이 $0.03[\mu F]$인 평행판 공기 콘덴서의 두 극판 사이에 절반 두께의 비유전율 10인 유리판을 극판과 평행하게 넣었다면 이 콘덴서의 정전용량은 약 몇 $[\mu F]$이 되는가?

① 1.83
② 18.3
③ 0.055
④ 0.55

Explanation

극판간격의 $\dfrac{1}{2}$ 간격에 물질을 채운 경우의 정전용량 $C = \dfrac{2C_0}{1 + \dfrac{1}{\epsilon_s}} = \dfrac{2 \times 0.03}{1 + \dfrac{1}{10}} = 0.055[\mu F]$ 【답】③

2과목 전력공학

21 ★★★☆☆ 3상 전원에 접속된 △ 결선의 커패시터를 Y결선으로 바꾸면 진상 용량 $Q_Y[kVA]$는? 단, $Q_\triangle$는 △ 결선된 커패시터의 진상 용량이고, Q_Y는 Y 결선된 커패시터의 진상 용량이다.

① $Q_Y = \sqrt{3}\, Q_\triangle$
② $Q_Y = \dfrac{1}{3} Q_\triangle$
③ $Q_Y = 3 Q_\triangle$
④ $Q_Y = \dfrac{1}{\sqrt{3}} Q_\triangle$

Explanation

△결선 시 콘덴서 용량 $Q = 3\omega C E^2 = 3\omega C V^2$

Y결선 시 콘덴서 용량 $Q = 3\omega C E^2 = 3\omega C \left(\dfrac{V}{\sqrt{3}}\right)^2 = \omega C V^2$

따라서 △결선의 콘덴서를 Y결선으로 바꾸면 콘덴서용량이 $\dfrac{1}{3}$로 된다.   【답】②

22 ★☆☆☆☆ 교류 배전선로에서 전압강하 계산식은 $V_d = k(R\cos\theta + X\sin\theta)I$로 표현된다. 3상 3선식 배전선로인 경우에 k는?

① $\sqrt{3}$
② $\sqrt{2}$
③ 3
④ 2

> Explanation

3상 전압강하 $e = V_s - V_r = \sqrt{3}I(R\cos\theta + X\sin\theta) = \dfrac{P}{V_r}(R + X\tan\theta)$

【답】①

23 ★★☆☆☆
송전선에서 뇌격에 대한 차폐 등을 위해 가선하는 가공지선에 대한 설명으로 옳은 것은?
① 차폐각은 보통 15 ~ 30° 정도로 하고 있다.
② 차폐각이 클수록 벼락에 대한 차폐효과가 크다.
③ 가공지선을 2선으로 하면 차폐각이 적어진다.
④ 가공지선으로는 연동선을 주로 사용한다.

> Explanation

가공지선
• 직격뢰, 유도뢰 차폐
• 전자유도장해 경감(지락전류의 일부가 가공지선에 흐르기 때문)
• 차폐각 : 작을수록 보호율 우수(건설비 고가)
• 보통 30~45° 보호율(97[%])
• 30° 이하 보호율(100[%]) ⇒ 가공지선을 2선으로 하면 차폐각이 작아지고 보호율이 우수

【답】③

24 ★★★★★
배전선의 전력 손실 경감 대책이 아닌 것은?
① 다중접지 방식을 채용한다.
② 역률을 개선한다.
③ 배전 전압을 높인다.
④ 부하의 불평형을 방지한다.

> Explanation

배전 선로 전력 손실 경감 대책
• 네트워크 배전 방식을 채택
• 역률 개선(전력용 콘덴서의 설치)
• 승압
• 부하 불평형 방지

【답】①

25 ★★☆☆☆
그림과 같은 이상 변압기에서 2차측에 5[Ω]의 저항부하를 연결하였을 때 1차측에 흐르는 전류 I는 약 몇 [A]인가?
① 0.6
② 1.8
③ 20
④ 660

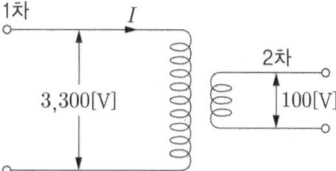

> Explanation

변압기의 권수비 $a = \dfrac{E_1}{E_2} = \dfrac{V_1}{V_2} = \dfrac{I_2}{I_1} = \dfrac{N_1}{N_2} = \sqrt{\dfrac{Z_1}{Z_2}}$ 에서

$a = \dfrac{V_1}{V_2} = \dfrac{3,300}{100} = 33$

$I_2 = \dfrac{V_2}{R_2} = \dfrac{100}{5} = 20[A]$

$I_1 = \dfrac{I_2}{a} = \dfrac{20}{33} = 0.6[A]$

【답】①

26 전압과 유효전력이 일정할 경우 부하 역률이 70[%]인 선로에서의 저항 손실($P_{70\%}$)은 역률이 90[%]인 선로에서의 저항 손실($P_{90\%}$)과 비교하면 약 얼마인가?

① $P_{70\%} = 0.6 P_{90\%}$
② $P_{70\%} = 1.7 P_{90\%}$
③ $P_{70\%} = 0.3 P_{90\%}$
④ $P_{70\%} = 2.7 P_{90\%}$

Explanation

선로 손실 $P_l = 3I^2R = 3\left(\dfrac{P}{\sqrt{3}\,V\cos\theta}\right)^2 R = \dfrac{P^2 R}{V^2\cos^2\theta}$ 에서

$P_l \propto \dfrac{1}{\cos^2\theta} = \dfrac{1}{\left(\dfrac{0.7}{0.9}\right)^2} = \dfrac{0.9^2}{0.7^2} = 1.65$

【답】②

27 3상 3선식 송전선에서 L을 작용 인덕턴스라 하고, L_e 및 L_m은 대지를 귀로로 하는 1선의 자기 인덕턴스 및 상호 인덕턴스라고 할 때 이들 사이의 관계식은?

① $L = L_m - L_e$
② $L = L_e - L_m$
③ $L = L_m + L_e$
④ $L = \dfrac{L_m}{L_e}$

Explanation

인덕턴스 = 자기인덕턴스 + 상호인덕턴스
여기서, 대지귀로이므로 상호인덕턴스는 (-)가 됨
∴ $L = L_e - L_m$

【답】②

28 표피효과에 대한 설명으로 옳은 것은?

① 표피효과는 주파수에 비례한다.
② 표피효과는 전선의 단면적에 반비례한다.
③ 표피효과는 전선의 비투자율에 반비례한다.
④ 표피효과는 전선의 도전율에 반비례한다.

Explanation

• 표피효과 : 도선의 중심부로 갈수록 전류밀도가 적어지는 현상
• 주파수, 투자율, 도전율이 클수록 표피효과가 커진다.

【답】①

29 배전선로의 전압을 3[kV]에서 6[kV]로 승압하면 전압강하율(δ)은 어떻게 되는가? 단, δ_{3kV}는 전압이 3[kV]일 때 전압강하율이고, δ_{6kV}는 전압이 6[kV]일 때 전압강하율이며, 부하는 일정하다고 한다.

① $\delta_{6kV} = \dfrac{1}{2}\delta_{3kV}$
② $\delta_{6kV} = \dfrac{1}{4}\delta_{3kV}$
③ $\delta_{6kV} = 2\delta_{3kV}$
④ $\delta_{6kV} = 4\delta_{3kV}$

Explanation

전압과의 관계

전압 강하	$e = \dfrac{P}{V_r}(R + X\tan\theta)$	$e \propto \dfrac{1}{V}$
전압 강하율	$\delta = \dfrac{P}{V_r^2}(R + X\tan\theta)$	$\delta \propto \dfrac{1}{V^2}$

따라서 $\delta_{6kV} = \dfrac{1}{4}\delta_{3kV}$

【답】②

30 계통의 안정도 증진대책이 아닌 것은?

① 발전기나 변압기의 리액턴스를 작게 한다.　② 선로의 회선수를 감소시킨다.
③ 중간 조상 방식을 채용한다.　④ 고속도 재폐로 방식을 채용한다.

> **Explanation**

안정도 향상 대책
① 직렬 리액턴스(X)를 작게 한다.
　• 발전기나 변압기의 리액턴스를 작게 한다.
　• 선로의 병행 회선수를 늘리거나 복도체 또는 다도체 방식을 사용한다.
　• 직렬 콘덴서를 삽입하여 선로의 리액턴스를 보상한다.
② 전압 변동을 작게 한다.
　• 속응 여자 방식을 채용한다.
　• 계통 연계를 한다.
③ **중간 조상 방식을 채용한다.**
④ 고장 전류를 줄이고 고장 구간을 신속하게 차단한다.
　• 적당한 중성점 접지 방식을 채용하여 지락 전류를 줄인다.
　• **고속도 계전기**, 고속도 차단기를 채용한다.
　• **고속도 재폐로 방식을 채용한다.**

【답】②

31 1상의 대지 정전 용량이 0.5[μF], 주파수 60[Hz]인 3상 송전선이 있다. 이 선로에 소호 리액터를 설치한다면, 소호 리액터의 공진 리액턴스는 약 몇 [Ω]인가?

① 970　② 1,370
③ 1,770　④ 3,570

> **Explanation**

소호 리액터 접지

$\omega L + \frac{1}{3}X_t = \frac{1}{3\omega C}$ 에서 $\omega L = \frac{1}{3\omega C} - \frac{X_t}{3}$ [Ω]

여기서, 변압기 리액턴스 X_t를 무시하면

$\omega L = \frac{1}{3\omega C_s} = \frac{1}{3 \times 2\pi \times 60 \times 0.5 \times 10^{-6}} = 1,768$ [Ω]

【답】③

32 배전선로의 고장 또는 보수 점검 시 정전구간을 축소하기 위하여 사용되는 것은?

① 단로기　② 컷아웃스위치
③ 계자저항기　④ 구분개폐기

> **Explanation**

구분개폐기 : 배전선로의 고장 또는 보수 점검 시 정전구간을 축소하기 위하여 사용

【답】④

33 수전단의 전력원 방정식이 $P_r^2 + (Q_r + 400)^2 = 250,000$으로 표현되는 전력계통에서 가능한 최대로 공급할 수 있는 부하전력(P_r)과 이때 전압을 일정하게 유지하는 데 필요한 무효전력(Q_r)은 각각 얼마인가?

① $P_r = 500$, $Q_r = -400$　② $P_r = 400$, $Q_r = 500$
③ $P_r = 300$, $Q_r = 100$　④ $P_r = 200$, $Q_r = -300$

> **Explanation**

무부하시 $P_r = 0$이므로
$P_r^2 + (Q_r + 400)^2 = 500^2$ 에서 전압이 일정하려면 무효분이 없어야 한다. ∴ $P_r = 500$, $Q_r = -400$

【답】①

34 수전용 변전설비의 1차 측 차단기의 차단용량은 주로 어느 것에 의하여 정해지는가?
① 수전 계약용량
② 부하설비의 단락용량
③ 공급 측 전원의 단락용량
④ 수전전력의 역률과 부하율

> **Explanation**
> 차단기의 차단용량은 단락용량보다 크거나 최소한 같게 선정한다.
> 수전용 변전설비의 1차 측 차단기의 차단용량은 공급측 전원의 단락용량이 적용된다.

【답】③

35 프란시스 수차의 특유속도[m·kW]의 한계를 나타내는 식은? 단, H[m]는 유효낙차이다.
① $\dfrac{13,000}{H+50}+10$
② $\dfrac{13,000}{H+50}+30$
③ $\dfrac{20,000}{H+20}+10$
④ $\dfrac{20,000}{H+20}+30$

> **Explanation**
> 특유속도(비속도) : 기하학적으로 같은 러너를 가정하여 이것을 단위낙차 1[m]에서
> 단위출력 1[kW]를 발생하였을 때의 회전수[m·kW]
> 여기서, 프란시스 수차의 특유속도 $N_s \leq \dfrac{20,000}{H+20}+30$

【답】④

36 정격전압 6,600[V], Y결선, 3상 발전기의 중성점을 1선 지락 시 지락전류를 100[A]로 제한하는 저항기로 접지하려고 한다. 저항기의 저항 값은 약 몇 [Ω]인가?
① 44
② 41
③ 38
④ 35

> **Explanation**
> 1선 지락전류 $I_g = \dfrac{E}{R_g}$ [A]
> 접지저항 값 $R_g = \dfrac{E}{I_g} = \dfrac{\frac{6,600}{\sqrt{3}}}{100} = \dfrac{66}{\sqrt{3}} = 38$ [Ω]

【답】③

37 송전 철탑에서 역섬락을 방지하기 위한 대책은?
① 가공지선의 설치
② 탑각 접지저항의 감소
③ 전력선의 연가
④ 아크혼의 설치

> **Explanation**
> 역섬락 방지법
> • 탑각 접지 저항을 줄인다.
> • 매설 지선을 설치한다.

【답】②

38 조속기의 폐쇄시간이 짧을수록 나타나는 현상으로 옳은 것은?
① 수격작용은 작아진다.
② 발전기의 전압 상승률은 커진다.
③ 수차의 속도 변동률은 작아진다.
④ 수압관 내의 수압 상승률은 작아진다.

> **Explanation**

조속기
- 부하 변동에 따라서 유량을 자동으로 가감하여 속도를 일정하게 해주는 장치
- 폐쇄시간이 짧은 경우(조속기 동작이 빠른 경우) : 수차의 속도 변동률은 작아진다.

【답】③

39 주변압기 등에서 발생하는 제5고조파를 줄이는 방법으로 옳은 것은?
① 전력용 콘덴서에 직렬리액터를 연결한다.
② 변압기 2차 측에 분로리액터를 연결한다.
③ 모선에 방전코일을 연결한다.
④ 모선에 공심 리액터를 연결한다.

Explanation

직렬 리액터는 제5고조파를 제거하기 위하여 전력용 콘덴서 전단에 시설

직렬 리액터의 용량은 $5\omega L = \dfrac{1}{5\omega C}$

이론적 : 4[%], 실제적 : 5~6[%]

【답】①

40 복도체에서 2본의 전선이 서로 충돌하는 것을 방지하기 위하여 2본의 전선 사이에 적당한 간격을 두어 설치하는 것은?
① 아모로드　　　　　　　　② 댐퍼
③ 아킹혼　　　　　　　　　④ 스페이서

Explanation

- 댐퍼, 아모로드 : 전선의 진동방지
- 아킹혼, 아킹링 : 섬락 시 애자련 보호
- 스페이서 : 복도체에서 두 전선 간의 간격 유지

【답】④

3과목　전기기기

41 정격전압 120[V], 60[Hz]인 변압기의 무부하 입력 80[W], 무부하 전류 1.4[A]이다. 이 변압기의 여자 리액턴스는 약 몇 [Ω]인가?
① 97.6　　　　　　　　　② 103.7
③ 124.7　　　　　　　　　④ 180

Explanation

무부하 전류 $I_0 = \sqrt{I_i^2 + I_\phi^2}$
여기서, 무부하 입력은 철손이므로
철손전류 $I_i = \dfrac{P_i}{V_1} = \dfrac{80}{120} = 0.67[A]$이고
무부하 전류 $0.5 = \sqrt{1.4^2 + I_\phi^2}$ 에서
자화전류 $I_\phi = \sqrt{I_o^2 - I_i^2} = \sqrt{1.4^2 - 0.67^2} = 1.23[A]$
자화전류 $I_\phi = \dfrac{V_1}{X_L}$ 에서 여자리액턴스 $X_L = \dfrac{V_1}{I_\phi} = \dfrac{120}{1.23} = 97.6[\Omega]$

【답】①

42. 서보 모터의 특징에 대한 설명으로 틀린 것은?

① 발생 토크는 입력신호(入力信號)에 비례하고, 그 비가 클 것
② 직류 서보 모터에 비하여 교류 서보 모터의 시동토크가 매우 클 것
③ 시동토크는 크나 회전부의 관성 모멘트가 작고, 전기적 시정수가 짧을 것
④ 빈번한 시동, 정지, 역전 등의 가혹한 상태에 견디도록 견고하고, 큰 돌입 전류에 견딜 것

Explanation

서보 모터가 갖추어야 할 조건
- 기동토크가 클 것
- 급가감속, 정역 운전이 가능할 것
- 관성모멘트가 적을 것 : 회전자를 가늘고 길게 할 것
- 토크 – 속도곡선이 수하특성을 가질 것
- 제어 권선 전압이 0일 때 정지

【답】②

43. 3상 변압기 2차 측의 E_W상만을 반대로 하고 Y-Y 결선을 한 경우, 2차 상전압이 $E_U = 70[V]$, $E_V = 70[V]$, $E_W = 70[V]$라면 2차 선간전압은 약 몇 [V]인가?

① $V_{U-V} = 121.2[V]$, $V_{V-W} = 70[V]$, $V_{W-U} = 70[V]$
② $V_{U-V} = 121.2[V]$, $V_{V-W} = 210[V]$, $V_{W-U} = 70[V]$
③ $V_{U-V} = 121.2[V]$, $V_{V-W} = 121.2[V]$, $V_{W-U} = 70[V]$
④ $V_{U-V} = 121.2[V]$, $V_{V-W} = 121.2[V]$, $V_{W-U} = 121.2[V]$

Explanation

【답】①

44. 극수 8, 중권 직류기의 전기자 총 도체수 960, 매극 자속 0.04[Wb], 회전수 400[rpm]이라면 유기기전력은 몇 [V]인가?

① 256
② 327
③ 425
④ 625

Explanation

직류 발전기 유기기전력 $E = \frac{p}{a} Z \phi \frac{N}{60} = \frac{8}{8} \times 960 \times 0.04 \times \frac{400}{60} = 256[V]$

【답】①

45. 3상 유도 전동기에서 2차측 저항을 2배로 하면 그 최대 토크는 어떻게 되는가?

① 2배로 커진다.
② 3배로 커진다.
③ 변하지 않는다.
④ $\sqrt{2}$ 배로 커진다.

Explanation

비례추이의 원리 : 권선형 유도 전동기
- **최대 토크는 불변**, 최대 토크의 발생 슬립은 변화
- 기동 전류는 감소하고, 기동 토크는 증가

【답】③

46 동기전동기에 일정한 부하를 걸고 계자전류를 0[A]에서부터 계속 증가시킬 때 관련 설명으로 옳은 것은? 단, I_a는 전기자전류이다.

① I_a는 증가하다가 감소한다. ② I_a가 최소일 때 역률이 1이다.
③ I_a가 감소상태일 때 앞선 역률이다. ④ I_a가 증가상태일 때 뒤진 역률이다.

Explanation

동기 전동기의 위상 특성 곡선(V곡선)
- I_a 와 I_f 관계곡선 (P는 일정)
- 계자전류의 변화에 대한 전기자 전류의 변화를 나타낸 곡선
- 과여자 : 앞선 역률(진상)
- 부족여자 : 늦은 역률(지상)
- 역률 $\cos\theta = 1$ 일 때, 전기자 전류 최소

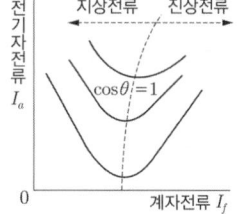

【답】②

47 3[kVA], 3,000/200[V]의 변압기의 단락시험에서 임피던스 전압 120[V], 동손 150[W]라 하면 %저항강하는 약 몇 [%]인가?

① 1 ② 3
③ 5 ④ 7

Explanation

%저항 강하 $p = \dfrac{I_{1n} r_{21}}{V_{1n}} \times 100 = \dfrac{I_{1n}^2 r_{21}}{V_{1n} I_{1n}} \times 100$

$= \dfrac{P_c}{P_n} \times 100 = \dfrac{150}{3,000} \times 100 = 5[\%]$

여기서, P_n은 정격용량, P_c는 동손

【답】③

48 정격출력 50[kW], 4극 220[V], 60[Hz]인 3상 유도전동기가 전부하 슬립 0.04, 효율 90[%]로 운전되고 있을 때 틀린 것은?

① 2차 효율 = 92[%] ② 1차 입력 = 55.56[kW]
③ 회전자 동손 = 2.08[kW] ④ 회전자 입력 = 52.08[kW]

Explanation

- 효율 $\eta = \dfrac{\text{출력}}{\text{입력}}$ 에서 1차 입력 $P_1 = \dfrac{P_o}{\eta} = \dfrac{50}{0.9} = 55.56[kW]$
- 2차 효율 $\eta_2 = (1-s) = 1 - 0.04 = 0.96 = 96[\%]$
- 회전자 입력 $P_o = P_2 - P_{c2} = P_2 - sP_2 = (1-s)P_2$ 에서

  2차 입력(회전자 입력) $P_2 = \dfrac{1}{1-s} P_o = \dfrac{1}{1-0.04} \times 50 = 52.08[kW]$
- 회전자 동손(2차 동손) $P_{c2} = sP_2 = 0.04 \times 52.08 = 2.08[kW]$

【답】①

49 단상 유도전동기를 2전동기설로 설명하는 경우 정방향 회전자계의 슬립이 0.2이면, 역방향 회전자계의 슬립은 얼마인가?

① 0.2 ② 0.8
③ 1.8 ④ 2.0

Explanation

단상 유도 전동기 : 2전동기설(two motor theory)
- 시계 방향 회전자계와 반시계 방향 회전자계
- 1차 권선에는 교번자계가 발생
2차 권선 중에는 sf_1과 $(2-s)f_1$ 주파수가 존재
따라서 주파수용 슬립은 $s=0.2$, $2-s=2-0.2=1.8$이다.

【답】 ③

50. 직류 가동복권발전기를 전동기로 사용하면 어느 전동기가 되는가?

① 직류 직권전동기
② 직류 분권전동기
③ 직류 가동복권전동기
④ 직류 차동복권전동기

Explanation

직류발전기를 직류전동기로 운전하면 직권 계자 코일에 흐르는 전류의 방향이 반대가 되므로 분권 권선과 기자력의 방향이 반대가 된다.
따라서 직류 가동복권 발전기는 직류 차동복권 전동기로 사용되며, 반대로 직류 차동복권 발전기는 직류 가동복권 전동기로 사용된다.

【답】 ④

51. 동기발전기를 병렬운전 하는 데 필요하지 않은 조건은?

① 기전력의 용량이 같을 것
② 기전력의 파형이 같을 것
③ 기전력의 크기가 같은 것
④ 기전력의 주파수가 같을 것

Explanation

동기발전기의 병렬운전 조건

기전력의 크기가 같을 것	무효 순환 전류(무효 횡류)
기전력의 위상이 같을 것	동기화 전류(유효 횡류)
기전력의 주파수가 같을 것	난조 발생
기전력의 파형이 같을 것	고조파 무효 순환 전류
상회전 방향이 같을 것(3상)	

【답】 ①

52. IGBT(Insulated Gate Bipolar Transistor)에 대한 설명으로 틀린 것은?

① MOSFET와 같이 전압제어 소자이다.
② GTO 사이리스터와 같이 역방향 전압저지 특성을 갖는다.
③ 게이트와 에미터 사이의 입력 임피던스가 매우 낮아 BJT보다 구동하기 쉽다.
④ BJT처럼 on-drop이 전류에 관계없이 낮고 거의 일정하며, MOSFET보다 훨씬 큰 전류를 흘릴 수 있다.

Explanation

IGBT(insulated gate bipolar transistor)
- 트랜지스터와 MOSFET를 조합한 것
- 고속 스위칭 소자(MOSFET보다 항복전압이 높고 전류를 크게 흘릴 수 있다.)
- 전력용 반도체 소자(전압 소자 : 게이트 전압을 통해 컬렉터 전류를 제어)

【답】 ③

53. 유도전동기에서 공급 전압의 크기가 일정하고 전원 주파수만 낮아질 때 일어나는 현상으로 옳은 것은?

① 철손이 감소한다.
② 온도상승이 커진다.
③ 여자전류가 감소한다.
④ 회전속도가 증가한다.

> **Explanation**

- 여자 전류(무부하전류) $I_\phi = \dfrac{E}{\omega L} = \dfrac{E}{2\pi f L} \propto \dfrac{1}{f}$ 이므로 여자 전류 증가
- 철손 $P_i \propto \dfrac{E^2}{f}$ 이므로 철손이 증가하여 온도상승 증가
- 회전속도 $N = (1-s)N_s = (1-s)\dfrac{120f}{p}$ 로 주파수가 감소하면 속도감소

【답】②

54 용접용으로 사용되는 직류발전기의 특성 중에서 가장 중요한 것은?
① 과부하에 견딜 것
② 전압변동률이 적을 것
③ 경부하일 때 효율이 좋을 것
④ 전류에 대한 전압특성이 수하특성일 것

> **Explanation**

용접용 직류발전기 : 수하특성(전류가 증가하면 전압이 급격히 감소)

【답】④

55 동기 전동기에 설치된 제동 권선의 효과로 틀린 것은?
① 난조 방지
② 과부하 내량의 증대
③ 송전선의 불평형 단락 시 이상전압 방지
④ 불평형 부하 시의 전류, 전압 파형의 개선

> **Explanation**

제동 권선의 역할
- 난조 방지
- 기동 토크 발생
- 파형개선과 이상 전압 방지

【답】②

56 3,300/220[V] 변압기의 정격용량이 각각 400[kVA], 300[kVA]이고, %임피던스 강하가 각각 2.4[%], 3.6[%]일 때 그 2대의 변압기에 걸 수 있는 합성부하용량은 몇 [kVA]인가?
① 550
② 600
③ 650
④ 700

> **Explanation**

변압기 병렬운전 시의 부하분담
- 용량이 크고 %강하가 적은 변압기의 용량은 전부 적용
- 나머지 용량은 부하분담에 따라 분담

따라서 용량 400[kVA], 2.4[%]의 A변압기의 용량은 모두 사용하고

$\dfrac{P_a}{P_b} = \dfrac{P_A}{P_B} \times \dfrac{\%Z_B}{\%Z_A} = \dfrac{400}{300} \times \dfrac{3.6}{2.4} = 2$ 이므로

$P_b = P_a \times \dfrac{1}{2} = 400 \times \dfrac{1}{2} = 200[\text{kVA}]$

병렬 합성 용량 $P_a + P_b = 400 + 200 = 600[\text{kVA}]$

【답】②

57 동작모드가 그림과 같이 나타나는 혼합브리지는?

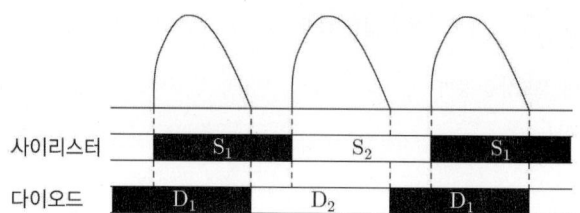

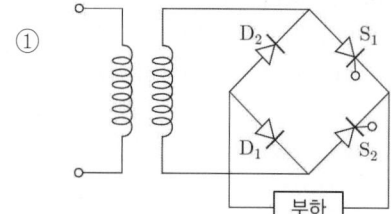
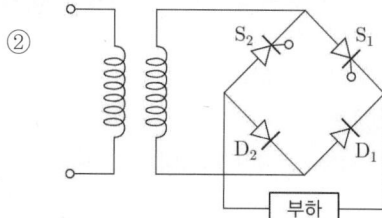
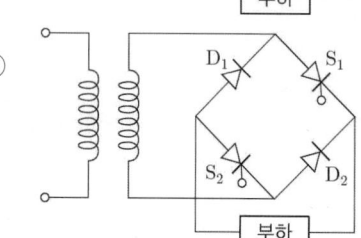
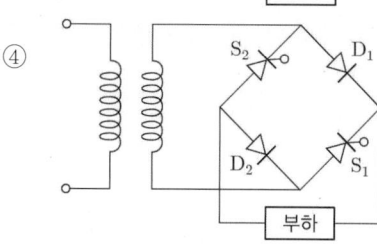

Explanation

SCR을 이용한 전파정류 회로

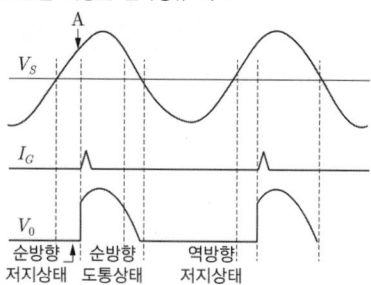

【답】①

58 동기기의 전기자 저항을 r, 전기자 반작용 리액턴스를 x_a, 누설 리액턴스를 x_l이라고 하면 동기 임피던스를 표시하는 식은?

① $\sqrt{r^2 + \left(\dfrac{x_a}{x_l}\right)^2}$
② $\sqrt{r^2 + x_l^2}$
③ $\sqrt{r^2 + x_a^2}$
④ $\sqrt{r^2 + (x_a + x_l)^2}$

Explanation

동기 임피던스

$Z_s = r_a + jx_s = r_a + j(x_a + x_l) = \sqrt{r_a^2 + (x_a + x_l)^2}$

여기서, x_s : 동기 리액턴스(지속적인 단락 전류 제한)
x_a : 반작용 리액턴스, x_l : 누설 리액턴스(돌발 단락 전류 제한)

【답】④

59 단상 유도전동기에 대한 설명으로 틀린 것은?

① 반발 기동형 : 직류전동기와 같이 정류자와 브러시를 이용하여 기동한다.
② 분상 기동형 : 별도의 보조권선을 사용하여 회전자계를 발생시켜 기동한다.
③ 커패시터 기동형 : 기동전류에 비해 기동토크가 크지만, 커패시터를 설치해야 한다.
④ 반발 유도형 : 기동 시 농형권선과 반발전동기의 회전자 권선을 함께 이용하나 운전 중에는 농형권선만을 이용한다.

Explanation

반발 유도형
2층의 권선으로 구성되며, 상부 권선은 정류자에 접속된 반발전동기의 회전자 권선이 되고 하부 권선은 농형 권선의 구조로 되어 있다. 기동 시에는 상부의 정류자 권선이 주로 사용되며 운전 시에는 양 권선을 모두 사용하여 효율은 좋지 않지만 역률은 우수하다.

【답】④

60 직류전동기의 속도제어법이 아닌 것은?

① 계자 제어법
② 전력 제어법
③ 전압 제어법
④ 저항 제어법

Explanation

직류 전동기 속도 제어 $n = K' \dfrac{V - I_a R_a}{\phi}$ (K' : 기계정수)

종류	특 징
전압 제어	• 광범위 속도 제어 가능 • 워드 레오너드 방식 : 소형부하(엘리베이터에 사용) • 일그너 방식(부하가 급변, 대용량 부하-제철,제강,압연) : 플라이 휠 효과(관성 모멘트 증가) • 정토크 제어
계자 제어	• 세밀하고 안정된 속도 제어 • 정출력 제어
저항 제어	• 속도 조정 범위 좁다. • 효율이 저하

【답】②

4과목 회로이론 및 제어공학

61 그림과 같은 피드백제어 시스템에서 입력이 단위계단함수일 때 정상상태 오차상수인 위치상수(K_p)는?

① $K_p = \lim_{s \to 0} G(s)H(s)$
② $K_p = \lim_{s \to 0} \dfrac{G(s)}{H(s)}$
③ $K_p = \lim_{s \to \infty} G(s)H(s)$
④ $K_p = \lim_{s \to \infty} \dfrac{G(s)}{H(s)}$

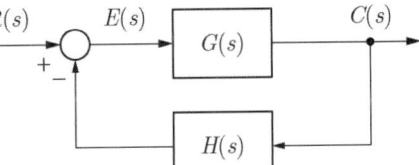

> **Explanation**

- 위치편차상수 $K_p = \lim_{s \to 0} G(s)H(s)$
- 속도편차상수 $K_v = \lim_{s \to 0} sG(s)H(s)$
- 가속도편차상수 $K_a = \lim_{s \to 0} s^2 G(s)H(s)$

【답】 ①

62 ★★★☆☆ 적분시간 4[sec], 비례감도가 4인 비례 적분 동작을 하는 제어 요소에 동작 신호 $z(t) = 2t$를 주었을 때 이 제어 요소의 조작량은? 단, 조작량의 초기 값은 0이다.

① $t^2 + 8t$ ② $t^2 + 2t$
③ $t^2 - 8t$ ④ $t^2 - 2t$

> **Explanation**

조작량 $y(t) = 4[z(t) + \frac{1}{4}\int z(t)dt]$에서
$= 4[(2t) + \frac{1}{4}\int 2t\,dt] = 8t + t^2$

【답】 ①

63 ★☆☆☆☆ 시간함수 $f(t) = \sin\omega t$의 z변환은? 단, T는 샘플링 주기이다.

① $\dfrac{z\sin\omega T}{z^2 + 2z\cos\omega T + 1}$ ② $\dfrac{z\sin\omega T}{z^2 - 2z\cos\omega T + 1}$
③ $\dfrac{z\cos\omega T}{z^2 - 2z\sin\omega T + 1}$ ④ $\dfrac{z\cos\omega T}{z^2 + 2z\sin\omega T + 1}$

> **Explanation**

z변환

$f(t)$		$F(z)$
임펄스 함수	$\delta(t)$	1
단위계단함수	$u(t)$	$\dfrac{z}{z-1}$
램프함수	t	$\dfrac{Tz}{(z-1)^2}$
지수함수	e^{-at}	$\dfrac{z}{z - e^{-at}}$
삼각함수	$\sin\omega t$	$\dfrac{z\sin\omega T}{z^2 - 2z\cos\omega T + 1}$
	$\cos\omega t$	$\dfrac{z(z - \cos\omega T)}{z^2 - 2z\cos\omega T + 1}$

【답】 ②

64. 다음과 같은 신호흐름선도에서 $\frac{C(s)}{R(s)}$ 의 값은?

① $-\frac{1}{41}$ ② $-\frac{3}{41}$
③ $-\frac{6}{41}$ ④ $-\frac{8}{41}$

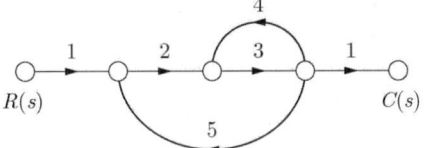

Explanation

메이슨의 이득공식을 적용하면
$G = \frac{\sum G_i \Delta_i}{\Delta}$ 에서
$G_i : ab \quad \Delta_i : 1-0 = 1$
$\Delta = 1-((4\times3)+(5\times2\times3)) = 1-(12+30) = -41$
$G(\text{전체이득}) = \frac{C}{R} = \frac{2\times3}{-41} = -\frac{6}{41}$

【답】③

65. Routh-Hurwitz 방법으로 특성방정식이 $s^4 + 2s^3 + s^2 + 4s + 2 = 0$인 시스템의 안정도를 판별하면?

① 안정 ② 불안정
③ 임계안정 ④ 조건부 안정

Explanation

Routh-Hurwitz 판별식을 이용하여 1열의 부호가 모두 양수이면 안정하며

s^4	1	1	2
s^3	2	4	0
s^2	-2	2	0
s^1	$\frac{-8-4}{-2} = 6$	0	0
s^0	2		

따라서 1열의 부호변화가 2번 있으므로 불안정하며 우반면의 극점이 2개 존재한다.

【답】②

66. 제어시스템의 상태방정식이 $\frac{dx(t)}{dt} = Ax(t) + Bu(t)$, $A = \begin{bmatrix} 0 & 1 \\ -3 & 4 \end{bmatrix}$, $B = \begin{bmatrix} 1 \\ 1 \end{bmatrix}$ 일 때, 특성방정식을 구하면?

① $s^2 - 4s - 3 = 0$ ② $s^2 - 4s + 3 = 0$
③ $s^2 + 4s + 3 = 0$ ④ $s^2 + 4s - 3 = 0$

Explanation

특성 방정식
$|sI - A| = 0$
$|sI - A| = \begin{bmatrix} s & 0 \\ 0 & s \end{bmatrix} - \begin{bmatrix} 0 & 1 \\ -3 & 4 \end{bmatrix} = \begin{bmatrix} s & -1 \\ 3 & s-4 \end{bmatrix} = s^2 - 4s + 3$

【답】②

67. 어떤 제어시스템의 개루프 이득이 $G(s)H(s) = \frac{K(s+2)}{s(s+1)(s+3)(s+4)}$ 일 때 이 시스템이 가지는 근궤적의 가지(branch) 수는?

① 1 ② 3 ③ 4 ④ 5

> **Explanation**

근궤적의 개수
- $Z > P$: $N = Z$
- $Z < P$: $N = P$

영점 $Z = 1$, 극점 $P = 4$ 이므로
$Z < P$: $N = P$
따라서 근궤적 수 $N = 4$

【답】③

68 ★★☆☆☆ 다음 회로에서 입력 전압 $v_1(t)$에 대한 출력 전압 $v_2(t)$의 전달함수 $G(s)$는?

① $\dfrac{RCs}{LCs^2 + RCs + 1}$ ② $\dfrac{RCs}{LCs^2 - RCs - 1}$

③ $\dfrac{Cs}{LCs^2 + RCs + 1}$ ④ $\dfrac{Cs}{LCs^2 - RCs - 1}$

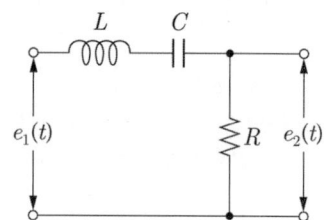

> **Explanation**

전압비 전달 함수는 임피던스비로 구하며
$$G(s) = \frac{V_2(s)}{V_1(s)} = \frac{R}{Ls + R + \dfrac{1}{Cs}} = \frac{RCs}{LCs^2 + RCs + 1}$$

【답】①

69 ★★★★★ 특성방정식의 모든 근이 s 평면(복소평면)의 $j\omega$ 측(허수축)에 있을 때 이 제어시스템의 안정도는?

① 알 수 없다.   ② 안정하다.
③ 불안정하다.   ④ 임계이다.

> **Explanation**

극점 위치에 따른 안정도
- s 평면의 좌반면 : 안정
- s 평면의 우반면 : 불안정
- s **평면의 허수축 : 임계**

【답】④

70 ★★☆☆☆ 다음 논리식 $((AB + A\overline{B}) + AB) + \overline{A}B$를 간단히 하면?

① $A + B$ ② $\overline{A} + B$
③ $A + \overline{B}$ ④ $A + A \cdot B$

> **Explanation**

부울 대수를 이용하여
$[(AB + A\overline{B}) + AB] + \overline{A}B$
$= (AB + A\overline{B}) + (AB + \overline{A}B)$
$= A(B + \overline{B}) + B(A + \overline{A})$
$= A + B$

【답】①

71 선간 전압이 V_{ab}[V]인 3상 평형 전원에 대칭 부하 $R[\Omega]$이 그림과 같이 접속되어 있을 때, a, b 두 상 간에 접속된 전력계의 지시 값이 W[W]라면 상 전류의 크기[A]는?

① $\dfrac{W}{3V_{ab}}$ ② $\dfrac{2W}{3V_{ab}}$

③ $\dfrac{2W}{\sqrt{3}\,V_{ab}}$ ④ $\dfrac{\sqrt{3}\,W}{V_{ab}}$

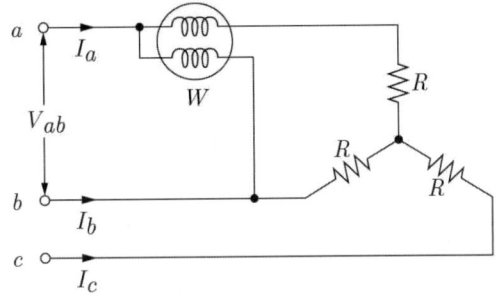

Explanation

2전력계법
유효전력 $P = P_1 + P_2 = 2W$
피상전력 $P_a = 2\sqrt{P_1^2 + P_2^2 - P_1 P_2} = \sqrt{3}\,V_l I_l$
Y결선 피상전력 $P = \sqrt{3}\,V_l I_l \cos$에서 저항부하이므로 역률은 1이 되며
따라서 $2W = \sqrt{3}\,V_l I_l$에서
선전류 $I_l = \dfrac{2W}{\sqrt{3}\,V_l} = \dfrac{2W}{\sqrt{3}\,V_{ab}}$

【답】 ③

72 불평형 3상 전류가 $I_a = 15 + j2$[A], $I_b = -20 - j14$[A], $I_c = -3 + j10$[A]일 때 역상분 전류[A]는?

① $1.91 + j6.24$ ② $15.74 - j3.57$
③ $-2.67 - j0.67$ ④ $-8 - j2$

Explanation

역상분 전류 $I_2 = \dfrac{1}{3}(I_a + a^2 I_b + a I_c)$
$= \dfrac{1}{3}\left\{15 + j2 + \left(-\dfrac{1}{2} - j\dfrac{\sqrt{3}}{2}\right)(-20 - j14) + \left(-\dfrac{1}{2} + j\dfrac{\sqrt{3}}{2}\right)(-3 + j10)\right\}$
$= 1.91 + j6.24$

【답】 ①

73 회로에서 $20\,[\Omega]$의 저항이 소비하는 전력은 몇 [W]인가?

① 14
② 27
③ 40
④ 80

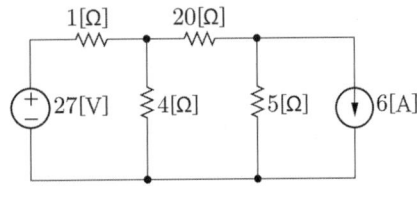

Explanation

테브난 정리를 이용하여 전류원은 전압원으로 등가하고 각 저항을 정리하면,

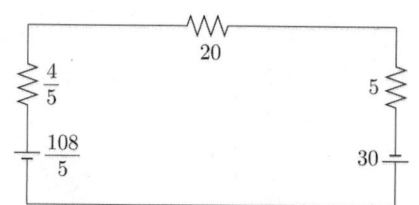

위 회로에서 $20[\Omega]$의 저항에 흐르는 전류를 구하면,

$$I = \frac{E}{R} = \frac{\frac{108}{5}+30}{\frac{4}{5}+20+5} = 2[A]$$

$$\therefore P = I^2R = 2^2 \times 20 = 80[W]$$

【답】④

74 ★☆☆☆☆ $R-C$ 직렬회로에 직류전압 $V[V]$가 인가되었을 때, 전류 $i(t)$에 대한 전압 방정식(KVL)이 $V = Ri(t) + \frac{1}{C}\int i(t)dt[V]$이다. 전류 $i(t)$의 라플라스 변환인 $I(s)$는? 단, C에는 초기 전하가 없다.

① $I(s) = \dfrac{V}{R}\dfrac{1}{s-\dfrac{1}{RC}}$

② $I(s) = \dfrac{C}{R}\dfrac{1}{s+\dfrac{1}{RC}}$

③ $I(s) = \dfrac{V}{R}\dfrac{1}{s+\dfrac{1}{RC}}$

④ $I(s) = \dfrac{R}{C}\dfrac{1}{s-\dfrac{1}{RC}}$

Explanation

전압 방정식 $Ri(t) + \frac{1}{C}\int i(t)dt = V$에서

전류 $i(t) = \dfrac{V}{R}e^{-\frac{1}{RC}}$ 이므로

라플라스 변환하면 $\therefore I(s) = \dfrac{V}{R}\dfrac{1}{s+\dfrac{1}{RC}}$

【답】③

75 ★☆☆☆☆ 선간 전압이 $100[V]$이고, 역률이 0.6인 평형 3상 부하에서 무효전력이 $Q = 10[kVar]$일 때, 선전류의 크기는 약 몇 $[A]$인가?

① 57.7
② 72.2
③ 96.2
④ 125

Explanation

3상 무효전력 $P_r = \sqrt{3}\,V_l I_l \sin\theta [Var]$

선전류 $I_l = \dfrac{P_r}{\sqrt{3}\,V_l \sin\theta} = \dfrac{10\times 10^3}{\sqrt{3}\times 100 \times 0.8} = 72.2[A]$

【답】②

76
그림과 같은 T형 4단자 회로망에서 4단자 정수 A와 C는?(단, $Z_1 = \dfrac{1}{Y_1}$, $Z_2 = \dfrac{1}{Y_2}$, $Z_3 = \dfrac{1}{Y_3}$)

① $A = 1 + \dfrac{Y_3}{Y_1}$, $C = Y_2$

② $A = 1 + \dfrac{Y_3}{Y_1}$, $C = \dfrac{1}{Y_3}$

③ $A = 1 + \dfrac{Y_3}{Y_1}$, $C = Y_3$

④ $A = 1 + \dfrac{Y_1}{Y_3}$, $C = (1 + \dfrac{Y_1}{Y_3})\dfrac{1}{Y_3} + \dfrac{1}{Y_2}$

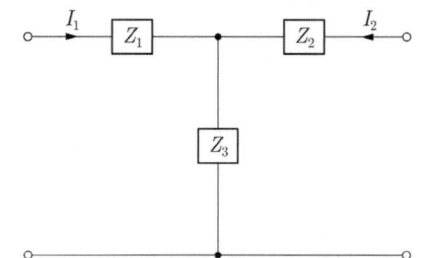

Explanation

$$\begin{bmatrix} A & B \\ C & D \end{bmatrix} = \begin{bmatrix} 1 & Z_1 \\ 0 & 1 \end{bmatrix}\begin{bmatrix} 1 & 0 \\ \dfrac{1}{Z_3} & 1 \end{bmatrix}\begin{bmatrix} 1 & Z_2 \\ 0 & 1 \end{bmatrix} = \begin{bmatrix} 1+\dfrac{Z_1}{Z_3} & Z_1+Z_2+\dfrac{Z_1 Z_2}{Z_3} \\ \dfrac{1}{Z_3} & 1+\dfrac{Z_2}{Z_3} \end{bmatrix}$$

T형 회로의 4단자 정수 $A = 1 + \dfrac{Z_1}{Z_3}$, $B = Z_1 + Z_2 + \dfrac{Z_1 Z_2}{Z_3}$, $C = \dfrac{1}{Z_3}$, $D = 1 + \dfrac{Z_2}{Z_3}$

여기서, $Z_1 = \dfrac{1}{Y_1}$, $Z_2 = \dfrac{1}{Y_2}$, $Z_3 = \dfrac{1}{Y_3}$ 이므로

$A = 1 + \dfrac{Z_1}{Z_3} = 1 + \dfrac{\dfrac{1}{Y_1}}{\dfrac{1}{Y_3}} = 1 + \dfrac{Y_3}{Y_1}$, $C = \dfrac{1}{Z_3} = \dfrac{1}{\dfrac{1}{Y_3}} = Y_3$

【답】③

77
어떤 회로의 유효전력이 300[W], 무효전력이 400[Var]이다. 이 회로의 복소전력의 크기[VA]는?

① 350 ② 500
③ 600 ④ 700

Explanation

복소전력(피상전력) $P_a = \overline{V}I = P \pm jP_r = \sqrt{P^2 + P_r^2} = \sqrt{300^2 + 400^2} = 500[\text{VA}]$

【답】②

78
$R = 4[\Omega]$, $\omega L = 3[\Omega]$의 직렬회로에 $e = 100\sqrt{2}\sin\omega t + 50\sqrt{2}\sin 3\omega t$를 인가할 때 이 회로의 소비전력은 약 몇 [W]인가?

① 1,000 ② 1,414
③ 1,560 ④ 1,703

Explanation

$I_1 = \dfrac{V_1}{Z_1} = \dfrac{V_1}{\sqrt{R^2 + (\omega L)^2}} = \dfrac{100}{\sqrt{3^2 + 4^2}} = 20[\text{A}]$

$I_3 = \dfrac{V_3}{Z_3} = \dfrac{V_3}{\sqrt{R^2 + (3\omega L)^2}} = \dfrac{50}{\sqrt{4^2 + 9^2}} = 5.08[\text{A}]$

소비전력 $P = I_1^2 R + I_3^2 R = 20^2 \times 4 + 5.08^2 \times 4 = 1,703.23[\text{W}]$

【답】④

79 단위 길이 당 인덕턴스가 L[H/m]이고, 단위 길이 당 정전용량이 C[F/m]인 무손실 선로에서의 진행파 속도[m/s]는?

① $\sqrt{LC}$
② $\dfrac{1}{\sqrt{LC}}$
③ $\sqrt{\dfrac{C}{L}}$
④ $\sqrt{\dfrac{L}{C}}$

Explanation

무손실회로와 무왜형회로

	무손실 선로
조건	$R=0,\ G=0$
특성 임피던스	$Z_0 = \sqrt{\dfrac{Z}{Y}} = \sqrt{\dfrac{L}{C}}$
전파정수	$\gamma = \sqrt{ZY}$ $\alpha = 0,\ \beta = w\sqrt{LC}$
위상속도	$v = \dfrac{\omega}{\beta} = \dfrac{\omega}{\omega\sqrt{LC}} = \dfrac{1}{\sqrt{LC}}$

【답】②

80 $t=0$에서 스위치(S)를 닫았을 때 $t=0^+$에서의 $i(t)$는 몇 [A]인가? 단, 커패시터에 초기 전하는 없다.

① 0.1
② 0.2
③ 0.4
④ 1.0

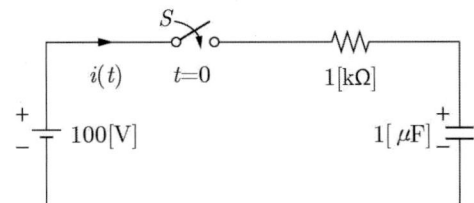

Explanation

$R-C$ 직렬회로
커패시터의 직류인가 특성
• 초기 : 단락
• 최종 : 개방

따라서 초기상태 단락이므로 $i(0^+) = \dfrac{E}{R} = \dfrac{100}{1 \times 10^3} = 0.1$[A]

【답】①

5과목 전기설비기술기준

81 345[kV] 송전선을 사람이 쉽게 들어가지 않는 산지에 시설할 때 전선의 지표상 높이는 몇 [m] 이상으로 하여야 하는가?

① 7.28
② 7.56
③ 8.28
④ 8.56

> Explanation

(KEC 333.7조) 특고압 가공전선의 높이
특고압 가공 전선의 지표상 높이는 일반장소에서는 6[m], 산지 등에서는 5[m]에, 160[kV]를 넘는 10[kV] 또는 그 단수마다 0.12[m]를 가한 값

- 단수 $= \dfrac{345-160}{10} = 18.5 \rightarrow 19$단
- ∴ 전선의 지표상 높이 $= 5 + 19 \times 0.12 = 7.28$[m]

【답】①

82 변전소에서 오접속을 방지하기 위하여 특고압 전로의 보기 쉬운 곳에 반드시 표시해야 하는 것은?
① 상별표시
② 위험표시
③ 최대전류
④ 정격전압

> Explanation

(KEC 351.2조) 특고압전로의 상 및 접속 상태의 표시
발전소·변전소 또는 이에 준하는 곳의 특고압전로에는 그의 보기 쉬운 곳에 상별(相別) 표시를 하여야 한다.

【답】①

83 전력 보안 가공통신선의 시설 높이에 대한 기준으로 옳은 것은?
① 철도의 궤도를 횡단하는 경우에는 레일면상 5[m] 이상
② 횡단보도교 위에 시설하는 경우에는 그 노면상 3[m] 이상
③ 도로(차도와 도로의 구별이 있는 도로는 차도) 위에 시설하는 경우에는 지표상 2[m] 이상
④ 교통에 지장을 줄 우려가 없도록 도로(차도와 도로의 구별이 있는 도로는 차도) 위에 시설하는 경우에는 지표상 2[m]까지로 감할 수 있다.

> Explanation

(KEC 362.2조) 전력보안통신선의 시설 높이와 이격거리
① 도로(차도와 인도의 구별이 있는 도로는 차도) 위에 시설하는 경우에는 지표상 5[m] 이상. 다만, 교통에 지장을 줄 우려가 없는 경우에는 지표상 4.5[m] 까지로 감할 수 있다.
② **철도 또는 궤도 횡단 : 레일면상 6.5[m] 이상**
③ 횡단보도교 위에 시설 : 노면상 3[m] 이상
④ 이외의 경우 : 지표상 3.5[m] 이상

【답】②

84 이동형의 용접전극을 사용하는 아크 용접장치의 용접변압기의 1차 측 전로의 대지전압은 몇 [V] 이하이어야 하는가?
① 60
② 150
③ 300
④ 400

> Explanation

(KEC 241.10조) 아크 용접기
① 용접변압기는 절연변압기일 것
② **용접변압기의 1차 측 전로의 대지 전압은 300[V] 이하일 것**
③ 용접변압기의 1차 측 전로에는 용접변압기에 가까운 곳에 쉽게 개폐할 수 있는 개폐기를 시설할 것
④ 전선은 용접용 케이블이고 또는 캡타이어 케이블일 것
⑤ 피용접재 또는 이와 전기적으로 접속되는 받침대·정반 등의 금속체에는 접지공사 할 것

【답】③

85 전기온상용 발열선은 그 온도가 몇 [℃]를 넘지 않도록 시설하여야 하는가?
① 50
② 60
③ 80
④ 100

> **Explanation**

(KEC 241.5조) 전기온상 등
발열선은 그 온도가 80[℃]를 넘지 아니하도록 시설 　　　　　　　　　　　　　　　　　　　　【답】 ③

86. 사용전압이 154[kV]인 가공전선로를 제1종 특고압 보안공사로 시설할 때 사용되는 경동연선의 단면적은 몇 [mm²] 이상이어야 하는가?

① 55　　　　　　　　② 100
③ 150　　　　　　　④ 200

> **Explanation**

(KEC 333.22조) 특고압 보안공사

사용전압	전선
100[kV] 미만	인장강도 21.67[kN] 이상의 연선 또는 단면적 55[mm²] 이상의 경동연선
100[kV] 이상 300[kV] 미만	인장강도 58.84[kN] 이상의 연선 또는 단면적 150[mm²] 이상의 경동연선
300[kV] 이상	인장강도 77.47[kN] 이상의 연선 또는 단면적 200[mm²] 이상의 경동연선

【답】 ③

87. 고압용 기계기구를 시가지에 시설할 때 지표상 몇 [m] 이상의 높이에 시설하고, 또한 사람이 쉽게 접촉할 우려가 없도록 하여야 하는가?

① 4.0　　　　　　　　② 4.5
③ 5.0　　　　　　　　④ 5.5

> **Explanation**

(KEC 341.8조) 고압용 기계기구의 시설
고압용 기계 기구는 기계 기구를 지표상 4.5[m](시가지 외에는 4[m]) 이상 높이 + 또한 사람이 쉽게 접촉할 우려가 없도록 시설 　　【답】 ②

88. 발전기, 전동기, 무효 전력 보상 장치, 기타 회전기(회전 변류기 제외)의 절연내력 시험전압은 어느 곳에 가하는가?

① 권선과 대지 사이　　　　　　　② 외함과 권선 사이
③ 외함과 대지 사이　　　　　　　④ 회전자와 고정자 사이

> **Explanation**

(KEC 133조) 회전기 및 정류기의 절연내력
권선과 대지 사이에 연속하여 10분간 가하여 시험한다. 　　　　　　　　　　　　　　　　　　　　　　【답】 ①

89. 특고압 지중전선이 지중 약전류전선 등과 접근하거나 교차하는 경우에 상호 간의 이격거리가 몇 [m] 이하인 때에는 두 전선이 직접 접촉하지 아니하도록 하여야 하는가?

① 0.15　　　　　　　② 0.2
③ 0.3　　　　　　　　④ 0.6

> **Explanation**

(KEC 334.6조) 지중전선과 지중약전류전선 등 또는 관과의 접근 또는 교차
상호 간의 이격거리가 저압 또는 고압의 지중전선은 0.3[m] 이하, **특고압 지중전선은 0.6[m] 이하**인 때에는 지중전선과 지중약전류전선 등 사이에 견고한 내화성의 격벽(隔壁)을 설치하는 경우 이외에는 지중전선을 견고한 불연성(不燃性) 또는 난연성(難燃性)의 관에 넣어 그 관이 지중약전류전선 등과 직접 접촉하지 아니하도록 하여야 한다. 　　　　　【답】 ④

90 고압 옥내배선의 공사방법으로 틀린 것은?
① 케이블 공사
② 합성수지관 공사
③ 케이블 트레이 공사
④ 애자사용공사(건조한 장소로서 전개된 장소)

Explanation

(KEC 342.1조) 고압 옥내배선 등의 시설
고압 옥내배선은 다음 중 1에 의하여 시설할 것.
① 애자사용공사(건조한 장소로서 전개된 장소에 한한다)
② 케이블공사
③ 케이블트레이 공사

【답】②

91 조상설비에 내부고장, 과전류 또는 과전압이 생긴 경우 자동적으로 차단되는 장치를 해야 하는 전력용 커패시터의 최소 뱅크용량은 몇 [kVA]인가?
① 10,000
② 12,000
③ 13,000
④ 15,000

Explanation

(KEC 351.5조) 조상설비의 보호장치
조상설비에는 그 내부에 고장이 생긴 경우에는 보호하는 장치를 표와 같이 시설하여야 한다.

설비 종별	뱅크 용량의 구분	자동적으로 전로로부터 차단하는 장치
전력용 커패스터 및 분로리액터	500[kVA] 초과 15,000[kVA] 미만	• 내부에 고장이 생긴 경우 • 과전류가 생긴 경우
	15,000[kVA] 이상	• 내부에 고장이 생긴 경우 • 과전류가 생긴 경우 • 과전압이 생긴 경우
무효 전력 보상 장치	15,000[kVA] 이상	• 내부에 고장이 생긴 경우

【답】④

92 사용전압이 440[V]인 이동기중기용 접촉전선을 애자공사에 의하여 옥내의 전개된 장소에 시설하는 경우 사용하는 전선으로 옳은 것은?
① 인장강도가 3.44[kN] 이상인 것 또는 지름 2.6[mm]의 경동선으로 단면적이 8[mm²] 이상인 것
② 인장강도가 3.44[kN] 이상인 것 또는 지름 3.2[mm]의 경동선으로 단면적이 18[mm²] 이상인 것
③ 인장강도가 11.2[kN] 이상인 것 또는 지름 6[mm]의 경동선으로 단면적이 28[mm²] 이상인 것
④ 인장강도가 11.2[kN] 이상인 것 또는 지름 8[mm]의 경동선으로 단면적이 18[mm²] 이상인 것

Explanation

(KEC 232.81조) 옥내에 시설하는 저압 접촉전선 배선
전선은 **인장강도 11.2[kN] 이상의 것 또는 지름 6[mm]의 경동선으로 단면적이 28[mm²] 이상**인 것일 것. 다만, 사용전압이 400[V] 이하인 경우에는 인장강도 3.44[kN] 이상의 것 또는 지름 3.2[mm] 이상의 경동선으로 단면적이 8[mm²] 이상인 것을 사용할 수 있다.

【답】③

93 옥내에 시설하는 사용 전압이 400[V] 초과 1,000[V] 이하인 전개된 장소로서 건조한 장소가 아닌 기타의 장소의 관등회로 배선공사로서 적합한 것은?
① 애자공사
② 금속몰드공사
③ 금속덕트공사
④ 합성수지몰드공사

Explanation

(KEC 234.11조) 1[kV] 이하 방전등
옥내에 시설하는 사용전압이 400[V] 초과, 1[kV] 이하인 관등회로의 배선은 합성수지관공사 · 금속관공사 · 가요전선관공사나 케이블공사 또는 아래 표의 규정에 준하여 시설하여야 한다.

시설장소의 구분		공사의 종류
전개된 장소	건조한 장소	애자 공사 · 합성수지몰드 공사 또는 금속 몰드 공사
	기타의 장소	애자 공사
점검할 수 없는 은폐된 장소	건조한 장소	금속 몰드 공사

【답】①

94
KEC 적용으로 인하여 삭제되었습니다.

95 ★☆☆☆☆
저압 가공전선으로 사용할 수 없는 것은?
① 케이블
② 절연전선
③ 다심형 전선
④ 나동복 전선

Explanation

(KEC 222.5조) 저압 가공전선의 종류
저압 가공전선은 나전선(중성선 또는 다중접지된 접지측 전선으로 사용하는 전선에 한한다), 절연전선, 다심형 전선 또는 케이블을, 고압 가공전선은 고압 절연전선, 특고압 절연전선, 또는 케이블을 사용하여야 한다.

【답】④

96 ★★★★★
가공전선로의 지지물에 시설하는 지지선의 시설기준으로 틀린 것은?
① 지지선의 안전율을 2.5 이상으로 할 것
② 소선은 최소 5가닥 이상의 강심 알루미늄연선을 사용할 것
③ 도로를 횡단하며 시설하는 지지선의 높이는 지표상 5[m] 이상으로 할 것
④ 지중부분 및 지표상 0.3[m]까지의 부분에는 내식성이 있는 것을 사용할 것

Explanation

(KEC 331.11조) 지지선의 시설
① 지지선의 안전율은 2.5 이상, 허용 인장 하중의 최저는 4.31[kN]일 것.
② **2.6[㎜] 이상의 금속선을 3가닥 이상 꼬아서 사용**
③ 도로를 횡단하여 시설하는 지지선의 높이는 지표상 5[m] 이상으로 하여야 한다.
④ 지중부분 및 지표상 0.3[m]까지의 부분에는 내식성이 있는 것 또는 아연도금을 한 철봉을 사용하고 쉽게 부식되지 아니하는 근가에 견고하게 붙일 것

【답】②

97 ★★★☆☆
특고압 가공전선로 중 지지물로서 직선형의 철탑을 연속하여 10기 이상 사용하는 부분에는 몇 기 이하마다 내장 애자장치가 되어 있는 철탑 또는 이와 동등 이상의 강도를 가지는 철탑 1기를 시설하여야 하는가?
① 3
② 5
③ 7
④ 10

Explanation

(KEC 333.16조) 특고압 가공전선로의 내장형 등의 지지물 시설
특고압 가공 전선로 중 지지물로서 직선형의 철탑을 연속하여 10기 이상 사용하는 부분에는 10기 이하마다 내장 애자장치가 되어있는 철탑 1기를 시설하여야 한다.

【답】④

98 접지공사에 사용하는 접지도체를 사람이 접촉할 우려가 있는 곳에 시설하는 경우, "전기용품 및 생활용품 안전관리법"을 적용받는 합성수지관(두께 2[mm] 미만의 합성수지제 전선관 및 난연성이 없는 콤바인덕트관을 제외한다)으로 덮어야 하는 범위로 옳은 것은?
① 접지도체의 지하 0.3[m]로부터 지표상 1[m]까지의 부분
② 접지도체의 지하 0.5[m]로부터 지표상 1.2[m]까지의 부분
③ 접지도체의 지하 0.6[m]로부터 지표상 1.8[m]까지의 부분
④ 접지도체의 지하 0.75[m]로부터 지표상 2[m]까지의 부분

Explanation

(KEC 142.3.1조) 접지도체
접지도체는 지하 0.75[m] 부터 지표 상 2[m]까지 부분은 합성수지관(두께 2[mm] 미만의 합성수지제 전선관 및 가연성 콤바인덕트관은 제외한다) 또는 이와 동등 이상의 절연효과와 강도를 가지는 몰드로 덮어야 한다. 【답】 ④

99 사용전압이 400[V] 이하인 저압 가공전선은 케이블인 경우를 제외하고는 지름이 몇 [mm] 이상이어야 하는가? (단, 절연전선은 제외한다)
① 3.2
② 3.6
③ 4.0
④ 5.0

Explanation

(KEC 222.5조) 저압 가공전선의 굵기 및 종류
사용전압이 400[V] 이하인 가공전선은 케이블인 경우를 제외하고는 지름 3.2[mm](절연전선인 경우는 2.6[mm])의 경동선 또는 이와 동등 이상의 세기 및 굵기의 것이어야 한다. 【답】 ①

100 KEC 적용으로 인하여 삭제되었습니다.

2020년 전기기사 필기

1과목 전기자기학

01 환상 솔레노이드 철심 내부에서 자계의 세기[AT/m]는? (단, N은 코일 권선수, r은 환상 철심의 평균 반지름, I는 코일에 흐르는 전류이다)

① NI
② $\dfrac{NI}{2\pi r}$
③ $\dfrac{NI}{2r}$
④ $\dfrac{NI}{4\pi r}$

Explanation

환상 솔레노이드 철심 내부의 자계의 세기 $H = \dfrac{NI}{2\pi r}$ [AT/m]

【답】 ②

02 전류 I가 흐르는 무한 직선 도체가 있다. 이 도체로부터 수직으로 0.1[m] 떨어진 점에서 자계의 세기가 180[AT/m]이다. 도체로부터 수직으로 0.3[m] 떨어진 점에서 자계의 세기[AT/m]는?

① 20
② 60
③ 180
④ 540

Explanation

무한장 직선(원통도체)의 자계의 세기 $H = \dfrac{I}{2\pi r} \propto \dfrac{1}{r}$ 에서

자계의 세기는 거리에 반비례하므로 거리가 3배가 되면 자계의 세기는 $\dfrac{1}{3}$ 이 된다.

$\therefore 180 \times \dfrac{1}{3} = 60$ [AT/m]

【답】 ②

03 길이가 l[m], 단면적의 반지름이 a[m]인 원통이 길이 방향으로 균일하게 자화되어 자화의 세기가 J [Wb/m²]인 경우, 원통 양단에서의 자극의 세기 m[Wb]은?

① alJ
② $2\pi alJ$
③ $\pi a^2 J$
④ $\dfrac{J}{\pi a^2}$

Explanation

자화의 세기 $J = \dfrac{M}{V}$ [Wb/m²] : 체적당 모멘트

$J = \dfrac{M}{V} = \dfrac{m\ell}{S\ell} = \dfrac{m}{S}$ 이므로 전자극의 세기 $m = J \cdot S = J \cdot \pi a^2$ [Wb]

【답】 ③

04 임의의 형상의 도선에 전류 I[A]가 흐를 때, 거리 r[m]만큼 떨어진 점에서의 자계의 세기 H[AT/m]를 구하는 비오-사바르의 법칙에서, 자계의 세기 H[AT/m]와 거리 r[m]의 관계로 옳은 것은?
① r에 반비례
② r에 비례
③ r^2에 반비례
④ r^2에 비례

> **Explanation**
> 비오-사바르의 법칙
> $H = \dfrac{Il}{4\pi r^2}\sin\theta$[AT/m]　∴ 자계의 세기 H는 r^2에 반비례한다.
>
> 【답】③

05 진공 중에서 전자파의 전파속도[m/s]는?
① $C_0 = \dfrac{1}{\sqrt{\epsilon_0 \mu_0}}$
② $C_0 = \sqrt{\epsilon_0 \mu_0}$
③ $C_0 = \dfrac{1}{\sqrt{\epsilon_0}}$
④ $C_0 = \dfrac{1}{\sqrt{\mu_0}}$

> **Explanation**
> 전파속도 $v = \dfrac{1}{\sqrt{\epsilon\mu}}$, 진공에서는 $v = \dfrac{1}{\sqrt{\epsilon_0\mu_0}}$
>
> 【답】①

06 영구자석 재료로 사용하기에 적합한 특성은?
① 잔류자기와 보자력이 모두 큰 것이 적합하다.
② 잔류자기는 크고 보자력은 작은 것이 적합하다.
③ 잔류자기는 작고 보자력이 큰 것이 적합하다.
④ 잔류자기와 보자력이 모두 작은 것이 적합하다.

> **Explanation**
> 영구자석
> • 잔류자속과 보자력이 클 것
> • 히스테리시스 루프의 면적이 클 것
> • 한번 자화된 다음에는 자기를 영구적으로 보존하는 자석
> • 강한 영구자석 : 외부에서 큰 자계를 가할 것
>
> 【답】①

07 변위전류와 관계가 가장 깊은 것은?
① 도체
② 반도체
③ 자성체
④ 유전체

> **Explanation**
> • 전도전류 : 도체
> • 변위전류 : 유전체
>
> 【답】④

08 자속밀도가 10[Wb/m²]인 자계 내에 길이 4[cm]의 도체를 자계와 직각으로 놓고 이 도체를 0.4초 동안 1[m]씩 균일하게 이동하였을 때 발생하는 기전력은 몇 [V]인가?
① 1
② 2
③ 3
④ 4

> **Explanation**

플레밍의 오른손 법칙 : 자장 중의 도체가 운동하는 경우 기전력이 발생
$e = (v \times B)l = vBl\sin\theta$
$= \dfrac{1}{0.4} \times 10 \times 0.04 \times \sin 90 = 1[\text{V}]$

【답】①

09 ★★★★☆
내부 원통의 반지름이 a, 외부 원통의 반지름이 b인 동축 원통 콘덴서의 내외 원통 사이에 공기를 넣었을 때 정전용량이 C_1이었다. 내외 반지름을 모두 3배로 증가시키고 공기 대신 비유전율이 3인 유전체를 넣었을 경우의 정전용량 C_2는?

① $C_2 = \dfrac{C_1}{9}$ ② $C_2 = \dfrac{C_1}{3}$
③ $C_2 = 3C_1$ ④ $C_2 = 9C_1$

Explanation

공기 중에서 동축 케이블의 단위 길이당 정전 용량

$C_1 = \dfrac{2\pi\epsilon_0}{\ln\dfrac{b}{a}}$ [F/m]

$C_2 = \dfrac{2\pi\epsilon_0 \times 3}{\ln\dfrac{3b}{3a}} = \dfrac{3 \times 2\pi\epsilon_0}{\ln\dfrac{b}{a}} = 3C_1$

【답】③

10 ★★★☆☆
다음 정전계에 관한 식 중에서 틀린 것은?(단, D는 전속밀도, V는 전위, ρ는 공간(체적)전하밀도, ϵ은 유전율이다)

① 가우스의 정리 : $\text{div}D = \rho$
② 포아송의 방정식 : $\nabla^2 V = \dfrac{\rho}{\epsilon}$
③ 라플라스의 방정식 : $\nabla^2 V = 0$
④ 발산의 정리 : $\oint_s D \cdot ds = \int_v \text{div}D \, dv$

Explanation

• 발산의 정리 : $\int_s E \cdot ds = \int_v \text{div} E \, dv$
• 프와송의 방정식 : $\nabla^2 V = -\dfrac{\rho}{\epsilon}$
• 가우스의 정리 : $\text{div } D = \rho$
• 라플라스의 방정식 : $\nabla^2 V = 0$

【답】②

11 ★★☆☆☆
질량(m)이 10^{-10}[kg]이고, 전하량(Q)이 10^{-8}[C]인 전하가 전기장에 의해 가속되어 운동하고 있다. 가속도가 $a = 10^2 i + 10^2 j$[m/s²]일 때 전기장의 세기 E[V/m]는?

① $E = 10^4 i + 10^5 j$ ② $E = i + 10j$
③ $E = i + j$ ④ $E = 10^{-6} i + 10^{-4} j$

Explanation

$F = qE = ma$[N]
전계의 세기 $E = \dfrac{m}{q} a = \dfrac{10^{-10}}{10^{-8}} \times (10^2 i + 10^2 j) = i + j$ [V/m]

【답】③

12 유전율이 ϵ_1, ϵ_2인 유전체 경계면에 수직으로 전계가 작용할 때 단위 면적당 수직으로 작용하는 힘 [N/m²]은?(단, E는 전계[V/m]이고, D는 전속밀도[C/m²]이다)

① $2(\frac{1}{\epsilon_2} - \frac{1}{\epsilon_1})E^2$
② $2(\frac{1}{\epsilon_2} - \frac{1}{\epsilon_1})D^2$
③ $\frac{1}{2}(\frac{1}{\epsilon_2} - \frac{1}{\epsilon_1})E^2$
④ $\frac{1}{2}(\frac{1}{\epsilon_2} - \frac{1}{\epsilon_1})D^2$

Explanation

수직으로 전계가 작용하는 경우 단위 면적당 힘
$f = \frac{1}{2}(\frac{1}{\epsilon_2} - \frac{1}{\epsilon_1})D^2 [\text{N/m}^2]$

【답】④

13 진공 중에서 2[m] 떨어진 두 개의 무한 평행 도선에 단위 길이 당 10^{-7}[N]의 반발력이 작용할 때 각 도선에 흐르는 전류의 크기와 방향은?(단, 각 도선에 흐르는 전류의 크기는 같다.)

① 각 도선에 2[A]가 반대 방향으로 흐른다.
② 각 도선에 2[A]가 같은 방향으로 흐른다.
③ 각 도선에 1[A]가 반대 방향으로 흐른다.
④ 각 도선에 1[A]가 같은 방향으로 흐른다.

Explanation

평행도선 단위길이 당 작용하는 힘 $F = \frac{\mu_0 I_1 I_2}{2\pi r} = \frac{2 I_1 I_2}{r} \times 10^{-7} [\text{N/m}]$

$10^{-7} = \frac{2 I^2}{2} \times 10^{-7}$ 에서 $I^2 = 1$

따라서 전류는 각각 1[A]가 흐른다.
- 같은 방향(평행도선) : 흡인력
- 다른 방향(왕복도선) : 반발력

【답】③

14 자기 인덕턴스(self inductance) L[H]을 나타낸 식은?(단, N은 권선수, I는 전류[A], ϕ는 자속[Wb], B는 자속밀도[Wb/m²], H는 자계의 세기[AT/m], A는 벡터 퍼텐셜[Wb/m], J는 전류밀도[A/m²]이다.)

① $L = \frac{N\phi}{I^2}$
② $L = \frac{1}{2I^2}\int B \cdot H \, dv$
③ $L = \frac{1}{I^2}\int A \cdot J \, dv$
④ $L = \frac{1}{I}\int B \cdot H \, dv$

Explanation

【답】③

15 반지름이 a[m], b[m]인 두 개의 구 형상 도체 전극이 도전율 k인 매질 속에 거리 r[m]만큼 떨어져 있다. 양 전극 간의 저항[Ω]은? (단, $r \gg a$, $r \gg b$이다)

① $4\pi k(\frac{1}{a} + \frac{1}{b})$
② $4\pi k(\frac{1}{a} - \frac{1}{b})$
③ $\frac{1}{4\pi k}(\frac{1}{a} + \frac{1}{b})$
④ $\frac{1}{4\pi k}(\frac{1}{a} - \frac{1}{b})$

> **Explanation**

구도체 a, b 사이의 정전 용량 $C = \dfrac{Q}{V_a - V_b} = \dfrac{4\pi\epsilon}{\dfrac{1}{a} + \dfrac{1}{b}}$ [F]

$\therefore R = \dfrac{\rho\epsilon}{C} = \dfrac{\rho\epsilon}{4\pi\epsilon}\left(\dfrac{1}{a} + \dfrac{1}{b}\right)$

$= \dfrac{\rho}{4\pi}\left(\dfrac{1}{a} + \dfrac{1}{b}\right) = \dfrac{1}{4\pi k}\left(\dfrac{1}{a} + \dfrac{1}{b}\right)$ [Ω]

【답】③

16 ★★☆☆☆ 정전계 내 도체 표면에서 전계의 세기가 $E = \dfrac{a_x - 2a_y + 2a_z}{\epsilon_0}$ [V/m]일 때 도체 표면상의 전하 밀도 ρ_s [C/m²]를 구하면? (단, 자유공간이다)

① 1
② 2
③ 3
④ 5

> **Explanation**

도체 표면에서의 전계의 세기 $E = \dfrac{\sigma}{\epsilon_0}$ 에서

표면전하밀도 $\sigma = \epsilon_0 E = \epsilon_0 \times \dfrac{\sqrt{1^2 + (-2)^2 + 2^2}}{\epsilon_0} = 3$ [C/m²]

【답】③

17 ★★★☆☆ 저항의 크기가 1[Ω]인 전선이 있다. 전선의 체적을 동일하게 유지하면서 길이를 2배로 늘였을 때 전선의 저항[Ω]은?

① 0.5
② 1
③ 2
④ 4

> **Explanation**

체적 = 면적 × 길이에서 체적을 동일하게 유지할 때, 길이가 2배가 되면 면적은 $\dfrac{1}{2}$이 된다.

$R = \rho \dfrac{l}{A} \propto \dfrac{2}{\dfrac{1}{2}} \propto 4$배 $\therefore 1 \times 4 = 4$ [Ω]

【답】④

18 ★★★☆☆ 반지름이 3[cm]인 원형 단면을 가지고 있는 환상 연철심에 코일을 감고 여기에 전류를 흘려서 철심 중의 자계 세기가 400[AT/m]가 되도록 여자할 때, 철심 중의 자속 밀도는 약 몇 [Wb/m²]인가? (단, 철심이 비투자율은 400이라고 한다)

① 0.2
② 0.8
③ 1.6
④ 2.0

> **Explanation**

자속 밀도 $B = \mu H = \mu_0 \mu_s H = 400 \times 4\pi \times 10^{-7} \times 400 = 0.2$ [Wb/m²]

【답】①

19 ★☆☆☆☆ 자기회로와 전기회로에 대한 설명으로 틀린 것은?

① 자기저항의 역수를 컨덕턴스라 한다.
② 자기회로의 투자율은 전기회로의 도전율에 대응된다.
③ 전기회로의 전류는 자기회로의 자속에 대응된다.
④ 자기저항의 단위는 [AT/Wb]이다.

> **Explanation**

전기회로와 자기회로와의 관계

전기회로	자기회로
전류 I	자속 ϕ
전기저항 R	자기저항 $R_m = \dfrac{\ell}{\mu S}$ [AT/wb]
기전력 E	기자력 F_m
도전율 k	투자율 μ

【답】 ①

20 ★★☆☆☆ 서로 같은 2개의 구 도체에 동일양의 전하로 대전시킨 후 20[cm] 떨어뜨린 결과 구 도체에 서로 8.6×10^{-4}[N]의 반발력이 작용하였다. 구 도체에 주어진 전하는 약 몇 [C]인가?

① 5.2×10^{-8}
② 6.2×10^{-8}
③ 7.2×10^{-8}
④ 8.2×10^{-8}

> **Explanation**

쿨롱의 법칙
$F = 9 \times 10^9 \times \dfrac{Q_1 Q_2}{r^2}$ [N]

$8.6 \times 10^{-4} = 9 \times 10^9 \times \dfrac{Q^2}{(0.2)^2}$ 에서 전하량 $Q = \sqrt{\dfrac{8.6 \times 10^{-4} \times 0.2^2}{9 \times 10^9}} = 6.2 \times 10^{-8}$ [C]

【답】 ②

2과목 전력공학

21 ★★★★★ 전력원선도에서 구할 수 없는 것은?

① 송수전할 수 있는 최대 전력
② 필요한 전력을 보내기 위한 송수전단 전압간의 상차각
③ 선로 손실과 송전 효율
④ 과도극한전력

> **Explanation**

전력 원선도에서 구할 수 없는 것(사고 값)
• 과도 안정 극한 전력
• 코로나 손실

【답】 ④

22 ★★☆☆☆ 다음 중 그 값이 항상 1 이상인 것은?

① 부등률
② 부하율
③ 수용률
④ 전압강하율

> **Explanation**

부등률 = $\dfrac{\text{각 수용가의 최대 수용 전력의 합}}{\text{합성 최대 수용 전력}} \geq 1$

【답】 ①

23 송전전력, 송전거리, 전선로의 전력손실이 일정하고, 같은 재료의 전선을 사용한 경우 단상 2선식에 대한 3상 4선식의 1선당 전력비는 약 얼마인가?(단, 중성선은 외선과 같은 굵기이다.)

① 0.7
② 0.87
③ 0.94
④ 1.15

Explanation

1선당 송전전력

	공급전력	전선 1가닥당 송전 전력
단상 2선식	$VI\cos\theta$	$P_{12} = \dfrac{P}{2} = 0.5P \rightarrow 2P_{12}$
단상 3선식	$VI\cos\theta$	$P_{13} = \dfrac{2P_{12}}{3} = 0.67P_{12}$
3상 3선식	$\sqrt{3}\,VI\cos\theta$	$P_{33} = \dfrac{\sqrt{3}\,2P_{12}}{3} = 1.12P_{12}$
3상 4선식	$\sqrt{3}\,VI\cos\theta$	$P_{34} = \dfrac{\sqrt{3}\,2P_{12}}{4} = 0.87P_{12}$

【답】②

24 3상용 차단기의 정격 차단용량은?

① $\sqrt{3}\times$ 정격전압 $\times$ 정격차단전류
② $\sqrt{3}\times$ 정격전압 $\times$ 정격전류
③ $3\times$ 정격전압 $\times$ 정격차단전류
④ $3\times$ 정격전압 $\times$ 정격전류

Explanation

3상용 차단기의 정격용량 $P_s = \sqrt{3}\times$ 정격전압 $\times$ 정격차단전류[MVA]

【답】①

25 개폐서지의 이상전압을 감쇄할 목적으로 설치하는 것은?

① 단로기
② 차단기
③ 리액터
④ 개폐저항기

Explanation

- 단로기 : 무부하시 전로개폐
- 차단기 : 사고전류차단
- 리액터 : 한류리액터 : 단락전류제한
  　　　　분로리액터 : 페란티현상 방지
- 개폐저항기(SOV) : 개폐서지 방지

【답】④

26 부하의 역률을 개선할 경우 배전선로에 대한 설명으로 틀린 것은? (단, 다른 조건은 동일하다)

① 설비용량의 여유 증가
② 전압강하의 감소
③ 선로전류의 증가
④ 전력손실의 감소

Explanation

역률개선의 효과
- 전력손실 감소(주요 목적)
- 전압강하 감소
- 설비용량의 여유분
- 전기요금 절감

【답】③

27 수력발전소의 형식을 취수방법, 운용방법에 따라 분류할 수 있다. 다음 중 취수방법에 따른 분류가 아닌 것은?
① 댐식
② 수로식
③ 조정지식
④ 유역 변경식

> **Explanation**

취수방식에 의한 발전방식
- 수로식 발전
- 댐식 발전
- 댐 수로식 발전
- 유역 변경식 발전

【답】③

28 한류리액터를 사용하는 가장 큰 목적은?
① 충전전류의 제한
② 접지전류의 제한
③ 누설전류의 제한
④ 단락전류의 제한

> **Explanation**

- 한류리액터 : 단락 사고 시 단락전류 제한

【답】④

29 66/22[kV], 2,000[kVA] 단상변압기 3대를 1뱅크로 운전하는 변전소로부터 전력을 공급받는 어떤 수전점에서의 3상단락전류는 약 몇 [A]인가? (단, 변압기의 %리액턴스는 7이고 선로의 임피던스는 0이다)
① 750
② 1,570
③ 1,900
④ 2,250

> **Explanation**

3상 단락 전류 $I_s = \dfrac{100}{\%Z}I_n = \dfrac{100}{\%Z} \times \dfrac{P}{\sqrt{3}\,V}$

$= \dfrac{100}{7} \times \dfrac{2,000 \times 10^3 \times 3}{\sqrt{3} \times 22 \times 10^3} = 2,249.4[A]$

【답】④

30 반지름 0.6[cm]인 경동선을 사용하는 3상 1회선 송전선에서 선간거리를 2[m]로 정삼각형 배치할 경우, 각 선의 인덕턴스[mH/km]는 약 얼마인가?
① 0.81
② 1.21
③ 1.51
④ 1.81

> **Explanation**

정삼각형 배치 시 등가 선간 거리 $D = \sqrt[3]{2 \times 2 \times 2} = 2[m]$이다.

작용 인덕턴스 $L = 0.05 + 0.4605 \log \dfrac{D}{r} = 0.05 + 0.4605 \log_{10} \dfrac{2}{0.6 \times 10^{-2}} = 1.21[mH/km]$

【답】②

31 파동임피던스 $Z_1 = 500[\Omega]$인 선로에 파동임피던스 $Z_2 = 1,500[\Omega]$인 변압기가 접속되어 있다. 선로로부터 600[kV]인 전압파가 들어왔을 때, 접속점에서의 투과파 전압[kV]은?
① 300
② 600
③ 900
④ 1,200

> **Explanation**

투과 계수 $\tau = \dfrac{2Z_2}{Z_2 + Z_1}$

투과파 $= \dfrac{2Z_2}{Z_1 + Z_2} \times 600 = \dfrac{2 \times 1{,}500}{500 + 1{,}500} \times 600 = 900[\text{kV}]$

【답】 ③

32 ★★★★★ 원자력발전소에서 비등수형 원자로에 대한 설명으로 틀린 것은?

① 연료로 농축 우라늄을 사용한다.
② 냉각재로 경수를 사용한다.
③ 물을 원자로 내에서 직접 비등시킨다.
④ 가압수형 원자로에 비해 노심의 출력밀도가 높다.

> **Explanation**

비등수형 원자로(BWR : Boiled Water Reactor) : 물을 원자로 내에서 직접 비등
- 연료 : 농축 우라늄
- 감속재, 냉각재 : 경수
- 열교환기가 필요 없다.

【답】 ④

33 ★★★★★ 송배전 선로의 고장 전류 계산에서 영상 임피던스가 필요한 경우는?

① 3상 단락 계산
② 선간 단락 계산
③ 1선 지락 계산
④ 3선 단선 계산

> **Explanation**

대칭 좌표법으로 해석할 경우 필요한 임피던스

	정상분	역상분	영상분
1선 지락	○	○	○
2선 단락(선간 단락)	○	○	
3상 단락	○		

【답】 ③

34 ★☆☆☆☆ 증기 사이클에 대한 설명 중 틀린 것은?

① 랭킨사이클의 열효율은 초기 온도 및 초기 압력이 높을수록 효율이 크다.
② 재열사이클은 저압터빈에서 증기가 포화 상태에 가까워졌을 때 증기를 다시 가열하여 고압터빈으로 보낸다.
③ 재생사이클은 증기 원동기 내에서 증기의 팽창 도중에서 증기를 추출하여 급수를 예열한다.
④ 재열재생사이클은 재생사이클과 재열사이클을 조합하여 병용하는 방식이다.

> **Explanation**

- 재생 사이클 : 단열 팽창도중 증기의 일부를 추기하여 보일러 급수를 가열하여 복수 열손실을 회수하는 사이클로서 급수가열기가 있는 시스템
- 재열 사이클 : 고압 터빈을 돌리고 나온 증기를 전부 추출해서 보일러의 재열기로 증기를 다시 최초의 과열 증기 온도 부근까지 가열시켜서 터빈 저압단에 공급하는 것으로 재열기가 있는 시스템
- 재열 재생 사이클 : 재생 사이클과 재열 사이클의 결합(재열기+급수가열기)

【답】 ②

35 다음 중 송전선로의 역섬락을 방지하기 위한 대책으로 가장 알맞은 방법은?

① 가공지선 설치　　　　　② 피뢰기 설치
③ 매설지선 설치　　　　　④ 소호각 설치

Explanation

역섬락 방지법
• 탑각 접지저항을 줄인다.
• 매설지선을 설치한다.

【답】③

36 전원이 양단에 있는 환상선로의 단락보호에 사용되는 계전기는?

① 방향거리 계전기　　　　② 부족전압 계전기
③ 선택접지 계전기　　　　④ 부족전류 계전기

Explanation

환상 선로 단락 보호
• 전원 1군데 : 방향 단락 계전 방식
• 전원 2군데 : 방향 거리 계전 방식

【답】①

37 전력계통을 연계시켜서 얻는 이득이 아닌 것은?

① 배후 전력이 커져서 단락용량이 작아진다.　② 부하 증가 시 종합첨두부하가 저감된다.
③ 공급 예비력이 절감된다.　　　　　　　　　④ 공급 신뢰도가 향상된다.

Explanation

계통연계 시에는 설비용량이 저감되며 배후전력이 커지며 안정된 전압, 주파수 유지가 가능하나 병렬 회로 수가 많아지므로 사고 시 단락 전류가 증대되고 단락 용량이 커지는 단점이 있다.

【답】①

38 배전선로에 3상 3선식 비접지 방식을 채용할 경우 나타나는 현상은?

① 1선 지락 고장 시 고장 전류가 크다.
② 1선 지락 고장 시 인접 통신선의 유도장해가 크다.
③ 고저압 혼촉고장 시 저압선의 전위상승이 크다.
④ 1선 지락 고장 시 건전상의 대지 전위상승이 크다.

Explanation

비접지 방식의 특징
• 저전압 단거리 선로에 사용(3.3[kV], 6.6[kV])
• 보호 계전기 동작이 불확실하다.(지락 전류가 적기 때문에)
• 1선 지락 시 건전상의 대지 전위상승이 $\sqrt{3}$ 배로 크다.
• 통신 유도 장해가 적다(지락 전류가 적기 때문에).

【답】④

39 선간전압이 V[kV]이고 3상 정격용량이 P[kVA]인 전력계통에서 리액턴스가 X[Ω]라고 할 때, 이 리액턴스를 %리액턴스로 나타내면?

① $\dfrac{XP}{10V}$　　② $\dfrac{XP}{10V^2}$　　③ $\dfrac{XP}{V^2}$　　④ $\dfrac{10V^2}{XP}$

Explanation

%리액턴스 $\%X = \dfrac{PX}{10V^2}$ 여기서, P[kVA], V[kV]   【답】②

40 ★★★★☆ 전력용콘덴서를 변전소에 설치할 때 직렬리액터를 설치 하고자 한다. 직렬리액터의 용량을 결정하는 계산식은? (단, f_0는 전원의 기본주파수, C는 역률 개선용 콘덴서의 용량, L은 직렬리액터의 용량이다)

① $L = \dfrac{1}{(2\pi f_0)^2 C}$ ② $L = \dfrac{1}{(5\pi f_0)^2 C}$

③ $L = \dfrac{1}{(6\pi f_0)^2 C}$ ④ $L = \dfrac{1}{(10\pi f_0)^2 C}$

Explanation

직렬 리액터는 제5고조파를 제거하기 위하여 전력용 콘덴서 전단에 시설

직렬 리액터의 용량은 $5\omega L = \dfrac{1}{5\omega C}$에서 $5(2\pi f)L = \dfrac{1}{5(2\pi f)C}$

따라서 인덕턴스 $L = \dfrac{1}{(10\pi f_0)^2 C}$

【답】④

3과목 전기기기

41 ★★★☆☆ 동기발전기 단절권의 특징이 아닌 것은?

① 코일 간격이 극 간격보다 작다.
② 전절권에 비해 합성 유기 기전력이 증가한다.
③ 전절권에 비해 코일 단이 짧게 되므로 재료가 절약된다.
④ 고조파를 제거해서 전절권에 비해 기전력의 파형이 좋아진다.

Explanation

단절권의 장점
- 고조파를 제거하여 기전력의 파형을 개선
- 동량 감소
- 코일단이 짧게 되므로 재료가 절약
- 단절권 계수 $K_p = \sin\dfrac{\beta\pi}{2}$ (여기서, $\beta = \dfrac{\text{코일간격}}{\text{극 간격}}$)

그러나 유기기전력은 $E = 4.44 f \phi k_\omega \omega$[V]에서 권선 계수 K_ω가 1보다 적으므로 감소된다.   【답】②

42 ★★★☆☆ 3상 변압기의 병렬운전 조건으로 틀린 것은?

① 각 군의 임피던스가 용량에 비례할 것
② 각 변압기의 백분율 임피던스 강하가 같을 것
③ 각 변압기의 권수비가 같고 1차와 2차의 정격전압이 같을 것
④ 각 변압기의 상회전 방향 및 1차와 2차 선간전압의 위상 변화가 같을 것

Explanation

변압기 병렬 운전 조건

- 극성, 권수비, 1, 2차 정격전압이 같을 것
- [%]임피던스 강하가 같을 것
- 내부저항과 리액턴스의 비가 같을 것
- 상회전 방향과 각 변위가 같을 것(3φ 변압기)

【답】①

43 ★★☆☆☆ 210/105[V]의 변압기를 그림과 같이 결선하고 고압측에 200[V]의 전압을 가하면 전압계의 지시는 몇 [V]인가? (단, 변압기는 가극성이다)

① 100
② 200
③ 300
④ 400

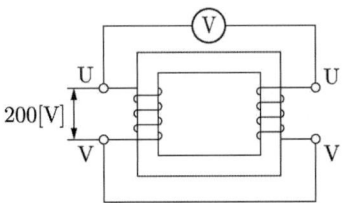

Explanation

권수비 $a = \dfrac{210}{105} = 2$

$E_1 = 200$ [V]일 때, $E_2 = \dfrac{E_1}{a} = \dfrac{200}{2} = 100$[V]

가극성인 경우 $E_1 + E_2 = 200 + 100 = 300$
감극성인 경우 $E_1 - E_2 = 200 - 100 = 100$

【답】③

44 ★★★☆☆ 직류기의 권선을 단중 파권으로 감으면 어떻게 되는가?

① 저압 대전류용 권선이다.
② 균압환을 연결해야 한다.
③ 내부 병렬 회로수가 극수만큼 생긴다.
④ 전기자 병렬 회로수가 극수에 관계없이 언제나 2이다.

Explanation

중권과 파권 비교

비교항목	단중 중권	단중 파권
전기자의 병렬 회로수	a=P(mP)	a=2(2m)
브러시 수	a=P=b	b=2
용도	저전압, 대전류	고전압, 소전류
균압접속	균압환 필요	불필요

【답】④

45 ★★☆☆☆ 2상 교류 서보모터를 구동하는 데 필요한 2상 전압을 얻는 방법으로 널리 쓰이는 방법은?

① 2상 전원을 직접 이용하는 방법
② 환상 결선 변압기를 이용하는 방법
③ 여자권선에 리액터를 삽입하는 방법
④ 증폭기 내에서 위상을 조정하는 방법

Explanation

2상 전압을 얻는 방법
- 스코트결선, 메이어결선, 우드브리지 결선(3상에서 2상 변환)
- 증폭기 내에서 위상을 조정하는 방법

【답】④

46 4극, 중권, 총 도체 수 500, 극당 자속이 0.01[Wb]인 직류발전기가 100[V]의 기전력을 발생시키는 데 필요한 회전수는 몇 [rpm]인가?
① 800
② 1,000
③ 1,200
④ 1,600

> **Explanation**
>
> $E = \dfrac{PZ\phi N}{60a}$ [V]에서 $N = E \cdot \dfrac{600}{PZ\phi} = 100 \times \dfrac{60 \times 4}{4 \times 500 \times 0.01} = 1,200$ [rpm]

【답】③

47 3상 분권 정류자전동기에 속하는 것은?
① 톰슨 전동기
② 데리 전동기
③ 시라게 전동기
④ 애트킨슨 전동기

> **Explanation**
>
> 슈라게(시라게) 전동기 : 3상 분권 정류자 전동기. 1차 권선을 회전자에 둔 3상 권선형 유도 전동기
> • 직류 분권 전동기와 특성이 비슷한 정속도 전동기
> • 브러시 이동으로 간단히 원활하게 속도 제어

【답】③

48 동기기의 안정도를 증진시키는 방법이 아닌 것은?
① 단락비를 크게 할 것
② 속응여자방식을 채용할 것
③ 정상 리액턴스를 크게 할 것
④ 영상 및 역상 임피던스를 크게 할 것

> **Explanation**
>
> 동기기 안정도 증진법
> • 동기화 리액턴스를 작게 할 것
> • 회전자의 플라이휠(관성모멘트) 효과를 크게 할 것
> • 속응 여자 방식을 채용할 것
> • 발전기의 조속기 동작을 신속히 할 것
> • **정상임피던스는 작게 하고 영상 및 역상 임피던스는 크게 한다.**

【답】③

49 3상 유도전동기의 기계적 출력 P[kW], 회전수 N[rpm]인 전동기의 토크[N·m]는?
① $0.46 \dfrac{P}{N}$
② $0.855 \dfrac{P}{N}$
③ $975 \dfrac{P}{N}$
④ $9,549.3 \dfrac{P}{N}$

> **Explanation**
>
> 전동기 토크 $\tau = 0.975 \times \dfrac{P[\text{W}]}{N} = 975 \times \dfrac{P[\text{kW}]}{N}$ [kg·m]
> $= 9.8 \times 975 \times \dfrac{P[\text{kW}]}{N} = 9,549.3 \dfrac{P}{N}$ [N·m]

【답】④

50 취급이 간단하고 기동시간이 짧아서 섬과 같이 전력계통에서 고립된 지역, 선박 등에 사용되는 소용량 전원용 발전기는?
① 터빈 발전기
② 엔진 발전기
③ 수차 발전기
④ 초전도 발전기

> **Explanation**

원동기에 따른 분류
- 수차형(대형)
- 터빈형(대형)
- 엔진형(소용량)

【답】②

51 ★☆☆☆☆
평형 6상 반파정류회로에서 297[V]의 직류전압을 얻기 위한 입력측 각 상전압은 약 몇 [V]인가? (단, 부하는 순수 저항부하이다)
① 110 ② 220
③ 380 ④ 440

> **Explanation**

6상 반파정류회로는 3상 전파정류이므로
직류측 전압 $E_d = 1.35E$ 에서
$$E = \frac{E_d}{1.35} = \frac{297}{1.35} = 220[V]$$

【답】②

52 ★★★★☆
단면적 10[cm²]인 철심에 200회의 권선을 감고, 이 권선에 60[Hz], 60[V]인 교류전압을 인가하였을 때 철심의 최대자속밀도는 약 몇 [Wb/m²]인가?
① 1.126×10^{-3} ② 1.126
③ 2.252×10^{-3} ④ 2.252

> **Explanation**

1차 전압 $E_1 = 4.44f\phi_m N_1 = 4.44fB_m AN_1$
최대자속밀도 $B_m = \dfrac{E_1}{4.44fAN_1} = \dfrac{60}{4.44 \times 60 \times 10 \times 10^{-4} \times 200} = 1.126[\text{Wb/m}^2]$

【답】②

53 ★☆☆☆☆
전력의 일부를 전원측에 반환할 수 있는 유도전동기의 속도제어법은?
① 극수 변환법 ② 크레머 방식
③ 2차 저항 가감법 ④ 세르비우스 방식

> **Explanation**

세르비우스 방식 : 유도발전기를 사용하는 방식
 전력의 일부를 전원 측에 반환 가능

【답】④

54 ★★★★★
직류발전기를 병렬운전 할 때 균압모선이 필요한 직류기는?
① 직권발전기, 분권발전기 ② 복권발전기, 직권발전기
③ 복권발전기, 분권발전기 ④ 분권발전기, 단극발전기

> **Explanation**

균압선(균압모선)
- 병렬 운전을 안정하게하기 위하여 설치하는 것
- 직렬계자 권선을 가지는 발전기에 필요
- 직권 및 복권 발전기

【답】②

55
전부하로 운전하고 있는 50[Hz], 4극의 권선형 유도전동기가 있다. 전부하에서 속도를 1,440[rpm]에서 1,000[rpm]으로 변화시키자면 2차에 약 몇 [Ω]의 저항을 넣어야 하는가?(단, 2차 저항은 0.02[Ω]이다)

① 0.145
② 0.18
③ 0.02
④ 0.024

Explanation

비례추이의 원리 : 권선형 유도전동기
- 최대 토크는 불변, 슬립이 2차 합성저항에 비례
- 기동 전류는 감소하고, 기동 토크는 증가, 속도는 감소

$N_s = \dfrac{120f}{p} = \dfrac{120 \times 50}{4} = 1,500[\text{rpm}]$

- 1,440[rpm]인 경우 슬립 : $s = \dfrac{N_s - N}{N_s} = \dfrac{1,500 - 1,440}{1,500} = 0.04$
- 1,000[rpm]인 경우 슬립 : $s = \dfrac{N_s - N}{N_s} = \dfrac{1,500 - 1,000}{1,500} = 0.33$

$\dfrac{r_2}{s} = \dfrac{r_2 + R}{s'}$ 에서 $\dfrac{0.02}{0.04} = \dfrac{0.02 + R}{0.33}$

2차 외부저항 $R = 0.165 - 0.02 = 0.145[\Omega]$

【답】①

56
권선형 유도전동기 2대를 직렬종속으로 운전하는 경우 그 동기속도는 어떤 전동기의 속도와 같은가?

① 두 전동기 중 적은 극수를 갖는 전동기
② 두 전동기 중 많은 극수를 갖는 전동기
③ 두 전동기의 극수의 합과 같은 극수를 갖는 전동기
④ 두 전동기의 극수의 합의 평균과 같은 극수를 갖는 전동기

Explanation

- 직렬종속법 : $N = \dfrac{120}{P_1 + P_2} f$: 두 전동기의 극수의 합과 같은 극수를 갖는 전동기

【답】③

57
GTO 사이리스터의 특징으로 틀린 것은?

① 각 단자의 명칭은 SCR 사이리스터와 같다.
② 온(On) 상태에서는 양방향 전류특성을 보인다.
③ 온(On) 드롭(Drop)은 약 2~4[V]가 되어 SCR 사이리스터 보다 약간 크다.
④ 오프(Off) 상태에서는 SCR 사이리스터처럼 양방향 전압저지능력을 갖고 있다.

Explanation

GTO 사이리스터
게이트 조작에 의해 부하전류 이상으로 유지 전류를 높일 수 있어 게이트의 턴 온, 턴 오프가 가능한 사이리스터로 단방향 소자임.

【답】②

58
포화되지 않은 직류발전기의 회전수가 4배로 증가되었을 때 기전력을 전과 같은 값으로 하려면 자속을 속도 변화 전에 비해 얼마로 하여야 하는가?

① $\dfrac{1}{2}$
② $\dfrac{1}{3}$
③ $\dfrac{1}{4}$
④ $\dfrac{1}{8}$

> **Explanation**

직류발전기 유기기전력 $E = \frac{p}{a} Z\phi \frac{N}{60} = k\phi N$에서 여자(자속) $\phi \propto \frac{1}{N}$

따라서 기전력을 그대로 유지하기 위해서는 속도가 4배가 되면 여자는 $\frac{1}{4}$이 되어야 한다.

【답】③

59 ★★★★★ 동기발전기의 단자부근에서 단락 시 단락전류는?

① 서서히 증가하여 큰 전류가 흐른다.
② 처음부터 일정한 큰 전류가 흐른다.
③ 무시할 정도의 작은 전류가 흐른다.
④ 단락된 순간은 크나, 점차 감소한다.

> **Explanation**

단락초기에는 전기자 반작용이 순간적으로 나타나지 않기 때문에 막대한 과도전류가 흐르고, 수 초 후에는 영구단락 전류값에 이르게 된다.
- 돌발단락전류 : 누설리액턴스가 제한
- 지속단락전류 : 동기리액턴스가 제한

【답】④

60 ★☆☆☆☆ 단권변압기에서 1차 전압 100[V], 2차 전압 110[V]인 단권변압기의 자기용량과 부하용량의 비는?

① $\frac{1}{10}$
② $\frac{1}{11}$
③ 10
④ 11

> **Explanation**

$\frac{\text{자기 용량}}{\text{부하 용량}} = \frac{e_2 I_2}{V_h I_2} = \frac{e_2}{V_h} = \frac{V_h - V_l}{V_h} = \frac{110 - 100}{110} = \frac{10}{110} = \frac{1}{11}$

【답】②

4과목 회로이론 및 제어공학

61 ★☆☆☆☆ 그림과 같은 블록선도의 제어시스템에서 속도 편차 상수 K_v는 얼마인가?

① 0
② 0.5
③ 2
④ ∞

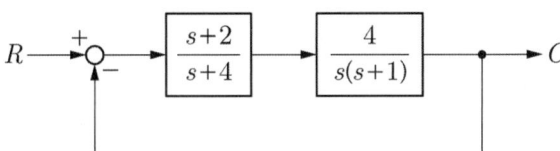

> **Explanation**

램프(속도)입력에 의한 정상상태 오차 : $e_{ss} = \frac{R}{K_v}$

여기서, 속도편차상수 $K_v = \lim_{s \to 0} sG(s) = \lim_{s \to 0} s \frac{4(s+2)}{s(s+4)(s+1)} = 2$

【답】③

62 근궤적의 성질 중 틀린 것은?

① 근궤적은 실수축을 기준으로 대칭이다.
② 점근선은 허수축 상에서 교차한다.
③ 근궤적의 가지 수는 특성방정식의 차수와 같다.
④ 근궤적은 개루프 전달함수의 극점으로부터 출발한다.

Explanation

근궤적법
　근궤적수 N : 영점수(Z〉P)
　　　　　　　극점수(Z〈P)
- 근궤적의 출발점($K=0$) : $G(s)H(s)$의 극점으로부터 출발
- 근궤적의 종착점($K=\infty$) : $G(s)H(s)$의 영점에 종착
- 근궤적의 실수축에 관하여 대칭(실수축에서 교차)

【답】②

63 Routh-Hurwitz 안정도 판별법을 이용하여 특성방정식이 $s^3+3s^2+3s+1+K=0$으로 주어진 제어시스템이 안정하기 위한 K의 범위를 구하면?

① $-1 \leq K < 8$
② $-1 < K \leq 8$
③ $-1 < K < 8$
④ $K < -1$ 또는 $K > 8$

Explanation

Routh-Hurwitz판별식을 이용하여 1열의 부호가 모두 양수이면 안정하며

s^3	1	3
s^2	3	$K+1$
s^1	$\dfrac{9-(K+1)}{3}$	0
s^0	$K+1$	

제 1열의 요소가 모두 양수가 되기 위해서는
$\dfrac{8-K}{3} > 0$에서 $K < 8$,
$K+1 > 0$에서 $K > -1$
따라서 안정하기 위한 조건은 ∴ $-1 < K < 8$

【답】③

64 $e(t)$의 변환을 $E(z)$라고 했을 때 $e(t)$의 초기값 $e(0)$는?

① $\lim\limits_{z \to 1} E(z)$
② $\lim\limits_{z \to \infty} E(z)$
③ $\lim\limits_{z \to 1}(1-z^{-1})E(z)$
④ $\lim\limits_{z \to \infty}(1-z^{-1})E(z)$

Explanation

z변환의 정리들
- 최종값 정리 $x(\infty) = \lim\limits_{z \to 1}(1-z^{-1})X(z) = \lim\limits_{z \to 1}(1-z^{-1})X(z)$
- 초기값 정리 $x(0) = \lim\limits_{t \to 0}x(t) = \lim\limits_{z \to \infty}X(z)$

【답】②

65 그림의 신호 흐름선도에서 $\dfrac{C(s)}{R(s)}$ 는?

① $-\dfrac{2}{5}$ ② $-\dfrac{6}{19}$

③ $-\dfrac{12}{29}$ ④ $-\dfrac{12}{37}$

Explanation

메이슨의 이득공식을 적용하면

$G = \dfrac{\sum G_i \Delta_i}{\Delta}$ 에서 $G_i : 3 \times 4 = 12$ $\Delta_i : 1 - 0 = 1$

$\Delta = 1 - (3 \times 5 + 4 \times 6) = 1 - 15 - 24 = -38$

전체이득 $G = \dfrac{C}{R} = \dfrac{12}{-38} = -\dfrac{6}{19}$

【답】②

66 전달함수가 $G(s) = \dfrac{10}{s^2 + 3s + 2}$ 으로 표현되는 제어시스템에서 직류 이득은 얼마인가?

① 1   ② 2
③ 3   ④ 5

Explanation

직류는 주파수가 0이므로 $j\omega = 0$

따라서 $s = 0$이므로 $G(s) = \dfrac{10}{s^2 + 3s + 2}|s \to 0$대입 $= \dfrac{10}{2} = 5$

【답】④

67 전달함수가 $\dfrac{C(s)}{R(s)} = \dfrac{25}{s^2 + 6s + 25}$ 인 2차 제어시스템의 감쇠 진동 주파수(ω_d)는 몇 [rad/sec]인가?

① 3   ② 4
③ 5   ④ 6

Explanation

2차계의 전달 함수 $G(s) = \dfrac{\omega_n^2}{s^2 + 2\zeta\omega_n s + \omega_n^2}$ 과 비교하면

$\omega_n^2 = 25$에서 $\omega_n = 5$이며

여기서, $2\zeta\omega_n = 6$이므로 감쇠비(제동비) $\zeta = \dfrac{1}{2\omega_n} = \dfrac{6}{2 \times 5} = \dfrac{3}{5}$

• 과도 진동주파수 $\omega_d = \omega_n \sqrt{1 - \zeta^2} = 5\sqrt{1 - \left(\dfrac{3}{5}\right)^2} = 4$ [rad/sec]

【답】②

68 다음 논리식을 간단히 한 것은?

$$Y = \overline{A}BC\overline{D} + \overline{A}BCD + \overline{A}\,\overline{B}C\overline{D} + \overline{A}\,\overline{B}CD$$

① $Y = \overline{A}C$ ② $Y = A\overline{C}$
③ $Y = AB$ ④ $Y = BC$

Explanation

$Y = \overline{A}BC\overline{D} + \overline{A}BCD + \overline{A}\,\overline{B}C\overline{D} + \overline{A}\,\overline{B}CD$

$$= \overline{A}\,\overline{D}(BC+\overline{B}C) + \overline{A}D(BC+\overline{B}C)$$
$$= \overline{A}\,\overline{D}C(B+\overline{B}) + \overline{A}DC(B+\overline{B})$$
$$= \overline{A}\,\overline{D}C + \overline{A}DC$$
$$= \overline{A}C(D+\overline{D}) = \overline{A}C$$

【답】①

69 ★☆☆☆☆ 폐루프 시스템에서 응답의 잔류 편차 또는 정상상태오차를 제거하기 위한 제어 기법은?
① 비례 제어
② 적분 제어
③ 미분 제어
④ on-off 제어

Explanation

- 비례제어(P제어) : 잔류 편차 (off set) 발생
- 적분제어(I제어) : 잔류편차 제거
- 미분제어(D제어) : rate제어, 오차가 변화하는 속도에 비례하여 조작량을 조절하는 동작

【답】②

70 ★★★★☆ 시스템행렬 A가 다음과 같을 때 상태천이행렬을 구하면?

$$A = \begin{bmatrix} 0 & 1 \\ -2 & -3 \end{bmatrix}$$

① $\begin{bmatrix} 2e^{t}-e^{2t} & -e^{t}+e^{2t} \\ 2e^{t}-2e^{2t} & -e^{t}-2e^{2t} \end{bmatrix}$
② $\begin{bmatrix} 2e^{-t}-e^{2t} & e^{-t}-e^{-2t} \\ -2e^{-t}+2e^{-2t} & -e^{-t}-2e^{2t} \end{bmatrix}$
③ $\begin{bmatrix} 2e^{-t}-e^{-2t} & -e^{-t}+e^{-2t} \\ 2e^{-t}-2e^{-2t} & -e^{-t}-2e^{-2t} \end{bmatrix}$
④ $\begin{bmatrix} 2e^{-t}-e^{-2t} & e^{-t}-e^{-2t} \\ -2e^{-t}+2e^{-2t} & -e^{-t}+2e^{-2t} \end{bmatrix}$

Explanation

【답】④

71 ★☆☆☆☆ 대칭 3상 전압이 공급되는 3상 유도전동기에서 각 계기의 지시는 다음과 같다. 유도전동기의 역률은 약 얼마인가?

전력계(W_1): 2.84[kW], 전력계(W_2): 6.00[kW]
전압계(V): 200[V], 전류계(A): 30[A]

① 0.70
② 0.75
③ 0.80
④ 0.85

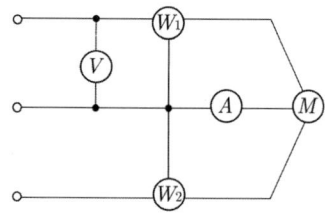

Explanation

2전력계법
- 유효전력 $P = P_1 + P_2$
- 무효전력 $P_r = \sqrt{3}(P_1 - P_2)$
- 피상전력 $P_a = 2\sqrt{P_1^2 + P_2^2 - P_1 P_2}$

따라서 유효전력 $P = P_1 + P_2 = 2,840 + 6,000 = 8,840$ [W]

피상전력 $P_a = \sqrt{3}\,VI = \sqrt{3} \times 200 \times 30 = 10,392$ [VA]

$\therefore \cos\theta = \dfrac{P}{P_a} = \dfrac{8,840}{10,392} = 0.85$

【답】④

72 ★★★★☆ 불평형 3상 전류 $I_a = 25 + j4$[A], $I_b = -18 - j16$[A], $I_c = 7 + j15$[A]일 때 영상전류 I_0[A]는?

① $2.67 + j$
② $2.67 + j2$
③ $4.67 + j$
④ $4.67 + j2$

Explanation

영상분 전류 $I_0 = \dfrac{1}{3}(I_a + I_b + I_c) = \dfrac{1}{3}(25 + j4 - 18 - j16 + 7 + j15) = 4.67 + j$

【답】③

73 ★☆☆☆☆ △ 결선으로 운전 중인 3상 변압기에서 하나의 변압기 고장에 의해 V 결선으로 운전하는 경우, V 결선으로 공급할 수 있는 전력은 고장 전 △ 결선으로 공급할 수 있는 전력에 비해 약 몇 [%]인가?

① 86.6
② 75.0
③ 66.7
④ 57.7

Explanation

V결선

이용률 : $\dfrac{\sqrt{3}\,K}{2K} \times 100 = 86.6$[%], 출력비 : $\dfrac{\text{V결선의 출력}}{\triangle\text{결선의 출력}} = \dfrac{\sqrt{3}\,K}{3K} \times 100 = 57.7$[%]

【답】④

74 ★★★★☆ 분포정수회로에서 직렬 임피던스를 Z, 병렬 어드미턴스를 Y라 할 때, 선로의 특성임피던스 Z_c는?

① ZY
② $\sqrt{ZY}$
③ $\sqrt{\dfrac{Y}{Z}}$
④ $\sqrt{\dfrac{Z}{Y}}$

Explanation

특성 임피던스 $Z_0 = \sqrt{\dfrac{Z}{Y}} = \sqrt{\dfrac{R + j\omega L}{G + j\omega C}}$ [Ω]

【답】④

75 ★☆☆☆☆ 4단자 정수 A, B, C, D 중에서 전압이득의 차원을 가진 정수는?

① A
② B
③ C
④ D

Explanation

전송파라미터(ABCD 파라미터)

$V_1 = AV_2 + BI_2$
$I_1 = CV_2 + DI_2$

여기서,

$A = \dfrac{V_1}{V_2}\bigg|_{I_2=0}$ 전압비(전압이득) $B = \dfrac{V_1}{I_2}\bigg|_{V_2=0}$ 임피던스[Ω]

$C = \dfrac{I_1}{V_2}\bigg|_{I_2=0}$ 어드미턴스[℧] $D = \dfrac{I_1}{I_2}\bigg|_{V_2=0}$ 전류비(전류이득)

【답】①

76. 그림과 같은 회로의 구동점 임피던스[Ω]는?

① $\dfrac{2(2s+1)}{2s^2+s+2}$ ② $\dfrac{2s^2+s-2}{-2(2s+1)}$

③ $\dfrac{-2(2s+1)}{2s^2+s-2}$ ④ $\dfrac{2s^2+s+2}{2(2s+1)}$

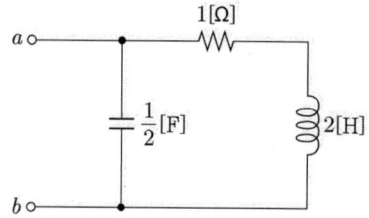

Explanation

구동점 임피던스
① $R \to Z_R(s) = R$
② $L \to Z_L(s) = j\omega L = sL$
③ $C \to Z_c(s) = \dfrac{1}{j\omega C} = \dfrac{1}{sC}$

$$Z(s) = \dfrac{(1+2s)\cdot\dfrac{2}{s}}{1+2s+\dfrac{2}{s}} = \dfrac{2(2s+1)}{2s^2+s+2}$$

【답】①

77. 회로의 단자 a와 b사이에 나타나는 전압 V_{ab}는 몇 [V]인가?

① 3
② 9
③ 10
④ 12

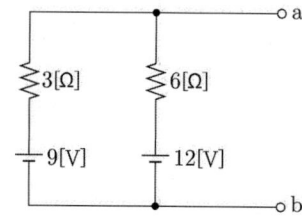

Explanation

밀만의 정리를 사용하여

$$V_{ab} = \dfrac{\dfrac{E_1}{Z_1}+\dfrac{E_2}{Z_2}}{\dfrac{1}{Z_1}+\dfrac{1}{Z_2}} = \dfrac{\dfrac{9}{3}+\dfrac{12}{6}}{\dfrac{1}{3}+\dfrac{1}{6}} = 10[V]$$

【답】③

78. $R-L$ 직렬회로에 순시치 전압 $v(t) = 20+100\sin\omega t+40\sin(3\omega+60°)+40\sin5\omega t$[V]를 가할 때 제5고조파 전류의 실효값 크기는 약 몇 [A]인가? (단, $R=4[\Omega]$, $\omega L=1[\Omega]$이다)

① 4.4
② 5.66
③ 6.25
④ 8.0

Explanation

제5고조파에 의하여 흐르는 전류의 실효값
여기서, 제5고조파에 대한 임피던스는
$Z_5 = R+j5\omega L = 4+j\times5 = 4+j5 = \sqrt{4^2+5^2} = 6.4[\Omega]$이므로

제5고조파의 전류 $I_5 = \dfrac{V_5}{Z_5} = \dfrac{\dfrac{40}{\sqrt{2}}}{6.4} = 4.4[A]$

【답】①

79 그림의 교류 브리지 회로가 평형이 되는 조건은?

① $L = \dfrac{R_1 R_2}{C}$

② $L = \dfrac{C}{R_1 R_2}$

③ $L = R_1 R_2 C$

④ $L = \dfrac{R_2}{R_1} C$

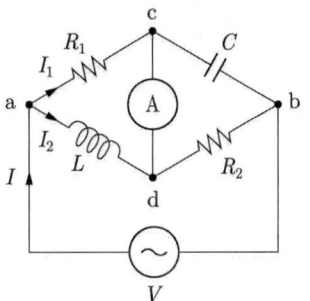

Explanation

브리지평형 조건 : $R_1 R_2 = j\omega L \cdot \dfrac{1}{j\omega C}$ ∴ $R_1 R_2 = \dfrac{L}{C}$ 에서 $L = R_1 R_2 C$

【답】③

80 $f(t) = t^n$ 의 라플라스 변환 식은?

① $\dfrac{n}{s^n}$

② $\dfrac{n+1}{s^{n+1}}$

③ $\dfrac{n!}{s^{n+1}}$

④ $\dfrac{n+1}{s^{n!}}$

Explanation

라플라스 변환 식 $F(s) = \mathcal{L}[t^n] = \dfrac{n!}{s^{n+1}}$

【답】③

5과목　전기설비기술기준

81 과전류차단기로 시설하는 퓨즈 중 고압전로에 사용하는 비포장 퓨즈는 정격전류 2배 전류 시 몇 분 안에 용단되어야 하는가?

① 1분
② 2분
③ 5분
④ 10분

Explanation

(KEC 341.10조) 고압 및 특고압 전로 중의 과전류차단기의 시설
① 포장 퓨즈 : 1.3배의 전류에 견디고 또한 2배의 전류로 120분 안에 용단
② 비포장 퓨즈 : 1.25배의 전류에 견디고 또한 2배의 전류로 2분안에 용단

【답】②

82 옥내에 시설하는 저압전선에 나전선을 사용할 수 있는 경우는?

① 버스덕트공사에 의하여 시설하는 경우
② 금속덕트공사에 의하여 시설하는 경우
③ 합성수지관공사에 의하여 시설하는 경우
④ 후강전선관공사에 의하여 시설하는 경우

Explanation

(KEC 231.4조) 나전선의 사용 제한
① 전기로용 전선
② 전선의 피복 절연물이 부식하는 장소에 시설하는 전선
③ **버스덕트공사에 의해 시설**
④ 라이팅덕트공사에 의해 시설

【답】①

83 ★★★★★ 고압 가공전선로에 사용하는 가공지선은 지름 몇 [mm] 이상의 나경동선을 사용하여야 하는가?
① 2.6
② 3.0
③ 4.0
④ 5.0

Explanation

(KEC 332.6조) 고압 가공전선로의 가공지선
고압 가공전선로 가공지선은 인장강도 5.26[kN] 이상 또는 지름 4[mm] 이상 나경동선

【답】③

84 ★★★★★ 사용전압이 35,000[V] 이하인 특고압 가공전선과 가공약전류 전선을 동일 지지물에 시설하는 경우, 특고압 가공전선로의 보안공사로 적합한 것은?
① 고압 보안공사
② 제1종 특고압 보안공사
③ 제2종 특고압 보안공사
④ 제3종 특고압 보안공사

Explanation

(KEC 333.19조) 특고압 가공전선과 가공 약전류전선 등의 공용설치
사용전압이 35[kV] 이하인 특고압 가공전선과 가공 약전류전선 등을 동일 지지물에 시설하는 경우에는 **특고압 가공전선로는 제2종 특고압 보안공사에 의할 것**

【답】③

85 ★★☆☆☆ 그림은 전력선 반송통신용 결합장치의 보안장치이다. 여기에서 CC는 어떤 커패시터인가?
① 결합 커패시터
② 전력용 커패시터
③ 정류용 커패시터
④ 축전용 커패시터

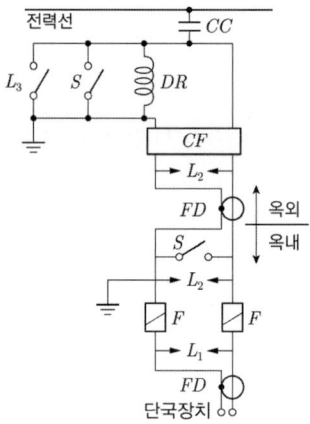

Explanation

(KEC 362.10조) 전력선 반송 통신용 결합장치의 보안장치
- FD : 동축케이블
- F : 정격전류 10[A] 이하의 포장 퓨즈
- DR : 전류 용량 2[A] 이상의 배류 선륜
- L_1 : 교류 300[V] 이하에서 동작하는 피뢰기
- L_2 : 동작 전압이 교류 1,300[V]를 초과하고 1,600[V] 이하로 조정된 방전갭
- L_3 : 동작 전압이 교류 2[kV]를 초과하고 3[kV] 이하로 조정된 구상 방전갭
- S : 접지용 개폐기
- CF : 결합 필터
- CC : 결합 커패시터(결합 안테나를 포함한다)

【답】①

86 수소냉각식 발전기 및 이에 부속하는 수소냉각장치의 시설에 대한 설명으로 틀린 것은?
① 발전기 내부의 수소의 밀도를 계측하는 장치를 시설할 것
② 발전기 내부의 수소의 순도가 85[%] 이하로 저하한 경우에 이를 경보하는 장치를 시설할 것
③ 발전기 내부의 수소의 압력을 계측하는 장치 및 그 압력이 현저히 변동한 경우에 이를 경보하는 장치를 시설할 것
④ 발전기는 기밀구조의 것이고 또한 수소가 대기압에서 폭발하는 경우에 생기는 압력에 견디는 강도를 가지는 것일 것

Explanation

(KEC 351.10조) 수소냉각식 발전기 등의 시설
① 발전기 내부 또는 무효 전력 보상 장치 내부의 **수소의 압력을** 계측하는 장치 및 그 압력이 현저히 변동할 경우에 이를 경보하는 장치를 시설할 것

【답】①

87 제2종 특고압 보안공사 시 지지물로 사용하는 철탑의 경간을 400[m] 초과로 하려면 몇 [mm²] 이상의 경동선을 사용하여야 하는가?
① 38
② 55
③ 82
④ 95

Explanation

(KEC 333.22조) 특고압 보안공사
제2종 특고압 보안공사는 다음 각 호에 따라야 한다.
1. 특고압 가공전선은 연선일 것.
2. 지지물로 사용하는 목주의 풍압하중에 대한 안전율은 2 이상일 것.
3. 경간은 표에서 정한 값 이하일 것. 다만, 전선에 안장강도 38.05[kN] 이상의 연선 또는 단면적이 95[mm²] 이상인 경동연선을 사용하고 지지물에 B종 철주·B종 철근 콘크리트주 또는 철탑을 사용하는 경우에는 그러하지 아니하다.

지지물의 종류	경 간
목주·A종 철주 또는 A종 철근 콘크리트주	100[m]
B종 철주 또는 B종 철근 콘크리트주	200[m]
철탑	400[m](단주인 경우 300[m])

【답】④

88 목장에서 가축의 탈출을 방지하기 위하여 전기울타리를 시설하는 경우 전선은 인장강도가 몇 [kN] 이상의 것이어야 하는가?
① 1.38
② 2.78
③ 4.43
④ 5.93

Explanation

(KEC 241.1조) 전기울타리
전선은 인장강도 1.38[kN] 이상의 것 또는 지름 2[mm] 이상의 경동선일 것

【답】①

89 다음 ( ) 안에 들어갈 내용으로 옳은 것은?

> 전차선로는 무선설비의 기능에 계속적이고 또한 중대한 장해를 주는 ( )가 생길 우려가 있는 경우에는 이를 방지하도록 시설하여야 한다.

① 전파
② 혼촉
③ 단락
④ 정전기

> **Explanation**

(기술기준 제18조) 통신장해 방지
전차선로는 무선설비의 기능에 계속적이고 중대한 장해를 주는 전파를 발생할 우려가 없도록 시설하여야 한다. 【답】①

90 ★★☆☆☆
최대사용전압이 7[kV]를 초과하는 회전기의 절연내력 시험은 최대사용전압의 몇 배의 전압(10,500[V] 미만으로 되는 경우에는 10,500[V])에서 10분간 견디어야 하는가?
① 0.92
② 1
③ 1.1
④ 1.25

> **Explanation**

(KEC 133조) 회전기 및 정류기의 절연내력

종류			시험 전압	시험 전압
회 전 기	발전기·전동기·무효 전력 보상 장치·기타 회전기(회전 변류기 제외)	최대 사용 전압 7[kV] 이하	최대 사용 전압의 1.5배의 전압(500[V] 미만으로 되는 경우에는 500[V])	권선과 대지 사이에 연속하여 10분간 가한다.
		최대 사용 전압 7[kV] 초과	최대 사용 전압의 1.25배의 전압(10,500[V] 미만으로 되는 경우에는 10,500[V])	

【답】④

91
KEC 적용으로 인하여 삭제되었습니다.

92 ★☆☆☆☆
교량의 윗면에 시설하는 고압 전선로는 전선의 높이를 교량의 노면상 몇 [m] 이상으로 하여야 하는가?
① 3
② 4
③ 5
④ 6

> **Explanation**

(KEC 335.6조) 교량에 시설하는 전선로
교량에 시설하는 고압 전선로는 다음 각 호에 따라 시설하여야 한다.
① 교량의 윗면에 시설하는 것은 다음에 의하는 이외에 전선의 높이를 교량의 노면상 5[m] 이상으로 하여 시설할 것
② 전선은 케이블일 것. 다만, 철도 또는 궤도 전용의 교량에는 인장강도 5.26[kN] 이상의 것 또는 지름 4.0[mm] 이상의 경동선일 것
③ 전선과 조영재 사이의 이격거리는 0.3[m] 이상일 것
④ 전선은 케이블 이외의 경우에는 조영재에 견고하게 붙인 완금류에 절연성·난연성 및 내수성의 애자로 지지하고 전선과 조영재 사이의 이격거리는 0.6[m] 이상일 것
【답】③

93 ★★★★★
저압의 전선로 중 절연부분의 전선과 대지간의 절연저항은 사용전압에 대한 누설전류가 최대 공급전류의 얼마를 넘지 않도록 유지하여야 하는가?
① $\dfrac{1}{1,000}$
② $\dfrac{1}{2,000}$
③ $\dfrac{1}{3,000}$
④ $\dfrac{1}{4,000}$

> **Explanation**

(기술기준 제27조) 전선로의 전선 및 절연성능
저압전선로 중 절연 부분의 전선과 대지 사이 및 전선의 심선 상호 간의 절연저항은 사용전압에 대한 누설전류가 최대 공급전류의 1/2,000을 넘지 않도록 하여야한다. 【답】②

94 KEC 적용으로 인하여 삭제되었습니다.

95 지중전선로에 사용하는 지중함의 시설기준으로 틀린 것은?
① 지중함은 견고하고 차량 기타 중량물의 압력에 견디는 구조일 것
② 지중함은 그 안의 고인 물을 제거할 수 있는 구조로 되어있을 것
③ 지중함의 뚜껑은 시설자 이외의 자가 쉽게 열 수 없도록 시설할 것
④ 폭발성의 가스가 침입할 우려가 있는 것에 시설하는 지중함으로서 그 크기가 0.5[m³] 이상인 것에는 통풍장치 기타 가스를 방산시키기 위한 적당한 장치를 시설할 것

> **Explanation**
>
> (KEC 334.2조) 지중함의 시설
> 지중전선로에 사용하는 지중함은 다음 각 호에 따라 시설하여야 한다.
> ① 지중함은 견고하고 차량 기타 중량물의 압력에 견디는 구조일 것
> ② 지중함은 그 안의 고인 물을 제거할 수 있는 구조로 되어 있을 것
> ③ **폭발성 또는 연소성의 가스가 침입할 우려가 있는 것에 시설하는 지중함으로서 그 크기가 1[m³] 이상인 것에는 통풍장치 기타 가스를 방산시키기 위한 적당한 장치를 시설할 것**
> ④ 지중함의 뚜껑은 시설자 이외의 자가 쉽게 열 수 없도록 시설할 것
>
> 【답】④

96 사람이 상시 통행하는 터널 안의 배선(전기기계기구 안의 배선, 관등회로의 배선, 소세력 회로의 전선은 제외)의 시설기준에 적합하지 않은 것은? (단, 사용전압이 저압의 것에 한한다)
① 합성수지관 공사로 시설하였다.
② 공칭단면적 2.5[mm²]의 연동선을 사용하였다.
③ 애자사용공사 시 전선의 높이는 노면상 2[m]로 시설하였다.
④ 전로에는 터널의 입구 가까운 곳에 전용 개폐기를 시설하였다.

> **Explanation**
>
> (KEC 242.7.1조) 사람이 상시 통행하는 터널 안의 배선의 시설
> 사람이 상시 통행하는 터널 안의 전선로 사용전압은 저압 또는 고압에 한하며, 다음 각 호에 따라 시설하여야 한다.
> ① 저압 전선은 인장강도 2.30 [kN] 이상의 절연전선 또는 지름 2.6[mm] 이상의 경동선의 절연전선을 사용하여 **애자공사에 의하여 시설하고 또한 노면상 2.5[m] 이상의 높이로 유지할 것**
> ② 합성수지관공사·금속관공사·가요전선관공사 또는 케이블공사에 의할 것.
>
> 【답】③

97 발전소에서 계측하는 장치를 시설하여야 하는 사항에 해당하지 않는 것은?
① 특고압용 변압기의 온도
② 발전기의 회전수 및 주파수
③ 발전기의 전압 및 전류 또는 전력
④ 발전기의 베어링(수중 메탈을 제외한다) 및 고정자의 온도

> **Explanation**
>
> (KEC 351.6조) 계측 장치
> 발전소 또는 이에 준하는 장소에는 다음 각 호에 해당하는 계측장치를 시설하여야 한다.
> ① 발전기의 전압 및 전류 또는 전력
> ② 발전기의 베어링 및 고정자의 온도
> ③ 주요 변압기의 전압 및 전류 또는 전력
> ④ 특고압용 변압기의 온도
>
> 【답】②

98 가공전선로의 지지물에 하중이 가하여지는 경우에 그 하중을 받는 지지물의 기초 안전율은 얼마 이상이어야 하는가?(단, 이상 시 상정하중은 무관)
① 1.5
② 2.0
③ 2.5
④ 3.0

> **Explanation**
>
> (KEC 331.7조) 가공 전선로 지지물의 기초의 안전율
> 가공전선로의 지지물에 하중이 가하여지는 경우에 그 하중을 받는 지지물의 **기초의 안전율은 2 이상**(단, 이상 시 상정하중이 가하여지는 경우의 그 이상 시 상정하중에 대한 철탑의 기초에 대하여는 1.33) 이상이어야 한다. 【답】②

99 금속제 외함을 가진 저압의 기계기구로서 사람이 쉽게 접촉될 우려가 있는 곳에 시설하는 경우 전기를 공급받는 전로에 지락이 생겼을 때 자동적으로 전로를 차단하는 장치를 설치하여야 하는 기계기구의 사용전압이 몇 [V]를 초과하는 경우인가?
① 30
② 50
③ 100
④ 150

> **Explanation**
>
> (KEC 211.2.4조) 누전차단기의 시설
> 금속제 외함을 가지는 **사용전압이 50[V]를 초과하는 저압의 기계 기구**로서 사람이 쉽게 접촉할 우려가 있는 곳에 시설하는 것에 전기를 공급하는 전로에는 전로에 지락이 생겼을 때에 자동적으로 전로를 차단하는 장치를 하여야 한다. 【답】②

100 케이블 트레이공사에 사용하는 케이블 트레이에 대한 기준으로 틀린 것은?
① 안전율은 1.5 이상으로 하여야 한다.
② 비금속제 케이블 트레이는 수밀성 재료의 것이어야 한다.
③ 금속제 케이블 트레이 계통은 기계적 및 전기적으로 완전하게 접속하여야 한다.
④ 금속제 트레이에 접지공사를 하여야 한다.

> **Explanation**
>
> (KEC 232.41조) 케이블트레이공사
> ① 수용된 모든 전선을 지지할 수 있는 적합한 강도의 것이어야 한다. 이 경우 케이블 트레이의 안전율은 1.5 이상으로 하여야 한다.
> ② **비금속제 케이블 트레이는 난연성 재료의 것이어야 한다.**
> ③ 금속제 케이블 트레이 계통은 접지공사를 하여야 한다. 【답】②

전기기사 필기

2019 과년도 기출문제

- 2019년 제 01회
- 2019년 제 02회
- 2019년 제 03회

2019년 과년도 기출문제에 대한 출제 빈도 분석 차트입니다.
각 회차별로 별의 개수를 확인하고 학습에 참고하기 바랍니다.

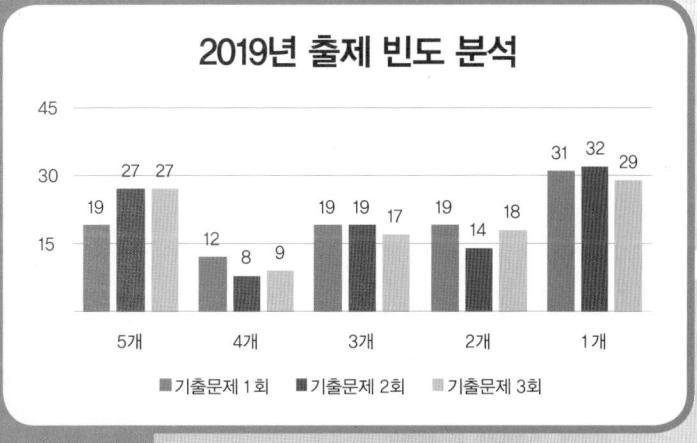

1회 2019년 전기기사 필기

1과목 전기자기학

01 ★★★★★ 평행판 콘덴서에 어떤 유전체를 넣었을 때 전속밀도가 2.4×10^{-7}[C/m²]이고, 단위 체적 중의 에너지가 5.3×10^{-3}[J/m³]이었다. 이 유전체의 유전률은 몇 [F/m]인가?

① 2.17×10^{-11}
② 5.43×10^{-11}
③ 5.17×10^{-12}
④ 5.43×10^{-12}

Explanation

체적당 에너지 $w = \frac{1}{2}\epsilon E^2 = \frac{D^2}{2\epsilon} = \frac{1}{2}ED$[J/m³]이므로 $w = \frac{D^2}{2\epsilon}$

따라서 유전율 $\epsilon = \frac{D^2}{2w} = \frac{(2.4 \times 10^{-7})^2}{2 \times 5.3 \times 10^{-3}} = 5.43 \times 10^{-12}$[F/m]

【답】④

02 ★★★★☆ 서로 다른 두 유전체 사이의 경계면에 전하분포가 없다면 경계면 양쪽에서의 전계 및 전속 밀도는?

① 전계 및 전속 밀도의 접선 성분은 서로 같다.
② 전계 및 전속 밀도의 법선 성분은 서로 같다.
③ 전계의 법선 성분이 서로 같고, 전속 밀도의 접선 성분이 서로 같다.
④ 전계의 접선 성분이 서로 같고, 전속 밀도의 법선 성분이 서로 같다.

Explanation

유전체의 경계 조건
• 전계의 접선 성분이 연속 : $E_1 \sin\theta_1 = E_2 \sin\theta_2$
• 전속 밀도의 법선 성분이 연속 : $D_1 \cos\theta_1 = D_2 \cos\theta_2$

【답】④

03 ★☆☆☆☆ 와류손에 대한 설명으로 틀린 것은? (단, f : 주파수, B_m : 최대자속밀도, t : 두께, ρ : 저항률)

① t^2에 비례한다.
② f^2에 비례한다.
③ ρ^2에 비례한다.
④ B_m^2에 비례한다.

Explanation

• 와전류손 $P_e = \sigma_e(tfk_fB_m)^2$
  여기서, t : 두께, k_f : 파형률, B_m : 최대자속밀도
• 성층철심사용 : 와전류손 감소

【답】③

04 $x > 0$인 영역에 비유전율 $\varepsilon_{r1} = 3$인 유전체, $x < 0$인 영역에 비유전율 $\varepsilon_{r2} = 5$인 유전체가 있다. $x < 0$인 영역에서 전계 $E_2 = 20a_x + 30a_y - 40a_z$[V/m]일 때 $x > 0$인 영역에서의 전속 밀도는 몇 [C/m²]인가?

① $10(10a_x + 9a_y - 12a_z)\varepsilon_0$
② $20(5a_x - 10a_y + 6a_z)\varepsilon_0$
③ $50(2a_x + 3a_y - 4a_z)\varepsilon_0$
④ $50(2a_x - 3a_y + 4a_z)\varepsilon_0$

Explanation

경계면이 x축이므로 x축이 법선 성분이 되므로
경계 조건에 의하여 $E_{1y} = E_{2y} = 30$, $E_{1z} = E_{2z} = 40$ 이고,

$D_{1x} = D_{2x}$ 이므로 $E_{1x} = \dfrac{\epsilon_2}{\epsilon_1} E_{2x}$

$E_1 = \dfrac{100}{3} a_x + 30a_y - 40a_z$[V/m]에서

전속 밀도 $D_1 = \epsilon_0 \epsilon_{r1} E_1 = \epsilon_0 \times 3 \times \left[\dfrac{100}{3} a_x + 30a_y - 40a_z\right]$
$= 10(10a_x + 9a_y - 12a_z)\epsilon_0$ [C/m²]

【답】 ①

05 q[C]의 전하가 진공 중에서 v[m/s]의 속도로 운동하고 있을 때, 이 운동방향과 θ의 각으로 r[m] 떨어진 점의 자계의 세기[AT/m]는?

① $\dfrac{q\sin\theta}{4\pi r^2 v}$
② $\dfrac{v\sin\theta}{4\pi r^2 q}$
③ $\dfrac{qv\sin\theta}{4\pi r^2}$
④ $\dfrac{v\sin\theta}{4\pi r^2 q^2}$

Explanation

비오-사바르의 법칙에 따라
$H = \dfrac{Il}{4\pi r^2} \sin\theta = \dfrac{qv}{4\pi r^2} \sin\theta$ [AT/m]

여기서, $Il = \dfrac{Q}{t} l = Q \cdot v$

【답】 ③

06 원형 선전류 I[A]의 중심축상 점 P의 자위[A]를 나타내는 식은? (단, θ는 점 P에서 원형전류를 바라보는 평면각이다)

① $\dfrac{I}{2}(1 - \cos\theta)$
② $\dfrac{I}{4}(1 - \cos\theta)$
③ $\dfrac{I}{2}(1 - \sin\theta)$
④ $\dfrac{I}{4}(1 - \sin\theta)$

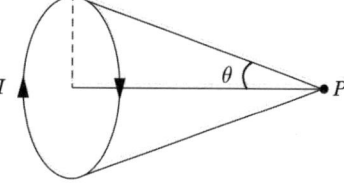

Explanation

판자석의 자위 $U = \dfrac{P}{4\pi\mu_o} \omega = \dfrac{P}{4\pi\mu_o} \times 2\pi(1 - \cos\theta) = \dfrac{P}{2\mu_o}\left(1 - \dfrac{x}{\sqrt{a^2 + x^2}}\right)$

여기서, 판자석의 세기 $P = \sigma\delta = \mu_o I$[Wb/m]
$= \dfrac{I}{2}\left(1 - \dfrac{x}{\sqrt{a^2 + x^2}}\right) = \dfrac{I}{2}(1 - \cos\theta)$

【답】 ①

07 진공 중에서 무한장 직선도체에 선전하밀도 $\rho_L = 2\pi \times 10^{-3}$ [C/m]가 균일하게 분포된 경우 직선도체에서 2[m]와 4[m] 떨어진 두 점 사이의 전위차는 몇 [V] 인가?

① $\dfrac{10^{-3}}{\pi\varepsilon_0}\ln 2$ ② $\dfrac{10^{-3}}{\varepsilon_0}\ln 2$

③ $\dfrac{1}{\pi\varepsilon_0}\ln 2$ ④ $\dfrac{1}{\varepsilon_0}\ln 2$

【답】②

08 균일한 자장 내에 놓여 있는 직선도선에 전류 및 길이를 각각 2배로 하면 이 도선에 작용하는 힘은 몇 배가 되는가?

① 1   ② 2
③ 4   ④ 8

플레밍의 왼손법칙
평등자장 내에 전류가 흐르고 있는 도체가 받는 힘 $F = (I \times B)l = IBl\sin\theta$
힘은 전류와 자장 및 도선의 길이에 비례하므로 전류와 도선의 길이를 각각 2배로 하면 힘은 4배가 된다.

【답】③

09 환상철심에 권수 3,000회 A코일과 권수 200회 B코일이 감겨져 있다. A코일의 자기 인덕턴스가 360[mH]일 때 A, B 두 코일의 상호 인덕턴스는 몇 [mH]인가? (단, 결합계수는 1이다)

① 16   ② 24
③ 36   ④ 72

자기 인덕턴스와 상호 인덕턴스
- 자기 인덕턴스 : $L_1 = \dfrac{N_1^2}{R_m}$ $L_2 = \dfrac{N_2^2}{R_m}$
- 상호 인덕턴스 : $M = \dfrac{N_1 N_2}{R_m} = \dfrac{N_2}{N_1}L_1 = \dfrac{200}{3,000} \times 360 = 24$ [mH]

【답】②

10 맥스웰 방정식 중 틀린 것은?

① $\oint_s B \cdot dS = \rho_s$ ② $\oint_s D \cdot dS = \int_v \rho dv$

③ $\oint_c E \cdot dl = -\int_s \dfrac{\partial B}{\partial t} \cdot dS$ ④ $\oint_c H \cdot dl = I + \int_s \dfrac{\partial D}{\partial t} \cdot dS$

【답】①

11. 자기회로의 자기저항에 대한 설명으로 옳은 것은?

① 투자율에 반비례한다.
② 자기회로의 단면적에 비례한다.
③ 자기회로의 길이에 반비례한다.
④ 단면적에 반비례하고, 길이의 제곱에 비례한다.

Explanation

자기저항 : $R_m = \dfrac{l}{\mu S}$ [AT/Wb] ∴ 길이에 비례, 투자율과 면적에 반비례

【답】①

12. 접지된 구도체와 점전하 간에 작용하는 힘은?

① 항상 흡인력이다.
② 항상 반발력이다.
③ 조건적 흡인력이다.
④ 조건적 반발력이다.

Explanation

접지 도체구

유도전하 : $Q' = -\dfrac{a}{d}Q$

위치 : $x = +\dfrac{a^2}{d}$

점전하와 반대 극성의 전하가 유도되므로 항상 흡인력이 작용한다.

【답】①

13. 그림과 같이 전류가 흐르는 반원형 도선이 평면 Z=0 상에 놓여 있다. 이 도선이 자속밀도 $B = 0.6a_x - 0.5a_y + a_z$ [Wb/m²]인 균일 자계 내에 놓여 있을 때 도선의 직선 부분에 작용하는 힘 [N]은?

① $4a_x + 2.4a_z$
② $4a_x - 2.4a_z$
③ $5a_x - 3.5a_z$
④ $-5a_x + 3.5a_z$

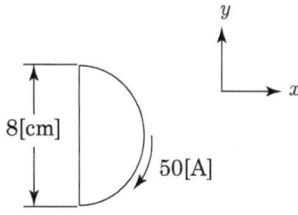

Explanation

전류가 y축 방향으로 흐르므로($I = 50j$)
힘 $F = (I \times B)l = 50j \times (0.6i - 0.5j + k)l$ 에서
$= (-30k + 50i)l = (50i - 30k) \times 0.08 = 4i - 2.4k$

【답】②

14. 평행한 두 도선 간의 전자력은? (단, 두 도선 간의 거리는 r[m]라 한다)

① r에 비례
② r^2에 비례
③ r에 반비례
④ r^2에 반비례

Explanation

평행도선 단위 길이 당 작용하는 힘 $F = \dfrac{\mu_0 I_1 I_2}{2\pi r} = \dfrac{2I_1 I_2}{r} \times 10^{-7}$ [N/m]

힘은 거리에 반비례하고 전류의 곱에 비례한다.

【답】③

15 다음의 관계식 중 성립할 수 없는 것은? (단, μ는 투자율, χ는 자화율, μ_0는 진공의 투자율, J는 자화의 세기)

① $J = \chi B$
② $B = \mu H$
③ $\mu = \mu_0 + \chi$
④ $\mu_s = 1 + \dfrac{\chi}{\mu_0}$

> **Explanation**
>
> 자화의 세기 : 단위 체적당 자기 모멘트
> $J = \chi H = \mu_0(\mu_s - 1)H = \left(1 - \dfrac{1}{\mu_s}\right)B$
> 여기서, 자화율 $\chi = \mu_0(\mu_s - 1) = \mu - \mu_0$에서
> $\mu = \chi + \mu_0$
> $\mu_s = 1 + \dfrac{\chi}{\mu_0}$
>
> 【답】①

16 평행판 콘덴서의 극판 사이에 유전율 ε, 저항률 ρ인 유전체를 삽입하였을 때, 두 전극 간의 저항 R과 정전용량 C의 관계는?

① $R = \rho \varepsilon C$
② $RC = \dfrac{\varepsilon}{\rho}$
③ $RC = \rho \varepsilon$
④ $RC\rho\varepsilon = 1$

> **Explanation**
>
> 저항과 정전 용량의 관계
> $RC = \rho \dfrac{l}{S} \times \dfrac{\varepsilon S}{d}$ 여기서, $l = d$라면 $RC = \rho\varepsilon = \dfrac{\varepsilon}{k}$ ∴ $RC = \rho\varepsilon$
>
> 【답】③

17 비투자율 $\mu_s = 1$, 비유전율 $\varepsilon_s = 90$인 매질 내의 고유임피던스는 약 몇 [Ω]인가?

① 32.5
② 39.7
③ 42.3
④ 45.6

> **Explanation**
>
> 고유 임피던스 $Z_0 = \dfrac{E}{H} = \sqrt{\dfrac{\mu}{\varepsilon}} = \sqrt{\dfrac{\mu_0}{\varepsilon_0}} \cdot \sqrt{\dfrac{\mu_s}{\varepsilon_s}} = 377\sqrt{\dfrac{\mu_s}{\varepsilon_s}} = 377 \times \sqrt{\dfrac{1}{90}} = 39.7[\Omega]$
>
> 【답】②

18 사이클로트론에서 양자가 매초 3×10^{15}개의 비율로 가속되어 나오고 있다. 양자가 15[MeV]의 에너지를 가지고 있다고 할 때, 이 사이클로트론은 가속용 고주파 전계를 만들기 위해서 150[kW]의 전력을 필요로 한다면 에너지 효율[%]은?

① 2.8
② 3.8
③ 4.8
④ 5.8

> **Explanation**
>
> • 양자가 가지는 전하량 $Q = ne = 3 \times 10^{15} \times 1.602 \times 10^{-19} = 4.806 \times 10^{-4}$ [C]
> • 양자의 에너지 $W = QV = 4.806 \times 10^{-4} \times 15 \times 10^6 = 7,209$
> • 효율 $\eta = \dfrac{7,209}{150 \times 10^3} \times 100 = 4.8[\%]$
>
> 【답】③

19 단면적 4[㎠]의 철심에 6×10⁻⁴[Wb]의 자속을 통하게 하려면 2,800[AT/m]의 자계가 필요하다. 이 철심의 비투자율은 약 얼마인가?

① 346
② 375
③ 407
④ 426

Explanation

자속 $\phi = BS = \mu HS = \mu_0 \mu_s HS$

비투자율 $\mu_s = \dfrac{\phi}{\mu_o HS} = \dfrac{6 \times 10^{-4}}{4\pi \times 10^{-7} \times 2,800 \times 4 \times 10^{-4}} = 426 [\text{H/m}]$

【답】④

20 대전된 도체의 특징으로 틀린 것은?

① 가우스정리에 의해 내부에는 전하가 존재한다.
② 전계는 도체 표면에 수직인 방향으로 진행된다.
③ 도체에 인가된 전하는 도체 표면에만 분포한다.
④ 도체 표면에서의 전하밀도는 곡률이 클수록 높다.

Explanation

도체(등전위체적 : 내부전위와 표면전위가 같다)이며 **대전 도체에 인가된 전하는 도체 표면에만 분포**한다.
도체 표면에서의 전하밀도는 곡률이 크고 곡률반경이 작을수록 높다. 또한 전계는 등전위면에 수직이므로 도체 표면에 수직이며 도체 내부는 등전위체적이므로 전계(전기력선)가 존재하지 않는다.

【답】①

2과목 전력공학

21 송배전 선로에서 도체의 굵기는 같게 하고 도체 간의 간격을 크게 하면 도체의 인덕턴스는?

① 커진다.
② 작아진다.
③ 변함이 없다.
④ 도체의 굵기 및 도체 간의 간격과는 무관하다.

Explanation

작용 인덕턴스 $L = 0.05 + 0.4605 \log_{10} \dfrac{D}{r} [\text{mH/km}]$

따라서 인덕턴스는 간격이 커지면 즉, 등가선간거리가 커지면 증가한다.

【답】①

22 동일전력을 동일 선간전압, 동일역률로 동일거리에 보낼 때 사용하는 전선의 총 중량이 같으면 3상 3선식인 때와 단상 2선식일 때는 전력손실비는?

① 1
② $\dfrac{3}{4}$
③ $\dfrac{2}{3}$
④ $\dfrac{1}{\sqrt{3}}$

Explanation

동일 전력, 동일 선간전압, 동일 역률
$V_1 I_1 \cos\theta = \sqrt{3} \, V_3 I_3 \cos\theta$

$I_1 = \sqrt{3} I_3$

전선의 총 중량 : $\dfrac{3상\ 3선식}{단상\ 2선식} = \dfrac{3}{2} \times \dfrac{R_1}{R_3} = 1$

저항비 $\dfrac{R_1}{R_3} = \dfrac{2}{3}$

전력손실비 : $\dfrac{3상3선식}{단상2선식} = \dfrac{3I_3^2 R_3}{2I_1^2 R_1} = \dfrac{3}{2} \times \left(\dfrac{1}{\sqrt{3}}\right)^2 \times \dfrac{3}{2} = \dfrac{3}{4}$

【답】②

23 ★★☆☆☆
배전반에 접속되어 운전 중인 계기용변압기(PT) 및 변류기(CT)의 2차측 회로를 점검할 때 조치사항으로 옳은 것은?
① CT만 단락시킨다. ② PT만 단락시킨다.
③ CT와 PT 모두를 단락시킨다. ④ CT와 PT 모두를 개방시킨다.

Explanation

점검 시
P.T는 개방 : 2차측 과전류 보호
C.T는 단락 : 2차측 절연(과전압) 보호

【답】①

24 ★★★☆☆
배전선로의 역률 개선에 따른 효과로 적합하지 않은 것은?
① 선로의 전력손실 경감 ② 선로의 전압강하의 감소
③ 전원측 설비의 이용률 향상 ④ 선로 절연의 비용 절감

Explanation

역률개선의 효과
- 전력손실 감소(주요 목적)
- 전압강하 감소
- 설비용량의 여유분
- 전기요금 절감

【답】④

25 ★☆☆☆☆
총 낙차 300[m], 사용수량 20[m³/s] 인 수력발전소의 발전기출력은 약 몇 [kW] 인가?(단, 수차 및 발전기효율은 각각 90[%], 98[%]라 하고, 손실낙차는 총 낙차의 6[%]라고 한다)
① 48,750 ② 51,860
③ 54,170 ④ 54,970

Explanation

낙차 H=총낙차−총손실낙차=300−(300×0.06)=282[m]
발전소 출력 $P = 9.8 H Q \eta = 9.8 \times 282 \times 20 \times 0.9 \times 0.98 = 48,749.9$[kW]

【답】①

26 ★★★☆☆
수전단을 단락한 경우 송전단에서 본 임피던스가 330[Ω]이고, 수전단을 개방한 경우 송전단에서 본 어드미턴스가 1.875×10⁻³[℧]일 때 송전단의 특성 임피던스는 약 몇 [Ω]인가?
① 120 ② 220
③ 320 ④ 420

Explanation

특성 임피던스 $Z_0 = \sqrt{\dfrac{Z}{Y}} = \sqrt{\dfrac{330}{1.875 \times 10^{-3}}} = 420[\Omega]$

(여기서 Z : 단락 임피던스, Y : 개방 어드미턴스)

【답】④

27 다중접지 계통에 사용되는 재폐로 기능을 갖는 일종의 차단기로서 과부하 또는 고장전류가 흐르면 순시동작하고, 일정시간 후에는 자동적으로 재폐로 하는 보호기기는?
① 라인퓨즈
② 리클로저
③ 섹셔널라이저
④ 고장구간 자동개폐기

> **Explanation**
>
> - Recloser(R) : 리클로져. 배전 선로에 사용되는 자동재폐로 차단기
> - Sectionalizer(S) : 섹셔널라이저. 구분 개폐기로서 사고 차단 능력이 없어서 장치인 리클로져와 함께 사용
> - Fuse(F) : 퓨즈. 부하의 전단에 사용
>
> 【답】②

28 송전선 중간에 전원이 없을 경우에 송전단의 전압 $E_S = AE_R + BI_R$이 된다. 수전단의 전압 E_R의 식으로 옳은 것은? (단, I_S, I_R는 송전단 및 수전단의 전류이다)
① $E_R = AE_S + CI_S$
② $E_R = BE_S + AI_S$
③ $E_R = DE_S - BI_S$
④ $E_R = CE_S - DI_S$

> **Explanation**
>
> $\begin{bmatrix} E_S \\ I_S \end{bmatrix} = \begin{bmatrix} A & B \\ C & D \end{bmatrix} \begin{bmatrix} E_R \\ I_R \end{bmatrix}$ 에서
>
> $\begin{bmatrix} E_R \\ I_R \end{bmatrix} = \begin{bmatrix} A & B \\ C & D \end{bmatrix}^{-1} \begin{bmatrix} E_S \\ I_S \end{bmatrix} = \begin{bmatrix} D & -B \\ -C & A \end{bmatrix} \begin{bmatrix} E_S \\ I_S \end{bmatrix}$ 따라서 $E_R = DE_S - BI_S$
>
> 【답】③

29 비접지식 3상 송배전계통에서 1선 지락고장 시 고장전류를 계산하는 데 사용되는 정전용량은?
① 작용정전용량
② 대지정전용량
③ 합성정전용량
④ 선간정전용량

> **Explanation**
>
> 비접지식의 지락전류 $I_g = \dfrac{E}{Z} = j\omega 3C_s E$ (여기서, C_s : 대지정전용량)
>
> 【답】②

30 비접지 계통의 지락사고 시 계전기에 영상전류를 공급하기 위하여 설치하는 기기는?
① PT
② CT
③ ZCT
④ GPT

> **Explanation**
>
> - ZCT(영상변류기) : 영상(지락)전류 검출
> - GPT(접지형 계기용 변압기) : 영상전압 검출
>
> 【답】③

31 이상전압의 파고값을 저감시켜 전력사용설비를 보호하기 위하여 설치하는 것은?
① 초호환
② 피뢰기
③ 계전기
④ 접지봉

> **Explanation**
>
> 이상전압 방호설비
> - 피뢰기 : 이상전압의 파고값을 저감하여 전력사용설비 보호
> - 서지 흡수기(SA) : 이상전압에 대한 2차기기 보호
> - 가공지선 : 직격뢰, 유도뢰 차폐효과
>
> 【답】②

32 임피던스 Z_1, Z_2 및 Z_3을 그림과 같이 접속한 선로의 A쪽에서 전압파 E가 진행해 왔을 때 접속점 B에서 무반사로 되기 위한 조건은?

① $Z_1 = Z_2 + Z_3$
② $\dfrac{1}{Z_3} = \dfrac{1}{Z_1} + \dfrac{1}{Z_2}$
③ $\dfrac{1}{Z_1} = \dfrac{1}{Z_2} + \dfrac{1}{Z_3}$
④ $\dfrac{1}{Z_2} = \dfrac{1}{Z_1} + \dfrac{1}{Z_3}$

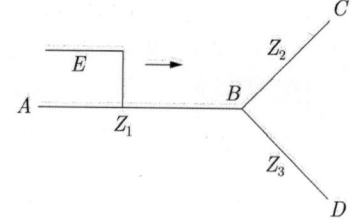

Explanation

- 반사 계수 : $\rho = \dfrac{Z_L - Z_o}{Z_L + Z_o}$
- 무반사 조건 : $Z_L = Z_o$

$\therefore Z_1 = \dfrac{1}{\dfrac{1}{Z_2} + \dfrac{1}{Z_3}}$ 이므로 $\dfrac{1}{Z_1} = \dfrac{1}{Z_2} + \dfrac{1}{Z_3}$

【답】③

33 저압뱅킹방식에서 저전압의 고장에 의하여 건전한 변압기의 일부 또는 전부가 차단되는 현상은?

① 아킹(Arcing)
② 플리커(Flicker)
③ 밸런스(Balance)
④ 캐스케이딩(Cascading)

Explanation

- 저압 뱅킹 방식 : 부하가 밀집된 시가지
- 장점 : 전압 강하와 전력 손실이 적다.
  변압기의 동량 및 저압선 동량 감소
  플리커 현상 감소
- 단점 : 캐스케이딩 현상 발생(저압선의 일부 고장으로 건전한 변압기의 일부 또는 전부가 차단되는 현상)

【답】④

34 변전소의 가스차단기에 대한 설명으로 틀린 것은?

① 근거리 차단에 유리하지 못하다.
② 불연성이므로 화재의 위험성이 적다.
③ 특고압 계통의 차단기로 많이 사용된다.
④ 이상전압의 발생이 적고, 절연회복이 우수하다.

Explanation

SF_6(육불화황) 가스차단기(GCB)
- 무색, 무취, 무독성 기체
- 난연성, 불활성 기체
- 아크 소호능력은 공기의 100~200배
- 절연내력은 공기의 2~3배 이상
- 밀폐구조, 소음이 적다. 차단성능 우수(근거리 차단에 유리)
- 154[kV], 345[kV]

【답】①

35 켈빈(Kelvin)의 법칙이 적용되는 경우는?

① 전압 강하를 감소시키고자 하는 경우
② 부하 배분의 균형을 얻고자 하는 경우
③ 전력 손실량을 축소시키고자 하는 경우
④ 경제적인 전선의 굵기를 선정하고자 하는 경우

Explanation

경제적인 전선의 굵기 선정

- 켈빈의 법칙 : 전선의 단위 길이 당의 연간손실전력량의 비용과 건설시 구입한 전선의 단위길이 당 비용의 이자와 감가상각비를 가산한 연간 경비가 같아지는 전선의 굵기가 가장 경제적인 굵기이다.
- 경제적인 전선의 굵기 선정 기준 : 허용 전류, 전압 강하, 기계적 강도

【답】 ④

36 보호계전기의 반한시·정한시 특성은?
① 동작전류가 커질수록 동작시간이 짧게 되는 특성
② 최소 동작전류 이상의 전류가 흐르면 즉시 동작하는 특성
③ 동작전류의 크기에 관계없이 일정한 시간에 동작하는 특성
④ 동작전류가 커질수록 동작시간이 짧아지며, 어떤 전류 이상이 되면 동작전류의 크기에 관계없이 일정한 시간에서 동작하는 특성

Explanation

계전기 시한 특성
- 순한시 특성 – 최소 동작 전류 이상의 전류가 흐르면 즉시 동작, 고속도 계전기
- 반한시 특성 – 동작 전류가 커질수록 동작 시간이 짧게 되는 특성
- 정한시 특성 – 동작 전류의 크기에 관계없이 일정한 시간에 동작하는 특성
- 반한시 정한시 특성 – 동작 전류가 적은 동안에는 동작 전류가 커질수록 동작 시간이 짧게 되고 어떤 전류 이상이면 동작 전류의 크기에 관계없이 일정한 시간에 동작하는 특성

【답】 ④

37 단도체 방식과 비교할 때 복도체 방식의 특징이 아닌 것은?
① 안정도가 증가된다.
② 인덕턴스가 감소된다.
③ 송전용량이 증가된다.
④ 코로나 임계전압이 감소된다.

Explanation

복도체(다도체)
- 주목적 : 코로나 방지
- 효과 : 인덕턴스를 감소시키고 정전 용량 증가
  송전 용량 증가, 안정도 증가
  코로나 임계 전압을 높인다.
  전선 표면의 전위 경도가 낮아진다.

【답】 ④

38 1선 지락 시에 지락전류가 가장 작은 송전계통은?
① 비접지식
② 직접접지식
③ 저항접지식
④ 소호리액터접지식

Explanation

지락전류 큰 순서 : 직접접지 > 저항접지 > 비접지 > 소호리액터접지

【답】 ④

39 수차의 캐비테이션 방지책으로 틀린 것은?
① 흡출수두를 증대시킨다.
② 과부하 운전을 가능한 한 피한다.
③ 수차의 비속도를 너무 크게 잡지 않는다.
④ 침식에 강한 금속재료로 러너를 제작한다.

Explanation

공동현상 (캐비테이션)
유체가 빠른 속도로 흐를 때 러너 날개 등의 면에 저압력이나 진공부분이 발생하는 현상
- 영향
  - 수차의 금속부분이 부식
  - 진동과 소음 발생

- 출력과 효율의 저하
• 방지대책
 - 수차의 비속도(특유속도)를 너무 높게 취하지 말 것
 - 흡출관을 사용하지 말 것
 - 침식에 강한 재료를 사용할 것
 - 수차를 과도한 부분부하에서 운전하지 말 것

【답】①

40 선간전압이 154[kV]이고, 1상당의 임피던스가 $j8[\Omega]$인 기기가 있을 때, 기준용량을 100[MVA]로 하면 % 임피던스는 약 몇 [%]인가?
① 2.75　　　　　　　　　　　　　② 3.15
③ 3.37　　　　　　　　　　　　　④ 4.25

Explanation

%임피던스

$\%Z = \dfrac{PZ}{10V^2}$ (여기서, P[kVA], V[kV])

$\%Z = \dfrac{PZ}{10V^2} = \dfrac{100 \times 10^3 \times 8}{10 \times 154^2} = 3.37[\%]$

【답】③

3과목　전기기기

41 3상 비돌극형 동기발전기가 있다. 정격출력 5,000[kVA], 정격전압 6,000[V], 정격역률 0.8이다. 여자를 정격상태로 유지할 때 이 발전기의 최대출력은 약 몇 [kW] 인가? (단, 1상의 동기리액턴스는 0.8[PU]이며 저항은 무시한다)
① 7,500　　　　　　　　　　　　　② 10,000
③ 11,500　　　　　　　　　　　　　④ 12,500

Explanation

PU(단위)법을 이용하면

유기기전력 $E = \sqrt{\cos^2\theta + (\sin\theta + X_s[PU])^2} = \sqrt{0.8^2 + (0.6+0.8)^2} = 1.61$

동기발전기 출력 $P = \dfrac{EV}{X_s} \sin\delta = \dfrac{1.61 \times 1}{0.8} \times \sin\delta$ 에서

최대출력($\delta = 90°$) $P_{\max} = \dfrac{1.61 \times 1}{0.8} = 2.02[PU]$

따라서 $P' = P_{\max} \times P = 2.02 \times 5,000 = 10,077[kW]$

【답】②

42 직류기의 손실 중에서 기계손으로 옳은 것은?
① 풍손　　　　　　　　　　　　　② 와류손
③ 표류 부하손　　　　　　　　　　④ 브러시의 전기손

Explanation

직류기의 손실
• 고정손 (무부하손) : 철손(히스테리시스손, 와류손), **기계손(베어링 마찰손, 풍손)**
• 부하손 (가변손) : 동손(전기자동손, 계자동손), 표유부하손

【답】①

43 다음 ( )에 알맞은 것은?

직류발전기에서 계자권선이 전기자에 병렬로 연결된 직류기는 (ⓐ) 발전기라 하며, 전기자권선과 계자권선이 직렬로 접속된 직류기는 (ⓑ) 발전기라 한다.

① ⓐ 분권, ⓑ 직권
② ⓐ 직권, ⓑ 분권
③ ⓐ 복권, ⓑ 분권
④ ⓐ 자여자, ⓑ 타여자

Explanation

직류발전기의 종류
- 타여자 발전기 : 계자권선이 외부에 있는 경우
- 직권 발전기 : 계자권선이 전기자에 직렬로 있는 경우
- 분권 발전기 : 계자권선이 전기자에 병렬로 있는 경우
- 복권 발전기 : 계자권선이 전기자에 직렬 및 병렬로 있는 경우

【답】①

44 1차 전압 6,600[V], 2차 전압 220[V], 주파수 60[Hz], 1차 권수 1,200[회]인 경우 변압기의 최대 자속[Wb]은?

① 0.36
② 0.63
③ 0.012
④ 0.021

Explanation

변압기 유기기전력 $E_1 = 4.44 f \phi_m N_1$

여기서, 최대 자속 $\phi_m = \dfrac{E_1}{4.44 f N_1} = \dfrac{6,600}{4.44 \times 60 \times 1,200} = 0.021 [\text{Wb}]$

【답】④

45 직류발전기의 정류 초기에 전류 변화가 크며 이때 발생되는 불꽃정류로 옳은 것은?

① 과정류
② 직선정류
③ 부족정류
④ 정현파정류

Explanation

정류의 종류
- 직선정류(이상적인 정류) : 불꽃 없는 정류
- 정현파 정류 : 불꽃 없는 정류
- 부족 정류 : 브러시 뒤편에 불꽃(정류말기)
- 과정류 : 브러시 앞면에 불꽃(정류초기)

【답】①

46 3상 유도전동기의 속도제어법으로 틀린 것은?

① 1차 저항법
② 극수 제어법
③ 전압 제어법
④ 주파수 제어법

Explanation

유도 전동기의 속도 제어

	특 징
농형 유도 전동기	① 주파수 변환법 • 역률이 양호하며 연속적인 속도제어가 되지만, 전용 전원이 필요 • 인견·방직 공장의 포트모터, 선박의 전기추진기 ② 극수 변환법 : 불연속 제어 ③ 전압 제어법 : 전원 전압의 크기를 조절하여 속도 제어

권선형 유도 전동기	① 2차 저항법 : 토크의 비례추이를 이용한 것 ② 2차 여자법 • 회전자 기전력과 같은 주파수 전압을 인가하여 속도 제어 • 고효율로 광범위한 속도 제어

【답】 ①

47. 60[Hz]의 변압기에 50[Hz]의 동일전압을 가했을 때의 자속밀도는 60[Hz] 때와 비교하였을 경우 어떻게 되는가?

① $\frac{5}{6}$ 로 감소
② $\frac{6}{5}$ 으로 증가
③ $\left(\frac{5}{6}\right)^{1.6}$ 로 감소
④ $\left(\frac{6}{5}\right)^2$ 으로 증가

Explanation

변압기의 유기기전력 $E = 4.44 f \Phi_m N = 4.44 f B_m S N$, 자속밀도 $B_m \propto \frac{1}{f}$

자속밀도 $B_m' = \frac{1}{\frac{50}{60}} B_m = \frac{60}{50} B_m = \frac{6}{5} B_m$

【답】 ②

48. 2대의 변압기로 V결선하여 3상 변압하는 경우 변압기 이용률은 약 몇 [%]인가?

① 57.8
② 66.6
③ 86.6
④ 100

Explanation

V결선 변압기의 출력 $P_V = \sqrt{3} K$ (여기서, K는 변압기 1대 용량)

V결선 이용률 $= \frac{\sqrt{3} K}{2K} = \frac{\sqrt{3}}{2} \times 100 = 86.6[\%]$

【답】 ③

49. 3상 유도전동기의 기동법 중 전전압 기동에 대한 설명으로 틀린 것은?

① 기동 시에 역률이 좋지 않다.
② 소용량으로 기동 시간이 길다.
③ 소용량 농형 전동기의 기동법이다.
④ 전동기 단자에 직접 정격전압을 가한다.

Explanation

전전압 기동법(농형 유도 전동기 기동법)
• 전동기에 별도의 기동장치를 사용하지 않고 직접 정격 전압을 인가하여 기동하는 방법
• 3.7[kW](5[HP]) 이하의 소용량 농형 유도 전동기
• 기동 토크가 크며 기동시간이 짧다.

【답】 ②

50. 동기발전기의 전기자 권선법 중 집중권인 경우 매극 매상의 홈(slot) 수는?

① 1개
② 2개
③ 3개
④ 4개

Explanation

• 집중권: 매극 매상의 슬롯이 1개인 것
• 분포권: 매극 매상의 코일을 2개 이상의 슬롯으로 분산하여 감는 것(각각의 슬롯에 분포시켜 감는 것)

【답】 ①

51. 유도전동기의 속도제어를 인버터방식으로 사용하는 경우 1차 주파수에 비례하여 1차 전압을 공급하는 이유는?

① 역률을 제어하기 위해
② 슬립을 증가시키기 위해
③ 자속을 일정하게 하기 위해
④ 발생토크를 증가시키기 위해

Explanation

인버터방식=VVVF(가변 전압 가변 주파수) 제어
유도전동기 부하전류 $I = \dfrac{V}{\omega L} = \dfrac{V}{2\pi f L}$ 이므로 주파수와 전류는 반비례의 관계임

- 주파수 상승 → 전류 감소 → 부하토크 감소
- 주파수 감소 → 전류 증가 → 부하토크 증가

이를 방지하여 전류(자속)를 일정하게 유지하기 위해, 주파수를 조정하는 경우 이에 비례하여 전압을 같이 변동시키는 방식

【답】③

52. 3상 유도전압조정기의 원리를 응용한 것은?

① 3상 변압기
② 3상 유도전동기
③ 3상 동기발전기
④ 3상 교류자전동기

Explanation

- 단상 유도 전압 조정기 : 단권 변압기의 원리(교번자계)
- 3상 유도 전압 조정기 : 3상 유도전동기의 원리(회전자계)

【답】②

53. 정류회로에서 상의 수를 크게 했을 경우 옳은 것은?

① 맥동 주파수와 맥동률이 증가한다.
② 맥동률과 맥동 주파수가 감소한다.
③ 맥동 주파수는 증가하고 맥동률은 감소한다.
④ 맥동률과 주파수는 감소하나 출력이 증가한다.

Explanation

정류 회로 비교

구분	단상 반파	단상 전파	3상 반파	3상 전파
직류전압	$E_d = 0.45E$	$E_d = 0.9E$	$E_d = 1.17E$	$E_d = 1.35E$
맥동주파수	f	2f	3f	6f
맥동률	121[%]	48[%]	17[%]	4[%]

【답】③

54. 동기전동기의 위상특성곡선(V곡선)에 대한 설명으로 옳은 것은?

① 출력을 일정하게 유지할 때 부하전류와 전기자전류의 관계를 나타낸 곡선
② 역률을 일정하게 유지할 때 계자전류와 전기자전류의 관계를 나타낸 곡선
③ 계자전류를 일정하게 유지할 때 전기자전류와 출력사이의 관계를 나타낸 곡선
④ 공급전압 V와 부하가 일정할 때 계자전류의 변화에 대한 전기자전류의 변화를 나타낸 곡선

Explanation

동기 전동기의 위상 특성 곡선(V곡선)
- I_a 와 I_f 관계곡선(P는 일정)
- 계자 전류의 변화에 대한 전기자 전류의 변화를 나타낸 곡선
- 과여자 : 앞선 역률(진상)
- 부족여자 : 늦은 역률(지상)

역률 $\cos\theta = 1$ 일 때, 전기자 전류 최소

【답】④

55 유도전동기의 기동 시 공급하는 전압을 단권변압기에 의해서 일시 강하시켜서 기동전류를 제한하는 기동방법은?

① Y-△ 기동 ② 저항기동
③ 직접기동 ④ 기동 보상기에 의한 기동

Explanation

농형 유도 전동기의 기동법
- 전전압 기동(직입기동) : 5[kW] 이하의 소형
- Y-△기동 : 기동 전류 제한을 위해(5~15[kW]정도)
- 기동 보상기법 : 단권 변압기를 이용한 감전압 기동, 15[kW] 이상
권선형 전동기 기동법 : 2차 저항기동법, 게르게스법

【답】④

56 그림과 같은 회로에서 V(전원전압의 실효치)=100[V], 점호각 $a=30°$인 때의 부하 시의 직류 전압 E_{da}[V]는 약 얼마인가? (단, 전류가 연속하는 경우이다)

① 90
② 86
③ 77.9
④ 100

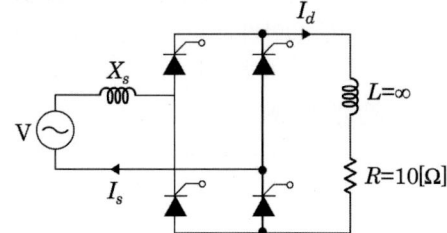

Explanation

SCR의 위상 제어
- 단상 전파 정류 회로
부하 전류가 연속하는 경우 직류 전압의 평균값(직류값)

$$E_d = \frac{1}{\pi}\int_{\alpha}^{\pi+\alpha}\sqrt{2}\dot{E}\sin\theta d\theta = \frac{2\sqrt{2}}{\pi}E\cos\alpha \text{ [V]}$$
$$= 0.9\times 100\times \cos 30° = 77.9[V]$$

【답】③

57 직류 분권전동기가 전기자 전류 100[A]일 때 50[kg·m]의 토크를 발생하고 있다. 부하가 증가하여 전기자 전류가 120[A]로 되었다면 발생 토크[kg·m]는 얼마인가?

① 60 ② 67
③ 88 ④ 160

Explanation

직류 분권 전동기는 $T \propto I_a \propto \dfrac{1}{N}$이므로 토크는 전기자 전류에 비례

$$\therefore T' = 50\times \frac{120}{100} = 60[\text{kg}\cdot\text{m}]$$

【답】①

58 비례추이와 관계있는 전동기로 옳은 것은?

① 동기전동기 ② 농형 유도전동기
③ 단상정류자전동기 ④ 권선형 유도전동기

Explanation

비례추이의 원리 : 권선형 유도전동기
- 최대 토크는 불변, 최대 토크의 발생 슬립은 변화
- 기동 전류는 감소하고, 기동 토크는 증가

【답】④

59 동기발전기의 단락비가 적을 때의 설명으로 옳은 것은?
① 동기 임피던스가 크고 전기자 반작용이 작다.
② 동기 임피던스가 크고 전기자 반작용이 크다.
③ 동기 임피던스가 작고 전기자 반작용이 작다.
④ 동기 임피던스가 작고 전기자 반작용이 크다.

Explanation

단락비가 큰 동기기
- 전기자 반작용이 작다(동기 임피던스가 작다).
- 과부하 내량이 크다(과부하를 잘 견딘다).
- 기계의 중량이 무겁고 고가이다.
- 전압 변동률이 우수하다.
- 송전 선로의 충전 용량이 크다.
- 안정도가 우수하다.
- 극수가 적은 저속기(수차형)

【답】②

60 3/4 부하에서 효율이 최대인 주상변압기의 전부하 시 철손과 동손의 비는?
① 8 : 4
② 4 : 8
③ 9 : 16
④ 16 : 9

Explanation

변압기 최대효율 조건 : $P_i = \left(\dfrac{1}{m}\right)^2 P_c$

따라서 $\left(\dfrac{1}{m}\right)^2 = \dfrac{P_i}{P_c}$ $\left(\dfrac{3}{4}\right)^2 = \dfrac{P_i}{P_c}$ $\dfrac{9}{16} = \dfrac{P_i}{P_c}$

철손 : 동손 = 9 : 16

【답】③

4과목　회로이론 및 제어공학

61 다음의 신호 흐름 선도를 메이슨의 공식을 이용하여 전달함수를 구하고자 한다. 이 신호 흐름 선도에서 루프(Loop)는 몇 개 인가?
① 0
② 1
③ 2
④ 3

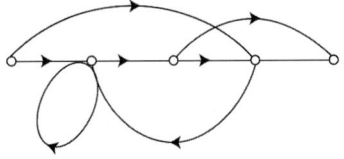

Explanation

- 루프(Loop) : 시작점으로 되돌아 오는 경로

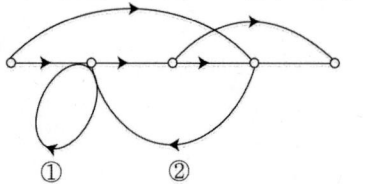

【답】③

62 ★★★★☆ 특성 방정식 중에서 안정된 시스템인 것은?

① $2s^3 + 3s^2 + 4s + 5 = 0$
② $s^4 + 3s^3 - s^2 + s + 10 = 0$
③ $s^5 + s^3 + 2s^2 + 4s + 3 = 0$
④ $s^4 - 2s^3 - 3s^2 + 4s + 5 = 0$

Explanation

Routh-Hurwitz 안정도 판별법
전제 조건(전제조건이 성립하지 않으면 무조건 불안정)
- 모든 계수의 부호가 (+)로 동일할 것
- 모든 계수가 존재할 것
②, ④는 음수가 있고, ③는 s^4항이 없다.

【답】①

63 ★☆☆☆☆ 타이머에서 입력신호가 주어지면 바로 동작하고, 입력신호가 차단된 후에는 일정시간이 지난 후에 출력이 소멸되는 동작형태는?

① 한시동작 순시복귀
② 순시동작 순시복귀
③ 한시동작 한시복귀
④ 순시동작 한시복귀

Explanation

- 한시동작 순시복귀 : 타이머에서 입력신호가 주어지면 일정시간이 지난 후 동작하고, 입력신호가 차단된 후 바로 출력 소멸
- 한시동작 한시복귀 : 타이머에서 입력신호가 주어지면 일정시간이 지난 후 동작하고, 입력신호가 차단된 후에는 일정시간 후에 출력이 소멸
- 순시동작 순시복귀 : 타이머에서 입력신호가 주어지면 바로 동작하고, 입력신호가 차단된 후에는 바로 출력이 소멸
- 순시동작 한시복귀 : 타이머에서 입력신호가 주어지면 바로 동작하고, 입력신호가 차단된 후에는 일정시간이 지난 후에 출력이 소멸

【답】④

64 ★☆☆☆☆ 단위 궤환 제어시스템의 전향경로 전달함수가 $G(s) = \dfrac{K}{s(s^2 + 5s + 4)}$ 일 때, 이 시스템이 안정하기 위한 K의 범위는?

① $K < -20$
② $-20 < K < 0$
③ $0 < K < 20$
④ $20 < K$

Explanation

Routh-Hurwitz 판별식을 이용하여 안정도를 구하기 위하여 폐루프 특성 방정식을 구하면
폐루프의 특성 방정식은 개루프 전달함수의 (분모+분자)
$s(s^2 + 5s + 4) + K = s^3 + 5s^2 + 4s + K = 0$
Routh-Hurwitz판별식을 이용하여 1열의 부호가 모두 양수이면 안정하며

s^3	1	4
s^2	5	K
s^1	$\dfrac{20-K}{5}$	0
s^0	K	

제1열의 부호 변화가 없어야 안정하므로 $20 - K > 0$, $20 > K$, $K > 0$ ∴ $0 < K < 20$

【답】③

65 $R(z) = \dfrac{(1-e^{-aT})z}{(z-1)(z-e^{-aT})}$ 의 역변환은?

① te^{aT}
② te^{-aT}
③ $1-e^{-aT}$
④ $1+e^{-aT}$

Explanation

역z 변환은 $\dfrac{R(z)}{z}$ 의 형태를 이용하여 부분분수 전개하면

$R(z) = \dfrac{(1-e^{-aT})z}{(z-1)(z-e^{-aT})}$ 에서

$\dfrac{R(z)}{z} = \dfrac{(1-e^{-aT})}{(z-1)(z-e^{-aT})} = \dfrac{k_1}{z-1} + \dfrac{k_2}{z-e^{-aT}}$

여기서, $k_1 = \lim\limits_{z \to 1} \dfrac{1-e^{-aT}}{z-e^{-aT}} = 1$

$k_2 = \lim\limits_{z \to e^{-aT}} \dfrac{1-e^{-aT}}{z-1} = -1$ 에서

$\dfrac{R(z)}{z} = \dfrac{1}{z-1} - \dfrac{1}{z-e^{-aT}}$ 이므로

$R(z) = \dfrac{z}{z-1} - \dfrac{z}{z-e^{-aT}}$

따라서 $r(t) = 1-e^{-aT}$ 가 된다.

【답】 ③

66 시간영역에서 자동제어계를 해석할 때 기본 시험입력에 보통 사용되지 않는 입력은?

① 정속도 입력
② 정현파 입력
③ 단위계단 입력
④ 정가속도 입력

Explanation

시간 영역해석 시 시험입력
• 임펄스 응답(Impulse Response)
• 계단응답(Step Response) : 위치입력
• 경사응답(Ramp Response) : 속도입력
• 포물선응답 : 가속도 입력
여기서, 정현파입력은 주파수응답용 입력이다.

【답】 ②

67 $G(s)H(s) = \dfrac{K(s-1)}{s(s+1)(s-4)}$ 에서 점근선의 교차점을 구하면?

① -1
② 0
③ 1
④ 2

Explanation

근궤적의 점근선의 교차점

$\sigma = \dfrac{\Sigma G(s)H(s) \text{의 극점} - \Sigma G(s)H(s) \text{의 영점}}{P-Z}$

$= \dfrac{(0-1+4)-(1)}{3-1} = 1$

【답】 ③

68 n차 선형 시불변 시스템의 상태방정식을 $\frac{d}{dt}X(t) = AX(t) + Br(t)$로 표시할 때 상태천이 행렬 $\Phi(t)(n \times n$ 행렬$)$에 관하여 틀린 것은?

① $\Phi(t) = e^{At}$
② $\frac{d\Phi(t)}{dt} = A \cdot \Phi(t)$
③ $\Phi(t) = \mathcal{L}^{-1}[(sI-A)^{-1}]$
④ $\Phi(t)$는 시스템의 정상상태응답을 나타낸다.

Explanation

상태 천이 행렬(State transition matrix)
입력을 0으로 하여 초깃값에 의한 응답(Zero-input Response)
시스템의 기본행렬
- $\Phi(t) = \mathcal{L}^{-1}[(sI-A)^{-1}]$
- $\Phi(t) = e^{At}$

【답】 ④

69 다음의 신호 흐름 선도에서 C/R는?

① $\frac{G_1 + G_2}{1 - G_1 H_1}$
② $\frac{G_1 G_2}{1 - G_1 H_1}$
③ $\frac{G_1 + G_2}{1 + G_1 H_1}$
④ $\frac{G_1 G_2}{1 + G_1 H_1}$

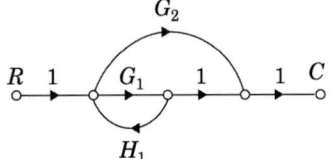

Explanation

메이슨의 이득공식을 적용하면
$G = \frac{\sum G_i \Delta_i}{\Delta}$ 에서
$G_i : G_1 \quad \Delta_i : 1-0=1$
$\quad\;\; G_2 \quad\quad\;\; 1-0=1$
$\Delta = 1 - G_1 H_1$
전체이득 $G = \frac{C}{R} = \frac{G_1 + G_2}{1 - G_1 H_1}$

【답】 ①

70 PD 조절기의 전달함수 $G(s) = 1.2 + 0.02s$의 영점은?

① -60
② -50
③ 50
④ 60

Explanation

전달함수 $G(s) = \frac{Q(s)}{P(s)}$ 에서
$Q(s) = 0$가 되는 s값을 영점이라 하며
$P(s) = 0$가 되는 s값을 극점이라 하며
따라서 영점은 $1.2 + 0.02s = 0$, $s = -60$

【답】 ①

71 $e = 100\sqrt{2}\sin\omega t + 75\sqrt{2}\sin 3\omega t + 20\sqrt{2}\sin 5\omega t$[V]인 전압을 R-L직렬회로에 가할 때 제3고조파 전류의 실효값은 몇 [A]인가? (단, $R = 4[\Omega]$, $\omega L = 1[\Omega]$이다)

① 15
② $15\sqrt{2}$
③ 20
④ $20\sqrt{2}$

Explanation

제3고조파에 의하여 흐르는 전류의 실효값
여기서, 제3고조파에 대한 임피던스는 $Z_3 = R+j3\omega L = 4+j3 = 5[\Omega]$이므로
$I_3 = \dfrac{V_3}{Z_3} = \dfrac{75}{5} = 15[A]$

【답】①

72 ★★★★☆ 전원과 부하가 △ 결선된 3상 평형회로가 있다. 전원전압이 200[V], 부하 1상의 임피던스가 $6+j8$ [Ω]일 때 선전류[A]는?

① 20
② $20\sqrt{3}$
③ $\dfrac{20}{\sqrt{3}}$
④ $\dfrac{\sqrt{3}}{20}$

Explanation

△결선 $I_l = \sqrt{3}\,I_p$

상전류 $I_p = \dfrac{V_p}{Z} = \dfrac{200}{\sqrt{6^2+8^2}} = 20[A]$

선전류 $I_l = \sqrt{3}\,I_p = 20\sqrt{3}[A]$

【답】②

73 ★★★★★ 분포정수 선로에서 무왜형 조건이 성립하면 어떻게 되는가?

① 감쇠량이 최소로 된다.
② 전파속도가 최대로 된다.
③ 감쇠량은 주파수에 비례한다.
④ 위상정수가 주파수에 관계없이 일정하다.

Explanation

	무왜형 선로
특성임피던스	$Z_0 = \sqrt{\dfrac{Z}{Y}} = \sqrt{\dfrac{L}{C}}$
전파정수	$\gamma = \sqrt{Z\,Y},\ \alpha = \sqrt{RG},\ \beta = \omega\sqrt{LC}$
위상속도	$v = \dfrac{\omega}{\beta} = \dfrac{\omega}{\omega\sqrt{LC}} = \dfrac{1}{\sqrt{LC}}$

무왜형 선로에서는 감쇠량 $\alpha = \sqrt{RG}$로 일반적인 선로와 비교해 감쇠량이 최소로 된다.

【답】①

74 ★☆☆☆☆ 회로에서 $V=10[V]$, $R=10[\Omega]$, $L=1[H]$, $C=10[\mu F]$ 그리고 $V_c(0)=0$일 때 스위치 K를 닫은 직후 전류의 변화율 $\dfrac{di}{dt}(0^+)$의 값[A/sec]은?

① 0
② 1
③ 5
④ 10

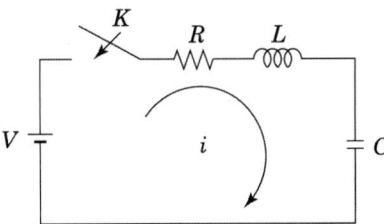

Explanation

【답】 ④

75 $F(s) = \dfrac{2s+15}{s^3+s^2+3s}$ 일 때 $f(t)$의 최종값은?

① 2　　　　　　　　　　　② 3
③ 5　　　　　　　　　　　④ 15

Explanation

정상값은 최종값 정리에 의해서

$f(\infty) = \lim_{t\to\infty} f(t) = \lim_{s\to 0} sF(s) = \lim_{s\to 0} s\dfrac{2s+15}{s(s^2+s+3)} = \dfrac{15}{3} = 5$

【답】 ③

76 대칭 5상 교류 성형결선에서 선간전압과 상전압 간의 위상차는 몇 [°]인가?

① 27°　　　　　　　　　　② 36°
③ 54°　　　　　　　　　　④ 72°

Explanation

대칭 n상인 경우 선간전압과 상전압간의 위상차

$\theta = \dfrac{\pi}{2}\left(1-\dfrac{2}{n}\right) = \dfrac{180}{2}\left(1-\dfrac{2}{5}\right) = 54°$

【답】 ③

77 정현파 교류 $v = V_m \sin\omega t$의 전압을 반파정류 하였을 때의 실효값은 몇 [V]인가?

① $\dfrac{V_m}{\sqrt{2}}$　　　　② $\dfrac{V_m}{2}$

③ $\dfrac{V_m}{2\sqrt{2}}$　　④ $\sqrt{2}\,V_m$

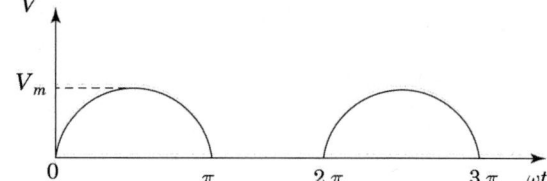

Explanation

각 파형의 평균값 및 실효값은 다음과 같이 정리된다.

	파형	실효값	평균값
정현반파		$\dfrac{I_m}{2}$	$\dfrac{1}{\pi}I_m$

【답】 ②

78 회로망 출력단자 a-b에서 바라본 등가 임피던스는? (단, $V_1 = 6[V]$, $V_2 = 3[V]$, $I_1 = 10[A]$, $R_1 = 15[\Omega]$, $R_2 = 10[\Omega]$, $L = 2[H]$, $j\omega = s$ 이다)

① $s+15$
② $2s+6$
③ $\dfrac{3}{s+2}$
④ $\dfrac{1}{s+3}$

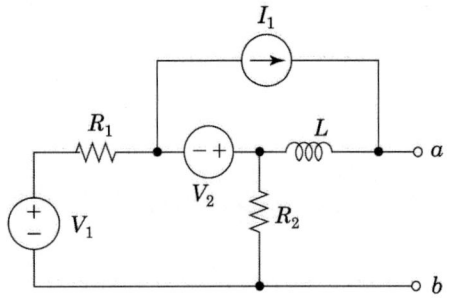

Explanation

전압원을 단락하고 전류원은 개방하고 임피던스를 구하면

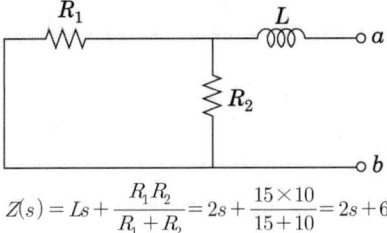

$Z(s) = Ls + \dfrac{R_1 R_2}{R_1 + R_2} = 2s + \dfrac{15 \times 10}{15+10} = 2s + 6$

【답】②

79 대칭 3상 전압이 a상 V_a, b상 $V_b = a^2 V_a$, c상 $V_c = a V_a$일 때 a상을 기준으로 한 대칭분 전압 중 정상분 $V_1[V]$은 어떻게 표시되는가?

① $\dfrac{1}{3} V_a$
② V_a
③ $a V_a$
④ $a^2 V_a$

Explanation

평형 3상 : 각상의 크기가 같고 위상만 120°씩 차이
영상분과 역상분은 없고 정상분만 존재
$V_a, V_b = a^2 V_a, V_c = a V_a$

$\begin{bmatrix} V_0 \\ V_1 \\ V_2 \end{bmatrix} = \dfrac{1}{3} \begin{bmatrix} 1 & 1 & 1 \\ 1 & a & a^2 \\ 1 & a^2 & a \end{bmatrix} \begin{bmatrix} V_a \\ V_b \\ V_c \end{bmatrix} = \dfrac{1}{3} \begin{bmatrix} 1 & 1 & 1 \\ 1 & a & a^2 \\ 1 & a^2 & a \end{bmatrix} \begin{bmatrix} V_a \\ a^2 V_a \\ a V_a \end{bmatrix} = \begin{bmatrix} 0 \\ V_a \\ 0 \end{bmatrix}$

【답】②

80 다음과 같은 비정현파 기전력 및 전류에 의한 평균전력을 구하면 몇 [W]인가?

$e = 100\sin\omega t - 50\sin(3\omega t + 30°) + 20\sin(5\omega t + 45°)[V]$
$i = 20\sin\omega t + 10\sin(3\omega t - 30°) + 5\sin(5\omega t - 45°)[A]$

① 825
② 875
③ 925
④ 1,175

Explanation

유효전력(평균전력)은 주파수가 같을 때만 발생되므로
$P = V_1 I_1 \cos\theta_1 + V_3 I_3 \cos\theta_3 + V_5 I_5 \cos\theta_5$

$\therefore P = \dfrac{100}{\sqrt{2}} \times \dfrac{20}{\sqrt{2}} \cos 0° - \dfrac{50}{\sqrt{2}} \times \dfrac{10}{\sqrt{2}} \cos 60° + \dfrac{20}{\sqrt{2}} \times \dfrac{5}{\sqrt{2}} \cos 90°$

$= 875 [W]$

【답】②

5과목 전기설비기술기준

81 지중 전선로의 매설방법이 아닌 것은?

① 관로식
② 인입식
③ 암거식
④ 직접 매설식

Explanation

(KEC 334.1조) 지중 전선로의 시설
지중 전선로는 전선에 케이블을 사용하고 또한 **관로식·암거식(暗渠式) 또는 직접 매설식**에 의하여 시설

【답】②

82 특고압용 변압기로서 그 내부에 고장이 생긴 경우에 반드시 자동 차단되어야 하는 변압기의 뱅크용량은 몇 [kVA] 이상인가?

① 5,000
② 10,000
③ 50,000
④ 100,000

Explanation

(KEC 351.4조) 특고압용 변압기의 보호장치
특고압용의 변압기에는 그 내부에 고장이 생겼을 경우에 보호하는 장치를 표와 같이 시설하여야 한다. 다만, 변압기의 내부에 고장이 생겼을 경우에 그 변압기의 전원인 발전기를 자동적으로 정지하도록 시설한 경우에는 그 발전기의 전로로부터 차단하는 장치를 하지 아니하여도 된다.

뱅크용량의 구분	동작조건	장치의 종류
5,000[kVA] 이상 10,000[kVA] 미만	변압기내부고장	자동차단장치 또는 경보장치
10,000[kVA] 이상	**변압기내부고장**	**자동차단장치**
타냉식변압기(변압기의 권선 및 철심을 직접 냉각시키기 위하여 봉입한 냉매를 강제 순환시키는 냉각 방식을 말한다)	냉각장치에 고장이 생긴 경우 또는 변압기의 온도가 현저히 상승한 경우	경보장치

【답】②

83 KEC 적용으로 인하여 삭제되었습니다.

84 전력보안 가공통신선(광섬유 케이블은 제외)을 조가 할 경우 조가용 선은?

① 금속으로 된 단선
② 강심 알루미늄 연선
③ 금속선으로 된 연선
④ 알루미늄으로 된 단선

Explanation

(KEC 362.3조) 조가선 시설기준
조가선은 단면적 38[mm²] 이상의 아연도강연선을 사용할 것
【답】③

85 KEC 적용으로 인하여 삭제되었습니다.

86 ★★★☆☆ 저고압 가공전선과 가공약전류 전선 등을 동일 지지물에 시설하는 기준으로 틀린 것은?
① 가공전선을 가공약전류전선 등의 위로하고 별개의 완금류에 시설할 것
② 전선로의 지지물로서 사용하는 목주의 풍압하중에 대한 안전율은 1.5 이상일 것
③ 가공전선과 가공약전류전선 등 사이의 이격거리는 저압과 고압 모두 0.75[m] 이상일 것
④ 가공전선이 가공약전류전선에 대하여 유도작용에 의한 통신상의 장해를 줄 우려가 있는 경우에는 가공전선을 적당한 거리에서 연가 할 것

> Explanation

(332.21조) 고압 가공 전선과 가공약전류전선 등의 공용설치
저압 가공전선 또는 고압 가공전선과 가공약전류전선 등(전력보안 통신용의 가공약전류전선은 제외)을 동일 지지물에 시설하는 경우에는 다음 각 호에 따라 시설하여야 한다.
1. 전선로의 지지물로서 사용하는 목주의 풍압하중에 대한 안전율은 1.5 이상일 것.
2. 가공전선을 가공약전류전선 등의 위로하고 별개의 완금류에 시설할 것.
3. 가공전선과 가공약전류전선 등 사이의 이격거리는 가공전선에 유선 텔레비전용 급전겸용 동축케이블을 사용한 전선으로서 그 가공전선로의 관리자와 가공약전류 전선로 등의 관리자가 같을 경우 이외에는 **저압(다중 접지된 중성선을 제외한다)은 0.75[m] 이상, 고압은 1.5[m] 이상일 것**. 다만, 가공약전류전선 등이 절연전선과 동등 이상의 절연효력이 있는 것 또는 통신용 케이블인 경우에 이격거리를 저압 가공전선이 고압 절연전선, 특고압 절연전선 또는 케이블인 경우에는 0.3[m], 고압 가공전선이 케이블인 때에는 0.50[m] 까지, 가공약전류 전선로 등의 관리자의 승낙을 얻은 경우에는 이격거리를 저압은 0.6[m], 고압은 1[m] 까지로 각각 감할 수 있다.
【답】③

87 ★★★☆☆ 수영장용 수중조명등에 사용되는 절연 변압기의 2차측 전로의 사용전압이 몇 [V]를 초과하는 경우에는 그 전로에 지락이 생겼을 때에 자동적으로 전로를 차단하는 장치를 하여야 하는가?
① 30
② 60
③ 150
④ 300

> Explanation

(KEC 234.14조) 수중조명등
절연 변압기의 2차 전압 30[V] 이하는 접지공사를 한 혼촉방지판을 설치하고 30[V]를 넘는 경우에 지기가 발생하면 자동적으로 전로를 차단하는 장치를 시설한다. 또는 2차측 전로는 비접지로 한다.
【답】①

88 ★★☆☆☆ 석유류를 저장하는 장소의 전등배선에 사용하지 않는 공사방법은?
① 케이블공사
② 금속관공사
③ 애자공사
④ 합성수지관공사

> Explanation

(KEC 242.4조) 위험물 등이 존재하는 장소
셀룰로이드·성냥·석유·기타 위험물이 있는 곳의 배선 : 금속관공사, 케이블공사, 합성수지관공사
【답】③

89 ★★★☆☆ 사용전압이 154[kV]인 가공 송전선의 시설에서 전선과 식물과의 이격거리는 일반적인 경우에 몇 [m] 이상으로 하여야 하는가?
① 2.8
② 3.2
③ 3.6
④ 4.2

> **Explanation**

(KEC 333.26조) 특고압 가공전선과 저고압 가공전선 등의 접근 또는 교차
- 60[kV] 이하는 2[m] 이상, 60[kV]를 넘는 것은 2[m]에 60[kV]를 넘는 10[kV] 또는 그 단수마다 0.12[m]를 가산한 값 이상으로 이격시킨다.
- 단수 = $\frac{154-60}{10}$ = 9.4 → 10단
- 이격거리 = 2 + 10 × 0.12 = 3.2[m]

【답】②

90
KEC 적용으로 인하여 삭제되었습니다.

91
농사용 저압 가공전선로의 시설 기준으로 틀린 것은?
① 사용전압이 저압일 것
② 전선로의 경간은 40[m] 이하일 것
③ 저압 가공전선의 인장강도는 1.38[kN] 이상일 것
④ 저압 가공전선의 지표상 높이는 3.5[m] 이상일 것

> **Explanation**

(KEC 222.22조) 농사용 저압 가공 전선로의 시설
- **경간은 30[m] 이하일 것**
- 전선은 최소 굵기는 인장강도 1.38[kN] 이상의 것 또는 2[mm] 이상의 경동선일 것
- 저압 가공전선의 지표상의 높이는 3.5[m] 이상일 것

【답】②

92
KEC 적용으로 인하여 삭제되었습니다.

93
고압 옥측전선로에 사용할 수 있는 전선은?
① 케이블
② 나경동선
③ 절연전선
④ 다심형 전선

> **Explanation**

(KEC 331.13.1조) 고압 옥측 전선로의 시설
① **전선은 케이블일 것**
② 케이블은 견고한 관 또는 트라프에 넣거나 사람이 접촉할 우려가 없도록 시설할 것
③ 케이블을 조영재의 옆면 또는 아랫면에 따라 붙일 경우에는 케이블의 지지점 간의 거리를 2[m] (수직으로 붙일 경우에는 6[m])이하로 하고 또한 피복을 손상하지 아니하도록 붙일 것

【답】①

94
발전기를 전로로부터 자동적으로 차단하는 장치를 시설하여야 하는 경우에 해당 되지 않는 것은?
① 발전기에 과전류가 생긴 경우
② 용량이 5,000[kVA] 이상인 발전기의 내부에 고장이 생긴 경우
③ 용량이 500[kVA] 이상의 발전기를 구동하는 수차의 압유장치의 유압이 현저히 저하한 경우
④ 용량이 100[kVA] 이상의 발전기를 구동하는 풍차의 압유장치의 유압, 압축공기장치의 공기압이 현저히 저하한 경우

> **Explanation**

(KEC 351.3조) 발전기 등의 보호 장치
발전기에는 다음과 같은 경우에 자동적으로 전로로부터 차단하는 장치를 시설하여야 한다.

① 발전기에 과전류나 과전압이 생긴 경우
② 용량이 500[kVA] 이상인 발전기를 구동하는 수차 압유 장치의 유압이 현저히 저하한 경우
③ 용량 100[kVA] 이상의 발전기를 구동하는 풍차(風車)의 압유장치의 유압, 압축 공기장치의 공기압 또는 전동식 브레이드 제어 장치의 전원 전압이 현저히 저하한 경우
④ 용량이 2,000[kVA] 이상인 수차 발전기의 스러스트 베어링의 온도가 현저히 상승한 경우
⑤ 정격 출력이 10,000[kW]를 넘는 증기 터빈에 있어서 그의 스러스트 베어링이 현저하게 마모되거나 그의 온도가 현저히 상승한 경우
⑥ **용량이 10,000[kVA] 이상인 발전기의 내부에 고장이 생긴 경우** 【답】②

95 고압 옥내배선이 수관과 접근하여 시설되는 경우에는 몇 [m] 이상 이격시켜야 하는가?

① 0.15
② 0.3
③ 0.45
④ 0.6

Explanation

(KEC 342.1조) 고압 옥내배선 등의 시설
고압 옥내배선과 다른 고압 옥내배선·저압 옥내전선·관등회로의 배선·약전류 전선 등 또는 **수관·가스관**이나 이와 유사한 것 사이의 이격거리는 0.15[m]이다. 【답】①

96 최대사용전압이 22,900[V]인 3상 4선식 중성선 다중접지식 전로와 대지 사이의 절연내력 시험전압은 몇 [V]인가?

① 32,510
② 28,752
③ 25,229
④ 21,068

Explanation

(KEC 132조) 고압·특고압의 전로의 절연내력

접지방식	최대사용전압	시험전압 (최대사용 전압 배수)	최저 시험 전압
중성점 다중접지	25[kV]이하	0.92배	

※ 전로에 케이블을 사용하는 경우에는 직류로 시험할 수 있으며, 시험전압은 교류의 경우의 2배가 된다.
절연내력시험 전압 : 22,900×0.92=21,068[V] 【답】④

97 라이팅덕트공사에 의한 저압 옥내배선 공사 시설 기준으로 틀린 것은?

① 덕트의 끝부분은 막을 것
② 덕트는 조영재에 견고하게 붙일 것
③ 덕트는 조영재를 관통하여 시설할 것
④ 덕트의 지지점 간의 거리는 2[m] 이하로 할 것

Explanation

(KEC 232.71조) 라이팅덕트공사
① 덕트 상호 간 및 전선 상호 간은 견고하게 또한 전기적으로 완전히 접속할 것.
② 덕트는 조영재에 견고하게 붙일 것.
③ 덕트의 지지점 간의 거리는 2[m] 이하로 할 것.
④ **덕트는 조영재를 관통하여 시설하지 아니할 것.**
⑤ 덕트에는 합성수지 기타의 절연물로 금속재 부분을 피복한 덕트를 사용한 경우 이외에는 접지공사를 할 것 【답】③

98 금속덕트공사에 의한 저압 옥내배선에서, 금속덕트에 넣은 전선의 단면적의 합계는 일반적으로 덕트 내부 단면적의 몇 [%] 이하이어야 하는가? (단, 전광표시 장치 기타 이와 유사한 장치 또는 제어회로 등의 배선만을 넣는 경우에는 50[%])
① 20
② 30
③ 40
④ 50

> **Explanation**
>
> (KEC 232.31조) 금속덕트공사
> ① 전선은 절연 전선(옥외용 비닐절연전선 제외)일 것
> ② 금속 덕트에 넣은 전선의 단면적(절연피복의 단면적을 포함)의 합계는 덕트 내부 단면적의 **20[%]**(전광표시 장치 기타 이와 유사한 장치 또는 제어회로 등의 배선만을 넣는 경우는 50[%])이하일 것 【답】①

99 지중 전선로에 사용하는 지중함의 시설기준으로 틀린 것은?
① 조명 및 세척이 가능한 적당한 장치를 시설할 것
② 견고하고 차량 기타 중량물의 압력에 견디는 구조일 것
③ 그 안의 고인 물을 제거할 수 있는 구조로 되어 있을 것
④ 뚜껑은 시설자 이외의 자가 쉽게 열 수 없도록 시설할 것

> **Explanation**
>
> (KEC 334.2조) 지중함의 시설
> 지중전선로에 사용하는 지중함은 다음 각 호에 따라 시설하여야 한다.
> ① 지중함은 견고하고 차량 기타 중량물의 압력에 견디는 구조일 것
> ② 지중함은 그 안의 고인 물을 제거할 수 있는 구조로 되어 있을 것
> ③ 폭발성 또는 연소성의 가스가 침입할 우려가 있는 것에 시설하는 지중함으로서 그 크기가 1[m³] 이상인 것에는 통풍장치 기타 가스를 방산시키기 위한 적당한 장치를 시설할 것
> ④ 지중함의 뚜껑은 시설자 이외의 자가 쉽게 열 수 없도록 시설할 것 【답】①

100 철탑의 강도계산에 사용하는 이상 시 상정하중을 계산하는 데 사용되는 것은?
① 미진에 의한 요동과 철구조물의 인장하중
② 뇌가 철탑에 가하여졌을 경우의 충격하중
③ 이상전압이 전선로에 내습하였을 때 생기는 충격하중
④ 풍압이 전선로에 직각방향으로 가하여지는 경우의 하중

> **Explanation**
>
> (KEC 333.14조) 이상 시 상정하중
> 철탑의 강도계산에 사용하는 이상 시 상정하중은 **풍압이 전선로에 직각방향으로 가하여지는 경우의 하중**(수직하중)과 전선로의 방향으로 가하여지는 경우의 하중(수평 횡하중, 수평 종하중)을 각각 다음 각 호에 따라 계산하여 각 부재에 대한 이들의 하중 중 그 부재에 큰 응력이 생기는 쪽의 하중을 채택한다. 【답】④

2019년 전기기사 필기

1과목 전기자기학

01 ★★★★★
진공 중에서 한 변이 L[m]인 정사각형 단일 코일이 있다. 코일에 I[A]의 전류를 흘릴 때 정사각형 중심에서 자계의 세기는 몇 [AT/m]인가?

① $\dfrac{2\sqrt{2}\,I}{\pi L}$ ② $\dfrac{I}{\sqrt{2}L}$

③ $\dfrac{I}{2L}$ ④ $\dfrac{4I}{L}$

Explanation

정사각형 중심점의 자계의 세기
$H = \dfrac{2\sqrt{2}\,I}{\pi L}$ [AT/m]

【답】①

02 ★★★★☆
단면적 S, 길이 l, 투자율 μ인 자성체의 자기회로에 권선을 N회 감아서 I의 전류를 흐르게 할 때 자속은?

① $\dfrac{\mu SI}{Nl}$ ② $\dfrac{\mu NI}{Sl}$

③ $\dfrac{NIl}{\mu S}$ ④ $\dfrac{\mu SNI}{l}$

Explanation

기자력 $F_m = NI = R_m \phi$에서

자속 $\phi = \dfrac{F_m}{R_m} = \dfrac{NI}{R_m} = \dfrac{NI}{\dfrac{l}{\mu S}} = \dfrac{\mu SNI}{l}$ [Wb] : 자기회로의 옴의 법칙

【답】④

03 ★★★★☆
자속밀도가 0.3[Wb/m²]인 평등자계 내에 5[A]의 전류가 흐르는 길이 2[m]인 직선도체가 있다. 이 도체를 자계 방향에 대하여 60°의 각도로 놓았을 때 이 도체가 받는 힘은 약 몇 [N]인가?

① 1.3 ② 2.6

③ 4.7 ④ 5.2

Explanation

플레밍의 왼손법칙
평등자장 내에 전류가 흐르고 있는 도체가 받는 힘
$F = (I \times B)l = IBl\sin\theta$
$\quad = 5 \times 0.3 \times 2 \times \sin 60° = 2.6$[N]

【답】②

04 어떤 대전체가 진공 중에서 전속이 Q[C]이었다. 이 대전체를 비유전율 10인 유전체 속으로 가져갈 경우에 전속[C]은?

① Q
② $10Q$
③ $\dfrac{Q}{10}$
④ $10\epsilon_0 Q$

Explanation

전속 $\psi = \int_S D\,dS = Q$에서 전속은 전하량이 바뀌지 않으면 바뀌지 않는다. 따라서 전하량이 Q로 변하지 않는 경우이므로 전속은 변하지 않는다.

【답】 ①

05 30[V/m]의 전계 내의 80[V] 되는 점에서 1[C]의 전하를 전계 방향으로 80[cm] 이동한 경우, 그 점의 전위[V]는?

① 9
② 24
③ 30
④ 56

Explanation

전계의 세기 30[V/m]의 의미 : 1[m]당 30[V]의 전압이 감소되는 방향으로 진행
따라서 80[cm] 이동한 경우에는 30×0.8=24[V]의 전압이 감소
∴ 전위 $V = 80 - 24 = 56$[V]

【답】 ④

06 다음 중 스토크스(stokes)의 정리는?

① $\oint_s H \cdot ds = \iint_s (\nabla \cdot H) \cdot ds$
② $\int B \cdot ds = \int_s (\nabla \times H) \cdot ds$
③ $\oint_c H \cdot ds = \int (\nabla \cdot H) \cdot dl$
④ $\oint_c H \cdot dl = \int_s (\nabla \times H) \cdot ds$

Explanation

스토크스의 정리 : 선적분을 면적분으로 치환
$\oint_s H \cdot dl = \int_s (\nabla \times H) \cdot dS$

【답】 ④

07 그림과 같이 평행한 무한장 직선도선에 I[A], $4I$[A]인 전류가 흐른다. 두 선 사이의 점 P에서 자계의 세기가 0 이라고 하면 $\dfrac{a}{b}$는?

① 2
② 4
③ $\dfrac{1}{2}$
④ $\dfrac{1}{4}$

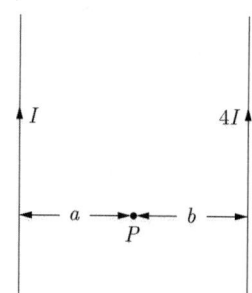

Explanation

무한장 직선의 자계의 세기 $H = \dfrac{I}{2\pi r}$

오른나사법칙에서 자계의 방향이 서로 반대방향이므로 $H_T = H_2 - H_1 = 0$

따라서 $H_1 = H_2$에서 $\dfrac{I}{2\pi a} = \dfrac{4I}{2\pi b}$ $\therefore \dfrac{a}{b} = \dfrac{1}{4}$

【답】 ④

08 ★★★★★ 정상전류계에서 옴의 법칙에 대한 미분형은? (단, i는 전류밀도, k는 도전율, ρ는 고유 저항, E는 전계의 세기이다)

① $i = kE$
② $i = \dfrac{E}{k}$
③ $i = \rho E$
④ $i = -kE$

Explanation

전류밀도 $i = \dfrac{I}{S} = \dfrac{V}{RS} = \dfrac{El}{\rho \dfrac{l}{S} \times S} = \dfrac{1}{\rho} E = kE$

따라서 옴의 법칙의 미분형 $i = \dfrac{1}{\rho} E = kE$

【답】 ①

09 ★★☆☆☆ 진공 내의 점(3, 0, 0)[m]에 4×10^{-9}[C]의 전하가 있다. 이 때 점(6, 4, 0)[m]의 전계의 크기는 약 몇 [V/m] 이며, 전계의 방향을 표시하는 단위벡터는 어떻게 표시되는가?

① 전계의 크기 : $\dfrac{36}{25}$, 단위벡터 : $\dfrac{1}{5}(3a_x + 4a_y)$

② 전계의 크기 : $\dfrac{36}{125}$, 단위벡터 : $3a_x + 4a_y$

③ 전계의 크기 : $\dfrac{36}{25}$, 단위벡터 : $a_x + a_y$

④ 전계의 크기 : $\dfrac{36}{125}$, 단위벡터 : $\dfrac{1}{5}(a_x + a_y)$

Explanation

거리의 벡터 $(6, 4, 0) - (3, 0, 0) = (6-3)i + (4-0)j = 3i + 4j$
$r = 3i + 4j$
크기 : $|r| = \sqrt{3^2 + 4^2} = 5$[m]
방향벡터 $a_0 = \dfrac{r}{|r|} = \dfrac{3i + 4j}{5} = \dfrac{1}{5}(3i + 4j)$
P점의 전계의 세기는 $E = \dfrac{Q}{4\pi\epsilon_0 r^2} = 9 \times 10^9 \times \dfrac{4 \times 10^{-9}}{5^2} = \dfrac{36}{25}$ [V/m]

【답】 ①

10 ★☆☆☆☆ 전속밀도 $D = x^2 i + y^2 j + z^2 k$ [C/m²]를 발생시키는 점(1, 2, 3)에서의 체적 전하밀도는 몇 [C/m³] 인가?

① 12
② 13
③ 14
④ 15

Explanation

체적 전하밀도를 구하기 위하여 가우스의 정리를 이용하면 $\text{div} D = \rho$[C/m³]

$\text{div} D = \nabla \cdot D = \dfrac{\partial Dx}{\partial x} + \dfrac{\partial Dy}{\partial y} + \dfrac{\partial Dz}{\partial z}$

$$= \frac{\partial}{\partial x}(x^2) + \frac{\partial}{\partial y}(y^2) + \frac{\partial}{\partial z}(z^2)$$
$$= 2x + 2y + 2z$$
여기서, 점(1, 2, 3)을 대입하면 체적 전하밀도 $\rho = 2 \times 1 + 2 \times 2 + 2 \times 3 = 12[C/m^3]$

【답】①

11 다음 식 중에서 틀린 것은?

① $E = -grad\ V$

② $\int_s E \cdot nds = \frac{Q}{\epsilon_o}$

③ $grad\ V = i\frac{\partial^2 V}{\partial x^2} + j\frac{\partial^2 V}{\partial y^2} + k\frac{\partial^2 V}{\partial z^2}$

④ $V = \int_p^\infty E \cdot d\ell$

Explanation

전위경도 $grad\ V = \frac{\partial V}{\partial x}i + \frac{\partial V}{\partial y}j + \frac{\partial V}{\partial z}k$

【답】③

12 도전율 σ인 도체에서 전장 E에 의해 전류밀도 J가 흘렀을 때 이 도체에서 소비되는 전력을 표시한 식은?

① $\int_v E \cdot J dv$

② $\int_v E \times J dv$

③ $\frac{1}{\sigma}\int_v E \cdot J dv$

④ $\frac{1}{\sigma}\int_v E \times J dv$

Explanation

【답】①

13 자극의 세기가 8×10^{-6}[Wb], 길이가 3[cm]인 막대자석을 120[AT/m]의 평등자계 내에 자력선과 30°의 각도로 놓으면 이 막대자석이 받는 회전력은 몇 [N·m]인가?

① 1.44×10^{-4}

② 1.44×10^{-5}

③ 3.02×10^{-4}

④ 3.02×10^{-5}

Explanation

토크
자성체에 의한 토크 : $T = M \times H = MH\sin\theta$
도체에 의한 토크 : $T = NIBS\cos\theta$
여기서, 자성체에 의한 토크이므로
$T = MH\sin\theta = mlH\sin\theta = 8 \times 10^{-6} \times 3 \times 10^{-2} \times 120 \times \sin 30°$
$= 1.44 \times 10^{-5}[N \cdot m]$

【답】②

14 자기회로와 전기회로의 대응으로 틀린 것은?

① 자속 ↔ 전류

② 기자력 ↔ 기전력

③ 투자율 ↔ 유전율

④ 자계의 세기 ↔ 전계의 세기

Explanation

전기회로와 자기회로와의 관계

전기회로	자기회로
전류 I	자속 ϕ
전기저항 R	자기저항 R_m
기전력 $E(V)$	기자력 F_m
도전율 k	투자율 μ
전계의 세기 E	자계의 세기 H

【답】③

15 ★★★☆☆ 자기인덕턴스의 성질을 옳게 표현한 것은?

① 항상 0 이다.
② 항상 정(正)이다.
③ 항상 부(負)이다.
④ 유도되는 기전력에 따라 정(正)도 되고 부(負)도 된다.

Explanation

자기인덕턴스 $L = \dfrac{N\phi}{I} = \dfrac{N}{I}\dfrac{F}{R_m} = \dfrac{N}{I}\dfrac{NI}{R_m} = \dfrac{N^2}{R_m}$

자기인덕턴스는 항상 정(正)

【답】②

16 ★★★☆☆ 진공 중에서 빛의 속도와 일치하는 전자파의 전파속도를 얻기 위한 조건으로 옳은 것은?

① $\varepsilon_r = 0, \mu_r = 0$
② $\varepsilon_r = 1, \mu_r = 1$
③ $\varepsilon_r = 0, \mu_r = 1$
④ $\varepsilon_r = 1, \mu_r = 0$

Explanation

전파속도 $v = \dfrac{1}{\sqrt{\epsilon\mu}} = \dfrac{3\times 10^8}{\sqrt{\epsilon_s \mu_s}}$ 에서

$\epsilon_s = \mu_s = 1$ 인 경우 $v = C_o = 3\times 10^8$ [m/sec]

【답】②

17 ★☆☆☆☆ 4[A] 전류가 흐르는 코일과 쇄교하는 자속수가 4[Wb]이다. 이 전류 회로에 축적되어 있는 자기에너지[J]는?

① 4
② 2
③ 8
④ 16

Explanation

인덕턴스 $L = \dfrac{N\phi}{I} = \dfrac{4}{4} = 1$ [H]

평균 자기에너지 $W = \dfrac{1}{2}LI^2 = \dfrac{1}{2}\times 1 \times 4^2 = 8$ [J]

【답】③

18 ★☆☆☆☆ 유전율이 ϵ, 도전율이 σ, 반경이 r_1, r_2 ($r_1 < r_2$), 길이가 l인 동축케이블에서 저항 R은 얼마인가?

① $\dfrac{2\pi rl}{\ln\dfrac{r_2}{r_1}}$
② $\dfrac{2\pi \epsilon l}{\dfrac{1}{r_1} - \dfrac{1}{r_2}}$
③ $\dfrac{1}{2\pi \sigma l}\ln\dfrac{r_2}{r_1}$
④ $\dfrac{1}{2\pi rl}\ln\dfrac{r_2}{r_1}$

> Explanation

【답】③

19 ★★★★★ 어떤 환상 솔레노이드의 단면적이 S이고, 자로의 길이가 ℓ, 투자율이 μ라고 한다. 이 철심에 균등하게 코일을 N회 감고 전류를 흘렸을 때 자기 인덕턴스에 대한 설명으로 옳은 것은?
① 투자율 μ에 반비례한다.
② 권선수 N^2에 비례한다.
③ 자로의 길이 ℓ에 비례한다.
④ 단면적 S에 반비례한다.

> Explanation

자기 인덕턴스 $L = \dfrac{\mu S N^2}{l}$ ∴ 자기 인덕턴스는 투자율, 단면적, 권수의 제곱에 비례하고 길이에 반비례한다. 【답】②

20 ★☆☆☆☆ 상이한 매질의 경계면에서 전자파가 만족해야 할 조건이 아닌 것은? (단, 경계면은 두 개의 무손실 매질 사이이다)
① 경계면의 양측에서 전계의 접선성분은 서로 같다.
② 경계면의 양측에서 자계의 접선성분은 서로 같다.
③ 경계면의 양측에서 자속밀도의 접선성분은 서로 같다.
④ 경계면의 양측에서 전속밀도의 법선성분은 서로 같다.

> Explanation

전계의 경계조건
• 전계의 접선성분이 연속 : $E_1 \sin\theta_1 = E_2 \sin\theta_2$
• 전속밀도의 법선성분이 연속 : $D_1 \cos\theta_1 = D_2 \cos\theta_2$
자성체의 경계조건
• 자계의 접선성분이 연속 : $H_1 \sin\theta_1 = H_2 \sin\theta_2$
• 자속밀도의 법선성분이 연속 : $B_1 \cos\theta_1 = B_2 \cos\theta_2$

【답】③

2과목　전력공학

21 ★★★★★ 단도체 방식과 비교하여 복도체 방식의 송전선로를 설명한 것으로 틀린 것은?
① 선로의 송전용량이 증가된다.
② 계통의 안정도를 증진시킨다.
③ 전선의 인덕턴스가 감소하고, 정전용량이 증가된다.
④ 전선 표면의 전위경도가 저감되어 코로나 임계전압을 낮출 수 있다.

> Explanation

복도체(다도체) : 코로나 방지가 목적
효과 : 인덕턴스를 감소시키고 정전용량 증가
　　　 송전용량 증가, 안정도 증진
　　　 코로나 임계전압을 높인다.
　　　 전선 표면의 전위경도가 감소

【답】④

22
유효낙차 100[m], 최대사용수량 20[㎥/s], 수차효율 70[%]인 수력발전소의 연간 발전전력량은 약 몇 [kWh]인가? (단, 발전기의 효율은 85[%]라고 한다)
① 2.5×10^7
② 5×10^7
③ 10×10^7
④ 20×10^7

Explanation

수력발전소 출력 $P = 9.8 QH\eta_t\eta_G$[kW] (η_t : 수차효율, η_G : 발전기 효율)
연간 발생 전력량 $W = P \cdot t = 9.8 \times 20 \times 100 \times 0.7 \times 0.85 \times 365 \times 24 = 10 \times 10^7$[kWh]

【답】③

23
부하역률이 $\cos\theta$인 경우 배전선로의 전력손실은 같은 크기의 부하전력으로 역률이 1인 경우의 전력손실에 비하여 어떻게 되는가?
① $\dfrac{1}{\cos\theta}$
② $\dfrac{1}{\cos^2\theta}$
③ $\cos\theta$
④ $\cos^2\theta$

Explanation

선로 손실 $P_l = I^2 R = \left(\dfrac{P}{V\cos\theta}\right)^2 \times R = \dfrac{P^2 R}{V^2 \cos^2\theta} \propto \dfrac{1}{\cos^2\theta}$

【답】②

24
선택 지락 계전기의 용도를 옳게 설명한 것은?
① 단일 회선에서 지락고장 회선의 선택 차단
② 단일 회선에서 지락전류의 방향 선택 차단
③ 병행 2회선에서 지락고장 회선의 선택 차단
④ 병행 2회선에서 지락고장의 지속시간 선택 차단

Explanation

지락사고 보호용 계전기
• 지락계전기(GR) : 1회선 송전선로의 지락보호
• 선택지락계전기(SGR) : 2회선 이상의 송전선로의 지락 시 선택차단

【답】③

25
직류 송전방식에 관한 설명으로 틀린 것은?
① 교류 송전방식보다 안정도가 낮다.
② 직류계통과 연계 운전 시 교류계통의 차단 용량은 작아진다.
③ 교류 송전방식에 비해 절연계급을 낮출 수 있다.
④ 비동기 연계가 가능하다.

Explanation

직류송전의 특징
• 선로의 리액턴스가 없으므로 안정도가 높다.
• 비동기연계가 가능하다.(주파수가 다른 선로의 연계 가능)
• 도체의 표피효과가 없다.
• 충전전류와 유전체손을 고려하지 않아도 된다.
• 변압이 어렵다.
• 고조파 억제 대책이 필요하다.

【답】①

26 터빈(turbine)의 임계속도란?
① 비상조속기를 동작시키는 회전수
② 회전자의 고유 진동수와 일치하는 위험 회전수
③ 부하를 급히 차단하였을 때의 순간 최대 회전수
④ 부하 차단 후 자동적으로 정정된 회전수

> **Explanation**

임계속도 : 회전자의 고유 진동수와 일치하는 위험 회전수 　　　　【답】②

27 변전소, 발전소 등에 설치하는 피뢰기에 대한 설명 중 틀린 것은?
① 방전전류는 뇌충격전류의 파고값으로 표시한다.
② 피뢰기의 직렬갭은 속류를 차단 및 소호하는 역할을 한다.
③ 정격전압은 상용주파수 정현파 전압의 최고 한도를 규정한 순시값이다.
④ 속류란 방전현상이 실질적으로 끝난 후에도 전력계통에서 피뢰기에 공급되어 흐르는 전류를 말한다.

> **Explanation**

피뢰기 정격전압 : 속류가 차단되는 교류의 최고전압
$V = \alpha\beta V_m$
α : 접지계수(1선 지락 시 건전상의 대지전위 상승)
β : 여유도(1.15)
V_m : 기준 전압(선간 최고 허용 전압) 　　　　【답】③

28 아킹혼(Arcing Horn)의 설치 목적은?
① 이상전압 소멸　　　　② 전선의 진동방지
③ 코로나 손실방지　　　④ 섬락사고에 대한 애자보호

> **Explanation**

아킹혼(초호각), 아킹링(초호환)
- 섬락 시 애자련 보호
- 애자련에 걸리는 전압분포 균일 　　　　【답】④

29 일반 회로정수가 A, B, C, D이고 송전단 전압이 E_s인 경우 무부하시 수전단 전압은?
① $\dfrac{E_s}{A}$　　　　② $\dfrac{E_s}{B}$
③ $\dfrac{A}{C}E_s$　　　　④ $\dfrac{C}{A}E_s$

> **Explanation**

전송파라미터의 4단자 정수
$\begin{bmatrix} E_s \\ I_s \end{bmatrix} = \begin{bmatrix} A & B \\ C & D \end{bmatrix} \begin{bmatrix} E_r \\ I_r \end{bmatrix}$
여기서, 무부하 시 이므로 $I_r = 0$
$E_s = AE_r + BI_r$ 에서 $E_s = AE_r$
$\therefore E_r = \dfrac{1}{A} E_s$ 　　　　【답】①

30 10,000[kVA] 기준으로 등가 임피던스가 0.4[%]인 발전소에 설치될 차단기의 차단용량은 몇 [MVA]인가?

① 1,000
② 1,500
③ 2,000
④ 2,500

Explanation

단락 용량 $P_s = \dfrac{100}{\%Z}P_n = \dfrac{100}{0.4} \times 10,000 \times 10^{-3} = 2,500$[MVA]

여기서, 차단기의 차단용량이 단락용량보다 크거나 최소한 같게 선정한다.

【답】 ④

31 변전소에서 접지를 하는 목적으로 적절하지 않은 것은?

① 기기의 보호
② 근무자의 안전
③ 차단 시 아크의 소호
④ 송전시스템의 중성점 접지

Explanation

변전소 접지 목적
- 송전용 변전소 : 중성점 접지
- 배전용 변전소 : 보호계전기 동작 확보, 근무자 안전, 대지전압 감소

【답】 ③

32 중거리 송전선로의 T형 회로에서 송전단 전류 I_s는? (단, Z, Y는 선로의 직렬 임피던스와 병렬 어드미턴스이고, E_r은 수전단 전압, I_r은 수전단 전류이다)

① $E_r\left(1+\dfrac{ZY}{2}\right)+ZI_r$
② $I_r\left(1+\dfrac{ZY}{2}\right)+E_rY$
③ $E_r\left(1+\dfrac{ZY}{2}\right)+ZI_r\left(1+\dfrac{ZY}{4}\right)$
④ $I_r\left(1+\dfrac{ZY}{2}\right)+E_rY\left(1+\dfrac{ZY}{4}\right)$

Explanation

중거리 송전선로 T형 회로

$\begin{bmatrix} A & B \\ C & D \end{bmatrix} = \begin{bmatrix} 1+\dfrac{ZY}{2} & Z\left(1+\dfrac{ZY}{4}\right) \\ Y & 1+\dfrac{ZY}{2} \end{bmatrix}$

$\begin{bmatrix} E_s \\ I_s \end{bmatrix} = \begin{bmatrix} A & B \\ C & D \end{bmatrix}\begin{bmatrix} E_r \\ I_r \end{bmatrix}$

$\therefore I_s = CE_r + DI_r = YE_r + \left(1+\dfrac{ZY}{2}\right)I_r$

【답】 ②

33 한 대의 주상변압기에 역률(뒤짐) $\cos\theta_1$, 유효전력 P_1[kW]의 부하와 역률(뒤짐) $\cos\theta_2$, 유효전력 P_2[kW]의 부하가 병렬로 접속되어 있을 때 주상변압기 2차 측에서 본 부하의 종합역률은 어떻게 되는가?

① $\dfrac{P_1+P_2}{\dfrac{P_1}{\cos\theta_1}+\dfrac{P_2}{\cos\theta_2}}$
② $\dfrac{P_1+P_2}{\dfrac{P_1}{\sin\theta_1}+\dfrac{P_2}{\sin\theta_2}}$
③ $\dfrac{P_1+P_2}{\sqrt{(P_1+P_2)^2+(P_1\tan\theta_1+P_2\tan\theta_2)^2}}$
④ $\dfrac{P_1+P_2}{\sqrt{(P_1+P_2)^2+(P_1\sin\theta_1+P_2\sin\theta_2)^2}}$

> **Explanation**

부하가 병렬로 있는 경우
- 유효전력 : $P = P_1 + P_2$
- 무효전력 : $Q = P_1 \tan\theta_1 + P_2 \tan\theta_2$
- 피상전력 : $P_a = \sqrt{P^2 + Q^2} = \sqrt{(P_1+P_2)^2 + (P_1\tan\theta_1 + P_2\tan\theta_2)^2}$
- 역률 $\cos\theta = \dfrac{P}{P_a} = \dfrac{P_1 + P_2}{\sqrt{(P_1+P_2)^2 + (P_1\tan\theta_1 + P_2\tan\theta_2)^2}}$

【답】③

34 33[kV] 이하의 단거리 송배전선로에 적용되는 비접지 방식에서 지락전류는 다음 중 어느 것을 말하는가?
① 누설전류
② 충전전류
③ 뒤진전류
④ 단락전류

> **Explanation**

비접지식의 지락전류 $I_g = \dfrac{E}{Z} = \dfrac{E}{\dfrac{1}{j3\omega C_s}} = j3\omega C_s E$ 여기서, C_s : 대지정전용량

따라서 비접지식의 지락전류는 전압보다 90도 빠른 전류(진상전류, 충전전류)
- 능동형 필터를 설치한다.

【답】②

35 옥내배선의 전선 굵기를 결정할 때 고려해야 할 사항으로 틀린 것은?
① 허용전류
② 전압강하
③ 배선방식
④ 기계적강도

> **Explanation**

- 켈빈의 법칙(경제적인 전선의 굵기 선정)
- 경제적인 전선의 굵기 선정 : 허용전류, 전압강하, 기계적 강도

【답】③

36 고압 배전선로 구성방식 중, 고장 시 자동적으로 고장개소의 분리 및 건전선로에 폐로하여 전력을 공급하는 개폐기를 가지며, 수요 분포에 따라 임의의 분기선으로부터 전력을 공급하는 방식은?
① 환상식
② 망상식
③ 뱅킹식
④ 가지식(수지식)

> **Explanation**

루프식(환상식)
고장 시 자동적으로 고장개소의 분리 및 건전선로에 폐로하여 전력을 공급하는 개폐기를 가지며, 수요 분포에 따라 임의의 분기선으로부터 전력을 공급
- 가지식에 비해 전압 강하가 적다, 전력 손실이 적다, 플리커 현상 경감
- 부하가 밀집된 시가지 계통에서 사용
- 설비비가 고가

【답】①

37 그림과 같은 2기 계통에 있어서 발전기에서 전동기로 전달되는 전력 P는? (단, $X = X_G + X_L + X_M$ 이고 E_G, E_M은 각각 발전기 및 전동기의 유기기전력, ℓ 는 E_G와 E_M간의 상차각이다)

① $P = \dfrac{E_G}{XE_M}\sin\delta$

② $P = \dfrac{E_G E_M}{X}\sin\delta$

③ $P = \dfrac{E_G E_M}{X}\cos\delta$

④ $P = XE_G E_M \cos\delta$

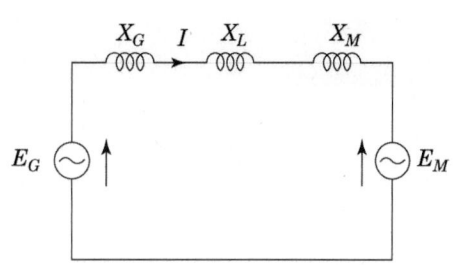

Explanation

송전전력 $P = \dfrac{V_s V_r}{X}\sin\delta$ 이므로

$P = \dfrac{E_G E_M}{X}\sin\delta$

【답】②

38 ★★★★★ 전력계통 연계 시의 특징으로 틀린 것은?

① 단락전류가 감소한다.
② 경제 급전이 용이하다.
③ 공급신뢰도가 향상된다.
④ 사고 시 다른 계통으로의 영향이 파급될 수 있다.

Explanation

계통연계 시에는 설비용량이 저감되며 배후전력이 커지며 안정된 전압, 주파수 유지가 가능하나 병렬 회로 수가 많아지므로 사고 시 단락전류가 증대되고 단락용량이 커지는 단점이 있다.

【답】①

39 ★★★☆☆ 공통 중성선 다중 접지방식의 배전선로에서 Recloser(R), Sectionalizer(S), Line fuse(F)의 보호협조가 가장 적합한 배열은? (단, 보호협조는 변전소를 기준으로 한다)

① S - F - R
② S - R - F
③ F - S - R
④ R - S - F

Explanation

- Recloser(R) : 리클로저. 배전선로에 사용되는 자동재폐로 차단기
- Sectionalizer(S) : 섹셔널라이저. 구분개폐기로서 사고 차단 능력이 없어서 후비보호장치인 리클로저와 함께 사용
- Fuse(F) : 퓨즈. 부하의 전단에 사용

따라서 리클로저는 3대까지 사용가능하며 섹셔널라이저는 반드시 리클로저와 함께 사용하여야 한다.

【답】④

40 ★★★☆☆ 송전선의 특성임피던스와 전파정수는 어떤 시험으로 구할 수 있는가?

① 뇌파시험
② 정격부하시험
③ 절연강도 측정시험
④ 무부하시험과 단락시험

Explanation

특성 임피던스 $Z_0 = \sqrt{\dfrac{Z}{Y}}$, 전파 정수 $\gamma = \sqrt{ZY}$

- 무부하시험 : Y(어드미턴스)
- 단락시험으로 : Z(임피던스)

【답】④

3과목 전기기기

41 ★★★★★ 단상 변압기의 병렬운전 시 요구사항으로 틀린 것은?
① 극성이 같을 것
② 정격출력이 같을 것
③ 정격전압과 권수비가 같을 것
④ 저항과 리액턴스의 비가 같을 것

Explanation

변압기 병렬 운전 조건
- 극성, 권수비, 1, 2차 정격전압이 같을 것
- [%]임피던스 강하가 같을 것
- 내부저항과 리액턴스의 비인 $\dfrac{x}{r}$ 가 같을 것
- 상회전 방향과 각 변위가 같을 것(3φ 변압기)

【답】②

42 ★★★★☆ 유도전동기로 동기전동기를 기동하는 경우, 유도전동기의 극수는 동기전동기의 극수보다 2극 적은 것을 사용하는 이유로 옳은 것은? (단, s는 슬립이며 N_s는 동기속도이다)
① 같은 극수의 유도전동기는 동기속도보다 sN_s 만큼 늦으므로
② 같은 극수의 유도전동기는 동기속도보다 sN_s 만큼 빠르므로
③ 같은 극수의 유도전동기는 동기속도보다 $(1-s)N_s$ 만큼 늦으므로
④ 같은 극수의 유도전동기는 동기속도보다 $(1-s)N_s$ 만큼 빠르므로

Explanation

동기기의 회전속도 : N_s
유도기의 회전속도 : $N=(1-s)N_s=N_s-sN_s$
같은 극수로는 유도기는 동기속도보다 sN_s 만큼 늦기 때문에 2극 적은 것을 사용한다.

【답】①

43 ★★☆☆☆ 동기발전기에 회전계자형을 사용하는 경우에 대한 이유로 틀린 것은?
① 기전력의 파형을 개선한다.
② 전기자가 고정자이므로 고압 대전류용에 좋고, 절연하기 쉽다.
③ 계자가 회전자지만 저압 소용량의 직류이므로 구조가 간단하다.
④ 전기자보다 계자극을 회전자로 하는 것이 기계적으로 튼튼하다.

Explanation

동기 발전기 : 회전 계자형
- 계자는 기계적으로 튼튼하고 구조가 간단하여 회전 유리
- 계자회로는 직류로 소요 전력이 적다.
- 절연이 용이
- 전기자는 Y결선으로 복잡하다.

【답】①

44 ★★★★★ 3상 동기발전기의 매극 매상의 슬롯수를 3이라 할 때 분포권 계수는?
① $6\sin\dfrac{\pi}{18}$
② $3\sin\dfrac{\pi}{36}$
③ $\dfrac{1}{6\sin\dfrac{\pi}{18}}$
④ $\dfrac{1}{12\sin\dfrac{\pi}{36}}$

> **Explanation**

분포권 계수 $K_d = \dfrac{\sin\dfrac{\pi}{2m}}{q\sin\dfrac{\pi}{2mq}} = \dfrac{\sin\dfrac{\pi}{2\times 3}}{3\sin\dfrac{\pi}{2\times 3\times 3}} = \dfrac{1}{6\sin\dfrac{\pi}{18}}$

【답】③

45 ★★★☆☆ 변압기의 누설리액턴스를 나타낸 것은? (단, N은 권수이다)
① N에 비례
② N^2에 반비례
③ N^2에 비례
④ N에 반비례

> **Explanation**

누설 리액턴스 $X_L = \omega L = 2\pi f L \propto L$이고 $L = \dfrac{\mu S N^2}{l} \propto N^2$
결국 누설 리액턴스는 권선수 N^2에 비례한다.

【답】③

46 ★★☆☆☆ 가정용 재봉틀, 소형공구, 영사기, 치과의료용, 엔진 등에 사용하고 있으며, 교류, 직류 양쪽 모두에 사용되는 만능전동기는?
① 전기 동력계
② 3상 유도전동기
③ 차동 복권전동기
④ 단상 직권정류자전동기

> **Explanation**

단상 직권정류자 전동기(만능전동기)
• 교류, 직류 양용에 사용
• 가정용 미싱, 소형 공구, 영사기, 믹서, 치과 의료용 엔진 등에 사용

【답】④

47 ★☆☆☆☆ 정격전압 220[V], 무부하 단자전압 230[V], 정격 출력이 40[kW]인 직류 분권발전기의 계자저항이 22[Ω], 전기자 반작용에 의한 전압강하가 5[V]라면 전기자 회로의 저항[Ω]은 약 얼마인가?
① 0.026
② 0.028
③ 0.035
④ 0.042

> **Explanation**

직류 분권발전기 : $I_a = I + I_f = \dfrac{P}{V} + \dfrac{V}{R_f} = \dfrac{40\times 10^3}{220} + \dfrac{220}{22} = 191.82[\text{A}]$

기전력 $E = V + I_a R_a + e_a [\text{V}]$
$E - V - e_a = I_a R_a$

전기자 저항 $R_a = \dfrac{E - V - e_a}{I_a} = \dfrac{230 - 220 - 5}{191.82} = 0.026[\Omega]$

【답】①

48 ★★☆☆☆ 전력용 변압기에서 1차에 정현파 전압을 인가하였을 때, 2차에 정현파 전압이 유기되기 위해서는 1차에 흘러들어가는 여자전류는 기본파 전류 외에 주로 몇 고조파 전류가 포함되는가?
① 제2고조파
② 제3고조파
③ 제4고조파
④ 제5고조파

> **Explanation**

변압기 여자전류에는 제3고조파가 포함되어 있다.

【답】②

49 스텝각이 2°, 스테핑주파수(pulse rate)가 1,800[pps]인 스테핑모터의 축속도[rps]는?
① 8　　　　　　　　　　　　② 10
③ 12　　　　　　　　　　　　④ 14

Explanation

스텝각 2°라면, 1회전 시 180개의 펄스가 필요하므로 180[Hz]=180[rps]이며 따라서 1,800[rps]라면 초당 10회전되므로 10[rps]가 된다.
【답】②

50 변압기에서 사용되는 변압기유의 구비 조건으로 틀린 것은?
① 점도가 높을 것　　　　　　② 응고점이 낮을 것
③ 인화점이 높을 것　　　　　　④ 절연 내력이 클 것

Explanation

절연유(변압기유)의 구비조건
- 절연내력이 클 것
- **점도가 적고** 비열이 커서 냉각 효과가 클 것
- 인화점은 높고, 응고점은 낮을 것
- 고온에서 산화하지 않고, 침전물이 생기지 않을 것
【답】①

51 동기발전기의 병렬 운전 중 위상차가 생기면 어떤 현상이 발생하는가?
① 무효 횡류가 흐른다.　　　　② 무효 전력이 생긴다.
③ 유효 횡류가 흐른다.　　　　④ 출력이 요동하고 권선이 가열된다.

Explanation

동기 발전기의 병렬 운전 조건

기전력의 크기가 같을 것	무효순환전류(무효 횡류)
기전력의 위상이 같을 것	동기화 전류(유효 횡류)
기전력의 주파수가 같을 것	난조발생
기전력의 파형이 같을 것	고조파 무효 순환 전류
상회전 방향이 같을 것(3상)	

【답】③

52 단상 유도전동기의 토크에 대한 2차 저항을 어느 정도 이상으로 증가시킬 때 나타나는 현상으로 옳은 것은?
① 역회전 가능　　　　　　　　② 최대토크 일정
③ 기동토크 증가　　　　　　　④ 토크는 항상 (+)

Explanation

【답】전항 정답

53 직류기에 관련된 사항으로 잘못 짝지어진 것은?
① 보극 – 리액턴스 전압 감소　　② 보상권선 – 전기자 반작용 감소
③ 전기자 반작용 – 직류전동기 속도 감소　　④ 정류기간 – 전기자 코일이 단락되는 기간

> **Explanation**

직류기의 특성
• 보극 – 리액턴스 전압 감소
• 보상권선 – 전기자 반작용 감소
• 전기자 반작용 – 직류전동기 토크 감소, 직류 발전기 유기기전력 및 출력 감소
• 정류기간 – 전기자 코일이 단락되는 기간

【답】③

54 그림은 전원전압 및 주파수가 일정할 때의 다상 유도전동기의 특성을 표시하는 곡선이다. 1차 전류를 나타내는 곡선은 몇 번 곡선인가?

① (1)
② (2)
③ (3)
④ (4)

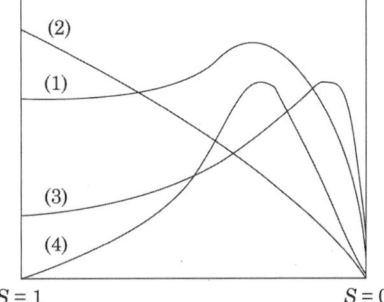

> **Explanation**

토크곡선에서
(1) 기동 시 토크곡선
(2) 기동 시 1차 전류 곡선

【답】②

55 직류발전기의 외부 특성곡선에서 나타내는 관계로 옳은 것은?

① 계자전류와 단자전압
② 계자전류와 부하전류
③ 부하전류와 단자전압
④ 부하전류와 유기기전력

> **Explanation**

직류발전기의 특성곡선
• 무부하포화곡선 : 계자전류와 유기기전력
• **외부특성곡선 : 부하전류와 단자전압**
• 부하특성곡선 : 계자전류와 단자전압

【답】③

56 동기전동기가 무부하 운전 중에 부하가 걸리면 동기전동기의 속도는?

① 정지한다.
② 동기속도와 같다.
③ 동기속도보다 빨라진다.
④ 동기속도 이하로 떨어진다.

> **Explanation**

동기전동기는 정속도 특성을 가지며 부하를 걸면 속도가 감소되나 곧 동기속도로 회복하여 동기속도로 운전된다. 【답】②

57 100[V], 10[A], 1,500[rpm]인 직류 분권발전기의 정격 시의 계자전류는 2[A]이다. 이 때 계자회로에는 10[Ω]의 외부저항이 삽입되어 있다. 계자권선의 저항[Ω]은?

① 20
② 40
③ 80
④ 100

> **Explanation**

직류 분권발전기
유기기전력 $E = V + I_a R_a$
전기자전류 $I_a = I + I_f = \dfrac{P}{V} + \dfrac{V}{R_f}$
여기서 계자전류는 $I_f = \dfrac{V}{R_f} = \dfrac{100}{R_f} = 2$이므로 계자 회로의 전체 저항은 $R_f = \dfrac{V}{I_f} = \dfrac{100}{2} = 50[\Omega]$이며 이 경우 계자회로에 $10[\Omega]$의 외부저항이 있으므로 원래의 계자저항은 $40[\Omega]$이 된다. 【답】②

58
50[Hz]로 설계된 3상 유도전동기를 60[Hz]에 사용하는 경우 단자전압을 110[%]로 높일 때 일어나는 현상으로 틀린 것은?
① 철손불변
② 여자전류감소
③ 온도상승증가
④ 출력이 일정하면 유효전류 감소

> **Explanation**

① 철손 $P_i \propto \dfrac{E^2}{f}$, $P_i' = \dfrac{50}{60} \times 1.1^2$ $P_i' \fallingdotseq 1.0083 P_i$ 이므로 철손은 거의 불변
② 여자 전류 $I_\phi = \dfrac{E}{wL} = \dfrac{E}{2\pi fL} \propto \dfrac{1}{f}$, $I_\phi' = \dfrac{f}{f'} I_\phi = \dfrac{50}{60} \times I_\phi = \dfrac{5}{6} I_\phi$ 이므로 여자 전류 감소
③ $P = \sqrt{3} \, VI\cos\theta$ 에서 출력이 일정하고 단자 전압이 증가하면 유효전류는 감소한다.
④ 유효전류가 감소하면 동손($I^2 R$)에 의한 손실 감소 : 온도 상승 감소 【답】③

59
직류기발전기에서 양호한 정류(整流)를 얻는 조건으로 틀린 것은?
① 정류주기를 크게 할 것
② 리액턴스 전압을 크게 할 것
③ 브러시의 접촉저항을 크게 할 것
④ 전기자 코일의 인덕턴스를 작게 할 것

> **Explanation**

양호한 정류를 얻는 방법
- 보극 설치
- 접촉저항이 큰 탄소브러시 사용
- **리액턴스 전압을 적게 한다.**
- 정류주기를 길게 한다. 【답】②

60
상전압 200[V]의 3상 반파정류회로의 각 상에 SCR을 사용하여 정류제어 할 때 위상각을 $\pi/6$로 하면 순 저항부하에서 얻을 수 있는 직류전압[V]은?
① 90
② 180
③ 203
④ 234

> **Explanation**

SCR의 위상 제어
- 3상 반파 정류 회로 $E_d = \dfrac{3\sqrt{6}}{2\pi} E\cos\alpha = 1.17 E\cos\alpha$

$E_d = \dfrac{3\sqrt{6}}{2\pi} V\cos\theta = \dfrac{3\sqrt{6}}{2\pi} \times 200 \times \cos 30° = 202.6[V]$ 【답】③

4과목　회로이론 및 제어공학

61 폐루프 전달함수 $\dfrac{G(s)}{1+G(s)H(s)}$ 의 극의 위치를 개루프 전달함수 $G(s)H(s)$의 이득상수 K의 함수로 나타내는 기법은?

① 근궤적법
② 보드 선도법
③ 이득 선도법
④ Nyquist 판정법

Explanation

근궤적법 : 루프 전달함수 $G(s)H(s)$의 이득 상수 K의 함수로 나타내는 기법
$K=0$(극점)에서 시작하여 $K=\infty$(영점)에서 종착하는 궤적

【답】①

62 블록선도 변환이 틀린 것은?

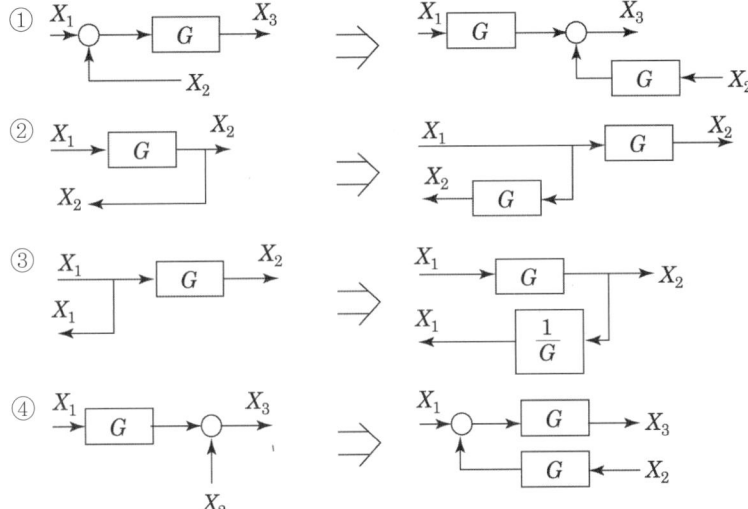

Explanation

【답】④

63 다음 회로망에서 입력전압을 $V_1(t)$, 출력전압을 $V_2(t)$라 할 때, $\dfrac{V_2(s)}{V_1(s)}$ 에 대한 고유주파수 ω_n과 제동비 ζ의 값은? (단, $R=100[\Omega]$, $L=2[\text{H}]$, $C=200[\mu\text{F}]$이고, 모든 초기전하는 0 이다)

① $\omega_n = 50$, $\zeta = 0.5$
② $\omega_n = 50$, $\zeta = 0.7$
③ $\omega_n = 250$, $\zeta = 0.5$
④ $\omega_n = 250$, $\zeta = 0.7$

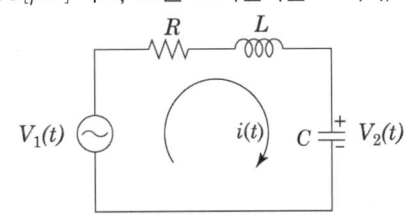

Explanation

【답】①

64 다음 신호 흐름선도의 일반식은?

① $G = \dfrac{1-bd}{abc}$ ② $G = \dfrac{1+bd}{abc}$

③ $G = \dfrac{abc}{1+bd}$ ④ $G = \dfrac{abc}{1-bd}$

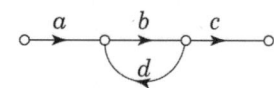

Explanation

메이슨의 이득공식을 적용하면

$G = \dfrac{\sum G_i \triangle_i}{\triangle}$ 에서 $G_i : abc$, $\triangle_i : 1-0 = 1$, $\triangle = 1-bd$

전체이득 $G = \dfrac{C}{R} = \dfrac{abc}{1-bd}$

【답】④

65 다음 중 이진 값 신호가 아닌 것은?

① 디지털 신호
② 아날로그 신호
③ 스위치의 On-Off 신호
④ 반도체 소자의 동작, 부동작 상태

Explanation

이진 값 신호(동작이 0과 1인 상태)
• 디지털 신호
• 스위치의 On-Off 신호
• 반도체 소자의 동작, 부동작 상태

【답】②

66 보드 선도에서 이득여유에 대한 정보를 얻을 수 있는 것은?

① 위상곡선 0°에서의 이득과 0[dB]과의 차이
② 위상곡선 180°에서의 이득과 0[dB]과의 차이
③ 위상곡선 -90°에서의 이득과 0[dB]과의 차이
④ 위상곡선 -180°에서의 이득과 0[dB]과의 차이

Explanation

• 이득여유 : 위상 곡선이 -180°에서의 이득값
• 위상여유 : 이득 곡선이 0[dB]인 점에서의 위상값

【답】④

67 단위 궤환제어계의 개루프 전달함수가 $G(s) = \dfrac{K}{s(s+2)}$ 일 때, K가 $-\infty$ 로부터 $+\infty$ 까지 변하는 경우 특성방정식의 근에 대한 설명으로 틀린 것은?

① $-\infty < K < 0$에 대하여 근은 모두 실근이다.
② $0 < K < 1$에 대하여 2개의 근은 모두 음의 실근이다.
③ $K = 0$에 대하여 $s_1 = 0$, $s_2 = -2$의 근은 $G(s)$의 극점과 일치한다.
④ $1 < K < \infty$에 대하여 2개의 근은 음의 실수부 중근이다.

Explanation

개루프 전달함수를 이용하여 폐루프 특성방정식을 구하면
폐루프 특성방정식=개루프 전달함수의 분모+분자
$s(s+2)+K=0$ $s^2+2s+K=0$이므로 $s=-1\pm\sqrt{1-K}$에서
① $-\infty<K<0$: 모두 실근
② $K=0$: $s_1=0, s_2=-2$
③ $0<K<1$: 2개의 근은 모두 음의 실근
④ $1<K<\infty$: 2개의 근은 음의 실근을 가지는 공액복소근

【답】④

68 ★★★★★ 2차계 과도응답에 대한 특성 방정식의 근은 $s_1, s_2 = -\zeta\omega_n \pm j\omega_n\sqrt{1-\zeta^2}$이다. 감쇠비 ζ가 $0<\zeta<1$ 사이에 존재할 때 나타나는 현상은?
① 과제동
② 무제동
③ 부족제동
④ 임계제동

Explanation

감쇠계수(ζ)와의 관계
• $\zeta>1$ (과제동)
• $\zeta=1$ (임계제동)
• $0<\zeta<1$ (부족제동)
• $\zeta=0$ (무제동)

【답】③

69 ★☆☆☆☆ 그림의 시퀀스 회로에서 전자접촉기 X에 의한 A접점(Normal open contact)의 사용 목적은?
① 자기유지회로
② 지연회로
③ 우선 선택회로
④ 인터록(interlock)회로

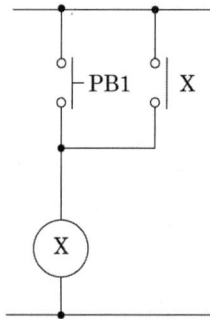

Explanation

자기 유지 회로
1) 기능 : 누름버튼 스위치를 놓아도 병렬 유지접점에 의해 논리를 유지하는 회로
2) 회로 및 타임차트

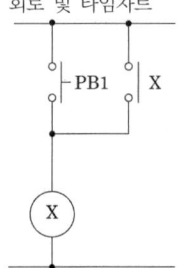

3) 동작설명
  PB_1을 누르면 X가 동작하며, 이후에 손을 떼어도 계속해서 X가 동작

【답】①

70 다음의 블록선도에서 특성방정식의 근은?

① −2, −5
② 2, 5
③ −3, −4
④ 3, 4

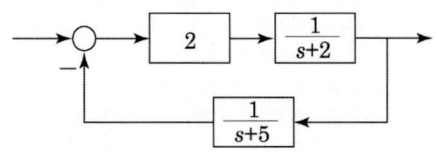

Explanation

(개)루프전달함수 $G(s)H(s) = 2 \times \dfrac{1}{s+2} \times \dfrac{1}{s+5} = \dfrac{2}{(s+2)(s+5)}$

여기서, 폐루프 특성 방정식은 개루프 전달함수의 (분모+분자)이므로

특성방정식 $(s+2)(s+5)+2 = s^2+7s+12 = 0$

$(s+3)(s+4) = 0$에서 극점은 $s = -3, -4$

【답】③

71 평형 3상 3선식 회로에서 부하는 Y결선이고, 선간전압이 173.2∠0°[V]일 때 선전류는 20∠−120°[A]이었다면, Y결선된 부하 한 상의 임피던스는 약 몇 [Ω]인가?

① $5 \angle 60°$
② $5 \angle 90°$
③ $5\sqrt{3} \angle 60°$
④ $5\sqrt{3} \angle 90°$

Explanation

상전류 $I_p = \dfrac{V_p}{Z}$ 에서 임피던스 $Z = \dfrac{V_p}{I_p} = \dfrac{\frac{173.2}{\sqrt{3}} \angle -30°}{20 \angle -120°} = 5 \angle 90°[\Omega]$

여기서, Y결선의 경우 선간전압은 상전압 보다 위상이 30도 앞서므로 선간전압의 위상이 0도라면 상전압은 −30도 가 된다.

【답】②

72 그림과 같은 RC 저역통과 필터회로에 단위 임펄스를 입력으로 가했을 때 응답 $h(t)$는?

① $h(t) = RCe^{-\frac{t}{RC}}$
② $h(t) = \dfrac{1}{RC}e^{-\frac{t}{RC}}$
③ $h(t) = \dfrac{R}{1+j\omega RC}$
④ $h(t) = \dfrac{1}{RC}e^{-\frac{C}{R}t}$

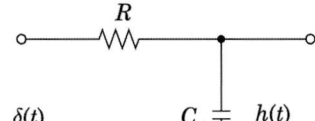

Explanation

임펄스 응답(Impulse Response) : $r(t) = \delta(t)$
출력 $C(s) = G(s)R(s)$에서 $R(s) = 1$, $C(s) = G(s)$
∴ $C(t) = \mathcal{L}^{-1}[C(s)] = \mathcal{L}^{-1}[G(s)]$

전달함수 $G(s) = \dfrac{\frac{1}{Cs}}{R+\frac{1}{Cs}} = \dfrac{1}{RCs+1} = \dfrac{\frac{1}{RC}}{s+\frac{1}{RC}}$ 이므로

라플라스역변환하면

응답은 $h(t) = \dfrac{1}{RC}e^{-\frac{1}{RC}t}$

【답】②

73 2전력계법으로 평형 3상 전력을 측정하였더니 한 쪽의 지시가 500[W], 다른 한 쪽의 지시가 1,500[W]이었다. 피상전력은 약 몇 [VA]인가?

① 2,000
② 2,310
③ 2,646
④ 2,771

Explanation

2전력계법
유효전력 $P = P_1 + P_2$
무효전력 $P_r = \sqrt{3}(P_1 - P_2)$
피상전력 $P_a = 2\sqrt{P_1^2 + P_2^2 - P_1 P_2} = 2\sqrt{500^2 + 1{,}500^2 - 500 \times 1{,}500} = 2{,}646\,[\text{VA}]$

【답】③

74 회로에서 4단자 정수 A, B, C, D의 값은?

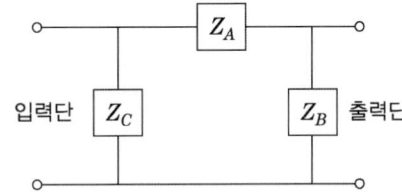

① $A = 1 + \dfrac{Z_A}{Z_B},\ B = Z_A,\ C = \dfrac{1}{Z_A},\ D = 1 + \dfrac{Z_B}{Z_A}$

② $A = 1 + \dfrac{Z_A}{Z_B},\ B = Z_A,\ C = \dfrac{1}{Z_B},\ D = 1 + \dfrac{Z_A}{Z_B}$

③ $A = 1 + \dfrac{Z_A}{Z_B},\ B = Z_A,\ C = \dfrac{Z_A + Z_B + Z_C}{Z_B Z_C},\ D = \dfrac{1}{Z_B Z_C}$

④ $A = 1 + \dfrac{Z_A}{Z_B},\ B = Z_A,\ C = \dfrac{Z_A + Z_B + Z_C}{Z_B Z_C},\ D = 1 + \dfrac{Z_A}{Z_C}$

Explanation

π형 4단자 정수

$$\begin{bmatrix} A & B \\ C & D \end{bmatrix} = \begin{bmatrix} 1 & 0 \\ \frac{1}{Z_C} & 1 \end{bmatrix} \begin{bmatrix} 1 & Z_A \\ 0 & 1 \end{bmatrix} \begin{bmatrix} 1 & 0 \\ \frac{1}{Z_B} & 1 \end{bmatrix} = \begin{bmatrix} 1 & Z_A \\ \frac{1}{Z_C} & \frac{Z_A}{Z_C} + 1 \end{bmatrix} \begin{bmatrix} 1 & 0 \\ \frac{1}{Z_B} & 1 \end{bmatrix}$$

$$= \begin{bmatrix} 1 + \frac{Z_A}{Z_B} & Z_A \\ \frac{Z_A + Z_B + Z_C}{Z_B Z_C} & \frac{Z_A}{Z_C} + 1 \end{bmatrix}$$

【답】④

75 길이에 따라 비례하는 저항 값을 가진 어떤 전열선에 $E_0[\text{V}]$의 전압을 인가하면 $P_0[\text{W}]$의 전력이 소비된다. 이 전열선을 잘라 원래 길이의 $\dfrac{2}{3}$로 만들고 $E[\text{V}]$의 전압을 가한다면 소비전력 $P[\text{W}]$는?

① $P = \dfrac{P_0}{2}\left(\dfrac{E}{E_0}\right)^2$

② $P = \dfrac{3P_0}{2}\left(\dfrac{E}{E_0}\right)^2$

③ $P = \dfrac{2P_0}{3}\left(\dfrac{E}{E_0}\right)^2$

④ $P = \dfrac{\sqrt{3}\,P_0}{2}\left(\dfrac{E}{E_0}\right)^2$

> **Explanation**

소비전력 $P_o = \dfrac{E_o^2}{R}$ 에서

저항은 $R = \rho \dfrac{l}{A}$ 이고 길이에 비례하므로, 길이가 $\dfrac{2}{3}$ 가 되면 저항도 $\dfrac{2}{3}$ 가 됨

전력은 $P = P_o \times \dfrac{\left(\dfrac{E}{E_o}\right)^2}{\dfrac{2}{3}} = \dfrac{3}{2} P_o \left(\dfrac{E}{E_o}\right)^2$ 가 된다.

【답】②

76 ★☆☆☆☆
$f(t) = e^{j\omega t}$ 의 라플라스 변환은?

① $\dfrac{1}{s - j\omega}$
② $\dfrac{1}{s + j\omega}$
③ $\dfrac{1}{s^2 + \omega^2}$
④ $\dfrac{\omega}{s^2 + \omega^2}$

> **Explanation**

라플라스변환

$f(t)$		$F(s)$
임펄스함수	$\delta(t)$	1
단위계단함수	$u(t)$	$\dfrac{1}{s}$
램프함수	t	$\dfrac{1}{s^2}$
지수함수	$e^{\pm at}$	$\dfrac{1}{s \mp a}$

$\mathcal{L}[f(t)] = \mathcal{L}[e^{j\omega t}] = \dfrac{1}{s - j\omega}$

【답】①

77 ★★☆☆☆
1[km]당 인덕턴스 25[mH], 정전용량 0.005[μF]의 선로가 있다. 무손실 선로라고 가정한 경우 진행파의 위상(전파) 속도는 약 몇 [km/s]인가?

① 8.95×10^4
② 9.95×10^4
③ 89.5×10^4
④ 99.5×10^4

> **Explanation**

무손실 선로
- 무손실 선로 조건 : $R = G = 0$
- 위상속도 : $v = \dfrac{\omega}{\beta} = \dfrac{1}{\sqrt{LC}} = \dfrac{1}{\sqrt{25 \times 10^{-3} \times 0.005 \times 10^{-6}}} = 8.95 \times 10^4 \,[\text{km/sec}]$

【답】①

78 그림과 같은 순 저항회로에서 대칭 3상 전압을 가할 때 각 선에 흐르는 전류가 같으려면 R의 값은 몇 [Ω]인가?

① 8
② 12
③ 16
④ 20

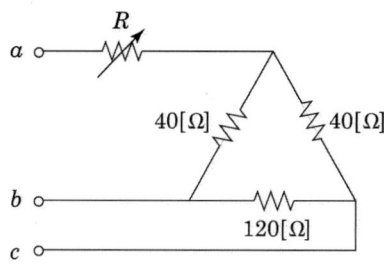

Explanation

각 선에 흐르는 전류가 같으려면 3상 △결선을 Y결선으로 변환
* △결선 → Y결선 변환 식

$$R_a = \frac{R_{ab} \cdot R_{ca}}{R_{ab}+R_{bc}+R_{ca}} \quad R_b = \frac{R_{ab} \cdot R_{bc}}{R_{ab}+R_{bc}+R_{ca}} \quad R_c = \frac{R_{ac} \cdot R_{bc}}{R_{ab}+R_{bc}+R_{ca}}$$

$$Z_a = \frac{Z_{ab} \cdot Z_{ca}}{Z_{ab}+Z_{bc}+Z_{ca}} = \frac{40 \times 40}{40+40+120} = 8[\Omega]$$

$$Z_b = \frac{Z_{ab} \cdot Z_{bc}}{Z_{ab}+Z_{bc}+Z_{ca}} = \frac{40 \times 120}{40+40+120} = 24[\Omega]$$

$$Z_c = \frac{Z_{ac} \cdot Z_{bc}}{Z_{ab}+Z_{bc}+Z_{ca}} = \frac{40 \times 120}{40+40+120} = 24[\Omega]$$

따라서 $Z_a + Z = 24[\Omega]$ ∴ $Z = 16[\Omega]$

【답】③

79 전류 $I = 30\sin\omega t + 40\sin(3\omega t + 45°)$[A]의 실효값[A]은?

① 25
② $25\sqrt{2}$
③ 50
④ $50\sqrt{2}$

Explanation

비정현파의 실효값 : 각 파의 실효값 제곱의 합의 제곱근

$$I = \sqrt{I_0^2 + I_1^2 + I_2^2 + I_3^2 + \cdots}$$
$$= \sqrt{\left(\frac{30}{\sqrt{2}}\right)^2 + \left(\frac{40}{\sqrt{2}}\right)^2} = \frac{1}{\sqrt{2}}\sqrt{30^2+40^2} = \frac{50}{\sqrt{2}} = 25\sqrt{2}\,[A]$$

【답】②

80 어떤 콘덴서를 300[V]로 충전하는 데 9[J]의 에너지가 필요하였다. 이 콘덴서의 정전용량은 몇 [μF]인가?

① 100
② 200
③ 300
④ 400

Explanation

콘덴서의 에너지 $W = \frac{1}{2}QV = \frac{Q^2}{2C} = \frac{1}{2}CV^2[J]$

$C = \frac{2W}{V^2} = \frac{2 \times 9}{300^2} \times 10^6 = 200[\mu F]$

【답】②

5과목 전기설비기술기준

81 KEC 적용으로 인하여 삭제되었습니다.

82 ★☆☆☆☆ 고압용 기계기구를 시설하여서는 안 되는 경우는?
① 시가지 외로서 지표상 3[m]인 경우
② 발전소, 변전소, 개폐소 또는 이에 준하는 곳에 시설하는 경우
③ 옥내에 설치한 기계기구를 취급자 이외의 사람이 출입할 수 없도록 설치한 곳에 시설하는 경우
④ 공장 등의 구내에서 기계기구의 주위에 사람이 쉽게 접촉할 우려가 없도록 적당한 울타리를 설치하는 경우

Explanation

(KEC 341.8조) 고압용 기계기구의 시설
고압용 기계 기구는 다음 각 호의 어느 하나에 해당하는 경우와 발전소·변전소·개폐소 또는 이에 준하는 곳에 시설하는 경우 이외에는 시설 하여서는 안 된다.
① 기계 기구를 지표상 4.5[m](**시가지 외에는 4[m]**) 이상의 높이에 시설하고 또한 사람이 쉽게 접촉할 우려가 없도록 시설하는 경우
② 울타리·담 설치 시 높이는 2[m] 이상으로 하고 울타리·담 등의 하단 사이의 간격은 0.15[m]이하로 할 것   【답】①

83 KEC 적용으로 인하여 삭제되었습니다.

84 ★★☆☆☆ 어떤 공장에서 케이블을 사용하는 사용전압이 22[kV]인 가공전선을 건물 옆쪽에서 1차 접근상태로 시설하는 경우, 케이블과 건물의 조영재 이격거리는 몇 [cm] 이상이어야 하는가?
① 50
② 80
③ 100
④ 120

Explanation

(KEC 333.23조) 특고압 가공전선과 건조물의 접근

건조물과 조영재의 구분	전선종류	접근형태	이격거리
상부 조영재	특고압 절연전선	위쪽	2.5[m]
		옆쪽 또는 아래쪽	1.5[m] (전선에 사람이 쉽게 접촉할 우려가 없도록 시설한 경우는 1[m])
	케이블	위쪽	1.2[m]
		옆쪽 또는 아래쪽	**0.5[m]**
	기타전선		3[m]

【답】①

85. 옥내에 시설하는 전동기가 소손되는 것을 방지하기 위한 과부하 보호 장치를 하지 않아도 되는 것은?

① 정격 출력이 7.5[kW] 이상인 경우
② 정격 출력이 0.2[kW] 이하인 경우
③ 정격 출력이 2.5[kW]이며, 과전류 차단기가 없는 경우
④ 전동기 출력이 4[kW]이며, 과전류 취급자가 감시할 수 없는 경우

Explanation

(KEC 212.6.3조) 저압전로 중의 전동기 보호용 과전류보호장치의 시설
옥내에 시설하는 전동기(**정격 출력이 0.2[kW] 이하인 것을 제외**)에는 전동기가 소손될 우려가 있는 과전류가 생겼을 때에 자동적으로 이를 저지하거나 이를 경보하는 장치를 하여야 한다. 【답】②

86. 사용전압 66[kV]의 가공전선로를 시가지에 시설할 경우 전선의 지표상 최소 높이는 몇 [m] 인가?

① 6.48
② 8.36
③ 10.48
④ 12.36

Explanation

(KEC 333.1조) 시가지 등에서 특고압 가공 전선로의 시설
① 특고압 가공전선로는 전선이 케이블인 경우 또는 전선로를 다음과 같이 시설하는 경우에는 시가지 그밖에 인가가 밀집한 지역에 시설할 수 있다.

사용전압의 구분	지표상의 높이
35[kV] 이하	10[m] (전선이 특고압 절연전선인 경우에는 8[m])
35[kV] 초과	10[m]에 35[kV]를 초과하는 10[kV] 또는 그 단수마다 0.12[m]를 더한 값

단수 : 6.6-3.5=3.1≒4단
높이 : 10+4×0.12=10.48[m] 【답】③

87. 차량 기타 중량물의 압력을 받을 우려가 있는 장소에 지중 전선로를 직접 매설식으로 시설하는 경우 매설깊이는 몇 [m] 이상이어야 하는가?

① 0.8
② 1.0
③ 1.2
④ 1.5

Explanation

(KEC 334.1조) 지중 전선로의 시설
직접 매설식 : 차량 기타 중량물의 압력을 받을 우려가 있는 장소에는 1[m] 이상, 기타 0.6[m] 이상 【답】②

88. KEC 적용으로 인하여 삭제되었습니다.

89. KEC 적용으로 인하여 삭제되었습니다.

90. 저압 옥상전선로의 시설에 대한 설명으로 틀린 것은?

① 전선은 절연전선을 사용한다.
② 전선은 지름 2.6[mm] 이상의 경동선을 사용한다.
③ 전선은 상시 부는 바람 등에 의하여 식물에 접촉하지 않도록 시설한다.
④ 전선과 옥상 전선로를 시설하는 조영재와의 이격거리를 0.5[m]로 한다.

> **Explanation**

(KEC 221.3조) 옥상 전선로
저압 옥상 전선로는 전개된 장소에 다음 각 호에 따르고 또한 위험의 우려가 없도록 시설하여야 한다.
① 전선은 인장강도 2.30[kN] 이상의 것 또는 지름 2.6[mm] 이상의 경동선의 것
② 전선은 절연전선일 것
③ 전선은 조영재에 견고하게 붙인 지지기둥 또는 지지대에 절연성·난연성 및 내수성이 있는 애자를 사용하여 지지하고 또한 그 지지점 간의 거리는 15[m] 이하일 것
④ 전선과 그 저압 옥상 전선로를 시설하는 조영재와의 이격거리는 2[m](전선이 고압 절연전선, 특고압 절연전선 또는 케이블인 경우에는 1[m]) 이상일 것
⑤ 저압 옥상전선로의 전선은 상시 부는 바람 등에 의하여 식물에 접촉하지 아니하도록 시설하여야 한다. 【답】 ④

91 가공전선로의 지지물에 취급자가 오르고 내리는 데 사용하는 발판 볼트 등은 지표상 몇 [m] 미만에 시설하여서는 아니 되는가?
① 1.2
② 1.8
③ 2.2
④ 2.5

> **Explanation**

(KEC 331.4조) 가공 전선로 지지물의 철탑오름 및 전주오름 방지
가공전선로의 지지물에 취급자가 오르고 내리는 데 사용하는 발판 볼트 등 : 지표상 1.8[m] 이상 【답】 ②

92 KEC 적용으로 인하여 삭제되었습니다.

93 KEC 적용으로 인하여 삭제되었습니다.

94 고압 가공전선로에 사용하는 가공지선으로 나경동선을 사용할 때의 최소 굵기[mm]는?
① 3.2
② 3.5
③ 4.0
④ 5.0

> **Explanation**

(KEC 332.6조) 고압 가공 전선로의 가공지선
인장하중 5.26[kN] 이상의 것 또는 4[mm] 이상의 나경동선을 사용 【답】 ③

95 특고압용 변압기의 보호장치인 냉각장치에 고장이 생긴 경우 변압기의 온도가 현저하게 상승한 경우에 이를 보호하는 장치를 반드시 하지 않아도 되는 경우는?
① 유입 풍냉식
② 유입 자냉식
③ 송유 풍냉식
④ 송유 수냉식

> **Explanation**

(KEC 351.4조) 특고압용 변압기의 보호 장치
변압기의 온도가 상승할 경우 경보 장치는 타냉식(수냉식, 송유 풍냉식, 송유 자냉식)에 한하여 그 시설 의무가 정해져 있다.
뱅크 용량이 10,000[kVA]이상인 특고압용의 변압기의 내부 고장 시에는 자동 차단 장치를 시설하여야 한다. 【답】 ②

96 빙설의 경도에 따라 풍압하중을 적용하도록 규정하고 있는 내용 중 옳은 것은? (단, 빙설이 많은 지방 중 해안 지방 기타 저온계절에 최대 풍압이 생기는 지방은 제외한다)
① 빙설이 많은 지방에서는 고온계절에는 갑종 풍압하중, 저온계절에는 을종 풍압하중을 적용한다.
② 빙설이 많은 지방에서는 고온계절에는 을종 풍압하중, 저온계절에는 갑종 풍압하중을 적용한다.
③ 빙설이 적은 지방에서는 고온계절에는 갑종 풍압하중, 저온계절에는 을종 풍압하중을 적용한다.
④ 빙설이 적은 지방에서는 고온계절에는 을종 풍압하중, 저온계절에는 갑종 풍압하중을 적용한다.

Explanation

(KEC 331.6조) 풍압 하중의 종별과 적용
- 빙설이 많은 지방이외의 지방에서는 고온계절에는 갑종 풍압하중, 저온계절에 병종 풍압하중
- 빙설이 많은 지방(제3호의 지방은 제외한다)에서는 고온계절에는 갑종 풍압하중, 저온계절에는 을종 풍압하중 【답】①

97 가공전선로의 지지물에 시설하는 지지선의 시설 기준으로 옳은 것은?
① 지지선의 안전율은 2.2 이상이어야 한다.
② 연선을 사용할 경우에는 소선(素線) 3가닥 이상이어야 한다.
③ 도로를 횡단하여 시설하는 지지선의 높이는 지표상 4[m] 이상으로 하여야 한다.
④ 지중부분 및 지표상 0.2[m] 까지의 부분에는 내식성이 있는 것 또는 아연도금을 한다.

Explanation

(KEC 331.11조) 지지선의 시설
① 지지선의 안전율은 2.5 이상, 허용 인장 하중의 최저는 4.31[kN]일 것.
② 2.6[㎜] 이상의 금속선을 3가닥 이상 꼬아서 사용
③ 도로를 횡단하여 시설하는 지지선의 높이는 지표상 5[m] 이상으로 하여야 한다.
④ 지중부분 및 지표상 0.3[m]까지의 부분에는 내식성이 있는 것 또는 아연도금을 한 철봉을 사용하고 쉽게 부식되지 아니하는 근가에 견고하게 붙일 것 【답】②

98 무선용 안테나 등을 지지하는 철탑의 기초 안전율은 얼마 이상이어야 하는가?
① 1.0
② 1.5
③ 2.0
④ 2.5

Explanation

(KEC 364.1조) 무선용 안테나 등을 지지하는 철탑 등의 시설
철주·철근 콘크리트주 또는 철탑의 기초의 안전율은 1.5 이상이어야 한다. 【답】②

99 조상설비의 무효 전력 보상 장치 내부에 고장이 생긴 경우에 자동적으로 전로로부터 차단하는 장치를 시설해야 하는 뱅크용량 [kVA]으로 옳은 것은?
① 1,000
② 1,500
③ 10,000
④ 15,000

Explanation

(KEC 351.5조) 조상설비의 보호장치
조상설비에는 그 내부에 고장이 생긴 경우에는 보호하는 장치를 표와 같이 시설하여야 한다.

설비 종별	뱅크 용량의 구분	자동적으로 전로로부터 차단하는 장치
무효 전력 보상 장치	15,000[kVA] 이상	• 내부에 고장이 생긴 경우

【답】④

100 ★★★☆☆ 특고압 가공전선로의 지지물로 사용하는 B종 철주에서 각도형은 전선로 중 몇 도를 넘는 수평 각도를 이루는 곳에 사용되는가?

① 1   ② 2
③ 3   ④ 5

Explanation

(KEC 333.11조) 특고압 가공전선로의 철주·철근 콘크리트주 또는 철탑의 종류
- 직선형 : 전선로의 직선부분(3도 이하인 수평각도를 이루는 곳을 포함한다)에 사용하는 것
- **각도형 : 전선로 중 3도를 넘는 수평 각도를 이루는 곳에 사용하는 것**
- 잡아당김형 : 전 가섭선을 잡아당기는 곳에 사용한 것
- 내장형 : 전선로의 지지물 양쪽의 경간의 차가 큰 곳에 사용하는 것
- 보강형 : 전선로의 직선 부분에 그 보강을 위하여 사용하는 것

【답】③

3회 2019년 전기기사 필기

1과목 전기자기학

01 ★☆☆☆☆
원통 좌표계에서 일반적으로 벡터가 $A = 5r\sin\phi a_z$로 표현될 때 점$(2, \frac{\pi}{2}, 0)$에서 curl A를 구하면?

① $5a_r$
② $5\pi a_\phi$
③ $-5a_\phi$
④ $-5\pi a_\phi$

Explanation

【답】③

02 ★☆☆☆☆
전하 q[C]가 진공 중의 자계 H [AT/m]에 수직방향으로 v[m/s]의 속도로 움직일 때 받는 힘은 몇 [N]인가? (단, 진공 중의 투자율은 μ_0이다)

① qvH
② $\mu_0 qH$
③ πqvH
④ $\mu_0 qvH$

Explanation

자계 내에 전자가 v[m/sec]의 속도로 이동할 때 전자가 받는 힘 $F = q(v \times B) = qvB = qv\mu_0 H$[N]
여기서, 자속밀도 $B = \mu_0 H$

【답】④

03 ★★★★★
환상철심의 평균 자계의 세기가 3,000[AT/m]이고, 비투자율이 600인 철심 중의 자화의 세기는 약 몇 [Wb/m²]인가?

① 0.75
② 2.26
③ 4.52
④ 9.04

Explanation

자화의 세기 $J = \mu_0(\mu_s - 1)H = \left(1 - \frac{1}{\mu_s}\right)B$
$= 4\pi \times 10^{-7} \times (600 - 1) \times 3,000 = 2.26$[Wb/m²]

【답】②

04 ★★☆☆☆
강자성체의 세 가지 특성에 포함되지 않는 것은?

① 자기포화 특성
② 와전류 특성
③ 고투자율 특성
④ 히스테리시스 특성

Explanation

강자성체의 특성
- 히스테리시스 특성
- 포화특성
- 고투자율 특성

【답】②

05 ★★☆☆☆ 전기 저항에 대한 설명으로 틀린 것은?

① 저항의 단위는 옴[Ω]을 사용한다.
② 저항률(ρ)의 역수를 도전율이라고 한다.
③ 금속선의 저항 R은 길이 ℓ에 반비례한다.
④ 전류가 흐르고 있는 금속선에 있어서 임의 두 점 간의 전위차는 전류에 비례한다.

Explanation

전기 저항 $R=\rho\dfrac{l}{A}$에서 저항은 **길이에 비례**하고 단면적에 반비례

도전율 $k=\dfrac{1}{\rho}$: 저항률의 역수

옴의 법칙 : $I=\dfrac{V}{R}$이므로 전류는 전위차에 비례한다.

【답】③

06 ★★★★★ 변위전류와 가장 관계가 깊은 것은?

① 도체
② 반도체
③ 유전체
④ 자성체

Explanation

- 전도전류 : 도체
- 변위전류 : 유전체

【답】③

07 ★★★☆☆ 전자파의 특성에 대한 설명으로 틀린 것은?

① 전자파의 속도는 주파수와 무관하다.
② 전파 E_x를 고유 임피던스로 나누면 자파 H_y가 된다.
③ 전파 E_x와 자파 H_y의 진동 방향은 진행 방향에 수평인 종파이다.
④ 매질이 도전성을 갖지 않으면 전파 E_x와 자파 H_y는 동위상이 된다.

Explanation

- 특성 임피던스 $Z_0=\dfrac{E_x}{H_y}$에서 $H_y=\dfrac{E_x}{Z_0}$
- 특성 임피던스 $Z_0=\sqrt{\dfrac{\mu_0}{\epsilon_0}}=377[\Omega]$: 상수값이므로 전파와 자파는 동위상
- E_x와 H_y의 진행 방향에 수직인 횡파
- 전자파 속도 $v=\dfrac{1}{\sqrt{\epsilon\mu}}$: 전자파 속도는 주파수와 무관

【답】③

08 ★★★★★ 도전도 $k=6\times 10^{17}[\mho/m]$, 투자율 $\mu=\dfrac{6}{\pi}\times 10^{-7}[H/m]$인 평면도체 표면에 10[kHz]의 전류가 흐를 때, 침투깊이 $\delta[m]$는?

① $\dfrac{1}{6}\times 10^{-7}$
② $\dfrac{1}{8.5}\times 10^{-7}$
③ $\dfrac{36}{\pi}\times 10^{-6}$
④ $\dfrac{36}{\pi}\times 10^{-10}$

Explanation

침투깊이 $\delta = \sqrt{\dfrac{2}{\omega\mu k}} = \sqrt{\dfrac{1}{\pi f \mu k}}$

$= \sqrt{\dfrac{1}{\pi \times 10 \times 10^3 \times \dfrac{6}{\pi} \times 10^{-7} \times 6 \times 10^{17}}}$

$= \dfrac{1}{6} \times 10^{-7}$ [m]

【답】 ①

09 ★★★☆☆ 평행판 콘덴서의 극간 전압이 일정한 상태에서 극간에 공기가 있을 때의 흡인력을 F_1, 극판 사이에 극판 간격의 $\dfrac{2}{3}$ 두께의 유리판($\epsilon_r = 10$)을 삽입할 때의 흡인력을 F_2라 하면 $\dfrac{F_2}{F_1}$는?

① 0.6
② 0.8
③ 1.5
④ 2.5

Explanation

【답】 ④

10 ★★★☆☆ 자계의 벡터 포텐셜을 A라 할 때 자계의 시간적 변화에 의하여 생기는 전계의 세기 E는?

① $E = rot A$
② $rot E = A$
③ $E = -\dfrac{\partial A}{\partial t}$
④ $rot E = -\dfrac{\partial A}{\partial t}$

Explanation

벡터 포텐셜의 정의 : $B = \nabla \times A$

$\nabla \times E = -\dfrac{\partial B}{\partial t} = -\dfrac{\partial}{\partial t}(\nabla \times A)$

$\int (\nabla \times E)\, ds = = -\int \dfrac{\partial}{\partial t}(\nabla \times A) ds$에서 스토크스의 정리를 이용하면

따라서 $E = -\dfrac{\partial A}{\partial t}$

【답】 ③

11 ★★★★★ 무한장 직선형 도선에 I[A]의 전류가 흐를 경우 도선으로부터 R[m] 떨어진 점의 자속 밀도 B[Wb/m²]는?

① $B = \dfrac{\mu I}{2\pi R}$
② $B = \dfrac{1}{2\pi \mu R}$
③ $B = \dfrac{\mu I}{4\pi R}$
④ $B = \dfrac{I}{4\pi \mu R}$

Explanation

무한장 직선 전류로부터 R[m] 떨어진 자계의 세기 : $H = \dfrac{I}{2\pi R}$ [A/m]

자속 밀도 $B = \mu H$

따라서 $B = \mu H = \dfrac{\mu I}{2\pi R}$ [Wb/m²]

【답】 ①

12 송전선의 전류가 0.01초 사이에 10[kA] 변화될 때 이 송전선에 나란한 통신선에 유도되는 유도전압은 몇 [V]인가? (단, 송전선과 통신선 간의 상호유도계수는 0.3[mH]이다)
① 30　　② 300
③ 3,000　　④ 30,000

Explanation

유기기전력 $e = -M\dfrac{di}{dt} = -0.3 \times 10^{-3} \times \dfrac{10 \times 10^3}{0.01} = 300\,[\text{V}]$

【답】②

13 단면적 15[cm²]의 자석 근처에 같은 단면적을 가진 철편을 놓을 때 그 곳을 통하는 자속이 3×10^{-4}[Wb]이면 철편에 작용하는 흡인력은 약 몇 [N]인가?
① 12.2　　② 23.9
③ 36.6　　④ 48.8

Explanation

면적당 힘 $f = \dfrac{1}{2}\mu H^2 = \dfrac{B^2}{2\mu} = \dfrac{1}{2}BH\,[\text{N/m}^2]$에서

흡인력 $F = fS = \dfrac{B^2}{2\mu} \times S = \dfrac{\left(\dfrac{\phi}{S}\right)^2}{2\mu} \times S = \dfrac{\phi^2}{2\mu S}$

$= \dfrac{(3 \times 10^{-4})^2}{2 \times 4\pi \times 10^{-7} \times 15 \times 10^{-4}} = 23.9\,[\text{N}]$

【답】②

14 길이 ℓ[m]인 동축 원통 도체의 내외원통에 각각 $+\lambda, -\lambda$[C/m]의 전하가 분포되어 있다. 내외원통 사이에 유전율 ϵ인 유전체가 채워져 있을 때, 전계의 세기[V/m]는? (단, V는 내외원통 간의 전위차, D는 전속밀도이고, a, b는 내외원통의 반지름이며, 원통 중심에서의 거리 r은 $a < r < b$인 경우이다)

① $\dfrac{V}{r \cdot ln\dfrac{b}{a}}$　　② $\dfrac{V}{\epsilon \cdot ln\dfrac{b}{a}}$　　③ $\dfrac{D}{r \cdot ln\dfrac{b}{a}}$　　④ $\dfrac{D}{\epsilon \cdot ln\dfrac{b}{a}}$

Explanation

【답】①

15 정전 용량이 1[μF]이고 판의 간격이 d인 공기 콘덴서가 있다. 두께 $\dfrac{1}{2}d$, 비유전율 $\varepsilon_r = 2$인 유전체를 그 콘덴서의 한 전극면에 접촉하여 넣었을 때 전체의 정전 용량[μF]은?
① 2　　② $\dfrac{1}{2}$
③ $\dfrac{4}{3}$　　④ $\dfrac{5}{3}$

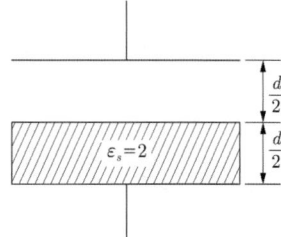

Explanation

극판 간격의 $\frac{1}{2}$ 간격에 물질을 채운 경우의 정전 용량

$$C = \frac{2C_0}{1+\frac{1}{\epsilon_r}} = \frac{2 \times 1}{1+\frac{1}{2}} = \frac{4}{3}[\mu F]$$

【답】③

16 ★☆☆☆☆ 정전용량이 각각 C_1, C_2, 그 사이의 상호유도계수가 M인 절연된 두 도체가 있다. 두 도체를 가는 선으로 연결할 경우, 정전용량은 어떻게 표현되는가?

① $C_1 + C_2 - M$
② $C_1 + C_2 + M$
③ $C_1 + C_2 + 2M$
④ $2C_1 + 2C_2 + M$

Explanation

두 도선을 연결하면 등전위($V_1 = V_2 = V$)가 되며
이 경우의 용량계수를 각각 C_1, C_2 유도계수를 각각 M이라 하면
$Q_1 = q_{11}V_1 + q_{12}V_2 = C_1V + MV = (C_1 + M)V$
$Q_2 = q_{21}V_1 + q_{22}V_2 = MV + C_2V = (C_2 + M)V$
전체 전하량 $Q = Q_1 + Q_2 = CV = (C_1 + C_2 + 2M)V$
따라서 정전용량 $C = C_1 + C_2 + 2M$

【답】③

17 ★☆☆☆☆ 진공 중에서 점 $P(1,2,3)$ 및 점 $Q(2,0,5)$에 각각 $300[\mu C]$, $-100[\mu C]$인 점전하가 놓여 있을 때 점전하 $-100[\mu C]$에 작용하는 힘은 몇 [N]인가?

① $10i - 20j + 20k$
② $10i + 20j - 20k$
③ $-10i + 20j + 20k$
④ $-10i + 20j - 20k$

Explanation

두 전하 사이의 힘은 벡터량이며, 쿨롱의 법칙으로 계산한다.
$F = |F|a_0$에서
거리 $r = (2,0,5) - (1,2,3) = (1,-2,2) = i - 2j + 2k$
크기 $|r| = \sqrt{1^2 + (-2)^2 + 2^2} = 3[m]$
방향 $a_0 = \frac{r}{|r|} = \frac{1}{3}(i - 2j + 2k)$
따라서 힘을 벡터로 표시하면 $F = |F|a_0$에서
$F = 9 \times 10^9 \times \frac{300 \times 10^{-6} \times (-100) \times 10^{-6}}{3^2} \times \frac{1}{3}(i - 2j + 2k) = -10(i - 2j + 2k) = -10i + 20j - 20k[N]$

【답】④

18 ★★★★★ 단면적 $s[m^2]$, 단위 길이에 대한 권수가 $n[회/m]$인 무한히 긴 솔레노이드의 단위 길이당 자기인덕턴스[H/m]는?

① $\mu \cdot s \cdot n$
② $\mu \cdot s \cdot n^2$
③ $\mu \cdot s^2 \cdot n$
④ $\mu \cdot s^2 \cdot n^2$

Explanation

인덕턴스 $L = \frac{N\phi}{I} = \frac{N}{I}\frac{F}{R_m} = \frac{N}{I}\frac{NI}{R_m} = \frac{N^2}{\frac{l}{\mu S}} = \frac{\mu SN^2}{l}$ [H]이고,

무한장 솔레노이드의 단위 길이 당 인덕턴스 $L' = \frac{L}{l} = \mu S\left(\frac{N}{l}\right)^2 = \mu Sn^2$ [H/m]이다.

【답】②

19 ★★☆☆☆ 반지름 a[m]의 구 도체에 전하 Q[C]가 주어질 때 구 도체 표면에 작용하는 정전 응력은 약 몇 [N/m²]인가?

① $\dfrac{9Q^2}{16\pi^2\epsilon_0 a^6}$ ② $\dfrac{9Q^2}{32\pi^2\epsilon_0 a^6}$

③ $\dfrac{Q^2}{16\pi^2\epsilon_0 a^4}$ ④ $\dfrac{Q^2}{32\pi^2\epsilon_0 a^4}$

Explanation

정전 응력 $f = \dfrac{\sigma^2}{2\epsilon_0} = \dfrac{1}{2}\epsilon_0 E^2 = \dfrac{D^2}{2\epsilon_0} = \dfrac{1}{2}ED$ [N/m²]

$f = \dfrac{1}{2}\epsilon_0 E^2 = \dfrac{1}{2}\epsilon_0 \left(\dfrac{Q}{4\pi\epsilon_0 a^2}\right)^2 = \dfrac{Q^2}{32\pi^2\epsilon_0 a^4}$ [N/m²]

【답】 ④

20 ★☆☆☆☆ 다음 금속 중 저항률이 가장 작은 것은?

① 은 ② 철
③ 백금 ④ 알루미늄

Explanation

도전율이 큰 순서 : 은 > 동(구리) > 금 > 알루미늄 > 철 > 백금
따라서 저항률은 도전율의 반대이므로
은 < 동(구리) < 금 < 알루미늄 < 철 < 백금

【답】 ①

2과목 전력공학

21 ★★★★☆ 플리커 경감을 위한 전력 공급 측의 방안이 아닌 것은?

① 공급 전압을 낮춘다. ② 전용 변압기로 공급한다.
③ 단독 공급 계통을 구성한다. ④ 단락 용량이 큰 계통에서 공급한다.

Explanation

플리커 경감 대책(전력 공급 측의 방법)
• 단락 용량이 큰 계통에서 공급
• 전용 변압기로 공급
• **공급 전압을 승압**
• 전압 강하를 보상

【답】 ①

22 ★★★☆☆ 수력 발전 설비에서 흡출관을 사용하는 목적은?

① 압력을 줄이기 위하여 ② 유효낙차를 늘리기 위하여
③ 속도 변동률을 적게 하기 위하여 ④ 물의 유선을 일정하게 하기 위하여

Explanation

흡출관 : 반동수차(물의 압력 에너지를 이용)의 유효 낙차를 늘리기 위한 관

【답】 ②

23 원자로에서 중성자가 원자로 외부로 유출되어 인체에 위험을 주는 것을 방지하고 방열의 효과를 주기 위한 것은?
① 제어재　　　　　　　　　　② 차폐재
③ 반사체　　　　　　　　　　④ 구조재

Explanation

차폐재
- 방사능(중성자, γ선)이 외부로 나가는 것을 차폐하는 역할
- 차폐재로 사용되는 물질 : 납, 콘크리트 등(밀도가 큰 물질)

【답】②

24 역률 80[%], 500[kVA]의 부하설비에 100[kVA]의 진상용 콘덴서를 설치하여 역률을 개선하면 수전점에서의 부하는 약 몇 [kVA]가 되는가?
① 400　　　　　　　　　　② 425
③ 450　　　　　　　　　　④ 475

Explanation

유효전력 $P = P_a \cos\theta = 500 \times 0.8 = 400[\text{kW}]$
무효전력 $P_r = P_a \sin\theta = 500 \times 0.6 = 300[\text{kVar}]$
콘덴서를 설치하면 무효전력은 $P_r = 300 - 100 = 200[\text{kVar}]$
따라서 변압기에 걸리는 부하는 $P_a = \sqrt{P^2 + P_r^2} = \sqrt{400^2 + 200^2} = 447[\text{kVA}]$

【답】③

25 변성기의 정격부담을 표시하는 단위는?
① [W]　　　　　　　　　　② [S]
③ [dyne]　　　　　　　　　④ [VA]

Explanation

정격부담 : 변성기 2차측에 설치할 수 있는 부하의 한도로서 [VA]로 나타낸다.

【답】④

26 같은 선로와 같은 부하에서 교류 단상 3선식은 단상 2선식에 비하여 전압강하와 배전효율이 어떻게 되는가?
① 전압강하는 적고, 배전효율은 높다.　　③ 전압강하는 크고, 배전효율은 낮다.
③ 전압강하는 적고, 배전효율은 낮다.　　④ 전압강하는 크고, 배전효율은 높다.

Explanation

단상 2선식(110[V])을 단상 3선식(110/220[V])으로 변경 : 전압이 2배로 상승된 것
전압강하 $e = \dfrac{P}{V_r}(R + X\tan\theta)$ 이므로 전압강하는 공급전압에 반비례$\left(e \propto \dfrac{1}{V_r}\right)$한다.
따라서 전압강하는 적어지고
전력손실 $P_l = \dfrac{P^2 R}{V^2 \cos^2\theta}$, $P_l \propto \dfrac{1}{V^2}$ 이므로 손실이 감소하고 효율이 증가한다.

【답】①

27 부하 전류의 차단에 사용되지 않는 것은?
① DS　　　　　　　　　　② ACB
③ OCB　　　　　　　　　④ VCB

Explanation

전력용 개폐장치
- 단로기(DS) : 무부하 회로 개폐
- 개폐기 : 부하 전류 개폐
- 차단기 : 부하 전류 개폐 및 고장 전류 차단

【답】①

28 인터록(interlock)의 기능에 대한 설명으로 옳은 것은?
① 조작자의 의중에 따라 개폐되어야 한다.
② 차단기가 열려 있어야만 단로기를 닫을 수 있다.
③ 차단기가 닫혀 있어야만 단로기를 닫을 수 있다.
④ 차단기와 단로기를 별도로 닫고, 열 수 있어야 한다.

Explanation

인터록(Interlock) : 차단기가 열려 있어야 단로기 조작 가능
- 투입 시 : DS – CB 순
- 차단 시 : CB – DS 순

【답】②

29 각 전력계통을 연계선으로 상호 연결하였을 때 장점으로 틀린 것은?
① 건설비 및 운전경비를 절감하므로 경제급전이 용이하다.
② 주파수의 변화가 작아진다.
③ 각 전력계통의 신뢰도가 증가한다.
④ 선로 임피던스가 증가되어 단락전류가 감소된다.

Explanation

계통연계 시에는 설비용량이 저감되며 배후전력이 커지며 안정된 전압, 주파수 유지가 가능하나 병렬 회로 수가 많으므로 사고 시 단락전류가 증대되고 단락용량이 커지는 단점이 있다.

【답】④

30 연가에 의한 효과가 아닌 것은?
① 직렬공진의 방지
② 대지정전용량의 감소
③ 통신선의 유도장해 감소
④ 선로정수의 평형

Explanation

연가 : 선로정수를 평형 시키기 위하여 3상 3선식 선로를 3배수 등분하여 실시
- 선로정수 평형(각 상의 전압, 전류 평형)
- 정전유도장해 감소
- 소호리액터 접지 시의 직렬공진 방지

【답】②

31 가공지선에 대한 설명 중 틀린 것은?
① 유도뢰 서지에 대하여도 그 가설구간 전체에 사고방지의 효과가 있다.
② 직격뢰에 대하여 특히 유효하며 탑 상부에 시설하므로 뇌는 주로 가공지선에 내습한다.
③ 송전선의 1선 지락 시 지락전류의 일부가 가공지선에 흘러 차폐작용을 하므로 전자유도장해를 적게 할 수 있다.
④ 가공지선 때문에 송전선로의 대지정전용량이 감소하므로 대지사이에 방전할 때 유도전압이 특히 커서 차폐 효과가 좋다.

Explanation

가공지선의 설치 목적

- 직격뇌 차폐
- 유도뢰에 대한 정전 차폐
- 통신선에 대한 전자 유도 장해 경감(지락 전류의 일부가 가공지선에 흐르므로)

【답】④

32 케이블의 전력 손실과 관계가 없는 것은?

① 철손
② 유전체손
③ 시스손
④ 도체의 저항손

Explanation

케이블의 손실
- 저항손(도체손) : I^2R에 의한 손실
- 유전체손(절연체손) : $P_c = \omega CE^2 \tan\delta$
- 연피손 : 전자유도 작용

【답】①

33 전압요소가 필요한 계전기가 아닌 것은?

① 주파수 계전기
② 동기탈조 계전기
③ 지락 과전류 계전기
④ 방향성 지락 과전류 계전기

Explanation

전압요소가 필요한 계전기 : 주파수계전기, 방향성 계전기, 동기탈조계전기 등

【답】③

34 다음 중 송전 선로의 코로나 임계 전압이 높아지는 경우가 아닌 것은?

① 날씨가 맑다.
② 기압이 높다.
③ 상대공기밀도가 낮다.
④ 전선의 반지름과 선간거리가 크다.

Explanation

코로나 임계전압 $E = 24.3 m_0 m_1 \delta d \log_{10} \dfrac{D}{r}$ [kV]

m_0 : 전선의 표면 상태
m_1 : 천후 계수
δ : 상대 공기 밀도 $= \dfrac{0.386b}{273+t}$ (b : 기압, t : 온도)
d : 전선의 지름

따라서 코로나 임계 전압이 높아지는 경우는 상대 공기 밀도가 높고, 전선의 직경이 커야 한다. 또한, 맑은 날, 기압이 높고, 온도가 낮은 경우에 임계 전압은 높다.

【답】③

35 가공선 계통은 지중선 계통보다 인덕턴스 및 정전 용량이 어떠한가?

① 인덕턴스, 정전 용량이 모두 작다.
② 인덕턴스, 정전 용량이 모두 크다.
③ 인덕턴스는 크고, 정전 용량은 작다.
④ 인덕턴스는 작고, 정전 용량은 크다.

Explanation

지중선 계통은 가공선 계통에 비해서 선간 거리가 훨씬 적다.

인덕턴스 $L = 0.05 + 0.4605 \log_{10} \dfrac{D}{r}$ [mH/km]

정전 용량 $C = \dfrac{0.02413}{\log_{10} \dfrac{D}{r}}$ [μF/km]이므로

가공선의 선간 거리 D가 지중선보다 크므로 인덕턴스는 크고 정전 용량은 적다.

【답】③

36 3상 무부하 발전기의 1선 지락 고장 시에 흐르는 지락 전류는? (단, E는 접지된 상의 무부하 기전력이고 Z_0, Z_1, Z_2 는 발전기의 영상, 정상, 역상 임피던스이다)

① $\dfrac{E}{Z_0 + Z_1 + Z_2}$ ② $\dfrac{\sqrt{3}\,E}{Z_0 + Z_1 + Z_2}$

③ $\dfrac{3E}{Z_0 + Z_1 + Z_2}$ ④ $\dfrac{E^2}{Z_0 + Z_1 + Z_2}$

Explanation

1선 지락 시
$I_0 = I_1 = I_2$
$I_g = 3I_0 = \dfrac{3E_a}{Z_0 + Z_1 + Z_2}$

【답】③

37 송전선의 특성임피던스는 저항과 누설 컨덕턴스를 무시하면 어떻게 표현되는가?(단, L은 선로의 인덕턴스, C는 선로의 정전용량이다)

① $\sqrt{\dfrac{L}{C}}$ ② $\sqrt{\dfrac{C}{L}}$

③ $\dfrac{L}{C}$ ④ $\dfrac{C}{L}$

Explanation

무손실 선로($R = G = 0$)
특성임피던스 $Z_0 = \sqrt{\dfrac{Z}{Y}} = \sqrt{\dfrac{R+j\omega L}{G+j\omega C}} \fallingdotseq \sqrt{\dfrac{L}{C}}$

【답】①

38 전력 원선도에서는 알 수 없는 것은?

① 송수전할 수 있는 최대전력 ② 선로 손실
③ 수전단 역률 ④ 코로나손

Explanation

전력 원선도에서 구할 수 없는 것(사고 값)
• 과도 안정 극한 전력
• 코로나 손실

【답】④

39 수력발전소의 분류 중 낙차를 얻는 방법에 의한 분류 방법이 아닌 것은?

① 댐식 발전소 ② 수로식 발전소
③ 양수식 발전소 ④ 유역 변경식 발전소

Explanation

낙차를 취하는 발전 방식
• 수로식 발전
• 댐식 발전
• 댐 수로식 발전
• 유역 변경식 발전

【답】③

40 어느 수용가의 부하설비는 전등설비가 500[W], 전열설비가 600[W], 전동기 설비가 400[W], 기타설비가 100[W]이다. 이 수용가의 최대수용전력이 1,200[W]이면 수용률은 몇 [%]인가?
① 55
② 65
③ 75
④ 85

Explanation

$$수용률 = \frac{최대\ 전력}{설비\ 용량} \times 100[\%]$$
$$= \frac{1,200}{500+600+400+100} \times 100 = 75[\%]$$

【답】③

3과목 전기기기

41 터빈 발전기의 냉각을 수소 냉각 방식으로 하는 이유로 틀린 것은?
① 풍손이 공기 냉각 시의 약 $\frac{1}{10}$로 줄어든다.
② 열전도율이 좋고 가스냉각기의 크기가 작아진다.
③ 절연물의 산화작용이 없으므로 절연 열화가 작아서 수명이 길다.
④ 반폐형으로 하기 때문에 이물질의 침입이 없고 소음이 감소한다.

Explanation

수소 냉각 방식의 특징
- 풍손이 공기의 $\frac{1}{10}$로 경감
- 열전도도가 좋고 비열이 커서 냉각 효과가 크다.
- 절연물의 산화가 없으므로 절연물의 수명이 길어진다.
- 소음이 적고 코로나 발생이 적다.
- 단점 : 수소는 공기와 혼합하면 폭발 우려(안전장치 필요, **전폐형**)

【답】④

42 전력변환기기로 틀린 것은?
① 컨버터
② 정류기
③ 인버터
④ 유도전동기

Explanation

전력변환기기
- 사이클로 컨버터 : AC전력을 증폭(제어 정류기를 사용한 주파수 변환기)
- AC → DC : 정류기(컨버터)
- DC → AC : 인버터
- DC → DC : 쵸퍼

【답】④

43 ★☆☆☆☆ 동기발전기의 돌발 단락 시 발생되는 현상으로 틀린 것은?

① 큰 과도전류가 흘러 권선 소손
② 단락전류는 전기자 저항으로 제한
③ 코일 상호간 큰 전자력에 의한 코일 파손
④ 큰 단락전류 후 점차 감소하여 지속 단락전류 유지

> **Explanation**
>
> 단락초기에는 전기자 반작용이 순간적으로 나타나지 않기 때문에 막대한 과도전류가 흐르고, 수 초 후에는 영구단락 전류 값에 이르게 된다.
> - 돌발단락전류 : 누설리액턴스가 제한
> - 지속단락전류 : 동기리액턴스가 제한
>
> 【답】②

44 ★☆☆☆☆ 정류자형 주파수변환기의 회전자에 주파수 f_1의 교류를 가할 때 시계방향으로 회전자계가 발생하였다. 정류자 위의 브러시 사이에 나타나는 주파수 f_c를 설명한 것 중 틀린 것은? (단, n : 회전자의 속도, n_s : 회전자계의 속도, s : 슬립이다)

① 회전자를 정지시키면 $f_c = f_1$인 주파수가 된다.
② 회전자를 반시계방향으로 $n = n_s$의 속도로 회전시키면, $f_c = 0[\text{Hz}]$가 된다.
③ 회전자를 반시계방향으로 $n < n_s$의 속도로 회전시키면, $f_c = sf_1[\text{Hz}]$가 된다.
④ 회전자를 시계방향으로 $n < n_s$의 속도로 회전시키면, $f_c < f_1$인 주파수가 된다.

> **Explanation**
>
> 정류자형 주파수변환기 : 교류정류자기의 일종으로 회전자에 정류자와 슬립링이 있으며 이 회전자를 전동기로 운전하여 주파수 변환
> - $f_c = f_1$: 회전자 정지 시
> - $f_c = 0$: 회전자를 반시계방향으로 $n = n_s$의 속도로 회전
> - $f_c = sf_1$: 회전자를 반시계방향으로 $n < n_s$의 속도로 회전
> - $f_c > f_1$: 회전자를 시계방향으로 $n < n_s$의 속도로 회전
>
> 【답】④

45 ★★☆☆☆ E를 전압, r을 1차로 환산한 저항, x를 1차로 환산한 리액턴스라고 할 때 유도전동기의 원선도에서 원의 지름을 나타내는 것은?

① $E \cdot r$
② $E \cdot x$
③ $\dfrac{E}{x}$
④ $\dfrac{E}{r}$

> **Explanation**
>
> 유도전동기 원선도 : 전류에 의한 궤적
> $$I_{2s} = \frac{E_{2s}}{Z_{2s}} = \frac{sE_2}{r_2 + jsx_2} = \frac{E_2}{\sqrt{\left(\frac{r_2}{s}\right)^2 + x_2^2}} \fallingdotseq \frac{E_2}{x_2}$$
> $\therefore$ 지름 $\propto \dfrac{E}{x}$
>
> 【답】③

46 ★★★☆☆ 변압기의 백분율 저항강하가 3[%], 백분율 리액턴스 강하가 4[%]일 때 뒤진 역률 80[%]인 경우의 전압변동률[%]은?

① 2.5
② 3.4
③ 4.8
④ -3.6

> **Explanation**

전압 변동률 $\epsilon = \dfrac{V_{20} - V_{2n}}{V_{2n}} \times 100 = p\cos\theta \pm q\sin\theta$ (지상 : +, 진상 : -)
$= 3 \times 0.8 + 4 \times 0.6 = 4.8[\%]$

【답】③

47 ★☆☆☆☆ 직류발전기에 직결한 3상 유도전동기가 있다. 발전기의 부하 100[kW], 효율 90[%]이며 전동기 단자전압 3,300[V], 효율 90[%], 역률 90[%]이다. 전동기에 흘러들어가는 전류는 약 몇 [A]인가?

① 2.4　　　　　　　　　　　② 4.8
③ 19　　　　　　　　　　　 ④ 24

> **Explanation**

발전기의 효율 $\eta = \dfrac{\text{출력}}{\text{입력}}$ 이므로

발전기의 입력 $P_i = \dfrac{P_o}{\eta} = \dfrac{100}{0.9} = 111.11 [\text{kW}]$

발전기 입력 = 원동기(3상 유도전동기)의 출력

여기서, 원동기(3상 유도전동기)의 효율 $\eta = \dfrac{\text{출력}}{\text{입력}} = \dfrac{P_o}{\sqrt{3}\, VI\cos\theta}$ 이므로

3상 유도전동기전류 $I = \dfrac{P_o}{\sqrt{3}\, V\cos\theta\, \eta} = \dfrac{111.11 \times 10^3}{\sqrt{3} \times 3,300 \times 0.9 \times 0.9} = 24 [\text{A}]$

【답】④

48 ★★★★★ 농형 유도전동기에 주로 사용되는 속도 제어법은?

① 극수 변환법　　　　　　　② 종속 접속법
③ 2차 저항 제어법　　　　　④ 2차 여자 제어법

> **Explanation**

농형 유도전동기 속도 제어법
• 주파수 변환법
• 극수 변환법
• 전압 제어법

【답】①

49 ★☆☆☆☆ 단상 유도전동기의 특징을 설명한 것으로 옳은 것은?

① 기동 토크가 없으므로 기동장치가 필요하다.
② 기계손이 있어도 무부하 속도는 동기 속도보다 크다.
③ 권선형은 비례추이가 불가능하며, 최대 토크는 불변이다.
④ 슬립은 0 > S > -1 이고 2보다 작고 0이 되기 전에 토크가 0이 된다.

> **Explanation**

단상 유도 전동기의 특성
• 기동 시 기동 토크가 존재하지 않으므로 기동 장치가 필요하다.
• 슬립이 0이 되기 전에 토크는 미리 0이 된다.
• 2차 저항이 증가되면 최대토크는 감소한다.(비례추이 할 수 없다)
• 2차 저항 값이 어느 일정 값 이상이 되면 토크는 부(-)가 된다.

【답】①

50 유도전동기의 회전속도를 N[rpm], 동기속도를 N_s[rpm]이라 하고 순방향 회전자계의 슬립을 s라고 하면, 역방향 회전자계에 대한 회전자 슬립은?

① $s-1$ ② $1-s$
③ $s-2$ ④ $2-s$

> **Explanation**
>
> 단상 유도 전동기 : 2전동기설(two motor theory)
> • 시계 방향 회전자계와 반시계 방향 회전자계
> • 1차 권선에는 교번자계가 발생
> 2차 권선 중에는 sf_1과 $(2-s)f_1$ 주파수가 존재
>
> 【답】 ④

51 그림은 여러 직류전동기의 속도 특성곡선을 나타낸 것이다. 1부터 4까지 차례로 옳은 것은?

① 차동복권, 분권, 가동복권, 직권
② 직권, 가동복권, 분권, 차동복권
③ 가동복권, 차동복권, 직권, 분권
④ 분권, 직권, 가동복권, 차동복권

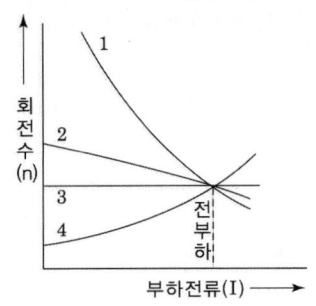

> **Explanation**
>
> 직류전동기 속도변동률이 큰 순서
> 직권 > 가동복권 > 분권 > 차동복권
>
> 【답】 ②

52 동기발전기의 3상 단락곡선에서 단락전류가 계자전류에 비례하여 거의 직선이 되는 이유로 가장 옳은 것은?

① 무부하 상태이므로
② 전기자 반작용으로
③ 자기포화가 있으므로
④ 누설 리액턴스가 크므로

> **Explanation**
>
> 동기기의 3상 단락곡선이 직선이 되는 이유 : 전기자 반작용(감자작용) 때문
>
> 【답】 ②

53 그림과 같은 변압기 회로에서 부하 R_2에 공급되는 전력이 최대로 되는 변압기의 권수비 a는?

① $\sqrt{5}$
② $\sqrt{10}$
③ 5
④ 10

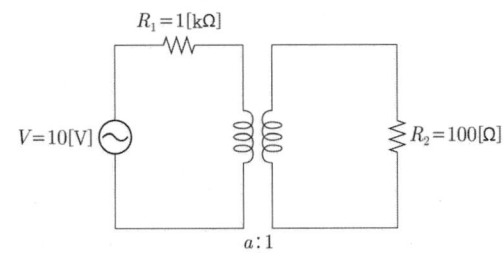

> **Explanation**
>
> 권수비 $a = \dfrac{N_1}{N_2} = \dfrac{V_1}{V_2} = \dfrac{I_2}{I_1} = \sqrt{\dfrac{Z_1}{Z_2}} = \sqrt{\dfrac{1,000}{100}} = \sqrt{10}$
>
> 【답】 ②

54 1차 전압 V_1, 2차 전압 V_2인 단권변압기를 Y결선했을 때, 등가 용량과 부하 용량의 비는? (단, $V_1 > V_2$이다)

① $\dfrac{V_1 - V_2}{\sqrt{3}\, V_1}$ ② $\dfrac{V_1 - V_2}{V_1}$

③ $\dfrac{V_1^2 - V_2^2}{\sqrt{3}\, V_1 V_2}$ ④ $\dfrac{\sqrt{3}\,(V_1 - V_2)}{2 V_1}$

Explanation

단권변압기 Y결선 $\dfrac{\text{자기 용량}}{\text{부하 용량}} = \dfrac{V_h - V_l}{V_h} = \dfrac{V_1 - V_2}{V_1}$ (승압용)

【답】②

---

55 몰드변압기의 특징으로 틀린 것은?

① 자기 소화성이 우수하다.   ② 소형 경량화가 가능하다.
③ 건식변압기에 비해 소음이 적다.   ④ 유입변압기에 비해 절연레벨이 낮다.

Explanation

몰드변압기 : 권선을 에폭시 수지로 절연한 건식형 변압기
• 자기 소화성이 우수하다.(절연유를 사용하지 않는 특성)
• 소형 경량화가 가능하다.(절연유를 사용하지 않는 특성)
• 건식변압기에 비해 소음이 적다.
• 유입변압기에 비해 절연레벨이 낮다.

【답】 전항 정답

---

56 정격전압 100[V], 정격전류 50[A]인 분권발전기의 유기기전력은 몇 [V]인가? (단, 전기자 저항 0.2[Ω], 계자전류 및 전기자 반작용은 무시한다)

① 110   ② 120
③ 125   ④ 127.5

Explanation

분권발전기 $I_a = I + I_f$에서 계자전류를 무시하면
$I_a = I = 50[\text{A}]$
유기기전력 $E = V + I_a R_a = 100 + 50 \times 0.2 = 110[\text{V}]$

【답】①

---

57 단상 변압기를 병렬 운전하는 경우 각 변압기의 부하 분담이 변압기의 용량에 비례하려면 각각의 변압기의 %임피던스는 어느 것에 해당되는가?

① 어떠한 값이라도 좋다.   ② 변압기 용량에 비례하여야 한다.
③ 변압기 용량에 반비례하여야 한다.   ④ 변압기 용량에 관계없이 같아야 한다.

Explanation

변압기의 병렬 운전 시 부하 분담
• $\dfrac{P_a}{P_b} = \dfrac{P_A}{P_B} \times \dfrac{\%Z_b}{\%Z_a}$: 분담 용량은 정격 용량에 비례하고 누설임피던스에 반비례

여기서, P_a : A기 분담 용량, P_A : A기 정격 용량
         P_b : B기 분담 용량, P_B : B기 정격 용량

【답】③

58 SCR의 특징으로 틀린 것은?

① 과전압에 약하다.
② 열용량이 적어 고온에 약하다.
③ 전류가 흐르고 있을 때의 양극 전압강하가 크다.
④ 게이트에 신호를 인가할 때부터 도통할 때까지의 시간이 짧다.

> **Explanation**
>
> SCR(Silicon Controlled Rectifier) : 실리콘 제어 정류기
> - 실리콘 정류 소자, 역저지 3단자
> - 동작 최고온도가 가장 높다(200[℃]).
> - 정류기능의 단일 방향성 3단자 소자
> - 위상 제어, 인버터, 초퍼 등에 사용
> - 역방향 내전압 : 약 500~1,000[V](역방향 내전압이 가장 크다)
> * 단점 : 과전압에 약하다. 　　　　　　　　　　　　　　　　　【답】③

59 유도발전기의 동작특성에 관한 설명 중 틀린 것은?

① 병렬로 접속된 동기발전기에서 여자를 취해야 한다.
② 효율과 역률이 낮으며 소출력의 자동수력발전기와 같은 용도에 사용된다.
③ 유도발전기의 주파수를 증가하려면 회전속도를 동기속도 이상으로 회전시켜야 한다.
④ 선로에 단락이 생긴 경우에는 여자가 상실되므로 단락전류는 동기발전기에 비해 적고 지속시간도 짧다.

> **Explanation**
>
> 유도발전기
> - 고정자 권선을 전원에 연결하고 회전자를 원동기로 회전시키면 회전자 속도가 회전자계 속도(N_s)보다 빠르게 회전하여 발전기로 동작
> - 슬립 $s = \dfrac{n_s - n}{n_s}$ 에서 $n_s < n$인 경우 $s < 0$ 여기서, n : 회전자 속도, n_s : 회전자계 속도
> - 동기기에 비해 역률과 효율이 낮다. 　　　　　　　　　　　　　　【답】③

60 변압기의 보호에 사용되지 않는 것은?

① 온도 계전기　　　　　　　　② 과전류 계전기
③ 임피던스 계전기　　　　　　④ 비율 차동 계전기

> **Explanation**
>
> 변압기 보호 : 비율차동 계전기, 차동 계전기, 부흐홀쯔 계전기, 압력 계전기, 온도 계전기　【답】③

4과목　회로이론 및 제어공학

61 함수 e^{-at}의 z 변환으로 옳은 것은?

① $\dfrac{z}{z - e^{-aT}}$　　② $\dfrac{z}{z - a}$　　③ $\dfrac{1}{z - e^{-aT}}$　　④ $\dfrac{1}{z - a}$

Explanation

라플라스변환과 z변환

$f(t)$		$F(s)$	$F(z)$
임펄스 함수	$\delta(t)$	1	1
단위 계단 함수	$u(t)$	$\dfrac{1}{s}$	$\dfrac{z}{z-1}$
램프 함수	t	$\dfrac{1}{s^2}$	$\dfrac{Tz}{(z-1)^2}$
지수 함수	e^{-at}	$\dfrac{1}{s+a}$	$\dfrac{z}{z-e^{-at}}$

【답】①

62 ★☆☆☆☆ 신호흐름선도의 전달함수 $T(s) = \dfrac{C(s)}{R(s)}$ 로 옳은 것은?

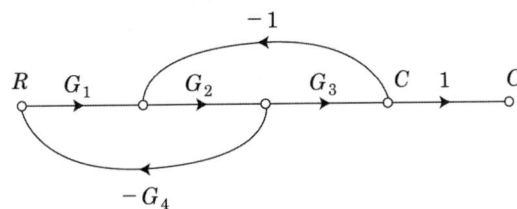

① $\dfrac{G_1 G_2 G_3}{1 - G_2 G_3 + G_1 G_2 G_4}$

② $\dfrac{G_1 G_2 G_3}{1 + G_1 G_2 G_4 + G_2 G_3}$

③ $\dfrac{G_1 G_2 G_3}{1 + G_1 G_3 - G_1 G_2 G_4}$

④ $\dfrac{G_1 G_2 G_3}{1 - G_1 G_3 - G_1 G_2 G_4}$

Explanation

메이슨의 이득공식을 적용하면

$G = \dfrac{\sum G_i \Delta_i}{\Delta}$ 에서

$G_i : G_1 G_2 G_3 \quad \Delta_i : 1-0 = 1$

$\Delta = 1 - (-G_1 G_2 G_4 - G_2 G_3) = 1 + G_2 G_3 + G_1 G_2 G_4$

전체이득 $T(s) = \dfrac{C(s)}{R(s)} = \dfrac{G_1 G_2 G_3}{1 + G_1 G_2 G_4 + G_2 G_3}$

【답】②

63 ★☆☆☆☆ 상태공간 표현식 $\begin{matrix} \dot{x} = Ax + Bu \\ y = Cx \end{matrix}$ 로 표현되는 선형시스템에서 $A = \begin{bmatrix} 0 & 1 & 0 \\ 0 & 0 & 1 \\ -2 & -9 & -8 \end{bmatrix}$, $B = \begin{bmatrix} 0 \\ 0 \\ 5 \end{bmatrix}$,

$C = [1\ 0\ 0]$, $D = 0$, $x = \begin{bmatrix} x_1 \\ x_2 \\ x_3 \end{bmatrix}$ 이면 시스템 전달함수 $\dfrac{Y(s)}{U(s)}$ 는?

① $\dfrac{1}{s^3 + 8s^2 + 9s + 2}$

② $\dfrac{1}{s^3 + 2s^2 + 9s + 8}$

③ $\dfrac{5}{s^3 + 8s^2 + 9s + 2}$

④ $\dfrac{5}{s^3 + 2s^2 + 9s + 8}$

Explanation

시스템 전달함수 $G(s) = \dfrac{Y(s)}{U(s)} = \dfrac{5}{s^3+8s^2+9s+2}$

【답】 ③

64 ★★☆☆☆
Routh-Hurwitz 표에서 제1열의 부호가 변하는 횟수로부터 알 수 있는 것은?

① s-평면의 좌반면에 존재하는 근의 수
② s-평면의 우반면에 존재하는 근의 수
③ s-평면의 허수축에 존재하는 근의 수
④ s-평면의 원점에 존재하는 근의 수

Explanation

루드-홀비쯔 표를 작성할 때 제1열 요소의 부호 변환은 s 평면의 우반면에 존재하는 근의 수를 나타낸다.

【답】 ②

65 ★★★☆☆
그림의 블록선도에 대한 전달함수 $\dfrac{C}{R}$ 는?

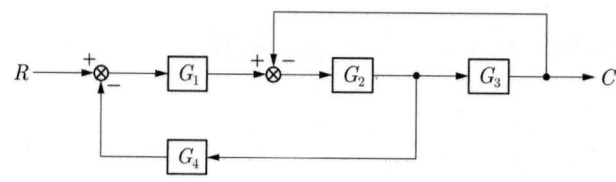

① $\dfrac{G_1G_2G_3}{1+G_1G_3+G_1G_2G_4}$

② $\dfrac{G_1G_2G_4}{1+G_1G_2+G_1G_2G_4}$

③ $\dfrac{G_1G_2G_3}{1+G_2G_3+G_1G_2G_4}$

④ $\dfrac{G_1G_2G_4}{1+G_2G_3+G_1G_2G_3}$

Explanation

블록 선도의 전달 함수 $G(s) = \dfrac{\Sigma G}{1-\Sigma L_1 + \Sigma L_2 + \cdots}$

여기서, L_1 : 각각의 모든 폐루프 이득의 합
L_2 : 서로 접촉하지 않는 2개의 폐루프 이득의 곱의 합
ΣG : 각각의 전향 경로의 합

$G(s) = \dfrac{G_1G_2G_3}{1-(-G_2G_3-G_1G_2G_4)} = \dfrac{G_1G_2G_3}{1+G_2G_3+G_1G_2G_4}$

【답】 ③

66 ★☆☆☆☆
부울 대수식 중 틀린 것은?

① $A \cdot \overline{A} = 1$
② $A + 1 = 1$
③ $A + A = A$
④ $A \cdot A = A$

Explanation

부울대수
$A \cdot \overline{A} = 0 \quad A + \overline{A} = 1$
$A + 1 = 1 \quad A \cdot 1 = A$
$A \cdot 0 = 0 \quad A + 0 = A$
$A \cdot A = A \quad A + A = A$

【답】 ①

67 특성 방정식 $s^2 + Ks + 2K - 1 = 0$인 계가 안정하기 위한 K의 범위는?

① $K > 0$
② $K > \dfrac{1}{2}$
③ $K < \dfrac{1}{2}$
④ $0 < K < \dfrac{1}{2}$

Explanation

Routh-Hurwitz 판별식을 이용하여 1열의 부호가 모두 양수이면 안정하며

s^2	1	$2K-1$
s^1	K	
s^0	$2K-1$	

제1열의 부호 변화가 없어야 계가 안정하므로
$2K-1 > 0$, $K > 0$ ∴ $K > \dfrac{1}{2}$

【답】 ②

68 근궤적에 관한 설명으로 틀린 것은?

① 근궤적은 실수축에 대하여 상하 대칭으로 나타난다.
② 근궤적의 출발점은 극점이고 근궤적의 도착점은 영점이다.
③ 근궤적의 가지 수는 극점의 수와 영점의 수 중에서 큰 수와 같다.
④ 근궤적이 s 평면의 우반면에 위치하는 K의 범위는 시스템이 안정하기 위한 조건이다.

Explanation

근궤적법
• 근궤적수 N : 영점수(Z > P)
　　　　　　　극점수(Z < P)
• 근궤적의 출발점($K=0$) : $G(s)H(s)$의 극점으로부터 출발
• 근궤적의 종착점($K=\infty$) : $G(s)H(s)$의 영점에 종착
• 근궤적의 실수축에 관하여 대칭

【답】 ④

69 제어시스템에서 출력이 얼마나 목표값을 잘 추종하는지 알아볼 때, 시험용으로 많이 사용되는 신호로 다음 식의 조건을 만족하는 것은?

$$u(t-a) = \begin{cases} 0, & t < a \\ 1, & t \geq a \end{cases}$$

① 사인함수
② 임펄스함수
③ 램프함수
④ 단위계단함수

Explanation

$u(t-a) = \begin{cases} 0, t < a \\ 1, t \geq a \end{cases}$: $t = a$에서 ON되는 단위계단함수

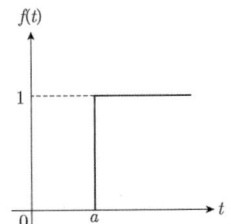

【답】 ④

70 그림의 벡터 궤적을 갖는 계의 주파수 전달함수는?

① $\dfrac{1}{j\omega+1}$ ② $\dfrac{1}{j2\omega+1}$

③ $\dfrac{j\omega+1}{j2\omega+1}$ ④ $\dfrac{j2\omega+1}{j\omega+1}$

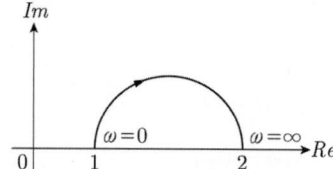

Explanation

$\omega=0$일 때 $|G(j\omega)|=1$, $\omega=\infty$일 때 $|G(j\omega)|=2$이므로

따라서 전달 함수는 $G(j\omega)=\dfrac{1+j2\omega}{1+j\omega}$

【답】 ④

71 3상 불평형 전압 V_a, V_b, V_c가 주어진다면, 정상분 전압은? (단, $a=e^{j2\pi/3}=1\angle 120°$ 이다)

① $V_a+a^2V_b+aV_c$ ② $V_a+aV_b+a^2V_c$

③ $\dfrac{1}{3}(V_a+a^2V_b+aV_c)$ ④ $\dfrac{1}{3}(V_a+aV_b+a^2V_c)$

Explanation

대칭좌표법을 이용하면

영상분 : $V_0=\dfrac{1}{3}(V_a+V_b+V_c)$

정상분 : $V_1=\dfrac{1}{3}(V_a+aV_b+a^2V_c)$

역상분 : $V_2=\dfrac{1}{3}(V_a+a^2V_b+aV_c)$

【답】 ④

72 송전 선로가 무손실 선로일 때, $L=96$[mH]이고 $C=0.6$[μF]이면 특성 임피던스[Ω]는?

① 100   ② 200

③ 400   ④ 600

Explanation

무손실 선로 조건 $R=G=0$

특성 임피던스 $Z_0=\sqrt{\dfrac{Z}{Y}}=\sqrt{\dfrac{R+j\omega L}{G+j\omega C}}$

$=\sqrt{\dfrac{L}{C}}=\sqrt{\dfrac{96\times 10^{-3}}{0.6\times 10^{-6}}}=400[\Omega]$

【답】 ③

73 비정현파 전류가 $i(t)=56\sin\omega t+20\sin 2\omega t+30\sin(3\omega t+30°)+40\sin(4\omega t+60°)$로 표현될 때, 왜형률은 약 얼마인가?

① 1.0   ② 0.96

③ 0.55   ④ 0.11

Explanation

왜형률 $=\dfrac{\sqrt{\text{각 고조파 실효값의 제곱의 합}}}{\text{기본파의 실효값}}$

$$= \frac{\sqrt{\left(\frac{20}{\sqrt{2}}\right)^2 + \left(\frac{30}{\sqrt{2}}\right)^2 + \left(\frac{40}{\sqrt{2}}\right)^2}}{\frac{56}{\sqrt{2}}} = \frac{\sqrt{20^2 + 30^2 + 40^2}}{56} = 0.96$$

【답】②

74. 커패시터와 인덕터에서 물리적으로 급격히 변화할 수 없는 것은?

① 커패시터와 인덕터에서 모두 전압
② 커패시터와 인덕터에서 모두 전류
③ 커패시터에서 전류, 인덕터에서 전압
④ 커패시터에서 전압, 인덕터에서 전류

Explanation

- 인덕터의 경우 $v_L = L\frac{di}{dt}$ 에서 $t=0$인 순간 전류 i가 급격히 변화하면 v_L이 ∞가 되며
- 콘덴서의 경우 $i_c = C\frac{dv}{dt}$ 에서 $t=0$인 순간 전압 v가 급격히 변화하면 i_c가 ∞가 된다.

【답】④

75. $R-L$ 직렬회로에서 $R=20[\Omega]$, $L=40[\text{mH}]$이다. 이 회로의 시정수[sec]는?

① 2×10^3
② 2×10^{-3}
③ $\frac{1}{2} \times 10^3$
④ $\frac{1}{2} \times 10^{-3}$

Explanation

시정수(Time constant) : 목표치의 63.2[%]에 도달하는 시간으로 정의

$R-L$ 직렬회로에서 시정수는 $\tau = \frac{L}{R} = \frac{40 \times 10^{-3}}{20} = 2 \times 10^{-3}[\text{sec}]$

【답】②

76. 2전력계법을 이용한 평형 3상회로의 전력이 각각 500[W] 및 300[W]로 측정되었을 때, 부하의 역률은 약 몇 [%]인가?

① 70.7
② 87.7
③ 89.2
④ 91.8

Explanation

2전력계법
유효전력 $P = P_1 + P_2$
무효전력 $P_r = \sqrt{3}(P_1 - P_2)$
피상전력 $P_a = 2\sqrt{P_1^2 + P_2^2 - P_1 P_2}$

$\cos\theta = \frac{P}{P_a} = \frac{P_1 + P_2}{2\sqrt{P_1^2 + P_2^2 - P_1 P_2}}$

$= \frac{500 + 300}{2\sqrt{500^2 + 300^2 - 500 \times 300}} \times 100 = 91.8[\%]$

【답】④

77. 대칭 6상 성형(star)결선에서 선간전압 크기와 상전압 크기의 관계로 옳은 것은? (단, V_l : 선간전압 크기, V_p : 상전압 크기)

① $V_l = V_p$
② $V_l = \sqrt{3}\, V_p$
③ $V_l = \frac{1}{\sqrt{3}} V_p$
④ $V_l = \frac{2}{\sqrt{3}} V_p$

Explanation

Y결선에서

$V_l = 2\sin\dfrac{\pi}{n} V_P \angle \dfrac{\pi}{2}\left(1-\dfrac{2}{n}\right)$ 여기서, n은 상수

6상의 경우

$V_l = 2\sin\dfrac{\pi}{6} V_P \angle \dfrac{\pi}{2}\left(1-\dfrac{2}{6}\right)$

$V_l = V_p \angle \dfrac{\pi}{3}$ 크기는 같고 위상차만 60°가 생긴다.

【답】①

78 ★★★☆☆
4단자 회로망에서 4단자 정수가 A, B, C, D 일 때, 영상 임피던스 $\dfrac{Z_{01}}{Z_{02}}$ 은?

① $\dfrac{D}{A}$
② $\dfrac{B}{C}$
③ $\dfrac{C}{B}$
④ $\dfrac{A}{D}$

Explanation

영상임피던스

$Z_{01} = \sqrt{\dfrac{AB}{CD}}$, $Z_{02} = \sqrt{\dfrac{DB}{CA}}$

【답】④

79 ★☆☆☆☆
$f(t) = \delta(t-T)$의 라플라스변환 $F(s)$는?

① e^{Ts}
② e^{-Ts}
③ $\dfrac{1}{s}e^{Ts}$
④ $\dfrac{1}{s}e^{-Ts}$

Explanation

라플라스변환의 시간이동정리를 적용하여
$f(t) = \delta(t-T)$
$= 1 \cdot e^{-Ts}$

【답】②

80 ★★☆☆☆
인덕턴스가 0.1[H]인 코일에 실효값 100[V], 60[Hz], 위상 30도인 전압을 가했을 때 흐르는 전류의 실효값 크기는 약 몇 [A]인가?

① 43.7
② 37.7
③ 5.46
④ 2.65

Explanation

전류의 실효값

$I = \dfrac{V}{Z} = \dfrac{V}{j\omega L} = \dfrac{V}{j2\pi fL} = \dfrac{100\angle 30°}{2\pi \times 60 \times 0.1 \angle 90°} = 2.65 \angle -60°$ [A]

【답】④

5과목 전기설비기술기준

81 저압 옥내전로의 인입구에 가까운 곳으로서 쉽게 개폐할 수 있는 곳에 개폐기를 시설하여야 한다. 그러나 사용전압이 400[V] 이하인 옥내전로로서 다른 옥내전로에 접속하는 길이가 몇 [m] 이하인 경우는 개폐기를 생략할 수 있는가? (단, 정격전류가 16[A] 이하인 과전류 차단기 또는 정격전류가 16[A]를 초과하고 20[A] 이하인 배선차단기로 보호되고 있는 것에 한한다)

① 15　　② 20
③ 25　　④ 30

Explanation

(KEC 212.6.2조) 저압 옥내전로 인입구에서의 개폐기의 시설
사용전압이 400[V] 이하인 옥내 전로로서 다른 옥내전로(정격전류가 16[A] 이하인 과전류 차단기 또는 정격전류가 16[A]를 초과하고 20[A] 이하인 배선차단기로 보호되고 있는 것에 한한다)에 접속하는 길이 15[m] 이하의 전로에서 전기의 공급을 받는 것은 ①항의 규정에 의하지 아니할 수 있다.　　【답】①

82 저압 또는 고압의 가공 전선로와 기설 가공 약전류 전선로가 병행할 때 유도작용에 의한 통신상의 장해가 생기지 않도록 전선과 기설 약전류 전선간의 이격거리는 몇 [m] 이상이어야 하는가? (단, 전기철도용 급전선로는 제외한다)

① 2　　② 3
③ 4　　④ 6

Explanation

(KEC 332.1조) 가공약전류전선로의 유도장해 방지
① 가공전선과 약전류 전선의 이격 거리 증대(2[m] 이상)
② 적당한 거리에서 연가한다.
③ 경동선 2가닥 이상을 차폐선으로 시설하고 접지 공사를 한다.　　【답】①

83 백열전등 또는 방전등에 전기를 공급하는 옥내전로의 대지전압은 몇 [V] 이하이어야 하는가?

① 440　　② 380
③ 300　　④ 100

Explanation

(KEC 231.6조) 옥내전로의 대지 전압의 제한
백열전등 또는 방전등에 전기를 공급하는 옥내의 전로(주택의 옥내 전로 제외)의 대지전압은 300[V] 이하　　【답】③

84 폭연성 분진 또는 화약류의 분말이 존재하는 곳의 저압 옥내배선은 어느 공사에 의하는가?

① 금속관공사　　② 애자공사
③ 합성수지관공사　　④ 캡타이어케이블공사

Explanation

(KEC 242.2.1조) 폭연성 분진 위험장소
폭연성 분진이나 화약류 분말이 존재하는 곳 배선 : 금속관 공사나 케이블 공사(캡타이어 케이블 제외)　　【답】①

85 사용전압 35,000[V]인 기계 기구를 옥외에 시설하는 개폐소의 구내에 취급자 이외의 자가 들어가지 않도록 울타리를 설치할 때 울타리와 특고압의 충전부분이 접근하는 경우에는 울타리의 높이와 울타리로부터 충전부분까지의 거리의 합은 최소 몇 [m] 이상이어야 하는가?

① 4　　② 5
③ 6　　④ 7

> **Explanation**

(KEC 351.1조) 발전소 등의 울타리·담 등의 시설

사용 전압의 구분	울타리·담등의 높이와 울타리·담등으로부터 충전 부분까지의 거리 합계
35[kV] 이하	5[m]
35[kV] 초과 160[kV] 이하	6[m]
160[kV] 초과	• 거리의 합계=6+단수×0.12[m] • 단수= $\frac{\text{사용전압}[kV] - 160}{10}$ 단수 계산에서 소수점 이하는 절상

【답】②

86 KEC 적용으로 인하여 삭제되었습니다.

87 ★★★★★ 일반주택 및 아파트 각 호실의 현관등은 몇 분 이내에 소등되는 타임스위치를 시설하여야 하는가?
① 1분　　　　　　　　　　　　　② 3분
③ 5분　　　　　　　　　　　　　④ 10분

> **Explanation**

(KEC 234.6조) 점멸기의 시설
관광숙박업 또는 관광업인 호텔이나 여관 객실 입구등은 1분, 일반 주택 및 아파트 현관등은 3분 이내에 소등　【답】②

88 ★★★★★ 폭발성 또는 연소성의 가스가 침입할 우려가 있는 것에 시설하는 지중함으로서 그 크기가 몇 [m³] 이상의 것은 통풍장치 기타 가스를 방산시키기 위한 적당한 장치를 시설하여야 하는가?
① 0.91　　　　　　　　　　　　② 1.0
③ 1.5　　　　　　　　　　　　　④ 2.0

> **Explanation**

(KEC 334.2조) 지중함의 시설
① 지중함은 견고하고 차량 기타 중량물의 압력에 견디는 구조일 것
② 지중함은 그 안의 고인 물을 제거할 수 있는 구조로 되어 있을 것
③ 폭발성 또는 연소성의 가스가 침입할 우려가 있는 것에 시설하는 지중함으로서 그 크기가 1[m³] 이상인 것에는 통풍장치 기타 가스를 방산시키기 위한 적당한 장치를 시설할 것
④ 지중함의 뚜껑은 시설자 이외의 자가 쉽게 열 수 없도록 시설할 것　【답】②

89 ★★★★★ 지중 전선로는 기설 지중 약전류 전선로에 대하여 다음의 어느 것에 의하여 통신상의 장해를 주지 아니하도록 기설 약전류 전선로로부터 충분히 이격시키는가?
① 충전전류 또는 표피작용　　　　② 충전전류 또는 유도작용
③ 누설전류 또는 표피작용　　　　④ 누설전류 또는 유도작용

> **Explanation**

(KEC 334.5조) 지중 약전류전선에의 유도장해 방지
지중전선로는 기설 지중 약전류 전선로에 대하여 **누설전류 또는 유도작용에 의하여** 통신상의 장해를 주지 아니하도록 기설 약전류 전선로로부터 충분히 이격시키거나 기타 적당한 방법으로 시설하여야 한다.　【답】④

90 ★★★★★ 발전소에서 장치를 시설하여 계측하지 않아도 되는 것은?
① 발전기의 회전자 온도
② 특고압용 변압기의 온도
③ 발전기의 전압 및 전류 또는 전력
④ 주요 변압기의 전압 및 전류 또는 전력

Explanation

(KEC 351.6조) 계측장치
발전소 또는 이에 준하는 장소에는 다음 각 호에 해당하는 계측장치를 시설하여야 한다.
① 발전기의 전압 및 전류 또는 전력
② 발전기의 베어링 및 고정자의 온도
③ 주요 변압기의 전압 및 전류 또는 전력
④ 특고압용 변압기의 온도

【답】①

91 ★★★★★ 저압 가공전선이 건조물의 상부 조영재 옆쪽으로 접근하는 경우 저압 가공전선과 건조물의 조영재 사이의 이격거리는 몇 [m] 이상이어야 하는가? (단, 전선에 사람이 쉽게 접촉할 우려가 없도록 시설한 경우와 전선이 고압 절연전선, 특고압 절연전선 또는 케이블인 경우는 제외한다)
① 0.6
② 0.8
③ 1.2
④ 2.0

Explanation

(KEC 222.11조) 저압 가공 전선과 건조물의 접근

건조물 조영재의 구분	접근 형태	이격 거리
상부 조영재	위쪽	2[m](전선이 고압 절연전선, 특고압 절연전선 또는 케이블인 경우는 1[m])
	옆쪽 또는 아래쪽	1.2[m](전선에 사람이 쉽게 접촉할 우려가 없도록 시설한 경우에는 0.8[m], 고압절연전선, 특고압 절연전선 또는 케이블인 경우에는 0.4[m])

【답】③

92 ★★★☆☆ 변압기의 고압측 전로와의 혼촉에 의하여 저압측 전로의 대지전압이 150[V]를 넘는 경우에 2초 이내에 고압전로를 자동 차단하는 장치가 되어 있는 6,600/220[V] 배전선로에 있어서 1선 지락 전류가 2[A]이면 접지저항 값의 최대는 몇 [Ω]인가?
① 50
② 75
③ 150
④ 300

Explanation

(KEC 142.5.1조) 중성점 접지 저항 값

접지 저항값

- $\frac{150}{I_g}$ [Ω] 이하(여기서, I_g는 1선 지락전류. 이하 같음)
- $\frac{300}{I_g}$ [Ω] 자동 차단 설비가 1초 초과 2초 이내 동작시
- $\frac{600}{I_g}$ [Ω] 자동 차단 설비가 1초 이내 동작시

$\therefore R_2 = \frac{300}{2} = 150[\Omega]$

【답】③

93 KEC 적용으로 인하여 삭제되었습니다.

94 지중 전선로를 직접 매설식에 의하여 시설하는 경우에는 매설 깊이를 차량 기타 중량물의 압력을 받을 우려가 있는 장소에서는 몇 [m] 이상으로 하면 되는가?
① 0.4 ② 0.6
③ 0.8 ④ 1.0

> Explanation

(KEC 334.1조) 지중 전선로의 시설
지중 전선로를 직접 매설식에 의하여 시설하는 경우 매설 깊이는 **차량 기타 중량물의 압력을 받을 우려가 있는 장소에는 1[m] 이상**, 기타 장소에는 0.6[m] 이상 【답】④

95 66,000[V] 가공전선과 6,000[V] 가공전선을 동일 지지물에 병행설치 하는 경우, 특고압 가공전선으로 사용하는 경동연선의 굵기는 몇 [mm²] 이상이어야 하는가?
① 22 ② 38
③ 50 ④ 100

> Explanation

(KEC 333.17조) 특고압 가공전선과 저고압 가공전선 등의 병행설치

	35[kV] 초과 100[kV] 미만	35[kV] 이하
이격거리	2[m] 이상	1.2[m] 이상
사용전선	**특고압은 50[mm²] 이상의 경동연선** 또는 인장강도 21.67[kN] 이상의 연선	연선일 것

【답】③

96 가공전선로의 지지물에 하중이 가하여지는 경우에 그 하중을 받는 지지물의 기초 안전율은 특별한 경우를 제외하고 최소 얼마 이상인가?
① 1.5 ② 2
③ 2.5 ④ 3

> Explanation

(KEC 331.7조) 가공 전선로 지지물의 기초의 안전율
가공전선로의 지지물에 하중이 가하여지는 경우에 그 하중을 받는 지지물의 **기초의 안전율은 2 이상**(단, 이상 시 상정하중이 가하여지는 경우의 그 이상 시 상정하중에 대한 철탑의 기초에 대하여는 1.33) 이상이어야 한다. 【답】②

97 KEC 적용으로 인하여 삭제되었습니다.

98 고압 가공전선로의 지지물로 철탑을 사용한 경우 최대경간은 몇 [m] 이하이어야 하는가?
① 300 ② 400
③ 500 ④ 600

> Explanation

(KEC 332.9조) 고압 가공전선로 경간의 제한

지지물의 종류	경간
목주 · A종 철주 또는 A종 철근 콘크리트주	150[m]
B종 철주 또는 B종 철근 콘크리트주	250[m]
철탑	600[m]

【답】④

99 KEC 적용으로 인하여 삭제되었습니다.

100 다음의 ⓐ, ⓑ에 들어갈 내용으로 옳은 것은?

> 과전류차단기로 시설하는 퓨즈 중 고압전로에 사용하는 비포장퓨즈는 정격전류의 (ⓐ)배의 전류에 견디고 또한 2배의 전류로 (ⓑ)분 안에 용단되는 것이어야 한다.

① ⓐ 1.1, ⓑ 1
② ⓐ 1.2, ⓑ 1
③ ⓐ 1.25, ⓑ 2
④ ⓐ 1.3, ⓑ 2

Explanation

(KEC 341.10조) 고압 및 특고압 전로 중의 과전류 차단기의 시설
① 포장 퓨즈 : 1.3배의 전류에 견디고 또한 2배의 전류로 120분 안에 용단
② 비포장 퓨즈 : 1.25배의 전류에 견디고 또한 2배의 전류로 2분안에 용단

【답】③

MEMO

전기기사 필기

2018

과년도 기출문제

- 2018년 제01회
- 2018년 제02회
- 2018년 제03회

2018년 과년도 기출문제에 대한 출제 빈도 분석 차트입니다.
각 회차별로 별의 개수를 확인하고 학습에 참고하기 바랍니다.

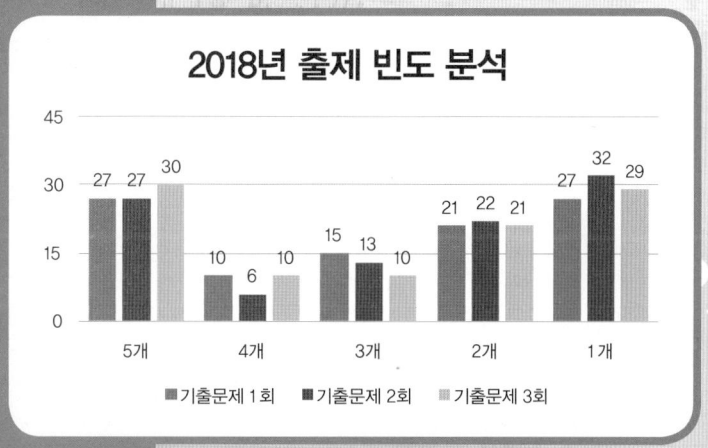

1회 2018년 전기기사 필기

1과목 전기자기학

01 ★★★★★
평면도체 표면에서 r[m]의 거리에 점전하 Q[C]가 있을 때 이 전하를 무한 원점까지 운반하는 데 필요한 일은 몇 [J]인가?

① $\dfrac{Q^2}{4\pi\epsilon_0 r}$

② $\dfrac{Q^2}{8\pi\epsilon_0 r}$

③ $\dfrac{Q^2}{16\pi\epsilon_0 r}$

④ $\dfrac{Q^2}{32\pi\epsilon_0 r}$

Explanation

전기영상법을 이용하면

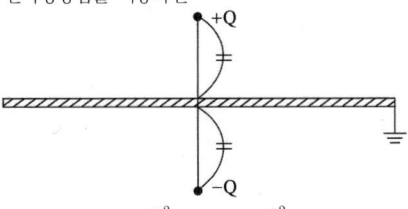

영상력 $F = \dfrac{-Q^2}{4\pi\epsilon_0 (2r)^2} = \dfrac{-Q^2}{16\pi\epsilon_0 r^2}$ [N]

일 $W = \int F dl = F \cdot l = \dfrac{Q^2}{16\pi\epsilon_0 r^2} \times d = \dfrac{Q^2}{16\pi\epsilon_0 r}$ [J]

【답】③

02 ★★★★☆
역자성체에서 비투자율(μ_s)은 어느 값을 갖는가?

① $\mu_s = 1$

② $\mu_s < 1$

③ $\mu_s > 1$

④ $\mu_s = 0$

Explanation

자화율 $\chi = \mu_0(\mu_s - 1)$ 이므로

- 강자성체(철, 니켈, 코발트) : $\mu_s \gg 1$이고 자화율 $\chi > 0$
- 상자성체(공기, 진공, 알루미늄) : $\mu_s \geq 1$이고 자화율 $\chi > 0$
- **역자성체(구리, 창연, 금)** : $\mu_s < 1$이고 자화율 $\chi < 0$

【답】②

03

비유전율 ϵ_{r1}, ϵ_{r2}인 두 유전체가 나란히 무한평면으로 접하고 있고, 이 경계면에 평행으로 유전체의 비유전율 ϵ_{r1} 내에 경계면으로부터 d[m]인 위치에 선전하 밀도 ρ[C/m]인 선상전하가 있을 때, 이 선전하와 유전체 ϵ_{r2} 간의 단위 길이당의 작용력은 몇 [N/m]인가?

① $9 \times 10^9 \times \dfrac{\rho^2}{\epsilon_{r2}d} \times \dfrac{\epsilon_{r1}+\epsilon_{r2}}{\epsilon_{r1}-\epsilon_{r2}}$

② $2.25 \times 10^9 \times \dfrac{\rho^2}{\epsilon_{r2}d} \times \dfrac{\epsilon_{r1}-\epsilon_{r2}}{\epsilon_{r1}+\epsilon_{r2}}$

③ $9 \times 10^9 \times \dfrac{\rho^2}{\epsilon_{r1}d} \times \dfrac{\epsilon_{r1}-\epsilon_{r2}}{\epsilon_{r1}+\epsilon_{r2}}$

④ $2.25 \times 10^9 \times \dfrac{\rho^2}{\epsilon_{r1}d} \times \dfrac{\epsilon_{r1}-\epsilon_{r2}}{\epsilon_{r1}+\epsilon_{r2}}$

Explanation

전기영상법에 의해서
선전하와 유전체 ϵ_2 간의 단위 길이당의 작용력

$F = \dfrac{\rho^2}{4\pi\epsilon_1 r} \dfrac{\epsilon_1-\epsilon_2}{\epsilon_1+\epsilon_2} = 9 \times 10^9 \times \dfrac{\rho^2}{\epsilon_{r1}d} \times \dfrac{\epsilon_{r1}-\epsilon_{r2}}{\epsilon_{r1}+\epsilon_{r2}}$ [N]

【답】③

04

점전하에 의한 전계는 쿨롱의 법칙을 사용하면 되지만 분포되어 있는 전하에 의한 전계를 구할 때는 무엇을 이용하는가?

① 렌츠의 법칙
② 가우스의 정리
③ 라플라스 방정식
④ 스토크스의 정리

Explanation

가우스의 법칙 : 점전하에 의한 전계의 세기

$\int E\ ds = \dfrac{Q}{\epsilon_o}$

【답】②

05

패러데이관(Faraday tube)의 성질에 대한 설명으로 틀린 것은?

① 패러데이관 중에 있는 전속수는 그 관속에 진전하가 없으면 일정하며 연속적이다.
② 패러데이관의 양단에는 양 또는 음의 단위 진전하가 존재하고 있다.
③ 패러데이관 한 개의 단위 전위차당 패러데이관의 보유 에너지는 1/2[J]이다.
④ 패러데이관의 밀도는 전속밀도와 같지 않다.

Explanation

- 패러데이관의 양단에는 양 또는 음의 단위 진전하가 존재
- **패러데이관의 밀도=전속밀도**
- $W = \dfrac{1}{2}QV = \dfrac{1}{2} \times 1 \times 1 = \dfrac{1}{2}$ [J]

【답】④

06

공기 중에 있는 지름 6[cm]인 단일 도체구의 정전용량은 몇 [pF]인가?

① 0.34
② 0.67
③ 3.34
④ 6.71

Explanation

도체구의 정전용량 $C = 4\pi\epsilon_0 a$ [F]

$C = \dfrac{1}{9 \times 10^9} \times \dfrac{6 \times 10^{-2}}{2} = 3.34 \times 10^{-12}$
$= 3.34$ [pF]

【답】③

07 유전율이 ϵ_1, ϵ_2[F/m]인 유전체 경계면에 단위 면적당 작용하는 힘은 몇 [N/m²]인가? 단, 전계가 경계면에 수직인 경우이며, 두 유전체의 전속밀도 $D_1 = D_2 = D$이다.

① $2\left(\dfrac{1}{\epsilon_1} - \dfrac{1}{\epsilon_2}\right)D^2$ ② $2\left(\dfrac{1}{\epsilon_1} + \dfrac{1}{\epsilon_2}\right)D^2$

③ $\dfrac{1}{2}\left(\dfrac{1}{\epsilon_1} + \dfrac{1}{\epsilon_2}\right)D^2$ ④ $\dfrac{1}{2}\left(\dfrac{1}{\epsilon_2} - \dfrac{1}{\epsilon_1}\right)D^2$

Explanation

전계가 수직으로 작용
$f = \dfrac{1}{2}\left(\dfrac{1}{\epsilon_2} - \dfrac{1}{\epsilon_1}\right)D^2$ [N/m]

【답】④

08 진공 중에 균일하게 대전된 반지름 a[m]인 선전하 밀도 λ_l[C/m]의 원환이 있을 때, 그 중심으로부터 중심축상 x[m]의 거리에 있는 점의 전계의 세기는 몇 [V/m]인가?

① $\dfrac{a\lambda_l x}{2\epsilon_0(a^2+x^2)^{\frac{3}{2}}}$ ② $\dfrac{a\lambda_l x}{\epsilon_0(a^2+x^2)^{\frac{3}{2}}}$

③ $\dfrac{\lambda_l x}{2\epsilon_0(a^2+x^2)}$ ④ $\dfrac{\lambda_l x}{\epsilon_0(a^2+x^2)}$

Explanation

【답】①

09 내압 1,000[V] 정전용량 1[μF], 내압 750[V], 정전용량 2[μF], 내압 500[V] 정전용량 5[μF]인 콘덴서 3개를 직렬로 접속하고 인가전압을 서서히 높이면 최초로 파괴되는 콘덴서는?

① 1[μF]   ② 2[μF]
③ 5[μF]   ④ 동시에 파괴된다.

Explanation

콘덴서 직렬연결 시 파괴되는 콘덴서는 $Q = CV$에서 Q 값이 작은 콘덴서가 먼저 파괴된다.
$Q_1 = C_1 V_1 = 1 \times 1,000 = 1,000$ [C]
$Q_2 = C_2 V_2 = 2 \times 750 = 1,500$ [C]
$Q_3 = C_3 V_3 = 5 \times 500 = 2,500$ [C]이므로
전하량이 가장 작은 1[μF]의 콘덴서가 가장 먼저 파괴된다.

【답】①

10 내부 장치 또는 공간을 물질로 포위시켜 외부 자계의 영향을 차폐시키는 방식을 자기차폐라 한다. 다음 중 자기차폐에 가장 좋은 것은?
① 비투자율이 1보다 작은 역자성체
② 강자성체 중에서 비투자율이 큰 물질
③ 강자성체 중에서 비투자율이 작은 물질
④ 비투자율에 관계없이 물질의 두께에만 관계되므로 되도록이면 두꺼운 물질

> **Explanation**

자기차폐
어떤 물체를 투자율이 큰 강자성체로 둘러쌈으로서 외부로부터의 자기적 영향을 감소시키는 차폐법이다.
따라서 강자성체 중에서 비투자율이 큰 물질이 적당하다.

【답】②

11 ★★★★★ 40[V/m]인 전계 내 50[V] 되는 점에서 1[C]의 전하를 전계 방향으로 80[cm] 이동하였을 때, 그 점의 전위는 몇 [V]인가?

① 18
② 22
③ 35
④ 65

> **Explanation**

전계의 세기 40[V/m]의 의미 : 1[m]당 40[V]의 전압이 감소되는 방향으로 진행
따라서 80[cm] 이동한 경우에는 40×0.8=32[V]의 전압이 감소되므로
전위 $V=50-40\times0.8=18$[V]가 된다.

【답】①

12 ★★☆☆☆ 그림과 같이 반지름 a[m]의 한 번 감긴 원형코일이 균일한 자속밀도 B[Wb/m²]인 자계에 놓여 있다. 지금 코일 면을 자계와 나란하게 전류 I[A]를 흘리면 원형코일이 자계로부터 받는 회전 모멘트는 몇 [N·m/rad]인가?

① πaBI
② $2\pi aBI$
③ $\pi a^2 BI$
④ $2\pi a^2 BI$

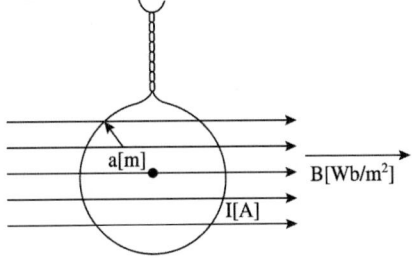

> **Explanation**

토크
• 자성체에 의한 토크 : $T = M \times H = MH\sin\theta$
• 도체에 의한 토크 : $T = NIBS\cos\theta$
여기서, $T = NIBS\cos\theta$ (원형코일 면적 $S=\pi a^2$, 자계와의 각=0°, 권수 $N=1$)
　　　　　$= \pi a^2 BI$

【답】③

13 ★☆☆☆☆ 다음 조건들 중 초전도체에 부합되는 것은? 단, μ_r은 비투자율, χ_m은 비자화율, B는 자속밀도이며 작동 온도는 임계온도 이하라 한다.

① $\chi_m = -1$, $\mu_r = 0$, $B = 0$
② $\chi_m = 0$, $\mu_r = 0$, $B = 0$
③ $\chi_m = 1$, $\mu_r = 0$, $B = 0$
④ $\chi_m = -1$, $\mu_r = 1$, $B = 0$

> **Explanation**

초전도체(Superconductor)
임계온도 이하에서는 전기저항이 0에 가까워지고 반자성을 나타내는 도체로, 내부에는 자장이 들어갈 수 없고 내부에 있던 자장도 밖으로 밀어내는 성질
• 특성 : $\chi_m = -1$, $\mu_r = 0$, $B=0$
　　　　비투자율 $=0$, 자속밀도 $=0$, 자화율 <0

【답】①

14 ★★☆☆☆ $x=0$인 무한평면을 경계면으로 하여 $x<0$인 영역에는 비유전율 $\epsilon_{r1}=2$, $x>0$인 영역에는 $\epsilon_{r2}=4$인 유전체가 있다. ϵ_{r1}인 유전체 내에서 전계 $E_1=20a_x-10a_y+5a_z$[V/m]일 때 $x>0$인 영역에 있는 ϵ_{r2}인 유전체 내에서 전속밀도 D_2[C/m²]는? 단, 경계면상에는 자유전하가 없다고 한다.

① $D_2=\epsilon_0(20a_x-40a_y+5a_z)$ ② $D_2=\epsilon_0(40a_x-40a_y+20a_z)$
③ $D_2=\epsilon_0(80a_x-20a_y+10a_z)$ ④ $D_2=\epsilon_0(40a_x-20a_y+20a_z)$

Explanation

경계면이 x축이므로 $D_{1x}=D_{2x}$ 에서
$D_{1x}=\epsilon_1 E_{1x}=2\times 20=40=D_{2x}$
y, z축은 전계가 연속이므로
$E_{1y}=E_{2y}=-10$, $E_{1z}=E_{2z}=5$
따라서 $D_2=D_{2x}a_x+D_{2y}a_y+D_{2z}a_z$ 이므로
$D_2=40a_x-40a_y+20a_z=\epsilon_0(40a_x-40a_y+20a_z)$

【답】②

15 ★☆☆☆☆ 평면파 전파가 $E=30\cos(10^9 t+20z)j$[V/m]로 주어졌다면 이 전자파의 위상속도는 몇 [m/s]인가?

① 5×10^7 ② $\dfrac{1}{3}\times 10^8$
③ 10^9 ④ $\dfrac{2}{3}$

Explanation

전파 $E=E_o\cos(\omega t-\dfrac{\omega z}{v})=E_o\cos(\omega t-\beta z)$
여기서 $\beta=20$이므로
위상속도(전파속도) $v=\dfrac{\omega}{\beta}=\dfrac{10^9}{20}=5\times 10^7$ [m/sec]

【답】①

16 ★★★★★ 자속밀도 10[Wb/m²]의 자계 중에 10[cm] 도체를 자계와 30°의 각도로 30[m/s]로 움직일 때 도체에 유기되는 기전력은 몇 [V]인가?

① 15 ② $15\sqrt{3}$
③ 1,500 ④ $1,500\sqrt{3}$

Explanation

플레밍의 오른손 법칙(유기기전력)
$e=(v\times B)l=vBl\sin\theta=30\times 10\times 0.1\times \sin 30°=15$[V]

【답】①

17 ★☆☆☆☆ 그림과 같이 단면적 $S=10$[cm²], 자로의 길이 $\ell=20\pi$[cm], 비유전율 $\mu_s=1,000$인 철심에 $N_1=N_2=100$인 두 코일을 감았다. 두 코일 사이의 상호 인덕턴스는 몇 [mH]인가?

① 0.1
② 1
③ 2
④ 20

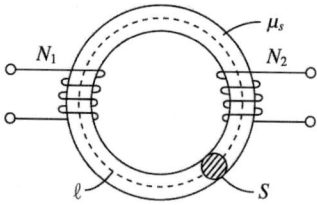

> **Explanation**

상호 인덕턴스 $M = \dfrac{N_1 N_2}{R_m} = \dfrac{\mu S N_1 N_2}{\ell}$

$= \dfrac{4\pi \times 10^{-7} \times 1{,}000 \times 10 \times 10^{-4} \times 100 \times 100}{20\pi \times 10^{-2}} \times 10^3 = 20\,[\text{mH}]$

【답】 ④

18 ★★★☆☆ $1[\mu\text{A}]$의 전류가 흐르고 있을 때, 1초 동안 통과하는 전자 수는 약 몇 개인가? 단, 전자 1개의 전하는 $1.602 \times 10^{-19}[\text{C}]$이다.

① 6.24×10^{10}
② 6.24×10^{11}
③ 6.24×10^{12}
④ 6.24×10^{13}

> **Explanation**

- 전하량 $Q = It = 1 \times 10^{-6}[\text{C}]$
- 전자 수 $n = \dfrac{Q}{q} = \dfrac{1 \times 10^{-6}}{1.602 \times 10^{-19}} = 6.24 \times 10^{12}\,[\text{개}]$

【답】 ③

19 ★★☆☆☆ 균일하게 원형 단면을 흐르는 전류 $I[\text{A}]$에 의한 반지름 $a[\text{m}]$, 길이 $\ell[\text{m}]$, 비투자율 μ_s인 원통 도체의 내부 인덕턴스는 몇 $[\text{H}]$인가?

① $10^{-7}\mu_s \ell$
② $3 \times 10^{-7}\mu_s \ell$
③ $\dfrac{1}{4a} \times 10^{-7}\mu_s \ell$
④ $\dfrac{1}{2} \times 10^{-7}\mu_s \ell$

> **Explanation**

내부 인덕턴스 $L_i = \dfrac{\mu}{8\pi}\ell\,[\text{H}]$에서 $= \dfrac{4\pi \times 10^{-7}\mu_s \ell}{8\pi} = \dfrac{1}{2} \times 10^{-7}\mu_s \ell\,[\text{H}]$

【답】 ④

20 ★★★★★ 한 변의 길이가 10[cm]인 정사각형 회로에 직류전류 10[A]가 흐를 때, 정사각형의 중심에서의 자계 세기는 몇 [AT/m]인가?

① $\dfrac{10\sqrt{2}}{\pi}$
② $\dfrac{200\sqrt{2}}{\pi}$
③ $\dfrac{300\sqrt{2}}{\pi}$
④ $\dfrac{400\sqrt{2}}{\pi}$

> **Explanation**

정사각형 중심점의 자계의 세기 $H = \dfrac{2\sqrt{2}\,I}{\pi l}\,[\text{AT/m}]$에서

$H = \dfrac{2\sqrt{2} \times 10}{\pi \times 0.1} = \dfrac{200\sqrt{2}}{\pi}$

【답】 ②

2과목　전력공학

21. 송전선에서 재폐로 방식을 사용하는 목적은?

① 역률 개선
② 안정도 증진
③ 유도장해의 경감
④ 코로나 발생 방지

Explanation

안정도 향상 대책
- 직렬 리액턴스(X)를 작게 한다.
- 전압 변동을 작게 한다.
- 중간 조상 방식을 채용한다.
- 고장전류를 줄이고 고장 구간을 신속하게 차단한다.
  - 적당한 중성점 접지 방식을 채용하여 지락전류를 줄인다.
  - 고속도 계전기, 고속도 차단기를 채용한다.
  - **고속도 재폐로 방식을 채용한다(과도 안정도 증진).**

【답】②

22. 설비용량이 360[kW], 수용률 0.8, 부등률 1.2일 때 최대 수용전력은 몇 [kW]인가?

① 120
② 240
③ 360
④ 480

Explanation

합성 최대 수용전력 $= \dfrac{\text{설비용량} \times \text{수용률}}{\text{부등률}}$ 에서

합성 최대 전력 $= \dfrac{360 \times 0.8}{1.2} = 240[\text{kW}]$

【답】②

23. 배전계통에서 사용하는 고압용 차단기의 종류가 아닌 것은?

① 기중차단기(ACB)
② 공기차단기(ABB)
③ 진공차단기(VCB)
④ 유입차단기(OCB)

Explanation

차단기의 종류와 특징

	특징	소호 매질
ABB 공기차단기	• 투입과 차단을 압축 공기(임펄스 차단기) • 소음이 크다.	압축 공기
GCB 가스차단기	• 밀폐 구조이므로 소음이 없다(공기 차단기에 비해 장점). • 절연 내력이 공기의 2~3배 정도 • 소호 능력이 우수함 • 무색, 무취, 무독성 • 154[kV], 345[kV]	SF_6
OCB 유입차단기	• 방음 설비가 불필요 • 부싱 변류기 사용 가능 • 화재의 위험	절연유
MBB 자기차단기	• 보수 점검 용이 • 전류 절단에 의한 과전압이 발생하지 않는다. • 고유 주파수에 차단 능력이 좌우되는 일이 없다.	전자력
VCB 진공차단기	• 소형 경량 • 화재 위험이 없고 소음이 적다. • 차단 시간이 짧고 차단 성능이 우수하나 개폐 시 개폐서지 발생 우려가 있다.	진공
ACB 기중차단기	• 저압용 차단기	대기

【답】①

24. SF₆ 가스차단기에 대한 설명으로 옳지 않은 것은?

① SF₆ 가스 자체는 불활성기체이다.
② SF₆ 가스는 공기에 비하여 소호 능력이 약 100배 정도이다.
③ 절연 거리를 적게 할 수 있어 차단기 전체를 소형, 경량화 할 수 있다.
④ SF₆ 가스를 이용한 것으로서 독성이 있으므로 취급에 유의하여야 한다.

Explanation

SF₆(육불화황) 가스
- 무색, 무취, 무독성 기체
- 난연성, 불활성 기체
- 아크 소호 능력은 공기의 100~200배
- 절연내력은 공기의 2~3배 이상

【답】④

25. 송전선로의 일반회로정수가 $A = 0.7$, $B = j190$, $D = 0.9$라 하면 C의 값은?

① $-j1.95 \times 10^{-3}$
② $j1.95 \times 10^{-3}$
③ $-j1.95 \times 10^{-4}$
④ $j1.95 \times 10^{-4}$

Explanation

$AD - BC = 1$에서

$$C = \frac{AD-1}{B} = \frac{0.7 \times 0.9 - 1}{j190} = j1.95 \times 10^{-3}$$

【답】②

26. 부하역률이 0.8인 선로의 저항 손실은 0.9인 선로의 저항 손실에 비해서 약 몇 배 정도 되는가?

① 0.97
② 1.1
③ 1.27
④ 1.5

Explanation

선로 손실 $P_l = 3I^2R = 3\left(\dfrac{P}{\sqrt{3}\, V\cos\theta}\right)^2 R = \dfrac{P^2 R}{V^2 \cos^2\theta}$에서

$$P_l \propto \frac{1}{\cos^2\theta} = \frac{1}{\left(\frac{0.8}{0.9}\right)^2} = \frac{0.9^2}{0.8^2} = 1.27$$

【답】③

27. 단상 변압기 3대에 의한 △ 결선에서 1대를 제거하고 동일 전력을 V결선으로 보낸다면 동손은 약 몇 배가 되는가?

① 0.67
② 2.0
③ 2.7
④ 3.0

Explanation

$P_\triangle = 3K = 3VI$
$P_V = \sqrt{3}\, K = \sqrt{3}\, VI$

따라서 동일 전력이 되려면 두 결선의 전압이 동일하므로 V결선의 전류가 △결선의 전류에 비해 $\sqrt{3}$ 배 더 흘러야 한다.
즉, 동손 $P_c = I^2 R$에서
△결선의 동손 $P_c = 3I^2 R$
V결선의 동손 $P_c = 2I^2 R$

따라서 $\dfrac{\text{V결선의 동손}}{\triangle\text{결선의 동손}} = \dfrac{2(\sqrt{3}\,I)^2 R}{3I^2 R} = 2$

【답】②

28 ★★★★★ 피뢰기의 충격방전 개시전압은 무엇으로 표시하는가?
① 잔류전압의 크기
② 충격파의 평균치
③ 충격파의 최대치
④ 충격파의 실효치

Explanation

피뢰기 단자에 충격전압을 인가하였을 경우 방전을 개시하는 전압을 충격방전 개시전압이라 하며 충격파의 최대치로 나타낸다.

【답】③

29 ★☆☆☆☆ 단상 2선식 배전선로의 선로 임피던스가 $2+j5[\Omega]$ 무유도성 부하전류 10[A]일 때 송전단 역률은? 단, 수전단 전압의 크기는 100[V]이고, 위상각은 0°이다.
① $\dfrac{5}{12}$
② $\dfrac{5}{13}$
③ $\dfrac{11}{12}$
④ $\dfrac{12}{13}$

Explanation

부하단(수전단)은 무유도성이므로 저항부하이며 $R = \dfrac{V}{I} = \dfrac{100}{10} = 10[\Omega]$

전체 선로와 부하의 임피던스는 $Z = 2 + j5 + 10 = 12 + j5$ 이므로

역률 $\cos\theta = \dfrac{R}{Z} = \dfrac{12}{\sqrt{5^2 + 12^2}} = \dfrac{12}{13}$

【답】④

30 ★★★☆☆ 그림과 같이 전력선과 통신선 사이에 차폐선을 설치하였다. 이 경우에 통신선의 차폐계수(K)를 구하는 관계식은? 단, 차폐선을 통신선에 근접하여 설치한다.

① $K = 1 + \dfrac{Z_{31}}{Z_{12}}$

② $K = 1 - \dfrac{Z_{31}}{Z_{33}}$

③ $K = 1 - \dfrac{Z_{23}}{Z_{33}}$

④ $K = 1 + \dfrac{Z_{23}}{Z_{33}}$

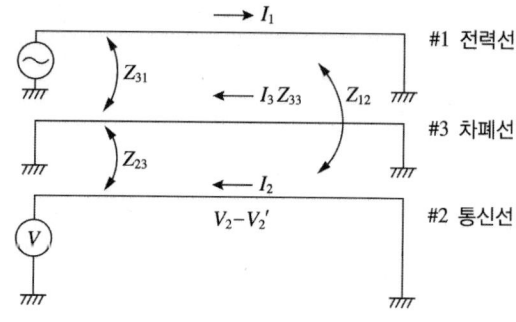

Explanation

【답】③

31 모선 보호에 사용되는 계전방식이 아닌 것은?
① 위상 비교방식
② 선택접지 계전방식
③ 방향거리 계전방식
④ 전류차동 보호방식

Explanation

모선(Bus) 보호 계전방식
- 전류차동 보호방식
- 전압차동 보호방식
- 방향거리 계전방식
- 위상 비교방식

【답】②

32 %임피던스와 관련된 설명으로 틀린 것은?
① 정격전류가 증가하면 %임피던스는 감소한다.
② 직렬리액터가 감소하면 %임피던스도 감소한다.
③ 전기기계의 %임피던스가 크면 차단기의 용량은 작아진다.
④ 송전계통에서는 임피던스의 크기를 옴 값 대신에 %값으로 나타내는 경우가 많다.

Explanation

【답】①

33 A, B 및 C상전류를 각각 I_a, I_b 및 I_c라 할 때 $I_x = \frac{1}{3}(I_a + a^2 I_b + a I_c)$, $a = -\frac{1}{2} + j\frac{\sqrt{3}}{2}$ 으로 표시되는 I_x는 어떤 전류인가?
① 정상전류
② 역상전류
③ 영상전류
④ 역상전류와 영상전류의 합

Explanation

대칭좌표법에 의해서
$\begin{bmatrix} I_0 \\ I_1 \\ I_2 \end{bmatrix} = \frac{1}{3}\begin{bmatrix} 1 & 1 & 1 \\ 1 & a & a^2 \\ 1 & a^2 & a \end{bmatrix}\begin{bmatrix} I_a \\ I_b \\ I_c \end{bmatrix}$ 이므로 역상분 : $I_2 = \frac{1}{3}(I_a + a^2 I_b + a I_c)$

【답】②

34 그림과 같이 "수류가 고체에 둘러싸여 있고 A로부터 유입되는 수량과 B로부터 유출되는 수량이 같다"라고 하는 이론은?
① 수두이론
② 연속의 원리
③ 베르누이 정리
④ 토리첼리의 정리

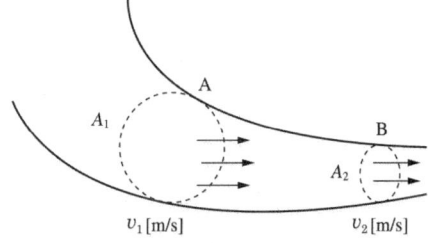

Explanation

연속의 정리 : 어느 지점에서나 유량은 같다.
유량 $Q[\text{m}^3/\text{sec}] = A[\text{m}^2] \times v[\text{m}/\text{sec}]$
따라서 $Q = v_1 A_1 = v_2 A_2 [\text{m}^3/\text{sec}] =$ 일정

【답】②

35 ★★★☆☆
4단자 정수가 A, B, C, D인 선로에 임피던스가 $\dfrac{1}{Z_T}$ 인 변압기가 수전단에 접속된 경우 계통의 4단자 정수 중 D_o는?

① $D_o = \dfrac{C + DZ_T}{Z_T}$ ② $D_o = \dfrac{C + AZ_T}{Z_T}$

③ $D_o = \dfrac{D + CZ_T}{Z_T}$ ④ $D_o = \dfrac{B + AZ_T}{Z_T}$

Explanation

$$\begin{bmatrix} A_0 & B_0 \\ C_0 & D_0 \end{bmatrix} = \begin{bmatrix} A & B \\ C & D \end{bmatrix} \begin{bmatrix} 1 & \dfrac{1}{Z_T} \\ 0 & 1 \end{bmatrix} = \begin{bmatrix} A & \dfrac{A}{Z_T} + B \\ C & \dfrac{C}{Z_T} + D \end{bmatrix}$$

$D_0 = \dfrac{C + DZ_T}{Z_T}$

【답】①

36 ★☆☆☆☆
대용량 고전압의 안정권선(△ 권선)이 있다. 이 권선의 설치 목적과 관계가 먼 것은?

① 고장전류 저감 ② 제3고조파 제거
③ 조상설비 설치 ④ 소내용 전원 공급

Explanation

- 1차 변전소의 3권선 변압기 결선 : $Y-Y-\triangle$(안정권선)
- 안정권선(3차 권선) 목적
  - 제3고조파 제거
  - 소내 전력 공급용
  - 조상설비 채용

【답】①

37 ★★★★★
한류리액터를 사용하는 가장 큰 목적은?

① 충전전류의 제한 ② 접지전류의 제한
③ 누설전류의 제한 ④ 단락전류의 제한

Explanation

한류리액터 : 단락 사고 시 **단락전류 제한**

【답】④

38 ★☆☆☆☆
변압기 등 전력설비 내부 고장 시 변류기에 유입하는 전류와 유출하는 전류의 차로 동작하는 보호계전기는?

① 차동계전기 ② 지락계전기
③ 과전류계전기 ④ 역상전류계전기

Explanation

비율차동계전기
- 보호 구간에 유입하는 전류와 유출하는 전류의 벡터 차와 출입하는 전류의 관계비로 동작
- 발전기, 변압기 보호
- 외부 단락 시 오동작을 방지하고 내부 고장 시에만 예민하게 동작

【답】①

39 3상 결선 변압기의 단상 운전에 의한 소손방지 목적으로 설치하는 계전기는?

① 차동계전기 ② 역상계전기
③ 단락계전기 ④ 과전류계전기

Explanation

- 발전기(변압기) 내부 단락 검출용 : 비율차동 계전기
- **발전기(변압기) 부하 불평형(단상 운전)** : **역상과전류계전기**
- 과부하 단락사고 : 과전류계전기

【답】②

40 송전선로의 정전용량은 등가 선간거리 D가 증가하면 어떻게 되는가?

① 증가한다.
② 감소한다.
③ 변하지 않는다.
④ D^2에 반비례하여 감소한다.

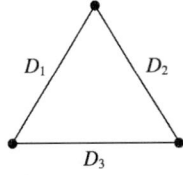

$D=(D_1, D_2, D_3)$

Explanation

정전용량 $C = \dfrac{0.02413}{\log_{10}\dfrac{D}{r}}[\mu F/km]$이므로

선간거리 D가 커지면 정전용량은 적어진다.

【답】②

3과목 전기기기

41 단상 직권 정류자 전동기의 전기자 권선과 계자 권선에 대한 설명으로 틀린 것은?

① 계자 권선의 권수를 적게 한다.
② 전기자 권선의 권수를 크게 한다.
③ 변압기 기전력을 적게 하여 역률 저하를 방지한다.
④ 브러시로 단락되는 코일 중의 단락전류를 많게 한다.

Explanation

단상 직권 정류자 전동기=만능 전동기(직류·교류 양용)
- 종류 : 직권형, 보상형, 유도보상형
- 특징
  - 성층 철심, 역률 및 정류 개선을 위해 약계자, 강전기자형으로 함
  - 역률 개선을 위해 보상권선 설치, 변압기 기전력 적게 함
  - 회전속도를 증가시킬수록 역률이 개선

【답】④

42 단상 직권 전동기의 종류가 아닌 것은?

① 직권형 ② 아트킨손형
③ 보상직권형 ④ 유도보상직권형

> **Explanation**

단상 직권 정류자 전동기=만능 전동기(직·교류 양용)
- 종류 : 직권형, 보상형, 유도보상형
- 특징 : 성층 철심, 역률 및 정류 개선을 위해 약계자, 강전기자형으로 함
  역률 개선을 위해 보상권선 설치
  회전속도를 증가시킬수록 역률이 개선

【답】②

43 동기조상기의 여자전류를 줄이면?
① 콘덴서로 작용
② 리액터로 작용
③ 진상전류로 됨
④ 저항손의 보상

> **Explanation**

동기 전동기의 위상특성곡선(V곡선)
- I_a 와 I_f 관계곡선(P는 일정)
- 계자전류의 변화에 대한 전기자 전류의 변화를 나타낸 곡선
- 과여자 : 앞선 역률(진상), 콘덴서
- 부족여자 : 늦은 역률(지상), 리액터
역률 $\cos\theta = 1$일 때, 전기자 전류 최소

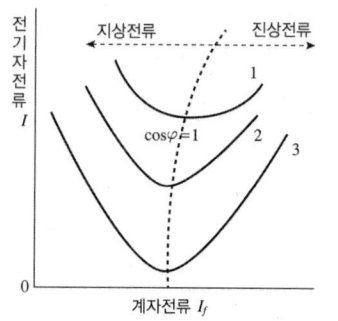

【답】②

44 권선형 유도전동기에서 비례추이에 대한 설명으로 틀린 것은? 단, S_m은 최대 토크 시 슬립이다.
① r^2를 크게 하면 S_m은 커진다.
② r^2를 삽입하면 최대 토크가 변한다.
③ r^2를 크게 하면 기동토크도 커진다.
④ r^2를 크게 하면 기동전류는 감소한다.

> **Explanation**

비례추이의 원리 : 권선형 유도전동기
- **최대 토크는 불변**, 최대 토크의 발생 슬립은 변화
- 기동 전류는 감소하고, 기동 토크는 증가

【답】②

45 전기자 저항 $r_a = 0.2[\Omega]$, 동기 리액턴스 $x_s = 20[\Omega]$인 Y결선 3상 동기발전기가 있다. 3상 중 1상의 단자전압은 $V = 4,400[V]$, 유도기전력 $E = 6,600[V]$이다. 부하각 $\delta = 30°$라고 하면 발전기의 3상 출력[kW]은 약 얼마인가?
① 2,178
② 3,251
③ 4,253
④ 5,532

> **Explanation**

3상 동기발전기의 출력(원통형 회전자(비철극기))

$$P = 3\frac{EV}{x_s}\sin\delta = 3 \times \frac{6,600 \times 4,400}{20} \times \sin 30° \times 10^{-3} = 2,178[kW]$$

【답】①

46 반도체 정류기에 적용된 소자 중 첨두 역방향 내전압이 가장 큰 것은?
① 셀렌 정류기
② 실리콘 정류기
③ 게르마늄 정류기
④ 아산화동 정류기

> **Explanation**

SCR(Silicon Controlled Rectifier) : 실리콘 제어 정류기
- **실리콘 정류 소자, 역저지 3단자**
- 동작 최고 온도가 가장 높다(200[℃]).
- 정류기능의 단일 방향성 3단자 소자
- 위상 제어, 인버터, 초퍼 등에 사용
- 역방향 내전압 : 약 500~1,000[V](역방향 내전압이 가장 크다) 【답】②

47. 동기 전동기에서 전기자 반작용을 설명한 것 중 옳은 것은?
① 공급전압보다 앞선 전류는 감자작용을 한다.
② 공급전압보다 뒤진 전류는 감자작용을 한다.
③ 공급전압보다 앞선 전류는 교차자화작용을 한다.
④ 공급전압보다 뒤진 전류는 교차자화작용을 한다.

> **Explanation**

동기 전동기의 전기자 반작용

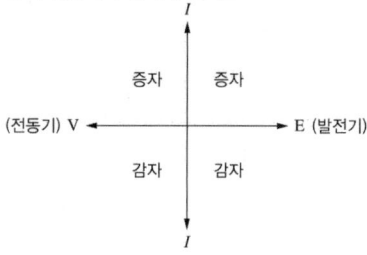

- 증자작용 : 전기자 전류가 단자전압보다 $\frac{\pi}{2}$ 뒤진 전류가 흐를 때
- 감자작용 : 전기자 전류가 단자전압보다 $\frac{\pi}{2}$ 앞선 전류가 흐를 때 【답】①

48. 변압기 결선방식 중 3상에서 6상으로 변환할 수 없는 것은?
① 2중 결선 ② 환상 결선
③ 대각 결선 ④ 2중 6각 결선

> **Explanation**

변압기 상수 변환법
- 3상에서 2상 변환 : scott 결선(=T결선), Meyer 결선, wood bridge 결선
- 3상에서 6상 변환 : Fork 결선, 2중 성형 결선, 환상 결선, 대각 결선, 2중△결선 【답】④

49. 실리콘 제어정류기(SCR)의 설명 중 틀린 것은?
① P-N-P-N 구조로 되어 있다.
② 인버터 회로에 이용될 수 있다.
③ 고속도의 스위치 작용을 할 수 있다.
④ 게이트에 (+)와 (-)의 특성을 갖는 펄스를 인가하여 제어한다.

> **Explanation**

SCR(Silicon Controlled Rectifier) : 실리콘 제어 정류기
- 실리콘 정류 소자 역저지 3단자
- 동작 최고 온도가 가장 높다(200[℃]).
- 정류기능의 단일 방향성 3단자 소자

- 게이트에 펄스를 인가하여 ON
  게이트의 작용 : 통과 전류 제어 작용
- OFF 시 : 애노드를 (0) 또는 (-)로 한다.
- 위상 제어, 인버터, 초퍼 등에 사용
- 역방향 내전압 : 약 500~1,000[V](역방향 내전압이 가장 크다)

【답】 ④

50 ★★☆☆☆
직류발전기가 90[%] 부하에서 최대 효율이 된다면 이 발전기의 전부하에 있어서 고정손과 부하손의 비는?

① 1.1　　　　　　　　　　　② 1.0
③ 0.9　　　　　　　　　　　④ 0.81

Explanation

최대 효율 조건 : 고정손 $= \left(\dfrac{1}{m}\right)^2$ 부하손

따라서 고정손 $= (0.9)^2 \times$ 부하손 $= 0.81 \times$ 부하손

$\dfrac{\text{고정손}}{\text{부하손}} = \dfrac{\text{부하손} \times 0.81}{\text{부하손}} = 0.81$

【답】 ④

51 ★☆☆☆☆
150[kVA]의 변압기의 철손이 1[kW], 전부하동손이 2.5[kW]이다. 역률 80[%]에 있어서의 최대 효율은 약 몇 [%]인가?

① 95　　　　　　　　　　　② 96
③ 97.4　　　　　　　　　　④ 98.5

Explanation

【답】 ③

52 ★☆☆☆☆
정격 부하에서 역률 0.8(뒤짐)로 운전될 때, 전압 변동률이 12[%]인 변압기가 있다. 이 변압기에 역률 100[%]의 정격 부하를 걸고 운전할 때의 전압 변동률은 약 몇 [%]인가? 단, %저항강하는 %리액턴스강하의 1/12이라고 한다.

① 0.909　　　　　　　　　　② 1.5
③ 6.85　　　　　　　　　　　④ 16.18

Explanation

【답】 ②

53 ★★☆☆☆
권선형 유도전동기 저항제어법의 단점 중 틀린 것은?

① 운전 효율이 낮다.　　　　　② 부하에 대한 속도 변동이 작다.
③ 제어용 저항기는 가격이 비싸다.　　④ 부하가 적을 때는 광범위한 속도 조정이 곤란하다.

Explanation

권선형 유도 전동기의 2차 저항 제어법
- 토크의 비례추이를 이용한 것

- 2차 회로에 저항을 삽입 토크에 대한 슬립 s를 바꾸어 속도 제어
- 구조가 간단하고 제어가 용이
- 효율이 낮다.
- 제어용 저항기는 고가
- **부하에 대한 속도 변동이 크다.**

【답】②

54. 부하 급변 시 부하각과 부하속도가 진동하는 난조 현상을 일으키는 원인이 아닌 것은?

① 전기자 회로의 저항이 너무 큰 경우
② 원동기의 토크에 고조파가 포함된 경우
③ 원동기의 조속기 감도가 너무 예민한 경우
④ 자속의 분포가 기울어져 자속의 크기가 감소한 경우

Explanation

- 난조(hunting) : 발전기의 부하가 급변하는 경우 회전자 속도가 동기속도를 중심으로 진동하는 현상
- 난조의 원인
  - 원동기의 조속기 감도가 너무 예민할 때
  - 전기자 저항이 너무 클 때
  - 부하의 급변
  - 원동기 토크에 고조파가 포함될 때
  - 관성모멘트가 작은 경우

【답】④

55. 단상변압기 3대를 이용하여 3상 △-Y로 결선했을 때의 1차, 2차의 전압 각변위(위상차)는?

① $0°$
② $60°$
③ $150°$
④ $180°$

Explanation

△-Y의 위상차는 30°나 180°를 기준으로 하면 180-30 즉, 150°와 같다.

【답】③

56. 권선형 유도전동기의 전부하 운전 시 슬립이 4[%]이고 2차 정격전압이 150[V]이면 2차 유도 기전력은 몇 [V]인가?

① 9 　② 8 　③ 7 　④ 6

Explanation

정지 시와 회전 시 비교

정지 시	회전 시
E_2	$E_{2s} = sE_2$
f_2	$f_{2s} = sf_2$

회전 시 2차 유도기전력 $E_{2s} = sE_2 = 0.04 \times 150 = 6[V]$

【답】④

57. 3상 유도전동기의 슬립이 s일 때 2차 효율[%]은?

① $(1-s) \times 100$
② $(2-s) \times 100$
③ $(3-s) \times 100$
④ $(4-s) \times 100$

Explanation

2차 효율 $\eta_2 = \dfrac{P_0}{P_2} \times 100 = \dfrac{(1-s)P_2}{P_2} \times 100 = (1-s) \times 100 = \dfrac{N}{N_s} \times 100 = \dfrac{\omega}{\omega_0} \times 100 [\%]$

【답】①

58 직류전동기의 회전수를 $\frac{1}{2}$로 하자면 계자자속을 어떻게 해야 하는가?

① $\frac{1}{4}$로 감속시킨다.　　② $\frac{1}{2}$로 감속시킨다.
③ 2배로 증가시킨다.　　④ 4배로 증가시킨다.

Explanation

직류전동기 속도 제어 $n = K'\dfrac{V - I_a R_a}{\phi}$ (K' : 기계정수)에서

회전수 $n \propto \dfrac{1}{\phi}$ 이므로 회전수를 $\dfrac{1}{2}$로 하자면 계자자속은 2배가 되어야 한다.　【답】③

59 사이리스터 2개를 사용한 단상 전파정류 회로에서 직류전압 100[V]를 얻으려면 PIV가 약 몇 [V]인 다이오드를 사용하면 되는가?

① 111　　② 141
③ 222　　④ 314

Explanation

단상 전파 직류전압 $E_d = 0.9E$에서

$E = \dfrac{E_d}{0.9} = \dfrac{100}{0.9} = 111.11$ [V]

최대 역전압 $PIV = 2\sqrt{2}\,E = \pi E_d = \pi \times 100 = 314$ [V]　【답】④

60 교류 발전기의 고조파 발생을 방지하는 데 적합하지 않은 것은?

① 전기자 반작용을 크게 한다.　　② 전기자 권선을 단절권으로 감는다.
③ 전기자 슬롯을 스큐 슬롯으로 한다.　　④ 전기자 권선의 결선을 성형으로 한다.

Explanation

동기발전기 고조파 발생 방지법
- 전기자를 Y(성형) 결선으로 : 제3고조파의 순환전류 발생되지 않는다.
- 권선을 분포권, 단절권으로 : 고조파를 제거하여 기전력의 파형 개선
- 전기자 슬롯을 스큐 슬롯 : 고조파에 의한 크로우링 현상 방지
- 전기자 반작용 적게 할 것　【답】①

4과목　회로이론 및 제어공학

61 개루프 전달함수 $G(s)$가 다음과 같이 주어지는 단위 부궤환계가 있다. 단위 계단입력이 주어졌을 때, 정상상태 편차가 0.05가 되기 위해서는 K의 값은 얼마인가?

$$G(s) = \frac{6K(s+1)}{(s+2)(s+3)}$$

① 19　　② 20
③ 0.95　　④ 0.05

Explanation

단위 계단입력 시 정상상태 오차 : $e_{ss} = \dfrac{1}{1+K_p}$

여기서, 정상위치편차상수 : $K_p = \lim\limits_{s\to 0} G(s) = \lim\limits_{s\to 0} \dfrac{6K(s+1)}{(s+2)(s+3)} = K$

따라서 정상상태 오차 $e_{ss} = \dfrac{1}{1+K_p} = \dfrac{1}{1+K} = 0.05$

∴ $K = 19$

【답】①

62 제어량의 종류에 의한 분류가 아닌 것은?
① 자동 조정
② 서보 기구
③ 적응제어
④ 프로세스 제어

Explanation

제어량에 의한 분류
- 서보 기구(servo mechanism) : 위치, 방향, 자세, 거리, 각도 등
- 프로세스 제어(process control) : 밀도, 농도, 온도, 압력, 유량, 습도 등
- 자동 조정(auto regulating) : 회전수, 전압, 주파수 등

【답】③

63 개루프 전달함수 $G(s)H(s) = \dfrac{K(s-5)}{s(s-1)^2(s+2)^2}$ 일 때 주어지는 계에서 점근선의 교차점은?

① $-\dfrac{3}{2}$
② $-\dfrac{7}{4}$
③ $\dfrac{5}{3}$
④ $-\dfrac{1}{5}$

Explanation

근궤적의 점근선의 교차점

$\sigma = \dfrac{\Sigma G(s)H(s)\text{의 극점} - \Sigma G(s)H(s)\text{의 영점}}{P-Z} = \dfrac{(0+1+1-2-2)-(5)}{5-1} = -\dfrac{7}{4}$

【답】②

64 단위 계단함수의 라플라스 변환과 z변환 함수는?

① $\dfrac{1}{s}, \dfrac{z}{z-1}$
② $s, \dfrac{z}{z-1}$
③ $\dfrac{1}{s}, \dfrac{z-1}{z}$
④ $s, \dfrac{z-1}{z}$

Explanation

기본 함수의 z변환

$f(t)$	$F(s)$	$F(z)$
$\delta(t)$	1	1
$u(t)$	$\dfrac{1}{s}$	$\dfrac{z}{z-1}$

【답】①

65 다음 방정식으로 표시되는 제어계가 있다. 이 계를 상태방정식 $\dot{x} = Ax(t) + Bu(t)$로 나타내면 계수 행렬 A는?

$$\frac{d^3c(t)}{dt^3} + 5\frac{d^3c(t)}{dt^3} + \frac{dc(t)}{dt} + 2c(t) = r(t)$$

① $\begin{bmatrix} 0 & 1 & 0 \\ 0 & 0 & 1 \\ -2 & -1 & -5 \end{bmatrix}$ ② $\begin{bmatrix} 0 & 1 & 0 \\ 1 & 0 & 0 \\ 5 & 1 & 2 \end{bmatrix}$

③ $\begin{bmatrix} 0 & 0 & 1 \\ 1 & 0 & 0 \\ 0 & 5 & 2 \end{bmatrix}$ ④ $\begin{bmatrix} 0 & 1 & 0 \\ 0 & 0 & 1 \\ -2 & -1 & 0 \end{bmatrix}$

Explanation

$x_1(t) = c(t)$
$x_2(t) = \dot{c}(t) = \dot{x_1}(t)$
$x_3(t) = \ddot{c}(t) = \dot{x_2}(t)$ 라 놓으면
$\dot{x_3}(t) = -2x_1(t) - x_2(t) - 5x_3(t) + r(t)$

$\begin{bmatrix} \dot{x_1}(t) \\ \dot{x_2}(t) \\ \dot{x_3}(t) \end{bmatrix} = \begin{bmatrix} 0 & 1 & 2 \\ 0 & 0 & 1 \\ -2 & -1 & -5 \end{bmatrix} \begin{bmatrix} x_1(t) \\ x_2(t) \\ x_3(t) \end{bmatrix} + \begin{bmatrix} 0 \\ 0 \\ 1 \end{bmatrix} r(t)$

【답】①

66 안정한 제어계의 임펄스 응답을 가했을 때 제어계의 정상상태 출력은?

① 0   ② $+\infty$ 또는 $-\infty$
③ +의 일정한 값   ④ −의 일정한 값

Explanation

임펄스 응답 시의 안정 조건
• $t \to \infty$ 일 때 0으로 수렴하면 안정
• $t \to \infty$ 일 때 ∞ 로 발산하면 불안정
• $t \to \infty$ 일 때 값의 변동이 없거나 일정 값으로 진동하면 임계

【답】①

67 그림과 같이 블록선도에서 $C(s)/R(s)$의 값은?

① $\dfrac{G_1}{G_1 - G_2}$ ② $\dfrac{G_2}{G_1 - G_2}$

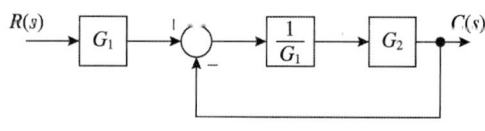

③ 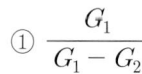   ④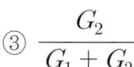

Explanation

블록선도의 전달함수 $G(s) = \dfrac{\Sigma G}{1 - \Sigma L_1 + \Sigma L_2 + \cdots}$

여기서, L_1 : 각각의 모든 폐루프 이득의 합
L_2 : 서로 접촉하지 않는 2개의 폐루프 이득의 곱의 합
ΣG : 각각의 전향 경로의 합

$$G(s) = \frac{G_1 \frac{1}{G_1} G_2}{1-\left(-G_2 \frac{1}{G_1}\right)} = \frac{G_2}{1+\frac{G_2}{G_1}} = \frac{G_1 G_2}{G_1 + G_2}$$

【답】 ④

68 신호흐름선도에서 전달함수 $\frac{C}{R}$를 구하면?

① $\frac{abcdg}{1-abcde}$ ② $\frac{abcde}{1-cg-bcdf}$

③ $\frac{abcde}{1-cg-cgf}$ ④ $\frac{abcde}{c+cg+cgf}$

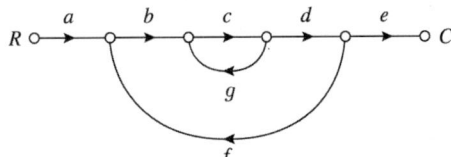

Explanation

메이슨의 이득공식을 적용하면

$G = \frac{\sum G_i \triangle_i}{\triangle}$ 에서

$G_i : abcde$ $\triangle_i : 1-0 = 1$

$\triangle = 1-(cg+bcdf) = 1-cg-bcdf$

전체 이득 $G = \frac{C}{R} = \frac{abcde}{1-cg-bcdf}$

【답】 ②

69 특성방정식이 $s^3 + 2s^2 + Ks + 5 = 0$가 안정하기 위한 K의 값은?

① $K > 0$ ② $K < 0$

③ $K > \frac{5}{2}$ ④ $K < \frac{5}{2}$

Explanation

Routh-Hurwitz 판별식을 이용하여 1열의 부호가 모두 양수이면 안정하며

s^3	1	K
s^2	2	5
s^1	$\frac{2K-5}{2}$	0
s^0	5	

제1열의 부호 변화가 없어야 안정하므로 $2K-5 > 0$, $K > \frac{5}{2}$

따라서 $K > \frac{5}{2}$

【답】 ③

70 다음과 같은 진리표를 갖는 회로의 종류는?

입력		출력
A	B	
0	0	0
0	1	1
1	0	1
1	1	0

① AND　　　　　　　　　　　　② NAND
③ NOR　　　　　　　　　　　　④ EX-OR

Explanation

Exclusive OR(배타적 논리합)
$A \oplus B = A\bar{B} + \bar{A}B$
진리표

A	B	X
0	0	0
0	1	1
1	0	1
1	1	0

【답】④

71 ★★★★☆ 대칭좌표법에서 대칭분을 각 상전압으로 표시한 것 중 틀린 것은?

① $E_0 = \dfrac{1}{3}(E_a + E_b + E_c)$　　② $E_1 = \dfrac{1}{3}(E_a + aE_b + a^2E_c)$

③ $E_2 = \dfrac{1}{3}(E_a + a^2E_b + aE_c)$　　④ $E_3 = \dfrac{1}{3}(E_a^2 + E_b^2 + E_c^2)$

Explanation

대칭좌표법을 이용하면

$\begin{bmatrix} E_0 \\ E_1 \\ E_2 \end{bmatrix} = \dfrac{1}{3} \begin{bmatrix} 1 & 1 & 1 \\ 1 & a & a^2 \\ 1 & a^2 & a \end{bmatrix} \begin{bmatrix} E_a \\ E_b \\ E_c \end{bmatrix}$ 에서

- 영상분 : $E_0 = \dfrac{1}{3}(E_a + E_b + E_c)$
- 정상분 : $E_1 = \dfrac{1}{3}(E_a + aE_b + a^2E_c)$
- 역상분 : $E_2 = \dfrac{1}{3}(E_a + a^2E_b + aE_c)$

【답】④

72 ★☆☆☆☆ $R-L$ 직렬회로에서 스위치 S가 1번 위치에 오랫동안 있다가 $t=0^+$ 에서 위치 2번으로 옮겨진 후, $\dfrac{L}{R}(s)$ 후에 L에 흐르는 전류[A]는?

① $\dfrac{E}{R}$　　　　　② $0.5\dfrac{E}{R}$

③ $0.368\dfrac{E}{R}$　　④ $0.632\dfrac{E}{R}$

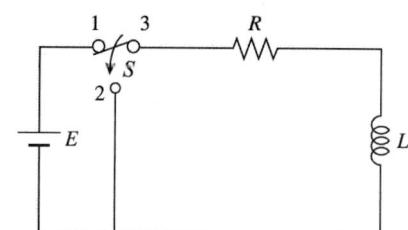

Explanation

스위치가 2번으로 되면 기전력 제거이므로

$R-L$ 직렬회로	직류 기전력 제거 시(S/W off)
전류 $i(t)$	$i(t) = \dfrac{E}{R} e^{-\frac{R}{L}t} = 0.368\dfrac{E}{R}$
시정수	$\tau = \dfrac{L}{R}[\text{sec}]$

【답】③

73 분포 정수회로에서 선로정수가 R, L, C, G이고 무왜형 조건이 $RC = GL$과 같은 관계가 성립될 때 선로의 특성 임피던스 Z_o는? 단, 선로의 단위 길이당 저항을 R, 인덕턴스를 L, 정전용량을 C, 누설컨덕턴스를 G라 한다.

① $Z_0 = \dfrac{1}{\sqrt{CL}}$ 　　② $Z_0 = \sqrt{\dfrac{L}{C}}$

③ $Z_0 = \sqrt{CL}$ 　　④ $Z_0 = \sqrt{RG}$

Explanation

무왜형 조건 ($RC = GL$)

특성 임피던스 $Z_0 = \sqrt{\dfrac{\dot{Z}}{\dot{Y}}} = \sqrt{\dfrac{R + j\omega L}{G + j\omega C}}$

$= \sqrt{\dfrac{R + j\omega L}{RC/L + j\omega C}} = \sqrt{\dfrac{R + j\omega L}{C/L\,(R + j\omega L)}} = \sqrt{\dfrac{L}{C}}$

【답】②

74 그림과 같은 4단자 회로망에서 하이브리드 파라미터 H_{11}은?

① $\dfrac{Z_1}{Z_1 + Z_3}$ 　　② $\dfrac{Z_1}{Z_1 + Z_2}$

③ $\dfrac{Z_1 Z_3}{Z_1 + Z_3}$ 　　④ $\dfrac{Z_1 Z_3}{Z_1 + Z_2}$

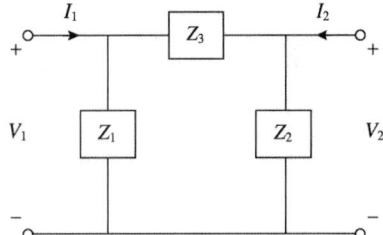

Explanation

【답】③

75 내부저항 0.1[Ω]인 건전지 10개를 직렬로 접속하고 이것을 한 조로 하여 5조 병렬로 접속하면 합성 내부저항은 몇 [Ω]인가?

① 5 　　② 1

③ 0.5 　　④ 0.2

Explanation

우선 전지 10개 직렬연결 시 내부저항 $nR = 0.1 \times 10 = 1[\Omega]$

그런 다음에 전지를 3개 병렬연결 하면

내부저항은 $\dfrac{nR}{m} = \dfrac{0.1 \times 10}{5} = 0.2[\Omega]$이다.

【답】④

76 함수 $f(t)$의 라플라스 변환은 어떤 식으로 정의되는가?

① $\displaystyle\int_0^\infty f(t)e^{st}dt$ 　　② $\displaystyle\int_0^\infty f(t)e^{-st}dt$

③ $\displaystyle\int_0^\infty f(-t)e^{st}dt$ 　　④ $\displaystyle\int_{-\infty}^\infty f(-t)e^{-st}dt$

> **Explanation**

라플라스 변환 정의식 : $\mathcal{L}[f(t)] = \int_0^\infty f(t)e^{-st}dt$

【답】②

77. 대칭좌표법에서 불평형률을 나타내는 것은?

① $\dfrac{영상분}{정상분} \times 100$
② $\dfrac{정상분}{역상분} \times 100$
③ $\dfrac{정상분}{영상분} \times 100$
④ $\dfrac{역상분}{정상분} \times 100$

> **Explanation**

불평형률 $= \dfrac{역상분}{정상분} \times 100 [\%]$

【답】④

78. 그림의 왜형파 푸리에의 급수로 전개할 때, 옳은 것은?

① 우수파만 포함한다.
② 기수파만 포함한다.
③ 우수파·기수파 모두 포함한다.
④ 푸리에의 급수로 전개할 수 없다.

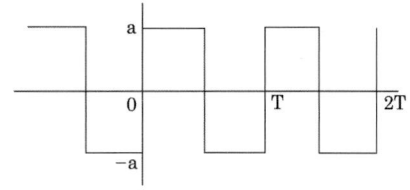

> **Explanation**

반파 정현 대칭 함수이므로
정현대칭 : $f(t) = -f(-t)$, sin항
반파대칭 : $f(t) = -f(t+\pi)$, 홀수항(기수항)
따라서 함수는 기수파의 정현항만 존재한다.

【답】②

79. 최대값 E_m 인 반파 정류 정현파의 실효값은 몇 [V]인가?

① $\dfrac{2E_m}{\pi}$
② $\sqrt{2}$
③ $\dfrac{E_m}{\sqrt{2}}$
④ $\dfrac{E_m}{2}$

> **Explanation**

각 파형의 평균값 및 실효값은 다음과 같이 정리된다.

파형		실효값	평균값
정현반파		$\dfrac{I_m}{2}$	$\dfrac{1}{\pi}I_m$

【답】④

80. 그림과 같이 $R[\Omega]$의 저항을 Y결선으로 하여 단자 a, b 및 c에 비대칭 3상 전압을 가할 때, a단자의 중성점 N에 대한 전압은 약 몇 [V]인가? (단, $V_{ab} = 210[V]$, $V_{bc} = -90 - j180[V]$, $V_{ca} = -120 + j180[V]$이다)

① 100　　　② 116
③ 121　　　④ 125

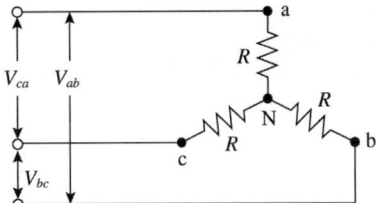

Explanation

【답】④

5과목　전기설비기술기준

81 ★★★★★ 태양전지 모듈 시설에 대한 설명 중 옳은 것은?

① 충전 부분은 노출하여 시설할 것
② 출력배선은 극성별로 확인 가능토록 표시할 것
③ 전선은 공칭단면적 1.5[㎟] 이상의 연동선을 사용할 것
④ 전선을 옥내에 시설할 경우에는 애자공사에 준하여 시설할 것

Explanation

(KEC 522조) 태양광설비의 시설
① **충전 부분은 노출되지 아니하도록 시설할 것**
② 태양전지 모듈을 병렬로 접속하는 전로에는 그 전로에 단락이 생긴 경우에 전로를 보호하는 과전류차단기 기타의 기구를 시설할 것
③ **전선은 공칭단면적 2.5[㎟] 이상의 연동선** 또는 이와 동등 이상의 세기 및 굵기의 것일 것
④ **옥내에 시설할 경우에는 합성수지관공사, 금속관공사, 가요전선관공사 또는 케이블공사에 준하여 시설할 것**
⑤ 태양전지 모듈 및 개폐기 그 밖의 기구에 전선을 접속하는 경우에는 나사 조임 그밖에 이와 동등 이상의 효력이 있는 방법에 의하여 견고하고 또한 전기적으로 완전하게 접속함과 동시에 접속점에 장력이 가해지지 아니하도록 할 것　　　【답】②

82 ★★★★★ 저압 옥상전선로를 전개한 장소에 시설하는 내용으로 틀린 것은?

① 전선은 절연전선일 것
② 전선은 지름 2.5[㎜] 이상의 경동선일 것
③ 전선과 그 저압 옥상전선로를 시설하는 조영재와의 이격거리는 2[m] 이상일 것
④ 전선은 조영재에 내수성이 있는 애자를 사용하여 지지하고 그 지지점 간의 거리는 15[m] 이하일 것

Explanation

(KEC 221.3조) 옥상 전선로
① 전선은 인장강도 2.30[kN] 이상의 것 또는 **지름 2.6[㎜] 이상의 경동선**일 것
② 전선은 절연전선일 것
③ 전선은 조영재에 견고하게 붙인 지지기둥 또는 지지대에 절연성·난연성 및 **내수성이 있는 애자를 사용하여 지지하고** 또한 그 지지점 간의 거리는 15[m] 이하일 것
④ 전선과 그 저압 옥상 전선로를 시설하는 **조영재와의 이격거리는 2[m]** (전선이 고압절연전선, 특고압 절연전선 또는 케이블인 경우에는 1[m]) 이상일 것　　　【답】②

83 무대, 무대마루 밑, 오케스트라박스, 영사실 기타 사람이나 무대 도구가 접촉할 우려가 있는 곳에 시설하는 저압 옥내배선, 전구선 또는 이동전선은 사용전압이 몇 [V] 이하이어야 하는가?

① 60　　② 110
③ 220　　④ 400

Explanation

(KEC 242.6조) 전시회, 쇼 및 공연장의 전기설비
무대·무대마루 밑·오케스트라박스·영사실 기타 사람이나 무대 도구가 접촉할 우려가 있는 곳에 시설하는 저압 옥내배선·전구선 또는 이동전선은 사용·전압이 400[V] 이하일 것

【답】④

84 과전류차단기로 시설하는 퓨즈 중 고압전로에 사용하는 포장 퓨즈는 정격전류의 몇 배의 전류에 견디어야 하는가?

① 1.1　　② 1.25
③ 1.3　　④ 1.6

Explanation

(KEC 341.10조) 고압 및 특고압 전로 중의 과전류 차단기의 시설
① 포장 퓨즈 : 1.3배의 전류에 견디고 또한 2배의 전류로 120분 안에 용단
② 비포장 퓨즈 : 1.25배의 전류에 견디고 또한 2배의 전류로 2분 안에 용단

【답】③

85 터널 안 전선로의 시설방법으로 옳은 것은?

① 저압전선은 지름 2.6[mm]의 경동선의 절연전선을 사용하였다.
② 고압전선은 절연전선을 사용하여 합성수지관 공사로 하였다.
③ 저압전선을 애자공사에 의하여 시설하고 이를 레일면상 또는 노면상 2.2[m]의 높이로 시설하였다.
④ 고압전선을 금속관공사에 의하여 시설하고 이를 레일면상 또는 노면상 2.4[m]의 높이로 시설하였다.

Explanation

(KEC 335.1조) 터널 안 전선로의 시설
① **저압전선** – 지름 **2.6[mm]** 경동선 이상, 애자공사에 의해 시설할 때 레일면상 또는 **노면상 2.5[m]·이상의 높이**, 합성수지관 공사, 금속관 공사, 가요전선관 공사, 케이블 공사에 의해 시설
② **고압전선** – 지름 4[mm] 경동선 이상, 애자공사 시 레일면상 또는 노면상 3[m] 이상의 높이, 케이블 공사에 의한 시설

【답】①

86 저압 옥측전선로의 공사에서 목조 조영물에 시설할 수 있는 공사 방법은?

① 금속관 공사　　② 버스덕트 공사
③ 합성수지관 공사　　④ 연피 또는 알루미늄 케이블 공사

Explanation

(KEC 221.2조) 옥측전선로
아래의 공사방법에 의할 것
• 애자공사(전개된 장소만)
• 합성수지관공사
• 금속관공사(**목조 제외**)
• 버스덕트공사(**목조 제외**)
• 케이블공사(연피 케이블, 알루미늄피 케이블, MI케이블 사용하면 **목조 제외**)

【답】③

87. 특고압을 직접 저압으로 변성하는 변압기를 시설하여서는 아니 되는 것은?

① 광산에서 물을 양수하기 위한 양수기용 변압기
② 전기로 등 전류가 큰 전기를 소비하기 위한 변압기
③ 교류식 전기철도용 신호회로에 전기를 공급하기 위한 변압기
④ 발전소·변전소·개폐소 또는 이에 준하는 곳의 소내용 변압기

Explanation

(KEC 341.3조) 특고압을 직접 저압으로 변성하는 변압기의 시설
특고압을 직접 저압으로 변성하는 변압기는 다음에 한하여 시설할 수 있다.
① 전기로 등 전류가 큰 전기를 소비하기 위한 변압기
② 발전소·변전소·개폐소 또는 이에 준하는 곳의 소내용 변압기
③ 특고압 전선로에 접속하는 변압기
④ 교류식 전기철도용 신호회로에 전기를 공급하기 위한 변압기

【답】①

88. 케이블 트레이 공사에 사용하는 케이블 트레이의 시설기준으로 틀린 것은?

① 케이블 트레이 안전율은 1.3 이상이어야 한다.
② 비금속제 케이블 트레이는 난연성 재료의 것이어야 한다.
③ 전선의 피복 등을 손상시킬 돌기 등이 없이 매끈해야 한다.
④ 저압옥내배선의 금속제 트레이에는 접지공사를 하여야 한다.

Explanation

(KEC 232.41조) 케이블트레이공사
① 수용된 모든 전선을 지지할 수 있는 강도 - 이 경우 케이블 트레이의 안전율은 1.5 이상
② 비금속제 케이블 트레이는 난연성
③ 금속제 케이블 트레이 계통 : 기계적 및 전기적으로 완전하게 접속+금속제 트레이에 접지공사

【답】①

89. 전로에 대한 설명 중 옳은 것은?

① 통상의 사용 상태에서 전기를 절연한 곳
② 통상의 사용 상태에서 전기를 접지한 곳
③ 통상의 사용 상태에서 전기가 통하고 있는 곳
④ 통상의 사용 상태에서 전기가 통하고 있지 않은 곳

Explanation

(기술기준 제3조) 정의
"전로"란 보통의 사용 상태에서 전기를 통하는 회로의 일부나 전부를 말한다.

【답】③

90. 최대 사용 전압이 23[kV]의 권선으로 중성점 접지식 전로(중성선을 가지는 것으로 그 중성선에 다중 접지를 하는 전로)에 접속되는 변압기는 몇 [V]의 절연내력 시험전압에 견디어야 하는가?

① 21,160
② 25,300
③ 38,750
④ 34,500

Explanation

(KEC 135조) 변압기 전로의 절연내력

접지방식	최대 사용전압	시험전압(최대 사용전압 배수)	최저 시험전압
중성점 다중접지	25[kV] 이하	0.92배	

절연내력 시험전압 : $23,000 \times 0.92 = 21,160[V]$

【답】①

91 고압 가공전선으로 경동선 또는 내열 동합금선을 사용할 때 그 안전율은 최소 얼마 이상이 되는 처짐정도(이도)로 시설하여야 하는가?
① 2.0　　　　　　　　　　② 2.2
③ 2.5　　　　　　　　　　④ 3.3

> Explanation
>
> (KEC 332.4조) 고압 가공 전선의 안전율
> 고압 가공전선은 케이블인 경우 이외에는 다음 각 호에 규정하는 경우에 그 **안전율이 경동선 또는 내열 동합금선은 2.2 이상**, 그 밖의 전선은 2.5 이상이 되는 처짐정도(이도)로 시설하여야 한다.　　【답】②

92 KEC 적용으로 인하여 삭제되었습니다.

93 고압 보안공사에서 지지물이 A종인 철주인 경우 경간은 몇 [m] 이하인가?
① 100　　　　　　　　　　② 150
③ 250　　　　　　　　　　④ 400

> Explanation
>
> (KEC 332.10조) 고압 보안공사
>
> | 지지물 종류 | 표준 경간 | 저·고압 보안공사 |
> |---|---|---|
> | 목주, A종 | 150 | 100 |
> | B종 | 250 | 150 |
> | 철탑 | 600 | 400 |
>
> 【답】①

94 KEC 적용으로 인하여 삭제되었습니다.

95 가공전선로 지지물의 승탑 및 승주 방지를 위한 발판 볼트는 지표상 몇 [m] 미만에 시설하여서는 아니 되는가?
① 1.2　　　　　　　　　　② 1.5
③ 1.8　　　　　　　　　　④ 2.0

> Explanation
>
> (KEC 331.4조) 가공 전선로 지지물의 철탑오름 및 전주오름 방지
> 지지물에 취급자가 오르고 내리는 데 사용하는 발판 볼트 등은 지표상 1.8[m] 미만에 시설하여서는 아니 된다.　　【답】③

96 KEC 적용으로 인하여 삭제되었습니다.

97 사용전압이 60[kV] 이하인 경우 전화 선로의 길이를 12[km]마다 유도전류는 몇 $[\mu A]$를 넘지 않도록 하여야 하는가?
① 1　　　　　　　　　　② 2
③ 3　　　　　　　　　　④ 4

(KEC 333.2조) 유도장해의 방지
① 사용전압이 60[kV] 이하인 경우에는 전화 선로의 길이 12[km]마다 유도전류가 2[μA]를 넘지 아니할 것
② 사용전압이 60[kV]를 넘는 경우에는 전화 선로의 길이 40[km]마다 유도전류가 3[μA]를 넘지 아니할 것
【답】②

98 ★★★★☆ 발전소·변전소·개폐소 또는 이에 준하는 곳에서 개폐기 또는 차단기에 사용하는 압축 공기장치의 공기압축기는 최고 사용압력의 1.5배의 수압을 연속하여 몇 분간 가하여 시험을 하였을 때에 이에 견디고 또한 새지 아니하여야 하는가?

① 5   ② 10   ③ 15   ④ 20

Explanation

(KEC 341.15조) 압축공기계통
발전소·변전소·개폐소 또는 이에 준하는 곳에서 개폐기 또는 차단기에 사용하는 압축 공기 장치는 **최고 사용압력의 1.5배의 수압을 계속하여 10분간 가하여** 시험을 한 경우에 이에 견디고 또한 새지 아니할 것
【답】②

99 ★★★★☆ 금속덕트공사에 의한 저압 옥내배선공사 시설에 대한 설명으로 틀린 것은?

① 저압 옥내배선의 덕트에 접지공사를 한다.
② 금속덕트는 두께 1.0[mm] 이상인 철판으로 제작하고 덕트 상호간에 완전하게 접속한다.
③ 덕트를 조영재에 붙이는 경우 덕트 지지점 간의 거리를 3[m] 이하로 견고하게 붙인다.
④ 금속덕트에 넣은 전선의 단면적의 합계가 덕트의 내부 단면적의 20[%] 이하가 되도록 한다.

Explanation

(KEC 232.31조) 금속덕트공사
① 금속덕트에 넣은 전선의 단면적(절연피복의 단면적을 포함)의 합계는 덕트 내부 단면적의 20[%](전광표시장치 기타 이와 유사한 장치 또는 제어회로 등의 배선만을 넣는 경우는 50[%]) 이하일 것
② 금속덕트는 폭이 40[mm]를 초과하고 두께가 1.2[mm] 이상인 철판 또는 동등 이상의 세기를 가지는 금속제일 것
③ 덕트를 조영재에 붙이는 경우에는 덕트의 지지점 간의 거리는 3[m] 이하로 할 것
④ 접지공사를 할 것
【답】②

100 ★☆☆☆☆ 그림은 전력선 반송통신용 결합장치의 보안장치를 나타낸 것이다. S의 명칭으로 옳은 것은?

① 동축 케이블
② 결합 콘덴서
③ 접지용 개폐기
④ 구상용 방전갭

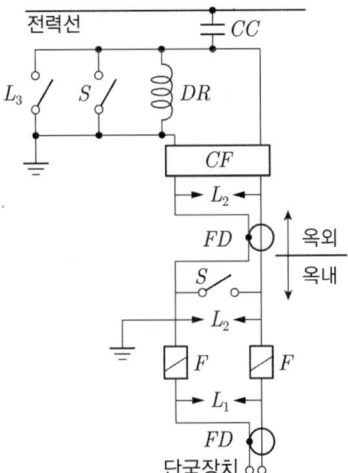

Explanation

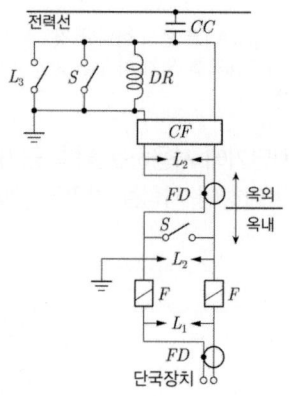

- FD : 동축케이블
- F : 정격전류 10[A] 이하의 포장 퓨즈
- DR : 전류 용량 2[A] 이상의 배류 선륜
- L_1 : 교류 300[V] 이하에서 동작하는 피뢰기
- L_2 : 동작 전압이 교류 1,300[V]를 초과하고 1,600[V] 이하로 조정된 방전갭
- L_3 : 동작 전압이 교류 2[kV]를 초과하고 3[kV] 이하로 조정된 구상 방전갭
- **S : 접지용 개폐기**
- CF : 결합 필터
- CC : 결합 커패시터(결합 안테나를 포함한다)

【답】③

2018년 전기기사 필기

1과목 전기자기학

01 ★☆☆☆☆
매질 1의 $\mu_{s1}=500$, 매질 2의 $\mu_{s2}=1,000$이다. 매질 2에서 경계면에 대하여 45°의 각도로 자계가 입사한 경우 매질 1에서 경계면과 자계의 각도에 가장 가까운 것은?
① 20°   ② 30°
③ 60°   ④ 80°

Explanation

자성체의 경계조건(완전경계조건 : 경계면에서 전류밀도가 0)
- 자계의 접선성분이 연속 : $H_1\sin\theta_1 = H_2\sin\theta_2$
- 자속밀도의 법선성분이 연속 : $B_1\cos\theta_1 = B_2\cos\theta_2$
- 경계조건 : $\dfrac{\tan\theta_1}{\tan\theta_2}=\dfrac{\mu_1}{\mu_2}$

따라서, $\dfrac{\tan\theta_1}{\tan 45°}=\dfrac{500}{1,000}=\dfrac{1}{2}$에서

$\tan\theta_1=\dfrac{1}{2}$이므로 $\theta_1=\tan^{-1}\left(\dfrac{1}{2}\right)=26.57°$

경계면과의 각도는 $\theta=90-26.57 ≒ 60°$

【답】③

02 ★★★★★
대지의 고유저항이 $\rho[\Omega\cdot m]$일 때 반지름 $a[m]$인 그림과 같은 반구 접지극의 접지저항은 몇 $[\Omega]$인가?
① $\dfrac{\rho}{4\pi a}$ ② $\dfrac{\rho}{2\pi a}$
③ $\dfrac{2\pi\rho}{a}$ ④ $2\pi\rho a$

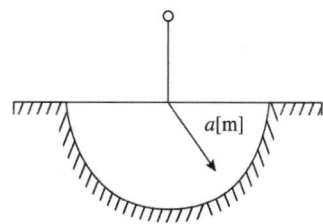

Explanation

반구의 정전용량 $C=\dfrac{4\pi\epsilon_o a}{2}=2\pi\epsilon_o a[F]$

$RC=\rho\epsilon$에서

$R=\dfrac{\rho\epsilon}{C}=\dfrac{\rho\epsilon}{2\pi\epsilon a}=\dfrac{\rho}{2\pi a}[\Omega]$

【답】②

03 ★★☆☆☆
히스테리시스 곡선에서 히스테리시스 손실에 해당하는 것은?
① 보자력의 크기   ② 잔류자기의 크기
③ 보자력과 잔류자기의 곱   ④ 히스테리시스 곡선의 면적

Explanation

히스테리시스 루프의 면적 : 강자성체의 단위 체적당의 필요한 에너지, 히스테리시스 손실

$$w = \frac{1}{2}\mu H^2 = \frac{B^2}{2\mu} = \frac{1}{2}HB\,[\text{J/m}^3]$$

【답】④

04 ★☆☆☆☆ 다음 (가), (나)에 대한 법칙으로 알맞은 것은?

> 전자유도에 의하여 회로에 발생되는 기전력은 쇄교 자속수의 시간에 대한 감소비율에 비례한다는 (가)에 따르고 특히, 유도된 기전력의 방향은 (나)에 따른다.

① (가) 패러데이의 법칙 (나) 렌츠의 법칙
② (가) 렌츠의 법칙   (나) 패러데이의 법
③ (가) 플레밍의 왼손법칙 (나) 패러데이의 법칙
④ (가) 패러데이의 법칙 (나) 플레밍의 왼손법칙

Explanation

- 패러데이 법칙 : 유도기전력의 크기 결정 ($e = N\dfrac{d\phi}{dt}$)
- 렌츠의 법칙 : 유도기전력의 방향 결정 ($e = -N\dfrac{d\phi}{dt}$)

【답】①

05 ★★★★★ N회 감긴 환상코일의 단면적이 $S[\text{m}^2]$이고 평균 길이가 $\ell[\text{m}]$이다. 이 코일의 권수를 반으로 줄이고 인덕턴스를 일정하게 하려고 할 때, 다음 중 옳은 것은?

① 단면적을 2배로 한다.
② 길이를 $\dfrac{1}{4}$로 한다.
③ 전류의 세기를 $\dfrac{1}{2}$배로 한다.
④ 비투자율을 4로 한다.

Explanation

인덕턴스 $L = \dfrac{\mu S N^2}{\ell}$에서 권수를 반으로 줄이면 인덕턴스는 $\dfrac{1}{4}$이 되므로 인덕턴스를 일정하게 유지하기 위해서는 길이 ℓ을 $\dfrac{1}{4}$로 해야 한다.

【답】②

06 ★★★★★ 무한장 솔레노이드에 전류가 흐를 때 발생되는 자장에 관한 설명 중 옳은 것은?

① 내부 자장은 평등 자장이다.
② 외부 자장은 평등 자장이다.
③ 내부 자장의 세기는 0이다.
④ 외부와 내부의 자장의 세기는 같다.

Explanation

무한장 솔레노이드
- 내부 자계의 세기 : 평등 자장, $H = n_0 I\,[\text{AT/m}]$ (단, n_0는 단위 길이당 코일 권수[회/m])
- 외부 자계의 세기 : $H = 0\,[\text{AT/m}]$

【답】①

07 ★★☆☆☆ 자기회로에서 키르히호프의 법칙으로 알맞은 것은? 단, R : 자기저항, ϕ : 자속, N : 코일 권수, I : 전류이다.

① $\displaystyle\sum_{i=1}^{n}\phi_i = \infty$
② $\displaystyle\sum_{i=1}^{n}N_i\phi_i = 0$
③ $\displaystyle\sum_{i=1}^{n}R_i\phi_i = \sum_{i=1}^{n}N_iI_i$
④ $\displaystyle\sum_{i=1}^{n}R_i\phi_i = \sum_{i=1}^{n}N_iL_i$

> **Explanation**

자기회로에서의 키르히호프의 법칙 : 임의의 폐자기 회로에서 모든 자기저항과 자속과의 곱의 합은 기자력의 총합과 같다.
$F_m = \sum_{i=1}^{n} R_i \phi_i = \sum_{i=1}^{n} N_i I_i$

【답】 ③

08 ★★★★★ 전하밀도 ρ_s [C/m²]인 무한 판상 전하분포에 의한 임의 점의 전장에 대하여 틀린 것은?
① 전장의 세기는 매질에 따라 변한다.   ② 전장의 세기는 거리 r 에 반비례한다.
③ 전장은 판에 수직방향으로만 존재한다.   ④ 전장의 세기는 전하밀도 ρ_s 에 비례한다.

> **Explanation**

표면 전하밀도 ρ_s [C/m²]라 하면
- 도체 표면에서의 전계의 세기 : $E = \dfrac{\rho_s}{\epsilon_o}$
- **무한평면에서의 전계의 세기** : $E = \dfrac{\rho_s}{2\epsilon_o}$
  거리와 무관하며 전계의 방향은 수직방향

【답】 ②

09 ★★★★★ 한 변의 길이가 ℓ 인 정사각형 도체 회로에 전류 I [A]를 흘릴 때 회로의 중심점에서 자계의 세기는 몇 [AT/m]인가?

① $\dfrac{2I}{\pi\ell}$

② $\dfrac{I}{\sqrt{2}\,\pi\ell}$

③ $\dfrac{\sqrt{2}\,I}{\pi\ell}$

④ $\dfrac{2\sqrt{2}\,I}{\pi\ell}$

> **Explanation**

정사각형 중심점의 자계의 세기 $H = \dfrac{2\sqrt{2}\,I}{\pi\ell}$ [AT/m]

【답】 ④

10 ★★☆☆☆ 반지름 a [m]의 원형 단면을 가진 도선에 전도 전류 $i_c = I_c \sin 2\pi ft$ [A]가 흐를 때 변위전류밀도의 최댓값 J_d는 몇 [A/m²]가 되는가? 단, 도전율은 σ [S/m]이고, 비유전율은 ϵ_r 이다.

① $\dfrac{f\epsilon_r I_c}{4\pi \times 10^9 \sigma a^2}$

② $\dfrac{\epsilon_r I_c}{4\pi f \times 10^9 \sigma a^2}$

③ $\dfrac{f\epsilon_r I_c}{9\pi \times 10^9 \sigma a^2}$

④ $\dfrac{f\epsilon_r I_c}{18\pi \times 10^9 \sigma a^2}$

> **Explanation**

변위전류밀도 $i_d = \dfrac{I_d}{S} = \omega\epsilon E = 2\pi f \epsilon_0 \epsilon_s E$ 이며

전도전류밀도 $\dfrac{i_c}{S} = \dfrac{I_c \sin\omega t}{S} = \sigma E$

여기서, 전계의 세기 $E = \dfrac{I_c \sin\omega t}{\sigma S} = \dfrac{I_c \sin\omega t}{\sigma \pi a^2}$ 이므로 변위전류밀도에 대입하면

$i_d = \dfrac{I_d}{S} = \omega\epsilon E = 2\pi f \epsilon_0 \epsilon_r E = 2\pi f \epsilon_0 \epsilon_r \times \dfrac{I_c \sin\omega t}{\sigma \pi a^2} = \dfrac{f\epsilon_r I_c}{18\pi \times 10^9 \sigma a^2}\sin\omega t$

따라서 변위전류의 최댓값 $\dfrac{f\epsilon_r I_c}{18\pi \times 10^9 \sigma a^2}$

【답】 ④

11 대전도체 표면 전하밀도는 도체 표면의 모양에 따라 어떻게 분포하는가?

① 표면 전하밀도는 뾰족할수록 커진다.
② 표면 전하밀도는 평면일 때 가장 크다.
③ 표면 전하밀도는 곡률이 크면 작아진다.
④ 표면 전하밀도는 표면의 모양과 무관하다.

Explanation

도체(등전위체적)이며 대전도체에 인가된 전하는 도체 표면에만 분포한다. 또한, **도체 표면에서의 전하밀도는 곡률이 크고 곡률 반경이 적을수록(뾰족할수록) 크다.** 또한 전계는 등전위면에 수직이므로 도체 표면에 수직이며 도체 내부는 등전위체적이므로 전계(전기력선)가 존재하지 않는다. 【답】 ①

12 일정 전압의 직류전원에 저항을 접속하여 전류를 흘릴 때, 저항 값을 20[%] 감소시키면 흐르는 전류는 처음 저항에 흐르는 전류의 몇 배가 되는가?

① 1.0배
② 1.1배
③ 1.25배
④ 1.5배

Explanation

$I = \dfrac{V}{R}$ 에서 저항이 20[%] 감소되면 전류는 저항에 반비례하므로

전류는 $I = \dfrac{1}{0.8} = 1.25$배가 되어야 한다. 【답】 ③

13 유전율이 ϵ인 유전체 내에 있는 점전하 Q에서 발산되는 전기력선의 수는 총 몇 개인가?

① Q
② $\dfrac{Q}{\epsilon_o \epsilon_s}$
③ $\dfrac{Q}{\epsilon_s}$
④ $\dfrac{\epsilon_o}{Q}$

Explanation

유전체에서의 전기력선 수 $N = \displaystyle\int_s E\,ds = \dfrac{Q}{\epsilon} = \dfrac{Q}{\epsilon_o \epsilon_s}$ 【답】 ②

14 내부도체의 반지름이 a[m]이고, 외도체의 내반지름이 b[m], 외반지름이 c[m]인 동축 케이블의 단위 길이당 자기 인덕턴스는 몇 [H/m]인가?

① $\dfrac{\mu_0}{2\pi} \ln \dfrac{b}{a}$
② $\dfrac{\mu_0}{\pi} \ln \dfrac{b}{a}$
③ $\dfrac{2\pi}{\mu_0} \ln \dfrac{b}{a}$
④ $\dfrac{\pi}{\mu_0} \ln \dfrac{b}{a}$

Explanation

• 동축 케이블의 인덕턴스 $L = \dfrac{\mu_0}{2\pi} \ln \dfrac{b}{a}$ [H/m] 【답】 ①

15 공기 중에서 1[m] 간격을 가진 두 개의 평형 도체 전류의 단위길이에 작용하는 힘은 몇 [N]인가? 단, 전류는 1[A]라 한다.

① 2×10^{-7}[N]
② 4×10^{-7}[N]
③ $2\pi \times 10^{-7}$[N]
④ $4\pi \times 10^{-7}$[N]

Explanation

평행 도체 사이에 단위 길이당 작용하는 힘
$$F = \frac{2I_1 I_2}{r} \times 10^{-7} \text{[N/m]} = 2 \times \frac{1 \times 1}{1} \times 10^{-7} = 2 \times 10^{-7} \text{[N/m]}$$

【답】 ①

16 ★☆☆☆☆ 공기 중에서 코로나 방전이 3.5[kV/mm] 전계에서 발생한다고 하면, 이때 도체의 표면에 작용하는 힘은 약 몇 [N/m²]인가?
① 27
② 54
③ 81
④ 108

Explanation

유전체 면적당 힘 : $f = \frac{1}{2}ED = \frac{\epsilon E^2}{2} = \frac{D^2}{2\epsilon}$ [N/m²]

$f = \frac{1}{2}\epsilon E^2 = \frac{1}{2} \times 8.855 \times 10^{-12} \times (3 \times 10^6)^2 = 54.23$ [N/m²]

【답】 ②

17 ★☆☆☆☆ 무한장 직선 전류에 의한 자계의 세기[AT/m]는?
① 거리 r에 비례한다.
② 거리 r^2에 비례한다.
③ 거리 r에 반비례한다.
④ 거리 r^2에 반비례한다.

Explanation

무한장 직선(원통도체)의 자계의 세기 : $H = \frac{I}{2\pi r}$ [AT/m]

【답】 ③

18 ★★★★★ 전계 $E = \sqrt{2}E_e \sin\omega(t - \frac{x}{c})$ [V/m]인 평면 전자파가 있다. 자계의 실효값은 몇 [A/m]인가?
① $0.707 \times 10^{-3} E_e$
② $1.44 \times 10^{-3} E_e$
③ $2.65 \times 10^{-3} E_e$
④ $5.37 \times 10^{-3} E_e$

Explanation

특성 임피던스 $Z_0 = \frac{E}{H} = \sqrt{\frac{\mu_0}{\epsilon_0}} = 377$에서 $E = 377H$, $H = \frac{1}{377}E$

따라서 자계의 실효값 $H = \frac{1}{377}E = 2.65 \times 10^{-3} E$[A/m]

【답】 ③

19 ★☆☆☆☆ Biot-Savart의 법칙에 의하면, 전류소에 의해서 임의의 한 점(P)에 생기는 자계의 세기를 구할 수 있다. 다음 중 설명으로 틀린 것은?
① 자계의 세기는 전류의 크기에 비례한다.
② MKS 단위계를 사용할 경우 비례상수는 $\frac{1}{4\pi}$이다.
③ 자계의 세기는 전류소와 점 P와의 거리에 반비례한다.
④ 자계의 방향은 전류소 및 이 전류소와 점 P를 연결하는 직선을 포함하는 면에 법선방향이다.

Explanation

비오-사바르의 법칙 : 유한장 직선의 자계의 세기를 구하는 것에 사용

$H = \frac{I}{4\pi a}(\sin\theta_1 + \sin\theta_2) = \frac{I}{4\pi a}(\cos\beta_1 + \cos\beta_2)$

【답】 ③

20 $x>0$인 영역에 $\epsilon_1 = 3$인 유전체, $x<0$인 영역에 $\epsilon_2 = 5$인 유전체가 있다. 유전율 ϵ_2인 영역에서 전계가 $E_2 = 20a_x + 30a_y - 40a_z$[V/m]일 때, 유전율 ϵ_1인 영역에서의 전계 E_1[V/m]은?

① $\dfrac{100}{3}a_x + 30a_y - 40a_z$
② $20a_x + 90a_y - 40a_z$
③ $100a_x + 10a_y - 40a_z$
④ $60a_x + 30a_y - 40a_z$

Explanation

경계면이 x축이므로 x축이 법선 성분이 된다.
경계조건에 의하여 $E_{1y} = E_{2y} = 30$, $E_{1z} = E_{2z} = 40$ 이고,
$D_{1x} = D_{2x}$ 이므로 $E_{1x} = \dfrac{\epsilon_2}{\epsilon_1}E_{2x}$
$E_1 = \dfrac{100}{3}a_x + 30a_y - 40a_z$ [V/m]

【답】①

2과목 전력공학

21 1[kWh]를 열량으로 환산하면 약 몇 [kcal]인가?

① 80
② 256
③ 539
④ 860

Explanation

열량과 에너지
- 1[J]=0.24[cal]
- 1[cal]=4.2[J]
- 1[B.T.U]=0.252[kcal]
- 1[kWh]=860[kcal]

【답】④

22 22.9[kV], Y결선된 자가용 수전설비의 계기용 변압기의 2차측 정격전압은 몇 [V]인가?

① 110
② 220
③ $110\sqrt{3}$
④ $220\sqrt{3}$

Explanation

계기용 변압기(PT) : 고전압을 저전압으로 변성하여 계측기나 계전기의 전원 공급
- 2차 전압 : 110[V]
- 점검 시 : 2차측 개방(2차측 과전류 보호)

【답】①

23 순저항 부하의 부하전력 P[kW], 전압 E[V], 선로의 길이 l[m], 고유저항 ρ[Ω·㎟/m]인 단상 2선식 선로에서 선로 손실을 q[W]라 하면, 전선의 단면적[㎟]은 어떻게 표현되는가?

① $\dfrac{\rho l P^2}{qE^2} \times 10^5$
② $\dfrac{2\rho l P^2}{qE^2} \times 10^6$
③ $\dfrac{\rho l P^2}{2qE^2} \times 10^5$
④ $\dfrac{2\rho l P^2}{q^2 E} \times 10^6$

Explanation

【답】②

24 동작전류의 크기가 커질수록 동작시간이 짧게 되는 특성을 가진 계전기는?

① 순한시 계전기
② 정한시 계전기
③ 반한시 계전기
④ 반한시 정한시 계전기

Explanation

- 순한시 특성 : 최소 동작전류 이상의 전류가 흐르면 즉시 동작, 고속도 계전기
- **반한시 특성 : 동작전류가 커질수록 동작시간이 짧게 되는 특성**
- 정한시 특성 : 동작전류의 크기에 관계없이 일정한 시간에 동작하는 특성
- 반한시 정한시 특성 : 동작전류가 적은 동안에는 동작전류가 커질수록 동작시간이 짧게되고 어떤 전류 이상이면 동작전류의 크기에 관계없이 일정한 시간에 동작하는 특성

【답】③

25 소호리액터를 송전계통에 사용하면 리액터의 인덕턴스와 선로의 정전용량이 어떤 상태로 되어 지락전류를 소멸시키는가?

① 병렬공진
② 직렬공진
③ 고임피던스
④ 저임피던스

Explanation

소호리액터 접지
- $L-C$ 병렬공진(지락전류가 최소)
- 1선 지락 시 전압 상승 최대
- 보호계전기 동작 불확실
- 통신유도장해 최소
- 과도안정도 우수

【답】①

26 동기조상기에 대한 설명으로 틀린 것은?

① 시충전이 불가능하다.
② 전압 조정이 연속적이다.
③ 중부하시에는 과여자로 운전하여 앞선 전류를 취한다.
④ 경부하시에는 부족여자로 운전하여 뒤진 전류를 취한다.

Explanation

동기조상기 : 무부하 운전 중인 동기 전동기로 역률 개선
- 과여자 운전 : 콘덴서로 작용, 진상
- 부족여자 운전 : 리액터로 작용, 지상
- 연속적인 조정(진상·지상) 및 **시송전이 가능하다.**
- 증설이 어렵다. 손실 최대(회전기)

【답】①

27 화력발전소에서 가장 큰 손실은?

① 소내용 동력
② 송풍기 손실
③ 복수기에서의 손실
④ 연도 배출가스 손실

Explanation

복수기

- 터빈에서 배기되는 증기를 용기 내로 도입하여 물로 냉각
- 열손실이 가장 크다(복수기에서의 열손실은 기력발전소 손실의 약 47[%]에 이른다). 【답】③

28 ★★★★★ 정전용량 0.01[μF/km], 길이 173.2[km], 선간전압 60[kV], 주파수 60[Hz]인 3상 송전선로의 충전전류는 약 몇 [A]인가?
① 6.3
② 12.5
③ 22.6
④ 37.2

Explanation

충전전류 $I_c = \dfrac{E}{X_c} = \omega CE = 2\pi fC\dfrac{V}{\sqrt{3}} = 2\pi f(C_s + 3C_m)\dfrac{V}{\sqrt{3}}$

$= 2\pi \times 60 \times 0.01 \times 10^{-6} \times 173.2 \times \dfrac{60,000}{\sqrt{3}} = 22.62 [A]$ 【답】③

29 ★☆☆☆☆ 발전용량 9,800[kW]의 수력발전소 최대 사용 수량이 10[m³/s]일 때, 유효낙차는 몇 [m]인가?
① 100
② 125
③ 150
④ 175

Explanation

수력발전소 출력 $P = 9.8QH\eta_t\eta_g$ [kW]에서

유효낙차 $H = \dfrac{P}{9.8Q\eta} = \dfrac{9,800}{9.8 \times 10} = 100 [m]$ 【답】①

30 ★★★★★ 차단기의 정격 차단시간은?
① 고장 발생부터 소호까지의 시간
② 트립코일 여자부터 소호까지의 시간
③ 가동접촉자의 개극부터 소호까지의 시간
④ 가동접촉자 동작시간부터 소호까지의 시간

Explanation

차단기의 정격 차단시간
- 트립코일 여자로부터 소호까지의 시간
- 개극 시간과 아크 시간의 합(3~8[Hz]) 【답】②

31 ★★★★★ 부하전류의 차단 능력이 없는 것은?
① DS
② NFB
③ OCB
④ VCB

Explanation

전력용 개폐장치
- 단로기 : 무부하 회로 개폐
- 개폐기 : 부하전류 개폐
- 차단기 : 부하전류 개폐 및 고장전류 차단 【답】①

32 ★★☆☆☆ 전선의 굵기가 균일하고 부하가 송전단에서 말단까지 균일하게 분포되어 있을 때 배전선 말단에서 전압강하는? 단, 배전선 전체 저항 R, 송전단의 부하전류는 I이다.
① $\dfrac{1}{2}RI$
② $\dfrac{1}{\sqrt{2}}RI$
③ $\dfrac{1}{\sqrt{3}}RI$
④ $\dfrac{1}{3}RI$

Explanation

	전압 강하($e = IR$)	전력 손실($P_l = I^2 R$)
말단 집중 부하	e	P_l
균등 분산 부하	$\dfrac{1}{2}e$	$\dfrac{1}{3}P_l$

【답】①

33 ★★☆☆☆ 역률 개선용 콘덴서를 부하와 병렬로 연결하고자 한다. △ 결선방식과 Y결선방식을 비교하면 콘덴서의 정전용량(단위:μF)의 크기는 어떠한가?

① △ 결선방식과 Y결선방식은 동일하다.
② Y결선방식이 △ 결선방식의 $\dfrac{1}{2}$ 용량이다.
③ △ 결선방식이 Y결선방식의 $\dfrac{1}{3}$ 용량이다.
④ Y결선방식이 △ 결선방식의 $\dfrac{1}{\sqrt{3}}$ 용량이다.

Explanation

- △결선 시의 정전용량 $C_\triangle = \dfrac{Q}{3 \times 2\pi f V^2} \times 10^3$
- Y결선 시의 정전용량 $C_Y = \dfrac{Q}{2\pi f V^2} \times 10^3$

$C_\triangle : C_Y = \dfrac{1}{3} : 1 \quad \therefore C_\triangle = \dfrac{C_Y}{3}$

【답】③

34 ★★☆☆☆ 송전선로에서 고조파 제거 방법이 아닌 것은?
① 변압기를 △ 결선한다.
② 능동형 필터를 설치한다.
③ 유도전압 조정장치를 설치한다.
④ 무효전력 보상장치를 설치한다.

Explanation

고조파 제거 방법
- 변압기를 △결선한다.
- 직렬리액터를 시설한다.
- 무효전력 보상장치를 설치한다.
- 능동형 필터를 설치한다.

【답】③

35 ★★☆☆☆ 송전선로에 댐퍼(Damper)를 설치하는 주된 이유는?
① 전선의 진동 방지
② 전선의 이탈 방지
③ 코로나 현상의 방지
④ 현수애자의 경사 방지

Explanation

- 댐퍼, 아마로드 : 전선의 진동 방지

【답】①

36 ★★★★★ 400[kVA] 단상변압기 3대를 △ - △ 결선으로 사용하다가 1대의 고장으로 V - V 결선을 하여 사용하면 약 몇 [kVA] 부하까지 걸 수 있겠는가?
① 400
② 566
③ 693
④ 800

Explanation

V결선 : $P_V = \sqrt{3}K = \sqrt{3} \times 400 = 693[kVA]$
여기서, K는 변압기 1대 용량

【답】③

37 직격뢰에 대한 방호설비로 가장 적당한 것은?
① 복도체
② 가공지선
③ 서지흡수기
④ 정전 방전기

Explanation

이상전압 방호설비
• 가공지선 : 직격뢰, 유도뢰 차폐 효과

【답】②

38 선로정수를 평형되게 하고, 근접 통신선에 대한 유도장해를 줄일 수 있는 방법은?
① 연가를 시행한다.
② 전선으로 복도체를 사용한다.
③ 전선로의 이도를 충분하게 한다.
④ 소호리액터 접지를 하여 중성점 전위를 줄여준다.

Explanation

연가 : 선로정수를 평형시키기 위하여 3상 3선식 선로를 3배수 등분하여 실시
• 선로정수 평형(각 상의 전압, 전류 평형)
• 정전유도장해 감소
• 소호리액터 접지 시의 직렬공진 방지

【답】①

39 직류 송전방식에 대한 설명으로 틀린 것은?
① 선로의 절연이 교류방식보다 용이하다.
② 리액턴스 또는 위상각에 대해서 고려할 필요가 없다.
③ 케이블 송전일 경우 유전손이 없기 때문에 교류방식보다 유리하다.
④ 비동기 연계가 불가능하므로 주파수가 다른 계통 간의 연계가 불가능하다.

Explanation

직류 송전의 특징
• 선로의 리액턴스가 없으므로 안정도가 높다.
• **비동기 연계가 가능하다(주파수가 다른 선로의 연계 가능).**
• 도체의 표피 효과가 없다.
• 충전전류와 유전체손을 고려하지 않아도 된다.
• 변압이 어렵다.
• 직류용 차단기가 개발되어 있지 않다.
• 고조파 억제 대책이 필요하다.

【답】④

40 저압배전계통을 구성하는 방식 중, 캐스케이딩(cascading)을 일으킬 우려가 있는 방식은?
① 방사상 방식
② 저압뱅킹 방식
③ 저압네트워크 방식
④ 스포트네트워크 방식

Explanation

저압뱅킹 방식 : 부하가 밀집된 시가지
• 장점 : 전압 강하와 전력 손실이 적다.
  변압기의 동량 및 저압선 동량 감소

플리커 현상 감소
- 단점 : 캐스케이딩 현상 발생(저압선의 일부 고장으로 건전한 변압기의 일부 또는 전부가 차단되는 현상)

【답】②

3과목   전기기기

41 동기발전기의 전기자권선을 분포권으로 하면 어떻게 되는가?
① 난조를 방지한다.
② 기전력의 파형이 좋아진다.
③ 권선의 리액턴스가 커진다.
④ 집중권에 비하여 합성 유기기전력이 증가한다.

Explanation

분포권 : 매극 매상의 도체를 각각의 슬롯에 분포시켜 감아주는 권선법
- 고조파 제거에 의한 기전력의 파형을 개선
- 누설 리액턴스를 감소
- 집중권에 비해 유기기전력이 K_d배로 감소

【답】②

42 부하전류가 2배로 증가하면 변압기의 2차측 동손은 어떻게 되는가?
① $\frac{1}{4}$로 감소한다.
② $\frac{1}{2}$로 감소한다.
③ 2배로 증가한다.
④ 4배로 증가한다.

Explanation

동손은 부하손으로 $P_c = I^2 R$[W]이며
동손은 전류의 제곱에 비례하므로 전류가 2배 되면 동손은 4배가 된다.

【답】④

43 동기전동기에서 출력이 100[%]일 때 역률이 1이 되도록 계자전류를 조정한 다음에 공급전압 V 및 계자전류 I_1를 일정하게 하고, 전부하 이하에서 운전하면 동기전동기의 역률은?
① 뒤진 역률이 되고, 부하가 감소할수록 역률은 낮아진다.
② 뒤진 역률이 되고, 부하가 감소할수록 역률은 좋아진다.
③ 앞선 역률이 되고, 부하가 감소할수록 역률은 낮아진다.
④ 앞선 역률이 되고, 부하가 감소할수록 역률은 좋아진다.

Explanation

전부하 운전 시 역률이 1이므로 전부하 이하에서 운전하면 역률은 앞선 역률이 되어 부하가 감소할수록 역률은 더 낮아지게 된다.

【답】③

44 유도기전력의 크기가 서로 같은 A, B 2대의 동기발전기를 병렬운전 할 때, A발전기의 유기기전력 위상이 B보다 앞설 때 발생하는 현상이 아닌 것은?
① 동기화력이 발생한다.
② 고조파 무효순환전류가 발생된다.
③ 유효전류인 동기화전류가 발생된다.
④ 전기자 동손을 증가시키며 과열의 원인이 된다.

> **Explanation**

동기발전기 병렬운전 시 기전력의 위상이 다른 경우
- 동기화전류 : $I_{cs} = \dfrac{E}{Z_s} \sin \dfrac{\delta}{2}$
- 수수전력 $P_s = \dfrac{E^2}{2Z_s} \sin\delta$: 위상이 앞서는 A발전기가 B발전기에 전력을 공급하므로 A발전기의 회전속도가 감소
- 동기화력 $\dfrac{dP_s}{d\delta} = \dfrac{E^2}{2Z_s} \cos\delta$

【답】②

45 ★★★☆☆ 직류기의 철손에 관한 설명으로 틀린 것은?

① 성층철심을 사용하면 와전류손이 감소한다.
② 철손에는 풍손과 와전류손 및 저항손이 있다.
③ 철에 규소를 넣게 되면 히스테리시스손이 감소한다.
④ 전기자 철심에는 철손을 작게 하기 위해 규소강판을 사용한다.

> **Explanation**

직류기의 손실
- 고정손(무부하손) : **철손(히스테리시스손, 와류손)**, 기계손(베어링 마찰손, 풍손)
- 부하손(가변손) : 동손(전기자동손, 계자동손), 표유부하손
  여기서, 규소강판 : 히스테리시스손 감소, 성층철심 : 와류손 감소

【답】②

46 ★★★☆☆ 직류 분권발전기의 극수 4, 전기가 총 도체수 600으로 매분 600 회전할 때 유기기전력이 220[V]라 한다. 전기자 권선이 파권일 때 매극당 자속은 약 몇 [Wb]인가?

① 0.0154
② 0.0183
③ 0.0192
④ 0.0199

> **Explanation**

직류 분권발전기 유기기전력
$E = \dfrac{p}{a} Z\phi \dfrac{N}{60}$ 에서 $\phi = \dfrac{60\,aE}{pZN} = \dfrac{60 \times 2 \times 220}{4 \times 600 \times 600} = 0.0183 [\text{Wb}]$

【답】②

47 ★★★★★ 어떤 정류회로의 부하전압이 50[V]이고 맥동률이 3[%]이면 직류 출력전압에 포함된 교류분은 몇 [V]인가?

① 1.2
② 1.5
③ 1.8
④ 2.1

> **Explanation**

맥동률 $= \dfrac{교류분}{직류분} \times 100 = \sqrt{\dfrac{실효값^2 - 평균값^2}{평균값^2}} \times 100 [\%]$

교류분 = 직류분(부하전압) × 맥동률 = 50 × 0.03 = 1.5[V]

【답】②

48 ★☆☆☆☆ 3상 수은 정류기의 직류 평균 부하전류가 50[A]가 되는 1상 양극 전류 실효값은 약 몇 [A]인가?

① 9.6
② 17
③ 29
④ 87

> **Explanation**

수은 정류기의 전압비와 전류비

① 직류전압 $E_d = \dfrac{\sqrt{2}E\sin\dfrac{\pi}{m}}{\dfrac{\pi}{m}}$ 여기서, m : 상수

② 전류비 $\dfrac{I_a}{I_d} = \dfrac{1}{\sqrt{m}}$

따라서 전류의 실효값 $I_a = \dfrac{1}{\sqrt{m}} \times I_d = \dfrac{1}{\sqrt{3}} \times 50 = 28.86[A]$

【답】③

49 그림은 동기발전기의 구동 개념도이다. 그림에서 2를 발전기라 할 때 3의 명칭으로 적합한 것은?

① 전동기
② 여자기
③ 원동기
④ 제동기

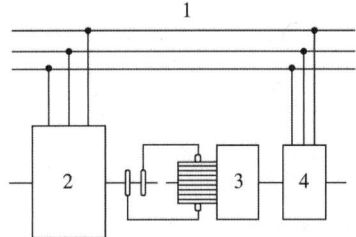

Explanation

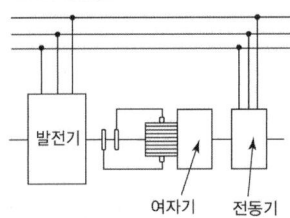

【답】②

50 유도전동기의 2차 회로에 2차 주파수와 같은 주파수로 적당한 크기와 적당한 위상의 전압을 외부에서 가해주는 속도제어법은?

① 1차 전압 제어
② 2차 저항 제어
③ 2차 여자 제어
④ 극수 변환 제어

Explanation

2차 여자법(슬립 제어)
• 유도전동기 회전자의 외부에서 슬립링을 통해 슬립 주파수 전압을 인가하여 회전자 슬립에 의해 속도 제어
• E_c(슬립 주파수 전압)를 sE_2와 같은 방향으로 인가 : 속도 증가
• E_c(슬립 주파수 전압)를 sE_2와 반대 방향으로 인가 : 속도 감소

【답】③

51 변압기의 1차측을 Y결선, 2차측을 △ 결선으로 한 경우 1차와 2차 간의 전압의 위상차는?

① 0°
② 30°
③ 45°
④ 60°

Explanation

Y결선과 △결선과는 30°의 위상차가 존재한다.

【답】②

52 이상적인 변압기의 무부하에서 위상관계로 옳은 것은?
① 자속과 여자전류는 동위상이다.
② 자속은 인가전압보다 90° 앞선다.
③ 인가전압은 1차 유기기전력보다 90° 앞선다.
④ 1차 유기기전력과 2차 유기기전력의 위상은 반대이다.

Explanation

- 자속과 여자전류는 동위상
- 여자전류 $I_\phi = \dfrac{V_1}{j\omega L}$

【답】①

53 정격출력 50[kW], 4극 220[V], 60[Hz]인 3상 유도전동기가 전부하 슬립 0.04, 효율 90[%]로 운전되고 있을 때 틀린 것은?
① 2차 효율 = 96[%]
② 1차 입력 = 55.56[kW]
③ 회전자 입력 = 47.9[kW]
④ 회전자 동손 = 2.08[kW]

Explanation

- 효율 $\eta = \dfrac{출력}{입력}$ 에서 1차 입력 $P_1 = \dfrac{P_o}{\eta} = \dfrac{50}{0.9} = 55.56[\text{kW}]$
- 2차 효율 $\eta_2 = (1-s) = 1 - 0.04 = 0.96 = 96[\%]$
- 2차 입력(회전자 입력) $P_2 = \dfrac{1}{1-s}P_o = \dfrac{1}{1-0.04} \times 50 = 52.08[\text{kW}]$
- 회전자 동손(2차 동손) $P_{c2} = sP_2 = 0.04 \times 52.08 = 2.08[\text{kW}]$

【답】③

54 저항부하를 갖는 정류회로에서 직류분 전압이 200[V]일 때 다이오드에 가해지는 역첨두 전압(PIV)의 크기는 약 몇 [V]인가?
① 346
② 628
③ 692
④ 1,038

Explanation

단상반파(전파) $PIV = \pi E_d = \pi \times 200 = 628[V]$

【답】②

55 3상 변압기를 1차 Y, 2차 △로 결선하고 1차에 선간전압 3,300[V]를 가했을 때 무부하 2차 선간전압은 몇 [V]인가? 단, 권압비는 30.1이다.
① 63.5
② 110
③ 173
④ 190.5

Explanation

Y결선에서 상전압 = $\dfrac{선간전압}{\sqrt{3}}$ 이므로

$V_1 = \dfrac{3,300}{\sqrt{3}}[V]$

권수비 $a = \dfrac{N_1}{N_2} = \dfrac{30}{1} = 30$ 이므로

△결선에서 상전압

$V_2 = \dfrac{1}{a}V_1 = \dfrac{1}{30} \times \dfrac{3,300}{\sqrt{3}} = \dfrac{110}{\sqrt{3}}[V]$

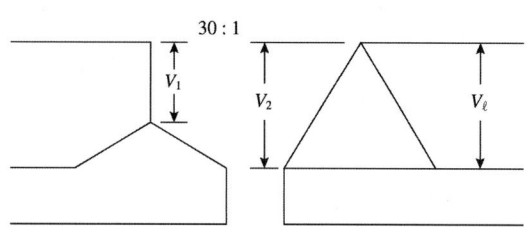

△결선 상전압 = 선간전압이므로

∴ $V_\ell = \dfrac{110}{\sqrt{3}} = 63.5[\text{V}]$

【답】①

56 직류발전기의 유기기전력과 반비례하는 것은?
① 자속
② 회전수
③ 전체 도체수
④ 병렬 회로수

Explanation

직류발전기 유기기전력 $E = \dfrac{p}{a} Z \phi \dfrac{N}{60}[\text{V}]$

따라서 전기자회로의 병렬수와 반비례

【답】④

57 일반적인 3상 유도전동기에 대한 설명 중 틀린 것은?
① 불평형 전압으로 운전하는 경우 전류는 증가하나 토크는 감소한다.
② 원선도 작성을 위해서는 무부하시험, 구속시험, 1차 권선저항 측정을 하여야 한다.
③ 농형은 권선형에 비해 구조가 견고하며 권선형에 비해 대형 전동기로 널리 사용된다.
④ 권선형 회전자의 3선 중 1선이 단선되면 동기속도의 50[%]에서 더 이상 가속되지 못하는 현상을 게르게스 현상이라 한다.

Explanation

- 불평형 전압으로 운전 : 전류는 증가하나 토크는 감소
- 원선도 작성 : 무부하시험, 구속시험, 1차 권선저항 측정
- 게르게스 현상 : 권선형 회전자의 3선 중 1선이 단선되면 동기속도의 50[%]에서 더 이상 가속되지 못하는 현상
- **농형 : 기동조건이 나빠 중소형 전동기로 사용**

【답】③

58 변압기 보호 장치의 주된 목적이 아닌 것은?
① 전압 불평형 개선
② 절연내력 저하 방지
③ 변압기 자체 사고의 최소화
④ 다른 부분으로의 사고 확산 방지

Explanation

변압기 보호 장치의 주된 목적
- 다른 부분으로의 사고 확산 방지
- 절연내력 저하 방지
- 변압기 자체 사고의 최소화

【답】①

59 직류기에서 기계각의 극수가 P인 경우 전기각과의 관계는 어떻게 되는가?
① 전기각 $\times 2P$
② 전기각 $\times 3P$
③ 전기각 $\times \dfrac{2}{P}$
④ 전기각 $\times \dfrac{3}{P}$

Explanation

- 전기각 : 교류의 하나의 파는 각도로 하여 360°이므로 이것을 바탕으로 하여 몇 개의 파수(波數) 또는 파의 일부분 등을 각도로 나타낸 것이다. 2극을 기준으로 하므로 1개의 극은 180°에 해당하므로 전기각은 다음과 같다.
- 전기각(α_e) = $\dfrac{P}{2} \times$ 기하각(α)

  따라서 기계각 = $\dfrac{2}{P} \times$ 전기각

【답】③

60 3상 권선형 유도전동기의 전부하 슬립 5[%], 2차 1상의 저항 0.5[Ω]이다. 이 전동기의 기동 토크를 전부하 토크와 같도록 하려면 외부에서 2차에 삽입할 저항[Ω]은?

① 8.5
② 9
③ 9.5
④ 10

Explanation

비례추이의 원리 : 권선형 유도전동기
- 최대 토크는 불변, 최대 토크의 발생 슬립은 변화
- 기동 전류는 감소하고, 기동 토크는 증가
- $\dfrac{r_2}{s} = \dfrac{r_2 + R}{s'}$ 에서

  $\dfrac{0.5}{0.05} = \dfrac{0.5 + R}{1}$

따라서 2차 외부저항 $R = 10 - 0.5 = 9.5[\Omega]$

【답】③

4과목 회로이론 및 제어공학

61 $G(s) = \dfrac{1}{0.005s\,(0.1s+1)^2}$ 에서 $\omega = 10[\text{rad/sec}]$일 때의 이득 및 위상각은?

① 20[dB], $-90°$
② 20[dB], $-180°$
③ 40[dB], $-90°$
④ 40[dB], $-180°$

Explanation

【답】②

62 그림과 같은 논리회로는?

① OR 회로
② AND 회로
③ NOT 회로
④ NOR 회로

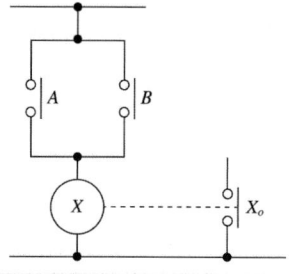

Explanation

OR(논리합)회로 : 입력 A, B 중 어느 한 입력만 있어도 출력 X가 동작되는 회로
[진리표]

A	B	X
0	0	0
0	1	1
1	0	1
1	1	1

【답】①

63. 그림은 제어계와 그 제어계의 근궤적을 작도한 것이다. 이것으로부터 결정된 이득여유 값은?

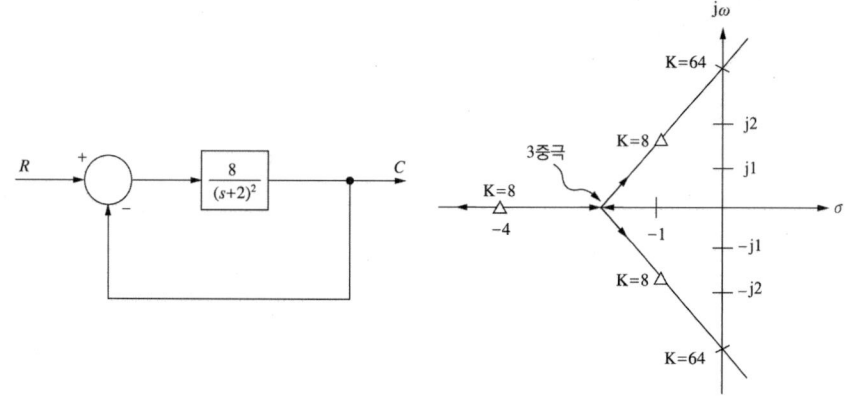

① 2
② 4
③ 8
④ 64

Explanation

이득여유 $g \cdot m$(이득여유) $= \dfrac{\text{허수축과의 교차점에서 } K \text{의 값}}{K \text{의 설계값}} = \dfrac{64}{8} = 8$

【답】③

64. 그림과 같은 스프링 시스템을 전기적 시스템으로 변환했을 때 이에 대응하는 회로는?

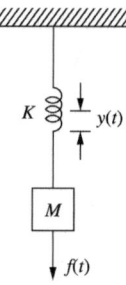

①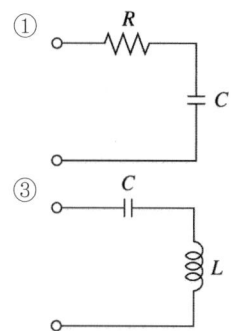
②
③
④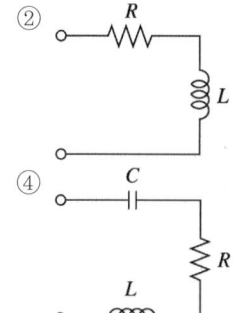

Explanation

전기회로와 병진운동(직선운동)

전기계	직선운동계
전하 : Q[C]	위치(변위) : y[m]
전류 : I[A]	속도 : v[m/s]

전압 : E[V]	힘 : F[N]
저항 : R[Ω]	점성마찰 : B[N/m/s]
인덕턴스 : L[H]	질량 : M[kg·s²/m]
정전용량 : C[F]	탄성 : K[N/m]

문제에서는 질량과 탄성계수만 있으므로 전기계통으로 환산하면 인덕턴스와 커패시터만 있는 회로가 된다.

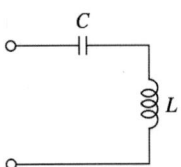

【답】③

65 $\dfrac{d^2}{dt^2}c(t)+5\dfrac{d}{dt}c(t)+4c(t)=r(t)$ 와 같은 함수를 상태함수로 변환하였다. 벡터 A, B의 값으로 적당한 것은?

$$\dfrac{d}{dt}X(t) = AX(t) + Br(t)$$

① $A = \begin{bmatrix} 0 & 1 \\ -5 & -4 \end{bmatrix}$, $B = \begin{bmatrix} 0 \\ 1 \end{bmatrix}$
② $A = \begin{bmatrix} 0 & 1 \\ 5 & 4 \end{bmatrix}$, $B = \begin{bmatrix} 0 \\ 1 \end{bmatrix}$
③ $A = \begin{bmatrix} 0 & 1 \\ -4 & -5 \end{bmatrix}$, $B = \begin{bmatrix} 0 \\ 1 \end{bmatrix}$
④ $A = \begin{bmatrix} 0 & 1 \\ 4 & 5 \end{bmatrix}$, $B = \begin{bmatrix} 0 \\ 1 \end{bmatrix}$

Explanation

상태방정식
$x(t) = x_1(t)$로 선정하면
$\dot{x}_1(t) = x_2(t)$
$\dot{x}_2(t) = -4x_1(t) - 5x_2(t) + r(t)$
따라서 상태방정식으로 계산하면
$\begin{bmatrix} \dot{x}_1(t) \\ \dot{x}_2(t) \end{bmatrix} = \begin{bmatrix} 0 & 1 \\ -4 & -5 \end{bmatrix} \begin{bmatrix} x_1(t) \\ x_2(t) \end{bmatrix} + \begin{bmatrix} 0 \\ 1 \end{bmatrix} r(t)$

【답】③

66 전달함수 $G(s) = \dfrac{1}{s+a}$ 일 때, 이 계의 임펄스 응답 $c(t)$를 나타내는 것은? 단, a는 상수이다.

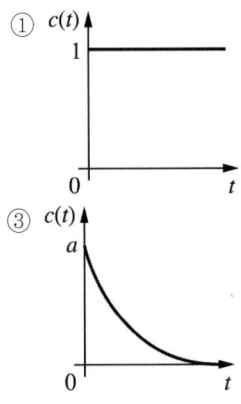

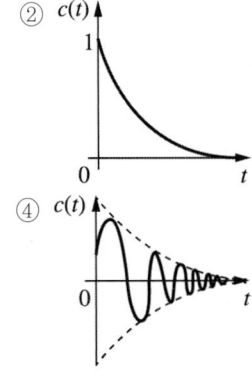

> Explanation

【답】②

67 ★★★☆☆ 궤환(Feed back) 제어계의 특징이 아닌 것은?

① 정확성이 증가한다.
② 대역폭이 증가한다.
③ 구조가 간단하고 설치비가 저렴하다.
④ 계(界)의 특성 변화에 대한 입력 대 출력비의 감도가 감소한다.

> Explanation

피드백 제어계의 특징
• 정확성 증가(오차 감소)
• 시스템의 특성 변화에 대한 입력 대 출력비의 감도 감소
• 비선형성과 왜형에 대한 효과의 감소
• 시스템의 전체 이득 감소
• 필요장치 : 입력과 출력을 비교하는 장치, 출력을 검출하는 센서

【답】③

68 ★★★★★ 이산 시스템(discrete data system)에서의 안정도 해석에 대한 설명 중 옳은 것은?

① 특성방정식의 모든 근이 z평면의 음의 반평면에 있으면 안정하다.
② 특성방정식의 모든 근이 z평면의 양의 반평면에 있으면 안정하다.
③ 특성방정식의 모든 근이 z평면의 단위원 내부에 있으면 안정하다.
④ 특성방정식의 모든 근이 z평면의 단위원 외부에 있으면 안정하다.

> Explanation

• s평면의 좌반면 : z평면상에서는 단위원의 내부에 사상(안정)
• s평면의 우반면 : z평면상에서는 단위원의 외부에 사상(불안정)
• s평면의 허수축 : z평면상에서는 단위원의 원주상에 사상(임계)

【답】③

69 ★☆☆☆☆ 노 내 온도를 제어하는 프로세스 제어계에서 검출부에 해당하는 것은?

① 노   ② 밸브
③ 증폭기   ④ 열전대

> Explanation

• 변환 요소
  – 온도 → 전압 : 열전대(온도 검출)
  – 전압 → 변위 : 전자석, 전자코일
  – 변위 → 전압 : 차동 변압기, 전위차계, 포텐쇼미터
• 열전대의 종류
  – 구리 – 콘스탄탄(일반적인 것)
  – 철 – 콘스탄탄
  – 크로멜 – 알루멜
  – 백금 – 백금로듐(고온에서 사용)

【답】④

70 ★★★☆☆ 단위 부궤환 제어시스템이 루프전달함수 $G(s)H(s)$가 다음과 같이 주어져 있다. 이득여유가 20[dB]이면 이때의 K의 값은?

$$G(s)H(s) = \frac{K}{(s+1)(s+3)}$$

① $\dfrac{3}{10}$ ② $\dfrac{3}{20}$
③ $\dfrac{1}{20}$ ④ $\dfrac{1}{40}$

Explanation

이득여유 $g \cdot m = 20\log_{10}\left|\dfrac{1}{GH}\right|$[dB]이므로 $GH(j\omega) = \dfrac{K}{(j\omega+1)(j\omega+3)}$

$|GH| = \left|\dfrac{K}{3-\omega^2+j4\omega}\right|_{\omega=0}$ 여기서, 허수부가 0이 되는 주파수는 $\omega=0$이므로

대입하면 $|GH| = \dfrac{K}{3}$

이득여유는 $g \cdot m = 20\log_{10}\left|\dfrac{1}{\frac{K}{3}}\right| = 20$[dB]

따라서 $\dfrac{3}{K} = 10$이므로 $K = \dfrac{3}{10}$ 【답】①

71 ★☆☆☆☆ $R=100[\Omega]$, $Xc=100[\Omega]$이고 L만을 가변할 수 있는 RLC 직렬회로가 있다. 이때 $f=500$[Hz], $E=100$[V]를 인가하여 L을 변화시킬 때 L의 단자전압 E_1의 최댓값은 몇 [V]인가? 단, 공진회로이다.

① 50 ② 100
③ 150 ④ 200

Explanation

$R-L-C$ 직렬공진 시

공진 시 전류 $I = \dfrac{V}{R} = \dfrac{100}{100} = 1$[A]이므로

L의 전압 $V_L = X_L \cdot I = 100 \times 1 = 100$[V]   【답】②

72 ★★☆☆☆ 어떤 회로에 전압을 115[V] 인가하였더니 유효전력이 230[W], 무효전력이 345[Var]를 지시한다면 회로에 흐르는 전류는 약 몇 [A]인가?

① 2.5 ② 5.6
③ 3.6 ④ 4.5

Explanation

피상전력 $P_a = VI = \sqrt{P^2+P_r^2} = \sqrt{230^2+345^2} = 414.6$[VA]

따라서 전류 $I = \dfrac{P_a}{V} = \dfrac{414.6}{115} = 3.6$[A]   【답】③

73. 시정수의 의미를 설명한 것 중 틀린 것은?

① 시정수가 작으면 과도현상이 짧다.
② 시정수가 크면 정상상태에 늦게 도달한다.
③ 시정수는 τ로 표기하며 단위는 초[sec]이다.
④ 시정수는 과도 기간 중 변화해야 할 양의 0.632[%]가 변화하는 데 소요된 시간이다.

Explanation

시정수(Time constant)
- 목표값에 63.2[%]에 도달하는 시간으로 정의
- 시정수가 크면 과도현상이 길어진다.

【답】 ④

74. 무손실 선로에 있어서 감쇠정수 α, 위상정수를 β라 하면 α와 β의 값은? 단, R, G, L, C는 선로 단위 길이당의 저항, 컨덕턴스, 인덕턴스, 커패시턴스이다.

① $\alpha = \sqrt{RG}$, $\beta = 0$
② $\alpha = 0$, $\beta = \dfrac{1}{\sqrt{LC}}$
③ $\alpha = 0$, $\beta = \omega\sqrt{LC}$
④ $\alpha = \sqrt{RG}$, $\beta = \omega\sqrt{LC}$

Explanation

- 무손실 선로 조건 $R = G = 0$
  전파정수 $\gamma = \sqrt{ZY} = \sqrt{(R+j\omega L)(G+j\omega C)} = j\omega\sqrt{LC}$
  $= \alpha + j\beta$ (여기서, α는 감쇠정수, β는 위상정수)
  $\alpha = 0$, $\beta = \omega\sqrt{LC}$

【답】 ③

75. 어떤 소자에 걸리는 전압이 $100\sqrt{2}\cos\left(314t - \dfrac{\pi}{6}\right)$[V]이고, 흐르는 전류가 $3\sqrt{2}\cos\left(314t + \dfrac{\pi}{6}\right)$[A]일 때 소비되는 전력[W]은?

① 100
② 150
③ 250
④ 300

Explanation

소비전력 $P = VI\cos\theta = 100 \times 3 \times \cos 60 = 150$[W]

【답】 ②

76. 그림 (a)와 그림 (b)가 역회로 관계에 있으려면 L의 값은 몇 [mH]인가?

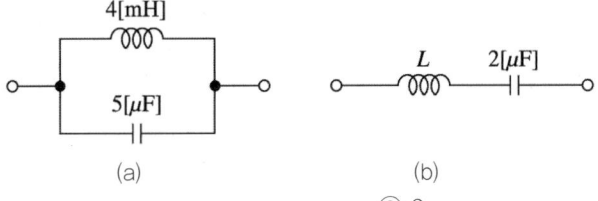

(a)　　　　　(b)

① 1
② 2
③ 5
④ 10

Explanation

역회로

$$K^2 = \frac{L_1}{C_1} = \frac{L_2}{C_2} \text{에서}$$

$$K^2 = \frac{L_1}{C_1} = \frac{4 \times 10^{-3}}{2 \times 10^{-6}} = 2{,}000$$

$$L_2 = K^2 \, C_2 = 2{,}000^2 \times 5 \times 10^{-6} \times 10^3 = 10[\text{mH}]$$

【답】 ④

77 ★☆☆☆☆ 2개의 전력계로 평형 3상 부하의 전력을 측정하였더니 한쪽의 지시가 다른 쪽 전력계 지시의 3배였다면 부하의 역률은 약 얼마인가?

① 0.46
② 0.55
③ 0.65
④ 0.75

Explanation

2전력계법
유효전력 $P = P_1 + P_2$
무효전력 $P_r = \sqrt{3}(P_1 - P_2)$
피상전력 $P_a = 2\sqrt{P_1^2 + P_2^2 - P_1 P_2}$

역률은 $\cos\theta = \dfrac{P}{P_a} = \dfrac{P_1 + P_2}{2\sqrt{P_1^2 + P_2^2 - P_1 P_2}}$

여기서, $P_1 = P_2$ $\cos\theta = 1$
$P_1 = 2P_2$ $\cos\theta = 0.866$
$P_1 = 3P_2$ $\cos\theta = 0.75$
$P_1 = 0, \ P_2$ $\cos\theta = 0.5$

【답】 ④

78 ★☆☆☆☆ $F(s) = \dfrac{1}{s(s+a)}$ 의 라플라스 역변환은?

① e^{-at}
② $1 - e^{-at}$
③ $a(1 - e^{-at})$
④ $\dfrac{1}{a}(1 - e^{-at})$

Explanation

라플라스 변환된 함수가 유리수인 경우
부분분수 전개로 역라플라스 변환하면

$$F(s) = \frac{1}{s(s+a)} = \frac{k_1}{s} + \frac{k_2}{s+a}$$

여기서, $k_1 = \lim_{s \to 0} \dfrac{1}{(s+a)} = \dfrac{1}{a}$, $k_2 = \lim_{s \to -a} \dfrac{1}{s} = -\dfrac{1}{a}$

따라서 $\mathcal{L}^{-1}\left[\dfrac{1}{a}\dfrac{1}{s} - \dfrac{1}{a}\dfrac{1}{s+a}\right] = \dfrac{1}{a} - \dfrac{1}{a}e^{-at} = \dfrac{1}{a}(1 - e^{-at})$

【답】 ④

79 ★☆☆☆☆ 선간전압이 200[V]인 대칭 3상 전원에 평형 3상 부하가 접속되어 있다. 부하 1상의 저항은 10[Ω], 유도리액턴스 15[Ω], 용량리액턴스 5[Ω]이 직렬로 접속된 것이다. 부하가 △ 결선일 경우, 선로전류[A]와 3상 전력[W]은 얼마인가?

① $I_l = 10\sqrt{6}$, $P_3 = 6,000$ ② $I_l = 10\sqrt{6}$, $P_3 = 8,000$
③ $I_l = 10\sqrt{3}$, $P_3 = 6,000$ ④ $I_l = 10\sqrt{3}$, $P_3 = 8,000$

Explanation

부하 1상의 임피던스 $Z = R + j(X_L - X_c) = 10 + j(15-5) = 10 + j10$

상전류 $I_p = \dfrac{V_p}{Z} = \dfrac{200}{\sqrt{10^2 + 10^2}} = \dfrac{200}{10\sqrt{2}} = \dfrac{20}{\sqrt{2}} = \dfrac{20\sqrt{2}}{\sqrt{2}\sqrt{2}} = 10\sqrt{2}$ 에서

- 선전류 $I_l = \sqrt{3} I_p = \sqrt{3} \times 10\sqrt{2} = 10\sqrt{6}$ [A]
- 소비전력 $P = 3I_p^2 R = 3 \times (10\sqrt{2})^2 \times 10 = 6,000$[W]

【답】①

80 공간적으로 서로 $\dfrac{2\pi}{n}$[rad]의 각도를 두고 배치한 n개의 코일에 대칭 n상 교류를 흘리면 그 중심에 생기는 회전자계의 모양은?

① 원형 회전자계
② 타원형 회전자계
③ 원통형 회전자계
④ 원추형 회전자계

Explanation

- 대칭 : 원형 회전자계
- 비대칭 : 타원형 회전자계

【답】①

5과목 전기설비기술기준

81 애자공사에 의한 저압 옥내배선 시설 중 틀린 것은?

① 전선은 인입용 비닐 절연전선일 것
② 전선 상호간의 간격은 0.06[m] 이상일 것
③ 전선의 지지점 간의 거리는 전선을 조영재의 윗면에 따라 붙일 경우에는 2[m] 이하일 것
④ 전선과 조영재 사이의 이격거리는 사용전압이 400[V] 이하일 경우에는 25[mm] 이상일 것

Explanation

(KEC 232.56조) 애자공사
① 전선은 절연전선(옥외용 비닐 절연전선 및 인입용 비닐 절연전선을 제외한다)일 것
② 전선 상호 간 간격 : 0.06[m] 이상
③ 전선과 조영재 사이 이격거리 : 400[V] 이하 25[mm] 이상, 400[V] 초과 45[mm](건조한 장소 25[mm]) 이상
④ 전선 지지점 간 거리 : 조영재의 윗면 또는 옆면 2[m] 이하

【답】①

82 저압 및 고압 가공전선의 최소 높이는 도로를 횡단하는 경우와 철도를 횡단하는 경우에 각각 몇 [m] 이상이어야 하는가?

① 도로 : 지표상 5[m], 철도 : 레일면상 6[m]
② 도로 : 지표상 5[m], 철도 : 레일면상 6.5[m]
③ 도로 : 지표상 6[m], 철도 : 레일면상 6[m]
④ 도로 : 지표상 6[m], 철도 : 레일면상 6.5[m]

Explanation

(KEC 332.5조) 저·고압 가공전선의 높이
① 도로횡단 : 6[m] 이상
② 철도횡단 : 레일면상 6.5[m] 이상
③ 횡단보도교 위 : 3.5[m] 이상(단, 저압용으로 인입용 절연전선 사용 시 3[m])
④ 기타 : 5[m] 이상

【답】④

83
KEC 적용으로 인하여 삭제되었습니다.

84
접지공사의 접지극을 시설할 때 동결 깊이를 감안하여 지하 몇 [m] 이상의 깊이로 매설하여야 하는가?
① 0.6
② 0.75
③ 0.9
④ 1

Explanation

(KEC 142.2조) 접지극의 시설 및 접지저항
접지극은 지하 0.75[m] 이상으로 하되 동결 깊이를 감안하여 매설할 것

【답】②

85
KEC 적용으로 인하여 삭제되었습니다.

86
발전용 수력 설비에서 필댐의 축제재료로 필댐의 본체에 사용하는 토질재료로 적합하지 않은 것은?
① 묽은 진흙으로 되지 않을 것
② 댐의 안정에 필요한 강도 및 수밀성이 있을 것
③ 유기물을 포함하고 있으며 광물 성분은 불용성일 것
④ 댐의 안정에 지장을 줄 수 있는 팽창성 또는 수축성이 없을 것

Explanation

(기술기준 제145조) 필댐 본체 재료 조건
① 댐의 안정에 필요한 강도 및 수밀성이 있을 것
② 댐의 안정에 지장을 줄 수 있는 팽창성 또는 수축성이 없을 것
③ 묽은 진흙으로 되지 않을 것
④ 유기물을 포함하지 않으며 광물성분은 불용성일 것

【답】③

87
전기울타리용 전원 장치에 전기를 공급하는 전로의 사용전압은 몇 [V] 이하이이야 하는가?
① 150
② 200
③ 250
④ 300

Explanation

(KEC 241.1조) 전기울타리
전기울타리용 전원 장치에 전기를 공급하는 전로의 사용전압은 250[V] 이하

【답】③

88
사용전압이 22.9[kV]인 특고압 가공전선로(중성선 다중접지식의 것으로서 전로에 지락이 생겼을 때에 2초 이내에 자동적으로 이를 전로로부터 차단하는 장치가 되어 있는 것에 한한다)가 상호간 접근 또는 교차하는 경우 사용전선이 양쪽 모두 케이블인 경우 이격거리는 몇 [m] 이상인가?

① 0.25　　　　　　　　　　　　　② 0.5
③ 0.75　　　　　　　　　　　　　④ 1.0

Explanation

(KEC 333.32조) 25[kV] 이하인 특고압 가공 전선로의 시설

전선의 종류	이격거리
나전선	1.5[m]
특고압 절연전선	1.0[m]
케이블	0.5[m]

【답】②

89 전력계통의 일부가 전력계통의 전원과 전기적으로 분리된 상태에서 분산형전원에 의해서만 가압되는 상태를 무엇이라 하는가?
① 계통연계　　　　　　　　　　　② 접속설비
③ 단독운전　　　　　　　　　　　④ 단순 병렬운전

Explanation

• 독립형 전원(단독운전) : 전력계통의 일부가 전력계통의 전원과 전기적으로 분리된 상태
• 계통연계형 전원 : 전력계통의 일부가 전력계통의 전원과 전기적으로 연결된 상태

【답】③

90 고압 가공인입선이 케이블 이외의 것으로서 그 아래에 위험표시를 하였다면 전선의 지표상 높이는 몇 [m]까지로 감할 수 있는가?
① 2.5[m]　　　　　　　　　　　② 3.5[m]
③ 4.5[m]　　　　　　　　　　　④ 5.5[m]

Explanation

(KEC 331.12조) 고압 가공인입선의 시설
고압 가공인입선의 높이는 전선 아래쪽에 **위험표시를 한 경우 지표상 3.5[m]**까지로 감할 수 있다.

【답】②

91 특고압의 기계기구·모선 등을 옥외에 시설하는 변전소의 구내에 취급자 이외의 자가 들어가지 못하도록 시설하는 울타리·담 등의 높이는 몇 [m] 이상으로 하여야 하는가?
① 2　　　　　　　　　　　　　　② 2.2
③ 2.5　　　　　　　　　　　　　④ 3

Explanation

(KEC 351.1조) 발전소 등의 울타리·담 등의 시설
고압 또는 특고압의 기계기구·모선 등을 옥외에 시설하는 발전소·변전소·개폐소 또는 이에 준하는 곳에는 **울타리·담 등의 높이는 2[m] 이상**으로 하고 지표면과 울타리·담 등의 하단 사이의 간격은 0.15[m] 이하로 할 것

【답】①

92 이동형의 용접전극을 사용하는 아크용접 장치의 용접변압기의 1차측 전로의 대지전압은 몇 [V] 이하이어야 하는가?
① 60　　　　　　　　　　　　　② 150
③ 300　　　　　　　　　　　　　④ 400

Explanation

(KEC 241.10조) 아크 용접기
변압기는 1차 대지전압 300[V] 이하의 절연 변압기일 것

【답】③

93 지중 전선로를 직접 매설식에 의하여 시설하는 경우에 차량 기타 중량물의 압력을 받을 우려가 있는 장소의 매설 깊이는 몇 [m] 이상이어야 하는가?
① 0.6
② 1
③ 1.2
④ 1.5

Explanation

(KEC 334.1조) 지중 전선로의 시설
직접 매설식 매설 깊이 : **차량 기타 중량물의 압력 받을 우려 장소 1[m]**(기타 장소 0.6[m]) 이상
【답】②

94 특고압을 옥내에 시설하는 경우 그 사용전압의 최대 한도는 몇 [kV] 이하인가?
① 25
② 80
③ 100
④ 160

Explanation

(KEC 342.4조) 특고압 옥내 전기설비의 시설
① **사용전압은 100[kV] 이하일 것.** 다만, 케이블 트레이 공사에 의하여 시설하는 경우에는 35[kV] 이하일 것
② 전선은 케이블일 것
【답】③

95 샤워 시설이 있는 욕실 등 인체가 물에 젖어 있는 상태에서 전기를 사용하는 장소에 콘센트를 시설할 경우 인체감전보호용 누전차단기의 정격감도전류는 몇 [mA] 이하인가?
① 5
② 10
③ 15
④ 20

Explanation

(KEC 234.5조) 콘센트의 시설
욕실 등 인체가 물에 젖어 있는 상태에서 물을 사용하는 장소에 콘센트를 시설하는 경우
① 「전기용품 및 생활용품 안전관리법」의 적용을 받는 인체감전보호용 누전차단기(전기용품안전기준 또는 KSC 4613(2007)의 규정에 적합한 정격감도전류 15[mA] 이하, 동작시간 0.03초 이하의 전류동작형의 것에 한한다) 또는 절연변압기(정격용량 3[kVA] 이하인 것에 한한다)로 보호된 전로에 접속하거나 인체감전보호용 누전차단기가 부착된 콘센트를 시설하여야 한다.
② 접지극이 있는 방적형 콘센트 사용+접지
【답】③

96 KEC 적용으로 인하여 삭제되었습니다.

97 KEC 적용으로 인하여 삭제되었습니다.

98 ( ) 안에 들어갈 내용으로 옳은 것은?

> 유희용 전차에 전기를 공급하는 전로의 사용전압은 직류의 경우는 (Ⓐ)[V] 이하, 교류의 경우는 (Ⓑ)[V] 이하이어야 한다.

① Ⓐ 60, Ⓑ 40
② Ⓐ 40, Ⓑ 60
③ Ⓐ 30, Ⓑ 60
④ Ⓐ 60, Ⓑ 30

Explanation

(KEC 241.8조) 유희용 전차
전로의 사용전압은 직류의 경우는 60[V] 이하, 교류의 경우는 40[V] 이하
【답】①

99 철탑의 강도계산을 할 때 이상 시 상정하중이 가하여지는 경우 철탑의 기초에 대한 안전율은 얼마 이상이어야 하는가?
① 1.33
② 1.83
③ 2.25
④ 2.75

Explanation

(KEC 331.7조) 가공 전선로 지지물의 기초의 안전율
가공전선로의 지지물에 하중이 가하여지는 경우에 그 하중을 받는 지지물의 기초의 안전율은 2(**이상 시 상정하중이 가하여지는 경우의 그 이상 시 상정하중에 대한 철탑의 기초에 대하여는 1.33**) 이상이어야 한다. 【답】 ①

100 발전기를 자동적으로 전로로부터 차단하는 장치를 반드시 시설하지 않아도 되는 경우는?
① 발전기에 과전류나 과전압이 생긴 경우
② 용량 5,000[kVA] 이상인 발전기의 내부에 고장이 생긴 경우
③ 용량 500[kVA] 이상의 발전기를 구동하는 수차의 압유장치의 유압이 현저히 저하한 경우
④ 용량 2,000[kVA] 이상인 수차 발전기의 스러스트 베어링 온도가 현저히 상승하는 경우

Explanation

(KEC 351.3조) 발전기 등의 보호 장치-자동 차단 장치 시설
① 발전기에 과전류나 과전압이 생긴 경우
② 용량이 500[kVA] 이상의 발전기를 구동하는 수차의 압유장치의 유압 또는 전동식 가이드밴 제어장치, 전동식 니이들 제어장치 또는 전동식 디플렉터 제어장치의 전원전압이 현저히 저하한 경우
③ 용량이 10,000[kVA] 이상의 발전기를 구동하는 풍차(風車)의 압유장치의 유압, 압축 공기장치의 공기압 또는 전동식 브레이드 제어장치의 전원전압이 현저히 저하한 경우
④ 용량이 2,000[kVA] 이상인 수차 발전기의 스러스트 베어링의 온도가 현저히 상승한 경우
⑤ **용량이 10,000[kW] 이상인 발전기의 내부에 고장이 생긴 경우** 【답】 ②

3회 2018년 전기기사 필기

1과목 전기자기학

01 ★☆☆☆☆ 전계 E의 x, y, z 성분을 E_x, E_y, E_z라 할 때 $\text{div} E$는?

① $\dfrac{\partial Ex}{\partial x} + \dfrac{\partial Ey}{\partial y} + \dfrac{\partial Ez}{\partial z}$

② $i\dfrac{\partial Ex}{\partial x} + j\dfrac{\partial Ey}{\partial y} + k\dfrac{\partial Ez}{\partial z}$

③ $\dfrac{\partial^2 Ex}{\partial x^2} + \dfrac{\partial^2 Ey}{\partial y^2} + \dfrac{\partial^2 Ez}{\partial z^2}$

④ $i\dfrac{\partial^2 Ex}{\partial x^2} + j\dfrac{\partial^2 Ey}{\partial y^2} + k\dfrac{\partial^2 Ez}{\partial z^2}$

Explanation

전계의 발산

$\text{div} E = \nabla \cdot E = \left(\dfrac{\partial}{\partial x}i + \dfrac{\partial}{\partial y}j + \dfrac{\partial}{\partial z}k\right) \cdot (E_x i + E_y j + E_z k) = \dfrac{\partial E_x}{\partial x} + \dfrac{\partial E_y}{\partial y} + \dfrac{\partial E_z}{\partial z}$

【답】①

02 ★★★☆☆ 동심 구형 콘덴서의 내외 반지름을 각각 5배로 증가시키면 정전용량은 몇 배로 증가하는가?

① 5 ② 10 ③ 15 ④ 20

Explanation

동심구의 정전용량 $C = \dfrac{4\pi\epsilon_0}{\dfrac{1}{a} - \dfrac{1}{b}} = \dfrac{4\pi\epsilon_0 ab}{b-a}$

내외구의 반지름을 5배로 늘린 경우의 정전용량 $C' = \dfrac{4\pi\epsilon_0 \, 5a \times 5b}{5b - 5a} = \dfrac{4\pi\epsilon_0 ab}{b-a} \times 5 = 5C$

【답】①

03 ★★★☆☆ 자성체 경계면에 전류가 없을 때 경계조건으로 틀린 것은?

① 자계 H의 접선 성분 $H_{1T} = H_{2T}$

② 자속밀도 B의 법선 성분 $B_{1N} = B_{2N}$

③ 경계면에서의 자력선의 굴절 $\dfrac{\tan\theta_1}{\tan\theta_2} = \dfrac{\mu_1}{\mu_2}$

④ 전속밀도 D의 법선 성분 $D_{1N} = D_{2N} = \dfrac{\mu_2}{\mu_1}$

Explanation

자성체의 경계조건(완전경계조건 : 경계면에서 전류 밀도가 0)
- 자계의 접선 성분이 연속 : $H_1 \sin\theta_1 = H_2 \sin\theta_2$
- 자속밀도의 법선 성분이 연속 : $B_1 \cos\theta_1 = B_2 \cos\theta_2$
- 경계조건 : $\dfrac{\tan\theta_1}{\tan\theta_2} = \dfrac{\mu_1}{\mu_2}$

【답】④

04 ★★★★☆ 도체나 반도체에 전류를 흘리고 이것과 직각 방향으로 자계를 가하면 직각 방향으로 기전력이 생기는 현상을 무엇이라 하는가?
① 홀 효과
② 핀치 효과
③ 볼타 효과
④ 압전 효과

Explanation

홀 효과(Hall effect)
도체나 반도체의 물질에 전류를 흘리고 이것과 직각 방향으로 자계를 가하면 I와 B가 이루는 면에 직각 방향으로 기전력이 발생되는 현상
【답】①

05 ★★☆☆☆ 판자석의 세기가 0.01[Wb/m], 반지름이 5[cm]인 원형 자석판이 있다. 자석의 중심에서 축상 10[cm]인 점에서의 자위의 세기는 몇 [AT]인가?
① 100
② 175
③ 370
④ 420

Explanation

【답】④

06 ★★★★★ 평면도체 표면에서 d[m] 거리에 점전하 Q[C]이 있을 때 이 전하를 무한원점까지 운반하는 데 필요한 일[J]은?
① $\dfrac{Q^2}{4\pi\epsilon_0 d}$
② $\dfrac{Q^2}{8\pi\epsilon_0 d}$
③ $\dfrac{Q^2}{16\pi\epsilon_0 d}$
④ $\dfrac{Q^2}{32\pi\epsilon_0 d}$

Explanation

전기영상법을 이용하면

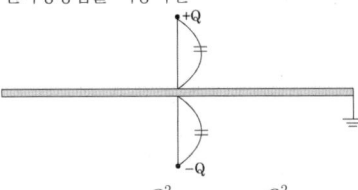

영상력 $F = \dfrac{-Q^2}{4\pi\epsilon_0 (2d)^2} = \dfrac{-Q^2}{16\pi\epsilon_0 d^2}$ [N]

일 $W = \int F dl = F \cdot l = \dfrac{Q^2}{16\pi\epsilon_0 d^2} \times d = \dfrac{Q^2}{16\pi\epsilon_0 d}$ [J]
【답】③

07 ★★★★★ 유전율 ϵ, 전계의 세기 E인 유전체의 단위 체적에 축적되는 에너지는?
① $\dfrac{E}{2\epsilon}$
② $\dfrac{\epsilon E}{2}$
③ $\dfrac{\epsilon E^2}{2}$
④ $\dfrac{\epsilon^2 E^2}{2}$

> **Explanation**

전계의 체적당 에너지 밀도 $w = \dfrac{1}{2}ED = \dfrac{\epsilon E^2}{2} = \dfrac{D^2}{2\epsilon}$ [J/m³]

【답】③

08 ★★★★★ 길이 ℓ[m], 지름 d[m]인 원통이 길이 방향으로 균일하게 자화되어 자화의 세기가 J[Wb/m²]인 경우 원통 양단에서의 전자극의 세기[Wb]는?

① $\pi d^2 J$
② $\pi d J$
③ $\dfrac{4J}{\pi d^2}$
④ $\dfrac{\pi d^2 J}{4}$

> **Explanation**

자화의 세기 $J = \dfrac{M}{V}$ [Wb/m²] : 체적당 모멘트

$J = \dfrac{M}{V} = \dfrac{m\ell}{S\ell} = \dfrac{m}{S}$ 이므로

전자극의 세기 $m = J \cdot S = J \cdot \pi a^2 = J \cdot \pi \left(\dfrac{d}{2}\right)^2 = J \cdot \dfrac{\pi d^2}{4}$ [Wb]

【답】④

09 ★★★★★ 자기인덕턴스 L_1, L_2와 상호인덕턴스 M 사이의 결합계수는? 단, 단위는 [H]이다.

① $\dfrac{M}{L_1 L_2}$
② $\dfrac{L_1 L_2}{M}$
③ $\dfrac{M}{\sqrt{L_1 L_2}}$
④ $\dfrac{\sqrt{L_1 L_2}}{M}$

> **Explanation**

상호인덕턴스 $M = k\sqrt{L_1 L_2}$ 에서 결합계수 : 누설자속에 관한 항

$k = \dfrac{M}{\sqrt{L_1 L_2}}$

【답】③

10 ★☆☆☆☆ 진공 중에서 선전하 밀도 $\rho_\ell = 6 \times 10^{-8}$[C/m]인 무한히 긴 직선상 선전하가 x축과 나란하고 $Z = 2$[m] 점을 지나고 있다. 이 선전하에 의하여 반지름 5[m]인 원점에 중심을 둔 구표면 S_0를 통과하는 전기력선수는 얼마인가?

① 3.1×10^4
② 4.8×10^4
③ 5.5×10^4
④ 6.2×10^4

> **Explanation**

$N = \dfrac{Q}{\epsilon_0} = \dfrac{\lambda \cdot \ell}{\epsilon_0} = \dfrac{6 \times 10^{-8} \times 2\sqrt{21}}{8.855 \times 10^{-12}} = 6.2 \times 10^4$ 개 (여기서 $\ell = 2 \times \sqrt{5^2 - 2^2} = 2\sqrt{21}$)

【답】④

11 ★★★★☆ 대지면에 높이 h[m]로 평행하게 가설된 매우 긴 선전하가 지면으로부터 받는 힘은?

① h에 비례
② h에 반비례
③ h^2에 비례
④ h^2에 반비례

> **Explanation**

전기영상법을 이용하여

전계의 세기 $E = \dfrac{\lambda}{2\pi\epsilon_0(2h)} = \dfrac{\lambda}{4\pi\epsilon_0 h}$

힘 $f = -\lambda E = -\dfrac{\lambda^2}{4\pi\epsilon_0 h}$ [N/m]

【답】②

12 ★★☆☆☆ 정전에너지, 전속밀도 및 유전상수 ε_r의 관계에 대한 설명 중 틀린 것은?

① 굴절각이 큰 유전체는 ε_r이 크다.
② 동일 전속밀도에서는 ε_r이 클수록 정전에너지는 작아진다.
③ 동일 정전에너지에서는 ε_r이 클수록 전속밀도가 커진다.
④ 전속은 매질에 축적되는 에너지가 최대가 되도록 분포된다.

Explanation

전계의 에너지 밀도 $w = \dfrac{1}{2}ED = \dfrac{\epsilon E^2}{2} = \dfrac{D^2}{2\epsilon}$ [J/m³]

- 동일 전속밀도에서는 ϵ_r이 클수록 정전에너지는 작아진다.
- 동일 정전에너지에서는 ϵ_r이 클수록 전속밀도가 커진다.
- 정전계는 에너지가 최소로 분포하는 계이다(톰슨의 정리).
- $\epsilon_1 < \epsilon_2$ 이면 $\theta_1 < \theta_2$

【답】④

13 ★☆☆☆☆ $\sigma = 1[\mho/m]$, $\varepsilon_s = 6$, $\mu = \mu_o$인 유전체에 교류전압을 가할 때 변위전류와 전도전류의 크기가 같아지는 주파수는 약 몇 [Hz]인가?

① 3.0×10^9
② 4.2×10^9
③ 4.7×10^9
④ 5.1×10^9

Explanation

임계주파수 $|i_c| = |i_d|$에서
$k = \omega\epsilon = 2\pi f_c \epsilon$이므로

임계주파수 $f_c = \dfrac{k}{2\pi\epsilon} = \dfrac{1}{2\pi \times 8.855 \times 10^{-12} \times 6} = 3 \times 10^9$ [Hz]

【답】①

14 ★☆☆☆☆ 그 양이 증가함에 따라 무한장 솔레노이드의 자기인덕턴스 값이 증가하지 않는 것은 무엇인가?

① 철심의 반경
② 철심의 길이
③ 코일의 권수
④ 철심의 투자율

Explanation

인덕턴스 $L = \dfrac{N\phi}{I} = \dfrac{N}{I}\dfrac{F}{R_m} = \dfrac{N}{I}\dfrac{NI}{R_m} = \dfrac{N^2}{\dfrac{l}{\mu S}} = \dfrac{\mu S N^2}{l}$ [H]이고,

무한장 솔레노이드의 단위 길이당 인덕턴스 $L' = \dfrac{L}{l} = \mu S \left(\dfrac{N}{l}\right)^2 = \mu S n_0^2 = \mu \pi a^2 n_0^2$

무한장 솔레노이드는 투자율, 면적(철심의 반지름), 권수와 비례관계에 있다.

【답】②

15 ★★★★★ 단면적 S[m²], 단위 길이당 권수가 n_0[회/m]인 무한히 긴 솔레노이드의 자기인덕턴스[H/m]는?

① $\mu S n_0$
② $\mu S n_0^2$
③ $\mu S^2 n_0$
④ $\mu S^2 n_0^2$

> **Explanation**
>
> 인덕턴스 $L = \dfrac{N\phi}{I} = \dfrac{N}{I}\dfrac{F}{R_m} = \dfrac{N}{I}\dfrac{NI}{R_m} = \dfrac{N^2}{\dfrac{l}{\mu S}} = \dfrac{\mu S N^2}{l}$ [H]이고,
>
> 무한장 솔레노이드의 단위 길이당 인덕턴스 $L' = \dfrac{L}{l} = \mu S \left(\dfrac{N}{l}\right)^2 = \mu S n_0^2 = \mu \pi a^2 n_0^2$
>
> 【답】②

16 ★★★★★ 비투자율 1,000인 철심이 든 환상솔레노이드의 권수가 600회, 평균 지름 20[cm], 철심의 단면적 10[cm²]이다. 이 솔레노이드에 2[A]의 전류가 흐를 때 철심 내의 자속은 약 몇 [Wb]인가?
① 1.2×10^{-3}
② 1.2×10^{-4}
③ 2.4×10^{-3}
④ 2.4×10^{-4}

> **Explanation**
>
> 기자력 $F_m = NI = R_m \phi$
>
> $\phi = \dfrac{NI}{R_m} = \dfrac{NI}{\dfrac{l}{\mu S}} = \dfrac{\mu S N I}{l}$ 에서
>
> $= \dfrac{4\pi \times 10^{-7} \times 1,000 \times 10 \times 10^{-4} \times 600 \times 2}{2 \times \pi \times 0.1}$
>
> $= 2.4 \times 10^{-3}$ [Wb]
>
> 【답】③

17 ★☆☆☆☆ 3개의 점전하 $Q_1 = 3C$, $Q_2 = 1C$, $Q_3 = -3C$을 점 $P_1(1,0,0)$, $P_2(2,0,0)$, $P_3(3,0,0)$에 어떻게 놓으면 원점에서의 전계의 크기가 최대가 되는가?
① P_1에 Q_1, P_2에 Q_2, P_3에 Q_3
② P_1에 Q_2, P_2에 Q_3, P_3에 Q_1
③ P_1에 Q_3, P_2에 Q_1, P_3에 Q_2
④ P_1에 Q_3, P_2에 Q_2, P_3에 Q_1

> **Explanation**
>
>
>
> 【답】①

18 ★★★☆☆ 맥스웰의 전자방정식에 대한 의미를 설명한 것으로 틀린 것은?
① 자계의 회전은 전류밀도와 같다.
② 자계는 발산하며, 자극은 단독으로 존재한다.
③ 전계의 회전은 자속밀도의 시간적 감소율과 같다.
④ 단위 체적당 발산 전속 수는 단위 체적당 공간전하 밀도와 같다.

> **Explanation**
>
> 전자계 기초 방정식
> - $\operatorname{rot} E = -\dfrac{\partial B}{\partial t}$ (패러데이 법칙의 미분형) : 전계의 회전은 자속밀도의 시간적 감소율과 같다.
> - $\operatorname{rot} H = i + \dfrac{\partial D}{\partial t}$ (암페어 주회법칙의 미분형) : 자계의 회전은 전류밀도와 같다.
> - $\operatorname{div} D = \rho$: 단위 체적당 발산 전속 수는 단위 체적당 공간전하 밀도와 같다.
> - $\operatorname{div} B = 0$: 자계는 발산하지 않으며, 자극은 단독으로 존재하지 않는다.
>
> 【답】②

19. 전기력선의 설명 중 틀린 것은?

① 전기력선은 부전하에서 시작하여 정전하에서 끝난다.
② 단위 전하에서는 $1/\varepsilon_0$ 개의 전기력선이 출입한다.
③ 전기력선은 전위가 높은 점에서 낮은 점으로 향한다.
④ 전기력선의 방향은 그 점의 전계의 방향과 일치하며 밀도는 그 점에서의 전계의 크기와 같다.

Explanation

전기력선의 성질
- 전기력선의 밀도는 전계의 세기이다(전기력선의 총수 $N = \int_s E\,ds = \dfrac{Q}{\epsilon}$).
- 전기력선의 접선 방향은 전계의 방향이다.
- 전기력선은 등전위면과 수직이다.
- **전기력선은 정전하에서 시작하여 부전하로 도착한다.**
- 전기력선(전계)은 전위가 높은 점에서 낮은 점으로 향한다.
- 그 자신만으로 폐곡선이 되지 않는다.
- 전기력선은 교차하지 않는다.
- 도체 내부에는 전기력선이 없다(전계도 없다).
- 전하가 없는 곳에서는 전기력선의 발생과 소멸이 없고 연속적이다.

【답】①

20. 유전율이 $\varepsilon = 4\varepsilon_0$ 이고 투자율이 μ_0 인 비도전성 유전체에서 전자파의 전계의 세기가 $E(z,t) = a_y 377\cos(10^9 t - \beta Z)$ [V/m]일 때의 자계의 세기 H는 몇 [A/m]인가?

① $-a_z 2\cos(10^9 t - \beta Z)$
② $-a_x 2\cos(10^9 t - \beta Z)$
③ $-a_z 7.1 \times 10^4 \cos(10^9 t - \beta Z)$
④ $-a_x 7.1 \times 10^4 \cos(10^9 t - \beta Z)$

Explanation

【답】②

2과목 전력공학

21. 변류기 수리 시 2차 측을 단락시키는 이유는?

① 1차측 과전류 방지
② 2차측 과전류 방지
③ 1차측 과전압 방지
④ 2차측 과전압 방지

Explanation

점검 시
P.T는 개방 : 2차측 과전류 보호
C.T는 단락 : 2차측 절연(과전압) 보호

【답】④

22. 1년 365일 중 185일은 이 양 이하로 내려가지 않는 유량은?

① 평수량 ② 풍수량
③ 고수량 ④ 저수량

Explanation

유황곡선 : 하천의 유량 상태를 파악하기 위한 곡선. 가로축에 365일수를, 세로축에는 유량을 취하여 배열
- 풍수량 : 1년 95일 중 이보다 내려가지 않는 유량
- **평수량 : 1년 185일 중 이보다 내려가지 않는 유량**
- 저수량 : 1년 275일 중 이보다 내려가지 않는 유량
- 갈수량 : 1년 355일 중 이보다 내려가지 않는 유량

【답】 ①

23. 배전선의 전압조정장치가 아닌 것은?

① 승압기 ② 리클로저
③ 유도전압조정기 ④ 주상변압기 탭 절환장치

Explanation

배전선로 전압조정장치
- 승압기
- 유도전압조정기(부하에 따라 전압 변동이 심한 경우)
- 주상변압기 탭 조정

【답】 ②

24. 발전기 또는 주변압기의 내부고장 보호용으로 가장 널리 쓰이는 것은?

① 거리계전기 ② 과전류계전기
③ 비율차동계전기 ④ 방향단락계전기

Explanation

비율차동계전기
- 보호 구간에 유입하는 전류와 유출하는 전류의 벡터 차와 출입하는 전류의 관계비로 동작
- 발전기, 변압기 보호
- 외부 단락 시 오동작을 방지하고 내부 고장 시에만 예민하게 동작

【답】 ③

25. 그림과 같은 선로의 등가 선간거리는 몇 [m]인가?

① 5
② $5\sqrt{2}$
③ $5\sqrt[3]{2}$
④ $10\sqrt[3]{2}$

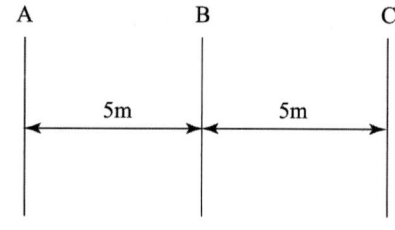

Explanation

일직선 배치이므로
등가 선간거리는 $D_e = \sqrt[3]{D \cdot D \cdot 2D} = \sqrt[3]{2}D = 5\sqrt[3]{2}$

【답】 ③

26 서지파(진행파)가 서지 임피던스 Z_1의 선로측에서 서지 임피던스 Z_2의 선로측으로 입사할 때 투과계수(투과파 전압÷입사파 전압) b를 나타내는 식은?

① $b = \dfrac{Z_2 - Z_1}{Z_1 + Z_2}$
② $b = \dfrac{2Z_2}{Z_1 + Z_2}$
③ $b = \dfrac{Z_1 - Z_2}{Z_1 + Z_2}$
④ $b = \dfrac{2Z_1}{Z_1 + Z_2}$

Explanation

투과계수 $\tau = \dfrac{2Z_2}{Z_2 + Z_1}$

반사계수 $\rho = \dfrac{Z_2 - Z_1}{Z_2 + Z_1}$

【답】②

27 3상 송전선로에서 선간단락이 발생하였을 때 다음 중 옳은 것은?

① 역상전류만 흐른다.
② 정상전류와 역상전류가 흐른다.
③ 역상전류와 영상전류가 흐른다.
④ 정상전류와 영상전류가 흐른다.

Explanation

• 1선 지락 : $I_0 = I_1 = I_2$
$\therefore I_g = 3I_0 = \dfrac{3E_a}{Z_0 + Z_1 + Z_2}$
• 2선 지락 : $V_0 = V_1 = V_2 \neq 0$
• 선간 단락 : $I_0 = 0$, $V_0 = 0$
$I_1 = -I_2$, $V_1 = V_2$

【답】②

28 송전계통의 안정도 향상 대책이 아닌 것은?

① 전압 변동을 적게 한다.
② 고속도 재폐로 방식을 채용한다.
③ 고장시간, 고장전류를 적게 한다.
④ 계통의 직렬 리액턴스를 증가시킨다.

Explanation

안정도 향상 대책
• **계통의 직렬 리액턴스(X)를 작게 한다.**
　① 발전기나 변압기의 리액턴스를 작게 한다.
　② 선로의 병행 회선수를 늘리거나 복도체 또는 다도체 방식을 사용한다.
　③ 직렬 콘덴서를 삽입하여 선로의 리액턴스를 보상한다.
• 전압 변동을 작게 한다.
　① 속응 여자 방식의 채용
　② 계통 연계를 한다.
• 중간 조상 방식을 채용한다.
• 고장 전류를 줄이고 고장 구간을 신속하게 차단한다.
　① 적당한 중성점 접지 방식을 채용하여 지락 전류를 줄인다.
　② 고속도 계전기, 고속도 차단기를 채용한다.
　③ 고속도 재폐로 방식을 채용한다(과도안정도 증진).

【답】④

29 배전선로에서 사고 범위의 확대를 방지하기 위한 대책으로 적당하지 않은 것은?

① 선택접지계전방식 채택
② 자동고장 검출장치 설치
③ 진상콘덴서 설치하여 전압보상
④ 특고압의 경우 자동구분개폐기 설치

> **Explanation**

선로용 콘덴서
- 직렬콘덴서 : 유도성 리액턴스에 의한 전압강하 보상용
- 병렬콘덴서 : 역률 개선

【답】③

30 화력발전소에서 재열기의 사용 목적은? ★★★★★

① 증기를 가열한다.
② 공기를 가열한다.
③ 급수를 가열한다.
④ 석탄을 건조한다.

> **Explanation**

재열기 : 증기를 다시 가열하는 장치

【답】①

31 송전전력, 송전거리, 전선의 비중 및 전력손실률이 일정하다고 하면 전선의 단면적 A[mm²]와 송전전압 V[kV]와의 관계로 옳은 것은? ★★★★★

① $A \propto V$
② $A \propto V^2$
③ $A \propto \dfrac{1}{\sqrt{V}}$
④ $A \propto \dfrac{1}{V^2}$

> **Explanation**

전압과의 관계

전압강하	$e = \dfrac{P}{V_r}(R + X\tan\theta)$	$e \propto \dfrac{1}{V}$
전압 강하율	$\delta = \dfrac{P}{V_r^2}(R + X\tan\theta)$	$\delta \propto \dfrac{1}{V^2}$
전력 손실	$P_l = \dfrac{P^2 R}{V^2 \cos^2\theta}$	$P_l \propto \dfrac{1}{V^2}$
공급 전력		$P \propto V^2$
전선 단면적		$A \propto \dfrac{1}{V^2}$

【답】④

32 선로에 따라 균일하게 부하가 분포된 선로의 전력 손실은 이들 부하가 선로의 말단에 집중적으로 접속되어 있을 때보다 어떻게 되는가? ★★★☆☆

① $\dfrac{1}{2}$로 된다.
② $\dfrac{1}{3}$로 된다.
③ 2배로 된다.
④ 3배로 된다.

> **Explanation**

	전압 강하	전력 손실
말단 집중 부하	e	P_l
균등 분산 부하	$\dfrac{1}{2}e$	$\dfrac{1}{3}P_l$

【답】②

33 반지름 r[m]이고 소도체 간격 S인 4 복도체 송전선로에서 전선 A, B, C가 수평으로 배열되어 있다. 등가 선간거리가 D[m]로 배치되고 완전 연가된 경우 송전선로의 인덕턴스는 몇 [mH/km]인가?

① $0.4605 \log_{10} \frac{D}{\sqrt{rs^2}} + 0.0125$
② $0.4605 \log_{10} \frac{D}{\sqrt[2]{rs}} + 0.025$
③ $0.4605 \log_{10} \frac{D}{\sqrt[3]{rs^2}} + 0.0167$
④ $0.4605 \log_{10} \frac{D}{\sqrt[4]{rs^3}} + 0.0125$

Explanation

단도체 인덕턴스 $L = 0.05 + 0.4605 \log_{10} \frac{D}{r}$ [mH/km]

다도체 인덕턴스 $L = \frac{0.05}{n} + 0.4605 \log_{10} \frac{D}{\sqrt[n]{r\ell^{n-1}}}$

문제에서는 4도체이므로

$L = \frac{0.05}{4} + 0.4605 \log_{10} \frac{D}{\sqrt[4]{r\ell^3}} = 0.0125 + 0.4605 \log_{10} \frac{D}{\sqrt[4]{r\ell^3}}$ [mH/km]

【답】 ④

34 최소 동작 전류 이상의 전류가 흐르면 한도를 넘은 양(量)과는 상관없이 즉시 동작하는 계전기는?

① 순한시계전기
② 반한시계전기
③ 정한시계전기
④ 반한시정한시계전기

Explanation

계전기 시한 특성
- 순한시 특성 : 최소 동작 전류 이상의 전류가 흐르면 즉시 동작, 고속도 계전기
- 반한시 특성 : 동작 전류가 커질수록 동작 시간이 짧게 되는 특성
- 정한시 특성 : 동작 전류의 크기에 관계없이 일정한 시간에 동작하는 특성
- 반한시 정한시 특성 : 동작 전류가 적은 동안에는 동작 전류가 커질수록 동작 시간이 짧게 되고 어떤 전류 이상이면 동작 전류의 크기에 관계없이 일정한 시간에 동작하는 특성

【답】 ①

35 최근에 우리나라에서 많이 채용되고 있는 가스절연개폐설비(GIS)의 특징으로 틀린 것은?

① 대기 절연을 이용한 것에 비해 현저하게 소형화할 수 있으나 비교적 고가이다.
② 소음이 적고 충전부가 완전한 밀폐형으로 되어 있기 때문에 안전성이 높다.
③ 가스 압력에 대한 엄중 감시가 필요하며 내부 점검 및 부품 교환이 번거롭다.
④ 한랭지, 산악 지방에서도 액화 방지 및 산화 방지 대책이 필요 없다.

Explanation

GIS(Gas Insulated Switchgear) : 가스절연개폐장치
- 밀폐구조로 소음이 적고, 신뢰성과 안전성 우수
- SF_6를 이용하여 절연 성능 우수, 절연거리를 적게 할 수 있다(소형화).
- 공사 기간을 단축할 수 있다.

【답】 ④

36 송전선로에 복도체를 사용하는 주된 목적은?

① 인덕턴스를 증가시키기 위하여
② 정전용량을 감소시키기 위하여
③ 코로나 발생을 감소시키기 위하여
④ 전선 표면의 전위 경도를 증가시키기 위하여

Explanation

복도체(다도체)
- 목적 : 코로나 방지

- 효과
  - 인덕턴스를 감소시키고 정전용량 증가
  - 송전용량 증가
  - 코로나 임계전압을 높인다.

【답】③

37 송배전 선로의 전선 굵기를 결정하는 주요 요소가 아닌 것은?
① 전압강하 ② 허용전류
③ 기계적 강도 ④ 부하의 종류

Explanation

켈빈의 법칙
- 경제적인 전선의 굵기 선정
- 허용전류, 기계적 강도, 전압강하

【답】④

38 기준 선간전압 23[kV], 기준 3상 용량 5,000[kVA], 1선의 유도 리액턴스가 15[Ω]일 때 %리액턴스는?
① 28.36[%] ② 14.18[%]
③ 7.09[%] ④ 3.55[%]

Explanation

%리액턴스 $\%X = \dfrac{PX}{10V^2}$ 여기서, P[kVA], V[kV]

$= \dfrac{5,000 \times 15}{10 \times 23^2} = 14.18[\%]$

【답】②

39 망상(Network) 배전방식에 대한 설명으로 옳은 것은?
① 전압 변동이 대체로 크다.
② 부하 증가에 대한 융통성이 적다.
③ 방사상 방식보다 무정전 공급의 신뢰도가 더 높다.
④ 인축에 대한 감전사고가 적어서 농촌에 적합하다.

Explanation

저압 네트워크 방식
- 무정전 공급 방식(공급 신뢰도가 가장 우수)
- 전압강하, 전력손실이 적다.
- 부하 증가 대응 우수
- 인축의 접지 사고 증가
- 고장 시 고장전류 역류

대책 : 네트워크 프로텍터(저압용 차단기, 저압용 퓨즈, 전력방향계전기)

【답】③

40 3상용 차단기의 정격전압은 170[kV]이고 정격차단전류가 50[kA]일 때 차단기의 정격차단용량은 약 몇 [MVA]인가?
① 5,000 ② 10,000
③ 15,000 ④ 20,000

Explanation

3상용 차단기의 정격용량

$$P_s = \sqrt{3} \times 정격전압 \times 정격차단전류 [MVA]$$
$$= \sqrt{3} \times 170 \times 50 = 14,722.43 [MVA]$$
【답】③

3과목 전기기기

41 3상 직권 정류자전동기에 중간 변압기를 사용하는 이유로 적당하지 않은 것은?
① 중간 변압기를 이용하여 속도 상승을 억제할 수 있다.
② 회전자 전압을 정류작용에 맞는 값으로 선정할 수 있다.
③ 중간 변압기를 사용하여 누설 리액턴스를 감소할 수 있다.
④ 중간 변압기의 권수비를 바꾸어 전동기 특성을 조정할 수 있다.

Explanation
3상 직권 정류자 전동기에서 중간 변압기를 사용하는 목적
- 전원 전압의 크기에 관계없이 정류자 전압 조정
- 중간 변압기의 권수비를 조정하여 전동기 특성을 조정
- 경부하시 직권 특성 $T \propto I^2 \propto \dfrac{1}{N^2}$ 이므로 속도가 크게 상승할 수 있어 중간 변압기를 사용하여 속도 상승을 억제
- 실효권수비 조정

【답】③

42 변압기의 권수를 N이라고 할 때 누설 리액턴스는?
① N에 비례한다.
② N^2에 비례한다.
③ N에 반비례한다.
④ N^2에 반비례한다.

Explanation
누설 리액턴스 $X_L = \omega L = 2\pi f L \propto L$이고
$L = \dfrac{\mu S N^2}{l} \propto N^2$이므로 권선을 분할 조립하여 누설 리액턴스를 줄인다.

【답】②

43 직류기의 온도상승 시험 방법 중 반환부하법의 종류가 아닌 것은?
① 카프법
② 홉킨스법
③ 스코트법
④ 블론델법

Explanation
변압기 온도시험
- 실부하법
- 반환부하법 : 일반적인 방법(효율 우수), 홉킨스법, 블론델법, 카프법

【답】③

44 단상 직권 정류자전동기에서 보상권선과 저항도선의 작용을 설명한 것으로 틀린 것은?
① 역률을 좋게 한다.
② 변압기 기전력을 크게 한다.
③ 전기자 반작용을 감소시킨다.
④ 저항도선은 변압기 기전력에 의한 단락전류를 적게 한다.

> **Explanation**

단상 직권 정류자 전동기=만능 전동기(직·교류 양용)
- 종류 : 직권형, 보상형, 유도보상형
- 특징 : 성층 철심, 역률 및 정류 개선을 위해 약계자, 강전기자형으로 함
  역률 개선을 위해 보상권선 설치(전기자반작용 제거)
  저항 도선 : 단락 전류를 적게
  회전속도를 증가시킬수록 역률이 개선

【답】②

45 일반적인 변압기의 손실 중에서 온도상승에 관계가 가장 적은 요소는?

① 철손 ② 동손
③ 와류손 ④ 유전체손

> **Explanation**

변압기 손실은 철손과 동손이 대부분이며 유전체손은 절연물 중에서 발생하는 손실로 그 값이 철손과 동손에 비해 매우 적으므로 온도상승에 관계가 가장 적다.

【답】④

46 직류발전기의 병렬 운전에서 부하 분담의 방법은?

① 계자전류와 무관하다.
② 계자전류를 증가하면 부하 분담은 감소한다.
③ 계자전류를 증가하면 부하 분담은 증가한다.
④ 계자전류를 감소하면 부하 분담은 증가한다.

> **Explanation**

직류발전기 부하 분담
- 유기 기전력이 큰 쪽(계자전류가 큰 쪽)이 부하 분담을 많이 한다.
- 유기 기전력이 같으면 전기자 저항에 반비례

【답】③

47 1차 전압 6,600[V], 2차 전압 220[V], 주파수 60[Hz], 1차 권수 1,000회의 변압기가 있다. 최대 자속은 약 몇 [Wb]인가?

① 0.020 ② 0.025
③ 0.030 ④ 0.032

> **Explanation**

변압기 유기기전력 $E_1 = 4.44 f \phi_m N_1$ 에서

최대 자속 $\phi_m = \dfrac{E_1}{4.44 f N_1} = \dfrac{6,600}{4.44 \times 60 \times 1,000} = 0.025 [\text{Wb}]$

【답】②

48 역률 100[%]일 때의 전압 변동률 ε은 어떻게 표시되는가?

① %저항강하 ② %리액턴스강하
③ %서셉턴스강하 ④ %임피던스강하

> **Explanation**

전압 변동률 $\epsilon = p\cos\theta + q\sin\theta$ (+ : 지상, − : 진상)
부하역률 100[%]에서 $\epsilon = p$

【답】①

49 3상 농형 유도전동기의 기동방법으로 틀린 것은?

① Y-△ 기동
② 전전압 기동
③ 리액터 기동
④ 2차 저항에 의한 기동

Explanation

3상 유도전동기 기동법

농형 유도전동기	① 전전압 기동(직입기동) : 5[HP] 이하(3.7[kW]) ② Y-△ 기동(5~15[kW])급 : 전류 1/3배, 전압 $1/\sqrt{3}$ 배 ③ 기동 보상기법 : 단권변압기 사용하여 감전압기동 ④ 리액터 기동법
권선형 유도전동기	① 2차 저항 기동법 ⇨ 비례 추이 이용 ② 게르게스법

【답】④

50 직류 복권발전기의 병렬운전에 있어 균압선을 붙이는 목적은 무엇인가?

① 손실을 경감한다.
② 운전을 안정하게 한다.
③ 고조파의 발생을 방지한다.
④ 직권계자 간의 전류 증가를 방지한다.

Explanation

균압선
- 병렬운전을 안정하게 하기 위하여 설치하는 것
- 직렬계자 권선을 가지는 발전기에 필요
- 직권 및 복권 발전기

【답】②

51 2방향성 3단자 사이리스터는 어느 것인가?

① SCR
② SSS
③ SCS
④ TRIAC

Explanation

반도체 소자(괄호 안은 극(단자) 수)
- 단방향성 : SCR(3), GTO(3), SCS(4), LASCR(3)
- 양방향성 : SSS(2), TRIAC(3), DIAC(2)

【답】④

52 15[kVA], 3,000/200[V] 변압기의 1차 측 환산등가 임피던스가 $5.4 + j6[\Omega]$일 때, %저항강하 p와 %리액턴스강하 q는 각각 약 몇 [%]인가?

① $p = 0.9$, $q = 1$
② $p = 0.7$, $q = 1.2$
③ $p = 1.2$, $q = 1$
④ $p = 1.3$, $q = 0.9$

Explanation

1차 정격전류 $I_{n1} = \dfrac{P_n}{V_{n1}} = \dfrac{15 \times 10^3}{3,000} = 5[A]$

%저항강하 $p = \dfrac{I_{n1} r_{21}}{V_{1n}} \times 100 = \dfrac{5 \times 5.4}{3,000} \times 100 = 0.9[\%]$

%리액턴스강하 $q = \dfrac{I_{n1} x_{21}}{V_{1n}} \times 100 = \dfrac{5 \times 6}{3,000} \times 100 = 1[\%]$

【답】①

53 유도전동기의 2차 여자제어법에 대한 설명으로 틀린 것은?

① 역률을 개선할 수 있다.
② 권선형 전동기에 한하여 이용된다.
③ 동기속도의 이하로 광범위하게 제어할 수 있다.
④ 2차 저항손이 매우 커지며 효율이 저하된다.

Explanation

2차 여자법 : 권선형 유도전동기 속도 제어
- 유도 전동기 회전자의 외부에서 슬립링을 통하여 슬립주파수 전압을 인가하여 회전자 슬립에 의한 속도를 제어하는 방식
- E_c(슬립 주파수 전압)를 sE_2와 같은 방향으로 인가 : 속도 증가
- E_c(슬립 주파수 전압)를 sE_2와 반대 방향으로 인가 : 속도 감소

【답】④

54 직류 발전기를 3상 유도전동기에서 구동하고 있다. 이 발전기에 55[kW]의 부하를 걸 때 전동기의 전류는 약 몇 [A]인가? 단, 발전기의 효율은 88[%], 전동기의 단자전압은 400[V], 전동기의 효율은 88[%], 전동기의 역률은 82[%]로 한다.

① 125
② 225
③ 325
④ 425

Explanation

발전기의 효율 $\eta = \dfrac{출력}{입력}$ 이므로

발전기의 입력 $P_i = \dfrac{P_o}{\eta} = \dfrac{55}{0.88} = 62.5[\text{kW}]$

발전기 입력 = 원동기(3상 유도전동기)의 출력

여기서, 원동기(3상 유도전동기)의 효율 $\eta = \dfrac{출력}{입력} = \dfrac{P_o}{\sqrt{3}\,VI\cos\theta}$ 이므로

3상 유도전동기전류 $I = \dfrac{P_o}{\sqrt{3}\,V\cos\theta\,\eta} = \dfrac{62.5 \times 10^3}{\sqrt{3} \times 400 \times 0.82 \times 0.88} = 125[\text{A}]$

【답】①

55 동기기의 기전력의 파형 개선책이 아닌 것은?

① 단절권
② 집중권
③ 공극 조정
④ 자극 모양

Explanation

고조파 기전력을 소거하는 방법
- 매극 매상의 슬롯수를 크게 한다.
- 단절권 및 분포권을 사용한다.
- 전기자 철심을 스큐 슬롯으로 사용한다.
- 공극의 길이를 크게 한다.

【답】②

56 유도자형 동기발전기의 설명으로 옳은 것은?

① 전기자만 고정되어 있다.
② 계자극만 고정되어 있다.
③ 회전자가 없는 특수 발전기이다.
④ 계자극과 전기자가 고정되어 있다.

Explanation

- 회전전기자형 : 직류발전기(전기자가 회전자이며 계자가 고정자)
- 회전계자형 : 동기발전기(전기자가 고정자이며 계자가 회전자)

- 유도자형 : 계자극과 전기자를 함께 고정시키고 그 중앙에 유도자라고 하는 권선이 없는 회전자를 갖춘 것으로 수백~수만 [Hz] 정도의 고주파 발전기로 사용

【답】④

57
200[V], 10[kW]의 직류 분권전동기가 있다. 전기자저항은 0.2[Ω], 계자저항은 40[Ω]이고 정격전압에서 전류가 15[A]인 경우 5[kg·m]의 토크를 발생한다. 부하가 증가하여 전류가 25[A]로 되는 경우 발생토크[kg·m]는?

① 2.5
② 5
③ 7.5
④ 10

Explanation

직류분권전동기 $T \propto I_a \propto \dfrac{1}{N}$ 이므로

분권전동기의 전기자전류 $I_a = I - I_f = I - \dfrac{V}{R_f}$

- 정격전류 15[A] : $I_a = 15 - \dfrac{200}{40} = 10[A]$
- 정격전류 25[A] : $I_a = 25 - \dfrac{200}{40} = 20[A]$

따라서 토크는 전기자전류에 비례하므로 $T' = 5 \times \dfrac{20}{10} = 10[kg \cdot m]$

【답】④

58
50[Ω]의 계자저항을 갖는 직류 분권발전기가 있다. 이 발전기의 출력이 5.4[kW]일 때 단자전압은 100[V], 유기기전력은 115[V]이다. 이 발전기의 출력이 2[kW]일 때 단자전압이 125[V]라면 유기기전력은 약 몇 [V]인가?

① 130
② 145
③ 152
④ 159

Explanation

직류 분권발전기
유기기전력 $E = V + I_a R_a$

전기자전류 $I_a = I + I_f = \dfrac{P}{V} + \dfrac{V}{R_f}$

- 발전기의 출력이 5.4[kW]인 경우

$I_a = \dfrac{5.4 \times 10^3}{100} + \dfrac{100}{50} = 56[A]$

유기기전력 $E = V + I_a R_a$에서 전기자저항 $R_a = \dfrac{E - V}{I_a} = \dfrac{115 - 100}{56} = 0.27[\Omega]$

따라서 발전기의 출력이 2[kW]일 때 $I_a = \dfrac{2 \times 10^3}{125} + \dfrac{125}{50} = 18.5[A]$

유기기전력 $E = V + I_a R_a = 125 + 18.5 \times 0.27 = 130[V]$

【답】①

59
돌극형 동기발전기에서 직축 동기 리액턴스를 X_d, 횡축 동기 리액턴스를 X_q라 할 때의 관계는?

① $X_d < X_q$
② $X_d > X_q$
③ $X_d = X_q$
④ $X_d \ll X_q$

Explanation

- 돌극(수차)형 동기 발전기 : $X_d > X_q$
- 터빈(원통)형 동기 발전기 : $X_d = X_q$

【답】②

60 10극 50[Hz] 3상 유도전동기가 있다. 회전자도 3상이고 회전자가 정지할 때 2차 1상간의 전압이 150[V]이다. 이것을 회전자계와 같은 방향으로 400[rpm]으로 회전시킬 때 2차 전압은 몇 [V]인가?

① 50
② 75
③ 100
④ 150

Explanation

고정자 속도 $N_s = \dfrac{120f}{p} = \dfrac{120 \times 50}{10} = 600[\text{rpm}]$

슬립 $s = \dfrac{N_s - N}{N_s} = \dfrac{600 - 400}{600} = 0.33$

회전 시 2차 전압 $E_{2s} = sE_2 = 0.33 \times 150 = 50[\text{V}]$

【답】①

4과목 회로이론 및 제어공학

61 다음의 회로를 블록선도로 그린 것 중 옳은 것은?

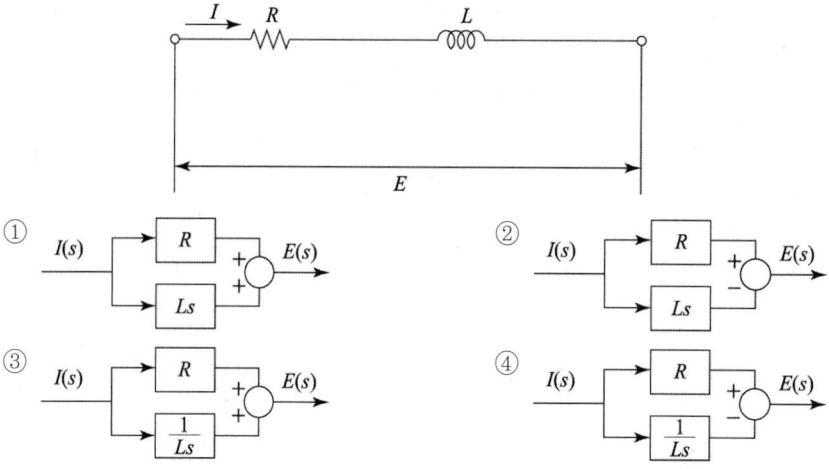

Explanation

$L\dfrac{di(t)}{dt} + Ri(t) = e(t)$ 에서 라플라스 변환하면

$LsI(s) + RI(s) = E(s)$

따라서, $(Ls + R)I(s) = E(s)$

그러므로 블록선도로 표현하면 다음과 같다.

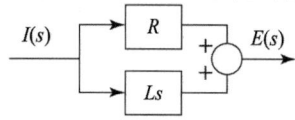

【답】①

62 특성방정식 $s^2 + 2\zeta\omega_n s + \omega_n^2 = 0$ 에서 감쇠 진동을 하는 제동비 ζ의 값은?

① $\zeta > 1$
② $\zeta = 1$
③ $\zeta = 0$
④ $0 < \zeta < 1$

> **Explanation**
> - $\zeta = 0$인 경우 : 무제동(무한 진동 또는 완전 진동)
> - $0 < \zeta < 1$인 경우 : 부족 제동(감쇠 진동)
> - $\zeta > 1$인 경우 : 과제동(비진동)
> - $\zeta = 1$인 경우 : 임계 제동

【답】④

63 다음 그림의 전달함수 $\dfrac{Y(z)}{R(z)}$는 다음 중 어느 것인가?

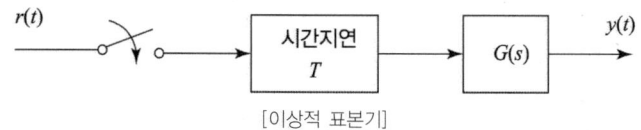

[이상적 표본기]

① $G(z)z$
② $G(z)z^{-1}$
③ $G(z)Tz^{-1}$
④ $G(z)Tz$

> **Explanation**
> 시간지연은 z^{-1}로 표기므로 전달함수는 $\dfrac{Y(z)}{R(z)} = G(z)z^{-1}$

【답】②

64 일정 입력에 대해 잔류 편차가 있는 제어계는?

① 비례 제어계
② 적분 제어계
③ 비례 적분 제어계
④ 비례 적분 미분 제어계

> **Explanation**
> - 비례제어(P제어) : 잔류 편차(off-set) 발생
> - 비례·적분제어(PI제어) : 잔류 편차 제거, 시간지연(정상상태 개선)
> - 비례·미분제어(PD제어) : 속응성 향상, 진동억제(과도상태 개선)
> - 비례·미분·적분제어(PID제어) : 속응성 향상, 잔류 편차 제거

【답】①

65 일반적인 제어시스템에서 안정의 조건은?

① 입력이 있는 경우 초기값에 관계없이 출력이 0으로 간다.
② 입력이 없는 경우 초기값에 관계없이 출력이 무한대로 간다.
③ 시스템이 유한한 입력에 대해서 무한한 출력을 얻는 경우
④ 시스템이 유한한 입력에 대해서 유한한 출력을 얻는 경우

> **Explanation**
> 제어시스템 안정조건 : 유한입력 유한출력(Bounded Input Bounded Output : BIBO)

【답】④

66 개루프 전달함수 $G(s)H(s)$가 다음과 같이 주어지는 부궤환계에서 근궤적 점근선의 실수축과의 교차점은?

$$G(s)H(s) = \dfrac{K}{s(s+4)(s+5)}$$

① 0
② -1
③ -2
④ -3

> **Explanation**

근궤적의 점근선의 교차점

$$\sigma = \frac{\Sigma G(s)H(s)\text{의 극점} - \Sigma G(s)H(s)\text{의 영점}}{P-Z}$$

$$= \frac{(0-4-5)-0}{3-0} = -3$$

【답】 ④

67 ★★★★★ $s^3 + 11s^2 + 2s + 40 = 0$에는 양의 실수부를 갖는 근은 몇 개 있는가?

① 1
② 2
③ 3
④ 없다.

> **Explanation**

Routh-Hurwitz 판별식을 이용하여 1열의 부호가 모두 양수이면 안정하며

s^3	1	2
s^2	11	40
s^1	$\frac{11 \times 2 - 40}{11} = -\frac{18}{11}$	0
s^0	40	

1열의 부호 변화가 2번 있으므로 불안정하며 우반면에 극점(양의 실수부)이 2개 존재한다.

【답】 ②

68 ★★★★☆ 논리식 $L = \overline{x} \cdot \overline{y} + \overline{x} \cdot y + x \cdot y$를 간략화한 것은?

① $x + y$
② $\overline{x} + y$
③ $x + \overline{y}$
④ $\overline{x} + \overline{y}$

> **Explanation**

부울대수를 이용하면 $A + BC = (A+B)(A+C)$

$L = \overline{x} \cdot \overline{y} + \overline{x} \cdot y + x \cdot y$
$= \overline{x}(\overline{y} + y) + xy = \overline{x} + xy = (\overline{x} + x)(\overline{x} + y) = \overline{x} + y$

【답】 ②

69 ★★☆☆☆ 그림과 같은 블록선도에서 전달함수 $\frac{C(s)}{R(s)}$를 구하면?

① $\frac{1}{8}$
② $\frac{5}{28}$
③ $\frac{28}{5}$
④ 8

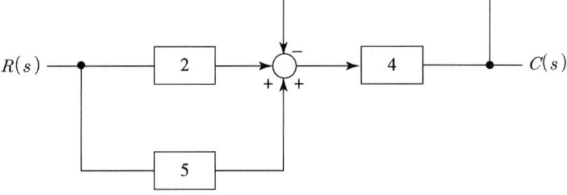

> **Explanation**

블록선도의 전달함수 $G(s) = \frac{\Sigma G}{1 - \Sigma L_1 + \Sigma L_2 + \cdots}$

여기서, L_1 : 각각의 모든 폐루프 이득의 합
L_2 : 서로 접촉하지 않는 2개의 폐루프 이득의 곱의 합
ΣG : 각각의 전향 경로의 합

$G(s) = \frac{2 \cdot 4 + 5 \cdot 4}{1 - (-4)} = \frac{28}{5}$

【답】 ③

70 $G(j\omega) = \dfrac{K}{j\omega(j\omega+1)}$ 에 있어서 진폭 A 및 위상각 θ은?

$$\lim_{\omega \to \infty} G(j\omega) = A \angle \theta$$

① $A=0$, $\theta=-90°$
② $A=0$, $\theta=-180°$
③ $A=\infty$, $\theta=-90°$
④ $A=\infty$, $\theta=-180°$

Explanation

전달함수 $G(j\omega) = \dfrac{K}{j\omega(j\omega+1)}$

크기(진폭) : $|G(j\omega)| = \dfrac{1}{\omega\sqrt{1+\omega^2}}$

위상각은 적분기와 1차 지연요소가 있으므로 $\theta = 0° \sim -180°$이며

$\omega \to \infty$라면

크기(진폭) : $|G(j\omega)| = \dfrac{1}{\omega\sqrt{1+\omega^2}} = 0$

위상각은 $\theta = -180°$가 된다. 【답】②

71 $R=100[\Omega]$, $C=30[\mu F]$의 직렬회로에 $f=60[Hz]$, $V=100[V]$의 교류전압을 인가할 때 전류는 약 몇 [A]인가?

① 0.42
② 0.64
③ 0.75
④ 0.87

Explanation

용량성 리액턴스 $X_c = \dfrac{1}{\omega C} = \dfrac{1}{2\pi f C} = \dfrac{1}{2\pi \times 60 \times 30 \times 10^{-6}} = 88.46[\Omega]$

임피던스 $Z = R - jX_c = 100 - j88.46 = \sqrt{100^2 + 88.46^2} = 133.51[\Omega]$

전류 $I = \dfrac{V}{Z} = \dfrac{100}{133.51} = 0.75[A]$ 【답】③

72 무손실 선로의 정상상태에 대한 설명으로 틀린 것은?

① 전파정수 γ은 $j\omega\sqrt{LC}$이다.
② 특성 임피던스 $Z_0 = \sqrt{\dfrac{C}{L}}$이다.
③ 진행파의 전파속도 $v = \dfrac{1}{\sqrt{LC}}$이다.
④ 감쇠정수 $\alpha = 0$, $\beta = \omega\sqrt{LC}$이다.

Explanation

무손실 회로와 무왜형 회로

	무손실 선로
조건	$R=0$, $G=0$
특성 임피던스	$Z_0 = \sqrt{\dfrac{Z}{Y}} = \sqrt{\dfrac{L}{C}}$
전파정수	$\gamma = \sqrt{ZY}$ $\alpha = 0$, $\beta = \omega\sqrt{LC}$
위상속도	$v = \dfrac{\omega}{\beta} = \dfrac{\omega}{\omega\sqrt{LC}} = \dfrac{1}{\sqrt{LC}}$

【답】②

73. 그림과 같은 파형의 Laplace 변환은?

① $\dfrac{1}{2s^2}(1-e^{-4s}-se^{-4s})$

② $\dfrac{1}{2s^2}(1-e^{-4s}-4e^{-4s})$

③ $\dfrac{1}{2s^2}(1-se^{-4s}-4e^{-4s})$

④ $\dfrac{1}{2s^2}(1-e^{-4s}-4se^{-4s})$

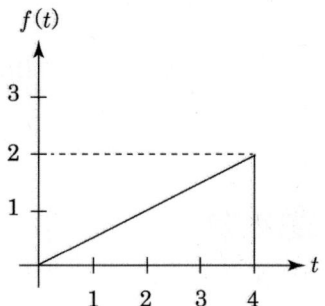

Explanation

함수 $f(t) = \dfrac{2}{4}tu(t) - \dfrac{2}{4}(t-4)u(t-4) - 2u(t-4)$

라플라스 변환하면

$F(s) = \mathcal{L}[f(t)] = \dfrac{1}{2} \cdot \dfrac{1}{s^2} - \dfrac{1}{2}\dfrac{1}{s^2}e^{-4s} - \dfrac{2}{s}e^{-4s} = \dfrac{1}{2s^2}(1-e^{-4s}-4se^{-4s})$

【답】④

74. 2전력계법으로 평형 3상 전력을 측정하였더니 한쪽의 지시가 700[W], 다른 쪽의 지시가 1,400[W]이었다. 피상전력은 약 몇 [VA]인가?

① 2,425
② 2,771
③ 2,873
④ 2,974

Explanation

2전력계법
유효전력 $P = P_1 + P_2$
무효전력 $P_r = \sqrt{3}(P_1 - P_2)$
피상전력 $P_a = 2\sqrt{P_1^2 + P_2^2 - P_1 P_2} = 2\sqrt{700^2 + 1{,}400^2 - 700 \times 1{,}400} = 2{,}425$

【답】①

75. 최대값이 I_m인 정현파 교류의 반파정류 파형의 실효값은?

① $\dfrac{I_m}{2}$

② $\dfrac{I_m}{\sqrt{2}}$

③ $\dfrac{2I_m}{\pi}$

④ $\dfrac{\pi I_m}{2}$

Explanation

각 파형의 평균값 및 실효값

	파형	실효값	평균값
정현반파		$\dfrac{I_m}{2}$	$\dfrac{1}{\pi}I_m$

【답】①

76. 그림과 같은 파형의 파고율은?

① 1
② $\dfrac{1}{\sqrt{2}}$
③ $\sqrt{2}$
④ $\sqrt{3}$

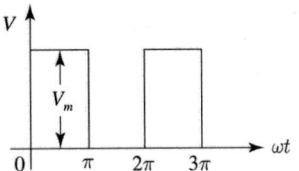

Explanation

파형		실효값	평균값
구형반파	(i(t) 그래프)	$\dfrac{I_m}{\sqrt{2}}$	$\dfrac{I_m}{2}$

파고율 $= \dfrac{\text{최대값}}{\text{실효값}} = \dfrac{I_m}{\dfrac{I_m}{\sqrt{2}}} = \sqrt{2} = 1.414$

【답】③

77. 그림과 같이 10[Ω]의 저항에 권수비가 10:1의 결합회로를 연결했을 때 4단자정수 A, B, C, D는?

① $A=1, B=10, C=0, D=10$
② $A=10, B=1, C=0, D=10$
③ $A=10, B=0, C=1, D=\dfrac{1}{10}$
④ $A=10, B=1, C=0, D=\dfrac{1}{10}$

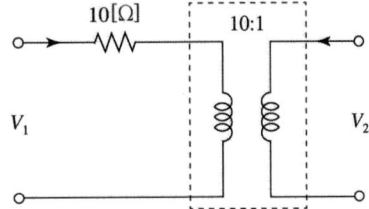

Explanation

$\begin{bmatrix} A & B \\ C & D \end{bmatrix} = \begin{bmatrix} 1 & 10 \\ 0 & 1 \end{bmatrix} \begin{bmatrix} 10 & 0 \\ 0 & \dfrac{1}{10} \end{bmatrix} = \begin{bmatrix} 10 & 1 \\ 0 & \dfrac{1}{10} \end{bmatrix}$

【답】④

78. 그림과 같은 RC 회로에서 스위치를 넣은 순간 전류는? 단, 초기 조건은 0이다.

① 불변전류이다.
② 진동전류이다.
③ 증가함수로 나타난다.
④ 감쇠함수로 나타난다.

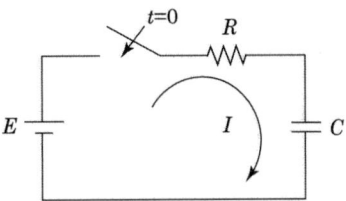

Explanation

$R-C$ 직렬회로

$R-C$ 직렬회로	직류 기전력 인가 시(S/W on)
전류 $i(t)$	$i = \dfrac{E}{R} e^{-\dfrac{1}{RC}t}$ [A]
특성근	$P = -\dfrac{1}{RC}$
시정수	$\tau = RC$ [sec]

【답】④

79 회로에서 저항 R에 흐르는 전류 $I[A]$는?

① -1
② -2
③ 2
④ 4

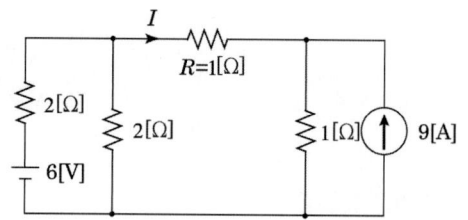

> Explanation

【답】②

80 전류의 대칭분을 I_0, I_1, I_2, 유기기전력을 E_a, E_b, E_c, 단자전압의 대칭분을 V_0, V_1, V_2라 할 때 3상 교류발전기의 기본 식 중 정상분 V_1 값은? 단, Z_0, Z_1, Z_2는 영상, 정상, 역상 임피던스이다.

① $-Z_0 I_0$
② $-Z_2 I_2$
③ $E_a - Z_1 I_1$
④ $E_b - Z_2 I_2$

> Explanation

3상 교류 발전기 기본식
$V_0 = -Z_0 I_0$
$V_1 = E_a - Z_1 I_1$
$V_2 = -Z_2 I_2$

【답】③

5과목 전기설비기술기준

81 최대 사용전압이 220[V]인 전동기의 절연내력 시험을 하고자 할 때 시험전압은 몇 [V]인가?

① 300
② 330
③ 450
④ 500

> Explanation

(KEC 133조) 회전기 및 정류기의 절연내력

종류		시험전압	시험방법
회전기	발전기·전동기· 무효 전력 보상 장치·기타 회전기 (회전 변류기를 제외한다)	최대 사용전압 7[kV] 이하	최대 사용전압의 1.5배의 전압 (500[V] 미만으로 되는 경우에는 500[V])	권선과 대지 사이에 연속하여 10분간 가한다.
		최대 사용전압 7[kV] 초과	최대 사용전압의 1.25배의 전압 (10,500[V] 미만으로 되는 경우에는 10,500[V])	

∴ 시험전압 $= 220 \times 1.5 = 330[V]$
최저 전압이 500[V]이므로 절연내력 시험전압은 500[V]가 된다.

【답】④

82 66[kV] 가공전선과 6[kV] 가공전선을 동일 지지물에 병행설치하는 경우에 특고압 가공전선은 케이블인 경우를 제외하고는 단면적이 몇 [mm²] 이상인 경동연선을 사용하여야 하는가?
① 22
② 38
③ 50
④ 100

Explanation

(KEC 333.17조) 특고압 가공전선과 저고압 가공전선 등의 병행설치

	35[kV] 초과 100[kV] 미만	35[kV] 이하
이격거리	2[m] 이상	1.2[m] 이상
사용전선	특고압은 50[mm²] 이상의 경동연선 또는 인장강도 21.67[kN] 이상의 연선	연선일 것

【답】③

83 발전소의 개폐기 또는 차단기에 사용하는 압축공기장치의 주 공기탱크에 시설하는 압력계의 최고 눈금의 범위로 옳은 것은?
① 사용압력의 1배 이상 2배 이하
② 사용압력의 1.15배 이상 2배 이하
③ 사용압력의 1.5배 이상 3배 이하
④ 사용압력의 2배 이상 3배 이하

Explanation

(KEC 341.15조) 압축공기계통
주 공기탱크 또는 이에 근접한 곳 : 사용압력의 1.5배 이상 3배 이하의 최고 눈금 압력계 시설

【답】③

84 고압 가공전선로의 지지물로서 사용하는 목주의 풍압하중에 대한 안전율은 얼마 이상이어야 하는가?
① 1.2
② 1.3
③ 2.2
④ 2.5

Explanation

(KEC 332.7조) 고압 가공전선로의 지지물의 강도
고압 가공전선로의 지지물로서 사용하는 목주는 다음 각 호에 따라 시설하여야 한다.
① 풍압하중에 대한 안전율은 1.3 이상일 것
② 굵기는 말구(末口) 지름 0.12[m] 이상일 것

【답】②

85 다음 그림에서 L_1은 어떤 크기로 동작하는 기기의 명칭인가?
① 교류 1,000[V] 이하에서 동작하는 단로기
② 교류 1,000[V] 이하에서 동작하는 피뢰기
③ 교류 1,500[V] 이하에서 동작하는 단로기
④ 교류 1,500[V] 이하에서 동작하는 피뢰기

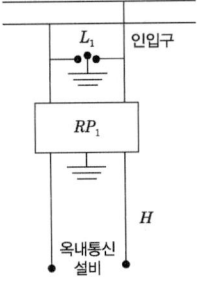

Explanation

(KEC 362.5조) 특고압 가공전선로 첨가설치 통신선의 시가지 인입 제한
규정에 의한 보안장치의 표준
① 급전전용통신선용 보안장치일 것.

② RP₁ : 릴레이 보안기
③ L1 : 교류 1[kV] 이하에서 동작하는 피뢰기

【답】②

86 ★★★★★
지중 전선로에 있어서 폭발성 가스가 침입할 우려가 있는 장소에 시설하는 지중함은 크기가 몇 [m³] 이상일 때 가스를 방산시키기 위한 장치를 시설하여야 하는가?
① 0.25
② 0.5
③ 0.75
④ 1.0

Explanation

(KEC 334.2조) 지중함의 시설
① 지중함은 견고하고 차량 기타 중량물의 압력에 견디는 구조일 것
② 지중함은 그 안의 고인 물을 제거할 수 있는 구조로 되어 있을 것
③ 폭발성 또는 연소성의 가스가 침입할 우려가 있는 것에 시설하는 지중함으로서 그 크기가 1[m³] 이상인 것에는 **통풍장치 기타 가스를 방산시키기 위한 적당한 장치를 시설할 것**
④ 지중함의 뚜껑은 시설자 이외의 자가 쉽게 열 수 없도록 시설할 것

【답】④

87 ★★☆☆☆
최대 사용전압 22.9[kV]인 3상 4선식 다중접지방식의 지중 전선로의 절연내력시험을 직류로 할 경우 시험전압은 몇 [V]인가?
① 16,448
② 21,068
③ 32,796
④ 42,136

Explanation

(KEC 132조) 고압·특고압의 전로의 절연내력

접지 방식	최대 사용전압	시험전압(최대 사용 전압의 배수)	최저 시험 전압
중성점 다중 접지	25,000[V] 이하	0.92배	

22.9[kV]이므로 중성점 다중 접지란의 25,000[V] 이하에 해당되어 0.92배이며 직류로 시험하므로
∴ 시험전압 = 22,900 × 0.92 × 2 = 42,136[V]

【답】④

88 ★★★☆☆
특고압용 타냉식 변압기의 냉각장치에 고장이 생긴 경우를 대비하여 어떤 보호장치를 하여야 하는가?
① 경보장치
② 속도조정장치
③ 온도시험장치
④ 냉매흐름장치

Explanation

(KEC 351.4조) 특고압용 변압기의 보호 장치

뱅크용량의 구분	동작조건	장치의 종류
타냉식변압기(변압기의 권선 및 철심을 직접 냉각시키기 위하여 봉입한 냉매를 강제 순환시키는 냉각방식)	냉각장치에 고장이 생긴 경우 또는 변압기의 온도가 현저히 상승한 경우	경보 장치

【답】①

89 ★☆☆☆☆
금속덕트 공사에 적당하지 않은 것은?
① 전선은 절연전선을 사용한다.
② 덕트의 끝부분은 항시 개방시킨다.
③ 덕트 안에는 전선의 접속점이 없도록 한다.
④ 덕트의 안쪽 면 및 바깥 면에는 산화 방지를 위하여 아연도금을 한다.

Explanation

(KEC 232.31조) 금속덕트공사
① 덕트 상호 간은 견고하고 또한 전기적으로 완전하게 접속할 것
② 덕트를 조영재에 붙이는 경우에는 덕트의 지지점 간의 거리를 3[m](취급자 이외의 자가 출입할 수 없도록 설비한 곳에서 수직으로 붙이는 경우에는 6[m]) 이하로 하고 또한 견고하게 붙일 것
③ 덕트의 뚜껑은 쉽게 열리지 아니하도록 시설할 것
④ **덕트의 끝부분은 막을 것**
⑤ 덕트 안에 먼지가 침입하지 아니하도록 할 것
⑥ 덕트는 물이 고이는 낮은 부분을 만들지 않도록 시설할 것
⑦ 접지공사를 할 것

【답】②

90 KEC 적용으로 인하여 삭제되었습니다.

91 ★★☆☆☆ 특고압 옥외 배전용 변압기가 1대일 경우 특고압측에 일반적으로 시설하여야 하는 것은?
① 방전기
② 계기용 변류기
③ 계기용 변압기
④ 개폐기 및 과전류차단기

Explanation

(KEC 341.2조) 특고압 배전용 변압기의 시설
특고압 전선로에 접속하는 배전용 변압기를 시설하는 경우에는 다음에 따른다.
① 변압기의 1차 전압은 35[kV] 이하, 2차 전압 또는 고압일 것
② **변압기의 특고압측에 개폐기 및 과전류 차단기를 시설할 것**

【답】④

92 ★★★★★ 가공 전선로에 사용하는 지지물의 강도계산에 적용하는 갑종 풍압하중을 계산할 때 구성재의 수직 투영면적 1[m²]에 대한 풍압의 기준으로 틀린 것은?
① 목주 : 588[Pa]
② 원형 철주 : 588[Pa]
③ 원형 철근 콘크리트주 : 882[Pa]
④ 강관으로 구성(단주는 제외)된 철탑 : 1,255[Pa]

Explanation

(KEC 331.6조) 풍압 하중의 종별과 적용
① 목주 : 588[Pa]
② 철주(원형) : 588[Pa]
③ **철근 콘크리트주(원형) : 588[Pa]**
④ 철탑(강관으로 구성되는 것) : 1,255[Pa]

【답】③

93 ★☆☆☆☆ 3상 4선식 22.9[kV], 중성선 다중접지 방식의 특고압 가공 전선 아래에 통신선을 첨가하고자 한다. 특고압 가공전선과 통신선과의 이격거리는 몇 [m] 이상으로 되어야 하는가?
① 0.6
② 0.75
③ 1.0
④ 1.2

Explanation

(KEC 362.2조) 전력보안통신선의 시설높이와 이격거리
통신선과 특고압 가공전선(특고압 가공전선로의 다중 접지를 한 중성선을 제외) 사이의 이격거리는 1.2[m] (25[kV] 이하인 특고압 가공 전선의 시설은 0.75[m]) 이상일 것. 다만, 특고압 가공전선이 케이블인 경우에 통신선이 절연전선과 동등 이상의 절연 효력이 있는 것인 경우에는 0.3[m] 이상으로 할 수 있다.

【답】②

94. 특고압 가공전선이 도로 등과 교차하는 경우에 특고압 가공전선이 도로 등의 위에 시설되는 때에 설치하는 보호망에 대한 설명으로 옳은 것은?

① 보호망은 접지공사를 생략한다.
② 보호망을 구성하는 금속선의 인장강도는 6[kN] 이상으로 한다.
③ 보호망을 구성하는 금속선은 지름 1.0[mm] 이상의 경동선을 사용한다.
④ 보호망을 구성하는 금속선 상호의 간격은 가로, 세로 각각 1.5[m] 이하로 한다.

Explanation

(KEC 333.24조) 특고압 가공전선과 도로 등의 접근 또는 교차
① 보호망을 구성하는 금속선은 그 외주(外周) 및 특고압 가공전선의 바로 아래에 시설하는 금속선에 인장강도 8.01[kN] 이상의 것 또는 지름 5[mm] 이상의 경동선을 사용하고 기타 부분에 시설하는 금속선에 인장강도 3.64[kN] 이상 또는 지름 4[mm] 이상의 아연도철선을 사용할 것
② 특고압 가공전선과 약전류 전선 사이에 시설하는 보호망에서 보호망을 구성하는 금속선의 상호 간격은 1.5[m] 이하로 구성할 것

【답】 ④

95. 옥내에 시설하는 고압용 이동전선으로 옳은 것은?

① 6[mm] 연동선
② 비닐외장케이블
③ 옥외용 비닐절연전선
④ 고압용의 캡타이어케이블

Explanation

(KEC 342.2조) 옥내 고압용 이동전선의 시설
전선은 고압용의 캡타이어케이블일 것

【답】 ④

96. 교통이 번잡한 도로를 횡단하여 저압 가공전선을 시설하는 경우 지표상 높이는 몇 [m] 이상으로 하여야 하는가?

① 4.0
② 5.0
③ 6.0
④ 6.5

Explanation

(KEC 222.7조) 저압 가공전선의 높이
① 도로횡단 : 6[m] 이상
② 철도횡단 : 레일면상 6.5[m] 이상
③ 횡단보도교 위 : 3.5[m] 이상
④ 기타 : 5[m] 이상

【답】 ③

97. KEC 적용으로 인하여 삭제되었습니다.

98. 사용전압이 22.9[kV]인 특고압 가공전선이 도로를 횡단하는 경우, 지표상 높이는 최소 몇 [m] 이상인가?

① 4.5
② 5
③ 5.5
④ 6

Explanation

(KEC 333.7조) 특고압 가공전선의 높이

사용전압의 구분	지표상의 높이
35[kV] 이하	5[m] (철도 또는 궤도를 횡단하는 경우에는 6.5[m], **도로를 횡단하는 경우에는 6[m]**, 횡단보도교의 위에 시설하는 경우로서 전선이 특고압절연전선 또는 케이블인 경우에는 4[m])

【답】 ④

99 관광 숙박업 또는 숙박업을 하는 객실의 입구등에 조명용 전등을 설치할 때는 몇 분 이내에 소등되는 타임스위치를 시설하여야 하는가?

① 1
② 3
③ 5
④ 10

Explanation

(KEC 234.6조) 점멸기의 시설
관광숙박업 또는 관광업인 호텔이나 여관 객실 입구등은 1분, 일반 주택 및 아파트 현관등은 3분 이내에 소등

【답】 ①

100 KEC 적용으로 인하여 삭제되었습니다.

MEMO